华北电力大学

NORTH CHINA ELECTRIC POWER UNIVERSITY

年鉴2023

总第二十二卷

华北电力大学档案馆 编

武汉理工大学出版社
WUTP Wuhan University of Technology Press

内容提要

本年鉴内容包括华北电力大学2022年特载，总述，大事记，机构与干部，党群工作与行政管理，学科建设与教育教学，科技研究与成果转化，科研机构与平台建设，合作交流和对外联络，院系部建设，教科研设施与服务保障，规章制度建设，重要文件，统计报表与附录资料。

本年鉴适用于华北电力大学师生、校友及关心华北电力大学发展，乐于对其增进了解的社会各界人士。

图书在版编目(CIP)数据

华北电力大学年鉴. 2023/华北电力大学档案馆编. —武汉：武汉理工大学出版社，2023.10
ISBN 978-7-5629-6889-4

Ⅰ.①华… Ⅱ.①华… Ⅲ.①华北电力大学-2023-年鉴 Ⅳ.①TM-40

中国国家版本馆CIP数据核字(2023)第192995号

项目负责人：王嘉行　　责任编辑：王嘉行
责任校对：向玉露　　排　　版：芳华时代
出版发行：武汉理工大学出版社
社　　址：武汉市洪山区珞狮路122号
邮　　编：430070
网　　址：http://www.wutp.com.cn
经　　销：各地新华书店
印　　刷：武汉精一佳印刷有限公司
开　　本：880mm×1230mm　1/16
印　　张：38.75
插　　页：10
字　　数：1600千字
版　　次：2023年10月第1版
印　　次：2023年10月第1次印刷
定　　价：286.00元

《华北电力大学年鉴 2023》
编撰人员名单

顾　　问　周　坚　杨勇平

主　　编　何　华　孙传新

副 主 编　陈　军　彭建章

执行主编　王振华　王　颖

特约编审（按姓氏笔画排列）

丁相宝　于喜海　万书亭　王　伟　王　鹏　王万雨　王子杰　王秀梅　王迎新
王宏盛　王朋来　王晓霞　王祥科　王新军　王韶华　王韶坡　云　欣　卢占会
卢青松　付　东　包小勇　曲　涛　朱正茂　乔开文　刘云鹏　刘志远　刘志坚
刘明军　刘　洋　刘崇茹　刘锦康　齐　郑　齐立强　齐　磊　江卫春　安　杰
安利强　孙　平　严　立　杜　平　李　东　李　宁　李　伟　李　旸　李　林
李　瑾　李永倩　李红霞　李国有　李庚银　李春祥　李彦斌　李美成　李惊涛
李　博　杨世关　杨利国　杨勇平　肖万里　吴万凯　吴乐为　吴克河　吴素华
汪黎东　沈　岚　张冬生　张兵仿　张尚弘　张顺涛　张艳斌　张新娟　张德安
陆　强　陆道纲　陈　军　陈　溪　陈火欣　陈红艳　陈　志　武彦军　苑英科
范　立　林长强　尚建宇　金海燕　周　泽　赵书强　赵冬鸣　赵冬梅　赵秀国
赵宏宇　赵颖涛　荀振芳　胡东星　姜　波　祝志杰　姚建曦　聂国欣　顾煜炯
倪景峰　徐　岩　徐　超　徐进良　徐玲玲　郭宝珠　黄向军　曹运华　康建刚
鹿　伟　商　雷　梁　平　彭忠军　彭跃辉　韩建新　程养春　鲁　斌　曾德良
谢　庆　谢　红　戴松元

特约编辑（按姓氏笔画排列）

马　焕　马宇飞　王　邱　王　艳　王　敏　王　琛　王劭龙　王泽霖　王彦权
王爱洁　王桂有　王瑞琪　韦　艳　尹斐斐　孔凌楠　石世平　白　娜　白　海
白海宁　冯铁岩　年中华　庄　丽　刘　让　刘　欢　刘　雨　刘　岩　刘　洁
刘　洋　刘　晓　刘广林　刘军红　刘丽萍　刘雨薇　刘春磊　刘　斐　祁学飞
许传博　阮艳花　孙　琪　孙力昂　孙晓琼　孙爱国　纪月峰　苏　畅　李　非
李　青　李　炜　李　炎　李欢欢　李红梅　李京薇　李康睿　杨　博　杨天明
杨永海　杨秋霞　杨霞霞　杨灏诚　肖媛媛　吴春卿　吴思琪　吴晓娜　何　旸
何天枢　邹红岩　汪达升　沙素乐　沈　磊　张　清　张　扬　张　玲　张　科
张　洪　张　雄　张　璐　张小燕　张心蒂　张亦楠　张思凡　张晓良　张晓星
张隽贤　张　琦　张颖敏　陈　宁　陈　焘　陈海燕　陈雪曼　武昌杰　范晓舟
林海文　岳　宇　郗力博　周　琦　项　安　赵　一　赵书彬　赵丽香　赵怀璧
赵　亲　胡健强　胡舒敏　侯文俊　侯峥嵘　姜　瑜　贺江城　班莹梅　倪世清
徐　超　高　宁　高　凯　高　顺　席新铭　唐　捷　唐宁宁　黄曙林　梅思阳
曹宇博　梁玮轩　梁博通　彭绍文　葛小杰　董　泽　董雅洁　程　诚　程养春
谢　莲　鄢　知　蒲子琳　路雨欣　窦学欣　薛晓州　魏　清　濮　妍　蹇文馨

特约摄影（按姓氏笔画排列）

赵　亲　种一川　徐保云　童勤俊

01

01 华北电力大学召开教育部党组第三巡视组巡视华北电力大学党委工作动员会（宣传部 供）

02

02 华北电力大学召开全面从严治党工作会议（宣传部 供）

01 华北电力大学召开党史学习教育总结会议（宣传部 供）

02 华北电力大学召开教师党支部书记“双带头人”建设座谈会（宣传部 供）

03 华北电力大学师生收听收看二十大实况报告（宣传部 供）

01

“双一流”建设高校整体建设方案

建设高校（公章）	名称：华北电力大学
	代码：10079

2022 年 3 月 10 日

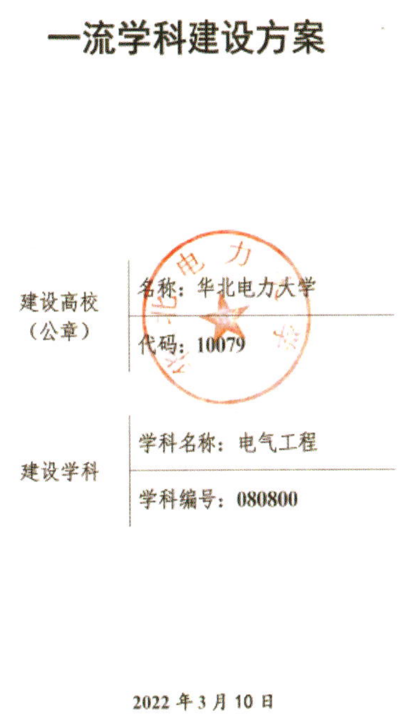

一流学科建设方案

建设高校（公章）	名称：华北电力大学
	代码：10079
建设学科	学科名称：电气工程
	学科编号：080800

2022 年 3 月 10 日

01 华北电力大学进入第二轮“双一流”建设高校、“双一流”建设学科名单（学科建设处 供）

02

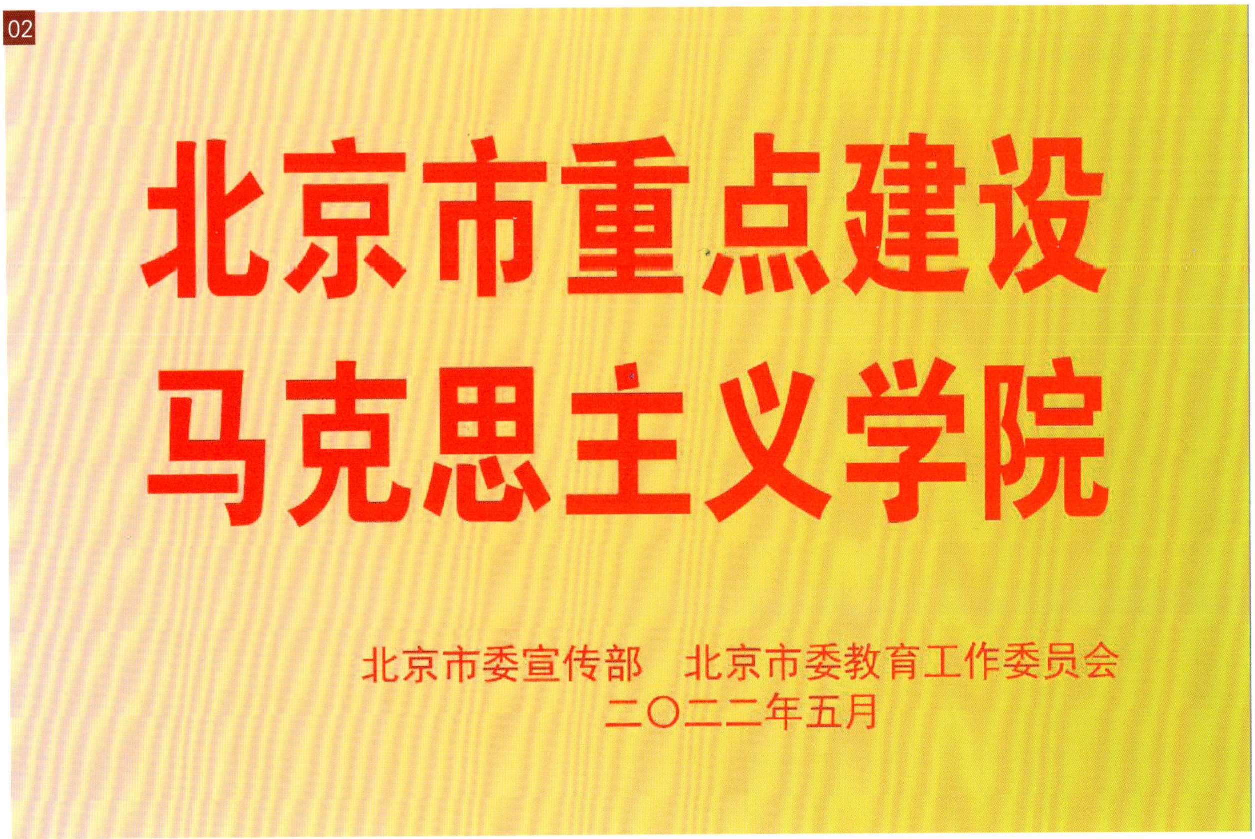

02 华北电力大学马克思主义学院获批第三批北京市重点建设马克思主义学院（马克思主义学院 供）

01

01 华北电力大学举行 2022 级新生开学典礼（宣传部 供）

02

02 华北电力大学举行 2022 届本科生毕业典礼（宣传部 供）

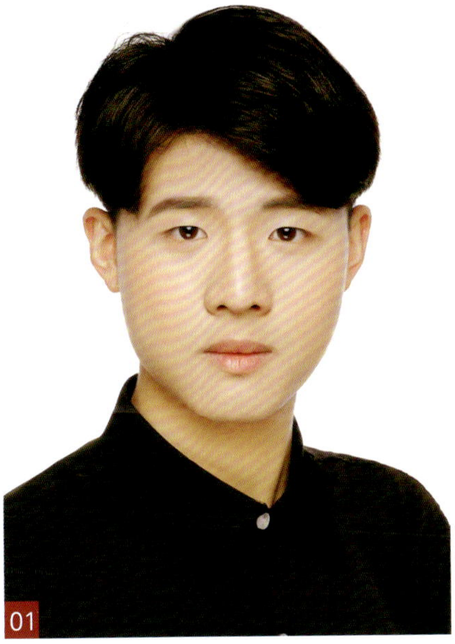

01 华北电力大学学生陈刘东获 IEEE 电力与能源学会优秀学生奖学金（电气与电子工程学院 供）

02 华北电力大学电气与电子工程学院先进输电团队崔翔教授指导的 2020 届博士毕业生柯俊吉的博士学位论文《碳化硅 MOSFET 芯片并联电气特性及其调控方法研究》获中国电子教育学会 2021 年度优秀博士学位论文优秀奖（电气与电子工程学院 供）

获奖证书

Certificate of Award

杨璐、赵晓艳、胡一凡、高钰琛、张行远、王浩森、田宇轩、刘晓瑶、朱彦雯、朱智浩、李泳霖、贾以静、刘一瑾、朱雯嘉、王安立：

你们的作品《易电科技—开创高压带电作业无人化时代》，在第八届中国国际“互联网+”大学生创新创业大赛中荣获 金奖

指导教师：裴少通、谢庆、房静

特发此证，以资鼓励。

主办单位：

教育部、中央统战部、中央网络安全和信息化委员会办公室、国家发展和改革委员会、工业和信息化部、人力资源和社会保障部、农业农村部、中国科学院、中国工程院、国家知识产权局、国家乡村振兴局、共青团中央、重庆市人民政府

中国国际“互联网+”大学生创新创业大赛组委会

二〇二三年四月

证书编号：202310028

获奖证书

Certificate of Award

王安立、李祉葳、张欣唯、吴子昀、王琪玮、黄山、胡艺雯、柏佩娴、郑苏航、朱雯嘉、叶梓怡、胡波、刘馨雨、刘冰洁、胡舒婧：

你们的作品《缘子之声——新型智能绝缘子检测仪》，在第八届中国国际“互联网+”大学生创新创业大赛中荣获 金奖

指导教师：万书亭、赵路佳、房静、胡蝶、崔帅、王秀梅

特发此证，以资鼓励。

主办单位：

教育部、中央统战部、中央网络安全和信息化委员会办公室、国家发展和改革委员会、工业和信息化部、人力资源和社会保障部、农业农村部、中国科学院、中国工程院、国家知识产权局、国家乡村振兴局、共青团中央、重庆市人民政府

中国国际“互联网+”大学生创新创业大赛组委会

二〇二三年四月

证书编号：202310029

03 华北电力大学学生作品《易电科技——开创高压带电作业无人化时代》获第八届“互联网 +”大学生创新创业大赛金奖（工程训练与创新创业教育中心 供）

04 华北电力大学学生作品《缘子之声——新型智能绝缘子检测仪》获第八届“互联网 +”大学生创新创业大赛金奖（工程训练与创新创业教育中心 供）

01

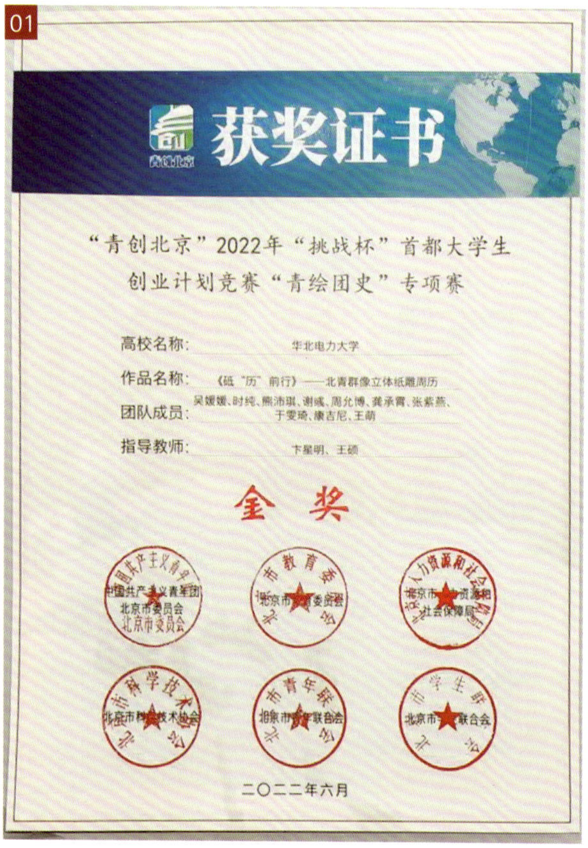
获奖证书

“青创北京”2022年“挑战杯”首都大学生创业计划竞赛“青绘团史”专项赛

高校名称：华北电力大学

作品名称：《砥“历”前行——北青群像立体纸雕周历》

团队成员：吴媛媛、时纯、熊沛琪、谢威、周允博、龚承霄、张紫燕、于雯琦、康吉尼、王萌

指导教师：卞星明、王硕

金奖

二〇二二年六月

02

03

教 育 部 办 公 厅

教研厅函〔2022〕10号

教育部办公厅　国家发展改革委办公厅 国家能源局综合司关于实施储能技术 国家急需高层次人才培养专项的通知

有关省、直辖市教育厅（教委）、发展改革委、能源局，北京市城市管理委，有关部门（单位）教育司（局），部属有关高等学校，有关企业：

为贯彻习近平总书记关于“四个革命、一个合作”能源安全新战略和我国“二氧化碳排放力争于2030年前达到峰值，努力争取2060年前实现碳中和”的重要讲话精神，落实中央人才工作会议精神和《加快推进急需高层次人才培养行动方案（2021—2025年）》有关要求，充分发挥研究生教育对储能技术急需高层次人才培养的支撑作用，加快培养卓越工程师，经研究，决定选取部分研究生培养单位（名单见附件1）会同有关企业（名单见附件2）实施储能技术国家急需高层次人才培养专项。现将有关事项通知如下。

一、重要意义

储能行业是高科技战略产业，是国家构建新型电力系统、达

01 华北电力大学选送的作品《砥“历”前行——北青群像立体纸雕周历》获“青创北京”2022年“挑战杯”首都大学生创业计划竞赛“青绘团史”专项赛金奖（工程训练与创新创业教育中心　供）

02 华北电力大学为新疆达坂城、保定市中小学生举办创智云课堂科普活动（工程训练与创新创业教育中心　供）

03 华北电力大学入选实施储能技术国家急需高层次人才培养专项单位（研究生院　供）

01 华北电力大学举行清洁高效燃煤发电关键技术与装备集成攻关大平台专家论证会（宣传部 供）

02 华北电力大学科研成果“燃煤发电机组能耗时空分布理论与节能调控”获高等学校科学研究优秀成果奖自然科学奖一等奖（科学技术研究院 供）

03 华北电力大学科研成果“高效钙钛矿太阳电池同质结与离子迁移基础研究”获高等学校科学研究优秀成果奖自然科学奖二等奖（科学技术研究院 供）

04 华北电力大学科研成果“高原环境交流输电系统电晕放电效应预测方法及工程应用”获高等学校科学研究优秀成果奖科学技术进步奖二等奖（科学技术研究院 供）

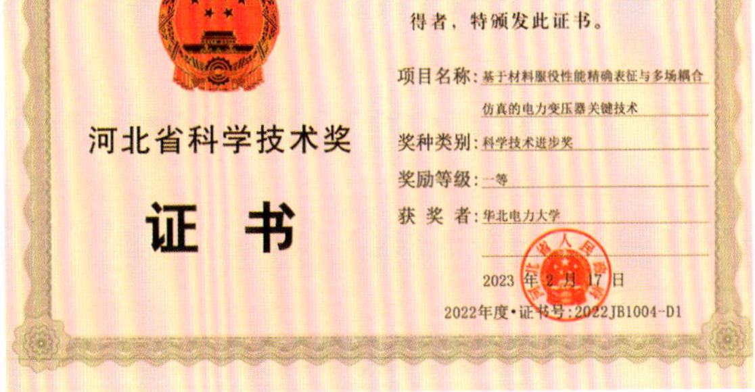

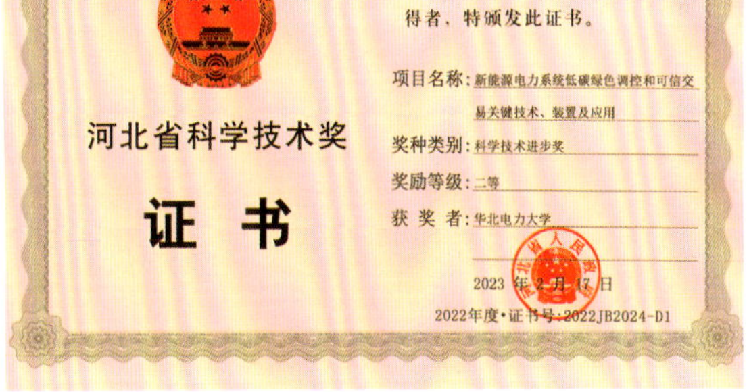

05 华北电力大学科研成果“基于材料服役性能精确表征与多场耦合仿真的电力变压器关键技术”获河北省科学技术奖科学技术进步奖一等奖（科学技术研究院 供）

06 华北电力大学科研成果“新能源电力系统低碳绿色调控和可信交易关键技术、装置及应用”获河北省科学技术奖科学技术进步奖二等奖（科学技术研究院 供）

01 华北电力大学举行2022年教师节庆祝大会（宣传部 供）
02 陆道纲教授为负责人的“核反应堆工程教学团队”获评2022年北京高校优秀本科育人团队（核科学与工程学院 供）
03 孔英会教授为负责人的“通信系统原理教学团队”获评2022年河北省优秀教学团队（电子与通信工程系 供）
04 张磊教授为负责人的“流体力学及泵与风机教学团队”获评2022年河北省优秀教学团队（动力工程系 供）
05 华北电力大学电气与电子工程学院孙淑艳获第十八届北京市高等学校教学名师奖（电气与电子工程学院 供）

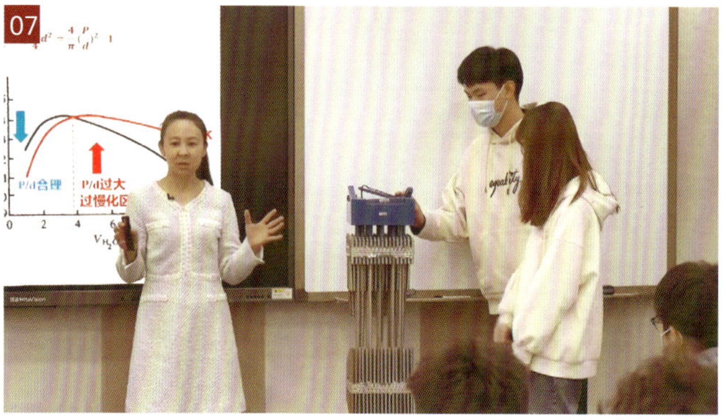

06 华北电力大学控制与计算机工程学院房方获第十八届北京市高等学校教学名师奖（控制与计算机工程学院 供）
07 华北电力大学新能源学院古丽米娜获第五届北京市高等学校青年教学名师奖（新能源学院 供）

01 华北电力大学与保定市人民政府签署校区置换建设合作框架协议（宣传部 供）

02 华北电力大学与北京能源集团有限责任公司签署战略合作框架协议（对外联络与合作处 供）

03 华北电力大学与中国节能环保集团有限责任公司签署战略合作框架协议（对外联络与合作处 供）

01 华北电力大学党委书记周坚带队赴随锐科技集团调研（对外联络与合作处 供）

02 华北电力大学校长杨勇平出席新型电力系统技术创新联盟成立大会并致辞（对外联络与合作处 供）

03 华北电力大学校长杨勇平出席中国电力企业联合会 2022 年年会和 2022 亚太电协 CEO 会议（对外联络与合作处 供）

01

01 华北电力大学与国网北京市电力公司签署合作协议（对外联络与合作处　供）

02

02 中国中车股份有限公司到华北电力大学交流（对外联络与合作处　供）

01 国家能源集团向华北电力大学捐赠抗疫物资（对外联络与合作处 供）

02 华北电力大学与河南省驻马店市确山县召开定点帮扶工作对接推进视频会（对外联络与合作处 供）

03 北京华北电力大学教育基金会举行理事会换届大会（宣传部 供）

01

01 华北电力大学举办“喜迎二十大 奋进新征程”书画摄影展。（校工会 供）

01 华北电力大学学生参加“建党百年路·喜迎二十大”专场朗诵会（艺术教育中心 供）

02 蓝色动力合唱团参加2022年大学生音乐节获最佳表演奖（艺术教育中心 供）

03 华北电力大学学生参与录制央视《奋斗的青春——2022五四青年节特别节目》（艺术教育中心 供）

01 华北电力大学街舞队获 2022 中国大学生健康活力“云”系列大赛街舞团体第一名（体育教学部 供）
02 华北电力大学电气 2014 班任家旺同学获 2022 全国田径分区赛 800 米第一名（体育教学部 供）

03 华北电力大学电气 2015 班刘怡静同学获 2022 中国轮滑巡回赛第一名（体育教学部 供）

04 华北电力大学能动 2208 班裴汝非同学获首都高等学校第 14 届秋季学生田径运动会女子铅球冠军（体育教学部 供）

01 华北电力大学体育中心奠基（宣传部 供）

02 华北电力大学能源电力科研综合楼竣工（档案馆 供）

编辑说明

《华北电力大学年鉴 2023》是一部资料性工具书，由学校档案馆主持编撰。

本年鉴以学校各项事业发展为主线，采用文章和条目相结合，以概述、概况和条目为主体的编撰体例，采用语文体和记述体直陈其事，力求简明扼要且不评论。

本年鉴设有 14 个栏目，以教科研及相关内容为核心，全卷约 160 万字，共选录图片 51 幅、重要文件 8 个、规章制度 9 个、各类统计表 43 个。各项数据以 2022 年 12 月 31 日为统计时间节点，部分统计表以各统计部门工作特点的要求为统计口径，并在卷内予以标注。

本年鉴主要反映学校 2022 年 1 月 1 日至 12 月 31 日的重大事件和重要活动，记录各个领域的新成果和新进展。本卷年鉴所收录的文章、条目、图表均由学校各参编单位年鉴特约编辑组织编写和提供。其中，各一体化办公单位的组稿实行统一编写，非一体化办公单位先分别由校部和保定校区独自撰写，后由校部对应单位统稿。所有材料经由各参编单位特约编审予以审核。

本年鉴筹稿工作于 2023 年 1 月始，4 月底结束，6 月底完成统稿审稿工作交付出版社。

本卷年鉴编撰出版工作得到学校和参编单位领导重视和各特约编辑支持，在此谨表谢意。在编撰过程中，我们力求做到资料完整、内容翔实和数据准确。但由于年鉴编撰时间紧、涉及面广和内容庞杂等原因，加上编者水平所限，难免有疏漏或不妥之处，敬请广大师生和读者批评指正，以便勘误。

年鉴编辑部

2023 年 6 月 30 日

The Editor's Declaration

Compiled by the NCEPU Archives Center, the 2022 Volume of *Almanac of North China Electric Power University* serves as a tool and reference book.

With the development of various university causes being the main line, this almanac takes a compiling style in which articles and items are combined, and summaries, situation descriptions and items constitute the main body. It depicts the facts and matters directly in a concise descriptive style without making any comment.

This almanac is composed of 14 sections, focusing on education, teaching, researches and related matters. The whole volume has about 1.6 million Chinese characters, 51 pictures, 8 important documents, 9 regulations, and 43 statistical charts and tables. December 31, 2022 is the statistical closing date for the various data, and marks are made for those statistical tables with different statistical calibers designed on the basis of the work characteristics of the corresponding statistical units.

This almanac mainly reflects the big events and important activities that took place in 2022, from January 1 to December 31, recording the new achievements and progresses in different fields and sectors. All the articles, items, photos, charts in this almanac were prepared and provided by the contributing editors from various university units. The units integrating the office work of the Beijing and Baoding campuses prepared the materials together. As regards those that had not integrated their office work, they prepared independently first, and then the corresponding units in Beijing campus did the final compilation work. All the materials had been checked by the contributing editors from various university units.

The materials collection work started in January, 2023, ended in April, and by the end of June, the almanac will be sent to the publishing house after the final compilation and revision work has been completed.

Much attention has been paid by leaders of the university and various compiling units to the production and publishing work of this almanac. Besides, it has also received great support from the contribution editors. Here, we would like to express our great appreciation for their help and support. In the compiling process, we try to produce an almanac with complete materials, detailed content and accurate data. However, it is inevitable to have some mistakes, omissions and errors due to the limited time, extensive subjects, complex content and the compilers' limited abilities. Therefore, we are pleased to receive your criticism and suggestions to make it better.

The Almanac Editorial Department

June 30, 2023

目　　录

特　载

总　述

大事记

组织机构与干部

党群工作与行政管理

学科建设与教育教学

科技研究与成果转化

科研机构与平台建设

合作交流和对外联络

院系部建设

教科研设施与服务保障

规章制度建设

重要文件

统计报表与附录资料

索 引

CONTENTS

Construction of Scientific Research Institutions and Platforms

Cooperation, Exchange and Foreign Connections

Construction of Schools, Institutes and Departments

Infrastructure and Service Guarantee

Rules and Regulations Building

Important Articles

Statistics and Appendixes

Index

特 载

Special Edition

坚持严的主基调 以优良党风促进学风教风作风建设 以纵深推进全面从严治党引领保障事业高质量发展

——华北电力大学党委书记周坚在2022年全面从严治党工作会议上的讲话

2022年4月19日

同志们：

今天，我们召开学校全面从严治党工作会议，主要任务是：深入学习贯彻习近平总书记在十九届中央纪委六次全会上的重要讲话和六次全会精神，回顾总结2021年学校全面从严治党工作，部署安排2022年重点任务。

刚才，何华同志传达了习近平总书记在十九届中央纪委六次全会上的重要讲话和六次全会精神，对纪检监察工作进行了安排部署，提出了具体要求。请大家认真学习，切实把思想和行动统一到习近平总书记重要讲话精神和党中央决策部署上来，贯彻落实到学校"十四五"高质量内涵式发展的各项工作中去。

2021年是具有里程碑意义的一年，学校党委始终坚持用习近平新时代中国特色社会主义思想武装头脑、指导实践、推动工作，坚持从百年党史中汲取智慧和力量，坚决扛起管党治党、办学治校政治责任，深入贯彻全面从严治党方针，充分发挥党委的引领保障作用，为"十四五"高质量发展开局、起步提供了坚强保证。

*一是坚定不移抓好政治建设。*认真学习贯彻习近平总书记在党史学习教育动员大会上的重要讲话、"七一"重要讲话和党的十九届六中全会精神，制定完善学校党委理论学习中心组制度办法，出台教职工集中学习制度，构建"三类四型"政治理论学习体系，不断强化政治引领和思想武装。把扎实开展党史学习教育作为首要政治任务，高质量、全覆盖开展党史学习教育活动，确定校级层面的"我为师生办实事"工作台账22项，着力解决设施更新、学生食宿、淋浴、用水等师生关注热点问题。党史学习教育官网及全国高校思想政治工作网等刊发我校经验做法409篇，在教育部党史学习教育成果展示平台长期位列前三，得到教育部巡回指导组高度评价。

*二是坚定不移提升思想政治工作质量。*开展"百年奋进有我行""讲述我身边的育人故事"等教师思政系列活动，2个集体和多名教师获北京市德育工作先进、河北省师德标兵、北京市教学名师等荣誉称号。组织学生参与服务保障庆祝建党百年和北京冬奥志愿活动，上好思政大课。学生分别获评全国高校"百名研究生党员标兵""中国大学生自强之星"等荣誉。全面开设"习近平新时代中国特色社会主义思想概论"必修课，用党的创新理论铸魂育人。统筹推进思政课程和课程思政建设，实现课程思政100%覆盖，3门课程入选教育部课程思政示范课程。思政课教师分别获第二届全国高校思想政治理论课教学展示活动一等奖、北京高校教书育人"最美课堂"二等奖。《人民日报》《光明日报》等主流媒体刊发学校思政工作多篇研究成果。

*三是坚定不移提升基层组织力。*首次参加北京市党建和思政工作先进校评选，夯实党建基础，获评北京高校党建思政工作特色项目。开展保定校区基层党建和思政工作专项自查及"回头看"，推动党建提质增效。实施"基层党建质量攻坚行动"，加强校内"标杆院系""样板支部"培育工作。1个学院、3个党支部入围教育部第三批全国党建工作"标杆院系""样板支部"，2个教师党支部入选全国高校"双带头人"党支部书记工作室。

*四是坚定不移落实管党治党责任。*强化对"一把手"和领导班子的政治监督，开展对下级一把手谈心谈话，压实主要负责同志第一责任和领导班子成员"一岗双责"。首次开展二级单位党政主要负责人向纪委全会述责工作。加强对疫情防控、招生就业、招标采购、人才招聘等重点领域的日常监督。对2017年教育部党组巡视整改任务和8个二级党组织校内巡察整改完成情况进行专项监督检查，分两轮次对17个二级党组织开展巡察"回头看"，对9个二级党组织开展新一轮常规巡察，基本实现二级党组织巡察全覆盖。组织思政课专项巡察，加快推进思政课改革创新步伐。开展"一对照两结合"映射式整改专项工作，推动两地47个职能部门和6个院(系)党组织对照自查，不断优化学校政治生态。

*五是坚定不移引领保障学校事业高质量发展。*强化顶层设计，领导推动学校"十四五"发展规划、新一轮"双一流"方案和"碳达峰碳中和行动计划"的编制实施；推动大学章程修订和规章制度"废改立"，提升大学治理效能。推动教学、科研各项事业改革发展，召开学校首次研究生教育工作会议，人才培养质量稳步提高；科技创新能力不断提升，深度参与HR实验室

建设，签署战略合作协议；获批首批国家储能技术产教融合创新平台，生物质发电成套设备国家工程实验室成功转设为新能源发电国家工程研究中心；校企合作力度、效度不断加深，圆满完成大学理事会换届，“一企一平台一方案”校企合作模式日益完善。推动解决学校空间发展难题，保定校区置换建设项目获得教育部批准立项，取得重大进展。坚决落实中央疫情防控要求，压紧压实疫情防控责任，保证师生生命健康和校园安全稳定。

这些成绩的取得，是贯彻落实习近平总书记关于教育重要论述及重要指示批示精神的具体体现，是上级党组织悉心指导和大力支持的结果，是学校各级党组织和全体党员、全体干部师生团结一致、辛勤付出的结果。在此，我代表学校党委，向全体干部师生致以诚挚的感谢和崇高的敬意！同时，我们也要清醒地看到，与新形势下中央全面从严治党的要求相比，与学校师生对高质量发展的期待相比，我们的工作还存在差距和不足。一是全面从严治党主体责任落实不够扎实，部分基层党组织政治功能发挥不够充分。二级党组织主体责任压得不够紧不够实，有的党组织书记政治站位不高、政治能力不强，对本单位问题缺乏敢抓敢管的底气和勇气，推进管党治党向基层延伸存在断点堵点。二是监督体系不够健全，各类监督贯通协同整体效应不够明显。对“一把手”和领导班子成员政治监督体系有待进一步完善，对基建招标、科研管理、继续教育等重点领域和关键岗位的监督有待加强，对同级监督还缺乏有效举措。三是形式主义、官僚主义问题仍不同程度存在，有的重形式轻实效，有的重管理轻服务，对师生诉求掌握和回应不够，在继承弘扬党的光荣传统和优良作风上做得不到位。有的党员干部规矩意识和纪律意识不强，还存在个别违规违纪行为。

以上这些问题，在院（系）、机关和党员干部当中都有不同程度体现，必须引起我们的高度重视。各级党组织和党员领导干部要坚持把自己摆进去、把职责摆进去、把工作摆进去，发扬斗争精神，勇于自我革命，坚持不懈推动学校全面从严治党向纵深发展。

2022年是党的二十大召开之年，做好今年的全面从严治党工作具有特殊重要的意义。习近平总书记在十九届中央纪委第六次全体会议上强调，要坚持严的主基调不动摇，坚持不懈把全面从严治党向纵深推进。2022年教育系统全面从严治党工作视频会也对坚持不懈把全面从严治党向纵深推进提出了具体要求。就学校而言，今年是“十四五”规划深入实施、“双一流”二期建设、“双碳”行动计划全面实施的重要一年，也是学校的“三风”建设年，再过不久我们将迎来教育部党组巡视，这就要求我们把严的主基调真正落实到贯彻党中央的战略部署上，落实到办学治校的具体实践中，以更高的标准、更严的要求、更优良的学风教风作风，纵深推进全面从严治党，引领保障学校事业实现高质量发展。

今年全面从严治党工作总体要求是：以习近平新时代中国特色社会主义思想为指导，全面贯彻党的十九大和十九届历次全会、中央纪委历次全会精神，深刻认识“两个确立”的决定性意义，增强“四个意识”、坚定“四个自信”、做到“两个维护”，弘扬伟大建党精神，坚持稳中求进的总基调，聚焦迎接学习贯彻党的二十大这条贯穿全年工作的主线，按照“政治引领、党建赋能、思政铸魂、安全固基”的总体思路，不断加强党对学校工作的全面领导，强化严的氛围，坚持不懈把全面从严治党向纵深推进，以优良党风促进学风教风作风建设，充分团结凝聚全校干部师生的智慧和力量，进一步激发师生员工干事创业的激情和活力，以实际行动和优异成绩迎接党的二十大胜利召开。

下面，就做好学校今年全面从严治党工作，我讲几点意见。

第一，以迎接学习贯彻党的二十大为主线，强化政治引领，坚决捍卫“两个确立”、做到“两个维护”

一是精心组织实施全校师生迎接学习宣传党的二十大专项行动。围绕迎接学习贯彻党的二十大这条主线，系统谋划、部署和推进学校各项工作。围绕“奋进新征程、建功新时代”主旋律，系统总结党的十九大以来我校党建和思想政治工作成效经验，开展“青春献礼二十大，强国有我新征程”主题宣传教育活动，营造喜迎二十大的浓厚氛围。党的二十大召开后，推进党的二十大精神学习宣讲全覆盖，加强对党的二十大精神的宣传研究阐释，切实引导广大师生自觉把思想和行动统一到二十大精神上来。

二是加强校院领导班子政治建设，增强“四个意识”，坚决做到“两个维护”。聚焦学习贯彻落实习近平新时代中国特色社会主义思想，坚定不移地把“两个确立”真正转化为做到“两个维护”的政治自觉、思想自觉和行动自觉。强化标杆意识，时时处处与习近平总书记重要指示精神、党中央重大决策部署对标对表，按照学校党委的统一部署要求，从讲政治的高度推进全年各项工作，做好任务细化分解。开展提高校院（系）党委和领导干部政治能力专项行动，把总书记的要求和中央决策部署全面系统落实到办学实践中。

三是扎实推动党史学习教育常态化长效化。认真贯彻落实中央《关于推动党史学习教育常态化长效化的意见》，常态化长效化开展党史学习教育。巩固“我为师生办实事”实践活动成果，持续推进“干实事、谋大事、长本事”工作台账攻坚。践行“以师生为中心”理念，梳理服务事项、完善服务流程、提高服务效率、提升服务质量，建设“一站式师生服务大厅”。

四是加强党对学校工作的全面领导。进一步强化学校党委在办学治校中的核心作用。健全完善党委领导下的校长负责制的有效执行机制，严格落实党委全委会、党委常委会、校长办公会制度，严格落实院系级党组织会议、党政联席会制度，修订“三重一大”决策制度。坚持党的领导和依法治校相统一，推进大学章程修订，健全以章程为核心的现代大学制度体系。加强党对统战工作领导，支持民主党派和统战团体建设，做好党外知识分子工作。加强党对群团、离退休、学生社团等工作的领导，发挥工会、共青团、教代会、学代会、研代会凝聚师生、服务师生的积极作用和关工委、离退休教职工的独特优势，汇聚高质量发展合力。

第二，以贯彻落实《中国共产党普通高等学校基层组织工作条例》为重点，不断提升党组织政治功能和党建质量

一是提升基层党建质量。落实教育部“质量党建”总要求，全面推广“双循环”质量测评标准，实施“基层党建质量提升计划”，编制发布《华北电力大学党建质量年度报告》。开展基层党组织生活观摩指导，推动院系级党组织提升“两个会议”质量、规范党支部书记例会和室务会议制度、制定行之有效的政治把关工作机制。实施基层党建重点难点项目支持计划，研究破解纵向支部设立、高层次人才和青年教师发展党员等问题。推进教师党支部书记“双带头人”队伍质量攻坚，开展院（系）党组织书记抓党建笔谈、大学生党支部书记党务工作能力展示等活动。实施“435”聚合引领计划，做好新入选的全国党建工作“标杆院系”“样板支部”培育创建工作，启动研究生“样板支部”培育建设，通过“合格—先进—标杆（样板）”三阶提升机制，推动全校基层党组织全面进步全面过硬。

二是推进党建和事业发展深度融合。以提升组织力为重点，充分发挥基层党组织思想引领和组织协调作用，切实提高落实中央战略决策及学校重大部署的执行力和落实力。要锚定国家战略、提高政治站位，扎实推进《“十四五”规划目标任务分解清单》落实，加快实施“碳达峰碳中和行动计划”和新一轮“双一流”建设。要紧密结合各单位职能和学校中心工作，聚焦人才队伍建设、重大科研平台攻关、卓越工程师培养、校园空间拓展、“三风”建设等重点任务，以高质量党建团结师生、引领改革、激发动力，在凝心聚力、攻坚克难、创新突破中彰显党组织的凝聚力和战斗力。围绕“红色讲台构筑”“科研攻坚报国”“党徽闪耀岗位”三方面，开展教职工党支部“一融双高”系列活动，形成教学、科研、管理服务一线党支部、党员先进典型和优秀案例，积极营造力争一流、干事创业良好氛围。

三是加强干部队伍建设。坚持党管干部，深入贯彻新时代党的组织路线，严格落实干部选拔任用工作程序，把政治标准贯穿选人用人全过程。统筹推进党员干部教育培训工作，结合学校发展面临的新形势新要求，加强年轻干部的选拔、培养和管理，着力增强干部斗争本领，打造敢于斗争、善于斗争、勇于自我革命的干部队伍。

四是汇聚一流创新人才。坚持党管人才，深入贯彻中央人才工作会议精神，召开学校人才工作会议，全方位培养、引进、用好人才。把人才队伍特别是高层次人才队伍建设作为重中之重，聚焦“双碳”战略，探索与大学理事会单位共同引才育才新机制。强化院系级党组织对人才引进的政治把关，压实院（系）人才工作主体责任，形成选才用才工作合力。

第三，以立德树人为根本任务，推动思想政治工作守正创新，统筹资源上好“大思政课”

一是着力构建“时代新人”培育体系。对标教育部“时代新人培育工程”，实施“时代新人培育计划 2.0”，将理想信念教育贯穿人才培养全过程，把握“七一”、“十一”、开学典礼、毕业典礼等重要时间节点，深挖资助、心理、就业等各方面育人元素，构建立体化育人格局。以激发学生自主学习热情、提升学生学习实效为主线，开展学风建设行动计划。深入推进“大思政课”建设，组织学生冬奥志愿者开展主题宣讲，上好冬奥思政大课。深化“三全育人”综合改革，推进思想政治工作进学生社区，汇聚协同育人合力。实施“新时代学生引路人”计划，强化辅导员、班主任等学工队伍建设。广泛开拓就业渠道和就业岗位，全力做好就业创业工作。

二是统筹推进思政课程和课程思政建设。深入贯彻习近平总书记“3·18”重要讲话精神，加强思政教师队伍建设，完善引进、培养、培训体系，扎实推进思政课质量提升和改革创新。做好重点马院申报和建设工作，持续提升马克思主义学院建设水平。加强课程思政顶层设计，制定《课程思政建设行动方案》，评选课程思政示范课和优秀教学团队，设立课程思政建设和教学改革项目，打造“百年电力”等课程思政精品课，成立课程思政宣讲团加强教师培训，推进课程思政与思政课程协同育人。

三是大力提升教师思政工作质量。充分发挥党委教师工作委员会统筹协调作用，完善工作机制，压实院（系）责任，构建学校党委、院（系）党组织、教师党支部三级联动的教师工作机制。开展第三届“我身边的好老师”评选、“为师之道”研学班和高层次人才读书班，持续打造师德师风建设活动品牌。通过教职工荣退仪式和讲述“我的育人故事”等活动，充分发挥先进典型在师德师风和教育教学中的引领示范作用。召开师德警示教育大会，持续加强师德监督管理，健全师德师风违规通报制度。深入推进教风作风建设，发布《机关工作人员行为公约》《教师课堂教学礼仪倡议》，提升教师队伍育人育德能力，涵养培育“大先生”的校园文化氛围。

第四，以安全稳定为基本前提，强化总体国家安全观，守牢守好安全稳定底线

一是守牢守好意识形态阵地。坚持马克思主义在意识形态领域的指导地位，牢牢掌握意识形态工作领导权、管理权、话语权，加强舆论引导，奋力唱响主旋律。深入推进意识形态工作“五个纳入”，健全完善校院（系）意识形态工作领导体制和工作机制，推动意识形态工作责任制落实落细。做好意识形态工作专项督查和阵地普查，推进《论坛、讲座、报告会、研讨会管理办法》落实，出台新媒体平台、在线课程等各类意识形态阵地管理制度，确保各类意识形态阵地可管可控。加强意识形态研判分析，定期开展师生思想动态摸排调研，及时发现苗头性、倾向性问题，切实维护学校意识形态领域安全稳定。

二是抓紧抓实抓细疫情防控。坚持"外防输入内防反弹"的总策略和"动态清零"总方针，克服麻痹思想、厌战情绪、侥幸心理、松劲心态，压实"四方责任"，落实"四早"要求，不折不扣落实教育部和地方疫情防控各项部署要求，守住不发生校园聚集性疫情的底线。加强全员健康教育，强化校门管控和人员管理，完善常态化核酸检测抽检机制，推动疫苗应接尽接。完善疫情防控应急处置预案，健全应急组织体系，建立网格化分区管理体系，全面提升校园应急处置能力。疫情防控是对学校治理能力治理水平和师生员工大局观、执行力、战斗力的全面检验，各级党组织、各单位和全体党员、全体干部要进一步提高政治站位，深刻认识做好疫情防控工作的特殊重要性，做到守土有责、守土尽责，不断织密织牢校园常态化疫情防控网。

三是建设更高水平的平安校园。要强化大安全观，突出抓好党的二十大等重大活动期间校园安全稳定工作。贯彻落实学校《风险防范责任体系与应急处置总体建设方案》要求，认真梳理排查和防范化解意识形态、网络安全、师德失范、学术伦理、舆情等风险，提升风险防控制度化、规范化、科学化水平。加强实验室安全管理，开展校园治安综合治理，完善防渗透工作机制，强化师生安全教育，为党的二十大召开和学校发展提供和谐稳定环境。

第五，以落实主体责任为牵引，推动"两个责任"贯通联动，进一步压实责任链条、强化严的氛围

一是压紧压实管党治党责任。健全全面从严治党重点任务分解与考评机制，从体制机制上确保全面从严治党各项工作任务落实在具体行动上。进一步推动党委全面从严治党责任清单向基层延伸，签订全面从严治党和意识形态工作责任书，督促指导各二级党组织落实好主体责任。加强对二级单位党政联席会议、党组织会议、民主生活会的监督，常态化开展二级单位"一把手"履职谈话和履责问询，推动各二级党组织主体责任和"一把手"第一责任落实落细。

二是推进各类监督贯通融合。以党委全面监督为统领，发挥监督保障执行、促进完善发展作用，抓实监督体系融入学校治理体系。做深做实同级监督，建立健全党委、纪委定期会商沟通制度。用好巡察监督，编制校内巡察第二个"五年规划"，启动新一轮校内巡察，推动校内巡察全覆盖。充分发挥纪委专责监督作用，推动纪委自身改革发展，强化纪检干部队伍建设，提升纪检监察规范化水平。紧盯习近平总书记深刻指出的高校 10 个重点领域和关键环节（选人用人、招生考试、财务管理、科研经费、基建后勤、校办企业、附属医院、合作办学、学术不端、师德师风）及非主业领域（校办企业、非学历教育）存在的廉政风险，推进纪律监督、巡察监督、审计监督统筹衔接，形成大监督工作格局，增强监督治理效能。

三是锲而不舍深化作风建设。习近平总书记在中央纪委六次全会和今年春季中央党校中青班开班式上，都对干部作风提出明确要求。要以永远在路上的韧劲整治形式主义、官僚主义顽瘴痼疾，健全常态化整治工作体制机制，进一步畅通师生反映问题渠道，坚决整治只做表面文章、不求工作实效的形式主义、官僚主义问题以及不作为、不担当的懒政怠政问题。要以钉钉子精神系统推进学风教风作风建设，重点整治文风会风，切实减轻基层负担，让基层把更多精力放在落实上级和学校决策部署、推动事业高质量发展上。同时各级党组织的广大党员干部也要深入基层，切实了解师生所思所想，积极解决师生关注的现实问题。要以零容忍态度严肃执纪问责，坚持有案必查、有腐必惩，精准有效用好问责利器，深化"四种形态"运用，扎实开展"以案为鉴、以案促改"警示教育，一体推进不敢腐、不能腐、不想腐的"三不"机制建设。

第六，以迎接教育部党组巡视为当前重要政治任务，全力做好迎巡准备、巡视配合和后期整改落实

一是提高政治站位，统一思想和行动。根据部党组巡视工作统一部署，近期教育部巡视组将进驻学校开展为期 7 周的巡视工作。时隔五年，学校再次迎来教育部党组巡视，是部党组对学校的"政治体检"，也是对学校党委五年来履职成效的全面检验，更是推动学校事业发展的一次重要契机。全校各级党组织和全体党员、干部要从讲政治、讲党性的高度，进一步提高政治站位、深化思想认识，切实把思想和行动统一到部党组巡视工作部署上来，以高度的政治自觉、严肃的工作态度和扎实的工作作风，诚恳、主动接受巡视监督。

二是全力支持配合，积极保障巡视工作顺利开展。要切实加强综合协调，相关工作组要服从巡视工作安排，严格按照部巡视办的工作要求和巡视组的工作安排，不折不扣做好支持、配合和服务保障工作。要切实加强材料凝练总结，巡视需要的资料，各牵头单位负责同志作为第一责任人，要统筹协调、认真准备、审核把关，客观真实，及时提供。要切实强化政治担当，巡视期间有关会议、个别谈话、调研走访、材料补充等各项工作，相关单位和负责人都要坚决服从、积极配合，全面落实巡视组各项要求，我们要本着对组织负责、对同事负责、对自己负责的态度，做到工作汇报全面真实、问题反映客观准确、意见建议中肯务实，要言必有据，讲成绩不夸大其词，讲问题不隐瞒回避，确保巡视工作顺利进行。要严肃巡视工作纪律，严守工作岗位，及时完成巡视组交办工作任务的同时，把全力推进年度重点工作与积极配合做好巡视工作有机结合起来，坚持做到两手抓、两不误、两促进，统筹兼顾，协调推进。

三是扎实做好"后半篇文章"，以高质量巡视整改促进高质量发展。要把做好巡视整改作为推进全面从严治党的重要抓手、推动工作的重要契机，坚决贯彻严的主基调，抓好部党组巡视发现问题整改落实。其中，对于能够立行立改、即知即改的，各级党组织和党员干部要坚决扛起整改政治责任，主动认领、认真研究、逐一落实、对账销号，确保责任到位、整改到位。对于需要长期坚持、长期推进的有关问题和建议，要进一步查漏洞、补短板，建立问题清单、明确责任主体、逐项对照检查、限期整改落实，全力推动巡视整改工作见真章、出实效。同时，要以此次教育部巡视为契机，坚持举一反三、标本兼治、立足长远，持续抓好巡视整改成果运用，大力推进以巡促改、以巡促建、以巡促治，努力把巡视整改效果转化为学校治理效能，巩固完善管长远、管根本的制度体系和治理体系，不断推动全面从严治党向纵深发展。

同志们，全面从严治党永远在路上。做好新赶考路上的全面从严治党工作责任重大、使命光荣。我们要以习近平新时代中国特色社会主义思想为指引，大力弘扬伟大建党精神，坚持严的主基调不动摇，以自我革命精神推动全面从严治党不断走向深入，以优良党风带动学风教风作风，充分发挥全面从严治党对学校事业高质量发展的引领保障作用，以实际行动和优异成绩迎接党的二十大胜利召开！

聚人才 强平台 优氛围
赋能高质量发展新跨越

——华北电力大学校长杨勇平在第七届教职工代表大会第四次会议上的报告

2022年3月4日

各位代表：

现在，我代表学校向大会报告工作，请予审议，并请列席的同志提出意见。

一、2021年主要工作

2021年是党和国家历史上具有里程碑意义的一年，也是学校发展史上固本开新的关键一年。一年来，在学校党委的坚强领导下，我们在深刻感悟伟大建党精神中砥砺科教报国初心使命，在扎实开展党史学习教育中开启"十四五"发展新征程，在积极应答"双碳"时代命题中书写高质量发展新篇章，圆满完成全年各项工作目标任务，特色鲜明高水平研究型大学建设持续迈上新台阶。

（一）学党史庆百年，进一步筑牢信仰之基

学校党委系统谋划、认真部署，把党史学习教育作为首要政治任务和头等大事，持续开展具有针对性、多样性的全覆盖学习活动，制作专题纪录片《中国电力之光》，成立21世纪马克思主义研究中心并召开首次研究峰会，打造红色资源研学高地。务实有效举办庆祝建党百年系列活动，622名青年师生参与建党百年现场大会、文艺演出等重大庆祝活动，在天安门广场发出了"请党放心，强国有我"的时代强音。深入学习贯彻习近平总书记"七一"重要讲话，全体华电人共同上好"百年党史必修课"，在学思践悟、学做结合中实现与学校中心工作的同频共振。"我为师生办实事"活动扎实推进，一批师生"急难愁盼"问题得到有效解决或有力缓解。《光明日报》以整版篇幅对学校学习教育情况进行了报道。学校在教育部党史学习教育成果展示平台长期位列前三。党员干部和广大师生接受深刻的政治教育和精神洗礼，切实增强拥护"两个确立"、做到"两个维护"的思想自觉行动自觉。

（二）聚焦"双碳"战略，科学描绘"十四五"发展蓝图

深刻审视碳达峰碳中和等重大国家战略给学校带来的机遇和挑战，通过广泛深入调研和多方征求意见，高质量编制完成学校"十四五"发展规划。以大学总体规划为龙头，高标准推进保定校区分规划、8个专项规划和13个学院（部）规划编制工作。把深度服务"双碳"战略作为学校未来发展的重大机遇和战略抓手，认真组织编写并在国内高校率先发布碳达峰碳中和行动计划，围绕学科专业拓新、人才培养提质、科技创新登攀、开放合作升级、高端师资汇聚、零碳校园建设等六方面行动提出目标举措，进一步彰显学校特色、展现时代担当。强化"十四五"规划、"双一流"建设方案、"双碳"行动计划的有机统筹和一体推进，形成指引未来五年乃至更长时期事业发展的战略合力。

（三）强化"双一流"建设，学科交叉融合迈出坚实步伐

高质量完成"双一流"首轮建设任务，服务国家战略需求和能源电力行业转型升级成绩突出，学科体系构建成效显著。高标准编制新一轮"双一流"学校整体建设和一流学科建设方案，完成2021年度建设项目论证、立项和建设工作，顺利开启第二轮"双一流"建设新征程。深入推进学科交叉融合，自主设置储能科学与工程、氢能科学与工程两个交叉学科，完成"清洁能源学"北京市高精尖学科中期考核，积极谋划布局碳达峰碳中和学科体系，学科发展格局进一步优化。完成学位授权审核复审工作，获批能源动力专业学位博士点，实现学校专业学位博士点零的突破。

（四）深化教育教学改革，人才培养质量稳步提高

"三全育人"工作格局和"五育并举"人才培养体系进一步完善，思政课程和课程思政协同发力，3门课程入选教育部课程思政示范课程，7门课程入选北京市课程思政示范课，4个项目入选河北省年度课程思政示范课程，"德法兼修"课程思政教学研究中心入选河北省示范中心。教育教学改革深入推进，制定实施新版本科人才培养方案，推进集成电路设计与集成系统等前沿交叉专业建设，获批河北省新型电力系统现代产业学院。5个项目入选教育部第二批新工科项目，4个项目入选教育部首批新文科项目，7门课程获批北京市优质本科课程。召开学校历史上首次研究生教育工作会议，出台系列研究生教育改革文件，研究生招生规模和培养质量同步提升。育人成果丰硕，学生获全国高校"百名研究生党员标兵""中国大学生自强

之星”“大学生年度人物”入围奖等荣誉称号，在中国国际“互联网＋”大学生创新创业大赛全国总决赛中取得1银1铜佳绩。

（五）推进有组织科研，科技创新结出新硕果

学校跻身首批三所国家储能技术产教融合创新平台“挂帅”高校，生物质发电成套设备国家工程实验室成功转设为新能源发电国家工程研究中心。深度参与HR实验室建设，持续推动太阳能高效转化利用国家重大科技基础设施立项建设。保定校区新增2个省部级平台。全年新增各类项目合同总经费达11.2亿元，比2020年增长40％，承担国家科技项目的能力进一步提升。积极推动科研奖励培育申报，组织制定三年奖励培育计划，全年共获科研奖励100余项，其中，牵头获得省部级科技一等奖2项。学校教授呈报的调研报告得到中央领导同志重要批示。

（六）完善“引育用”机制，人事人才工作取得新成绩

紧扣师德师风第一标准，实现师德专题教育全覆盖，出台实施教职工集中学习制度，严把人才引进政治关、师德关，不断提升师资队伍思想政治素质和育德育人能力。广拓人才渠道，引进各类高层次急需人才19人，147名青年才俊加盟华电。扩大以“新讲师博士后”为主体的博士后科研人员招收规模，43人顺利入站。推进各项教育评价改革举措逐步落地，修订出台教师绩效奖励、高层次人才岗位聘用等规章制度，强化分类评价、分类晋升考评体系建设，鼓励教师在不同岗位实现人生出彩。

（七）加大开放发展力度，对外合作和社会服务展现新风貌

实现大学理事会成功换届，建立健全“一企一方案”差异化合作新模式，与华电集团共建“高效清洁智能发电联合研究院”；与三峡集团联建“三峡华电智慧电站技术创新中心”，首期投入科研经费近亿元。全面深化校地合作，与北京昌平区开展新时期全方位战略合作，与保定市就保定校区置换建设进行多轮磋商交流，取得重要进展。聚力打造政府支持、高校牵头、行业企业组成的“1＋1＋N”新型创新联合体，推动储能领域关键技术攻关。国际合作交流持续加强，与德国波鸿鲁尔大学、美国伯克利大学开展联合人才培养，成为欧洲风能科学院正式会员，共同倡议成立“碳中和世界大学联盟”。多措并举做好校友基金工作。持续推动继续教育稳中有进。精准做好教育扶贫“后半篇”文章，学校在中央单位定点扶贫工作年度成效考核中获得最高等次评价。

（八）推进规章制度“立改废”，治理体系治理能力实现新提升

坚持依法治校、依规办学，成立学校法治工作领导小组，制订或修订完成《关于加强学校法治工作的意见》《规章制度管理办法（修订）》等制度文件，法治工作基础进一步夯实。落实学校党委“制度建设年”部署，推进大学章程修订，持续开展规章制度“立改废”，全年完成新建规章制度41项、修订56项、废止96项，制度体系建设取得阶段性成果。以教育评价改革为切入点，强化各方面工作体制机制建设，专业技术职务评审、校属企业转制等领域改革加快推进，综合改革不断向深水区挺进，治理体系和治理能力现代化水平进一步提升。

（九）改善基本办学条件，服务保障水平进一步提高

持续构建多元筹资渠道，学校全年完成收入28.83亿元，同比增长24.47％。积极推进北京校部东区土地规划调整及保定校区置换建设相关工作。北京校部能源电力科研综合楼实现竣工。启动智慧校园建设，积极创建绿色校园，推进新一轮资产大清查。建成学生生活热水多能互补综合能源系统，实现北京校部学生宿舍“生活有热水，洗浴不出楼”全覆盖。升级改造多媒体教室193间、安装常态化录播系统245间、更换1.1万套教室桌椅，教学环境明显改善。稳定校内生活物价水平、增设室外固定晾晒场地、安装充电桩、定制专属校园共享单车、优化校园交通治理，一系列民生工程有效推进。同时，图书、期刊、档案、高教研究、医疗等服务保障能力获得新提升，师生获得感、幸福感、安全感不断提高。

（十）加强党的全面领导，党建思政工作成效显著

首次参加北京高校党建思政“先进校”申报迎检，开展保定校区基层党建和思政工作专项自查、整改及“回头看”，党建工作“四大体系”进一步完善。一项目获批第一批北京高校党建和思想政治工作特色项目，一成果荣获北京市党建研究会优秀自选课题成果二等奖，两课题获批河北省高校党建重点课题立项，两个教工党支部入选全国高校“双带头人”教师党支部书记工作室。“三融合、四统筹”大思政工作体系日臻完善，获评高校网络教育优秀作品推选展示活动优秀组织奖。加强干部管理制度建设，严格干部队伍考核，着力锻造政治能力，提升队伍建设整体水平。保定校区连续四届获评“河北省文明校园”。慎终如始做好常态化疫情防控，一以贯之抓好意识形态工作，扎实推进平安校园建设，切实保障师生生命健康和校园安全稳定。同时，党对纪检监察、巡察、统战、群团、离退休、保密等工作的领导得到全面加强，事业高质量发展的保障不断夯实。

回顾过去一年，我们一路步履铿锵，收获丰硕成果，全校上下创建特色鲜明高水平研究型大学的信心、底气和能力进一步增强。全国政协副主席、中国科协主席万钢同志亲临指导，给予学校发展高度肯定。这些成绩的取得，得益于教育部、北京市、河北省等上级部门的正确领导，倾注着全校师生员工共同奋斗的心血和汗水，凝结着理事单位和社会各界的鼎力支持

和倾情帮助。在此，向全体师生员工、广大校友，向理事单位和所有关心支持帮助华电建设发展的社会各界人士，表示最衷心的感谢和最崇高的敬意！

思危方能居安，知不足才能进步。我们必须清醒看到，对照国家所需、时代所向、师生所盼，学校发展还存在较大差距。主要是：高层次人才和优秀青年人才引育能力依然偏弱，人才队伍活力创造力有待增强；国家级平台建设需要持续发力，解决"双碳"领域"卡脖子"技术、服务国家重大需求的能力仍需进一步提高；学生自主学习动能不足、教师教书育人动力不够，学风教风建设还存在薄弱环节，创新人才培养模式与机制亟须完善；改革创新、攻坚突破、狠抓落实的意识和能力仍需增强，作风建设还要久久为功；办学资源瓶颈日益凸显，民生领域还存在不少短板。今后一段时期，学校将全面实施"十四五"发展规划、深入推进"双碳"行动计划、全力推动"双一流"高质量建设，努力打造一流人才培养主阵地、国家战略科技力量生力军、服务"双碳"目标先锋队，为我国建设世界重要人才中心和创新高地、推进高水平科技自立自强、实现碳达峰碳中和等重大战略提供重要支撑。任务艰巨、前所未有，使命光荣、责任重大。我们必须遵循历史逻辑、顺应时代潮流、紧随国家战略，不断增强机遇意识、危机意识，在服务"国之大者"、推进"双一流"建设中踔厉奋发、笃行不怠，加快建设特色鲜明高水平研究型大学，奋力答好新时代的华电考卷。

二、2022 年工作思路

2022 年是党的二十大召开之年，是"十四五"规划实施承上启下的关键之年，也是学校"双一流"建设蓄势聚力、改革治理突破提升、服务"双碳"全面起航的重要一年，时间节点非常特殊和关键，做好今年各项工作意义十分重大。2022 年工作的总体要求是：以习近平新时代中国特色社会主义思想为指导，全面贯彻落实党的十九大和十九届历次全会精神，深入贯彻习近平总书记关于教育、人才、科技、能源以及碳达峰碳中和等工作的重要论述及指示批示精神，在学校党委的坚强领导下，聚焦"双一流"目标和"双碳"战略，全面落实立德树人根本任务，全面实施"十四五"规划，全面深化综合改革，全面推进高质量发展，加快构建更加契合经济社会发展需求的高水平办学体系，持续书写特色鲜明高水平研究型大学建设新华章，以优异成绩迎接党的二十大胜利召开。

做好今年和今后一段时期的工作，必须牢牢坚持问题导向，紧盯人才、平台、学风教风作风等主要短板精准发力、持续攻坚，以关键领域新突破引领带动高质量发展新跨越。要进一步认识到，人才特别是高层次人才作为事业发展的第一资源、第一要素、第一推动力，在学校迈向一流大学的征程中居于特殊重要的战略引领地位；要进一步认识到，平台尤其是高水平科研平台作为战略科技力量的主要载体、创新能力和潜力的重要体现，在集聚高端创新资源、开展高水平创新创造中的关键牵引作用；要进一步认识到，学风、教风、作风集中反映和体现一所大学的办学思想、教育质量和治理水平，是最为关键的文化软实力和无形的核心竞争力。更要进一步认识到，这些关键短板如果得不到有效破解和全面补齐，"双一流"高质量建设便无从谈起，未来美好蓝图就难以顺利成真。我们要切实增强时不我待的紧迫感、只争朝夕的使命感、奋斗有我的责任感，保持"愈进愈难、愈进愈险"的清醒，笃定"不进则退、非进不可"的决心，拿出"越是艰险越向前"的勇气，聚焦人才核心短板、平台关键瓶颈、"三风"重要内核奋力攻坚克难、加速赶超突破，以更高水平的人才队伍、更高质量的科研平台、更加优良的学风教风作风，赋能"双一流"建设行稳致远、推动高质量发展跨越提升，实现一流大学建设持续突破。

——要坚持以人才为本，聚力构筑一流人才新高地。面向 2022 及更长远未来，必须树立和落实"大人才观"，把深入推进人才队伍特别是高层次人才队伍建设作为重中之重，以更加宽阔的视野、更加开放的理念、更加有力的措施，在引育人才、激发活力、提升效能、优化生态上下功夫求突破，持续打造一流领军人才和创新团队，培养造就一支充满活力、更具竞争力的青年人才队伍，构建全链条人才支持服务体系，努力把华电建设成为人才成长的沃土、人才汇聚的高地，将各方面的优秀人才集聚到学校各项事业发展的生动实践中来，让各类人才的创造活力竞相迸发、聪明才智充分涌流，为特色鲜明高水平研究型大学建设汇聚更加磅礴的力量。

——要坚持以平台为重，聚力构筑一流创新新高地。面向 2022 及更长远未来，必须把高水平科研平台建设作为科技创新的战略抓手、"双一流"建设的重大支撑，倾全校之力加强国家重大科研平台建设，认真做好国家重点实验室重组工作，全力推动太阳能高效转化利用国家重大科技基础设施培育建设，力争获批低碳灵活燃煤发电技术集成攻关大平台，统筹构建"国家级-省部级-校级"创新平台统一支撑体系。强化有组织科研，依托大平台，凝聚大团队、承接大项目、培育大成果、实现大转化，打通创新链条各环节，提升体系化创新能力，加强基础研究和关键技术攻关，促进高水平科研育人，为特色鲜明高水平研究型大学建设蓄积更加澎湃的动能。

——要坚持以氛围为基，聚力构筑一流"三风"新高地。面向 2022 及更长远未来，必须坚持系统观念，将学风教风作风建设作为固本强基的长远工程、战略工程，立足学生、教师、干部三类主要群体，分类施策、精准施策、定向施策，进一步激发学生勤学向上、追求卓越的原动力，提高自主学习能力，有效增强教师职业使命感、责任感，提升教书育人水平，大力提振干部员工担当实干、奋勇争先的精神状态、增强管理服务效能，打造更加契合时代要求、具有鲜明特色、引领推动高质量发展的学风教风作风建设华电方案，牵引带动教育教学、大学治理等全方位改革创新，为特色鲜明高水平研究型大学建设营造更加优越的文化氛围、凝铸更加深厚的精神力量。

三、2022 年主要工作

（一）聚焦党的二十大胜利召开，以党的全面领导引领保障事业高质量发展

在学深悟透做实习近平新时代中国特色社会主义思想上持续发力，不断增强政治判断力、政治领悟力、政治执行力，拥护“两个确立”，做到“两个维护”，不折不扣落实党中央和上级决策部署。继续深入学习贯彻党的十九届六中全会精神，弘扬伟大建党精神，巩固深化党史学习教育成果。做好迎接、学习、贯彻党的二十大专项工作，精心筹备学校第三次党代会，认真接受教育部党组政治巡视并做好整改工作。充分发挥党委领导核心作用，提升基层党组织政治功能和组织力。深化干部队伍作风建设，强化理论武装、教育培训和评价考核，进一步提振担当作为的精气神；坚持群众路线，践行一线规则，持续纠“四风”树新风，切实增强敬业服务意识和能力水平。深入推进党风廉政建设，把“严”的主基调长期坚持下去，“五抓五促”见真章，坚持以巡促改、以巡促建、以巡促治，贯通协同抓监督，推动全面从严治党形成一级抓一级、层层抓落实的工作格局。进一步加强对统战、群团、离退休等各项工作的领导，努力汇聚推动高质量发展的磅礴力量。

（二）聚焦学风教风建设，着力增强创新人才培养质量

强化学生思政教育。落实立德树人根本任务，深入推进课程思政和思政课程建设，打造 50 门左右课程思政示范课和案例。深入实施“时代新人培育计划”，持续开展习近平新时代中国特色社会主义思想宣传教育，设计开展党的二十大学习宣传活动。不断推进“师生宣讲团”“青春榜样先锋班”等思政品牌建设。培育优秀网络文化创作力量，产出更多高质量作品，做精做强网络思政教育。完善学工队伍“五个平台”建设，大力培育学生健康成长的指导者和引路人。

加强专业和课程建设。围绕“双碳”目标，深入推进新工科、新文科建设，着力培养国家急需的高素质卓越创新人才。优化专业结构布局，积极申报一批战略性新兴专业，调整合并一批相关专业，裁撤停招一批老旧专业。大力推进“双万”专业建设，推动能源与动力工程、工程管理、通信工程、水文与水资源、新能源科学与工程等专业的工程教育认证。强化“双万”课程建设，专项支持建设新兴专业相关课程和学科交叉课程。加强研究生学科核心课程、留学生全英文课程等优质课程建设。

深化学风教风建设。制定出台学校 2022“三风”建设年工作方案，在学校党委统一领导下推动各项方案落地实施。全面加强学风建设，核心是强化思想引领、榜样示范和氛围营造，激发学生内生学习动力、提升主动学习意识、掌握科学学习方法、增强创新创业能力，将学习表现和成效进一步纳入学生综合评价体系，学校、学生、教师、家长多方联动，引导学生在志存高远、刻苦学习、知行合一中敢于筑梦、勤于追梦、善于圆梦。全面加强教风建设，重点是聚焦课堂改革，因课制宜改革教学方式方法，提高课堂教学质量，淘汰水课、改造土课、建设金课。加强线上线下混合式教学建设，促进一二课堂有机联动、课内课外高效协同，注重培养学生批判性思维和解决实际问题的能力。以教育教学投入和实绩为着力点，完善“学校-院系-学生”三级教学质量评价体系，实现人才培养全过程监督。加强教学全生命周期培训，强化教师教书育人的责任感使命感荣誉感，特别是帮助青年教师打牢教学基本功，促进教育理念更新、教学水平提升。实施优秀课堂开放活动，评选研究生优秀导师和团队。以学风教风的全面提升，营造学生乐学、勤学、善学和教师乐教、懂教、善教的浓厚氛围。

促进学生全面发展。坚持以德育立人，深入挖掘各类育人元素，强化价值引领。深化大类培养，逐步推进通识教育改革，涵育学生良好人文素养和健全人格。推进创新创业教育，办好“双创活动月”“大学生创新创业年会”。开齐开足体育课，创新线上线下、课内课外相结合的教学模式。加强心理健康教育，构建“网格化立体式”危机预警防控体系。健全美育公共课程体系，完善美育实践环节。强化劳动教育课程体系建设，设立劳动教学周、教学月。

提升招生就业工作能效。着力打造“以专业教师为主体”的本科招生宣传队伍，创新招生宣传模式，吸引更多优秀学子报考华电。加强研究生招生工作标准化建设，细化“申请-考核”制实施方案，做好工程博士招生规划，稳步提高研究生生源质量。实施“职在四方”计划，完善就业全链条指导支持机制，不断拓宽就业渠道，促进就业结构改善，确保就业率和就业质量双提升。

（三）聚焦构建服务“双碳”学科体系，着力推动“双一流”高质量建设

推动新一轮“双一流”建设。对标“双一流”建设新方位、新使命、新要求，对照既定建设目标任务，出重拳、用实招，进一步补短板、固底板，拉长板、锻新板，促进一流学科建设水平持续提升。修订“双一流”建设管理、资金管理、绩效评价等制度文件，完善“双一流”建设体系和管理运行机制，提高资源配置和资金使用效率，进一步增强建设实效。

大力推进碳中和学科体系建设。积极推行“双碳”行动计划，实施“学科水平提升专项”，分类统筹加大学科建设力度，遴选、支持一批碳中和学科水平提升项目。加强顶层设计和校内协同，高起点建设储能、氢能等新兴学科，论证设立能源安全、碳市场等相关学科，积极打造新能源、新型电力系统、储能、氢能、智慧能源、碳储、碳市场等 7 个领域本硕博学科链条，构建特色鲜明能源碳中和学科生态系统。

促进学科协调发展。聚焦“双碳”重点领域，加强博士点学科内涵建设，加大投入力度，实施强化建设，进一步提升学科实力。深化拓展通用工程学科，建强师资队伍，推进交叉融合，提升发展特色，拓展发展空间。做特做精文理学科，加强政策供给，完善文理学科评价体系，在政策引导、人才引进、资源配置和资金供给等方面给予更大支持。建强马克思主义理论学科，切实推进博士点申报工作，着力打造马克思主义理论教育教学、研究宣传和人才培养的坚强阵地。

健全学科交叉融合机制。制定出台学科交叉融合实施办法等系列政策文件及实施细则，从学科交叉科研体系、人才队伍、人才培养、评价激励、文化氛围等多维度，初步构建学科交叉融合“1＋N”制度体系。设立新兴交叉学科建设与学科交叉融合、交叉学科研究生培养、学科交叉科技创新等专项，推动学科资源精准流向新兴交叉学科重点领域。

（四）聚焦重大科研平台建设，着力打造战略科研力量生力军

构建更高质量科研平台体系。力促新能源电力系统国家重点实验室顺利完成重组。持续深入跟进太阳能高效转化利用国家重大科技基础设施立项工作，做好落地建设准备。继续推进新能源发电国家工程研究中心创新发展。联合地方政府、理事单位等加快国家储能技术产教融合创新平台初期建设工作，认真制订建设方案，高标准完成年度任务。积极推动低碳灵活燃煤发电技术集成攻关大平台申报和立项工作。依托能源发展战略研究院构建能源电力智库联盟平台，形成一批具有前瞻性、综合性的研究成果。健全科研平台考核机制，推进科研平台的规范化精细化管理。深入推进所属企业体制改革工作，进一步提升大学科技园的资源汇聚水平，增强现有学科性公司的盈利能力。推进保密迎检工作，力争获批二级保密资质。

提升承担国家科技任务能力。落实科技创新“五个10”行动，强化国家科技重大专项、国家重点研发计划专项项目的组织、策划与服务。做好项目信息集成，持续优化校内科研资源布局，为校内团队组织项目创造有利条件。加强对高水平科研团队的培育和支持力度。大力引导团队交叉合作、协同创新，在储能、智能电网、新能源、高效清洁燃煤发电等重点方向组织策划国家级重大项目，争取实现新突破。优化重大科研成果奖励长周期跟踪支持机制，密切关注国家科技奖励改革政策落地，提前谋划成果申报，力争诞生重要科研奖励。

完善科研管理体制机制。健全分类、开放的科研考核评价体系，用好科技评价“指挥棒”，持续激发创新活力。进一步深化“放管服”改革，修订科研经费管理相关制度，优化预算调整等管理流程，切实落实国家科研管理政策的“松绑”。优化科研管理系统，加快提升科研管理服务信息化水平。打造交叉科学论坛，营造科学严谨的学术生态和追求卓越的学术氛围。

（五）聚焦引育并举创新机制，着力建设更高水平人才队伍

强化教师思政和师德师风建设。健全学校党委、二级党组织、教师党支部三级联动的教师工作机制，压实基层组织政治和师德双把关职责，做强做实对教师的政治引领、教育引导和日常管理。创新机制落实好教职工每周1次集中学习制度。强化师风建设，以青年教师、海外归国教师、高层次人才等为重点，抓好先进典型选树、师德故事讲述、社会实践锻炼等重点项目。设立“教师青马班”，为引路者引路。开展身心健康知识普及和技能培养。统筹做好师德违规惩处及警示教育工作。

更大力度加强高端人才引育。统筹校院人才引进、培育和使用，压实院系主体责任，加大重点学科、新兴学科、交叉学科等领域灵活引才力度，吸引急需高端人才加速汇聚。瞄准新能源、储能、氢能、碳市场等“双碳”领域，精准引揽世界一流大学博士、博士后等优秀中青年骨干人才。办好能源电力世界青年学者论坛。对接创新人才支持计划，遴选一批基础扎实、能力突出的优秀青年学者，“一人一策”进行有组织科研、有组织配给、有组织申报，助力快速成长。全年力争引育10名左右各类高层次人才。加强博士后科研流动站建设，年度新讲师博士后在站人数达到100人。创新人才管理模式，积极探索与大学理事单位等同聘共用各类人才的有效机制。

进一步激发人才活力。实施薪酬管理体制改革，优化校内津贴结构，加大基础性绩效工资占比，提高竞争性绩效工资调整幅度，更好向优秀人才和关键岗位倾斜。根据不同岗位、专业及教职工贡献、业绩，制定绩效工资管理办法。推动将非事业编制人员薪酬管理纳入学校统筹范围，稳步提高教职工收入水平。启动新一轮专业技术职务岗位聘任，健全多元多维的聘用制度，积极拓展用人渠道，构建全职、兼职、非事业编等多元聘用机制，不断优化师资队伍结构。

（六）聚焦增强实效提升贡献，着力构筑开放办学新高地

推动校企合作迈向更高水平。完善大学理事会运行机制，在凝练谋划重大合作项目和提升社会服务水平上发挥更大作用。从合作内容、管理架构、资源匹配、管理维护、企业反馈等多个维度创新校企合作范式，以“抓平台搭建、抓场景应用、抓合作效益”为主线，继续推动与南方电网、大唐集团、国家电投等理事单位和行业重点企业共建创新联合体，协同攻关行业“卡脖子技术”“首发技术”，力争再添重量级成果。进一步拓展校友、基金工作的广度与深度，不断提升筹措办学资金、争取社会支持的能力水平。

深化深层次校地合作。抢抓HR实验室组建和国家重点实验室重组等重大契机，深度服务北京国际科技创新中心和北京“能源谷”建设，实质性推进与北京昌平区战略合作，力争打造能源产业产教融合示范区。探索与未来科学城共建“双碳技

术转移转化研究院”。发挥区位优势，助力绿色低碳美丽雄安和保定“中国电谷”建设。进一步参与长三角一体化、粤港澳大湾区、海南自贸区等区域战略实施，深度融入区域创新体系。坚决贯彻落实中央定点帮扶工作部署，精准打造高水平校地协同发展“共同体”，助力河南确山、河北阜平等地更好实现乡村全面振兴。

促进国际合作持续升级。继续拓展世界一流大学和“一带一路”沿线大学合作伙伴网络，推进开发港澳合作伙伴大学。创新人才国际化培养模式，积极探索开发“2＋2＋2”“2＋3＋2”本硕连读、“2＋2”“3＋1”本科联合培养，以及“1＋1＋1”硕士联合培养等项目。持续提升现有“111”引智基地的能力和水平。提高外专经费使用效率，实施国际科技合作培育计划，支持教师国际联合开展前瞻性、原创性研究，促进高水平科研成果产出。服务国家外交大局，增强上合组织大学能源合作的实效性、影响力。促进中外合作办学项目新突破，持续推动来华留学提质增效。

（七）聚焦完善制度深化改革，着力激发高质量发展活力动力

深入推进依法治校。严格依法推进完成大学章程修订，进一步体现时代性、前瞻性、引领性。以“试行”“暂行”满两年的规章制度为重点，持续推进制度“立改废”工作，不断健全大学制度体系。加强院系级规章制度建设与管理，推动制度建设进一步向二级单位延伸。建立学校法治工作任务分解清单，出台法治工作测评指标，完善法律事务管理办法。持续强化规章制度、重大合同的合法合规性审查，切实提升合同管理水平。

推动综合改革再深入。发布“十四五”全面深化改革行动计划，形成科学合理的改革实施方案，明确各项改革行动“路线图”和“时间表”。推进保定校区管理运行机制改革，进一步激发校区办学活力和创造力，促进两地融合发展、协调发展、错位发展。全面部署启动以教育评价改革为切入点的系列战略性牵引性重点改革任务，主动破解深层次体制机制难题，为高质量发展注入充沛动能。

（八）聚焦统筹资源优化保障，着力增强师生获得感幸福感安全感

促进资源统筹利用。不断拓展资金来源渠道，确保完成财政收入年度目标。持续树立“过紧日子”思想，做好校内资金统筹，保障年度重点工作经费投入。优化房产资源管理，逐步实现学校整体配置用房，推动科研用房有偿使用，实现房产资源高效利用。推进资产精细化管理，进一步提高使用效率和效益。分步建立实验室资源共享体系，为教学科研及合作交流提供更加便利的条件。

提速智慧校园建设。按照“需求牵引、应用为王、服务至上”原则，加快推进校园信息化数字化建设。完成智慧校园门户改版，打造集数据、办事、消息、新闻一体化的“一网通办”平台。推进人事、学工、教务、科研等系统的数据治理和标准化，实现“一数一源”。深化应用网上办事大厅，新建30项办事流程。建设“一站式”服务大厅。建立纵深网络安全防护体系。提升学校网络基础设施建设水平，完成保定校区学生宿舍区无线网络建设等工程。推进“5G＋零碳智慧校园”项目建设。

持续改善办学条件。加强与上级单位和地方政府沟通协调，积极推进北京校部东区土地征用工作。成立工作专班，加快推进保定校区置换建设相关工作。开工建设北京校部体育中心工程。实施绿色校园行动计划，合理规划设计校园公共绿地，倡导绿色生活方式，力争通过垃圾分类示范校和绿色学校达标验收。不断加强图书、期刊、档案、高教研究等工作，全面提升综合服务水平，让师生获得感幸福感更加充盈。

确保校园安全稳定。始终绷紧疫情防控之弦，严格落实全链条防控责任，因时因势、精准有效完善疫情防控各项措施，织密校园疫情防控网，切实保障师生生命安全和身体健康。深入贯彻总体国家安全观，严格落实意识形态工作责任制，营造群防群控格局，深入开展科技创安，切实保障实验室安全，做好迎接党的二十大安保维稳工作，着力防范化解各种风险、有效应对突发事件，坚决守护校园“一方净土”。

今天，也是2022冬残奥会开幕的日子。在北京冬奥会、冬残奥会筹备和举办过程中，我校142名师生志愿者主动担当作为、无私奉献付出，展现了华电人的家国情怀和才华风采，我们要充分挖掘在服务保障冬奥中涌现出来的先进典型和感人事迹，将参与冬奥盛会的精气神激发出来、传播出去，全校上下携手奏响奋斗有我、一起向未来的时代乐章！

各位代表！征程万里阔，奋斗正当时。让我们更加紧密地团结在以习近平同志为核心的党中央周围，以习近平新时代中国特色社会主义思想为指引，在学校党委的坚强领导下，不忘初心、牢记使命，迎难而上、埋头苦干，坚定信心、勇毅前行，以扛起新使命的责任担当、谱写新篇章的实际行动、推动高质量发展的优异成绩，迎接党的二十大胜利召开！

总　述

Overall Review

华北电力大学简介

华北电力大学是教育部直属全国重点大学，是国家“211工程”和“985工程优势学科创新平台”重点建设大学。2017年，学校进入国家“双一流”建设高校行列，重点建设能源电力科学与工程学科群，全面开启了建设世界一流学科和高水平研究型大学的新征程。2022年，学校顺利通过首轮建设评估并进入第二轮“双一流”建设高校名单，电气工程学科入选第二轮“双一流”建设学科。

学校1958年创建于北京，原名北京电力学院。学校长期隶属于国家电力部门管理。2003年，学校划转教育部管理，现由国家电网有限公司、中国南方电网有限公司、中国华能集团有限公司、中国大唐集团有限公司、中国华电集团有限公司、国家能源投资集团有限责任公司、国家电力投资集团有限公司、中国长江三峡集团有限公司、中国广核集团有限公司、中国电力建设集团有限公司、中国能源建设集团有限公司、广东省能源集团有限公司等12家特大型电力集团和中国电力企业联合会组成的理事会与教育部共建。学校校部设在北京，分设保定校区，两地实行一体化管理。学校现有教职工近3100人，全日制在校本科生2.4万余人，研究生1.2万余人。学校占地1600余亩，建筑面积100余万平方米。

建校六十多年来，学校全面贯彻党的教育方针，坚持社会主义办学方向，扎根中国大地办大学，落实立德树人根本任务，为经济社会发展特别是能源电力事业培养了大批德才兼备的高素质人才。学校坚持以“四个面向”为指针，不断增强科技创新能力，攻克了能源电力行业大批关键技术难题，为推动能源电力高水平科技自立自强作出了重要贡献。进入新世纪特别是党的十八大以来，学校秉承“自强不息、团结奋进、爱校敬业、追求卓越”的华电精神，贯彻“学科立校、人才强校、科研兴校、特色发展”的办学方针，紧抓机遇、乘势而上，各项事业实现跨越式快速发展，日益以崭新姿态朝着特色鲜明高水平研究型大学办学目标稳步前进。

学校设有电气与电子工程学院、能源动力与机械工程学院、控制与计算机工程学院、经济与管理学院、新能源学院、核科学与工程学院、环境科学与工程学院、水利与水电工程学院、数理学院、人文与社会科学学院、外国语学院、马克思主义学院、能源互联网学院、人工智能学院等学院，67个本科专业。拥有“电力系统及其自动化”“热能工程”2个国家级重点学科、“清洁能源学”北京市高精尖学科和25个省部级重点学科；在第四轮学科评估中，电气工程和动力工程及工程热物理两个学科分别位列A档和A－档，第五轮学科评估实现稳中有升目标；“工程学”“计算机科学”“环境/生态学”“材料科学”“化学”和“社会科学”6个学科进入ESI全球前1%行列，其中“工程学”学科进入全球前60强和前1‰行列；拥有6个博士后科研流动站、7个博士学位一级学科授权点、2个博士专业学位授权点、23个硕士学位一级学科授权点和16个硕士专业学位授权点，形成了培养本科、硕士、博士的完整教育体系。

学校拥有一支积极进取、素质优良、结构合理的高水平师资队伍，现有专任教师2090人，其中具有正高级专业技术职务的449人，具有副高级专业技术职务的823人。现有中国工程院院士2人，其他各类高层次人才百余名，有多支高水平研究团队。

学校把人才培养作为中心工作，形成了“厚基础、重实践、强能力、求创新”的人才培养特色，成为教育部首批“卓越工程师教育培养计划”实施高校，获批教育部首批“国家级创新创业教育实践基地”，发起成立“电力行业卓越工程师培养校企联盟”，是中国电力教育协会学生竞赛工作委员会办公室依托单位。学校现有21个国家级一流专业，11个国家级特色专业，4个国家战略性新兴产业相关专业，18门国家级一流课程，3门国家级课程思政示范课程，2个国家级教学团队，1名国家级教学名师，3个国家级实验教学示范中心，3个国家级工程实践教育中心，3个国家级虚拟仿真实验教学中心，1个国家级人才培养模式创新实验区。

学校积极参与国家创新体系建设，在新能源、特高压、智能电网、清洁煤电、核电等重要领域都取得了显著成果，现建有4个国家级科技创新平台、1个国家级国际科技合作基地，7个高等学校学科创新引智基地，以及44个省部级科技平台及研究基地，学校入选国家创新人才培养示范基地。“十五”以来，承担国家重点研发计划、国家科技重大专项、“973计划”、“863计划”、国家科技支撑计划、国家自然科学基金等纵向课题4300余项，获国家级、省部级科技进步奖等430余项。

学校依托大学理事会平台，不断深化产学研合作，与国内外100余家大型能源电力企业达成战略合作关系，共建“能源互联网学院”“智慧能源联合研究院”“海上风电与智慧能源联合实验室”“高效清洁智能发电联合研究院”“智慧电站技术创新中心”等一批重点校企合作平台，共同承担重大研发项目，加快科技成果开发与产业化；学校多方位构建政产学研合作平台，与20余家地方政府签署战略合作协议，围绕战略性新兴产业领域，深化交流与合作，在促进区域科技创新、推动地方经济发展上取得显著成效；学校积极推进校际合作，作为主要发起单位参与组建北京高科大学联盟，实现高校之间的优势资源共享互补，促进校际协同创新。

学校全力推进国际化办学进程，搭建了世界一流大学合作伙伴网络和“一带一路”沿线大学合作伙伴网络，全面开展学生国际交流、院系科研合作等项目，设立中外合作办学项目，提高来华留学生规模和质量。学校积极践行国家“一带一路”倡议，主动承担国家外交任务，承办了多个国家级援外培训项目；与俄罗斯莫斯科动力学院等15所海外高校共同签署“一带一路”能源学院合作伙伴计划；担任上海合作组织大学能源学方向中方牵头院校，建立上海合作组织大学能源智库；在美国设立的西肯塔基孔子学院是北美规模最大的孔子学院。

学校在中国高校中率先发布碳达峰碳中和行动计划，并作为创始成员加入碳中和世界大学联盟。学校将围绕碳中和领域和能源电力行业产业链，构建从基础研究到工程转化完整的创新链，形成双碳引领、学科交叉、特色鲜明、结构完整的世界一流能源电力学科体系，加快培养能源电力领域的高层次创新人才和工程领军人才，为我国构建以新能源为主体的新型电力系统提供坚实的人才支撑和智力支持，在服务国家“双碳”战略中发挥示范引领作用。

站在继往开来的新起点，面向欣欣向荣的新时代，学校将坚持以习近平新时代中国特色社会主义思想为指引，深入贯彻落实党的二十大精神，加快推进“双一流”特色、高质量建设，全力培养德智体美劳全面发展的社会主义建设者和接班人，为把学校早日建成特色鲜明的高水平研究型大学而努力奋斗！为实现中华民族伟大复兴的中国梦不断作出新的更大的华电贡献！

（党政办）

华北电力大学2022年发展概况

2022年，华北电力大学占地面积94.72万平方米，产权校舍建筑面积112.06万平方米。图书馆建筑面积3.97万平方米。固定资产总值451245.9万元，其中，教学、科研仪器设备资产值119944.86万元。拥有教室509间，其中，网络多媒体教室188间。拥有图书280.84万册，数字终端21615台。数字资源量中电子图书1854564册、电子期刊441091册、学位论文8215540册、音视频286162.3小时。学校由教育部举办，为理工院校，设有北京校部和保定校区，设置电气与电子工程学院、能源动力与机械工程学院、控制与计算机工程学院、经济与管理学院、新能源学院、核科学与工程学院、环境科学与工程学院、水利与水电工程学院、数理学院、人文与社会科学学院、外国语学院、马克思主义学院、能源互联网学院、人工智能学院等14个，教学部1个，另设有国际教育学院、研究生院、继续教育学院、艺术教育中心和工程训练中心。开设57个本科专业，覆盖7个学科门类；具有博士学位一级学科授权点7个、硕士学位一级学科授权点23个、专业学位授权类别16个；博士后科研流动站6个，其中，博士后研究人员出站19人、进站38人、在站118人。“双一流”建设学科1个，国家级一流本科专业建设点21个，北京市级一流本科专业建设点23个，北京高校重点建设一流专业1个，北京高校高精尖学科1个。国家重点实验室1个、国家工程技术研究中心1个、国家工程实验室1个；省、部级设置的研究院（所、中心）、实验室22个。教职工3146人，其中，专任教师2106人，包括正高级446人、副高级808人；学校有研究生导师2029人。其中博士生导师315人，外聘博士生导师98人；硕士生导师1048人，外聘硕士生导师568人；工程院院士2人。学历教育学生中毕业生13570人，其中，研究生3722人（博士生196人、硕士生3526人）、普通本科生5894人、成人教育本专科生3954人（本科生3185人、专科生769人）。招生15416人，其中，研究生5846人（博士生414人、硕士生5432人）、普通本科生6167人、成人教育本专科生3403人（本科生3047人、专科生356人）。高考北京地区提档线不限选考专业组612分、物理必考专业组614分、化学必考专业组608分。在校生50355人，其中，研究生16418人（博士生1526人、硕士生14892人）、普通本科生24863人、成人教育本专科生8974人（本科生7981人、专科生993人）。国际学生毕业135（博士生12人、硕士生61人、本科生62人）；招生201人（博士生27人、硕士生41人、本科生133人）、在校生1120人（博士生199人、硕士生257人、本科生664人）。

2022年是党的二十大胜利召开之年，是实施“十四五”规划和“双碳”行动计划、启动新一轮“双一流”建设的关键之年，也是我们不畏艰难、众志成城战胜校园疫情的斗争之年。一年来，我们在学校党委的坚强领导下，坚持以习近平新时代中国特色社会主义思想为指导，深入学习宣传贯彻党的二十大精神，统筹事业发展和安全稳定，办学治校水平进一步提升，较好完成全年各项工作目标任务，克服多重困难和压力，推动高质量发展取得新进展新突破。

——坚持系统谋划、高标推进，在喜迎喜庆党的二十大中增强历史主动和发展自信。把学习宣传贯彻党的二十大精神作为学校首要政治任务，通过“三个阶段、九个项目”营造浓厚氛围，按照“一主、三分、多点”打造4000余名干部师生集中收看大会开幕式的生动场景，以“五个课堂”

为主线开展15项学习宣传系列活动，制定7个领域56项落实举措，我们在回望新时代十年伟大变革中砥砺初心使命，在展望“中国式现代化”美好前景中明确前进方向，全校上下自信自强、守正创新办好社会主义大学的理想信念进一步坚定，为党育人、为国育才的使命感责任感进一步强化，持续将新思想新战略新论断转化为加快“双一流”建设和高质量发展的生动实践。

——坚持有力有序、精准防控，奋力交出抗疫大考的合格答卷。面对起伏跌宕的疫情形势，我们始终坚持师生至上、生命至上，多措并举，科学精准做好常态化疫情防控，经受住了学生返校、校园封闭管理、学生返乡、返京学生校外隔离、网格化应急管理等多重考验。特别是去年11月初以来，两地校园先后爆发突如其来的疫情，我们坚持以快制快、以变应变，第一时间进入战斗状态，300多名党员干部和1300余人次志愿者冲锋在前、坚守一线，广大师生员工识大体、顾大局，全校上下勠力同心、克难而进，坚决打赢疫情防控阻击战歼灭战，同心绘制了无私奉献付出、呵护生命健康的动人画卷。经此一役，我们在风雨中经受考验、在挑战中锤炼作风、在困难中增长本领，凝聚力、战斗力、向心力显著增强，展现了华电人敢担当、勇拼搏、能奉献的坚韧品质和优良作风，为我们今后战胜前进道路上的各种艰难险阻提供了强大精神力量。这里，我们要向每一位理解、配合抗疫工作以及为此付出艰辛努力的华电人表示衷心的感谢！

——坚持“双碳”引领、交叉融合，新型能源电力学科体系进一步充实完善。“双一流”建设高校整体建设方案和电气工程一流学科建设方案提交教育部备案，组织开展2021年度“双一流”动态监测数据填报，新一轮“双一流”建设开局良好，第五轮学科评估稳中有升。学科深度交叉融合步伐有力，自主设置“碳管理科学与工程”“国家能源电力安全学”2个交叉学科博士点，成功申报“碳储科学与工程”本科专业，“氢能科学与工程”本科专业全国率先招生，碳中和学科专业体系加快立柱架梁。强化中央专项经费统筹管理，积极组织贷款财政贴息项目，给予重点学科和领域精准支持。学科国际影响力稳步攀升，ESI“工程学”学科由世界第63位上升至第57位，“能源与燃料”、“化学工程”2个学科跻身U. S. News世界学科排名前50位。

——坚持营造氛围、提升内涵，教育教学和人才培养工作平稳有序开展。充分发挥思政课程和课程思政培根铸魂作用，开设习近平新时代中国特色社会主义思想概论课，一大批课程和研究项目成为示范或获批立项，全员育人资源和立德树人合力显著提升。学风、教风建设双向发力，通过深入开展学风教风建设大讨论、选树先进典型、狠抓课堂教学质量、推进学生综合评价改革等举措，好学乐教氛围进一步充盈校园。教育教学内涵持续加强，新增国家级一流专业建设点6个、省部级一流专业建设点9个、省部级优质本科课程5门、省级教学名师4人，荣获省部级教学成果一等奖6项，首次获批北京市教学创新改革重大项目。研究生教育创新发展，新增1个专业学位博士授权点、4个专项招生类型，招生规模快速增长，首批研究生顺利入驻沙河院区。产教融合、科教融汇走深走实，与国家电网公司等理事单位共同探索新时代卓越工程师培养新模式。系统出台实施加强新时代体育、美育和劳动教育的工作方案，谱写“五育并举”合奏曲，人才培养体系向更高品质迈进。创新创业环境进一步优化，获批教育部首批“国家级创新创业教育实践基地”，学生揽获“互联网＋”大赛金奖2项、全国大学生节能减排社会实践与科技竞赛一等奖5项。生源质量保持稳定，推免生指标大幅增加，本科深造率再创新高，毕业生就业率继续保持在91%以上，育人质量实现新的提升。

——坚持平台牵引、量质并重，科技创新能力水平实现新跃升。国家级科研平台建设持续突破，新能源电力系统国家重点实验室重组和清洁高效燃煤发电关键技术与装备集成攻关大平台申报取得重要阶段性成果，国家储能技术产教融合创新平台建设积极推进，怀柔实验室建设持续深度参与，服务国家战略科研能力不断增强。成功获批6个省部级以上重点科研平台。以重大平台项目为依托，不断强化有组织科研，加强与国家重大科技任务的深度对接，科研工作捷报频传，全年科研合同总经费达到14.61亿元，较2021年增长30%。国家重点研发计划专项项目创历史最好水平，获批国家自然科学基金项目136项，较上年增长32%。JG科研取得历史突破，成功获得JG保密二级资质，单个项目经费突破7000万元。作为主持单位首次获评中国电力技术发明一等奖，牵头获教育部自然科学一等奖、河北省科技成果一等奖等科技奖励27项。

——坚持引育并举、创新机制，人事人才工作取得新进展。坚持党管人才，成立党委教师工作委员会，接受教师思想政治与师德师风建设专项检查，构建教职工荣誉体系，评选第三届“我身边的好老师”，以喜迎党的二十大为主题的师德建设月活动成效显著，教师思政和师德师风建设有力加强。深化实施人才培育引进策略，加速构建人才引育“蓄水池”，成功举办第四届能源电力世界青年学者论坛，广揽“双碳”等领域“高精尖缺”人才。高层次人才队伍进一步壮大，全年引进国家级高层次人才4人，培育或依托学校申报并入选长江、杰青、万人等国家级高层次人才项目7人、省部级项目7人。以教育评价改革为切入点，加快构建人事制度“四梁八柱”，出台或修订绩效奖励实施办法等系列文件，完成新一轮薪酬制度改革和社保制度配套，进一步提升教职工收入水平，通过自筹资金全面落实保定校区离退休人员属地化生活补贴，将非事业编人员薪酬管理纳入学校统筹，教职工创新创造活力得到进一步激发。

——坚持增强实效、提升贡献，校企校地合作和社会服务迈出新步伐。做强筑实大学理事会平台，大力推进“一企一策”差异化合作新范式，与南方电网共建“智慧能源联合研究院”，与华电集团等开展重大科研合作，与国家能源集团、哈尔滨电气集团、中国节能环保集团、北京能源集团等10余家行业重点企业推进实质性深层次合作。深度参与北京未来科学城“能源谷”和保定“中国电谷”建设，持续支撑区域创新发展。不断推动校友和基金工作规范管理，完成非学历教育“管办分离”改革，加快推进继续教育转型提质，成功申报“国家级职业教育‘双师型’教师培训基地”，更好凝聚社会力量助学助教。积极探索高校服务乡村振兴的新路径新模式，持续助力河南确山、河北阜平阔步乡村振兴之路。145名师生志愿者在158天的接续奋斗中圆满完成北京冬奥会、冬残奥会志愿服务任务，学校冬奥志愿服务团队荣获北京市和河北省先进集体。

——坚持稳中求进、提质扩能，国际开放发展持续推进。国际合作伙伴网络进一步扩大，与新加坡南洋理工大学、瑞士洛桑联邦理工学院、美国德州大学阿灵顿分校、英国华威大学等世界名校携手开展多领域高水平合作。人才国际化培养实现新突破，新增“绿色能源技术经济”和“能源环境”2个领域创新型人才国际合作培养项目。圆满完成“煤的清洁转化与高效利用”创新引智基地验收，成功获批“氢能的安全高效利用”创新引智基地。积极开拓中外合作办学项目，同英国利物浦大学联合开展“电气工程”专业硕士培养。结合需求丰富来华留学教育形式，深入推进与国家电投、特变电工等企业联合培养留学生工作。

——坚持完善制度、深化改革，高质量发展活力动力更加强劲。发布“十四五”规划目标任务清单，着力推进战略规划落地见效。高标准完成大学章程修订及提交审核。持续推进制度“立改废”，全年新建规章制度37项、修订50项、废止58项，“试行”“暂行”满两年的规章制度得到有效清理，二级单位规章制度管理更加规范。建立学校法治工作任务分解清单，完善法律事务管理办法，修订合同管理办法，法治工作基础持续夯实。推动综合改革向深水区挺进，部署启动以教育评价改革为切入点的系列重点改革任务，保定校区管理体制和运行机制等改革取得积极进展，所属企业转制改革有力推进，四方公司股权转让圆满完成，治理体系治理能力实现新提升。

——坚持统筹资源、改善条件，综合保障能力和服务水平进一步优化。持续构建多元筹资渠道，顺利实现年度收入目标。积极推进北京校部东区土地项目规划调整，保定校区新校园置换建设工作取得重要进展。北京校部体育中心工程正式开工，能源电力科研楼竣工验收，保定校区一批教学楼完成修缮升级。圆满完成全校资产大清查，顺利通过北京市绿色学校创建验收，入选全国首批88所节水型高校建设典型案例。全面提速智慧校园建设，全覆盖开展校园安全专项整顿，深化实验室安全管理，全力做好北京冬奥会、冬残奥会、党的二十大等重要节点安稳工作，校园安全稳定局面持续向好。大力弘扬“担当实干、敬业服务”的优良作风，开展校领导接待日活动，推进师生服务中心建设，开通校内接诉即办平台，完成学生综合洗浴系统、教工宿舍维修等一系列民生工程，用真招实招办好师生“头等大事”“关键小事”。持续提升图书、期刊、档案等服务保障能力，师生学习、工作和生活条件进一步改善，民生保障水平持续提升。

——坚持党建领航、思政铸魂，事业高质量发展引领力持续增强。进一步加强党对学校工作的全面领导，以迎接教育部党组巡视和巡视整改为契机，风清气正的校园政治生态进一步巩固。积极完善“一融双高”体制机制，坚持以高水平党建引领高质量发展，基层党建“示范创建”成效彰显，入选教育部第三批全国党建工作“标杆院系”1个、“样板支部”3个，党组织政治功能有效增强，党建引领保障作用不断提升。思想政治工作成效显著，马克思主义学院入选北京市重点建设马克思主义学院，马克思主义学院（保定）在河北省高校思想政治理论课质量评估中获评优秀。

大事记

Memorabilia

2022 年大事记

1月

5 日 蓝色动力合唱团受邀参加由中国文联主办的“百花迎春——中国文学艺术界 2022 春节大联欢”节目录制，共参加《虎虎生风开新年》《新时代之歌》《祖国不会忘记》和《共同家园》四个节目。

11 日 华北电力大学与佛罗伦萨政策学院（Florence School of Regulation）联合在线召开中国-欧盟减碳目标学术研讨会。

13 日 由华北电力大学牵头承担的国家重点研发计划——中芬政府间国际科技创新合作重点专项“生物质与太阳能互补的零碳区域热电联供关键技术”项目启动。

15 日 华北电力大学与中国三峡集团联合举办“云端聚首交流·筑梦华电三峡”能源电力国际青年学者论坛。

本月 华北电力大学国家储能技术产教融合创新平台项目获批。

本月 法政系梁平教授获河北省“特别典型法治人物”。

本月 华北电力大学报送的《新征程之光》和《沙渠河畔的革命记忆》入选全国高校思想政治工作网《百年珍贵记忆——全国高校庆祝中国共产党成立 100 周年原创精品档案》。

本月 华北电力大学参与申报的国家自然科学基金重大项目“高频高效电机用新型非晶软磁材料的基础问题研究”获立项。

2月

25 日 华北电力大学召开北京华北电力大学教育基金会理事会换届大会暨第三届第一次会议。

同日 华北电力大学与广东艾博电力设计院（集团）有限公司举行“艾博奖学金”捐赠仪式。

本月 华北电力大学申报的“碳中和能源管理虚拟教研室”项目获批，成为教育部首批认定的虚拟教研室建设试点之一。

本月 电气与电子工程学院先进输电团队崔翔教授指导的博士毕业生柯俊吉的博士学位论文《碳化硅 MOSFET 芯片并联电气特性及其调控方法研究》获中国电子教育学会 2021 年度优秀博士学位论文优秀奖，崔翔教授获优秀指导教师奖。

3月

4 日 第七届教职工代表大会第四次会议开幕。校长杨勇平做题为“聚人才 强平台 优氛围 赋能高质量发展新跨越”的工作报告。

5 日 第七届教职工代表大会第四次会议圆满完成各项议程，胜利闭幕。校党委书记周坚做题为“聚力内涵提升 强化使命担当 推动学校事业高质量发展再上新台阶”的讲话。

7 日 校党委书记周坚到水利与水电工程学院调研座谈。

9 日 北京校部举行第一届研究生教育督导组聘任仪式暨研究生学风教风研讨会。

28 日 第 49 届“日内瓦国际发明特别展”评审结果公布，电气与电子工程学院陈艳波教授团队的项目获金奖，成为华北电力大学电气与电子工程学院在日内瓦国际发明展中首获金奖。

本月 教育部下发《关于公布第三批全国党建工作示范高校、标杆院系、样板支部培育创建单位名单的通知》，华北电力大学电子与通信工程系党委入选“全国党建工作标杆院系”，电气与电子工程学院输配电系统研究所党支部、动力工程系“吴仲华”党支部、机械工程系输电线路工程教研室党支部等 3 个党支部入选“全国党建工作样板支部”。

本月 吴仲华学院博士生王一峰在 *Journal of Fluid Mechanics* 上发表学术论文“*Scaling laws of the maximum spreading factor for impact of nanodroplets on solid surfaces*（*https://doi.org/10.1017/jfm.2022.115*）”。*Journal of Fluid Mechanics* 由英国剑桥大学创办，被公认为流体力学领域最权威的期刊。这是学校首次作为第一单位在该期刊上发表论文。

本月 华北电力大学区域法治与司法治理研究中心获批成立，这是学校获批的首个河北省高校人文社科重点研究基地。

4月

19 日 华北电力大学召开 2022 年全面从严治党工作会议，深入学习贯彻习近平总书记在十九届中央纪委六次全会上的重要讲话和六次全会精神，回顾总结 2021 年学校全面从严治党工作，部署安排 2022 年重点任务。

同日 北京校部冬奥志愿团队被授予北京冬奥会、冬残奥会北京市先进集体，能源动力与机械工程学院辅导员许鑫、团委干事冀佩然被授予北京冬奥会、冬残奥会北京市先进个人，保定校区冬奥志愿团队被授予北京冬奥会、冬残奥会河北省先进集体，动力工程系辅导员谷青峰被授予北京冬奥会、冬残奥会河北省先进个人。

22日 新型电力系统技术创新联盟成立大会在京举行，校长杨勇平出席会议并致辞。

同日 校长杨勇平会见中国中车股份有限公司副总裁余卫平一行。

26日 由华北电力大学能源电力创新研究院刘建国教授作为负责人、国网智研院作为承担单位的国家重点研发计划“氢能技术”重点专项“光伏/风电等波动性电源电解制氢材料和过程基础”采用线上、线下相结合的形式召开项目启动会暨实施方案论证会。

28日 徐进良教授获2022年首都劳动奖章。

同日 华北电力大学举行北京冬奥会、冬残奥会总结表彰暨庆祝五四青年节大会。

29日 保定校区举行第一届研究生教育督导组聘任仪式暨教育督导组第一次工作会议。

同日 学校召开2022年网络安全工作会议。

本月 毕天姝教授主持的“电力电子化电力系统的源网荷全景同步量测系统研制及应用”以评价等级A通过验收。

5月

4日 《人民日报》刊登100名本专科生国家奖学金获奖学生优秀代表先进事迹，华北电力大学学生陈伯旭入选。

22日 中央电视台科教频道(CCTV10)播出能源动力与机械工程学院梁双印教授参与录制的《透视新科技》清洁能源系列节目《飞轮充电宝》。

24日 学校与保定市人民政府举行校区置换建设合作框架协议云签约仪式。

30日 刘吉臻院士主编图书《清洁能源与智慧能源导论》在全国科技工作者日主场活动中发布。

本月 由中国电子学会、国家级实验教学示范中心联席会电子学科组共同主办的第九届全国电工电子基础课程实验教学案例设计竞赛(鼎阳杯)决赛，在北京信息科技大学举行，华北电力大学获一等奖2项、三等奖1项，一等奖获奖数居全国前列。

6月

1日 学校集中开展“凝聚力量 共抗疫情”主题团日活动。

6日 由华北电力大学承担的“十四五”国家重点研发计划“交通基础设施”重点专项“公路交通自洽能源系统的多能变换与控制技术”项目启动。

10日 由华北电力大学联合中国可再生能源学会储能专委会、北京市昌平区科委、北京未来科学城管委会、中关村华电能源电力产业联盟主办的2022年第六期储能技术应用线上研讨会举办，共吸引2200名行业从业者在线观看。

同日 学校以线上线下相结合形式召开教材委员会工作会议。

16日 副校长王增平教授当选民建河北省第十届委员会副主任委员，并当选河北省出席民建第十二次全国代表大会代表。

22日 华北电力大学氢能科学与工程教研室成立。

30日 河北省科学技术厅下发《关于2022年度新建省级研发平台名单的通知》，正式批准华北电力大学“河北省绿色高效电工新材料与设备重点实验室”和“河北省物理学与能源技术重点实验室”纳入河北省学科重点实验室建设计划。此次获批标志着学校实现理工类院系省部级科研平台全覆盖。

本月 学校北京校部“薪火核电”志愿服务队和“彩虹糖”志愿服务队，保定校区关爱农村留守儿童“七彩四点半”志愿服务队等三支志愿服务团队入选团中央2022年“七彩假期”志愿服务示范团队。

本月 保定校区申报的《面向能源相关专业的大学数学课程群虚拟教研室》获批，数理系承接国家级虚拟教研室取得重大突破。

本月 华北电力大学电气与电子工程学院硕士生陈刘东获2022年杰出学生奖学金(IEEE Power &Energy Society Outstanding Student Scholarship)，成为学校首位获得该奖项的学生。

本月 华北电力大学马克思主义学院入选第三批北京市重点建设马克思主义学院。

本月 华北电力大学“大学生职业生涯发展与规划”课程入选2022年河北省高校就业创业指导名师金课。

本月 教育部公布2021年度国家级和省级一流本科专业建设点名单，华北电力大学6个专业入选国家级一流本科专业建设点，9个专业入选省级一流本科专业建设点。至2022年底，学校共有57个专业招收全日制本科生，拥有21个国家级一流专业建设点，23个省部级一流专业建设点(5个升级为国家级一流专业建设点)，除近三年新增的9个专业外，学校一流专业占比81.25%。

7月

6日 学校与中国建设银行股份有限公司北京分行签署战略合作协议，巩固拓展双方在金融服务、人才培养、产学研协同创新和乡村振兴等领域的全面合作。

8日 学校组织召开国家储能技术产教融合创新平台(以下简称“创新平台”)建设规划专家论证会。

8日至9日 台湾民主自治同盟北京市第十二次代表大会在北京召开。能源动力与机械工程学院教授冼海珍当选台盟北京市第十二届委员会副主任委员。

14日 民盟支部盟员、苏州研究院副院长、水利与水电学院教授李继清当选民盟北京市第十三届委员会委员和中国民盟同盟第十三次全国代表大会代表。

17日 河北省委教育工委书记、省教育厅党组书记、厅长董兆伟来校调研。

21日 校长杨勇平到学生处本科招生录取工作现场调研指导相关工作。

22日 校党委书记周坚带队赴随锐科技集团调研，与随锐 CEO 舒骋及集团部分管理层成员进行深入交流。

同日 校党委书记周坚、党委副书记何华来到学校2022年普通本科招生录取现场，调研指导招生录取工作，看望慰问工作人员。

29日至31日 党委书记周坚赴宁夏参加全国高校继续教育转型发展高峰论坛，并带队走访调研国网宁夏电力有限公司，宁夏京能宁东发电有限责任公司等并与校友代表座谈交流。

本月 2022年“挑战杯”大学生创业计划竞赛各省级决赛落下帷幕。北京校部推荐32件作品参加北京市赛，获1金7银10铜，学校获“优胜杯”团体奖。保定校区推荐25件作品参加河北省赛，3件作品获特等奖、9件作品获一等奖、7件作品获二等奖、5件作品获三等奖，其中3件作品获河北省推荐国赛资格，1件作品获得国赛直通车文本评审资格。

本月 教育部语言文字应用管理司、团中央青年发展部联合公布2022年“推普助力乡村振兴”全国大中专学生暑期社会实践志愿服务活动入选团队名单。华北电力大学北京校部“同音筑梦，青马先行”实践团和“乡村振兴，语你同行”实践团，保定校区“天山同语，民族同心”实践团三支队伍入选。

8月

3日 华北电力大学与国网北京市电力公司签署合作协议，巩固拓展双方既有合作成果，进一步深化合作领域，创新合作机制。校长杨勇平，国网北京市电力公司董事长、党委书记王昕伟出席签约仪式。

2日至5日 “六百光年杯”第十五届全国大学生节能减排社会实践与科技竞赛决赛在天津举行，来自全国117所高校的247件作品参赛。华北电力大学获一等奖5项，二等奖4项，三等奖9项，共计18项。

5日 教育部网站报道“华北电力大学多措并举 加强大学生思想政治教育”的文章，介绍学校从抓好课堂教学、建强师资队伍、搭建实践平台、拓展文化育人、强化宣传引导等方面多措并举将思想政治工作融入人才培养各环节全过程，全面提升思想政治教育实效。

15日 校长杨勇平会见大唐集团科技创新与信息化部主任张勋奎一行。

17日 华北电力大学电气与电子工程学院教授、我国电力系统及其自动化学科的奠基人之一杨以涵先生，因病医治无效，于2022年8月17日8时30分在海南逝世，享年96岁。

19日 教育部发展规划司副司长、一级巡视员田福元，河北省教育厅总督学韩爱丽一行来校调研。

25日 学校与北京能源集团有限责任公司签署战略合作框架协议。

31日 教育部网站发布《教育部办公厅 国家发展改革委办公厅 国家能源局综合司关于实施储能技术国家急需高层次人才培养专项的通知》。华北电力大学入选实施储能技术国家急需高层次人才培养专项高校名单（全国共10所）。

本月 电气与电子工程学院副教授丁肇豪因其在分布式需求侧资源调度与控制领域的贡献，被授予2022年IEEE工业应用学会青年杰出成就奖。

本月 机械工程系杨化动老师获2022年机械设计基础课程教学竞赛特等奖。

本月 第十六届“中国好创意”暨全国数字艺术设计大赛总决赛落下帷幕。机械工程系产品设计2002班吴连富同学的作品《PIT大黄蜂—未来城市外墙粉刷智能设备》获国家级一等奖。

本月 陈伯旭、李智韬和张洪泰三位学子获全国能源动力类百篇优秀毕业论文论文（设计）。

本月 在第十届全国大学生机械创新设计大赛中，北京校部李江天和滕鹏设计的作品获实物组一等奖，保定校区由柳珂、王晓伟和余文斌所设计的作品获慧鱼组一等奖。

本月 保定校区参加第十七届全国大学生智能汽车竞赛全国总决赛获全国一等奖2项、二等奖2项、三等奖1项。

9月

3日 由河南省委组织部、省活动办主办的“中原大讲堂”新能源主题学习报告会在郑州举行，中国工程院院士、新能源电力系统国家重点实验室主任刘吉臻应邀作题为《“双碳”目标下新能源产业发展路径与关键技术》的专题报告。

6日 发电领域电力基础设施网络安全创新联合体在北京成立。副校长孙忠权出席大会并代表学校签署创新联合体合作协议。该联合体由中国华能、西安热工研究院有限公司、西安交通大学、华北电力大学、中国电子信息产业集团第六研究所、中国信息通信研究院、飞腾信息技术有限公司、麒麟软件有限公司等15家科研院所、高校和龙头企业组成。

16日 学校召开教师思政和师德师风建设专题报告

会，邀请教育部教师工作司司长任友群作专题辅导报告。

21日 学校入选北京市科协“高校创新联合体”承担单位。

本月 新能源学院李美成教授团队在能源领域国际权威期刊 *Joule* 上发表“24.8%-*efficient planar perovskite solar cells via ligand-engineered* TiO_2 *deposition*”学术论文。华北电力大学为第一单位，博士研究生黄浩为第一作者，青年教师崔鹏为共同第一作者，李美成教授为通讯作者。该成果的发表标志着学校在新能源领域的科技攻关取得新进展。

本月 学校获批教育部首批国家级创新创业教育实践基地建设单位。

10月

10日 学校举办卓越工程师高层次人才培养讨论会，邀请全国高校质量监测研究会秘书长、北京理工大学研究生院常务副院长王军政教授作专题报告。

11日 保定市委常委、市委秘书长侯晓平一行和保定市副市长杨伟坤一行来校调研指导，重点了解校园常态化疫情防控、师生思想动态、生活保障、安全稳定等情况。

同日 中国工程院院士刘吉臻教授在主楼礼堂为控制与计算机工程学院2022级全体新生讲授“最硬核的开学第一课”，这也是刘吉臻院士连续第21年为新生讲授开学第一课。刘吉臻以《双碳目标下能源转型路径与大学使命》为题，通过列数据、举例子等方法，深入浅出阐述我国能源电力发展现状、能源发展面临的挑战及双碳目标的提出、我国实现双碳目标的路径以及华北电力大学的使命，并对广大师生提出了殷切希望。

13日 九三学社华北电力大学支社成立，并召开第一次社员会议。

14日 华北电力大学迎接和庆祝党的二十大胜利召开“喜迎二十大 奋进新征程”书画摄影展开幕。

同日 学校与中国节能环保集团有限公司签署战略合作框架协议。

18日 校党委书记周坚结合学习党的二十大报告的思考感悟，为2022级新生讲授题为“百年电力路 双碳新征程”的开学第一课。

26日 华北电力大学体育中心开工建设。

本月 帮扶干部靖仕寅被授予“河南省优秀驻村第一书记”荣誉称号。

本月 教育部党组第三巡视组向华北电力大学党委反馈巡视情况。

11月

7日至8日 华北电力大学召开第十次学生代表大会暨第三次研究生代表大会。

8日至9日 校长杨勇平应邀出席中国电力企业联合会2022年年会和2022亚太电协CEO会议。

9日至11日 第十七届中国智能交通年会（ITSAC 2022）暨2022中国智能交通大会在成都召开。会议举行中国智能交通年度人物评选，华北电力大学能源交通融合发展研究院院长武平当选“2022中国智能交通年度人物”。

26日 华北电力大学主办第十七届青年学术会议。

本月 华北电力大学参与主办第三届中国青年马克思主义大会。

本月 华北电力大学国家大学科技园入选2022年度国家小型微型企业创业创新示范基地。这是继2016年获得国家级小微示范基地认定后，再次获本项国家级平台认定。

本月 华北电力大学入选全国“节水型高校典型案例”。

12月

1日 校党委书记周坚到校医院视察疫情防控工作，慰问一线医务工作者。

17日 副校长王增平教授当选为中国民主建国会第十二届中央委员会委员。

20日 学校轮滑队在中国轮滑协会主办的2021年全国轮滑大联动——全国轮滑青少年体育俱乐部联赛暨第三届中国·杭州千岛湖轮滑公开赛秀中国自由式轮滑巡回赛（总决赛）中夺得金牌。

21日 华北电力大学主办第二届21世纪马克思主义研究峰会。

23日 国际知名学术期刊自然通讯 *Nature Communications* 杂志发表能源动力与机械工程学院田华军教授团队研究成果，论文题目为“*Three-dimensional Zn-based alloys for dendrite-free aqueous Zn battery in dual-cation electrolytes*”。华北电力大学为成果完成第一单位，田华军教授为第一作者。

27日 由华北电力大学牵头编制的《能源电力科技成果转化评价总则》等4项团体标准，通过全国团体标准信息平台完成公开征求意见并对外发布实施。

本月 华北电力大学获批河北省研究生教育教学资助项目41项，各类项目获批数量均为历年最高。

本月 能源动力与机械工程学院教授、台盟北京市委副主委、北京市政协委员冼海珍当选为台盟第十一届中央委员会委员。

本月 华北电力大学入选国家级职业教育“双师型”教师培训基地。

本月 华北电力大学马克思主义学院教师虞海波老师获“第十二届北京高校思想政治理论课教学基本功比赛”一等奖。

（王振华）

组织机构与干部

Organizations and Cadres

华北电力大学 2022 年校级领导干部

党委书记：周　坚
校长、党委副书记：杨勇平
党委副书记、纪委书记：何　华
党委常委、副校长：孙忠权
副校长：王增平
党委副书记：汪庆华（2022 年 6 月免）
党委副书记：郭孝锋
党委常委、副校长：律方成
党委常委、副校长：檀勤良
党委常委、副校长：毕天姝
党委副书记：孙传新（2022 年 6 月任）

（党委组织部　提供）

华北电力大学 2022 年机构设置及负责人

（北京校部）

机构名称	姓名	职务
党政办公室、党委巡察办公室	陈　溪	党政办公室主任
	蒲沿洲	党委巡察办公室主任
党委组织部、党校	鹿　伟	党委常委、党委组织部部长、党校常务副校长
党委宣传部	张顺涛	党委宣传部常务副部长、新闻发言人
党委统战部	（空缺）	
党委政策研究室、发展规划处	张德安	党委政策研究室主任、机关党委书记（兼）
	郭炜煜	发展规划处处长
纪委办公室、监察处、纪委监督检查室	李　旸	纪委副书记、纪委办公室主任、监察处处长
党委教师工作部、人事处	刘　威	党委教师工作部部长、人事处处长
党委学生工作部、党委武装部、学生处	沈　岚	党委学生工作部部长、党委武装部部长、学生处处长、学生资助管理中心主任
党委保卫部、保卫处	韩建新	党委保卫部部长、保卫处处长
学科建设处	李惊涛	学科建设处处长
教务处	刘崇茹	教务处处长
研究生院、学位办公室	卢占会	研究生院常务副院长、学位办公室主任
科学技术研究院	乔开文	科学技术研究院常务副院长
人才工作处	张新娟	人才工作处处长
财务处	胡东星	财务处处长
资产管理处	倪景峰	资产管理处处长
对外联络与合作处	李　宁	对外联络与合作处处长
国际合作处、港澳台办公室	（空缺）	
基建处	赵秀国	基建处处长
网络与信息化工作处	安　杰	网络与信息化工作处处长
实验室管理处	朱正茂	实验室管理处处长
审计处	范　立	审计处处长

续表

机构名称	姓名	职务
离退休工作处	杜建国	离退休工作处处长
后勤管理处、后勤服务集团	张兵仿	后勤管理处处长、后勤服务集团总经理
工会	林长强	工会常务副主席
团委(艺术教育中心)	王新军	团委书记、艺术教育中心副主任(兼)
校友与教育基金工作办公室	黄向军	校友与教育基金工作办公室主任
工程训练与创新创业教育中心	杨世关	工程训练与创新创业教育中心主任
图书馆	赵冬梅	图书馆馆长
档案馆	陈　军	档案馆馆长
高等教育研究所	荀振芳	高等教育研究所所长
校医院	陈红艳	校医院院长
技术转移转化中心	王宏盛	技术转移转化中心主任
沙河院区综合办公室	王集令	沙河院区党委书记、综合办公室主任
电气与电子工程学院	毕天姝	党委常委、副校长、电气与电子工程学院院长
能源动力与机械工程学院	杜小泽	能源动力与机械工程学院院长、能源动力与机械工程学院党委副书记
控制与计算机工程学院	房　方	控制与计算机工程学院院长、控制与计算机工程学院党委副书记
经济与管理学院、MBA 教育中心	李彦斌	经济与管理学院院长兼 MBA 教育中心主任、经济与管理学院党委副书记
新能源学院	李美成	新能源学院院长、新能源学院党委副书记
核科学与工程学院	(空缺)	
环境科学与工程学院	汪黎东	环境科学与工程学院院长、环境科学与工程学院党委副书记
水利与水电工程学院	张尚弘	水利与水电工程学院院长、水利与水电工程学院党委副书记
数理学院	郭宝珠	数理学院院长
人文与社会科学学院、MPA 教育中心	(空缺)	
外国语学院	康建刚	外国语学院院长、外国语学院党委副书记
马克思主义学院	王　伟	马克思主义学院院长、马克思主义学院党总支副书记
体育教学部	曹运华	体育教学部主任、体育教学部直属党支部书记
国际教育学院	齐　郑	国际教育学院院长、国际教育学院党委副书记
继续教育学院	王子杰	继续教育学院院长
能源电力创新研究院(新一代能源电力关键技术集成攻关大平台)	徐　超	能源电力创新研究院执行副院长(主持工作)(新一代能源电力关键技术集成攻关大平台)
国家能源发展战略研究院	王　鹏	国家能源发展战略研究院执行院长
苏州研究院	(空缺)	

(保定校区)

机构名称	姓名	职务
党政办公室(保定)	张冬生	党政办公室(保定)主任
党委组织部(保定)、党委统战部(保定)、党校(保定)	李　瑾	党委组织部(保定)部长、党委统战部(保定)部长、党校(保定)副校长
党委宣传部(保定)	王　家	党委宣传部(保定)部长

续表

机 构 名 称	姓 名	职 务
纪委办公室(保定)、监察处(保定)、纪委监督检查室(保定)	李 东	纪委副书记、纪委办公室(保定)主任、监察处(保定)处长
党委教师工作部(保定)、人事处(保定)	刘志远	党委教师工作部(保定)部长、人事处(保定)处长
党委学生工作部(保定)、党委武装部(保定)、学生处(保定)	彭忠军	党委学生工作部(保定)部长、党委武装部(保定)部长、学生处(保定)处长
党委保卫部(保定)、保卫处(保定)	李国有	党委保卫部(保定)部长、保卫处(保定)处长
教务处(保定)	安利强	教务处(保定)处长
研究生院(保定)、学位办公室(保定)、学科建设处(保定)	谢 庆	研究生院(保定)院长、学位办公室(保定)主任、学科建设处(保定)处长
科学技术处(保定)	刘志坚	科学技术处(保定)处长
财务处(保定)	杨利国	财务处(保定)处长
资产与实验室管理处(保定)	姜 波	资产与实验室管理处(保定)处长
对外联络与合作处(保定)	赵冬鸣	对外联络与合作处(保定)处长
国际合作处(保定)、港澳台办公室(保定)、国际教育学院(保定)	徐 岩	国际教育学院(保定)党总支书记、国际合作处(保定)处长、港澳台办公室(保定)主任、国际教育学院(保定)院长
基建处(保定)	王韶坡	基建处(保定)处长
网络与信息化工作处(保定)	李春祥	网络与信息化工作处(保定)处长
审计处(保定)	丁相宝	审计处(保定)处长
离退休工作处(保定)	赵宏宇	离退休(保定)党委书记、离退休工作处(保定)处长
后勤管理处(保定)	卢青松	后勤管理处(保定)处长
工会(保定)	周 泽	工会(保定)常务副主席
团委(保定)	陈火欣	团委(保定)书记
艺术教育中心(保定)	吴乐为	艺术教育中心(保定)主任
工程训练与创新创业教育中心(保定)	王秀梅	工程训练与创新创业教育中心(保定)主任
继续教育学院(保定)	(空缺)	
图书馆(保定)	尚建宇	图书馆(保定)直属党支部书记、图书馆(保定)馆长
校医院(保定)	李迎春	校医院(保定)院长
电力工程系	刘云鹏	电力工程系主任兼电气与电子工程学院副院长、电力工程系党委副书记
动力工程系	张 磊	动力工程系主任兼能源动力与机械工程学院副院长、动力工程系党委副书记
电子与通信工程系	戚银城	电子与通信工程系主任兼电气与电子工程学院副院长、 电子与通信工程系党委副书记
机械工程系	(空缺)	
自动化系	王印松	自动化系主任兼控制与计算机工程学院副院长
计算机系	鲁 斌	计算机系主任兼控制与计算机工程学院副院长、计算机系党委副书记
环境科学与工程系	付 东	环境科学与工程系主任兼环境科学与工程学院副院长、环境科学与工程系党委副书记
经济管理系	李 伟	经济管理系主任兼经济与管理学院副院长、经济管理系党委副书记

续表

机构名称	姓名	职务
英语系	高霄	英语系主任兼外国语学院副院长
数理系	阎占元	数理系主任兼数理学院副院长、数理系党委副书记
法政系	梁平	法政系主任兼人文与社会科学学院副院长、法政系党委副书记
马克思主义学院(保定)	王聚芹	马克思主义学院(保定)院长兼马克思主义学院副院长、马克思主义学院(保定)党总支副书记
体育教学部(保定)	云欣	体育教学部(保定)直属党支部书记、体育教学部(保定)主任
科技学院	宋玮	科技学院常务副院长、科技学院党委副书记

(注:以上数据统计截止时间为2022年12月31日,党委组织部　刘婧一　赵书彬　提供)

华北电力大学2022年直属各党委(党总支、党支部)负责人

(北京校部)

序号	直属各党委(党总支、党支部)	姓名	职务
1	电气与电子工程学院党委	卜春梅	电气与电子工程学院党委书记
2	能源动力与机械工程学院党委	肖万里	能源动力与机械工程学院党委书记
3	控制与计算机工程学院党委	王韶华	控制与计算机工程学院党委书记
4	经济与管理学院党委	孟大伟	经济与管理学院党委书记
5	新能源学院党委	宫凯	新能源学院党委书记
6	核科学与工程学院党委	李林	核科学与工程学院党委书记
7	环境科学与工程学院党委	陈志	环境科学与工程学院党委书记
8	水利与水电工程学院党委	刘明军	水利与水电工程学院党委书记
9	数理学院党委	包小勇	数理学院党委书记
10	人文与社会科学学院党委	苑英科	人文与社会科学学院党委书记
11	外国语学院党委	于喜海	外国语学院党委书记
12	国际教育学院党委	徐玲玲	国际教育学院党委书记
13	沙河院区党委	王集令	沙河院区党委书记、综合办公室主任
14	马克思主义学院党总支	孙平	马克思主义学院党总支书记
15	继续教育学院党总支	吴素华	继续教育学院党总支书记
16	机关党委	张德安	党委政策研究室主任、机关党委书记(兼)
17	离退休党委	聂国欣	离退休党委书记
18	教学科研党总支	张瑞雅	教学科研党总支书记
19	后勤服务集团党总支	吴万凯	后勤服务集团党总支书记
20	图书馆党总支	马小勇	图书馆党总支书记
21	体育教学部直属党支部	曹运华	体育教学部主任、体育教学部直属党支部书记
22	校医院直属党支部	杨万华	校医院直属党支部书记
23	苏州研究院直属党支部	(空缺)	

续表

(保 定 校 区)

序号	直属各党委(党总支、党支部)	姓名	职 务
1	电力工程系党委	屈朝霞	电力工程系党委书记
2	动力工程系党委	曲 涛	动力工程系党委书记
3	电子与通信工程系党委	张艳斌	电子与通信工程系党委书记
4	机械工程系党委	商 雷	机械工程系党委书记
5	自动化系党委	严 立	自动化系党委书记
6	计算机系党委	王迎新	计算机系党委书记
7	环境科学与工程系党委	谢 红	环境科学与工程系党委书记
8	经济管理系党委	祝志杰	经济管理系党委书记
9	数理系党委	江卫春	数理系党委书记
10	法政系党委	戴 民	法政系党委书记
11	科技学院党委	曹晓新	科技学院党委书记
12	机关(保定)党委	陈立伟	机关(保定)党委书记
13	离退休(保定)党委	赵宏宇	离退休(保定)党委书记、离退休工作处(保定)处长
14	英语系党总支	武彦军	英语系党总支书记
15	马克思主义学院(保定)党总支	李红霞	马克思主义学院(保定)党总支书记
16	国际教育学院(保定)党总支	徐 岩	国际教育学院(保定)党总支书记、国际合作处(保定)处长、国际教育学院(保定)院长
17	后勤(保定)党总支	李 鹤	后勤(保定)党总支书记
18	体育教学部(保定)直属党支部	云 欣	体育教学部(保定)直属党支部书记、体育教学部(保定)主任
19	图书馆(保定)直属党支部	尚建宇	图书馆(保定)直属党支部书记、图书馆(保定)馆长
20	校医院(保定)直属党支部	刘持伟	校医院(保定)直属党支部书记

(注:以上数据统计截止时间为 2022 年 12 月 31 日,党委组织部 刘婧一 赵书彬 提供)

党群工作与行政管理

The Party-masses Work and Administration

◯综　　述

2022年是党的二十大胜利召开之年，是实施“十四五”规划和“双碳”行动计划、启动新一轮“双一流”建设的关键之年，也是不畏艰难、众志成城战胜校园疫情的斗争之年。一年来，华北电力大学坚持以习近平新时代中国特色社会主义思想为指导，深入学习宣传贯彻党的二十大精神，统筹事业发展和安全稳定，以迎接教育部党组巡视和巡视整改为契机，风清气正的校园政治生态进一步巩固。积极完善“一融双高”体制机制，坚持以高水平党建引领高质量发展，基层党建“示范创建”成效彰显，入选教育部第三批全国党建工作“标杆院系”1个、“样板支部”3个，党组织政治功能有效增强，党建引领保障作用不断提升。持续推进制度“立改废”，全年新建规章制度37项、修订50项、废止58项。完善法律事务管理办法，修订合同管理办法，法治工作基础持续夯实。坚持党管人才，成立党委教师工作委员会，接受教师思想政治与师德师风建设专项检查，构建教职工荣誉体系，评选第三届“我身边的好老师”，以喜迎党的二十大为主题的师德建设月活动成效显著，教师思政和师德师风建设有力加强。深化实施人才培育引进策略，加速构建人才引育“蓄水池”，成功举办第四届能源电力世界青年学者论坛，广揽“双碳”等领域“高精尖缺”人才。高层次人才队伍进一步壮大，全年引进国家级高层次人才4人，培育或依托学校申报并入选长江、杰青、万人等国家级高层次人才项目7人、省部级项目7人。持续构建多元筹资渠道，顺利实现年度收入目标。积极推进北京校部东区土地项目规划调整，保定校区新校园置换建设工作取得重要进展。北京校部体育中心工程正式开工，能源电力科研楼竣工验收，保定校区一批教学楼完成修缮升级。圆满完成全校资产大清查，顺利通过北京市绿色学校创建验收，入选全国首批88所节水型高校建设典型案例。全面提速智慧校园建设，全覆盖开展校园安全专项整顿，深化实验室安全管理，全力做好北京冬奥会、冬残奥会、党的二十大等重要节点安稳工作，校园安全稳定局面持续向好。大力弘扬“担当实干、敬业服务”的优良作风，开展校领导接待日活动，推进师生服务中心建设，开通校内接诉即办平台，完成学生综合洗浴系统、教工宿舍维修等一系列民生工程，用真招实招办好师生“头等大事”“关键小事”。持续提升图书、期刊、档案等服务保障能力，师生学习、工作和生活条件进一步改善，民生保障水平持续提升。

党政与巡察工作

【概况】 2022年，党政办公室 党委巡察办公室合署办公。其中，北京校部党政办公室设主任1名，副主任3名，职员5名；保定校区党政办公室设主任1名，副主任2名，副处级组织员1名，职员9名(含档案室3人)。党委巡察办公室设主任1名，副处级组织员1名，职员1名。党政办公室党委巡察办公室认真履行“服务发展、服务决策、服务落实”职能，统筹巡视巡察重点任务，在“学做谋创实建”六个方面下功夫，各项工作顺利开展。

疫情防控工作。认真履行疫情防控工作领导小组办公室职责，依托疫情防控和安全稳定工作专班，强化校园疫情防控组织领导、封闭管理、学生离校返乡、服务保障、应急管理和氛围营造等6方面措施。校园封闭管理期间，实行AB角轮岗制度，保障疫情防控和学校日常事务正常运行。9月起，承担学校总值班室值班任务，在工作日夜间和周末，全员轮流值班值守，保障7×24小时应对校园突发情况。11月校园疫情突发后，全员驻校在岗，严格落实疫情防控指挥部应急处置措施。

文秘工作。强化文字工作水平，全年接收处理上级和相关单位非涉密公文2540件(其中北京校部1555件，保定校区985件)，及时送审、转办校内请示报告等近260件。全年处理发布学校公文318件，印刷文件材料15000余份。起草各类会议活动领导讲话稿400余篇(其中北京校部200余篇，保定校区200余篇)，做好会议纪要和记录整理，起草工作方案和实施办法等重要制度文件10余份、常规报告20余份、通知通告30余份，以及各类决议、函件、贺信、唁电、请示和签报等公文50余份。

管理服务工作。完成各级单位入校调研、视察、检查等会务接待任务，完成各类校级会议筹办，其中党委常委会会议、校长办公会议49次，协同相关部门举办全面从严治党会议、教代会、警示教育大会、开学典礼、毕业典礼、疫情防控工作调度会等重要校级会议50余次。做好冬奥会、两会、党的二十大等重要敏感节点值班值守和信息报送工作，严格实行值班签到制度，每日提醒总值班人员按时到岗，保证重点岗位24小时值班。扎实做好日常印信管理，全年刻制、更新各单位印章10余枚，接待用印、出具事业单位法人证书、介绍信等相关证明13000余份(其中北京校部8500余份，保定校区4500余份)，校园突发疫情后，通过线上方式为校外教职工办理用印业务1200余项，确保学校日常事务正常开展。

督查督办工作。对2022年教代会工作报告的99项重点项目、153项节点任务，以及2022年全面从严治党67项重点项目、138项节点任务进行月度督办，定期在校领导碰头会通报。对加强高校党的政治建设、"一对照两结合"专项工作、学校第二届党代会提案办理情况、学校规章制度"废改立"等4项工作开展近200项专项督查督办。对校领导重点指示批示的38项工作跟踪督办，确保重点目标落实落地。

保密工作。统筹协调二级军工保密资格申请工作，与科研院等部门密切配合，精心准备，全力做好入校审查工作，按照专家组意见，建立清单、逐项整改，获批军工保密二级资质。以此为契机，开展全校保密自查自评和专项检查，完善保密工作管理档案，进一步规范涉密人员管理、涉密信息设备使用、新进职工和新生保密教育，不断强化师生员工保密意识，提升保密工作能力和水平。

信访、信息公开工作。做好信访工作，全面梳理2019—2022年信访事项283件，建立台账、逐一销号。全年接待来信、来电、来访事项354件(其中北京校部88件，保定校区266件)，全部办结归档。持续规范信访事项提出、受理、办理和督办流程。设立监督服务热线010-61771234、0312-7522345，接受师生员工意见建议和诉求。做好信息公开工作，编印《每周快讯》20期、《每周信息》33期，全年发布信息292条，编制信息公开报告1份。

校内巡察工作。研究制定《学校巡察干部学习宣传贯彻党的二十大精神工作方案》，围绕"学讲宣研建察"六个环节，精心设计"六个一"行动计划，带动全体巡察干部自觉服务保障新时代党的历史使命。统筹推进常规巡察、专项巡察整改和巡察"回头看"有机联动，扎实推进常规巡察整改落地见效，向9个被巡察党组织严肃反馈2021年校内巡察发现的100个主要问题183条具体问题及表现，向两地相关职能部门发送协同整改和成果运用建议书19份，反馈共性问题114条，推动形成整改合力。组织开展8场整改专项督查，提出书面审核意见6份，推进整改责任量化、方案细化、措施实化、效果深化，督促9个被巡察党组织细化制定整改举措497项，完成486项，平均完成度达97.79%，制定完善制度机制151项，首次推进巡察整改公开。推动"一对照两结合"映射式整改补短强弱，持续跟进17个部门32项重点任务整改，按期完成28项，制定完善重要文件制度19项。持续推进思政课专项巡察整改取得实效，督促13个思政课建设领导小组成员单位研究制定53项整改举措，完成41项整改任务，有力促进北京市重点马院建设。深入开展新一轮巡察"回头看"工作，9个巡察组与师生员工个别谈话161人次、发放调查问卷2080份，发现整改落实不到位、成效不明显问题24项，师生员工对整改总体情况正面评价总和平均达98.42%，首次探索建立整改评估机制，巡察组对9个被巡察党组织整改评估平均值为92分。丰富巡察"全覆盖"组织方式，拟定离退休党建工作和苏州研究院制度建设2个专项巡察方案。构建完备的巡察制度体系，调研制定《中共华北电力大学委员会巡察整改及成果运用办法》，形成监督、整改、治理有机贯通的全链条闭环工作体系，研究制定《中共华北电力大学委员会关于加强巡察干部队伍建设的实施意见》，全面完善巡察干部选、育、管、用等环节管理。全年新编巡察工作手册、专题学习材料与学习参考材料12册，撰写巡察工作案例23个，编制监督检查要点3套，向教育部党组、北京市委教育工委上报巡察案例、统计数据等材料11批次。

(刘　岩　葛　红　王煜晨)

【全力做好教育部党组巡视配合工作】 2022年6月11日，出台《华北电力大学党委配合教育部巡视组开展巡视工作方案》，党政办公室6人(北京校部4人，保定校区2人)参加工作组，完成迎接巡视相关工作。3月至7月，党委巡察办公室牵头落实巡视材料工作，调研制定《材料组工作方案》，协调学校18个职能部门和有关院(系)，编印《华北电力大学党委接受教育部党组巡视材料清单》，经过"四上四下"和数十轮沟通完善，完成首批262盒材料(含保定校区38盒)和巡视组进驻期间18批次68项109盒纸质材料、182本原始记录、10套电子版材料报送工作，得到教育部党组第三巡视组充分认可和好评。

(刘　岩　葛　红　王煜晨)

【推进教育部党组巡视整改落地见效】 2022年10月4日，配合学校党委成立以校党委书记周坚为组长、校长杨勇平和纪委书记何华为副组长、全体校领导为成员的巡视整改工作领导小组，全面负责巡视整改工作，同时下设办公室、督查组、文稿组、选人用人专项工作组、教师思想政治和师德师风建设专项工作组。11月1日，组织召开全面落实教育部党组巡视整改任务工作部署会，全面推进巡视整改工作，其中党政办公室完成牵头整改任务12项(立行立改1项)，出台《学校年度例行上会事项》和《党委常委会、校长办公会议题提报规程》，党委巡察办公室牵头完成4项整改任务，并履行巡视整改工作领导小组办公室职责，研究制定巡视整改工作方案和工作清单，组织召开2次巡视整改工作领导小组会、2次牵头部门会，推动按时完成84项整改任务，完成率达80.77%，促进建立健全长效机制67项，起草巡视反馈整改工作报告，按时向教育部巡视办报送。

(刘　岩　葛　红　王煜晨)

【推进学校作风建设】 2022年5月4日，出台《华北电力大学2022年作风建设行动方案》，同时推动33个部门制定实施细则。7月22日，出台《华北电力大学校领导接待日实施办法》，安排接待日活动8期，接待办理师生诉求16项，办结率100%。10月，设立监督服务热线，梳理整合13

个部门、16 项面向师生的主要业务，接受师生员工意见建议和诉求。精心谋划《“问巡师生”专题调研工作方案》，进一步加强自身建设，着力推进政治监督具体化精准化常态化。

（刘　岩）

【落实接诉即办工作】 2022 年 11 月 11 日，开通运行接诉即办线上服务平台，出台接诉即办工作管理办法，坚持“有一办一、日清日结”，全面掌握师生问题诉求，切实解决师生员工的“急难愁盼”问题，平台办理师生诉求响应率 100%、解决率 90%以上、满意率 95%以上。

（刘　岩）

【推进师生服务中心建设】 2022 年，深入调研和借鉴兄弟高校一站式服务大厅先进经验，跟进督促师生服务中心基础设施建设，专人负责师生服务中心建设工作，出台师生服务中心运行管理方案，完善运行管理机制。

（刘　岩）

【获批二级军工保密资格证书】 2022 年 4 月，与科研院等部门精心准备，学校获批军工保密二级资质，为军工项目取得重大突破奠定坚实基础，也是学校保密工作重要里程碑。开展全校保密专项检查，规范信息设备使用，提升保密工作水平。

（刘　岩）

【推进映射式整改专项工作】 2022 年 1 月 19 日，校党委书记周坚主持召开书记专题会，听取并研究“一对照两结合”映射式整改专项工作。2 月 28 日，学校党委常委会听取并审议“一对照两结合”映射式整改专项工作情况报告，研究部署整改工作。3 月上旬，纪委书记何华带队对重点部门落实“一对照两结合”映射式整改工作调研指导。3 月至 7 月，党委巡察办公室联合党政办公室持续督促重点整改任务落实落细，从根本上完善制度，强化执行落实。

（葛　红　王煜晨）

【召开校内巡察集中整改落实情况汇报会】 2022 年 7 月 20 日，学校召开巡察工作领导小组会，听取并审议 2021 年接受校内巡察的 9 个二级党组织集中整改落实情况报告，校党委书记周坚在高度肯定整改工作的基础上强调整改要在七个方面下大功夫，扎实推进以巡促改、以巡促建、以巡促治，校长杨勇平指出各单位要持续巩固和深化巡察整改成果，引领保障事业高质量发展。9 月 16 日，学校党委常委会听取并审议 2021 年校内巡察集中整改落实综合情况报告，研究部署巡察“回头看”工作。

（葛　红　王煜晨）

【开展新一轮巡察“回头看”】 2022 年 9 月 20 日，学校召开 2021 年校内巡察“回头看”工作部署会，纪委书记何华出席会议并作题为《百步无轻担 负重以致远》的部署讲话。9 月 21 日至 10 月 14 日，副校长律方成、檀勤良率领 9 支巡察组，先后回驻被巡察党组织，严深细实地开展现场检查。10 月至 11 月，形成巡察“回头看”情况报告。

（葛　红　王煜晨）

组　织　工　作

【概况】 截至 2022 年底，华北电力大学共有 28 个直属党委、9 个直属党总支、6 个直属党支部、612 个基层党支部，其中学生党支部 383 个、在职教职工党支部 211 个、离退休职工党支部 18 个。共有中共党员 11619 名，其中在职教职工党员 2493 名、离退休教职工党员 582 名、学生党员 8320 名，其他毕业后组织关系留校党员等 224 名。全年共发展党员 1688 名。共有处级干部 333 人，其中正处级干部 129 人，副处级干部 204 人。

二十大精神专题培训。第一时间组织二级党组织书记集中学习、开展《中国共产党章程（修正案）》联学辅导；开展处级干部学习贯彻党的二十大精神专题网络培训；开办“喜迎二十大”入党积极分子、发展对象、预备党员专题培训班，培训学员近万人次。按月制定发布《党支部学习活动指导意见》116 条，将党的二十大精神、中央和上级部门最新指示、学校党委最新部署，通过支部学习活动等形式内化于心、外化于行。常态化观摩指导各级党组织理论学习、会议决策、“三会一课”67 次，及时了解学习和工作运行情况，不断提升基层党建工作科学化规范化水平。

教育部巡视专项工作。完成迎接教育部党组巡视、选人用人专项检查准备和对接工作。完成百余名干部选任档案检查、兼职梳理和近 600 人次个人有关事项报告材料检查。调研近 2 年以来兄弟高校筹备情况，整理近千份材料形成 21 盒迎检材料。按照要求提供 34 项百余份调阅材料，配合完成工作场所走访和个别谈话组织工作。配合制定整改措施 32 条，制定选人用人专项检查反馈意见整改工作方案，坚持按月督办、挂图作战，推动整改任务落实到位。

疫情防控。发布《致全校广大党员干部的一封信》，号召各级党组织和广大党员干部带头做心怀“国之大者”的表率、坚守岗位的标兵、筑牢屏障的先锋、服务师生的楷模。做好常态化和应急状态下疫情防控志愿服务工作，组织调度广大党员干部参与核酸检测、值班值守、物资配送等各类志愿者累计 2000 余人次，多措并举不断完善志愿者队伍组织结构和服务制度建设。

基层党组织建设。入选教育部第三批全国党建工作“标杆院系”1 个，“样板支部”3 个；完成教育部第二批“样板支部"验收2个;培育建设校内第二批"标杆院系"5个,"样板支部"20个,完成校内首批14个"双带头人"工作室中期检查;开展首批"研究生样板支部"和党员标兵的培育建设。全年共成立纵向党支部10个,确立党建重难点研究项目16个,发展教工党员17名,其中高层次人才党员发展取得突破。建设基层党建"先锋指数"2.0系统,优化被测评党组织工作资料的规范纪实和同步上传机制,形成《2021年度基层党建质量分析报告》。

干部选用工作。按照市委部署,历时3个月高质量完成学校出席北京市第十三次党代会代表选举工作。完善制度体系,制定《干部队伍建设规划》《优秀年轻干部队伍建设规划》《优秀年轻干部发现培养选拔工作实施办法》,修订《处级干部选拔任用工作办法(2022年修订)》。强化干部选用,年度内选任干部13人,届中调整干部20人。严格监督管理,完成个人事项填报范围更新以及191名处级干部的指导培训和填报录入;完成2021年度处级干部年度考核;完成干部兼职等日常监督工作。落实教育部党组部署,高标准完成党政领导干部兼职规范工作和专项调研任务。

基层党建工作。高质量开好院系级党组织书记月度工作例会,督促院系建立党支部书记例会、教研室室务会等制度,推动学校党建工作任务有序落实。督促各学院建立"两个会议"制度实施细则,修订完善议题记录单,严格规范会议议事范围和会议程序,强化会前酝酿和会后执行。开展高校党建与事业发展"五位一体"融合促进机制研究,获批北京高校党建研究会重点课题立项。党建工作体系建设取得新成果,《打造基层党建四大体系》获评北京高校党建和思想政治工作优秀成果奖。

(葛　超　王博超)

【配合完成教育部党组巡视迎检和整改工作任务】 2022年,按照学校党委统一部署,党委组织部完成迎接教育部党组巡视准备和反馈问题整改工作。建立迎检材料四级审查机制,完成主题教育、落实新时代党的组织路线及上一轮巡视整改落实有关材料的整理工作,形成迎检材料20余盒。积极落实学校党委巡视整改任务,制定整改措施32条,坚持按月督办、挂图作战,推动整改任务落实到位。

(刘婧一　徐　定　赵书彬　胡　蝶)

【开展教育部选人用人专项检查迎检准备和整改工作】 2022年,党委组织部高质量完成迎接教育部选人用人专项检查准备及反馈意见整改落实工作。对标对表做好迎检准备,认真对标选人用人有关要求,完成百余名干部选任档案、干部兼职和近600人次个人有关事项报告材料复核工作;即时响应完成入校检查对接任务,完成30余项材料调阅、3处工作场所走访、部分干部个别谈话的对接配合工作;全面落实做好反馈意见整改工作,制定整改工作方案、建立整改工作台账,有序完成集中整改期工作任务。

(刘婧一　王EE有　赵书彬　胡　蝶)

【完成疫情防控志愿服务组各项工作】 2022年,持续做好常态化和应急状态下疫情防控志愿服务工作,齐心协力组织广大党员干部打赢校园疫情防控阻击战。发布《致全校广大党员干部的一封信》,构建"一链条双循环"应急志愿服务工作机制,动员储备800余名党员干部志愿者,组织调度广大党员干部参与志愿服务累计2000余人次,起草制订《关于激励关爱抗击疫情志愿者的若干措施》多方位强化志愿者激励关爱。

(成一平　赵书彬　胡　蝶)

【出台干部选拔任用办法】 2022年,为坚持和加强党的全面领导,深入贯彻新时代党的组织路线和干部工作方针政策,起草《干部队伍建设规划》《优秀年轻干部队伍建设规划》和《优秀年轻干部发现培养选拔工作实施办法》,修订《处级干部选拔任用工作办法(2022年修订)》,上述文件的印发为学校干部队伍和年轻干部队伍建设提供制度支撑,进一步完善学校选人用人工作制度体系。

(刘婧一　王EE有)

【实现先锋指数测评系统全面应用】 2022年,在对"先锋指数"指标体系进行修订完善基础上,升级改造"先锋指数"高校基层党建质量线上测评系统,实现42个院系级单位党组织的材料上传、测评打分及结果运用,形成《2022年度华北电力大学院系级单位党组织党建工作质量图报》,为院系级党组织书记抓党建述职评议考核提供重要参考。

(成一平)

【组织开展党史学习教育专题民主生活会】 2022年1月,聚焦"大力弘扬伟大建党精神,坚持和发展党的百年奋斗历史经验,坚定历史自信,践行时代使命,厚植为民情怀,勇于担当作为,团结带领人民群众走好新的赶考之路"主题,学校组织42个直属党委(党总支、党支部)召开党史学习教育专题民主生活会。处级领导班子和处级党员领导干部聚焦民主生活会主题,按照"学史明理、学史增信、学史崇德、学史力行"和"学党史、悟思想、办实事、开新局"的目标要求,把自己摆进去、把职责摆进去、把工作摆进去进行对照检查,并严肃开展批评和自我批评。

(刘婧一　王EE有　赵书彬)

【开展处级领导班子及处级干部考核工作】 2022年2月至3月,采用学校层面述职评议、网络民主测评、安全稳定工作考核评价、党风廉政建设考核评价等方式对92个处级领导班子、326名处级干部进行年度工作考核。28个处级领导班子考核结果为"优秀",其余处级领导班子考核结果为"合格";86名处级干部考核结果为"优秀",其余处级干部考核结果为"合格"。

(刘婧一　王EE有　赵书彬　胡　蝶)

【组织基层党组织书记参加线上培训】 2022年,学校多次组织开展基层党组织书记培训活动，2月至4月组织各级党组织书记参加3场北京市委组织部“党支部云课堂”培训，7月至9月组织27名基层党支部书记参加河北省2022年高校基层党支部书记网络培训示范班，通过课程学习、主题研讨、案例撰写、在线考试等培训环节，积极开展学习交流，全部学员顺利结业。

（成一平　赵书彬　胡　蝶）

【举办党员发展对象培训班】 2022年3月至5月、10月，学校在北京校部、保定校区共举办五期党员发展对象培训班。邀请学校原党委副书记朱常宝教授、中央党校马克思主义学院王中汝教授等校内外专家作专题报告，组织参训学员集中收看党的二十大开幕会，同时采用分组讨论、影视教学、主题演讲等多种培训形式。2022年共培训党员发展对象2900余名。

（徐　定　赵书彬　胡　蝶）

【入选教育部第三批全国党建工作标杆院系和样板支部培育创建单位】 2022年3月10日，教育部办公厅公布第三批全国党建工作示范高校、标杆院系、样板支部培育创建单位名单，华北电力大学电子与通信工程系党委入选“全国党建工作标杆院系”培育创建单位，电气与电子工程学院输配电系统研究所党支部、动力工程系“吴仲华”党支部、机械工程系输电线路工程教研室党支部入选“全国党建工作样板支部”培育创建单位。

（徐　定　李　冰）

【开展处级干部兼职规范工作】 2022年4月至12月，为全面落实《华北电力大学处级干部兼职管理办法（2021年修订）》有关要求，在对学校处级干部兼职全面梳理认定的基础上，全年审核并报请党委常委会会议审批处级干部兼职12项；会同人事处、财务处形成处级干部兼职取酬及奖励工作流程，完成年度内处级干部兼职取酬上缴和奖励工作。

（刘婧一　王梽有　赵书彬　胡　蝶）

【开展“一融双高”系列实践活动】 2022年4月，围绕“红色讲台构筑”“科研攻坚报国”“党徽闪耀岗位”三大主题，在全体教工党支部中启动实施“一融双高”系列实践活动，在教学、科研、管理等方面工作中，充分发挥基层党组织战斗堡垒作用和党员先锋模范作用，切实推动党建事业融合发展。

（徐　定）

【举办入党积极分子培训班】 2022年4月至6月，9月至11月，学校以“喜迎二十大 永远跟党走”为主题举办两期入党积极分子培训班，采用课堂教学、音像教学、在线学习、研读原著、分组讨论等形式，推动学员深入学习领会党的二十大精神，切实提高理论素养和思想认识，端正入党动机、坚定理想信念。2022年共培训入党积极分子5200余名。

（徐　定　赵书彬　胡　蝶）

【开展基层党建工作专项观摩督查】 2022年5月至6月，设立6个专项观摩督查小组，对保定校区20个二级党组织开展基层党建工作专项观摩督查。专项观摩督查进一步巩固拓展党史学习教育成果，加强基层分类、精准指导，助推保定校区基层党建标准化水平有效提升。

（张汉军）

【开展党支部书记和党务工作人员培训】 2022年5月至10月，采取线上线下相结合的形式，面向保定校区党支部书记、组织员、党建联络员、党务工作人员、“先锋”协会学生党建联络员及党支部对接联系人等开展发展党员、基层党建实务、党建“双创”经验等专题培训，累计培训1000余人次。

（赵书彬　胡　蝶）

【获北京高校党的建设和思想政治工作优秀成果三等奖】 2022年6月，学校申报的《打造基层党建工作“四大体系”构建纵到底、横到边、全覆盖工作格局》获2018—2022年北京高校党的建设和思想政治工作优秀成果三等奖，标志着具有华电特色的基层党建工作品牌已基本形成。

（徐　定）

【入选河北省党建“双创”及“双带头人”工作室培育创建单位】 2022年6月16日，河北省委教育工委下发《关于公布全省第二批新时代高校党建示范创建和质量创优及“双带头人”教师党支部书记工作室培育创建单位名单的通知》，华北电力大学电力工程系党委入选“全省党建工作标杆院系”，电子与通信工程系电子专业学生党支部入选“全省党建工作样板支部”，电力工程系电自教研室党支部书记工作室入选“全省党建工作‘双带头人’工作室”培育创建单位。

（李　冰）

【持续加强“双带头人”培育建设】 2022年9月，校领导就教师党支部书记“双带头人”建设到院系进行调研并召开教师党支部书记“双带头人”建设座谈会，对各部门、各院系以及教师党支部书记提出明确要求。开展教育部和校级“双带头人”教师党支部书记工作室建设工作，完成2个教育部“双带头人”党支部书记工作室和14个校级工作室的中期检查并凝练汇编“双带头人”工作室建设典型案例，遴选产生6个校级“双带头人”教师党支部书记工作室。

（成一平　李　冰）

【开展“435”党建工作培育计划】 2022年，继续深入开展校内“双创”和研究生“双创”培育创建工作。第二批校内“双创”共遴选培育5个“标杆院系”和20个“样板支部”，首批校内研究生“双创”共选树15个“研究生样板党支部”和20名“研究生党员标兵”，以点带面发挥引领带动作用，推动学校党建工作质量全面创优全面提升。

（徐　定　成一平　李　冰）

【开展党建工作坊系列活动】 2022年，围绕基层党建工作观摩督察经验交流、如何做好代表推选和干部推荐考察工作、党建“双创”建设成效、宣传贯彻党的二十大精神等主题，开展6期“党建工作坊”活动，不断拓展学习交流的形式和内容，提高工作实效。

（李 冰）

【选派优秀年轻干部助力乡村振兴】 2022年10月，按照学校党委部署，完成新一轮帮扶干部选派工作，经中组部和教育部审核，选派张江昆、王晓强赴河南省确山县担任挂职干部，持续助力推动乡村振兴战略实施。

（刘婧一）

【成立疫情防控一线临时党支部】 2022年12月15日，保定校区成立和家健康驿站临时党支部，进一步增强校外健康驿站志愿服务队伍凝聚力、向心力。

（张汉军）

【党建研究取得新突破】 2022年，学校获批北京高校党建研究会重点课题1项并以“优秀”结题，获批2022年河北省高校党建研究课题重点课题1项、立项课题9项，获2021年河北省高校党建研究优秀成果一等奖2项、二等奖2项、三等奖3项。2022年度北京校部开展“基层党建重点难点项目支持计划”，共立项A类项目11项、B类项目5项；保定校区党建课题共立项5项党建课题、8项特色项目，课题、项目研究质量不断提升。

（徐 定 李 冰）

【开展党支部书记述职评议考核】 2022年12月，学校各直属党组织开展教职工党支部书记和学生党支部书记述职评议考核，围绕师生党支部加强党的政治建设、落实组织生活各项制度、开展党支部规范化建设及发挥党支部战斗堡垒作用等方面，通过线上线下相结合的方式对全体教职工党支部书记和学生党支部书记进行考核测评。

（成一平 张汉军）

统 战 工 作

【概况】 至2022年年底，华北电力大学共有民主党派基层组织7个，分别是中国民主同盟华北电力大学支部（北京）、中国民主同盟华北电力大学支部（保定）、中国民主建国会华北电力大学支部（保定）、中国民主促进会华北电力大学支部（保定）、农工党华北电力大学支部（保定）、九三学社华北电力大学支社（北京）、九三学社华北电力大学支社（保定）；民主党派成员148人（北京校部70人，保定校区78人），其中民革党员8人，民盟盟员56人，民建会员13人，民进会员22人，农工党党员4人，致公党党员2人，九三学社社员42人，台盟盟员1人；统战团体1个为知联会，共有理事65人；人民团体基层组织1个，为侨联小组，共有成员27人。孙淑艳、张启亮加入民革，韩励佳、李廷顺、张浩楠加入民盟。

2022年，学校党委高度重视统战工作，始终坚持以习近平新时代中国特色社会主义思想为指导，深入学习贯彻习近平总书记关于做好新时代党的统一战线工作的重要思想，在学校党委领导下，统一战线各项工作有序推进。

思想政治引领工作。先后组织党外人士集中观看党的二十大开幕会，召开“学习习近平总书记关于做好新时代党的统一战线工作的重要思想”座谈研讨会、统一战线成员学习教代会精神座谈会，开展“统战百分在线知识竞答”活动，组织统一战线成员参观“奋进新时代”主题成就展和鲁迅博物馆等。

大统战格局构建工作。进一步发挥统一战线工作领导小组作用，召开统一战线工作领导小组年度工作会议，及时传达全国统战部长工作会议、北京市和河北省统战工作会议等精神，布置年度工作，加强交流研讨，提高认识、统一思想。细化基层党组织统战工作考核指标，强化对直属各党委（党总支、党支部）统战工作指导、督导效果。

引导党外知识分子作用发挥。加强与上级部门的联系与沟通，推选学校优秀党外人士到民主党派各级组织和统战团体任职、参加重要政治会议，参与各级政治建设工作，发挥政治监督和民主管理作用。冼海珍当选台盟北京市委副主委及台盟中央委员，李继清当选民盟北京市委委员和民盟全国代表大会代表，2人参加北京市、河北省九三学社代表大会；2人被推荐为保定市第九次归侨侨眷代表大会委员、15人被推荐为代表，2人被推荐为代表第六届保定市海外联谊会理事。加强建言献策工作培训。围绕建言献策、社情民意、“双碳”战略等内容，开展3期“委员讲堂”活动。提高党外人士建言献策、发现社情民意的能力。继续加强民主党派、统战团体自身建设。成立九三学社华北电力大学（北京）支社；摸排学校留学归国人员情况。

民族宗教工作。获“‘石榴花开美京城海报设计作品征集展示活动’优秀组织单位”称号，3位老师获“优秀指导教师”称号。

疫情防控。统一战线积极响应号召、承担各项抗疫任务，党委统战部承担北京校部和保定校区健康驿站的建设和管理，党外知识分子，如：吴学辉、李泓泽、古丽米娜、庄丽、王璋奇、李娜等，主动担任楼长、层长、核酸检测志愿者等工作，为学校疫情防控贡献力量。

（路雨欣 李 冰）

【召开统一战线成员学习教代会精神座谈会】 2022年3月25日，学校召开统一战线成员学习教代会精神座谈会。会议以视频形式在北京、保定两地同时召开。各民主党派代表、党外知识分子联谊会代表、党委统战部全体工作人员参加会议。会议由党委统战部(保定)部长李瑾主持。会上，党委统战部常务副部长陈志传达校党委书记周坚在第七届教职工代表大会第四次会议闭幕会上的讲话精神。发展规划处副处长吴良器解读教代会学校工作报告精神。与会代表进行座谈交流。

(路雨欣　李　冰)

【召开统一战线工作领导小组会议】 2022年4月26日，学校召开统一战线工作领导小组会议。校党委书记、统一战线工作领导小组组长周坚出席会议并讲话，要求各单位以习近平总书记关于加强和改进统一战线工作的重要思想为指引，调动一切可以调动的积极因素，不断巩固和发展最广泛的统一战线，把握新发展阶段、贯彻新发展理念、构建新发展格局，广泛汇聚力量，助推学校事业高质量发展再上新台阶。校党委副书记、领导小组副组长郭孝锋主持会议。

(路雨欣　李　冰)

【开展3期委员讲堂活动】 2022年4月29日、6月3日、9月9日分别围绕建言献策、社情民意、“双碳”战略等内容开展“委员讲堂”活动，充分发挥政协委员辐射带动作用，通过交流分享建言成果和经验，提高党外人士建言献策、发现社情民意的能力。

(路雨欣　李冰)

【获海报设计作品征集展示活动优秀组织单位】 2022年5月，在北京市民族宗教事务委员会、北京市民族团结进步促进中心组织的“石榴花开美京城——铸牢中华民族共同体意识”海报设计作品征集展示活动中，华北电力大学师生参与设计投稿，获优秀组织单位称号，党委统战部王晓霞、路雨欣及党委学生工作部地瓦那夏・肉孜买买提获“优秀指导教师”称号。

(路雨欣)

【召开党外人士学习座谈研讨会】 2022年8月4日，学校召开党外人士学习习近平总书记关于做好新时代党的统一战线工作的重要思想和北京市第十三次党代会会议精神座谈研讨会。会议以腾讯会议形式在线上召开。北京、保定两地各民主党派代表、党外知识分子联谊会代表及党委统战部工作人员参加会议。党委统战部常务副部长陈志出席会议并讲话。

(路雨欣　李　冰)

【九三学社华北电力大学支社成立】 2022年10月13日，学校召开九三学社华北电力大学支社(北京)成立大会暨第一次社员会议。九三学社北京市委专职副主委李丽萍、华北电力大学党委副书记孙传新出席会议并讲话。会议由九三学社北京市昌平区工委主任杨为民主持。大会选举产生第一届委员会。经会议讨论，荀振芳担任支社主委，王敏担任支社副主委，庄丽、张洪分别担任支社组织委员、宣传委员。

(路雨欣)

【参观奋进新时代主题成就展】 2022年11月6日，党委统战部组织学校统一战线成员参观北京展览馆“奋进新时代”主题成就展和鲁迅博物馆，感悟伟大成就，汲取奋进力量。各民主党派和知联会代表以及党委统战部全体工作人员参加本次学习。

(路雨欣)

宣　传　工　作

【概况】 2022年，华北电力大学党委宣传部全面学习宣传贯彻党的二十大精神，紧紧围绕理论学习、思政工作、意识形态、新闻宣传、文化建设等工作重点，不断创新工作方式，完成各项任务，为学校发展提供有力的思想保证、精神动力、舆论支持和文化氛围。

二十大主题宣传教育工作。按照“会前热身、会中发声、会后深化”总体思路，分三阶段印发《“请党放心 强国有我”迎接学习宣传党的二十大主题宣传教育活动工作方案》《组织收听收看党的二十大开幕会工作方案》《关于学习宣传贯彻党的二十大精神的工作方案》。会前通过“三个阶段、九个项目”营造浓厚氛围；会中按照“一主、三分、多点”塑造收看盛况，打造50余个直播观看点、校领导与4000余名干部师生进行集中收看；会后以“五个课堂”为主线推动二十大精神落地落实，开展15项学习宣传系列活动，从7个领域制定56项具体落实举措，形成重点任务“两张清单”，推动党的二十大精神见行见效，经验材料入选《首都高校迎接党的二十大专刊》，做法举措被人民网、现代教育报等多家媒体宣传报道。

日常理论学习和思政工作。全年印发学习参考10期，学习补充4期。组织校党委理论中心组、党委常委会、校长办公会理论学习21次。对万余名干部师生开展基本理论知识测试，对二级党委理论中心组开展全覆盖巡听旁听，针对性印发《应知应会理论知识掌中宝》。印发《思想政治工作联席会议制度》。统筹组织校党委书记围绕“北京冬奥”“中国电力发展史”“抗击疫情”等主题为学生讲授“大思政课”。学校获评北京市“学习强国”平台优秀学习组织，“学习强国”人均积分首次跃进北京高校前10，4个项目获评北京市“双百行动计划”年度优秀示范项目，7项课题获批北京市学校思想政治工作研究课题立项，入选北京市德育研究会首批交流展示单位。3项课题获批河北省思想政治工作研究课题立项，6项案例获评河北省思想政治工作优秀案例。

意识形态工作。起草《落实意识形态工作责任制情况专题报告》，牵头完成6项巡视整改项目；全年开展3次阵地排查，印发《论坛、讲座、报告会、研讨会管理办法》《网络意识形态工作责任制实施办法》；与二级单位签订意识形态工作责任书，印发《2022年意识形态工作要点》《意识形态重点工作清单》《意识形态工作手册》。制定《意识形态领域突发事件应急处置办法》，编发《意识形态领域情况通报》，不断强化风险防范意识，提升应急处突能力。

舆情舆论工作。出台《华北电力大学应对网络舆情工作规则》《华北电力大学新媒体平台建设运行与管理办法》。在央视网、《人民日报》《光明日报》等主流媒体刊发报道约200篇。微信公众号粉丝量突破12万，同比增长20%，官微月度传播力首次挤进前20，单篇阅读量达20万+，创历史新高。官方微博粉丝量突破36万，疫情相关话题登上微博热搜，累计阅读量1.2亿。开设学习宣传党的二十大精神专题网站，改版学校新闻网前端页面和后台系统，启动融媒体中心建设。学校荣膺人民网年度优秀校园新闻作品高校，微视频作品首获年度北京市专业报刊好新闻三等奖，新媒体作品获评中国青年报、中青校媒"2021—2022年度优秀校园新闻专题作品奖"，3人获评北京教育系统新闻宣传工作先进个人。

大学文化建设。按照"智能、赋能、节能"原则设计智能校史馆建设方案，推进校史馆机器人智能讲解，开通线上"虚拟校史馆"，实现近万名师生分批次、小规模、不限时的线下机器人引导浏览和线上模拟参观。持续推进文化读物编印工作，全年出版校报12期，编辑印制2019—2021年校报合订本，编撰完成《华电记忆（第八辑）》。全面加强学校"网络文化工作室"培育建设工作，19个工作室累计发布网络文化作品1395个，获国家级奖项3项，省部级奖项29项，有力促进校园文化的生产推广。举办学校首届大学生文创设计大赛，选拔优秀作品参与2022年第四届北京市大学生文创设计大赛，获一等奖1项，二等奖1项、三等奖5项。

（杨天明　王　邱）

【入选《首都高校迎接党的二十大专刊》】 2022年10月，华北电力大学迎接和学习宣传党的二十大精神经验材料《听讲故事，浸入"景观"》入选《首都高校迎接党的二十大专刊》，受到广泛关注。《系统部署彰特色 深度融合抓落实 华北电力大学扎实推进党的二十大精神落地生根》在宣教之窗"学习宣传二十大，首都教育在行动"专栏宣传报道，人民网、北京日报、现代教育报等多家媒体，报道华北电力大学扎实开展宣传贯彻落实党的二十大精神做法举措。

（巩建宇）

【入选北京市德育研究会首批交流展示单位】 2022年4月，北京市学校德育研究会发布《关于支持市一体化德育研究基地校（园）进行自我评估、展示交流的通知》，经过北京市学校德育研究会会长会评议、现场交流座谈会等工作环节，北京市学校德育研究会在101个大中小幼一体化德育研究基地校中，选取华北电力大学作为首批4个交流展示单位，也是唯一的高校代表进行现场交流展示。

（巩建宇）

【获评学习强国平台优秀学习组织】 2022年6月8日，中共北京市委宣传部印发《关于通报"学习强国"北京学习平台2021年度优秀学员和优秀学习组织的决定》，华北电力大学获评"学习强国"北京学习平台2021年度"优秀学习组织"奖。学校党委高度重视干部师生日常理论学习，坚持以习近平新时代中国特色社会主义思想为指导，充分利用"学习强国"平台组织开展学习活动，通过建机制、抓落实、强引领等重点举措推动理论学习持续升温，实现"学习强国"人均积分首次突破北京高校前10名。

（巩建宇）

【思政工作研究项目再创新高】 2022年8月15日，中共北京市委教育工委公布2021年北京高校师生服务首都"四个中心"功能建设"双百行动计划"优秀项目名单，华北电力大学4个项目获评2021年"双百行动计划"优秀项目，其中青年教师社会调研项目3项，大学生社会实践项目1项，师生充分发挥学科优势和专业特长，深入开展社会调研和实践活动，形成多个高质量调研项目。12月8日，中共北京市委教育工委发布《关于公布2022年度北京市学校思想政治工作研究课题立项名单的通知》，华北电力大学获批立项课题7项，其中重点课题1项、一般课题4项、支持课题2项，获批课题层次和数量创历史新高。

（巩建宇）

【3项河北省思政研究课题获批立项】 2022年，华北电力大学获批省级研究课题3项：其中河北省高校网络思想政治工作研究课题2项，河北省思想政治工作研究课题1项；省级优秀案例获评一等奖2项、二等奖1项、三等奖3项，其中河北省宣传思想文化工作创新案例一等奖1项，河北省基层思想政治工作优秀案例二等奖1项，河北省辅导员工作精品项目三等奖1项，河北省高校网络教育优秀工作案例一等奖1项、三等奖2项。

（王　邱）

【官微月度传播力首次进入部属高校前20名】 2022年，华北电力大学大学官方微信在11月份教育部直属高校官方微信排行榜首次挤进前20，排名第18。一年来，官方微信围绕重要时间节点和重大活动，采用师生喜闻乐见的形式，打造系列网络文化作品，广受师生、校友和社会公众好评。

（董艺双）

【官方微信公众号单篇阅读量达20万⁺】 2022年，在校园防疫期间官方微信公众号推出的《华电不眠夜，情深爱更浓》，彰显华电应急处突响应速度，切实发挥团结、稳定、鼓劲的作用，凝聚起众志成城、共克时艰的强大正能量。单篇阅读量达 20 万⁺，引发师生、家长和校友的强烈共鸣，创历史新高。

（董艺双）

【官方微博获两项荣誉称号】 2022 年，华北电力大学获评“微博 2022 最具服务力学校”和“北京优秀运营账号”。学校注重发挥微博的思想引领和平台展示作用，深化与各高校的交流与合作，不断扩大社会影响力。

（董艺双）

【2 项宣传思想工作成果受表彰】 2022 年，华北电力大学报送的《亲爱的华电，63 岁生日快乐！》和“电力思政”系列品牌课程入选“人民网 2022 年高校优秀校园新闻作品”和《2022 年高校思政课改革创新情况分析报告》典型案例。这是学校首次获双料表彰，也是第三次蝉联优秀校园新闻作品获选高校。

（董艺双）

【首获北京市专业报刊好新闻三等奖】 2022 年，华北电力大学短视频作品《矢志心向党 奋进新时代——“我和我的学校”红色记忆》在北京市专业报刊好新闻评选活动中获三等奖，这是学校首次参加此项比赛并获奖，共 5 所高校获此荣誉。该视频以青年大学生视角讲述建校六十多年来在党旗引领下，华电人坚守初心、勇担使命的故事，表达青年学子矢志报国、接续奋斗的愿望。该视频先后在教育部微言教育、新华每日电讯、V 思想等主流媒体平台刊发，广受师生好评。同时，该视频还获中国电视艺术家协会行业电视委员会与英大传媒投资集团有限公司 2021 年度行业电视节目推选活动“电力单元”优秀奖，英大传媒投资 2021 年度行业优秀电视作品展评”微视频类二等奖。

（董艺双）

【获评年度优秀校园新闻专题作品奖】 2022 年，在中国青年报社、中国青少年新媒体协会、中青校媒共同举办的“2021—2022 高校可视化新闻激励计划 · 寻找高校可视化专题作品”活动中，华北电力大学校报记者团推送的作品暨华北电力大学报微信公众号推文《点赞！首批 AED 入驻华电保定校区》获评“2021—2022 年度优秀校园新闻专题作品奖”。党委宣传部（保定）教师陈华、王邱获评“2021—2022 年度优秀校园新闻专题作品指导老师”，校报记者团赵雪获评“2021—2022 年度优秀校园新闻专题作品学生负责人”。此次活动自今年年初举办以来，吸引超过 300 家高校媒体参加。其中在本科高校范围内共评选出 2021—2022 年度优秀新闻专题作品 60 件。

（崔鸿博　周云鹏）

【参加全国大学生网络文化节获佳绩】 2022 年，由教育部思想政治工作司、中央网信办网络社会工作局主办的第六届“全国大学生网络文化节”和“全国高校网络教育优秀作品推选展示活动”遴选结果揭晓，华北电力大学师生作品从全国 35225 件参赛作品中脱颖而出，获一等奖 2 项、二等奖 1 项、三等奖 2 项、优秀奖 3 项，获奖作品质量和数量再创新高。其中，北京校部作品获一等奖 1 项、三等奖 1 项、优秀奖 2 项；保定校区作品获一等奖 1 项、二等奖 1 项、三等奖 1 项、优秀奖 1 项。

（李双阳　王　邱）

【参加北京市大学生文创设计大赛获佳绩】 2022 年 12 月，北京市教委公布第四届北京市大学生文创设计大赛获奖名单，华北电力大学获非专业组一等奖 1 项、二等奖 1 项、三等奖 5 项，获奖等级与数量均取得历史突破。第四届北京市大学生文创设计大赛由北京市教育委员会主办，学校自收到大赛通知以来，高度重视赛事组织工作，由党委宣传部牵头，联合校团委、校友与教育基金工作办公室和工程训练与创新创业教育中心共同举办华北电力大学“青春献礼”大学生文创设计大赛，在全校范围内共征集 52 个文创作品，并通过网络投票、现场指导、专家评审等方式不断优化升级作品，择优推荐一批主题鲜明、创意新颖、设计精美、展示度高的作品参加北京市大学生文创设计大赛。

（李双阳）

【校史馆智能讲解机器人正式上岗】 2022 年 10 月，校史馆智能机器人“小电同学”经过近 3 个月开发调试与升级优化，正式在华电校史馆上岗讲解，完成学校 3000 余名 22 级本科新生整体大规模、分批次高频率讲解任务，并与线上虚拟校史馆协同工作，通过多种渠道让更多人了解华电历史、感悟华电文化，浸润华电精神。

（李双阳）

发展规划与法治工作

【概况】 华北电力大学发展规划处（法治工作办公室）共有工作人员 4 人，其中在编 3 人（含 2 名处级干部、1 名法治工作专员），非在编工作人员 1 人，履行学校发展规划、综合改革、依法治校、文稿服务等工作职能。2022 年，发展规划处（法治工作办公室）落实“十四五”规划、推进规章制度“立改废”、加强依法治校、提高文稿服务质量等重点任务为引领，积极融入学校改革发展大局，持续提升服务能力和工作水平。

发展规划。组织11场规划专题研讨会，完成保定校区分规划、各专项规划、学院(部)规划的收官印发，构建学校总分结合的完整规划体系。组织"十四五"规划目标任务分解，发布任务分解清单。结合2022年教代会学校工作报告，与党政办紧密配合，促进规划目标与各二级单位年度重点工作任务相衔接。加强顶层设计，向教育部和北京市分别提交学习贯彻党的二十大及北京市第十三次党代会精神，加强新时期学校事业发展战略谋划两份调研报告。

规章制度建设。完成大学章程修订及提交教育部审核等相关工作。以"试行""暂行"满两年规章制度为重点，构建2022年规章制度建设任务清单，全年新建规章制度37项、修订50项、废止58项，出具规章制度法律审查意见书65份。摸底调研院系(部)和管理服务部门内部规章制度建设情况，探索学校二级单位规章制度建设新机制，推进规章制度建设与管理工作向二级单位延伸。

法治工作。制定并实施学校"八五"法治宣传教育规划、法律事务管理办法、法治工作任务分解清单、二级单位法治工作测评指标等文件，持续夯实法治工作基础。进一步增强涉法事务服务能力，认真做好沙河院区进驻启用、保定校区置换建设、四方公司股权转让、保定毅格公司校企改革以及基本建设贷款、高层次人才聘用、国际合作交流等方面的法律保障工作，解决涉诉案件6件，完成涉法事项论证10余件，开展法律咨询服务40余次。

合同管理。对2017年以来以学校名义签订的合同开展专项检查，以问题为导向完成合同管理办法修订，制定并实施合同归口管理工作细则，进一步规范管理流程，强化合法合规性审查，全年累计审查重大合同60件，归档审查一般合同(协议)102件，线上审查各类普通合同(协议)近3000件，进一步压实合同业务管理各级责任，落实问题整改和防控机制，全年无相关重大违规事项发生。

综合改革。根据人员和机构变动情况，调整优化学校深化改革领导小组人员组成，进一步明确工作职责和运行机制，加强对综合改革的统筹领导。结合"十四五"规划制定和任务分解、教代会学校工作报告起草以及向教育部、北京市等上级单位报送的相关文件，强化顶层设计和系统谋划，统筹学校综合改革向纵深推进。牵头初步起草完成保定校区管理体制和运行机制、校院两级管理体制改革试点等方面的具体改革实施方案。

(孙力昂)

【审议"十四五"专项规划和学院(部)规划】 2021年12月中下旬至2022年1月上旬，学校以北京、保定两地视频方式，先后召开10场专题会议，听取"十四五"专项规划、学院(部)规划情况汇报，研究部署下一步编制工作。校长杨勇平、副校长檀勤良全程出席会议，对规划予以点评，并对最终定稿工作提出明确要求。相关规划分管(联系)校领导，各专项规划编制成员单位主要负责人、各学院(系、部)班子成员、各规划编制工作组有关人员以及发展规划处、学科建设处、人事处、教务处、研究生院、科学技术研究院、人才工作处等职能部门相关负责人分别参加审议。此次规划系列审议会是落实学校党委"十四五"规划编制工作总体部署，对标需求谋思路、对标问题求突破、对标领先促赶超的重要举措。

(孙力昂)

【召开规章制度建设暨合同管理专项检查部署会】 2022年2月25日，学校以北京、保定两地视频方式召开规章制度建设暨合同管理专项检查部署会，副校长檀勤良主持会议并讲话。发展规划处(法治办)、党政办、党委巡察办负责人分别就2022年度规章制度"废改立"、二级单位规章制度清理报备、规范规章制度审查流程、合同管理专项检查等4项工作进行部署和说明。各院系(部)、管理服务部门、科研机构和平台以及机关党委、教学科研党总支相关负责人及有关人员参会。会后形成《华北电力大学2022年规章制度建设清单》，对失效和废止规章制度进行梳理，发布《关于规范规章制度合法合规性审查流程的说明》《二级单位规章制度清理情况通报及下一步工作安排》《学校合同专项检查情况通报及整改措施》，推动相关工作有序开展。

(孙力昂)

【梳理总结学校综合改革进展情况】 2022年3月，配合教育部党组巡视及学校"十四五"全面深化改革行动，组织相关管理服务部门和学院(系、部)，对2017年以来学校综合改革情况进行全面梳理总结，形成《华北电力大学2017年以来重点领域综合改革情况汇总表》《华北电力大学"十四五"全面深化改革目标任务摸底表》及学校综合改革进展情况总结报告。

(孙力昂)

【发布"十四五"规划目标任务分解清单】 2022年4月2日，经学校党委研究，正式发布《华北电力大学"十四五"规划目标任务分解清单》(党政办〔2022〕1号)。清单以"十四五"规划为基础，统筹碳达峰碳中和行动计划、新一轮"双一流"建设方案及"十四五"专项规划相关内容，对有效发挥发展规划战略导向作用，确保"十四五"规划及碳达峰碳中和行动计划顺利实施，推动"双一流"建设持续提升，推进学校各项事业高质量发展具有重要意义。同时，将《华北电力大学"十四五"规划纲要》《华北电力大学"十四五"专项规划汇编》《华北电力大学"十四五"学院(部)规划汇编》纸质版发放至学校所有二级单位。

(孙力昂)

【学校章程(修订版)提交教育部审核】 2022年，在深入调研并广泛征求意见建议基础上，经学校法治工作领导小组、章程修订工作组认真研究和多次讨论修改，结合实际起草完成《华北电力大学章程(2022年修订稿)》。7月15日，经学校党委常委会审议，将章程修正案、修订对照表等资料提交教育部审核。同时按照高等学校章程修订工作规则，将修订稿同步向全校师生员工、离退休同志、广大校友和关心支持学校发展建设的社会各界人士公开征求意见，并就学校英文译名表述及校庆日变更相关问题开展问卷调查，集思广益确保章程修订科学合理、规范适用。

(孙力昂)

【完成2项重要调研任务】 2022年，按照学校党委的部署，根据北京市委教育工委《关于开展北京高校学习贯彻市第十三次党代会精神主动融入和服务新时代首都发展调研的通知》和《中央教育工作领导小组秘书组 教育部党组关于开展学习贯彻党的二十大精神战略谋划的通知》，7月、12月分别组织完成《关于学习贯彻北京市第十三次党代会精神 主动融入和服务新时代首都发展的调研报告》和《关于学习贯彻党的二十大精神 加强新时期学校事业发展战略谋划的调研报告》两项调研任务，结合"十四五"发展规划，对学校发展战略、目标任务进行再思考、再谋划，升级优化各项发展举措，增强高质量发展新动能。

(孙力昂)

【落实上级部门关于法治工作相关事项】 8月，根据北京市教委有关要求，对学校法治文化阵地、载体、作品等法治文化资源建设情况进行统计，并将有关情况予以上报。根据北京市委教育工委的通知，协同保卫处、宣传部等部门组织师生参加第七届平安中国"三微"(微电影、微视频、微动漫)比赛，报送相关题材作品6件。

(孙力昂)

【开展学校法律风险排查】 2022年10月，根据教育部的有关要求，针对无形资产保护、校园安全、对外联络与合作、国际交流与合作、物资采购、资产处置、资产经营、后勤管理与服务、基建工程、财务管理、教育教学、科研管理、人事管理、学生教育与管理、疫情防控、涉法舆情等16个方面，全面梳理已存在或可能涉及法律风险清单，并提出相关处置建议或防范措施，形成《华北电力大学法律风险清单及处置办法汇总表》报送教育部。

(孙力昂)

【开展二级单位法治工作自评】 2022年12月，根据教育部有关文件精神，结合学校实际，出台《华北电力大学二级单位法治工作测评指标(试行)》，以领导和工作推动机制、制度建设、内部治理结构、法律风险防控、师生法治教育、师生权益保护、法治联络员队伍建设、法治工作成效等内容为重点，将法治工作考核纳入二级单位年度目标任务指标体系，组织各二级单位开展首轮自评工作，推动法治工作向二级单位拓展。同时以自评为契机，加强二级单位法治工作联络员队伍建设，并开展学校法治工作成效满意度调查。

(孙力昂)

【形成学校法治工作自评报告】 2022年12月，根据教育部有关文件精神，结合学校实际，对法治工作任务进行分解，完成《华北电力大学法治工作任务分解清单》，在各任务牵头及配合部门自评打分的基础上，参考各二级单位首轮法治工作自评结果，得出学校自评分数，整合相关材料形成《华北电力大学法治工作自评报告》，实事求是反映学校法治工作全貌。同时坚持以评促建，针对存在的问题和相关不足列出整改措施清单，努力提高法治工作规范化、科学化水平。

(孙力昂)

纪检监察工作

【概况】 2022年，华北电力大学纪委坚持以习近平新时代中国特色社会主义思想为指导，以学习贯彻党的二十大精神为主线，深入贯彻十九届中央纪委六次全会精神，全面落实上级纪检监察机关和学校党委有关工作部署，积极履行全面从严治党监督责任，自觉把习近平总书记关于党的自我革命的战略思想转化为推进工作的理念、思路和举措，不断推动学校纪检监察工作高质量发展。

2022年，学校纪委委员11人；纪检监察工作人员11人，其中北京校部纪委办、监察处、纪委监督检查室合署办公，纪检监察工作人员6人(正处级1人，副处级2人，副处级纪检员1人，专职纪检员2人)；保定校区纪委办、监察处、纪委监督检查室合署办公，纪检监察工作人员5人(正处级1人，副处级1人，副处级纪检员1人，专职纪检员2人)。北京校部直属党委(党总支、党支部)22个，现配备纪检委员22人；保定校区直属党委(党总支、党支部)20个，现配备纪检委员20人。年内，第二届中共华北电力大学纪律检查委员会共召开5次纪委全会。

2022年纪委日常各级各类信访举报39件次，转问题线索处置19件次；从问题线索情况来看，19件问题线索中涉及二级单位"一把手"和领导班子成员9人次；所反映问题涉及反映违法1件次，工作纪律9件次，廉洁纪律12件次，生活纪律2件次，未涉及反映政治纪律、组织纪律和群众纪律。

从严治党。协助党委研究部署全面从严治党工作。印发年度纪检监察工作要点，系统部署党风廉政建设和反腐败工作。建立健全党委、纪委会商沟通制度，及时会商日常监督执纪问责中发现的问题。完善情况通报机制，综合运用校领导碰头会、一对一谈话、纪律检查建议书抄报等多种形式，向学校领导班子成员通报分管领域党风廉政建设有关情况，推动校级领导班子成员抓好分管部门和单位党风廉政建设工作。

作风建设。贯彻落实学校"三风"建设年相关工作部署，锲而不舍抓好作风建设。拓宽师生反映渠道，认真处置师生反映的作风方面信访及问题线索，及时对作风方面苗头性、倾向性问题予以约谈提醒。根据教育部有关文件精神，认真研究部署，向各二级单位印发《关于开展形式主义、官僚主义问题自查自纠工作的通知》，立足实际开展线上调研和查摆，综合各单位查摆及师生反映问题，督促各相关单位做好自查自纠及整改工作。

政治监督。学校纪委将加强对学校各级党组织、党员学习宣传贯彻党的二十大精神的监督检查作为政治监督的重大任务。常态化监督检查各级党组织开展党的二十大精神的学习情况，并予以监督指导，督促各级党组织和党员干部深刻领悟"两个确立"的决定性意义，增强"四个意识"、坚定"四个自信"、做到"两个维护"，始终在思想上政治上行动上同以习近平同志为核心的党中央保持高度一致，更加坚定自觉地用习近平新时代中国特色社会主义思想武装头脑、指导实践、推动工作。通过查阅学习贯彻方案、会议记录、走访调研、谈心谈话等方式，监督检查各级党组织贯彻落实党的二十大精神情况，重点监督检查是否贯穿到本单位工作中，是否结合实际转化为务实的举措和具体行动，是否切实扛起责任、积极担当作为，切实把力量干劲凝聚到实现党的二十大确定的各项任务上来，确保党中央、教育部党组、学校党委重大决策部署落实到位。

日常监督。围绕学校重点工作坚持监督不断线。在符合疫情防控要求前提下，继续针对学校重点工作、重点领域及关键环节开展监督检查，确保监督不断线。一是坚持开展同级监督相关工作。继续通过参加或列席全委会、党委常委会、校长办公会等方式，监督学校执行议事规则、落实"三重一大"决策制度、民主集中制的情况；继续完善情况通报机制，及时通报日常监督执纪过程中发现的问题。二是继续推动开展对"一把手"和领导班子的监督。专职纪检干部下沉一线，列席二级党组织党政联席会、党组织会议、理论中心组学习等会议 20 次，深入一线具体了解各单位实际情况和执行议事规则的情况，并予以监督指导。2022 年学校纪委累计印发《监督检查简报》24 期，及时反馈督查发现的问题，及时督促落实完善相关工作，更好发挥监督保障执行的作用。

执纪问责。持续规范信访件办理和问题线索处置工作程序。定期梳理案件管理，并就有关重要事项向上级纪检监察部门请示汇报。下达纪律检查建议书 5 份，谈话提醒 2 人，给予党纪处分 1 人。

巡视工作。围绕上一轮巡视整改的 114 项整改举措，先后共开展"三上三下"三轮监督检查，对每项整改举措及支撑材料逐一进行检查梳理，就发现的问题及时向各牵头部门进行反馈，督促进一步进行完善落实。在教育部党组第三巡视组巡视期间，认真履行信访组工作职责，全力做好巡视期间信访工作；并配合完成教育部选人用人专项工作组、师德师风专项工作组相关工作。

队伍建设。认真贯彻落实《中国共产党纪律检查委员会工作条例》有关要求，不断规范和完善纪委自身建设；加强纪委监督检查室建设，独立配备干部和工作人员；稳步推进派驻监督试点，进一步完善派驻监督办法；加强监督队伍建设，开展新一期的党风廉政义务监督员聘任工作，经所在单位推荐、纪委审核，两地共聘任党风廉政义务监督员 86 人。

廉洁教育工作。持续抓好重要节点的廉洁警示，通过"华电纪委办监察处廉洁提示"短信平台和"清风华电"微信公众号子栏目，分别开展五一、端午、中秋、国庆等重要时间节点的预防警示，2022 年向副处级以上领导干部发送廉洁提示 5 批次、1600 余人次。

制度建设。修订发布《华北电力大学派驻纪检员工作实施办法》《华北电力大学干部廉政档案管理办法》，充分发挥派驻监督的机制优势，加强二级单位的纪检监察工作，进一步加强对领导干部廉洁从政情况的监督管理，促进领导干部廉洁自律。

（吴春卿　蹇文馨）

【纪委召开征求意见工作会】 2022 年 3 月 24 日，校纪委召开北京校部基层单位对纪委工作意见和建议的工作会。校党委副书记、纪委书记何华、纪委副书记李旸、部分基层单位党政一把手、关键岗位负责人、二级纪检委员等 20 余人参加会议，会议由何华主持。本次征求意见会，是学校纪委深入贯彻党的十九届六中全会和十九届中央纪委六次全会精神，改进工作作风，深入师生和教研一线，了解学校"四风"问题现状，接受群众监督的具体举措。

（吴春卿　蹇文馨）

【召开全面从严治党工作会议】 2022 年 4 月 19 日，华北电力大学召开 2022 年全面从严治党工作会议，回顾总结 2021 年学校全面从严治党工作，部署安排 2022 年重点任务。校党委书记周坚指出，要从五个方面做好全面从严治党工作。一要以迎接学习贯彻党的二十大为主线，强化政治引领，深刻领悟"两个确立"的决定性意义，增强"四个意识"、坚定"四个自信"、做到"两个维护"。要精心组织实施全校师生迎接学习宣传党的二十大专项行动，加强校院领导班子政治建设，扎实推动党史学习教育常态化长效化，加强党对学校工作的全面领导。二要以贯彻落实《中国共产党普通高等学校基层组织工作条例》为重点，不断提升党组织政治功能和党建质量。要提升基层党建质量、推进党建和事业发展深度融合、加强干部队伍建设、汇聚一流创新人才。三要以立德树人为根本任务,推动思想政治工作守正创新,统筹资源上好"大思政课"。要着力构建"时代新人"培育体系,统筹推进思政课程和课程思政建设,大力提升教师思政工作质量。四要以安全稳定为基本前提,强化总体国家安全观,坚守安全稳定底线。要守牢守好意识形态阵地、抓紧抓实抓细疫情防控、建设更高水平的平安校园。五要以落实主体责任为牵引,推动"两个责任"贯通联动,进一步压实责任链条、强化严的氛围。压紧压实管党治党责任、推进各类监督贯通融合、锲而不舍深化作风建设。校长杨勇平要求各单位要强化政治引领,认真学习传达全面从严治党大会精神。要切实提高政治站位,深刻领会会议精神。直属各党委(党总支、党支部)书记要履行好第一责任人责任,其他领导干部履行"一岗双责",带头落实中央"八项规定"及其实施细则,驰而不息纠"四风"树新风,扎实开展学风、教风、作风建设,深入践行"一线规则"。要强化深度融合,推动事业发展。系统谋划、全面部署,持续推动学校各项决策部署的落地落实,坚持不懈把全面从严治党向纵深推进。校纪委书记何华传达习近平总书记在十九届中央纪委六次全会上的重要讲话和六次全会精神,安排部署 2022 年学校纪检监察工作。何华指出,要强化政治引领,深学笃行党的自我革命战略思想;要积极协助党委,推动"两个责任"贯通协同、形成合力;要聚焦关键少数,推动政治监督常态化、具体化;要聚焦重点领域,做深做实日常监督。要坚持严的主基调,加固中央八项规定精神堤坝,驰而不息纠治"四风";要坚持有案必查、有腐必惩,不断提升执纪问责质效;要持续加强自身建设,推进纪检监察规范化、法治化、正规化。

(吴春卿　蹇文馨)

【开展巡视整改监督】 2022 年,针对本轮巡视整改任务,制定巡视整改专项督查工作方案,成立由纪委、组织部门组成的巡视整改督查组,加强对巡视整改方案及问题清单、任务清单、责任清单的审核监督,确保巡视整改任务清晰、分工明确、责任到人;建立巡视整改监督台账,坚持巡视整改进展到哪里,整改监督就跟进到哪里,突出监督重点。强化联动监督,深化综合治理,对普遍性、共性问题加强综合分析研判,积极构建校内大监督格局,推动纪检监察与巡视、组织、审计等各类监督协调联动,同向发力。

(吴春卿　蹇文馨)

【巡视整改工作】 2022 年,针对纪委牵头负责的 7 项任务,制定整改举措 13 项,对于集中整改的问题,逐项推进落到实处,对于长期坚持的问题,举一反三、标本兼治,在建章立制上下功夫。至年底有序推进 13 项,其中修订完善相关规章制度 6 项。

(吴春卿　蹇文馨)

【巡视移交信访及问题线索办理工作】 2022 年,坚持依规依纪分类处置巡视移交问题线索,纪委书记第一时间组织两地纪委办公室召开专题会议研究移交件办理工作,对移交信访及问题线索逐件分析研判,逐件提出处置意见。其中,对重点案件线索,快查快办,力求精准高效;对非纪检监察职能范围的问题线索,按照归口管理原则及时移交相关职能部门办理并加强指导督导,确保件件有落实。

(吴春卿　蹇文馨)

【开展干部廉政谈话】 2022 年,校纪委书记针对新任职校级领导干部、处级领导干部坚持开展"一对一"任职廉政谈话,实行提醒在先、教育在前,更好地促进干部增强勤廉履职意识,筑牢拒腐防变思想防线。深化运用好监督执纪"四种形态"特别是"第一种形态",针对纪委发现的廉政风险点和苗头性、倾向性问题,对相关单位负责人开展约谈提醒,常注"清醒剂"、常敲"警示钟",抓早抓小、防微杜渐。开展年轻干部谈心谈话工作。加强对年轻干部教育管理监督,本着"立足提醒、关口前移"原则,帮助年轻干部把好成长"方向盘",系好廉洁"安全带",引导年轻干部绷紧纪律之弦,做到不越轨、不逾矩。

(吴春卿　蹇文馨)

【开展专项监督工作】 2022 年,围绕非学历教育领域问题整治、毕业生就业、意识形态等重点工作,纪委书记带队到相应职能部门开展专项监督检查;同时针对本科招生、研究生考试、校企体制改革、后勤等重点工作,专职纪检干部实地走访相关单位和部门开展监督工作。针对保定新校区建设工作,成立监察审计部,全面负责保定校区置换建设的监督工作。认真调研兄弟高校新校区建设的监督举措,制定《保定校区置换建设监督管理办法》《保定新校区建设廉政责任承诺书》,为保定新校区建设保驾护航。

(吴春卿　蹇文馨)

【疫情防控监督】 2022 年,面对严峻复杂的疫情防控形势,学校纪委严格对标对表属地及学校有关要求,将疫情防控监督工作作为贯穿学校纪委监督工作的一条主线。一是推动疫情防控专项监督往点上落。聚焦重要节点,先后围绕教师资格考试、防控应急综合演练、校内人员大排查大起底、校园封闭管理驻校监督、新老生返校、校园突发疫情的应急处置、研究生考试等重点工作开展专项监督,就督查发现的部分校内临时居住人员未纳入防控管理体系、备案制下部分学生备案信息过于简单等问题,通过工作会议通报、点对点反馈等方式向相关部门进行反馈,进一步强化防控风险排查,加强相关防控举措。二是推动疫情防控日常监督往实处走。围绕校园疫情防控常态化举措,纪委书记带队先后走访近 20 个单位和部门,专职纪检干部深入校园防疫一线百余次,不断加大对院系疫情防控落实、疫情防控信息化建设、校门管理、快递、外卖消杀、核酸检测等重点领域和关键环节的监督力度,及时通报反馈督查发现的问题。累计印发疫情防控简报 16 期,反馈督查发现各类问题 150 余个,提出意见建议 84 条,推动相关部门及时整改落实，及时堵塞疫情防控风险漏洞。三是推动疫情防控监督工作实现创新和优化。学校纪委针对疫情防控形势复杂多变、上级政策要求和学校各项举措动态调整频率高等实际工作特点，滚动制定疫情防控和安全稳定重点监督任务指引 13 期，从 9 月份开始定期向上级纪检监察机关报送监督情况 30 余次，实现监督任务清单化、列表化、常态化。

（吴春卿　蹇文馨）

【廉政意见回复】 2022 年，严把党风廉政意见回复关，把党风廉政意见回复工作作为干部选拔任用等工作的一道重要关口，健全领导干部廉政档案并动态更新，强化综合分析研判，2022 年分别围绕处级领导干部选任、民主党派推荐、评奖评优等多种类型工作进行廉政意见回复共计 103 人次。

（吴春卿　蹇文馨）

【学习贯彻二十大精神】 2022 年，为全面贯彻习近平新时代中国特色社会主义思想，纪委办以深入学习贯彻落实党的二十大精神为指引，深刻领会“两个确立”的决定性意义，坚决做到“两个维护”，切实增强学习贯彻的思想自觉、政治自觉、行动自觉。首先纪委全会“示范学”，校纪委组织召开纪委全会专题学习党的二十大精神，先学一步、学深一层，深刻认识党的自我革命的重大意义、科学内涵、实践要求，认真领悟纪检监察机关在推进党的自我革命中的职责使命。其次，纪检队伍持续“跟进学”，校纪委委员、二级党组织纪检委员、专职纪检干部等专兼职纪检队伍在学习基础上结合工作实际，撰写学习心得体会，畅谈贯彻落实工作思路，努力把学习贯彻党的二十大精神落实到行动上、体现到工作中。

（吴春卿　蹇文馨）

学　生　工　作

【概况】 2022 年，华北电力大学学生工作围绕立德树人根本任务，在思想政治教育、学生管理、学生资助、学业辅导、心理健康教育、就业创业、招生录取及国防教育等方面取得显著成效。

思想政治教育。深入学习贯彻习近平新时代中国特色社会主义思想，以迎接学习宣传党的二十大精神为主线，实施“时代新人培育计划 2.0”。开展“青春献礼二十大 强国有我新征程”主题教育活动，精心制作“喜迎(庆)二十大奋进新征程”主题微景观，举办“强国复兴有我”微宣讲大赛，成立由 30 名师生组成的“学习宣传党的二十大精神”师生宣讲团，进行“点单式”宣讲。开展“我看故乡这十年——大学生眼中的非凡十年”系列比赛，组织千余名学生前往“奋进新时代”主题成就展参观学习宣传习近平总书记带领全党全国各族人民在实现中华民族伟大复兴征程上走过的非凡十年。在七一、十一重大节日及疫情防控关键期，开展主题教育活动 25 项，实现所有学生全覆盖。组建第三期“青春榜样先锋班”，开展优秀学长经验分享会、新老生交流会等活动，先后赴中国共产党历史展览馆、“奋进新时代”主题成就展参观学习，发挥青年榜样和朋辈群体的示范引领作用。广泛开展红色“1+1”共建、特色活动示范党支部创建、研究生党建和思政工作调研基金项目，进一步发挥学生党员骨干的引领作用。持续开展学生思想政治工作精品项目和原创文化精品项目建设，着力打造一批特色鲜明、育人成效显著，具有示范性和可持续性的学生思想政治工作品牌项目。

网络思政教育。举办第四届大学生网络文化节和网络教育优秀作品推选展示活动，持续培育优秀网络文化作品。不断夯实网络思政教育阵地，“华电学工”“华电研之声”全年共发布推送 304 篇，阅读量超过 44 万人次，9 篇文章被教工委“V 思想”《我是辅导员》等平台转载。

学生管理工作。2022 年，持续做好常态化疫情防控下学生日常管理工作。建立上下联动日常管理体系，准确报送学生疫情防控、出入境、离返校等数据信息；及时做好学生风险地区轨迹排查工作，累计开展疫情排查 360 余次，排查重点人群 15000 人次，妥善处置校内阳性学生 105 人，转运至校外集中隔离学生 1800 余人；组织常态化核酸检测 80 余次，覆盖学生 118 万余人次；落实上级学生出入校管理规定，累计组织 22 个批次 6.6 万人次春季、秋季学期返校及新生报到工作；全面开展学风建设工作，以“激发学习动力，提升学习成效”为主线，制定行动方案，通过学风建设提高学生思想认识，明确学业目标，树立励学典型，加强朋辈互助，营造“勤奋进取、求实创新”的优良学风，提升学校人才培养质量；多措并举做好少数民族学生教育、管理以及服务工作，助力少数民族学生健康成长；一对一关心关爱重点学生群体，完成对全校重点关注学生群体的梳理筛查工作，督促学院关心关注，保障学生学习生活正常有序和安全稳定。2022 年，北京校部贯通电 2001 班获北京高校“优秀班集体”荣誉称号；研电 2004、研动 2117、工管 1901、金融 2001 等四个班获得“北京高校示范学生基层组织(班级)”荣誉称号；16＃4005、5＃215、8B222 等三个宿舍获得“北京高校示范学生基层组织(宿舍)”荣誉称号；贯通电 2001 班等 10 个班级获“2021—2022 学年十佳示范性优秀班集体荣誉称号”；11＃429 等 10 个宿舍获“2021—2022 学年十佳示范性优秀宿舍”荣誉称号；电气 2101 班等 44 个班级获“2021—2022学年示范性优秀班集体”荣誉称号；11#407等14个宿舍获“2021—2022学年示范性优秀宿舍”荣誉称号；博电2160班等30个班级获“2021—2022学年研究生先进班集体”荣誉称号；贯通电2101班等13个班级获“2021—2022学年优良学风班”荣誉称号；16#4005等12个宿舍获“2021—2022学年优良学风宿舍”荣誉称号。保定校区24人评选为“省级三好学生”；6人评选为“省级优秀学生干部”；吴仲华1901班、硕经管191班等4个班集体评为“省级先进班集体”；电气1901班等65个班级获“2021—2022学年先进班集体”荣誉称号；硕电力211班等16个班级2021—2022学年研究生先进班集体荣誉称号；此外，北京校部12人获“校长奖学金”，保定校区8人获“校长奖学金”。

学业辅导工作。坚持实施新生晚自习制度。组织面向大一新生的计算机零基础班、双语提升班、高数辅导班；针对重点学科、学业困难学生，建立“一对一”“一对多”的精准辅导体系，辅导学生500余人。举办3次“匠心逐梦”直播课，推送制作8期四六级充电站活动，举办2次四六级模考，邀请高年级学生分享课程笔记，累计参与学生超过10000人次。

辅导员班主任队伍建设。深入推进“新时代引路人计划”。完成辅导员考核及学工干部评优表彰办法的起草工作，制定出台新版辅导员系列职称评聘条件。拓展丰富“学工E站”培训体系，举办10期各类专题培训，覆盖536人次。组织59名辅导员开展第四届校内辅导员素质能力大赛，设计全新的校内大赛模式及环节，选拔推荐辅导员参加第八届北京高校辅导员素质能力大赛，获北京市二等奖。组织开展优秀工作案例评选推荐，在全国高校思政工作优秀案例评选中，斩获佳绩，获二等奖一项，三等奖一项。推进班主任工作创新，围绕“学百年党史”“扬爱国热情”“立奋斗之志”和“做实践先锋”等主题，培育支持21个班主任特色教育项目并结项，促进专业教育与思政教育深度融合。北京校部卜春梅等10名教师为“2021—2022学年十佳班主任”，艾欣等94名教师为“2021—2022学年优秀班主任”，包哲等42名教师为“2021—2022学年优秀研究生班主任”。保定校区高晓霞等10名教师为“2021—2022学年十佳班主任”，从志新等98名教师为“2021—2022学年优秀班主任”，付超等27名教师为“2021—2022学年优秀研究生班主任”。

学生资助工作。推进精准资助工作，从“奖、勤、助、贷、补”等多方面筑牢保障型资助体系。完成《华北电力大学本科生奖学金评定办法（2022年修订）》等11个奖助规章制度文件修订工作。完成本科生、研究生评奖评优，各类助学金，本科生勤工助学及研究生三助工作等奖助项目评审发放，发挥各项奖助措施的激励和教育作用。积极落实上级要求，稳步开展国家助学贷款提额工作；落实退役士兵国家助学金申报发放工作；组织北京市边远山区基层就业学费补偿贷款代偿工作。推进为师生办实事，通过成长发展咨询开放日、公众号政策解答、勤工助学系统工作记录模块等交流窗口，提升服务管理水平。强化资助工作价值引领和育人实效，优化发展型资助项目，完成10个学院或部门“丰羽训练营”活动结项工作，充分调动学校资源助力家庭经济困难学生提升综合技能；83名学生完成发展型资助项目“翱翔计划”，通过考研、考证等形式提升升学就业竞争力。学校为3920名学生办理国家助学贷款，贷款金额合计4053.473万元。为5188名家庭经济困难学生发放国家助学金，共计1312.54万元，为15118名研究生发放国家助学金，共计7691.6万。为70名服义务兵役学生发放国家助学金28.71万。为12076名研究生发放学业奖学金，共计8197.9万元。为710名学生发放国家励志奖学金355万元；为327名学生发放国家奖学金426.6万元。为88名博士发放优秀博士奖学金共计44万元。为1485名研究生先进个人、13个研究生优秀班集体发放奖学金共计130.82万元。为1341名博士研究生发放助研助教岗位助学金1035.3万元。为689名硕士研究生发放助管岗位助学金210.9138万元。为265名硕士研究生发放课程助教岗位助学金58.548万元。为42名硕士研究生发放学业辅导岗位助学金5.7538万元。为147名研究生兼职辅导员发放岗位助学金90.64万元。发放服义务兵役、赴基层就业学费补偿贷款代偿金562.0865万元。发放校长奖学金、校内综合奖学金、单项奖学金共计809.79万元。发放企业社会奖助学金245.25万元。发放勤工助学工资461.45万元。此外还发放学术创优奖学金、港澳台侨奖学金、双百奖学金、临时困难补助、长期困难补助、伙食补助、返乡补助、新生绿色通道补助、寒假留校补助、寒假宣传大使、发展型资助、赴基层工作奖励、就业补助、援疆援藏补助、学生返校资助等788.029万元。学校事业收入中用于学生资助的支出共计5670.46万元。

心理健康教育。持续落实教育部、北京市相关要求，积极配合做好疫情防控常态化状态下的心理健康教育工作。心理咨询中心结合线上线下的方式开展心理咨询服务，假期设置专人值班“抗疫心理支持热线”，保障心理服务全年不断线。2022年，北京校部接诊咨询学生2763人次。2022级新生，测评5988人，回访1344人；累计开展团体辅导8主题42场，涉及情绪、睡眠改善、正念减压、人际沟通、表达性艺术等主题，覆盖学生949人次。中心每学期为学生提供不少于3主题的长期团体，力求为学生提供个性化心理支持。疫情期间开设心理热线，线上抗疫讲座，爱心电话一对一访谈，有效帮助涉疫同学缓解现实和心理困扰，协助师生在疫情期间建立良好的压力应对和情绪疏导能力，减少疫情对师生的心理影响。保定校区心理中心接待心理咨询580人次，开展团体辅导60次，测评

5039人，回访293人，建议治疗11人，新增3门心理健康类课程，并联合河北省13所高校及河北省24小时干预热线开展“同舟共冀，齐心战疫”主题讲座活动，学校参与学生近万人次。

就业工作。积极应对2022届毕业生严峻的就业形势，统筹推进疫情防控与就业工作，深入推进访企拓岗专项工作，拓展就业渠道，不断提高就业指导和服务水平，促进毕业生更充分更高质量就业。2022届毕业生总人数9241人，总体落实率为91.27%。本科毕业生5905人，落实率为88.92%，其中深造率为49.22%；研究生毕业生3336人，落实率为95.41%。2022届毕业生中，去往全球500强单位2600人，占签约总人数的52.51%，去往中国500强单位2850人，占签约总人数的57.56%。签约毕业生以到国有企业就业为主，就业单位所属行业主要为能源电力领域。到西部或基层地区就业的本科生和研究生分别占签约人数的30.27%和11.39%。

招生录取工作。学校继续面向全国实施大类招生，共有29个专业大类（其中北京校部26个，保定校区23个）进行招生。组织开展普通高考招生和高水平运动队、高校专项等特殊类型招生工作，与31个省（市、自治区、直辖市）招生部门合作，平稳推进国家考试招生制度改革，完成本科招生录取各项工作。学校招收大批高质量生源，2022年北京校部理工类（物理类）录取考生最低分排名平均位于省内前8%，文史类（历史类）录取考生最低分排名平均位于省内前3%。保定校区理工类（物理类）录取考生最低分排名平均位于省内前10%，文史类（历史类）录取考生最低分排名平均位于省内前5%，本科生源质量总体保持在较高水平。

国防教育。学校积极推进新时代国防教育建设工作高质量开展，全面落实武装工作要点任务。广泛开展线上线下征兵宣讲，进一步拓宽征兵宣传渠道，在疫情影响较大的情况下，完成本年度兵源征集工作。北京校部建立民兵组织“网络运行维护排”，开展以“传承红色基因，汇聚强军力量”为主题的国防教育主题月活动，积极营造校园国防文化氛围；组织军事理论课教师集中培训，有效提升军事理论课教学质量；通过“华电国防教育”微信公众平台发布国防教育和征兵资讯，进一步加强网络舆论阵地建设和管理，有效增强学生爱党、爱国、爱军情感；组织学生参加北京市兵棋推演邀请赛，获二等奖1项、三等奖2项，学校获优秀组织奖；武装部专职人员被昌平区征兵工作领导小组表彰为“征兵工作先进个人”。保定校区进一步深化军校共建，校党委副书记郭孝锋与共建单位领导进行工作交流；加强军事课程改革，将军事理论课纳入全校教学质量监控体系；开展内容丰富形式多样的国防与爱国主题教育活动，取得良好教育效果。2022年，应征报名283人，入伍37人。北京校部共有13名男学生、2名女学生光荣参军入伍；100%完成全校适龄青年兵役登记任务；组织本科2022级新生开展军事技能训练，军事理论课授课时长由16学时增至20学时；通过新媒体平台发布国防教育和爱国主义教育类微信推送79篇，累计阅读量达35682人次。保定校区全年应征报名181人，入伍22人，其中6人为毕业生；通过校系新媒体官方平台发布大学生应征入伍系列推送60余条，制作发放宣传册6000余份、悬挂条幅50余个；在二校区校园主干道上设计制作大学生应征入伍政策宣传墙和应征入伍学生荣誉墙，对大学生征兵流程、优惠政策、退役士兵风采及本校区近10年应征入伍的180名学生信息进行全方位展示，强化朋辈榜样示范引领作用，营造浓厚的参军入伍校园氛围。

（爱迪娜）

【打造时代新人培育计划2.0】 2022年，持续实施时代新人培育计划，2022—2023学年开展“青春献礼二十大 强国有我新征程”系列主题教育活动。聚焦学生思想特点和发展需求，遵循学生成长成才规律，充分整合各方面教育资源，继续深化育人体系。围绕迎接学习宣传党的二十大精神，横向上从德智体美劳五个维度打造品牌示范活动，加强理想信念教育、勤学强智教育、身心健康教育、美育教育和劳动实践教育；纵向上根据各学历层次、各年级学生需求特点实施全过程纵向育人行动，着力打造更加“精准精细、立体覆盖”的“时代新人培育计划2.0”。

（张帅男）

【开展迎接学习宣传党的二十大系列教育活动】 2022年，设计制作学习宣传党的二十大精神主题微景观，营造浓厚学习氛围。开展“强国复兴有我”微宣讲大赛，成立由30名师生组成的“学习宣传党的二十大精神”师生宣讲团，进行“点单式”宣讲。开展“我看故乡这十年——大学生眼中的非凡十年”系列比赛，宣传习近平总书记带领全党全国各族人民在实现中华民族伟大复兴征程上走过的非凡十年。组织千余名学生前往北京展览馆参观“奋进新时代”主题成就展，重温党的奋斗历程。

（张帅男）

【开展学宪法讲宪法活动】 2022年，开展“学宪法 讲宪法”活动，通过“宪法晨读”“我与宪法”知识竞赛、演讲比赛、微视频征集等途径，引导学生自觉成为宪法的忠实崇尚者、自觉遵守者和坚定捍卫者，增强学生宪法意识和法治素养。2836名新生参与并完成线上学习，新生活动参与率达到95.5%。在第七届全国学生“学宪法讲宪法”活动中，全校共有9989人参与宪法知识竞赛，平均得分高达93.02分。皮佳灵和岳高翔分别获北京市宪法知识竞赛一等奖和二等奖，蒋芷若、刘润玥同学获宪法演讲高校组三等奖，人文学院老师马海红获优秀指导教师。

（张帅男）

【开展学生思想政治工作精品项目和原创文化精品项目建设】 2022年，按照“项目化运作、品牌化建设、优质化产出”的总体思路，分批次重点建设一批特色鲜明、育人成效显著，具有示范性和可持续性的学生思想政治工作品牌项目，6月开始，经学院、个人申报，专家评审，共计立项支持5个“一院一品”学生思想政治工作精品项目和5个原创文化精品项目。

（孙清磊）

【开展2022级新生调研】 2022年，面向2022级新生及家长开展调研活动，内容包括大学选择、大学规划、学生发展等，收回学生问卷2470份，家长问卷939份。调研结果通过专题展板和微信平台进行公布，展示新生积极向上的青春风貌，同时为完善新生教育管理工作提供参考。

（张　骞）

【开展网络思想政治教育】 2022年，“指尖华电”新媒体平台发布推文近600篇，总阅读量超52万人次，包含理想信念、传统文化、学风建设、疫情防控等主题，新创“阅读 跃升”书单栏目5期，深入解读书籍22本，浏览量3200多人次。“指尖华电”视频号发布原创视频15个，总播放量达5万；通过“视频号＋直播”方式开展入学教育、主题讲座等活动，总观看数量超5万人次，点赞总量超51万。创新思政教育内容，利用“指尖华电”视频号开展“对话・成长”讲座6期，邀请优秀学子开展专题讲座，观看人数平均超3000，获赞总数超6万。

（张　骞　于雨杉）

【网络文化节获佳绩】 2022年，学校参与组织河北省大学生网络文化节和高校网络教育优秀作品申报工作，共征集作品700余项，师生获各类奖项29项。

（张　骞）

【开展辅导员培训系列活动】 2022年，学校持续推进“新时代学生引路人计划”，进一步完善辅导员培训培养，拓展丰富“学工E站”培训体系，开展“E站讲堂”“学工论坛”“一线撷英”“薪火引路”“力行筑梦”系列活动，2022年度举办10期各类专题培训，覆盖536人次。

（高新慧）

【3项课题获立项】 2022年，根据《中共北京市委教育工作委员会关于开展2022年度北京高校思想政治工作研究课题招标工作的通知》安排，经学校申报，专家评审，学工队伍中3项课题获得立项支持，其中一般课题2项，支持课题1项。

（高新慧）

【立项资助长城计划专项研究课题】 2022年，为提升学校思想政治工作队伍科学研究水平，学校继续实施“长城计划”专项研究课题，支持学工干部围绕实际工作开展相关理论与实证研究。经团队申报、专家评审，2022年度共资助12项长城计划课题，其中重点课题1项，一般课题5项，培育课题6项。

（高新慧）

【2名辅导员获四方股份奖教金】 2022年，按照《关于组织评选2022年度社会奖教金的通知》要求，经申请人现场汇报，评委无记名投票及公示，最终确定王炜、肖岩2名辅导员获2022年度四方股份奖教金。

（高新慧）

【举办第四届辅导员素质能力大赛】 2022年3月，为提升辅导员理论水平、职业能力和专业素养，推动学校思想政治工作高质量发展，学校举办第四届辅导员素质能力大赛，经笔试、谈心谈话、案例研讨等多个环节比拼，最终辅导员崔灿获一等奖，李文姝、孙智获二等奖，张欣烨、张冬月、郭笑妍、宋辉斐、李伯远获三等奖，赵莹彤、李哲雅、周爽分别获单项奖。

（高新慧）

【崔灿获北京高校辅导员素质能力大赛二等奖】 2022年4月，北京市委教育工作委员会、北京高校辅导员培训研修基地举办第八届北京高校辅导员素质能力大赛，人文与社会科学学院辅导员崔灿表现优异，获大赛二等奖。该大赛共有54名各高校选送的辅导员参赛，最终产生一等奖3名，二等奖7名，三等奖10名。

（高新慧）

【推出本科新生入学教育MOOC】 2022年，北京校部全新推出47节新生入学教育MOOC，并通过“华北电力大学迎新网”上线，入学教育实现2022级本科新生全覆盖，让新生在入学前，全面了解学校概况、学生教育教学、资助管理、校规校纪、参军入伍、创新创业、心理健康等方面的信息和知识，帮助其提前熟悉和适应大学生活，科学规划自己的大学生涯，完成全部课程学习的学生，获得素质能力学分认定，切实提升入学教育实效。

（地瓦那夏）

【多举措做好少数民族学生教育管理服务工作】 2022年，学校重点加强少数民族学生思想政治教育工作，以铸牢中华民族共同体意识为宗旨，牢牢把握各民族“共同团结奋斗、共同繁荣发展”主题，营造良好的爱国爱校教育氛围。开展少数民族学生经验交流分享会，有效地促进各民族学生友好相处，全面助力少数民族学生健康成长成才。加强对少数民族学生关心关爱，面向少数民族学生开展政策解读、学业指导、经济资助、心理疏导、职业规划、疫情防控政策宣传、生命健康教育等活动，得到学生广泛参与和好评。及时了解学生学习、生活和思想状况，帮助学生解决现实困难，对因疫情未返校学生提供线上答疑解惑、情绪安抚、学业鼓励、关怀慰问，鼓励学生克服困难，保持积极乐观心态，与学生共克时艰。开设少数民族学生双语提升班、计算机零基础班等课程，帮助少数民族学生补齐学业短板，帮助少数民族学生树立远大理想，健康成长成才。

（地瓦那夏　贺金金）

【开展优秀学生基层组织评比活动】 2022年12月，北京校部举行2022年优秀学生基层组织评比活动，活动包括十佳示范性优秀班集体和宿舍评选两个部分。本次优秀基层组织评比活动为各班级、宿舍提供展示交流的平台，互学互鉴，共同探索班级和宿舍建设的好经验好做法，展现华电学子积极向上的精神风貌。评比产生2022年华北电力大学“十佳示范性优秀班集体”“十佳示范性优秀宿舍”。

（地瓦那夏　刘亚群）

【开展学风建设专项工作】 2022年，围绕学校学风建设总体部署，学工部发布《关于开展学风建设行动任务分解工作及主题教育活动的通知》，引导学生主动参与到学风建设中来。对照学校学风建设9项重点项目进行任务分解，形成详细任务清单，制定院系学风建设方案。两地共制作学风类、生涯发展类推文和短视频百余篇，累计阅读人数64万人次。拓展多种学习平台，各院系、实验室管理处、工创中心主动对接举办“开放日”活动。通过系列活动充分激发学生胸怀远大理想、矢志进取奋斗的内生动力，敢于筑梦、勤于追梦、善于圆梦。

（张青岳　李　宁）

【做好校园封闭管理期间学生服务保障工作】 2022年，校园封闭期间，全体学工干部始终以“围绕学生、关照学生、服务学生”为工作抓手，用真心和真情传递温度，确保各项服务工作不断线。北京校部以楼宇为单位，为每个楼宇配备1-3名驻楼辅导员，组建楼层联系群107个，共收集学生问题诉求400余项并及时做好解释回应；安排班车闭环接送学生至车站，确保学生平安返乡，累计安排班车153辆，惠及3000余名返乡学生。保定校区针对毕业生求职就业需要，安排专车点对点接送学生前往校医院、河北大学附属医院体检中心进行求职体检，累计组织三场共计223名学生；点对点闭环接送330名学生顺利完成教师资格证面试，切实解决学生所需所求。

（张青岳　李　宁）

【入选教育部教育评价改革典型案例】 2022年，按照上级文件精神持续推进学生综合评价改革，学校不断完善学生综合素质评价体系，修订学生综合测评实施办法，促进学生德智体美劳全面发展。学校学生综合评价改革案例成功入选教育部教育评价改革典型案例第三辑。

（张青岳）

【开展防范电信网络诈骗教育】 2022年，保定校区联合保卫处、莲池区公安局反诈中心开展“反诈进校园活动”，组织专题讲座3场，参与学生600余人；在校内宣传栏展示防范电信网络诈骗宣传板，制作印刷《华北电力大学防范电信网络诈骗宣传手册》10000册，大力营造防范电信网络诈骗教育氛围。

（李　宁）

【创新举措拓展招生宣传途径】 2022年，学校主动创新招生宣传工作方式，确保疫情防控期间本科招生各项工作稳步推进。连续11年组织寒假宣传大使活动，利用学生寒假返乡契机，开展线上、线下宣讲活动。积极利用微信公众号、视频号、微信小程序、今日头条等新媒体平台开展招生宣传工作，微信公众号总阅读量达60.8万人次，微信视频号累计观看量达23.9万人次，微信小程序总访问量达86.6人次，今日头条阅读量达61.9万人次。开展“院为你来”“院系讲专业”等招生直播系列宣讲活动，发布“这就是专业”系列视频，在央视网、凤凰网、中国教育电视台、北京考试报等10多家主流媒体的新媒体平台进行招生宣传直播。精心制作《华北电力大学2022年报考指南》电子书，设计并推出“一图看懂专业”系列原创图文，推出“线上校园开放日”高招小程序。在高招咨询期间，继续开通分省一对一专属电话咨询及院系专业咨询热线，并首次实现分省招生宣传组覆盖全国31个省份，建立分省招生咨询QQ群，为考生和家长提供精细、精准、周到的招生咨询服务，不断提升招生宣传效果和服务质量。

（马文君　段　铭）

【推进国家考试招生制度改革】 2022年，学校严格按照教育部有关要求和部署，继续稳步实施大类招生。新增3个本科专业：氢能科学与工程、集成电路设计与集成系统和网络与新媒体，共有29个专业大类（北京校部26个，保定校区23个）进行招生。其中氢能科学与工程专业为全国首个“氢能科学与工程”本科专业。

（马文君　段　铭）

【高水平运动队录取23人】 2022年，按照北京市、河北省和学校疫情防控相关要求，完成高水平运动队、高校专项计划简章发布、考生报名、资格审核、入校报到测试及录取等相关工作。2022年高水平运动队录取23人（北京校部11人，保定校区12人），高校专项计划录取126人（北京校部62人，保定校区录取64人）。

（马文君　段　铭）

【稳步推进新形势下就业工作】 2022年，学校围绕国家和区域发展战略，聚焦国防科技、能源电力、基层就业等重要板块，全方位优化育人布局；厚植家国情怀，引导毕业生牢记“国之大者”、勇担时代重任；提升精准化就业指导，不断完善就业服务能力，提升服务时效。多措并举，确保毕业生就业大局稳定，推动毕业生就业质量进一步提升、就业结构进一步优化。在2022年严峻的就业形势下，学校整体落实率达到91.27%，本科生深造率达到49.22%。

（李　健　刘登科）

【举办多场大型校园招聘活动】 2021—2022年度，共举办校园招聘会601场，其中大型招聘会6场（线下举办1场，线上举办5场），国有企业、地方政府或行业类中型招聘会30场，校级专场招聘会565场（线下举办233场，线上举办332场），来校招聘单位1061家。北京校部举办多场“华北电力大学专场空中双选会”。保定校区举办校园招聘会33场，其中大型联合招聘会9场次，参与单位6951家；地方政府类招聘会6场次，参与单位646家；校级各类专场招聘会18场次，参与单位7256家。联合北极星、猎聘、智联招聘等平台举办“2022届毕业生就业促进周系列活动”。系列双选活动共吸引五千余家企业参会。

（年中华　李兰涛）

【开展访企拓岗促就业专项行动】 2022年，学校完成访企拓岗专项工作。同步完成毕业生推荐、实习实践基地扩充、用人单位需求调研及毕业生跟踪调查等相关工作，以“线上＋线下”形式完成110余家用人单位访问交流工作，新增招聘岗位近千个，预计新增实习实践基地建设30余个；保定校区有44家单位有来校开展校园招聘意向，提供岗位共计170个。

（年中华　李兰涛）

【线上线下助力就业岗位保障】 2022年，学校大力推进智慧就业，为毕业生提供线上线下相结合就业服务。北京校部引进、服务用人单位2531家，接待招聘用人单位1061家，为565家用人单位组织召开专场宣讲会。依托各类信息平台（网站、微信、公众号等）发布14428条就业信息，向毕业生推送招聘岗位434016个。保定校区引进、服务用人单位15878家，为475家用人单位组织召开线上线下专场宣讲会。依托各类信息平台（网站、微信、公众号等）发布19291条就业信息，向毕业生推送招聘岗位205786个。

（张炜杰　华子昊）

【开展就业指导系列活动】 2022年9月至12月，学校开展2023届毕业生就业指导服务月，内容包括2023届毕业生就业形势分析，“一对一”就业咨询服务，就业政策宣传，毕业生择业观念引导与就业能力培养，毕业生简历、面试指导，考研、出国、公务员考试指导，就业能力训练活动等，组织开展“企业专家校园行”活动，邀请企业专家以及历届学长学姐面向在校生开展职业规划讲座，引导学生合理规划职业发展路径。保定校区邀请校外专业机构名师和专家开展国内升学深造指导系列讲座20场，服务学生4500余人次；开展出国（境）深造指导系列讲座9场，服务学生1000余人次。

（年中华　刘登科）

【强化毕业生就业关怀】 2022年，北京校部完成2022届暂未就业的家庭经济困难毕业生发放就业补助金的统计、审核及发放工作，共计发放金额26700元。保定校区面向困难生开展“宏志助航”就业技能培训，提高困难群体的就业能力，该活动共培训97名同学，为家庭经济困难暂未就业的毕业生发放补助金，发放38人次共计16500元。

（年中华　刘登科）

【开展毕业生毕业教育活动】 2022年6月，北京校部开展“青春心向党，建功新时代”主题毕业教育活动，组织开展“千方百计促就业，青春献礼二十大”典型工作案例征集活动，“清澈的爱只为中国”就业教育活动，毕业生母校情怀培育活动，“守初心担使命，华电学子在这里”2022届赴基层工作毕业生事迹展示活动，“毕业了，我想说……”毕业留言活动，“我是华电人”栏目招募活动等；保定校区开展“青春心向党、奋进新征程”主题毕业生教育活动，组织开展“温暖话别”毕业留言板活动、“美好祝愿”毕业寄语墙活动、“请回答2022”毕业生作品征集、毕业生物品捐赠活动，活动覆盖2022届全体毕业生。

（年中华　刘登科）

【营造良好就业工作氛围】 2022年，面向疫情防控常态化生涯教育出现的新需求和新问题，学校不断探索互联网＋生涯指导的新模式，充分挖掘校内外生涯教育资源，重点打造短视频生涯教育品牌，提升生涯教育网络话语权，做好校内就业宣传、氛围营造工作，充分发挥典型示范作用。先后开通微信公众号、微信视频号、抖音号、B站号，不断输出前沿、贴近现实职场的生涯教育内容。相关短视频在微信视频号、抖音、B站的总浏览量达300余万次。华北电力大学就业指导中心公众号全年累计发布就业信息、校友故事等推文1287篇，年总阅读量超306万次，新增关注人数超12991人，积极向毕业生输送就业信息，传递就业价值理念。

（年中华　张炜杰）

【推进就业实习实训基地建设】 2022年，为强化学生职业生涯规划指导，促进学生巩固专业知识、提升实践能力、拓宽发展视野，保定校区持续推进就业实习实训基地建设，经过前期的宣传与联络，最终与国网新疆电力公司培训中心、南京南瑞继保电气有限公司等12家用人单位签订实习实训基地协议。同时，积极申报第一期教育部供需对接育人项目，共与18家用人单位签订实习实训基地类项目协议。

（李兰涛　华子昊）

【开展新生绿色通道工作】 2022级新生入学前，学校充分利用招生简章、招生宣传手册、招生网、学生资助管理中心网站、资助电话热线、微信公众号等多种渠道宣传国家和学校的资助政策，切实帮助学生和家长及时、准确了解相关资助政策，全面开展新生家庭经济困难情况摸排工作，组织家庭经济困难学生线上申请“绿色通道”，了解学生实际困难，根据家庭经济困难新生实际困难制定爱心资助方案，强化隐性资助工作。新生报到日，学校设置便捷高效的绿色通道，为通过绿色通道入学的家庭经济困难学生发放爱心交通补助卡、爱心卧具卡、健康包、通讯卡、营养卡、教材卡、购物卡、理发卡等八类新生爱心资助卡，给予家庭经济困难学生温暖贴心的资助关怀。同时，学校在“绿色通道”现场安排国家和学校资助政策宣讲团队，为办理绿色通道的新生介绍国家奖助学金、国家助学贷款、应征入伍、基层就业学费补偿代偿等国家资助政策；讲解学校奖学金、社会奖学金、勤工助学、各类补助等学校资助政策；宣传成长“1+1”“绿色氧吧”“发展型资助”等资助育人项目，发放华北电力大学本科生资助政策简介，方便新生随时了解国家和学校的资助政策。200名家庭经济困难本科生新生，326名硕士研究生新生和26名博士研究生新生通过“绿色通道”办理入学手续，学校为81名通过“绿色通道”入学的家庭经济困难新生发放爱心卧具、路费补助等各类新生爱心资助总金额为3.008万元。保定校区为24名家庭经济特殊困难的学生发放爱心卧具，为135余名新生发放体检费、军训付费减免卡，合计3万元；保定校区发放资助政策宣传手册和诚信、感恩、励志教育宣传材料千余份，提供含有生活和学习用品的“暖心礼包”320余套，合计6万元，办理助学贷款等相关手续近500份，为近400名同学进行勤工助学岗位咨询登记。在“书香传情”活动中，共发放各类书籍两千余册。全年无一人因家庭经济困难退学。

（米丽拜尔　赵安策）

【落实临时救助职责】 2022年，学校高度重视受疫情、地震、水灾影响地区学生学习生活困难，及时启动受灾学生应急资助工作程序，主动摸排学生受灾情况。2022年9月，四川省甘孜州泸定县发生地震，使当地人民财产遭受巨大损失。北京校部及时启动受震灾学生应急资助工作程序，及时发布关于开展地震受灾学生临时困难补助工作的通知，组织各学院辅导员老师主动摸排四川籍学生及其家庭受灾情况和家庭经济困难状况。经持续摸排调查，北京校部学生无一人受地震灾害。保定校区积极联络校友企业，为12名受灾严重家庭2022级新生发放校友救灾助学金合计6.35万元。此外，北京校部为返京返校集中健康监测的630名学生发放网络流量补助，共计1.89万元，确保学生在集中健康监测点安心上网课和学习。北京校部为家庭经济困难学生和因身患重大疾病或者遭受意外伤害等使经济来源受阻，影响正常学习生活的学生发放寒假返乡补助、保险补助、家访慰问补助、饮水洗澡电话补助、临时困难补助、长期困难补助和就业补助。2022年，北京校部为4名爱心家访对象发放爱心家访补助，共计0.2万元；为743名学生发放寒假宣传大使补助，共计17.418万元；为64名2022届毕业生发放就业补助，共计2.67万元；为81名通过“绿色通道”入学的家庭经济困难新生发放爱心卧具、路费补助等各类新生爱心资助总金额为3.008万元；为2088名家庭经济困难本科学生发放饮水、洗澡、电话补助，共计38.628万元；为993名家庭经济困难学生发放寒假返乡补助，共计26.62万元；为9名学生发放援疆援藏补助，共计9万元；为8名急需帮助的学生发放临时和长期困难补助，合计2.15万元。保定校区为12名家庭突发重大变故的学生发放临时困难补助2.5万元；为266名家庭经济困难毕业生发放就业补贴，合计53.2万元；为38名暂时未就业的家庭经济困难学生提供就业补助金1.65万元；为270名家庭经济困难学生发放城乡居民医疗保险补助8.6万元。

（米丽拜尔　赵安策）

【开展资助育人活动】 2022年，学校进一步优化发展型资助项目，依托“绿色氧吧”“丰羽训练营”“翱翔计划”等品牌活动提升困难学生综合素质。开展24项“绿色氧吧”活动，各项活动立足学生成长发展实际，形式灵活，承载力强，如电气与电子工程学院承办的“大学时光和未来进步”主题活动中，黄永章教授以自己求学发展的经历分享向学生提出要向“多文化、多行业、产学研”发展的期望，通过丰富的例子、严谨的逻辑、长远的格局认真地为同学们规划出当代大学生的发展道路，使同学们开拓视野，明确未来努力的方向。控制与计算机工程学院举办的“薪火控计—薪语心愿”活动，通过组织学生在华电明信片上写下自己的心愿，给学生一个表达自我、认识自我的平台；经济与管理学院开展的“生活‘植’得‘花’时间”活动，通过组织学生观察校内植物，帮助学生认识并适应新环境；水利与水电工程学院组织的新老生交流会，通过朋辈经验分享和榜样精神鼓励，增强学生对大学学习生活的信心。共完成10项“丰羽训练营”项目，包括传统文化、视频剪辑、街舞、健美操等，覆盖学生多项兴趣领域，资助金额10万；“翱翔计划”发展型资助项目共有83名同学完成研究生考试、公务员考试以及资格证书考试等项目，资助金额4.15万元。保定校区开展“诚信教育宣传月”，依托资助工作，积极培育和践行社会主义核心价值观，引导大学生树立诚信意识，弘扬“人人学诚信、知诚信、守诚信”的道德新风，践行“诚信待人、诚信处事、诚信学习、诚信立身”的良好品质。开展国家助学贷款还款签约仪式及诚信教育大会，响应国家号召，树立学生诚信意识。开展“自立自强之星”学子评选会和报告会，宣扬学子自立自强精神，深化自立自强理念，锻炼学生自立自强良好品格和优秀素质。组织开展以“洞见·生涯”主题的个人认知性系列活动，来自学校各部门勤工助学岗位的100余名学生参与活动。

（刘　璐　赵安策）

【提升勤工助学育人成效】 2022年，北京校部为60多个职能部门设置教学助理、科研助理、行政管理助理和学校公共服务等1200多个勤工助学岗位，为5930人次勤工助学岗位学生按月发放勤工助学酬金，合计277.6万元。保定校区设置平台发布信息以及进行日常维护、在线学业辅导、在线心理辅导等线上勤工助学岗位，为4282人次勤工助学岗位学生按月发放勤工助学酬金，合计183.85万元。为促进家庭经济困难学生成长和发展，引导勤工助学学生挖掘内在潜力，提高工作技能，充分发挥勤工助学育人功能，北京校部组织开展勤工助学岗位学生通识性培训共6

期，为320多名在岗学生进行新媒体基础排版与运营、办公软件实用技能、角色转换、时间管理和适应新环境等多个方面的培训，提高勤工助学岗位学生综合能力，助力全面成长成才。勤工助学通识性培训主题均从学生实际需求出发，具有较强的针对性和实用性，为实现学生勤工助学工作由体力型向智力型转变。

（米丽拜尔　赵安策）

【完善资助信息化建设】 2022年，北京校部通过学工系统完成2185名学生的家庭经济困难认定线上申请，最终认定困难学生2130人。家庭经济困难认定模块优化手机端操作体验，学生可以通过企业微信链接到学工系统操作，方便快捷。北京校部国家助学金、勤工助学、临时困难补助等项目均通过线上申请审核。所有发放资金及时维护到系统，准确掌握学生受奖助情况，强化数字赋能。保定校区资助信息系统上线“勤工助学”“困难补助”板块。700名新生通过线上系统申请绿色通道进入校园；2373余名家庭经济困难学生通过资助系统完成线上申请、审核和认定；1220个勤工助学岗位通过系统完成申请、上岗和工资发放流程；1000余万元奖助学金通过系统完成审核和发放。

（刘　璐　赵安策）

【获善行100活动五项荣誉称号】 2022年，学校获得“善行100十周年优秀高校”，学生处学生资助管理中心刘璐获“善行100十周年优秀指导老师”，自强社获“善行100十周年优秀社团”，学生李昊、李彦德获“善行100十周年优秀组织者”荣誉称号。善行100公益活动由中国乡村发展基金会（原中国扶贫基金会）于2010年探索发起，通过高校公益社团宣传和组织，号召大学生以自愿为原则成为“爱心包裹”劝募志愿者，呼吁社会各界捐赠爱心包裹、一对一关爱欠发达地区小学生。学校自强社成员在历年的善行100活动中，表现出华电学子的爱心、热情和毅力，锻炼个人素质，传播公益理念，志愿服务行动获得受助学生、组织方和捐赠方广泛认可。

（刘　璐）

【积极开展心理课程建设】 2022年，学校心理健康教育课程授课团队克服疫情防控政策调整带来的不利影响，积极调整转换线上线下授课形式，完成各门心理健康课程授课工作。心理健康课程教研室邀请全国高校思想政治理论课教学一等奖获者——马克思主义学院骆小平老师参与心理健康教育课程思政建设，有效发掘心理健康教育课程思政内涵和主题，修订课程大纲和教案。“心理·生活·人生”课程获批华北电力大学第三批课程思政示范课。

（史海松）

【开展家长课堂及支持团体】 2022年9月，为新生家长开设主题为“新环境、新起点，家长如何为孩子的发展与成长助力”的家长课堂，参与家长达300人。全年共开设二期线上家长支持团体活动。4月至6月家长支持团体有16人参加，团体共进行10次活动。10月至12月家长支持团体共进行9次活动，有11人参加，主要面向校内重点关注学生的家长，通过理论讲授、交流分享与互动演练等方式，协助家长了解孩子。促进家校合作，使家长能够采取更加有效的方式助力孩子身心健康成长。

（许玉萍）

【心理健康宣传教育】 2022年，学校开展内容丰富新颖的心理健康宣传教育活动。北京校部发布原创心理微电影《点亮》，普及关注心理、勇于求助理念。校部“华电心理”微信公众号全年发出推送共计162篇，阅读量87440人次，其中“树洞回声”专栏收到学生来信209封，推出专栏文章33篇，阅读量13842人次，“树洞回声”专栏案例获2021年全国高校思想政治工作优秀案例二等奖。北京校部持续推进“悦读·悦享·悦心”心理健康主题读书活动，组织朋辈荐书、师生共读、成果展示，形成朋辈荐书书单1份，组织覆盖400余人的读书沙龙6期，结合疫情防控核酸检测扫码推出“抗‘疫’语录”10余期，评选展示优秀读书成果38份，推选的优秀读书成果获首都高校心理健康节“心悦读”活动二等奖。4月至5月，北京校部开展以“怡心情、建心家、绘心艺、悦心灵、聚心能、润心田”为主题的第20届心理文化节，相继组织包括心理健康主题读书活动、素质拓展活动、和谐宿舍创意大赛、心理漫画征集大赛、团体心理沙龙等形式的校级活动和学院特色系列活动共计30余项。学校获2022年首都大学生心理健康节“优秀组织奖”，其中，学生创作的作品《平凡的世界，不甘平凡的我们》《暂且先叫个卷吧》在心理健康节竞赛活动中分别获二等奖、三等奖，心理健康知识竞赛获团体组“优秀竞答奖”。10月，北京校部组织开展2022级新生参观体验心理中心活动，覆盖本科、硕士、博士全部新生班级，有效提升学生对心理中心的熟悉度和对心理健康服务的接纳度，活动加强学生对心理健康知识以及心理咨询服务的了解，帮助学生树立健康心理观念，拓展求助资源。5月，保定校区开展“‘疫’路相伴成长，绽放美丽心灵”心理健康文化节活动，涵盖经典阅读分享、成长信箱、手绘风筝、生涯体验、爱心互助、心灵寻宝、沉浸式剧本推理、21天打卡训练营以及心理健康系列主题演讲等12个子项目。

（余小霞　郝一丹　吴　思）

【全方位心理支持应对疫情防控关键时期】 2022年11月，面对严峻复杂的疫情形势，心理健康教育中心紧密围绕特殊时期的心理需要，及时回应学生关切，在疫情防控关键时期为学生提供全方位的心理支持。北京校部开通线上心理咨询、24小时心理热线，面向涉疫学生开展爱心电话回访，开展专题心理讲座、团体心理辅导，组织创意宣传教育活动，各类举措服务学生个体咨询207人次、热线来电35人次、爱心电话758人、回信30封、参与讲座600

人次、主题宣传教育 19 期。

（余小霞　王　争）

【开展院系心理工作培训】 2022 年 3 月至 4 月，特邀请河北省第六人民医院刘慧兰主任，北京师范大学宋振韶主任开展院系心理健康培训，培训就大学生常见心理行为问题的早期识别，院系心理工作的开展要点，院系心理危机的干预，院系心理健康教育的工作模式进行介绍和交流。3 月，心理健康服务中心特邀请国内知名专家、天津大学心理中心主任、博士生导师杨丽教授为学工队伍开展危机干预线上培训，采用案例分析、理论讲解、互动问答、小组讨论等形式学习，提高广大学工干部的心理危机识别与干预能力。

（石世平）

【开展心理健康系列讲座】 2022 年 4 月 11 日至 5 月 30 日，心理健康服务中心邀请省内 13 所高校及河北省心理危机干预热线联合开展“同舟共冀，齐心战疫”系列讲座，讲座内容涵盖积极心理学、人际关系、情绪管理、常见心理问题等多个方面。

（石世平）

【开展心理主题团体辅导培训】 2022 年 9 月 13 日至 12 月 30 日，心理健康服务中心举办 3 期心理主题团体辅导培训，中心邀请北京大学心理中心副教授何瑾博士，就班级心理主题辅导开展培训共计 36 小时，共有 35 名学工干部参加培训。培训内容涵盖入学适应、人际关系、情绪管理、职业规划、自我发展等方面。

（石世平）

【组织新生参观心理中心】 2022 年 10 月 5 日至 11 月 17 日，举办心理中心开放月，组织 2022 级新生参观心理健康服务中心，以班级为单位开展新生团体心理辅导活动六十余场；依托院系二级心理辅导站，举办主题摄影、治愈系大赛、表情放映机和素质拓展等带有院系特色的心理教育活动，吸引 3000 余名学生参加。

（吴　思）

【军事课教学质量显著提升】 2022 年，学校进一步落实《普通高等学校军事课教学大纲》，有效提升学校军事理论课教学质量。北京校部采取统一组织、统筹协调、分题研究、试讲试教等方式进行军事理论课教师集中培训。聘请北京化工大学军事理论教研室专职教师线上分专题进行授课，全体军事理论课教师参与培训。保定校区采购防护服、医疗急救包、心肺复苏模型教具等，保障军事训练工作正常开展，进一步提升军事课授课效果；将军事理论课纳入全校教学质量监控体系，与其他专业必修课程共同接受教学督导的专项检查及学生评价，推动军事理论课教学质量稳步提升。

（魏天雨）

【开展国防教育主题系列活动】 2022 年，为弘扬爱国主义精神，普及国防教育，提升全民国防意识，学校开展一系列国防教育主题活动。北京校部在二十大前后开展以“传承红色基因，汇聚强军力量”为主题的国防教育主题月活动，积极营造校园国防文化氛围，开展线上系列专题教育，推出专栏“学习强军”系列推送，依托退伍大学生社团进行国防教育宣传工作，加强学生对国防知识和国防重要性的了解，引导学生牢固树立国家意识、国防观念，进一步加强风险意识、忧患意识。保定校区以“全民国防教育日”“十一国庆节”“党的二十大”等时间节点为契机，举办“怀热忱爱国心，圆国防强军梦”主题国防教育系列活动、2022 年全民国防教育日线下主题活动、十一国庆节升旗仪式、“青春之我 同行追梦”喜迎二十大系列党史沉浸式教育活动等，内容涵盖国防知识竞赛、军事装备模型展示、模拟仿真射击打靶、升旗仪式、党史知识学习、礼宾枪操枪训练、签名送祝福等，寓教于乐，引导学生在活动中加深对国防重要性的了解。

（魏天雨）

【深化军校共建活动】 2022 年是北京校部与武警北京总队机动第四支队共建的第三十年，也是保定校区正式签署军民共建协议的第二年，学校与部队就进一步密切军校关系达成共识，进一步拓宽部队与学校合作领域，丰富军校共建活动内容，推动部队和学校各项事业快速发展，为国防事业、教育事业的现代化建设而努力奋斗。保定校区校党委副书记郭孝锋与共建单位中国人民解放军驻保某部队领导进行工作交流，共建部队领导向学校赠送锦旗。

（魏天雨）

【多措并举推进征兵工作】 2022 年，根据疫情形势变化，保定校区灵活开展线上、线下结合的立体式、全方位征兵宣传，通过校系新媒体官方平台发布大学生应征入伍系列推送 60 余次，制作发放宣传册 6000 余份、悬挂条幅 50 余个。此外，二校区校园主干道上，设计制作大学生应征入伍政策宣传墙和应征入伍学生荣誉墙，对大学生征兵流程、优惠政策、退役士兵风采及学校近 10 年应征入伍的 180 名学生信息进行全方位展示，强化朋辈榜样示范引领作用，营造参军入伍校园氛围。2022 年全年应征报名 181 人，入伍 22 人（含毕业生 6 人）。

（张冰华）

安全保卫工作

【概况】 2022年，华北电力大学围绕安全教育、疫情防控、综合治安管理、消防安全、交通安全、物防技防建设、规章制度建设、户籍工作等方面开展平安校园建设及安全稳定工作。

安全教育。持续开展反恐防暴、防范电信诈骗、防传销、防校园贷、防范校园传教及防邪反邪警示教育、网络安全、校园交通安全、宿舍消防安全知识、国家安全教育等主题安全教育，制作并发放安全知识视频光盘30余张，开展4次外场安全宣传活动，3次安全知识进宿舍活动，发放各种安全宣传品6000余份，通过《平安校园》多媒体电子屏推送各类安全标语500余条，制作安全海报42幅。通过微信公众号《安临华电》发布推送73期80余篇安全知识，全年阅读量53486人次。在1000余辆共享单车上张贴安全出行宣传标志。保卫处(保定)围绕共建共享平安校园主线，通过网络、宣传板展示、座谈、讲座等形式开展校园安全教育培训。举办安全教育宣传月活动，国家安全专题教育1次，反恐演练1次，反邪教宣传教育活动1次，消防应急疏散演练3次，防范电信网络诈骗专题教育7次，消防培训4次，参与教育培训教职工和学生达4500人次。

疫情防控。保卫处(保定)全年处理疫情防控信息16000余条，办理临时用工人员出入证1000余个，更新办理教职工车证2800余个，更新、录入人脸识别系统及车辆管理系统信息5000余条，汇总制作人员出入登记表格700余份。保卫处更新人脸识别系统35000余条，更新车辆管理系统信息300余条。疫情防控期间，保卫处严格执行学校疫情防控规定，全体职工坚守一线岗位，驻校保障40余天。

治安综合管理。2022年，学校发生各类案件共计157起：丢失案65起，诈骗案62起，盗刷案3起，盗窃案10，骚扰案7起，经济纠纷案3起，推销案1起，违反疫情管理规定6起，破案34起，挽回损失10875.6元。加大敏感时期安全隐患和不稳定因素排查力度，及时发现和化解矛盾，及时采取有效措施进行化解；开展全覆盖式校园安全专项整顿工作，制定工作方案，建立工作台账；扎实开展在校师生安全、健康教育；加强校地联合整治华电南街交通拥堵乱象；组织消防专项检查12次。保卫处(保定)圆满完成毕业生离校、新生入学、毕业生双选会、学生各类专业知识(英语、计算机)等级考试、学校运动会、外事等各类大型活动安全保障30余次。有效保障校园生活、学习秩序，全年无重特大事故案件发生。

消防安全。保卫处(保定)高度重视消防安全工作，对全校现有消防设施、设备、器材进行常态化维护保养，保持良好状态，全年未发生火灾事故。

校园消防设施维修和检测。针对培训中心的消防供电问题、设备联动启动问题进行多次排查和维修。对七一路华电宿舍高层建筑的联动控制器、消防泵、安全出口、疏散指示灯、消防水带等消防设施、器材进行更换。开展两次消防检测工作，分别对两个校区多栋建筑消防设施进行检测。对全部建筑进行一次防雷检测。对教九楼和实验楼的消防广播设备进行更换，对教十楼的消防自动报警主机进行更换。地下消防管网漏水维修6次；地下泵房补水阀更换2个，更换2台排污泵和控制箱；教十楼防火卷帘维修1次；对公共部位的应急照明、疏散指示牌的日常检查和维修1000余次。对欠压和过期灭火器进行更换50多具。全年开展消防安全检查20余次，联合实验室管理处对全校实验室进行过4次安全大检查，联合学生处、后勤处对学生公寓进行过10余次专项检查。

物防技防建设。升级"平安校园"建设安防系统，在校园西围墙加装12个摄像头，校园人脸识别速通门系统增加人员进出审批功能，实现对人员进出科学管理。投入资金128万元，对学校教三楼、学生三食堂楼内消防自动感烟报警设备进行修缮改造，增设消防自动感烟报警主机2台，更换安装烟感报警器、温感报警器、声光报警器、消防广播等设备1400余件，实现教三楼、学生三食堂与学校消防主监控设备联网联动，学校消防安全防护能力得到进一步提升。完成学校消防水带、灭火器的报废更新、年检及消防设施设备维修维保工作，共检灭火器1530余具，更新补配灭火器760具、灭火器箱50具、消防水带450条。累计检测校内59万平方米建筑的消防设施电气设备，完成校内主要建筑物的消防设施设备和避雷系统的检测工作。主楼消防通道两侧分别建设电动自行车停车充电棚。

规章制度建设。制定《华北电力大学机动车超速及违停行为处罚暂行办法》《华北电力大学校园活动管理实施办法(2022年修订)》《华北电力大学集体户口管理办法》。制订《华北电力大学应对突发新冠肺炎疫情处置预案》《华北电力大学社会安全类突发公共事件应急预案》《2022年华北电力大学配合教育部巡视组开展巡视工作安全稳定应急预案》。

户籍工作。北京校部为1180名学生办理集体落户，为1500多名毕业生集中办理户籍迁出，为师生员工办理相关户籍手续1800多人次。保卫处(保定)办理2022届毕业生迁出户口800余人，办理在校生、毕业生及教师户口各项相关手续1500多项。办理2022级新生户口迁入100

余人，核查公安网内应届毕业生户籍信息600余人。

（单纪胜　鄢　知　刘　让）

【运行校园机动车超速及违停监测系统】 2022年1月1日，校园机动车超速及违停监测系统经过两个月试运行正式上线。根据《华北电力大学机动车超速及违停行为处罚暂行办法》规定，保卫处负责对全校机动车规范停放和安全驾驶进行监督处罚。

（单纪胜）

【升级车辆管理系统】 2022年3月10日，校园车辆管理系统进一步升级，实现校外车辆出校扫码缴费后自动抬杆放行，车辆在门岗处进出效率大幅提升。10月15日，实现线上办理校园车辆通行证。

（单纪胜　鄢　知）

【开展4·15全民国家安全教育日主题活动】 2022年4月，华北电力大学开展“4·15全民国家安全教育日”主题宣传系列活动，活动主题为“树牢总体国家安全观，感悟新时代国家安全成就，为迎接党的二十大胜利召开营造良好氛围”。活动分两步进行，第一步是组织师生参加教育部重点宣传教育活动，包括组织观看“千万师生同上一堂国家安全教育课”主题公开课，组织学生参加“国家安全教育主题短视频线上接力活动”，开展“反邪教警示教育进校园”活动，观看“国开大讲堂·国家安全教育公开课”，引导学生参与“微博＃国家安全日＃话题”互动；第二步是组织师生参加校内特色活动，增强师生国家安全意识，包括布置“全民国家安全教育日”宣传栏，发放“全民国家安全教育日”宣传册，组织“我为国家安全展旗”活动，组织国家安全教育线上讲座，组织综合性国家安全教育现场指导演练活动，各学院组织国家安全主题党团日活动。

（秦中彤　鄢　知）

【举行国家安全教育综合演练活动】 2022年4月22日，国家安全教育综合演练活动在主楼礼堂东广场举行，副校长檀勤良参加开幕式。北京市公安局内保局、昌平公安分局高校管理大队、昌平公安分局刑侦支队、昌平公安分局反恐和特巡警支队及史各庄派出所10余名警官对华北电力大学国家人民防线工作予以指导。活动通过观看展板、发放宣传材料、实操演练等各种形式，多方位宣传国家安全知识，共计发放国家安全宣传材料600余份，设置国家安全展板50余块，营造浓厚的国家安全学习教育氛围。昌平公安分局刑侦支队反诈中心警官结合典型案例集中宣传防范网络电信电信诈骗知识，昌平公安分局反恐和特巡警支队警官指导学校保安应急队伍开展反恐防暴及灭火演练。现场800余名师生参加活动并在“国家安全在我心中”主题墙上签名。

（秦中彤　鄢　知）

【开展安全生产大检查活动】 2022年9月6日至16日，根据《关于开展校园安全生产大检查工作的通知》的工作安排，学校成立由保卫处、实验室管理处、资产处、后勤处、学生处、基建处、技术转移转化中心以及公安部门等共同组成的专项检查组，针对学院安全、后勤运行安全、重点部位安全等进行为期11天的安全生产大检查及督查整改活动。检查活动按照动员部署、单位自查、学校检查、督促整改四个步骤进行，采取听取安全工作汇报、实地走访查看、当场反馈情况、指导问题整改以及后期关注回头看的方式。通过检查共发现学院安全隐患35个，后勤运行安全隐患21个，重点部位安全隐患18个。检查组逐一指导制定整改措施，及时消除安全隐患，全力为党的二十大胜利召开营造安全稳定的校园环境。

（蔡树斌）

【完成北京市2022年度人口抽样调查】 2022年10月至12月，学校完成2022年度人口抽样调查工作。北京校部共涉及师生宿舍5个抽样区域调查，包括4个北京点、1个国家点。建筑物核查阶段，对抽样区域内34个小区、1975个住房单元进行居住核查；入户调查阶段，对抽样区域的32个小区、162个住房单元共762人进行统计调查表登记，其中涉及北京点区域644人，国家点区域118人。

（秦中彤）

【1人获昌平区交通安全先进个人】 2022年12月，昌平区2022年度交通安全工作部门联席大会召开，华北电力大学保卫处单纪胜被评为“2022年度区级交通安全先进个人”。

（鄢　知）

工　会　工　作

【概况】 2022年，华北电力大学工会组织和全体会员以习近平新时代中国特色社会主义思想为指导，以迎接和庆祝党的二十大胜利召开为主线开展工会工作，深入贯彻落实习近平总书记关于工会工作的重要论述，充分发挥工会组织的政治性、先进性和群众性，紧紧围绕学校中心工作，立足岗位，心系职工，服务大局，在民主管理与民主监督、团结凝聚职工力量、维护职工合法权益、妇女工作等方面为推动学校事业发展做出积极贡献。

召开第七届教职工代表大会第四次会议。注重发挥教代会各专门委员会在职业发展、提案办理、思想文化建设、职工服务方面的作用。开展教代会提案系统改版和工会网站更新工作，进一步完善电子提案系统，实现提案电子系统两校区一体化，提案流程规范化，提高学校民主管理信息化水平。与会代表表决通过《华北电力大学第七届教职工代表大会第四次会议决议》。

开展二十大主题教职工活动。举办“喜迎二十大 奋进新征程”书画摄影展；组织开展弘扬劳模精神系列活动；开展教职工篮球比赛、气排球比赛。

青年教师专业素质提升工作。搭建教学比赛和技能大赛平台，组织开展各类职业竞赛。组织参赛队伍参加北京教育工会主办的北京高校系统管理岗位青年教职工职业能力竞赛并获一等奖。举办青年教师教学基本功比赛三期赛前培训会。

落实职工综合素质提升项目。校工会以教职工队伍建设为重点，通过多种形式的活动，提高教职工综合素质。校工会探索教职工服务体系建设，提高工会的服务能力，为教职工做实事、解难事。组织教工京剧社和合唱团参加节目录制。《贵妃醉酒》节目登上央视“一鸣惊人”栏目。组织“迎新春 送春联”活动，开展“师生书画艺术沙龙”系列活动。

维护教职工合法权益工作。实施以维权、在岗一线职工慰问、困病帮扶、职工暖心驿站等组成的精准服务。完成各类教职工慰问活动。开展从教三十年表彰；组织困难会员“送温暖”；完成北京市青教赛办赛奖励教职工普惠慰问、劳模慰问、抗疫慰问、冬奥慰问工作。开展各类女工活动。举办“星光熠熠，妙手生花”——校工会“三八女神节”手机壳 DIY 活动展示；办理年度女工特疾保险 923 人，1846 份；为患病女会员申请办理女工特疾保险理赔金；发放互助互济救助慰问金。为教职工谋福利、办实事，开展精细化服务。为全校教职工发放福利 4 次。工会所属 12 大文体协会通过线上和线下方式开展各类文体活动。

疫情防控工作。高效落实学校健康驿站疫情防控专项工作，负责学校健康驿站、“国交专项”工作，有效保障需要健康监测师生出入站管理、思想动态关注、各级各类检查接待、疫情发生后加强管理和流程梳理等，完成 10000 多人次健康驿站服务工作。开展疫情防控专项慰问。

评优创先工作。加强工会干部队伍建设，扎实推进工会干部队伍思想政治建设和组织工作，定期召开工会委员会扩大会议，开展工会干部培训会，开展工会评优创先工作，不断提高工会干部综合素质和业务能力。增强校院工会组织联动互动，使工会干部成为学校党委和二级党委领导组织落实的工作抓手和重要力量。

工会其他工作。慰问工作在疫情防控一线的医务、后勤、保卫工作人员。指导各分工会召开二级教代会，召开工会委员会会议，升级教工之家功能，召开 2022 年度分工会工作交流互评总结会，获批五个北京市暖心驿站和两个北京市高校优秀基层职工之家。2022 年 9 月 6 日，保定市教育工会领导一行到保定校区开展优秀教师及三十年老教师慰问活动。举办丰富多彩的文体活动，学校教工羽毛球队获 2022 保定市全民健身节羽毛球比赛混合团体亚军。保定校区教工男子篮球队获保定市直属大中专院校教职工篮球比赛第二名。为帮助学校教职工子女填报 2022 年高考志愿，工会（保定）举办第二期高考志愿填报辅导讲座。

（杨永海　卜红梅）

【组织学校第七届四次教代会】 2022 年 3 月 4 日至 5 日，组织召开华北电力大学第七届教职工代表大会第四次会议。学校领导和正式代表、列席代表共商学校发展大计。

（杨永海　卜红梅）

【青年教职工获北京市职业能力竞赛一等奖】 2022 年 3 月 15 日，首届北京高校系统管理岗位青年教职工职业能力竞赛（简称“青管赛”）成绩揭晓，学校对外联络与合作处梁玉超、学生处刘璐、控制与计算机工程学院王志楠三位青年管理干部组成的参赛队伍在本届比赛中获 A 组一等奖。

（杨永海）

【召开教代会提案评审会】 2022 年 4 月 14 日，北京校部提案委员会召开教代会提案评审会，报告提案集中征集情况，对 40 件教代会提案进行集中评审，涉及人事、教学科研、医疗健康、职称评定、服务管理等方面。

（杨永海　卜红梅）

【召开教职工社团工作会】 2022 年 4 月 14 日，工会召开 2022 年教职工社团工作会，校工会常务副主席林长强、文体工作委员会主任曹运华、校工会副主席张利以及各协会负责人出席会议。强调教职工社团对于构建学校更高水平的教职工健身服务体系、提高教职工身体素质和健康水平具有重要意义，表示将加大对各社团的指导和扶持力度，围绕促进教职工身心健康工作，进一步强化思想政治引领，加强与相关部门沟通协调，利用网站和新媒体平台，广泛宣传社团活动，打造华电教职工社团品牌。

（杨永海）

【徐进良教授获首都劳动奖章】 2022 年 4 月 28 日，根据北京市总工会、北京市人力资源和社会保障局《关于授予 2022 年首都劳动奖状、奖章和北京市工人先锋号的决定》文件，学校能源动力与机械工程学院徐进良教授获 2022 年首都劳动奖章。2022 年北京市共评选首都劳动奖状 75 个、首都劳动奖章 401 名（含追授称号 2 名）、北京市工人先锋号 145 个。

（杨永海）

【举办喜迎二十大 奋进新征程书画摄影展】 2022 年 10 月 14 日，学校迎接和庆祝党的二十大胜利召开“喜迎二十大 奋进新征程”书画摄影展在主楼 D 座二层展厅开幕，展览由工会、团委、离退休工作处、宣传部、教师工作部共同举办。此次作品展是学校师生为迎接党的二十大胜利召开献礼的一次生动实践，抒发师生对党的深切情感和对祖国的美好祝愿，表达师生对党的二十大的美好期盼和喜悦心情，营造浓厚的校园文化氛围。

（丁玥辰）

【组织教职工开展扶贫专项工作】 2022年，校工会选购脱贫地区农产品用于教职工节假日慰问，两地工会购买和帮助销售脱贫地区农产品，完成扶贫任务94.592万元。2022年7月7日工会（保定）组织到阜平县龙王庙村收购新鲜土豆，并及时分发给全体教职工。收购土豆数量达到16000余斤，惠及30余户村民，也为学校教职工办实事。

（杨永海　卜红梅）

共青团工作

【概况】 2022年，北京校部共青团共有教职工5人，其中团委书记1人，团委副书记2人，社团工作部部长1人，团委干事1人。共有专（兼）职基层团委（团总支）书记15人，下设12个基层团委，3个基层团总支，共有共青团员16993人，团支部647个，学生社团80个；保定校区共青团共有专兼职教职工9人，其中团委书记1人，团委副书记1人，兼职团委副书记3人，学生会秘书长1人，团委干事1人，兼职行政保研2人。共有专职基层团委（团总支）书记14人，下设11个基层团委，3个基层团总支。共青团员15618人，团支部560个，学生社团50个。

2022年，北京校部在学校团员教育评议工作中共评出优秀团员1154人，优秀团干部724人，先进团支部34个，青年志愿者标兵13人，文体标兵13人，科技标兵13人，五四红旗团委1个，先进团委2个，特色团委3个。在建团100周年北京市先进组织和先进个人表彰中，北京校部团委获评建团100周年“北京市五四红旗团委”称号，1人获评建团100周年“北京市优秀团干部”称号，1人获评建团100周年“北京市优秀共青团员”称号。在2022年度北京市共青团评优表彰中，25人获评“北京市三好学生”，8人获评“北京市优秀学生干部”，8个班集体获评“北京市先进班集体”。2021—2022年度首都大学、中职院校“先锋杯”优秀基层团学组织创建工作中，创建18个团支部、1个学生会、1个学生社团；保定校区在学校团员教育评议工作中共评出优秀团员839人，优秀团支部107个，创新创业先进394人，优秀团干部254人，团员标兵20人，志愿服务先进391人，志愿服务先进团体10个，五四红旗团委3个。在2022年度河北省、保定市共青团评优表彰中，1人获评“河北青年五四奖章”提名奖，1个基层团委获评“河北省五四红旗团委”，1个团支部获评“河北省五四红旗团支部”，2名学生获评“河北省优秀共青团员”，5人获评“河北省青年志愿者优秀个人”，36名学生、青年教师获评“冀青之星”荣誉称号，1个团支部获评“河北省高校活力团支部”，2个社团获评“河北省高校活力社团”，4个基层团委获评“保定市争创五四红旗团委”，1个团支部获评“保定市争创五四红旗团支部”，10名学生获评“保定市争当优秀共青团员”，5名教师获评“保定市争当优秀共青团干部”，团委（保定）获评“保定市青春友好单位”，2个集体获评“新时代保定好青年集体”，61人获评“新时代保定好青年”。

思想教育实践。北京校部团委深入实施“青年马克思主义培养工程”，创立“菁英计划”“启航计划”青马工程班，以理论学习、红色教育、实践锻炼三个培养模块，为学校建设、国家发展储备青年人才。2022年毕业生“学社衔接”团组织关系转接率、团组织“对标定级”完成率100%。党史学习教育、专题组织生活会和青年大学习辐射全校团支部，青年大学习月均学习10586人次。通过集中开展“喜庆二十大，永远跟党走”特别团日活动，“学习党的十九届主六中全会精神”“凝聚力量，共抗疫情”“青春心向党，百年再启航”“喜庆二十大，永远跟党走”“携手同心，共抗疫情”主题团日活动，突出思想教育内涵、加强学生思想建设、提升基层团支部活力。举办第一届模拟政协提案大赛，将“中国梦”与“青年梦”紧密结合，巩固、提炼一系列高质量提案。1名学生获评中国大学生自立自强之星，1名学生获评电信奖学金，1名学生参加省级“青马工程”培训班，以更强的责任担当，认真履职、真抓实干、服务青年，深化思想教育实践。保定校区团委积极组织开展两期校级团校暨“青马工程”，共培训368名学员，实现校系两级团学骨干全覆盖。扎实开展“喜迎二十大 永远跟党走 奋进新征程”“学习党的二十大精神”等团日活动2000余场，全年共评出20个十佳团日活动，推动全校团员青年自觉坚定理想信念，承担历史重任。积极推进“喜迎二十大”“学习习近平总书记在庆祝中国共产主义青年团成立100周年大会上的讲话精神”“学习党的二十大精神”等主题教育活动1000余场，思政教育更加常态化、规范化。积极引导各学生社团组织开展“红色作品征集”“党史知识竞赛”“红色定向运动”等特色文体活动，引领全校团员青年向好向善，累计参与超25000余人次。并组织各级团组织举办座谈会、辩论赛、演讲比赛等形式的主题教育活动1000余场次，参与人数达4万人次。积极落实“青年大学习”行动，学习率达90%以上。加强E青年网络文化工作室建设，聚焦平台、管理、队伍和内容四个关键要素，推进共青团宣传和思想引领深化改革，构建“校-系-团支部”三级矩阵，持续发挥网络思政育人实效。在2022年河北省大学生网络文化节和高校网络教育优秀作品推选展示活动中，推报的作品获省级一等奖1项，省级三等奖2项。2022年，1名学生获评中国大学生自立自强之星，1名学生获评电信奖学金，6名学生参加省级“青马工程”培训班并结业。

社会实践。北京校部团委引导广大青年在社会课堂中受教育、长才干、做贡献，以“青年服务国家，青春共迎未来”为主题，开展“深学实悟”红色百年铸魂行动，“深耕厚植”乡村振兴助力行动，“深融共迎”北京冬奥宣讲行动青年服务国家暑期社会实践活动，引领华电学子在实践中悟时代担当，在行走中明家国情怀，以奉献社会、服务基层的实效来检验专业所学。407支团队、4525名同学在活动中躬身实践，知行合一，用实际行动与青春风貌献礼祖国，充分展现青春风采，彰显青年担当。“乡村振兴，语你同行”实践团获评全国“三下乡”社会实践优秀团队；“竹沟革命纪念馆VR线上展览”获全国大学生暑期实践成果前100名；“同心共筑中国梦，弘扬大别山精神”获评“大我青春”实践风采类优秀作品；在“青年服务国家”首都大中专学生社会实践活动中，7支团队获评“优秀团队”，7名教师获评“先进工作者”，7名学子获评“先进个人”。保定校区团委开展以“喜迎二十大 永远跟党走 奋进新征程”为主题的暑期社会实践活动，引导青年学生聚焦党史学习、理论宣讲、民族团结、乡村振兴、普法宣传、低碳环保、创新创业、服务群众等16个方面，组建各级实践小分队3313支，带领学生在实践中受教育、长才干、作贡献。整体实践活动力求思路创新、形式创新、内容创新，取得实效，形成华电特色、华电品牌，为实现中国梦贡献青春磅礴力量。团委（保定）获2022年“镜头中的三下乡”优秀组织单位、2022年河北省大中专学生“三下乡”社会实践活动优秀组织单位；“一起云支教”专项实践活动全国突出执行高校，1人获评“一起云支教”专项实践活动全国突出贡献高校指导教师，1人获评“一起云支教”专项实践活动突出贡献高校学生领队；1个实践团获评2022年全国和省级“三下乡”社会实践优秀团队；1人获评2022年全国和省级“三下乡”社会实践优秀个人。1篇征文获教育部“读懂中国”社会实践优秀作品；1个实践团入选“推普助力乡村振兴”全国大中专学生暑期社会实践志愿服务活动，1个实践团实践成果获评2022年全国大学生暑期实践成果百强；2支团队入选2022“强国有我‘核’你一起”千支大学生志愿宣讲团，1支团队入选2022“七彩假期”千支志愿服务团队；1个团队获评2022年河北省“体验省情·服务群众”先进小分队，1人获评“体验省情·服务群众”优秀指导教师，3人获“体验省情·服务群众”优秀个人；2022年共选拔招募4名西部计划志愿者和6名研究生支教团志愿者，赴祖国西部基层，到祖国最需要的地方去建功立业、锻炼成长。

志愿服务。北京校部团委秉承“奉献、友爱、互助、进步”的志愿服务精神，充分调动17220名注册志愿者作为志愿行动主体开展志愿服务活动，团结带领全校各级志愿者组织开展各类志愿服务活动160余次，累计服务时长150000小时，以“云支教”“藏路虽远，‘衣’旧如新”“筑梦崔村，‘E’同成长”等为代表的优秀志愿项目获广大师生和社会各界一致好评。“蓝之焰”青年志愿者协会社团参与团中央2022年度全国高校“活力社团”创建，入选2022年全国大学生科技志愿服务示范团队。“薪火核电”志愿服务队和“彩虹糖”志愿服务队2支队伍获评2022年“七彩假期”志愿服务示范团队。保定校区团委以“服务国家战略，促进学生发展”为原则，以各级志愿服务组织为依托，以志愿服务中心为主阵地，加强志愿者培训，提升项目品牌知名度，不断推动志愿服务工作向稳定化、专业化、项目化发展。2022年，继续完善志愿者管理制度，规范志愿时长认定流程。依托长期联络的10余个志愿服务基地，整合志愿服务力量，充分调动15000名注册志愿者作为志愿行动主体，团结带领全校各级志愿者组织开展136场志愿服务活动，总服务时长超过80000小时，累计受益18300人次。在河北省“助力冬奥 志愿行动”志愿服务调研活动中，共获得29项奖项，其中6项一等奖，团委（保定）获优秀组织奖。持续培育具有示范性的志愿服务项目，2个志愿服务项目分获第六届中国青年志愿服务项目大赛银奖、铜奖，1个志愿服务项目获河北省首届助残志愿服务项目大赛金奖；1人获评河北省“学雷锋”优秀志愿者，1个组织获评河北省“学雷锋”先进志愿服务组织，2人获评保定市“学雷锋”优秀志愿者，2个组织获评保定市先进志愿服务组织。

社团文化活动。北京校部团委举办“一二·九华电演说家”作品展播、“悦动健康，一起云健身”室内体育比赛、“E-star”校园之星风采大赛、校园歌手大赛歌会等线上文体活动，“学习二十大，永远跟党走，奋进新征程——我们的国歌”爱国主义讲座、民族艺术进校园——北京曲艺团《笑满京城》专场演出、大学生戏剧节、大学生舞蹈节、新生文艺晚会等线下文体活动共计百余场，丰富文化育人内涵，彰显文化育人特色，不断引导广大师生增强文化自信。北京校部团委、学生会、研究生会、青年志愿者协会微信公众号累计发文580期，推送总阅读量44.8万人次，共6篇推送超万人阅读。保定校区团委共举办包括“地球一小时”、五四歌咏会、校园歌手大赛等共计790余场文体活动，直接参与人数达30000余人次。“地球一小时”主题活动被人民日报、新华网等20余家主流媒体宣传报道。积极响应团中央“青春爱运动 健康强中国”活动，组织开展第三十二届体育节、趣味运动会等，学生参与率达90%以上。保定校区团委、学生会、研究生会、社团服务中心微信公众号关注人数达6.2万余人次，年度累计发文近千期，推送总阅读量超8万人次。“青年榜样访谈”系列活动持续开展，树立一批优秀学生榜样，推送总阅读量达2.5万余人次。

团学组织改革。2022年北京校部团委选拔专职团干部2名，团委兼职副书记2名，加强团干部队伍建设。北京校部学生会、研究生会始终以习近平新时代中国特色社会主义思想为根本遵循，强化与同学们的纽带联系，规范召开第十次学生代表大会暨第三次研究生代表大会，做到“严规矩”“真议事”“选准人”。根据《关于推动高校学生会(研究生会)深化改革的若干意见》持续深化改革，明确职能定位，坚持精简原则，始终以“全心全意为同学服务”为宗旨，不断明确组织定位，积极收集、反馈、落实同学们在学业发展、身心健康、社会融入、权益维护方面的普遍需求。保定校区团委健全团的兼职干部队伍，选拔 1 名青年教师、2 名学生担任团委兼职副书记。指导符合条件的 50 个学生社团成立功能型团支部，进一步加强学校共青团基层组织建设和组织延伸。持续深化学生会、研究生会组织改革创新，按照《关于推动高校学生会(研究生会)深化改革的若干意见》以及《高校学生会组织深化改革评估工作方案》要求，扎实推进改革，公示学生会、研究生会组织改革情况，推动学生组织精简组织、合理分工、规范制度，强化学生组织服务学生的意识。开展党的二十大精神专题学习会，用党的初心使命感召青年。坚持为同学办实事、解难题，聚焦就业帮扶，助力社会融入，开展“研究生求职经验交流会”“简历制作分享讲座”等就业指导类系列活动，活动效果突出，被“中华全国学联”公众号报道。深入了解学生普遍需求，用心落实改革方案，开展“青春不止步，爱心不毕业”毕业物品捐赠等活动，服务引领广大同学成长成才。不断健全大学生志愿服务中心、“学·思·行青年之家”管理规范制度，充分发挥其在志愿服务、团日活动方面的积极作用，为全校师生参与团学事务提供一站式、全方位服务。

服务冬奥。在北京冬奥会、冬残奥会服务保障工作中，北京校部 96 名志愿者服务在 8 个业务领域，累计服务工作近 83100 小时，延庆制服和注册分中心运行团队获中共中央国务院“北京冬奥会、冬残奥会突出贡献集体”荣誉表彰，华北电力大学冬奥志愿服务团队获北京市先进集体，2 人获北京市先进个人，《央视新闻联播》《北京日报》等多家媒体对学校志愿者事迹进行报道。保定校区 46 名冬奥志愿者服务 7 个业务领域，完成超过 120000 件装备发放、30000 余个证件制作、1200 余名外宾接待等志愿服务任务，最长服务时长 120 天，获得冬奥组委、场馆领导、部门负责人、服务对象等多方好评。保定校区收到来自冬奥组委等组织近 100 封感谢信。冬奥志愿服务团队获评 2022 年冬奥会、冬残奥会河北省先进集体，1 人获评 2022 年冬奥会、冬残奥会河北省先进个人。

(吴思琪　梁博通)

【举办冬奥会延庆赛区志愿者誓师大会】 2022 年 1 月 4 日，冬奥志愿者在冬奥会延庆制服和注册中心场馆举行誓师大会。华电人用实际行动彰显爱国之心、报国之志，传承“自强不息、团结奋进、爱校敬业、追求卓越”的华电精神，用专业的知识技能、饱满的精神风貌、敬业的工作态度，为华电争光、为北京增辉、为祖国效力、为冬奥添彩。

(吴思琪)

【冬奥志愿者亮相央视】 2022 年 1 月 31 日，张家口赛区制服和注册分中心志愿者参演春晚冬奥特别设计节目《闪亮冰雪中国年》。学校上下一心服务冬奥，受到央视关注。延庆赛区冬奥志愿者接受央视连线，张家口赛区冬奥志愿者登上 2022 年央视春晚舞台，向全国人民展现华电风采。

(吴思琪　梁博通)

【举办地球一小时主题活动】 2022 年 3 月 26 日，华北电力大学积极参与并宣传“地球一小时”活动，弘扬绿色低碳文化，北京校部推出多场地外场大学生艺术团演出以呼吁鼓励大家走出室内响应号召节约能源，舒缓身心感受生命活力与能源的可贵。团委(保定)策划实施“地球一小时”主题系列活动，本次活动受到中央主流媒体的广泛关注，人民日报、新华网、人民网、光明网、中国网、央广网、全国高校思想政治工作网、中国共青团网、保定日报，以及团中央新媒体《学校共青团》等 20 余家媒体进行报道和转载。

(吴思琪　梁博通)

【第一届青马工程菁英计划开班】 2022 年 4 月 9 日，华北电力大学开展青马工程第一届“菁英计划”开班仪式暨第一讲。仪式由校团委书记王新军主持，“菁英计划”班级 58 名学员参加，马克思主义学院院长王伟教授做主题为《党的政治领导力与党建发展》第一讲。

(吴思琪)

【获北京市和河北省冬奥组委表彰】 2022 年 4 月 19 日，北京市、河北省分别在北京和石家庄召开北京冬奥会和冬残奥会总结表彰大会，华北电力大学冬奥志愿团队被授予北京冬奥会、冬残奥会北京市先进集体，能源动力与机械工程学院辅导员许鑫、团委干事冀佩然被授予北京冬奥会、冬残奥会北京市先进个人，保定校区冬奥志愿团队被授予北京冬奥会、冬残奥会河北省先进集体，动力工程系辅导员谷青峰被授予北京冬奥会、冬残奥会河北省先进个人，团委(保定)在河北省“助力冬奥 志愿行动”志愿服务调研活动中获优秀组织奖。

(吴思琪　梁博通)

【举行北京冬奥会冬残奥会总结表彰会】 2022 年 4 月 28 日，华北电力大学举行北京冬奥会冬残奥会总结表彰暨庆祝五四青年节大会。校党委书记周坚出席大会并发表讲话，党委副书记汪庆华，党委副书记郭孝锋，党委常委、组织部部长鹿伟，相关职能部门主要负责人，全体冬奥师生志愿者，各学院党委副书记、团委书记和团员青年代表参加大会。大会宣读《关于参与北京 2022 年冬奥会和冬残奥会服务保障工作教职工和学生的表彰决定》，并希望受表彰的师生珍惜荣誉，戒骄戒躁，再接再厉，继续发扬北京冬奥精神，立足新时代，展现新作为，为推动学校事业高质量发展贡献力量。

（吴思琪　梁博通）

【获批北京市先进组织和先进个人荣誉】 2022年5月，共青团北京市委员会、北京市人力资源和社会保障局公布《关于表彰建团100周年北京市先进组织和先进个人的决定》。北京校部团委获建团100周年"北京市五四红旗团委"称号，外国语学院团委书记李伯远获评建团100周年"北京市优秀团干部"称号，新能源学院黄敬博获评建团100周年"北京市优秀共青团员"称号。

（吴思琪）

【开展五四青年节系列活动】 2022年5月，华北电力大学广泛开展"喜迎二十大、永远跟党走、奋进新征程"系列主题教育实践活动，聚力迎接党的二十大，统筹庆祝建团100周年有关工作。北京校部团委积极响应共青团中央"百校接力唱百年"网络互动活动，组织华电学子共同唱响《年轻的朋友来相会》，掀起传唱红色经典、赓续红色精神热潮；校学生会组织阅读《青年运动史话》《共青团知识40讲》，学习党领导下的青年运动史，结合实际，交流体会，推进工作；电气与电子工程学院、控制与计算机工程学院、经济与管理学院等针对青年习惯特点和新媒体传播规律，制作推出原创视频《归来》、共唱《星辰大海》《强国一代有我在》等优秀网络作品，进一步坚定理想信念，淬炼红色初心。保定校区各级团组织、学生社团坚持理论学习与实践教育相结合，通过专题培训、团日活动、作品征集等方式广泛开展"喜迎二十大、永远跟党走、奋进新征程"系列主题教育实践活动。并开展"喜迎二十大 青春爱运动 健康强中国"体育节队列式比赛、啦啦操比赛，"喜迎二十大，唱响新征程"校园歌手大赛、"喜迎二十大，放歌新时代"大学生歌咏会系列活动。

（吴思琪　梁博通）

【举办青春展示活动】 2022年5月28日，团委（保定）在二校区操场举办"礼乐中华，盛世霓裳"青春展示活动决赛，经过多轮评比和激烈角逐，李雨航获评最佳创意奖和最佳人气奖，李雨航、陈杨静荣获一等奖，卓依菲、刘哲、陈雨潼获二等奖，彭可昕、张奕、席佳扬、王钰琴、史琳获三等奖。

（梁博通）

【召开学习习近平总书记重要讲话精神座谈会】 2022年5月10日，北京校部团委组织召开团干部、学生代表学习习近平总书记在庆祝中国共产主义青年团成立100周年大会上的重要讲话精神座谈会。校党委副书记汪庆华出席座谈会，各学院团委书记、学生代表、校团委全体工作人员参加会议。5月18日，保定校区在二校区学工楼召开学习习近平总书记在庆祝中国共产主义青年团成立100周年大会上的重要讲话精神座谈会。校党委副书记郭孝锋出席会议并讲话，党政办、组织部、宣传部、学工部、校团委等部门负责人，院系团干部、团员和青年代表参加座谈会。会议以线上线下相结合方式进行。团委（保定）书记陈火欣主持座谈会。

（吴思琪　梁博通）

【举办青马工程专题培训课】 2022年5月15日，团委（保定）举办学习习近平总书记庆祝中国共青团成立100周年大会上的重要讲话精神暨"青马工程"专题培训课。特邀中央团校马克思主义学院胡静博士作主题授课。校、系、班三级专兼职团干部和全体青马班成员以线上线下方式，共同聆听思政课。专题培训课由团委（保定）书记陈火欣主持。

（梁博通）

【入选团中央志愿服务示范团队】 2022年6月，团中央青年志愿者行动指导中心、中国青年志愿者协会秘书处联合公布2022年"七彩假期"志愿服务示范团队入选名单。华北电力大学北京校部"薪火核电"志愿服务队和"彩虹糖"志愿服务队，保定校区关爱农村留守儿童"七彩四点半"志愿服务队三支队伍入选。三支志愿团队分别赴辽宁省兴城市徐大堡镇中小学、北京景山学校大兴实验学校、山西省晋中市祁县第二中学校和河北省保定市顺平县安阳乡中粮希望小学开展志愿活动。

（吴思琪　梁博通）

【冀青调研大赛获佳绩】 2022年6月17日，由共青团河北省委、河北省社会科学院联合开展的2021年践行习近平新时代中国特色社会主义思想冀青工作调研大赛评选结果揭晓。经专家初评、专家评审环节，保定校区共46项作品获奖，其中一等奖12项、二等奖13项、三等奖21项。

（梁博通）

【获多项河北省、保定市荣誉】 2022年6月，2022年度河北省"优秀共青团员""优秀共青团干部"和"五四红旗团委（团支部）"评选表彰活动结果揭晓，保定校区共青团获多项表彰。电力工程系团委获评河北省五四红旗团委，电气1807班团支部获评河北省五四红旗团支部，环科1802班谢仁阿依·阿卜杜热依木和硕英201班母春莹两名同学获评河北省优秀共青团员，刘志坚教授获评"河北青年五四奖章"提名奖。苏瑾获评河北省"学雷锋"优秀志愿者，校青年志愿者协会获评河北省"学雷锋"先进志愿服务组织。此外，在2022年保定市"争当争创"个人及集体表彰中，保定校区经济管理系团委、动力工程系团委、电力工程系团委、计算机系团委等4个团委获评保定市争创五四红旗团委，电子1904班团支部获评保定市争创五四红旗团支部，张春旺等5名教师获评保定市争当优秀共青团干部，电创新1901班田宇轩等10名学生获评保定市争当优秀共青团员。苏瑾、张春旺获评保定市"学雷锋"优秀志愿者，2个组织获评保定市先进志愿服务组织。

（梁博通）

【"新时代保定好青年"选树活动获佳绩】 2022年6月，保定团市委联合市青联开展的2022年"新时代保定好青年"选树活动结果揭晓，华北电力大学和华北电力大学法政系获评"新时代保定好青年集体"，产品2001毕以辛等59名师生获评"新时代保定好青年"。

（梁博通）

【入选暑期社会实践志愿服务活动】 2022年7月至8月，华北电力大学北京校部"同音筑梦，青马先行"实践团和"乡村振兴，语你同行"实践团，保定校区"天山同语，民族同心"实践团三支队伍入选的团队于暑期开展社会实践志愿服务活动，加大民族地区、农村地区国家通用语言文字推广力度，以实际行动迎接党的二十大胜利召开。

（吴思琪 梁博通）

【河北省大学生社会调查活动获佳绩】 2022年8月22日，由团省委等联合开展的2021—2022年度河北省大学生"调研河北"社会调查活动评审结果揭晓。由团委（保定）选送的64个参赛项目获奖，其中6项作品获特等奖，9项作品获一等奖，其余49项作品获二三等奖。孟亚男、梁博通、张骞、张佳怡、李丽芬5名教师获评"优秀指导教师"称号。

（梁博通）

【举办暑期社会实践答辩暨风采展示会】 2022年9月13日，学校共青团举办2022年暑期社会实践答辩暨风采展示会。中国石油大学（北京）团委书记周学智，北京邮电大学团委书记李瑾梁，北京农学院教师工作部副部长李相阳受邀担任评委，校团委、各学院团委负责人出席会议。暑期社会实践以"青年服务国家，青春共迎未来"为实践主题，围绕青年服务国家、碳达峰碳中和、暑期文化科技卫生"三下乡"、读懂中国、推普助力乡村振兴五个模块积极开展活动，经团队自荐、学院选拔、校内预选、15支团队参加本次答辩和风采展示。7支队伍获"华北电力大学2022年暑期社会实践先进团队"荣誉称号，8支队伍获"华北电力大学2022年暑期社会实践优秀团队"荣誉称号。

（吴思琪）

【举办学生会服务同学项目大赛】 2022年9月13日，为深化高校学生会组织"我为同学做实事"活动成果，引导学生会回归服务本位，展现学生会工作人员青春风采，团委（保定）在学工楼306举办学生会"我为同学做实事"项目大赛答辩会。本次答辩会共有12个院系的21个服务项目参加。答辩过程中，各项目负责人分别围绕项目实施背景、主要做法、取得成效进行答辩展示。

（梁博通）

【举办迎新生文艺晚会】 2022年9月15日，北京校部举办2022年迎新生文艺晚会。校党委书记周坚，校党委副书记孙传新出席晚会，学校相关职能部门、各学院老师及2022级新生观看演出。由学校各个社团共同参与，声工厂的《无名之辈》，朗诵团的《青春中国》等给大家带来精彩节目。

（吴思琪）

【全国暑期三下乡社会实践中获多项表彰】 2022年10月，团中央公布2022年全国大中专学生志愿者暑期"三下乡"社会实践活动评选结果，北京校部"乡村振兴，语你同行"实践团获评全国"三下乡"社会实践优秀团队。保定校区"追寻中国科学家精神"思政实践团获评2022年"三下乡"社会实践优秀团队，陈火欣获评2022年"三下乡"社会实践优秀个人。

（吴思琪 梁博通）

【开展喜迎二十大系列文化活动】 2022年10月1日至10月7日，北京校部团委组织开展云端歌会、"悦动健康，一起云健身"活动、首都高校学生跑步打卡活动，庆祝国庆73周年。引领各学院开展大学生戏剧节、舞蹈节等活动，通过共同完成艺术作品，培养集体荣誉感，增强班团凝聚力。保定校区团委携手各社团举办"喜迎二十大 永远跟党走 奋进新征程"靓青春国庆嘉年华活动，活动分为思想引领、文化活动、体育活动、体验活动四个活动篇章，包括10个活动。

（吴思琪 梁博通）

【开展第一届模拟政协提案大赛】 2022年10月12日，校团委举办第一届模拟政协提案大赛。引导华电学子在实践中了解中国特色社会主义制度优势。外交学院团委副书记徐婧琪、马克思主义学院教师李竹、校团委副书记盖姝出席决赛并担任评委。本次大赛将"中国梦"与"青年梦"紧密结合，巩固、提炼系列高质量提案，搭建起校园联系社会、个人联系国家、制度联系群众的平台。

（吴思琪）

【举办第一届大学生舞蹈节】 2022年10月28日，北京校部举行第一届大学生舞蹈节比赛。比赛由王玉、白宏伟、李儿只斤·那森乌日塔担任评委。各学院舞蹈节目作品题材广泛、主题突出、内容丰富。本次活动展现华电学子的青春朝气和艺术素养。

（吴思琪）

【举办爱国主义讲座】 2022年11月1日下，华北电力大学举办"学习二十大、永远跟党走、奋进新征程——我们的国歌"爱国主义讲座。本场讲座特邀著名指挥家、国家一级指挥，全国政协委员、全国文联委员，中国音协管乐学会主席，中国音乐家协会理事于海担任主讲人。

（吴思琪）

【举办大学生戏剧节】 2022年11月4日，华北电力大学举办"青春向上新时代，砥砺奋进新征程"大学生戏剧节。《风声》《梦回五四岁月，重温红色经典》《新青年》《深海》《灯下》《潜蛟》等6个作品在各学院提交的101个作品中入围决赛。比赛由青年编剧、中国国家话剧院创作部成员、北京青年报艺术评论撰稿人崔磊，北京儿童艺术剧院、北京美育星光导演编剧钱君，中央戏剧学院导演系教师黄佳瑜三位评委老师打分，评出一等奖1个，二等奖2个，三等奖3个，最佳女主角、男主角、女配角、男配角、导演、编剧各1名。

（吴思琪）

【召开第十次学生代表大会暨第三次研究生代表大会】 2022年11月7日—8日，华北电力大学召开第十次学生代表大会暨第三次研究生代表大会。校党委副书记孙传新出席大会开幕式并讲话。大会代表、学校相关部门负责同志，各学院及沙河院区党委副书记、团委书记参加或列席会议。大会主题为：高举习近平新时代中国特色社会主义思想伟大旗帜，全面贯彻党的二十大精神，坚持党的领导，把握时代主题，勇于自我革命，服务同学成长，团结带领广大同学在建设特色鲜明高水平研究型大学中书写青春篇章，为全面建设社会主义现代化国家、全面推进中华民族伟大复兴而团结奋斗。

（吴思琪）

【中国青年志愿服务项目大赛获佳绩】 2022年11月25日，中国青年志愿服务项目大赛组委会公布第六届中国青年志愿服务项目大赛获奖结果。保定校区豫见薪火——乡村儿童陪伴成长志愿服务项目获全国银奖，心手相牵共同筑梦——有关爱无障碍特殊儿童志愿服务项目获全国铜奖。

（梁博通）

【获全国大学生社会实践公益计划活动多项荣誉】 2022年11月30日，团中央青年志愿者指挥部、团中央直属中国光华科技基金会联合公布的“一起云支教·阅读向未来”2022全国大学生社会实践公益计划活动通报结果中，保定校区获全国组织管理、活动宣传突出执行高校，苏瑾获突出贡献高校指导教师，硕法政211班学生李钰晴获突出贡献高校学生志愿领队。

（梁博通）

【举办第七届华北电力大学演说家比赛】 2022年12月9日，华北电力大学团委主办“以故事传递价值，用青春告白祖国”第七届华电演说家比赛。经校内外评委评审，评出一等奖两名，二等奖四名，三等奖七名，优秀参与奖十七名，四个学院获优秀组织奖。

（吴思琪）

【入选河北省高校活力团支部活力社团】 2022年12月，在团省委、省学联开展的2022年度河北省高校“活力团支部”“活力社团”风采展示活动中，保定校区工商类2001班团支部入选“2022年度河北省高校‘活力团支部’服务力TOP 10榜”，大学生科创协会、校青年志愿者协会分别入选“2022年度河北省高校‘活力社团’学术科技类TOP 5榜”“2022年度河北省高校‘活力社团’志愿公益类TOP 5榜”。

（梁博通）

离退休工作

【概况】 2022年离退休工作队伍北京校部8人，离退休党委书记1人、处长1人、副处长1人、工作人员3人，外聘员工2人；保定校区8人，离退休党委书记兼处长1人，副书记兼副处长1人，副处级组织员1人，工作人员3人，外聘员工2人。2022年北京校部共有离退休人员560人，其中离休人员8人，中共党员261人，党支部11个。保定校区共有离退休人员753人，其中离休人员1人，中共党员319人，党支部8个。

党建与思政工作。学校召开离退休党员大会，完成离退休党委换届，选举产生新一届离退休党委委员。坚持每月召开党委扩大会议，学习传达党的最新文件和学校各项政策。党支部克服疫情困难，通过线上线下多种方式，采用党员同志自学和集中研学相结合，始终和党同向同行。年内，共召开党委扩大会议10次，通过相关制度文件2个，组织党员参与网上贯彻学习二十大精神专题报告会3次，党支部完成组织生活会及党员民主评议。深入贯彻落实《关于加强新时代离退休干部党的建设工作的意见》（中办发〔2022〕31号）文件精神，完成《中共华北电力大学委员会关于加强新时代离退休干部党的建设工作实施意见（审议稿）》。配合完成教育部巡视工作。完成对离退休党委近五年工作进行全面梳理，巡视组一行莅临指导，对学校离退休工作开展给予充分肯定。保定校区落实待遇关心老干部切身利益，回应关切疏解思想困惑。离退处工作人员深入到基层组织工作、群众工作疏解老教职工的思想郁结、稳定心理情绪，保障老同志身体和心理的健康。

关心下一代工作。结合教育部和北京市最新文件精神，正式发布《中共华北电力大学委员进一步加强新时代关心下一代工作委员会工作的意见》。积极参与教育部“读懂中国”活动，探索以二级学院关工委为单位，挖掘本校“五老”资源，提高活动学生参与覆盖面，提升育人实际效能。提交的1个“五老”视频获优秀微视频，1篇征文获最佳征文，提交作品获奖率100%。通过线上线下研讨、座谈会等多种方式，完成教育部“建言二十大”、“我看中国特色社会主义新时代”和“教育这十年”三个主题调研报告，参与老同志四十余人，充分展现老同志对祖国的热爱和期许。积极推进高校银龄教师支援西部计划。认真做好银龄教师支援西部支教工作，2022年北京校区支援云南银龄教师1人，保定校区支援西部银龄教师5人，均完成学年工作计划。

爱老敬老助老工作。精心组织集中体检，通过和体检机构沟通，设立离退休老同志体检专场，用心用情做好各项服务工作。疫情期间设立邮寄代报销医药费渠道，组织为老同志报销医药费，代为报销单据200余份。开展七一走访慰问，为“在党五十年”老同志颁发纪念章。重阳节前夕为八十、九十周岁老同志集体祝寿。重点关心高龄、“空巢”、孤寡、失能老同志，帮助排忧解难。及时慰问去世老同志家属并协助家属处理后事。协助电气学院组织开展杨以涵先生线上追思会。

疫情防控工作。及时向老同志通报学校疫情防控政策，优化离退休老同志进校审批流程。制定《学校60岁及以上老年人新冠疫苗接种方案》，有序推进离退休老同志疫苗接种。按照“加强宣传引导，消除疫苗顾忌，坚持自愿原则，力争应接尽接”要求，鼓励老同志疫苗应接尽接。当前老同志疫苗接种率超过75%。组织老同志录制微视频助力学校抗疫工作。保定校区设计网络调研问卷，开展离退休教职工疫苗接种和基础疾病的信息摸排工作，建立信息台账，为下一步做好疫苗接种和取药就医提供工作参考。为保障重症、危重症离退休教职工紧急就医救治，针对其家庭建立紧急联系人对接服务机制，确保就医救治及时有效。按照学校疫情防控工作要求，及时向离退休群体发送相关防疫信息；根据老同志需求，落实日常消杀，分时有序开放离退休活动中心；配合有需求老同志做好进校协调、外地返保等相关工作；配合校医院开展疫苗接种情况调查；协调社区，落实离退休群体疫情常态化防护工作。及时正确引导老同志科学合理防控新冠疫情。通过公众号和工作群经常性开展疫苗接种宣传动员、科学防疫知识宣传等工作，以离退休党委和支部为单位，指派专门人员，为有需要的老师开展心理慰藉和防护指导。

（侯步蟾　张隽贤　彭绍文）

【召开关心下一代工作委员会专题会议】　2022年1月5日，学校召开关心下一代工作委员会专题会议，校党委副书记郭孝锋出席会议并讲话。会议采用两地视频的方式召开，离退休党委书记聂国欣主持会议。校关工委成员，“五老报告团”成员，两地党政办公室、党委组织部、党委宣传部、党委学生工作部、人事处、校团委、校工会、离退休工作处等关工委委员、单位负责人及各二级关工委主任参加会议。

（张隽贤）

【组织开展“庆七一”系列活动】　2022年，为庆祝中国共产党成立101周年，离退休党委组织开展一系列活动，多种方式喜迎党的101岁生日，通过走访慰问，向五十年党龄老同志和困难党员送去组织关爱；线上线下开展“丹心永向党、喜迎二十大”主题党日活动，老党员们用终生学习的态度展示对信仰的矢志不渝；征集书画摄影征文等作品30余件，老同志们用作品向党和国家表达感激之情；组织开展“建言二十大”“我看中国特色社会主义新时代”“教育这十年”等主题调研活动，老同志们用心声祝福党和国家繁荣昌盛。

（张隽贤）

【召开换届选举党员大会】　2022年9月28日，中共华北电力大学离退休委员会召开换届选举党员大会，组织部副部长葛超出席会议，会议由离退休工作处处长杜建国主持。离退休党委书记聂国欣代表上一届党委委员会作题为《强化党建引领，建设有温度的离退休之“家”》工作报告。会议严格按照选举办法，以无记名投票方式差额选举产生离退休委员会新一届党委委员。

（张隽贤）

【举办线上文体运动会】　2022年，为喜庆党的二十大胜利召开，学校组织开展“喜庆二十大，奋进新征程”离退休教职工线上文体运动会。本次文体运动会采用“线下录制，线上展示”方式举行，共有300余人参加活动，年龄最大者92岁。

（张隽贤）

人　事　管　理

【概况】　2022年，华北电力大学共有教职工3031人（北京1668人，保定1363人），其中教师人数2014人（北京1169人，保定845人），占教职工总数的66%；管理人员541人（北京304人，保定237人），占教职工总数的18%；其他专业技术人员386人（北京188人，保定198人），占教职工总数的13%；工勤人员90人（北京7人，保定83人），占教职工总数的3%。截至2022年底，学校拥有中国工程院院士2人，双聘院士8人，国家级教学名师1人，全国优秀教师6人。

2022年，教工部人事处深入贯彻落实习近平新时代中国特色社会主义思想，紧紧围绕立德树人根本任务，把教师思想政治和师德师风建设放在首要位置，系统推进教育评价改革，完善人事管理体制机制，积极推进教育部巡视整改，精准落实校园疫情防控，完成学校交办各项任务。

师德师风建设。2022年，教工部始终把教师思政和师德师风建设摆在教师队伍建设的首要位置。成立党委教师工作委员会，推动构建党委统一领导，党政齐抓共管，各部门协同配合的大教师工作格局；制定《华北电力大学拟聘人员思想政治素质及师德师风考察细则》，严把拟聘人员政治关、师德关；制定《华北电力大学教职工荣誉体系管理办法》，系统梳理学校各类荣誉的评定类型和评审程序，以激发教职工的责任感和荣誉感；结合学校“三风”建设的工作部署，制定《华北电力大学教师课堂教学规范》和《华北电力大学管理服务人员行为规范》，推进师德师风规范化、制度化建设。持续打造师德师风品牌活动，开展师德建设月主题活动，举办教师节庆祝大会、新教工入职培训、师德师风专项行动以及邀请教师工作司司长任友群作专题辅导报告会；举办第三届“我身边的好老师”评选，经提名推荐、网络投票与综合评审等环节，评选出教学、管理、服务一线共 17 名“我身边的好老师”。

教育评价改革。为了完善立德树人体制机制，扭转不科学的教育评价导向，坚决克服“五唯”的顽瘴痼疾，全面推进构建教育评价改革制度建设的四梁八柱。出台《华北电力大学教师绩效奖励实施办法》《华北电力大学专业技术职务评聘办法（2022 年修订）》《华北电力大学专业技术岗位人员聘期考核及岗位聘任方案（2022 年修订）》《华北电力大学 B 系列非事业编制人员聘用管理办法》等系列文件。上述文件经历调研、论证和征求意见等多个环节后正式发布，发布后第一时间开展宣传贯彻部署会，确保“讲清楚、说得准、落得稳”。系列文件的出台将充分调动广大教师的积极性和创造性，对深化学校教育评价改革起到重要、积极的牵引作用，标志着学校教育评价改革取得良好开局和重要阶段性成效，为建设一支高素质、专业化、创新型教师队伍奠定制度基础。

教师队伍建设。为了加强教师队伍的引进与培育，夯实师资队伍力量，通过严格招聘程序，拓宽招聘渠道，加大宣传力度等手段，完成教职工五批次人事招聘，年度入职各类人员 134 名（北京校部），其中教学科研岗位人员 100 名，非教学科研岗位 38 名，师资结构、人员比例进一步优化，招聘规模再创历年新高。2022 年招收各类进站博士后 31 人，其中新讲师博士后 26 人。博士后人员科研能力显著提升，支持博士后积极申报中国博士后基金及国家自然基金等各类项目，新讲师博士后获各类资助比例达 68.7%，其中 20 人获国家自然科学基金立项资助，26 人次获中国博士后基金资助。年内，获博士后科学基金资助出站博士后 11 人，面上二等资助 8 人，特别资助（站中）3 人；获国家自然科学基金青年基金 5 人，其他省部级资助 2 人。

薪酬制度改革。为全面贯彻落实党中央、国务院关于建立以增加知识价值为导向的分配激励机制的要求，完成新一轮薪酬制度改革，适当提高基础性绩效工资在绩效工资中的比重，完成校内津贴结构改革，细化岗位分级、细化人员分类，加强规范管理，根据不同岗位、专业及教职工个人的贡献业绩，优劳优酬。出台《华北电力大学绩效工资管理办法》，明确以岗定薪，强化激励导向，构建具有一定市场竞争力的薪酬制度体系，将非事业编制人员薪酬管理纳入学校统筹范围，稳步提高非事业编制人员工资水平。按照教职工的人员编制分类，做好央保和北京市社保的缴纳工作。根据绩效工资限高线，按时做好保险缴费工资申报；根据在编人员的变化，做好央保教职工的增减员、社保转移、提供参保凭证等工作。

疫情防控。2022 年，在学校疫情防控领导小组的统一领导下，制定四级网格化管理防控工作预案。校园出现疫情后，以最快速度启动校园网格化管理，在各二级党组织的大力支持下，教工部、人事处先后调配 298 名干部、教师担任楼、层长，在指挥部的统一部署下，通过明确的责任分工，扁平化的运行管理，确保各项防控措施精准落实到位。在 2022 年两次校园封闭期间，全校共有 800 余名志愿者和楼、层长，冲锋在前，下沉一线为 16000 余名学生做好核酸检测、餐食配送、物资保障、心理辅导、排查转运等艰苦细致的疫情防控工作，以坚定的意志、辛勤的付出和夜以继日的坚守，为全校师生搭建起疫情防控的坚强堡垒，谱写一曲曲可歌可泣的抗疫赞歌。

档案专审。根据《中共中央组织部关于深入开展干部人事档案专项审核工作的通知》和《华北电力大学关于深入开展干部人事档案专项审核工作的实施方案》文件精神，认真贯彻落实档案专审工作，从 2021 年 6 月 30 日起至 2022 年 9 月，人事处按照前期准备、全面审核、组织认定和问题处理、档案归档四个阶段有序开展档案专审工作。至年底，已对 1217 份教职工档案完成内容审核（北京校部 751 名、保定校区 466 名），其中 1162 份副高级以上教职工的档案“三龄两历一身份”真实准确、材料完整规范，55 份（北京校部 33 份、保定校区 22 份）教职工档案存疑，主要是档案记载前后年龄不一致、重要信息有涂改和档案材料不完整等问题。发现问题后，人事处及时同本人联系，告知档案记载情况，请本人提供相关证明或补充档案材料，对存在问题档案进行组织认定和问题处理。今后凡新晋升副高级教职工，按照相关要求进行档案审核，并将审核结果及时归档。

（王　璐　张心蒂　王东阳　施泽邦）

【印发《华北电力大学教职工荣誉体系管理办法（试行）》】
2022 年，为落实立德树人根本任务，进一步增强教职工责任感、使命感、荣誉感，充分发挥典型引领示范和辐射带动作用，营造尊师重教氛围，按照上级有关文件要求，结合学校实际，发布《华北电力大学教职工荣誉体系管理办法（试行）》（华电党教〔2022〕2 号）。

（许云燕）

【成立华北电力大学党委教师工作委员会】 2022 年，按照教育部《关于完善高校教师思想政治和师德师风建设工作体制机制的指导意见》（教党〔2021〕79 号）要求，为进一步加强党对学校教师工作的领导，完善教师思想政治和师德师风建设工作体制机制，构建党委统一领导，党政齐抓共管，教师工作部门统筹协调，各部门履职尽责、协同配合的大教师工作格局，成立华北电力大学党委教师工作委员会。

（许云燕）

【发布《华北电力大学教师课堂教学规范》】 2022年，为切实推动高素质专业化创新型教师队伍建设，进一步加强教师课堂教学规范，以教风带动学风、作风，提高广大教师立德树人能力水平，根据学校党委2022年全面加强学风教风作风建设工作部署，发布《华北电力大学教师课堂教学规范》。

（许云燕）

【发布《华北电力大学管理服务人员行为规范》】 2022年，为切实提升学校管理服务效能，牢固树立以师生为中心的发展理念，进一步加强管理服务人员行为规范，改进工作作风，提高服务质量，根据学校党委2022年全面加强学风教风作风建设工作部署，发布《华北电力大学管理服务人员行为规范》。

（许云燕）

【召开教师思政和师德师风建设专题报告会】 2022年9月15日，为深入学习贯彻习近平总书记关于教师队伍建设的重要讲话精神，全面推进教师思想政治和师德师风建设重点工作，引导广大教师牢记为党育人、为国育才使命，以立德树人优异成绩迎接党的二十大胜利召开，学校以两地视频形式召开教师思政和师德师风建设专题报告会。

（李昊天）

【开展2022年教师节庆祝暨师德建设月活动】 2022年9月1日至9月30日，为进一步引导广大教师坚定理想信念、厚植爱国情怀、涵养高尚师德，突出展示学校教师爱党爱国、仁爱奉献的精神风貌，团结凝聚广大教师更好担负起立德树人根本任务，在全校范围内开展2022年教师节庆祝暨师德建设月活动。

（许云燕）

【开展华北电力大学第三届“我身边的好老师”评选表彰活动】 2022年，为引导全校教师做有理想信念、有道德情操、有扎实学识、有仁爱之心的好老师，加强对学校教师先进事迹的学习与宣传，在全校范围内开展第三届“我身边的好老师”评选活动。

（许云燕　李昊天）

【组织全校教师参加2022年暑期教师研修活动】 2022年7月，为深入学习贯彻党的二十大精神，贯彻落实习近平总书记关于教育的重要论述，按照教育部办公厅要求，组织全校教师参加2022年暑期教师研修活动。

（李昊天）

【开展河北省师德标兵评选工作】 2022年，根据河北省教育厅发布的《河北省教育厅关于选树师德标兵的通知》（冀教师〔2022〕9号）文件要求，经校内推选，河北省教育厅评审，动力工程系张磊获河北省师德标兵荣誉称号。

（李昊天）

【开展河北省教书育人楷模评选工作】 2022年，根据河北省教育厅发布的《河北省教育厅关于开展2022年度全国和省教书育人楷模推选工作的通知》（冀教师〔2022〕21号）文件要求，经校内推选，河北省教育厅评审，电力工程系刘云鹏获河北省教书育人楷模荣誉称号。

（李昊天）

【进行开学教师思想动态调研】 2022年，为及时掌握教师思想动态，了解教师心理情况，按照学校《关于2022年暑期工作安排的通知》要求，分别在2022年春季、秋季学期开学初通过问卷调查，分组座谈，集中学习等方式进行教职工思想动态调研工作，并形成调研报告。

（李昊天）

【印发《华北电力大学专业技术职务评聘办法(2022年修订)》】 2022年，为进一步推进教育评价改革，激励广大教师教书育人，落实立德树人根本任务，建设一支与高水平研究型大学相适应的高素质、专业化、创新型人才队伍，根据中共中央 国务院《深化新时代教育评价改革总体方案》、人力资源社会保障部 教育部《关于深化高等学校教师职称制度改革的指导意见》等文件精神，结合学校实际，对《华北电力大学专业技术职务评聘办法》（华电校人〔2018〕23号）和《关于公布教学为主型副教授和思想政治理论课教师标志性成果评聘条件的通知》（华电校人〔2019〕43号）进行修订。

（关　敏）

【开展专业技术职务评聘工作】 2022年，为深入贯彻《深化新时代教育评价改革总体方案》精神，落实“人才强校”战略，建立与高水平研究型大学建设相适应的专业技术人才队伍，根据《华北电力大学专业技术职务评聘办法（2018年修订）》（华电校人〔2018〕23号）和《关于公布教学为主型副教授和思想政治理论课教师标志性成果评聘条件的通知》（华电校人〔2019〕43号）精神，组织实施2021年专业技术职务评聘工作。

（关　敏）

【印发《华北电力大学B系列非事业编制人员聘用管理办法》】 2022年1月，为进一步深化学校人事制度改革，构建灵活多元用人机制，增强学校运转效能、提高工作效率、提升管理水平，学校制定《华北电力大学B系列非事业编制人员聘用管理办法》，该办法自2022年1月24日起施行。

（孟丽竹）

【制定人员编制管理工作方案】 2022年，为进一步提升人员编制管理实效性，学校紧密结合办学特色与发展目标，加强编制管理顶层设计，创新编制管理方式方法，在统筹高效使用各类编制资源的同时积极探索以总量管理为基础的人才队伍建设总体规划，努力实现人才资源合理配置和有序流动。

（孟丽竹）

【印发《华北电力大学专业技术岗位人员聘期考核及岗位聘任方案(2022年修订)》】 2022年，为进一步深化学校人事制度改革，逐步建立起与学校"双一流"建设和高水平研究型大学建设相适应的专业技术人才队伍，根据《深化新时代教育评价改革总体方案》《教育部关于深化高校教师考核评价制度改革的指导意见》《教育部直属高等学校岗位设置管理暂行办法》和《华北电力大学岗位设置方案》等文件精神，学校对《华北电力大学专业技术岗位人员聘期考核及岗位聘任方案》(华电校人〔2018〕22号)进行修订，修订后的《华北电力大学专业技术岗位人员聘期考核及岗位聘任方案(2022年修订)》自2022年11月8日起施行。

（田　里）

【成立非学历教育管理办公室】 2022年4月，根据上级部门有关要求和学校改革发展需要，经学校2022年第4次校长办公会会议审议通过，第7次党委常委会会议审定，决定成立学校非学历教育管理办公室，按照"管办分离"原则，对非学历教育实施归口管理。

（田　里）

【成立沙河院区综合办公室】 2022年9月，根据学校改革和发展需要，经学校2022年第18次党委常委会会议研究决定，成立华北电力大学沙河院区综合办公室(简称沙河院区综合办公室)，全面负责沙河院区日常管理工作。

（田　里）

【发布《华北电力大学绩效工资管理办法》(2022年修订)】 2022年，为进一步深化校内人事制度改革，健全和完善激励机制，促进学校事业科学发展和"双一流"建设，根据中共中央、国务院《关于全面深化新时代教师队伍建设改革的意见》(中发〔2018〕4号)、中共中央办公厅、国务院办公厅《关于实行以增加知识价值为导向分配政策的若干意见》(厅字〔2016〕35号)文件精神，在充分调研的基础上结合学校实际，制定《华北电力大学绩效工资管理办法(2022年修订)》(华电校人〔2022〕14号)。

（李　烨）

【完成薪酬制度改革】 2022年，完成新一轮薪酬制度改革，本轮薪酬制度改革以突出贡献、优绩优酬；分类施策、以人为本；规范管理、注重联动；稳步增长、持续发展为基本原则，适当提高基础性绩效工资在绩效工资中的比重，充分发挥工资分配激励导向作用，调动广大教职工的积极性，激发各类人才的创新活力，提高资源配置效率，促进学校各项事业又好又快发展。

（李　烨）

【完成考勤工作由线下到线上的转变】 2022年，依托人事处信息化建设，上线教职工考勤系统，使考勤工作由原来的线下纸质填报转变为线上系统填报，方便各部门考勤员、部门领导对本部门考勤工作的申报和管理，提高人事处对全校考勤情况的统计和监督。

（李　烨）

【加强博士后科研流动站建设】 2022年，按照上级及学校博士后管理工作要求，完善博士后工作二级审核制，明确流动站职责，不定期开展业务指导和培训；进一步简化博士后进出站办理流程，缩短办理时间。在中国博士后系统增补学校博士后合作导师信息，信息库现有合作导师143人。大力发展新讲师博士后队伍。至2022年底，共招收新讲师博士后67人，现有在站人数61人。新讲师博士后获各类资助比例达68.7%，其中20人获国家自然科学基金立项资助，26人次获中国博士后基金资助。

（胡　映）

【修订华北电力大学博士后聘用合同】 2022年，为进一步完善新讲师博士后进出站条件，提高科研及教学水平，修订华北电力大学博士后聘用合同(普通博士后)及华北电力大学博士后聘用合同(新讲师博士后)，起草《华北电力大学新讲师博士后出站管理细则》。

（胡　映　王东阳）

【完成档案专审工作】 2022年，根据《中共中央组织部关于深入开展干部人事档案专项审核工作的通知》和《华北电力大学关于深入开展干部人事档案专项审核工作的实施方案》文件精神，认真贯彻落实档案专审工作，对副高级以上专业技术职务教职工逐一进行档案专审北京校部751名、保定校区466名，围绕干部的"三龄两历"等重要信息，审核干部档案信息的真实准确性和重要原始依据材料的完整规范性，并对存疑档案中的问题进行认定和处理。

（田赞梅）

【开展新进教职工培训】 2022年9月1日至9月9日，为深入贯彻落实《中共中央 国务院关于全面深化新时代教师队伍建设改革的意见》、《教育部等六部门关于加强新时代高校教师队伍建设的指导意见》文件精神，加强师德师风建设，建立健全教师培养培训体系，建设高质量教师队伍，面向两地2022年新进教职工集中开展入职培训，共有参训教职工178人(北京校部131人，保定校区47人)，并于培训期间举办校长面对面座谈。

（张心蒂）

【完成保密资质评审工作】 2022年3月，在保密办的指导下完成学校军工二级保密资格申请及审查工作，系统梳理对涉密人员认定、岗位变更、密级调整及脱密的管理工作，规范备案人员因私出国管理工作，通过北京市保密局审核，获取二级军工保密资格证书。

（张心蒂）

【开展河北省燕赵英才服务卡保定市A卡专家申报推荐工

作】 根据河北省委及保定市委相关通知精神，组织开展保定市燕赵英才服务卡A卡申报推荐工作，翟永杰、李鹏、李少岩、刘贺晨、苑春刚、甄钊入选保定市燕赵英才服务卡A卡专家。

（黄楠楠）

【邢棉教授退休】 2022年1月，邢棉教授退休。邢棉，女，1962年1月生，华北电力大学数理学院教授，硕士生导师，1982年8月入校参加工作，杭州大学（现浙江大学）数学系基础数学专业研究生毕业，河北大学数学系数学专业本科生毕业。在教学工作方面，多年来，先后承担"高等数学""线性代数""概率论与数理统计"等数学基础课的教学工作，曾经获"校讲课比赛十佳青年教师"荣誉称号，兢兢业业、认真负责、高质量地完成各项教学任务，获得各届学生好评。在科研工作方面，研究领域包括数值分析、大数据智能计算等。在国际期刊、中文核心、国际会议上发表学术论文20余篇，参与各类科研课题20余项，出版著作2部。

（田赞梅）

【李成榕教授退休】 2022年3月，李成榕教授退休。李成榕，男，华北电力大学电气与电子工程学院教授，曾任华北电力大学副校长。长期从事高电压与绝缘技术领域的教学和科研工作，指导博士研究生50余名、硕士研究生140余名；获国家技术发明二等奖1项，省部级一等奖1项，二等奖4项；发表论文120余篇；获发明专利40余项。

（田赞梅）

【熊敏鹏教授退休】 2022年4月，熊敏鹏教授退休。熊敏鹏，男，1962年4月出生，华北电力大学经济与管理学院教授，硕士生导师。担任多项重点科研项目负责人，人事部、劳动部、能源部、文化部、联合国国际劳工组织、亚洲开发银行、国家自然科学基金项目主研人。曾获劳动部科技进步奖（社科类）二等奖，"电力系统优秀教师"，"北京市中青年学科带头人"等称号。多年来编著、翻译著作和教材40余部，在国内外学术刊物发表SCI、EI等专业论文60余篇，并多次获奖。教学与研究方向：社会保障学、企业薪酬管理、人力资源管理、能源经济。

（田赞梅）

【黄伟教授退休】 2022年4月，黄伟教授退休。黄伟，男，工学博士，华北电力大学电气与电子工程学院教授，曾任电气与电子工程学院输配电系统研究所所长，中国电机工程学会分布式电源与智能配电专委会，配电自动化专委会委员，产业创业与工程应用协会理事等职。1997年被评为北京市高等学校优秀青年骨干教师。2003—2004年度澳大利亚新南威尔士大学和迪肯大学高级访问学者。长期从事电力系统及其自动化领域的教学和科研工作，指导留学生及各类研究生近200名；在电力系统率先从事电力系统规划、智能微电网、配电自动化和电能计量等课题研究，主持和参与两项国家863高科技计划支撑项目，两项国家自然基金及70余项省部级及电网公司的科技项目；出版北京市精品教材一部，专著4部，译著2部；发表论文100余篇，其中80多篇被SCI和EI收录；获发明专利及实用新型专利授权30余项，软著17项。

（田赞梅）

【赵玉闪教授退休】 2022年5月，赵玉闪教授退休。赵玉闪，女，华北电力大学外国语学院教授，先后获河北大学英语语言文学专业学士及硕士学位。1997年来校任教，2003年获教授职称。硕士研究生导师。2006年—2020年先后担任英语系教研室主任、支部书记、系副主任、主任、外国语学院副院长、院长，曾为华北电力大学学位委员会委员。*Studies in Literature and Language* 杂志副主编，*English Language Teaching* 学术编辑，《高教学刊》编委副主任委员。先后主持或参与省部级等各级教改项目10余项、科研项目15项。在《中国翻译》《中国科技翻译》等国内外期刊发表论文百余篇。主编或参编国家"十二五"规划教材等各类教材9部，专著、译作、翻译书籍等35部。曾获"巾帼之星"、教学优秀奖、优秀共产党员等荣誉称号。多次获校教学成果二等奖、科技成果二等奖、教学优秀奖及"教书育人先进个人"称号。

（田赞梅）

【董兴辉教授退休】 2022年7月，董兴辉教授退休。董兴辉，男，1962年7月出生，河南省沁阳市人，工学博士，华北电力大学能源动力与机械工程学院教授。自1985年以来，一直在华北电力大学从教，承担"工程制图"课程的教学工作，曾长期担任工业设计与CAD教研室主任。获1995—1996学年度校"十佳"青年教师称号，参编《工程制图》相关教材3本、《计算机辅助设计》类教程4本。研究领域包括计算机仿真、信息可视化、图像识别、风电机组延寿与增效等，以第一作者或通讯作者在包括 *Energy*、*Renewable Energy*、《计算机辅助设计与图形学学报》、《机械工程学报》、《清华大学学报》在内的期刊上发表论文60余篇，获2003年"第一届中国科协期刊优秀学术论文奖（共99篇）"。参与"863计划"项目、国家重点研发计划、国家自然科学基金项目等纵向项目以及国家电网科技项目等横向项目，共计20余项，获北京市科技进步奖二等奖一项，培养研究生50余名。

（田赞梅）

【段泉圣教授退休】 2022年11月，段泉圣教授退休。段泉圣，男，华北电力大学控制与计算机学院教授，硕士生导师。长期从事过程检测技术领域教学和科研工作，三十年来为本科生，硕士研究生讲授"过程参数检测及仪表""建筑环境测试技术""自动控制原理""现代传感技术""仪表可靠性技术"等课程，执行主持了"过程参数检测及仪表"北京市级精品课建设工作，2015年代表学校参加北京市教学名师遴选；参与多项国家自然科学基金项目研究工作，在检测新技术、先进传感器、多相流检测专业方向展开深入研究，矢志不渝，多年倾力潜心，聚焦工业现场存在的过程检测难题，以实验为基础，为工业生产现场存在多年的温度、流量、物位、多相流体参数检测难题找到有效解决方案；发表学术论文35余篇，其中多篇被SIC、EI收录；获国家知识产权局发明专利授权2项，实用新型专利授权9项。

（田赞梅）

【秦立军教授退休】 2022年11月，秦立军教授退休。秦立军，男，1962年11月出生，华北电力大学教授，任华北电力大学能源电力创新研究院（中美）先进飞轮储能技术与工程应用研究中心主任。一直从事智能变电站保护与控制、智能配网快速自愈和先进飞轮储能技术研究与工程应用，先后获原电力部科技进步奖二等奖、北京市科技进步奖二等奖和科技部国家科技进步奖二等奖，出版《智能配电网及其关键技术》专著。目前领导的技术研究团队与北美顶级飞轮专家和企业合作，重点开展先进飞轮储能国产化关键技术研究、飞轮与化学电池混合式储能技术研究，正在主持全球最大的电网侧30MW飞轮储能调频电站工程示范及应用研究；同时开展电网领域智能电气设备和智能控制软件的研发和产业化。

（田赞梅）

【曾鸣教授退休】 2022年11月，曾鸣教授退休。曾鸣，男，华北电力大学经济与管理学院教授，华北电力大学能源互联网研究中心主任，博士生导师。长期从事能源互联网、综合能源系统、电力工业市场化改革与运营、需求响应与需求侧管理等领域研究。在1994年由原国家能源部劳资司破格评定为教授（北京动力经济学院时期为能源部直属院校），并连续获6项国家自然科学基金项目支持，入选原国家能源部首批“跨世纪人才”（1996年）、入选国家自然科学基金管理科学部委托出版的《管理科学的攀登者》（1999年，科学出版社）首批30名科学家之一；2000年，曾鸣成为第六批享受国务院政府特殊津贴的专家之一；21世纪以来，曾鸣参加我国电力市场建设的纲领性文件国务院5号文的讨论和起草工作；参与起草《节能发电调度信息发布办法（试行）》和《发电权交易监管暂行办法》等；全程参加《关于进一步深化电力体制改革的若干意见》（中发〔2015〕9号文）及其核心配套文件的讨论及起草工作，并受国家发改委体改司委托主持撰写《电力体制改革解读》（人民出版社，2015）；为国家能源局发布“‘互联网＋’智慧能源（能源互联网）发展行动计划”的主要专家；曾鸣在人民日报理论版发表署名文章3篇，以内参、专报等形式多次为高层领导重大决策提供参考，获国家能源局软科学研究优秀成果奖一等奖等省部级一等奖2项、省部级二等奖和三等奖11项，出版以《综合能源系统》为代表的学术专著12部，发表SCI检索、EI检索及中文核心论文200余篇，培养硕士生、博士生270余名。

（田赞梅）

【郑玲教授退休】 2022年12月，郑玲教授退休。郑玲，女，华北电力大学控制与计算机工程学院教授，硕士生导师。长期从事大数据与云计算技术，数据库与数据仓库技术，数据挖掘技术，管理信息与决策支持系统、智能控制与智能自动化研究领域的科研与教学工作。在电厂机组优化运行、电力设备状态检修、故障诊断、性能分析、决策支持系统，大数据与智能计算方面主持过多项科研项目，在国内外学术刊物上发表过多篇论文。曾获“文明昌平人标兵”“北京市教学成果二等奖”“华北电力大学教学成果一等奖”。

（田赞梅）

【庞南生教授退休】 2022年12月，庞南生教授退休。庞南生，男，华北电力大学经济与管理学院教授。长期从事不确定性项目随机调度技术与算法、多目标决策理论与方法、建设施工管理仿真技术与应用、建设项目管理理论与方法等教学与科研工作。2008年获北京市高校优秀骨干教师称号，2006获住建部优秀专家称号，2022年获中国安装协会突出贡献专家称号。完成多项省市级电力施工与设计企业项目和参与多项国家自然基金项目研发。出版专著2部，主编和参编各类教材7部；发表论文60余篇，其中多篇被SCI、SSCI收录。

（田赞梅）

【孙建平教授退休】 2022年2月，孙建平教授退休。孙建平，男，1962年2月出生，华北电力大学自动化系教授，硕士生导师，曾任华北电力大学自动化系副主任。长期从事自动控制原理教学和科研工作，指导硕士研究生90余名。主持和参与多项科研与教改项目，编写出版教材4部，其中以主编身份编写国家“十二五”规划教材《自动控制原理》及配套习题集，在核心学术期刊及国际学术会议上发表学术论文100余篇。

（付丽新）

【白占武教授退休】 2022年3月，白占武教授退休。白占武，男，1962年3月出生，华北电力大学数理系教授，博士，硕士生导师。曾任华北电力大学数理系现代物理研究所所长。长期从事物理本科生和研究生教学与统计物理科研工作，指导硕士研究生9名；主持国家自然科学基金一项；发表科研及教学研究论文共计40余篇，其中SCI检索28篇。

（付丽新）

【苑津莎教授退休】 2022年4月，苑津莎教授退休。苑津莎，男，1957年4月出生，华北电力大学电子与通信工程系三岗教授，博士生导师。1982年1月本科毕业于华北电力学院理论电工专业，分别于1987年7月和1992年1月获理论电工专业硕士学位和电力系统及其自动化专业博士学位。1997年1月晋升为教授,2001年3月被遴选为博士生导师。主要研究方向为智能电网信息处理技术、物联网、无线通信、电磁场数值计算方法及应用。获省部级科技进步奖二等奖两项、省部级科技进步奖三等奖一项、省部级教学成果二等奖一项。发表国内外期刊论文400余篇。曾获中华电力教育基金会优秀中青年教师一等奖,“八五”期间河北省高校先进科技工作者、国家政府特殊津贴等称号。

(付丽新)

【张栾英教授退休】 2022年7月,张栾英教授退休。张栾英,女,1962年6月出生,1982年毕业于华北电力学院,中共党员,教授,硕士生导师,指导硕士研究生50余名。曾任中国动力工程学会常务理事、河北省自动化学会常务理事、河北省继续教育协会常务理事、《电力科学与工程》编辑部副主任、华北电力大学科技处处长、华北电力大学继续教育学院院长。发表科研及教学研究论文共计100余篇;出版著作3篇。主持完成科研项目总额2000万;主持开发科研管理软件、继续教育学院管理软件和教学软件;多次获教学优秀奖和中层干部管理优秀奖。

(付丽新)

【郭雷教授退休】 2022年6月,郭雷教授退休。郭雷,男,1962年6月出生,华北电力大学英语系教授,硕士生导师。曾任华北电力学院基础部外语教研室主任、华北电力大学英语系副主任;长期从事英语专业、大学英语以及硕士研究生的教学与研究工作,指导英语专业学术型硕士研究生40余名;河北省省级精品课程“英语听力”课程建设负责人;曾获国家能源部颁发的“优秀中青年教师”称号、华北电力大学教学优秀一等奖;主编或参编教材两部;发表学术及教研论文数十篇;发表译文十余篇。

(付丽新)

【王福海教授退休】 2022年7月,王福海教授退休。王福海,男,1962年7月出生,硕士研究生毕业,教授。自1983年8月一直在华电高等数学教研室从事教学工作,39年的教学工作中主要讲授“高等数学”“线性代数”“概率统计”,曾获校首届教学名师、校教学特等奖、河北省教学成果一等奖等多项奖励。出版《考研高等数学复习大全》《考研线性代数复习大全》等专著。科研方面主要从事“微分动力系统”方面的研究。

(付丽新)

【范孝良教授退休】 2022年8月,范孝良教授退休。范孝良,男,1962年8月出生,汉族,河北承德围场人,教授,硕士生导师。在华电工作39年余,曾任教研室秘书、工会小组长、教研室副主任、主任等职务,2005年4月担任华北电力大学机械工程系副主任、华北电力大学机械工程学院副院长,2012年9月至2020年4月担任华北电力大学机械工程系主任、系党委副书记,兼能源动力与机械工程学院副院长;2005年4月至2018年10月兼任华北电力大学科技学院机械工程系主任;2012年9月至2022年8月任校学位委员会委员。曾获第七届河北省教学成果二等奖(排名第1);2019教育部“双万计划”首批国家级一流本科专业“机械工程”建设负责人;保定市重点实验室“保定市电力新材料制备及应用重点实验室”建设项目负责人;主编出版教材两部《数控机床原理与应用》《机械制造技术基础》;多次指导大学生参加“机械创新设计大赛”“大学生工程训练综合能力竞赛”“机器人大赛”等,获国家级一等奖3项、二等奖2项、三等奖2项;省级一等奖4项、二等奖3项。培养全日制硕士研究生62名,在职工程硕士66名;科研方向:数字化设计与制造、智能制造,公开发表学术论文40余篇,其中SCI及一级学报11篇,获得授权发明专利6项,主持完成科研项目30余项。曾获校教学优秀奖、校科技先进个人奖、校工会“教书育人师德标兵”、校级“育人标兵”、校级优秀共产党员等荣誉称号。

(付丽新)

【杨耀权教授退休】 2022年9月,杨耀权教授退休。杨耀权,男,1962年9月出生,华北电力大学自动化系教授,硕士生导师。曾任华北电力大学自动化系测控技术与仪器教研室主任。长期从事自动化、测控技术与仪器专业的教学和科研工作,指导硕士研究生90余名;主持纵向及企业科技研究项目多项,其中“便携式激光盘煤仪研制”项目在国内火电厂、矿山、物流等领域百余家企业推广应用,取得了良好的经济效益和社会效益;公开发表学术论文100余篇。

(付丽新)

【何永贵教授退休】 2022年9月,何永贵教授退休。何永贵,男,1962年9月出生,华北电力大学经济管理系教授、硕士研究生导师。曾任社会科学部教学副主任,申办成功经济学专业,2000年获河北省委组织部、宣传部、教工委和教委等四部委联合授予《河北省高等学校“两课”优秀教师称号》。曾任经济管理系教学和科研副主任,规范完善教学计划修订和管理以及“211”学科建设。主持重点国家社科基金项目子课题2项;主持河北省社科基金项目2项、参与2项,其中获河北省优秀成果一等奖2项、三等奖1项。出版专著1部、编著3部。在教育部主管的《教学与研究》《高校理论战线》等权威期刊、行业EI核心期刊《电网技术》以及《中国管理科学》《中国软科学》《中国国情国力》等期刊发表论文60余篇。

(付丽新)

【孙薇教授退休】 2022年10月,孙薇教授退休。孙薇,女,1962年10月出生,管理学博士,华北电力大学经济管理系三岗教授,曾任华北电力大学经济管理系副主任,河北省“技术经济学”精品课负责人，河北省“会计学”精品课程负责人，河北省德育先进工作者，挑战杯省级优秀指导教师，创建河北省管理教育创新基地，曾获河北省教学成果奖两项，获河北省电力公司科技进步奖一项，发表高水平 SCI、EI 检索科研论文 80 余篇，其中高被引 ESI 论文 5 篇，ESI 热点论文 3 篇，SCI 一区论文 13 篇，SCI 检索论文 58 篇，SSCI、SCI 双检论文 17 篇，编著《电力目标市场》《电力销售与管理》等电力市场系列丛书，编写国家软科学项目案例《管理案例库教程》，出版河北省精品课教材 1 部。

（付丽新）

【张晓宏教授退休】 2022 年 11 月，张晓宏教授退休。张晓宏教授，男，1962 年 11 月出生，教授，博士，硕士生导师。1984 年毕业于南开大学物理系电子物理专业，获理学学士学位，后分别于 1999 年、2012 年获华北电力大学热能工程专业工学硕士、博士学位。主要从事物理教学、噪声控制等方面的工作。河北省教学名师，华北电力大学教学名师。曾任物理教研室主任、物理教学部主任、应用物理系主任、数理系（保定）主任兼数理学院副院长、教务处副处长兼教科（保定）党总支书记等职。

（付丽新）

【谷根代教授退休】 2022 年 11 月，谷根代教授退休。谷根代，男，1962 年 11 月出生，华北电力大学数理系教授，硕士生导师。曾任华北电力大学数理系副主任。长期从事数学教学和科研工作，指导硕士研究生 20 余名；主持和参加省部级教育教学研究项目多项；参加国家自然科学基金研究项目多项；发表科研及教学研究论文共计 50 余篇；出版教材两部；获省部级教育教学成果二等奖一项；获河北省教学名师荣誉称号。

（付丽新）

【陈红平教授退休】 2022 年 12 月，陈红平教授退休。陈红平，女，1967 年 12 月出生，华北电力大学英语系教授，硕士生导师。指导硕士研究生 45 名。2005 年 12 月晋升为教授。曾获华北电力大学第二届“十佳青年教师”称号等。2006 至 2018 年任华北电力大学（保定）英语系副主任。主持及参加省级校级教改项目多项，发表科研及教学研究论文数篇，参编教材 5 部。

（付丽新）

人　才　工　作

【概况】 2022 年，学校人才工作聚焦“高精尖缺”精准引揽，强化提早谋划、深度辅导、全链条追踪，系统培育，压实院系主体责任等方面出实招、务实功，初见成效，引进高层次人才 4 人，培育高层次人才 7 人，超额完成年初下达引育高层次人才 10 名的任务目标。

思想政治教育与支部建设。坚持每周一开展集中学习，持续学习领悟中央人才工作会、党的二十大关于教育科技人才一体化推进工作精神和要求。全面梳理人才工作处各岗位职责，以党员教育管理及支部建设为抓手，在疫情防控中，处室领导主动作为，以身作则，冲锋在前，发挥党员先锋示范作用；发展侯钦腾同志为中共预备党员，支部战斗力和凝聚力不断提高。

高层次人才引领。发挥人才工作领导小组职能，在岗位申请、人才引进和考核评价过程中突出政治标准，严把政治方向，严格师德师风评价，严格执行“四级把关”制度，完善人才安全保护体制机制建设，将“党管人才原则”落到实处，统筹推进高层次人才和其他各类人才发展。组织 2 批次高层次人才参加上级部门主办的国情研修，组织高层次人才参观“奋斗新时代”主题成就展。搭建日常沟通平台，年度内共组织 7 次校领导与人才午餐会。

人才引进。瞄准新能源、储能、氢能、碳市场等“双碳”领域，找准学科特点和需求，以学院（平台）为单位分解任务，精准引才。对学科发展急需、短缺的目标人才，采取“一人一班”的重点人才跟进措施，摸清诉求、精准施策，分梯次持续跟踪，力求人才引进取得实效。在“数字华电”网上办事大厅开通人才引进“一站式”工作系统，优化流程、提高效率。成功主办能源电力世界青年学者论坛，吸引 60 位来自世界各地青年学者参加，其中 13 位依托学校申报“海外优青”项目，2 人入选，另有 1 人进入前 50%。积极筹备第五届青年学者论坛，加强优秀青年人才的储备、引揽力度。2022 年，共 4 批次提交人才工作领导小组会议审议通过各类人才 55 人（北京 45 人，保定 10 人），至年底，报到 24 人（北京 19 人，保定 5 人）。与 2021 年相比，分别提高 189% 和 92%。

人才项目申报。不断优化人才项目申报、遴选、推荐、函评、会评各阶段的组织程序，加大申报和预答辩辅导力度。组织院系（学科）、相关职能部门，以及保定校区开展辅导，参与辅导的潜在人才超 200 人次。广泛调动校内外人才积极性，邀请高层次人才及有评审经验的专家帮助申报人凝练科学问题，指导申报材料撰写，准备会评预答辩等工作，超 100 人次。年内，组织人才项目申报 7 批次，从 70 余位申报人中，向主管部门推荐 31 人，入选 7 人。其中，1 人入选“长江学者”讲席教授项目，1 人入选“万人领军”项目，1 人入选“万人青拔”项目，2 人入选“海外优青”项目，2 人入选北京科技新星项目。另有 1 人进入“万人青拔”哲社类会评阶段，2 人进入“万人青拔”自然科学会评阶段，1 人进入海外优青前 50%。

人才考核评价。出台《华北电力大学高层次人才岗位聘用实施办法》，修订高层次人才聘期合同模板，岗位职责、任务及目标更加明确，与 6 位全职高层次人才以及 5 位柔性外聘高层次人才续签高层次人才聘用合同。审议通过 6 位高层次人才岗位申请，丰富高层次人才构成，进一步提升高层次人才数量和质量。认真组织高层次人才考核评价工作，坚持把师德师风作为评价第一标准，促进高层次人才更好的聚焦岗位职责和工作目标；支持高层次人才积极服务怀柔实验室建设，年内，共有 13 位人才通过"双聘"形式，参与国家科技创新活动。

（徐岸柳　赵友君　侯钦腾　李京徽　黄楠楠）

【曾博入选北京市科技新星计划】 2022 年，曾博入选北京市科技新星计划。曾博，男，副教授，博士生导师。美国阿贡国家实验室公派访问学者，电气与电子工程学院输配电系统研究所副所长，新能源电力系统国家重点实验室固定研究员。中国电机工程学会高级会员，IEEE Member，北京市昌平区青联委员。中国能源研究会能源互联网专委会委员，中国电机工程学会分布式发电及智能配电专委会分布式电源与微电网学组委员，中国电机工程学会电力系统自动化专委会配用电自动化学科组委员。2021 年爱思唯尔"中国高被引学者"。长期从事智能配电网与综合能源系统领域研究，近年来主持国家自然科学基金重点/面上项目、国家重点研发计划等国家级项目或课题 7 项，企事业单位委托科研项目 10 余项。以前 3 完成人身份获省部级科技进步奖一等奖 1 项、二等奖 2 项。授权国际 PCT 专利 2 项、国家发明专利 8 项。参编学术专著 2 部。发表 SCI/EI 期刊论文 50 余篇，其中 5 篇次论文获得中国电工技术学会优秀论文等奖励，4 篇入选 F5000 顶尖学术论文。现任 *Applied Sciences* 编委，多个国内外学术期刊客座主编。

（李京徽）

【崔鹏入选北京市科技新星计划】 2022 年，崔鹏入选北京市科技新星计划。崔鹏，男，工学博士，硕士生导师，校团委兼职副书记。2013 年获华北电力大学工学学士学位，2019 年获华北电力大学可再生能源与清洁能源专业博士学位，硕博连读期间（2017—2019 年）前往美国华盛顿大学公派留学。主要从事新能源材料与器件领域的教学科研工作，聚焦高效稳定的钙钛矿光伏基础理论与关键技术研究，原创开发了钙钛矿同质结太阳电池。主持国家自然科学基金青年项目，以第二完成人身份承担国家自然科学基金重点项目，作为骨干参与中国工程院咨询研究重点项目、国家自然科学基金面上项目、北京市重点研发计划等科研项目 10 余项。以第一作者/共同作者在 *Nature Energy*、*Joule* 发表研究成果，入选 ESI 前 0.1%热点及 1%高被引论文；发表 SCI 论文 35 篇，申请国家发明专利 10 项，已授权 6 项。2019 年获中国电力科技创新大奖，2021 年作为新能源领域青年科研工作者，被中央电视台《新闻联播》采访报道。指导学生获中国国际"互联网+"大学生创新创业大赛北京市二等奖、"挑战杯"首都大学生创业计划竞赛铜奖、2022 届"百篇优秀本科毕业论文"。

（李京徽）

财务管理

【概况】 2022 年，华北电力大学资产总额 57.92 亿元（其中保定 15.61 亿元），较上年度增长 11.09%；固定资产净值 26.22 亿元（其中保定 6.52 亿元）；流动资产 26.97 亿元（其中保定 7.70 亿元）；负债总额 15.53 亿元（其中保定 3.05 亿元）；净资产总额 42.39 亿元（其中保定 12.56 亿元），较上年度增长 3.49%。总收入 33.38 亿元（其中保定 9.60 亿元），较上年度增加 4.55 亿元，增长 15.78%；总支出 27.68 亿元（其中保定 9.62 亿元），较上年度增加 2.30 亿元，增长 9.06%。

2022 年，学校财务工作围绕学校办学目标和重点发展需求，聚焦学校"十四五"规划，推动"双一流"高质量建设。实现年度预算收入 33.38 亿元，有效支撑学校各项事业持续协调发展，财务状况良好。

党建工作。深化党史学习教育，加强支部建设工作，深入学习领会习近平新时代中国特色社会主义思想，深入学习贯彻落实党的二十大精神，深刻领悟"两个确立"的决定性意义，增强"四个意识"、坚定"四个自信"、做到"两个维护"，充分发挥党建工作对业务工作的指导促进作用，积极开展形式丰富的支部党建活动，不断增进财务处党支部的创造力、凝聚力和战斗力。

统筹规划。贯彻上级会议精神，牢固树立"过紧日子"思想，统筹处理好"过紧日子"与事业发展的关系，主动融入学校"十四五"规划发展大局。科学核定预算，有效控制成本，统筹校内资金，坚持以事定财，优先落实学校党委的决策和部署，保障学校年度重点工作经费投入。

制度建设。进一步加强政策研究，理顺财务内部控制工作机制，强化财务制度建设，修订出台《华北电力大学国内差旅费管理办法》《华北电力大学横向科研经费管理办法》《华北电力大学纵向科研经费管理办法》《华北电力大学往来款管理办法》。

信息化建设。推进财务信息化建设，提高财务服务管理水平，上线"财务审批系统""财务智慧查询系统"。拓宽数据共享渠道，提升师生财务服务体验，持续提高财务工作智能化水平。

预算一体化建设。深入贯彻国务院关于进一步深化预算管理制度改革的有关精神，落实预算管理一体化改革工作。提升预算管理规范化、科学化、精细化水平，增强预算管理约束力，提高预算管理现代化水平。

重大专项工作。贯彻落实国务院常务会议精神，聚焦稳经济措施落地，启动贷款财政贴息项目建设。进一步加强教育领域扩大投资工作，紧密围绕办学目标，推动设备购置与更新改造贷款财政贴息项目建设，助力改善学校教学科研硬件条件，推进“双一流”建设，全面提高人才培养能力，进一步加快科技创新体系建设。

其他工作。与学生处毕业生离校管理系统对接，定时推送欠费信息，实行欠费控制，降低学生欠费率；与资产处进行系统对接，通过自主开发“数据联通立交桥”软件拓宽数据共享渠道，实现 oracle 与 mysql、SQL server 等各类数据库联通，至年底，实现 8 部门数据共享。出台《华北电力大学往来款管理办法》，把巡视整改意见反馈作为推动财务工作开新局的重要抓手，不断健全财务内控体系；通过多种方式进行校园统一支付平台政策宣传，进一步推进校园统一支付平台的应用，学校收费项目绝大部分通过校园统一支付平台进行收缴和管理；全面深化预算管理制度改革，推进“一上”预算等压力测试，夯实基础，全面应用预算管理一体化系统开展 2023 年部门预算编制工作。加大结转资金与年度预算、财政拨款与其他资金、财政专项和贷款财政贴息项目的统筹力度，建立完善能增能减、有保有压的预算分配机制。年内，1 人加入教育部财务司推广实施预算管理一体化系统工作专班，负责与财政部有关司局沟通确认基础数据指标和口径，督促指导各预算单位填报基础数据、审核并报送各预算单位基础数据等工作，处理一体化系统推广过程中与资金支付业务相关的问题。2 人参加教育部财务司“一上”部门预算会审，负责住房改革支出预算会审工作。

（汪达升　陈　蔚　周　航　胡东星　杨利国）

【上线财务审批系统】 2022 年，学校开通“财务审批系统”服务，师生可网上发起报销，审批人通过线上审批功能在线签批，实现日常报销审批业务，解决疫情期间报销过程中“签字难”问题，提高工作效率。

（汪达升）

【上线财务智慧查询系统】 2022 年，学校对综合服务平台——网上查询系统进行升级改造，打造智慧版查询系统，整合财务数据资源，便于师生更快捷高效查阅账务信息，以提升财务数据查询体验，提高教职工个人财务管理水平。

（汪达升）

【基建财务管理】 2022 年，学校进一步强化基本建设基金管理，坚持严把工程结算节点、资金支付进度，保障校园基本建设工作顺利推进。做好学校体育中心、国家储能技术产教融合创新平台、能源电力科研综合楼、16 号学生宿舍楼等大型基建工程建设项目审核付款，严格控制资金拨款和支出，加强审核工程价款结算，分类核算工程支出成本，完成年度基本建设项目支出、竣工结算及抵扣、项目决算报告编制等工作。

（高　睿）

【深化科研经费管理改革】 2022 年，学校贯彻落实《国务院办公厅关于改革完善中央财政科研经费管理的若干意见》（国办发〔2021〕32 号）精神，修订完成《华北电力大学横向科研经费管理办法》《华北电力大学纵向科研经费管理办法》，规范学校科研经费管理，提高资金使用效益，促进科研工作持续健康发展。加强科研财务培训宣传，充分利用信息化手段，开发上线科研项目结题模板，优化绩效申领、科研开票、科研用印等业务流程，提升科研财务管理服务水平，激发学校科研创新活力。

（孙文博）

审　计　工　作

【概况】 2022 年，华北电力大学北京保定两地共有专职审计人员 9 人，其中，北京校部 5 人（其中：高级职称 2 人，硕士学位 4 人，学士学位 1 人），保定校区 4 人（其中：高级职称 2 人，硕士学位 2 人，学士学位 2 人）。年内，修订发布《华北电力大学领导人员经济责任审计工作办法》。开展“双一流”引导专项资金使用情况审计，审计资金合计 15113 万元。完成共建学位论文全文数据库合作协议履行情况专项审计，共计审计资金 156.06 万元。完成对后勤集团 2020—2021 年度财务收支审计，审计资金共计 2.06 亿元，发现问题 8 条并提出相应审计建议。全年完成科研经费审计审签项目总计 148 项（其中保定校区 12 项），审计、审签总金额 8743.62 万元（其中保定校区 514.8 万元），其中：横向课题 81 项（其中保定校区 7 项），经费总额 5417.37 万元（其中保定校区 451.8 万元），纵向课题 67 项（其中保定校区 5 项），经费总额 3326.25 万元（其中保定校区 63 万元）。完成建设项目竣工结算审计 33 项（其中保定校区 9 项），报审额共计 2910.13 万元（其中保定校区 2722.89 万元），累计审减 127.24 万元（其中保定校区

122.03万元);完成招标控制价审核9项(其中保定校区4项),审核金额2493.22万元(其中保定校区1026.29万元)。保定校区组织并完成2019年至2021年度预算编制、执行与决算审计、合同管理审计和内部发展基金项目审计。

制度建设。参照新修订的《教育系统内部审计工作规定》及《教育部直属高校和直属单位主要领导人员经济责任审计规定》等上级最新颁布有关文件,对学校现有内部审计工作机制进行讨论研究,同时结合学校管理制度"废改立"工作,从改进工作机制、完善工作制度两个方面,推进审计工作体系不断健全。

"双一流"引导专项资金审计。开展"双一流"引导专项资金使用情况审计,并对"双碳"行动计划项目予以重点关注,对各子项目任务书资料完整性、项目支出绩效目标完成情况、项目预算与支出情况等方面进行检查。

共建学位论文全文数据库合作协议履行情况专项审计。完成共建学位论文全文数据库合作协议履行情况专项审计,从协议条款、协议签订、协议履行、协议资料保管四个方面提出审计发现问题10条,并提出相应审计建议4条,有效揭示和反映合作协议履行工作中存在的问题和不足,并及时督促整改,促进相关部门规范协议履行,保障资金安全。

重点基本建设项目全过程跟踪审计。促进规范工程管理,提升建设资金使用效益。在外审咨询公司密切配合下,紧跟体育中心、能源电力科研楼及16号学生宿舍楼建设步伐,根据学校全过程跟踪审计实施方案及年度工作计划,对上述三项重点基本建设项目开展全过程跟踪审计。其中,对体育中心项目招标控制价及招标文件展开审计,审计金额44290.25万元,审减金额为1653.41万元,同时完成体育中心项目水影响、场地拆除、电增容设计、土地复垦、基坑监测、工程测绘等招标文件和控制价审核;对16号学生宿舍楼项目竣工结算展开审计,审计金额6492.98万元,审减金额为246.43万元;对能源电力科研楼的工程进度款、招标文件、招标控制价及专项工程展开审核。

重点二级单位财务收支审计。促进资金资产规范管理。按照年度审计工作计划和安排,通过对后勤集团在内控制度管理、收入管理、支出管理、资产管理和采购、档案管理等方面的规范合理情况进行审查,促进其进一步贯彻落实国家财经法规和学校相关管理规定,加强资金、资产的管理,提高国有资产使用效益,为学校事业健康发展提供保障。

科研经费审计审签。提升服务师生工作水平,积极配合学校科研院等相关部门工作,加强对科研项目预算调整、资金使用和经费决算的审计监督。

审计整改工作落实。积极落实教育部《关于持续推进高校四个领域腐败风险清理整顿发现问题整改工作的通知》要求,敦促、协调相关整改责任部门完成整改任务并按月上报教育部6次。至年底,9项整改问题已完成整改并获上级部门认定8项。

贵重仪器设备使用效益整改审计检查。针对内控建设与执行情况专项审计中发现的贵重仪器设备使用机时不达标问题,开展贵重仪器设备使用效益整改审计检查。对整改报告中5条整改措施的落实情况进行检查,同时在贵重设备管理方面发现2个问题,并提出相应审计意见与建议,进一步推进对整改措施的落实,规范设备的日常管理,促进学校贵重仪器设备使用率稳步提高。

预、决算管理审计。开展保定校区2019—2021年度预、决算管理情况审计,对校内预算执行与决算的真实性、合法性、效益性进行审查和评价。促进学校预算管理,强化预算刚性约束,优化资源配置,提高资源利用效率。

合同管理审计。开展保定校区2019—2021年度合同管理专项审计。从各合同归口管理部门提供的2462份合同中进行抽查审计,对合同内控制度的建立与执行情况进行分析并进行总体评价。从合同审批、合同签订、合同台账管理等方面剖析存在的风险因素和主要问题,并在此基础上提出审计建议。

基本科研业务费审计。开展保定校区2019—2021年度基本科研业务费审计,审查基本科研业务费项目241个,对项目的立项情况、经费管理情况和项目验收情况进行分析,从预算编制、立项管理、项目验收、绩效评价及资金管理等方面发现存在的主要问题,并提出相应的审计建议。

内部发展基金审计。开展保定校区2020—2022年度发展基金项目审计,审查校内31个部门发展基金项目,对项目收支情况进行分析,重点对项目收入管理和支出管理等方面存在的主要问题,提出相应的审计建议。

审计信息化建设。在"数字华电-审计系统"中开放相关领导的管理及访问权限,增加对审计工作的监督与管理,提高对审计系统的运用成效。推进体育中心项目信息化建设及运行工作,在体育中心项目招标控制价审计、合同审计、进度款审计、变更洽商审计等工作中利用好体育中心专项审计系统,年内已通过体育中心专项审计系统出具19份审计意见。三是进一步利用好"审计动态"这一审计窗口,加强与师生沟通,更好地服务师生。

内控审计整改和审计结果运用。切实履行整改监督管理责任,针对2021年内部控制评价审计报告中提出的每一项风险点,对照各被审计单位书面整改报告逐条进行检查和讨论,建立审计整改问题台账并进行分类动态梳理,形成6轮《内部控制审计已完成整改情况汇总表》及《内部控制审计整改需继续协调推进情况汇报表》,敦促各责任单位推进审计整改工作。

审计队伍建设和人员素质培养。持续加强审计队伍自身的政治教育和理论学习，坚持以习近平新时代中国特色社会主义思想为指导，深入学习贯彻党的二十大精神，认真落实“三会一课”制度、教职工学习制度等学校各项工作要求，认真学习习近平新时代中国特色社会主义思想，牢固树立“四个意识”，坚定“四个自信”，做到“两个维护”，坚决捍卫“两个确立”，坚持把党性修养和实干精神融入审计人员的素质培养中。同时认真学习教育部、审计署对于内部审计工作的各项新文件，立足审计工作实践，注重人力资源统筹，强化人才队伍支撑，突出项目实践锻炼。

（范　立　丁相宝　朱晓林　庄　丽　李　炜　李宗谕　李　荔　张思琦）

资　产　管　理

【概况】 2022 年，北京校部固定资产总价值 314547.42 万元，其中房屋及构筑物 672944.88 平方米，价值 19.61 亿元；通用设备 69904 台，价值 87295.75 万元；专用设备 7927 台，价值 9396.88 万元；图书、档案价值 10984.07 万元；家具、用具、装具及动植物 98730 件，价值 10294.33 万元。无形资产总价值 6566.12 万元，其中专利权 18.11 万元，软件 6548.00 万元。保定校区固定资产总价值 133008.11 万元，其中房屋及构筑物 477022.26 平方米，价值 7.3963 亿元；通用设备 38478 台，价值 38956.63 万元；专用设备 5104 台，价值 9317.36 万元；图书、档案价值 5271.68 万元；家具、用具、装具及动植物 58772 件，价值 5498.66 万元。无形资产总价值 15952.16 万元，其中土地使用权 10931.12 万元，软件 5021.04 万元。学校新增 10 万元以上设备总计 194 台，总价值 6627.99 万元，其中：北京校部 131 台（套），价值 4176.04 万元，保定校区 80 台（套），价值 2274.35 万元；新增 40 万元以上设备总计 26 台，总价值 3028.03 万元，其中：北京校部 33 台，价值 2136.96 万元，保定校区 11 台，价值 767.11 万元。学校报废仪器设备家具总计 4764 台件，账面价值总计 2142.36 万元，收回残值总计 22.11 万元，其中：北京校部报废 4131 台件，账面价值 1322.34 万元，收回残值 35.77 万元；保定校区报废 966 台件，账面价值 298.8 万元，收回残值 10.37 万元。2022 年，全校住房补贴共计 1488.35 万元，涉及教职工 1113 人，其中按月补贴 1112 人，差额面积补贴 1 人。2023 年预算 1870 万元，涉及 2021 至 2022 年度新进员工审核资料 200 人，职级职称调整 65 人，离退 30 人，查漏补缺 4 人。保定校区年度住房补贴共发放金额 607.3 万元，共计教职工 696 人次；年度房产出租面积为 1133.17 平方米，收益 163.34 万元。

2022 年，资产管理处持续优化管理服务水平，逐步完善处内制度建设，有序推进各项工作开展。

设备管理。严格执行资产管理相关政策，完成仪器设备采购、验收、报废处置等工作，完成新增固定资产采购和实物验收工作，合计项目 271 个，共计 9249.40 万元。对单价或者批量十万元以上的固定资产会同相关经费管理部门进行实物验收，完成合计 134 台件，共计 4586.31 万元。严格执行固定资产处置流程，完成报废固定资产审核、调拨、组织实地考察竞价等的处置工作。

房产管理。修订《华北电力大学办公教学科研用房管理办法》（华电校资〔2022〕8 号）文件，房产管理制度建设工作全部完成。按照教育部要求，协调基建、后勤等相关部门完成校内自建房检查工作，摸清自建房底数，建立台账。完成校内地下人防及普通地下室消防疏散图的设计、制作及安装。满足教育部人防办关于学校地下人防及普通地下室标识标志不完善的整改要求。梳理近年来校内一类科研用房情况，完成补签协议、说明等资料，第二年度收费 726928.10 元。

公用房管理方面，完成房产管理信息化系统建设工作。周转房及住房补贴管理方面，完成周转房 60 多张床位腾退与重新分配。实现周转率 30%，根据教职工需求，合理调配校内、校外周转房分配原则。利用有限资金进行必要修缮，改善住宿条件。完成教职工住房补贴 2021 年决算和 2023 年预算上报工作。协助教职工办理央产房上市共计 20 余套。资产管理处配置一类科研用房 50 间，面积近 2500 平方米；科研用地两处，土地面积 220 平方米。2022 年收取科研用房使用费近 100 万元。

招标管理。年内，接收各类招标项目 155 个，预算总额约为 30075 万元（除体育中心项目外），项目中标资金约为 29110 万元，节约率为 3.21%，为学校节约资金约 965 万元。按照采购方式分：公开招标 118 个，竞争性磋商 17 个，单一来源 12 个，公开比选 6 个；按项目类型分：货物类 106 个，服务类 40 个，工程类 9 个；按使用部门分：后勤管理处的项目为 27 个，实际使用资金约为 3146 万元；网络与信息化工作处项目为 17 个，实际使用资金约为 8664 万元；能源动力与机械工程学院项目 19 个，实际使用资金约为 3043 万元；能源电力创新研究院项目 22 个，实际使用资金约为 2439 万元。至年底，贴息贷款招标采购项目共 45 个，预算总额约为 12637 万元，项目的中标资金约为 12355 万元，节约率为 2.235%，为学校节约资金约 283 万元。

资产管理。年内，完成资产管理信息系统的建设工作，完善国有资产全寿命管理；完成全校资产大清查工作，清查资产 170326 台（件），价值 109287.95 万元。做好新增资产的验收管理工作，建立院-校两级验收审核，严格按合同要求，对新增资产逐一核对，实现验收率100%，确保账物相符。全年共计完成20001台(件)、总金额11889.07万元仪器设备、家具的验收和建账工作。提高处置时效，严格执行先调剂后处置的程序，共调拨530台件，合计470.50万元的资产。全年共计处置资产4238台件，原值1445.90万元，残值收入37.42万元，创近年来新高。配合资产经营公司完成学校持有四方公司的股权交易工作，股权交易收入约4.2亿元。

人防工作。全面梳理学校地下空间及人防地下室现状，完成国管局人防办和教育部组织的地下空间检查、教育部关于学校住人地下空间安全检查以及北京市建委自建房专项整治工作的迎检和总结上报等工作。完成校内19处地下空间及人防地下室信息核对、紧急疏散标识的制作和安装工作。

（李福顺　黄咏梅　何　旸　张晓华　魏　清）

【新基建数字化项目采购】 2022年4月至8月，学校完成新基建数字化项目采购工作，该项目包括华北电力大学新基建数字化基础设施项目和华北电力大学教育新基建数字化应用项目；建设内容包括：北京校部核心网络改造、科研楼网络建设、主干网接入网设备升级、保定校区学生宿舍区无线校园网建设、模块化机房建设、数据中心网络升级、融合门户及统一身份认证、五个软件服务平台等，为实现华北电力大学智慧校园建设目标奠定软硬件基础。基础设施项目预算金额3469万元，实际中标金额为3429万元。数字化应用项目预算金额1027万元，实际中标金额为1015万元。

（倪景峰　张晓华）

实验室管理

【概况】 2022年，实验室管理处围绕促进发展和保障安全两条主线，积极落实疫情防控要求，以规范管理、主动服务为重点，推动各项工作任务开展。

党风建设。全面贯彻党的二十大精神，坚持以习近平新时代中国特色社会主义思想为指导，坚持以党建促作风建设，以党建促业务工作，以党建保安全稳定。

安全责任体系建设。健全实验室安全法人主体责任机制及分级安全管理组织架构。落实主体责任制度，把安全责任划分到部门、明确到岗位、落实到人头，构建学校、院系、实验室、实验人员四级联动安全管理责任体系。组织院系与学校签订2022年度实验室安全责任书。

规章制度建设。出台《实验室安全管理追责与奖励实施办法(试行)》《突发实验室事故应急管理办法》，修订《放射防护与辐射安全管理实施细则》及《辐射安全应急预案》。

安全管理规范化。制作常用台账模板，包含：安全检查记录表、安全教育登记卡、管制类化学品使用台账、气体钢瓶使用及维护台账、实验仪器设备使用及维护台账、实验室出入人员登记册等。建立实验室安全应急报备制度和应急演练制度，对实验室专职管理人员定期开展应急处置知识学习和应急处理培训，配齐配足应急人员、物资、装备和经费。完成全校突发环境事件应急预案的编制与备案工作。

安全检查。实验室安全常规检查做到四个结合，他查与自查相结合、专项检查与全面排查相结合、专查与明察暗访相结合、检查与落实整改相结合。把日检、周查、月巡视、旬督、季改、年总结常态化，针对自查中存在的安全隐患列出安全隐患整改清单，明确整改责任人及整改完成时间，并按照轻重缓急，提出具体有效的整改措施，实施问题排查、登记、报告、整改、“回头看”闭环管理。严格落实整改措施、责任、资金、时限和预案“五到位”。2022年4月，以充分排查和整改实验室的各类安全隐患为抓手，以防范遏制实验室重大安全事故为重点，下发《2022年度实验室安全检查工作方案》，组织开展为期一个月的实验室安全自查自纠工作。2022年全年合计定期、不定期组织实验室检查7次，发布整改通知8份，提出整改事项155项，即时整改120余项。完成教育部2022年度高校实验室安全自查自纠、现场检查、“回头看”等工作。

安全条件建设。北京校部筹措资金，为涉危化品实验室所在楼层安装紧急淋浴—洗眼器等必要设施，完成管制类化学品库房防爆设施改造，对B座、F座部分实验室进行环评验收改造，为G座科研实验室楼顶实施防水改造工程，对8个教学单位的教学实验室启动基础设施改造或装修工程。保定校区申报实验综合楼智慧实验室建设修购基金子项目，支持环工系开展视频监控系统、门禁系统建设。

化学品采购安全。北京校部全年累计备案易制毒和易制爆危险化学品40次，线上审批900余份普通危险化学品采购申请，组织收集与处置实验室废弃物2批次。疫情期间制定实验物资入校流程，组织实验物资入校累计19次。保定校区完成300余份普通危险化学品采购申请，处置实验室危险废弃物1.6吨，完成“河北省固体废物动态信息管理平台”备案工作。

安全教育培训及安全文化建设。编制印发并组织学习《实验室安全手册》。开展新生实验室安全讲座。建立实验室技术安全与环保教育管理网和教育考核系统，落实实验人员安全准入制度;邀请专家学者来校或线上开展安全环保专题讲座,利用校园网、微视频、海报等途径加强实验室安全环保宣传。

建设项目管理。2022 年中央高校改善基本办学条件专项实验室设备购置类项目实施 12 个项目,总经费 1980 万元。联合教务处等部门组织人才培养领域设备购置与更新改造贷款财政贴息项目,经充分论证后启动 8 个项目,总经费 4100 余万元。联合基建处、资产管理处、能源电力创新研究院等部门,为科研实验综合大楼的工艺布局和基础设施建设启动规划设计工作。2023 年中央高校改善基本办学条件专项实验室设备购置类项目申报工作,按照"优先保障实验教学开展、积极推进公共平台共享、加强安全基础设施建设"的原则,组成由主管校长为组长的工作领导小组,各牵头单位负责子任务的形式审查和子任务间的协调,召开项目组织工作方案研讨发布会、项目汇报会、实地考察论证、项目组织和遴选情况汇报会等,共组织 10 个项目,评审入库金额为 4600 余万元。

实验技术队伍建设。调研北京大学、北京理工大学、北京科技大学等,广泛征询主管领导、实验技术人员的意见和建议,编制《华北电力大学专业技术职务评聘办法(2022 年修订)》的"实验技术系列申报条件"部分。配合人事处完成 2022 年度实验技术人员招聘有关工作,入职 8 人。

大型仪器设备开放共享。修订、发布《华北电力大学仪器设备开放共享管理办法(2022 年修订)》。宣传大型仪器设备开放共享政策,组织完成 2 场业务政策学习;调研走访各院系大型仪器设备共享现状,分析不足,征集意见和建议。升级"华北电力大学仪器设备开放共享系统",对仪器设备信息进行全面补充。完成与国家仪器共享平台的业务对接。至年底,累计在线服务大型仪器设备 160 余台。

实验室综合管理系统建设。启动"华北电力大学实验室综合管理系统"建设,包括综合信息管理、安全教育及准入、安全检查、危险化学品及危险废弃物全流程管理等模块,提升实验室安全管理信息化水平。

信息和报告编制。对接上级主管部门及政府机关,完成教育部实验室信息数据的报送和分析工作,完成国务院高等教育质量监测国家数据平台有关数据采集和填报工作,完成全国高等学校实验室安全隐患排查工作报告。保定校区配合莲池区莲池区生态环境局完成环境数据检测相关工作,完成河北省教育厅加强高等学校实验室安全工作报告。

(朱正茂　姜　波　高继周　黄曙林　刘　钊　胡　静　蔺海霞　孙忠伟　纪蓬勃)

【召开年度实验室安全工作会议】 2022 年 3 月 25 日,为确保新冠肺炎疫情常态化防控下学校实验室有序运行,落实全国高等学校实验室安全工作会议部署,组织召开 2022 年实验室安全工作会议暨教育部实验室安全检查工作部署动员会。主管实验室安全工作校领导、实验室安全工作小组成员单位负责人、学院、系、研究院等二级单位的主要负责人、分管实验室安全工作负责人和安全秘书、学校实验室安全督查员共计 100 人参加会议。会议全面落实教育部、北京市教委等上级文件要求,总结实验室安全年度工作,交流院系管理经验,明确 2022 年实验室安全管理工作重点任务。

(朱正茂　姜　波　高继周　刘　钊　胡　静　孙忠伟　纪蓬勃)

【举办实验室安全教育讲座】 2022 年 3 月 25 日,实验室管理处组织 2022 年度实验室安全教育讲座。讲座以视频形式在北京校部和保定校区同时举行,邀请中国高等教育学会实验室管理工作分会副理事长、秘书长,北京大学实验室与设备管理部部长刘克新教授作报告。报告就实验室安全管理做深入浅出的讲解,重点围绕实验室安全现状和工作要点、实验室管理队伍建设、实验室安全文化建设、实验室应急预案、实验室安全检查几方面做分享交流。学校实验室安全工作小组成员、学院分管实验室安全负责人以及与实验室工作和学习密切相关的教师,学生共计 500 余人参加。

(朱正茂　姜　波　高继周　刘　钊　胡　静　孙忠伟　纪蓬勃)

【开展实验室安全专项检查】 2022 年 4 月 28 日,副校长王增平带队深入学校实验室,实地开展安全检查。此次检查主要检查管制类化学品库房、环境科学与工程学院、核科学与工程学院和能源电力创新研究院等相关实验室现场情况。重点从管理制度及责任落实、消防安全、大型仪器及特种设备使用、危险废物日常管理、化学品安全、用电用水安全等方面开展督导检查,逐项检查危险化学品储存、使用、废弃物处理等环节的安全措施落实情况。

(朱正茂　高继周　刘　钊　胡　静)

【教育部专家入校开展实验室安全检查】 2022 年 7 月 27 日,由教育部高等学校科学研究发展中心委派以张卫冬为组长的检查组一行 4 人对北京校部进行实验室安全现场检查。

(朱正茂　高继周　刘　钊　胡　静)

【科技部专家入校开展大型仪器设备开放共享评价考核现场核查】 2022 年 8 月 16 日,科技部国家科技基础条件平台中心对学校科研设施与仪器开放共享评价考核开展现场核查工作。

(朱正茂　刘　钊　蔺海霞)

【召开实验室安全暨大型仪器设备开放共享工作部署会】

2022 年 8 月 30 日,学校召开 2022 年度实验室安全暨大型仪器设备开放共享工作部署会,会议以两地视频的形式在北京校部和保定校区同时举行。副校长王增平出席本次会议并讲话,两校区教学科研单位主要负责人、相关职能部门负责人及实验室管理部门全体人员参加会议。会上,实验室管理部门通报2022年教育部实验室安全现场检查情况和整改工作进展,以及2021年度大型仪器设备开放共享评价考核情况,同时就新学期实验室安全和大型仪器设备开放共享明确工作计划和任务台账。

(朱正茂　姜　波　高继周　刘　钊　胡　静　孙忠伟　纪蓬勃)

【完成迎接二十大实验室安保工作】 2022年9月至二十大召开前夕,组织召开实验室安全工作专题会议,发布实验室安全工作计划;组织完成实验室恢复使用安全检查工作,开展实验室安全抽查、联合检查,开展剧毒易制爆化学品专项检查,开展高压气瓶、反应釜专项检查等。

(朱正茂　姜　波　高继周　刘　钊　胡　静　孙忠伟　纪蓬勃)

【首次开展大型仪器设备购置集中论证】 2022年11月29日,在起草制订《华北电力大学大型仪器设备购置论证实施细则(试行)》基础上,组织对能源电力创新研究院和其他单位大型仪器设备购置申报材料进行集中论证,会议以腾讯会议的形式线上举行。参加会议的有校内外专家、设备申购人、实验室管理处相关工作人员。会议对71台套大型仪器设备进行报告和论证,总计金额1.1亿元。

(朱正茂　高继周　黄曙林)

基建管理

【概况】 2022年,华北电力大学北京校部基建处员工11人,岗位设置分为行政综合管理、项目前期管理、计划及投资管理、工程管理和校园规划管理等职能岗位。基建处(保定)设置有计划管理科、工程管理科,负责校园规划、基建工程和修缮工程管理,拥有处长1名、副处长1名、专业工程师、专业管理人员8名,11月退休1人。

2022年,北京校部严格落实各项防控举措,确保全年各工程项目人员生命安全和身体健康,保障项目正常进行。积极推进办学空间拓展。加强与上级单位及地方政府沟通协商,积极推进北京校部东区土地项目规划调整。加强与未来科学城、街道的沟通,推进东部租赁土地的征用事宜;完成"华电南街"更名为"华电路"工作。

进一步加强党的建设,严格落实党风廉政建设责任制,利用教育部巡视之机,对照巡视要求,对基本建设领域存在的问题进行深入自查,根据学校巡视反馈意见和整改工作责任清单进行认真整改。对照相关问题,结合现有工程项目状况,重点对制度执行过程中的流程审批环节进行认真梳理,加强内控体系建设。落实教育部直属高校基建工程领域廉政风险防控专题会精神,认真梳理排查基建工程领域廉政风险点,规范权力运行机制,加强过程管理,推进能源电力科研楼、体育中心等工程建设全过程跟踪审计。积极推进重点基建工程进展,体育中心项目正式进入开工阶段。能源电力科研综合楼项目完成能源电力科研综合楼项目落成,具备交付使用条件。推进"双碳"建设。落实国家和学校"双碳"行动计划,结合学校实际,编制《华北电力大学低碳校园建设示范工程可行性研究报告》。完成16号宿舍楼、创新创业教育中心改造项目结算;完成2022年年度基本建设投资计划、基本建设投资调整计划、2023年建议计划编制上报工作。

2022年,基建处(保定)根据学校发展规划,结合保定校区实际情况,积极论证校园规划,编写2023年基建投资计划及三年滚动计划。推进校区置换建设工作;解决项目验收遗留问题;完成教育部改善办学基本条件有关专项项目及各项修缮工程项目。

(赵秀国　曹宇博　张　璐)

【北京校部体育中心项目开工建设】 2022年,体育中心项目正式开工建设。位于华北电力大学校园内,北侧是15号学生宿舍楼,南侧是13号学生宿舍楼,东侧为景观绿地,西侧为学生食堂。该项目采用场馆合一的集约化布局模式,在相对紧张的用地内将一个标准的体育场"举起"至地面上约10米,下部设置篮球馆、羽毛球馆(综合馆)和游泳馆三大馆及部分小馆,总建筑面积约44373平方米,地上二层,主要为体育场看台,地下二层,其中地上建筑面积为11900平方米,建筑高度28米,总投资约4.8亿元。2022年完成项目登记备案、施工登记函及各类临建手续,完成总承包、监理等招标工作,完成树木砍伐和移植,完成现场"五通一平",并于10月26日举行开工典礼,正式进入施工阶段。

(赵秀国　曹宇博)

【北京校部能源电力科研综合楼竣工落成】 2022年,北京校部为提高学校整体教学质量、增强学校优势专业和核心专业的竞争力奠定坚实基础,建设能源电力科研综合楼(原报请审批创新实践教育中心项目,应教育部要求更名为能源电力科研综合楼)。能源电力科研综合楼位于北京校部院内,北侧、西侧均为校园道路,南侧为综合教学楼A座,东侧为行政办公楼。能源电力科研综合楼地上九层,地下二层,高36米,总建筑面积为23382平方米,地上建筑面积为16521平方米,地下建筑面积为6861平方米。该项目投入使用后,将为优化教学环境,改善师生学习科研环境提供有力支撑,满足学校发展多种需求。

(赵秀国　曹宇博)

【北京校部推进“双碳”建设】 2022年，北京校部推进“双碳”建设，落实国家和学校“双碳”行动计划，结合学校实际，编制《华北电力大学低碳校园建设示范工程可行性研究报告》，从低碳建筑、低碳冷暖、智能微网和BIM智慧零碳校园管理平台四个维度进行全方位、立体式规划设计，探索低碳校园可持续发展道路，为学校低碳校园建设提供指导、路线和支持。

（赵秀国　曹宇博）

【推进保定校区置换规划编制工作】 2022年5月24日，为推动地方经济发展和学校“双一流”建设，华北电力大学与保定市人民政府签署校区置换建设合作框架协议。积极与保定市自然资源与规划局、发改委等单位，保定市国控集团有限责任公司、中国雄安集团有限公司等企业以及北京林业大学、北京交通大学等高校建立常态化联系机制，学习规划建设思路和运行模式，获取规划数据和指导意见。进一步深入院系、机关部门，充分征集师生意见，形成规划设计基础材料，编写规划设计征集文件。8月，学校启动总体规划设计方案征集工作，共有28个来自国内外具有丰富校园规划设计经验的高水平设计团队报名。资格预审后，由院士、全国工程勘察设计大师领衔的7家设计团队入围总体规划设计方案进入第二轮征集。经过启动会、中期汇报和专家委员会评审等环节，11月19日，经“七选三”评审会专家投票，确定3个优胜方案。12月下旬，学校通过开设展示投票网站，设立宣传展示区，面向全体师生、离退休教师和广大校友公开展示优胜方案。超过15000名师生参与投票，近千名师生、离退休教师代表和20个校友分会提出意见建议。2023年1月6日，经建设工作领导小组研究决定并提请学校党委常委会审议通过，华南理工大学建筑设计研究院有限公司和天津大学建筑设计规划研究总院有限公司联合体设计方案中选。经向保定市委市政府、建设工作领导小组会进行专题汇报，中选单位根据校地领导、专家及各部门的意见建议对方案进行进一步优化。总体规划设计方案最终将充分融合保定市历史文化和学校能源电力特色，传承华电精神，彰显华电风貌，打造“绿色、零碳、智慧、人文”的一流校园。

（赵立中）

【保定校区4个工程项目完成改造】 2022年，保定校区完成4个项目改造。项目包括对教一楼、教二楼、教四楼、教五楼基础设施进行升级改造。教一楼、教二楼建于20世纪70年代，教四楼、教五楼建于1982年，建筑因年久失修存在诸多问题。基建处通过与院系沟通，征求改造需求，落实改善目标，并结合建筑实际情况制定改造方案。为保障教学工作正常开展，基建处管理人员严控项目时间节点，如期完成工程改造并交付使用。

（张　璐）

档　案　管　理

【概况】 2022年，华北电力大学有档案工作人员19人，北京校部16人、保定校区3人。学校档案馆藏8个全宗，共计219296卷、照片档案26770张、馆藏资料4936册。全年接收以件归档档案95件，以卷归档档案63835卷，接收实物档案366件。提供档案利用8065人次，档案业务指导和培训230余人次。年鉴业务指导120余人次。

2022年，档案馆贯彻落实新《中华人民共和国档案法》，以大学治理的制度建设为主线，以档案安全和防疫抗疫零报告、档案利和服务零投诉为管理目标，积极围绕学校中心工作，全面落实安全稳定和意识形态及党风廉政总要求，积极推进档案发展“十四五”规划关于档案信息化工作。

档案资源建设和信息化工作。完成档案资源建设和档案收集著录、保管保护和利用服务等基本管理服务，与教务等部门为实现电子档案自动归档做好技术、途径和方案准备。

档案安全工作。落实专职库管推进档案库房统一的专人专管，争取到网信处支持资金为五个主要库房安装第一批电子锁、争取到资产处支持资金为学生人事档案库房和办公室全部安装防火防盗门。

档案法律风险排查工作。共排查发现涉及档案有关法律风险10余项。法律风险涉及部门归档、个人归档、档案证明开具、档案翻译审核、档案政审、档案安全、档案涉密与不宜公开、建设工程档案验收、重大科研项目验收和评奖、档案的个人隐私等方面，并通过制度制定和标准化建设等有效措施逐步规避法律风险发生。

学生人事档案建设。全面落实《华北电力大学学生人事档案管理实施办法》，重新梳理工作流程，改变管理服务模式，简化不必要材料，通过多次推动和协商，解决毕业生十余年没有《入学登记表》这一重要人事档案材料问题。完成200平方米研究生人事档案整理室（库）建设及档案移库工作。

鉴史志工作。完成《华北电力大学年鉴2022》编撰出版，同时完成教育类和能源电力类等各级各类年鉴供稿工作，其中王振华获评中国电力发展促进会中国电力年鉴最佳撰稿人；校史工作方面完成新生《校史》发放和校史讲座，配合有关学院开展学院史和专业史发展研究，通过人物档案的口述录制整理剪辑，完成华北电力大学口述丛书《口述：用声音记录往昔》第二辑刊印；志书工作完成北京市地方志修订有关材料的供稿，完成《华北电力大学校部建筑志》初稿。

防疫抗疫。认真落实学校和机关党委防疫要求，本馆全年零感染。全体馆员群策群力，确保防疫期间工作“四个不中断”，即档案服务利用始终不中断，确保毕业生人事档案接受和速递不中断，确保毕业校友和社会档案利用远程服务不中断，确保校内隔离区学生档案利用送达诉求不中断。

党建与支部工作。完善并制定党支部关于安全稳定和意识形态两项工作制度，组织党员群众坚持落实集中学习活动，开展党员联系群众“手拉手”活动，组织党员群众积极参与防疫抗疫志愿服务，为毕业生整理行李，争做防疫区长、楼长和层长等工作。全年确定发展对象2人、入党积极分子1人。

社会服务工作。完成北京市高等教育学会档案研究分会秘书处各项工作，完成“回天计划”有关展览照片和视频及文字材料的收集与整理等。

（王振华）

【完成2022卷年鉴编纂出版】 2022年11月，《华北电力大学年鉴2022》由武汉理工大学出版社出版发行，该年鉴是学校第21卷年鉴，首印200册。全书共计1500千字、彩色插图60张，各类统计报表44个，全面反映学校2021年的工作重点和教科研、国际交流、人才培养、后勤服务保障以及新冠疫情防控等方面的建设成果。

（王振华）

【1人获评中国电力年鉴最佳撰稿人】 2022年11月18日，为促进《中国电力年鉴》编撰质量提升，中国电力发展促进会组织评优表彰活动，经初评、评选委员会审核及公示，共评出最佳撰稿人10人，优秀撰稿人30人。华北电力大学王振华获评最佳撰稿人。《中国电力年鉴》创刊于1993年，已连续出版发行28卷，是我国唯一一部逐年全面记述电力工业发展改革进程的综合性大型工具书，多次在中央级年鉴评比中获一等奖。

（陈　军）

学科建设与教育教学

Discipline Construction and Education

◯ 综　述

2022年，华北电力大学坚持“双碳”引领、交叉融合，新型能源电力学科体系进一步充实完善。“双一流”建设高校整体建设方案和电气工程一流学科建设方案提交教育部备案，组织开展2021年度“双一流”动态监测数据填报，新一轮“双一流”建设开局良好，第五轮学科评估稳中有升。学科深度交叉融合步伐有力，自主设置“碳管理科学与工程”“国家能源电力安全学”2个交叉学科博士点，成功申报“碳储科学与工程”本科专业，“氢能科学与工程”本科专业全国率先招生，碳中和学科专业体系加快立柱架梁。强化中央专项经费统筹管理，积极组织贷款财政贴息项目，给予重点学科和领域精准支持。学科国际影响力稳步攀升，ESI“工程学”学科由世界第63位上升至第57位，“能源与燃料”“化学工程”2个学科跻身U.S.News世界学科排名前50位。充分发挥思政课程和课程思政培根铸魂作用，开设习近平新时代中国特色社会主义思想概论课，一大批课程和研究项目成为示范或获批立项，全员育人资源和立德树人合力显著提升。学风、教风建设双向发力，通过深入开展学风教风建设大讨论、选树先进典型、狠抓课堂教学质量、推进学生综合评价改革等举措，好学乐教氛围进一步充盈校园。教育教学内涵持续加强，新增国家级一流专业建设点6个、省部级一流专业建设点9个、省部级优质本科课程5门、省级教学名师4人，获省部级教学成果一等奖6项，首次获批北京市教学创新改革重大项目。研究生教育创新发展，新增1个专业学位博士授权点、4个专项招生类型，招生规模快速增长，首批研究生顺利入驻沙河院区。产教融合、科教融汇走深走实，与国家电网公司等理事单位共同探索新时代卓越工程师培养新模式。系统出台实施加强新时代体育、美育和劳动教育的工作方案，谱写“五育并举”合奏曲，人才培养体系向更高品质迈进。创新创业环境进一步优化，获批教育部首批“国家级创新创业教育实践基地”，学生揽获“互联网＋”大赛金奖2项、全国大学生节能减排社会实践与科技竞赛一等奖5项。生源质量保持稳定，推免生指标大幅增加，本科深造率再创新高，毕业生就业率继续保持在91％以上。继续教育以服务国家“双碳”战略为目标，克服新冠疫情的严重影响，主动作为，积极探索适合具有华北电力大学特点的继续教育转型提质发展之路，大力推进美育教育改革创新，促进艺术教育与思想政治教育有机融合，着力提升学生综合素养，育人质量实现新的提升。

学　科　建　设

【概况】 2022年，华北电力大学拥有“电气工程”1个国家“双一流”建设学科、“电力系统及其自动化”和“热能工程”2个国家级重点学科，“清洁能源学”1个北京市高精尖学科和25个省部级重点学科；7个博士学位一级学科授权点、“能源动力”和“电子信息”2个博士专业学位授权点和7个自设交叉学科博士点，23个硕士学位一级学科授权点和16个硕士专业学位授权点；动力工程及工程热物理学科和电气工程学科各有一位国务院学科评议组成员。

在ESI学科排名中，“工程学”学科排名世界57位和前1‰行列，“环境/生态学”“材料科学”“化学”“社会科学”“计算机科学”5个学科进入ESI世界前1％行列。“交叉学科”距离世界前1％接近度突破70％；按被引频次和发文量统计，“工程学”分别排名世界57位和52位，“环境/生态学”分别排名世界418位和286位，“材料科学”分别排名世界497位和487位，“化学”分别排名世界737位和724位，“社会科学”分别排名世界1462位和1785位，“计算机科学”分别排名世界428位和441位。

在U.S.News 2023世界大学学科排名中，学校12个学科上榜，其中，“化学工程”位列世界19位，“能源与燃料”位列世界35位，“机械工程”位列世界71位，“工程学”位列世界72位，“电气与电子工程”位列世界91位。在2022软科世界一流学科排名中，学校15个学科上榜，其中，“机械工程”位列世界51—75位，“化学工程”“能源科学与工程”位列世界76—100位，“控制科学与工程”“环境科学与工程”位列世界101—150位，“仪器科学”位列世界151—200位。在2022软科中国最好学科排名中，电气工程学科由第7位上升至第5位，动力工程及工程热物理学科由第7位上升至第6位。在2023THE世界大学学科排名中，学校5个学科上榜，其中，“商业与经济”位列世界401—500位，“计算机科学”和“社会科学”位列世界601—800位，“理学”和“工程技术”位列世界801—1000位。

2022年，学科建设以国家“碳达峰、碳中和”战略为引领，加快构建碳中和学科专业体系，深入实施学科交叉融合策略，有力促进“双一流”建设高质量内涵式发展，学科建设水平得到稳步提升。

“双一流”建设。学校顺利通过首轮“双一流”建设评估并进入第二轮“双一流”建设高校名单，电气工程学科入选第二轮“双一流”建设学科。修改完善新一轮“双一流”建设高校整体建设方案和电气工程一流学科建设方案并提交教育部备案。完成“双一流”建设管理、资金管理、绩效评价等制度文件初稿。对标新一轮“双一流”建设方案的建设目标和重点任务，组织开展2021年度“双一流”动态监测数据填报工作，通过摸家底、查不足，出重拳、出实招，推动高水平师资队伍建设、拔尖创新人才培养、高水平成果产出、高端平台建设等方面取得若干标志性成果。

学科建设。大力实施学科交叉融合策略，完善促进学科交叉融合的体制机制，出台《华北电力大学深入推进学科交叉融合的实施办法（试行）》，为学校学科交叉融合的健康发展提供制度保障。进一步丰富、完善碳中和学科专业体系，自主设置“碳管理科学与工程”和“国家能源电力安全学”2个交叉学科博士点。强化对外联络和学科分析工作，稳步提升学科国际影响力。ESI“工程学”学科由世界第63位上升至第57位，“交叉学科”距离世界前1%接近度突破70%。在U. S. News 2023世界学科排名中，“化学工程”“能源与燃料”2个学科领域进入世界一流前列（前50名）；“机械工程”“工程学”“电气与电子工程”3个学科领域进入世界一流行列（前100名）。在2022软科世界一流学科排名中，15个学科上榜，其中3个学科进入世界一流行列（前100名）。

学科评估。持续跟进第五轮学科评估工作，组织参评学科补充评估材料，积极与上级部门沟通交流，及时调整评估配套工作。主动对接第三方学科分析排名，研究其指标体系，提供有效数据，营造良好的学科外部环境。第五轮学科评估结果公布，学校22个学科参评第五轮学科评估，与上一轮相比，18个学科位次百分位保持不变，2个学科实现提升，2个学科略有下降，尤其是两大优势学科和若干高原学科均实现位次稳定目标。

中央专项经费统筹管理。进一步强化中央专项经费统筹管理，协调相关部门，统筹中央专项经费，精准支持学校“十四五”发展规划、碳达峰碳中和行动计划、新一轮“双一流”建设方案中的重点任务。严格按照教育部规定的时间节点督办各部门中央专项经费的执行效率和进度。组织完成2023年“双一流”引导专项预算编制和2022年中期绩效评价工作，协助审计处完成2019—2021年“双一流”引导专项项目审计工作。

（赵　凡　韦　艳）

【教育部简报报道华北电力大学双碳行动】 2022年1月26日，教育部简报〔2021〕第60期报道《北电力大学实施“六大行动”服务实现“碳达峰、碳中和”目标》。文章说，华北电力大学认真学习贯彻党中央、国务院关于碳达峰碳中和的重大战略部署，深入落实教育部关于高校碳中和科技创新行动计划工作要求，充分发挥学校行业特色和学科优势，启动实施学科专业拓新行动、人才培养提质行动、科技创新登攀行动、开放合作升级行动、高端师资汇聚行动、零碳校园建设行动“六大行动”，加快构建完善与“双碳”目标相匹配的学科专业体系、人才培养体系、科技创新体系、大学治理体系、条件保障体系，努力为能源电力行业转型发展提供有力科技支撑和人才保障，全面提升服务经济社会绿色低碳发展的能力和水平。

（韦　艳）

【入选第二轮“双一流”建设高校名单】 2022年2月14日，教育部、财政部、国家发展改革委印发《关于深入推进世界一流大学和一流学科建设的若干意见》，正式公布第二轮“双一流”建设高校及建设学科名单。华北电力大学通过首轮建设评估并进入第二轮“双一流”建设高校名单，电气工程学科入选第二轮“双一流”建设学科。首轮“双一流”建设期内，学校全面落实第二次党代会的各项战略部署，全面加强党的领导，坚持社会主义办学方向，坚持立德树人根本任务，锚定向特色鲜明高水平研究型大学转型发展的奋斗目标，积极构建一流学科发展体系、一流人才培养体系、一流科技创新体系、一流大学治理体系和一流条件保障体系等“五个体系”，着力实施学科交叉融合、人才培育引进、校企校地合作、国际开放发展等“四个策略”，以高达成度高质量完成首轮建设目标任务，在服务国家战略需求和能源电力行业转型升级等方面成绩突出，在学科体系构建、人才培养模式改革、科研创新能力提升、校企校地合作、国际交流合作等方面成效显著，学校整体办学实力进一步增强，国际影响力快速提升。在第二轮“双一流”建设中，学校将以习近平新时代中国特色社会主义思想为指导，深入落实党中央、国务院关于“双一流”建设的决策部署，更加突出“培养一流人才、服务国家战略需求、争创世界一流”导向，加快构建支撑服务“双碳”战略的特色学科体系，加快培养能源电力领域的高层次创新人才和工程领军人才，为国家构建以新能源为主体的新型电力系统提供坚实的人才支撑和智力支持，在服务国家“双碳”战略中发挥示范引领作用。

（韦　艳）

【完成第二轮“双一流”建设方案修改完善工作】 2022年3月，根据《教育部关于请修改完善第二轮“双一流”建设方案的函》要求，学校组织开展修改完善第二轮“双一流”建设方案工作，此次方案修改工作由学科建设处组织，教务处、研究生院、人事处、人才工作处、科研院等相关职能部门通力配合，按照专家的意见建议，结合学校实际情况，完成第二轮“双一流”建设方案的修改完善工作。新一轮“双一流”建设方案明确新一轮“双一流”建设周期的建设目标、总体规划、建设内容、预期成效和组织保障，与学校“十四五”发展规划和碳达峰、碳中和行动计划一体推进，是一份集合华北电力大学全体师生智慧、指导学校未来五年改革发展的纲领性文件。

（马美倩）

【出台《华北电力大学深入推进学科交叉融合的实施办法（试行）》】 2022年，为深入推进学科交叉融合，进一步培育新兴交叉学科，推动校内跨单位学术合作与协同创新，根据国务院学位委员会审议通过的《交叉学科设置与管理办法（试行）》等相关文件精神，华北电力大学结合自身实际，制定《华北电力大学深入推进学科交叉融合实施办法（试行）》。3月，经学校2022年第4次校长办公会议审议通过并正式实施。该实施办法的出台为学校学科交叉融合的健康发展提供了制度保障。

（赵　凡）

【设置两个交叉学科博士点】 2022年7月，通过校内论证、校外专家组评议、教育部信息平台公示、大学学位评定委员会审议表决、国家备案等申报程序，学校"碳管理科学与工程"和"国家能源电力安全学"两个交叉学科博士点通过国家备案，至此，学校交叉学科博士点由5个增加至7个。

（贾琳恒）

【中国最好大学排名提升】 2022年4月，"2022软科中国最好大学排名"发布，共有1068所高校参加2022软科中国最好大学排名，华北电力大学排名由第80位上升至第76位，在北京市高校中排第15位，在理工类高校中排在第32位。"软科中国大学排名"设置办学层次、学科水平、办学资源、师资规模与结构、人才培养、科学研究、服务社会、高端人才、重大项目与成果、国际竞争力共10个评价模块，细分36个评价维度，104项评价指标，320个评价变量，是对中国大学办学水平的全方位、体系化、监测式评价。

（韦　艳）

【召开"双一流"动态监测数据填报工作会议】 2022年7月，根据教育部相关通知要求，学校组织召开2021年度"双一流"监测数据填报工作视频会议，副校长律方成、毕天姝出席会议，"双一流"建设有关部门、院（系）负责人参加会议。会上学科建设处作《华北电力大学2021年度"双一流"监测数据集中填报工作方案》汇报，并对2021年度"双一流"建设大学监测指标体系进行任务分工，会后各职能部门按照工作方案中数据填报进度安排，完成年度"双一流"动态监测数据填报工作。

（马美倩）

【2学科在中国最好学科排名提升】 2022年9月，"2022软科中国最好学科排名"发布，共有484所高校5035个学科点上榜。华北电力大学16个学科上榜，其中电气工程学科排名由第7位上升至第5位，动力工程及工程热物理学科排名由第7位上升至第6位。中国最好学科排名的指标体系包括人才培养、科研项目、成果获奖、学术论文、学术人才5个指标类别，下设17个指标，共计50余项反映学科竞争力的观测变量。

（韦　艳）

研究生教育教学

【概况】 2022年，华北电力大学研究生院专职工作人员共23人（其中北京校部13人，保定校区10人）。2022年学校招收全日制博士研究生415人，非全日制博士6人，招收全日制硕士研究生4345人（其中北京2646人，保定1699人）；招收非全日制硕士研究生1115人（其中北京735人，保定380人）。2022年完成四次学位授予工作，共授予226人博士学位、3744人硕士学位、5901人普通教育本科生学士学位、62人来华留学生学士学位、424人成人教育本科生学士学位；共评选出校级优秀博士学位论文19篇、校级优秀硕士学位论文119篇；1篇博士论文获北京市优秀博士学位论文，1篇博士论文获河北省优秀博士学位论文、14篇硕士论文获河北省优秀硕士学位论文。至2022年底，在校学历教育研究生16383人，其中博士研究生1524人（全日制1518人，非全日制6人），硕士研究生14859人（全日制11138人，其中保定4277人；非全日制3721人，其中保定1253人）。

"十四五"各项工作深入推进，全校研究生教育规模达到16000多人。根据《中国研究生教育质量报告2022》，研究生院在中国高水平研究生院百强榜单晋升优秀A级。

学位点建设工作。华北电力大学获批电子信息专业学位类别博士学位授权点。

招生工作。持续扩大研究生招生规模，硕士新增招生计划650人，增幅达18%，博士新增招生计划91人，增幅达28%；新增专业学位博士、国家实验室联合培养、科研经费博士、工程硕博士培养改革专项试点等四项招生工作，港澳台招生获突破。

专业学位教育工作。学校入选首批国家工程硕博士培养改革专项试点单位，入选实施储能技术国家急需高层次人才培养专项高校名单，以校企联合培养基地为抓手，深入推进产教融合、科教融汇，构建工程硕博士培养高质量发展保障体系。

质量监督工作。发布《华北电力大学研究生教育发展质量年度报告（2021年度）》《关于组建华北电力大学第一届研究生教育督导组的通知》，举行第一届研究生教育督导组聘任仪式暨研究生学风教风研讨会，并开展研究生学位论文材料专项审核工作，推进全过程质量监控和治理体系建设。深化博士学位论文匿名评审制度，重点学科实施5篇全匿名评审，提升博士学位论文质量。电气学院毕业博士武昭原同学学位论文《高比例新能源电力系统灵活运行的市场机制设计研究》被评为2022年北京市优秀博士学位论文。

课程建设。立项建设研究生学科核心课34项，思政课程及课程思政27项，留学生优质课5项，校企联合技术专题课52项，研究生教材16项，研究生慕课12项，在线课程34项，专业学位案例(库)33项。2门研究生课程入选北京市课程思政示范课程。获批2022年河北省研究生课程思政示范课程项目11项、河北省研究生课程思政教学研究示范中心2个、2022年首批河北省研究生教育教学改革研究项目13项、2023年河北省在读研究生创新能力培养资助项目24项。

导师队伍建设。修订《华北电力大学博士生导师资格遴选及招生确认办法》，实施导师队伍管理与培训提升行动，举办研究生导师队伍建设专题网络培训，200余名导师参加培训。按照“按需设岗，择优聘任”的原则，学校召开华北电力大学第五届学位评定委员会第18次、19次、20次会议，新增37名校内博士生导师，31名外聘博士生导师；新增111名校内硕士生导师，83名外聘硕士生导师，有力充实研究生导师队伍。控制与计算机工程学院刘吉臻教授团队获评2022年北京市优秀研究生指导教师团队，电气与电子工程学院毕天姝教授、崔翔教授获评2022年北京市优秀研究生指导教师。

(卢占会　谢　庆)

【开展专项招生工作】 2022年，学校首次开展工程博士、怀柔实验室联合培养博士招生。联合八家企业开展工程硕博士培养改革试点专项招生，召开校企合作卓越工程师培养研讨会，审定拟录取名单，在与各家企业、兄弟高校、校内部门学院间充分交流沟通的基础上，高质量完成各项新增招生工作。

(卢占会　何　健　单田雨　冯　佳)

【专业学位授权点申报工作】 2022年，按照上级部门要求，经学校申请，获批增列电子信息博士专业学位授权点，新增人工智能、大数据技术与工程等8个二级领域。

(张　磊　李宝儒)

【学位授权点周期性合格评估工作】 2022年，按照《华北电力大学学位授权点合格评估自评工作方案》，各学位点有序开展自评估工作。完成2021年各学位点基本状态信息的采集和填报工作，各学位点首次撰写并公布《学位授权点建设年度报告》。

(张　磊　李宝儒)

【完成研究生初试考点工作】 2022年，疫情复杂，教育部提出研招工作面临“形势史无前例复杂，任务史无前例艰巨”的考验，北京市组考模式多次变化。12月24日至25日在北京校部参加考试的考生3980人，其中校内考生1491人，校外考生2489人，承担报考湖北、广东两省招生单位的在京社会考生695人。共设置普通考场140个、专用考场24个、备用考场18个，共计182个考场，919名教职工参与考务工作。报考北京校部考生12789人，增幅18%。研究生院精心组织、周密安排，保障考试平稳顺利实施，实现“平安研考、温暖研考”工作目标。12月24日至26日，2023年全国硕士研究生招生考试(初试)保定校区考点共有3091名考生参加考试，其中包括本校考生2953人，外校借考考生138人。保定校区考点共设有132个考场，其中普通考场119个、阳性考场1个、备用考场12个，共有480余名教职工参与考务工作，圆满完成“如期考试、应考尽考、平安研考”的目标任务。

(卢占会　谢　庆　单田雨　曹　峰　张志超　马立敏)

【双一流研究生人才培养项目进展顺利】 2022年，研究生院督促项目负责人按照中央财政专项资金项目预算执行进度加快项目执行。至年底，顺利完成2022年研究生“双一流”各项建设任务，组织项目中期检查和验收。

(张淑莉　张　珂　齐宏景　归　毅)

【修订学术学位研究生培养方案】 2022年，根据学校新增学科和方向，制订氢能科学与工程交叉学科博士研究生培养方案和氢能科学与工程交叉学科硕士研究生培养方案。

(张淑莉　齐宏景)

【推进实施产教融合建设行动】 2022年，新增校外培养基地6家(北京)；建设校企联合专题课52门(保定16门)和专业学位案例(库)项目33项(保定14项)。校企联合培养专项计划共招收硕士79名。《北京教育信息(专报)》对学校近年来在创新培养机制，深化科教产教融合，提升人才自主培养质量进行报道。在中国研究生院院长联席会平行论坛作专题报告。学校召开校企合作卓越工程师培养研讨会，国家电网公司等八家单位人力资源及相关部门负责人参加会议。

(何　健　罗格非)

【制订(修订)专业学位研究生培养方案】 2022年，根据学校新增专业领域，制订电子信息类别下8个领域的工程博士培养方案，制订社会工作、新闻与传播、水利工程3个类别的专业学位硕士培养方案。根据工程硕博士培养专项、储能专项的要求，制订工程硕博士联合培养专项培养方案，涉及8个领域的博士培养方案，9个领域的硕士培养方案。

(何　健　张乃强　罗格非)

【首批专业学位案例(库)完成建设】 2022年，学校33个专业学位案例(库)，经过两年期建设，已完成建设工作。为学校专业学位案例教学提供更多素材与质量保障。

(何　健　罗格非)

【推进研究生国际交流与合作】 2022年,组织留学基金委高水平大学国内外联合培养博士生项目申报工作,共录取18名博士生参加国内外联合培养;通过"双一流"项目立项资助3名博士生参加短期国际访学。

(张淑莉 齐宏景 王宗华)

【加强研究生慕课建设】 2022年,为提高研究生课程教学质量,研究生院持续推进课程教学改革,自主开发一批优质研究生在线开放课程。至年底,共建设研究生慕课57门(保定23门),已录制完成36门(保定13门),已在学堂在线等慕课平台上线28门(保定12门),成为研究生热门课程。

(张淑莉 张 珂 齐宏景 归 毅)

【保障沙河院区教学工作顺利开展】 2022年,配合相关部门考察落实2022级专硕进驻沙河院区;调整系统实现学硕专硕分开下任务书、排课;协商教室资源和多媒体设备、协调网络、落实教师进校;开课第一周,研究生院全体在沙河院区做好保障服务工作,确保教学工作顺利开展。

(张淑莉 杨晓艳 邹仕慧)

【推进同等学力申请硕士博士项目】 2022年,根据教育部办公厅关于印发《普通高等学校举办非学历教育管理规定(试行)》的通知,及时调整同等学力申请硕士、博士学位项目运行模式,年内,共招收申硕学员1389人(其中北京1280人,保定109人),同等学力博士学员85人。

(卢占会 谢 庆 张 磊 张 珂)

【组织好疫情防控常态化下的研究生课程教学工作】 2022年,由于新冠疫情,春季学期学生分批返校,学校在学生返校前组织线上教学,返校后过渡到线下教学。2022年秋季学期,部分师生被隔离以及学生上课期间需要接种疫苗和全员核酸检测,学校采用线上线下结合、直播录播同启的方式,保证教学工作顺利进行。线上线下结合阶段期末考试全部采取线上考试方式,闭卷要求双平台双机位。

(张淑莉 张 珂 齐宏景 孙慧凌 归 毅)

本科生教育教学

【概况】 2022年,华北电力大学共设自然班906个(含保定校区434个+3个预科班),其中实验班17个(含保定校区8个),行政班904个(含保定校区436个)共授课学时248345学时(含保定校区127376学时),新开设课程364门(含保定校区238门),有63个专业(含保定校区43个)。

2022年是学校"十四五"规划承前启后的关键建设年。教务处落实立德树人根本任务,以提高人才培养能力为核心,强化专业建设、课程建设、教材建设,开展教风建设专项工作,提高教师教学能力,全面提升教学运行管理服务能力,促进本科教学工作发展。加强教学组织管理,积极应对疫情影响,顺利完成年度教学管理任务。

专业建设。发布《华北电力大学本科专业建设管理办法》,加强专业动态调整,新增备案本科专业3个,分别为网络与新媒体、能源与环境系统工程、集成电路设计与集成系统,新增审批本科专业1个——氢能科学与工程,为全国首个"氢能科学与工程"本科专业。申报网络空间安全、碳储科学与工程2个备案本科专业,申请撤销安全工程、国际经济与贸易、电子商务、劳动与社会保障4个专业。

课程思政。印发《中共华北电力大学委员会关于进一步加强课程思政建设的意见》。组建课程思政宣讲团。5门课程入选北京高校课程思政示范课。50门课程入选校级第三批课程思政示范课程。评选出20个校级课程思政十佳优秀教学案例。2项课程思政案例上线新华网"新华思政"专栏。

课程与教材建设。获批北京市优质本科课程5门、北京市优质本科教材课件4部。北京校部出版教材17部。保定校区共计出版教材13部,10部出版社规划教材,1部出版精品教材,2部其他类教材。

教改项目。获批北京市教学创新改革项目4项,立项校级教学研究与改革项目重点项目10项、一般项目20项,立项线上线下混合式课程建设项目14项。获批河北省教育教学改革研究与实践项目20项,立项校级教学研究与改革项目重点项目20项、一般项目30项。

教学发展。修订《华北电力大学新任教师授课资格认定办法》。开展新入职教师教学培训和新任教师授课资格认定。共139名教师参加新入职教师教学培训,112名教师取得"华北电力大学新任教师授课资格证书"。5人获省级教学名师奖;1人获得北京高校优秀本科实验教学指导教师;1人获北京高校优秀本科教学管理人员;3个团队获省级优秀团队奖。8人(团队)获省级教师教学创新大赛奖。

教风建设。学校以"提高课堂教学质量,提升育人水平"为主线,大力弘扬"乐教善教、潜心育人"的优良教风,引导教师在教育教学活动中投入更多时间、精力和情感,持续提升课堂教学质量和育人水平,推动教育教学高质量发展。一是加强学习,提高认识,树立正确的教育教学观念。组织全体教师学习国家教育政策、教育专家的相关教学论述,提高教师对立德树人重要性的认识,树立正确的教育教学理念。二是加强教学中心地位,全面提升课堂教学质量。加强课程教学管理,开启新一轮课堂教学质量评价。加强教案建设,发布《课程教案参考模板》。开展教育教学改革与研究,重点加大线上线下混合式课程建设力度。全学期持续开展教师教学培训,以新建的教师教学发展平台为依托,开展面向全校专任教师的教师教学能力提升线上研修班。选树榜样，实施示范课堂开放活动。遴选优秀课程团队、教学名师课堂、精品课程课堂、课程思政示范课程课堂、讲课比赛获奖等课堂，作为示范课堂，面向全校教师开放，发挥引领示范作用。

教学评价。校院两级督导共听课3582人次。发布8期《教学督导简报》、3期《线上教学督查简报》；组织填报学院督导工作津贴。规范课堂教学质量综合评价工作，完成568个课堂的教学质量综合评价；修订《华北电力大学本科课堂教学质量综合评价实施办法》。依托"智慧课堂平台"，实现督导及领导干部对365个课堂的线上督查。

（沙尘恩　杨　凯　邓艳明　王　晓　平　萍）

【15个专业入选一流本科专业建设"双万计划"】 2022年，《教育部办公厅关于公布2021年度国家级和省级一流本科专业建设点名单的通知》（教高厅函〔2022〕14号），正式公布2021年度一流本科专业建设"双万计划"建设点名单。学校15个专业入选一流本科专业建设"双万计划"。其中，6个专业入选国家级一流本科专业建设点（表1），9个专业入选省级一流本科专业建设点（表2）。

表1　入选2021年度国家级一流本科专业建设点名单

序号	专业名称	所在学院
1	法学	人文学院
2	应用物理学	数理学院
3	应用化学	环境学院
4	软件工程	控计学院
5	水文与水资源工程	水电学院
6	工商管理	经管学院

表2　入选2021年度省级一流本科专业建设点名单

序号	专业名称	所在学院	备注
1	经济学	经管学院	北京市级
2	金融学	经管学院	北京市级
3	翻　译	外语学院	北京市级
4	测控技术与仪器	控计学院	北京市级
5	电子科学与技术	电气学院	北京市级
6	物联网工程	控计学院	北京市级
7	水利水电工程	水电学院	北京市级
8	信息管理与信息系统	经管学院	北京市级
9	会计学	经管学院	北京市级

（邓艳明　平　萍）

【课程思政建设】 印发《中共华北电力大学委员会关于进一步加强课程思政建设的意见》，进一步完善"学校统一领导、教务处牵头、部门联动、院系落实"的课程思政建设运行机制，推进课程思政高质量建设。组建课程思政宣讲团，着力构建学校-院系共建的"示范引领 共建共享"课程思政学习交流平台。宣讲团成员包括教育部课程思政示范课负责人、北京市课程思政示范课负责人、校级课程思政示范课负责人、马克思主义学院教师33人。宣讲团深入院系开展课程思政宣讲，推广示范课程及课程思政研究的新观念、新思路、好经验、好做法，共开展宣讲19场、40余次报告，与教师面对面讨论交流，帮助一线教师正确理解课程思政的内涵和意义、切实提升广大教师的育德意识和育人水平，促使广大教师掌握课程思政建设的路径与方法，营造"比学赶帮超"的课程育人氛围。"新能源材料""管理学原理""电力系统分析（1）""新能源专业导论"和"模拟电子技术基础实验"5门课程入选北京高校课程思政示范课（表3）。50门课程入选校级第三批课程思政示范课程。评选出20个校级课程思政十佳优秀教学案例。"模拟电子技术基础"和"模拟电子技术基础实验"2项课程思政案例上线新华网"新华思政"专栏。

表3　2022年北京市课程思政示范课程、教学名师和团队名单

序号	学院	课程名称	课程思政教学名师和团队
1	新能源学院	新能源材料	古丽米娜、陈诺夫、赵　莉、夏　昕、戴美林、汤石雨、杨　海、崔　凡
2	经管学院	管理学原理	李彦斌、孙红星、王永利、刘小丽、黄　辉、王　歌、加鹤萍、李　赟
3	电气学院	电力系统分析（1）	胡俊杰、孙英云、艾　欣、刘崇茹、刘宝柱、陈艳波、王胜辉、樊良树
4	新能源学院	新能源专业导论	杨世关、李继红、陆　强、葛铭纬、古丽米娜、侯丹娟
5	电气学院	模拟电子技术基础实验	孙淑艳、柳　赟、赵　东、文亚凤、黄晓明、侯丹娟

（王　晓）

【5门课程获批北京高校"优质本科课程"，4部教材获批北京高校"优质本科教材课件"】 2022年9月16日，根据《关于公布2022年优质本科课程和优质本科教材课件遴选结果的通知》（京教函〔2022〕394号），5门课程获批北京高校"优质本科课程"（表4），3本教材及1项课件获批"优质本科教材课件"（表5）。

表4　2022年北京高校"优质本科课程"

序号	项目名称	主讲人	课程类型	项目类型
1	过程控制技术与系统	房　方	专业课	重点
2	社交礼仪	魏咏梅	公共课	一般
3	数据结构与算法	石　敏	专业课	一般
4	毛泽东思想和中国特色社会主义理论体系概论	骆小平	公共课	一般
5	电厂化学	李继红	专业课	一般

表 5　2022 年北京高校“优质本科教材课件”

序号	项目名称	主编	出版社	类型	项目类型
1	《现代控制理论》（英文版）	刘向杰	科学出版社	教材	重点
2	《水利水电专业英语》	李继清	中国电力出版社	教材	一般
3	《核电厂材料》	马　雁		课件	一般
4	《国际商法》（图解版）	韩宝庆	清华大学出版社	教材	一般

（邓艳明）

【4 个项目获批北京高等教育“本科教学改革创新项目”】 2022 年 9 月 16 日，根据《关于公布 2022 年北京高等教育本科教学改革创新项目的通知》（京教函〔2022〕395 号），“双碳目标下特色示范性能源学院建设的探索与实践”等 4 个项目获批北京高等教育“本科教学改革创新项目”（表 6）。

表 6　2022 年北京高等教育“本科教学改革创新项目”名单

序号	项目名称	负责人	类型备注
1	双碳目标下特色示范性能源学院建设的探索与实践	王增平	重大
2	虚拟教研室建设背景下高水平行业特色经管类人才培养模式研究	李彦斌	一般
3	突破时空界限的“电机学”可视化创新教学改革与实践	崔学深	一般
4	基于交叉复合型“双碳”科技创新人才培养的“新能源材料”教学改革与实践	古丽米娜	一般

（邓艳明）

【20 项教改项目入选河北省教育教学改革研究与实践项目】 2022 年 3 月 31 日，河北省教育厅下发《河北省教育厅关于公布 2021—2022 年度河北省高等教育教学改革研究与实践项目名单的通知》（冀教高函〔2022〕21 号），华北电力大学 20 项项目入选河北省高等教育教学改革研究与实践项目（表 7）。

表 7　2022 年河北省高等教育教学改革研究与实践项目立项名单

序号	项目名称	负责人
1	新工科背景下“信号、系统与控制”课程体系构建与多元化科教融合教学探索	赵小军
2	新型电力系统中“发电厂电气部分”的工程贯穿教学改革探索	张祥宇
3	碳中和背景下能源与动力工程专业“燃烧理论与设备”课程群一流课程建设	雷　鸣
4	以“能动”专业“工程热力学”一流课程建设为目标的综合改革	杜亚荣
5	面向一流课程建设的混合式教学模式研究及其在微机原理类课程中的实践	张　妍
6	产教融合的双创能力全程培养模式探索——以机器人工程专业为例	苑　朝
7	工程教育认证背景下基于 OBE 理念的软件工程专业课程群教学改革及实践	李　整
8	以“一流专业”建设要求为指导、能源电力为特色的电子信息类专业建设	吕安强
9	面向创新能力培养的电子技术系列课程教学体系建设与改革	马海杰
10	基于 POA 理论的大学公共英语课程思政教学体系的构建与实践	杜艳霞
11	基于慕课资源的概率论与数理统计课程混合式教学研究与实践	杨　冲
12	多维度创新性物理实验教学体系的构建与实践	蒙高庆
13	大教育背景下“信息管理导论”课程“思·研·赛”融合实践与创新	张梅梅
14	新文科建设背景下“统计学”课程思政教学改革与实践	孟祥松
15	“碳循环与碳减排概论”课程体系建设与实践	付　东
16	智能制造工程专业建设研究与实践	花广如
17	行政管理专业课程思政课程体系构建与实施研究	史胜安
18	基于“五教融合”模式的高校啦啦操课程教学改革与实践	王泽霖
19	本硕（博）贯通高层次人才一体化培养模式的改革与实践	谢　庆
20	德育至上、五育并举、双碳引领，能源电力人才培养体系研究	张隆阁

（平　萍）

【12 个项目获北京市教学成果奖】 2022 年 9 月，北京市教育委员会、北京市人力资源和社会保障局、北京市财政局公布 2021 年北京市教育教学成果奖获奖名单。学校共 12 项教学成果荣获 2021 年北京市高等教育教学成果奖（表 8），其中，“组建专业共同体推进新工科建设——

新能源专业联盟九年探索与实践”等 6 项成果获一等奖；“需求导向、特色发展、多维融合：能源电力行业高校专业建设的探索与实践”等 6 项成果获二等奖。

（邓艳明）

表 8　华北电力大学 2021 年北京市高等教育教学成果奖获奖名单

成果名称	成果完成者	奖项
组建专业共同体推进新工科建设——新能源专业联盟九年探索与实践	杨勇平　杨世关　李继红　陈汉平　王景甫　钱　斌　陈　荐　邢作霞　陆　强　徐　锐　李文全　丁　琪　邵敬爱	一等奖
以立德树人为目标的问题链教学育人基地的创新与实践	李彦斌　郭炜煜　马同涛　李　赟　王永利　张灿飞　李泓泽　刘元欣　王　辉　郭　鑫　吴　薇　王　歌　鞠立伟　加鹤萍　刘金朋　丁　贺	一等奖
构建“5A”实践育人体系，培养电力行业一流自动化人才	房　方　刘吉臻　吕　游　荀振芳　徐教辉　刘　娜　杨婷婷　孟大伟　侯国莲　傅彩芬	一等奖
理实融通，教学相长，育人育己育团队——电工电子实践教学改革与创新	孙淑艳　柳　赟　赵　东　徐衍会　黄晓明　刘向军　文亚凤　丛浩熹　许　军　刘　骁　李月乔　龚钢军　刘春颖　王　赟	一等奖
新能源通专融合人才培养模式十五年探索与实践	李美成　葛铭纬　高　攀　许　佳　褚立华　李　莉　王　永　刘乐浩　杨世关　古丽米娜　董长青　姚建曦　刘永前	一等奖
以评价改革为牵引的大学教师教学发展体系的构建与实践	白逸仙　刘崇茹　王　晓　王梦娇　杨世关　张新娟　刘　威　张栋峰　李向宾　罗　皓	一等奖
需求导向、特色发展、多维融合：能源电力行业高校专业建设的探索与实践	王增平　安利强　白逸仙　刘崇茹　房　方　王晓东　齐　郑　李美成　徐衍会　刘　芳	二等奖
“五个创优”集成创新提升思想政治理论课教学质量的模式探索与实践	汪庆华　孙　平　王　伟　蔡利民　孙　芳　魏彤儒　王建红　骆小平　侯丹娟　宁　阳	二等奖
以“创新实践”和“工程实践”为核心的工程热力学课程改革与实践	李　季　杨勇平　翟融融　王修彦　张俊姣　李元媛　郭喜燕　张世平　杨志平　侯宏娟　段立强　徐　钢　陈　衡	二等奖
以“育人育才共享共赢”为宗旨的校企联合人才培养体系探索与实践	陆道纲　刘　芳　刘　洋　卢铁忠　林　卫　李向宾　马明泽　赵珥希　魏葱葱　牛风雷　杜运斌　马　雁　王升飞　陈　涛　吴　军　臧启勇	二等奖
面向能源电力行业发展需求的电气类专业多元化人才培养体系构建与实践	徐衍会　齐　磊　毕天姝　胡俊杰　张书琦　赵国亮　卢　锟　陈禹辛　刘自发　李庚银　王泽忠　崔学深　孙淑艳　艾　欣　王　硕　王玲玲	二等奖
构建适应“绿色电力”发展需要的环境类卓越人才培养新模式	汪黎东　方　明　齐立强　李　薇　李蔷薇　马双忱　齐娟娟　李　贞　张一梅	二等奖

（邓艳明）

【**17 个项目获批教育部产学合作协同育人项目**】　2022 年 11 月 1 日，教育部高等教育司公布 2022 年第一批产学合作协同育人项目立项名单（教高司函〔2022〕8 号），学校获批 2022 年产学合作协同育人项目 17 项（表 9），校企共同致力于新工科建设、教学内容和课程体系改革、创新创业教育改革、师资培训、实践条件和实践基地建设。

表 9　教育部 2022 年产学合作协同育人项目立项名单

序号	项目名称	负责人	企业名称
1	“新工科”背景下能源与动力工程专业课程体系建设	李　鹏	河北筑安环保科技有限公司
2	员工招聘与测评模拟实训实验室建设	余恩海	上海踏瑞计算机软件有限公司
3	机械电子人才培养的工业大数据实践条件建设	胡爱军	济南银华信息技术有限公司

续表 9

序号	项目名称	负责人	企业名称
4	水库优化调度实践课程虚拟仿真教学软件的研究	吴月秋	北京润尼尔网络科技有限公司
5	国际金融学教学内容和课程体系改革	田光宁	北京百智享科技有限公司
6	课程思政视阈下大学法语课程多模态教学资源建设	桑　瑞	上海佑莘教育科技有限公司
7	基于知识产权司法鉴定案例的电子信息专业课程思政元素库建设	崔维新	北京艾特互联科技有限公司
8	基于 Proteus 的微机原理与接口技术课程虚拟仿真实验建设	秦金磊	广州风标教育技术股份有限公司

续表 9

序号	项目名称	负责人	企业名称
9	基于 Simdroid 的高电压技术课程仿真教学与实践	刘云鹏	北京云道智造科技有限公司
10	新工科建设背景下信息管理类人才培养模式实践研究	王建军	陕西科米网络科技有限公司
11	国产仿真软件在电磁场数值计算课程中的应用与探索	李学宝	北京云道智造科技有限公司
12	数字流域虚拟仿真实验教学实践基地建设	张尚弘	北京象新力科技有限公司
13	面向电力工业互联网的大数据实践条件建设	程文刚	济南银华信息技术有限公司
14	“通信电子电路”创新拓展实验项目建设	李　然	武汉易思达科技有限公司
15	面向基于案例的研究性教学的理论力学混合式教材研究与建设	杨文刚	北京世纪超星信息技术发展有限责任公司
16	能源与动力工程专业虚拟仿真实践基地建设	李　季	北京象新力科技有限公司
17	基于半实物仿真技术的新能源并网发电类课程的实验教学建设研究	贾焦心	南京研旭电气科技有限公司

（杨　凯）

【26 篇毕业设计（论文）获北京市优秀本科生毕业设计（论文）】 2022 年，北京市教委组织开展 2022 年北京市普通本科高校大学生毕业论文（设计）评优工作，共评选出优秀毕业设计（论文）1046 项。学校经各学院遴选、推荐，审核公示，市教委审核批准，获评北京市普通高等学校优秀本科生毕业设计（论文）26 项。

（蔡　奕）

【1 篇论文获全国能源动力类专业百篇优秀毕业论文（设计）】 2022 年 8 月，张磊指导的《常规岛热力系统阀门流场特性及多阀联合控制策略研究》论文获全国能源动力类专业百篇优秀毕业论文（设计）。

（李超雄）

【1 位教师（团队）在国家级教学比赛中获奖】 2022 年 8 月 10 日，根据《中国高等教育学会关于公布第二届全国高校教师教学创新大赛获奖教师（团队）名单的通知》（高学会〔2022〕85 号），机械工程系杨文刚团队获大赛二等奖。

（梁　莹）

【8 位教师（团队）在省级教学比赛中获奖】 根据《关于公布第二届北京高校教师教学创新大赛获奖名单通知》，经济与管理学院李彦斌团队、新能源学院杨世关团队和新能源学院古丽米娜获三等奖。2022 年 5 月 31 日，根据《河北省教育厅关于公布第二届河北省高校教师教学创新大赛获奖名单的通知》（冀教高函〔2022〕34 号），机械工程系杨文刚团队获特等奖，动力工程系刘璐团队获二等奖，电力工程系李慧奇团队、计算机系赵文清团队、电力工程系董淑惠团队获三等奖。

（王　晓　梁　莹）

【5 位教师获省级教学名师奖】 2022 年，根据《北京市教育委员会关于公布 2022 年度北京市高等学校教学名师奖获奖名单的通知》（京教函〔2022〕396 号），控制与计算机工程学院房方、电气与电子工程学院孙淑艳获第十八届北京市高等学校教学名师奖，新能源学院古丽米娜获第六届北京市高等学校青年教学名师奖。2022 年 9 月 8 日，《河北省教育厅关于公布 2022 年河北省普通本科院校教学名师和优秀教学团队名单的通知》（冀教高函〔2022〕57 号）。经济管理系李伟、计算机系赵文清入选“河北省普通本科院校教学名师”。

（王　晓　平　萍）

【3 个教学团队获省级优秀团队称号】 2022 年，根据《北京市教育委员会关于公布 2022 年“北京高校优秀本科育人团队”和“北京高校优秀本科教学管理人员”评选结果的通知》（京教函〔2022〕398 号），核科学与工程学院以陆道纲教授为带头人的“核反应堆工程教学团队”获北京高校优秀本科育人团队称号；教务处张栋峰获评 2022 年北京高校优秀本科教学管理人员称号。2022 年 9 月 8 日，《河北省教育厅关于公布 2022 年河北省普通本科院校教学名师和优秀教学团队名单的通知》（冀教高函〔2022〕27 号）。电子与通信工程系孔英会为带头人的通信系统原理教学团队、动力工程系张磊为带头人的流体力学及泵与风机教学团队入选“河北省优秀教学团队”。

（王　晓　平　萍）

【1 人获评北京高校优秀本科实验教学指导教师称号】 2022 年，根据《关于公布 2022 年北京高校优秀本科实验教学指导教师评选结果的通知》（京教函〔2022〕397 号），经济与管理学院郭鑫获评北京高校优秀本科实验教学指导教师称号。

继续教育教学

【概况】 2022年，华北电力大学继续教育工作以党的二十大精神为指导，以服务国家"双碳"战略为目标，克服新冠疫情的严重影响，主动作为，积极探索适合华北电力大学特点的继续教育转型提质发展之路，为社会和行业提供多层次、高质量的继续教育服务，打造具有华电特色的继续教育品牌，助推学习型社会建设。学历继续教育在籍学生8974人（含保定5117人），招录新生3403人（含保定2199人），毕业生共计3954人（含保定2346人）。学历继续教育校内外教学站点25个（含保定12个），分布全国17个省市自治区（含保定8个）。学校非学历教育全年共举办培训班69期（含保定20期），参加培训1万余人次（含保定1800人次）。

党建工作。坚持以习近平新时代中国特色社会主义思想为指导，全面开展学习党的二十大精神系列活动，通过支部联学、专家导学、干部领学、线上常学、相互促学、理论研学等多种学习模式。策划并承办蒙东电网等企业的二十大精神学习培训班，策划二十大报告关于能源领域的解读、能源统一大市场、储能氢能等新技术系列公开课。迎接教育部巡视工作，以巡促改，以巡促建，以落实巡视整改反馈意见为契机，推进党建质量再上台阶。开展党员"一帮一"结对活动，老党员关心关爱进步青年的成长成才。承担学校党委委托课题《高校非事业编制党员教育培训的实效性和系统性研究》，理论联系实际开展研究。各党支部差异化、品牌化开展活动，连续两年开展"冬日衣旧 温暖依旧"活动、邀请市工会劳模进行专题讲座等。

疫情防控工作。2022年是新冠疫情肆虐的一年，学院积极响应学校党委号召，发动50人次参与核酸检测服务，16人次担任网格化管理楼层长，发动一大批党员和群众组成志愿服务队，投身抗疫一线。华培中心作为疫情观察、防护隔离区，中心26名员工参与疫情防控保障工作，提供返校、隔离、外出观察等人员隔离保障客房，同时为隔离人员提供送餐，累计共为2000余名师生提供过隔离服务，协助学校完成抗疫工作。

制度建设。学院加强制度建设，确定相关制度的"留、废、改、立"情况，建立规章制度建设任务清单。修订出台28项规章制度，整理出台精细化、规范化、标准化的制度汇编成果，进一步规范管理，理顺工作流程，提升治理能力。

学历继续教育。学历继续教育按照"少而优、小而精"的办学要求，主动减量提质，进一步减少招生数量和教学点数量，努力提高人才培养质量。细化招生简章发布流程，合理规划校外教学点布局，科学制定专业设置和人才培养规划，加强对线上教学和线下面授的全过程管理。全面落实教育教学要求，加强学生的思想政治建设，开齐开好思想政治理论课，党总支书记给新生讲"开学第一课"，探索课程思政建设，培育和践行社会主义核心价值观。

非学历教育。按照教育部的要求，学院认真开展非学历教育检查整改工作，形成整改方案，完成整改任务。非学历教育完成管办分离，继续教育学院成为非学历教育专门办学单位。培训作为受疫情影响最大的工作，在严格贯彻执行教育部、地方政府及学校的疫情防控要求前提下，培训业绩相比上一年度实现稳步提升。在完成甲方培训需求的同时，赢得较好社会效益，实现经济效益和社会效益双丰收。

终身教育平台。推动数字继教建设，出台《继续教育学院信息化建设总体规划》。通过继续教育课件生产一体化平台共生产课件达3016课时，通过终身教育智慧学习平台学习人数3.42万人次。疫情条件下，学院统筹抓好疫情防控和事业发展，以录播课程和直播教学相结合的方式，广泛开展线上教学和培训，同时满足社会和行业企业继续教育需求，开辟培训发展新通道。学历继续教育"停课不停学"，通过不断优化线上教学模式来提高教学质量。

华培中心工作。接待校外大小团体培训、各类人员培训、会议，服务人数416余人次；为校内13个院系的研究生笔试面试监考教师提供食宿保障，作为观察、防护隔离区，协助学校抗疫工作，全年度共计收入291万余元。

获奖情况。"电网企业核心技能人才'精准培养＋智慧管理'体系构建与实践"获中电联电力科技创新奖二等奖；"需求导向 产教融合 高质量开展能源电力行业专业技术人员继续教育"获中国电力教育协会电力行业技术技能优秀创新成果。

（程　诚）

【国网招生考试培训班】 2022年，学院举办国网招聘考试一批次精讲班、冲刺班，二批次精讲班、冲刺班，参加培训180余人次，网申通过率超过95%，笔试通过率达到90%以上。在疫情严重的情况下，培训人数和培训收入均实现稳步提升。同时借助现场宣讲、网络宣传、校外推广、外联部校友会平台等多种途径进行宣传，进一步夯实国网招聘入职考试培训在业内的知名度和认可度。

（高　凯）

【非学历教育"管办分离"】 2022年4月12日，学校发布《关于成立学校非学历教育管理办公室的通知》，按照"管办分离"原则，成立学校非学历教育管理办公室，对非学历教育实施归口管理。继续教育学院成为非学历教育的专门办学单位，结合学校优势特色，按照学校相关程序开展非学历教育。

（程　诚）

【开展继续教育转型发展大讨论】 2022年5月中旬至6月中旬，为深入贯彻习近平总书记关于碳达峰碳中和重要讲话和指示精神，结合教育部《普通高等学校举办非学历教育管理规定（试行）》和学历继续教育相关文件精神，研判继续教育发展面临形势，把握发展趋势，学院组织开展为期一个月的“新形势下继续教育转型发展大讨论”活动。活动过程中，形成优秀的项目方案、项目方案模板，以及信息化建设方案等成果。

（程 诚）

【律方成出席函授站工作会议】 2022年7月19日，华北电力大学保定校区召开第二十八次函授站工作会议。会议采取线上线下同步进行，校党委常委、副校长律方成在主会场出席会议，继续教育学院（保定）全体工作人员参加会议，各函授站、教学点50余名代表分别在各函授站分会场线上参会。会议由继续教育学院（保定）副院长高慧颖主持。

（高 凯）

【律方成出席年中工作会】 2022年7月19日，继续教育学院召开2022年年中工作会，校党委常委、副校长律方成出席会议并讲话，继续教育学院、继续教育学院（保定）领导班子及相关人员参加会议。会议以北京、保定两地视频方式举行，继续教育学院（保定）正处级组织员刘锦康主持会议。

（高 凯）

【毕天姝出席青年科技人才创新能力提升培训班开班仪式】 2022年8月15日，由大唐集团科技创新与信息化部主办、大唐集团党校和华北电力大学继续教育学院共同承办的中国大唐集团有限公司青年科技人才创新能力提升培训班在华北电力大学开班。学校党委常委、副校长毕天姝出席仪式并讲话。本次培训班立足提升大唐集团青年科技人才的创新能力，提高整体科研创新水平，是全面实施科技创新工程，推动“二次创业”走深走实的现实需要。

（程 诚）

【王增平出席发展中国家核电开发及安全技术培训班开班仪式】 2022年9月7日，由商务部主办、华北电力大学承办的“发展中国家核电开发及安全技术培训班”通过线上形式开班。副校长王增平出席仪式并讲话。本次培训班是由中华人民共和国商务部主办，由华北电力大学承办的重要援外核电技术开发项目之一，是中国和广大发展中国家能源领域同行交流技术经验、共同提高科技和管理水平的良机。

（程 诚）

【举办数字技术赋能能源电力绿色低碳发展高级研修班】 2022年11月25日，由人社部中国继续工程教育协会主办、华北电力大学承办的“数字技术赋能能源电力绿色低碳发展高级研修班”通过线上形式开班。本次高研班为期5天，主要采取线上集中学习、专题讲座以及线上云参观的方式，围绕数字技术赋能能源电力绿色低碳发展等内容开展。

（程 诚）

【搭建终身教育实施平台】 2022年12月，学院积极顺应新形势变化，贯彻落实国家教育数字化战略行动，加快信息化发展，推动数字继教建设，出台《继续教育学院信息化建设总体规划》。以智慧继续教育（一期）数字化转型方案为抓手，着力打造继续教育课件生产一体化平台和终身教育智慧学习综合平台。从终身教育资源高效率、高质量一体化生产到教育培训全流程管理与数字化赋能，加快实现学校终身教育智慧化、智能化转型，稳步健全与夯实智慧化高质量发展支撑保障体系。

（程 诚）

【入选国家级职业教育“双师型”教师培训基地】 2022年12月7日，教育部办公厅公布一批国家级职业教育“双师型”教师培训基地（2023—2025年）名单，华北电力大学入选。华北电力大学作为牵头单位，联合中国能源建设股份有限公司、国家能源集团江苏电力有限公司、郑州电力高等专科学校、重庆电力高等专科学校、保定电力职业技术学院（国网冀北公司技能培训中心）等5家核心成员单位，组建“职教国培”共同体，参与基地的申报与建设。

（程 诚）

艺术教育教学

【概况】 2022年，华北电力大学艺术教育中心有专职教师13人，兼职教师3人。华北电力大学艺术团下设合唱团、舞蹈团、话剧团、声工厂、民乐团、管乐团、交响乐团、朗诵团、电声乐团，各团由具有相关专业背景教师担任艺术指导。面向本科生开设“艺术导论”“歌唱的艺术”“摄影鉴赏”“合唱与指挥”“乐理基础”“中外名曲欣赏”“书法鉴赏”“美术鉴赏”“音乐鉴赏”“戏曲鉴赏”“舞蹈鉴赏”“舞蹈形体”“影视鉴赏”“戏剧鉴赏”“西方古典音乐鉴赏”“中国民族歌曲赏析”“流行音乐鉴赏”“中国声乐作品赏析与演唱”“播音与主持”“零基础小提琴艺术实践课”等选修课程。华北电力大学艺术教育中心紧密围绕学校中心工作开展校园美育教育，大力推进美育教育改革创新，促进艺术教育与思想政治教育有机融合，着力提升学生综合素养，以立德树人为根本，以社会主义核心价值观为引领，以提高学生审美和人文素养为目标，引导学生树立正确的审美观念，陶冶高尚的道德情操，培养德智体美劳全面发展的社会主义建设者和接班人。

艺术课程开设。针对不同层次学生需求，开展各类艺术课程20余门，涉及音乐、美术、影视、舞蹈、戏剧、摄影等各类艺术门类，兼顾理论与实践，通过对艺术作品的广泛涉猎和艺术鉴赏活动的参与，培养学生综合艺术素质与能力，提升学生艺术修养和审美情趣。

艺术教育多样化。艺术教育中心坚持探索艺术教育新模式，保证师生在疫情之下也能感受到浓厚的艺术氛围，享受到优质的艺术作品。大学生艺术团参与“百花迎春——中国文学艺术界2022春节大联欢”“奋斗的青春——2022五四青年节特别节目”等节目录制；录制2022毕业季祝福歌曲《如愿》，为毕业生送上祝福；举办线上歌会，邀请师生们共同欢度中秋节、国庆节。疫情封校期间，所有公共艺术课程转为线上教学，艺术教育中心努力克服疫情影响，积极探索公共艺术课程线上教学方式方法，努力做到“停学不停教，停课不停学”。同时，充分发挥艺术专业优势，以艺抗疫，助力疫情防控，通过多种形式开展网络教学，完成公共艺术选修课教学任务。

艺术教育专业化。充分发挥专职教师作用，大学生艺术团各分团均有专职教师负责教学，提高学生的艺术修养和人文素质。结合专业特色，丰富载体，通过音乐会形式把“民歌中的党史”做成校园文化活动。

艺术教育创新化。首次举办大学生舞蹈节，为校园艺术类比赛活动增添新艺术形式，丰富校园艺术活动层次，以舞姿展现学子青春活力。

艺术教育教学和科研成果。北京校部艺术教育中心组织参加2022年北京大学生音乐节，共获四项最佳表演奖和优秀组织奖，五名教师获优秀指导教师奖，一名教师获优秀指挥奖，四项参赛作品全部获评最受师生喜爱节目。在主题歌曲网络展演活动中，获三项最受师生喜爱奖；保定校区艺术教育中心教师积极探索科研教研路径，教师出版专著1部，获批立项中央高校基金项目2项，教育部产学研协同育人项目1项，校级教学研究与改革项目重点项目1项，校级“长城计划”1项，两位教师课堂教学质量综合评价结果为“优秀”。

（冀佩然　纪月峰）

【参演中国文学艺术界春节大联欢】 2022年1月5日、6日，北京校部蓝色动力合唱团受邀参加由中国文联主办、中国文联文艺志愿服务中心承办、各全国文艺家协会等单位协办的“百花迎春——中国文学艺术界2022春节大联欢”节目录制，共参加歌曲《虎虎生风开新年》、歌曲《新时代之歌》、回声组曲之《祖国不会忘记》和歌曲《共同家园》四个节目的表演。

（冀佩然）

【举办线上春节联欢晚会】 2022年1月30日晚，华北电力大学举办线上迎新春文艺晚会，晚会由北京校部和保定校区共同编创，与华电学子在云端迎接新的一年。晚会共15个节目，包括交响、合唱、舞蹈、朗诵、歌曲等多种形式，展现出华电青年“时不我待，只争朝夕”的精神面貌。

（冀佩然　纪月峰）

【举办校园文化艺术活动】 2022年，保定校区艺术教育中心共举办6场室外校园文化艺术活动，大学生艺术团发挥专业优势，以艺抗疫，喜迎二十大。5月，举办“艺术走进生活”路演2场；10月，举办“青春心向党，奋进新征程—喜迎二十大系列文艺演出”共4场。

（纪月峰）

【参加百校接力唱百年活动】 2022年5月3日，北京校部大学生艺术团团员参加由共青团中央组织的“建团百年”线上接力活动，演唱《年轻的朋友来相会》。

（冀佩然）

【参加世界读书日专场朗诵会】 2022年4月23日，在第27个世界读书日来临之际，北京校部朗诵团团员受邀参与由首都图书馆、昌平区委宣传部等主办的“建党百年路·喜迎二十大”专场朗诵会。朗诵会围绕伟大的中国共产党百年历程，以不同时期的文学作品为创作背景，以“一个党100年、四代人100年”为主线，为现场观众讲述一家四代人在党的百年历程中所经历的种种变化，展现中国共产党百年来栉风沐雨、初心不改的意志和决心。

（冀佩然）

【参与录制央视五四青年节特别节目】 2022年4月，北京校部大学生艺术团受邀参与由中宣部、教育部、共青团中央指导、中央广播电视总台央视大型节目中心承办的《奋斗的青春——2022五四青年节特别节目》录制，节目以奋斗为青春主题，展现中国青年不负时代、不负韶华的青春风采。本次活动华电学子分别作为高校青年代表和合唱团成员参与十个节目的录音和演出。

（冀佩然）

【为乐组合举办专场音乐会】 2022年，华北电力大学“为乐组合”举办多场专场音乐会。4月，举办“民歌中的党史”大学生专场音乐会；10月，举办红色经典民歌课堂音乐会2场。同学们通过学习和欣赏红色经典民歌，了解每首红色歌曲创作的时代背景和动人故事，通过音乐会的形式为学生弘扬珍贵的红色精神价值。

（纪月峰）

【录制2022毕业季祝福歌曲《如愿》】 2022年6月，北京校部蓝色动力合唱团通过云录制的方式，演唱歌曲《如愿》，制作“云合影”，开启“云合唱”，表达对母校的眷恋、对师友的祝福。

（冀佩然）

【受邀参加主题快闪活动录制】 2022年9月25日，北京校部声工厂人声乐团受北京市海淀区阿卡联盟邀请参加“喜迎二十大 奋进新征程”——海淀区2022年《我和我的祖国》主题快闪活动录制。为表达对祖国母亲生日的祝福，喜迎党的二十大胜利召开，近百名来自北京市各大高校的青年、老年、少年儿童来到北京凤凰岭景区，用悠扬的歌声、优美的舞姿，唱响对祖国母亲炽烈的爱和真挚的祝福。节目于10月1日国庆节当天在各大网络平台上线播出。

（冀佩然）

【举办大学生舞蹈节】 2022年10月28日，北京校部艺术教育中心举办“舞绘时代华章，绽放青春梦想”第一届大学生舞蹈节比赛。来自各学院共计12个团支部积极参与。经济与管理学院财务2101团支部获一等奖，新能源学院能科2106团支部、电气与电子工程学院电气2107团支部获二等奖，人文与社会科学学院行管2101团支部、数理学院物理2101团支部、环境科学与工程学院环科2102团支部获三等奖。

（冀佩然）

【北京大学生音乐节活动中创佳绩】 2022年10月，北京市举办以“艺韵青春 强国有我”为主题的大学生音乐节。华北电力大学共获四项最佳表演奖和优秀组织奖，五名教师获优秀指导教师奖，一名教师获优秀指挥奖，四项参赛作品全部获评最受师生喜爱节目。在主题歌曲网络展演活动中，获三项最受师生喜爱奖。本次活动中，蓝色动力合唱团、民乐团、交响乐团在校内主楼礼堂和报告厅完成参赛作品录制。

（冀佩然）

【艺术教学与科研成果创佳绩】 2022年，保定艺术教育中心教师积极开展教学研究，大胆进行探索，取得一批教学与科研成果。教师出版专著一部《经典诵读与理工科大学艺术教育》；中央高校基金项目2项：《中国经典民歌——民歌中的党史》《经典诵读在理工科大学艺术教育中的理论基础与实践研究》；校级教学研究与改革项目重点项目《理工科院校艺术实践课程的混合式教学模式研究》；教育部产学研协同育人项目《“互联网＋”背景下高校音乐素质教育教学改革研究》；校级“长城计划”项目《新时代下美育在大学生思想政治教育中的应用——以音乐教育为例》；两位教师在课堂教学质量综合评价中，评为“优秀”。

（纪月峰）

科技研究与成果转化

Sci-Tech Research and Achievement Transformation

◯ 综　　述

2022年，华北电力大学科学技术研究工作围绕学校“双一流”建设目标，着力构建更高质量科研平台体系、攻坚大项目，产出大成果，充分发挥重点研究平台汇聚人才、汇聚资源的作用。鼓励重要科技成果奖励的申报和重大科研项目的组织。持续开展有组织的科研，完善合作机制，继续有序推进校企合作。在科研体系建设等方面重点开展系列工作，单个项目获得经费突破，实现学校科技创新工作新发展，开辟科研竞争新领域。学校科研经费持续大幅增长，2022年获得各类科研经费14.61亿元，较2021年增长30%。年内，华北电力大学共组织申报各类纵向项目1137项，重点研发计划申报144项，国家自然科学基金项目申报454项，国家社科基金申报69项。获批各类纵向项目405项，立项经费达到65692万元，(科技类项目362项，立项经费65334万元，社科类项目43项，立项经费358万元)。国家自然科学基金项目获批136项，较上年增长32%。其中齐磊教授获批国家杰出青年科学基金项目；马国明教授获批国家优秀青年科学基金；王增平教授获批国家自然科学基金联合基金重点支持项目；李美成教授获批国家基金重点项目；周明教授、姚建曦教授、李继清教授、谭小丽教授、牛军峰教授获批联合基金项目。国家重点研发计划专项项目共7项，创历史最高水平，其中杨勇平教授团队、毕天姝教授团队、房方教授团队、王晓东教授团队获得国家重点研发计划项目；牛军峰教授团队、阎洁副教授团队获政府间国际科技合作项目；刘洋教授团队获青年科学家项目。2022年签订横向科研合同1127项，其中超过200万的合同55项，合同总金额76080万元。

高等教育研究工作以“双一流”建设改革发展为主题，以项目为牵引，加强问题调研、访谈与研究，开展包括“华北电力大学‘双一流’建设新路径”、“高校有组织科研的模式、机制和实现路径研究”、“华北电力大学深入推进教师聘期分类考核研究”等“双一流”引导项目研究，服务学校改革发展。

学校以转让、许可、作价投资3种方式转化科技成果18项，合同总额523.11万元。学校申请专利1841项，授权1069项，其中北京校部申请专利1137项，授权659项；保定校区申请专利704项，授权410项。

学校围绕“双一流建设”，以高校所属企业体制改革工作为重心，做好规范化管理与学校经营性资产保值增值，所属企业共计19家，资产总额为85153.07万元；较上年增加10.41%，净利润总额为2674.05万元，较上年增加18.16%。

科　学　研　究

【概况】 2022年，科学技术研究院围绕学校“双一流”建设目标和2022年教代会学校工作报告重点任务。持续开展有组织的科研，完善合作机制，继续有序推进校企合作。学校科研经费持续大幅增长，2022年获得各类科研经费14.61亿元，较2021年增长30%。年内，华北电力大学共组织申报各类纵向项目1137项，重点研发计划申报144项，国家自然科学基金项目申报454项，国家社科基金申报69项。获批各类纵向项目405项，立项经费达到65692万元，(科技类项目362项，立项经费65334万元，社科类项目43项，立项经费358万元。)国家自然科学基金项目获批136项，较上年增长32%。2022年签订横向科研合同1127项，其中超过200万的合同55项，合同总金额76080万元。

科研平台建设。华北电力大学获批清洁高效燃煤发电关键技术与装备集成攻关大平台、氢能的安全高效利用创新引智基地、河北省绿色高效电工新材料与设备重点实验室、河北省物理学与能源技术重点实验室、河北省中国式法治现代化与社会治理研究基地、华北电力大学区域法治与司法治理研究中心6个省部级以上科研平台，进一步完善服务国家战略创新体系。

科技成果奖励。科学技术研究院通过创新科技奖励申报组织动员，提高奖励工作服务水平，有计划设定未来科技奖励申报计划，积极向设奖机构推荐评审专家等方式强化重大科技成果奖励。在省部级奖励方面，学校作为第一完成单位获教育部高等学校科学研究优秀成果奖3项，其中一等奖1项(杨勇平教授团队)，二等奖2项(李美成教授团队和刘云鹏教授团队)；北京市科技进步奖二等奖1项(刘敦楠教授团队)；河北省科技奖一等奖3项(陆强教授团队、赵小军教授团队、汪黎东教授团队)，二等奖4项(陈艳波教授团队、徐超教授团队、顾雪平教授团队和王鹏副教授团队)。学校首次以主持单位同时获三项河北省科技奖一等奖。在社会力量奖励方面，学校主持获中国电力科学技术奖技术发明奖一等奖1项(毕天姝教授团队)；获中国电工技术学会科技奖二等奖2项(李庆民教授团队和周明教授团队)；获电力创新奖9项，其中创新大奖1项(房方教授团队）。社科奖励方面，梁平教授获河北省社会科学优秀成果一等奖。

校企校地合作。进一步对接行业重大需求，有序推进与企业的科技合作。与南方电网公司合作成立“智慧能源联合研究院”，本年度立项经费达2300万元。与华电集团公司、国网北京电力公司开展重大科研合作，落地10项揭榜挂帅项目，4项重大重点项目，总经费逾3000万元。与国网温州供电公司、国网河北电力有限公司、福建福清核电有限公司、国网江苏省电力有限公司电力科学研究院、国网北京市电力公司、内蒙古电力（集团）有限责任公司等公司展开多方项目对接，积极促成双方开展深度科研项目合作，其中促成500万元以上大额合同5项，合计金额高达4718.15万元。四是积极开展形式多样的校企合作对接，与百度集团、电力规划设计总院、新华水力发电有限公司、北京电力设备总厂有限公司聚焦聚力人工智能及大数据、储能应用技术、新型电力系统建设、多源互补及源网荷协同等多个领域，开展校企纵深融合交流合作。

数字化和一站式平台。完善间接经费人员绩效线上申领系统，上线科研平台管理系统，优化网上办事大厅服务流程，改进科研信息管理系统，进一步便利学校师生线上办理相关科研业务。

（马宇飞　张　玲）

【国家自然科学基金项目获批数量创历史新高】 根据国家自然科学基金委员会正式公布的2022年集中受理的基金评审结果，华北电力大学两校区共获批资助119项，资助直接经费5680万元，比去年同期分别增长36.78%和25.08%，自然科学基金项目数量和资助经费额均创历史新高。年内，通过两地科研院、科技处强化申报工作的组织，两地集中申报基金数量达到454项，同时总体资助率达到27.29%，比本年度基金平均资助率16.73%高出近11个百分点。

（马宇飞）

【获批新建两个河北省省级研发平台】 2022年6月30日，河北省科学技术厅正式批准华北电力大学“河北省绿色高效电工新材料与设备重点实验室”和“河北省物理学与能源技术重点实验室”纳入河北省学科重点实验室建设计划。“河北省绿色高效电工新材料与设备重点实验室”围绕我国发展新型材料、推进节能环保的重要战略方针和河北省《“十四五”工业绿色发展规划》，面向国家和河北省能源电力行业重大需求，聚焦新型电工材料基础研究与性能调控、高效能电机系统设计与控制和电网环保理论与关键技术涉及的关键科学和技术问题开展研究，对支撑河北省电工装备产业发展和双碳目标下新型电力系统建设，具有重要意义。“河北省物理学与能源技术重点实验室”围绕我国“碳达峰、碳中和”能源发展战略和河北省《关于建立健全绿色低碳循环发展经济体系的实施意见》，聚焦于能源装备声光物理技术、能源系统复杂网络分析技术、核能高效利用物理机理与应用研究，解决国家和河北省能源与物理交叉领域的共性基础问题和关键技术问题，对于我国实现双碳目标具有重要意义。两个省级重点实验室的立项，是学校科研平台建设又一重要突破，对学校交叉学科建设、基础理论研究开展和关键技术攻关具有重要意义。

（张　玲）

【召开项目验收会】 2022年2月25日，由河北省科学技术厅组织并委托保定市科学技术局主持，在大学科技园组织召开“河北省发电过程仿真与优化控制工程技术研究中心运行绩效后补助经费”科技项目验收会，会议以线上线下相结合方式举行。河北大学电子信息工程学院副院长张欣、国家能源集团新能源技术研究院智能中心副主任张秋生等5名专家，保定市科学技术局科技平台与基础研究处处长张洪义、副处长张新民，学校自动化系主任王印松，技术创新中心主任董泽、副主任张悦，科学技术处副处长曲伟及其他技术创新中心人员参加会议。会议由张新民、张欣共同主持。张悦代表技术创新中心做项目汇报，重点对项目的完成情况、取得的成绩以及经费使用做详细说明，同时汇报技术创新中心下一个评估期的发展目标和重点任务。与会专家听取项目执行情况汇报，审阅项目验收自评报告、科技报告、项目经费专项审计报告等资料，一致认为项目承担单位提交的验收资料齐全、规范，符合验收要求，项目承担单位完成项目任务书规定内容。张洪义希望学校继续发挥人才、技术优势，支持保定市科技创新“十四五”规划目标落实，保定市科学技术局坚持以科技创新催生新动能，协调“产—学—研”三方力量，提升创新能力，推动大学科技成果向现实生产力转化。

（张　玲）

【召开集成攻关大平台专家论证会】 2022年，华北电力大学通过线下线上相结合的方式召开“清洁高效燃煤发电关键技术与装备”集成攻关大平台专家论证会。党委书记周坚、校长杨勇平出席论证会。会议由党委常委、副校长毕天姝主持。周坚希望专家们充分发挥专业特长和管理优势，围绕分析形势、找准问题、明确目标、把准方向等重点内容，对大平台建设方案进行充分把关论证。杨勇平汇报“清洁高效燃煤发电关键技术与装备”集成攻关大平台建设方案。平台建设将围绕灵活高效燃煤发电技术、清洁低碳燃煤发电技术、超临界CO_2燃煤发电关键技术和装备以及可再生能源—燃煤集成互补发电技术，通过产学研合作，实现核心技术、装备与系统的自主研制与应用推广。与会专家认为“清洁高效燃煤发电关键技术与装备”集成攻关大平台立足以煤为主的基本国情，聚焦燃煤发电清洁、低碳、灵活、高效的重大技术需求，通过集成攻关，突破新一代燃煤发电关键技术，在我国能源转型发展中发挥重要的技术和人才支撑作用。

（马宇飞）

【获批河北省高等学校人文社会科学重点研究基地】 2022年3月，经华北电力大学评审推荐、河北省教育厅多轮专家评审，“华北电力大学区域法治与司法治理研究中心”获批成立，这是华北电力大学获批的首个河北省高校人文社科重点研究基地。该中心依托法政系，围绕京津冀协同发展和雄安新区国家重大战略，以京津冀区域法治与司法治理的理论与实践为重点，开展人才培养、学术研究、智库服务等，提升法学相关学科建设水平，服务区域经济社会发展。该中心的获批，为进一步推进区域法治研究、智库建设、社科科普以及人才培养等提供新的平台。

（张　玲）

【网络视频答辩会议室投入使用】 2022年，为方便教师在学校开展答辩工作，科学技术研究院牵头，联合资产处、网络与信息化工作处等相关部门，完成网络视频答辩会议室建设，并投入使用。答辩室建成以来，科研院已组织包括国家重大重点项目、科研平台和成果奖励等十多场视频答辩。未来，答辩室将由科研院专人管理，采用网络预约机制，为广大科研人员足不出校，提供录播、远程答辩服务，为未来科研事业发展提供有力支撑。

（马宇飞）

【主办中国电机工程学会第十七届青年学术会议】 2022年11月26日，由中国电机工程学会联合华北电力大学、科学技术研究院承办的中国电机工程学会第十七届青年学术会议通过线上形式举行。会议邀请中国科学院院士、中国电力科学研究院有限公司名誉院长周孝信，中国电机工程学会副理事长林铭山，中国电机工程学会秘书长王刚，华北电力大学副校长毕天姝，中国电机工程学会会士、华北电力大学教授、北京智慧能源研究院双聘专家崔翔，中国电机工程学会会士、工信部产业发展促进中心“智能电网技术与装备”专家委员会主任刘建明，国家电网有限公司科技创新部处长、2022年中国电力科学技术优秀科技工作者代表赵海翔，清华大学电机系副主任、2022年中国电力科学技术杰出贡献奖代表陆超等出席会议。会议由清华大学电机系主任、中国电机工程学会副秘书长、青年和教育委员会主任委员康重庆和华北电力大学科学技术研究院副院长马静主持。与会专家通过专题报告、对话交流形式，就能源电力行业科技发展和青年成长成才等内容进行沟通交流，向青年科技人才传授专业知识和人生经验。并围绕“双碳背景下青年科技工作者成长历程展望”主题，结合线上观众提出的问题进行交流。

（马宇飞）

【3名教师入选青年人才托举工程】 2022年，中国科协办公厅公布第七届中国科协青年人才托举工程入选者名单，环境科学与工程学院副教授王哲、经济与管理学院特聘副教授加鹤萍。“青年人才托举工程”是中国科协于2015年启动的国家级青年人才计划。该项目采用以奖代补、稳定支持的方式，面向有较大创新能力和发展潜力的青年科技人才，旨在创新青年科技人才的遴选机制、培养模式、评价标准与评价指标体系。

（马宇飞）

【武平当选2022中国智能交通年度人物】 2022年11月9日至11日，第十七届中国智能交通年会（ITSAC 2022）暨2022中国智能交通大会在成都召开。会议举行中国智能交通年度人物评选，华北电力大学能源交通融合发展研究院院长武平当选2022中国智能交通年度人物。中国智能交通年会是中国智能交通领域规模最大、范围最广、影响力最强的行业活动。颁发给武平的理由是：武平先生长期在科技部高新司工作，在担任能源交通处处长期间，积极推动智能交通领域的科技研究与创新发展，统筹部署和推进我国智能交通领域的核心技术攻关、技术体系完善与重大关键技术的集成应用。他主导和推动的“国家智能交通技术集成应用与示范”、科技部、公安部、交通运输部三部委联合推动实施的“国家道路交通安全科技行动计划”等重大智能交通项目，成为我国智能交通系统发展中的重要里程碑。

（马宇飞）

【1项目通过科技部综合绩效评价】 2022年5月19日，科技部高技术中心采用线上会议形式，组织由华北电力大学党委常委、副校长律方成作为项目负责人的国家重点研发计划“重大科学仪器设备开发”专项“高灵敏紫外成像仪研制及应用开发”项目综合绩效评价。项目综合绩效评价专家组由8位技术专家和3位财务专家组成，机械工业仪器仪表综合技术经济研究所研究员欧阳劲松担任组长。项目负责人律方成教授向专家组汇报项目完成情况。专家组观看试验及成果视频展示、项目成果产业化生产线建设和运行情况，并进行专家质询。与会专家对项目取得的研究成果给予充分肯定，专家组一致同意该项目通过综合绩效评价。该项目形成包括发明专利、行业/企业标准、论文等一批知识产权成果，已应用于电力和铁路电气设备巡检等领域，并完成工程化产业化开发。

（张　玲）

【上榜科创中国建设项目榜单】 2022年12月，保定市科学技术协会“科创中国”试点城市建设领导小组办公室公布《2022“科创中国”试点城市（保定）建设项目榜单》，保定校区获批“科创中国”基层组织先锋榜，科学技术处副处长张力晖获批“科创中国”科技人才先锋榜。“科创中国”基层组织先锋榜旨在面向驻保高校科协、企业（园区）科协，选出围绕保定“科创中国”试点城市（园区）重点产业需求，在服务科技经济融合发展、服务人才成长、服务创新创业有典型做法和成功经验的单位。“科创中国”科技人才先锋榜旨在面向基层，政治标准过硬、德才兼备，和保定产业结合紧密，促进主导产业发展，有一定专业技能，并在相关领域有突出贡献的科技型企业高管、科普带头人、学术带头人，各级政府机关及企事业单位从事科技转化挖掘的工作人员。

（张　玲）

高等教育研究

【概况】 2022年，2022年，高等教育研究所共有人员7人，其中专职人员6人，外聘人员1人；人员中，拥有正高职称的研究人员3人，拥有副高职称的研究人员3人。

党建工作。贯彻落实上级有关指示精神，结合高教所的职能属性和工作特点，坚持"以研促建、以建助研"的党建工作思路，通过理论学习、听讲座报告、参观展览等各种形式，学深悟透党的二十大报告的精神实质和丰富内涵，提高每位同志的思想认识、精神境界和理论水平，实现党建和业务工作"两不误、双促进"目标，取得较好工作成效。

业务工作。以院系评价为主题，在进一步深化与完善《华北电力大学院系评价实施方案》的基础上，对教育评价研究进行理论提升并形成成果发表，形成良好社会影响。以"双一流"建设改革发展为主题，以项目为牵引，加强问题调研、访谈与研究，开展了包括"华北电力大学'双一流'建设新路径""高校有组织科研的模式、机制和实现路径研究""华北电力大学深入推进教师聘期分类考核研究"等在内的"双一流"引导项目研究，服务学校改革发展。认真研究选题，精心编发专题资讯《高教参考》24期，参阅范围包括学校领导、职能部门和所有院系，切实为学校改革发展提供决策参考。加强高教信息的分类整理和高教所网站的资讯栏目建设。发挥理论研究优势，参与学校和院系"十四五"发展规划审校以及教学成果、课程思政等多类项目凝练、辅导与评审工作，参与完成学校交办的部分文稿工作。

科研成果。结题全国教育规划课题1项、在研北京社科基金项目1项、中央高校基本科研业务费"哲学社会科学繁荣计划专项项目"1项；完成两部著作书稿、发表学术论文6篇。

其他工作。加强高教理论研究和团队能力建设，营造浓厚的研究氛围；加强与国内高教界的沟通联系，在理论界发声，不断扩大社会影响。完成教育经济与管理硕士点和MPA研究生培养相关工作。2022年，按照学校部署，所内全体员工积极参与、投入防疫抗疫工作及工会工作。

（高　顺）

【开展"双一流"引导项目研究】 2022年，高等教育研究所组织骨干力量，以"双一流"建设改革发展为主题，以项目为牵引，加强问题调研、访谈与研究，开展包括"华北电力大学'双一流'建设新路径研究""高校有组织科研的模式、机制和实现路径研究""华北电力大学深入推进教师聘期分类考核研究"等"双一流"引导项目研究，服务学校改革发展。"华北电力大学'双一流'建设新路径研究"从战略选择、战略视角和战术选择等方面进行系统的理论梳理，进而对华北电力大学类型建设和特色建设的历史路径进行回顾和总结，提出在新一轮"双一流"建设过程中，要牢牢把握分类建设和特色发展的内涵本质，在坚守华北电力大学特色和优势的基础上进行类型赋新、特色赋能和改革赋力。"高校有组织科研的内涵、现状和实施路径研究"通过对科研院、部分学院和科研机构的调研访谈以及对相关文件、文献资料、新闻报道的研读，对开展有组织科研的背景及其意义进行阐述，对有组织科研的内涵及特征进行深入分析，从组织形式、运行载体、资源获取方式和发展阶段等方面梳理我国高校开展有组织科研的现状，建议高校应从加强战略布局和顶层设计、推进科研组织变革和科研机构建制化、注重战略科学家引育和人才梯队建设、优化科技人才考核和科研团队评价制度、完善横向交叉纵向贯通的融合协同机制等方面推进有组织科研的实施。"华北电力大学深入推进教师聘期分类考核研究"阐述高校教师聘期分类考核的基本内涵及政策发展，对华北电力大学教师聘期分类考核的改革历史进行梳理，分析了现状及存在问题，在对国内外高校教师聘期分类考核案例研究的基础上，提出学校进一步深化教师聘期分类考核的建议。

（高　顺）

技术转移转化

【概况】 2022年，技术转移转化中心围绕服务学校"双一流"建设、"十四五"规划和"双碳"战略，强化技术转移转化能力建设，完善学校技术转移转化体系，促进党建与业务深度融合。学校以转让、许可、作价投资3种方式转化科技成果18项，合同总额523.11万元。学校申请专利1841项，授权1069项，其中北京校部申请专利1137项，授权

659项;保定校区申请专利704项,授权410项。技术合同登记处学校工作站完成技术合同登记223项,合同成交额达2.26亿元。

科技成果转移转化。能源电力科技成果转化评价系列标准研制工作取得阶段性成果,《能源电力科技成果转化评价总则》《能源电力科技成果交易规范》《能源电力科技成果转化人才评价》《能源电力科技成果评价规范》等4项团体标准正式发布实施;开展2022年科技成果及转化服务调研活动,调研近1200位老师,收集150项科技成果;促进学校教师与企业一对一科技成果对接近百次。保定校区推荐科技特派员备案人员45人,派遣入驻企业科技特派员39人。

知识产权运营服务。开展"专利开放许可"机制探索,首批征集55项开放许可专利;有组织地谋划第二十四届中国专利奖申报工作,2个项目分别获教育部和北京市知识产权局推荐;建立技术成果转移转化和市场化管理咨询服务管理体系标准,知识产权管理体系、质量管理体系、环境管理体系、职业健康安全管理体系4项认证通过年审。

品牌活动和服务。联合昌平区政府主办2022全球能源转型高层论坛储能专场分论坛;在国家能源局指导下,联合主办第二届电力安全管理与文化论坛;以"服务双碳目标,智慧电厂融合创新发展"为主题,举办2022年智慧电厂论坛(杭州)。持续开展线上品牌活动,举办8期北京未来科学城科技成果推介会、10期新型电力系统研讨会、7期智慧电厂线上论坛、10期储能技术应用线上研讨会、2期学校科技成果专场推介,累计收听收看达40万人次。编制和发布《2021年智慧电厂产业洞察白皮书》《2022储能技术和系统商业化应用案例》《2022年新型电力系统创新产品及技术方案汇编》《2022年华北电力大学自主知识产权成果名录》《2022年电力能源领域新产品名录》等报告。

对外合作与社会服务。推进学校与昌平区政府战略合作伙伴战略框架协议落实,与未来科学城签订战略合作备忘录,共建"未来科学城双碳技术转移转化研究院";与沙河高教园共建"国际能源电力创新中心",推动与域内央企的深度合作;与一轻集团共建"北京轻工业低碳产业研究院",筹建智能配电装备与工程应用研究所。

国家大学科技园建设。北京科技园在园企业218家,上缴大学房租收入961.53万元,获评工信部"国家小型微型企业创业创新示范基地"。经学校批准,为受疫情影响的园区企业减免房租服务费237.25万元。园区持续强化企业孵育服务,累计8家企业入选北京市"专精特新"中小企业、33家企业入库科技型中小企业、42家企业入选国高新企业。保定科技园入驻企业94家,新培育3家高新技术企业,30家企业被评为"国家科技型中小企业"。"天德π客"众创空间举办各类活动、讲座31场,组织校企对接活动16场;科技园"中小企业涉电产品公共检测服务平台"3米法电波暗室及配套EMC测试系统投入使用,为56家企业提供检验检测服务。

(刘　晓　张　玲)

【2家企业入选北京市专精特新小巨人企业】 2022年3月1日,北京市经济和信息化局公布2021年度第二批北京市专精特新"小巨人"企业名单,北京科技园入驻企业北京市腾河智慧能源科技有限公司、北京市腾河电子技术有限公司入选。此次入选2家企业均致力于配用电领域,为电力客户和电力物联网生态伙伴提供差异化技术方案和解决方案。

(刘　晓)

【举办北京未来科学城科技成果推介会】 2022年4月8日,技术转移转化中心联合北京未来科学城管理委员会、中关村华电能源电力产业联盟等单位举办线上"北京未来科学城科技成果推介会",主题聚焦"氢听未来"。5月13日,举办第二期线上"北京未来科学城科技成果推介会",主题定位"储望未来",北京日报对两场成果推介会均做专题报道。

(刘　晓)

【保定科技园召开董事会】 2022年5月10日,经董事长刘志坚召集,召开科技园公司年度董事会,审议并通过科技园公司《2021年度工作总结及2022工作计划》《2021年度财务决算报告》《定期修订的基本管理制度》《组建工会方案》《公司承担的科技计划项目建设计划》《公司引进新型电力系统现代产业学院并完成配套设施建设》六项议题。

(张　玲)

【参与举办科技成果对接直通车暨科技成果转化高峰论坛】 2022年6月23日,由河北省科学技术厅主办,保定科技园参与举办的"河北·科技成果对接直通车"暨科技成果转化高峰论坛以线上直播形式举办,本次活动以"科技兴国、'冀'往开来"为主题。包含大学科技园促成的"消防营救系统指挥中心软件"等11个优秀成果转化项目进行线上签约。

(张　玲)

【1企业被认定为保定市企业技术中心】 2022年7月,保定科技园及园内在孵企业河北中环新源环保科技有限公司经专家评审、综合评审,被认定为"保定市企业技术中心"。企业技术中心作为实施创新的重要载体,获评市级企业技术中心,是对学校大学科技园科技创新能力、孵化服务能力提升建设的一次全面评估。

(张　玲)

【举办技术合同认定登记宣讲会】 2022年8月9日,技术转移转化中心作为昌平区科委技术合同认定登记处工作站,举办技术合同认定登记线上宣讲会,深入开展技术合同认定登记服务,50余名师生参加活动。宣讲会上解读了技术市场政策及技术合同认定登记中遇到的常见问题和解决方案。

（刘　晓）

【举办科技成果转化项目路演活动】 2022年8月23日，在市科委、中关村管委会的指导下，学校联合昌平区科委、北京科技成果转化服务中心、昌平区科技成果转化服务中心共同举办新能源科技成果转化项目路演专场。本次路演专场遴选出“电力电子器件封装和状态监测解决方案”、“高性能飞轮储能技术及应用”等多项科技成果。

（刘　晓）

【主办全球能源转型高层论坛储能专场分论坛】 2022年9月17日，由国务院发展研究中心等四部委与北京市政府共同举办的2022全球能源转型高层论坛开幕。9月18日，由华北电力大学和昌平区政府联合主办的储能专场分论坛在北京未来科学城举行，围绕“支撑双碳目标的新型储能技术和产业发展”主题展开研讨，校长杨勇平、昌平区副区长杨仁全分别致辞，学校刘吉臻院士作“能源转型与新型电力系统”主题报告。

（刘　晓）

【保定科技园通过中期绩效现场评审】 2022年9月30日，由保定国家高新区组织，保定高新技术创业服务中心主持，对委托保定科技园运行的“保定国家大学科技园5号楼”进行5年中期绩效现场评审，专家组认真审阅材料并经现场考察，认为科技园圆满完成第一个五年期各项考核指标，评价为“优秀”，并一致同意建议保定高新技术创业服务中心继续委托科技园承担大学科技园5号楼运营工作。

（张　玲）

【入选国家小型微型企业创业创新示范基地】 2022年11月28日，工业和信息化部公布2022年度国家小型微型企业创业创新示范基地名单，北京市仅6家基地入选，北京科技园继2016年入选后再次入选。

（刘　晓）

【入选科创中国创新平台榜】 2022年12月21日，经专家组评审，保定科技园入选“科创中国”创新平台榜。保定市“科创中国”试点城市建设领导小组办公室推进政产学研金服用深度融合和“科创中国”试点城市建设，在“医、车、电、数、游”等保定市“7＋18＋N”重点产业领域，设置“先导技术榜”“新锐企业榜”“创新平台榜”等共八类榜单。

（张　玲）

【发布4项能源电力科技成果转化团体标准】 2022年12月27日，学校牵头编制的《能源电力科技成果转化评价 总则》《能源电力科技成果交易规范》《能源电力科技成果转化人才评价》《能源电力科技成果评价规范》等4项团体标准，通过全国团体标准信息平台完成公开征求意见，对外发布实施。

（刘　晓）

【通过北京市知识产权示范单位复审】 2022年12月29日，北京市知识产权局按照《北京市知识产权试点示范单位认定与管理办法》，对首批集中确认及2019年度认定的北京市知识产权试点示范单位开展复审工作，华北电力大学通过北京市知识产权示范单位复审。

（刘　晓）

【技术合同登记总额再创新高】 2022年，保定科技园技术合同登记站共登记技术合同503份，合同金额总计18亿元，比2021年增长63.9％，其中技术交易额7.68亿元。

（张　玲）

产　业　管　理

【概况】 2022年，华北电力大学所属企业共计19家，资产总额为85153.07万元，较上年增加10.41％，负债总额为27496.66万元，较上年增加6.64％，资产负债率32.29％，净资产总额为57656.41万元，较上年增加12.30％；营业收入总额为50619.30万元，较上年增加27.35％，净利润总额为2674.05万元，较上年增加18.16％，其中归属校方股东的净利润为818.80万元；所有者权益总额为57656.41万元，其中归属于校方股东的所有者权益为20557.23万元。

2022年，学校产业管理工作紧密围绕“双一流建设”，以高校所属企业体制改革工作为重心，继续做好规范化管理和学校经营性资产的保值增值工作，并在疫情常态化下实现积极发展。同时，积极助力学科性公司发展，重点孵化具有学科特色和优势、具有自主知识产权的科技企业。此外，继续拓展促进交叉学科、跨行业领域的产学研合作模式，促进学校科技成果的产业化，致力于探索将高校智力资源与企业需求建立紧密结合长效机制的新模式。充分发挥学校的学科优势及多学科协作的技术潜力，激活学校人才、技术、实验装备等优势资源，构建“大电力”特色的科技产业支撑平台，促进产学研合作良性发展。作为大学科技成果产业化平台，资产经营公司致力于打通科技成果产业化链条的“最后一公里”，努力实施“111”发展战略，即面向“一流企业”、提供“一流技术”、构建“一流平台”，努力促进科技创新链、产业发展链、商业价值链和风险投资链的融合，构建科技成果转化的良性生态体系。

规范化管理。2022年，资产经营公司向经资委办公室提交2021年度财务决算和2022年度财务预算等共计四项议案。2月，根据《教育部关于加强直属高校所属企业国有资产管理的意见》文件要求,资产经营公司完成公司章程修订。3月—5月,资产经营公司发布《关于规范和完善参股学科性企业三会制度的通知》等文件,督促召开并相继参加所属企业体制改革工作中保留的参股学科性公司2022年董事会和股东会会议,进一步加强学科性公司规范化管理工作。

业务拓展。与中关村微纳公司签署支部共建协议,继续拓展与业务关联单位的支部共建工作,深入探索党建和业务相互促进、深度融合新模式。申报2023年国有企业资本预算项目《智慧电力"创新工场"转化项目——6000A压接型IGBT器件功率循环测试平台》,项目执行期两年,其中2023年申报预算为850万元。完成首都科技条件平台开放单位运营服务机构重新授权工作。学校授权资产经营公司加入首都科技条件平台开放单位,作为专业服务机构开展华北电力大学科技资源梳理、整合、开放和服务等各项工作,以市场化手段促进科研设施与仪器等科技资源向社会开放共享。

体制改革。学校所属企业体制改革工作组按照学校所属企业体制改革领导小组的工作部署积极推进实施工作。截至12月31日,学校所属企业体制改革工作基本完成。涉及此次体制改革企业共计67家,66家企业完成改革工作,其中清理关闭企业36家,脱钩剥离企业14家,保留企业16家。

(金海燕　常雅丽　班莹梅)

【四家企业完成脱钩剥离工作】 2022年共完成四家企业的脱钩剥离工作。3月1日,完成保定电谷大学科技园有限公司股权转让后的工商变更工作。7月,完成四方电气(集团)股份有限公司股权转让工作,完成僵尸企业——北京聚力源电力开发有限公司的强制清算和工商注销工作。12月,完成北京华电罗普特科技有限公司股权转让的工商变更工作。其中,在校党委和校所属企业体制改革领导小组的指导下,资产经营公司负责推进落实四方电气(集团)股份有限公司在北交所的股权转让挂牌交易工作,最终以40133.27万元完成交易。

(金海燕　常雅丽)

【开展所属企业体制改革"回头看"工作】 2022年6月,所属企业体制改革工作组办公室(设在校资产经营公司)按照教育部《关于开展直属高校所属企业体制改革落实情况"回头看"工作的通知》(教财厅函〔2022〕4号)文件要求,召开所属企业体制改革落实情况"回头看"工作校级部署会议,完成学校所属企业体制改革落实情况"回头看"自查报告,经校党委常委会审议后上报教育部。10月,工作组办公室按照教育部《关于做好校企改革落实情况"回头看"发现问题整改工作的通知》文件要求,进行工作任务分解并召开工作部署会议,积极推进并配合校内相关部门推进各项整改工作。

(金海燕　常雅丽)

【安心易维公司抗震救灾获表彰】 2022年9月,在"9.5"泸定抗震救灾过程中,校学科性公司北京安心易维科技有限公司第一时间响应四川省甘孜州政府抢险指挥部部署,紧急驰援德妥镇抗震救灾工作,通过综合运用多套我校电力智能机器人工程技术研究中心协同研发的系统,大幅提升抢险工作效率,全力确保执行抢险任务中无一人受伤目标,各项工作得到抢险救灾现场指挥部及甘孜州政府表彰。

(金海燕　班莹梅)

【开展微党课《党史上的今天》活动】 2022年5月21日,资产经营公司开展历时一年的《党史上的今天》微党课系列活动。自2021年5月21日起,为迎接党的百年华诞,资产经营公司党支部持续推出微党课支部特色活动。活动共有72个党支部及相关单位共计365人次党员参加,为各方开展深度业务交流活动奠定基础,实现以微党课活动为抓手,将党建和业务深度融合。5月和9月分别进行活动总结和表彰。

(金海燕　班莹梅)

【联合承办华北电力大学专场路演活动】 2022年10月27日,"2022年怀柔科学城精品路演项目"活动(华北电力大学专场)在北京市怀柔区举行。资产经营公司经过多轮筛选,遴选出学校5家拥有自主知识产权、具有较强市场发展潜力的学科性公司和1家研究团队集中进行优质项目路演。本次活动围绕十大高精尖产业领域,聚焦双碳目标,资产经营公司参与承办。

(王成霞)

【完成绩效考核工作】 2022年11月,资产经营公司作为运营服务机构,完成2021—2022年度绩效考核工作并顺利通过主管部门考核。按照北京市科学技术委员会要求,共梳理服务事项96项,开放仪器设备218台套,主办首都科技条件平台和创新券各类活动共计10项。

(王成霞　焦沈芳)

科研机构与平台建设

Construction of Scientific Research Institutions and Platforms

◯ 综　　述

2022 年，华北电力大学国家级科研平台建设持续突破，新能源电力系统国家重点实验室重组和清洁高效燃煤发电关键技术与装备集成攻关大平台申报取得重要阶段性成果，国家储能技术产教融合创新平台建设积极推进，怀柔实验室建设持续深度参与，服务国家战略科研能力不断增强。成功获批 6 个省部级以上重点科研平台。以重大平台项目为依托，不断强化有组织科研，加强与国家重大科技任务的深度对接，科研工作捷报频传，全年科研合同总经费达到 14.61 亿元，较 2021 年增长 30%。国家重点研发计划专项项目创历史最好水平，获批国家自然科学基金项目 136 项，较上年增长 32%。JG 科研取得历史突破，成功获得 JG 保密二级资质，单个项目经费突破 7000 万元。作为主持单位首次获评中国电力技术发明奖一等奖，牵头获教育部自然科学奖一等奖、河北省科技成果奖一等奖等科技奖励 27 项。

国家能源发展战略研究院

【概况】 国家能源发展战略研究院（以下简称战略院）为学校实体科研机构，统筹校内软科学科研团队和平台力量，开展软科学研究及智库建设等工作，支撑服务国家能源发展新战略。战略院与国家发改委、国家能源局、中国工程院、民革中央等中央部门及地方政府、能源企业建立常态化政策研究成果交流渠道，在能源行业具有较大影响力。以“国家亟需、特色鲜明、制度创新、引领发展”为指引，战略院目标是在“十四五”末打造成为国内知名的能源领域高端智库，在国家能源发展中发出华电声音。

2022 年，战略院在团队建设、制度建设、科研项目、建言献策等方面取得进展。

团队建设。至年底，战略院有战略咨询专家 3 名，包括中国工程院院士 1 名，国务院参事室特约研究员 1 名，国家应对气候变化专家委员 1 名；专职研究人员 7 名，其中教授 1 名，副教授及副研究员 4 名，新讲师博后及助理研究员 2 名，博士后 2 名；校内兼职研究人员 7 名，其中教授 2 名，副教授 5 名；校外联系专家多人。

制度建设。不断完善院内规章制度建设。在充分咨询战略咨询委员会基础上，按照学校文件相关要求，结合本院智库特色，出台《专业技术岗位聘期考核及岗位聘任方案》《年度考核方案》及《专业技术职称评聘方案》等政策文件；制定建立本院项目管理制度、院务会制度、战略咨询委员会—研究院领导班子—行政办公室三级管理制度等内控制度。

科研项目。获批中国工程院重点战略咨询项目 2 项、课题 2 项，立项国家自然科学基金青年基金项目 1 项，承担国家能源局等相关单位委托项目 2 项。

建言献策。报送政策建议 7 项，其中，获正国级领导批示 1 项，被民革中央采纳并报送至第十三届全国政协常委会第十八次会议 1 项，作为民革中央集体提案被全国政协采纳并列为全国政协十三届五次会议提案 1 项，作为民革北京市委集体提案被北京市政协采纳并列为北京市政协十三届五次会议提案 1 项，被民革中央采纳并作为社情民意信息报送全国政协信息局 1 项，报送中国工程院 1 项，获国家能源局领导批示 1 项。

科研成果。出版学术专著 2 部，联合发布白皮书 1 部。

研究院党政领导名单：

执行院长：王鹏

党支部书记：李晓华

副院长：高丹

网址：https://energy.ncepu.edu.cn/

（刘　欢）

【获批中国工程院重点战略研究与咨询项目 2 项】 2022 年 1 月，刘吉臻院士主持的中国工程院院地合作重大战略研究与咨询项目“双碳目标下福建能源转型高质量发展示范区战略研究”获批启动，项目编号：2021-FJ-ZD-5；2022 年 10 月，刘吉臻院士主持的中国工程院战略研究与咨询项目学部重点项目“建设全国能源电力统一大市场战略研究”获批立项，项目编号：2022-XZ-50。

（刘　欢）

【1 项成果作为民革中央集体提案被全国政协采纳】 2022 年 1 月，李晓华的研究成果“关于重构县域电力系统，推动能源清洁低碳发展的提案”作为民革中央集体提案被全国政协采纳，列为全国政协十三届五次会议第 02792 号（经济发展类 177 号）提案，2022 年 9 月 4 日国家能源局正式发函（国能提新能〔2022〕112 号）答复。

（刘　欢）

【1 项成果作为集体提案被北京市政协采纳】 2022 年 1 月，李晓华的研究成果“大力推进新能源与农业融合发展，助力北京市实现碳中和”作为民革北京市委集体提案被北

京市政协采纳，列为2022年北京市政协十三届五次会议第0185号提案。

（刘　欢）

【1项成果被民革中央采纳】 2022年1月，王鹏的研究成果“实现碳达峰碳中和目标应加强能源与水资源的协同监管”被民革中央采纳，并作为社情民意信息报送全国政协信息局。反映社情民意信息工作是人民政协重要的经常性、基础性工作，是发挥协商民主重要渠道和专门协商机构作用的有效形式，是转化履职成果的重要载体。

（刘　欢）

【出版学术专著2部】 2022年5月，刘吉臻院士主编的《清洁能源与智慧能源导论》出版发行，该专著是中国科协碳达峰碳中和系列丛书之一，由中国科学技术出版社出版；2022年4月，王鹏主编的《用户中心时代下的配售电重构》出版发行，该专著是我国配售电领域的前线实践者对能源电力行业，特别是配售电环节近几年和未来几十年所面临深刻变化的深度探索和思考的成果。

（刘　欢）

【立项国家自然科学基金青年基金项目1项】 2022年9月，杜鸣的国家自然科学基金青年基金项目“煤电机组灵活运行下的一次调频能力定量评估与能力提升方法研究”获立项。该项目在兼顾机组安全的前提下，能够有效提升煤电机组全工况下一次调频响应能力，对提升电力系统频率稳定性，加快构建新型电力系统具有重要意义。

（刘　欢）

【1项成果获正国级领导批示】 2022年9月，王鹏的研究成果“关于双碳目标下能源与水资源协同开发利用的建议”通过国务院参事室报送，获正国级领导批示。该成果是课题组在深入开展能源与水资源安全约束及其对碳达峰碳中和路径影响等相关研究的基础上，就能源与水资源协同监管问题形成的一份政策建议。

（刘　欢）

【联合发布白皮书1部】 2022年12月，研究院与中国能源研究会联合发布《2022年度增量配电发展研究白皮书》。白皮书汇总增量配电改革试点2016年启动以来的具体发展情况、2022年配售电大事件及最佳业务实践等内容，为深入分析改革成效和有效推动相关工作提供借鉴。

（刘　欢）

国家能源电力创新研究院

【概况】 能源电力创新研究院（新一代能源电力关键技术集成攻关大平台）（以下简称“创新院”）在对管理机制和顶层设计进行系统梳理的基础上，建设方案经过反复讨论，多次迭代，不断完善，于2022年10月31日经校长办公会议审议通过。创新院全面转向以国家储能技术产教融合创新平台建设工作为核心，进一步完善管理架构和体制机制，明确人员编制及内设机构，明确专职科研人员、双聘科研人员、管理人员等各类人员管理机制，明确科研人员研究生指标分配、培养机制。

重大科研创新平台申建。国家储能技术产教融合创新平台（以下简称“储能平台”）于2021年12月正式获批建设。自2022年1月起，联合科研院分解“揭榜挂帅”任务，围绕储能安全、储能系统、氢能储能三大研究领域，组建八个科研团队反复凝练、论证科研方向十余次；6至8月间，邀请校内、外专家学者对研究方向进行5次研讨、论证；9月，联合实验室管理处、基建处、资产处等校内职能部门对新建实验室进行水、电、气等相关论证规划工作，最终形成储能平台建设方案，于9月29日经校学术委员会论证通过，于10月31日经校长办公会审议通过，11月3日经党委常委会审议通过。储能平台布局位于新建科研大楼6至9层，总面积4369平方米，其中实验用房3369平方米（包括三个研究中心和公共分析测试中心）。

队伍建设。创新院现有全职在编人员44人，外聘人员7人。2022年度引进研究人员11人，已基本形成氢能研究领域全链条科研创新团队。刘建国教授团队基本形成，现有成员5人；完成引进武英教授，组建储氢研究领域攻关团队，现有成员5人；推进引进闫俊教授、张建华教授；依托储能平台建设，组建由校内双聘教授为带头人的4支科研攻关团队。

科研工作。2022年，创新院获批国家重点研发计划项目1项、课题3项、子课题2项，国家自然科学基金重大项目课题1项、面上项目4项、青年基金项目4项；横向科研项目合同金额1500万元。徐超教授获2022年河北省自然科学奖二等奖；张粒子教授获国家发改委价格司感谢信；能源交通融合发展研究院院长武平当选“2022中国智能交通年度人物”。

（徐　超　宋记锋　薛晓州　袁润松）

国家储能技术产教融合创新平台

【概况】 国家储能技术产教融合创新平台(华北电力大学)是全国首批三个国家储能技术产教融合创新平台之一,于2021年12月获国家发展改革委、教育部正式批复建设,总投资4.2亿元,其中国拨中央预算内经费1.2亿元,建设周期36个月。华北电力大学主动"揭榜挂帅",围绕"军令状"攻关目标,紧扣平台人才培养、学科建设、科技攻关任务,在"储能安全、储能系统、氢能储能"三大攻关领域,服务国家战略重大需求、服务地区经济社会发展、服务行业企业人才技术发展需要,践行使命担当。平台现有固定科研人员20人,双聘科研人员20人。

平台建设。2022年,完成平台科研团队组建、科研方向论证、平台实验室规划等工作,经校学术委员会论证,校长办公会、校党委常委会审议通过平台建设方案、组织机构等;完成平台实验室规划面积4369平方米,其中科研实验室3369平方米;完成7500余万元的科研设备购置论证工作。

科研项目。2022年,平台承担国家重点研发计划项目1项、课题3项、子课题2项,面上项目4项、青年基金项目4项;签订横向科技项目19项,合同金额5000余万元等。

人才培养。2022年,储能科学与工程专业本科招生北京、保定两地共121人;获批全国首个氢能科学与工程专业,招收本科学生两地共90人。获批中国电力企业联合会《电力行业职业技能标准——储能电站运维管理员》的标准制定项目。获批教育部高等学校能源动力类专业教学指导委员会高等学校能源动力类教学研究与实践重点项目。基于教育部《关于实施储能技术国家急需高层次人才培养专项的通知》,选拔20名储能及氢能领域博士生与储能平台共建的12家企业开展产教融合校企联合培养工作。通过中组部工程硕博士培养改革专项试点项目在储能与氢能学科选拔5名硕士研究生、1名博士研究生与中国电力建设集团开展联合培养工作。

科研成果。平台围绕揭榜挂帅科技目标,开展技术攻关。在储能安全研究方面,解决了新型多价态水系锌离子电池在金属负极抑制、电解质优化以及界面机理等关键技术难点和卡脖子问题;实现了对废旧电池锂资源的绿色、高纯、经济性回收;开发基于多物理场快速3D仿真求解器结合物联网技术的新一代储能电站数字孪生系统。在储能系统研究方面,开发了储能智能调控装置;开发了面向大规模风光储场站群协同优化调控的中心协调控制器;构建了风光储电站协调控制器。在氢能储能研究方面,设计了利用富含缺陷的金属氮掺杂碳作为载体进行室温下电化学原位还原Pt单原子进行锚定的策略;制备了非铂HER催化剂、高活性Ir基催化剂。平台获发明专利授权23项,发表论文共180篇,其中SCI检索论文177篇。获2022年河北省自然科学奖二等奖1项。

科研获奖。杨勇平教授团队"燃煤发电机组能耗时空分布理论与节能调控"获高等学校科学研究优秀成果奖。徐超教授团队"聚光太阳能高效转化—储热机理与系统集成理论与方法"荣获2022年河北省自然科学二等奖。

(徐　超)

【国家重点研发计划项目立项】 2022年,杨勇平教授主持的国家重点研发计划"煤与光热耦合发电技术研究与工业验证"项目,重点围绕2022年度指南中"可再生能源技术"重点专项中"交叉与基础前沿"的"煤与光热耦合发电技术"开展研究,解决灵活安全、清洁与高效相容的光煤互补系统耦合机理与优化设计;太阳能集热场光热力耦合设计理论及传/储热材料制备方法;光煤互补系统全工况特性以及灵活与高效协同机制等关键科学问题。王晓东教授主持的国家重点研发计划项目"质子交换膜燃料电池与氢基内燃机混合发电系统技术",开展以氨为源头燃料的质子交换膜燃料电池与氢基内燃机混合发电系统关键技术及应用示范研究。

(徐　超)

苏州研究院

【概况】 2022年,苏州研究院克服新冠疫情带来的生产生活困难,规范管理,科学谋划,各方面工作取得较大进展,法人变更和事业单位检查工作顺利完成。

党建工作。围绕党建和业务,坚持集体学习,开设30期"指尖微课堂",邀请校内外专家举办专题讲座4场,组织"知识自测"检验学习成果,与中电华创"党建+业务双轮驱动合作"启动,就业务板块、创新成果、发展规划、党建工作、党建品牌全面合作,不断完善创新平台建设。加强对政府科技部门和校友企业双轮驱动调研合作,华电30名毕业生落户苏州工作。

项目申报。深化校地合作,主动参与长三角一体化区域战略实施,深度融入区域创新体系,积极组织申报省市纵向科研项目。获批江苏省碳达峰碳中和科技创新专项资金项目1项。获批江苏省自然科学基金面上项目1项。获批江苏省第六期"333高层次人才培养工程"第三层次培养对象1人。获批苏州市碳达峰碳中和科技支撑重点专项项目1项。

校企合作平台建设。密切联系企业技术人员凝练出有关低碳综合能源服务、光伏电站智能系统、智慧城市等领域第三批研究课题,课题涉及能源动力、环境工程、电子信息、工商管理、应用统计等有关专业,与校内有关院系师生进行对接和筛选,京东方—华北电力大学能源物联网研究院第三批合作项目启动。

产学研合作。克服疫情困难,调研江苏、安徽、北京、上海、陕西企业10余家,与6家企业签订技术开发、技术服务合同,累计到账金额114万元。孵化企业试制核心设备,完成战略投资机构引入,获评"领军人才企业"实现销售收入86.4万元。

优化科研管理。落实学校教代会工作报告要求和学校异地研究院专题研讨会会议精神,对标对表,排查整改。对现有科研平台建设和经费管理中的问题进行摸底和梳理,经过向校内、地方和兄弟院校全面调研,制定出台《科研机构管理办法实施细则》《纵向经费管理办法》《横向经费管理办法》《科研项目经费包干制管理办法》,推动管理科学化、规范化。

优化人才生态环境。对于新引的事业编制科研岗人员,加强政治引领和业务规划,积极组织参加校内和苏州各级各类培训。两项成果分别获"中国企业改革发展优秀成果一等奖""中国国际工业互联网创新发展大会科技创新成果奖"。发表高水平SCI期刊论文5篇,提交发明专利2项,申请和开展7项纵向和横向科研项目。与延长石油和中电投合作的两个联合科研平台建设顺利推进。

民盟合作。充分发挥与民盟北京市委的联络优势,积极协调民盟江苏省委和苏州市委,充分酝酿规划,精心筹备活动,7月"喜迎中共二十大、携手奋进新时代"民盟盟员书画作品联展在苏州举行,同时举办"民盟先贤肖像巡回展"走进苏州活动。京苏两地民盟组织充分发挥文化领域的特色优势,加强交流合作,用笔墨丹青讲好多党合作中国故事,以实际行动喜迎二十大。

(侯文俊)

【苏州研究院获批江苏省自然科学基金】 2022年5月27日,江苏省科学技术厅公布2022年省基础研究计划自然科学基金立项结果,华北电力大学苏州研究院刘吉副教授牵头申报的"生物质热解/燃烧过程中NOx前驱物的形成机理和调控机制研究"项目获2022年江苏省自然科学基金面上项目立项资助,华北电力大学苏州研究院将作为主持单位承担江苏省自然科学基金项目。华北电力大学苏州研究院积极服务碳达峰碳中和国家战略,根据《华北电力大学"十四五"发展规划纲要》和《华北电力大学碳达峰碳中和行动计划》,落实科技创新登攀计划,聚焦地方前沿科学问题,深度融入区域创新体系。华北电力大学苏州研究院在学校的大力支持下,创新科研管理体制机制,激发科技创新活动的潜力和活力,持续提升整体基础研究能力与水平。此次获批2022年江苏省自然科学基金面上项目,标志着研究院在应用基础研究方面取得实质性进展,充分展示学校在可再生能源多学科交叉技术领域取得的先进性成果及在国内外该领域的前沿地位。

(侯文俊)

【郑树入选江苏省"333高层次人才培养工程"】 2022年6月,经中共江苏省委人才工作领导小组办公室、江苏省人力资源和社会保障厅的评审,华北电力大学苏州研究院青年专家燃烧学博士郑树副教授入选江苏省第六期"333高层次人才培养工程"第三层次培养对象,培养管理期自2022年1月至2026年12月。此次郑树老师入选,是苏州研究院在服务江苏省创新驱动发展战略和推进学校"双一流"建设中,树立和落实"大人才观"的重要成果。

(侯文俊)

【民盟北京市委秘书长严为调研苏州研究院】 2022年7月21日,民盟北京市委秘书长严为一行调研苏州研究院,民盟苏州市委、民盟工业园区基层委员会有关负责人陪同调研。苏州研究院副院长赵颖涛、李继清出席调研座谈会,座谈会由赵颖涛主持。在苏州研究院能源物联网研究院平台,赵颖涛介绍研究院在苏州的发展、科研平台和研究生工作站的建设情况。赵颖涛、李继清表示未来苏州研究院将以统战工作为桥梁纽带,深化校地合作和校企合作,落实学校碳达峰碳中和行动计划,积极参与长三角一体化区域战略实施,深度融入区域创新体系。严为希望苏州研究院充分利用民盟在教育、文化、科技的界别优势,主动对接各地民盟组织,汇集党派精英力量,积极引荐人才,多种方式参与地方发展。

(侯文俊)

新能源电力系统国家重点实验室

【概况】 新能源电力系统国家重点实验室面向我国规模化新能源开发利用、构建新型电力系统重大需求，聚焦新能源电力系统的重大科技问题，发挥能源电力学科优势，推动多学科交叉，聚集和培育优秀人才，开展新能源电力系统基础理论与关键技术创新研究。2022年，实验室系统梳理新能源电力系统国家重点实验室建设10年来主要工作及建设亮点，进一步凝练研究方向，完成学术委员会换届，举办新能源电力系统国家重点实验室建设十周年高端学术论坛暨第三届学术委员会第一次会议。根据中央构建和强化战略科技力量的总体要求组建新能源电力系统全国重点实验室，创新由“学科导向的自由探索科研模式”转变为“需求导向的有组织科研模式”的工作机制，在刘吉臻院士带领下，会同相关部门和学院共召开60多次工作研讨会，组建跨学院17人工作组，经过249次版本迭代，完成重组建设方案和答辩汇报材料。

2022年，实验室新增科技项目287项，合同总额5.5亿元，其中，国家级48项，合同额27485.5万元；省部级17项，合同额972万元；横向项目222项，合同经费26613.47万元。科研到款1.51亿元。以第一完成单位或第一完成人获省部级一等奖4项、二等奖7项；获社会力量电力科技一等奖2项(其中第一完成人1项)；发表论文总计833篇(英文期刊论文399篇，中文期刊论文322篇，会议论文112篇)，其中，SCI论文258篇，EI论文535篇，中文卓越期刊论文91篇；获授权国家发明专利217项，软著54项，实用新型19项；出版专著9部。围绕建设任务和研究方向设立重点课题6项。

2022年，实验室完成首次获批国重仪器设备更新费项目建设工作，实际建设项目28项，总经费6183万元；规范实验室管理，组织召开专家论证评审会，对提出新建申请或调整布局的5个实验室进行论证，提高实验室综合利用率；配合实验室管理处完成大型仪器设备开放共享工作清查，共梳理设备29台(套)，使用机时累计2.3万小时。开展20多次专项安全检查和日常巡查。

2022年，实验室主办和承办学术会议8场次。承办中国-克罗地亚电力绿色转型科技创新合作研讨会。立项资助开放课题22项，资助经费121万元。举办学术报告会及讲座25场次。开展公众开放活动，开展“直通电院”科技夏令营活动。全年接待各类参观调研100人次。实验室动态发布科研成果20余条。

实验室研究方向：新能源电力系统构建理论、灵活发电与多源耦合主动支撑新技术、源网协同控制理论与技术

实验室主任：刘吉臻

常务副主任：毕天姝

副 主 任：崔翔　牛玉广　彭跃辉

中文网址：http://laps.ncepu.edu.cn/

英文网址 http://englaps.ncepu.edu.cn/

(彭跃辉　张　洪)

【召开新能源电力系统国家重点实验室建设十周年高端学术论坛】 2022年1月16日，华北电力大学召开新能源电力系统国家重点实验室建设十周年高端学术论坛暨第三届学术委员会第一次会议。新一届学术委员会主任委员舒印彪院士，副主任委员郭剑波院士，荣誉委员李立涅院士，委员程时杰院士、金红光院士、陈维江院士、汤广福院士、王秋良院士、饶宏院士、王成山院士、刘吉臻院士、闵勇教授、李泓研究员、翟恩地教授、崔翔教授参加会议。科技部基础研究司司长叶玉江、基地处副处长李旭彦，校党委书记周坚，校长杨勇平，校党委常委、副校长律方成，校党委常委、副校长毕天姝出席会议。会议采取线上线下方式同时进行。周坚致欢迎辞，杨勇平在学委会聘任仪式上为舒印彪等学术委员会委员颁发聘书，舒印彪院士主持第三届学术委员会第一次会议。重点实验室学术带头人和学术骨干、研究生代表400余人参加。

(张　洪)

【一国家重大科研仪器研制项目启动】 2022年3月8日，国家自然科学基金委员会国家重大科研仪器研制项目“瞬变应力下空间电荷高分辨率光电子学测量原理与仪器研制”启动。副校长毕天姝教授出席启动会并致辞。国家自然科学基金委员会电气科学与工程学科项目主任郑雁军教授对项目执行过程中发展核心关键技术，形成原创性技术应用，完善档案管理等方面提出具体要求。项目负责人李庆民教授携项目组成员向与会专家做项目和各课题情况汇报。该项目将致力于研制世界上首台适用于瞬变电应力、时空分辨率达微秒纳米级的空间电荷测量装备，并利用该装备开展新能源电力电子装备绝缘介电性能测试和运行状态评估等前沿应用研究。该项目的实施将使我国在固体电介质空间电荷高分辨测量及其应用领域跻身于世界前列。

(张　洪)

【刘吉臻出席煤炭清洁高效利用座谈会并发言】 2022年3月22日，中共中央政治局常委、国务院副总理韩正主持召开煤炭清洁高效利用工作专题座谈会。会议认真学习贯彻习近平总书记有关重要讲话精神，贯彻落实党中央、国务院决策部署，听取有关专家和企业负责人意见，研究部署推进煤炭清洁高效利用工作。四位专家、四家企业负

责人结合各自研究和工作情况作了发言。华北电力大学教授、中国工程院院士、新能源电力系统国家重点实验室主任刘吉臻，国家重点实验室学术委员会主任、中国工程院院士、中国华能集团党组书记、董事长舒印彪等参加会议并发言。刘吉臻院士作题为“发展灵活智能燃煤发电技术，构建清洁低碳、安全高效能源体系”的发言。在深入分析我国燃煤电力发展现状和存在的问题的基础上，针对清洁高效燃煤发电，围绕发挥存量机组节能调度潜力、持续推进火电机组灵活智能改造、火电机组灵活智能改造提出具体建议。

（张　洪）

【召开海上风电与智慧能源系统联合实验室第二次领导小组会议】 2022 年 4 月 13 日，中国华能集团—华北电力大学海上风电与智慧能源系联合实验室第二次领导小组会议召开。联合实验室主任、中国工程院院士刘吉臻，副校长、联合实验室副主任毕天姝，中国华能集团副总经理李富民及领导小组全体委员出席会议。华能集团公司总工程师林刚主持会议。毕天姝作 2021 年度工作报告。与会专家充分肯定联合实验室成立以来在海上风电和智慧能源系统领域取得的成就，对实验室的下一步工作开展提出指导性意见。刘吉臻表示联合实验室在双方单位领导的关心指导下各项工作进展顺利，在海上风电、灵活智能发电等方面研究成果显著，在促进技术共享实现共赢发展方面也取得显著效果。联合实验室要扛起能源高质量发展的使命担当，采取一系列有效措施加强科研攻关、促进人才联合培养，以产学研用深度融合开展核心技术攻关，为保障国家能源安全促进能源转型贡献力量。李富民充分肯定联合实验室在科技攻关、体制机制改革方面取得的成效，强调要充分发挥自身优势，加强科技创新、人才培养、场景落地、成果转化等工作，提高解决实际问题的能力，为助推华能集团高质量发展作出更大的贡献。

（张　洪）

【刘吉臻出席博鳌亚洲论坛分论坛】 2022 年 4 月 20 日，博鳌亚洲论坛 2022 年年会拉开帷幕。中国工程院院士、新能源电力系统国家重点实验室主任刘吉臻出席“能源融合发展，共建绿色世界”分论坛，与博鳌亚洲论坛秘书长李保东、中国能建董事长宋海良，国家能源局总工程师向海平、招商局集团总经理胡建华、国家电网副总经理庞骁刚、阿联酋驻华大使阿里·扎希里、法国桥智库主席周瑞等共话能源领域发展路径与未来。

（张　洪）

【国网北京市电力公司董事长、党委书记王昕伟一行到访】 2022 年 8 月 3 日，国网北京市电力公司董事长、党委书记王昕伟一行到实验室参观调研，详细了解实验室科研攻关和队伍建设情况。校长杨勇平、副校长毕天姝，国网北京市电力公司总经理、党委副书记张铁恒，总工程师史景坚，副总工程师陈平、李继东陪同调研。

（张　洪）

【北京能源集团有限责任公司党委书记、董事长姜帆一行到访】 2022 年 8 月 25 日，北京能源集团有限责任公司党委书记、董事长姜帆一行到实验室参观调研，了解实验室科研攻关和队伍建设情况。校长杨勇平、副校长孙忠权陪同，京能集团有限公司党委副书记、总经理阚兴，党委常委、副总经理王永亮，副总经理隋晓峰参加调研。

（张　洪）

【2 名学子获中国电工技术学会优秀博士学位论文提名】 2022 年 8 月 29 日，2022 年中国电工技术学会优秀博士学位论文评选结果公示，评选出优秀博士学位论文 5 篇、优秀博士学位论文提名 12 篇。实验室博士毕业生任瀚文、许苏迪分别获得 2022 年中国电工技术学会优秀博士学位论文和优秀博士学位论文提名。任瀚文分别于 2016 年、2021 年在华北电力大学电气与电子工程学院获得工学学士、博士学位，师从李庆民教授。自 2022 年起担任学院新讲师博士后，主要从事先进电力装备绝缘测试与表征、电接触部件相变演化与改性增强等方面的研究工作。许苏迪 2016 年、2022 年于华北电力大学电气与电子工程学院分别获得工学学士、博士学位，师从毕天姝教授和刘灏副教授。攻读博士学位期间，主要从事广域同步测量技术、同步测量装置测试校准技术等方面的研究工作。

（张　洪）

【刘吉臻应邀在“中原大讲堂”作专题报告】 2022 年 9 月 3 日，由河南省委组织部、省活动办主办的“中原大讲堂”新能源主题学习报告会举行，邀请中国工程院院士、新能源电力系统国家重点实验室主任刘吉臻以《“双碳”目标下新能源产业发展路径与关键技术》为题作专题报告。河南省委书记楼阳生、省长王凯、省政协主席刘伟出席报告会。报告中，刘吉臻从宏观层面介绍能源供需现状、未来预期目标和我国能源转型发展总体思路，从中观层面分析新能源领域发展进程和近期趋势，从微观层面讲解新能源产业发展的重点领域和关键环节，并结合剖析兰考县全国首个农村能源革命试点建设案例，对河南省新能源开发利用和产业发展路径提出建议。

（张　洪）

【2 人获批国家杰青和优青项目资助】 2022 年 9 月 8 日，国家自然科学基金委员会官网发布《关于 2022 年国家自然科学基金集中接收申请项目评审结果的通告》，实验室齐磊教授与马国明教授分别获批国家杰出青年科学基金项目和优秀青年科学基金项目资助。齐磊教授获批国家杰出青年科学基金项目（简称：杰青）资助，项目名称：电磁场与电路，项目经费 400 万元。马国明教授获批优秀青年科学基金项目（简称：优青）资助，项目名称：高压输变电设

备高精度传感，项目经费 200 万元。

（张　洪）

【承办中国—克罗地亚电力绿色转型科技创新合作研讨会】 2022 年 9 月 14 日，由新能源电力系统国家重点实验室承办的中国—克罗地亚电力绿色转型科技创新合作研讨会举行。毕天姝代表中方承办单位致辞，刘永前教授主持专题研讨会。中克两国电力能源领域的产学研代表围绕再生能源电力系统动态特性、碳中和电力系统的电动汽车、需求响应和微网技术以及多能源集成系统技术等电力领域科技创新前沿和重点方向深入交流讨论。会议由中国科学技术部国际合作司、克罗地亚科学和教育部欧洲事务与国际合作司指导，由中国科学技术交流中心、克罗地亚科学基金会主办，由新能源电力系统国家重点实验室、中国华能集团清洁能源技术研究院有限公司、萨格勒布大学联合承办。会议以线上线下相结合的形式举行，并进行中英文同声传译。共有来自中克两国政府、外交使团、地方科技主管部门和科技交流中心、高等院校、科研院所和企业的代表约 200 人参会。

（张　洪）

【刘吉臻教授团队等获北京市教委表彰】 2022 年 12 月 14 日，首次北京市优秀研究生指导教师及团队评选揭晓，刘吉臻教授团队获评北京市优秀研究生指导教师团队；毕天姝、崔翔教授获北京市优秀研究生指导教师称号；武昭原的《高比例新能源电力系统灵活运行的市场机制设计研究》获评北京市优秀博士学位论文，导师是周明教授。北京市优秀研究生指导教师及团队、北京市优秀博士学位论文评选活动，由北京市教育委员会主办，是加强研究生导师队伍建设和落实《北京研究生教育质量提升行动计划（2022—2024）》的重要举措。此次评选，经单位推荐、专家初评和专家复评，共评出优秀研究生指导教师团队 24 支，优秀研究生指导教师 58 名，优秀博士学位论文 123 篇。

（张　洪）

新能源发电国家工程研究中心

【概况】 新能源发电国家工程研究中心（以下简称工程中心），原名生物质发电成套设备国家工程实验室，2009 年 2 月经国家发展和改革委批准成立，华北电力大学牵头建设，2014 年以优秀成绩通过验收。2021 年 9 月，实验室名称调整为新能源发电国家工程研究中心，共建单位调整为国家能源集团新能源技术研究院有限公司、国能生物发电集团有限公司和保定华电天德科技园有限公司，以华北电力大学为法人单位进行运行和管理。2021 年 12 月，工程中心纳入国家工程研究中心新序列管理。

工程中心围绕服务“四个革命、一个合作”能源安全新战略，落实“碳达峰、碳中和”战略部署，助力构建以新能源为主体的新型电力系统，瞄准新能源发电科技前沿，面向新能源发电行业发展重大需求，在生物质及废弃物高效清洁利用、风力发电、光伏发电、储能及多能互补等研究方向持续开展科研攻关、技术转化、社会服务和人才培养，引领新能源产业高质量发展。

研发进展与成效。工程中心提出了多源生物质分质热解多联产技术思路，研发了气固双循环、旋转步进和静态回转热解技术与核心反应器，并形成了成套装备，结焦速率下降 10 倍以上，年稳定运行超 300 天，实现了多品级生物油、高热值燃气、功能碳材料等的多联产，资源化利用率达 100％。建立了大型海上风电机组增速型/直驱型传动链气-液-机-电-弹-控耦合模型和传动链优化设计方法，攻克了大型风电机组可靠性设计难题；研制了双风轮风电机组缩比模型风洞实验平台；研发了区域风电场群集中式、水风光一体化功率预测方法及系统，提升了大型风电场群功率预测精度和风能资源评估精度。自主研发的小面积电池钙钛矿电池认证效率已达 25.2％，达到领域内国际先进水平；柔性钙钛矿电池实现了 23.5％的光电转换效率，是目前该类电池世界纪录；基于云团三维识别，开发了多云天气下的光伏电站出力斜坡预警系统。组建了包括储能安全研究中心、氢能储能研究中心、储能系统应用研究中心、共性材料制备与公共分析测试中心等四个中心；开发了可视化水系电池原位观测平台，揭示了电极结构与局部电化学反应环境的电池反应与衰减机制，为获得技术突破提供了利器。

成果转化与应用。工程中心的部分科研成果实现阶段化转化，产生了带动上下游和相关产业发展的显著效应。形成涵盖核心组件设计、关键单元研制与系统集成的生物质固废全链条热解利用技术体系，完善多温区多功能系列化平板式选择性催化还原（SCR）脱硝技术体系，实现了超过 30 余项工程应用。研发的传动链可靠性增长优化设计方法，规模化工程应用于增速型（5MW）/直驱型（6MW）海上风电机组，机组平均故障间隔时间可达到 3500h；风洞实验技术应用于国内首款百米级叶片 SR210 气动性能验证；功率预测方法应用于三峡乌兰察布新一代电网友好绿色风光储电站示范项目和浙江省 90 多个风/光/水发电站；提出的风能资源评估方法形成了蒙古国首个风能资源评估国家标准。同华电重工集团合作开展新型太阳电池产业化研究，重点开展电池产业化关键设备的研发，在此基础上建立大面积钙钛矿太阳电池示范生产线和示范光伏系统，推进其产业化进程；光伏发电数字化运行相应技术在中国华能集团、中国三峡集团等进一步获得应用。开发的新型聚光光伏/热耦合发电技术在三峡集团乌兰察布风光储一体化电站工程得到转化应用;开发的燃料电池用高活性、低成本低铂催化剂在中汽创智科技有限公司得到应用;开展校企联合培训工作60余次。

主任:陆强

网址:https://nercne.ncepu.edu.cn/

(孔凌楠)

【1项目获河北省技术发明一等奖】 2022年,工程中心主任陆强教授作为第一完成人申报的"多源生物质固废分质热解多联产关键技术及装备"获河北省技术发明一等奖。该项目提出"分质转化、多联产利用"的总体策略,发明系列化有序可控分质热解多联产关键技术和装备,为生物质固废资源化利用提供新的技术模式。

(孔凌楠)

【重大项目立项】 2022年,姚建曦教授作为负责人获批1项国家自然科学基金区域联合基金重点项目,项目执行期为2023年1月至2026年12月,总经费255万元。葛铭纬教授作为负责人获批1项北京市自然科学基金杰出青年科学基金项目"大型风电场尾流演化机理和数学模型研究",项目执行期为2022年10月至2025年12月,总经费100万元。阎洁副教授作为负责人获批1项国家重点研发计划项目"人口轨迹大数据驱动的碳中和城市能源系统人-源-荷-碳互动协同优化技术研究",项目执行期为2023年1月至2025年12月,总经费300万元。

(孔凌楠)

【重大项目结题】 2022年2月,姚建曦教授作为负责人承担的国家重点研发计划项目"钙钛矿太阳电池关键材料设计制备及高性能柔性器件"通过科技部组织的综合绩效评估,评分为86.12分。该项目围绕钙钛矿太阳电池在机理、材料、器件结构、制备工艺等方面的关键问题开展系统研究,构建了钙钛矿材料结构预测模型,实现高性能钙钛矿材料的可控制备;分别设计并制备了高稳定、高效叠层和高效柔性钙钛矿电池;开发了空气中大面积钙钛矿电池卷对卷制备工艺。获得了在85%湿度下、光照1000小时后,认证效率为20.79%的高稳定钙钛矿电池。

(孔凌楠)

【参加国内外学术会议】 2022年4月8日,工程中心代表参加"The 7th International Conference on Biomass Energy",并作题为"*Industrial application of biomass pyrolysis for poly-generation*"的报告。5月19日,工程中心代表参加"23rd Edition of The International Conference on Analytical and Applied Pyrolysis",并作题为"*Pyrolysis of biomass to valuable compounds*"的报告。7月9日,工程中心代表参加"IJCST Talks学术沙龙第二期:煤与生物质资源综合利用",并作题为《生物质热转化及其与燃煤发电耦合初步技术研究》的报告。8月23日,工程中心代表参加"中国科学院青年促进会化学与材料分会学术年会",并作题为《生物质选择性热解制备高值产物的研究》的报告。9月17日,工程中心代表参加"2022中国可再生能源学术大会第五届青年科学家论坛",并作题为《多源生物质热解多联产成套技术与装备》的报告。10月29日,工程中心代表参加"The 2nd Jiangsu-Hong Kong-Macau Conference on Biomass Energy and Materials",并作题为"*Biomass selective pyrolysis for the production of value-added chemicals and their further utilization*"的报告。11月19日,工程中心代表参加"固体废物循环利用与污染控制第二届学术研讨会暨循环经济创新发展高峰论坛",并作题为《多源生物质热解多联产成套技术与装备》的报告。11月20日,工程中心代表参加"International Symposium on Thermal Chemical Conversion of Solid Waste and Carbon Reduction",并作题为"*Industrial application for the pyrolysis of organic solid wastes*"的报告。11月27日,工程中心代表参加"洁净煤'碳'索(六)——'低碳能源互补利用系统'学术沙龙",并作题为《多源生物质热解多联产技术与装备》的报告。

(孔凌楠)

国家火力发电工程技术研究中心

【概况】 华北电力大学国家火力发电工程技术研究中心围绕火力发电的安全、清洁、高效、智能等现实需求,以火电机组调峰和高效变工况运行、火电机组过程节能、火力发电清洁运行与环保减排、火力发电测控与仿真等技术为主要研究方向,探索"产、学、研、用"的新机制、新模式和新途径,实现火力发电过程的应用基础研究、技术研发、成果转化、辐射与推广的一体化创新服务体系。

2022年,中心在技术研发和创新基地、人才培训基地、中试产业化示范基地、对外交流合作、成果转化和辐射扩散基地、工程技术咨询与信息服务基地等建设方面成效显著,已逐步建成以先进电力材料技术、火力发电过程节能与机组优化运行技术、火电厂清洁运行与环保减排技术等方向为核心的大型研发及中试实验平台,建设的太阳能储能实验平台、有机朗肯循环发电平台、光煤互补发电平台、电站锅炉烟气脱水实验台、超临界水环境金属氧化实验平台、储能技术试验平台等,技术指标、平台总体利用率和研发能力处于国内先进水平。并积极承担国家重大科技研发计划等多项重大科研课题及企业委托的各类项目，建立良好的“产、学、研、用”合作交流机制。

2022 年，中心在应用基础研究和技术原理探索、关键技术攻关、新产品新系统研发等不同层次上为国家火电机组的优化运行提供技术保障。中心建成五大研发和中试基地，占地面积达 5000 余平方米，校内仪器设备等固定资产总额超 7000 万元，形成国内一流的研发平台和中试基地及集研发、中试和推广应用的完整链条。中心试验基地占地面积约 3000 平方米，实验台及仪器设备 150 余台(套)，固定资产总额 3500 余万元，位于主楼 F 座；培训基地 1 个，占地面积 800 余平方米，位于行政楼 4 层；火力发电空冷技术研发基地占地面积约 1013 平方米，实验台及设备 53 台(套)；能源环境科学与工程研究基地拥有大型仪器 22 台，试验平台 11 套，总资产达 2028 万元，在火力发电重金属污染的监测与控制领域处于国际领先水平。中心与企业合作搭建的陶瓷膜开发与烟气处理综合实验平台与示范基地，总占地面积约 1500 平方米(其中校内实验平台 150 平方米)，总投资约 4000 万元，建成国内首套 330MW 燃煤机组陶瓷膜法烟气水分及余热回收示范工程。

2022 年，国家火力发电工程技术研究中心继续加强与行业大型企业集团、科研院所以及依托单位重点实验室等研发单位的紧密合作，通过整合依托单位的多学科技术优势，承担国家项目、联合攻关、技术服务、技术咨询、人才培养和成果转化等方式，中心共获各级各类纵向科技项目资助 47 项，共签订横向科技合作项目 76 项；获国家和省部级科技奖励 15 项，授权专利 43 项，软件著作权 15 项，发表高水平论文 224 篇，其中三大检索收录 146 篇。

2022 年，中心有固定人员 77 人、流动人员 98 人，其中教授占 48%、副教授占 41%。中心拥有一批拔尖的高层次专业技术人才和研发团队，其中中国工程院院士 3 人，千人计划专家 3 人，“973”首席科学家 3 人，国家重大专项目首席专家 1 人，教育部“长江学者和创新团队发展计划”学术带头人 2 人，国家杰出青年科学基金获得者 4 人，国家“百千万人才工程”入选者 3 人，国家“万人计划”科技创新领军人才 1 人，创新人才支持计划 20 余人。

主　任：杨勇平

常务副主任：顾煜炯

副主任：陈海平　席新铭　张乃强　董泽

网　址：www.tprc.org.cn

(席新铭)

【集成攻关大平台通过专家论证】 2022 年，依托于国家火力发电工程技术研究中心申报的“清洁高效燃煤发电关键技术与装备集成攻关大平台”通过教育部组织的专家论证。该平台依托国家火电工程中心在清洁高效燃煤发电领域发热雄厚研发基础，2022 年初组织编制建设方案，7 月学校组织专家召开论证会，9 月通过教育部专家组论证。该平台获教育部批复后，将在国家火电工程中心的基础上，按照教育部“五个实”(目标任务、人员团队、物理空间、投入保障、成效贡献)的要求推进建设，至年底，平台初步完成建设方案。

(席新铭)

【《电力行业职业技能标准 储能电站运维管理员》标准获立项】 2022 年 10 月 31 日，中电联下发《关于印发 2022 年第二批中国电力企业联合会标准制修订计划的通知》(中电联标准〔2022〕287 号)，由国家火电工程中心和能动学院、能源电力创新研究院组织编制的《电力行业职业技能标准 储能电站运维管理员》标准获立项。至年底，该标准按计划组织专家进行编制，批准后，将为我国储能电站运行和维护人员的职业技能评价与技能培训提供指导。

(席新铭)

【徐进良教授团队通过“国家重点研发计划项目”综合绩效评价】 2022 年 3 月 8 日至 10 日，科技部高技术中心采用腾讯视频会议形式，组织了徐进良教授承担的“煤炭清洁高效利用和新型节能技术”重点专项“超高参数高效二氧化碳燃煤发电基础理论与关键技术研究”项目综合绩效评价。项目绩效评价专家由 9 位技术专家和 5 位财务专家及 2 位列席专家组成。专家组听取项目负责人徐进良教授的汇报，观看实验现场视频录播，对照项目任务书要求，经过质询和讨论，专家组一致同意该项目通过绩效评价验收。该项目针对大容量超高参数燃煤二氧化碳发电系统概念设计和关键部件开展研究，通过 4 年挂图施工和课题间交流，项目组完成项目预期目标，建成多个实验装置、在发电系统热力学理论和部件关键技术方面取得突出成果，形成一支高水平的研究团队。该项目构建了新型燃煤二氧化碳发电系统，发电效率达到 51%；提出模块化 sCO_2 锅炉解决大压降难题，建成第一台 0.2 MWth 燃煤二氧化碳锅炉，锅炉效率 40%以上；搭建高温压参数二氧化碳流动传热实验装置，获得圆管全周均匀及半周不均匀加热条件下 S-CO_2 传热数据等。同时，项目组成员积极开展科普宣传，项目负责人接受科技日报专访报道和中国教育电视台栏目邀请，介绍 sCO_2 发电技术，同时在产业前沿技术大讲堂上和多个企业做报告交流等。项目研究成果为燃煤二氧化碳发电研究和示范建设方面提供有力的技术和人员支撑，为实现我国在能源发电领域“双碳”目标贡献力量。

(席新铭)

【田华军教授团队在水系锌离子电池界面材料研究中取得重要进展】 2022 年 12 月 23 日，国际知名学术期刊自然通讯 *Nature Communications* 杂志发表田华军教授团队上述研究成果，论文题目“*Three-dimensional Zn-based alloys for dendrite-free aqueous Zn battery in dual-cation electrolytes*”。华北电力大学为成果完成第一单位，田华军教授为第一作者。田华军教授团队创新性地解决水系锌电池枝晶生长、析氢和固/液界面腐蚀等科学问题。该研究工作通过一种低成本、快速、通用的合成技术制备系列具有功能表面结构的三维锌基合金界面材料，并详细探讨基于双阳离子电解液中锌的沉积/溶解等反应机制。研究结果表明，优化后的三维结构锌基合金负极表面有利于高效调节锌沉积/溶解过程的反应动力学。所开发的界面材料在基于单阳离子和双阳离子的水系电解质体系中能够有效抑制负极表面的枝晶生长，助力实现高安全、长循环、高性能水系锌离子电池。同时，为深入了解电池反应动力学，研究团队开发并利用原位光学显微镜研究了低电流密度和高电流密度(高达 50 ma/cm^2)下三维结构锌基合金负极的形貌演变规律。这项系统性研究工作极大增强对水系电化学体系中双阳离子插层化学的基本理解，并为探索高性能水系锌离子电池及其他新型储能电池体系提供科学指导。

（席新铭）

【获教育部自然科学奖一等奖】 2022 年，由杨勇平教授作为第一完成人的研究成果“燃煤发电机组能耗时空分布理论与节能调控”获 2022 年教育部自然科学奖一等奖，华北电力大学为第一完成单位。该成果揭示燃煤电站能耗时空分布规律，阐明能量传递/转化过程能耗产生机制。构建了燃煤机组全工况，多过程、精细化能耗表征方程，获得了燃烧、传热、流动及排废等关键过程在全工况负荷下的能耗时空分布特征。攻克能耗非线性作用表征难题，创新火电机组拓扑优化方法。建立复杂能量系统过程能耗间非线性作用的表征方程，揭示单元过程降耗对系统降耗的非线性效应；提出考虑能耗作用的复杂拓扑优化方法，突破已有拓扑对节能调控的限制。打破燃煤发电机组固有流程架构，提出“宽温区、跨工质”机炉深度耦合技术。利用凝结水在前置式空气预热器中加热低温空气，被加热空气在空气预热器中继续被烟气加热，较高温度烟气在旁路烟道中加热较高温度给水/凝结水，节省较高参数回热抽汽。不同机组设计工况系统能耗降低 3～4g/kWh。

（席新铭）

【发表重要学术论文】 2022 年 10 月，刘国华、徐进良等完成的长篇综述性论文“*Progress in the rmoplasmonics for solar energy applications*”在国际公认的物理学和交叉科学类顶尖综述期刊 *Physics Reports*（2022 年影响因子 30.51）发表。该论文详细论述太阳能热等离激元学研究进展，重点讨论其物理机制，结构调控策略和太阳能应用。该工作拓展了等离激元学的认识边界，为等离激元材料设计及其在太阳能应用等方面提供新的架构和解决思路。这是华北电力大学在该刊上发表的第一篇文章。文章首先从光热转换和传热物理到热诱导过程，全面论述热等离激元学的基本原理和内在物理机制。从材料原理和结构方面充分讨论结构设计优化及调控策略，包括自调控等离子体、等离子体耦合策略及具有可调间隙的活性等离子体等三个层面。文章基于已发展的新型热等离激元结构，系统论述该技术在太阳能集热器、太阳能散热器、热光伏、太阳能海水淡化、太阳能杀菌、太阳能降解和催化、太阳能燃料和太阳能增肥制造等领域的工程应用，深入探讨热等离激元相对于传统技术的优势。最后，该文章指出太阳能热等离激元学在未来发展中可能存在的挑战，并对该技术在更广泛领域中的应用提出建议。

（席新铭）

电站能量传递转化与系统教育部重点实验室

【概况】 电站能量传递转化与系统教育部重点实验室面向能源动力学科前沿和能源电力科技进步的重大需求，瞄准国内外未来能源发展趋势，重点研究灵活性燃煤发电、储能及可再生能源，发展新能源电力系统，拓展新的研究方向，凝炼“高效低碳火力发电”、“新能源多能互补与储能”和“电站监控与智能化”三个主要研究方向，在能源电力领域的科学研究和人才培养方面发挥引领作用。2022 年，实验室在团队建设、人才培养、科技成果产出与落地转化、开放合作与交流等方面取得明显成效。

团队建设。重点实验室有 4 人获得个人奖励、人才称号，其中，张乃强教授入选国家“万人计划”科技创新领军人才、刘志坚教授获国家优秀青年科学基金资助、徐进良教授获 2022 年首都劳动奖章、房方教授获第十八届北京市高等学校教育名师奖。进站博士后 6 人，出站博士后 3 人。

人才培养。培养毕业博士研究生 29 名、硕士研究生 109 名。6 名博士后进站，3 名博士后出站。实验室教师指导本科生参加第十五届全国大学生节能减排社会实践与科技竞赛获国赛一等奖、三等奖各 3 项；指导本科生参加第四届北京市节能节水低碳减排社会实践与科技竞赛分别获一等奖 4 项、三等奖 1 项；指导本科生参加第十六届中国制冷空调行业大学生科技竞赛华北赛区三等奖 2 项。3 名学生获国家级、北京市优秀本科毕业论文，2 名学生获校级优秀博士毕业论文。

科研工作。实验室承担各类项目总合同金额 7194.9 万元，其中，获各类纵向科技项目资助共 21 项，资助金额为 4733 万，其中，国家级项目 10 项，省部级项目 8 项；实验室签订横向科技项目合同 32 项，合同金额 2461.2 万元，其中，合同金额超过 100 万的项目 10 项。

开放合作与交流。2022 年，重点实验室主办/承办学术会议 1 次，邀请国内外知名专家做学术报告 7 次，实验室科研骨干受邀做学术报告 9 次。

研究成果。实验室获授权发明专利 40 项，实用新型专利 27 项；实验室发表论文共 174 篇，其中，SCI 检索论文 121 篇，中文期刊论文 53 篇；出版国内专著 1 部；实验室共获得 8 项省部级奖，其中，获教育部自然科学奖一等奖 1 项，河北省科学技术进步奖一等奖 1 项，省部级科技进步二等奖 2 项；获得省部级教学成果奖一等奖、二等奖各 2 项。

固定资产。实验室新增固定资产共 128 台(件)，总价值 320.8 万元，其中，单价在 10 万元以上设备 10 台(件)。至年底，实验室占地面积 3930 平方米，科研设备总资产 5000 多万元。

主　任：徐进良

副主任：徐　超　房　方　张永生

学术委员会主任：何雅玲

实验室网址：http://etcs.ncepu.edu.cn

(唐宁宁　徐　磊　袁晓娜)

【重点实验室在 *Nature Communications* 期刊发表研究成果】 2022 年 12 月 23 日，电站能量传递转化与系统教育部重点实验室田华军教授团队在自然通讯 *Nature Communications* 上发表题为"*Three-dimensional Zn-based alloys for dendrite-free aqueous Zn battery in dual-cation electrolytes*"学术论文。电站能量传递转化与系统教育部重点实验室为成果完成第一单位，田华军教授为第一作者。该成果的发表标志着华北电力大学在先进电化学储能技术领域取得新突破。该研究成果创新性地解决水系锌电池枝晶生长、析氢和固体(电极)/液体(电解液)界面腐蚀等科学问题。该研究工作通过一种低成本、通用的设计合成技术制备了系列具有功能表面结构的三维锌基合金界面材料，并详细探索了基于双阳离子电解质中锌的沉积/溶解等反应机制。研究结果表明，优化后的三维结构锌基合金负极表面有利于高效调节锌沉积/溶解过程的反应动力学。所开发的界面材料在基于单阳离子和双阳离子的水系电解质体系中能够有效抑制负极表面的枝晶生长，助力实现高安全、长循环、高性能水系锌离子电池。同时，为了深入了解电池反应动力学，研究团队开发并利用原位光学显微镜研究低电流密度和高电流密度(高达 50 mA/cm^2)下三维结构锌基合金负极的形貌演变规律。这项系统性研究工作极大地增强对水系电化学体系中双阳离子插层化学的基本理解，并为探索高性能水系锌离子电池及其他新型储能电池体系提供科学指导。

(田华军)

【召开年度学术委员会会议】 2022 年 12 月 30 日，电站能量传递转化与系统教育部重点实验室第 3 届学术委员会第 2 次会议以腾讯视频方式在线召开。学术委员会主任何雅玲院士、副主任高翔院士、杨勇平教授，学术委员北京大学白树林教授、清华大学段远源教授、大连理工大学唐大伟教授、中国科学院电工研究所王志峰教授、华北电力大学徐进良教授、房方教授、杜小泽教授、刘建国教授参加会议。校长杨勇平代表学校和教育部重点实验室，对参加本次学术年会的各位学术委员专家表示热烈欢迎，感谢各位专家为实验室的发展和建设建言献策，并希望各位委员结合国家能源结构的调整，对实验室的研究方向的调整、青年人才培养提出建议。何雅玲院士、高翔院士主持会议。与会人员听取实验室主任徐进良教授关于《实验室 2022 年度主任工作报告》的汇报。徐进良从国家与能源电力行业发展趋势、重大需求、研究热点、实验室研究方向凝练、团队建设、人才培养、成果产出、开放交流、实验室现有条件及近期规划等进行详细汇报。重点阐述实验室在 2022 年科研、团队建设、成果获奖等方面取得的重要成果，以及研究方向的进一步凝练。刘璐教授做"基于温敏漆的液滴相变传热特性实验研究"的学术报告，田华军教授做"高安全新型储能电池体系关键材料与技术"的学术报告，许诚副教授做"基于过程解耦的热力循环分析及构建方法"的学术报告。实验室学术委员会委员和各方向带头人及部分研究骨干一起，围绕实验室的建设、发展进行讨论。何雅玲院士和各位委员对实验室围绕我国能源转型和能源电力行业科技进步的重大需求，进一步凝练研究方向的工作给予肯定。各位学术委员还围绕实验室的研究方向、现阶段的发展情况等提出建设性意见。徐进良对实验室现存的问题以及下一步的规划进行表态。在实验室青年人才培养、人才引进等方面将继续加大力度，向学校争取更大的资源和经费投入。同时，将协调校内各科研平台之间人员和成果之间的分配，保障教育部重点实验室的后续稳定发展。

(唐宁宁　徐　磊)

资源环境系统优化教育部重点实验室

【概况】 资源环境系统优化教育部重点实验室是依托华北电力大学环境科学与工程学院，整合学校其他优势科技资源而形成的一个研究实体，2010 年 12 月由教育部批准立项建设，2016 年 12 月通过教育部验收。实验室研究方向主要包括：火电烟气污染控制技术、核电放射性污染控制技术、水资源管理与水污染控制、能源电力环境监测及污染源解析等领域。实验室在建设过程中将依托实验室的多个学科点和相关博士后科研流动站，为国家培养能源与环境领域的专业技术人才。

项目成果。2022 年，实验室获批纵向项目 15 项，总计 1169 万元。包括联合基金重点项目，面上项目，青年项目等。其中获批国家自然科学基金联合基金项目重点支持项目 3 项，面上项目 5 项，青年项目 5 项，国家重点研发计划子课题 1 项，实验室开放课题 1 项。新增横向项目 22 项，总计 726 万元。

奖励成果。2022 年，实验室获国家级省部级科技奖励多项，其中汪黎东教授团队研究成果“烟气碳捕集的质子迁移调控机制”获 2022 年度河北省自然科学奖一等奖，以构建新型高效低能耗的碳捕集技术为目标，协同企业解决传统有机胺吸收法负荷低、再生能耗高的缺陷。获得具有高吸收容量、快吸收速率、低再生能耗特性的吸收体系，形成低成本、高效率、低能耗的碳捕集技术，助力我国双碳目标；此外，汪黎东教授以“构建适应‘绿色电力’发展需要的环境类卓越人才培养新模式”为题获北京市高等教育教学成果二等奖；胡冬梅副教授在 2022 年北京昌平区青年学术演讲比赛中获一等奖。

论文成果。2022 年，实验室在火电烟气污染控制技术、水资源管理与水污染控制、核电放射性污染控制技术、环境污染物监测及污染源解析等方面取得显著进展，共发表第一作者单位论文 100 篇，其中 SCI 论文 72 篇。其中实验室成员在国际知名学术期刊 *Nature Communications*、*Advanced Science* 和 *Science Bulletin* 发表论文各 1 篇，在 *Environmental Science & Technology* 发表论文 6 篇，在 *Applied Catalysis B*、*Journal of Hazardous Materials* 等期刊发表多篇。多篇论文被评选为封面论文和 VIP 论文，并获环境学科顶刊主页报道。此外，授权发明专利 20 余项。

人才培养。2022 年，实验室现有固定在编人员 60 人，实验室流动人员 7 人，高层次人才 17 人，青年人才 20 人，新引进人才 7 人，进站博士后 3 人，在读博士生 117 人，在读硕士生 196 人。

实验室主任：王祥科

学术委员会主任：郝吉明

实验室网址：www. raees. ncepu. edu. cn

（陈　哲　吴晓娜）

【设立开放研究基金】 2022 年，实验室积极鼓励设立开放研究基金，促进基础性研究工作。重点支持以下四个研究方向的开放课题：(1)火电烟气硫、硝、尘协同脱除技术；(2)核电放射性污染控制技术；(3)水污染控制与水资源管理；(4)能源电力环境监测及污染源解析等。年内，开放课题基金共收到申请 7 份，经学术指导与专家决策小组讨论审核，7 项开放课题获资助，共计资助金额 20 余万元。开放课题经费主要用于样品分析测试，以鼓励项目负责人利用本实验室仪器设备和科研条件开展科研工作，促进本领域科研人员在本实验室搭建的科研平台上开展合作研究。

（陈　哲　吴晓娜）

【科技帮扶行动团队赴确山县开展实践活动】 2022 年 8 月，实验室科技帮扶行动团队奔赴河南省驻马店市确山县朱李庄社区开展实践活动。该团队聚焦朱李庄社区人居环境，将专业实践、专研课题、环境保护、生态发展等贯穿美丽乡村建设过程中，通过开展坑塘探源改进、断面考核治理、技术排污研习、环保讲堂结对等，深入推进朱李庄社区人居环境整治工作，探索生态宜居的美丽乡村建设之路，为乡村振兴赋能。

（陈　哲　吴晓娜）

【举办年度学术年会】 2022 年 10 月 28 日，资源环境系统优化教育部重点实验室召开 2022 年学术年会。清华大学郝吉明院士、同济大学戴晓虎教授、南京航空航天大学罗胜联教授、南京大学李爱民教授、中国地质大学姚俊教授、山东大学景传勇教授、中科院朱廷钰研究员和湖南大学汤琳教授应邀参会。校长杨勇平出席会议并作讲话。杨勇平总结了重点实验室的发展历程和重要作用，并对实验室的未来发展提出要求和希望。杨勇平强调，习近平总书记在二十大报告中提出推动绿色发展，促进人与自然和谐共生；积极稳妥推进碳达峰碳中和。立足我国能源资源禀赋，有计划分步骤实施碳达峰行动。为贯彻落实这一要求，能源电力行业势必要调整能源结构。在新的能源结构下，开展碳减排、负排放、捕集、封存技术等研究势在必行。他希望实验室结合电力行业特色，聚焦行业污染问题，服务国家战略，解决能源电力领域的国家需求，凝练方向，突出重点，取得更大学术成果。

（陈　哲　吴晓娜）

高电压与电磁兼容北京市重点实验室

【概况】 高电压与电磁兼容北京市重点实验室是华北电力大学紧密围绕国家和北京市对新能源技术及高端装备制造支柱产业的发展规划和战略需求，整合学校优势资源而形成的独立运行的研究实体，是北京市教育委员会和北京市科学技术委员会于2004年5月9日批复增补认定的北京地区普通高等学校北京市重点实验室。新能源电力系统国家重点实验室为科技部于2011年3月29日颁布文件同意立项，高电压大电流电力变换实验室是新能源电力系统国家重点实验室的一个重要研究平台，承担国重建设任务，高电压与电磁兼容北京市重点实验室与新能源电力系统国家重点实验室高电压大电流电力变换实验室共享实验设备以及人才。实验室有固定研究人员40名，其中教授18人，副教授13人，讲师3人，博士后5人，工程师1人。2022年，实验室紧密围绕能源革命这一国家重大战略需求和建设科技创新中心的首都城市战略定位，为推动首都城市可持续发展和电力能源供应安全提供科技支撑，在创新科学思想、研发前沿技术、服务城市战略等方面取得多项突破性进展。实验室以新一轮能源革命为发展契机，紧密围绕北京市建设布局合理、运行灵活、绿色智能的现代化电网和发展新型电工装备支柱专业的战略需求，通过承担国家级重大科技攻关项目，提炼基础科学问题和关键技术难题，重点在电介质物理与放电机理、低温绝缘与超导输电、多物理场交互作用与复杂电磁环境、输变电装备故障诊断与状态评估等方向开展创新研究，引领学科交叉融合发展。

平台建设。实验室新增4套大型仪器设备平台(空间电荷椭圆偏振探测平台、电介质热分析动力学研究平台、GIL绝缘子高精度裂纹检测平台以及高温强场电力电子器件封装绝缘性能测试评估平台)。

科研项目。实验室共承担各类国家级纵向科技项目7项，资助金约9207万元。包括国家自然科学基金专项项目(重大战略研究)“电力能源与交通融合发展战略研究”，项目进展顺利，负责人李庆民教授；实验室签订及参与横向科技项目8项，合同金约750万元，包括与国家电网公司的合作项目“华东电网集性输电通道安全风险分析及风险管控措施研究”“基于活化能的GIS盆式绝缘子寿命评估技术”及“高压大电流SF6断路器电触头材料电寿命仿真测试”等。

人才培养。2022年，毕业硕士研究生84名，博士研究生7名。至年底，实验室有在读硕士研究生306名，博士研究生61名。承担着电气与电子工程学院的教学实验任务及培训工作，如“高电压技术”“工程电磁场”及“电气工程概论”等课程。

科研成果。“大型变压器硫腐蚀故障诊断关键技术与高效防治成套装备规模化应用”获中国电工技术学会科技进步奖二等奖。《围绕双碳战略，推进电力能源与智慧交通融合发展》内参报告报送中央办公厅、国务院办公厅。实验室获发明专利授权11项，发表论文共76篇，其中SCI检索论文45篇，EI检索论文27篇，中文期刊论文13篇。

(程养春)

【1项目获中国电工技术学会科技进步奖二等奖】 2022年，李庆民教授、丛浩熹副教授等完成的“大型变压器硫腐蚀故障诊断关键技术与高效防治成套装备规模化应用”获2022年中国电工技术学会科技进步奖二等奖。该项目在国家自然科学基金等项目支持下，在变压器油硫化物腐蚀机理、高灵敏度检测与诊断方法、硫腐蚀高效防治及在线脱硫装置研制等方面取得一系列原创性理论成果，累计制订国家级和行业级标准13项，出版学术专著1本，授权发明专利24项，发表论文35篇，该项目研究推动现有绝缘油炼制工艺和产业技术的升级换代，有效避免变压器运行中硫腐蚀故障的发生，使国产变压器油突破国外技术壁垒，迈进国际领先行列，社会效益显著。项目成果被国家电网公司和南方电网公司列入电网设备反事故措施中，福建、广东、湖南、黑龙江等电网公司已完成500多台腐蚀性硫变压器的带电添加钝化剂和吸附脱硫工作，节约大量的设备维修、现场抢修和换油费用。该项目成果经中国电工技术学会鉴定，结论认为：“项目核心技术达到国际领先水平”。

(任瀚文)

【一项目结题并形成内参报告报送中央办公厅、国务院办公厅】 2022年，李庆民教授主持的国家自然科学基金专项项目“电力能源与交通融合发展战略研究”顺利结题验收，执行期为2022年7月至12月。根据本项目研究成果，李庆民教授团队完成《围绕“双碳”战略，推进电力能源与智慧交通融合发展》高端智库内参报告，已报送中央办公厅、国务院办公厅。该项智库建议在国家政策层面和科学研究层面提出推动能源交通融合多元化规模化发展的具体建议。12月20日，项目负责人李庆民教授于召开电力能源与交通融合发展战略研讨会，邀请北京交通大学、长安大学、浙江大学、武汉大学、华北电力大学、北京航空航天大学等7位行业专家组成专家论坛，国内外共156名学者参与此次会议。该项目总结提炼了能交融合理论前沿问题和关键技术研究方向，提出我国能交融合战略研究的目标和路径，为我国能交融合发展提供重要参考。

(任瀚文)

【国家自然科学基金重点项目结题】 2022年，李庆民教授主持的国家自然科学基金重点项目“直流GIL金属微粒运动与空间电荷积聚的时空交互作用及活性抑制研究”顺利结题验收，该项目经费300万元，执行期为2018年1月—2022年12月，结合该项目成果，共发表论文73篇，其中：SCI收录34篇，EI收录29篇；授权和受理发明专利19件(其中授权8件，受理11件)，项目所取得的创新成果攻克了直流管道输电装备所面临的金属微粒与电荷积聚两大核心问题，突破传统GIL装备设计与维护的局限性，推动装备绝缘设计与智能运维技术的融合发展，实现交直流管道输电装备金属微粒故障由“被动防护”向“主动治理”的转变，进一步确立我国管道输电技术在国际上的引领地位。项目提出的管道输电装备气-固界面绝缘增强设计与微粒陷阱优化设计方法，应用于不同电压等级交直流气体绝缘输电设备，推进了科研成果的转化与应用，提升了我国先进输电装备"智"造与运维水平。

（任瀚文）

【IEEE 标准立项】 2022 年 2 月 23 日，由国网北京电缆公司牵头发起的 IEEE 国际标准《单芯交联聚乙烯绝缘交流电缆金属护套接地电流现场检测技术导则》[Guide for Field Detection of Metallic Sheath Current of single-conductor shielded and Cross-linked Polyethylene (XLPE) Insulated Alternating Current (AC) Cable]，获 IEEE SA 理事会正式批复立项，提案号 P3148。华北电力大学为提案单位之一，程养春教授担任工作组副主席。

（程养春）

【国家重点研发计划项目立项】 2022 年，实验室程养春教授参与中国电力科学研究院有限公司牵头的国家重点研发计划"基于自主芯片的变电站高可靠性保护与监控技术"的课五题"基于国产操作系统的主辅设备全景监控预警技术与多级协同的系统开发"，负责研究基于时序特征和差异化动态阈值的一次设备劣化趋势预判技术、基于电气和传感等多参量信息综合分析的设备异常预警技术和多站设备关联性分析的主子站协同预警技术。

（程养春）

能源的安全与清洁利用北京市重点实验室

【概况】 能源的安全与清洁利用北京市重点实验室基于依托单位的强强整合、优势互补，力争创建将科学创新和技术创新融为一体的具有多学科结合的重点实验室模式。2022 年，平台继续为能源清洁高效利用和可持续发展提供科学依据和技术支撑。

科研项目。2022 年，实验室成员国家自然科学基金项目申报 25 项，立项 8 项，其中重点项目 1 项，联合基金项目 1 项。获批国家重点研发计划项目 1 项、课题 3 项、子课题 6 项，实验室成员项目总经费达 4000 余万元。

科研成果。2022 年，实验室成员发表科研论文约 100 篇，其中 SCI 论文 70 篇，EI 论文 4 篇。授权发明专利 19 项。

人才培养。2022 年，实验室共有博士生导师 16 人，教授 19 人，副教授 29 人。实验室硕士研究生招生 145 人，博士研究生招生 29 人，在籍硕士研究生 346 人，在籍博士研究生 94 人。接受外国来华留学生攻读硕士研究生 8 名，博士研究生 8 名。

主任：姚建曦

（姚建曦　濮　妍）

【5 项重点科研奖励】 2022 年，实验室获 5 项科研奖励。李美成教授作为牵头人，获高等学校科学技术优秀成果奖二等奖。陆强教授获河北省技术发明奖一等奖。陆强教授作为参与人员，获陕西省科学技术奖三等奖。陆强教授获中国环境科学学会青年科学家奖。李凯作为参与人员，获中国发明协会发明创业奖创新奖一等奖。

（濮　妍）

【获批 1 项国家重点研发计划项目和 3 项课题】 2022 年，阎洁获批国家重点研发计划项目"人口轨迹大数据驱动的碳中和城市能源系统人-源-荷-碳互动协同优化技术研究"，项目经费 300 万元。李美成教授获批国家重点研发计划课题"叠层电池器件衰减机制及稳定性提升研究"，项目经费 250 万元。赵莉教授获批国家重点研发计划课题"烟气二噁英源头减控与深度净化技术"，项目经费 340 万元。杨世关教授获批国家重点研发计划课题"分类高分子废弃物催化裂解-提质利用技术及装备"，项目经费 332 万元。

（濮　妍）

【获批 1 项国家自然科学基金重点项目和 1 项联合项目】 2022 年，李美成教授获批国家自然科学基金重点项目"钙钛矿材料离子迁移机制及器件稳定性增强研究"，项目经费 269 万元。姚建曦教授获批国家自然科学基金联合基金项目"高效稳定全无机混维钙钛矿太阳电池的构建及其性能研究"，项目经费 255 万元。

（濮　妍）

【获批 2 项重大横向项目】 2022 年，实验室 2 项重大横向项目获批。其中，刘吉牵头，与中车山东机车车辆有限公司济南低碳科技分公司合作的"城镇污染物低碳处置技术创新实验平台关键设备研究"项目，合同经费 329 万元。姚建曦教授牵头，与华电重工股份有限公司合作的"钙钛矿光伏器件实验室前瞻性技术课题攻关"项目，合同经费 218 万元。

（濮　妍）

工业过程测控新技术与系统北京市重点实验室

【概况】 工业过程测控新技术与系统北京市重点实验室（华北电力大学）为北京市教育委员会和北京市科学技术委员会于2008年12月30日批复增补认定的北京地区普通高等学校北京市重点实验室。自2011年起同时作为新能源电力系统国家重点实验室-发电过程测控新技术实验平台（原名发电过程状态监测与优化控制平台），承担国重科研及建设任务。

实验室占地面积1631.55平方米，科研设备总资产2900余万元，10万元以上仪器设备达到29件。至年底，有固定研究人员及技术人员25名，其中工程院院士1人，教授10人，副教授8人，讲师3人，博士后2人，工程师1人。有“发电过程状态监测与优化控制”研究团队，团队负责人为刘吉臻院士。

2022年，实验室继续紧密围绕工业过程特别是发电过程运行参数的快速检测与优化控制，在传统能源与新能源建模、控制与优化等方面进行深入研究。以火力发电控制为核心，拓展新能源发电、燃气发电、核能发电、综合能源系统、源网荷协同控制与调度等方向。以智能发电为基础，开展泛在感知、大数据分析与处理等研究与应用。

科学研究。实验室主要研究方向包括：工业过程检测新技术、基于大数据分析的建模与仿真、发电过程先进控制技术与系统、智能发电运行控制系统、综合能源及分布式能源优化调度与控制。承担各类纵向科技项目资助共15项，资助金额2000万元；签订及参与重大横向科技项目合同6项，合同金额3400万元。年内，实验室发表论文40余篇，其中SCI检索论文15篇，EI检索10篇，中文期刊论文15篇，获发明专利授权11项。

平台建设。2022年对“一机三模仿真系统实验平台”及“驾驶舱操控原型机控制系统平台”进行调研论证及招标工作，对“火电机组机理/数据复合仿真模型系统”及“发电过程大数据中心”进行联合调试更新及校内共享使用工作，配合学校完成重点实验室网页建设工作。

人才培养。2022年，硕士毕业生33名，博士毕业生3名。在读硕士研究生105名，博士研究生18名。实验室承担控制与计算机工程学院的教学实践任务及培训工作，如“火电厂运行仿真实践”及“火电机组控制系统仿真实训”等课程。年内，接待国内外专家开展多项学术交流及参观活动。

主任：曾德良

重点实验室网址：http://cce.ncepu.edu.cn/mcs

（李　青）

【1项研究成果获中国电力科技创新奖特等奖】 2022年，“风电机组数字孪生技术与系统”获2022年度中国电力科技创新奖特等奖，团队成员刘吉臻、房方、胡阳等参与项目。该项目针对风电运维面临的监测数据不足、分析方式落后、维修窗口期不定、运维策略后置等问题，基于现代信息技术和新一代人工智能技术，开展以数字孪生技术为核心的多场景实时监测和智能化运维研究。团队在刘吉臻院士带领下，依托新能源电力系统国家重点实验室、中国华能-华北电力大学海上风电联合实验室，在国家自然基金重点项目和华能集团总部科技项目等支持下，开展产学研联合攻关，在数字孪生超感知全景监测、流数据交互及标准化治理、数字孪生体建模及智能迁移应用等关键技术方面取得重要突破，自主设计并率先研发成功风电机组数字孪生系统。该项目成果经第三方权威机构测试多项核心功能符合CMA（中国计量认证）和CNAS（中国合格评定国家认可委员会）标准。项目成果适用于海上/陆上风电单机、场群智慧运维及智能管控，可满足风电机组全生命周期运行维护需求。项目成果的推广应用，将大幅提升风电行业智慧化运维水平，社会经济效益显著，应用前景广阔。

（李　青　胡　阳）

【1项研究成果获中国电力科技创新奖一等奖】 2022年，曾德良教授参与的“全国产DCS系统在百万千瓦超超临界二次再热机组的示范应用”获2022年度中国电力科技创新奖一等奖。全国产安全智能型DCS首台（套）重大技术装备在瑞金二期百万千瓦二次再热机组示范应用，是在上安、福州、玉环示范机组的基础上进一步完善和升级，不仅具有常规DCS的功能，而且实现了汽超超临界机组全国产DCS的DEH/MEH一体化、现场总线技术以及SIS技术下沉、国产网络安全模块等，可提供智能电站应用二次开发平台，具有工控系统自主安全功能，系统功能得到进一步拓展。同时，该系统性能参数达到或超过国家和行业标准要求，可以满足大型机组安全稳定运行需求。

（李　青　曾德良）

【1项研究成果获中国能源研究会能源创新奖一等奖】 2022年，胡勇参与的“全国产智能型分散控制系统关键技术研究及应用”获2022年度中国能源研究会能源创新奖一等奖。该项目依托华能瑞金二期2×1000MW超超临界二次再热机组示范机组，作为国家能源局“全国产DCS”示范应用首台套项目依托工程，成功实现全国产DCS系统在百万千瓦超超临界二次再热机组的示范应用，并且实现多项创新：实现全国产DCS/DEH在百万千瓦二次再热机组

的一体化应用；开发了智能控制功能；融入了安全管控技术；开发了现场总线技术和设备；实现了 SIS 下沉功能。智能安全技术进一步提升、拓展了全国产安全智能型睿渥 DCS 的技术水平：构建了高度协同、高度安防、高度智能的新控制体系，拓展了 DCS 的功能维度，提升了 DCS 的性能高度，充分保障能源发电基础设施本质安全，是我国在电力行业工控领域核心设备上取得的重大自主创新成果。

（李　青　胡　勇）

【1 项国家重点研发计划获批】 2022 年，新增国家重点研发计划“燃煤灵活智能发电基础问题研究”，期限 2023 年 1 月至 2025 年 12 月，总经费 1200 万元。项目目标为揭示燃煤发电机组快速深度变负荷运行机理，探明安全、环保、经济运行边界，构建综合评价指标体系，针对多类主力机型，提出新型热力系统、新型燃烧系统、灵活智能控制系统设计方案，完成变负荷速率达到 5%/min 的深度灵活调峰发电系统的初步设计；发表高水平论文 40 篇，申请专利 30—40 项，培养博硕士研究生 30 人。项目成果将为我国燃煤发电清洁、智能转型提供系统性的基础理论支撑，其推动能源电力科技进步、保障新能源时代国家能源安全的意义重大。

（李　青　王　玮）

低品位能源多相流与传热北京市重点实验室

【概况】 低品位能源多相流与传热北京市重点实验室由北京市科学技术委员会 2011 年 4 月正式批复成立，实验室同时为首届教育部黄大年式教师团队，团队以杰青、长江、玛丽居里学者为学术带头人，以中青年人员为骨干。现有固定研究人员 15 人，博士以上学历 14 人，实验室现有固定仪器设备近 1800 万元，占地 1000 余平方米。实验室瞄准国际学术前沿和国家重大需求，紧密服务学校双一流学科建设，在新型高效发电系统、微尺度流动传热及太阳能热利用等方面开展研究。

科研项目。2022 年，实验室成员获批国家自然科学基金 4 项，北京市自然科学基金项目 1 项，项目经费 200 万元。徐进良教授承担的国家重点研发计划“超高参数高效二氧化碳燃煤发电基础理论与关键技术研究”通过科技部综合绩效评价。

平台建设。2022 年，实验室新增固定资产 100 余万元，其中购置电子扫描镜可增加实验室在材料方面研究整体实力，设备金额 96 万元；光电化学测试系统完成招标，设备金额 59.7 万元。

人才培养。2022 年，实验室主任徐进良教授获 2022 年首都劳动奖章，2022 年度爱思唯尔“中国高被引学者”。谢剑副教授入选北京市科协青年人才托举工程，马骁婧老师指导本科毕业设计获全国能源动力类百篇优秀毕业论文（设计）。实验室 2 名研究生获国家奖学金，培养毕业博士生 4 人，硕士生 28 人。

研究成果。在太阳能热利用领域研究成果发表在 *Physics Reports*（2022 年影响因子 30.51）期刊上，是华北电力大学在该刊上发表的第一篇文章。在超临界 CO_2 发电系统方面获批美国专利 1 项，研究成果申报教育部自然科学奖。

学术委员会会议。2022 年 12 月 30 日，实验室学术委员会会议在线召开，学术委员会由校外知名专家 5 人和校内专家 2 人组成。学术委员会认为实验室 2022 年在各个方面取得突出成果，同时在研究方向、人才培养两个方面提出建设性意见。

主任：徐进良

实验室网址：https://bjmfht.ncepu.edu.cn/

【徐进良获首都劳动奖章】 2022 年 4 月，实验室主任徐进良教授获 2022 年首都劳动奖章。徐进良教授长期围绕大型火力发电、新能源利用中的能效提升及过程强化、多相流与传热传质方面开展高水平研究，培养研究生近 100 名，为我国电力行业发展和优秀人才培养做出重要贡献。

（刘广林）

【谢剑入选北京市青年人才托举工程】 2022 年 12 月 27 日，实验室谢剑副教授入选北京市科协 2023—2025 年度青年人才托举工程。谢剑副教授为实验室自主培养的优秀青年教师，曾获吴仲华优秀学生奖、青年学者优秀论文陈学俊奖等，现为能量传递转换及先进动力系统研究所副所长。

（刘广林）

【太阳能领域取得研究成果】 2022 年 7 月，实验室在太阳能热利用领域研究成果发表在 *Physics Reports*（2022 年影响因子 30.51）期刊上，该期刊是国际公认的物理学和交叉科学类顶尖综述期刊。文章详细论述太阳能热等离激元学的研究进展，重点讨论其物理机制，结构调控策略和太阳能应用，是华北电力大学在该刊上发表的首篇文章。

（刘广林）

北京市电力信息技术工程研究中心

【概况】 北京市电力信息技术工程研究中心是北京市科委与华北电力大学共建的北京市科研平台，全称为“电力信息技术北京市高等学校工程中心，Beijing Higher Institution Engineering Research Center of Electric Information Technology”(简称为“工程中心”)，2010 年 3 月经北京市科委、教委核准成立。工程中心是国家科技创新体系的重要组成部分，是北京市设立的唯一一所专业从事电力行业信息技术研究和成果推广应用的工程中心。工程中心隶属北京市，依托华北电力大学建设和管理。工程中心按专业科研机构设立和建设运营，承担大学科研成果转化和市场推广的任务，是大学科研成果产业化、产品化的工程平台。工程中心面向国家电力发展及智能电网建设的重大需求，研究信息技术支撑智能电网建设的前沿问题和应用技术问题，解决电力信息化和智能电网建设的关键问题，是推进电力信息技术进步和科技成功产业化的重要基地。工程中心主要研究方向有：电力信息安全、人工智能与大数据、能源互联网技术、电力物联网与智能配电网四个方向。至年底，工程中心实际使用面积有 1500 平方米，拥有七个实验室、一个大数据中心、一个研究所、一个测试中心，在电力信息安全、电力智能软件、智能配电网以及电力大数据应用等方面有较好的研究基础和先进的研究成果，工程中心研究人员共计 18 人，其中客座教授 1 人，固定研究人员 17 人。

2022 年工程中心围绕电力信息安全、人工智能与大数据、能源互联网技术、电力物联网与智能配电网四个研究方向开展深入研究。基于电力工业连续性生产过程的特点，针对电力工业的电力调度控制系统和电力企业管理系统的安全特点，进行有针对性的技术研究和产品开发，满足电力网络的安全需求，技术研究与产品设计从防御外部攻击和杜绝内部破坏两方面进行，主要研究成果包括：安全隔离、安全接入、安全审计、安全认证、工业控制网络安全防御等；基于对电力业务的深入理解，研究人工智能及大数据技术在电力生产和经营管理中的应用，并进行针对性的技术研究和产品开发，助力业务发展，提高业务效率，提升电力企业的经营管理水平，主要研究成果包括：输变电线路智能驱鸟系统、输变电设备状态在线智能诊断与管理平台、电网安全经济运行实时监管系统等。

科学研究。承担国家电网公司科技项目 4 项，“支撑新型业务终端接入的威胁智能防控关键技术研究”“智能物联终端安全风险轻量级探测及终端容器运行安全防护技术研究”“面向国网云安全的自适应防护关键技术研究”“基于联邦学习的电力营销数据共享与模型融合技术研究”，总金额 340 万元；承担工信部工业互联网创新发展工程项目 2 项：“基于商用密码的复杂工业控制系统综合安全保障平台项目”“工业企业网络安全综合防护平台”，总金额 545 万元。发表学术论文 8 篇，其中 SCI 期刊 3 篇，EI 期刊 3 篇，申请发明专利 12 项；获授权发明专利 2 项，软件著作权 15 项。

人才培养。2022 年工程中心团队新增博士生 1 人、全日制硕士生 11 人；有硕士生 13 人顺利毕业。至年底，工程中心有在读硕士研究生 38 名，博士研究生 4 名。

主任：吴克河

(张晓良)

【1 项国家重点研发计划子课题完成 4 次季度推进会检查】 2022 年 4 月 28 日、6 月 8 日、9 月 26 日、12 月 9 日，由中国电力科学研究院有限公司作为项目牵头单位，国网天津市电力公司、国网江苏省电力有限公司、国网信息通信产业集团有限公司、全球能源互联网研究院有限公司、中国科学院上海微系统与信息技术研究所、清华大学、天津大学、武汉大学、华北电力大学作为项目合作单位的国家重点研发计划“智能电网技术与装备”专项“电力物联网关键技术”项目子课题“电力物联网体系架构研究”完成 4 次季度推进会检查。

(程　瑞)

【3 项国网科技项目顺利通过项目中期检查】 2022 年 8 月 17 日，由国网河南省电力公司牵头，国网重庆市电力公司、国网信息通信产业集团有限公司、国网电力科学研究院有限公司、华北电力大学等共同参加的国家电网公司科技项目“面向国网云安全的自适应防护关键技术研究与应用”通过中期督导。6 月，国网河南省电力公司、全球能源互联网研究院有限公司南京分公司、国网新疆电力有限公司、国网信息通信产业集团有限公司和华北电力大学等共同参加的国家电网公司科技项目“智能物联终端安全风险轻量级探测及终端容器运行安全防护技术研究”完成中期检查。12 月 9 日，由国网湖南省电力有限公司、国网智能电网研究院有限公司、国网信息通信产业集团有限公司、华北电力大学、湖南匡安网络技术有限公司共同申报的国网科技项目“支撑新型业务终端接入的威胁智能防控关键技术研究”完成内部督导会。

(谢云澄　高　雪　张继宇)

【2 项面向本科生的开放实验项目立项】 2022 年 9 月，为满足学生对实验实践学习的多元化需求，促进各级实验教学中心、重点实验室向本科生开放，学校教务处、实验室管理处组织首批面向全校本科生开放的时延教学项目，工程

中心基于现有大型仪器设备，完成《网络性能测试与分析》和《网络信息安全渗透测试》2项实验教学项目的申报。开放实验课程注重对学生探索精神、科学思维的培养，有利于科教融合、学科交叉、拓展学生知识面。

（张晓良）

【2个工程项目通过验收】 2022年3月30日，由北京京航计算通信研究所牵头，北京动力机械研究所、西安航天自动化股份有限公司、华北电力大学、北京航天紫光科技有限公司参与的“2019年工业互联网创新发展工程——工业企业网络安全综合防护平台项目”顺利通过项目验收，项目完成了工业企业网络安全综合防护平台研发和建设，研制了工业企业网络安全纵深防御体系、工业企业网络安全综合防护解决方案，在多家航空航天单位开展了试点应用。12月22日，由中国电科院牵头，国网江苏省电力有限公司、国网甘肃省电力公司、成都卫士通信息安全技术有限公司、北京天融信网络安全技术有限公司、中电运行（北京）信息技术有限公司、华北电力大学、深圳奥联信息安全技术有限公司、北京创原天地科技有限公司、中国科学院大学参与的“2020年工业互联网创新发展工程－基于商用密码的复杂工业控制系统综合安全保障平台”项目通过验收，项目针对复杂工业控制系统存在的网络安全风险及安全体系不足等问题，打造了基于商用密码的复杂工业控制系统综合安全保障平台，提升了电力行业工业控制系统商用密码应用水平和工控安全防护能力。

（张晓良）

北京市能源电力信息安全工程技术研究中心

【概况】 北京市能源电力信息安全工程技术研究中心是北京市科委2013年批复成立的省部级科研平台，中心基础是华北电力大学信息安全工程实验室、华北电力大学能源电力信息安全工程技术研究中心，依托华北电力大学电气与电子工程学院、新能源电力系统国家重点实验室、国家能源局电力行业信息安全等级保护测评中心第一测评实验室。作为融合电力、通信、自动化、计算机和网络安全专业的省部级平台，中心具有明显能源电力特色与行业优势。

自中心成立以来，恰逢党和国家高度重视和重点推进信息安全的发展战略的关键时期，又逢智能电网、智能发电、智慧能源、智慧城市和能源互联网等重大能源战略举措。因此，中心遵照习近平主席提出的“没有网络安全就没有国家安全，没有信息化就没有现代化”的重要指示，以及“网络强国”和“军民融合”的发展战略，依照国家发改委第14号令、36号令等文件精神，秉承“立足能源，服务行业，面向信息安全，重在工控安全”的发展宗旨，大力探索产、学、研、用一体化新思路，承担完成百余项纵向和横向科研课题、培养出一批优秀的能源工控网络安全人才，获中国合格评定国家认可委员会的CNAS实验室认证。

平台建设。2022年，中心新增1套大型仪器设备平台——智能变电站半实物仿真实验系统。

赛事举办。2022年，中心联合公安部信息安全等级保护评估中心，以中国能源研究会、中国电力企业联合会、工业信息安全产业发展联盟、中关村信息安全测评联盟、中国智慧能源产业联盟作为指导单位，承办“珞安杯”第七届全国工控系统信息安全攻防竞赛。大赛真实还原工业生产环境，来自全国各地179支战队通过线上角逐，最终排名前20位获决赛资格。在决赛阶段，竞赛设置紧贴工业互联网安全实务，试题关卡设计突破创新，关卡数量与难度同向逐步增大，参赛选手将通过突破真实的工业渗透场景与安全设置得分，最大限度考验选手发现工控网络系统中存在的风险点及威胁的能力。

科研项目。2022年，实验室共承担国家级纵向科技项目2项，资助金960万元。其中包括，刘云鹏教授负责国家重点研发计划（网络空间安全治理）“面向配电网关键信息基础设施的安全防护技术”课题一（多主体协同的配电网数据资产安全防控体系研究），龚钢军教授负责课题二“配电网安全防控数据跨域共享服务技术研究”中子课题（配电网数据拓扑跨域协同还原技术研究）；另外，实验室签订及参与横向科技项目30项，合同金约1200万元，包括与国家电网公司的合作项目“绿色海岛低碳电力消纳与精准化营销”“边缘网络的状态监控与安全性评估技术研究”及“双碳目标下基于区块链的清洁能源碳潮流追溯技术研究”等。

人才培养。2022年毕业硕士研究生65名，博士研究生5名。至年底，实验室有在读硕士研究生156名，博士研究生23名。实验室承担电气与电子工程学院的教学实验任务及培训工作，如“能源互联网安全防护技术”等课程。

科研成果。“建设滨海城市绿色低碳电力供需系统实践与探索——以大连及所属海岛为例”获中国企业改革与发展研究会“2022年中国企业改革发展优秀成果”二等奖等。龚钢军教授等完成的“绿色海岛低碳电力消纳与精准化营销”项目获“2022年中国企业改革发展优秀成果”二等奖。龚钢军教授、陆俊副教授等完成的“面向能源互联网的电力通信网协同规划技术研究与应用”获中国电力企业联合会“2022年度电力科技创新奖一等奖”龚钢军教授等完成的“面向智能电网的电力通信网精准规划技术研究及应用”获中国能源研究会“2022能源创新奖三等奖”。实验室获发明专利授权11项，发表论文共55篇，其中SCI检索论文20篇，EI检索论文22篇，中文期刊论文13篇。

（苏　畅）

【国家重点研发计划项目立项】 2022年，实验室牵头负责国家重点研发计划“面向配电网关键信息基础设施的安全防护技术”课题一与课题二中子课题，其中，刘云鹏教授负责的课题一“多主体协同的配电网数据资产安全防控体系研究”，负责针对新型电力系统下配电网面临终端设备多、数据类型多、交互主体多、交互方式复杂导致的安全防护弱问题，构建配电网数据资产和流动性访问关系的动静态模型、多维数据访问权限管控和多因子身份认证服务模型、非受控安全因素和受控安全因素融合的安全风险监测模型，提出覆盖安全风险识别、数据资产安全访问控制、数据访问流安全监测、信息扰动安全灾难恢复、数据资产安全算力环境的配电网数据资产架构级安全防护体系，破解配电网数据资产访问流在信息物理空间的行为表征难题，研发配电网数据资产安全管理子系统，实现多主体参与的弱信任环境下配电网数据资产体系化风险分析建模及数据资产安全防护。龚钢军教授负责的课题二“配电网安全防控数据跨域共享服务技术研究”中子课题“配电网数据拓扑跨域协同还原技术研究”，负责针对拓扑流数据维度多样、质量差、训练难度高的问题，设计包括知识抽取、知识融合、知识存储的拓扑语义模型训练流程；结合图数据库和神经网络等技术，建立并存储台区拓扑知识，揭示台区数据拓扑演变规律，构建基于拓扑数据构造符和导出模式部件的全景拓扑语义模型，支持域内数据拓扑精准还原；在不完备的配电网拓扑数据条件下，设计基于元学习的高细粒度拓扑推理机制；研究揭示与描述信息关联紧密的内容对推理结果的影响规律，构建基于语义网络的数据拓扑推理模型，完成从数据到函数的映射，实现拓扑信息的精准推理和补全；设计基于对抗生成网络模型的关键拓扑信息生成方法，构建域间多维互联拓扑感知模型，通过关键拓扑数据的跨域传递来解决域间拓扑信息不一致而导致跨域拓扑信息拼接难的问题，提出基于关键拓扑信息的拓扑自动拼接技术，实现拓扑关系跨域自动拼接；研发配电网数据拓扑跨域协同还原模块，支持配电网数据拓扑跨域还原和可视化展示，支持数据不完备条件下还原数据拓扑。

（苏　畅）

北京能源发展研究基地

【概况】 北京能源发展研究基地（以下简称能源基地）是全国首家开展能源决策研究的省部级哲学社会科学研究基地。开展国家和北京市“十四五”能源规划研究、北京市新能源发展战略研究、国家能源政策与立法研究以及能源经济与管理研究。

2022年，能源基地有专职和兼职研究人员101人（包括高级专家16人），与基地建立科研协作关系的研究人员29人，形成一支由能源领域专家、教授、博士、研究生组成的科研团队。能源基地获各类纵向项目资助共计13项，其中，国家级3项，省部级10项；新签横向合同93项；获省部级以上优秀成果奖励3项；发表能源类学术论文共计246篇，其中SSCI检索论文34篇，SCI检索论文121篇，EI检索论文5篇，CSSCI检索论文3篇；出版能源类学术著作5部。共编制《北京能源发展研究基地工作简报》11期。

简报编送。2022年，能源基地延续《北京能源发展研究基地工作简报》编送制度，通过简报，能源基地向上级反映基地工作的信息、动态，使主管领导部门及时了解基地工作情况便于指导。

学术活动。承办2022可持续能源发展国际会议分论坛，论坛采用线上方式进行，通过中能科讯进行直播，近2000人次在线参与论坛，有效扩大能源基地的学术影响力和辐射力。

智库发展。服务国家双碳目标发展战略，能源基地研究员积极开展调研，受邀为各地方国网电力公司做专题学习培训讲座，针对双碳目标下的生态文明建设、能源供应、新型能源体系建设等问题在《光明日报》《中国电力报》等报刊发表理论文章。在支持国家政府决策、推动行业企事业发展方面发挥智库支持作用。

（沈　磊）

【1部研究报告发布】 2022年1月，能源基地研究员袁家海教授课题组联合北京大学能源研究院气候变化与能源转型项目发布研究报告《电力部门碳排放达峰路径与政策研究》。该报告以满足不同电气化进程下电力需求为前提，设置多种组合情景较全面地概括未来电力低碳转型可能面临的情况，结合各项宏观经济指标变化趋势，合理预测2021—2035年电气化推动下的全社会用电需求，对电力低碳转型的不确定性进行分析，讨论电力系统碳达峰路径和时间。通过对比碳达峰典型路径，选择出满足非化石能源规划目标的碳达峰推荐方案，以此为基础研究新能源高比例发展路径、非煤大型可控电源多元发展路径、煤电转型路径、电力系统灵活性多元提升路径，在此基础上提出保障电力部门碳达峰的政策机制改革“施工图”。

（何　平）

【曾鸣开展调研考察】 2022年2月14日，能源基地研究员曾鸣教授受邀率研究团队赴国网山西省电力公司开展调研考察，与国网山西省电力公司科技部、营销部、电科院、经研院、省综合能源服务公司等主要领导骨干，就山西双碳工作面临的技术瓶颈、落地难题与解决思路进行深入探讨；2月21日，赴腾讯公司开展调研考察，与腾讯公司战略部、数据中心平台部、碳中和研究院等部门的主要技术专家，就持续深入推动和探索未来能源互联网、数据中心绿色低碳发展的目标方案进行合作对话与研讨交流。

（何　平）

【科曼教授受邀为师生授课】 2022年3月3日，美国加州大学伯克利分校教授Daniel M. Kammen（丹尼尔・科曼）应能源基地学术委员牛东晓教授邀请，为华电师生讲授“国际合作和社会正义，实现净零碳世界”在线专题课程。课程紧密围绕“双碳”目标，通过科曼教授的亲身经历，介绍中美在减碳领域的合作历史，以及通过可再生能源实现欠发达地区经济发展和环境保护的方案，并分享解读前沿学术论文。全校130多名师生通过各种渠道参与课程学习。课程由牛东晓教授负责的高等学校学科创新引智计划（“111”计划）项目支持开展。

（何　平）

【曾鸣做主旨演讲】 2022年3月24日，能源基地研究员曾鸣教授应邀出席由国网电子商务公司和北京外商俱乐部联合主办的“数字技术赋能全球能源绿色低碳转型发展与合作展望”圆桌对话，并作《中国双碳目标驱动下的电-碳-绿证三市场协调机制与政策分析》主旨演讲；6月30日，受清华大学三峡气候与低碳中心邀请，参加综合智慧能源研讨会，并作《建设综合智慧能源系统助力实现双碳目标》主旨演讲。

（何　平）

【召开国家社会科学基金重大项目推进会】 2022年3月25日，由能源基地研究员曾鸣教授担任首席专家的国家社会科学基金重大项目“面向国家能源安全的智慧能源创新模式与政策协同机制研究”以线上视频会议方式召开项目推进会，课题负责人、专家及项目骨干研究人员参加会议，各课题负责人分别对课题研究进展及主要成果进行总结汇报；7月25日，与新疆大学国家社会科学基金重大项目“碳中和目标驱动下多能互补体系的协同机理与实现路径研究”课题组联合举办的“面向碳中和目标的多能互补-智慧能源学术研讨会暨国家社会科学基金重大项目进展交流会”以线上线下相结合的方式召开，项目参与单位的专家学者、师生共计100余人参加会议。双方课题组对项目进展和成果分别进行汇报，并针对“双碳”目标下多能互补体系演进趋势、综合智慧能源发展方向、碳排放计量与追溯等关键问题，从政策保障、市场机制、技术体系及科研创新等维度开展深入交流与讨论。

（高童童）

【承办2022可持续能源发展国际会议分论坛】 2022年8月16日，能源基地承办2022可持续能源发展国际会议第十二分论坛，分论坛主题为“双碳目标下能源结构演变与电力市场发展”。论坛邀请来自武汉大学、清华大学、长沙理工大学、中国农业大学、国网山西省电力公司和全球能源互联网发展合作组织经济技术研究院的专家学者共同探讨。论坛采用线上方式进行，通过中能科讯进行直播，近2000人次在线参与本次论坛。

（高童童）

【研究员获“京华同心奖”提名奖】 2022年12月6日，政协北京市委员会发布《关于颁发十三届市政协委员“京华同心奖”的决定》。经北京市政协主席会议决定，授予12名委员“京华同心奖”、22名委员“京华同心奖”提名奖。能源基地研究员周扬胜获提名奖。周扬胜研究员担任北京市政协委员期间，积极建言首都发展，聚焦“构建清洁低碳新型能源体系”助推首都高质量发展，提出“建议加强减污降碳机制协同”等提案，其中“加速电力脱碳变革、为碳中和奠定低碳电力基础”提案获北京市政协2021年度优秀提案。

（高童童）

新型薄膜太阳电池北京市重点实验室

【概况】 2022年，新型薄膜太阳电池北京市重点实验室作为创新平台在行业引领及贡献方面的重要作用主要表现在对光伏行业几大关键问题的定位和解决上：围绕新型太阳电池开展高效稳定钙钛矿太阳电池及模块电池、全无机钛矿材料的合成和表征及其在电池中的应用，二维高稳定型钙钛矿薄膜的制备及其高效率器件研究，叠层太阳电池等研究，同时依托该项目与瑞士、澳大利亚等科研团队进行深度合作，学习并引进先进的科学技术和科研理念，同时结合新能源学院在钙钛矿材料设计与光伏器件稳定性的特色研究，成功进行课题组之间的合作并取得丰硕成果。相关工作在国际高水平期刊*Nature Nanotechnology*，*Chemical Engineering Journal*，*ChemSusChem*等发表10篇SCI论文，其中与外国专家合作发表高质量SCI论文1篇。相关研究成果在科研媒体获得宣传，得到同行一致肯定。

合作交流。2022年，针对国内外疫情，广泛采取网络线上合作交流。充分发挥在国外交流访问人员的积极作用，开展国际学术研究合作、积极参加各项线上研讨，与国家重大发展计划和战略联系紧密，拓展国际前沿的全新研究方向，进一步提升科技合作水平及自主创新能力，取得多项理论水平高、应用性强的标志性成果，对学校人才培养、师资队伍、学科建设、科学研究国际化水平的提高起到重要的作用。年内，1 人在 EPFL 做访问学者，学习研究关于高效稳定的钙钛矿材料与器件开发的课题，并且取得丰硕的成果。

科研项目。2022 年，实验室研究人员在研的科技部和北京市等国家、省部级及企业委托项目等总经费近 900 万元。实验室获纵向经费资助共计 456 万元，获横向经费资助 402 万元。朱红路项目“规模化分布式光伏友好接入与广域聚合调度关键技术装备及应用”，获得国家电网有限公司科学技术进步奖三等奖。朱红路获批国家重点研发计划子课题“区域分布式光伏发电集群功率预测技术研究”，项目经费 101.25 万元。

科研成果。2022 年，实验室团队成员共发表论文 50 余篇，其中 SCI 检索 41 篇，EI 检索 1 篇。获批授权发明专利 6 项。

人才培养。2022 年，实验室现有研究人员 27 人，技术人员 1 人，管理人员 1 人，研究人员全部具有博士学位。实验室成员中，973 首席科学家 1 人，青年千人计划 1 人，优秀青年基金获得者 2 人，教育部新世纪优秀人才 5 人，北京市科技新星 1 人，北京市优秀人才 1 人，北京市青年英才 3 人。实验室硕士研究生招生人数为 30 人，博士研究生招生人数为 5 人，在校研究生 100 余人。

实验室主任：戴松元

（戴松元　濮　妍）

河北省输变电设备安全防御重点实验室

【概况】 河北省输变电设备安全防御重点实验室于 2009 年成立，2010 年经河北省科技厅同意，纳入河北省重点实验室管理序列，实验室主任为律方成教授。2022 年，实验室有固定人员 40 人，其中且有正高级职称 13 人、副高级职称 9 人，其中 70%以上具有博士学位，是一支以中青年学术骨干为主的科研团队，人员素质及结构不断提升。实验室现有科研用房 1420 平方米，办公用房 647 平方米，主要仪器设备 146 台（套），资产总值 2574.2 万元。团队拥有国家杰出青年科学基金获得者 1 人、国家级教学名师 1 人、全国模范教师 1 人、国家电网特高压交流试验示范工程特殊贡献专家 1 人、霍英东青年教师基金获得者 2 人。年内，实验室围绕电磁环境与电磁兼容耦合机理及测试技术的研究、电气设备状态监测与故障诊断技术的研究、超特高压输变电关键技术的研究等方面进行重点研究，具有培养博士后、博士、硕士、本科四个层次人才的完善体系。

科学研究。2016 年新增主持“高灵敏紫外成像仪研制及应用开发”国家科技部重点研发计划 1 项，在研国家级科研项目共计 2 项，累计获批经费支持 3000 余万元；承担和完成横向科研项目 36 项，获研究经费支持 2600 余万元；发表论文 30 篇，其中 SCI 收录 7 篇，EI 收录 16 篇；获发明专利授权 10 余项、实用新型专利授权 7 项，申请发明专利 30 项。

合作交流。自 2019 年至今，河北省输变电备安全防御重点实验室与海南电网建立合作关系，双方在电力系统虚拟现实培训、人工智能与智能传感、热带海岛防灾减灾等领域与海南电网开展密切合作，先后完成海南电力学校“十个规定动作”VR 实训室一期、二期建设、海南电网虚拟现实培训基地建设、配电项目 VR 课件开发、人工智能与智能传感和热带海南防灾减灾实验室规划等项目研究。共同签订热带智能电网实验室合作共建协议（五年内计划投入经费 5000 万元），设立国家重点实验室海南基地。2021 年承接海南电网科技项目 5 项（500 余万元），完成申报南网公司入库重大科技项目 1 项（1369 万元）。

人才培养。2022 年，实验室硕士毕业生 23 人，博士毕业生 4 人。至年底，实验室有在读硕士研究生 103 名，博士研究生 10 名。承担着电力工程学院的教学实践任务及培训工作，接待国内外专家开展多项学术交流及参观活动，促进学术进步并促成多项项目合作。

主任：律方成

（范晓舟）

【1 项研究成果获河北省自然科学奖一等奖】 2022 年，由谢庆主持完成的“基于等离子体处理的界面电荷调控机理和沿面耐压提升方法”获河北省自然科学奖一等奖。该项目对等离子体改性与材料绝缘性能提升进行有机结合的原始创新，推动等离子体在高电压与绝缘技术领域的应用。

（范晓舟）

【1 项研究成果获天津市科学技术进步奖二等奖】 2022 年，由王永强参与完成的“电力变压器负载能力提升关键技术及智能装备”获天津市科学技术进步奖二等奖，该项目研究并揭示电力变压器运行故障机理及特征，创新性地提出新的电力变压器故障智能检测及诊断方法，形成电力变压器智能化系统架构。

（范晓舟）

【1 项研究成果获山西省科技进步奖二等奖】 2022 年，由

耿江海参与完成的“1100KV GIS运行状态感知、评估关键技术及工程运用”获得山西省科技进步奖二等奖，该项目对1100KV GIS整体绝缘水平、通流能力、电阻热容量、电阻断口以及在线监视系统等方面进行参数提高和再创新，提高我国特高压输变电设备的国产化制造能力。

（范晓舟）

【海南热带新型电力系统研究院成立】 2022年，华北电力大学海南热带新型电力系统研究院成立，通过围绕数字南网和海南智能电网发展目标，深入探索数字化技术在电力企业生产管理中的应用，研究虚拟现实、大数据、云计算、数字孪生等数字化技术对电网建设的应用价值，为海南全国智能电网示范省的建设提供支持。

（范晓舟）

河北省发电过程仿真与优化控制工程技术创新中心

【概况】 2022年，河北省发电过程仿真与优化控制工程技术研究中心专注“发电过程建模、仿真与优化控制技术”“先进工业控制系统设计与开发技术”以及“发电厂智能化运行、维护与管理技术”等研究方向展开课题研究。此外，该中心与国内外知名科研院所和工程单位保持密切合作，取得多项技术突破，并为社会和经济创造良好效益。

2022年，工程中心在与多家相关企事业单位和科研院所的合作中继续取得进展。合作伙伴包括国家能源集团新能源技术研究院有限公司、河北联润在线工程技术有限公司、国能宁夏鸳鸯湖第一发电有限公司、国网北京市电力公司、上海勘探设计研究院有限公司以及大唐阿鲁科尔沁旗新能源有限公司等工程单位。分别针对“智能控制研发平台建设技术服务”项目、“供热管道带压堵漏机器人设计”项目、“基于深度调峰模式的实时智能优化控制技术应用研究”项目、“计及高比例新能源消纳的中葡电动汽车充电可调潜力挖掘及车网互动大数据分析技术研究”项目、“电解水制氢方案联合设计技术经济联合研究”项目、“华创1.5MW机组罗克韦尔变桨系统手操盒项目”等展开深入而实质性合作，共同致力于推进技术创新与应用。

2022年，河北省发电过程仿真与优化控制工程技术研究中心现拥有固定人员43人，其中教授12人，副教授17人，高级工程师3人。工程试验用房面积1595平方米，办公用房面积820平方米。中心拥有“基于混合现实的检修系统”“新一代控制优化站”“火电机组一体化智能控制平台”等先进设备，仪器设备总值3466万元。年内，工程中心承担和完成科研项目40余项，实到研究经费1700余万元。中心积极推动科技成果转化与应用，为相关企业创造显著经济效益。发表论文10余篇，获自主知识产权12项，其中发明专利12项，获重要科学技术奖项1项。入学研究生45人，毕业研究生35人。主办学术交流会议2次。工程中心充分利用自身设备进行高级技术人才培养工作，共有60余人次在工程中心参加技术培训。

（董　泽）

【与国家能源集团新能源技术研究院有限公司签署合作协议】 2022年2月10日，工程中心与国家能源集团新能源技术研究院有限公司签署智能控制研发平台建设技术服务协议，推进智能控制实验平台建设，合同额982万元。根据协议，该“智能控制研发平台”建设目标为：融合智能控制算法及系统的研发与测试、复杂生产过程实时仿真与加速仿真等的综合性、通用型、并行化研究平台；为集团公司智能化重点科技项目开展实验与仿真研究、智能策略研发与验证提供平台支撑；打造“产学研用”全生命周期的智能控制研发平台，为智能化技术的示范、推广和应用提供有力支撑。9月27日，工程中心与国家能源集团新能源技术研究院有限公司签订综合能源仿真平台研发项目合同，旨在推进综合能源系统仿真平台的建设，合同额820万元。该“综合能源仿真平台”将集成先进的仿真技术与系统建模方法，实现对复杂的能源系统进行全面模拟和分析，以支持集团公司在能源领域的决策和战略规划。通过准确模拟和分析能源系统的运行情况，集团公司能够更好地理解能源供需关系，优化能源配置和利用方式，提高能源利用效率，减少能源消耗和环境影响。同时，该平台还将为新能源技术的研发和应用提供实验验证和性能评估平台，推动新能源技术创新和推广。

（孙　明）

【一项目获中国电力科技进步奖二等奖】 2022年，深度调峰火电机组的调频安全与性能优化关键技术、装备与应用项目通过中国电机工程学会组织的技术鉴定，并获2022年度中国电力科技进步奖二等奖。该项目针对提升火电机组深度调峰性能以及保障安全性的需求，围绕低频振荡预警与抑制、一次调频性能优化、柔性协调控制策略等方面开展研究，研发自主可控智能网源协调控制系统。该项目成果已在国家能源集团、华润电力、京能电力等发电集团的24台机组上成功应用，系统运行稳定可靠，有效提升火电机组的深度调峰调频性能，取得显著社会经济效益。

（孙　明）

【光伏电站储能管控平台投运】 2022年，工程中心与上海明华电力技术有限公司联合开展光能、风能电站储能管控平台研发，成功投入工程应用。经过数月现场调试，中心为上海明华电力工程公司开发的光伏电站储能管控平台在江苏泗洪成功投运。光伏电站储能管控平台提供的储能协同控制平台，保证在正常运算工作下能够进行正常稳定的数据通讯及冗余切换功能，且提供的储能协同控制平台及与外部系统交互的通讯接口，在出现硬件及软件相关问题时，能够及时给予相应技术支持及维护。

（王晓燕）

【先进控制算法平台在洗煤行业推广】 2022年，工程中心先进控制算法平台在洗煤行业推广应用，并在洗煤核心工艺中发挥重要作用。该平台实现重介质分选智能控制，满足分选密度智能调节，提高悬浮液密度和桶位控制品质，提高加介过程的节能增效，稳定控制精煤产品质量，提高精煤回收率和经济效益；实现浮选的智能控制，探索与理想浮选过程相匹配的最佳工艺参数，实现精煤提质增效；实现对压滤系统及上下游设备信息、控制信息、煤泥水浓度、流量等信息进行分析，自动生成控制策略，将压滤机控制系统组网，实现压滤机群智能排队、协同作业、移动监控。

（王晓燕）

河北省燃煤电站烟气多污染物协同控制重点实验室

【概况】 河北省燃煤电站烟气多污染物协同控制重点实验室2019年3月由河北省科学技术厅批准建设，是整合华北电力大学环境科学与工程系及其他院系优势科技资源而形成的研究实体。依托环境工程学科，围绕燃煤电站烟气多污染物高效控制的前沿科学技术问题和河北省《关于建立健全绿色低碳循环发展经济体系的实施意见》，面向国家和河北省发电行业重大需求展开重点研究，揭示燃煤电站多污染物生成机理及迁移转化规律，创新污染物控制方法和理论，革新工艺控制系统，建立高效、低能耗、绿色的燃煤电站烟气多污染物协同控制模式，对创造能源电力行业发展和生态环境和谐的共赢局面具有重要意义。实验室设3个研究方向：1. 烟气多污染物协同控制机制；2. 脱除副产物回收及资源化利用；3. 二氧化碳高效捕集机制。实验室拥有固定人员共41人，其中具有高级职称28人，中级职称13人；具有博士学位40人，硕士学位1人；研究开发人员37人，管理人员4人。实验室主任为河北省杰青获得者付东教授，团队核心骨干包括河北省杰青获得者汪黎东教授、齐立强教授、苑春刚教授、陈传敏教授等。

平台建设。2022年，实验室新增仪器设备201台，新增仪器设备总值365.5万元，其中新增单台原值20万元以上仪器设备7台；在建设期内，实验室重点建设“CO_2 捕集实验平台”“烟气脱硫脱硝实验平台”“烟气多污染物一体化控制实验平台”“硫污染物高值资源化回收实验平台”“燃煤烟气汞污染控制实验平台”“燃煤烟气脱硫废水零排放实验平台”“现代仪器分析测试平台”等7个实验平台，极大提升实验室科研实验条件。

科研项目。在研究创新与取得科研成果的能力和水平方面，实验室承担一批国家级、省级和行业重大科学研究课题，现有科研用房约3100平方米，仪器设备总值4000余万元。2022年，承担一批国家级、省级和行业重大科学研究课题，新增课题达到29项，新立项课题经费总额达到846.73万元，发表SCI论文57篇，申请自主知识产权23项，获得授权自主知识产权9项。

人才培养。2022年，毕业硕士研究生52人，毕业博士研究生0人。至2022年年底，实验室有在读硕士研究生292名，博士研究生40名，围绕着“烟气多污染物协同控制”“脱除副产物回收及资源化利用”“二氧化碳高效捕集机制”方向展开实验与研究，同时承担本科生实验培训任务。

（李康睿）

【召开学术委员会会议】 2022年11月12日，河北省燃煤电站烟气多污染物协同控制重点实验室第三次学术委员会会议在线上召开。会议由学术委员会主任天津大学马新宾教授主持，学术委员会委员清华大学吴玉龙教授、清华大学于养信教授、河北大学张金超教授、河北科技大学崔建升教授、国网河北电力科学研究院宋国升教授和华北电力大学环境科学与工程系系主任付东教授全部出席会议。重点实验室部分课题组的研究人员和工作人员列席会议。实验室主任付东教授向与会专家汇报2022年度实验室建设情况和2023年度工作计划，学术骨干成员郝润龙教授、王乐萌博士分别进行题为“烟气多污染物协同控制与资源化技术研究进展”和“醇胺法低能耗 CO_2 捕集技术研究”的学术报告。学术委员会认真听取汇报，结合实验室近年来的研究基础和燃煤电站烟气多污染物协同控制的发展前沿，学术委员会建议实验室继续围绕“烟气多污染物协同控制”“二氧化碳高效捕集”“脱除副产物回收及资源化利用”三个方向开展研究与建设；同时，面向新能源电力系统的环境问题培育新的增长点。

（李康睿）

【召开项目验收会议】 2022年12月21日，保定市科学技术局组织并主持，邀请有关专家组成验收组对华北电力大学承担的“河北省燃煤电站多污染物协同控制重点实验室”进行会议验收。验收专家组主任河北农业大学霍利民教授审阅项目验收材料，听取项目完成情况汇报，经质询和讨论，验收意见为：实验室针对各个研究方向展开了大量研究工作，取得一批研究成果。期间共获省部级科技进步奖一等奖 1 项，二等奖 1 项和自然科学奖二等奖 1 项，承担国家和省部级项目 33 项，发表了高水平 SCI 研究论文 213 篇，申请及授权专利 49 项，出版专著 8 部；实验室有一支稳定的研究队伍，承办和协办大型学术会议 3 场，派出 7 名青年教师赴国外交流，加强与国内外研究机构和高校的学术交流与合作研究；该项目完成了任务书规定的任务指标，专家组一致同意通过验收。

（李康睿）

【8 项国家自然科学基金项目获评立项】 2022 年，实验室新立项国家自然科学基金项目共 8 项，其中 3 项为国家自然科学基金青年科学基金项目，分别为张盼副教授的课题“纳米颗粒强化氨基酸离子液体/醇胺复配体系捕集 CO_2 的机理研究”、李萍副教授的课题“硬模板法可控构筑 SOEC 钙钛矿阴极及 H_2O/CO_2 共电解制合成气研究”、齐铁月教师的课题“基于催化-吸附双活性位调控的脱硫液 S(IV)/Se 同步控制机制”，资助基金共计 90 万元；其中有 5 项为国家自然科学基金面上项目，分别为苑春刚教授的课题“宽温区气态砷界面形态转化及固化减毒机制研究”、郝润龙教授的课题“多元自由基介导烟气自净化体系构建与同时脱硫脱硝脱 VOCs 反应机理”、张玉玲副教授的课题“循环冷却系统空气微纳米气泡阻垢界面响应机制与功能调控原理”、王茹洁副教授的课题“新型功能化离子液体吸收剂/电解质构建及 CO_2 原位还原机理”和李蔷薇副教授的课题“基于 MOFs 催化的 CO_2 解吸反应调控机制”，资助资金共计 296 万元。

（李康睿）

【出版专著 2 部】 2022 年，实验室共出版专著 2 部，分别为郝润龙教授、赵毅教授、袁博副教授共同出版的《烟气一体化脱硫脱硝脱汞理论与技术》，该专著围绕烟气一体化脱硫脱硝脱汞问题，系统阐述热增强型 Fenton、热催化复合氧化剂、光热协同催化氧化耦合腐殖酸钠吸收双区调控、光热协同催化耦合双循环吸收，以及亚氯酸钠耦合亚硫酸钠三区调控等氧化法脱除新技术，详细介绍相关影响因素、反应机制及脱除产物等内容，并对热催化气相氧化器的设计给出具体思路和相关模拟结果；另一部为苑春刚教授出版的《化学品环境安全》，该专著系统介绍化学品在环境中的迁移转化规律、存在的环境健康风险、安全评价的基本理论和方法，并围绕金属及其化合物、农药、传统有机污染物、新型有机污染物和金属纳米材料的结构及理化性质、生产与应用、环境赋存、毒性作用过程及效应、人体暴露风险等方面进行详细阐述。

（李康睿）

【获河北省科学技术进步奖二等奖】 2022 年 3 月，实验室陈传敏教授的课题“基于 SCR&WFGD 装置协同脱汞技术研究及应用”获得河北省科学技术进步奖二等奖。该课题针对燃煤电厂现有空气污染控制装置协同脱汞效率低的问题，从多污染物协同控制目标出发，着力解决脱硝装置协同单质汞（Hg^0）氧化、脱硫系统抑制汞再释放及协同脱汞等多项关键技术难题，实现燃煤电厂低成本、高效率脱汞目标，研制出具有完全自主知识产权、集成多项核心关键技术于一体的基于选择性催化还原脱硝装置（SCR）和湿法烟气脱硫系统（WFGD）同时脱汞关键技术。

（李康睿）

【获四川省电力协会突出贡献奖】 2022 年 4 月，实验室马双忱教授的课题“造纸白泥作为火电厂烟气脱硫剂的规模化应用研究”获四川省电力协会突出贡献奖。该项目瞄准造纸白泥处理难和脱硫运行成本高的技术痛点，从绿水青山就是金山银山的理念出发，提出利用造纸白泥替代石灰石脱硫，有效解决固废处理难、石灰石矿山开发破坏大、脱硫运行成本高等困境。基于白泥特性分析，开发燃煤电厂白泥预处理技术；针对白泥与石灰石性能差异，提出多项脱硫系统运行优化策略；建立白泥脱硫模糊数学评价方法；形成适应白泥脱硫的若干装备。项目研究成果 600MW 机组的工业化应用，有效支撑“大气污染防治攻坚战”和循环经济的顺利实现，项目成果取得显著环境、社会、经济效益。

（李康睿）

【获河南省电机工程协会突出贡献奖】 2022 年 7 月，马双忱教授的课题“燃煤机组脱硝提效及空预器防堵关键技术研究及应用”获河南省电机工程协会突出贡献奖。该项目围绕脱硝催化剂应用中存在的问题，特别是燃煤电厂烟气脱硝氨逃逸监测与空预器防堵，形成氨逃逸多点监测系统、电站空气预热器受热面堵灰问题形成、发展和解决方案、超低排放形势下脱硝改造和运行优化等技术成果，有效解决火电厂脱硝系统运行和技术改造中亟待解决的疑难问题，并在现场得到大范围应用。

（李康睿）

复杂能源系统智能计算教育部工程研究中心

【概况】 复杂能源系统智能计算教育部工程研究中心是华北电力大学紧密围绕国家和行业在复杂能源系统领域亟须解决的重大技术和工程问题，开展一系列与智能计算相关的科学研究和成果转化应用等方面的工作。该中心依托华北电力大学计算机系建设，于2019年10月获批培育。复杂能源系统智能计算教育部工程研究中心于2020年10月召开培育项目建设论证评审会。2021年9月，郑纬民院士作为技术委员会主任主持召开技术委员会议。为落实技术委员会的建设意见，12月，召开建设项目校内推进会。经过三年努力，2023年4月，复杂能源系统智能计算教育部工程研究中心正式获批建设立项。这是华北电力大学保定校区第1个教育部工程研究中心，也是学校第2个教育部工程中心，该平台为学校计算机学科的发展和"人工智能＋能源电力"交叉学科的布局注入强大力量。根据中心的三大研究方向，不断调整科研队伍，邀请知名带头人，吸引学校科研骨干，形成了感知处理、认知计算、智能决策三支稳定、高水平的研究、工程技术和管理人员队伍。该中心共有固定研究人员77人，流动人员30人，专职工作人员2人。固定研究人员中，国家高层次特聘专家1人，教育部新世纪优秀人才支持计划入选者4人，国家优秀青年基金获得者2人，国务院特殊津贴获得者2人。复杂能源系统智能计算教育部工程研究中心将专注于为复杂能源系统数字化、智能化转型中的相关实际工程问题提供最优解决方案，力争推动相关产业的进一步发展，产生大规模的经济和社会效益，为绿色低碳可持续能源产业发展夯实基础。

平台建设。近三年，中心新增6套大型仪器设备平台（GPU计算平台，电力视觉端云一体化系统，多光谱成像智能分析平台，超声波设备检测分析平台，大数据实训项目及数据资源平台，网络空间安全实训与竞赛平台）。

科研项目。中心获省部级及以上奖励14项，包括国家科学技术进步奖二等奖1项，省科技进步奖9项，中国电力科学技术进步奖4项；获国家资金支持项目15项，包括国家重点研发计划及其子课题9项，国家自然科学基金6项，累计经费逾7700万元；获省部级资金支持项目13项，包括河北省重点研发计划项目2项，河北省或北京市自然科学基金6项，军工类课题5项，累计经费逾1300万元；企事业委托项目56项，累计合同金额逾6000万元；中心成果转化项目13项，累计逾1500万元，尤其典型的是许伯强教授2021年"三相异步电动机及其集群初发故障在线检测系统"项目的1300万元成果转化。

产业孵化。中心借助华北电力大学科技园，以培育高科技、新能源、智能电网行业企业为目标，建设成集企业孵化、涉电产品检验检测、科技成果转化、技术咨询服务等为一体的能源电力专业孵化器。三年内，产业孵化企业11个，产业孵化支持项目6项。

人才培养。三年内，年均毕业硕士研究生124名，博士研究生5名。至年底，实验室有在读硕士研究生325名，博士研究生15名。承担着计算机系的教学实验任务及培训工作，如"大数据处理技术""信息系统安全"及"区块链技术与应用"等课程。

科研成果。房方教授的"网源友好型风电机组关键技术及规模化应用"项目获国家科学技术进步奖二等奖。李健彬教授的国家重点研发计划项目"基于信息物理融合的新型城镇多能源互联系统协同调控研究"获批4736万元。刘长良教授的"综合能源仿真平台研发"项目签约820万元，房方教授的"智能海上风电场关键技术研究"项目签约800万。本中心获发明专利授权36项，发表论文350余篇，其中SCI检索论文150余篇。

教育部研究中心主任：鲁斌

鲁斌，教授，博导，CCF高级会员，西北工业大学计算机软件与理论专业工学博士毕业，英国爱丁堡大学、亚伯大学访问学者。华北电力大学计算机系主任，河北省能源电力知识计算重点实验室主任，保定市知识计算与数据安全重点实验室主任，河北省计算机教育研究会副理事长，中国计算机学会青年精英论坛2020/2021保定分论坛主席，中国计算机学会计算机应用专委会智慧电力工作组组长。主要研究方向包括：综合能源系统与大数据分析、智能计算与计算机视觉。主持或参与国家、省部级科技项目7项，作为第一完成人获全国商业科技进步奖二等奖1项，作为校内第一完成人获河北省科技进步奖3项，市级科技进步奖4项，出版专著3部，获专利8项，发表中文核心、SCI、EI论文68篇，主持横向课题18项。担任国家自然科学基金、河北省自然科学基金、北京市自然科学基金、教育部学位中心等评审专家；担任包括IEEE期刊、一级学报在内的多家国内外权威学术刊物的审稿专家。校教学优秀特等奖获得者，校首届教学名师培育计划入选 者，出版"十一五"国家级等规划教材6部，主持河北省教改项目2项，教育部教指委项目1项，全国高等院校计算机基础教育教学研究项目1项，教育部产学研项目7项，获河北省教学成果奖2项。所指导的研究生中，7人获研究生国家奖学金，2人获评校级优秀硕士论文，4人获评优秀毕业生。

教育部研究中心网址：https://esic. ncepu. edu. cn

（张　琦）

【1项目获电力科技创新大奖】 2022年，房方教授等完成的“风电机组数字孪生技术与系统”获2022年度电力科技创新大奖。该项目在国家“973计划”、国家自然科学基金重点项目、中国工程院重大咨询项目和华能集团总部科技项目等支持下，开展“产学研用”联合攻关，在数字孪生超感知全景监测、流数据交互及标准化治理、数字孪生体建模及智能迁移应用等方面取得重要突破，自主设计并率先研发成功风电机组数字孪生系统，累计授权发明专利17项、实用新型专利4项、软件著作权8项，发表高水平研究论文21篇，获得第49届日内瓦国际发明奖1项。该项目研究成果解决了风电机组多领域多场景复杂特性数字孪生表征及其虚实交互超感知应用等关键技术难题，开拓了数字孪生技术在风力发电工业自动化领域的创新实践，有力支撑了我国电力生产数字化、智能化转型升级，社会、经济效益显著。项目成果推广应用于中国华能集团山东、吉林和浙江等分公司3000余台风电机组，增强风力发电集约化、智能化运行水平，减少因设备异常和大部件损坏造成的经济损失，提高无故障运行时间及发电量。该项目成果经由中国电机工程学会组织科学技术鉴定，以中国工程院院士赵沁平为主任委员的鉴定委员会评价该项目：创新了数字孪生技术，自主设计并研发成功风电机组数字孪生系统，成果整体处于国际领先水平。

（郭丰娟）

【1项目获河北省科技进步奖二等奖】 刘长良教授等完成的“风力发电稳定运行与优化技术及部件全生命周期智能运维技术应用”获2021年度河北省科技进步奖二等奖。在国家自然科学基金、国家科技环保集团股份有限公司及中国华能集团公司科技项目支持下，本项目以非线性系统稳定性理论为基础，通过对复杂系统稳定性理论分析；从“系统理论-关键技术-示范应用”三个维度开展产学研用联合攻关。历时8年，完善、统一和发展了非线性系统的定性与稳定性等结果，丰富了非线性动力系统的研究成果的关键技术，开发了数值孪生系统模型，研制了风电机组稳定优化运行系统、基于云平台的SCADA数据故障预警系统以及风力发电机组三维镜像虚实结合运维检修培训平台并获广泛应用。项目获授权发明专利18项，实用新型专利15项，软件著作权23项；发表论文86篇，其中SCI检索论文43篇，EI/中文核心期刊35篇；培养博士12人、硕士58人。项目产生直接经济效益19.88亿元，新增利润4.14亿元，并在全国21个省区、9个发电集团的115余座风电场推广应用，近三年累计提升发电量2.9亿千瓦时，减少碳排放约25.02万吨，节约标准煤约9.27万吨。2018年合作单位北京国电思达公司获德国TUV莱茵在中国首次颁发的全球风能组织安全和服务技术认证证书，为促进风电产业持续发展和推动行业科技进步做出突出贡献，为国家“碳达峰、碳中和”战略目标提供支撑。

（郭丰娟）

【3项国家重点研发计划项目立项】 2022年，李建彬教授牵头申报的国家重点研发计划“基于信息物理融合的新型城镇多能源互联系统协同调控研究”立项，获批4736万元资助。项目隶属于国家重点研发计划“政府间国际科技创新合作”重点专项，由华北电力大学牵头，联合国务院发展研究中心资源与环境政策研究所、中国城市科学研究会、陕西延长石油售电有限公司、中国华电集团有限公司福建分公司、国网宁夏电力有限公司、许昌许继风电科技有限公司、北京华电天仁电力控制技术有限公司、天津津能滨海新能源有限公司8家中方机构，以及Nokia、Abo Akademi大学2家国际机构，共计10家研究院所、高校和企业，进行“产学研用”协同创新。项目聚焦我国城镇能源互联系统的应用需求，联合芬兰共和国在能源、通信、计算机学科等能源物联网方向的研究和技术优势，攻关关键技术，构建新型城镇源网荷储侧信息-物理系统，实现多能流的协同优化利用，并进行工程示范应用。项目的开展将有效推进我国城镇能源互联系统高效、清洁、低碳、智能发展，为满足人民美好生活对能源的需求，助力实现我国“双碳”战略目标，贡献科技力量。房方教授主持的国家重点研发计划“燃煤灵活智能发电基础问题研究”立项，获批1200万元资助。项目以提升燃煤发电机组的运行灵活性和调节能力为目标，聚焦关键技术的底层原理，揭示燃煤发电机组快速深度变负荷运行机理，探明安全、环保、经济运行边界，构建综合评价指标体系，针对多类主力机型，提出新型热力系统、新型燃烧系统、灵活智能控制系统设计方案，完成变负荷速率达到5%/min的深度调峰发电系统的初步设计。预期发表高水平期刊论文40篇，申请发明专利30～40项，培养博士、硕士研究生30人。项目成果将为我国燃煤发电清洁、智能转型提供系统性的基础理论支撑，其推动能源电力科技进步、保障新能源时代国家能源安全的意义重大。肖峰教授主持的国家重点研发计划“全工况动态特性模拟装置及系统联合仿真与安全性校核虚拟测试技术”立项，获批670万元资助。项目开展全工况动态特性模拟装置及系统联合仿真与安全性校核虚拟测试技术研究。研究内容包括：(1)机-电-液-控试验装置多尺度一致性建模研究；(2)机理-数据复合驱动的模型智能重构与参数辨识研究；(3)多系统跨平台联合仿真技术研究与系统搭建；(4)基于联合仿真的安全性校核虚拟测试研究。

（郭丰娟）

【1项国家重点研发计划项目有序推进】 2021年起，李刚副教授参与了国家重点研发计划“智能电网技术与装备”重点专项“数字电网关键技术”的项目课题5“融合深度学习和电力知识图谱的数字电网智能快速服务关键技术研究与应用”。2022年，团队依托该国重项目课题5，在电力

设备故障诊断与状态健康管理方面，重点研究了基于知识图谱技术的主变设备故障诊断快速检索与问答演示验证系统，并发表1篇高水平期刊综述论文(电力设备健康管理知识图谱:基本概念、关键技术及研究进展)。

(郭丰娟)

【1项国家自然科学基金面上项目立项】 2022年，肖峰教授主持的国家自然科学基金面上项目“基于信息物理系统的微电网安全控制与优化”立项，获批55万元资助。研究内容包括:(1)研究微电网信息系统与物理系统的内部运行特性，分析二者之间的交互机理，建立微电网信息物理融合模型;(2)设计攻击预防和检测方案以及分布式攻击抵御策略，建立微电网的安全运行控制理论体系;(3)针对信息物理不确定因素下微电网的安全优化与能量管理问题，研究设备约束、数据扰动和网络攻击下微电网分布式优化问题，建立微电网“源-储-荷”分布式安全协同优化算法和理论体系。

(郭丰娟)

【1项河北省重点研发计划项目完成】 2022年，鲁斌教授、李刚副教授主持的河北省重点研发计划项目“基于权威认证的弱中心化可信高效共识机制”顺利完成，该项目经费30万元，执行期为2020年11月—2022年12月。结合该项目成果，共发表论文2篇，其中:一级学报收录1篇，中文核心收录1篇;受理发明专利4项。项目所取得的创新成果攻克了能源电力交易所面临的中心化交易、收益不平衡以及区块链下的共识算法三大核心问题，突破传统能源电力交易的局限性，进一步推动能源互联网交易市场的应用特性和安全需求，实现分布式、安全与快速的点对点能源电力交易。项目提出的基于循环方式选取主节点的PBFT共识算法与基于博弈策略的设计方法，应用于能源交易领域，提高能源效率，增加参与主体之间的收益，完成新型的点对点能源电力交易，进一步实现能源互联网应用场景中新的价值。

(郭丰娟)

【1项重大企事业委托项目立项】 2022年，刘长良教授等与国家能源集团新能源技术研究院有限公司签订“综合能源仿真平台研发”项目，合同金额820万元。项目研究内容包括:(1)综合能源仿真平台及基本原理模型库开发:综合能源仿真平台主要包括综合能源基本原理模型库、综合能源仿真模型实例、综合能源仿真模型实例能量管理系统(EMS)、风光水火储综合能源仿真实例SCADA监控系统。综合能源基本原理模型库包括风电基本原理模型库、光伏发电基本原理模型库、水电基本原理模型库、火电基本原理模型库、储能基本原理模型库、电网基本原理模型库。(2)综合能源基地仿真平台开发与应用:综合能源基地仿真平台主要包括综合能源基地仿真模型、基地级仿真总控系统软件、基地级调度总控软件、基地级调控策略评估模块、区域级调控策略评估模块、容量优化配置方案评估模块构成;构建包含“机群级-场站级-区域级”的千万千瓦级综合能源基地仿真模型，包括五个典型区域的仿真系统。(3)综合能源基地仿真平台扩展服务:对综合能源基地仿真平台的功能进行扩展。一是拓展原仿真平台基本原理模型库;二是丰富原仿真平台通讯接口，集成出一套综合能源混合仿真平台。

(郭丰娟)

河北省分布式储能与微网重点实验室

【概况】 河北省分布式储能与微网重点实验室是整合华北电力大学电力工程系优势科技资源而形成的一个研究实体，于2017年4月由河北省科技厅批准建设，并于2019年12月通过验收，在2020年8月取得的三年绩效评估结果为“良好”。实验室主管单位为保定市科技局，建设单位为华北电力大学，主任为赵书强教授，学术委员会主任为太原理工大学/清华大学孙宏斌教授。实验室主要围绕“分布式储能关键技术”“电能高效转换与控制”“交直流混合微电网运行与控制”三个研究方向开展科学研究，至2022年底，建有“交直流混合微网实验平台”“基于虚拟同步机技术的自主微电网实验平台”“模块化变流器组网实验平台”等多个实验平台。截至2022年底，实验室拥有固定研究人员38人，其中拥有博士学位35人、硕士学位3人;正高职称17人，副高职称12人，中级职称9人。实验室现有科研用房2050平方米，办公用房620平方米;仪器设备总数达到512台(套)，设备总值4700余万元。2022年，实验室固定研究人员新获批横纵项目20余项，经费总额2200余万元;发表论文60余篇，其中SCI收录22篇、EI收录30篇;获得授权发明专利40余项，申请发明专利50余项。

(王　琛)

【4项科研成果获省部级科技奖励】 2022年，王飞教授作为第1完成人参与的“基于新疆气候地貌特征的多时空风光功率预测与系统平衡调控关键技术及应用”获新疆维吾尔自治区科学技术奖一等奖，顾雪平教授、李少岩副教授主持完成的“支撑电力系统低碳转型的应急恢复优化决策技术及应用”获河北省技术发明奖二等奖，张波副教授参与的“高渗透率分布式光伏交直流配电系统安全组网与控制技术及设备”获河北省技术发明奖三等奖，戴志辉教授参与的“自主可控变电站保护控制系统全生命

周期运行风险防控技术及应用”获河北省科学技术进步奖三等奖。

(王　琛)

【3项国家自然科学基金获批】 2022年,张祥宇副教授申请的“风电高占比区域电网的振荡能量捕获机理与虚拟能量阱控制研究”获批国家自然科学基金面上项目,贾焦心老师申请的“构网型和跟网型电力电子装备混联系统的P/ω导纳建模和惯量匹配控制研究”获批国家自然科学基金青年项目,王琛老师申请的“桥臂复用型模块化多电平换流器的拓扑、控制及故障穿越策略研究”获批国家自然科学基金青年项目。

(王　琛)

【2项河北省自然科学基金获批】 2022年,张波副教授申请的“高比例新能源电力系统惯性时空特性感知及主动频率支撑控制技术研究”获批河北省自然科学基金面上项目,田艳军副教授申请的“柔性直流输电系统换流站全状态反馈控制振荡抑制与解析冗余容错特性研究”获批河北省自然科学基金面上项目。

(王　琛)

能源经济发展战略研究基地

【概况】 “能源经济发展战略研究基地”是河北省科技厅认定的首批“河北省软科学研究基地”。基地围绕能源、碳排放与环境政策,对能源资源的优化配置、能源结构分析与政策策划等领域开展研究,为河北省领导决策提供参考,同时负责培养软科学专业研究人才。基地设3个研究方向:(1)能源、碳排放与环境政策研究;(2)能源资源的优化配置研究;(3)能效分析与政策。研究基地外聘专家7人,具有高级职称23人,其中博导6人。外聘专家包括国家发改委、河北省省委、省政府决策部门相关人员,形成研究特色突出和优势明显的软科学研究团队,推出一批水平高、质量好的研究成果。基地积极参与省、市能源领域的咨询与论证工作,并与国内外政府、学术等相关组织开展学术交流和项目合作,产生良好影响。

(白海宁)

【7项国家级基金项目获评立项】 2022年,研究基地新立项国家级基金项目共7项,其中6项为国家自然科学基金项目,1项为国家社会科学基金项目,分别为鞠立伟的课题“新型电力系统需求侧灵活性资源时空协同优化与动态均衡机制研究”、丁贺的课题“国情境下优势型领导的内涵、维度及对员工工作繁荣的多层次影响机制”、檀勤良的课题“双碳目标下发电企业低碳技术创新扩散及其产业链协同演化机制研究”、刘源的课题“碳中和下新型电力系统韧性建模及系统多要素耦合优化研究”、王歌的课题“绿色电氢耦合的价值识别、布局优化与政策协同研究”和卢灿的课题“1.5℃约束下中国电力行业碳达峰后情景及效应研究”。

(白海宁)

【6项省部级基金项目获立项】 2022年,研究基地新立项省部级基金项目共6项,分别为陆昊的课题“计及外部性的集中式电化学储能提供调峰辅助服务的动态定价模型研究”、王玉玮的课题“可再生能源发电与氢储能协同优化及效益分配机制研究”、王雨晴的课题“双碳目标下河北能源产业创新发展研究”、刘志彬的课题“‘双碳’目标下河北省能源产业碳信息披露质量的影响机理、实证测度与政策提升研究”、王雨晴的课题“计及多元市场的虚拟电厂竞价优化与利益分配决策模型研究”和邹鑫的课题“基于LOB的重复性项目资源配置与集成调度优化研究”。

(白海宁)

【社会服务】 2022年,基地决策咨询报告《河北省碳达峰与碳中和目标分摊机制及路径对策研究》被国家发改委经济运行调节局在制定相关政策、做好在碳达峰碳中和目标下能源保供等工作中进行借鉴、采纳和应用。基地受保定市科技局委托,与保定市人民政府、保定市发改委、保定市金融局等相关政府部门一起讨论编制《保定市人民政府关于打造创新驱动发展新样板的工作方案》,为工作方案制定提供决策建议。基地成员作为河北省科技特派员,2022年积极协助科技型企业公司制定科技创新发展规划,与企业同心协力开展技术创新,攻克难关,协助公司完成科技成果转化应用和科研项目研发,帮助企业提质升级。为服务雄安双碳目标,为构建减源增汇协同发展的雄安近零碳排放示范区建设实践、为雄安新区的长期深度脱碳路径制定方面提供方法学参考依据。

(白海宁)

河北省能源经济发展研究基地

【概况】 河北省能源经济发展研究基地成立于2013年12月25日，由河北省社科联与华北电力大学共同建设，办公地点设在华北电力大学经济管理系。基地有效整合华北电力大学经济管理系、法政系、政教部和外语系的科研资源，针对学术前沿问题与服务地方发展开展课题研究。基地设3个研究方向：(1)能源经济预测、评价及能效管理；(2)生态建设与低碳经济研究；(3)法律保障与发展。基地现有科研人员48人，其中博士生导师6人，教授12人，副教授20人，讲师10人。同时基地外聘一批国家、河北省等相关部门人员作为基地咨询专家，形成以长江学者、百千万人才工程国家级人选、全国优秀教师、教育部新世纪人才、河北省高教名师、河北省优秀教师、河北省突出贡献专家为核心的年龄合理、结构优化、素质优良、教学科研水平一流的师资队伍和学术团队。基地在能源经济、社会和法治协调发展及京津冀一体化研究方面积累了深厚的科研基础，共承担国家级项目3项，省部级项目8项。发表SCI和SSCI检索论文15篇，EI核心检索论文20篇，CSSCI检索期刊论文23篇，专著5部。获得省部级奖励6项。

（白海宁）

【发表论文50余篇】 2022年，研究基地在《气候变化研究进展》《生态经济》《中国管理科学》《中国电力企业管理》等重点核心期刊发表论文20余篇，在*Applied Energy*、*Energy Policy*、*Energy Economics*等能源环境与政策领域国际期刊发表论文20余篇。

（白海宁）

【出版专著5部】 2022年，研究基地共出版专著5部，一是《计及新能源的电力现货市场交易优化管理》，作者：王珂珂，牛东晓，许晓敏，该专著从新能源对电力现货市场的影响分析，电力现货市场中新能源发电功率预测与电价预测，计及新能源与中长期市场影响的现货日前市场交易优化、计及新能源的现货日前与日内、日内与实时市场交易优化，计及碳市场影响的电力现货市场建设路径分析，计及新能源的电力现货市场交易优化管理建议等多个方面展开研究，以期为计及新能源的电力现货市场建设提供借鉴参考。二是《大型建设工程项目实施状态的分级诊断与综合评判方法及应用》，作者：侯学良。三是《基于合同链的复杂大型项目投资监控机理与模型研究》，作者：乌云娜，陈开风。四是《多因素影响下的动态项目组合选择问题研究》，作者：李星梅、王丽、党瑞楠。五是《基于共享理念的城镇综合能》，作者：陈娟、齐玮、鲁斌。

（白海宁）

【出席学术交流4场】 2022年，基地专家王雨晴在成都参加第六届能源互联网与能源系统集成国际会议“区块链技术在综合能源系统中的研究与应用”分论坛，作题为《区块链在综合需求响应中的应用》的学术报告，在武汉参加第十届电工技术前沿问题学术论坛“电力系统与新能源”分论坛，作题为《面向碳中和的含新能源汽车共享站电—氢微能源网区间—随机混合规划方法》的学术报告。基地专家郭森在广州出席“2022 3rd International Symposium on Energy application and thermodynamic cycle（ICEATC 2022）”会议，并作题为“*How to select the optimal retired power battery for cascade utilization? A hybrid novel MCDM method*”的学术报告。基地专家郭森在广州出席“2022 2nd International Conference on Energy, Power and Advanced Thermodynamic Systems”会议，作题为“*Comprehensive Performance Evaluation of Pumped*”的学术报告。

（白海宁）

河北省电力机械装备健康维护与失效预防重点实验室

【概况】 河北省电力机械装备健康维护与失效预防重点实验室于2020年8月由河北省科技厅批准建设，是整合华北电力大学优势科技资源而形成的一个研究实体。实验室主管单位为保定市科技局，建设单位为华北电力大学。围绕国家和河北省电力机械装备状态感知与控制、故障诊断与失效预防的关键科学和技术问题，形成3个主要研究方向，即发电装备机电特性分析与健康维护、输电装备结构优化与失效预防、电力新材料的研发与应用。

2022年，实验室在科研实验条件建设、人才与团队建设、研究开发能力建设、成果转化能力建设、开放服务与合作交流能力、组织结构与运行管理等方面取得进展。

人才与团队建设。实验室拥有固定人员38人，其中具有正高级职称15人、副高职称13人、中级职称10人；具有博士学位35人，硕士学位3人；年龄在60岁及以上1人，45至59岁之间17人，30至44岁之间18人，30岁以下2人。2022年实验室培养的研究生毕业人数52人。

科研成果。(一)超超临界电站锅炉服役安全关键技术与工程应用,该成果针对超超临界机组锅炉管爆管频繁的问题,发明了基于实际服役环境材料特性和破坏机制的锅炉管选材设计方法,研制出新一代过热器和再热器产品;首次证实溶解氧加速锅炉管氧化皮生长破坏机理,首创全保护自动加氧处理方法及装置;开发出锅炉管外壁耐蚀耐磨材料体系,发明了基于半导体光纤耦合输出的激光熔覆技术。该成果有效解决超超临界机组锅炉管氧化腐蚀严重、爆管事故频发的行业难题,显著提升机组安全性和可靠性。(二)大型海陆风机关键部件安全监测与故障预警控制项目基于国家基金和省级科技支持计划项目,通过校企联合攻关,针对大型陆上及海上双馈式、永磁半直驱式、永磁直驱式风电机组的塔筒基础、叶片、偏航系统、传动链系统、发电机等关键部件的典型病害监测和预警控制进行系统研究。中国电工技术学会于2022年7月16日组织权威专家鉴定,项目整体水平达到国际先进水平。(三)服务国家战略,主持制定国家标准,《特殊物理性能的合金钢铸件》和《铸造工具钢》两项国家标准为我国首次制定,填补相关材料标准空白。标准的制定坚持面向市场、服务产业的原则。标准的实施有效促进特殊物理性能合金钢和铸造工具钢材料的研发、生产和推广应用,为科研、产品设计、企业的标准化生产提供技术依据,便利于企业间的技术合作和学术交流。有助于推动相关行业的经济发展,提高企业经济效益。(四)输电线路风偏计算的多刚体动力学模型及应用。结合架空线路风偏摆动的运动特征,考虑绝缘子串中各个绝缘子的相对运动,给出连续档距架空线路风偏位移响应的多刚体模型与动力学方程,有效展现各个绝缘子串与各档导线的动态风偏响应规律,能够满足工程应用需求。(五)超高电力杆塔关键设计技术与工程应用,该项目开展了风荷载计算关键参数研究,提出基于填板布置型式的双肢组合角钢承载力计算方法,确定了±800kV线路杆塔可靠度指标,填补特高压直流拉线塔结构设计空白。该成果应用于天津、北京、河南、山西、陕西、浙江、湖南、四川等15个省(市)的53条输电线路工程中,实现单基铁塔减轻塔重6.7%以上,对输电线路建设具有开创性指导作用。经专家组鉴定,整体达到国际领先水平,获天津市科技进步二等奖。

开放服务与合作交流。实验室通过设置开放基金和课题、共享实验设施和科学仪器资源等方式吸引国内外优秀学者前来进行科研交流与合作,并通过主办、承办或协办学术会议来提高实验室的学术影响力,同时,凭借建设单位华北电力大学在电力行业的良好声誉,对外进行科学普及并吸引国内外优秀科技人才前来开展客座研究。实验室承办"河北省振工程学会2022年学术年会""2022年输电线路工程前沿技术论坛",进一步提高自身在本领域内的学术影响力。

固定资产。实验室新增仪器设备22台,新增仪器设备总值862.07万元,仪器总值达到3685.9万元。

现任实验室主任为万书亭教授,副主任为丁海民教授和张新春副教授,学术委员会主任位杨绍普教授,实验室网址:https://jxxzdsys.ncepu.edu.cn/,实验室微信公众号:华电机械系省重点实验室。

(万书亭)

【承办河北省振动工程学会年学术年会】 2022年4月16日,由河北省振动工程学会主办,河北省电力机械装备健康维护与失效预防重点实验室承办的"河北省振动工程学会2022年学术年会"线上召开,来自河北工业大学、燕山大学、河北大学、石家庄铁道大学、河北工程大学和北华航天工业学院等三十余所高校、科研院所和企业的260余名振动工程领域专家学者出席会议。中国振动工程学会副理事长、清华大学褚福磊,河北省科学技术协会学术部部长张峰,华北电力大学科技处(保定)处长刘志坚,华北电力大学机械工程系党委书记商雷出席开幕式并致辞。开幕式由河北省振动工程学会理事长、河北省电力机械装备健康维护与失效预防重点实验室主任万书亭主持。会上,国家杰出青年基金获得者清华大学褚福磊教授围绕面向装备健康管理与运行维护的特征提取和典型零部件状态监测与故障诊断,做题为"机械装备全生命周期健康管理与运行维护"特邀报告;国家杰出青年基金获得者大连理工大学刘巍教授围绕局部加工多场状态感知预测以及构件工装多源参量在线感知,做题为"航空装备智能制造中多传感融合测量技术"特邀报告。与会其他专家分两个分会场做三十余场主题报告,分享各自最新研究成果。会议成功举办为深化振动工程领域的学术研究,促进业界专家学者的交流合作提供平台。

(万书亭)

【协办输电线路工程前沿技术论坛】 2022年8月9日,由中国电机工程学会输电线路专委会和中国钢结构协会塔桅钢结构分会主办,河北省电力机械装备健康维护与失效预防重点实验室协办的"2022年输电线路工程前沿技术论坛"线上召开。来自大连理工大学、重庆大学、中国电力科学研究院、三峡大学、国网北京经济技术研究院和电力规划设计总院等三十余所高校、科研院所和电力企业的近300名输电线路工程领域专家学者出席会议。机械工程系党委书记商雷出席开幕式并致辞,论坛由中国电力科学研究院副院长、中国电机工程学会输电线路专委会主任李正和河北省电力机械装备健康维护与失效预防重点实验室学术带头人王璋奇主持。论坛围绕输电线路结构优化与失效预防、输电工程灾害防治、输电线路新技术及工程应用等专题,邀请到业内7位资深专家做主旨报告。俄罗斯工程院外籍院士、欧盟科学院院士、国家杰出青年科学基金获得者,大连理工大学李宏男教授做题为"输电塔-线体系雨荷载作用机理及其反应分析”的报告；重庆市教学名师、国务院政府特殊津贴享受者，重庆大学李正良教授做题为“输电塔结构体系腐蚀疲劳损伤随机演化研究”的主旨报告；电力规划设计总院副总工李永双教授级高工阐述我国重点输电通道建设与规范，并对未来电网输电技术进行展望；国网经济技术研究院首席专家兼工程数据中心主任齐立忠教授级高工详细介绍了BIM技术及特高压大数据建设；中国电力科学研究院李清华和张宏杰教授级高工分别做“输电线路螺栓差异化防松技术”和“复杂山地风场仿真技术及其在输电线路工程中的应用”的报告；河北省力学学会副理事长、机械工程系王璋奇教授介绍数字孪生关键技术，具体分析其在输电线路领域的应用。

（万书亭）

【召开2022年学术委员会会议】 2023年4月14日，河北省电力机械装备健康维护与失效预防重点实验室召开第三次学术委员会会议。实验室学术委员会主任杨绍普，委员戴士杰、崔彦平、唐贵基、范孝良、王璋奇，科学技术处副处长张力晖、科学技术处平台与成果管理科李丽英、张佳宁，机械工程系党委书记商雷、副书记赵鹏程、副主任花广如，实验室主任万书亭、副主任丁海民、学术带头人何玉灵、王鹏和实验室其他主要研究人员出席会议。会议由张佳宁主持。张力晖指出河北省重点实验室是学校科技创新体系中的重要一环，学校将进一步加大实验室建设投入力度，推进实验室持续发展。万书亭汇报实验室2022年度的平台建设、主要成果与研究进展、学术交流、人才队伍建设等相关情况，以及实验室2023年度的建设计划，何玉灵、王璋奇、王鹏分别就近期取得的研究成果做学术报告。学术委员会委员对实验室的发展进行充分研讨，通过实验室2022年度工作报告和2023年度的建设计划。与会委员一致认为实验室围绕发电装备早期故障诊断、输电线路结构优化、超疏水新材料研制等方面取得重要的研究进展，成果丰硕，同时建议实验室应持续加强高层次人才的引育以及国际合作与交流。

（万书亭）

河北省电力物联网技术重点实验室

【概况】 河北省电力物联网技术重点实验室于2020年8月由河北省科学技术厅批准建设，是整合华北电力大学信息与通信工程学科优势科技资源而形成的一个研究实体。实验室针对电力物联网中感知层、网络层、平台和应用层这三大层次存在的关键问题，结合大数据、移动互联网、物联网、云计算、人工智能（大移物云智）等新一代信息技术，开展“光电信息智能感知与应用”“大连接高可靠安全通信技术”以及“电力物联信息智能处理”三个方向的研究，实现电网的全面感知、可靠传输和智能处理，保障电网安全、稳定、经济运行。在完成两年建设期任务后，实验室将继续凝炼研究方向，开展创新研究，面向国家需求，力争成为在电力物联网领域具有重要影响，对国民经济可持续发展具有重大促进和推动作用的科技创新和人才培养的重要基地。

2022年，实验室在团队建设、人才培养、科研工作、开放合作与交流等方面取得进展。

团队建设。韩东升和李保罡两位老师晋升教授职称，吕安强老师新增为博士生导师。截至2022年年底，实验室有固定研究人员40名。其中高级职称30人，中级职称10人；具有博士学位39人，硕士学位1人，博士化率97.7%。

人才培养。培养毕业博士研究生2名，硕士研究生76名。实验室教师指导学生参加第九届“大唐杯”全国大学生移动通信5G技术大赛研究生赛获全国一等奖5项、二等奖10项、三等奖12项；指导学生参加第十三届蓝桥杯全国软件和信息技术专业人才大赛获省级一等奖1项、二等奖4项。

科研工作。实验室新增各类纵向科技项目5项，资助金额为165万元，其中国家级项目2项，省级项目3项；实验室新增签订横向科技项目合同19项，合同总金额1041.95万元，其中合同金额超过100万的项目3项。

开放合作与交流。年内，实验室主办学术会议1次，邀请国内外知名专家做学术报告4次，立项开放课题3项。

研究成果。实验室获发明专利授权26项、实用新型专利授权1项，申请发明专利42项；发表论文共58篇，其中SCI检索论文29篇，EI检索论文6篇，出版学术专著3部；参与制定行业标准2项。实验室获省部级科学技术进步奖三等奖1项。

固定资产。实验室新增科研仪器设备共10台（件），总价值213万元。其中，单价在20万元以上设备3台（件）。截至2022年年底，实验室科研和办公用房占地面积共2750平方米，科研仪器设备总资产价值3200多万元。

实验室主任：李永倩

实验室副主任：赵雄文　戚银城

学术委员会主任：刘铁根

实验室网址：http://iotkeylab.ncepu.edu.cn/

（王劭龙　李永倩）

【获批集成电路设计与集成系统新专业】 2022年2月22日，实验室所在院系牵头申报的“集成电路设计与集成系统”专业通过国家审批，被列入《普通高等学校本科专业目录》。该专业结合学校能源电力特色，面向电力系统行业相关集成电路及系统、大功率器件及封装等需求，培养掌握半导体低功率、大功率器件设计和系统集成相关的基础理论和专业知识，能在集成电路及相关电子通信领域从事研究、设计、开发和教育、管理的高层次、复合型高级专门人才。实验室将为该专业的建设和发展提供强有力的实验条件支撑。

（王劭龙）

【召开电力物联网技术专题研讨会学术会议】 2022年8月21日，由河北省电力物联网技术重点实验室、河北省电力物联网信息通信技术创新中心和华北电力大学科学技术处共同主办的“电力物联网技术专题研讨会”以腾讯会议的形式召开。会议邀请到国内知名高校、科研院所和企业共6位专家学者就电力物联网技术相关领域最新研究进展、应用案例进行研讨。电子与通信工程系主任戚银城教授，国网河北信通公司副总经理杨会峰以及华北电力大学、国网河北信通公司等百余名师生员工参加会议。研讨会期间，来自学校和国网河北信通公司的多位参会人员就各自关注的内容与各位专家学者进行深入讨论。

（王劭龙）

【参与 IEEE SMC 2022 电力视觉技术专题会议】 2022年10月11日，IEEE SMC 2022会议在捷克首都布拉格(Prague, Czech Republic)以线上线下同时进行的方式召开。张珂教授、赵振兵教授在线上组织其中的IEEE“*International Conference on Systems, Man, and Cybernetics*”电力视觉技术专题会议(IEEE SMC Special Sessions)。戚银城教授课题组线上参会并宣讲会议录用论文“*Optimized YOLOX Based Transmission Line Bolt Cascade Detection*”，同时与来自其他地区的专家学者进行学术交流和讨论。IEEE SMC是IEEE系统、人与控制论专委会的旗舰会议，同时也是中国计算机学会(CCF)推荐国际学术会议目录C级(清华大学重要国际学术会议目录B类)权威学术会议，享有很高的国际声誉。

（王劭龙）

【召开2022年度学术委员会会议】 2022年12月29日，河北省电力物联网技术重点实验室学术委员会第三次会议在华北电力大学保定校区召开，会议采用线上与线下相结合的方式进行。实验室学术委员会主任委员刘铁根教授及其他全体委员，科学技术处副处长曲伟，电子与通信工程系党委书记张艳斌、系主任戚银城教授、系副主任韩东升教授，实验室主任李永倩教授，以及实验室研究人员参加会议。会议由刘铁根教授和韩东升教授共同主持。会议听取李永倩教授关于实验室建设进展和2023年度科研计划的汇报；听取实验室青年学术骨干赵丽娟、陈智雄和石超君分别做的实验室三个研究方向的学术汇报；会议还研究审定并通过实验室开放基金拟资助项目。学术委员会委员对实验室的建设和发展情况进行充分讨论，认为实验室围绕主要研究方向取得重要的研究成果，并通过实验室建设进展报告和2023年度科研计划。学术委员会建议：做好实验室内科研平台的规划，发挥博士点的作用，优化和完善人才队伍建设，提升承担国家级重大项目的能力；凝练特色成果，突出实验室核心竞争力，进一步增加对河北省科技发展的贡献。会议最后，戚银城教授表示将进一步强化投入保障，支持实验室建设，为推动我国电力物联网技术高质量发展做出积极贡献。

（王劭龙）

非能动核能安全技术北京市重点实验室

【概况】 非能动核能安全技术实验室于2012年经北京市科学技术委员会认定为北京市重点实验室(以下简称“实验室”)，并在2017年2月以“良好”的成绩通过北京市科委三年绩效考核。实验室依托华北电力大学进行建设，依靠“核科学与技术”一级学科优势，在非能动冷却技术的基础、非能动反应性控制技术的基础、非能动技术在小型堆中的应用、非能动技术在先进核能系统中的应用等方向开展研究工作，并着力进行反应堆工程与安全技术方面的成果转化，为国家及北京市在核能领域的创新发展提供技术支持与服务。实验室实行主任负责制，实验室主任由核科学带头人陆道纲教授担任，下设由工程院院士、教育部新世纪优秀人才等优秀专家领衔的六支科研团队，划分五个研究大方向。实验室设立以工程院院士欧阳晓平为主任的学术委员会，委员会成员由国内各大核集团、科研院所、知名高校的核工程领域专家学者担任。至2022年底，实验室使用面积已增至4934平方米。拥有固定资产设备总额3900万元，搭建多套大型与核反应堆热工安全、反应堆物理等相关的试验台架及计算平台。

科研项目。2022年，实验室在核反应堆材料、核物理设计与探测、核热工流体等方面取得较大成果，获批包括国家重点研发计划项目课题“铅铋复杂流场分布、氧输运及与材料交互作用的模型开发与验证”“基于数字孪生技术的堆芯关键材料多尺度设计与性能评价”“Po-210监测的快响应探测技术研究”，还包括军工纵向项目2项、北京市自然科学基金项目1项。同中国核电工程有限公司、中国原子能科学研究院、中国核动力研究设计院等公司企业在反应堆物理、热工、核技术等方面均开展前沿技术或工程应用方面的研究，新建或巩固强有力的合作关系，横向科研经费总额达2650万元。全年科研总经费达5502万元,同比增长121%。

队伍建设及人才培养。引进青年教师4人北京市自然科学基金杰出青年项目(王雅迪副教授),"北京市科协青年人才托举工程"(张钰浩副教授)。2022年培养硕士研究生80余人,博士研究生2人。至年底,实验室有在读硕士研究生261人,博士研究生59人。

科研成果。在国内外权威期刊发表论文共68篇,其中SCI检索论文43篇,EI检索9篇,中文核心16篇。

(刘　雨　朱宇轩)

【获批国家重点研发计划项目】 2022年,刘洋教授领导的国家重点研发计划项目"Po-210监测的快响应探测技术研究"获批,项目经费总额为500万元,并计划在2022年12月至2025年11月进行研究。该项目获批立项,标志着学校在重点研发计划方面取得重要突破,成为学校首个重点研发计划青年科学家项目。该项目研究目标是开发一种快速响应的探测技术,用于监测Po-210(钋-210)这种放射性核素的存在和分布。Po-210是一种高放射性物质,具有较长的半衰期,对人体健康具有潜在危害。因此,研究团队希望通过开展此项目,为提高核辐射监测的效率和准确性做出贡献。该项目的成功实施将为核辐射监测领域提供新的技术手段和解决方案,对于保障公众健康和环境安全具有重要意义。团队成员将充分利用项目的经费和时间资源,深入开展实验研究和数据分析,力争取得重要科研成果,并为相关领域学术研究和应用开发做出贡献。

(刘　雨　朱宇轩)

【获批国家重点研发计划课题】 2022年,刘芳副教授牵头的国家重点研发计划课题"铅铋复杂流场分布、氧输运及与材料交互作用的模型开发与验证"获批,该课题总经费达到1050万元,预计研究将于2022年12月开始,并计划于2025年11月结束。该课题获批标志着重点实验室在承担国家重大科研项目以及关键技术自主研发方面取得显著提升。该课题的主要研究目标是开发并验证铅铋复杂流场分布、氧输运以及与材料交互作用的模型。铅铋合金是一种重要的结构材料,在核能、航空航天等领域具有广泛的应用。然而,铅铋合金在高温和高辐照环境下的性能和安全问题仍存在挑战。因此,研究团队希望通过开展该课题,深入探索铅铋复杂流场的分布规律、氧气输运机制以及铅铋与材料之间的相互作用,为提高铅铋合金的性能和安全性提供科学依据。该研究的成功实施对于提升我国的核能安全性、推动航空航天技术进步以及促进材料科学与工程领域的发展都具有重要意义。

(刘　雨　朱宇轩)

【获批国家重点研发计划课题】 2022年,佟振峰教授领导的"基于数字孪生技术的堆芯关键材料多尺度设计与性能评价"获批立项,项目总经费590万元,起止时间为2022年11月至2025年10月。该项目获批立项,是重点实验室在承担国家空间堆相关材料筛选研发方面的重大突破。该项目通过材料中子辐照损伤多尺度计算与模拟为耦合辐照损伤的高温蠕变模型开发提供相关参数(缺陷形成/结合的热力学能量、缺陷间交互作用的动力学过程等),并通过得到的数据校正结果、优化模型,构建得到多尺度计算与小样本实验的数字孪生模型,最后通过双向动态矫正计算数据与实验数据,构建得到多尺度计算数据与小样本实验数据融合的数据库。

(刘　雨　朱宇轩)

新能源电力与低碳发展研究北京市重点实验室

【概况】 新能源电力与低碳发展北京市重点实验室于2016年由北京市科学技术委员会正式认定,是北京市新设立的"新型智库领域"的首批五家入选单位之一。重点实验室服务对象包括国家及京津冀区域的政策制定及决策部门、能源电力及低碳行业。重点实验室凝练新能源电力与低碳发展路径、低碳发展的新能源电力建设与运营虚拟仿真、新能源电力与低碳发展政策评估及策略三个稳定研究方向,为国家及北京市制定新能源电力与低碳发展战略、发展规划、发展政策和发展法规提供理论研究成果和专家智力支持。2022年,实验室团队在科研成果产出、开放合作与交流、人才培养与建设等方面取得丰富成果。

科研成果与产出。重点实验室成员在新能源电力与低碳发展相关领域发表高水平101篇,包括SCI/SSCI检索共78篇。按ESI学科发表论文的被引次数入选排名前1%的论文共有3篇,参照中科院分区处于二区以上等级的论文共计68篇;主持或参与国家级及北京市纵向课题共计15项,包括国家自然科学基金6项,《双碳目标下发电企业低碳技术创新扩散及其产业链协同演化机制研究》《电-碳市场耦合下需求响应资源调峰价值测度及价格机制优化研究》《新型电力系统需求侧灵活性资源时空协同优化与动态均衡机制研究》《中国情境下优势型领导的内涵、维度及对员工工作繁荣的多层次影响机制》《碳中和下新型电力系统韧性建模及系统多要素耦合优化研究》《绿色电氢耦合的价值识别、布局优化与政策协同研究》。国家重点研发计划1项,《储能参与电力辅助服务的综合价值评价方法》;重点实验室团队成员2022年度撰写著作共计7部,包括《多情景下电氢耦合微电网项目容量规划与投资组合优化》《计及新能源的电力现货市场交易优化管理》

《大型建设工程项目实施状态的分级诊断与综合评判方法及应用》《基于合同链的复杂大型项目投资监控机理与模型研究》《多因素影响下的动态项目组合选择问题研究》《综合能源系统状态估计》;重点实验室成员为能源电力企业提供技术咨询与技术服务共计 148 项,总计金额超 13507.18 万元。基于新能源电力与低碳发展重点实验室传统的新能源电力与低碳发展路径、低碳发展的新能源电力建设与运营虚拟仿真、新能源电力与低碳发展政策评估及策略三大研究方向,结合能源互联网、大数据挖掘等新兴技术,提升和带动我国能源电力行业中的清洁能源开发、能源互联网、电动汽车、储能电池等众多领域的现代化、智能化和产业化水平,对推动我国能源电力行业发展具有重大现实意义。

开放合作与交流。实验室成员参与国内外学术访问和会议交流活动共计 10 余人次,协助组织 IEEE 中国智慧乡村论坛。同时,实验室开展国际合作项目 5 项,与"111 计划"中国绿色电力发展研究创新引智项目合作,为我国电力能源绿色发展引进创新人才,推动学校"双一流"高校建设进程。加鹤萍参加第十届亚太先进可靠性与维修建模国际会议,并作题为"*Modeling of multi-layer networks with redundancy and cascading failures*"的特邀报告;加鹤萍参加 *IEEE* 中国智慧乡村论坛,并作题为"*Operation Optimization of Virtual Power Plants in Smart Village*"的特邀报告;郭森参加 2022 3rd International Symposium on Energy application and thermodynamic cycle (ICEATC 2022)国际会议,并作题为"*How to select the optimal retired power battery for cascade utilization? A hybrid novel MCDM method*"的特邀报告;郭森参加 2022 2nd International Conference on Energy, Power and Advanced Thermodynamic Systems 国际会议,并作题为"*Comprehensive Performance Evaluation of Pumped Storage Power Station in China*"的特邀报告;许传博参加电氢耦合的经济可行性与政策学术研讨会,并作题为"新型电力系统下广义氢储能应用场景及布局潜力研究"的特邀报告。

人才培养与建设。2022 年毕业硕士研究生 206 人,毕业博士研究生 31 人。实验室拥有一支年龄结构合理、专业素质优良、富有创新精神的学术队伍,形成以全国优秀教师和教育部长江学者为学术带头人、优秀的中青年骨干为中坚的学术梯队。至年底,重点实验室专职科研人员总数为 62 人,其中教授 41 人,副教授、副研究员及高级工程师 22 人,具有博士学位的人员比例达 96.7%,年龄在 40 岁以下的中青年学术骨干 21 人,比例为 33.87%。学术团队包括国际欧亚科学院院士 1 名,教育部"长江学者"特聘教授 1 名,全国优秀教师 1 名,国家"万人计划"青年拔尖人才 1 人,北京市优秀教师 1 名,新世纪百千万人才国家级人选 1 名,教育部新世纪百千万人才国家级 6 名,入选中国科协青年人才托举工程 2 名、北京市科协青年人才托举 1 人,北京市科技新星 1 人。实验室积极推进团队青年人才队伍建设工作,不断完善青年骨干人才培养管理方式,提高管理效率和管理水平,基本形成积极培养人才、关心爱护人才、重视使用人才的氛围。2022 年,团队成员加鹤萍、许晓敏入选中国科协青年人才托举工程,李赟入选北京市科协青年人才托举工程。

(许传博)

【召开 2022 年学术委员会】 2022 年 3 月 25 日,"新能源电力与低碳发展研究北京市重点实验室"2022 年度学术委员会会议在华北电力大学教一楼 218 会议室召开。北京市科委、中关村管委会科研机构管理处处长倪文龙、主管工程师徐亮,华北电力大学科学技术研究院常务副院长乔开文,经济与管理学院院长、"新能源电力与低碳发展研究"北京市重点实验室主任李彦斌,副主任王辉、刘敦楠,实验室学术委员会副主任乌云娜,委员会专家胡兆光、魏法杰、王聪生、王长峰,以及实验室部分中青年骨干教师出席会议。会议由实验室学术委员会主任牛东晓主持。本次学术委员会会议的召开,进一步明确实验室发展方向和目标,实验室将进一步发挥经济与管理学院的学科人才优势,服务北京新能源电力及低碳发展战略,助力"双碳"目标的实现。

(许传博)

合作交流和对外联络

Cooperation, Exchange and External Liaison

◯ 综　　述

2022 年，华北电力大学坚持稳中求进、提质扩能，国际开放发展持续推进。国际合作伙伴网络进一步扩大，与新加坡南洋理工大学、瑞士洛桑联邦理工学院、美国德州大学阿灵顿分校、英国华威大学等世界名校携手开展多领域高水平合作。人才国际化培养实现新突破，新增“绿色能源技术经济”和“能源环境”2 个领域创新型人才国际合作培养项目。圆满完成“煤的清洁转化与高效利用”创新引智基地验收，成功获批“氢能的安全高效利用”创新引智基地。积极开拓中外合作办学项目，同英国利物浦大学联合开展“电气工程”专业硕士培养。结合需求丰富来华留学教育形式，深入推进与国家电投、特变电工等企业联合培养留学生工作。聚焦“双碳”目标，坚持走校企合作兴校强校之路，聚焦能源革命和产业需求，与地方政府、企业、高校签署各级别层次合作协议共计 11 份。持续推进差异化、深层次、实质性合作。与中国节能环保集团有限责任公司、北京能源集团有限公司、国网北京市电力公司、中国建设银行北京分行等单位签署战略合作协议，在人才培养、科研等方面开展合作。积极组织参与亚太电协、新型电力系统技术创新联盟、全国碳排放检测服务平台建设、2022 全球智慧能源高峰论坛亚洲绿色低碳发展倡议、北京碳中和学会、中国电力企业联合会 2022 年年会、2022 能源产业创新发展与品牌建设年会等活动。与中国南方电网有限责任公司共建“智慧能源联合研究院”，打造国际一流智慧能源自主创新国家队，推动重大合作纵深开展。与国家电网公司等大学理事会成员单位合作开展工程硕博士培养改革专项试点计划、储能技术国家急需高层次人才培养专项计划，探索卓越工程师校企联合培养。积极转变帮扶方式、创新帮扶举措、深化帮扶协作，持续提升学校服务乡村振兴的能力和水平，扎实推进确山县经济社会发展和乡村全面振兴。进一步整合校内资源，聚焦行业需求，系统建设高质量非学历教育教学体系，打造华电特色非学历教育品牌项目。不断创新工作举措，规范科学管理，提升校友基金工作质量，汇集校友和社会各界力量支持学校发展建设。基金会依法依规完成理事会换届工作，全年签订捐赠合同 23 份，总计金额 1503.17 万元。

国际合作与交流　港澳台工作

【概况】 2022 年，华北电力大学全年学生出国(境)交流和参加海外访学项目共达 355 人次，教科人员出国 17 人(次)。其中，国家公派留学 85 人(次)，博士生短期国际访学计划(校内资助)7 人(次)，应届毕业生出国(境)留学 186 人(次)，参加中外合作办学项目赴国(境)外留学 15 人(次)，赴国(境)外交流交换 9 人(次)，持普通护照参加线上短期交流项目 53 人(次)。85 名学生获国家留学基金管理委员会资助中包含：国家建设高水平大学公派研究生项目 17 人，创新型人才国际合作培养项目 10 人，赴俄乌白专业人才培养项目博士研究生 1 人，硕士研究生 1 人，上合组织大学研究生项目 4 人，上海合作组织框架下能源电力高层次人才培养计划 2020 级 20 人，华北电力大学—俄罗斯新西伯利亚国立大学本科联合培养项目 14 人，2018 级完成本科联合培养项目获上合组织大学框架下高层次能源电力人才培养项目支持继续在莫斯科动力学院攻读硕士学位 18 人。年内，共有 6 个高等学校学科创新引智计划基地，国拨经费 84 万元；8 项高端外国专家引进计划和一项外国青年人才计划项目，国拨经费 275 万元。获科技部批准的外国专家项目，涵盖学校“双一流”建设重点学科领域，将为学校“双一流”建设、“双碳”行动计划落实和“十四五”期间国际科技合作的开展提供有力支撑，也将在国际创新合作、汇聚全球创新人才等方面发挥重要作用。

合作交流。主要以线上视频形式开展交流和讲座。邀请美国、英国、加拿大、丹麦、荷兰、瑞典、韩国、日本等外国专家共进行 247 次(北京校部 188 次，保定校部 59 次)线上学术交流。2 月，英国外国专家 David Daniel Gerada 到保定校区开展线下学术活动。北京校部分别同来自美国、瑞典、葡萄牙、中国香港和中国台湾的专家进行论文合作，共计 30 篇。成功举办“中国-欧盟减碳学术目标研讨会”，推动新能源和清洁能源技术研究和发展。

“一带一路”建设。积极承担国家外交任务，承办商务部援外培训项目 3 项，协助实施“发展中国家核电开发及安全技术培训班”“委内瑞拉电力管理研修班”和“ 发展中国家电厂运行与维护研修班”等援外培训项目，并申请 2023 年科技部援外培训项目“可再生能源发电及入网技术国际培训班”，商务部援外培训项目“贝宁城镇配网扩建及新建项目技术培训班”“蒙古国额尔登特电厂 35MW 发电机组改造项目技术人员研修班”“发展中国家电力官员研修班”“发展中国家核能及核技术应用研修班”。

制度建设。出台《华北电力大学外国专家经费管理办法(2022年修订)》和《华北电力大学学生出国(境)交流管理办法》,为外事治理能力提升提供制度保障。进一步优化涉外活动保密审查流程,规范涉外活动管理和学分转换流程,保障对外交流与合作有序开展。

科学研究。引进来自埃及、伊朗、巴基斯坦和突尼斯等国9名高端外国青年人才进入动力工程热物理流动站、电气工程科研流动站和控制科学与工程流动站开展研究工作。"煤的清洁转化与高效利用学科创新引智基地"项目完成项目十年期建设通过科技部评估。"氢能的安全高效利用学科创新引智基地"项目完成申报,通过科技部初审,进入专家评审阶段。

(刘　洋　阮艳花)

【与多所国外大学签署合作协议】 2022年,在新冠疫情全球蔓延的情况下,华北电力大学始终坚持教育对外开放基本原则,不断加强同境外高校联络与沟通,与新加坡南洋理工大学等学校签订学生联合培养协定。基于世界一流大学和"一带一路"沿线大学合作伙伴网络,深化与已有合作伙伴关系,同瑞士洛桑联邦理工学院开展高水平科研合作,在固体氧化物燃料电池合作研究方面形成密切合作关系;同美国德州大学阿灵顿分校、英国华威大学高水平外专签署合作意向,计划在氢能、储能领域合作研究以及人才培养等方向开展深入合作。

(刘　洋)

【召开中国—欧盟减碳目标学术研讨会】 2022年1月11日,华北电力大学与佛罗伦萨政策学院(Florence School of Regulation)联合在线召开中国—欧盟减碳目标学术研讨会,佛罗伦萨政策学院专家,中国—欧盟能源合作平台代表,华北电力大学国际合作处处长段春明、国家能源发展战略研究院执行院长王鹏、经济与管理学院袁家海教授参加会议。双方学者就中欧新能源政策、能源转型战略、电价调控等话题交换意见。此次线上研讨会将为未来开展更多深层次的合作搭建平台,双方将在能源政策和技术培训、联合科研、产业合作等方面进行更多探索。

(刘　洋)

【获批外国青年人才计划项目】 2022年,"具有光电催化自清洁功能的导电过滤膜的开发和净水性能研究"获批科技部外国青年人才计划项目。本次获批的外国青年人才计划项目是学校依托优势学科,打造高质量团队,持续提升科学研究、学科建设以及人才培养国际化水平的体现,也是在以往外国专家工作基础上实现又一次突破。该项目将重点支持具有高水平科研潜质的外国青年人才来华开展包括博士后研究等科研合作,旨在促进外国青年学者在华开展长期、稳定学术交流与研究工作。

(刘　洋)

【新增2项创新型人才国际合作培养项目】 2022年,华北电力大学新增"绿色能源技术经济领域一流创新人才国际合作培养项目"和"能源环境领域一流创新人才国际合作培养项目"2个创新型人才国际合作培养项目;新增项目外方合作院校包括德国波鸿鲁尔大学、新加坡南洋理工大学等;新增选派专业包括环境科学与工程、应用经济学、管理科学与工程等。华北电力大学创新型人才国际合作培养项目在数量和质量上取得双重提升,实现新的突破。

(刘　洋)

【召开西肯塔基孔子学院线上理事会会议】 2022年12月1日,西肯塔基孔子学院(以下简称"西肯孔院")理事会会议在线上召开,华北电力大学校长杨勇平、副校长王增平、国际教育学院院长齐郑、副院长赵子健、国际合作处副处长李博、美国肯塔基州辛普森教育局学监Tim Scholosser、西肯孔院外方院长Terrill Martin等理事会成员参加此次会议。会上,双方就疫情期间,西肯塔基孔子学院面对的风险与机遇进行交流。

(刘　洋)

【杨勇平出席亚太电协CEO会议】 2022年11月8日至9日,校长杨勇平应邀出席中国电力企业联合会2022年年会和2022亚太电协CEO会议。中电联理事长、副理事长单位,理事单位有关负责人及会员代表共计1200余名会议代表通过线上线下方式出席本次会议。会上,杨勇平做主题为"拓产学研合作新局 绘高质量发展新篇"的交流发言。

(刘　洋)

【王增平出席上海合作组织大学校长论坛】 2022年3月21日,2022年上海合作组织大学校长论坛在线上举行,来自中国、俄罗斯、哈萨克斯坦、塔吉克斯坦、吉尔吉斯斯坦等国家的高校代表参加会议。本次会议由大连外国语大学主办,旨在推动上海合作组织大学框架下人才培养模式的多元发展、促进科研合作与人文交流,进一步拓展交流渠道和范围。华北电力大学副校长王增平受邀出席会议,并代表学校在主旨论坛致辞。

(刘　洋)

【诺奖得主丹尼尔·卡曼教授为师生授课】 2022年2月23日,美国加州大学伯克利分校教授Daniel M. Kammen(丹尼尔·卡曼)应经管学院牛东晓教授邀请,在线上为华电师生讲授题为《能源科学和政策领域创新》的专题课程,全校180多名师生通过各种渠道参与本课程学习。课程紧密围绕"双碳"目标,详细介绍世界各国能源政策和能源科学领域创新成果,对气候变化和可持续发展等问题进行深入探讨,对实现世界范围内的减碳发展路径进行阐述。本次课程是华北电力大学高等学校学科创新引智计划的2022年首场活动,参与师生对本次课程内容给予高度肯定,为国际学术交流和学生学术发展提供更高平台。

(刘　洋)

校企、校地合作

【概况】 2022年，华北电力大学围绕“双一流”建设战略部署，聚焦“双碳”目标，坚持走校企合作兴校强校之路，聚焦能源革命和产业需求，深入研究对接行业、地方创新发展的新形势新趋势，在学科建设、人才培养、科学研究、社会服务等方面全面引领学校的校企、校地合作工作，取得丰硕成果。

2022年，学校与地方政府、企业、高校签署各级别层次合作协议共计11份。持续推进差异化、深层次、实质性合作。与中国节能环保集团有限责任公司、北京能源集团有限公司、国网北京市电力公司、建设银行北京分行等单位签署战略合作协议，在人才培养、科研合作等方面开展合作。学校领导与百度公司、中国中车集团、电力规划设计总院等单位就全面深化校企合作开展深入交流。

（王瑞琪）

【校领导出席北京碳中和学会筹备成立座谈会】 2022年3月10日，北京碳中和学会筹备成立座谈会在京召开，副校长王增平作为发起单位代表出席会议并发言。中国工程院杜祥琬院士、江亿院士、彭苏萍院士、聂祚仁院士，中国科学院费维扬院士、张锁江院士、姜培学院士，中国21世纪议程管理中心主任黄晶、中科院重大科技任务局副局长陈海生、北京应对气候变化事务管理中心主任邱大庆等专家学者，北京市科协党组书记沈洁，京能集团党委书记、董事长姜帆，总经理阚兴，北京市发改委、市经信局、市民政局、市规自委、市生态环境局、市住建委、市城管委、市交通委等单位和首钢集团、金隅集团有关专家领导40余人参加会议。

（王瑞琪）

【新华水力发电有限公司来学校座谈交流】 2022年4月13日，新华水力发电有限公司来学校座谈参观，双方就校企战略合作事项进行交流。学校党委常委、副校长孙忠权，新华水力发电公司副总经理简斌出席会议。双方将以此次座谈交流为合作新起点，在产业、科技、人才等方面广泛开展技术交流，将合作成果转化为推动双方高质量发展的实际动力，实现合作共赢。

（王瑞琪）

【中国中车股份有限公司领导来校座谈交流】 2022年4月22日，校长杨勇平会见中国中车股份有限公司副总裁余卫平一行。中车产业发展部副总经理战宇宙、中车研究院院长龚明，副校长檀勤良出席座谈会。校企双方将立足新发展阶段，扣住能源交通新业态，提出能源交通解决方案，强化资源整合，开展多层次、多形式合作。

（王瑞琪）

【与中国建设银行北京分行签署战略合作协议】 2022年7月6日，学校与中国建设银行股份有限公司北京分行签署战略合作协议，巩固拓展双方在金融服务、人才培养、产学研协同创新和乡村振兴等领域的全面合作。学校党委常委、副校长孙忠权，建设银行北京分行副行长王林出席签约仪式。学校财务处处长胡东星与建设银行北京分行机构部总经理谭伟斌签署战略合作协议。双方希望共同构建新金融理念下的银校合作新模式，借助学校的专业优势和建行北分的数据优势，着力强化产教融合，推进深层次、全方位合作，促进实体经济高质量发展，共同为北京市、为国家现代能源与金融体系建设做出新贡献。

（王瑞琪）

【周坚带队赴随锐科技集团调研】 2022年7月22日，党委书记周坚带队赴随锐科技集团调研，与随锐CEO舒骋及集团部分管理层成员进行交流。党委常委、副校长毕天姝参加调研。校企双方希望能够发挥各自优势，在实验平台建设、课程与学科建设等方面开展合作，依托华北电力大学人工智能学院，深入推进多层次人工智能人才的合作；面向“双碳”目标，深化电力信息化、智能化技术领域的科研合作，将人工智能和能源电力紧密融合，为能源电力行业高效清洁智能发展贡献力量。

（王瑞琪）

【周坚赴宁夏走访调研能源电力企业】 2022年7月29日至31日，党委书记周坚赴宁夏参加全国高校继续教育转型发展高峰论坛，并带队走访调研国网宁夏电力有限公司，宁夏京能宁东发电有限责任公司等并与校友代表座谈交流。在国网宁夏电力有限公司，周坚实地参观综合展厅和调度控制中心。与公司党委书记、董事长衣立东就加强科技合作和人才培养等方面进行交流，国网宁夏电力总工程师贺文及相关部门负责人参加会见。在宁夏京能宁东发电有限责任公司，周坚参观了数据分析中心及生产车间，并与党委书记、董事长徐义巍座谈交流，党委副书记、总经理刘炜及其他班子成员参加座谈。

（王瑞琪）

【与国网北京市电力公司签署合作协议】 2022年8月3日，学校与国网北京市电力公司签署合作协议，巩固拓展双方既有合作成果，进一步深化合作领域，创新合作机制。校长杨勇平，国网北京市电力公司董事长、党委书记王昕伟出席签约仪式并讲话。党委常委、副校长毕天姝，国网北京市电力公司总经理、党委副书记张铁恒，总工程师史景坚，副总工程师陈平、李继东参加仪式。毕天姝与史景坚代表双方签署合作协议。双方将携手开展新型电力系统技术攻关，探索新型电力系统技术、管理和运行模式，加快形成需求引领、协同创新、融合发展的生态圈、产业链，提升能源电力科技创新水平，进一步突出首都新型电力系统建设引领作用，打造具有示范作用的校企合作新模式，更好地服务于新时代首都发展。

（王瑞琪）

【与北京能源集团有限责任公司签署战略合作框架协议】 2022年8月25日，学校与北京能源集团有限责任公司签署战略合作框架协议，进一步深化校企合作，助推高质量发展。党委书记周坚，京能集团有限公司党委书记、董事长姜帆出席签约仪式并讲话。校长、党委副书记杨勇平，党委常委、副校长孙忠权，京能集团有限公司党委副书记、总经理阚兴，党委常委、副总经理王永亮，副总经理隋晓峰参加仪式。根据协议，双方将共同构建碳中和发展的新技术、新产品、新业态、新模式的创新平台，努力打造能源低碳革命"北京样板"，以此次签约为契机，精诚合作，携手同行，在服务首都构建新发展格局中争先锋、站排头，以实际行动迎接党的二十大胜利召开。学校党政办公室、学生处、研究生院、科学技术研究院、对外联络与合作处、能源动力与机械工程学院，京能集团办公室、安全与科技环保部、战略发展部、京能电力、能源研究院等有关部门负责人参加签约仪式。

（王瑞琪）

【校领导率队赴福建调研走访】 2022年9月6日至7日，学校校党委常委、副校长律方成一行赴宁德时代新能源科技股份有限公司、福建福清核电有限公司就战略合作、科技创新、人才培养等工作进行走访调研。在宁德时代，律方成一行参观了宁德时代企业展厅，并与集团董事长助理余东旭就科技研发能力提升、重点领域联合创新、行业领军人才培养等方面深入交流。在福建福清核电有限公司，律方成与福清核电总经理、党委副书记宋林，党委委员、副总经理陈宇肇进行会谈，双方商定建立全面战略合作机制，促进共赢发展。此次走访，学校立足"三新一高"，贯彻落实习近平总书记"四个革命、一个合作"能源安全新战略和碳达峰、碳中和目标任务，与福建省多家能源电力企业围绕人才培养、科研合作等方面初步达成合作意向。在闽期间，律方成一行还亲切慰问福建校友代表，并诚挚地欢迎大家常回母校看看。保定校区对外联络与合作处、研究生院、科技处、电力工程系等相关负责同志一同参加走访。

（王梦思）

【百度集团执行副总裁沈抖一行来学校交流】 2022年9月15日，百度集团执行副总裁、百度智能云事业群总裁、学校计算机97级校友沈抖带队来学校交流。校长杨勇平，党委常委、副校长毕天姝，百度集团副总裁袁佛玉、百度副总裁李硕参加座谈。座谈会上，双方围绕火电锅炉燃烧优化技术及火电空冷优化技术、电力调度、电力交易及虚拟电厂、风电火电等设备预测性维护等不同方向展开深入交流，还就百度"500万AI人才培养计划"、共同推进前沿技术科研工作、科研技术成果转化、建立华电学生赴百度实习绿色通道进行了探讨。

（王瑞琪）

【与北京电力设备总厂有限公司召开校企合作座谈会】 2022年9月15日，北京电力设备总厂有限公司常务副经理兼特种电气厂厂长张月华等一行来校商洽合作事宜。副校长王增平出席座谈会。校企双方具有良好合作基础，希望开展更深层次的合作，为制造行业高质量发展贡献智慧与力量。学校科学技术研究院、对外联络与合作处、电气与电子工程学院相关负责人，北京电力设备总厂有限公司人力资源处等参加座谈会。

（王瑞琪）

【与中国节能环保集团有限公司签署战略合作框架协议】 2022年10月14日，学校与中国节能环保集团有限公司签署战略合作框架协议。校党委书记周坚，中国节能党委书记、董事长宋鑫出席签约仪式并讲话。党委常委、副校长孙忠权，党委常委、副校长毕天姝，中国节能党委常委、副总经理李杰参加仪式。周坚对双方签署合作协议表示热烈祝贺。孙忠权与李杰代表双方签署战略合作框架协议。根据协议，校企双方将发挥各自优势，面向国家清洁低碳安全高效能源体系构建和"碳达峰、碳中和"战略目标，加强在节能环保领域的科研合作，着力破解"卡脖子"技术难题，走出一条立足特色、依托行业、贴近企业的产教融合新路，共同打造具有示范作用的校企合作新模式。学校党委宣传部、研究生院、科学技术研究院、对外联络与合作处、国际合作处、新能源学院、能源电力创新研究院，中国节能科技管理部、合作发展部、人力资源部、太阳能公司、中国环保、工业节能公司、研究中心、中研院等有关部门负责人参加签约仪式。

（王瑞琪）

【校领导与电力规划设计总院座谈交流】 2022年10月18日，党委常委、副校长毕天姝会见电力规划设计总院党委委员、院长助理何肇一行，双方就进一步深化战略合作开展座谈交流。毕天姝对何肇一行到访表示欢迎。会议就双方下一步战略合作框架协议内容进行深入交流。学校科学技术研究院、对外联络与合作处、电气与电子工程学院、国家能源发展战略研究院、能源电力创新研究院，电规总院战略发展部、技术创新与产业策划中心、电力发展研究院等有关部门参加座谈。

（王瑞琪）

【校领导赴北京电力设备总厂有限公司走访调研】 2022年10月27日，副校长王增平带领研究生院一行赴北京电力设备总厂有限公司，就深化校企合作进行座谈交流。中能装备党委副书记、总经理、公司党委书记、董事长杨悦民，公司常务副总经理张月华等出席座谈会。双方就研究生联合培养的条件支撑、协议签订、项目合作前景等方面，进行充分讨论。并表示将建立长期稳定的校企合作关系，深化合作交流，形成优势互补，共同助力国家能源电力事业的发展，为国家新型电力系统建设作出更大贡献。

（王瑞琪）

大学理事会工作

【概况】 2022年，华北电力大学聚焦“双碳”目标，紧密围绕行业企业创新发展和学校高水平研究型大学建设，不断优化理事会秘书处、人才培养委员会、科技合作委员会运行机制，充分发挥制度和平台优势。积极组织参与亚太电协、新型电力系统技术创新联盟、全国碳排放检测服务平台建设、2022全球智慧能源高峰论坛亚洲绿色低碳发展倡议、北京碳中和学会、中国电力企业联合会2022年年会、2022能源产业创新发展与品牌建设年会等活动。与中国南方电网有限责任公司共建“智慧能源联合研究院”，打造国际一流智慧能源自主创新国家队，推动重大合作纵深开展。与国家电网公司等大学理事会成员单位合作开展工程硕博士培养改革专项试点计划、储能技术国家急需高层次人才培养专项计划，探索卓越工程师校企联合培养。在学校疫情防控关键时期，积极联系对接国家能源集团捐赠20万只N95口罩和1万套防护服套装，为学校抗击疫情提供强有力支持。截至2022年年底，华北电力大学理事会有成员单位14家，其中理事长单位为国家电网有限公司，副理事长单位有：中国南方电网有限责任公司、中国华能集团有限公司、中国大唐集团有限公司、中国华电集团有限公司、国家能源投资集团有限责任公司、国家电力投资集团有限公司、中国长江三峡集团有限公司、中国广核集团有限公司、中国电力建设集团有限公司、中国能源建设集团有限公司、广东省能源集团有限公司、中国电力企业联合会、华北电力大学。

（王瑞琪）

【杨勇平出席新型电力系统技术创新联盟成立大会】 2022年4月22日，新型电力系统技术创新联盟成立大会在京举行，校长杨勇平出席会议并致辞。国务院国资委党委委员、副主任翁杰明，国家发展改革委员会党组成员、秘书长赵辰昕，国家能源局副局长、党组成员余兵，国家电网有限公司董事长、党组书记辛保安出席会议并讲话。中国工程院院士，中国华能集团有限公司董事长、党组书记舒印彪，中国大唐集团有限公司董事长、党组书记邹磊，国家能源投资集团有限责任公司总经理、党组副书记刘国跃，中国石油天然气集团有限公司党组成员、副总经理焦方正出席会议并致辞。国家电网公司总经理、党组副书记张智刚主持会议。会议发布《新型电力系统技术创新白皮书》，副校长毕天姝代表学校签署项目合作协议书。创新联盟旨在贯彻落实中央重大决策和国家战略规划部署，集聚优势科研力量，建立协同创新网络，共同开展前沿基础理论研究，联合攻关关键性技术难题，统筹联动推进新型电力系统构建，为我国能源电力领域加快实现高质量发展和高水平自立自强作出积极贡献。

（王瑞琪）

【杨勇平出席中国电力企业联合会2022年第一次理事长会议】 2022年6月28日，中国电力企业联合会2022年第一次理事长会议在京召开。会议深入贯彻落实习近平总书记关于能源电力行业重要讲话和指示批示精神，回顾总结中电联2022年上半年工作。中国电力企业联合会理事长、国家电网有限公司董事长、党组书记辛保安主持会议并讲话，学校校长杨勇平、副校长孙忠权出席会议。会议听取《中国电力企业联合会工作报告》《贯彻落实习近平总书记关于能源电力重要指示精神有关情况的报告》《关于成立2022—2023年亚太电协活动组委会的报告》以及关于发展会员的议案。

（王瑞琪）

【杨勇平会见大唐集团科信部主任张勋奎一行】 2022年8月15日，校长杨勇平会见大唐集团科技创新与信息化部主任张勋奎一行。杨勇平对张勋奎一行来校出席青年科技人才创新能力提升培训班表示欢迎，对大唐集团科信部将未来人才的培养重任托付学校表示感谢。张勋奎和校党委常委、副校长毕天姝共同出席中国大唐集团有限公司青年科技人才创新能力提升培训班开班仪式。中国大唐集团有限公司青年科技人才创新能力提升培训班由大唐集团科技创新与信息化部主办，大唐集团党校和学校继续教育学院共同承办。

（王瑞琪）

【与中国华能协同打造发电领域电力基础设施网络安全创新联合体】 2022年9月6日，发电领域电力基础设施网络安全创新联合体在北京成立。中国华能集团公司党组成员、副总经理樊启祥，国务院国资委科创局副局长王晓亮，中科院院士管晓宏、郑建华等出席成立大会。副校长孙忠权出席大会并代表学校签署创新联合体合作协议。该联合体由中国华能、西安热工研究院有限公司、西安交通大学、华北电力大学、中国电子信息产业集团第六研究所、中国信息通信研究院、飞腾信息技术有限公司、麒麟软件有限公司等15家科研院所、高校和龙头企业组成。联合体将发挥产业链上下游创新资源集聚作用,攻克发电领域电力基础设施网络安全问题,共同构建高效强大的共性技术供给体系,实现我国发电领域电力基础设施自主可控、安全可靠,全面提升国产化软硬件和网络安全产业综合竞争力,助力保障国家能源安全,推动实现高水平科技自立自强。

(王瑞琪)

【参加中国电力教育协会会长联席会议】 2022年11月4日,2022年中国电力教育协会会长联席会议在北京举行。学校党委常委、副校长孙忠权出席会议并讲话。中电联党委委员、纪委书记江宇峰,中电教协会长、中电联副秘书长刘永东,国家电网有限公司高级培训中心主任、党委副书记倪吉祥,党委书记、副主任杨爱勤等参加会议。会议讨论通过《中电教协2022年重点工作报告》,听取《第三届中国电力人才发展论坛》筹备情况和《中国电力行业人才发展报告》汇报。国家电网有限公司、中国南方电网有限责任公司、中国华能集团有限公司、中国大唐集团有限公司、中国华电集团有限公司、国家能源投资集团有限责任公司、国家电投集团有限公司、中国电力建设集团有限公司人资部主要负责人和中国电力教育协会驻会副会长、监事长等参加会议

(王瑞琪)

【杨勇平出席中国电力企业联合会年会和2022亚太电协CEO会议】 2022年11月8日至9日,校长杨勇平应邀出席中国电力企业联合会2022年年会和2022亚太电协CEO会议。中国电力企业联合会理事长,国家电网有限公司董事长、党组书记辛保安主持大会并讲话。国家能源局副局长、党组成员余兵,国务院国资委协会党建局局长高岩等有关领导出席会议并讲话。中国南方电网有限责任公司董事长、党组书记孟振平发表视频致辞,中电联党委书记、常务副理事长杨昆作主旨报告,学校党委常委、副校长律方成出席会议。中电联理事长、副理事长单位,理事单位有关负责同志及会员代表共计1200余名会议代表通过线上线下方式出席本次会议。在中国电力企业联合会2022年年会上,杨勇平做主题为"拓产学研合作新局 绘高质量发展新篇"的交流发言。在2022亚太电协CEO会议上,中国工程院院士、华北电力大学新能源电力系统国家重点实验室主任刘吉臻做"双碳目标下中国能源转型路径"主旨演讲。

(王瑞琪)

乡村振兴工作

【概况】 2022年,华北电力大学坚持以习近平新时代中国特色社会主义思想为指导,认真贯彻落实党的二十大关于全面推进乡村振兴的部署要求,在教育部和国家乡村振兴局的坚强领导下,进一步强化过渡期内政治担当和"四个不摘"责任落实,精准对接确山所需,挖掘拓展华电所能,积极转变帮扶方式、创新帮扶举措、深化帮扶协作,持续提升学校服务乡村振兴的能力和水平,扎实推进确山县经济社会发展和乡村全面振兴。全年,学校投入和引进帮扶资金454.2万元,购买和帮助销售脱贫地区农产品896.35万元,培训基层干部、专业技术人员和乡村振兴带头人4000余人次,高质量完成中央单位定点帮扶任务。同时,学校持续承担河北省驻村帮扶任务,强化对口帮扶保定市阜平县龙王庙村和凹里村工作力度,为上述地区经济社会发展和乡村全面振兴提供强大助力。

(梁玉超)

【召开定点帮扶工作推进会】 2022年3月22日,学校以两地视频形式召开定点帮扶工作推进会。会议听取定点帮扶工作进展汇报,就下一阶段帮扶工作要点任务做分解部署。党委常委、副校长孙忠权出席会议并讲话。孙忠权指出,中共中央、国务院印发的《关于做好2022年全面推进乡村振兴重点工作的意见》,是新世纪以来指导三农工作的第19个中央一号文件,对全面推进乡村振兴作出重大部署。各部门要认真学习领会文件精神,将做好定点帮扶工作与贯彻落实中央一号文件精神紧密结合。会上,定点帮扶工作领导小组办公室就帮扶工作要点任务方案做分解说明,相关部门和驻村干部汇报了近期工作。学校定点帮扶工作领导小组办公室成员单位两地负责人,相关学院负责同志,驻村帮扶干部参加会议。

(梁玉超)

【获评河北省优秀驻村工作队、优秀第一书记】 2022年3月,学校驻阜平县龙王庙村工作队获评2021年河北省优秀驻村工作队,驻阜平县凹里村第一书记于海龙获评2021年河北省驻村帮扶优秀第一书记。近年来,学校坚持党建引领,持续发挥在科技、教育、文化等方面的优势,创新工作机制,强化帮扶队伍,全面支持乡村振兴工作,以巩固拓展脱贫攻坚成果上台阶、乡村振兴开新局的实际行动迎接党的二十大胜利召开。

(王梦思)

【召开乡村振兴工作推进会】 2022年4月19日,学校保定校区以线上方式召开乡村振兴工作推进会。党委常委、副校长律方成出席会议并讲话。会上,两支驻村工作队分别汇报2022年第一季度乡村振兴工作开展情况。会议审议通过由对外联络与合作处汇报的2022年乡村振兴工作帮扶项目计划及预算。律方成指出,2022年是实现巩固拓

展脱贫攻坚成果同乡村振兴有效衔接的深化之年，各部门要深入学习贯彻落实中央一号文件精神，做好驻村工作队的坚强后盾，扎实推进乡村振兴重点工作任务。一是学习借鉴先进经验，因地制宜，找准服务乡村振兴的“切入点”；二是落实乡村振兴专项经费支持，用在实处，挖掘符合学校特色、满足区域需求的“创新点”；三是立足地方政策要求，咬定目标，强化乡村振兴“发力点”。保定校区党委组织部、机关党委、人事处、财务处、对外联络与合作处等相关职能部门负责人，驻村帮扶干部参加会议。

（王梦思）

【获中央单位定点帮扶工作考核最高等次评价】 2022年5月，中央农村工作领导小组通报2021年度中央单位定点帮扶工作成效考核评价情况。学校在国家乡村振兴局、教育部等单位牵头组织的中央单位定点帮扶工作年度成效评价考核中，获“好”的评价等次。自2020年承担定点扶贫工作以来，学校连续两年获此荣誉，为乡村振兴帮扶工作奠定良好基础。2021年，学校坚持以习近平新时代中国特色社会主义思想为指导，深入落实“四个不摘”要求，认真贯彻党中央、国务院关于中央单位定点帮扶的决策部署，在教育部党组坚强领导下，始终坚持紧扣帮扶重点、紧密结合实际、紧盯工作目标、紧抓责任落实，定点帮扶工作成效显著。

（梁玉超）

【五支团队乡村振兴行动获奖】 2022年8月，学校组织动员能源动力与机械工程学院、控制与计算机工程学院、环境科学与工程学院、水利与水电工程学院和国际教育学院五支实践团队奔赴河南省确山县，深入基层一线开展帮扶实践活动。实践团队利用数字科技，搭建线上展厅，为红色文旅产业发展赋能增效；聚焦人居环境综合整治工作，净化生活污水、科普环保知识，建设生态宜居的美丽乡村；实地调研水库管理工作，捐赠学校自主研发的水利模型计算软件，为水库水位预警和水情控制提供科学依据；面向当地群众开展“双碳”主题宣讲活动，推广分布式光伏发电应用，宣传清洁能源环保理念；推进乡村公共文化服务体系建设，协助当地编修村史村志，传承中华优秀传统文化，培育文明乡风、良好家风和淳朴民风。在北京市委教育工委、北京市教委举办的首都高校师生服务“乡村振兴”行动计划成果评审中，学校控计学院、环境学院团队获得三等奖，水电学院团队获得优秀奖。

（梁玉超）

【与河南省确山县召开定点帮扶工作推进视频会】 2022年9月14日，学校与河南省确山县召开定点帮扶工作对接推进视频会。会议安排部署下一阶段重点帮扶任务，启动援派干部轮换交接工作。学校党委书记周坚，党委常委、副校长孙忠权，党委常委、组织部部长鹿伟，确山县委书记路耕，驻马店市电力公司总经理董刚松，确山县委常委、常务副县长张乐出席会议。周坚简要回顾学校与确山县两年多来开展的各项协作帮扶工作。她指出，两年来，学校坚持将乡村振兴工作作为重大政治任务，严格落实“四个不摘”要求，以确山县发展所需、群众所盼入手，真情实意帮扶，真金白银投入，持续深化在党建、教育、科技、产业、消费等重点领域的帮扶工作。路耕代表确山53万老区人民，对华北电力大学长期以来给予确山的关心、支持和帮助表示诚挚感谢。学校人事处、对外联络与合作处、继续教育学院负责人，援派帮扶干部，确山县有关部门负责人参加会议。

（梁玉超）

【召开乡村振兴工作推进会】 2022年10月28日，学校保定校区以线上线下结合的方式召开乡村振兴工作推进会。校党委常委、副校长律方成出席会议并讲话。律方成指出，学校高度重视乡村振兴各项工作开展和成效落地，周坚书记、杨勇平校长多次指示要总结脱贫攻坚成果同乡村振兴有效衔接，汇聚更多力量投入乡村振兴伟大事业中。希望工作队员要不怕辛苦，扎实工作，结合学校学科特色，立足地方能源优势，定规划，拟方案，将乡村振兴与国家能源战略相结合，助力农村长足发展。驻村工作队汇报二、三季度乡村振兴工作情况，对外联络与合作处介绍四季度乡村振兴工作计划。保定校区党委组织部、机关党委、人事处、财务处、对外联络与合作处等相关职能部门负责人以及驻村帮扶干部参加会议。

（王梦思）

【挂职帮扶干部被授予优秀驻村第一书记称号】 2022年10月，中共河南省委组织部、中共河南省委农村工作领导小组办公室、河南省人力资源和社会保障厅、河南省乡村振兴局联合印发《关于表彰河南省优秀驻村第一书记和工作队员暨驻村第一书记和工作队选派工作先进单位的决定》（豫组〔2022〕5号），学校帮扶干部靖仕寅同志被授予“河南省优秀驻村第一书记”荣誉称号。2020年5月至2022年9月，学校选派靖仕寅同志赴确山县朗陵街道朱李庄社区担任第一书记。两年多来，靖仕寅始终牢记政治使命，恪守岗位职责，准确对接社区实际需求，深度把握民情民意，借助学校优势和行业资源，在党建帮扶、教育帮扶、能源帮扶和科技帮扶等方面精准发力，带领社区干部群众打赢脱贫攻坚战，显著提升社区居民生产生活水平。

（梁玉超）

非学历教育管理工作

【概况】 2022年华北电力大学按照“管办分离”原则，对非学历教育实施归口管理。认真对照《普通高等学校举办非学历教育管理规定（试行）》要求，通过召开非学历教育领域问题专项整治工作部署会议，发放《项目排查表》《对照检查整改表》，制定修订大学文件，排查非学历教育项目执行情况，宣传政策法规，强化立项、招生等重点领域管理工作，系统厘清、优化管理职责和工作流程，维护良好办学秩序。进一步整合校内资源，聚焦行业需求，系统建设高质量非学历教育教学体系，打造华电特色非学历教育品牌项目。加强非学历教育领域专业人才队伍建设和绩效管理，提高学校非学历教育竞争力。设计开发非学历教育信息化管理平台，提高管理服务质量，实现管理流程信息化、精准化、规范化。

（丁子叶）

【召开非学历教育领域问题专项整治工作部署会议】 2022年4月13日，学校召开非学历教育领域问题专项整治工作部署会议。党委常委、副校长孙忠权出席会议并讲话。会议传达教育部关于对普通高校非学历教育开展检查整改和专项整治的工作要求，动员部署学校非学历教育领域问题专项整治工作。

（丁子叶）

【制定《华北电力大学非学历教育管理办法（试行）》】 2022年4月29日，为贯彻落实教育部《普通高等学校举办非学历教育管理规定（试行）》（教职成厅函〔2021〕23号）精神，进一步加强非学历教育统筹协调和规范管理，提升办学水平，制定并印发《华北电力大学非学历教育管理办法（试行）》。

（丁子叶）

校友与教育基金工作

【概况】 2022年，华北电力大学校友与教育基金工作紧扣“双一流”建设主线，认真贯彻落实“十四五”发展规划和各项决策部署，不断创新工作举措，规范科学管理，提升校友基金工作质量，汇集校友和社会各界力量支持学校发展建设，完成年度工作目标。

党建工作。2022年，校友基金党支部以习近平新时代中国特色社会主义思想和党的二十大精神为指导，紧密围绕学校党委的总体要求，及时传达学习贯彻上级和学校党委部署，结合本单位实际，积极推进学习型党组织建设，每周定期组织集中学习，党员带动群众学习党的基础理论和相关专业技术知识，1人被评为“学习强国”先进个人，1人取得从业能力提升结业证书，2人考取会计证书，3人获得中国高校校友工作培训班结业证书。支部组织党员及群众到党史展览馆开展主题党日活动、观看革命电影，重温入党誓词，坚定理想信念。党支部积极响应机关党委号召，投身校园疫情防控一线，党员和群众驻校参与志愿服务，以实际行动塑造党员形象、体现党员担当，为安全稳定的校园环境保驾护航。

校友工作。2022年，校友会以党的二十大胜利召开、建校64周年为契机，刊发《华电校友·青年说》，通过校友服务平台、微信公众号、网站、共推送文章600余篇，累计阅读量达36万余次，大力宣传校友动态，扩大学校美誉度和影响力。校友会完善组织体系，健全工作机制，加强校友工作队伍建设，发挥行业校友分会和校友企业的优势，协助学校就业指导中心及各院系访企拓岗，提升毕业生就业水平。建立信息化梳理机制，对校友平台数据进行更新和分析，完成2022届校友信息的采集、录入及整理工作，提升校友数据入库率；建立应届毕业生就业单位区域性信息数据库，改版升级校友会、基金会网站，增加电子校友卡的校友专属优惠功能，提升校友获得感。同时，加强捐赠文化建设，深化资助育人内涵。校友企业广东艾博电力设计院（集团）有限公司捐资200万元，各地校友捐赠近50万元，助力母校发展和学子成才。疫情期间，学校接收校友和校友企业捐赠价值约74万元的防疫物资，为学校疫情防控工作贡献校友力量。

基金工作。2022年，基金会依法依规完成理事会换届工作，召开教育基金会理事会换届大会暨第三届第一次会议，在第三届理事会第二次会议上采取无记名投票方式全票通过增选刘艳、于海龙、杨维东三人为基金会副秘书长，会议全票通过基金会资产投资管理委员会的人员组成等事宜。基金会全年签订捐赠合同23份，总计金额1503.17万元，接收捐赠资金844.73万元，申请获得国家财政配比专项资金109.2万元，投资理财和收入73.64万元，合计筹集资金1027.57万元。基金会开展项目运行业务活动支出851.57万元，其中，除109.2万元国家财政配比专项资金全部用于学校事业发展外，直接拨付大学用于事业发展资金486.32万元，间接用于大学事业发展资金256.05万元。根据捐赠协议约定，运行捐赠项目40项，涵盖奖助学金、创新创业基金、青年教师发展基金、校园建设基金、学科发展基金、校园文体活动基金、技术转移转化基金、助研基金、校园文化建设基金等9类。围绕学校发展需求，积极开展并新增体育馆建设基金、储能产业技术研究院基金、乡村振兴基金、校园文化建设基金等4个专项项目。新增电力之光乒乓球公益基金、能动学院校友之家建设基金、励学聚能环奖助学金、智能配电装备技术转移转化基金、乡村振兴基金、川渝校友助学金、北京电机工程学会奖学金、储能产业技术研究院、"研"续梦想助学金、高校基金会模式创新之路、校园文化建设基金等11项捐赠项目，募集资金507万元。年内，基金会收到北京鑫玉兰投资咨询有限公司等8个单位或个人捐赠84消毒液300瓶，防护服100套，酒精300瓶，卷纸80件，口罩56400个，矿泉水1850箱，毛巾300条，牛奶36530箱，消毒纸巾4箱，折合人民币309472元，全部用于华北电力大学疫情防控。基金会还接收中国华电科工集团有限公司电流互感器35台，电压互感器17台，避雷器9台，用于华北电力大学保定校区实验室建设。

（刘　艳　李晓伟　肖媛媛　刘　佳）

【广东校友会开启片区走访活动】　2022年1月8日、9日，华北电力大学广东校友会在疫情防控新常态下，规避大规模校友活动，采取分片区走访、交流座谈形式，联络校友感情，增进校友交流。理事长芦晓英、秘书长王仁松与部分广东校友一行，分别走访湛江、茂名、阳江片区，并组织当地校友召开"华电学子践行双碳目标，服务国家战略"主题座谈会，旨在促进校友交流，探寻"双碳"前沿，提高履职能力。座谈会上，校友们围绕国家"双碳"战略及绿色能源电力发展进行交流分享。校友们一致表示，在国家"双碳"战略大背景下，要加强互联互通，发挥各自优势，不断创新，共同为实现"碳达峰碳中和"目标贡献华电智慧，促进华电学子践行双碳目标，服务国家战略。

（刘　佳）

【校友会举办优秀校友"E友亦师"微讲座】　2022年1月29日，在校友会、学生处的支持下，电气学院邀请全国劳动模范、全国五一巾帼标兵冯艳校友，为同学们开讲"E友亦师"微讲座。冯艳校友以"传承工匠精神，在新时代电网发展新征程中展现新作为"为主题，与来自电气与电子工程学院的本硕博近300名同学作线上交流。她通过自己在工作中利用"创新思维"解决问题的实例，向同学们强调敢于创新的重要性，并叮嘱同学们现在正处于世界百年未有之大变局，电网事业责任重大，同学们要在建设具有中国特色国际领先的能源互联网企业新征程中贡献自己的力量。现场提问环节，冯艳耐心解答同学们关于择业方向、能力培养以及考试复习的相关问题。她告诉同学们，只有做好平时的积累，全力以赴地准备和对待每一次考试和比赛，才能在最后脱颖而出。

（刘　佳）

【海南校友会召开2022年度理事会】　2022年2月12日，华北电力大学海南校友会理事会在海口骑楼老街召开。此次会议共有21名理事参加，同时受律方成副校长委托，华北电力大学对外联络合作处处长赵冬鸣、华北电力大学海南研究院副院长范晓舟作为母校代表参加会议。赵冬鸣指出，校友会是凝聚校友的港湾，也是校友开拓进取的空间。今后学校将进一步加强与海南校友会的联系，在双方日常建设发展、行业交流、学科建设、校友活动和联络机制等方面提供充足保障，充分发挥校友潜力和优势，搭建交流合作平台，促进海南校友会的全面建设。

（刘　佳）

【召开教育基金会理事会换届大会暨第三届第一次会议】

2022年2月25日，华北电力大学召开北京华北电力大学教育基金会理事会换届大会暨第三届第一次会议。北京市民政局社会组织管理中心基金会处副处长王叶红参加会议。学校党委书记周坚，党委常委、副校长孙忠权，党委副书记郭孝锋，党委常委、副校长檀勤良，教育基金会第二届理事会理事长、原党委书记吴志功，副理事长、原副校长孙平生出席会议。会议听取并审议通过《第二届理事会工作报告》《第二届理事会财务工作报告》和《第二届监事会工作报告》，选举产生第三届理事会理事和监事成员，圆满完成第二届理事会的全部工作。基金会第三届理事会召开第一次会议，宣读并通过《理事会选举办法》，提名并选举产生基金会负责人。选举孙忠权为第三届理事会理事长，汪庆华、郭孝锋、檀勤良为副理事长，黄向军为秘书长。

（肖媛媛）

【举办艾博奖学金捐赠仪式】　2022年2月25日，华北电力大学与广东艾博电力设计院（集团）有限公司举行"艾博奖学金"捐赠仪式。校党委常委、副校长孙忠权，艾博电力公司董事长崔小勃校友出席仪式并讲话。"艾博奖学金"主要用于奖励华北电力大学电力工程类、动力工程类、机械工程类、新能源与储能技术类等相关专业全日制在读优秀本科生、硕士研究生。孙忠权对崔小勃一行表示欢迎，并对校友连续5年捐资支持母校发展表示感谢。孙忠权与崔小勃代表双方签署华北电力大学艾博奖学金捐赠协议。崔小勃向学校赠予捐赠支票，孙忠权为艾博电力集团颁发捐赠证书。

（肖媛媛）

【刊发《华电校友·青年说》建校64周年特刊】　2022年3月，校友会、对外联络与合作处（保定）牵头发起，联合学生处、校团委、各院系、校友分会及校友志愿者协会相互配合，共同开展《华电校友·青年说》校友系列采访活动。活动历时6个月，寻访132位华电优秀青年校友，辑录成稿，汇编成册，出版发行《华电校友·青年说》第一卷、第二卷纸质书和电子书。用文字记录百余名青年校友的优秀事迹，以榜样的力量激励广大校友和青年学子凝聚奋进力量，勇担时代使命。整套刊物汇集新时代、新征程中奋进有为的华电优秀青年校友群像，展现华电青年校友“以青年之语谱时代之声，以青年之志铸实干之魂”的精神风貌。

（刘　佳）

【新华水力发电有限公司到校座谈交流】 2022年4月13日，新华水力发电有限公司到校座谈参观，双方就校企战略合作事项进行深入交流。校党委常委、副校长孙忠权，新华水力发电公司副总经理简斌出席会议并讲话。孙忠权介绍学校的办学历程和特色鲜明的专业优势。他指出，新华水力发电有限公司技术实力雄厚，希望双方今后能保持良性互动，积极创新合作模式，进一步提高合作层次、扩宽合作领域，签署战略协议、共建联合实验室，在能源电力领域积极推进合作。简斌介绍新华水力发电有限公司基本情况及主要经营业务。他表示，华北电力大学有着独特的专业优势，而公司正处在蓬勃发展期，人才需求大，科研空间广，希望得到华北电力大学的平台支持，双方共同探索多元合作机制，促进产学研融合发展。座谈会上，双方就校方和企业的技术优势、发展方向进行交流。此次座谈交流活动将作为双方合作新起点，在产业、科技、人才等方面广泛开展技术交流，将合作成果转化为推动双方高质量发展的实际动力，实现双方合作共赢。

（刘　佳）

【举行班级校友联络员聘任仪式】 2022年5月28日，保定校区2022届班级校友联络员聘任仪式通过线上会议直播形式举行。党委学生工作部（保定）部长、学生处（保定）处长彭忠军，对外联络与合作处（保定）处长、校友会常务副秘书长赵冬鸣出席仪式，各院系党委副书记、校友工作教师代表以及2022届班级校友联络员参加活动。会上，对外联络与合作处（保定）副处长、校友会副秘书长于海龙宣读《关于聘任2022届班级校友联络员的决定》，正式聘任刘涛、赵雨菲等340名同学为保定校区2022届班级校友联络员。聘任仪式后，于海龙分别从校友会简介、校友会工作理念、校友会发展状况和班级校友联络员工作职责等方面为2022届班级校友联络员做校友工作专题培训。

（王梦思）

【开展夏一站·启程毕业季系列活动】 2022年6月，为更好地传承华电精神，培育毕业生校友情怀，建立常态化联络机制，校友会以线上线下相结合的方式组织开展“‘夏’一站·启程”毕业季系列活动，通过“合影窗”“毽子舞”“校友留声机”等多渠道、多形式的参与方式渲染毕业氛围，加深新老校友同母校情感记忆，增进校友与校友会的互动联系。同时，通过“寻找22届华电‘锦鲤’”活动，激发新校友申领电子校友卡热情，增加校友数据库系统注册量，进一步完善系统信息库同时增加校友服务平台公众号关注量，为生日祝福等功能积蓄用户。

（王梦思）

【召开垃圾焚烧发电产业惠州峰会】 2022年7月21日，由华北电力大学校友会生物质能行业分会主办的2022年垃圾焚烧发电产业惠州峰会顺利召开。垃圾焚烧发电产业的健康发展事关双碳目标的实现和国家生态文明建设。进入“十四五”以来，部分省市陆续出台生活垃圾焚烧大气污染物排放地方标准（征求意见稿），对垃圾焚烧电厂的环保要求进一步提高。华北电力大学校友会生物质能行业分会秘书长、北京国成环境技术有限公司董事长孙成永致辞，华北电力大学校友会生物质能行业分会副理事长杨仕桥做题为《双碳背景下垃圾发电产业的高质路径》的演讲。本次活动邀请二十余位专家代表，他们分别进行专业课题演讲。

（刘　佳）

【开展华电小月月以捐代买活动】 2022年8月，为更好地服务校友，加强校友之间的交流，增强校友对母校的荣誉感和归属感，提高校友工作的效率和质量，校友会按照“取之于校友、用之于校友、服务于母校”的原则，持续开展“华电小月月”以捐代买品牌特色活动，通过专属定制“望月”和“赏月”两款月饼，以月饼为寄托，诉说华电人团圆心意。一捐一赠之间，传递出去的是思念，传递回来的是团圆。活动采用以捐代买形式开展。所有校友所捐金额，除用于月饼食材购买及物流费用外，其余款项将全部用于校友活动开展和校友文化建设，助力学校发展建设。本次活动受到广大师生校友和校友组织的大力支持和积极参与，累计收到捐款160笔，共计52159元。

（肖媛媛）

【举行校友返校日系列活动】 2022年10月23日至30日，校友会通过线上线下相结合的方式，开展以“踔厉奋发新时代，薪火相传向未来”为主题的校友返校日系列活动。活动严格执行疫情防控相关要求，在北京校部和保定校区同步开展。定制开发“画中画”“云祝福”“时光明信片”“E起向前冲”等线上H5小程序，寓情于乐，寄情于心；举行轨迹跑、手绘口罩、“云上华电·光影校园寻宝”等活动，增进校友与母校的情感与沟通。云报告活动中，学校党委书记周坚、校长杨勇平致辞，通过云端感谢广大校友对母校的关心与支持，寄语校友与母校携手并进，共同谱写学校高质量发展新篇章。校友返校日共推出线上线下活动9项，通过校友会微信公众平台发送相关活动推送13篇，累计阅读量近5万余次，阅读人数近4万余人，线上活动参与人数突破2.2万人次。

（王梦思）

【海南校友会举行新生助学活动】 2022年9月，海南校友会举行新生助学活动，整个活动为期两个半月，采用线上线下相结合的方式全面推进，海南校友会多点发力，全员参与其中。海南校友会长期坚持开展对海南籍华电新生助学活动，旨在帮助困难学子解决求学上的困难，将爱心落到实处。此次活动通过发布通知、新生自荐、初审、线上线下家访、理事会审议通过等严谨细致的环节，共收到来自澄迈、儋州、海口、屯昌等多个地区9名新生的助学金申请，秘书处对申请助学的贫困生进行情况摸排，并进一步安排由各市县属地理事牵头组建家访慰问小组，对地区申报助学金的困难学生家庭进行走访、核实。理事会通过线上表决方式一致通过所有申请学生的助学申请。在走访过程中，家访小组与学生家长们进行深切交流，深入了解学子家庭经济状况及入学的所需费用等，并勉励学子们自强不息、逆流奋进。9月上旬，校友会按照5000元/人标准完成对每名贫困新生的助学金发放，助力华电学子圆梦成长。

（刘　佳）

【杨勇平参加能动学院校友分会校友返校座谈会】 2022年10月29日，能动学院校友分会通过线上线下相结合的形式举办2022年校友返校座谈会，校长杨勇平、热动94级校友国家能源集团新能源技术研究院有限公司总经理褚景春、热能95级校友中国大唐集团绿色低碳发展有限公司董事长李晟、环工88级校友北京天文馆党委书记臧振远、热动92级校友北京市昌平区农业服务中心党组书记雷涛、热能98级校友国家电网公司科技部成果转化处处长李蒙、热动96级校友北京市朝阳区城管监督中心副主任金华民、热能02级北京国成环境技术有限公司董事长孙成永等30余位校友代表，学校有关职能部门负责人和学院有关负责人参会，会议由学院党委副书记董剑主持。杨勇平对各位校友代表返校表示热烈欢迎。他希望，全体校友一如既往关心学校发展、参与学校建设、支持学校事业，持续深化校企联合、科教融合、创新驱动等方面的合作，实现互利共赢。院长杜小泽汇报学院事业发展情况。名誉理事长徐鸿、理事长肖万里表达对学校和校友发展的期待，希望在全体校友的大力支持下，学校、学院和全体校友的发展能取得更大辉煌。校友代表分别介绍近年来各自事业发展情况，表达对母校的热爱与感谢。

（刘　佳）

【爱心企业及多位校友向学校捐赠防疫物资】 2022年11月，广大校友、校友企业及社会爱心企业、人士分别向学校捐赠防疫物资，助力学校打赢疫情防控阻击战。华为北京昌平办事处捐赠N95口罩2400个、瓶装水50件、卷纸80件、毛巾300条；核电专业校友、北京中合新电能源公司董事长陆家纺捐赠N95口罩3万个；计算机专业校友李恒罡捐赠医用口罩1.2万个、84消毒液300瓶、酒精300瓶、消毒纸巾4箱；1994级计算机专业校友郭文喜捐赠N95口罩2万个；爱心人士刘虹言、刘珈瑜捐赠N95口罩1.2万个、防护服100套；爱心校友捐赠矿泉水600箱。捐赠物资由校友与教育基金工作办公室接收并登记造册，指定捐赠项目管理岗位专人管理，确保物资使用公开透明。

（李晓伟）

院系部建设

Construction of Schools, Institutes and Departments

◯ 综　述

2022年，电气与电子工程学院完成学校首次获批国重仪器设备更新费项目建设工作，实际建设项目28项，总经费6183万元；全面启动第二轮电气工程“一流学科”建设。在疫情期间保持科研工作稳定推进，学院本部科研合同金额共计48519.92万元。电力工程系科研立项总经费1.05亿元（纵向1623万元），6人获河北省科学技术奖，王飞入选全球顶尖前10万科学家。电子与通信工程系获批河北省优秀教学团队一个，集成电路设计与集成系统新专业获批设立并开始招生。院本部本科生就业率为94.26%、深造率46.37%，研究生就业率为98.99%。本科生就业率为93.67%、深造率为50.68%，研究生就业率为100%。电子与通信工程系本科生就业率为89.31%、深造率51.12%，研究生就业率为100%。

2022年，能源动力与机械工程学院全面落实教研室和研究所的双轨制，成立储能电池材料与应用技术等14个研究所，促进多学科交叉融合；聚焦“双碳”战略，申报“氢能科学与工程、能源与环境系统工程”两专业获批，1支部入选第三批全国党建工作样板支部，徐进良获2022年首都劳动奖章。科研成果获省部级以上奖47项。本科生的英语四级一次通过率81.9%，本科毕业生一次就业率84.5%，研究生毕业生一次就业率97.9%。

2022年，控制与计算机工程学院刘吉臻院士连续21年为学院新生讲授开学第一课，获批保定市综合能源系统状态检测与优化调控重点实验室，与中船重工双威智能装备有限公司签署协议，将在科技成果转化、关键核心技术攻克、创新平台搭建、技术咨询服务以及校企联合人才培养方面进行合作。本科生深造率达54.34%，较去年提高6.24%。研究生就业率100%，本科生就业率90.94%。

2022年，环境科学与工程学院“环境/生态”学科ESI全球前1%排名提升61位，对学校化学、材料学科排名进入ESI全球1%排名贡献度全校排名第1。环境科学与工程系“应用化学”国家一流专业立项建设，9个主要项目获立项。甘智强获评中国大学生自强之星。深造报考率90%，深造率达73%，全校排名第一；就业率为96%，环境科学与工程系毕业生深造率达59.21%，连续两年保持在十个百分点以上的提升；整体就业率达92.41%。

2022年，经济与管理学院服务双碳战略，获批碳管理科学与工程交叉学科博士点；获国家级项目7项，科研合同额超5000万元。学院签订纵横向科研项目152个，其中纵项27项、横项125项，实现科研合同金额共计5795.0608万元（保定852.5万元）；共发表论文345篇，其中“三大检索”收录135篇，核心期刊78篇；出版专著7部。本科生毕业一次就业率学院本部82.07%（保定76.35%），深造率学院本部45.57%（保定35.90%）。

2022年，新能源学院科研项目立项66项，总经费4677万元。李美成科研团队在*Joule*发表学术论文，陆强教授获中国环境科学学会青年科学家奖，3项教学成果获北京市高等教育教学成果奖。发表论文118篇（其中SCI论文84篇，EI论文4篇）。

2022年，核科学与工程学院新增科研项目合同额5532万元，其中纵向科研项目3033万元、横向科研项目2499万元。核反应堆工程教学团队获评“北京高校优秀本科育人团队”，陆道纲教授获2022年“北京市优秀教师”荣誉称号。本科生就业率93.75%、深造率56.25%，硕士研究生就业率100%，博士研究生就业率100%。

2022年，水利与水电工程学院水文与水资源工程专业获批国家级一流专业，水利水电工程专业获批北京市一流专业。学院科研项目立项44项，总经费2279万元；学生一次就业率90%，学生深造率52%，45%的本科毕业生被985高校或水利A类学科高校录取为硕士，33%的硕士毕业生被985高校录取为博士，签约南水北调等骨干型央企研究生达40%以上，考研质量、就业质量明显提升。

2022年，数理学院应用物理专业入选国家一流本科专业建设点。王涛老师主持的《面向能源相关专业的大学数学课程群虚拟教研室》入选教育部第二批虚拟教研室建设试点名单。获光电信息工程专业工程博士学位研究生培养授权。至此，学院形成本科、硕士、博士培养全覆盖，进一步完善学院学科培养体系，增强学科竞争力。2022届应届毕业生就业率达91.87%，其中研究生94.12%，本科生89.33%，相较于去年有较大增长。

2022年，人文与社会科学学院获国家社科基金项目3项，加强智库建设，持续参与“回天治理行动计划”。法政系申报的“华北电力大学区域法治与司法治理研究中心”获批成立。保定校区法政系主任梁平负责申报的法学专业获批国家级一流本科专业建设点。本科毕业生一次就业率为73.25%（保定为52.54%），研究生毕业生一次就业率为83.67%（保定为73.91%）；本科考研报名199人（含保定116人），实际考取110人（含保定65人），考研率为28.66%（保定为36.72%）。

2022年，外国语学院完成外国语言文学和翻译专业学位年度合格评估工作；翻译专业获批北京市“一流”本科专业建设；法语语言文学二级学科首次实现招生；校部本科毕业生一次就业率为85.71%，研究生毕业生一次就业率82.35%。保定校区本科毕业生一次就业率78.8%，本科深造率45.8%，研究生毕业生一次就业率90%。

2022年，马克思主义学院"电力思政"系列品牌课程作为全国18个典型案例之一，入选人民网2022大学校长论坛《2022年高校思政课改革创新情况分析报告》。联合主办的第二届"中国青年马克思主义大会"，魏彤儒教授主持的"基于党史融入的高校思政课红色案例库建设研究"入选河北省高校党建研究会2022年重点课题。学院全日制硕士研究生毕业19人，就业率达100%。

2022年，体育教学部落实立德树人根本任务，大力推进课程思政建设，积极进行体育教学改革，加强教研团队建设，1人入选教学名师提升与示范计划项目(保定)、1人入选优秀青年教师教学支持计划项目(保定)。在加强课程建设方面，体育课程入选课程思政示范课2门(保定1)，增开体育选修课13门(北京)，为留学生增开1门必修课(北京)，开设2门双语体育课(北京)，1团队获批华北电力大学中央高校基本科研项目(保定)。疫情期间，由体育教学部教师指导体育协会举办10余项形比赛丰富学生生活。指导运动队参加大学生校园足球赛、全国啦啦操锦标赛等大型赛事获优异成绩。

2022年，国际教育学院以"优化生源质量，保持招生规模"为目标开展留学生招生工作。留学生招收总人数201人。推动并与中国重型机械有限公司下属企业共同成立柬埔寨达岱水电站中文工坊，获首批教育部语合中心"中文工作坊"项目支持。通过开展特色文化活动，厚植留学生知华友华爱华情结。

电气与电子工程学院

【概况】 2022年，电气与电子工程学院本部设在北京校部，在保定分设电力工程系、电子与通信工程系，有8个本科专业(电气工程及其自动化、通信工程、电子信息工程、电子科学与技术、电子信息科学与技术、农业电气化、智能电网信息工程、集成电路设计与集成系统)，4个学术型硕士学位授权学科(电气工程、电子科学与技术、信息与通信工程、农业电气化二级学科)，2个专业学位硕士学位授权专业(电气工程、电子信息类通信工程领域(含宽带网络、移动通信等))，2个博士学位授权学科(电气工程、电子信息(通信工程领域))。学院本部有教职工230人，其中专职教师173人(具有博士学位的教师为83.7%)，含教授65名、副教授79名。电力工程系有教职工146人，其中专职教师105人(具有博士学位的教师为83.8%)，含教授23名、副教授36名。2022年，电子与通信工程系有教职工73人，其中专职教师54人(具有博士学位的教师为81%)，含教授12名、副教授20名。学院有中国工程院院士1人(杨奇逊)，国家杰出青年科学基金获得者3人(崔翔、毕天姝、齐磊)，万人计划科技创新领军人才1人(毕天姝)，国家百千万人才工程入选者2人(崔翔、李成榕)，中科院百人计划1人(王银顺)，国家优秀青年科学基金项目获得者3人(毕天姝、马静、马国明)，教育部青年长江学者1人(刘念)，万人计划青年拔尖人才3人(齐波、张永昌、陈艳波)，教育部新世纪优秀人才3人(毕天姝、李庆民、刘崇茹)。

2022年，学院本部毕业学生1175人，其中博士研究生59人、硕士研究生454人、普通本科生662人；学院本部招生1515人，其中博士研究生117人、全日制硕士研究生761人、普通本科生人637人；学院本部在校生4953人，其中博士研究生344人、硕士研究生1995人。本科生就业率为94.26%、深造率46.37%，研究生就业率为98.99%。2022年，电力工程系毕业学生838人，其中硕士研究生325人、普通本科生513人；招生932人，其中全日制硕士研究生427人、普通本科生505人；2022年电力工程系在校生总人数3486人，其中全日制硕士研究生1086人、普通本科2400人。本科生就业率为93.67%、深造率为50.68%，研究生就业率为100%。2022年，电子与通信工程系毕业学生276人，其中全日制硕士研究生82人、非全日制研究生19人、普通本科生175人；电子与通信工程系招生362人，其中全日制硕士研究生137人、非全日制研究生11人、普通本科生214人；电子与通信工程系在校生1168人，其中硕士研究生372人、普通本科生796人。本科生就业率为89.31%、深造率51.12%，研究生就业率为100%。2022年，学院本部设有151个学生班级，大二接收转专业学生76人，其中院内转专业18人、院外其他专业转入58人；设有辅导员岗位16个(其中副书记1人)，其中正式编制10个、聘任6个。电力工程系设有99个学生班级，其中本硕贯通班2个，设有辅导员岗位10个。电子与通信工程系设有33个学生班级，设有辅导员岗位4个。

2022年，学院本部有研究所15个，另有本科教学实验教学中心6个，分别是北京市电工电子实验教学中心(下辖电工实验室、电子实验室)，国家级电气工程专业实验教学中心(下辖电力电子教学实验室、微机保护教学实验室、电力系统仿真教学实验室、高电压技术教学实验室、电机教学实验室、电磁场实验室)，电子信息实验教学中心，电子科学与技术实验教学中心，通信工程实验教学中心，智能电网信息工程实验教学中心。学院本部有学生实习基地19个(其中冀北电力公司——华北电力大学校外实习基地为国家级工程实践教育中心及北京市校外实习基地)、科技研究(创新)基地2个、北京高等学校示范性校内创新实践基地(电力经济管理人才培养创新实践基地)1个、大学生科技创新乐园1个。2022年,电力工程系有教研室7个、科研创新团队14个、河北省实验教学示范中心(电气工程基础实验中心)1个、国家级实验教学示范中心(电气工程专业实验中心)1个(含专业实验室4个)、河北省输变电设备安全防御重点实验室1个、新能源电力系统国家重点实验室物理模拟平台1个、分布式储能与微网河北省重点实验室1个、河北省绿色高效电工新材料与设备重点实验室1个,获批保定市新能源电力装备智造产业技术研究院、学生实习基地16个。电子与通信工程系有教研室4个,科研团队6个,河北省实验教学示范中心(电子技术实验教学示范中心)1个,河北省电力物联网技术重点实验室(筹)1个,河北省互感器技术创新中心1个,基础实验室和各类专业实验室19个,学生创新实习基地5个。

2022年学院本部设有71个党支部,有中共党员1376人、新发展党员210人。电力工程系设有23个党支部,有中共党员915人、新发展党员128人。电子与通信工程系设有13个党支部,有中共党员291人、新发展党员48人。

党建和思政工作。学院面向全体师生开展学习宣传贯彻党的二十大精神系列活动,突出学用结合、师生互动。学院本部配合教育部巡视和校内巡察工作,推动60项整改措施100%落地见效,巡察反馈师生对整改的满意率95.63%;获北京市学校思想政治工作研究重点课题和校级教改重点项目立项;推进"2+4+X"党支部梯队建设,新增"双百班"纵向党支部,新增1个全国党建工作样板党支部。电力工程系加强基层党组织建设,获批河北省"党建工作标杆院系"1项、河北省和校级"双带头人"工作室各1项;获批河北省社科基金立项1项、河北省高校党建研究会课题结项4项、校党建课题与特色项目2项;获2022年河北省高校党建研究课题三等奖。电子与通信工程系党委入选全国高校党建工作"标杆院系"培育创建单位,电子专业学生党支部入选河北省第二批"全省党建工作样板支部"培育创建单位。强化校企党组织共建,与多家签署党团联建共建合作协议。深化院系治理体系改革,完成4个教研室和教师党支部的优化设置。积极构建"四融合四结合四统一"德才并举思政工作体系。

学科建设。精益求精凝练学科方向,扎实推进国重重组。系统梳理国重建设10年来的主要工作及建设亮点,创新由"学科导向的自由探索科研模式"转变为"需求导向的有组织科研模式"的工作机制,进一步凝练实验室的三大研究方向,顶层谋划国重指南方向布局;完成重组建设方案和答辩汇报材料;完成学校首次获批国重仪器设备更新费项目建设工作,实际建设项目28项,总经费6183万元;全面启动第二轮电气工程"一流学科"建设,完成首期数据梳理与阶段性总结工作;完成国家能源电力安全学自设交叉学科论证,为学科发展提供新的增长点。

人才工作。学院本部党政班子多次召开专题人才工作会,群策群力破解难题,细化分工、责任到人,全方位、多链条提升人才培育水平;持续开展青年人才遴选及"一人一策"精准培育,通过人才推进会、新讲师博士后座谈会等帮助青年教师凝练科研方向、梳理发展目标;狠抓迎评工作,倒排节点、认真推敲、反复打磨,对每位候选人的申报书、答辩PPT等材料进行10余次精细迭代和修改完善。通过多年耕耘培育,国家级人才申报喜迎丰收,齐磊入选国家杰青,马国明入选国家优青,陈艳波入选万人青拔,李超杰入选海外优青。电力工程系刘云鹏获河北省教书育人楷模,美国斯坦福大学发布的2022年度全球前2%顶尖科学家榜单中电气与电子工程领域电力工程系有7人入选,终身科学影响力榜单(1960—2022)有3人入选。电子与通信工程系引人机制持续发力,全员深度参与招聘宣传,拓宽引才荐才渠道。加大对中青年教师的支持力度,在导师配备、科研启动金、科研用房、研究生分配方面进行倾斜,助力青年教师快速成长。

教学工作。学院本部电子科学与技术专业入选北京市一流本科专业建设"双万计划";获北京市高等教育本科教学改革创新项目2项(重点项目1项);获北京市高等教育教学成果奖,一等奖1项、二等奖2项;获北京高校课程思政示范课程2门;获第十八届北京市高等学校教学名师奖1人(孙淑艳);本科毕业设计获北京市优秀毕业设计(论文)5篇、校级百篇24篇;推荐电力行业"十四五"规划教材17部;推荐教育部教育督导局本科毕业论文(设计)抽检专家库135人;获高校电气类专业课程教学方法创新奖三等奖1人;获校级教师教学创新大赛二等奖2项;鼎阳杯高校电工电子基础课程实验教学案例设计竞赛,全国一等奖2项、全国三等奖1项、华北赛区一等奖3项、华北赛区二等奖3项、华北赛区三等奖2项;获校级课程思政十佳优秀教学案例2门;校级全英文教学课程建设项目获批4项。为提高学院青年教师教学能力、加强教风与师德师风建设,提升课程思政教学水平,启动青年教师进"名师讲堂"观摩活动。面向全院14个研究所开展"课程思政"建设,以"能源电力创新人才培养"为导向,根据各专业人才培养需求设计课程实施方案,制定多元化的评价体系,积极推进实施电气与电子工程学院课程思政建设,将思政元素融入实践教学全过程。完成2021版人才培养方案五个专业教学大纲撰写。电力工程系获批河北省教改项目2项,校级专业核心课程建设3门,校级教改项目4项(重点项目2项),发表教改论文10篇;制定《电力系优秀本科生毕业设计(论文)遴选推荐工作细则》,19篇获评校百篇优秀毕业设计(论文)。获全国高校电气类专业课程教学方法创新奖二等奖3人、三等奖2人、教学创新集体奖1项;保定市青年教师讲课比赛二等奖1人;获校级教学优秀特等奖1人、教学优秀奖4人。获批河北省首批现代产业学院“新型电力系统现代产业学院”；组织申报国家级教学成果奖“使命引领，学以致用，构建四阶三维双循环电气工程创新人才培养实践教学体系”1项。获河北省优秀硕士学位论文3篇，校级优秀硕士学位论文12篇。电子与通信工程系集成电路设计与集成系统新专业获批设立并开始招生。获批河北省优秀教学团队一个，河北省本科生教育教学改革项目1个，河北省研究生示范课程2门，河北省研究生教育教学改革项目1个，河北省研究生示范课程、教学名师和教学团队项目1个，河北省研究生课程思政教学研究示范中心项目1个，河北省专业学位教学案例（库）项目1项，河北省在读研究生创新能力培养资助项目3个，河北省优秀硕士论文2篇，各类教学竞赛获省部级奖励9人次。

科学研究。在疫情期间保持科研工作稳定推进，学院本部科研合同金额共计48519.92万元，其中纵向经费15706.64万元。聚焦优势学科方向，重大重点项目再创新高，获批国家重点研发计划项目/基金重大集成项目2项，国家重点研发计划课题/基金重点项目8项；构建含摸底、动员、分组、迭代的全链条基金申请组织架构，获批基金面上/青年项目16项，同比增长54%，北京保定两地总资助数在基金委电工学科位列第1。电力工程系科研立项总经费1.05亿元（纵向1623万元），其中国家重点研发计划课题1项、子课题3项，国家自然科学基金青年、面上项目共11项和参加联合基金1项，科技部“高端外专”项目1项，省部级纵向项目4项。发表论文305篇（SCI 76篇、EI 115篇）；获发明专利授权65项；获省部级奖励14项，其中一等奖2项，首次以第一完成单位获河北省自然科学奖一等奖；组织线上、线下学术交流27人次；牵头申报新能源电力系统与装备河北省实验室、获批河北省绿色高效电工新材料与设备重点实验室、牵头申报并获批保定市新能源电力装备智造产业技术研究院，与保定高新区达成保定数字能源与电力装备实验室建设意向（高新区5年投入2亿元经费）。电子与通信工程系年度科研经费总额1508万元。继续实施第二批科研用房揭榜挂帅方案，为中青年科研骨干教师新增科研用房150余平方米；发挥青年教师科研导师的作用，获国家自然科学基金青年项目资助2项；加强河北省重点实验室建设，与河北信通公司“河北省电力物联网信息通信技术创新中心”联合举办“电力物联网技术专题研讨会”；举办“成长之路”“产业之需”“期刊面对面”三期青年教师科研发展论坛。

学生工作。学院本部吴滨源、赵博、黄欣然获北京市三好学生称号；贯通电1901班获得北京市先进班集体；“源网荷储 旖旎风光”社会实践团被评为“青年服务国家”首都大中专学生社会实践优秀团队；研电2015党支部获北京市“红色1+1”一等奖。电力工程系团委获“河北省五四红旗团委”，电气1807团支部获“河北省五四红旗团支部”，电气1901班获河北省先进班集体；获河北省高校网络教育优秀作品一等奖1项，河北省网络文化节三等奖2项；河北省“体验省情服务群众”社会实践优秀指导教师1人；河北省高校辅导员暑期“大家访”活动先进个人1人，河北省三好学生3人，“保定市优秀共青团员”1人，“新时代保定好青年”3人。电子与通信工程系《“星火之音”让党史学习教育“燃”起来》案例获2021年度全国高校思想政治工作优秀案例征集活动三等奖；关爱农村留守儿童“七彩四点半”志愿服务团队入选2022年团中央“七彩假期”志愿服务示范团队；马真真获河北省三好学生，杨智慧获河北省优秀学生干部。

学院党政领导名单：

书记：

卜春梅（学院本部），屈朝霞（电力工程系），张艳斌（电子与通信工程系）；

院长：

毕天姝（本部，副校长兼任），刘云鹏（电力工程系主任），戚银城（电子与通信工程系主任）；

学院网址：http://electric.ncepu.edu.cn

（刘春磊　李红梅　马　焕　王玲玲　王　倩　郝晓飞）

【获中国电工技术学会科学技术进步奖1项】 2022年1月，曾博负责的“大型城市智能化供电服务指挥系统关键技术及应用”项目获中国电工技术学会科学技术进步奖三等奖（单位排名第1）。

（郝晓飞）

【获评河北省研究生示范课程、专业学位教学案例（库）项目、在读研究生创新能力培养资助项目各一项】 2022年1月，李保罡负责“现代通信网理论”获评河北省研究生示范课项目，杨宏负责的能源互联网安全防护案例建设获评河北省专业学位教学案例（库）项目1项，谢志远指导的博士研究生项目获评河北省在读研究生创新能力培养资助项目。

（马　焕）

【获评北京市高校红色“1+1”示范活动一等奖】 2022年1月，研电2015党支部被北京市教育工委授予北京高校红色“1+1”示范活动一等奖。

（丁　宁）

【获北京高校课程思政示范课程2门】 2022年1月，胡俊杰主讲的“电力系统分析（1）”和孙淑艳主讲的“模拟电子技术基础实验”，获评北京高校课程思政示范课程。

（王玲玲）

【获电力建设科学技术进步奖1项】 2022年1月，武玉才负责的“电力装备线圈绝缘故障的多参量检测与诊断技术及应用”获电力建设科学技术进步奖二等奖（单位排名第2）。

（李红梅）

【获国家电网有限公司技术发明奖1项】 2022年1月，顾雪平负责的"新能源高占比电力系统安全风险在线识别及主动防御技术"获国家电网有限公司技术发明奖三等奖(单位排名第2)。

(李红梅)

【获批集成电路设计与集成系统专业】 2022年2月，电子与通信工程系获批集成电路设计与集成系统专业。

(马　焕)

【获评全国党建工作样板支部】 2022年3月，输配电系统研究所党支部入选教育部第三批"全国党建工作样板支部"培育创建单位。

(丁　宁)

【入选全国党建工作标杆院系培育创建单位】 2022年3月，电子与通信工程系党委入选教育部第三批"全国党建工作标杆院系"培育创建单位。

(马　焕)

【获评河北省本科生教学改革研究与实践项目1项】 2022年3月，吕安强负责的"以'一流专业'建设要求为指导、能源电力为特色的电子信息类专业建设"获评河北省高等教育教学改革研究与实践项目。

(马　焕)

【入选全球顶尖前10万科学家】 2022年3月，全球学者库网站公布"全球顶尖前10万科学家排名"。电力工程系王飞位列其中，总评分与论文篇均评分排名分别位列第79607、57328位。

(李红梅)

【获河北省自然科学奖1项】 2022年3月，谢庆、律方成负责的"基于等离子体处理的界面电荷调控机理和沿面耐压提升方法"获河北省自然科学奖一等奖(单位排名第1)。

(李红梅)

【获河北省科学技术奖6项】 2022年3月，电力工程系6人获河北省科学技术奖。其中，徐岩负责的《新能源高占比互联电网安全风险在线识别与主动防御技术及应用》获2021年度河北省技术发明奖一等奖(单位排名第2)；武玉才负责的"电力设备直流线圈绝缘故障多参量检测诊断技术及装备"获河北省科学技术奖(技术发明奖)二等奖(单位排名2)；耿江海负责的《复杂环境下输电线路绝缘防护关键技术、系列产品及应用》获2021年度河北省科技进步奖二等奖(单位排名第4)；余洋、米增强负责的《永磁电机式机械弹性储能系统关键技术及应用》获2021年度河北省技术发明奖三等奖(单位排名1)；张祥宇、梁海平负责的《含虚拟惯量新能源并网系统的区域协同控制及应用》获2021年度河北省科技进步奖三等奖(单位排名第2)；谢军负责的"组合电器应用SF6/N2混合气体关键技术及系列仪器设备"获河北省科学技术进步奖三等奖(单位排名第2)。

(李红梅)

【获高校电气类专业课程教学方法创新奖1项】 2022年3月，孙淑艳《模拟电子技术基础》建构主义学习理论获2021年高校电气类专业课程教学方法创新奖三等奖。

(王玲玲)

【获日内瓦国际发明展金奖1项】 2022年4月，陈艳波负责的"Integrated software platform for low carbon and green dispatching and control of power systems"项目获日内瓦国际发明展金奖(单位排名第1)。

(郝晓飞)

【获全国高校思想政治工作优秀案例征集活动三等奖1项】 2022年4月，《星火之音——让党史学习教育"燃"起来》获2021年度全国高校思想政治工作优秀案例征集活动三等奖。

(马　焕)

【获河北省五四红旗团委】 2022年5月，电力工程系团委获"河北省五四红旗团委"。

(李红梅)

【获河北省先进集体】 2022年5月，电气1901班获"河北省省级先进班集体"，班主任刘云鹏享先进德育工作者(厅级)待遇。

(李红梅)

【获河北省高校教师教学创新大赛2项】 2022年5月，工程电磁场团队、电机学团队分别获第二届河北省高校教师教学创新大赛三等奖。

(李红梅)

【入选河北省第二批"全省党建工作样板支部"培育创建单位】 2022年6月，电子与通信工程系党委电子专业学生党支部入选河北省第二批"全省党建工作样板支部"培育创建单位。

(马　焕)

【入选团中央志愿服务示范团队1个】 2022年6月，电子与通信工程系组建的关爱农村留守儿童"七彩四点半"志愿服务团队入选2022年团中央"七彩假期"志愿服务示范团队。

(马　焕)

【获浙江省科学技术进步奖1项】 2022年6月，何旺龄负责的"交流电网电磁环境预测与控制关键技术及应用"获浙江省科学技术进步奖二等奖(单位排名第3)。

(李红梅)

【获批河北省重点实验室】 2022年6月，"绿色高效电工材料与设备实验室"获批河北省重点实验室。"河北省绿色高效电工新材料与设备重点实验室"围绕我国发展新型材料、推进节能环保的重要战略方针和河北省《"十四五"工业绿色发展规划》，面向国家和河北省能源电力行业重大需求，聚焦新型电工材料基础研究与性能调控、高效能电机系统设计与控制和电网环保理论与关键技术涉及的关键科学和技术问题开展研究。

（李红梅）

【入选北京市一流本科专业建设1项】 2022年6月，电子科学与技术专业入选北京市一流本科专业建设“双万计划”。

（王玲玲）

【获中国科技产业化促进会科技创新奖1项】 2022年7月，陈艳波负责的“高比例新能源电力系统低碳绿色调控技术及应用”项目获2021年中国科技产业化促进会科技创新奖二等奖（单位排名第1）。

（郝晓飞）

【获IEEE工业应用学会青年杰出成就奖1项】 2022年8月，丁肇豪负责的“分布式需求侧资源调度与控制”项目荣获IEEE工业应用学会青年杰出成就奖一等奖（单位排名第1）。

（郝晓飞）

【获省级优秀教学团队】 2022年9月，孔英会负责的通信系统原理教学团队获河北省普通本科院校优秀教学团队。

（马　焕）

【3人获第六届全国高等学校电子信息类专业青年教师授课竞赛奖】 2022年9月，第六届全国高等学校电子信息类专业青年教师授课竞赛，李然获一等奖、王雅宁获二等奖、孙景芳获三等奖。

（马　焕）

【获评河北省党建工作标杆院系、河北省党建工作“双带头人”工作室】 2022年6月，电力工程系党委被中共河北省委教育工作委员会授予“全省党建工作标杆院系”培育创建单位，戴志辉党支部书记工作室入选“全省党建工作‘双带头人’工作室”培育创建单位。

（李红梅）

【获北京市优秀本科毕业设计（论文）】 2022年9月，学院毕业生获北京市高校优秀本科毕业设计（论文）5篇。

（王玲玲）

【获北京市高等教育本科教学改革创新项目2项】 2022年9月，王增平负责的“双碳目标下特色示范性能源学院建设的探索与实践”获批重大项目、崔学深负责的一般项目“突破时空界限的《电机学》可视化创新教学改革与实践”获北京市高等教育本科教学改革创新项目。

（王玲玲）

【获教学名师奖】 2022年9月，孙淑艳获第十八届北京市高等学校教学名师奖。

（王玲玲）

【获教学成果奖3项】 2022年9月，孙淑艳负责的“理实融通，教学相长，育人育己育团队——电工电子实践教学改革与创新”获北京市高等教育教学成果奖一等奖；王增平负责的“需求导向、特色发展、多维融合：能源电力行业高校专业建设的探索与实践”和徐衍会负责的“面向能源电力行业发展需求的电气类专业多元化人才培养体系构建与实践”获北京市高等教育教学成果奖二等奖。

（王玲玲）

【获电力技术发明奖1项】 2022年10月，毕天姝负责的“大规模新能源汇集送出系统的保护及应用”项目获2022年度电力技术发明奖一等奖（单位排名第1）。

（郝晓飞）

【获澳门国际创新发明展金奖2项】 2022年10月，刘崇茹负责的“在线自适应抑制柔性直流引起的高频振荡方法”、“模块化多电平换流器的并行控制系统”获第10届澳门国际创新发明展金奖（单位排名第1）。

（郝晓飞）

【获中国电力科学技术进步奖1项】 2022年10月，徐岩负责的“新能源高占比互联电网安全风险在线识别与主动防御技术及应用”获中国电力科学技术进步奖三等奖（单位排名第4）。

（李红梅）

【1人获全国高等学校青年教师授课竞赛奖】 2022年12月，马海杰获第四届全国高等学校青年教师电子技术基础、电子线路课程授课竞赛数字电子技术基础组一等奖。

（马　焕）

【获评河北省思政示范项目】 2022年12月，戚银城和张铁峰负责的“面向新型电力系统的电力物联网高层次创新交叉人才培养”获评河北省研究生教育改革研究项目，韩东升负责的“电子通信类研究生课程思政教学示范中心”获评河北省研究生课程思政教学研究示范中心项目，陈智雄负责的“无线网络通信技术”获评河北省研究生课程思政师范课程项目，赵丽娟、赵振兵指导的研究生分别获评河北省在读研究生创新能力培养资助项目。

（马　焕）

【获批首批省级研究生教育教学改革研究项目2项】 2022年12月，电力工程系“双碳目标下电气工程本硕博贯通创新型研究生培养体系研究与实践”获首批河北省省级研究生教育教学改革研究项目；“电机前沿技术”获河北省研究生课程思政示范课程、教学名师（团队）项目。

（李红梅）

【新型电力系统实验教学平台建设】 2022年12月，学院申请学校“专项贴息贷款重点支持高校资金”项目建设资金330.4万元，购置电力系统实验室“新型电力系统实验教学平台”成套设备，为电气工程及其自动化专业及相近专业本科生培养搭建新型前沿实验教学平台。

（宋金鹏）

能源动力与机械工程学院

【概况】 2022年,能源动力与机械工程学院有教职工392人,其中,专任教师304人(教授93人、副教授136人,具有博士学位的教师为81.1%)、有实验及技术人员33人、党政及管理人员43人。中国工程院院士3人,享受政府津贴6人。学院新增教授8人、副教授7人、正高级工程师1人,高级工程师1人。学院毕业学生1726人,其中博士研究生63人,硕士研究生493人,普通本科生1170人;学院招生2142人,其中博士研究生89人,硕士研究生803人,普通本科生1250人;学院在校生7259人,其中博士研究生301人,硕士研究生1746人,普通本科5212人。本科生的英语四级一次通过率81.9%,本科毕业生一次就业率84.5%,研究生毕业生一次就业率97.9%;本科考研报名704人,实际考取435人,考研录取率61.8%。学院签订纵向、横向科研项目114个,其中纵项41项,横项73项,实现科研合同金额共计7930万元,其中纵向科研经费3705万元,横向科研经费4225万元;发表论文224篇,其中被三大检索收录146篇,核心期刊56篇,出版著作20本。获省部级以上奖47(科研类,无教学奖)项。获授权专利34项,其中发明专利17项,实用新型专利17项。学院拥有教研室33个、研究所21个、实验室35个、学生实习基地43个,科技研究(创新)基地3个。学院开设研究生课程361门,完成教学11564学时;开设本科生课程1470门,完成教学61456学时;举办各类培训班2期,共培训学员190人。学院设有78个党支部,拥有中共党员1702人、发展党员322人。学院设有228个学生班级,其中吴仲华班3个。

2022年,学院始终围绕学校建设高水平研究型大学的目标,在着力抓好党建思政、提升人才培养质量、推动学科发展与转型等方面精心谋划、稳步推进,取得较好成绩。

党建工作。扎实做好疫情防控工作,高标准做好突发疫情特殊阶段服务保障和常态化疫情防控管理工作;全力配合教育部巡视工作组开展工作;全面推进党的二十大精神学习宣传贯彻实践活动;落实学校“三风建设”方案,持续加强师德师风建设,面向全体教职工,开展师德师风暨教风建设专题系列活动,制定并实施学院《教风建设方案》和《加强学风建设行动方案》;组织编印能动学院《教学研究文集》(第2辑),做好学院优良院风和文化传承。学院获评“2017—2021年度北京高校德育工作先进集体”,李红获“2017—2021年度北京高校优秀德育工作者”;冼海珍当选台盟北京市委副主委、政协北京市第十四届常委。加强党风廉政建设和警示教育;做好意识形态、安全、统战和保密等工作。

学科建设。响应国家“双碳”战略发展目标,持续深化新工科建设,发挥学科融合优势,不断优化专业结构布局;全面落实教研室和研究所的双轨制,成立储能电池材料与应用技术等14个研究所,促进多学科交叉融合;聚焦“双碳”战略,申报“氢能科学与工程、能源与环境系统工程”两专业获批,氢能专业正式招收2022年第一批本科新生。第五轮学科评估取较好成绩,动力工程及工程热物理获得A-,机械工程、化学工程取得进步;能源与动力工程专业完成教育部工程教育专业认证申报和进校考察工作。

师资队伍。师资队伍结构更趋合理,学术带头人和领军人才队伍建设取得进展,引进高水平人才6人;2人入选国家高层次人才计划:赵旭东入选2022年教育部长江学者讲座教授,张乃强入选国家“万人计划”科技创新领军人才;郑树入选江苏省“333高层次人才培养工程”;宋玉旺获2022年机械设计基础课程教学竞赛特等奖。徐进良获2022年首都劳动奖章;杨勇平获2021年北京市高等教育教学成果奖一等奖,李季获2021年北京市高等教育教学成果奖二等奖。

人才培养。本科人才培养:制定学院《教风建设工作方案》,院内出版《教学研究文集》(第二辑),开展师德师风暨教风建设专题系列活动;学校入选实施储能技术国家急需高层次人才培养专项高校名单;陈伯旭获《人民日报》本科生国家奖学金获奖学生代表名录报道;3名学子获2022年全国能源动力类专业优秀本科毕业论文;在第十五届全国大学生节能减排社会实践与科技竞赛中获一等奖5项,二等奖2项;在第十届全国大学生机械创新设计大赛决赛获一等奖2项;在第四届北京市大学生节能节水低碳减排社会实践与科技竞赛获一等奖6项、二等奖3项。研究生人才培养:在全国CCUS创新创意赛获一等奖1项,优秀奖3项;制定能源动力专业型博士点的动力工程、燃气轮机、储能技术三个方向的博士生培养方案并完成招生;完成国内首个“氢能科学与工程”交叉学科博士、硕士学位点招生目录制定;线上举办2022年“材料类专业优秀大学生夏令营”。

科学研究。清洁高效燃煤发电关键技术与装备集成攻关大平台获批立项,是教育部在“双碳”领域论证通过的第一个集成攻关大平台。氢能的安全高效利用111引智基地获批立项;国家储能技术产教融合创新平台启动建设;2022年共获国家自然科学基金资助12项,工程热物理学科获批基金数位居国内前列;杨勇平、王晓东作为负责人,获批“十四五”国家重点研发计划项目2项;张永生获批两机科学中心重大项目课题1项;陆规获批国家级军工项目1项;获2022年度教育部自然科学一等奖1项;承办

2022年全球能源转型高层论坛储能专场分论坛。

学工群团。深刻学习二十大报告中的新观点、新论断、新思想;开展内容丰富、形式多样的帮扶性辅导和发展型辅导,开展考研、就业规划深度辅导,学院2022届毕业生就业率96.0%,本科生读研率57.9%;建立四级危机事件信息反馈网络机制,妥善处理各类突发事件。央视报道学院冬奥志愿者"微录"点赞专业服务;许鑫获北京冬奥会、冬残奥会北京市先进个人;学院学生宿舍获"北京高校示范学生基层组织(宿舍)"荣誉称号;顺利完成北京市先进职工之家建设验收;能动校友分会召开2022年校友返校座谈会。

院长:杜小泽

书记:肖万里

(王 敏 李 非 高 宁)

【获评北京高校德育工作先进集体"】 2022年3月,北京市委教育工委、市教委、市人力社保局下发《关于表彰2017—2021年度北京高校优秀德育工作者、德育工作先进集体和优秀、十佳辅导员的决定》,经各高校推荐、评选领导小组审议及市委教育工委工作专题会、委员会议审议等程序,能源动力与机械工程学院获评"2017—2021年度北京高校德育工作先进集体",工业设计和CAD教研室李红副教授获评"2017—2021年度北京高校优秀德育工作者"。

(王 敏)

【冼海珍当选台盟北京市委副主委、政协北京市第十四届常委】 2022年7月8日至9日,台湾民主自治同盟北京市第十二次代表大会在北京召开,台盟北京市第十二届委员会召开第一次全体会议,选举产生第十二届常务委员会和市委会领导班子。其中,能源动力与机械工程学院教授冼海珍当选台盟北京市第十二届委员会副主任委员。

(王 敏)

【1支部入选第三批全国党建工作样板支部】 2022年3月,"吴仲华"支部入选第三批全国党建工作样板支部,党支部形成"追寻中国科学家精神",能动梦工厂,能源报国、逐梦双碳,动力青年讲师团等品牌,凝练形成理论文章2篇分别在全国高校思政网和中国青年网发表,学术论文1篇在核心期刊《学校党建与思想教育》发表。支部"追寻科学家足迹,践行科学家精神"系列活动被中国青年网、中国科技网、河北新闻网、河北之声、河北省学生联合会等7家省级及以上媒体报道。

(敖馨和)

【2专业获批】 2022年2月,教育部发布《教育部关于公布2021年度普通高等学校本科专业备案和审批结果的通知》,氢能科学与工程、能源与环境系统工程被列入《普通高等学校本科专业目录》。其中"氢能科学与工程"是31个新增本科专业之一。建设"氢能科学与工程、能源与环境系统工程"专业,是学校响应国家"双碳"战略发展目标,持续深化新工科建设,发挥学科融合优势,不断优化专业结构布局的重要举措。

(王 敏)

【成立储能电池材料与应用技术等14个研究所】 2022年,学院积极响应国家"双碳"战略发展目标,持续深化新工科建设,发挥学科融合优势,全面落实教研室和研究所的双轨制,学院先后成立储能电池材料与应用技术等14个研究所,研究所重点围绕能源领域的重大需求和前沿方向,组建多学科交叉研究团队,开展攻关,同时负责研究生交叉学科点的建设和人才培养,为学科的深度交叉融合形成机制保障。

(王 敏)

【徐进良获2022年首都劳动奖章】 2022年4月28日,根据北京市总工会、北京市人力资源和社会保障局《关于授予2022年首都劳动奖状、奖章和北京市工人先锋号的决定》文件,华北电力大学徐进良教授获2022年首都劳动奖章。本次评选共评出首都劳动奖状75个、首都劳动奖章401名(含追授称号2名)、北京市工人先锋号145个,

(王 敏)

【2项省级项目获批】 2022年12月,动力系2项省级项目获批。其中,动力系张磊、韩旭的《"双碳"目标下动力工程专业学位硕士研究生培养改革探索与实践》、刘赟的《国家双碳战略背景下以课堂思政推动产学研协同培养新能源行业创新型人才探索——以〈太阳能热利用技术〉课程为例》分别获批获批首批省级研究生教育教学改革研究项目。动力系高正阳的高等传热学获批2022年河北省研究生课程思政示范项目。

(赵 娜)

【承办全球能源转型高层论坛储能专场分论坛】 2022年9月17日,由国务院发展研究中心等四部委与北京市政府共同举办的2022全球能源转型高层论坛开幕。电站能量传递转化与系统教育部重点实验室学术带头人承办储能专场分论坛,分论坛围绕"支撑双碳目标的新型储能技术和产业发展"主题展开研讨。

(王 敏)

【获多项全国科技竞赛奖励】 2022年,在第十五届全国大学生节能减排社会实践与科技竞赛中,学院学生获一等奖5项,二等奖2项;在第十届全国大学生机械创新设计大赛决赛获一等奖2项;在第四届北京市大学生节能节水低碳减排社会实践与科技竞赛获一等奖6项、二等奖3项;在全国CCUS创新创意赛获一等奖1项,优秀奖3项。

(王 敏)

【陈伯旭获《人民日报》报道】 2022年5月4日,《人民日报》刊登100名本专科生国家奖学金获奖学生优秀代表先进事迹,学生陈伯旭入选。该名录报道的学生经各省(自治区、直辖市)和各高校推荐,通过严格选拔和评审,从

2020—2021学年全国6万名国家奖学金获得者中择优选出，是本专科生国家奖学金获奖学生的优秀代表。

（王　敏）

【吴仲华1901班获河北省先进班集体】 2022年，吴仲华1901班获河北省先进班集体。吴仲华1901班是华北电力大学特色班级，全班必修课通过率100%、英语四级通过率100%，19人获得保研资格，先后获得华北电力大学优秀团支部、华北电力大学先进班集体等荣誉。

（谷青峰）

【1集成攻关大平台获批立项】 2022年，清洁高效燃煤发电关键技术与装备集成攻关大平台是教育部在“双碳”领域论证通过的第一个集成攻关大平台。教育部从2019年起启动建设11个集成攻关大平台，未来5年新增布局30个左右集成攻关大平台，每一个均代表高精尖缺的国家重大需求领域。

（王　敏）

【新增“111”引智基地】 2022年，氢能的安全高效利用111引智基地获批立项，这是学院获批的第2个111引智基地。

（王　敏）

【国家储能技术产教融合创新平台启动建设】 2022年7月8日，学校组织召开国家储能技术产教融合创新平台建设规划专家论证会，国家储能技术产教融合创新平台全面启动建设。

（王　敏）

【获批19项国家自然科学基金项目】 2022年，学院共获国家自然科学基金资助项目19项，其中面上项目13项，青年科学基金项目5项，国际合作与交流项目1项，工程热物理学科获批基金数位居国内前列。

（王　敏　李　非　高　宁）

【获多项省部级以上科技奖励】 2022年，学院获多项省部级以上科研奖励。其中，郑树入选江苏省“333高层次人才培养工程”；杨化动、宋玉旺获2022年机械设计基础课程教学竞赛特等奖；李季获2021年北京市高等教育教学成果奖二等奖；刘志坚获第二十三届“河北省青年五四奖章提名奖”。

（王　敏　高　宁）

【1工程研究中心纳入河北省工程研究中心建设计划】 2022年1月30日，河北省发展和改革委员会下发《关于下达2022年度省级工程研究中心筹备建设计划的通知》，正式将“电力机械装备先进制造与智能运维河北省工程研究中心”纳入河北省工程研究中心建设计划，这是学校首次进入到河北省级工程研究中心建设序列。

（高　宁）

【诺丁汉大学David Gerada首席研究员到访】 2022年2月28日，David Gerada首席研究员作题为“电机及其协同技术的交通领域应用”的专题报告，David Gerada首席研究员的报告以海运轮船用高效牵引电机、电动汽车用高功率密度永磁同步电机、航空飞机用高速驱动电机的多个工程项目案例为主线，向师生展示国内外电机研发领域的发展现状和重要成果，有效扩展师生的学术视野。

（高　宁）

【央视报道学院冬奥志愿者工作】 2022年2月16日，央视CCTV-13频道新闻直播间报道能源动力与机械工程学院冬奥志愿者许可拍摄的Vlog（微录），借助志愿者视角展示冬奥住宿志愿者工作日常。“央视新闻”客户端推文报道《冬奥Vlog|住宿志愿者：专业服务 传递热情传递爱》。学院选派1名教师至教工委冬奥专班，担任北京赛区志愿者激励经理，10名志愿者全力服务保障制服、注册和住宿工作。学院通过建立联系联络台账跟进每周服务情况，定期做好慰问关怀，提供全方位支持。

（王　敏）

【许鑫获冬奥会北京市先进个人】 2022年，从冬奥会开幕倒计时119天到冬残奥会金牌战收官，学院冬奥会志愿者在158天的接续奋斗圆满完成志愿服务任务，校部冬奥志愿团队被授予北京冬奥会、冬残奥会北京市先进集体，能源动力与机械工程学院辅导员许鑫获北京冬奥会、冬残奥会北京市先进个人

（王　敏）

【召开2022年校友返校座谈会】 2022年10月29日，能源动力与机械工程学院校友分会以“踔厉奋发新时代、薪火相传向未来”为主题，通过线上线下相结合形式举办校友返校座谈会。校长杨勇平、热动94级校友国家能源集团新能源技术研究院有限公司总经理褚景春、热能95级校友中国大唐集团绿色低碳发展有限公司董事长李晟、环工88级校友北京天文馆党委书记臧振远、热动92级校友北京市昌平区农业服务中心党组书记雷涛、热能98级校友国家电网公司科技部成果转化处处长李蒙、热动96级校友北京市朝阳区城管监督中心副主任金华民、热能02级北京国成环境技术有限公司董事长孙成永等30余位校友代表参加会议。

（王　敏）

【编印《教学研究文集》（第二辑）】 2022年，为传承学院教学研究长期以来的文化积淀，不断推动教学质量提升和青年教师成长，学院出版《教学研究文集》第二辑。该书收集学院退休教师与现任教师在教育教学、人才培养、科学研究等各方面的经验和心得，传承能动教师爱岗敬业、潜心育人的风采，助力建设高水平研究型学院。

（王　敏）

【获机械设计基础课程教学竞赛特等奖】 2022年7月6日，教育部机械原理课程群虚拟教研室和教育部机械设计课程群虚拟教研室协办的机械设计基础课程教学竞赛在

线上举办，竞赛内容包括教学设计文件和在线演讲两部分。机械工程系杨化动老师在机械设计组的比赛中获特等奖，该奖项为唯一获得。比赛中针对机械设计课程的“6多”难点，基于建构主义和OBE的教育理念，提出多元研究性挑战式教学模式和知识-能力-价值有机融合的三维三层教学体系，运用BOPPPS和ARCS教学模型设计教学活动，通过“拓”资源、“探”问题、“析”案例和“协”任务，提升学生解决复杂工程问题的能力。9月25日，第七届全国高等学校教师图学与机械课程示范教学与创新教学法观摩竞赛以线上、线下相结合的形式举办，来自全国123所高校的228名教师参加全国总决赛，杨化动获机械类教学竞赛一等奖。

（高　宁）

【1团队获全国高校教师教学创新大赛二等奖】 2022年7月31日，第二届全国高校教师教学创新大赛在西安交通大学举办。机械工程系杨文刚教学团队以《理论力学》课程教学创新——“面向四维目标协同达成的递阶案例驱动的研究性教学”获全国二等奖。第二届全国高校教师教学创新大赛由教育部高等教育司指导、中国高等教育学会主办，于2021年10月29日正式启动，旨在落实立德树人根本任务，助力高校课程思政建设和新工科、新农科、新医科、新文科建设，推动信息技术与教育教学融合创新发展，引导高校教师潜心教书育人，打造高校教学改革风向标。本次比赛由全国31个赛区1195所高校的18407名教师参加省赛，其中主讲教师5521名，覆盖13个学科门类；参加全国比赛的有406门课程的1462位教师，入围全国赛现场评审的有205门课程的275位教师。

（高　宁）

【获中国好创意全国数字艺术设计大赛一等奖】 2022年8月15日，第十六届“中国好创意”暨全国数字艺术设计大赛总决赛落下帷幕。机械工程系产品设计2002班吴连富同学作品《PIT大黄蜂—未来城市外墙粉刷智能设备》获国家级一等奖。本届大赛共有1472所大学参赛，参赛作品136141件，其中学生单元作品132952件。“中国好创意”暨全国数字艺术设计大赛（“China creative challenges contest”，简称CCC或3C）是入选教育部中国高等教育学会发布的《全国普通高校大学生竞赛榜单》的赛事，是我国第一个以数字艺术为核心、在艺术设计、数字媒体、数字技术等专业领域里的综合性赛事。也是规模大、参赛院校多、影响广泛的权威赛事。大赛旨在落实国家数字经济、数字创意产业的远景规划，转化高等院校原创知识产权，深度挖掘、选拔和推广中国创意界的精英人才和优秀作品；赛事站在社会发展制高点，把握产业前沿的需要，以行业标准为基础，一直引领高校的学科发展、优化专业建设、提升教师教学水平、已经成为高校艺术创意领域的风向标。

（高　宁）

控制与计算机工程学院

【概况】 2022年，控制与计算机工程学院拥有控制科学与工程一级学科博士点、博士后科研流动站，自设人工智能交叉学科博士/硕士点；拥有控制科学与工程、计算机科学与技术、软件工程三个一级学科硕士点，以及相应方向的电子信息类专业学位硕士授权点；设有九个本科专业，其中“自动化”和“计算机科学与技术”入选国家首批一流本科专业（“双万计划”）；拥有“自动化”国家级教学团队和北京市优秀教学团队、“电子信息教育”省部级高等学校本科教育创新高地、“信息安全”省部级品牌特色专业。学院建有新能源电力系统国家重点实验室—发电过程测控新技术实验平台，工业过程测控新技术与系统北京市重点实验室，北京市电力信息技术工程研究中心，燃烧及先进检测技术教育部创新团队，智能化分布式能源系统“111”引智基地等科研平台与科研团队；与国家能源集团共建“智能发电协同创新中心”。保定校区自动化系设有控制科学与工程一级学科博士学位授予点、控制科学与工程一个一级学科硕士授予点、电子信息类专业学位硕士授权点、自动化、测控技术与仪器、机器人工程3个本科专业。拥有“河北省发电过程仿真与优化控制工程技术研究中心”，纳入河北省工程技术中心序列进行管理。至年底，北京校部有教职工169人，其中专任教师147人，教授36人，具有博士学位教师占71.42%。有毕业生828人，其中硕士研究生368人，本科生460人；招生908人，其中硕士研究生436人，本科生472人。在校生3314人，其中硕士研究生1357人，本科生1957人。保定校区计算机系有教职工89人，其中专任教师63人，教授8人，副教授17人，具有博士学位教师占52.38%。计算机系有毕业生441人，其中硕士研究生138人，本科生303人；招生478人，其中硕士研究生151人，本专科生327人；在校生1698人，其中，硕士研究生361人，本专科生1337人。保定校区自动化系有教职工74人，其中专任教师51人，教授12人，具有博士学位教师占88.2%。自动化系有毕业生386人，其中硕士研究生121人；本科生265人；招生457人，其中硕士研究生175人，本科生282人；在校生1606人，其中硕士研究生463人，本科生1143人。

党建工作。北京校部围绕党的“二十大”和教育部党组巡视，系统性开展党的最新理论、方针、政策的宣传工作；以“双带头人”和“样板支部”基层党组织建设为抓手，严格落实"三会一课"制度和教职工集体学习制度。对标全国党建工作标杆院系、样板支部建设标准和学校党委先锋指数指标体系，系统性推进学院党建五项工程，获批大学党建A类课题1项，研究生样板支部1个。持续推进"三全育人"相关工作，加强以立德树人为核心的师资队伍建设，1名教师获评"我身边的好老师"，1名教师获评北京市优秀教师。加强制度建设，制定《控制与计算机工程学院2022年度三全育人暨学生思想政治教育管理工作方案》，修订并落实《控制与计算机学院不忘初心 牢记使命党史常态化学习制度》。坚决贯彻大学常态化疫情防控的各项政策，形成学院防疫防控工作长效机制，守住疫情防控底线，切实发挥党委的领导核心作用。保定校区计算机系围绕学习宣传贯彻党的二十大精神工作方案，多层次，全方位开展，学习领会党的二十大精神。聚焦理论学习，感悟思想伟力；聚焦立德树人，创新思政工作方法；聚焦实际工作，着力解决涉及师生切身利益的急难愁盼问题以及制约事业发展的难题，通过丰富多样的学习、落地有声的行动有效巩固党的二十大学习成果。严格落实学校党建思政工作重点任务，着力发挥基层党组织的政治核心和保障作用，尽职尽责，推进党建主体责任的落实；组织力量积极参加"双创"项目申报活动，积极申报样板党支部。2022年度，开展2期积极分子培训，2期发展对象培训，发展党员43名。保定校区自动化系制定和有力实施疫情应急预案及志愿者组织预案，严格日常管理。不断加强领导班子建设，严格执行党委理论中心组学习制度和党委会、党政联席会制度。顺利完成教研室主任换届工作，进一步加强基层单位管理和带头人力量。重视青年教师培养，全方位为青年教师发展创造条件。开展党史学习教育长效化、常态化，做到学史明理、学史增信、学史崇德、学史力行，各党支部累计开展学习171次，有效巩固党史学习教育成果。开展"喜迎二十大"、"学习党的二十大精神"等主题党日活动23次。完成教育部党组巡视相关工作，强化党建研究和"对标争先"建设工作。1项河北省高校党建研究课题顺利结项，2项校级基层党组织特色项目、一个"双带头人"工作室建设立项；推进"党建+"三个特色项目取得实效。1项思政案例入选第二十届河北省高校思想政治工作成果，一个新媒体作品获河北省高校网络教育优秀作品三等奖。推进落实"三风"建设。签订各级意识形态、师德师风、安全稳定等工作责任书，将党风廉政、师德师风和"三风"建设常态化，保障院系安全发展。3人分获校第三届"我身边的好老师"、2021年度校"优秀辅导员"、"河北省高校辅导员暑期'大家访'活动先进个人"荣誉称号。

学科建设。2022年，北京校部获批"电子信息"专业学位博士授权点，是继"能源电力"之后，学校获批新增的第二个博士专业学位授权点。持续推进人工智能学科建设，多学科融合、学术型和专业型人才培养互补、校企协同，形成鲜明学科特色，入选中国高等教育博览会"校企合作 双百计划"典型案例；申报获批教育部中国高校人工智能人才国际培养论坛项目。继续实施计算机学科提升计划，确保计算机学科位于ESI全球前1%学科行列；ESI全球排名按被引频次从460位提升至428位，保持排名稳步上升趋势。

保定校区计算机系积极申报网络空间安全专业；获批软件工程一流本科专业；获批电子信息类工程博士点。自动化系协助学院组织完成"测控技术与仪器"专业申报国家级和省级一流专业建设工作，获批北京市一流专业建设立项。至年底，修购专项项目5个子模块执行完毕。

教育教学。北京校部软件工程专业获批国家级一流本科专业，测控技术与仪器专业、物联网专业获批北京市一流本科专业；华北电力大学—百度松果人才菁英班招生，获批中国高校人工智能人才国际培养论坛项目，推进校企联合人才培养和人工智能专业建设；完成本科毕业设计百篇论文申报工作，4篇获北京市优秀本科毕业设计(论文)，17篇获"百篇"本科毕业设计(论文)奖。获批北京市优质本科课程普通项目1项、重点项目1项，获批北京市优质本科教材课件重点项目1项。制定"电子信息"专业学位博士授权点多个方向的培养方案，完成两批中组部卓越工程师校企联合培养计划的工程硕博士招生工作；学院各专业方向研究生报考人数达1699人，创历史新高。刘吉臻院士团队入选2022年北京市优秀研究生指导教师团队，侯国莲教授获评北京市优秀教师。

保定校区计算机系完成教育部修购基金300万元建设任务；出版高等院校计算机类规划教材2部，获全国教材建设奖二等奖(第二单位)1项；获批河北省教改项目3项(含两项省级研究生教改项目)，省级课程建设项目1项，其他项目6项；赵文清教授获评河北省教学名师；获河北省教学创新比赛三等奖1项；获学校十佳课程思政教学案例1项；学生在蓝桥杯等多项竞赛中表现出色。保定校区自动化系着力推动教学改革，获批河北省教改项目2项、校级教改项目2项、混合课建设项目1项；获校级教学成果奖二等奖2项；1人获校级教学比赛三等奖；1人入选教务处优青计划。举办课程思政设计分享交流会，1门研究生课程获河北省示范课程项目立项。3门本科生课程获大学第三届课程思政示范课立项。10篇本科毕业设计(论文)、5篇硕士研究生毕业论文获校优秀学位论文。

科研工作。北京校部主持国家重大科技项目方面取得突破，学院教师牵头申报获批国家重点研发计划项目1项，获批国家重点研发计划课题2项；组织申报包括国家自然基金等各类科技项目60余项，科研合同经费总额7000万元。以第一完成单位和第一完成人获2022年度电力创新大奖1项、中国自动化学会科技进步一等奖1项。推进校企、校地合作，积极参与政府和行业企业的科技创新工作，分别与中国大唐集团、百度、国网大数据中心等开展合作交流。保定校区计算机系本年度计算机系完成科研合同总额达到658.21万元(含纵向48.5万元)，积极组织国家级、省部级等各种科研基金项目的申报工作，共组织申报国家自然基金3项，河北省自然基金4项，中央高校基本科研业务费项目4项，获批河北省自然基金1项，中央高校基本科研业务费项目2项，发表期刊论文57篇，(SCI 8篇、EI论文5篇)；鼓励广大教师积极申报省部级鉴定和各级奖励，共获计算机软件著作权28项，实用新型4项，省部级奖1项。保定校区自动化系2项重大横向项目获批立项；2项国家自然科学青年基金项目、1项国家自然科学联合基金项目获批立项；年度科研经费合同额达2900万元，其中纵向经费257万元，横向经费2487万元。智慧电站、人工智能、机器视觉等领域成为新的科研项目增长点。邀请校外专家学者学术交流6次。获批保定市重点实验室立项建设。“能源状态检测与优化调控”保定市重点实验室获批立项建设。

人才引进。北京校部结合学院学科发展规划，多渠道引进自动化、计算机学科方向高水平人才6人；1人入选北京市青年人才托举计划；3人次申报国家人才计划。保定校区计算机系引进应届博士毕业生2人；一位教师晋升为副教授。自动化系制定《自动化系人才引进工作方案》《自动化系人才引进工作台账》《自动化系人才引进工作包联名单》，引进师资1名。

对外交流。北京校部与百度公司、国网大数据研究院联合培养的首批人工智能专业研究生入站，校企双方导师依托企业项目联合攻关共同指导学生开展科学研究和工程实践。与大唐集团、华电集团启动两批卓越工程师校企联合培养计划，围绕人工智能、网络与信息安全等国家重大需求领域开展人才培养，企业启动专项项目遴选，与校内导师、学生三方协商确定依托项目和联合培养规划。“智慧能源系统创新型人才国际化培养”国家留学基金委创新型人才培养项目顺利结题，累计送出4名学生赴荷兰格罗宁根大学攻读博士学位；新增英国巴斯大学、利兹大学等多所高校围绕人才培养等开展国际合作交流活动。

学生工作。北京校部做好疫情防控工作和学生日常教育、管理工作。结合学院实际积极探索“三全育人”新思路，结合新形势下育人新要求，制定《控制与计算机工程学院2022年度“三全育人”暨学生思想政治教育管理工作方案》。积极推进学生社会实践工作，“确山寻魂”红色文化实践团荣获首都高校师生服务“乡村振兴”行动计划北京市三等奖。“E声麻辣烫”网络文化工作室托依“ncepu薪火控计”微信公众平台累计发布推送160余篇，阅读人次超过8万人次；视频号自2022年4月开通以来，共发布微视频15条，浏览量超过10万人次，其中4条视频超过1w+；设计研发系列特色文创产品6件。承办第四届大学生网络文化大赛。保定校区计算机系以“立德树人”为核心，立足于疫情常态化工作，围绕学生评优，学生就业，学生创新，大学生征兵入伍等方面，以班级文化建设，优良学风提升，创新能力培养等方面为重点，分别开展就业辅导，系辩论赛，校规校纪比赛，朋辈学业辅导，学风促进会，四六级模拟考试，辅导员进宿舍，研究生国家奖学金答辩，趣味运动会、秋冬体育节，竞赛参赛经验交流分享会，E彩人生校友讲座，为考研学子发放暖心包等系列活动。保定校区自动化系以强学风、抓考研、促就业为核心，聚焦思想政治、学风系风、创新创业、职业规划四项工作重点，分层分类建立“研思引领-研学互助-研创培养-研途服务”人才培养模式，打造“攀研筑梦”思政育人品牌。2022届本科生深造率达54.34%，较去年提高6.24%。研究生就业率100%，本科生就业率90.94%。张妍获“十佳班主任”。“雁阵”微信平台在学校官微上发表3篇推送，累计向学校新闻网报送新闻信息74篇，更新院系网站各类新闻信息近137条，发布新媒体原创推送382篇，“雁阵”公众号粉丝量涨至3643人，获2022年学校“十佳新媒体”称号。其中《乘红色专列，唱百年赞歌》网络教育作品获2022年河北省高校网络教育优秀作品三等奖。学生参加创新竞赛获省部级以上奖励140余项。其中，在全国智能汽车竞赛获全国一等奖2项、二等奖2项、三等奖1项；在全国大学生数学竞赛中获一等奖4项，二等奖6项；在“高教杯”全国大学生数学建模比赛中获二等奖2项，三等奖5项。

工会工作。北京校部全体教职员工坚守疫情防控常态化底线，坚持教学工作不停歇原则，线上与线下有序结合履行分工会职能、推进各项工作安排。增进分工会交流，主动学习先进经验，继续升级学院分工会教工之家，努力为教职工提供舒心氛围与短暂休息的交流平台。分工会积极倡导广大教职工落实疫情防控各项规定，共计有60余名会员投入驻校和驻楼的防控保障中。重视分工会女教工工作，为生病女教工送温暖，积极组织女教工线上运动节，为女教工会员购置保险、开展三八节慰问等。组织开展文体艺术活动：“红叶”合唱团克服疫情困难，线上线下组织唱练《如愿》喜迎二十大；2022年“能动杯”气排球比赛小组第一出线；控计学院分工会联队夺得“继续教育杯”教职工篮球联赛冠军。分工会举办垃圾分类知识竞赛、冬日长走、线上运动会等活动。保定校区计算机系分工会响应校工会“巾帼建功·献礼二十大”主题，积极开展“玫瑰书香”女职工阅读征文活动。举办计算机系2022年度青年教师教学基本功比赛。开展“喜迎党的二十大，奋进教育新征程”图文(视频)征集活动；开展工间操活动；加强教师队伍建设，慰问并听取老教师对系发展建议。协助校工会做好教职工各项福利的发放以及生活困难职工的服务等工作。保定校区自动化系分工会组织青年教师教学基本功比赛，进一步提高青年教师的教学能力，全面推进教风建设，不断提升教师教学水平。

党委书记：王韶华

院　　长：房　方

https://cce.ncepu.edu.cn

（王爱洁　胡建强　梁玮轩）

【刘吉臻院士连续 21 年为学院新生讲授开学第一课】 2022 年 10 月 11 日，中国工程院院士刘吉臻教授在主楼礼堂为控制与计算机工程学院 2022 级全体新生讲授"最硬核的开学第一课"，这也是刘吉臻院士连续第 21 年为新生讲开学第一课。控制与计算机工程学院领导班子成员、教师代表同新生一起听课。开学第一课由学校党委副书记孙传新主持。

（王爱洁）

【新华社北京分社总编辑李斌一行到访】 2022 年 3 月 23 日，新华社北京分社副社长、总编辑李斌，新华社北京分社副总编辑宋玉萌，新华社北京分社摄影采访部主任鞠焕宗等一行 5 人到学院参观调研。校党委副书记汪庆华，党委宣传部常务副部长张顺涛，党委宣传部副部长卜叶蕾，学院党委书记孟大伟、院长房方陪同调研。

（王爱洁）

【举办智慧控计优秀大学生夏令营】 2022 年 7 月 9 日，2022 年"智慧控计"优秀大学生夏令营活动以线上形式举办。经过本人申请、学院审核，确定邀请 87 名优秀大学生入营，与控计学院云端相会，为广大学子提供走进华北电力大学、全面了解控制与计算机工程学院的机会，选拔有培养潜力的优秀学生。

（王爱洁）

【与中船重工双威智能装备有限公司签署协议】 2022 年 8 月 2 日，自动化系机器人教研室与中船重工双威智能装备有限公司签署合作协议。根据协议，双方将在科技成果转化、关键核心技术攻克、创新平台搭建、技术咨询服务以及校企联合人才培养方面进行合作。

（梁玮轩）

【获批保定市综合能源系统状态检测与优化调控重点实验室】 2022 年 11 月，保定市发布《关于 2022 年度新建市级科技研发平台的通知》，自动化系牵头申报的保定市综合能源系统状态检测与优化调控重点实验室获批。该实验室充分发挥控制科学与工程学科、仪器科学与技术学科在综合能源领域中的重要作用，以聚焦保定市的能源电力产业发展需求为导向，围绕综合能源系统推广应用面临的基础科学问题和关键技术难题，开展基础理论研究、技术开发、成果转化、人才培养等相关工作。

（梁玮轩）

环境科学与工程学院

【概况】 华北电力大学在北京校部设环境科学与工程学院，在保定校区设环境科学与工程系。

2022 年，环境科学与工程学院入选 2022 北京市省级一流本科专业 2 个；设置有"环境科学与工程"一级学科硕士点 1 个，在该学科下设有"环境科学"、"环境工程"目录内二级学科硕士点 2 个；在一级学科"环境科学与工程"下设的二级学科"环境科学"本科学位点，以及一级学科"化学工程与技术"下的二级学科"应用化学"本科学位点。在"动力工程及热物理"一级学科下自设有"能源环境"二级学科博士点。有在编教职工 60 人，非在编教职工 12 人。其中，专任教师 56 人，教授 15 人、副教授 21 人，具有博士学位的教师为 100%；其次，实验及技术人员 5 人、管理人员 6 人、辅导员 5 人。学院现有学术带头人 4 名，博士生导师 15 名，"长江学者"1 人，"杰青"2 人，"青年千人"1 人，"海外优青"1 人，科技部"百名科技创新领军人才"1 人，"万人计划"1 人。新增教师发展对象 5 名，发展教师党员 3 名，教师入党积极分子 2 名；新增学生党员 46 名；新增学生发展对象 56 名；新增学生入党积极分子 32 名。本科生在校人数达 375 人，新招本科生 116 人。在读研究生 357 人。开设研究生课程 30 门，完成教学 1200 学时。开设本科生课程 61 门，完成教学 2266 学时。该院新签合同额 1794 余万元，在研项目 49 项，新增国家自然科学基金 13 项。2022 年，该学院教师共发表高水平学术论文 96 篇，其中 SCI 论文 72 篇。建设本科教研室 2 个，研究生教学团队 5 个。实体化科研团队 4 个（火电厂排放脱硫脱硝方向、水资源保护与研究、环境放射化学方向、大气污染综合防治方向）。建成本科教学实验室研究生科研实验室 30 余个。

2022 年，环境科学与工程系共有"环境工程""环境科学""应用化学""能源化学工程"4 个本科专业；"环境科学与工程"和"化学工程与技术"等一级学科硕士点和"能源环境工程"二级学科博士点；面向全国招收本科生、硕士生和博士生。拥有"环境工程"国家级特色专业、"环境教育高地""环境工程"河北省重点学科、"能源环境工程"北京市交叉重点学科和"燃煤电站烟气多污染物协同控制"河北省重点实验室、"能源电力行业环境污染控制"保定市重点实验室、"电厂节水及废水零排放实验室"特色实验室、"白洋淀湿地校级研究中心""能源电力过程污水处理及资源化工程技术" 保定市技术创新中心等学科平台。现有教职工 71 人，其中河北省杰出青年科学基金获得者 1 人、河北省优秀青年科学基金获得者 1 人、"教育部新世纪优秀人才”2人、教授9人,副教授21人,博士生导师8人、硕士生导师42人;系办公室职员3人,党委学生工作办公室辅导员5人。教师博士化率89%,国际化率超过60%。现有教研室4个,实验室53个,研究所2个,研究室1个。全系党支部共13个,其中,教工党支部5个,本科生党支部4个,研究生党支部4个。党员总数242人,其中,教工党员57人,本科生党员73人、研究生党员112人。全年共发展党员45人,其中教工党员2人,本科生党员28人,研究生党员15人。环境科学与工程系在校本科生991人、硕士研究生243人、博士研究生42人(保定培养),共计约1300人。年内,本科生、研究生共获各类竞赛获奖178项,其中国家级17项,省部级55项;大学生创新创业项目预立项56项;结题54项,其中包括国家级项目2项、省级项目7项,推荐参加河北省大学生创新创业竞赛年会项目13项。大创项目113项,其中国家级18项,省级6项。学生共计发表157篇学术论文,其中SCI一区论文50余篇;取得52项专利。全系科研绩效总量11.5万分,列保定校区前三名,人均绩效第二名;获国家基金4项、重点研发子课题3项,河北基金4项;科研经费总额1207万元,其中纵向科研经费超455万元。以第二单位获河北省自然科学一等奖1项;出版国家重点图书1部;三类高质量研究论文持续增长,河北省重点实验室、保定市技术创新中心、保定市重点实验室、白洋淀湿地中心运行良好。

党建工作。学院认真学习宣传贯彻习近平新时代中国特色社会主义思想和党的二十大精神,开展13次中心组及扩大学习会议,深刻领悟“两个确立”的决定性意义,增强“四个意识”、坚定“四个自信”、做到“两个维护”;组织召开学院党委会18次、党政联席会议21次,严把关、把好关;开展支部集中学习35次,获相关党建项目立项3项;完成统战研究项目结题1项;建立《党风廉政风险防控责任清单》,在教育部7月入校巡视工作期间,整理完成学院21大类,300余项迎检材料;11月按照教育部巡视反馈意见完成整改8项。学院主要负责人在疫情期间带队做好学生安抚、返乡,带头驻守学生宿舍8B、主楼G座封控区域,建立网格化管控体系,保障防疫物资70余天;先后共派出核酸检测防疫服务等教师志愿者89人次。学院新增教师发展对象5名,发展教师党员3名,教师入党积极分子2名;新增学生党员46名;新增学生发展对象56名;新增学生入党积极分子32名。1个实践团队获评北京高校师生服务首都“四个中心”功能建设“双百行动计划”优秀项目,1个项目“强化院系级党组织政治功能研究”列入学校基层党建质量提升重难点项目立项,支部书记述职评议考核校级优秀1人。环境科学与工程系落实校党委各项部署,以党建为统领,充分发挥系党委政治核心功能,献礼党的二十大顺利召开并做好精神的学习宣传贯彻工作。召开党委会18次,含33个议题,党政联席会19次,含36个议题,中心组学习12次,班子政治理论水平进一步提高,履职能力不断提升。高质量完成迎接教育部巡视和相关巡视整改工作。组织指导党支部高质量活动开展,持续推进“样板党支部”建设,通过中期检查;“双带头人”教师党支部书记工作室获批立项;获批省高校党建研究课题和校级党建项目各1项。发展党员45名,其中教工党员2名。组织教工党员参加统战知识竞赛,获优秀组织奖。科学应对,完成各项防控任务。

学科建设。学院“环境/生态”学科ESI全球前1%排名提升61位,对学校化学、材料学科排名进入ESI全球1%排名贡献度全校排名第1;应用化学专业获批国家级一流专业建设1项;完成“碳储科学与工程专业”申报材料1项。

教学工作。获北京市教学成果二等奖1项,获校级教学成果特等奖、一等奖各1项;组织22支师生队伍及140余名师生奔赴20多个省市开展社会实践,获北京“挑战杯”“互联网+”创新创业大赛团队二等奖、三等奖各1项。首次在学院范围内采用校外专家匿名评审方式,遴选推荐博导3人;另评审新增硕导5人;获评校级十佳班主任1人,优秀班主任3人。

环境科学与工程系“应用化学”国家一流专业立项建设,“应用化学”专业认证申请工作正式启动;加强教学质量和思政把关,举办教学创新及青年教师教学基本功等教学比赛,稳步提升教学和人才培养质量;获北京市高等教育教学成果奖二等奖1项、河北省教改2项;获校级教改和课程思政等项目立项7项、校百篇本科毕业论文7篇;出版“十四五”规划教材2部;围绕“双碳”目标,重塑教学与实践体系,完成虚拟仿真平台二期建设,面向全校及全系学生开设《碳循环与碳捕集概论》课程。获河北省研究生教改项目、河北省研究生课程思政示范课程及教学名师各1项。

科研工作。学院首次获河北省自然科学一等奖。院申报国家自然科学基金共计申报项目29项,非限项教师申报率为100%;获批国家自然科学基金13项,其中包括重点项目3项、海外优青1项。同比增长33%,科研项目合同经费总计1794余万元。

环境科学与工程系科研绩效总量11.5万分,列保定校区前三名,人均绩效第二名;获国家基金4项、重点研发子课题3项,河北基金4项;科研经费总额1207万元,其中纵向科研经费超455万元。以第二单位获河北省自然科学奖一等奖1项;出版国家重点图书1部;三类高质量研究论文持续增长,河北省重点实验室、保定市技术创新中心、保定市重点实验室、白洋淀湿地中心运行良好。

师资建设。引进杰青团队1个、获批海外优青1人;引进“青年拔尖人才”1人,按照校人才引进“奖励措施”相关规定,对突出个人和集体发放伯乐奖。同时,招聘优秀青年教师3人、师资博士后2人，辅导员1人，学院行政助理1人，自主培养申报高层次人才8人。

环境科学与工程系新进教工3人，2名博士即将入职；新增副高职称2人、硕导7人、博导1人，学历学缘和职称结构进一步完善；1人申报“国家青年拔尖人才”支持计划并进入现场答辩环节；1名副教授完成在英国剑桥大学的博士后研究回国；3名首聘期的青年教师获国家基金资助，培养成效显著。

工会工作。学院积极组织教职工参加各项学校工会活动，学院获评“2022年度华北电力大学先进分工会”，1人“获评先进分工会主席”。环境科学与工程系积极组织教职工参加各项学校工会活动，获评“2022年度华北电力大学先进分工会”，1人“获评先进分工会主席”。

学生工作。2022届毕业生深造报考率90%，深造率达73%，全校排名第一；就业率为96%，居于学校前列；持续推进“4+5”聚能环育人体系建设，打造“引思励学”品牌工程，申报学校“一院一品”1项。荣获2022年度中国大学生自强之星1人。

环境科学与工程系毕业生深造率达59.21%，连续两年保持在十个百分点以上的提升；整体就业率达92.41%。获评河北省首批语言文字推广基地，获大学宣传工作先进院系和先进个人称号；学工队伍获省高校辅导员工作精品项目奖、中国环科会大学生在行动环保科普社会实践优秀指导教师奖等奖项10项，学生获“互联网+”大赛银奖、“一带一路暨金砖国家技能发展与技术创新大赛”全国二等奖、中国环科会大学生在行动环保科普社会实践先进集体等各类奖项178项，其中国家级17项、省部级55项。持续开展环工大咖课堂、人师讲堂、“天山同语 民族同心”等品牌活动建设，“跳伞塔”网络文化育人工作室和“吾心为爱”心理工作室建设持续推进。

对外交流与合作。加强国内外科研学术会议交流，邀请郝吉明院士等知名专家来校指导工作，承办学校教育部重点实验室学术年会；持续推进“111引智基地”建设，批“能源环境领域一流创新人才国际合作培养项目”1项。

安全管理。环境科学与工程系全面建成实验室门禁系统和安全监控系统，落实实验室准入制度、分级责任和安全巡查制度；积极推进实验室分类和分时段管理制度；研究生工作室投入使用。

书　记：陈　志

院　长：汪黎东

书记：谢红(保定)

主任：付东(保定)

(何杰涛　倪世清　张晓星　姚　嘉)

【周坚到环境科学与工程学院调研】 2022年3月16日，校党委书记周坚，党委常委、组织部部长鹿伟调研环境科学与工程学院。周坚在调研时强调，环境科学与工程学院要进一步强化责任意识、勇于担当作为，统筹做好疫情防控和事业发展，以实际行动迎接党的二十大胜利召开。学校党政办公室、党委宣传部、党委学生工作部、教务处、科学技术研究院等部门负责人参加调研。环境科学与工程学院教工党支部书记，教研室主任和教师代表参加调研座谈会。

(何杰涛　耿许畅)

【邀请专家召开课程思政教学专题讲座】 2022年3月22日，环境学院邀请北京市教学名师、教育部课程思政教学名师、能动学院教师李季结合《工程热力学》课程进行课程思政经验分享，为环境学院全体教师在课程思政建设方面开拓思维，提升育人质量奠定良好工作基础。

(何杰涛　耿许畅)

【开展教职工小家建设活动】 2022年5月4日，校工会党支部与环境科学与工程学院实验教学与管理支部开展联学和教职工小家建设调研活动。环境科学与工程学院分工会介绍工会小家建设方案，在推动小家建设中优化管理理念、提升服务水平、拓宽工作思路，争取把“小家”建设成为学习之家、民主之家、温馨之家。校工会党支部林长强指出将根据工会工作实际情况向上级工会提出法律援助请求，协助教职工解决实际困难。

(何杰涛　耿许畅)

【成立烟气污染控制科研团队党支部】 2022年5月10日，环境科学与工程学院烟气污染控制科研团队召开党支部成立大会。发挥纵向党支部的凝聚力和战斗力，党建与业务双融合、双促进，建设一个示范引领型烟气污染控制科研团队党支部。

(何杰涛　耿许畅)

【召开师德建设月教职工大会】 2022年，为进一步引导学院教职工坚定理想信念、厚植爱国情怀、涵养高尚师德，增强教书育人的荣誉感、获得感和责任感，学院组织召开2022师德建设月全院教职工大会。环境科学与工程学院将继续巩固完善“五强五力”工作体系，实施“山水林田湖”五项工作计划，推进学院高质量内涵式发展。

(何杰涛　耿许畅)

【甘智强获评中国大学生自强之星】 2022年，学院化学1902甘智强获2021年度“中国大学生自强之星”。甘智强在校期间于SCI二区期刊 *Chinese Chemical Letters* 发表论文一篇，于SCI二区期刊 *Journal of Environmental Sciences* 投稿一篇论文(under review)，获国家励志奖学金、一等奖学金、中国电力电气总裁班助学金、华北电力大学机械创新设计大赛一等奖、华北电力大学节能减排大赛三等奖等20余项奖励，获“华北电力大学优秀三好学生标兵”称号、庆祝中国共产党成立100周年文艺演出《伟大征程》“先进个人”等荣誉。他用自身行动诠释当代大学生热爱祖国、品行优良、不畏艰难、自强不息的优秀精神与高尚品质，激励无数学子砥砺奋进。

（何杰涛　耿许畅）

【党委理论学习中心组专题学习党的二十大报告】　2022年10月19日，环境科学与工程学院党组理论学习中心组召开会议，专题学习习近平总书记在中国共产党第二十次全国代表大会开幕会上的报告精神。将习近平新时代中国特色社会主义思想融入为党育人、为国育才的使命任务中去，使党的二十大精神真正能够进课堂进头脑。坚持立德树人根本任务，切实为推进“双一流”建设，“双碳行动计划”以及学校高质量发展做出新的贡献，为党的二十大献礼。

（何杰涛　耿许畅）

【举办资源环境系统优化教育部重点实验室学术年会】　2022年10月28日，华北电力大学举办资源环境系统优化教育部重点实验室2022年学术年会，邀请清华大学郝吉明院士、同济大学戴晓虎教授、南京航空航天大学罗胜联教授、南京大学李爱民教授、中国地质大学姚俊教授、山东大学景传勇教授、中科院朱廷钰研究员和湖南大学汤琳教授参加会议。校长杨勇平出席会议并作讲话。资源环境系统优化教育部重点实验室服务国家战略，加大高水平成果产出力度，把研究成果转化为能源环境的产业动力，推动实验室建设迈向更高水平，为全面建设社会主义现代化强国贡献力量。

（何杰涛　耿许畅）

【9个主要项目获立项】　2022年，环境科学与工程系共有9个主要项目获批立项。4月20日，郝润龙教授负责的研究生课程《环境保护与绿色化学》获校“双一流”研究生人才培养建设项目批准立项。7月，李艳坤副教授负责的“以支部共建促进高校党建与业务融合机制研究”获批河北省高校党建研究课题批准立项；9月28日，郝润龙教授负责的《基于国家“减污降碳”战略的环境工程专业创新人才培养模式探索与实践》获校级教学研究与改革项目重点项目批准立项。9月28日，齐立强教授负责的《“思政”浸润的〈除尘技术〉混合式一流课程的建设与实践》获校级教学研究与改革项目重点项目批准立项；9月28日，王乐萌副教授负责的《“思创产教”四融合的环境类人才培养模式探索与实践》获校级教学研究与改革项目一般项目批准立项；10月29日，王淑勤教授负责的“课程思政引领下的‘能源化学工程专业’实践教学体系的综合改革与实践”项目获华北电力大学教育教学改革研究项目批准立项；12月，郝润龙教授负责的项目《面向钢铁行业CO/NOx协同控制的新型烟气净化技术与原理》获2022年度河北省教育厅青年拔尖人才项目批准立项。12月29日，苑春刚教授负责的“面向能源革命的研究生环境化学课程群重构与实践”项目获河北省首批省级研究生教育教学改革研究项目批准立项。12月29日，齐立强教授负责的《电除尘理论与技术》获河北省研究生课程思政示范项目批准立项。

（郝润龙　李艳坤　齐立强　王乐萌　倪世清）

【获多项个人奖及集体奖】　2022年，环境科学与工程系多个项目获个人奖和集体奖励。3月26日，环境科学与工程系陈传敏教授负责的“基于SCR & WFGD装置协同脱汞技术研究及应用”项目获河北省科学技术进步奖二等奖。7月，获评大学2021年度新闻宣传工作先进单位，1名教师获批新闻宣传先进个人。9月8日，郝润龙教授指导的《灼污扬清——垃圾焚烧全流程烟气治理及资源化利用智慧系统引领者》获第八届河北省“互联网+”大学生创新创业大赛河北省金奖，郝润龙教授获得河北省优秀创新创业指导教师称号。10月1日，郝润龙教授指导的《云净智联—垃圾焚烧烟气高效无污染治理及资源化利用智慧系统领导者》获第十七届全国环境友好科技竞赛全国总决赛三等奖；8日，郝润龙教授指导的大学生竞赛项目获2022年“一带一路”金砖国家技能发展与技术创新大赛全国二等奖、郝润龙教授获得优秀指导教师奖励；郝润龙教授的成果《燃煤耦合生物质污泥掺烧及其全流程烟气污染控制关键技术与应用》获2021年度福建省科技进步奖三等奖（排名第一）。

（陈传敏　王　成　贺运政　陈　曦　张钰淇　郝润龙）

经济与管理学院

【概况】　2022年，经济与管理学院在北京设学院本部，在保定校区设经济管理系。学院现有“管理科学与工程”和“工商管理”2个一级学科博士点和“碳管理科学与工程”1个交叉学科博士点；“工商管理”和“管理科学与工程”2个博士后科研流动站；“技术经济及管理”和“管理科学与工程”2个省部级重点学科；“管理科学与工程”“工商管理”“应用经济学”3个一级学科学术型研究生硕士学位授权点；“工程管理硕士”、“会计硕士”、MBA和“金融硕士”4个专业学位硕士授权点；工商管理、工程管理、市场营销、信息管理与信息系统、金融学、经济学、会计学、财务管理、人力资源管理、供应链管理、工程造价（保定）共11个本科专业。

学院有教职工243人（其中保定77人），其中专任教师188人（其中保定64人），教授46人（其中保定14人）、副教授 89 人(其中保定 31 人),具有博士学位教师 150 人(其中保定 44 人),有实验及技术人员 6 人(其中保定 1 人)、党政及管理人员 43 人(其中保定 12 人)。学院毕业学生 1654 人(其中保定 572 人),其中博士研究生 31 人,全日制硕士研究生 314 人(其中保定 108 人),非全日制硕士研究生 425 人(其中保定 130 人),在职工硕保定 2 人,MBA 硕士 87 人,普通本科生 795 人(其中保定 332 人)。学院招收学生 2139 人(其中保定 716 人),其中博士研究生 48 人,全日制硕士研究生 584 人(其中保定 173 人),非全日制硕士研究生 583 人(其中保定 186 人),MBA 硕士 143 人,普通本科生 781 人(其中保定 357 人)。学院在校学生 6530 人(其中保定 2457 人),其中博士研究生 218 人,全日制硕士研究生 1207 人(其中保定 430 人),非全日制硕士研究生 1467 人(其中保定 664 人),MBA 硕士 548 人,普通本科生 3090 人(其中保定 1363 人)。本科生英语四级一次通过率学院本部 84.06%(保定 81.47%),本科生毕业一次就业率学院本部 82.07%(保定 76.35%),深造率学院本部 45.57%(保定 35.90%)。学院签订纵横向科研项目 152 个,其中纵项 27 项、横项 125 项,实现科研合同金额共计 5795.0608 万元(保定 852.5 万元);共发表论文 345 篇,其中三大检索收录 135 篇,核心期刊 78 篇;出版专著 7 部。学院开设研究生课程 310 门(其中保定 110 门),完成教学 8814 学时(其中保定 3216 学时);开设本科生课程 552 门(其中保定 236 门),完成教学 17461 学时(其中保定 7048 学时)。学院设有 167 个学生班级(其中保定 62 个),设有辅导员岗位 27 个,其中正式编制 14 个(其中保定 7 个)、聘任 3 个(其中保定 1 个)、兼职 10 个。学院学生共获省部级以上奖励 364 人次,其中,本科生获奖 238 人次,研究生获奖 126 人次。学院设有 62 个党支部(其中保定 16 个),拥有中共党员 1016 人(其中保定 378 人)、发展党员 202 人(其中保定 66 人)。

党建和思想政治工作。坚持以习近平新时代中国特色社会主义思想为指导,深入学习宣传贯彻党的二十大精神;学院党委对标"五个到位"要求,全力推进党建工作标杆院系创建各项任务落实落地;师生党支部对标"七个有力"要求,不断加强党支部制度化、标准化、信息化建设,保定校区研究生第一党支部获批学校"研究生样板党支部"培育建设;开展喜迎党的二十大系列活动百余次,喜庆党的二十大系列精品活动 20 余次;持续推出"百个支部接力讲述百年党史"活动,形成 51 期活动展示;积极推动纵向党支部建设,优化调整教工党支部设置;注重基层党建重点难点问题研究,学院纵向党支部课题入选学校"2022—2023 年重点难点项目支持计划"和"2022 年学生思想政治工作精品项目";以教职工集中学习制度为抓手,每月集中开展师德师风专题学习 1 次,全面加强师德师风建设;加强网络思政工作,"经彩年华"等公众号发布 279 篇推送,累计阅读量 137639,拍摄制作 50 余支音频类文化作品,其中 2 篇推送单篇阅读量过万,2 篇文章被北京学联报道、1 篇文章被光明日报报道;制定《经济与管理学院加强学风建设行动实施方案》,累计开展"线上线下精品课堂"等学风建设活动 200 余次,累计覆盖学生 17000 人次;学院多个集体和个人获得表彰。

学科建设与科研工作。科技奖获得历史性突破,获省部级奖三项:北京市科学技术进步奖二等奖(2021 第一完成单位)、第十五届湖南省社会科学优秀成果奖一等奖(2021 第二完成单位)、山西省科学技术进步奖二等奖(2021 第二完成单位);服务双碳战略,获批碳管理科学与工程交叉学科博士点;完成常规科研任务,获国家级项目 7 项,科研合同额超五千万元。

人事人才工作。引进青年教师 4 人,新讲师博士后 4 人;青年骨干教师加鹤萍入选第七届中国科协青年人才托举工程;李彦斌教授获 2022 年北京市优秀教师荣誉称号;落实学院青年人才配套支持措施,建设青年人才科研用房并提供相应办公设备;精心筹划,高质量举办能源电力世界青年学者论坛经管分论坛;落实青年教师导师制,通过座谈、讲座等多种形式对青年教师进行培养。

教育教学与人才培养工作。获批国家级一流专业建设点 1 个、北京市级一流专业建设点 4 个;获批教育部首批虚拟教研室建设项目 1 项;荣获北京市教育教学成果一等奖 1 项,第二届北京市高校教师教学创新大赛三等奖 1 项;获评北京市高校课程思政示范课 1 门、优质本科课程 1 门、优质本科教材/课件 1 部、高校优秀本科实验教学指导教师 1 人、优秀本科毕业论文 4 篇;获批北京高等教育"本科教学改革创新项目"立项 1 项;申报国家级教育教学成果奖 1 项;扎实推进工程管理专业认证准备工作;顺利通过教育部专家组教学实验室安全入校检查;继续推进实验室条件建设和改善,新开发投入使用信息化教学资源(平台)2 套(件);完成研究生学位授权点合格评估材料提交工作;制定《同等学力博士研究生年度考核方案》;制定并实施《经济与管理学院关于博士论文质量提高的相关规定》;制定《能源互联网交叉学科硕士研究生培养方案》;修订并实施《工业工程与管理》《物流工程与管理》专业培养方案;组织申报"双一流"建设中研究生人才培养类项目,共 8 位老师得到资助;组织申报 2022 年国家建设高水平大学公派研究生项目,共派出 5 位博士研究生进入公派留学项目;定期组织 MBA 教育中心"创新创业云端论坛"系列讲座;做好 MBA 教育中心宣传工作。

发展规划和学院治理工作。确定学院"十四五"发展规划路线图和施工图,动员老师积极认领各项战略目标任务;完成"十四五"规划调度室建设思路和房间选址工作;梳理"十四五"首年度(2021)各项成果;完成学院综合改革总结报告和各项制度清理等工作;制定学院办公教学科研用房管理办法，整理有关台账和方案，系统清理清查学院各类房产及固定资产设备；学院快速响应并深入落实疫情防控工作要求，用实际行动助力打赢疫情防控阻击战。

学生工作。21名师生参与北京2022年冬奥会和冬残奥会服务保障工作并受到表彰；3名学生获校长奖学金；2个班级获学校十佳示范性优秀班集体荣誉称号，1个班级获学校优良学风班荣誉称号，1个宿舍获学校优良学风宿舍荣誉称号；220人次获省部级以上科技创新竞赛奖励；学院团委获学校“五四红旗团委”荣誉称号，经管系团委获保定市“五四红旗团委”荣誉称号；“彩虹糖”志愿服务队入选共青团中央2022年“七彩假期”志愿服务示范团队；“经彩年华”网络公众号推出一批高质量原创作品受到关注和好评。

院长：李彦斌（李　伟 保定经管系主任）

书记：孟大伟（祝志杰 保定经管系书记）

学院（系）网址：

http://business.ncepu.edu.cn

https://jg.ncepu.edu.cn/

（孙晓琼　白海宁　赵伯姝）

【召开冬奥志愿者座谈会】 2022年1月19日，经济与管理学院召开冬奥志愿者座谈会。院长李彦斌、党委副书记谢桂庆及相关老师到场，学院第二批3名冬奥志愿者参加。李彦斌表示，举办冬奥会是国之大事，能够参加冬奥会志愿服务是每个人的光荣和责任，用自己的实际行动来体现新时代青年的责任和担当，为冬奥会贡献自己的青春力量，展现经管学院师生的风采。志愿者们表示一定会以昂扬的斗志和饱满的热情迎接冬奥会，圆满完成各项志愿服务工作，展现朝气蓬勃的青春风貌。

（赵伯姝）

【周坚出席经济与管理学院党史学习教育专题民主生活会】 2022年1月19日，经济与管理学院召开处级领导班子党史学习教育专题民主生活会。学校党委书记周坚出席并做重要讲话，党委巡察办、党委组织部、党委宣传部、纪委办公室工作人员和学院党建工作联络员列席会议。学校党委常委、党委组织部部长兼学院党委书记鹿伟汇报召开党史学习教育专题民主生活会会前准备、2020年度民主生活会整改落实和本次民主生活会征求意见情况。周坚对专题民主生活会进行点评，并结合此次民主生活会强调，学院领导班子在下一步工作中，要加强党的创新理论武装。强化责任担当，强化群众观点，加强作风建设。

（赵伯姝）

【2门课程入选北京市高校课程思政示范项目】 2022年，中共北京市委教育工作委员会、北京市教育委员会公布北京高等学校课程思政示范项目入选名单，学院普通本科教育中李彦斌团队“管理学原理”和研究生教育中张晓春团队“现代能源经济学”2门课程经学校推荐、专家遴选、网络公示等流程被评为北京市高校课程思政示范课程，入选北京市高校课程思政示范项目。相应授课教师和教学团队被认定为北京市课程思政教学名师和教学团队。

（赵伯姝）

【诺奖得主——丹尼尔·卡曼教授为学校师生授课】 2022年2月23日，美国加州大学伯克利分校教授Daniel M. Kammen（丹尼尔·卡曼）应学院牛东晓教授邀请，在线上为华电师生讲授题为《能源科学和政策领域创新》的专题课程。课程紧密围绕“双碳”目标，详细介绍世界各国的能源政策和能源科学领域的创新成果，对气候变化和可持续发展等问题进行深入探讨，对实现世界范围内的减碳发展路径进行阐述，并针对学校师生提出的问题详细讲解，回应师生在能源技术创新、碳中和路径等方面的共同疑惑。该课程是华北电力大学高等学校学科创新引智计划（“111”计划）2022年首场活动。

（赵伯姝）

【获评教育部首批虚拟教研室建设试点】 2022年，教育部办公厅发布《关于公布首批虚拟教研室建设试点名单的通知》，由国家级一流专业负责人、国家级一流课程负责人、北京市教学名师李彦斌教授作为带头人，联合清华大学、北京航空航天大学、重庆大学、中国石油大学（北京）克拉玛依校区、太原理工大学、东北电力大学等十余所知名院校，申报的“碳中和能源管理虚拟教研室”项目获批，成为教育部首批认定的虚拟教研室建设试点之一，同时也是获批项目中唯一与“碳中和”国家战略相关试点项目。

（赵伯姝）

【入选第七届中国科协青年人才托举工程】 2022年，中国科协技术学会公布第七届中国科协青年人才托举工程人选者名单，经济与管理学院青年教师加鹤萍入选第七届中国科协青年人才托举工程。加鹤萍是学院人才引进的优秀青年教师，获2019年浙江省优秀博士学位论文提名论文奖。入职以来，努力认真开展教学研究工作，作为主要成员获北京高校课程思政示范课程、2021年华北电力大学教学成果奖特等奖。加鹤萍老师入选青年人才托举工程，在提高学院科技影响力的同时，也将激励学院青年人才提升科创本领、积极服务能源经济发展，为学院双一流建设贡献力量。学院将进一步为青年人才发展提供平台，为青年人才向更高层次人才发展提供支持。

（赵伯姝）

【承办新形势新模态下经济管理虚拟仿真教学研讨会】 2022年5月28日，“新形势新模态下经济管理虚拟仿真教学研讨会”以线上会议召开。会议由虚拟仿真实验教学创新联盟经济管理类专业工作委员会主办，经济与管理学院、电力经济管理国家级虚拟仿真实验教学中心承办，江苏一鼎堂软件科技有限公司协办，来自400余所高校和企业的近900人参会交流。作为虚拟仿真实验教学创新联盟经济管理类专业工作委员会的副主任单位，经管学院将继续发挥自身虚拟仿真教学与科研优势，加强校际协作与产学研协同，与联盟会员单位一道共同推动经济管理类虚拟仿真教学的可持续发展。

（赵伯姝）

【举办第五期经管故事汇】 2022 年 6 月 14 日，经济与管理学院特别邀请 2016 年里约奥运会跆拳道男子 58 公斤级冠军赵帅线上做客第五期“经管故事汇”，分享奥运冠军的成长和奋斗故事。学院党委副书记谢桂庆、全体辅导员、学生党员和部分学生代表 200 余人参加活动。第五期经管故事汇令经管学子受益匪浅、深受鼓舞，再次鼓励、号召大家积极参与体育运动，将奥运冠军赵帅“场上靠智慧，场下靠勤奋”的拼搏精神运用到自己的学习与生活中，成就信念坚定、踔厉奋发的人生。

（赵伯姝）

【召开 2022 年暑期务虚会】 2022 年 7 月 14 日，经济与管理学院召开暑期务虚会。学院全体领导班子成员，教研室主任，教工党支部书记以及相关行政管理人员参加会议。李彦斌首先对会议目的和意义进行说明，指出本次会议旨在听取与会人员对学院发展意见建议，聚焦学院发展重点难点，统一思想，推进学院事业发展。2022 年是落实“十四五”规划承上启下之年，也是推进学院高质量发展的关键之年。全院上下将抓实常规，突出重点，追求卓越，不断推进各项工作，以实际行动推动学院各项事业不断迈上新台阶，以优异成绩迎接二十大胜利召开。

（赵伯姝）

【虚拟教研室成员入驻微信小程序正式发布】 2022 年 7 月 29 日，教育部碳中和能源管理课程虚拟教研室（下简称“虚拟教研室”）召开“虚拟教研室成员入驻微信小程序发布会”。虚拟教研室带头人、经济与管理学院院长李彦斌教授和虚拟教研室特邀嘉宾、虚拟仿真实验教学创新联盟经济管理类专业工作委员会秘书长张小岗进行小程序发布。经济与管理学院领导班子成员和虚拟教研室部分成员在问题链教学基地线下主会场参会，其余来自 40 余所院校和企事业单位 200 余名虚拟教研室成员线上参会。李彦斌和张小岗按下启动按钮，共同开启虚拟教研室成员入驻微信小程序。

（赵伯姝）

【召开教研室调整暨教职工思想动态调研会】 2022 年 8 月 25 日，学院召开教研室调整暨教职工思想动态调研会。院长李彦斌、党委副书记谢桂庆、MBA 中心副主任刘元欣以及原经济学教研室、金融教研室全体教师参加会议。谢桂庆副书记宣读学院关于成立经济与金融教研室的决定，以及教研室主任和党支部负责人的人选。李彦斌院长强调成立经济与金融教研室是在充分考虑两个专业特点、师资配置、教学及科研等方面而形成的一个重要决定。相信新教研室能够在各位老师的努力奋斗下，在学科建设、人才培养、教学科研等方面取得创新标志性成果。

（赵伯姝）

【举办青年教师教学基本功比赛】 2022 年 9 月 6 日，为加强学院教师队伍建设，提升青年教师课堂教育教学质量，经济与管理学院举办 2022 年度青年教师教学基本功比赛。本次比赛评委由 11 名专家评委和 10 名学生代表组成，共 18 名老师报名参加。李彦斌院长发表赛前讲话，教学是教师的本职工作，是衡量一个教师是否称职最重要的因素，希望青年教师以比赛为契机，不断学习新的教学理念和教学技术，不断钻研教学业务，把自己的所学毫无保留地传递给学生。经过现场专家评委和学生代表共同评议，邓祎璐获一等奖，付亚凡、丁贺、郭森、张硕、刘金朋获二等奖，其余选手获三等奖。

（赵伯姝）

【承办实验教学虚拟教研室建设与培育工作研讨会】 2022 年 9 月 13 日，由虚拟仿真实验教学创新联盟经济管理类专业工作委员会主办，经济与管理学院、教育部碳中和能源管理课程虚拟教研室承办，中教政研（北京）信息中心协办的实验教学虚拟教研室建设与培育研讨会于线上召开，直播现场设在问题链教学基地的“管吧”报告区。上百所院校老师通过直播和录播方式参加会议，表现出对虚拟教研室建设试点工作和虚拟仿真实验教学创新发展的高度热情。

（赵伯姝）

【获北京市高等教育教学成果一等奖】 2022 年，北京市教育委员会、北京市人力资源和社会保障局、北京市财政局发布《关于表彰北京市教育教学成果奖的决定》，由国家级一流专业负责人、国家级一流课程负责人、北京市教学名师李彦斌教授作为第一完成人申报的“以立德树人为目标的问题链教学育人基地的创新与实践”获 2021 年北京市高等教育教学成果一等奖。

（赵伯姝）

【通过多种形式深入学习党的二十大精神】 2022 年，经济与管理学院党委通过组织专题学习、线上知识问答、开展主题党日活动等多种形式深入学习党的二十大精神，不断促进党的二十大精神入脑入心。干部带头学：11 月 7 日，学院召开党委理论中心组（扩大）会议，集中学习党的二十大精神。原原本本学：学院党委积极组织开展党的二十大精神线上知识问答活动，积极引导全体师生深刻领会和把握大会的精神实质和核心要义，切实把行动和思想统一到党的二十大精神上来。体验感悟学：学院各党支部分别通过参观“奋进新时代”主题成就展、到双清别墅、北大红楼开展主题党日活动，通过图片、实物、讲解，全方位、全过程、沉浸式学习中国共产党波澜壮阔的百年历程。

（赵伯姝）

【获北京市科学技术进步奖二等奖】 2022 年，北京市人民政府发布《关于2021年度北京市科学技术奖励的决定》（京政发〔2022〕33号）。华北电力大学作为第一完成单位完成的“电动汽车负荷聚合调控消纳新能源的关键技术与应用”项目获2021年度北京市科学技术进步奖二等奖，这是经济与管理学院碳中和科研团队克服新冠疫情诸多不利因素取得的重大成果。

（赵伯姝）

【周坚慰问疫情防控志愿者】 2022年12月7日，校党委书记周坚到经济与管理学院视察疫情防控工作并慰问学院疫情防控志愿者，对坚守一线、不畏艰苦、履职尽责的疫情防控志愿者表示感谢。周坚指出，自学校疫情发生以来，包括经济与管理学院在内的广大志愿者闻令而动、勇挑重担，识大体、顾大局，舍小家、为大家，不畏艰辛、坚守一线，用自己的实际行动，为学校疫情防控大局作出积极贡献，充分展现华电精神和以校为家的情怀和担当。

（赵伯姝）

【召开考研深造深度指导会】 2022年4月15日至4月30日，为扎实推进2023届毕业生考研深造工作，经济管理系接连召开5场分专业考研深度指导会，实现五个本科专业全覆盖，2019级学生全覆盖。系党委副书记胡庆宇，2019级辅导员吕天成出席会议并做全程指导，部分专业课教师参与指导。指导会结合不同专业的考研情况、面临形势、优势劣势开展深入分析，围绕学生关心的“考不考?”、“怎么报?”、“怎么考?”三个问题开展精准指导，提出针对本专业的报考策略、备考规划。

（白海宁）

【召开疫情防控案例警示教育大会】 2022年4月29日，为落实上级关于疫情防控工作部署要求，扎实做好校园疫情防控工作，经济管理系以在线会议形式召开全系学生疫情防控案例警示教育大会。系党委副书记胡庆宇出席会议并讲话，各年级辅导员、主要干部及全体宿舍长参加会议，辅导员吕天成主持会议。吕天成介绍全国和保定市疫情防控面临的严峻形势、政策要求，就保定市发布的疫情防控期间风险行为提示做说明。重点带领全体与会人员，学习高校学生有关违反疫情防控警示教育案例，通报本系学生违反相关要求的案例和处理意见，再次强调明确校园疫情防控政策和有关要求。胡庆宇就疫情防控工作与学生进行深入交流。

（白海宁）

【开展“经”彩学堂系列科目辅导】 2022年，为进一步加强学风建设，营造“勤奋、求实、创新”的优良学风，经济管理系开设“经”彩学堂系列科目辅导。“经”彩学堂是经管系拟长期开办的分年级、分专业、分科目课程辅导，旨在帮助同学们答疑解惑、查漏补缺，解决学业困难需求。自10月25日以来，“经”彩学堂——高数串讲系列已开展三期，至年底，分班级和专业举办14场，服务935人次，总体参与率超92%，帮助大一新生进一步强化高数知识，掌握高数知识应用技巧。

（白海宁）

【深入学习贯彻党的二十大精神】 2022年10月16日，经济管理系组织全系团员青年通过开展多元化活动学习、宣传、贯彻党的二十大精神，引领团员青年牢记习近平总书记的殷殷嘱托，立志民族复兴，不负韶华，不负时代，在青春的赛道上奋力奔跑。10月16日至30日，经济管理系团委开展“喜迎二十大、奋斗新征程”主题作品征集活动，广大团员青年通过书法、摄影、诗歌、手工艺作品等形式庆祝党的二十大胜利召开。

（白海宁）

【召开国家自然基金社科基金申报启动会】 2022年11月4日，经济管理系在线上召开2023年度国家自然基金社科基金项目申报启动会暨科研工作推进会。会议详细介绍国家自然科学基金的会评情况，详细分析和解读会评要点及基金选题与申报中的注意事项，解读省部级科研机构管理办法实施细则，介绍2022年度科研工作情况及后续主要工作任务；高婷婷处长介绍科研经费管理新老文件内容的变化和常见问题。系领导对经管系2023年国家基金申报和科研工作做动员和部署。

（白海宁）

【开展暑期支教活动】 2022年，经济管理系“情暖童心 科技筑梦”志愿服务团为保定市顺平县台鱼乡导务小学留守儿童，进行为期七天线上课堂教学活动。经济管理系团队着眼该校留守儿童全面发展实际需求，结合科学发展、乡村振兴时代背景，以“情暖童心 科技筑梦”为主题对教学内容、教学形式进行精心设计与筹备。开设趣味科学、趣味体育、冬奥宣讲等十门课程。

（白海宁）

【入选河北省高校课程思政示范项目】 2022年，河北省教育厅公布河北省高等学校课程思政示范项目入选名单，经管系研究生教育中李伟团队“管理经济学”和张欢团队“供应链管理”2门课程经学校推荐、专家遴选、网络公示等流程被评为河北省高校课程思政示范课程，入选河北省高校课程思政示范项目。相应授课教师和教学团队被认定为河北省课程思政教学名师和教学团队。

（白海宁）

【入选河北省首批研究生教育教学改革研究项目】 2022年，河北省教育厅公布河北省首批研究生教育教学改革研究项目入选名单，经管系刘鸿雁、刘志彬申报的“双碳目标下科研和实践双重导向的《金融市场》校企联合教学改革探索”项目，经学校推荐、专家遴选、网络公示等流程，入选河北省首批研究生教育教学改革研究项目。

（白海宁）

【获河北省普通本科院校教学名师称号】 2022年，河北省教育厅公布河北省普通本科院校教学名师入选名单，经管系李伟经学校推荐、网络公示等流程，获河北省普通本科院校教学名师称号。

（白海宁）

【获保定市教育工会活动三等奖】 2022年，由经济管理系分工会选送杜平老师的摄影作品《华电与时代同进步》代表华北电力大学校工会，参加保定市教育工会"喜迎党的二十大奋进教育新征程"我们的故事—图文活动，并获三等奖。

（白海宁）

【登顶昆仑山东段最高峰玉珠峰】 2022年8月13日，学院杜平老师从位于青藏高原的青海西大滩，海拔4100米的玉珠峰登山基地出发，抵达玉珠峰5050米登山大本营。经过高原适应拉练和技术装备使用训练后，于8月16日攀升到5600米C1营地，并于17日凌晨2点30出发，于早晨6点40分登顶6178米玉珠峰，为此他也成为华北电力大学教职工中把校旗带上六千米级雪山顶峰第一人。

（白海宁）

新能源学院

【概况】 2022年，新能源学院下设四个教研室，有教职工95人，其中专任教师68人(教授23人、副教授29人、讲师16人，具有博士学位的教师为100%)、有实验及技术人员6人、党政及管理人员16人。学院新增副教授2人、讲师2人、实验及技术人员1人、党政及管理人员1人、博士后3人。学院在校学生1178人，其中本科生28个班822人，男生621人，女生201人，少数民族104人(维吾尔族8人，藏族11人)；研究生13个班440人(硕士研究生9个班346人，博士研究生4个班94人)，男生299人，女生141人，少数民族42人(维吾尔族1人，藏族0人)。2022届毕业生总体就业率为95.42%，其中本科升学率较上年提升3.59%，达到61.76%；研究生总体就业率为97.50%。学院科研项目立项66项，总经费4677万元。获得科技成果奖12项，其中省部级奖6项，社会力量奖6项；申请发明专利3项，授权发明专利22项；发表论文118篇。学院拥有教研室4个，研究中心4个，北京市重点实验室2个，研究生实践基地10个。学院开设研究生课程40门，完成教学1132学时；开设本科生课程86门，设置137个教学班，完成教学4964学时。学院设有20个党支部，拥有中共党员338人，发展学生党员50名(本科生44人，研究生6人)。

2022年，新能源学院以党建引领事业发展，围绕"双一流"建设任务，瞄准国家战略需求和能源领域的战略规划，加快推进学院学科建设步伐，巩固和提升学院的优势学科特色和地位，在科学研究、人才培养、平台建设等方面取得显著成效。

党建与思想政治工作。2022年，学院深入学习宣传贯彻党的二十大精神，多种形式开展主题宣讲活动，凝聚共识，形成合力，以更加奋斗的姿态和务实的作风投入到中国式现代化的建设之中；严格落实疫情防控工作各项要求，完成学生返校及新生入学等工作，充分发挥党建引领作用，在疫情封校期间党员干部带头奋战在抗疫一线；以迎接教育部党组巡视工作为契机，全面梳理学院党建各项工作。年内，共发展党员50名，培训发展对象98名，入党积极分子101名。学院试点建立两个研究生纵向党支部——智能风电场实验室研究生党支部和新型太阳能电池及光储器件研究生党支部；坚持全面从严治党，落实一岗双责，压实安全稳定责任，加强师德师风建设，做好保密工作；继续发挥成长导师在大学生成长中的导航作用，更好地落实全员育人、全过程育人、全方位育人理念，提升立德树人效果；深入学习贯彻习近平新时代中国特色社会主义思想，开展"喜庆二十大，奋进新征程"学生党支部特色活动，组织教职工及学生赴北京展览馆实践参观"奋进新时代"主题成就展、赴中国共产党党史馆参观学习，开展"弘扬北京冬奥精神"主题联学共建，组织师生党员代表观看电影《跨过鸭绿江》，与河北道荣新能源科技有限公司党支部进行共建，并挂牌建立"华北电力大学新能源学院教育实践基地"。学院党委积极落实党的群众路线，大力推进"我为师生办实事"实践活动，向学校相关部门申请拓展办公空间，为学院教授、副教授争取并改造10间办公室。新能源第一学生党支部获华北电力大学2022年校级优秀特色党支部、优秀微党课的荣誉，博新能源2165班党支部获评华北电力大学"研究生样板党支部"，博士生党员王博获评华北电力大学"研究生党员标兵"。

人才工作。2022年，学院引进副教授2人、优秀青年教师5人；组织推荐申报国家级人才项目2人，省部级人才项目2人；新增教授3人、博导4人、硕导2人；获评北京市青年教学名师1人、获"中国环境科学学会青年科学家奖"金奖1人；承办国际青年学者论坛"双碳"目标下新能源技术创新发展分论坛。

教育教学工作。2022年，学院组织新能源材料与器件专业开展工程教育认证自评报告工作，组织新能源科学与工程专业申报专业认证并受理；组织完成新能源本硕博贯通班培养方案修订工作；完成清洁能源技术专业博士、硕士学位校企联合培养专项培养方案修订工作。完成新工科项目结题材料提交；多种形式组织研究生招生宣讲会，开展工程硕博士联合培养招生试点工作。两门本科课程获评北京市课程思政示范课、一门研究生课程获评北京市课程思政示范课、《固体物理学》入选北京高校“优质本科教材课件”。组织申报学校教学成果奖5项，其中特等奖2项，一等奖1项，二等奖1项；获评北京市教育教学成果一等奖2项，并组织申报国家级教学成果奖2项；获批北京市教改项目1项；两个团队获北京高校教师教学创新大赛三等奖；获北京高校青年教师教学基本功比赛二等奖1人。学院积极支持全国本科毕业论文(设计)抽检信息平台和专家库建设工作，推荐符合条件的专家58人，同时2篇毕业设计推荐为2022年北京市普通高等学校优秀本科毕业设计(论文)；完成1个本科专业、2个硕士专业和1个博士专业的培养方案修订工作；举办青年教师教学基本功比赛；重新修订《新能源学院大类专业分流实施办法》，保证本科生专业分流顺利进行。完成2022年研究生招生工作，录取人数176人(硕士研究生145人，博士研究生31人)，同比增长23%；5名研究生获国家留学基金委公派出国资格。获批双一流研究生建设项目7项(其中研究生教材建设3项，课程建设3项，人才培养1项)。

学科建设工作。学院组织“能源动力”、“材料工程”专业硕士学位点学科评估工作，参加并支持学校电气学科、能动学科第五轮学科评估工作。

科研及实验室工作。2022年，学院科研项目立项66项，总经费4677万元。其中纵向项目30项，总经费2883万元，包括国家自然科学基金12项，国家重点研发计划项目1项，课题3项，子课题7项，北京市自然科学基金2项，河北省自然科学基金1项，其他项目4项；横向立项36项，合同总经费1794万元。获科技成果奖11项，其中省部级奖6项，社会力量奖6项；申请发明专利3项，授权发明专利22项；发表论文118篇(其中SCI论文84篇，EI论文4篇)。学院严格按照学校相关要求加强对学院所有科研实验室的安全管理，定期对实验室进行安全检查，对有安全隐患的实验室督促整改，并进行“回头看”检查。建立危险性实验风险评估与准入机制，督促各实验室完成学校实验室安全通识培训，并开展具有学科特色的专项安全教育，学院统一制作实验室安全培训记录本，要求各实验室负责人每个月对所有实验人员进行安全培训并做好记录。为进一步加强对涉及危险化学品的实验室的安全保障，学院按照实验室管理处要求，为存有化学废液的实验室统一采购废液托盘和警示胶带。学院未发生实验室安全事故。

学生工作。2022年，深入学习贯彻习近平新时代中国特色社会主义思想，开展“喜庆二十大，奋进新征程”学生党支部特色活动等主题教育活动；共发展学生党员50名，培训发展对象98名，入党积极分子101名；新能源第一学生党支部获华北电力大学2022年校级优秀特色党支部、优秀微党课的荣誉。成立“E新”网络文化工作室并顺利完成中期检查；制定《新能源学院学风建设方案》，开展《华电校友·青年说》校友采访活动；开展新生入学教育，“院长面对面”“成长导师面对面”专题讲座；开展“诚信华电人”“校园反诈”主题教育活动，资助育人项目“彩虹训练营”；完成新竹工作坊“一院一品”项目结项答辩，“竹创空间”成功立项校级大学生创新创业俱乐部；开展学生心理健康教育工作班主任和研究生导师专项培训，学院二级心理辅导站“心能园”获学校授牌；开展“永远跟党走，奋进新征程”等8个主题教育328场；选派6名学生担任冬奥会、冬残奥会志愿者并圆满完成任务；与融泽嘉园社区青年汇挂牌成立志愿服务基地。学生获“校长奖学金”3人、“国家奖学金”7人、“国家励志奖学金”33人；获评全校“十佳”示范性优秀班集体1个、全校“十佳”示范性优秀宿舍1个、校优秀团支部2个、校级“优良学风宿舍”1个。获校级“十佳团日活动”荣誉称号1个、校级优秀社会实践1个、“北京市优秀共青团员”称号1人；获评学校“十佳班主任”1人、“优秀班主任”6人。

院长：李美成

书记：宫　凯

学院网址：https://xnyxy.ncepu.edu.cn/

(张亦楠)

【李美成科研团队在*Joule*发表学术论文】 2022年9月，李美成教授团队在*Cell*姊妹期刊*Joule*上发表“24.8%-*efficient planar perovskite solar cells via ligand-engineered* TiO_2 *deposition*”学术论文，并被选为封面论文，是学校首次在该期刊发表论文。该成果的发表标志着华北电力大学在新能源领域的科技攻关取得新进展。12月，新华社对李美成教授带领的太阳能技术创新团队进行专题报道。

(张亦楠)

【陆强教授获中国环境科学学会青年科学家奖】 2022年8月，中国环境科学学会公布《第五届中国环境科学学会青年科学家获奖人选公告》，陆强教授获评中国环境科学学会青年科学家金奖，这也是学校首次获评该荣誉。

(张亦楠)

【获联合国工业发展组织全球解决方案征集活动卓越项目奖】 2022年9月，联合国工业发展组织全球解决方案征集活动(UNIDO Global Call)在虹口北外滩正式发布领军和卓越项目获奖名单，新能源学院副教授阎洁主持、闫亚敏博士共同参与的《碳中和城市人-源-荷-碳互动协同技术及系统研究》项目获卓越项目奖。

(张亦楠)

【多项科研成果获奖】 2022年，学院科研成果丰硕，获多项科研奖励。3月，陆强教授参与的“城乡有机垃圾能源化综合利用关键技术研究与应用”获陕西省科学技术奖三等奖。9月，李美成教授参与的“大面积钙钛矿光伏电池制备技术与组件示范”项目获得中国可再生能源学会科学技术奖技术发明一等奖。12月，李美成教授作为牵头人完成的

"高效钙钛矿太阳电池离子迁移与同质结设计研究"获高等学校科学研究优秀成果奖(科学技术)自然科学二等奖。陆强教授完成的"多源生物质固废分质热解多联产关键技术及装备"获河北省技术发明奖一等奖。朱红路老师完成的"规模化分布式光伏友好接入与广域聚合调度关键技术装备及应用"获国家电网有限公司科学技术进步奖三等奖。李凯老师完成的"有机固废碳固定-转化-消减关键技术装备创新与应用"获中国发明协会发明创业奖创新奖一等奖。

(濮　妍)

【3 项教学成果获北京市高等教育教学成果奖】 2022 年 9 月,由李美成教授负责的"新能源通专融合人才培养模式十五年探索与实践"获评北京市高等教育教学成果奖一等奖;杨世关、李继红参与的"组建专业共同体推进新工科建设——新能源专业联盟九年探索与实践"获评北京市高等教育教学成果奖一等奖;李美成参与的"需求导向、特色发展、多维融合:能源电力行业高校专业建设的探索与实践"获评获评北京市高等教育教学成果奖二等奖。

(邱　蔓)

【获北京市高等学校教学名师奖】 2022 年 9 月,根据北京市教育委员会发布的《关于公布 2022 年度北京市高等学校教学名师奖获奖名单的通知》,学院古丽米娜老师获第六届北京市高等学校青年教学名师奖。

(邱　蔓)

【1 专业获工程教育认证受理】 2022 年 2 月,2022 年工程教育认证申请受理专业名单公布,华北电力大学成为全国获得受理的 3 个院校之一,另两个学校是电子科技大学和西南石油大学。

(邱　蔓)

【获北京高校教师教学创新大赛三等奖】 2022 年 5 月,学院杨世关教授的"新能源专业导论"课程、古丽米娜副教授的"新能源材料"课程获得第二届北京高校教师教学创新大赛三等奖。

(邱　蔓)

【举办青年教师教学基本功比赛】 2022 年 9 月,学院举办青年教师教学基本功比赛,共有 17 名青年教师参加比赛,黄耀兵获特等奖,阎洁、徐明新、孟航、冯钰贻老师获一等奖,刘小龙、崔鹏、薛俊杰、戴美林、刘雪朋获二等奖,褚立华、武广兴、李海方、刘乐浩、李凯、胡斌、刘吉老师获三等奖。推荐黄耀兵代表学院参加全校青年教师教学基本功比赛。

(邱　蔓)

【获批多项重大纵向项目】 2022 年,李美成教授获批国家重点研发计划课题"叠层电池器件衰减机制及稳定性提升研究",项目经费 296 万元;阎洁老师获批国家重点研发计划国际合作项目"人口轨迹大数据驱动的碳中和城市能源系统人-源-荷-碳互动协同优化技术研究",项目经费 300 万元;赵莉教授获批国家重点研发计划课题"烟气二噁英源头减控与深度净化技术",项目经费 340 万元;杨世关教授获批国家重点研发计划课题"分类高分子废弃物催化裂解-提质利用技术及装备",项目经费 332 万元;葛铭纬教授获批北京市自然科学基金杰出青年项目,项目经费 100 万元。

(濮　妍)

【获批 12 项国家自然科学基金】 2022 年,学院共获资助国家自然科学基金 12 项。其中重点项目 1 项,联合基金项目 1 项,面上项目 8 项,青年科学基金项目 2 项,李美成教授获批国家自然科学基金重点项目,项目经费 269 万元;姚建曦教授获批国家自然科学基金联合基金项目,项目经费 255 万元。

(濮　妍)

【承担多项重大横向项目及课题】 2022 年,学院承担多项重大横向项目及课题。其中,李美成教授牵头承担的"高效钙钛矿光伏电池理论研究与技术创新"华能集团横向项目,合同经费 420 万元;刘吉老师牵头承担的"城镇污染物低碳处置技术创新实验平台关键设备研究"横向项目,合同经费 329 万元;姚建曦教授牵头承担的"钙钛矿光伏器件实验室前瞻性技术课题攻关"横向项目,合同经费 218 万元。

(濮　妍)

【学生科技竞赛创佳绩】 2022 年,学院学生参加各类科技竞赛创佳绩。获第十五届全国大学生节能减排社会实践与科技竞赛国家级一等奖 1 项,三等奖 2 项、第八届全国大学生能源经济学术创意大赛国家级三等奖 1 项。

(邱　蔓)

【二级心理辅导站"心能园"授牌】 2022 年,2022 年,学院承办第 20 届心理文化节校级活动"悦读悦想悦心"读书沙龙,开展学院特色活动 5·25 在线心理知识竞赛,2020 级宿舍获"立公约建雅舍"宿舍公约设计大赛校级一等奖,学院二级心理辅导站"心能园"完成授牌。

(黄凯兰)

核科学与工程学院

【概况】 2022 年,核科学与工程学院有一级学科博士授权点 1 个,博士后科研流动站 1 个,本科专业 2 个。有在编教职工 56 人,非在编教职工 4 人,其中专任教师 49 人(教授 12 人、副教授 21 人,具有博士学位的教师为 100%)、实验员2人、行政5人，辅导员3人。有“千人计划”专家1人，博士生导师13人，双聘院士1人。该学院党委下设党支部10个，其中教工党支部3个，研究生党支部6个，本科生党支部1个。有教工党员41人，其中转入2人。学生党员143人，其中本科生党员48人，研究生党员95人。共发展党员36人，入党积极分子82人，递交入党申请书84人。该学院在读本科生544人，新招本科生134人，毕业128人。在读研究生320人(其中硕士261人，博士51人，在职博士8人)，新招硕士研究生99人、毕业71人，新招博士研究生14人、毕业9人。本科生就业率93.75%、深造率56.25%，硕士研究生就业率100%，博士研究生就业率100%。开设研究生课程13门，完成教学384学时。开设本科生课程42门，完成教学1224学时。举办联合培养班3期，学员共55人，其中中广核学员28人、中核学员15人、华能学员12人。新增科研项目合同额5532万元，其中纵向科研项目3033万元、横向科研项目2499万元。有教研室3个，实体化科研团队6个，实验室28个(教学实验室13个，科研实验室15个)，学生实习基地9个，省部级重点实验室2个，国家级虚拟仿真实验教学中心1个，国家级实践教育教学中心1个，国家级一流本科专业建设点1个，省级一流本科专业建设点1个。

党建思政工作。开展“党的二十大”系列学习教育活动，完成学校疫情防控任务和教育部巡查相关工作。由李林撰写的《一个走遍中国的大学老师教书育人》入选教育部喜迎党的二十大《非凡十年·我的教育故事》宣教活动优秀作品，在光明网等专题刊发展示。由赵珥希词曲创作全院师生参与的《奔跑吧！青年》MV，在学习强国中国大学生在线平台发布。陆道纲教授获评北京市优秀教师称号，黄美教授获评学校第三届“我身边的好老师”称号，赵珥希获批学校“基层党建质量提升”重点难点项目。

学生工作。获批北京市学校思想政治工作研究一般课题立项，获批学校学生思想政治工作“一院一品”项目立项，获批学校“长城计划”专项研究课题立项，获评学校“喜迎二十大 奋进新征程”示范党支部创建活动优秀组织奖，建成学院“核馨驿站”二级心理辅导站。本科生党支部获得“校级优秀特色活动示范党支部”和2021年北京高校红色“1+1”示范活动优秀奖，核电2002获评学校“十佳示范性优秀班集体”，学生宿舍8A-623获评学校“十佳示范性优秀宿舍”。微党课“唱响核医学”、“错位时空，核你再相遇”获优秀微党课。吕雪峰教授获评学校十佳班主任。

学科和人才工作。召开“非能动核能安全技术”北京市重点实验室年会暨核学科发展研讨会，创办学院青年教师成长论坛(第一期)暨中国核电技术前沿与人才培养研讨会。引进讲师侯文杰、吕海财、赵明洋，调入研究生秘书李环，接收行政助理张惠婷；因个人原因，院长牛风雷教授、副教授孙世峰、讲师侯文杰、行政秘书范碧媛离职。陈娟、赵后剑、朱卉平、周益婀晋升副教授专业技术职务，张竞宇、张斌受聘博士生导师。王雅迪入选北京市杰青计划，刘仕倡入选河北省优青计划，李向宾获北京高校优秀本科教学管理人员。完成高层次人才张小东教授聘期考核，参与组织能源电力世界青年学者论坛环境与核科学分论坛工作。

本科教育教学工作。核反应堆工程教学团队获评“北京高校优秀本科育人团队”，《核电厂材料》课程课件获评“北京高校优质本科教材课件”，学院获得北京市高等教育教学成果二等奖，校企合作案例获中国高等教育博览会“校企合作 双百计划”典型案例全国第三名。1篇毕设论文被评为“北京市优秀本科毕设论文”，3篇毕设论文获评学校“百篇”优秀毕设论文，1门课程入选“华北电力大学第三批课程思政示范课名单”，3门课程入选学校本科在线开放课程建设项目，1名教师获评“华北电力大学教学特等奖”，2名教师获评“华北电力大学教学优秀奖”。

研究生教育工作。获批研究生教育教学改革项目5项。启动与中广核、国家电投工程型研究生校企联合培养专项，共选拔5名博士研究生、9名硕士研究生入选该专项，拓展研究生培养模式、提升研究生培养质量。

科研工作。刘洋获国家重点研发计划项目资助，刘芳、佟振峰获国家重点研发计划课题资助，马雁、周益婀、郭张鹏获国家自然科学基金面上项目资助，许祎萍、吕海财获国家自然科学基金青年项目资助，获得其他国家级或省部级项目10项，学院新增科研经费5532万元，教师人均年度科研经费首次超过百万元。

安全稳定工作。落实疫情防控政策，完成8A学生公寓等楼宇的疫情防控任务。推进师德师风建设，加强意识形态工作，严格实验室安全管理，规范保密教育和管理工作，未出现安全稳定事故。

书记：李林

院长：牛风雷(2022年1月至2022年4月)

学院网址：https://snse.ncepu.edu.cn

(张　科)

【召开校企合作研讨会】 2022年3月16日，中核-华电联合培养校企合作深化研讨会于线上举行。中核集团秦山核电人力资源处处长詹应武，华北电力大学核科学与工程学院党委书记李林、院长牛风雷、副院长刘芳出席会议，校企双方相关人员参加会议，会议由刘芳主持。双方在对联培班学员和师资提供更多资源支持方面达成初步共识，在中国核电人才培养、建立更高层次联合培养平台、建立校企合作科研基地、联合开展本科生毕设等方面交换意见。

(张　科)

【校领导到学院参加教师集中学习】 2022年3月22日，核科学与工程学院辐射防护与核安全教研室开展教师集中学习。学校党委常委、副校长孙忠权出席会议并讲话。

学院全体领导班子、教研室全体教师参加学习，会议由教研室主任陈涛主持。教师们围绕第七届教职工代表大会第四次会议学校工作报告，结合自己的教学和科研工作畅谈体会，就学院的科研发展方向、校企合作和研究生教学等工作提出意见和建议。

（刘　芳）

【召开高层次人才考核暨暑期务虚会】 2022年7月21日，核科学与工程学院组织召开高层次人才聘期考核工作会暨2022年暑期务虚会。学院全体领导班子成员，团队负责人和学术分委员会成员参加会议。会议由副院长刘洋主持。与会专家对被考核人进行综合评议，对学院人才工作、学生培养、教学科研、专业建设、团队发展、党建及思想政治工作等方面进行研讨交流。

（刘　洋）

【获评北京市优秀教师】 2022年9月9日，中共北京市委教育工作委员会、北京市教育委员会、北京市人力资源和社会保障局、北京市财政局、中国教育工会北京市委员会公布了北京市优秀教师和北京市优秀教育工作者表彰名单，陆道纲教授获2022年“北京市优秀教师”荣誉称号。

（张　科）

【获评北京高校优秀本科育人团队】 2022年9月19日，北京市教育委员会公布了2022年北京高校优秀本科育人团队评选结果，以陆道纲教授为带头人的核反应堆工程教学团队名列其中。

（张　科）

【获北京市教学成果奖二等奖】 2022年9月21日，北京市教育委员会、北京市人力资源和社会保障局、北京市财政局公布2021年北京市教育教学成果奖获奖名单，陆道纲教授团队的“以‘育人育才共享共赢’为宗旨的校企联合人才培养体系探索与实践”成果获二等奖。

（张　科）

【举办首届青年教师成长论坛】 2022年9月24日，核科学与工程学院举办青年教师成长论坛（第一期）暨中国核电技术前沿与人才培养研讨会。华北电力大学党委常委、副校长孙忠权出席会议并发言，国家电投集团数字科技有限公司总经理陈义学，北京航空航天大学国家自然科学基金优青项目获得者袁悦作为特邀嘉宾与会研讨。会议由副院长刘洋主持，学院全体教职工及博士生参加会议。会议为青年学者提供交流和展示的平台，以主题报告、学术报告和交流研讨形式助力青年教师成长。

（李　林）

【党支部活动获奖】 2022年10月16日，中国共产党第二十次全国代表大会在北京人民大会堂开幕。核科学与工程学院设置三个会场，同时广大师生员工在宿舍、教室、食堂等地收听收看直播，在会后第一时间就党的二十大报告开展集中学习研讨。该学院在华北电力大学“喜迎二十大奋进新征程”特色活动示范党支部创建活动中获“优秀组织奖”，本科生党支部获“校级优秀特色活动示范党支部”，“‘唱’响核医学”、“错位时空，核你再相遇”微党课获优秀微党课，辅导员靳周、宫馨获“优秀指导教师”。

（赵珥希）

水利与水电工程学院

【概况】 2022年，水利与水电工程学院共有教职工50人；其中专职教师40人（具有博士学位教师占100%），教授12人，副教授14人；管理人员8人，实验员2人。有青年千人计划引进人才1名，享受国务院政府特殊津贴人员1名。共有在校生490人，其中本科生316人，硕士生129人，博士生45人。共有17个行政班级，其中本科班12个，硕士班3个，博士班2个。学院党委设7个党支部，其中教工党支部2个，学生党支部5个。共有党员158人；其中教工党员38人；学生党员120人。学生党员中正式党员93人，预备党员27人；男生党员71人，女生党员49人；少数民族党员20人；党员发展对象37人，入党积极分子122人。

2022年，学院继续秉持“新学院，新标准，新征程，新使命”理念，坚持把新学院建设成为特色鲜明的研究型学院为目标扎实推进学院的全面建设与发展。一年来，学院在党建工作、学科建设、师资队伍、教学科研、学生工作及工会工作等各方面取得显著成绩。

党建工作。全面贯彻落实学校党委总体部署，强化党委理论学习中心组的学习，不断提升学院领导班子的政治能力和干事创业水平，团结广大师生，凝心聚力谋发展。组织开展疫情防控“大思政课”，全院上下用心、用情，认真做好疫情防控工作。配合学校完成教育部巡查工作，保质保量完成本年度发展党员任务；举办入党积极分子培训班2期，发展学生党员27人，其中本科生17人，研究生10人。积极推进学院基础设施建设，为174名研究生解决工位问题，为青年教师改善办公环境。持续不断地开展师德师风、安全稳定、意识形态教育和督察工作，确保学院各项事业健康稳定发展。积极做好党外知识分子统战工作，宣传党的思想和方针政策。组织教职工参加“携手百年路 共绘同心圆—— 统战百分在线知识竞答”活动，学院党委获“优秀组织奖”，11人获“优秀个人奖”。

学科建设。水文与水资源工程专业获批国家级一流专业，水利水电工程专业获批北京市一流专业。完成土木水利专业硕士学位点培养方案的论证工作，专业硕士招生有序开展。获批建设学院虚拟仿真实验教学中心。

队伍建设。积极谋划和推进高层次人才引进工作，持续关注海内外优秀青年人才，师资队伍稳步扩充，引进香江学者董硕勋副教授，在生态水利、抽水蓄能、水工结构、岩土工程、城市防洪等方向引进优秀青年教师6人。现有青年千人计划引进人才1名，享受国务院政府特殊津贴人员1名，教育部新世纪优秀人才1名，北京市优秀教师2名，学校学科带头人支持计划2名，学科卓越人才计划1名。学院形成以青年教师为主的师资队伍，45岁以下青年教师占80%。

教学工作。李继清教授的《水利水电专业英语》获北京高校"优质本科教材课件"，张验科副教授的"水利经济"获批课程思政建设示范课。1名教师获北京市普通高校优秀本科毕业设计(论文)优秀指导教师称号，1名教师获北京高校第十二届青年教师基本功比赛论文优秀奖。3人获"北京高校师生服务首都'四个中心'功能建设'双百行动计划'青年教师社会调研项目优秀项目"。

科研工作。学院科研项目立项44项，总经费2279万元；其中纵向项目16项，经费1058万元，获国家自然科学基金面上项目3项，青年基金项目4项；横向项目28项，经费1221万元；发表学术论文34篇，其中SCI/EI收录39篇。张尚弘教授获中国大坝工程学会科技进步特等奖。

学生工作。强化学风建设重要性，制定学风建设方案，开展"学者引航"工程，获批校级学生思想政治工作"学风建设"类精品项目1项，本科生挂科率降低40%，学风建设成效明显。1名教师获第三届"我身边的好老师"荣誉称号。学生1人获北京市三好学生、5人获国家奖学金，科技竞赛获省部级奖励7项，文体活动获省部级奖励12项，"'水润确山'科技服务乡村振兴行动"入选首都高校师生服务"乡村振兴"行动计划，实践成果获评优秀奖，获奖人次数量大幅增加。学生一次就业率90%，学生深造率52%，45%的本科毕业生被"985"高校或水利A类学科高校录取为硕士，33%的硕士毕业生被"985"高校录取为博士，签约南水北调等骨干型央企研究生达40%以上，考研质量、就业质量明显提升。学生工作全年无安全稳定事故、无意识形态问题、无校园感染新冠阳性病例。

工会工作。认真履行分工会职能，全面推进学院分工会的建设发展。定期举办工会文体活动，开展教工与研究生同行健步走活动；组织参加"继续教育杯"篮球比赛和"能动杯"气排球比赛。举办青年教职工教学基本功比赛，持续推进工会暖心驿站的建设。学院分工会测评在学校18个分工会中名列第2，获校级"先进分工会"表彰，5人获校 工会表彰，8人获院分工会表彰。

实验室建设。学院完成实验教学中心二期工程和水利水电综合实验平台项目的建设，新建虚拟仿真实验教学中心和抽水蓄能实验室，完善和优化河流动力学实验室、水力学实验室等4个实验室功能和布局，全面提升学院实验实践教学平台。

学院党政领导名单：

党委书记：刘明军

院长：张尚弘

党委副书记：杜广微

副院长：王　弋

网址：https://hydro.ncepu.edu.cn

(孙爱国　宋辉斐　刘海燕　王　丽)

【改善办公科研环境】 2022年，学院持续推进办公、科研环境改善工作。10月，完成研究生工作室改造升级，解决学院一直以来研究生工位紧张问题；12月，第二批隔断式办公工位施工完成，为新一批青年教师提供良好的工作空间。

(孙爱国)

【开展学者引航主题教育活动】 2022年，学院组织开展"学者引航"主题教育活动，邀请学院知名专家教授面向学生讲授专题思政课，激发学生学习兴趣，引导学生勇担时代使命。至年底，学院共开展三期"学者引航"主题教育活动，邀请学院肖峰、王远坤、张华三位教授面向全体2021、2020级本科生进行专题报告，进一步提高学生的思想政治素养，引导学生树立正确的人生观和价值观，营造良好的学风院风。

(宋辉斐)

【开展心理健康教育主题活动】 2022年5月，学院依托"润心工作室"心理辅导站开展丰富多彩的心理健康教育主题活动，承办学校第二十届心理文化节"悦读 悦享 悦心"心理健康主题读书沙龙之"拥抱幸福"，开展"分享生活中的微感动——我想给你一颗糖，小美好变大幸福"心理文化活动。

(宋辉斐)

【开展社会实践活动】 2022年7月，学院组织师生开展暑期社会实践活动。"'水润确山'科技服务乡村振兴行动"项目入选首都高校师生服务"乡村振兴"行动计划，实践成果获评优秀奖。

(宋辉斐)

数理学院

【概况】 截至2022年底,学院有教职工221名,在校本科生1052名(含预科班101人)、硕士生397名。学院在北京校部设基础数学研究所、应用数学研究所、系统科学研究所、凝聚态物理研究所、团簇和低维纳米材料研究所、粒子与核物理研究所、数学教学中心、物理教学中心;在保定校区设信息处理与控制研究所、数据科学与统计分析研究所、现代物理研究所和光电信息研究所,以及物理实验教学中心、数学建模创新基地、信息与计算科学实验室。

科研及学科平台建设。举办学院科研诚信与作风学风建设专项整治系列工作。组织举办2022年泛函分析研讨会、数理系研究生学术年会等各类学术交流活动20余次。获批国家自然科学基金面上项目2项,国家自然科学基金青年科学基金项目6项,国际合作与交流项目1项,出版学术专著两部,河北省自然基金面上项目1项,河北省自然科学基金青年科学基金项目1项,河北省社会科学基金面上项目1项,中央高校基本科研业务费4项,科研平台高质量建设引导项目1项,获批横向科研项目5项,实现科研合同金额共计693.38万元。新增专业学位硕士研究生校外产学研基地2个;新增光电信息工程专业博士学位研究生授权,制定专业博士研究生培养方案。设立研究生公共基础课课程负责人,加强教学监督。

师资队伍建设。数理学院现有专职教师190名(具有博士学位的教师占78%,其中教授38名、副教授65名),2022年引进人才杜托平教授,直聘副教授高雪娇博士,年度共新进教师14人,人才队伍结构逐步优化,人才质量稳步提升。李瑞洁、陈亮入选校级教学名师培育计划,专业核心课程建设项目2项。河北省大学数学课程思政优秀教学案例评选比赛特等奖1项,一等奖1项,二等奖2项,张亚刚、朱亚茹评为大学数学课程思政教学名师。数理系教师获河北省高等学校青年教师教学比赛一等奖2项,二等奖2项;全国高校大学数学课程教学创新示范交流活动河北赛区一等奖1项。

教育教学。贯彻实施《数理学院2022年教风建设工作方案》,召开青年教师座谈会,深入推进青年教师教学质量提升工程,实施新进教师试讲制度;积极组织教师参加教师教学能力提升线上研修班和教风建设之教师教学能力提升线上研修班,提升卓越教学能力,助力创新人才培养,赋能教师成长,提升教学质量。应用物理学专业入选国家级一流本科专业建设点,开始数据科学与大数据技术等新增专业的课程体系建设。教育部高等学校教学研究项目1项,校级教学改革项目7项、线上线下混合式课程建设项目1项、课程思政示范课建设项目2项、河北省高等教育教学改革研究与实践项目2项。组织数理学院2022年度青年教师教学基本功比赛,推荐优秀选手参加学校的比赛,获学校第二届教师教学创新大赛校级二等奖一项、三等奖两项,获学院第二届教师教学创新大赛优秀组织奖。获北京校部课程思政十佳优秀教学案例一例,一门课程入选学校第三批课程思政示范课,开始建设三门本科在线开放课程。王涛老师主持的《面向能源相关专业的大学数学课程群虚拟教研室》入选教育部第二批虚拟教研室建设试点。“概率论与数理统计”入选河北省在线开放课程。信息与计算科学教研室被推荐为河北省优秀基层教学组织;课程建设取得新进展,获批选保定校区混合课程建设项目2项,专业核心课程建设项目2项。教师指导的本科毕业设计(论文)分别获“北京市普通高等学校优秀本科生毕业设计(论文)”一篇和学校“百篇优秀本科毕业设计(论文)”两篇;大学生创新创业获国家级良好1项,北京市优秀1项、良好1项;2022年美国大学生数学建模竞赛获省部级一等奖5项,省部级二等奖21项;全国大学生数学建模竞赛获省部级一等奖4项,省部级二等奖12项;全国大学生数学竞赛获省部级一等奖22项,省部级二等奖9项,省部级三等奖3项;全国部分地区大学生物理竞赛获省部级一等奖2项,省部级二等奖12项,省部级三等奖13项。数理系参加“互联网+”大学生创新创业竞赛、“挑战杯”全国大学生创新创业计划竞赛、全国研究生数学建模竞赛、全国大学生数学建模竞赛、全国大学生节能减排竞赛等,共获国家级奖项23人次,省部级奖项72人次。

党建和思想政治工作。学院不断加强党的领导,发挥党委核心作用,以党的政治建设为统领,强化理论武装,夯实基层组织建设,坚守意识形态,推进党风廉政建设。深入学习贯彻习近平新时代中国特色社会主义思想及党的二十大精神,扎实开展形式多样、内涵丰富的学习活动;积极推进党史学习教育常态化、长效化,持续巩固党史学习教育成果。带领师生筑牢疫情防控“红色防线”,坚持师生至上,生命至上,打赢疫情防控阻击战。强化思想政治工作引领,开展“三风”建设专项行动。加强作风建设,提升管理服务水平,优化干事创业工作环境;加强教风建设,提升课堂教学质量和育人水平;开展学风建设,激发学生学习动力,营造优良学风。党建和思想政治工作取得新进展。理论学习中心组先后开展专题学习11次,采用联合学习、重点发言和专家辅导等形式,努力提高学习的实效。认真组织全体党员、积极分子等收看党的二十大开幕会,开展党的二十大报告相关学习系列活动。学院党委继续深化巡察和巡视整改成效,在更加规范化的同时,不断加强特色与创新。探索师生支部共建，取长补短，在服务师生、办实事上下功夫。成立学院首个纵向研究生党支部，探索和加强研究生学生党建工作。学生第一党支部蝉联“2021—2022学年校级特色示范党支部”荣誉称号，制作的微党课获评“优秀微党课”。常抓不懈做好党风廉政、师德师风建设，先后召开党风廉政警示教育大会与师德师风建设会议，全覆盖式系统学习师德师风建设相关文件，加强师德师风警示教育作用，强抓意识形态工作不放松。认真贯彻落实党的二十大报告“把各方面优秀人才集聚到党和人民事业中来”的精神，郭宝珠同志在年满60周岁之际，光荣加入中国共产党。

学生工作。精心策划学业辅导工作，针对大一年级重点课程，落实“专人专项”，由学业辅导员录制讲解微课，并梳理总结每周课程重点分享至各班，创新开展“导员自习室”，为学困同学提供自习场地，在校园疫情发生后，学院及时将学业辅导工作从“线下”转战“线上”，保持“不断线、不停歇”。学院团委、学生会组织开展新老生交流会，邀请优秀高年级学长学姐传授大学学习生活“秘诀”；开设“数新风 研理学”栏目，发布“学长学姐说”“数理学子给学弟学妹的一封信”等系列推送，从课程学习、科技竞赛等多方面多角度，提供朋辈建议；2022届应届毕业生就业率达91.87%，其中研究生94.12%，本科生89.33%，相较于去年有较大增长。2022届本科毕业生深造率50%，学院高度重视并大力支持学生党建高质量发展和在大学生思想政治教育当中发挥重要作用。学生第一党支部成为唯一入选华北电力大学第二批党建工作样板支部建设名单以来，加强建设，蝉联“2021—2022学年校级特色示范党支部”荣誉称号，制作的微党课获评“优秀微党课”，与通州区玉桥北里社区党总支开展深入共建，共建活动入选红色“1+1”校级评选环节，成立学院首个纵向研究生党支部，探索和加强研究生党建工作。数理学院团委获评2021—2022学年“特色团委”。完成各项疫情防控值守工作，3名志愿者投身冬奥志愿服务；75%的本科生参与社会实践工作，其中有3支队伍获评校级荣誉，2名个人获评优秀实践个人；学院“NCEPU数理”公众号获评“2021年度十佳校园新媒体”；学院学子在校级比赛中大放异彩，勇夺“新生杯”篮球赛冠军，收获校辩论赛亚军，在学校戏剧节、舞蹈节中分别收获二等奖和三等奖的优异成绩，学院团委获“优秀组织奖”。数理系5个团支部获校级“先进团支部”称号，1人获“团员标兵”称号，9人获“优秀团干”称号，31人获“优秀团员”称号，17人获“创新创业先进个人”称号，17人获“志愿服务先进个人”称号。

（李欢欢　冯铁岩）

【获光电信息专业工程博士学位授权】 2022年华北电力大学获光电信息工程专业工程博士学位研究生培养授权。至此，学院形成本科、硕士、博士培养全覆盖，进一步完善学院学科培养体系，增强学科竞争力。

（张文彬）

【一专业获批国家级一流本科专业建设点】 2022年6月，根据《教育部办公厅关于公布2021年度国家级和省级一流本科专业建设点名单的通知》（教高厅函〔2022〕14号）文件，应用物理专业入选国家一流本科专业建设点。学院将以此为契机，继续加快推进国家级一流本科专业建设点工作，充分发挥一流本科专业建设点的示范引领作用，提升专业内涵和水平，加强师资队伍建设，为培养拔尖应用型人才提供有力支撑。

（张文彬　冯铁岩）

【获批河北省物理学与能源技术重点实验室】 2022年6月，获批河北省物理学与能源技术重点实验室（筹）。2022年8月23日，河北省物理学与能源技术重点实验室（筹）在保定召开2022年学术委员会第一次会议。重点实验室学术委员会主任委员常凯院士及其他全体委员，保定市科学技术局平台处处长张洪义，校党委常委、副校长律方成，数理系主任阎占元教授、副主任王涛教授，科学技术处处长刘志坚、副处长曲伟，以及实验室研究骨干人员出席会议。

（张文彬）

【入选教育部第二批虚拟教研室建设试点】 2022年，王涛老师主持的《面向能源相关专业的大学数学课程群虚拟教研室》入选教育部第二批虚拟教研室建设试点名单。教育部高等育司两批次共批准建设大学数学虚拟教研室9个，大学数学课程群虚拟教研室获批充分体现华北电力大学大学数学课程建设的实力和影响力。

（李　雨）

【多名教师获表彰】 2022年，根据《数理系教学、科研先进个人表彰及奖励办法》文件规定，共有杨冲等7人获教学先进个人荣誉称号，孔倩等4人获科研先进个人荣誉称号，蒙高庆获伯乐奖。

（李欢欢）

人文与社会科学学院

【概况】 2022年，人文与社会科学学院在北京设有学院本部，在保定校区设有法政系。现有1个省部级重点学科、1个省部级人文社科重点研究基地、1个省部级哲学社会科学研究基地。设有6个硕士点、6个本科专业。

2022年，学院有教职工104人(含保定39人)，其中，专任教师87人(含保定31人)，其中教授15人(含保定3人)、副教授53人(含保定17人)、有博士学位的教师为69人(含保定21人)，有实验及技术人员2人(含保定1人)、党政及管理人员12人(含保定7人)，学院享受政府津贴1人(含保定1人)。共引进师资5人(含保定1人)，其中教师4人、实验技术人员1人(含保定1人)。

2022年，学院有毕业学生423人(含保定206人)，其中硕士研究生89人(含保定29人)、普通本科生334人(含保定177人)；学院招生459人(含保定229人)，其中硕士研究生112人(含保定47人)、普通本专科生347人(含保定182人)；学院在校生1950人(含保定885人)，其中，硕士研究生520人(含保定115人)、普通本专科生1430人(含保定770人)。本科毕业生一次就业率为73.25%(保定为52.54%)，研究生毕业生一次就业率为83.67%(保定为73.91%)；本科考研报名199人(含保定116人)，实际考取110人(含保定65人)，考研率为28.66%(保定为36.72%)。

2022年，学院签订纵横向科研项目37个(含保定16个)，其中纵项20项(含保定11个)、横项17项(含保定5个)，实现科研合同金额共计566.42万元(含保定132.82万元)，其中纵向科研经费172.9万元(含保定80万元)，横向科研经费393.52万元(含保定52.82万元)；承担校内科研项目12个(含保定4个)；共发表论文85篇(含保定24篇)，其中三大检索收录16篇(含保定3篇)，核心期刊22篇(含保定7篇)。出版专著15部(含保定1篇)；学院举行学术交流会21次(含保定7次)，其中国内专家学术交流会7次(含保定7次)。学院共完成科研项目31个(含保定8个)，通过验收31个(含保定8个)。

2022年，学院拥有教研室7个(含保定3个)，学生实习基地32个(含保定20个)。学院开设研究生课程230门(含保定132门)，完成教学8372学时(含保定4624学时)；开设本科生课程352门(含保定150门)，完成教学13077学时(含保定6504学时)。学院设有20个党支部(含保定8个)，拥有中共党员341人(含保定158个)、发展党员74人(含保定29个)；学院设有61个学生班级(含保定27个)，设有辅导员岗位7个(含保定3个)，其中正式编制6个(含保定3个)；学生获各类省部级奖励491人次(含保定419人次)，其中教育部奖励18人次、北京市奖励43人次、河北省奖励419人次。

党建工作。学院党委深入学习党的二十大精神，坚持以习近平新时代中国特色社会主义思想武装头脑，把学习党的二十大精神作为头等大事切实抓好。党委理论学习中心组学习14次；各教工党支部坚持周二学习制度，把党的二十大精神的学习与立德树人、师德师风建设和各项业务工作有机结合起来；党员领导干部坚持领学，带头宣讲，党委书记坚持讲党课，在学习中起模范带头作用。保定校区强化党建主体责任，落实全面从严治党。充分发挥领导班子集体的作用，全年召开党委会28次，调整领导班子成员分工1次，全年完成党委理论学习组集中学习12期。深入贯彻党的二十大精神，组织教职工集中观看开幕式，邀请学校党的二十大精神宣讲团成员作宣讲报告，各支部举办专题研学会16场，通过学生党员党史知识微信群共享接龙、教师理论知识在线测试等途径，确保理论学习入脑又入心。先后组织召开23次党委会、6次巡察整改专项工作会议，完成校内巡察整改工作，确保件件落实、条条兑现。学院党委全力开展党建标杆院系创建活动。在理论武装方面，切实做到党委与基层党支部"联合学"，立足学科特点"重点学"。在党风廉政建设方面，坚持把纪律和规矩挺在前面，充分发挥二级纪检员的作用，把党风廉政责任落实到人。在意识形态方面，召开意识形态专题工作会议，不断强化学院党委政治责任；签订形态责任书，压实各基层党支部的政治责任；加强意识形态专题学习，明确教职工尤其是党员教师应担负的政治责任。在基层党支部建设方面，加强对标建设，推进"双带头人"工作室建设；在统战工作方面，实施"同心工程"，认真落实党的民族宗教政策，全面贯彻党的宗教工作基本方针；坚持抵御宗教渗透。

疫情防控工作。11月8日校园发生疫情以来，学院领导担任7A学生宿舍楼长，深入学生宿舍工作；学工队伍积极做好学生思想工作和各项防控任务。学院负责12号学生宿舍楼后，学院领导、教工支部书记、青年教师和辅导员担任楼层长，完成疫情防控工作；疫情防控政策调整后，学院整合各方面力量，克服诸多困难，做好感染学生转运、隔离等服务工作，保证研究生初试等各项教学科研工作顺利进行。保定校区11月发生校园疫情，法政系教师挺膺担负重担、发扬志愿精神，26名教师(全系共39名教师)作为志愿者第一时间进驻，抢先排队送餐，全力做好学12舍的用餐保障，赢得电力系的赞扬。3名专业教师进驻学10舍担任楼长、楼层长，完成学生分餐、核酸检测等服务。

学科专业建设。学院有效分解"十四五"规划各项战略任务，落实相关责任；围绕双碳行动计划，制定"碳中和治理与法制研究院"构建方案，并报学校科研院。保定校区法政系获批法学国家级一流本科专业，以近5年来探索并持续开展的"德法兼修"卓越法治人才培养成果为基础，立足于新文科建设，促进专业转型升级，深化具有扎实专业背景和理工思维的高素质创新型、应用型、复合型人才培养。此为学校纯文科类专业获批的第一个国家级一流本科专业，标志着学校文科专业建设迈上新台阶。法政系学科专业建设效应凸显，本科招生录取分数线，法学专业位列保定校区文科专业第一，行政管理、社会工作专业录取线取得历史新高。面向法院等开展深造宣讲，继续加大非全日制招生宣传，精细组织复试，研究生招生数量和质量再创新高，招生总数首次突破100人，达到108人。

教学研究与人才培养。学院"新文科"建设取得标志性成果。学院积极推动中文、广告学专业交叉融合，网络与新媒体本科新专业招生49名，并按全新教学计划开展教学，加强新近获批的新闻与传播专业硕士点建设工作；学院高标准制定并审核通过新闻与传播和社会工作专业硕士研究生人才培养方案，为2023级招生和培养打下坚实基础。研究生招生与培养质量进一步提升。法学硕士、公共管理学术硕士、法律硕士和公共管理专业硕士招生规模稳中有升。高质量保障沙河院区专业硕士课程正常开展。MPA研究生在第六届中国研究生公共管理案例大赛中挺进全国100强，获三等奖。学院持续推进"课程思政培育计划"，培育10余门课程思政示范课；探索"以融入为要义、以问题为导向"课程思政建设新路径，召开人文学院、外国语学院和国际教育学院课程思政研究专场；《合同法》入选学校第三批课程思政示范课，实现学院课程思政建设新突破。保定校区立足新文科建设，进一步提升人才培养质量，招生质量和规模再创新高。克服疫情影响，继续举办法政讲堂、立学MPA读书会专业读书会等30余期，不断提升学生专业素养。推进新文科建设，促进文理交叉融合，组织学生开展"工科场景"实习实践，培育文科生工科思维和工匠精神。强化教学研究对人才培养质量的提升作用，获批省级教改项目、省级研究生专业学位教学案例(库)项目以及校级教学研究成果6项。立足专业继续推进法治志愿服务，获批财政部中央专项彩票公益金法律援助项目实施单位。

科学研究与基地建设。围绕"国社科"等国家级课题申报，做好统筹规划和各项服务工作，获国家社科基金项目3项，其中，一般项目1项、青年项目1项、后期资助项目1项；成功召开人才成长"国社科"之路座谈会。加强智库建设，持续参与"回天治理行动计划"，聚焦第二轮"回天治理行动计划"，围绕回天治理的热点、难点、痛点问题开展调查，积极开展合作课题研究，形成"回天有我"基层治理创新实践案例汇编等成果；与昌平区正德社区服务中心达成合作框架；1名教师主持的项目获北京高校师生服务首都"四个中心"功能建设"双百行动计划"优秀项目；1名教师研究成果获昌平区政协2022年度优秀提案。保定校区研究成果《关于依法采取有效措施切实保障企业复工复产的建议》，获河北省社会科学优秀成果奖一等奖。智库成果获河北省副省长的肯定性批示1项。获批国家社科基金项目1项，获批中国法学会重点课题1项，另获批民政部、河北省、北京市社科基金等9项。法政系申报"华北电力大学区域法治与司法治理研究中心"获批河北省高等学校人文社会科学重点研究基地，此为我校获批的首个省部级人文社科重点研究基地。召开重点研究基地建设规划论证会，正式启动基地建设。以习近平总书记提出的"中国式现代化"为指引，以16年来持续立足中国实际、坚持中国立场、构建中国话语、服务中国实践的高水平研究成果为基础，获批河北省哲学社会科学研究基地"河北省中国式法治现代化与社会治理研究基地"。以高质量智库研究为特色，获批"河北省重点培育智库"，为河北省委省政府科学决策提供服务。

师资队伍建设。学院人才队伍建设进入新阶段，引进优秀青年教师4人，完善师资队伍结构；1名教师进入青年拔尖人才支持计划答辩环节，学院高层次人才工作取得新进展。各类人才积极发挥应有作用，使学院教学、科研和学科建设均取得长足进展。保定校区法政系克服疫情影响，组织师资招聘宣讲会，2022年上半年1名专业教师通过学校办公会，招聘实验员1名。2022年下半年组织8名应聘人员试讲，其中4人作为第一批完成政审，并对2人上报学校。面向专业教师开展课题项目、社科成果奖申报、论文写作指导以及研究方法培训等，进一步提升教师科研能力。为教师联系推荐权威出版社、期刊，出版发表研究成果，助力青年教师快速成长。

改善办学办公条件。保定校区法政系自2021年10月以来，历时十个月，对学校堆放十多年数百件废旧资产杂物的旧仓库进行逐一清点登记、资产报废并全面装修改造，建成法政系建系22年来第一个研究生工作室。在法政系发展规模迅速扩大而办公用房未增加、极度紧张的情况下，挖潜节流、提高用房使用率，装修改造社工教研室等6间用房、新建试卷资料室、建设2间多功能室，全面调整教师用房，实现教授拥有独立办公室，副教授、青年教师办公条件得到有效优化、不断改善。

学生工作。坚持学工队伍建设职业化、专业化，学生工作精细化、精准化，充分发挥"立学·立志·立心"学生党建工作室引领作用，强化大学生理想信念教育；面向全体师生，有效开展积极心理教育；学院团委获学校"特色团委"称号，1名辅导员获第八届北京高校辅导员素质能力大赛二等奖，并入选华北电力大学第三届"我身边的好老师"；构建双导师、跨本硕、多学科的实践育人机制，2名教师指导的"乡村振兴，语你同行"实践团队获团中央2022年全国大中专学生志愿者暑期"三下乡"社会实践活动优秀团队荣誉称号、2022年"青年服务国家"首都大学生社会实践优秀团队；2名教师获2022年"青年服务国家"首都大学生社会实践先进工作者。保定校区学生志愿服务项目获第五届河北省青年志愿服务公益创业赛河北省银奖、全国铜奖。法政系学生在"挑战杯""冀青大赛""调研河北"等竞赛中获省部级奖项105项，获奖人次187人次。其中，"调研河北"获奖率为42%，竞赛成绩位列河北省参赛高校前列。法政系团委学年举办科创经验分享交流会3次，包括直通科研竞赛创新创业经验分享会、大创经验分享交流会和调研河北经验分享交流会，1000 余人次参与。

北京校部　　保定校区

书记：苑英科　　书记：戴　民

院长：（空缺）　　主任：梁　平

人文学院网址：https://law.ncepu.edu.cn/

法政系网址：https://dlp.ncepu.edu.cn/

（胡舒敏　陈　焘）

【获河北省特别典型法治人物荣誉】 2022 年 1 月 7 日，河北省委政法委、省委网信办、省司法厅、省法学会等单位联合下发《关于印发“十大法治人物、十大法治事件、十大法治成果”推选结果的通知》，由河北省法学会和保定市委政法委共同推荐、经河北省委领导批准，法政系梁平教授获“特别典型法治人物”，并被《河北法制报》予以报道。该项荣誉为首次设立，梁平教授为唯一获得人，以此表彰其以专业精神服务法治实践作出的突出贡献。

（陈　焘）

【何华到学院指导新学期工作】 2022 年 2 月 21 日，学院召开新学期工作研讨会，校党委副书记、纪委书记何华到人文与社会科学学院调研并参加会议，会上听取人文学院新学期工作汇报，深入了解学院重点工作思路和举措，并就重点工作作出指示。人文学院党委书记苑英科、副书记吴薇、副院长赵旭光、副院长陈建国参会，并做工作汇报。

（吴　薇）

【获批首个省部级人文社科重点研究基地】 2022 年 3 月 23 日，河北省教育厅公布了河北省高等学校人文社会科学重点研究基地名单，经学校评审推荐、河北省教育厅组织省内外专家多轮评审，法政系申报的“华北电力大学区域法治与司法治理研究中心”获批成立，这是学校获批的首个省部级人文社科重点研究基地，法政系梁平教授担任基地主任。该基地紧紧围绕京津冀协同发展国家重大战略和雄安新区建设“千年大计、国家大事”，以京津冀区域法治与司法治理的理论与实践为重点，开展人才培养、学术研究、智库服务等，提升法学相关学科建设水平，服务区域经济社会发展。同年 9 月，召开重点研究基地建设规划论证会，中国政法大学宋朝武教授担任组长，经专家论证，正式启动基地建设工作。

（陈　焘）

【获评河北省普法工作先进个人】 2022 年 4 月 1 日，河北省普法依法治理评选表彰工作领导小组办公室发布 2016—2020 年全省普法依法治理先进集体和先进个人表彰名单。法政系主任梁平教授获 2016—2020 年全省“普法工作先进个人”表彰。多年来，梁平教授亲自参加、组织带领和大力推动下，长期坚持开展普法宣传教育，提升公众法治意识，在实践中促进学生“德法兼修”法治素养内化，法治志愿服务获全国维护妇女儿童权益先进集体等荣誉。此次梁平教授获全省普法工作先进个人表彰，是对其长期以来从事普法教育和法治实践工作的高度肯定，也是对法政系坚持立德树人、立足实践开展“德法兼修”卓越法治人才培养的激励。

（陈　焘）

【举行线上阅卷系统使用培训会】 2022 年 4 月 12 日，人文与社会科学学院组织全院教职工线上阅卷系统使用培训会。赵旭光副院长就教务处推行线上阅卷系统的背景、意义和工作安排作介绍。针对线下阅卷向线上阅卷过渡的技术性问题，学院邀请教务处信息化教学技术服务小组副组长田海鑫给学院全体教师培训。学院党委书记苑英科教授对培训会作总结，希望老师们认识到信息化教学的重要性，克服困难，确保实现线下阅卷到线上阅卷平稳过渡。

（赵旭光）

【举行国家安全教育主题活动】 2022 年 4 月 15 日，时值第七个国家安全教育日，为引导学生树牢总体国家安全观，感悟新时代国家安全成就，为迎接党的二十大胜利召开营造良好氛围，人文与社会科学学院举行国家安全教育主题活动，学院党委副书记吴薇、学院团委书记崔灿、辅导员马海红以及全体在校学生党员和团学骨干参加活动。

（吴　薇）

【何华参加学院党委理论学习中心组学习】 2022 年 5 月 3 日，人文与社会科学学院党委理论学习中心组召开扩大学习会，深入学习贯彻习近平总书记在中国人民大学考察时的重要讲话精神。校党委副书记、纪委书记何华参加中心组学习并做学习指导，学院党委书记苑英科主持中心组学习并进行领学，学院党建联络员刘秋霞、学院全体党委委员、教工党支部书记、教研室主任以及学生代表参加学习。

（苑英科）

【崔灿获第八届北京高校辅导员素质能力大赛二等奖】 2022 年 5 月，由北京市委教育工作委员会主办，北京高校辅导员培训研修基地（北京师范大学）承办的第八届北京高校辅导员素质能力大赛在北京师范大学举行。学院崔灿老师以其丰富的知识储备、过硬的业务能力和良好的综合素养出色完成各环节考核，在辅导员队伍中展现良好精神风貌和较高职业素养。此次大赛共有 54 名各高校选送的辅导员参赛，经过激烈角逐，最终产生一等奖 3 名，二等奖 7 名，三等奖 10 名。学院辅导员崔灿表现优异，获大赛二等奖。此次北京高校辅导员素质能力大赛包括基础能力测试、案例研讨、谈心谈话等环节，大赛紧跟新时代思想政治理论前沿，高度还原高校思想政治工作场景，深入研讨学生思想政治教育工作思路，集理论性、代表性、实战性于一体，为北京高校辅导员搭建高水平的学习交流平台。

（吴　薇）

【姚建平教授接受央视新闻频道采访】 2022 年 5 月 26 日，央视新闻频道“新闻直播间”栏目报道民主党派调研行之“扩大中等收入群体，扎实推动共同富裕”。该调研是今年中共中央委托民盟中央的调研课题。就如何扩大中等收入群体等问题，人文与社会科学学院贫困与社会保障研究中心主任姚建平教授接受记者采访。姚建平教授年内多次接受各主流媒体采访，就我国如何推进共同富裕等政策内容进行专家解读，提升学院在相关学科领域的影响。

（陈建国）

【开展工科场景认知实习】 2022年5月27日至29日，法政系组织法学、公共事业管理、社会工作三个专业2020级本科生以及研究生到学校工程训练与创新创业教育中心开展认知实习。此次实习是法政系立足于新文科建设，坚持文理交叉融合，培养具有工科思维的“德法兼修”高素质文科人才的重要探索。为确保实习效果，在封校管理期间，系主任梁平带队实地考察学生实习项目，与工创中心沟通协调制定详细实习方案。学生通过亲自参加模块化机器人、数字化加工制造、3D打印等实践操作项目，对现代科技有了全新认识，通过文理融合培育了“产品”思维，使学生更深刻地认识到，在专业学习中把社会现象作为应用场景，注重设计论证、空间思维和逻辑结构，善于运用工科思维开展定量分析，建立解决社会现实问题的理论模型，增强理论科学性与实践针对性。

（陈 焘）

【获批法学国家级一流本科专业】 2022年6月，教育部办公厅印发《关于公布2021年度国家级和省级一流本科专业建设点名单的通知》（教高厅函〔2022〕14号），保定校区法政系主任梁平负责申报的法学专业获批国家级一流本科专业建设点，也是学校纯文科类专业获批的第一个国家级一流本科专业。

（陈 焘）

【获批财政部中央专项彩票公益金法律援助项目实施单位】 2022年6月10日，中央专项彩票公益金法律援助项目2022年度实施单位评审结果公布，法政系获批“中央专项彩票公益金法律援助项目实施单位”。该项目是经国务院批准，由财政部从中央集中彩票公益金中安排的法律援助项目，用于资助开展针对农民工、残疾人、老年人、妇女权益保障和未成年人的法律援助。连续8年来，法政系面向妇女儿童等群体，持续开展法治志愿服务，深入开展“法治进校园”“法治进社区”“法治进乡村”等法治宣传活动，宣传普及《民法典》《法律援助法》《乡村振兴促进法》《未成年人保护法》《妇女权益保障法》《老年人权益保障法》等重要法律，取得显著成效。此次获批中央专项彩票公益金法律援助项目，是对法政系发挥法学专业优势持续开展法治志愿服务的充分肯定，有利于法学专业组织学生在法治实践中增强仁心大爱、提升专业能力、内化法治素养，培养新时代德法兼修卓越法治人才，提升法学国家级一流专业建设水平，助力学校“双一流”建设。

（陈 焘）

【举办青年教师教学基本功比赛】 2022年8月23日，学院举办2022年度青年教师教学基本功比赛，学院党委书记苑英科、副院长赵旭光、学校和学院教学督导组成员、教师代表、学生代表等担任比赛评委。学院新入职教师及各教研室教师代表观摩本次比赛。比赛分为教学展示与评委点评两个环节，经过激烈角逐，呼占平老师获一等奖，刘妮娜老师获二等奖，刘冰老师、李聘老师获三等奖，呼占平老师获最佳课堂展示奖、最受学生欢迎奖，刘妮娜老师获最佳教案奖。

（赵旭光）

【2项国家哲学社会科学基金课题获批】 2022年9月，全国哲学社会科学规划办公室公布2022年国家社科基金年度项目和青年项目立项名单。学院2个课题获立项。法学教研室刘冰副教授申报的课题“破产重整中的公司治理问题研究”获国家社科基金一般项目立项。公共管理教研室李娉博士申报的“组织学习视角下新中国政策试点的历史实践与经验研究”进入青年项目立项。年内，学院共提交4项申报书，获批2项，立项率达到50%。

（陈建国）

【民盟昌平区工委调研回天治理研究院】 2022年10月6日，民盟昌平区工委李继清、滕伟、滕阳、彭惠春、姚建平一行调研回天治理研究院，人文与社会科学学院党委书记、回天治理研究院院长苑英科，党委副书记吴薇，团委书记崔灿，教师代表刘妮娜、高富锋、李娉参加会议。与会人员围绕北京市第二期回天行动计划，就社区建设、垃圾分类、社区养老、义务教育等问题进行深入探讨。

（苑英科）

【召开国社科之路座谈会】 2022年10月7日，学院召开人才成长“国社科”之路座谈会，院党委书记苑英科教授、副院长赵旭光教授、陈建国教授，教研室主任、党支部书记和近五年入职青年教师参与会议，会议由副院长陈建国主持。参会老师们围绕项目申报、申报书撰写、学科选择、前期成果等展开交流。这次座谈会既是对今年国社科申报工作的总结，也是对未来工作的动员和部署。

（陈建国）

【研究生工作室启用】 2022年10月11日，法政系建系22年来第一个研究生工作室正式启用。此次把旧仓库装修改造为研究生用房，是在坚持教学质量至上、逐步扩大研究生规模的发展过程中，克服困难、开拓思路、盘活资源，对研究生办学条件的有力改善。

（陈 焘）

【获全国“三下乡”社会实践优秀团队】 近日，团中央公布2022年全国大中专学生志愿者暑期“三下乡”社会实践活动评选结果，其中“乡村振兴，语你同行”实践团获评2022

年全国大中专学生志愿者暑期"三下乡"社会实践活动优秀团队荣誉称号。为深入贯彻习近平总书记关于教育的重要论述和关于语言文字工作的重要指示批示精神，落实《国家通用语言文字普及提升工程和推普助力乡村振兴计划实施方案》，加大民族地区、农村地区国家通用语言文字推广力度，助力乡村振兴，铸牢中华民族共同体意识。学院组建由人文与社会科学学院姚建平教授和团委书记崔灿担任双指导教师，本研 12 名学生组成的"乡村振兴，语你同行"社会实践团。实践团于 8 月 3 日至 11 日先后赴新疆维吾尔自治区乌鲁木齐市天山区、新疆维吾尔自治区哈密市伊州区、内蒙古自治区科尔沁区余粮堡镇王文村、青海省海南藏族自治州共和县倒淌河镇、福建省南平市建阳区考亭村五个较为典型的农村地区、民族地区开展调研。

（吴　薇）

【获河北省社会科学优秀成果奖一等奖】 2022 年 10 月，第十八届河北省社会科学优秀成果奖揭晓，法政系梁平教授申报成果《关于依法采取有效措施切实保障企业复工复产的建议》，再次获河北省社会科学优秀成果奖一等奖。该成果是 2020 年 2 月，梁平教授经实地调研，在国内率先提出以县域为单位，依法精准识别风险区域、确定风险等级、划分重点区域实行精准防控的建议，被中国法学会《要报》采纳并呈报中央，得到中央主要领导同志重要批示，中国法学会专门发来《表扬信》予以通报表扬，明确肯定该成果为我国统筹疫情防控和经济社会发展贡献了智慧。此为疫情发生以来河北法学界唯一，也是学校建校 64 年来首次得到党和国家最高领导人重要批示的成果，此为连续三届获省级一等奖，属于河北省唯一，充分体现学校法学研究在河北省的领先水平。

（陈　焘）

【启动师德师风专项排查整治工作】 2022 年 10 月 25 日，学院为贯彻落实学校《关于开展师德师风专项排查工作的通知》精神，通过网络形式召开全院教职工大会，就师德师风专项排查整治工作进行部署和动员，进一步加强和改进学院师德建设，全面提升教师师德素养，及时发现、排除师德师风隐患。要求把本次专项整治作为一个全面提升师德师风建设水平、提升教师素质修养的契机，以案促改、以案促建，推进广大教师的育人能力和育人水平达到更高水平。

（吴　薇）

【崔灿应邀为北京高校新上岗辅导员做专题报告】 2022 年 10 月 27 日，北京市"立学・立志・立心"学生党建工作室主持人、人文与社会科学学院团委书记崔灿应邀为 2022 年北京高校新上岗辅导员做专题为"以实践为途径的理想信念教育"报告。在京 10 所高校的 2022 年新上岗辅导员，共计七十余人参加培训。

（吴　薇）

【举办二十大精神专题宣讲会】 2022 年 12 月 2 日，学院党委举办理论学习中心组党的二十大精神专题宣讲会，宣讲会由学院党委书记苑英科主持，理论学习中心组成员、教工党支部书记、各教研室主任以及全体辅导员参加学习，学校党的二十大精神专家宣讲团成员、马克思主义学院教授骆小平做题为《牢记"三个务必"：纵深推进新时代党的自我革命》专题宣讲，学校党委理论学习中心组巡听旁听组专家莅临指导。

（苑英科）

【获批河北省哲学社会科学研究基地】 2022 年 12 月 30 日，河北省社会科学院、河北省社会科学界联合会批复，法政系主任梁平负责申报的"河北省中国式法治现代化与社会治理研究基地"获批河北省哲学社会科学研究基地，该基地由河北省社科院（社科联）与华北电力大学共建，是以习近平总书记在党的二十大报告中系统阐述的"中国式现代化"为依据，以法政系十余年来持续开展中国法治与社会治理的理论研究和智库服务成果为主要支撑，旨在立足于国家法治和京津冀协同发展国家重大战略，围绕中国式法治现代化与社会治理的河北实践，开展中国式法治现代化基本理论、中国法治与司法制度改革、新时代社会治理与社会建设等研究，为河北省委省政府以及各级部门决策提供科学依据，为助力建设更高水平法治河北、推进河北社会治理现代化提供智库支持。

（陈　焘）

外国语学院

【概况】 2022 年，外国语学院在北京设学院本部，在保定校区设英语系。学院拥有外国语言文学一级学科硕士学位授予权和翻译硕士专业学位授予权，设有学术型硕士学位授权专业 2 个（英语语言文学、外国语言学及应用语言学）、专业学位硕士学位授权专业 1 个（英语笔译）、本科专业 2 个（英语和翻译）。学院有教职工 137 人（含保定 69 人），其中，专任教师 121 人（含保定 62 人），专任教师中教授 8 人（含保定 6 人）、副教授 50 人（含保定 21 人），讲师 58 人（含保定 34 人），助教 3 人（含保定 1 人），具有博士学位教师 34 人（含保定 12 人）；有实验及技术人员 3 人（含保定

1人)、党政及管理人员15人(含保定7人)。晋升副教授职称6人(含保定3人),新增校内硕导3人,新进教师1人,退休教师5人(含保定3人)。学院有毕业学生206人(含保定109人),其中硕士研究生67人(含保定26人),普通本科生139人(含保定83人);招生214人(含保定116人),其中硕士研究生78人(含保定36人),普通本科生136人(含保定80人);在校生728人(含保定383人),其中全日制硕士研究生164人(含保定72人),非全日制研究生36人,普通本科生528人(含保定311人)。校部本科毕业生一次就业率为85.71%,研究生毕业生一次就业率82.35%。保定校区本科毕业生一次就业率78.8%,本科深造率45.8%,研究生毕业生一次就业率90%。学院科研项目立项15项(含保定10项);共发表论文78篇(含保定49篇),出版教材1部,出版著作5部(含保定3部)。举办专家学术交流会2场(含保定1场)。学院设有教研室10个(含保定5个)、实验室9间(含保定4间)。学院设有11个党支部(含保定5个),有中共党员226人(含保定103人),其中教师党员83人(含保定39人);发展党员49人(含保定13人)。学院设有34个学生班级(含保定19个),学生获各类省部级奖励共275人次。

党建工作。完成党的二十大思想学习宣传的启动和推动工作,落实持续开展"四史"的宣传和教育;完善"外文中的党史"、"号角"共建、宋庆龄故居志愿服务等党建品牌创新;总结"党建工作样板支部"、"双带头人"支部书记工作室、"新时代'四有'好老师和'四个引路人'"项目经验并实现新突破;推进"译心向党"大党建格局;完成学校党委布置的教育部党组巡视材料准备和全面从严治党工作;组织开展疫情防控"大思政课",持续做好新冠疫情防控工作;做好师德师风工作。保定校区英语系获批学校基层党组织特色项目1项。

教育教学。积极开展《习近平谈治国理政》多语种版本"三进"教学工作。推进课程思政教学案例建设,获校级十佳课程思政案例3项(含保定1项),获批第三批校级课程思政示范课团队4个(含保定3个)。推进教风建设,组织教师深入学习习近平总书记关于教育的重要论述,组织教师参加2022年教风建设之教学能力提升线上研修班,召开教风建设系列交流研讨会,开展青年教师教学基本功比赛的组织和培训,抓好线上线下教学质量管理。加强教案建设、专业建设和教育教学改革,立项5项院级一流专业建设项目及9项教改项目。获批"2022年河北省普通本科院校英语教学改革研究与实践项目"立项3项;获批"2021—2022年度河北省高等教育教学改革研究与实践项目"立项1项;获批"华北电力大学保定校区2022年校级教育教学改革"重点项目立项2项,一般项目1项;获批华北电力大学混合课建设项目2项、专业核心课程建设项目1项。成立学院教材分委员会,完成教材意识形态审查工作。获学校第二届教师教学能力创新大赛二等奖1项;上线慕课课程4门;出版教材1部。承办国际人才英语考试,首次选拔学生团队参加北京市大学生跨文化能力大赛、北京高校青年人才国际胜任力大赛,1个教师团队获外研社"教学之星"全国复赛一等奖;5个教师团队荣获"河北省高等学校第八届外语微课大赛"一等奖2项、二等奖1项、三等奖2项。举办第四届和第五届全国大学生5分钟科研英语演讲大赛及北京赛区比赛,指导学生外语竞赛获国家及省部级以上奖励32项(含保定10项);指导毕业论文获北京市优秀论文1项,校级优秀"百篇"4项(含保定3项);大学生创新创业项目获奖7项;教师获省部级教学奖励1项。

学科建设。完成外国语言文学和翻译专业学位年度合格评估工作;翻译专业获批北京市"一流"本科专业建设;法语语言文学二级学科首次实现招生;完成多功能语言与翻译实验室二期建设。制定学院人才工作方案和学院人才系统培育措施,建立学院人才工作台账。举办"新文科导引下语言服务专业建设探索与实践方案论证会"、行业特色型院校语言服务建设和深造率提高路径圆桌会议和"聚焦'碳达峰碳中和'战略,建设高水平研究型大学"专题报告会。新进专任教师1人,新增硕士研究生导师3人,晋升副教授职称6人(含保定3人),教师参加各类校外培训281人次(含保定142人次),1名学生考取北京外国语大学博士研究生。获批研究生教改项目1项。为推进新文科背景下语言服务专业的体系建设,英语系开展多项论坛会议,包括新文科导引下语言服务专业建设探索与实践方案论证会、行业特色型院校语言服务建设和深造率提高路径圆桌会议和聚焦碳达峰碳中和战略,建设高水平研究型大学专题报告会。细化学科方向建设,获批多项学科课程建设成果,《第一外国语》获评2022年度河北省研究生示范课程,《英汉双语翻译能力培养案例库》获批2022年度河北省专业学位教学案例(库)项目,《"双碳"汉英双语教学资源库构建与应用研究》获批2022年首批河北省研究生教育教学改革研究项目。

科学研究。聘请专家学术讲座8场(含保定7场);发表高水平论文78篇(含保定49篇);出版著作和译著5部(含保定3部)。校外学术研讨会专题讲座或分论坛发言18人次(含保定15人次)。

学生工作。持续推进毕业生就业工作。学院团委书记获年度北京市优秀共青团干部荣誉称号。北京冬奥会学院7名志愿者获学校党委通报表扬,学校团委分别授予2人"活动标兵",4人"先进个人",2人"优秀个人"荣誉称号;外国语学院学生会获"先锋杯"优秀基层学生会组织,一团支部获"首都大学先锋杯优秀团支部",研究生党支部获"院级优秀特色示范活动党支部",一学生宿舍获"华北电力大学十佳示范性宿舍"等荣誉称号;学院团委学生会成功举办第十四届外语文化节。保定校区英语系不断拓展就业深造服务，推出领导班子"一对一"深度辅导、青年教师深造指导专项行动等，推出"offer online"系列深造就业经验分享交流活动8期、"听我职言"求职系列、"实话说吧"实习系列、"研为心声"考研系列等经验实战类专题30余期。保定校区学生工作1人获评河北省优秀共青团员，1人获河北省三好学生，1人获河北省优秀学生干部，6人获河北省冀青之星，6人参加冬奥会冬残奥会志愿服务工作，获评保定市志愿服务优秀好青年。

疫情防控。自学校疫情发生以来，外国语学院领导深入落实学校疫情防控部署要求全力推动各项工作落实落地落细。学院成立了以党委书记、院长为楼长，教师、辅导员及其他行政人员为层长的疫情防控应急响应小组。外国语学院多次、分层次、全覆盖讲授校园疫情防控"大思政课"，教育引导师生深刻认识当前疫情防控形势，准确掌握新冠疫情相关知识，进一步坚定打赢疫情防控歼灭战的决心信心。英语系领导带领18位老师组成英语系志愿者团队加入到志愿服务之中，他们用顽强拼搏的精神与疫情抗争，用坚强意志诠释立德树人使命。

工会工作。分工会继续推动"教工之家"建设，持续关心关爱病休及困难职工，动员教职工参与扶贫工作，参加教职工气排球比赛、校园健步走、踢毽子等活动，组织教职工参加"青年教师教学基本功大赛"等。

院长：康建刚

党委书记：于喜海

网址：http://sfl.ncepu.edu.cn/

（张颖敏　杨　博）

【联合举办提升处级干部政治能力的读书辅导班】 2022年2月22日，外国语学院党委、数理学院党委、继续教育学院党总支联合开展处级干部政治能力提升计划专题读书活动，外国语学院领导班子、党委委员参加。学校党委常委、副校长檀勤良出席。活动邀请马克思主义学院副教授骆小平作题为《百年中共的第三个历史决议：回顾与再出发》辅导报告，本次读书辅导活动旨在帮助处级干部深化运用我党百年奋斗历史经验的学习思考，用马克思主义立场观点、方法观察时代、把握时代、引领时代，进一步夯实理论根基、坚定理想信念、提高政治能力。

（张颖敏）

【推进外语专业《习近平谈治国理政》多语言版本进课堂教学体系建设】 2022年7月1日，外国语学院召开"外语专业《习近平谈治国理政》多语言版本进课堂教学体系建设"项目线上推进会。该项目为2022年校级教学研究与改革重点项目，旨在立足学院实际，将习近平新时代中国特色社会主义思想和社会主义核心价值观深度融入外语教学，打造"外语思政"特色品牌课程，推进《习近平谈治国理政》英文版、法文版、德文版、日文版进课堂。

（张颖敏）

【开展第二季外文中的党史主题党日活动】 2022年7月10日，为将学院大学生党员学风建设与学院党委品牌创新建设相结合，实现大学生"四史""校史"学习教育常态化长效化工作要求，外国语学院开展第二季的"外文中的党史"主题党日活动。学校党委学工部副部长高洁、学院领导班子、党委委员、教师党支部书记以及学院本硕学生党支部全体党员参加活动。活动围绕美国汉学家费正清的名著《伟大的中国革命》(The Great Chinese Revolution)的分析与研究开展。此次党日活动旨在将专业学习和四史学习相结合，打造学院新的党建品牌，拓展学生学习的深度和广度，为学院教学实践创新提供新的思路。

（张颖敏）

【校地合作取得实质进展】 2022年9月1日，为深入贯彻落实习近平新时代中国特色社会主义思想和习近平外交思想，积极发挥地方外事优势，促进校地合作，保定市外事办主任张林峰一行六人到英语系和国际合作处进行调研座谈。活动由英语系主任高霄主持，英语系党总支书记武彦军、国际合作处(保定)处长徐岩及相关人员参加座谈。此次活动进一步加强英语系、国际合作处与保定市外事办的沟通交流，并与保定市人民政府外事办公室展开合作，组织编写"外媒信息动态"专刊，承接并完成《保定市公共场所中英双语标识英文参考译法(试行)》校译和评审工作。

（杨　博）

【召开科研诚信与作风学风建设系列主题研讨会】 2022年8月29日至9月5日，根据学校《加强学风教风作风建设行动方案》和《关于开展科研诚信与作风学风建设专项整治活动的通知》的要求，外国语学院召开"科研诚信与作风学风建设"系列主题研讨会，各教师党支部、学院办公室分别组织教师、行政管理人员进行专项学习文件并展开讨论。此次系列研讨会，有助于加强教师科研诚信意识，推动科研诚信与作风学风建设的落地、落实。

（张颖敏）

【联合举办专场课程思政宣讲】 2022年9月13日，外国语学院与人文与社会科学学院、国际教育学院联合举办课程思政宣讲(第七场)专场活动。外国语学院党委书记于喜海、国际教育学院党委书记徐玲玲主持，人文与社会科学学院党委书记苑英科致辞。教务处副处长张栋峰和三个学院全体领导班子成员和教师通过线上线下相结合的方式参加宣讲会。会上，外国语学院副院长刘辉作题为《外语课程思政高质量建设探索》的专题报告，并在交流互动环节与教师们分享工作思路和经验做法。

（张颖敏）

【举办国际人才英语课程建设方案及资源支持教师培训】

2022年10月11日，为提高学院教师教学能力，推进国际人才教育教学改革，外国语学院通过线上线下相结合的方式举办“国际人才英语考试建设方案及资源支持”的教师主题培训活动。外研社外研教育测评中心解决方案部经理郭靖琦主讲，全院50位教师参加培训。此次培训会议，让教师及时掌握国才考试基本信息及培养方案，开拓教师教学改革思路，帮助教师更有针对性开展教学活动。

（张颖敏）

【举办第三届教师教学创新大赛初赛】 2022年12月6日，为深入贯彻党的二十大精神，助力课程思政建设和“四新”建设，引导广大教师潜心教书育人，外国语学院线上举办第三届教师教学创新大赛初赛，五个教师团队参加比赛。此次比赛紧扣建设高质量教育体系主题，激励教师全面理解和参与教学创新，有助于推动课程思政建设，进一步提升教师教学水平和育人能力。

（张颖敏）

马克思主义学院

【概况】 2022年，马克思主义学院设有马克思主义理论一级硕士学位授权点，承担马克思主义理论一级学科及所属二级学科思想政治教育、马克思主义中国化研究、马克思主义基本原理等学科建设和人才培养任务。学院现有专职教师62人，其中，教授14人，副教授24人，讲师23人，助教1人。专职教师中具有博士学位47人，硕士生导师28人。有双肩挑思政课教师14人。有行政人员6人，2+2辅导员1人，北京校部新增设团总支书记1人。学院有6个教师党支部，2个学生党支部，共有中共党员125名，其中教工党员59名，学生党员66名。学院全日制硕士研究生毕业19人，就业率达100%。招收2022级马克思主义理论一级学科学生共47人。

2022年，马克思主义学院进一步加强“马院姓马，在马言马”的办学导向，将思政课建设作为学院党总支最大的政治任务，统筹疫情防控工作和学院发展，贯彻执行“三重一大”决策制度，不断推进学院规范化管理，进一步提升优质教育水平，推动学院持续、稳定、健康发展。2022年5月，学院被北京市委宣传部、北京市委教育工委确定为北京市第三批重点建设马克思主义学院。

党建工作。坚持学习型党组织建设标准，组建党的二十大宣讲团，举办“马克思主义为什么行?”主题展，筹办“中国共产党第二十次全国代表大会主题展”，组织学院研究生公益讲解志愿服务。学院教工党支部书记实现“双带头人”全覆盖，加大对党外人士的入党引导，发展党员提质增量。继续探索马克思主义学院教师党支部与兄弟学院教师党支部“1+N”协同共建模式。加强党支部“三会一课”监督检查力度，以迎接学校党委政治巡察为契机，全面开展各项制度“废、改、立”工作。落实“一岗双责”，进一步提高学院党政领导班子民主、规范、科学决策水平和治理能力。切实履行党组织书记抓党风廉政建设领导责任，继续保持良好作风。保定校区积极培育“双带头人”教师党支部书记，制度化、常态化推进“书记讲党课”等活动，规范党支部书记例会、党支部书记年度述职考评制度。纲要教研室党支部入选校级“双带头人”教师党支部书记工作室培育创建单位。

师资建设。2022年，修订学院思想政治理论课教师任职资格制度，把好思想政治理论课教师的入口关和过程关；出台青年教师系列成长帮扶制度，继续推行校领导与思政课教师结对子联系制度；发布《马克思主义学院教职工政治和业务学习制度》，提高学院全体教职工的理论水平、业务水平和工作能力。成立学院教师队伍建设工作领导小组，负责教师队伍建设的领导规划和部署安排，进一步抓牢师德师风建设，守住意识形态底线。出台青年教师系列成长帮扶制度，继续推行校领导与思政课教师结对子联系制度。多渠道扩充思政课教师队伍，克服疫情等不利因素，千方百计引进人才。名师、品牌课程数量进一步增加，现学院省部级教学名师、思政教学名师和教学团队达3人，学院1名教师获北京市思政课教学比赛习近平新时代中国特色社会主义思想概论组一等奖（第一名），同时获北京市思政课教学比赛一等奖，1人获得学校年度教学优秀奖特等奖1次、优秀奖1次，1人获学校教学优秀奖和“我身边的好老师”等荣誉称号，1人获“2022年‘永远跟党走’北京市大中小学思政课优秀教学课例征集展示活动三等奖及学校第二届教学创新大赛”一等奖，保定校区5名教师获学校“我心中的好老师”荣誉称号。1名教师被评为学校2021—2022学年优秀研究生班主任，1名教师被评为学校优秀本科生班主任。

学科建设。结合学校及学院自身学科特色和课程特点进行深入研究和系统谋划，深入挖掘大学能源电力行业特色优势，开设《中国电力工业发展史》选择性特色思政必修课，在课程中加大运用习近平生态文明思想阐释“双碳”战略的力度。学校“电力思政”系列品牌课程作为全国18个典型案例之一，入选人民网2022大学校长论坛《2022年高校思政课改革创新情况分析报告》。保定校区深入推进学科交叉工作，推进“思政+工程”，开启企业党建新领域，获校创新人才支持计划2项。第五轮学科评估等级为C。

教育教学。2022年，学院新开设“中国共产党简史专题课”“习近平新时代中国特色社会主义思想在京华大地的生动实践”“大学生思想政治理论课进阶”“诸子百家思想释读”，形成必修课、选择性必修课、选修课为一体的思政课课程群。制定学院名品支持建设计划，助力“思想道德与法治”“中国近现代史纲要”2门课程打造成样板、品牌课程。修订思政课教学相关系列制度，形成从集体备课、听课试讲、诊断督导、考试考核的系列制度，不断提高思想政治理论课教师的教学能力和教学水平，全面提高教育教学质量。举办大学生讲思政课系列比赛和暑期社会实践成果分享评比活动。学校5门本科课程和2门研究生课程获评“北京高校课程思政示范课程”，其相应授课教师和教学团队同时被认定为“课程思政教学名师和教学团队”，学校1门课获河北省高校普通本科教育思政示范课程，1门课获河北省研究生课程思政示范课程，2人入选课程思政教学名师和教学团队。学院教师主持的“基于党史融入的高校思政课红色案例库建设研究”入选河北省高校党建研究会2022年重点课题。1项思政课教学成果获“荆楚杯”大数据创新应用案例奖。

学术研究。习近平新时代中国特色社会主义思想概论教研室开始实体化建设，并加强对习近平新时代中国特色社会主义思想和党的二十大精神的专题研究和宣讲。大力加强科研领域交叉发展，学院国家安全与制度反腐研究中心升格为校级研究中心，国学交流中心更名为中华文化与中国精神研究中心，新成立学院生态文明研究中心。学院教师发表论文数十篇，在《人民日报》《光明日报》《中国妇女报》发表文章，在学界引起较大反响，学院（保定）教师在国际级出版社出版学术著作2部，被人大书报复印资料全文转载以及发表全国中文核心期刊高水平文章十余篇。国家课题结项1项；教育部高校示范马克思主义学院和优秀教学科研团队建设项目课题结项1项。大数据实验室进一步拓展领域，智慧思政、思政特色亮点影响显著，组织各类学术讲座十余次。学院联合清华大学马克思主义学院举办的“马克思主义理论学术前沿系列讲座”圆满完成。学院教师走进昌平电视台“普法人讲堂”栏目宣讲党的二十大精神。

学生工作。多名同学组织“挺进大别山”大学生社会实践团获校级先进团队并收到来自舒城县教育局的感谢信；1名同学获北京市马克思主义理论“双百”奖学金，2名同学获国家奖学金，1名同学获校长奖学金。学院（保定）1名学生应届考取中国石油大学（北京）马克思主义学院博士。获学校第四届大学生网络文化节二等奖1项、三等奖1项。获学校“青年学党史·献礼二十大”微视频创作大赛一等奖1项、二等奖1项、三等奖4项，学校“青年讲党史·献礼二十大”大学生讲思政课比赛一等奖3项、二等奖3项、三等奖3项。研究生在河北省大学生“调研河北”社会调查活动和“挑战杯”河北省大学生创业计划竞赛中获省部级奖项十余项。研究生党支部成功申报学校基层党组织特色项目1项。学院积极组织学生参加各类重大活动志愿工作，如2022北京冬奥会、冬残奥会、学校垃圾分类值守志愿服务、学校新冠疫苗加强针接种工作现场志愿服务、疫情防控值守志愿活动。学院研究生应届毕业生就业率连续两年达100%。

宣传工作。2022年，《光明日报》《北京青年报》《中国教育报》等多家主流媒体对学院进行报道，内容涉及思政教育、党史教育、马克思主义研究、课程思政体系建设等。

工会工作。组织召开集体备课会暨女性思政课教师职业成长交流会。在学校疫情防控最严峻阶段，分工会教师积极主动加入疫情防控志愿者队伍，响应学校号召迅速集结，开展人员排查、环境消杀、卫生保洁、送餐配餐、心理疏导等工作，用实际行动助力学校防疫工作。在选举保定市妇女第十五次代表大会代表和推荐保定市妇联第十五届执委候选人工作中，选举学院教师为保定市妇女第十五次代表大会代表。积极开展思想和业务教育，助力教职工队伍整体素质提升。结合学院发展的实际情况，采取多种形式加强教职工的思想政治教育、职业道德教育，开展教学基本功比赛培训。学院（保定）分工会举行“喜迎二十大，庆祝教师节——听老教师讲思政育人故事”教师荣休暨师德传承典礼，进一步弘扬尊师重教的良好风尚，增强广大教师和教育工作者立德树人的荣誉感、责任感。

廉政工作。学院以学校“三风”建设年为契机，扎实推进党风廉政建设，开展形式主义、官僚主义问题自查自纠。班子成员团结带领全院师生，围绕学院中心工作，筑牢意识形态阵地，为学院各项事业发展把方向、谋大局。加强制度建设，修订《马克思主义学院领导联系基层工作实施方案》。领导班子以身作则，带领全院党员教师遵规守纪，继续与全体教师签订《师德师风与意识形态安全责任书》。根据校园疫情防控政策，做细做实学院研究生返校报到、离校返乡疫情防控监督检查工作以及入校志愿者日报情况、包联宿舍楼疫情防控各项事宜的督查检查工作。深入开展政治纪律教育和廉政风险预警防控工作，切实加强全体教职工的政治纪律性和党风廉政建设，每年与每位思政课教师签订“意识形态承诺书”。

书记：孙　平、李红霞（保定）

院长：王　伟、王聚芹（保定）

副书记：武昌杰、王建红（保定）

副院长：王建红（保定）

组织员：孙　芳（保定）

（武昌杰）

【周坚到马克思主义学院调研】 2月24日，校党委书记周坚到马克思主义学院调研并召开马克思主义学院建设现场办公会。校党委副书记、纪委书记何华，党委常委、副校长孙忠权，校党委副书记汪庆华，党委常委、组织部部长鹿伟参加会议。周坚听取学院领导班子工作汇报后发表讲话。周坚要求，马克思主义学院要明确自身职责使命。一是要切实加强思想理论武装，将马克思主义理论学深悟透、学以致用，成为理论学习的标杆；二要着力推进党建与事业融合发展，加强统筹谋划，体现学科特色，激发组织活力，增强发展动力，成为党建引领事业发展的标杆；三要充分调动教职工的积极性、主动性、创造性，让全院师生以更加饱满的精神状态投入到学院建设中；四要用好用足校内巡察成果，细致梳理存在的短板和问题，对标对表，查缺补漏，夯实基础，不断补短板强弱项，推动马克思主义学院建设再上新台阶。

（武昌杰）

【举办“3·18”重要讲话三周年研讨会】 2022年3月12日，华北电力大学举办习近平总书记在学校思想政治理论课教师座谈会上重要讲话发表三周年研讨会。华北电力大学党委书记周坚，原教育部党组成员、教育部高等学校思政理论课教学指导咨询委员会主任委员顾海良，北京市社会科学界联合会党组书记、常务副主席、北京市哲学社会科学规划办主任张淼，中共北京市委教育工委副书记李军锋，教育部社科司二级巡视员陈睿，中共北京市委宣传部理论处处长陈睿，华北电力大学党委副书记、纪委书记何华，副校长王增平，党委副书记汪庆华出席会议，会议以视频形式在北京保定同步进行。与会专家学者围绕习近平总书记“3·18”重要讲话精神展开研讨交流。来自北京大学、清华大学等20多所高校马克思主义学院书记、院长、思政课教授，华北电力大学马克思主义学院、马克思主义学院（保定）师生代表等参加研讨会。

（武昌杰）

【召开疫情防控工作会议】 2022年3月16日，马克思主义学院（保定）以线上形式召开学院疫情防控工作会议，传达学校疫情防控工作会议精神，并对学院近期疫情防控工作进行动员与部署。学院领导班子、全体教师参加会议，党总支书记李红霞主持会议。李红霞传达学校疫情防控工作会议精神，分析当前疫情形势，并对做好近期疫情防控工作提出五点要求。院团总支书记艾书剑宣读了党委组织部发布的《战疫有我 共克时艰——致保定校区全校党员和领导干部的倡议书》，号召学院全体党员和领导干部，积极响应倡议，充分发挥党员先锋模范作用。同时，学院及时召开专题学生工作会议部署疫情防控工作。

（陈晓蕾）

【联合主办中国青年马克思主义大会】 4月16日，学院联合主办的第二届“中国青年马克思主义大会”在苏州大学马克思主义学院以线上线下相结合的方式召开。来自全国高校、党政军企等科研院所的35位全国知名专家学者、200余位青年学者受邀参会，学者围绕大会主题作主旨报告。

（武昌杰）

【召开马克思主义学院建设领导小组暨思想政治理论课建设领导小组会议】 2022年4月20日，学校召开马克思主义学院建设领导小组暨思想政治理论课建设领导小组工作会议。校党委书记周坚、校长杨勇平出席会议并讲话。周坚指出，马克思主义是我们立党立国的根本指导思想，是我国办好中国特色社会主义大学的鲜亮底色。大学肩负立德树人的根本任务，必须回答好“培养什么人、怎样培养人、为谁培养人”这个重大问题。思想政治理论课是落实立德树人根本任务的关键课程，办好思想政治理论课意义重大，必须进一步加强党对马克思主义学院和思想政治理论课建设的领导。杨勇平指出，马克思主义学院要进一步明确自身定位，强化使命担当。一是要自觉履行马克思主义学院建设和思想政治理论课建设的政治任务，充分激发学院全院师生内在动力；二是要坚持内涵式发展道路，聚焦主责主业，把思想政治理论课建设当作最重要最紧迫的任务；三是要进一步发挥教师的主观能动性，提高认识、改进态度，加大在教育教学方面的投入，切实改进学风教风作风；四是要依托大学能源电力行业专业特色优势，从习近平生态文明思想、“双碳”战略、能源革命和能源安全等方面，全面深入研究阐释习近平新时代中国特色社会主义思想，形成研究特色。

（武昌杰）

【召开思政课建设专题会】 2022年4月26日，马克思主义学院（保定）以线上会议形式召开理论中心组学习（扩大）会议——思政课建设专题会。学院党政班子成员、党支部书记和各教研室主任参与学习。马克思主义学院（保定）院长王聚芹领学习近平总书记在中国人民大学考察的重要讲话内容，传达学校马克思主义学院建设领导小组暨思想政治理论课建设领导小组工作会议精神。参会教师结合本教研室、党支部的实际情况，就今后如何进一步提升课堂教学质量与教学效果进行交流发言。党总支书记李红霞指出，全院要按照党中央及教育部党组要求，认真学习习近平总书记关于马克思主义学院建设、思政课建设重要指示精神，坚决贯彻学校党委要求和马克思主义建设领导小组暨思想政治理论课建设领导小组会议精神，提高政治站位，强化使命担当。

（陈晓蕾）

【召开2022年教职工大会】 2022年5月3日，马克思主义学院（保定）以腾讯会议形式召开2022年教职工大会。校工会常务副主席周泽、党建联络员仇必鳌、宣传部副部长王万雨出席开幕会，学院全体领导班子和教职工参加会议。会议由学院党总支副书记、副院长王建红主持。学院院长王聚芹作题为《勇担使命，乘势而上，谋求内涵式高质量高水平发展》的学院工作报告和2021年学院财务工作报告。在分组讨论环节，全体教职工结合习近平总书记到人民大学考察讲话精神，以及学校马克思主义学院建设领导小组暨思想政治理论课建设领导小组会议精神，对王院长所作的工作报告和学院年度财务工作报告进行审议，闭幕会上，与会人员一致通过大会决议。

（陈晓蕾）

【召开学习习近平总书记考察中国人民大学重要讲话精神暨五四座谈会】 2022年5月4日，马克思主义学院举办学习习近平总书记考察中国人民大学重要讲话精神暨五四座谈会。校党委副书记、纪委书记何华出席座谈会，党总支副书记武昌杰、青年教师代表王梦、蔡洁及学院全体研究生参加。座谈会由学院党总支书记孙平主持。

（武昌杰）

【召开“三风”建设专题会议】 2022年5月10日，马克思主义学院（保定）以线上会议形式召开全体教师贯彻落实全面从严治党，扎实推进“三风”建设专题会。学院全体教师参与学习，会议由学院副书记、副院长王建红主持。会上，与会教师结合本人学习的实际情况，对学习依次进行交流发言。学院党总支书记李红霞做马克思主义学院“三风建设”动员。她指出，马克思主义学院落实“三风建设”，要从加强党的政治建设上下功夫、在落实党建责任上下功夫、在推进“三风建设”上下功夫、在坚持党管人才引育并重上下功夫。随后，学院就如何切实提升教风继续召开教学工作会。院长王聚芹指出，思政课堂教学是改造人类灵魂的一个“大课”，要围绕教风统一要求全面改善学院教风建设。

（陈晓蕾）

【联合北京农学院马院召开集体备课会】 2022年5月10日，马克思主义学院联合北京农学院马克思主义学院召开“习近平新时代中国特色社会主义思想概论”课程集体备课会。备课会邀请北京工业大学马克思主义学院阚和庆教授讲授《“习近平新时代中国特色社会主义思想概论”课程建设及教学状况》、北京工业大学马克思主义学院赵聪聪老师作《何为“民主”》示范课。

（武昌杰）

【举办新时代坚持和发展马克思主义妇女观学术沙龙】 2022年5月15日，由马克思主义学院主办的“新时代坚持和发展马克思主义妇女观学术沙龙”在线上举办，该活动由马克思主义学院党总支书记孙平致辞，青年教师蔡洁主持，全国妇联妇女研究所副所长姜秀花研究员、清华大学马克思主义学院肖巍教授、北京大学马克思主义学院副院长陈培永研究员、厦门大学马克思主义学院党委书记石红梅教授、华北电力大学马克思主义学院刘玮玮教授担任主讲嘉宾，中国妇女研究会副会长叶文振教授担任评议嘉宾。《中国妇女报·新女学周刊》5月17日第5版进行报道。

（武昌杰）

【校领导参加学院集体备课会】 2022年5月17日，马克思主义学院（保定）思想道德与法治教研室举行第13周集体备课会。校党委副书记郭孝锋全程参加备课并作指导，学院领导班子成员及教研室全体教师参加备课会，备课会由思想道德与法治教研室成员孙芳主持。此次备课会分教学研判、教学展示、教学会诊三环节进行。

（陈晓蕾）

【召开2022年度教职工大会】 5月31日下午，马克思主义学院召开2022年教职工大会，会议由学院党总支书记孙平主持，学院领导班子和全体教职工参加会议。孙平在会议总结中指出，2022年学院将继续高举习近平新时代中国特色社会主义思想，深入贯彻落实党和国家以及学校党委关于马克思主义学院和思政课建设的各项政策，坚持党建引领，全面推进“十四五”规划和“双一流”学科建设，强化思政课教师的社会责任意识、规则意识、奉献意识，大力实施“思政创优”计划，以新开设的《习近平新时代中国特色社会主义思想概论》课程为试点推进线上线下融合式专题教学新模式，打造思政金课，加强对优秀科研成果产出的激励机制，实施“人才托举”计划和优质成果培育计划，以学科核心竞争力提升引领学院内涵式高质量发展。

（武昌杰）

【入选第三批北京市重点建设马克思主义学院】 2022年6月，中共北京市委宣传部、中共北京市委教育工作委员会发布《关于印发第三批北京市重点建设马克思主义学院名单的通知》，华北电力大学马克思主义学院等10所马克思主义学院入选。建设北京市重点马克思主义学院，是北京市委贯彻落实习近平总书记关于教育的重要论述特别是在学校思想政治理论课教师座谈会上的重要讲话精神，巩固马克思主义在意识形态领域的指导地位的战略举措。学院将以本次入选北京市重点建设马克思主义学院为契机，大力推进马克思主义学院建设和思政课建设。

（武昌杰）

【举办马克思主义为什么行主题展】 2022年10月，马克思主义学院喜迎党的二十大之“马克思主义为什么行？”主题展在教三楼C区一层大厅正式开展。该展览以40块专题展板全面概括展示马克思生平；马克思主义理论的三大来源及三大组成部分；马克思主义的鲜明特征和时代价值等三大部分，并以17根立柱呈现马克思、恩格斯等伟人的经典语录，充分展现马克思主义的深邃思想和现实价值。

（武昌杰）

【同清华大学新闻与传播学院开展线上交流】 2022年6月2日，华北电力大学大数据与哲学社会科学实验室同清华大学新闻与传播学院联合开展在线交流活动，就双方感兴趣的大数据、AI与人文科学交叉研究问题展开探讨。双方分别介绍所在团队的研究成果和现状。在自由交流环节，双方就意识形态洞察中报告内容维度的划分、报告文本标准化、文本情感分类、地缘政治数据源获取与真假鉴别，以及数据标签分类、指数模型构建等方面进行深入交流，并形成初步合作意向。

（陈晓蕾）

【与曹妃甸供电公司党委开展共建活动】 2022年6月30日，马克思主义学院党总支与曹妃甸供电公司党委联合开展党委中心组“校企云共建，奋进二十大”理论联学活动，丰富理论学习方式，推动理论与实践融合，加强双方党建工作合作与交流，并以此促进双方全方位深度合作。学院党总支中心组成员、教师党支部书记、教研室主任、科研平台负责人以及曹妃甸供电公司党委理论学习中心组成员参加学习。

（武昌杰）

【捐赠音乐教室】 2022年6月，马克思主义学院“挺进大别山”学生暑期社会实践团代表学院和能量中国公益平台在安徽省六安市舒城县柏林乡中心学校举行捐赠仪式。本次捐赠，共向安徽省舒城县五所中小学捐赠音乐教室。舒城县委教育工委委员、县教育局办公室主任王方胜、柏林乡中心学校及另外受赠学校部分领导、学生代表参加捐赠仪式。

（武昌杰）

【何华来马克思主义学院调研】 2022年8月29日，校党委副书记、纪委书记何华来马克思主义学院调研，学院全体领导班子成员参加调研。学院党总支书记孙平、院长王伟分别围绕学院党建思政、巡察整改、思政课建设、“大思政课”建设实施方案、北京市重点马院建设重点工作等进行汇报。何华认真听取汇报并重点针对党建思政、巡察整改、思政课教师队伍建设、作风建设、北京市重点马院建设重点工作等方面提出指导意见。何华指出，作为思想政治教育的主渠道、主阵地，马克思主义学院要深入研究党的十八大以来党的理论创新，及早谋划好党的二十大精神的学习和宣传，及时准确地将党的二十大精神传达到位。何华强调，马克思主义学院要进一步落实立德树人根本任务，以巡察整改为契机，坚持内涵发展、聚焦思政课建设和思政课教师队伍建设，切实提升思政课实效，守好意识形态底线，关心关爱师生，加强属地服务职能，充分发挥大学思政课建设领导小组办公室的统筹协调作用，全力建设好思政课，以优异成绩迎接党的二十大胜利召开。

（武昌杰）

【思想政治理论课质量评估结果为优秀】 2022年8月，河北省教育厅发布《河北省第二批高校思想政治理论课质量评估结果的通报》，华北电力大学思想政治理论课质量评估结果为优秀。2021年9月至12月，河北省教育厅根据中共中央办公厅、国务院办公厅印发的《关于深化新时代学校思想政治理论课改革创新的若干意见》和省委办公厅、省政府办公厅印发的《关于深化新时代学校思想政治理论课改革创新的若干措施》各项要求，组织开展第二批高校思想政治理论课质量评估工作，共涉及全省74所高校。

（陈晓蕾）

【开展党员讲党课系列活动】 2022年8月，为深入学习中国共产党的精神谱系，马克思主义学院（保定）党总支研究生党支部开展三期“党员讲党课”系列活动。党支部成员精心打造出《从七一讲话中领会伟大的建党精神》《坚定初心使命 传承先辈精神》《学好百年党史 凝聚奋斗伟力》3门课程。该系列活动对于弘扬伟大建党精神，赓续红色血脉具有重要意义。

（陈晓蕾）

【校领导到学院调研教师党支部“双带头人”建设工作】 2022年9月7日，马克思主义学院（保定）党总支举行教师党支部书记“双带头人”工作室建设推进会。校党委副书记郭孝锋出席会议。会上，“双带头人”党支部书记、纲要党支部书记赵鲁臻和马研党支部书记吴培分别按照支部基本情况、工作基础和建设计划的思路作汇报。郭孝锋对支部书记“双带头人”建设成绩表示肯定。他指出，建设好“双带头人”队伍、发挥好“双带头人”作用对于学校落实立德树人根本任务至关重要，教师党支部书记要切实履行“双带头人”职责，以高质量党建引领事业高质量发展。

（陈晓蕾）

【召开大思政课建设座谈会】 2022年9月9日，校党委副书记孙传新到马克思主义学院调研，慰问思政课教师代表并召开“大思政课”建设座谈会。孙传新指出，在学校党委的坚强领导下，马克思主义学院在师资力量、学科建设、人才培养、科学研究等方面都取得显著进步，实现从无到有，从弱到强的跨越式发展。学院获批北京市第三批重点建设马克思主义学院既是发展里程碑式的成果体现，也是新的发展起点，要紧紧抓住重点马院建设契机，以习近平新时代中国特色社会主义思想为指导，全面推进马克思主义学院内涵式高质量发展。

（武昌杰）

【学院召开新生开学第一课】 2022年9月14日，学院团总支召开第一次团员大会。马克思主义学院（保定）党总支书记李红霞通过线上视频会议的形式，为新生讲授题为《牢记总书记嘱托，做可堪民族复兴大任的时代新人》的开学第一课，2022级全体研究生新生参加并学习。李红霞带领大家逐一学习、领悟习近平总书记近年来关于青年工作重要论述。对新生继续开展了入党动员教育，从学科发展、师资力量、人才培养、学院精神、就业前景等方面向同学们介绍马克思主义学院基本情况。教育引导新生坚定理想信念，以实际行动迎接党的二十大胜利召开。

（陈晓蕾）

【举办大学生讲思政课比赛】 2022年9月16日，马克思主义学院举办“青春献礼二十大，强国有我新征程”大学生讲思政课比赛。共有6支队伍参加，马克思主义学院宁阳教授等五位专职思政课教师担任评委。经过激烈角逐,"弘扬大别山精神,同心共筑中国梦"思政课展示获一等奖,"总体国家安全观是能源电力安全的灯塔"等两个思政课展示获二等奖,"打好碳达峰碳中和这场硬仗"等三个思政课展示获三等奖。

(武昌杰)

【赴北京科技大学调研交流】 2022 年 9 月 16 日,马克思主义学院赴北京科技大学马克思主义学院调研访谈。访谈由党总支书记孙平、院长王伟带队,教研室党支部书记、教研室主任和教授代表等一行 6 人参加。北科大马克思主义学院党委书记张颖、院长宋伟等参加访谈会。

(武昌杰)

【获荆楚杯大数据创新应用案例奖】 2022 年 9 月 30 日,华北电力大学大数据与哲学社会科学实验室团队成员魏彤儒教授主持完成的《大数据助力高校思政课"学生获感"精准测度》案例获评"楚治——2022'荆楚杯'大数据驱动地方治理现代化创新应用'他山之玉'参考案例"。该案例的创新性做法在于,基于四年研究实践,运用大数据思维和大数据技术方法,破解阻碍高校思政课"学生获得感"精准测度的两大"痛点"。该评价范式已在华北电力大学全面推行,信度效度良好。同时还以横向项目方式,被河北师范大学等全国重点马院采用。

(陈晓蕾)

【召开理论学习中心组(扩大)专题学习党的二十大报告会议】 2022 年 10 月 16 日,中国共产党第二十次全国代表大会在人民大会堂隆重开幕。马克思主义学院党总支组织班子成员、党总支委员、教工党支部书记代表、教研室主任代表、科研平台负责人代表、学生代表在学院智慧图书室和学院会议室集体收看开幕会直播,认真聆听学习习近平总书记代表第十九届中央委员会向大会所作的报告。马克思主义学院(保定)认真组织广大师生在会议室、实验室、宿舍等多个收视点通过电视、网络等媒体聆听习近平总书记代表第十九届中央委员会作的报告,在师生中引起强烈反响。院长王聚芹表示,我们要当好理论排头兵,宣传好二十大精神;做好思想播种者,把党的思想撒播到青年大学生心中;做好理论探索者,勇立潮头,积极推动当代中华民族伟大复兴事业。

(武昌杰 陈晓蕾)

【举行新入职思政课教师宣誓仪式暨青年教师座谈会】 2022 年 10 月 18 日,马克思主义学院(保定)召开新入职思政课教师宣誓仪式暨青年教师座谈会。学院党政领导班子、思政名师工作室负责人及青年教师代表参加会议。会议由学院党总支组织员孙芳主持。三位新入职教师在院长王聚芹领誓下庄严宣誓。与会青年教师分享从教经验,随后,新入职教师结合自身实际发表入职感想,并就入职以来的困惑以及对学院的期待同与会人员展开交流。

(陈晓蕾)

【召开思想政治理论课教学指导委员会工作会议】 2022 年 10 月 25 日,学校召开思想政治理论课教学指导委员会工作会议,深入学习党的二十大精神并就如何将党的二十大精神完整准确地融入思政课教学举行研讨并开展集体备课会。思政课教学指导委员会主任委员王增平副校长、校党委孙传新副书记参加会议,北京校部学校思政课教学指导委员会委员线下参加会议,保定校区委员线上参加会议。会议由学校思政课教学指导委员会副主任委员、办公室主任、北京校部马克思主义学院院长王伟主持。

(武昌杰)

【与首师大国际文化学院开展联学联建】 2022 年 11 月 5 日,"喜庆二十大,踔厉新征程"马克思主义学院党总支与首都师范大学国际文化学院党总支联学联建暨"讲好中国故事 践行立德树人"研讨会在线上举办。本次活动华北电力大学马克思主义学院、首都师范大学国际文化学院、首都师范大学语言治理研究中心共同主办,首都师范大学国际文化学院党总支和华北电力大学马克思主义学院党总支成员、学院党支部书记及教师党员等近 20 人参加。

(武昌杰)

【12345 金牌话务员走进思政课堂】 2022 年 11 月 8 日,北京市青联委员、北京榜样·政务服务之星、12345 金牌话务员刘缓走进华北电力大学《习近平新时代中国特色社会主义思想在京华大地生动实践》思政课,作题为《在 12345 热线座席岗位上和市民一起让城市更美好》的专题报告。报告会场面热烈,反响强烈,与会师生纷纷表示,要进一步深入学习贯彻党的 20 大精神,以实际行动践行习近平新时代中国特色社会主义思想。

(武昌杰)

【参与主办第三届中国青年马克思主义大会】 2022 年 11 月 5 日至 6 日,第三届"中国青年马克思主义大会"在东北大学召开。本次大会聚焦党的二十大报告精神的理论学习和理论阐发,分设"争鸣·高端对话""交锋·青年学者""领航·期刊主编"3 个专场,共探学术前沿,共议学科发展。华北电力大学马克思主义学院为主办单位之一,院长王伟线上参会并主持大会闭幕式。大会注重特邀专家和参会代表的老中青学者兼顾,他们中既有德高望重的宿儒,也有学术中坚和骨干,还有崭露头角的学术新锐,充分体现青年定位、传帮带的特点,以名师报告、学者互评为主体,引领青年学者成长。

(武昌杰)

【举行"培超·飞杨"工作室启动仪式】 2022 年 11 月 22 日,马克思主义学院(保定)以线上线下相结合的方式举行"培超·飞杨"工作室启动仪式。党总支书记李红霞、院长王聚芹以及学院青年教师参加启动仪式,学院副书记、副院长王建红主持。"培超·飞杨"工作室是马克思主义学院为更好落实立德树人根本任务，专门针对青年教师快速提升教学、科研水平的需求，正式成立的相互学习、共同发展的组织平台。

（陈晓蕾）

【邀请北京大学历史学系尚小明教授作学术报告】 2022年11月27日，北京大学历史学系教授、博士生导师尚小明应邀为学校师生以线上形式作题为"宋教仁被刺真相剖析"的学术报告。马克思主义学院党总支书记孙平、学院师生代表，以及校外数名高校及科研机构代表聆听此次报告。

（武昌杰）

【召开三进工作推进会】 2022年12月7日，学校召开"学习宣传贯彻党的二十大精神推动习近平新时代中国特色社会主义思想'三进'"工作推进会。校党委书记周坚，副校长王增平，校党委副书记孙传新出席会议。学校思政课教指委委员，马克思主义学院班子成员和师生代表参加会议。会议以线上线下相结合的形式召开，孙传新主持会议。

（武昌杰）

【开展大学生讲思政课比赛】 2022年12月13日，马克思主义学院组织召开"学习宣传党的二十大精神专题大学生讲思政课比赛"评比展示会。"学习宣传党的二十大精神专题大学生讲思政课比赛"由马克思主义学院、党委学工部和团委共同举办，来自7个学院的25支队伍，共80余人参赛。经专家评审，12支参赛队伍脱颖而出，分获比赛一、二、三等奖。

（武昌杰）

【联合举办马克思主义研究峰会】 2022年12月21日，华北电力大学联合北京师范大学中共党史党建研究院、中共中央党校（国家行政学院）专家工作室举办的第二届21世纪马克思主义研究峰会开幕。华北电力大学校长杨勇平、教育部社会科学司副司长宋凌云、北京市委教育工委副书记沈千帆、北京市委宣传部理论处处长陈睿在开幕式上致辞。第十三届全国政协委员叶小文、韩庆祥等专家学者作主旨报告和主题演讲。开幕式、主旨报告和主题演讲环节由华北电力大学党委副书记孙传新主持。来自全国部分高校的马克思主义学院院长、思政课教师和研究生，《马克思主义研究》等权威杂志编审人员，《人民日报》、人民网等媒体的记者千余人线上参加峰会。

（武昌杰）

【召开党的二十大精神专题学习交流会】 2022年12月22日，马克思主义学院（保定）召开理论学习中心组（扩大）会议，专题学习党的二十大精神。学院党总支书记李红霞主持会议，学院理论学习中心组成员、全体教职工及研究生宣讲团成员参会。机械工程系党委书记商雷和马梦祥老师进行巡听旁听。学院党总支副书记、副院长王建红从五个方面对大会报告的主要内容进行介绍。李红霞表示，学院全体师生的主要任务是学习宣传党的二十大精神，同时肩负着研究阐释、贯彻落实的重大政治责任。院长王聚芹表示，党的二十大报告是新时代推动中国特色社会主义发展的行动指南，并围绕"思政课教师如何完成自身立德树人的使命""如何推动学院高质量发展"两个方面进行论述。

（陈晓蕾）

【开展党的二十大宣讲工作】 党的二十大胜利闭幕后，学院积极筹备成立包括学院广大党员教师和部分研究生在内的党的二十大精神宣讲团，召开党的二十大精神学习宣讲动员会和学习党的二十大报告座谈会，组织宣讲团成员认真备课、制作教案，广泛开展宣讲。学院18位教师入选学校学习宣传党的二十大精神专家宣讲团。截至2022年底，宣讲团成员共开展宣讲40余场次，覆盖师生逾千人。部分教师应邀到中国高等教育培训中心、昌平电视台等校外单位开展二十大精神专题授课或宣讲，取得良好反响。

（武昌杰）

【一课题入选河北省重点课题】 2022年，魏彤儒教授主持的"基于党史融入的高校思政课红色案例库建设研究"入选河北省高校党建研究会2022年重点课题。

（陈晓蕾）

体育教育部

【概况】 华北电力大学体育教学部分为北京和保定2个教学部。2022年体育教学部共有教职工64人（保定29人），其中专任教师59人（保定27人），教授4人（保定1人），副教授27人（保定13人），北京校部硕士以上学位的教师占比为90.9%（保定为85%）；管理人员4人（保定2人），实验技术人员1人。体育教学部共有中共党员49人（保定23人）。师生运动场地设施完善，其中体育运动中心1座，标准塑胶田径场3块（保定2块），场内均设有标准足球场地，室外篮球场49块（保定35块），排球场14块（保定12块），塑胶网球场地11块（保定5块），羽毛球场地8块（保定），小足球场4块（保定），乒乓球台110张（保定60张）。教学器材种类齐全，数量充足，各运动项目器材配备完善。运动场总面积 11.57 万 m^2(保定 65950 m^2),其中室内运动场面积为 8244.55 m^2(保定 3150.55 m^2)。室内运动场地包括 400 m^2 综合训练场 1 个(保定),414.75 m^2 健美操教室 2 个(保定 1 个,193.75 m^2),1780 m^2 乒乓球室 3 个(保定 1 个,500 m^2),111 m^2 健美教室 1 个(保定),404.5 m^2 武术,跆拳道教室 1 个(保定),205.5 m^2 形体教室 1 个(保定),637.8 m^2 综合体育教室 1 个(保定),869.5 m^2 大学生体质健康测试室两个(保定 1 个,169.5 m^2),528.5 m^2 体育活动中心跑廊 1 个(保定)。

2022 年,体育教学部以《华北电力大学加强新时代体育工作实施方案》为工作准则,全面深入推动体育教学部"十四五"发展规划实施,坚持德、智、体、美、劳全面发展的正确方向,继续深化体育教学改革,在党建工作、工会工作、教学工作、科研工作、人才培养、群体工作、阳光体育、高水平运动队建设等方面取得明显成果。

党建工作。2022 年,体育教学部直属党支部深入贯彻习近平新时代中国特色社会主义思想、以党的二十大精神为指引,以加强党的政治建设为统领,发挥"两个作用"、突出"三个从严",不断推动党组织的向心力、组织力、战斗力、凝聚力,为全年各项工作的高水平开展提供坚强政治保证。加强理论学习,以习近平新时代中国特色社会主义思想为主线,利用个人自学、中心组集中学、主题党日、专题党课等形式组织党员干部持续深入学习党的十九届六中全会习近平重要讲话精神,不断提升党员政治判断力、政治领悟力、政治执行力。全年以集中学习和实践学习相结合的方式,开展中心组学习、主题党日活动以及专题党课学习;组织党员、群众集中观看二十大直播盛况,认真聆听大会工作报告,会后邀请专家讲解二十大精神,号召广大干部教师,以高度的责任感和饱满的热情认真学习、宣传贯彻好党的二十大精神,并以党的二十大精神为引领,扎实工作、锐意进取、开拓创新,不断加强体育教学部队伍战斗力,充分发挥党员教师的先锋模范作用,为学校和社会贡献力量;组织交流实践,召开党史学习教育交流会和专题组织生活会,支部就开展党史学习教育方面进行检视,党员围绕自身学习情况、习近平总书记专题讲话、党员先锋模范作用、党性锤炼等方面开展检视、批评和自我批评。切实加强党员增强"四个意识"、坚定"四个自信"、做到"两个维护"。

工会工作。围绕学校"十四五"规划和"双一流"建设大局,坚守工会主业主责,充分发挥桥梁纽带作用,做好做实各项基础工作,积极引导教职工爱岗敬业、自觉奉献。召开体育教学部教职工代表大会(二级教代会),积极解决相关问题;成功举办体育教学部分工会 2022 年度青年教师教学基本功比赛;多人参加河北省职工云上运动并获佳绩。不断丰富教职工课余文化生活,保障教师权益,营造良好工作环境。为更好的关心关爱奋战在疫情防控一线的教职工,2022 年体育教学部分工会多次为校内值守教师补充生活物资和药品,及时慰问生病教职工,将温暖送到疫情防控第一线。积极开展多种形式的工会活动,以趣味促团建,如组织金秋摄影、动感颠球、秋季长走、跑射比赛等。

教学工作。落实立德树人根本任务,大力推进课程思政建设,积极进行体育教学改革,加强教研团队建设,1 人入选教学名师提升与示范计划项目(保定)、1 人入选优秀青年教师教学支持计划项目(保定)。在加强课程建设方面,体育课程入选课程思政示范课 2 门(保定 1),增开体育选修课 13 门(北京),为留学生增开 1 门必修课(北京),开设 2 门双语体育课(北京),开设 1 门线上课程(北京)。

科研工作。体育教学部发表论文 12 篇(北京),其中一般论文 7 篇、SCI 4 区 3 篇、CSSCI-B 论文核心期刊 1 篇,参加国际学术论文 2 次,发表论文 1 篇;编写专著 2 部,参编专著 1 部;其他方面申请实用新型专利 2 项,获软件著作权 2 项。多人公开发表刊物(保定),1 团队获批华北电力大学中央高校基本科研项目(保定)。

人才培养。加强师资队伍建设人才引育成效显著。指导大创项目 3 项,并获 1 项国家级优秀(北京);积极参加教学优秀评比,2 人获学校教学优秀奖(北京),8 人(保定 4 人)获学校教学质量评价优秀,1 人获批河北省教改项目(保定),2 人获河北省优秀体育教师荣誉称号(保定),2 人入选学校教师教学支持计划(保定),1 团队获第二届教师教学创新大赛二等奖(保定)。2022 年引进新任教师 4 人(保定 2 人)。成功举办体育教学部青年教师基本功比赛,为青年教师教学能力展示和提升提供了平台;加强师资培训,选派教师参加首都高校骨干体育教师培训。

群体工作。疫情期间,由体育教学部教师指导体育协会举办形式多样的比赛丰富学生生活,包括篮球赛、足球赛、乒乓球赛等 10 余项体育比赛。田径队、啦啦操队、跆拳道队、足球队、轮滑队、武术队、街舞队在多项赛事中取得优异成绩。田径队获全国分区赛第一名 2 项,第三名 1 项;啦啦操队获得全国亚军两项,第三名 1 项;跆拳道队获得全国第二名 3 项,第三名 1 项;足球队获河北省大学生校园足球联赛第二名 1 项;轮滑队获全国冠军;武术队获全国太极扇二等奖;街舞队获全国第一名。总计 26 个项目获全国前八名,3 个项目获河北省冠军,1 个项目获河北省亚军(保定)。在 2022 年《首都高等学校体育基本标准评估工作》中,华北电力大学获"优秀学校"荣誉称号,同时王增平副校长获评"优秀校长"称号。参加的比赛中,获国家级前八名近 10 项,省部级前三名 10 余项(北京);在 2022 首都高校的"朝阳杯"评选中,获第三名(北京)。有序开放校内乒乓球馆、网球场等体育场地,为学生提供锻炼场所;积极完成线上锻炼宣传,推送线上力量训练、健身操、篮球训练等相关内容;疫情突发期,体育教学部教师及时调控体测安排，制定新场馆建设期体测应急方案，顺利完成体质测试工作。体育教学部有2名教师参与冬奥会服务工作，1名教师参与全运会服务工作，1名教师被评为“我身边的好老师”。

阳光体育运动开展。成功举办保定校区体育节篮球赛、足球赛、羽毛球赛、乒乓球赛等。体育教学部积极配合校工会、学院、团委、学生处等部门工作，组织各类体育活动，完成校各级联赛、社团节等各项群众体育工作。体育节系列活动进一步丰富校园体育文化氛围，对于培养学生体育锻炼意识和健康生活方式具有重要意义。

高水平运动队建设工作。顺利完成高水平运动队招生测试工作。高水平运动队克服疫情影响，坚持训练，积极备战。

（曹运华　王泽霖）

【田径队在田径分区邀请赛获佳绩】 2022年6月10日至12日，由中国田径协会主办的2022年全国田径分区邀请赛(第3站)比赛中，华北电力大学田径队取得2项第一名和1项第三名的优异成绩。

（王泽霖）

【参加全国啦啦操锦标赛获佳绩】 2022年6月27至30日，由国家体育总局体操运动管理中心主办，全国啦啦操委员会承办的2022年全国啦啦操锦标赛中，华北电力大学Diamond啦啦队在王泽霖老师和刘德老师的带领下参加本次比赛，经过三天角逐，共获2项第二名，1项第三名和1项第四名的优异成绩。

（王泽霖）

【中国大学生跆拳道舞线上赛中获得佳绩】 2022年7月5日，华北电力大学跆拳道队获得由中国大学生体育协会主办的2022年中国大学生跆拳道舞线上赛二等奖。教练员为宋琼、刘辉、付超。

（王泽霖）

【获河北省大学生校园足球联赛亚军】 2022年8月15日，华北电力大学足球队夺得2022年河北省大学生校园足球联赛亚军。华北电力大学足球队由保定校区和北京校部的足球队员联合组成，领队为云欣和教练员闫旭。

（王泽霖）

【获贯彻实施《普通高等学校体育工作基本标准》优秀学校称号】 2022年8月23日，北京市大学生体育协会召开六届三次理事(扩大)会议。会议对获评“首都高等学校2018年至2021年贯彻实施《普通高等学校体育工作基本标准》”的优秀学校以及获首都高等学校2021年阳光体育联赛的优胜学校进行表彰。华北电力大学获评“首都高等学校2018年至2021年贯彻实施《普通高等学校体育工作基本标准》”优秀学校，副校长王增平被评为“首都高等学校2018年至2021年贯彻实施《普通高等学校体育工作基本标准》”优秀校长。

（王　艳）

【参加中国大学生跆拳道锦标赛中获佳绩】 2022年11月4日至12日，由中国大学生体育协会主办的2022年中国大学生跆拳道锦标赛拉开帷幕。保定校区跆拳道队在教练员付超、刘辉老师指导下获品势甲组比赛2项第二名，1项第三名，3项第四名，4项第五名，2项第六名。

（王泽霖）

【参加首都高校第14届学生田径运动会获佳绩】 2022年11月5日至11月6日，首都高等学校第十四届秋季学生田径运动会在北京林业大学举行。华北电力大学田径代表队由曹运华担任领队，曾玉华、张福生、李亮、陈锡航四位老师担任教练，带领20名学生参加比赛。裴汝非获女子铅球冠军，赖志航获男子跳高亚军，张悦获女子100米栏季军，孙天明获男子110米栏季军，刘雨田获女子跳远季军，黄泳道获男子三级跳远第4名，符诗语获女子铅球第5名，何雨晖获女子跳高第6名，阿卜杜拉·约麦尔艾力获男子铅球第6名，宋天宇获男子400米第6名，吴森获男子200米第6名，吴森获男子100米第6名，向笑天获男子110米栏第7名，张宜泽获男子跳远第7名，章特炜获男子三级跳远第8名，男子4×100米接力获第7名。最终获1金、1银、3铜、1个第四名，1个第五名，5个第六名，3个第七名，1个第八名，男团总分第六名、女团总分第八名、团体总分第八名的优异成绩，华北电力大学获最佳参赛组织奖。

（王　艳）

【参加全国轮滑比赛获佳绩】 2022年11月20日，华北电力大学轮滑队在中国轮滑协会主办的2022年全国轮滑大联动-全国轮滑青少年体育俱乐部联赛暨第三届中国·杭州千岛湖轮滑公开赛秀中国自由式轮滑巡回赛(总决赛)中获1枚金牌、1枚铜牌，1项第四名，2项第七名和1项第八名的优异成绩。

（王泽霖）

【参加全国太极拳网络大赛获佳绩】 2022年12月30日，在国家奥林匹克中心主办的太极拳网络大赛中，华北电力大学武术队在教练员刘辉、付超的指导下，魏来获男子太极扇二等奖和网络人气一等奖。

（王泽霖）

【参加中国大学生街舞比赛获佳绩】 2022年12月30日，在中国大学生健康活力“云”系列大赛街舞项目中，华北电力大学街舞队共参加3项齐舞比赛，获2项第一名、1项第四名和团体总分第一名的优异成绩。

（王泽霖）

国际教育学院

【概况】 2022年,国际教育学院开展中外合作办学项目1个,专业为电气工程及其自动化。4月开展咨询宣传工作。8月完成线上咨询及线上报名。9月组了招生选拔考试及录取工作,选拔出60人。2022年,中外合作办学项目及校际转学分项目共计英、美两国5个项目,派出人数北京校部10人,保定校区5人,共计15人。其中赴爱丁堡大学6人,曼彻斯特大学8人,巴斯大学1人。签证通过率100%。

2022年,国际教育学院以"优化生源质量,保持招生规模"为目标开展留学生招生工作。留学生招收总人数201人,其中有博士生27人,硕士生41人,本科生133人。68名来华留学研究生中,其中"丝绸之路"项目45人,"高校研究生"项目8人,国别类奖学金9人;北京市奖学金生6人。2022年,学院中外合作办学学生获省部级以上奖励46人次,获各类奖学金140人次。电气GJ1902班获校级优秀团支部荣誉称号,2022届毕业生有7名同学被评为华北电力大学优秀毕业生,3人被评为北京市优秀毕业生。2022年,华北电力大学国际教育学院持续做好美国西肯孔院的日常运营各项工作,稳中求进。2022年12月01日,美国西肯孔院通过视频的方式召开年度理事会,华北电力大学同美国辛普森教育局相关理事会成员参会。会议对美国西肯孔院2022年的各项工作进行总结,对2023年的工作计划做部署,同时,就美国西肯孔院面临的问题、未来的工作重点与发展方向进行深入且卓有成效的沟通。2022年,向美国西肯孔院选派中文教师14名,续签教师7名中文教师。2022—2023学年,美国西肯孔院共有38名汉语教师,分布在肯塔基州、路易斯安那州、德克萨斯州、明尼苏达州和密歇根州的28个学校、15个学区,为超过19500名在校学生教授汉语语言和文化课程。此外,围绕学校工作大局,响应学校"十四五"规划"主动融入全面服务双碳"的目标,结合国家"加快构建中文+专业技能教育体系",服务国际产能合作的需要,积极与相关单位寻求合作,推动并与中国重型机械有限公司下属企业共同成立柬埔寨达岱水电站中文工坊,获首批教育部语合中心"中文工作坊"项目支持。

党建与思政工作。2022年,国际教育学院党委以习近平新时代中国特色社会主义思想为指导,扎实巩固党史学习教育成果,认真学习宣传贯彻党的"二十大"精神,切实发挥党委核心作用,把高质量发展理念贯穿各项工作始终,不断推进全面从严治党,引领学院事业提质增效,全力推动学院事业迈上新台阶。

制度建设。新增规章制度5项,修订完善10项;进一步完善国际教育学院管理制度工作体系,包括党建管理、教师管理、教学管理、学生管理等。加强对学院全面工作包括统一战线工作和群团工作的领导,规范权力运行。巩固新冠肺炎疫情常态化防控,组织落实全院师生新冠疫情防疫等工作。

招生工作。留学生招收专业包含"控制科学与工程""电气工程""工商管理""管理科学与工程""动力工程及工程热物理""可再生能源与清洁能源"六个专业。学生生源国为冈比亚、也门、伊朗、坦桑尼亚、科摩罗、埃及、哈萨克斯坦、马里、塞内加尔、卢旺达、埃塞俄比亚、丹麦、刚果(金)、圣卢西亚、苏丹、老挝、赞比亚、巴基斯坦、尼日尔、孟加拉、古巴22个国家。中外合作办学招生方面,学院稳步发展学校与英国斯莱斯克莱德大学和曼彻斯特大学合作办学项目,坚持为学校中外合作办学项目班的学生提供更多出国留学的选择。学院面对疫情大考,全面推进"云"模式,通过精心组织和周密安排,2022级中外合作办学项目班招生录取、合作院校宣讲、2022级中外合作办学项目班出国选校、合作校方面试、签证办理、行前培训会等工作均为线上完成。

教育教学。国际教育学院中外合作办学项目教学管理人员深入学习贯彻习近平新时代中国特色社会主义思想和二十大精神,把习近平总书记关于立德树人的重要论述领会到位、落实到位,坚持为党育人、为国育才初心使命,继续贯彻习近平总书记关于疫情防控的重要指示精神,服从组织领导,紧密联系学校教学管理部门,在完成教学管理、学籍管理、学位审核、考试安排、教学督导、教学研究等各项常规工作的基础上,修订《华北电力大学国际教育学院推荐优秀应届本科毕业生免试攻读硕士学位研究生工作实施办法》,积极开展教育教学改革研究,推进全英文授课课程建设,全面提升中外合作办学教育的培养质量。2022年,华北电力大学留学生教育教学完成教学运行、教学安排、学籍管理、毕(结)业审核、考试管理等各项日常工作,保证良好的教学秩序。在留学生规模、层次都进一步提高的过程中,留学生的教学注重制度化管理,加强留学生教学过程管理,重视教学质量的提高。刘松获华北电力大学2021—2022学年度教学优秀奖。贾林华"Introduction to China"课程获第二届华北电力大学教师教学创新大赛三等奖。贾林华"中国脱贫故事的国际叙述"获华北电力大学课程思政十佳教学优秀案例。

课程建设。学院积极引进优质课程资源,为2021级学生开设雅思英语课程。在疫情的形势下,积极争取外方合作院校课程电子资源。学院安排专业教师,组织2020

级学生学习爱丁堡大学 Power System Analysis 课程及 Analogue Circuits 课程，组织 2019 级学生学习斯莱思克莱德大学 Power System Stability 及 Power System Protection 课程。2022 年学院资助全英文教学课程建设项目 7 项，2021 年全英文教学课程建设项目中期检查通过 12 项，2020 年全英文教学课程建设项目结题验收通过 7 项。

学生工作。"德育为先"，加强学生的思想价值引领。以喜闻乐见、丰富多样的形式，多次组织开展主题教育活动，引导青年学生树牢信仰、增强信念、坚定信心，听党话跟党走。"以人为本"，做有温度的学生管理和服务。学院改造 1 间主楼 C 座多媒体教室，并对主楼 C 区四层、五层进行专网改造，为学生提供更好的课堂条件及更优质的自习、讨论环境；在落实疫情防控常态化管理要求的前提下，尊重学生自由发展，提高学生的综合素质，发挥学生的主体性、主动性和积极性，促进中外合作办学项目班学生工作健康有序的发展。"科学高效"，构建线上线下全方位育人体系。在疫情防控常态化形势下，学院一方面将线上作为学生工作的重要抓手，推行学生工作的信息化、网络化建设，充分发挥网络思想政治教育的作用。另一方面，调整疫情形势下的线下工作，完善中外合作办学项目班学生管理制度，提升工作的精细化要求，将大学生思想政治教育工作落细、落小、落实。

留学生管理。2022 年，华北电力大学国际教育学院进一步贯彻落实习近平总书记给北京大学留学生回信精神，构建来华留学生知华、友华、爱华工作体系，大力开展"感知中国—双碳、未来、智慧、振兴之旅"系列活动。组织留学生积极参加校内外活动，其中"北京国际友好林植树"等活动被新华社、央视频、青春北京等多家主流媒体报道。鼓励留学生以自己的视角讲述自己的中国故事，积极向光明网、中国电力报等多家媒体投稿。筑牢疫情防控和意识形态安全网，做好疫情期间留学生管理工作。优化管理模式，采用线上、线下相结合；网格化管理等的方式，科学高效开展留学生日常管理工作。开展一系列宣讲实时防疫政策，引导留学生树立牢固防疫意识，确保来华留学安全稳定。

中外合作办学。华北电力大学第五届学位评定委员会第十八次会议 2022 年 6 月 23 日召开，授予我院 71 位中外合作办学项目班同学工学学士学位。2022 年国际教育学院中外合作办学项目班毕业 71 人，授予学位 71 人，其中境外合作、交流学生 23 名。

（徐玲玲　唐　捷）

【2022 届毕业生深造率再创新高】 2022 届毕业生深造率 67.61%，48 名同学继续在海内外攻读硕士、博士学位，继续深造率再创新高，深造率连续三年超过 60%。根据 2022 年 QS 世界大学排名，共有 7 人被世界排名前 10 的大学录取，13 人被世界排名前 50 的大学录取，3 人直博，多名同学获奖学金。此外，就业去向主要集中在国家电网、南方电网等世界 500 强企业。

（周　爽）

【开展特色校园文化活动】 2022 年，学院邀请抗日民族英雄杨靖宇将军嫡孙马继志同志为国际教育学院师生做党史教育专题讲座。组织开展"华夏况味——中华文化体验活动"，申报发展型资助项目"彩虹训练营"，搭建中外学生交流的文化之窗和心灵之桥。开展"论世界点滴，做时代新人——世界一流大学杰出校友论坛"，用榜样的力量激励在校生奋发图强。"五色花"社会实践团队赴河南省驻马店市确山县朱李庄社区开展暑期社会实践活动，助力乡村振兴，获校级优秀实践团队称号。与延庆世园公园合作开展志愿服务项目获 2022 年校级优秀志愿项目。在学校大学生戏剧节中，电气 GJ2201 班作品《潜蛟》获一等奖。

（周　爽）

【学生党建工作获佳绩】 2022 年，国际教育学院学生党支部通过第二批"全国党建工作样板支部"验收。支部在华北电力大学特色活动示范党支部创建活动中，获评优秀特色活动示范党支部，优秀微党课。

（周　爽）

【开展多项同心抗疫主题活动】 2022 年，受疫情影响，在学校封控期间，学院开展"舌尖上的华电"美食打卡、"三百目标"班团打卡、"神秘蛋糕"生日惊喜等一批抗疫暖心工程。学院学生党支部发起"战疫有我，党旗飘扬"主题党日活动，通过"志愿有我""学业辅导""多彩生活"三类主题活动，发挥支部的战斗堡垒作用和党员的先锋模范作用。召开"同心抗疫，拒绝外卖"主题班会，发布"同心抗疫，拒绝外卖"倡议书，传达《给家长的一封信》，凝心聚力全员行动，共筑抗疫防线。在学校疫情发生后，辅导员坚守岗位，勇敢逆行，义无反顾与学生同行相伴，用心用情守护学生身心健康。

（周　爽）

【开展导师线上考核与启动综合评分制度】 2022 年 3 月至 6 月，为更准确掌握申请学生自身人文修养、对华态度、专业水准等情况，留学生招生部门积极组织相关院系教授或副教授与招生老师一起对学生进行二对一线上考核，结合学生申请材料内容启动综合评分制度，严格把关，正确筛选，择优录取，有效保障生源质量。

（王小溪）

【开展"感知中国"系列活动】 2022 年 5 月，学院申报的"感知中国—双碳、未来、智慧、振兴之旅"系列活动获国家留学基金委批准立项。7 月，学院组织校内中国政府奖学金生赴国家速滑馆和中央文物礼品管理中心，体验智慧、低碳的北京冬奥场馆，了解中国特色大国外交的历史价值和人文内涵。鼓励来华留学生向身边的亲朋好友讲述真实立体全面的中国故事，为促进中外人民民心相通、推动构建人类命运共同体发挥积极作用。

（戚坚军　郑　乐　李　爽　王天马）

【组织留学生参加校内外活动】 2022 年，组织校内来华留学生参加校内外大型活动 8 次，包括“来华留学生喜迎虎年春节”“北京国际友好林植树活动”“师生共庆端午节”“2022 年毕业生欢送会”“2022 服贸会”“志愿服务”等。鼓励留学生积极参与学校、学院组织的各类活动，厚植留学生知华友华爱华情结。

（戚坚军　郑　乐　李　爽　王天马）

【参加“我与北京 iBeijing”系列比赛获奖】 2022 年，学院 6 名来华留学生在北京市人民对外友好协会与北京市人民政府新闻办公室联合主办得“我与北京 iBeijing”2022 在京外国留学生主题征文比赛中获奖，其中二等奖 1 名、三等奖 1 名、优秀奖 4 名，华北电力大学获优秀组织奖。学院 1 名留学生在“我与北京 iBeijing”2022 外国友人眼中的北京摄影大赛获优秀奖。

（戚坚军　郑　乐　李　爽　王天马）

【北京市政府奖学金】 2022 年，为创建优良校风学风，调动外国留学生学习积极性，培养外国留学生“知华、友华、爱华”感情，按照《华北电力大学北京市外国留学生本科奖学金（在学）评定办法》评审要求，经学院党政联席会研究通过，MUGHAL LUQMAN FAROOQ 等 50 名来华留学生获北京市外国留学生奖学金优秀奖，免除一年住宿费。

（戚坚军　郑　乐　李　爽　王天马）

【引进合作伙伴院校线上课程】 2022 年，国际教育学院积极联系合作伙伴院校，引进曼彻斯特大学、爱丁堡大学等合作伙伴院校优秀线上课程，在疫情国际间人员流动非常态化新形势下，坚持为中外合作办学项目班学生不间断提供优质国际教育资源。

（王　娟）

【开展中外合作办学项目线上行前培训会】 2022 年 9 月 5 日，国际教育学院在疫情防控期间以网络会议的形式，举办 2020 级出国学生线上行前培训会。行前培训会是学院一系列出国留学服务培训活动之一，培训内容涵盖留学政策、爱国主义教育、领事保护、留学安全知识、海外法律法规、跨文化交流、学习与生活心理辅导、留学目的国教育制度、学术准备等。

（王　娟）

【留学生全英语授课】 2022 年，留学生全英语授课专业范围稳步扩大，2022 级全英语授课的博士留学研究生专业有 6 个，为电气工程、动力工程及工程热物理、工商管理、管理科学与工程、控制科学与工程、可再生能源与清洁能源。硕士留学生研究生专业有 6 个，电气工程、动力工程及工程热物理、工商管理、管理科学与工程、控制科学与工程、可再生能源与清洁能源。本科专业有 4 个，为电气工程及其自动化、机械工程、工商管理、工程管理。全英语授课的专业开设与规范化，更有利于促进华北电力大学国际教育一带一路留学生项目的发展和规划。

（武婉姝　陆思竹）

【美国西肯孔院外派教师招聘】 2022 年，根据美国西肯孔院的发展需求，华北电力大学国教育学院通过多元化，多渠道的社会公开招聘，自主完成国际中文教师的招聘工作，并于 7 月派出汉语教师 14 名。同时，积极落实派出教师薪资发放、绩效考核、房租报销、协议续签等各项工作。

（赵子健　张　园）

【召开美国西肯孔院网络理事会】 2022 年 12 月 01 日，美国西肯孔院通过视频的方式召开年度理事会，华北电力大学同美国辛普森教育局相关理事会成员参会。会议总结美国西肯孔院 2022 年各项工作，部署 2023 年的工作计划，并就美国西肯孔院面临的问题、未来的工作重点与发展方向进行深入沟通。

（赵子健　张　园）

【成立柬埔寨达岱水电站中文工坊】 2022 年，围绕学校工作大局，响应学校“十四五”规划“主动融入全面服务双碳”的目标，结合国家加快构建“中文＋专业”技能教育体系，服务国际产能合作的需要，探索孔院运营模式，积极与相关单位寻求合作，推动并与中国重型机械有限公司下属企业共同成立柬埔寨达岱水电站中文工坊。

（赵子健　张　园）

教学科研设施与服务保障

Facilities and Service for Teaching and Scientific Research

○综　述

2022年，华北电力大学图书馆拥有图书283.2万册（含保定校区图书馆148.72万册），北京校部图书馆新增超星统一检索系统，新购置外文数据库4个，利用读者荐购平台满足师生读者文献需求，开展专题资源建设工作，服务学校重点学科建设及交叉学科研究工作，三个期刊办刊水平稳步提高。保定校区图书馆为进一步完善内设机构改革，确保图书馆各项工作高效有序运行。推进特藏建设，通过校友捐赠、退休职工捐赠、旧库、二线书库挖掘等方式，持续补充特藏室图书，利用新技术推动智慧服务，实现自助借还。

2022年，华北电力大学网络与信息化进一步升级，建设高性能高可靠智慧教学专网，为教学科研提供更加快速可靠的网络环境，完成5G信号补漏增强，实现5G信号全覆盖。保定校区按照学校智慧校园建设方案，大力推进智慧校园建设，解决师生"急难愁盼"问题。

2022年，北京校部工程训练与创新创业教育中心（简称工创中心）围绕学校"双一流"建设、"十四五"规划发展目标，着重落实"兴趣驱动、自主实践、重在过程"原则，着力推进工程训练及大学生创新创业工作，在组织保障、双创机制、双创课程、学科竞赛、双创支撑和双创文化等各项工作中均取得较大进展。学生竞赛成绩较上年有大幅度提升，获2022年"挑战杯"竞赛北京赛区金奖1项，银奖8项，铜奖11项；获第八届中国国际"互联网＋"大学生创新创业大赛北京赛区一等奖5项、二等奖3项、三等奖11项；2个项目进入第八届中国国际"互联网＋"大学生创新创业大赛国赛；获第十五届全国大学生节能减排社会实践与科技竞赛国家级一等奖5项。工创中心（保定）获批教育部首批"国家级创新创业教育实践基地"。组织学生参加"互联网＋"、数学建模、节能减排竞赛、大学生工程实践与创新能力竞赛等创新创业竞赛53项，获"互联网＋"全国金奖等国家级奖励95项，省部级奖励951项，获奖学生2634人。"互联网＋"大赛取得重大历史突破，6个项目获得省金并进入国赛，获得全国金奖2项。

2022年，北京校部顺利通过北京市绿色学校创建验收。完成学校沙河院区多次选址、合同签订、新校区教舍食堂的建设改造等各项任务，确保2022级专业学位型研究生按时入住。加强节约用水和水资源的循环利用与管理，持续推进节水型高校建设，入选水利部办公厅、教育部办公厅、国家机关事务管理局办公室联合发布的首批88个节水型高校典型案例。保定校区后勤实施机构设置调整，撤销后勤管理处（保定）下属"科""中心"等部门命名设置，统一改设为"部"，增设幼教部，进一步优化机构设置，推进后勤管理科学化、规范化。

2022年，校医院严格执行"四早"原则，精准制定流调方案，及时管控高风险人群，建立校园健康观察制度，果断、快速、科学、精准地处置多起疫情相关事件。校医院（保定）多举措有效控制学校疫情，面对新形势围绕"保健康、防重症"，不断优化调整防控措施，保障师生生命安全。年内，校医院通过引进人才、加强医药信息化建设、完善中草药工作流程等措施，提升服务质量，保障师生健康。

图书馆建设

【概况】 2022年，北京校部图书馆馆舍总面积18689平方米，阅览座位1984个。年进新书1.71万册，订阅中外文报刊471种。至年底，共拥有纸质文献134.48万册，提供电子期刊、电子图书、学位论文、会议论文、文摘索引型数据库、专利数据库、其他专业类数据库等电子资源共100余种。图书馆网站访问量99.16万人次，座位预约平台服务15.9万人次。全年借还图书8.66万册，接待读者42.71万人次。完成馆际互借图书65册，完成BALIS原文传递1784篇，新增BALIS用户625人。收录博硕士论文2422篇，本科毕业论文2000余册。完成查新项目268项，检索证明5500篇，学科服务2项，专利查新及分析报告23项。《华北电力大学学报（自然科学版）》、《华北电力大学学报（社会科学版）》和《现代电力》各出版正刊6期，刊文量分别为81、90、87篇，总计258篇。保定校区图书馆馆舍面积2万平方米，阅览座位1800个。年进新书19885册，订购中外文报刊210种，续订26个数据库。至年底，拥有纸质图书148.75万册。电子图书304.81万折合册，电子期刊17.67万折合册（按教育部计量标准统计）。全年接待读者39.34万人次，外借图书1.95万册，网页访问量85万人次，官方微信平台"华电微图"关注总人数21352人。《电力科学与工程》2022年出版正刊12期，发表论文114篇，发行12000册。保定校区完成科技查新课题89项。

党建工作。2022年北京校部图书馆共召开党总支会议及党政联席会议26次、召开支部书记例会10次，召开党总支理论中心组学习专题会议12次；成立巡察整改工作领导小组及专班，对照巡察反馈意见，制定《图书馆党总支巡察整改方案》，完成整改任务40项，以95.2%的整改完成率，完成巡察整改工作；充分发挥党支部、教研室、教学团队和课程组等基层组织在课程思政建设中的作用，同时加强课程思政建设顶层设计，做好文献检索课程思政建设工作；注重培养、吸收优秀非在编职工加入党组织，6人向党组织递交申请书，1人发展为中共预备党员。

保定校区图书馆强化理论学习，集中组织学习贯彻习近平总书记关于图书馆重要论述、党的二十大精神等；强化政治站位，确保巡察整改工作落实到位，对照“四个落实”，出台66项举措，扎实推进整改任务落地见效；创新党建工作方式，疫情期间通过线上形式开展党员特色教育活动，以党小组形式积极开展各具特色的党建学习和活动；对图书馆纸质图书和出版物进行审查、排查、清理，加强图书馆微信公众号、微信群等新媒体阵地建设，确保图书馆意识形态安全。

疫情防控。北京校部图书馆在严格做好疫情防控工作的同时，坚持线下开放与线上服务相结合，为校内外师生做好资源和服务双重保障。加强消毒措施，安装空调扇等硬件设施，制定特殊时期入馆规则、借还书和阅览室工作细则，在提高安全措施的前提下确保流通阅览工作正常进行；面对书商无法进校提供正常验收等情况，图书馆资源建设部完成6858册新书的拆包验收至贴色标工作全流程，及时保证新书入藏与上架。原文传递、科技查新、专利查新、查收查引、学术期刊出版等工作线上正常开展，图书馆对数据库资源、图书和期刊进行新增，持续推送书目荐读、文献情报等信息资源。保定校区图书馆根据学校疫情防控领导小组要求，保定图书馆多次召开专题会议研究图书馆疫情防控；坚持常态化防疫，开展常规消杀、通风换气、入馆体温监测等，对归还图书定时消毒，图书工作人员离保返保严格审查等。闭环管理期间，图书馆人克服各种困难，保障对校内师生正常开放，为读者提供学习场所。下半年疫情防控形势紧张，图书馆果断启动应急预案，没有在馆内发生聚集性疫情，图书馆志愿服务队第一时间奔赴校园一线支援抗疫，为学校疫情防控做出贡献。

资源建设。2022年，北京校部图书馆为更好为师生提供文献资源服务，续订中文数据库18个，新增超星统一检索系统；续订外文数据库13个，新购置外文数据库4个：*Nature*期刊电子版四种、IOP英国物理学会电子期刊、*MathSciNet*数学评论电子版、AIP美国物理联合会电子期刊；完成中文图书采购招标工作；利用读者荐购平台满足师生读者文献需求；开展专题资源建设工作，服务学校重点学科建设及交叉学科研究工作。

文化建设。2022年是北京校部图书馆文化环境建设年，经研究，对图书馆主馆及分馆(C座)进行整体规划设计，对主馆各类标识、服务指南和制度进行更新，并举行多次专题展览，营造浓厚的文化氛围。

学科服务。北京校部图书馆持续深入推进学科服务工作，发布《新型电力系统方向的中文期刊论文快报》和《我校20位学者上榜2021年Elsevier中国高被引学者》学科服务报告，并在图书馆主页和微信公众号向全校推送。

知识产权信息服务。北京校部图书馆持续推进落实北京市高校图工委重点项目《能源电力专利信息库建设研究》，建立能源电力专利信息库，2023年3月上线。

学术期刊建设。北京校部图书馆三个期刊办刊水平稳步提高。《华北电力大学学报(自然科学版)》，复合影响因子由上一年度的1.564增至2.094，WEB下载量由6.15万次增至9.59万次，影响力指数(CI)值由169.2增至184.9。《华北电力大学学报(社会科学版)》，复合影响因子由上一年度的0.838增至0.851。《现代电力》，复合影响因子由上一年度的2.072增至2.456，WEB下载量由5.51万次增至8.03万次。《华北电力大学学报(自然科学版)》和《现代电力》继续入选科技期刊世界影响力指数(WJCI)报告(2022)版。

机制改革与制度建设。保定校区图书馆为进一步完善内设机构改革，确保图书馆各项工作高效有序运行，制定新设部门岗位职责；以规范化和制度化为目标，先后修订《图书馆集体学习制度》《会议记录制度》《图书馆文献资源采购质量监控制度》等11项制度；继2021年完成部门主任全员轮换后，根据实际工作对资源建设部、阅读推广与创新发展部、技术部等部门负责人进行优化调整；坚持民主集中制，重点抓支委会会议、党政联席会议，全年召开支委会会议33次、审议56项议题，召开党政联席会议17次、审议74项议题。

纸质与电子资源建设。保定校区图书馆推进特藏建设，通过校友捐赠、退休职工捐赠、旧库、二线书库挖掘等方式，持续补充特藏室图书。至年底，特藏室收藏纸本图书5000余册；完善馆藏结构，缩减中文专业报刊订购量；完善相关数据库资源CARSI服务功能，与北京校部图书馆保持沟通，提供电子书Marc数据等。

智慧图书馆建设。保定校区图书馆利用新技术推动智慧服务，基于前期60万图书RFID标签改造工程的完成，投入自助借还机、还书箱、闸机等设备，实现图书馆自助借还；投入图书馆座位预约系统，制定《图书馆关于阅览区读者占座不文明行为的暂行规定》，一定程度上缓解阅览室长期占座问题；对馆内布局进行优化调整，一校图书馆二层大厅实现初步布置与规划，拆除原有读者还书台，在此位置上布置瀑布流、朗读亭、智能钢琴、太空舱等，开辟读者智慧休闲体验区，一层办公区进行局部改造和设备升级；积极探索和追赶数字图书馆建设步伐，以资源整合、资源发现等领域补短板强弱项，积极与FOLIO、PRIMO、SUMMOM等国内外优秀平台沟通交流。

服务保障。保定图书馆基于incopat全球专利数据库中1.2亿项专利技术，对华北电力大学近5年专利情况5大方面、25个角度进行系统分析，全面了解学校“十三五”时期专利整体态势；围绕学校双碳规划，图书馆完成能源电力发展下的双碳研究报告；疫情期间，采取线下线上相结合方式为读者提供实时服务。线下开展建党百年红色书展、考研专题书架等主题书展活动；《电力科学与工程》首次采用彩色铜版纸印刷出版，刊物根据国家碳达峰碳中和要求，设立碳研究专栏，为行业领域提供技术参考。根据CNKI统计，《电力科学与工程》的期刊影响力指数114.538，排名42/126(去年44/122)。期刊复合影响因子为1.317，与去年相比提高30.7%；除正常开放时间外，实现中午、周五晚、节假日等时段开放，满足读者需求。

工会工作。保定校区图书馆改善教职工办公环境，及时报废老旧设备，为馆员购置办公电脑；为一线工作人员购置冰箱、微波炉，解决一线员工因值中午班及晚班就餐不方便问题；积极组织图书馆工会活动，如毽子比赛、线上运动会、乒乓球比赛、摄影比赛等，提升馆员凝聚力；组织重阳节期间慰问退休老职工、慰问驻村队员等活动。

表彰奖励。2022年，北京校部图书馆智能书架定位系统获北京地区高校图书馆用户研究与服务创新案例大赛二等奖；《现代电力》获2022年度中国高校科技期刊建设示范案例库优秀科技期刊；宗萍、徐淑芝获2022年北京地区高校图书馆优秀馆员称号。

(周　琦　赵丽香)

【开展专题资源建设工作】 2022年，北京校部图书馆推出馆藏荐读书目“能源与环境出版工程”系列丛书38种，助力学科交叉融合研究。为水利与水电工程学院著录标引、典藏加工新能源类图书861种，881册，为新能源学科发展提供坚实资源保障。

(林建华)

【《现代电力》设立行业热点专栏】 2022年，双碳目标提出后，我国能源转型步伐加快，电力市场化改革不断深入。在此背景下，《现代电力》紧密追踪行业热点，邀请刘敦楠教授担任特约主编，策划“面向新型电力系统的电力市场”专栏，并于第6期刊出。

(王　晔)

【完善纸质文献采购制度】 2022年，北京校部图书馆制订、修订《图书馆接收捐赠文献管理办法》《图书馆纸质文献资源采购管理办法》《纸质文献采访原则与收藏标准》和《纸质文献采购工作风险点及防范措施》等一系列相关工作制度，进一步规范纸质文献采购工作，严格把好纸质文献入藏关。

(周　琦)

【专题书架图书推广】 2022年，结合学校教学和科研需要，北京校部图书按不同主题，精心挑选、编制3期“专题书架”：储能氢能系列，碳中和和碳达峰系列和知识产权系列。主题图书除在主馆二层大厅专题书架展出外，同时进行线上推广，在企业微信-图书服务中进行相应推送。“专题书架”的推出推广了专题类图书，也方便了读者借阅，受到师生好评。

(周　琦)

【开展2022年读书月活动】 2022年，为贯彻落实《“十四五”规划》中提出的“深入推进全民阅读，建设‘书香中国’”的指示精神，切实服务学校第二轮“双一流”建设相关部署及推动新兴学科交叉融合的战略需求，图书馆开展以“奋进新征程 阅读再出发——开启书香华电新篇章”为主题的读书月活动。活动分为四大版块：荣誉评选、知识竞赛、阅读推广、文化展览，共计二十六项内容丰富、形式多彩的小活动。读书月活动在促进知识传播、宣传阅读推广的同时，积极营造学习型校园氛围。

(周　琦)

【接受学校党委第九巡察组的巡察反馈】 2022年1月6日，图书馆(保定)直属党支部接受学校党委第九巡察组的巡察反馈。第九巡察组组长李秋夫，纪委办公室(保定)主任李东，党政办公室(保定)正处级组织员王知春，人事处(保定)副处长、第九巡察组副组长刘英，图书馆(保定)直属党支部书记、馆长尚建宇，副馆长黄慧，全体教职工参加会议。李秋夫宣读《中共华北电力大学委员会第九巡察组巡察图书馆(保定)直属党支部的反馈意见》，从落实上级决策部署和学校党委工作要求、落实全面从严治党战略部署、落实新时代党的组织路线、落实各类问题整改成效等四个方面，反馈巡察中发现的问题，并提出五点意见建议。王知春对图书馆巡察整改工作提出具体要求。尚建宇代表图书馆(保定)直属党支部表示诚恳接受并认真整改，以此次巡察整改工作为契机，不断提高政治判断力、政治领悟力、政治执行力，明确整改举措，落实责任、推动改革、促进发展，确保整改实效，切实加强党的领导、提升治理能力、破解制约发展的重大难题。

(李　晞)

【实现图书自助借还】 2022年9月，保定图书馆利用新技术推动智慧服务。基于前期60万图书RFID标签改造工程的完成，投入自助借还机、还书箱、闸机等设备，制定新的业务管理流程，完成部门内部人员调整，经过前期调试、试运转，正式实现图书馆自助借还，极大缓解图书馆人员紧张问题，提高管理效率，为下一步图书馆开展智慧服务奠定坚实基础。

(赵丽香)

【慰问退休老职工】 2022年10月1日，图书馆开展重阳节慰问退休老职工活动。图书馆(保定)直属党支部书记、馆长、工会主席尚建宇，副馆长黄慧、工会副主席王炳江、职工代表张国艳拜访慰问11位70岁以上图书馆退休老同志，发放慰问品并合影留念。慰问过程中，向退休老职工汇报图书馆工作并展示图书馆生动照片，完善退休老职工个人及家属信息；同时向老职工收集图书馆老照片、老物件等，为传承图书馆文化收集素材。

（赵丽香）

【参加校内值守抗疫】 2022年11月，校园发生疫情，图书馆人克服各种困难，果断启动应急预案，在保障正常服务情况下，无馆内聚集性疫情。图书馆校内值守人员就地转为志愿者，并成立图书馆志愿服务突击队，第一时间奔赴校园一线支援抗疫。疫情暴发突然，读者在阅览室遗留下大量考研资料、笔记本电脑等，为保证物品准确无误送还到读者，校内值守人员通过各种方式现场确认物品，分别打包装袋，标记姓名、楼层房间号及联系方式，在送餐时把物品送交给同学们；为方便离校读者还书，设立临时还书点，读者把图书放到书车上，事后由工作人员成批处理；疫情阻断读者来图书馆，他们通过电话咨询方式，及时解答读者疑难问题，做到图书馆闭馆，服务不停歇。疫情发生后，图书馆居住人员众多，校内值守志愿者严格执行网格管理，按防疫要求严格消杀，实现住校期间零感染。他们担当作为，不惧困难，随时待命，快速"变身"，一会儿是接线员，一会儿是快递员，一会儿是守夜人，一会儿是核酸检测现场的"大白"，成为抗疫一线最美逆行者。

（李志强）

【召开第一届第三次教职工大会】 2022年12月31日，图书馆（保定）第一届第三次教职工大会召开。工会（保定）常务副主席周泽、图书馆（保定）直属党支部书记、馆长尚建宇，副馆长黄慧，全体教职工参加大会。尚建宇作题为《奋勇争先 开拓进取 继续为建设一流水平图书馆而努力奋斗》的工作报告，从基层党组织建设、常态化疫情防控、内部运行机制和制度建设、纸质与电子资源建设、智慧化建设、刊物出版、服务水平提升、增强馆员幸福感八个方面对2022年工作进行总结。王炳江做《图书馆分工会2022年度工作总结》报告。郭少坤做《图书馆分工会2022年度财务工作报告》。

（李　晞）

网络与信息化工作

【概况】 2022年，华北电力大学网络与信息化工作处人员为39人。北京校部25人，其中高级职称4人，博士学位3人，硕士学位6人；保定校区14人，其中高级职称3人，博士学位2人，硕士学位5人。网络与信息化工作处下设信息管理部、网络运行管理部、系统开发部、师生服务部、网络安全部、高性能计算中心（筹）；网络与信息化工作处（保定）下设综合管理室、校园网管理室、一卡通管理中心。

北京校部网络与信息化基本情况。2022年，完成校园核心网设备升级，实现40G互联，各楼宇万兆上联至核心网。建设高性能高可靠智慧教学专网，为教学科研提供更加快速可靠的网络环境。完成5G信号的补漏增强，实现5G信号全覆盖。校园网IPv4出口带宽17.3Gbps，其中教育网出口带宽1Gbps，公网出口带宽16.3Gbps，IPv6出口带宽10Gbps。共有IPv4地址29440个，信息点20000余个，无线接入点8500余个。校园网用户28000余人，全部采用实名认证方式上网。新增核心交换机2台，POE交换机50台，无线AP200余个，更换网络交换机108台，升级边界防火墙、计费、流量控制等系统。超融合虚拟化平台CPU扩至32颗、内存扩至11.67TB、总硬盘扩至194TB。扩容后超融合平台从10个节点扩容至16个节点。计算机教学实践基地机房承担各类教学任务课程共计97门次、20万机时。完成各类新生一卡通办卡6800余张。处理各类用户故障维修3000余次。

保定校区网络与信息化基本情况。校园网IPv4出口带宽14.5Gbps，其中教育网出口带宽1Gbps，公网出口带宽13.5Gbps，IPv6出口带宽1Gbps。共有IPv4地址22352个，信息点5000余个，无线接入点2497个。校园网用户26000余人，全部采用实名认证方式上网。新增1100个SSLVPN用户接入许可，新增863个无线AP，更换网络交换机106台。完成各类新生一卡通办卡5108张，新装各类楼宇门禁8台。处理各类用户故障维修127次。

智慧校园建设工作。2022年，网信处按照学校智慧校园建设方案，大力推进智慧校园建设。以解决师生"急难愁盼"问题为目标，全年深入师生一线，以数据治理为主线，大力推进智慧校园建设。通过持续丰富网上应用，全力支撑疫情防控，坚持加强信息化基础设施和网络安全保障，着力提升信息化对学校中心工作的支撑能力。

数据治理工作。修订《华北电力大学数据管理办法》，持续推进数据治理工作，完成10个应用系统与数据交换平台对接，全年累计完成300万次数据调用，进一步畅通校级公共数据共享与交换。按照"以师生为中心"建设理念，改版网上办事大厅，支持师生服务中心建设，线上流程不断增长，全年新建30项办事流程和10个二级单位网站，覆盖20多个业务部门，实现管理服务和智慧校园建设融合发展。做好接诉即办信息化支撑。快速上线接诉即办平台，配合党政办推进33个部门、院系入驻平台，优化完善10余项功能模块。

网络安全工作。制定《华北电力大学网络安全管理办法》。校园网出口部署40G双机虚拟化防火墙，提升学校核心设备和重要信息系统防护能力，实现挖矿病毒动态清零。数据中心全年抵御网络攻击 1000 万余次，处置网络安全事件 20 余起，拦截垃圾病毒邮件 5.5 亿封，发现处理网站、信息系统安全漏洞约 2.2 万个。完成党的二十大等重要活动期间网络安全保障工作。

疫情防控。实时响应疫情防控要求，积极开展轨迹流调和溯源工作，进行确诊病例的传播链条分析和溯源图制作，形成 40 余份流调分析报告，供学校疫情防控指挥部决策参考。根据“市八指”和“区八指”，构建全校楼宇场所码体系，师生网格化落位台账平台，网格核酸数据核对，精准助力学校疫情阻击战。积极对接北京市健康宝接口，获取健康码状态、核酸天数、疫苗等数据，建立校内师生健康台账平台，并将师生健康数据应用于核酸提醒、进出校扫码、每日报平安等系统，实现进出校门只扫一个码，健康上报备案秒级提交，极大提升校门通行效率和师生的健康上报体验，受到师生好评。

信息化支持工作。快速上线接诉即办平台，支撑 33 个部门、院系入驻平台，不断优化完善 10 余项功能点，保障平台安全稳定运行。完成人脸系统升级工作，进一步优化人脸系统与学生请假系统、网上办事大厅的通信效率，提高门禁系统权限下发速度，实现自助采集人脸的功能。配合后勤处完成控电专网项目的网络建设工作。完成新生宿舍的网络巡检，为新生入校实现网络授课奠定基础。配合党政办完成省教育厅视频会议系统的建设与优化。配合教务处、院系及研究生院，开展网络保障工作确保四六级考试、研究生复试、推免等工作顺利进行。

其他工作。完成计算机教学实践基地机房和一卡通服务工作。完成一卡通三期项目校内需求调研。完成高教统计和舆情监测工作。完成年度校内外各类统计工作，累计报表达 100 余份，报送数据项 1 万余条；担任北京市教委统计工作组长单位，协调相关高校共同推进统计工作。实现网络舆情系统移动端实时消息推送，完成 10 余次舆情监测任务。

（牛辰昊　尹斐斐　马新科　郑海涛　冼学辉）

【完成校园网出口带宽扩容】 2022 年，校园网公网出口带宽扩容至上行 16.3Gbps、下行 21.2Gbps。校园网 IPV6 出口带宽 10Gbps，校园网教育网出口带宽 1Gbps，核心链路从 20G 扩容到双 40G，师生上网体检得到进一步改善。

（朱徐飞　李　良）

【完成校园网核心设备改造】 2022 年，对数据中心核心交换机、边界防火墙、分流设备、流控设备、计费网关、无线网大汇聚、宿舍区大汇聚进行升级改造，实现学校骨干核心区所有关键设备均为双台部署，确保骨干网络的可靠性和传输速度，消除潜在的节点瓶颈和带宽瓶颈。

（朱徐飞　李　良　李海洋）

【实现 5G 信号校内全覆盖】 2022 年，网信处统筹三大运营商和铁塔公司的技术力量，认真调研，反复讨论，确定统一设计、统一施工、全面覆盖的技术方案。从 2022 年 8 月开始，历时 5 个月，网信处协调相关单位，克服疫情防控等多重影响，精心组织，认真施工，安装交换设备 80 余套，信号点 1100 余个，建成覆盖全校的 5G 信号网络，大大提升手机信号质量，为建设 5G 低碳校园打下良好基础。

（胡　涛　朱徐飞）

【开展网络安全宣传周活动】 2022 年 9 月 5 日至 9 月 11 日，学校组织开展 2022 年国家网络安全宣传周系列活动。9 月 6 日，学校召开网络安全工作专题培训会，会议邀请教育部科学技术与信息化司领导作《全面加强教育系统网络安全工作，高质量服务保障党的二十大胜利召开》主题报告，党委常委、副校长檀勤良出席会议，两地各职能部门、院系分管网络安全工作的领导参加会议。宣传周期间学校向全校师生发放网络安全宣传手册，并在学校企业微信推送网络安全相关知识。

（朱徐飞　丁　玮）

【协调推进各信息化项目建设】 2022 年，网信处推进新版智慧华电门户、统一身份认证平台建设，协调推进教务、人事、学工、科研等年度重要信息化项目建设。上线 IPTV 网络电视平台。线上服务持续增加，全年新建 30 项办事流程和 10 个二级单位网站，覆盖 20 多个业务部门，推进管理服务改革和智慧校园建设融合发展。

（马新科　张至柔　张　烨）

【完成师生服务大厅信息化建设方案】 2022 年，学校启动师生服务大厅建设工作，通过走访调研京内外十余所高校，制定“集中式受理、协同化办理、一站式服务、智能化运行”信息化建设方案，确定大厅智能运行、网上预约、线上线下融合办理的建设目标，形成师生服务大厅调研报告以及信息化建设方案，推进事项管理、智慧运行、导览查询、门户网站、展示系统、自助服务、信息化环境等建设任务。

（胡　涛）

工程训练与创新创业教育

【概况】 2022 年，北京校部工程训练与创新创业教育中心（简称工创中心）围绕学校“双一流”建设、“十四五”规划发展目标，着重落实“兴趣驱动、自主实践、重在过程”原则，着力推进工程训练及大学生创新创业工作，在组织保障、双创机制、双创课程、学科竞赛、双创支撑和双创文化等各项工作中均取得较大进展。

工程训练与创新创业教育中心(保定),简称工创中心(保定)。该中心于2005年3月由原实习工厂机械制造实验室和保定华电配电设备有限公司组建成立综合性工程训练中心,是集教学、科研为一体的校直属单位,是教育部实验教学示范中心序列中“综合性工程训练中心”的主要组成部分。2020年学校机构调整中由原工程训练中心调整为工程训练与创新创业教育中心(保定)统筹学校创新创业教育活动。按照新的职能划分,中心承担着校区学生的工程训练、机械及其他相关专业实习和综合实践、负责校区“大创项目”管理、学科竞赛组织及其他创新创业管理工作。中心已迈入继“金工”“工训”的“工创”新时代,标志着“职责功能更宽、服务学科更多、平台更综合、技术更先进”的新使命、新要求。至2022年底,中心有教职工41人,其中正式教职工27人、劳务派遣人员11人、人事代理2人、行政保研学生1人。34名指导教师中有教授1人、副教授1人、高级工程师2人、工程师9人、技师3人、高级工18人。为满足多学科交叉融合的人才培养需求,聘请校内相关院系教授、博导等兼职教师17人,从企业聘请技术人员6人。中心对专职人员实行一体化管理,对兼职人员实行院系和中心双重管理模式。中心有房屋建筑面积5500余平方米,拥有智能制造生产线、加工中心、三坐标测量机、快速成型机以及机器人实验室、VR实验室、3D打印实验室、无人机实验室、电子综合创新实验室等一批先进教学设备和创新创业实践平台,教学设备达300余台套总值1400余万元,具备良好的实验实训与创新创业实践条件。中心可开出金工实习、电工实践、机电结合训练、先进设计与制造系统综合实践、创新创业实践等项目,在中心进行综合训练和创新创业实践的人数达到8000多人次。经过多年的建设,工程训练与创新创业教育中心(保定)已成为特色鲜明,机械、电力、自动化等多学科交叉、集教学、科研、创新创业为一体的综合性工程训练与创新创业实践教学基地。中心在建设过程中积极进行教学改革研究,逐步形成“以培养学生工程素养、创业意识、工程与创新实践能力为目标”的教学理念。中心按照“覆盖面大、层次多、强调工程性、系统性、开放性和特色性”的建设思路,以能力培养为核心,构建与理论教学有机结合,具有鲜明特色“四年不断线”的工程实践与创新创业教学体系,并在实践中不断完善。

制度建设。学校印发《华北电力大学大学生创新创业训练计划项目管理办法》(华电校工创〔2022〕1号)和《关于成立华北电力大学创新创业教育工作领导小组的通知》(华电校工创〔2022〕2号);为贯彻落实教育部《国家级大学生创新创业训练计划管理办法》精神,推动创新创业人才培养,进一步规范大学生创新创业训练计划项目管理,提供政策依据和制度保障。

党建工作。工创中心为进一步加强中心组织保障,在教科研党总支的支持下,工创党支部在大学生创新创业教育基地成立。党支部成立后,按照教科研党总支有关要求,深入贯彻习近平新时代中国特色社会思想,积极组织党员开展党的二十大精神集中学习等活动,在各项具体工作中,充分发挥党支部战斗堡垒作用和党员先锋模范作用。在党支部的坚强领导下,工创中心全体教职员工,上下齐心,圆满完成学校抗击新冠疫情工作任务。工创党支部组织中心全体教职工赴爱国主义教育基地——平北抗日烈士纪念园和北京延庆奥林匹克园区参观学习,积极开展“携手奋进向未来 同心喜迎二十大”主题党日暨团队建设活动。在平北抗日战争纪念馆,教科研党总支书记张瑞雅,鼓励大家结合中心资源优势,立足本职工作岗位,启迪大学生创新创业智慧和热情、提升大学生创新创业素质和能力作出更大贡献。工创中心(保定)充分发挥党支部政治功能,开展34次主题学习。严格执行党内政治生活规定,本年度共召开支部委员会会议15次、全体党员会议7次,党支部书记讲授党课4次,谈话谈心工作按要求开展,“主题党日”活动每月定期开展,做到政治生活有组织、有计划、有落实,发展入党积极分子1人。

人才培养。工创中心(保定)持续做好创新创业课程建设,扎实开展“3D打印技术”等创新创业课程教学,选课学生超1000人;坚持创新思维培养与创业实践相结合,联合9个院系18位多学科教师,创新性开设“创新创业方法与实践”课程。稳步推进实践教学工作,开展线上线下混合式教学方式,完成“金工实习B”14批次、“金工实习A”2批次,“智能制造实习”等,教学人时数27万;利用新建电工实践平台首次开设“高压配电系统的运行与试验”等3门课程,累计教学3480人时数;深入挖掘中心资源,推进学科交叉融合。创造性为计算机系、法政系200余名学生开设“工程训练实习”;首届“专业+机器人”实验班49人结业,深造率93%;与科技学院联合培养的第二届“卓越工程师实验班”顺利毕业。打造全方位、立体式创新创业教育新媒体平台。构建网站、微信、抖音、B站四位一体的新媒体矩阵,覆盖学生常用社交软件,粉丝总数近万人。各平台功能差异互补、互通互联。本年度公众号发布新闻资讯、人物专访等推送120余篇。抖音账号发布优秀创新创业项目成果展示短视频52个。B站账号发布专家讲座视频33个,单场直播观众最多达3000人次。开展双创成果展、讲座论坛、机器人大赛、大创项目预立项等活动,参与学生达6000余人次。

双创教育成果。工创中心(保定)获批教育部首批“国家级创新创业教育实践基地”。组织学生参加“互联网+”、数学建模、节能减排竞赛、大学生工程实践与创新能力竞赛等创新创业竞赛53项,获“互联网+”全国金奖等国家级奖励95项，省部级奖励951项，获奖学生2634人。“互联网+”大赛取得重大历史突破，6个项目获得省金并进入国赛，获得全国金奖2项、银奖1项，“易电科技”项目获得研究生组全国第七名，“缘子之声”项目获得河北省本科生首金。创新创业训练计划项目获佳绩。共有327个项目正式立项，372个项目通过结题验收。推选出70项国家级、210项省级大创项目。共获河北省大创年会特等奖2项、一等奖3项。获批15个河北省科技厅大学生科技能力培育资助项目，获资助金额30万元。保定视云信息科技有限公司等6个创业团队在“电火花众创空间”完成公司注册工作，助力“互联网+”大赛取得优异成绩。“电火花众创空间”在省级孵化器考核中获评“优秀”。

教研和成果申报工作。工创中心(保定)项目“新工科背景下基于创客空间的赛课融合项目建设研究”获批教育部教指委重点项目，“面向新工科的综合创新实践项目研发”获批教育部产学合作项目，1个项目获批学校重点教改项目。完成“面向新工科，学研双驱、多学科交叉，推进创新创业教育实践”2022年高等教育(本科)国家级教学成果奖申报工作。

条件保障。工创中心(保定)完成教育部修购基金185万元项目执行工作。更新金工实习中的11台车床和4台钻铣床并投入教学运行。对先进制造实验室、双创教育展示室进行环境改造。落实实验室安全责任制，确保15个创新创业实验室的日常运行、安全、卫生等工作。申报并获批银行贴息建设项目510万元，完善综合性创新创业信息管理系统、数字孪生实验室、金工实习机床、激光雕刻设备、3D打印机等创新创业设备。

金工实习和先进设计与制造系统训练工作。工创中心通过更新机房计算机、3D打印机等常用设备，新增真空镀膜设备、金属激光切割设备、表面处理及检测设备、智能飞行器等设备，提高了硬件配置。补充车工、铣工、焊工、电加工、数控模拟、机械装配、机电一体化等项目的慕课视频，教学资料得到进一步完善。2022年共完成9个学院70个班1944名学生为期2—3周的金工实习任务。

条件保障。由工创中心自主开发建设的综合能源实训系统投入使用。其中物理平台实验模块包括交直流混合微电网、冷热电高效利用、智能家居等单元。另有计算机软件仿真和光伏发电实践两大模块，承担电气学院和新能源学院部分实训任务，以及多个学院新生专业认知教育任务。在2022级新生认识实习期间，面向全校开放，对学生迅速提升电力、能源及其应用的认知水平，发挥积极作用。

合作交流。工创中心持续推进双创课程建设，校企合作开设的“产品思维训练”课已形成一套成熟的混合式教学模式；与施耐德公司合作，充分发挥工程技术人才实践经验丰富优势，共同打造“智绘建筑电气工程设计实践”课程。

文化建设。工创中心开展双创教育活动月活动，邀请校内外优秀学者及创业人开展讲座、培训、座谈会。同时联合校外资源，组建专业指导教师团队，面对面、一对一辅导；创建《常青藤大学生双创文化》期刊，建成线上线下相结合的双创文化平台，并推出创刊号，致力于打造学生了解双创、认识双创、投入双创的主要媒介，进一步丰富校园双创文化氛围。

学生社团改革。工创中心按学生社团组织管理新要求，将原科创部和创业部以及“常青藤”学生组织进行合并，成立大学生双创社团——华电创新创业协会，对原有组织进行一体管理、一体化运营、一体化考核，并于11月4日举行协会成立后第一届大例会。

竞赛情况。工创中心学生竞赛成绩较上年有大幅度提升，获2022年“挑战杯”竞赛北京赛区金奖1项，银奖8项，铜奖11项；获第八届中国国际“互联网+”大学生创新创业大赛北京赛区一等奖5项、二等奖3项、三等奖11项；2个项目进入第八届中国国际“互联网+”大学生创新创业大赛国赛；获第十五届全国大学生节能减排社会实践与科技竞赛国家级一等奖5项，二等奖1项，三等奖6项，并获优秀组织奖。

(杨世关　房　静　祁学飞　王　绚)

【举办全国大学生电力创新设计竞赛】 2022年，工创中心与中国电力教育协会合作，联合举办全国大学生电力创新设计竞赛，中国电力教育协会学生竞赛工作委员会办公室落地华北电力大学。经过精心策划和组织，由学校承办的首届大赛圆满完成预赛和决赛任务。作为一项新的学科竞赛，首届比赛吸引1000多个团队报名参赛，体现出大赛的影响力。

(祁学飞)

【开展校级双创俱乐部评定工作】 2022年9月16日，大学生创新创业俱乐部评定工作在工创中心举行，面向全校遴选出19个校级大学生创新创业俱乐部，涵盖12个学院中的10个学院进行重点支持和培育，着力建设一批具有鲜明学科特色、积极开展研讨协作、锤炼创新创业能力的校级大学生双创俱乐部。

(奇　聪)

【启动设备出借中心建设】 2022年，面向全校师生服务的设备图书馆一期开始建设，分期分批集中购置学生创新活动常用小型仪器设备，按照图书馆运行方式进行管理，师生可以自主选择、自主搭配、自主借还，在方便师生的同时，也将大大提高设备使用效率。年内，共购置无人机开发模块、波形发生器、Arduino系列开发套件等设备150余台(套)。

(张　晗)

【获批教育部首批“国家级创新创业教育实践基地”】 2022年9月，工创中心(保定)围绕育人理念、教学模式、课程建设、体制机制、实践训练五个方面，凝练学校创新创业教育工作经验，全面梳理和提炼学校创新创业人才培养成果，申报并获批教育部首批"国家级创新创业教育实践基地"，成为全国百强之一。

（房　静　王　绚）

【学科竞赛实现突破】 2022年，工创中心（保定）共组织国家级比赛22个，296人次获奖88项；组织省部级比赛32个，1798人次获奖967项。其中，在"互联网＋"大赛中获得金奖2项、银奖1项，取得重大历史突破。工创中心教师参与指导的两个项目夺得国家级金奖。其中易电科技团队获得研究生组第七名的佳绩，缘子之声获得本科生创意组金奖。

（房　静　王　绚）

【创新创业训练计划项目创佳绩】 2022年，工创中心（保定）共有327项大学生创新创业训练计划项目正式立项，372个项目通过结题验收，推选出70项国家级大学生创新创业训练计划项目、210项省级大学生创新创业训练计划项目。推荐学校8个项目参加国家级大创年会、河北省大创年会，获河北省大创年会特等奖2项、一等奖3项、二等奖2项、三等奖1项。组织申报并获批15个河北省科技厅大学生科技能力培育资助项目，获得资助金额30万元。

（房　静　王　绚）

【启动创新创业活动月活动】 2022年11月，工创中心（保定）面向全校师生启动第三届创新创业活动月。开展创新创业学科竞赛成果展、创新创业优秀项目展及"我最喜爱的创新创业项目"评选活动。组织8场双创学术讲座论坛，组织第二届"重温红色经典"机器人校内赛，完成双创俱乐部招新，开展大创项目预立项等活动，参与学生覆盖面达6000余人次。

（房　静　王　绚）

【举办创智云课堂机器人科普教育活动】 2022年5月20日，工创中心（保定）为新疆乌鲁木齐市达坂城地区和河北保定市的中小学生们带来"创智云课堂"。采取视频直播的形式，邀请来自新疆乌鲁木齐市第九十三中学、第五十五中学、第四十中学、东沟乡小学和河北保定市冀英学校、保定师范附属小学、河北小学师生共同参与。"创智云课堂"突破地域限制，满足疫情防控要求，师生们相聚在云端，让实验室资源插上翅膀，自由平等地飞到每一位孩子身边。至年底，华北电力大学机器人与智能制造科普基地、工创中心已连续五年举办"创智云课堂"机器人科普教育活动，持续接力，为全国各地更多的孩子带去科创启蒙教育。

（房　静　王　绚）

【首次开设《创新创业方法与实践》课程】 2022年9月，工创中心（保定）联合18位多学科教师，开设《创新创业方法与实践》课程，涉及创新思维训练、3D打印技术、电子设计实践技术、机器人实践技术、飞行器控制技术、工程场景可视化技术、企业运营模拟八个实践环节。

（房　静　王　绚）

【首次开设工程训练实习课】 2022年3月，工创中心（保定）挖掘中心资源，围绕智能制造、机器人、3D打印、虚拟现实技术，为计算机类、法学类、公共管理类200余名学生量身打造校内实习，解决院系学生因疫情防控无法进行校外实习的困难。通过"精准、精细、精巧"的工科标准以及"动眼、动手、动脑"的亲自操作，使学生对现代科技有了全新认识，通过文理融合培育"产品"思维。

（房　静　王　绚）

【完成专业＋机器人实验班人才培养工作】 2022年12月，工创中心（保定）完成第二届"专业＋机器人"实验班26人本学期培养工作。实验班学生共完成41项大学生创新创业训练计划项目，参加"互联网＋"、中国工程机器人大赛暨国际公开赛等13类学科竞赛。组织技术培训和学术讲座，平均每位学生参加技术培训2次、学术讲座3次。

（房　静　王　绚）

【获批多项教改项目】 2022年1月，工创中心（保定）获批1项教育部高等学校机械基础课程教学指导委员会/工程训练教学指导委员会教育科学研究项目"新工科背景下基于创客空间的赛课融合项目建设研究"，并立为重点项目。获批1项教育部产学合作协同育人项目"面向新工科的综合创新实践项目研发"。获批1项华北电力大学本科教育教学改革研究项目重点项目"新工科背景下赛课融合项目建设研究"。

（房　静　王　绚）

【获批银行贴息贷款建设项目】 2022年10月至12月，经过学校多次论证，工创中心（保定）申报并获批银行贴息贷款建设项目510万元，建设和完善创新创业综合管理信息系统、金工实习、激光雕刻、激光切割、3D打印以及数字孪生等工程训练和创新创业实践设备。

（刘　欢）

后勤管理与服务

【概括】 2022年，北京校部后勤管理处 后勤服务集团事业编职职工32人，非事业编职员工491人，主任助理以上管理干部25名，设党总支1个，党支部5个，党员75人。下设"三科室、三部门、六中心"（综合管理科、计划财务科、后勤管理科；人力资源部、物资管理部、质量监控部；餐饮管理中心、物业管理中心、能源与修缮管理中心、公寓管理中心、综合服务中心、小营家属区物业中心）。保定校区后勤事业编制员工 73 人，人事代理制员工 19 人，各部副主任及以上管理人员 17 人。后勤（保定）党总支现有正式党员 40 人，下设 4 个党支部。

北京校部全年正常供水 979746 吨，供电 38748882 千瓦时，天然气 3863839 立方米，较上年度节约燃气约 16 万立方米。完成绿色学校创建的组织领导、制度建设、宣传教育、运行管理、创新研究各项工作，在供暖锅炉低氮节能改造、学生综合洗浴系统、学生宿舍垃圾分类示范、学校新能源综合利用科研教学践平台 4 个项目上不断凝练特色，2022 年 9 月顺利通过北京市绿色学校创建验收。完成学校沙河院区多次选址、合同签订、新校区教舍食堂的建设改造等各项任务，确保 2022 级专业学位型研究生按时入住。加强节约用水和水资源的循环利用与管理，持续推进节水型高校建设，入选水利部办公厅、教育部办公厅、国家机关事务管理局办公室联合发布的首批 88 个节水型高校典型案例。对校园灌木按品种进行分散栽植，形成组团明确、品种适宜搭配的景观效果。对校内树林内花卉地进行整理，增加花卉种植面积，在校医院西侧种植“百日草、硫华菊”，银杏林内种植萱草、鸢尾，运动场旁种植硫华菊等，同时更换教一北广场花卉 1000 平方米，改造西南门、西北门入口景观，对礼堂两侧的华山松、雪松、白皮松进行补植，对现有 1300 棵法国梧桐、10000 余平方米绿篱、4000 余棵花灌木进行修剪。坚决贯彻习近平总书记关于实施乡村振兴战略系列重要讲话精神，累计采购河南确山、太仆寺旗农副产品 268.968 万元。

党建工作。2022 年，北京校部后勤党总支深入学习宣传贯彻党的二十大精神，用好党支部“三会一课”和教职工集中学习平台，邀请马院教师作专题学习报告会，在学校新闻中心、智慧后勤等新媒体平台发布多篇新闻稿件，使广大后勤员工不断增强“四个意识”、坚定“四个自信”、做到“两个维护”，切实把学习宣传效果转化为后勤员工投身抗疫和服务保障一线的不竭动力。切实提高政治站位，坚持问题导向，聚焦“四个落实”，针对巡察反馈问题建立整改台账、落实责任分工、明确整改时限，确保整改工作“事事有着落、件件有回音”，先后出台各类规章制度共计 10 余项。保定校区后勤开展反腐警示教育，加强党风廉政建设，全面落实从严治党要求。加强习近平新时代中国特色社会主义思想理论学习，喜迎和庆祝二十大胜利召开。落实意识形态责任制，强化阵地和活动管理，严格网站等新闻宣传管理。重视统战工作，引导民主人士和群众力量作用发挥。积极配合校党委第八巡察组，顺利完成校内巡察整改和“回头看”工作。完成全年党费收缴及党员发展工作，完成“党员活动日”活动总结等。

疫情防控。2022 年北京校部后勤认真贯彻落实上级防控决策部署，把疫情防控作为首要政治任务。疫情期间，坚守防疫阵地，做好物资储备、人员网格化管理、环境消杀等各项工作。5 月至 6 月封校期间，设置物资缓冲区，日均中转各类物资 7000 余件，完成各类订餐任务 6 万余份，发送学生离校返乡班车 269 次、运送学生 7000 余人，组织“爱心车队”转运毕业生行李 14000 余件。11 至 12 月疫情封校期间，500 余名员工舍小家顾大家，克服生活条件艰苦、劳动强度大、休息时间短、思想压力大等诸多困难，确保全校师生员工“食、住、行”等各方面保障，特别是完成总计 40 余万份的送餐任务，为学校打赢疫情防控歼灭战做出突出贡献。保定校区后勤完成各类中高风险地区人员排查、离返保报备、核酸检测统计等各项疫情防控信息报送以及各类人员出入证的办理和报备。严格抓好餐厅疫情防控，严密保障防疫物资的采购和发放，积极创新、认真做好师生饮食、消杀通风、垃圾清运、维修维护等各项保障服务。3 月 16 日至 6 月 15 日、11 月至 12 月校园封闭期间，领导班子带领近 600 名职工驻守校内解决师生校园生活保障，展现后勤人的政治站位和责任担当。

服务保障。饮食保障方面，在保证 24000 余名在校师生员工日常营养就餐基础上，完成 2022 年 5 月封校期间各类订餐任务 6 万余份；完成 7 月份教育部巡视组供餐保障工作；完成新生入学健康观察用餐、教代会与会代表就餐、重大活动学生 9100 人次就餐及学生军训送月饼、饮用水等保障工作。为 30 个楼宇点位发放 487500 套餐盒、450000 双筷子、勺子 144000 个、N95 口罩 85620 只、健之素免洗手液 3982 瓶、一次性医用手套 49150 双、一次性帽子 9180 个，各类消毒液 3000 余桶（瓶）、折叠床、被褥等物资 1000 套。其他服务保障方面，完成 2022 届毕业生离校和 2022 级新生入住等工作，其中完成 2841 名本科生、1583 名硕士生、147 名博士生毕业生退宿离校工作，完成 2022 级 2957 名本科生、2482 名硕士生、339 名博士生入住工作。9 月新生入学期间，转运行李 40000 万余件，完成学生公寓 6000 余间宿舍以及教学、办公、生活区域维修工作。完成 2＃楼、4＃楼、6＃楼共 596 名研究生搬家工作。为硕士、博士存放行李 2173 件．完成 827 间毕业生宿舍卫生保洁、杂物清理和换洗宿舍窗帘等工作。在缓冲区保障 34.1 万余件物资安全进校，审核校外进缓冲区人员及车辆 1030 余人次。安全完成出车任务 2940 余次。解决北京校部集体户青年教师子女入学难问题，2022 年幼儿园入园 57 人。保定校区后勤结合疫情防控工作，学生餐厅积极与相关处室及院系沟通协调，实行网上公布菜单、院系在线填报、餐厅按订单生产、院系集中取送餐模式，提高新生供餐保障效率；二校云餐厅外卖服务平台增设 18 台全新外卖柜及送餐架，完成“俺来也”云餐厅招标并签订合作协议，积极推出新菜品 150 余种单品，至年底，综合经营餐饮单元营业额2351.8087万元。完成校内超市自动售货机的招标和合作协议的签订，定期抽查超市商品开展市场价格调研。完成14家出租门脸商户的租赁合同续签工作，并配合学校完成出租门脸相关招标准备工作。改善学习住宿条件，完成1091间研究生、本科新生宿舍房间粉刷、室内设施修整、家具购置等，完成单身楼公寓卫生间及公共设施间改造粉刷以及照明灯具更新，完成学生公寓智能控电系统部分公寓楼线路及模块控制安全整改项目。通过重新规划设计，铺设专用电源，配足自助共享吹风机以及相关配套设施，满足洗浴需求。更换教室桌椅1436套、黑板26套，教室条件不断改善；支持和协助保定市政府相关部门完成工厂苑、七一南苑、青年苑家属区老旧小区改造工作，改善家属区生活环境。幼儿园进一步健全、落实各项规章制度，加强师资队伍建设，改善园舍及食堂硬件条件和基础设施，丰富幼儿学习生活，强化保健工作检查，促进家园共建。

重点项目。2022年北京校部后勤办理立项170项，审核合同202份，进行各类招标项目49个，完成对外支付各类款项260笔。完成《华北电力大学公寓宿舍门更换工程》、《华北电力大学楼宇综合修缮工程（门窗更换）》、《华北电力大学供暖锅炉脱硫脱硝工程》。实施了《华北电力大学电梯维修改造工程》、《华北电力大学学生公寓用电恶性负载控制系统升级改造工程》和《华北电力大学实验室基础设施建设、改造与修缮工程（一期）》3个国拨项目，其中《华北电力大学电梯维修改造工程》通过北京市特检所验收。

校园安全。北京校部后勤坚持执行分级值班制度与日、周、月、节假日安全检查相互结合的方式做好安全预案工作；定期开展安全隐患大检查活动，定期开展业务培训，消防培训，保证安全生产；后勤一站式服务大厅全天候服务，2022年共接到报修信息20000余条，接报到场率100%，维修完成率达99.93%。保定校区后勤组织签订安全管理工作责任书；开展安全隐患专项排查、春季开学安全检查等活动；全年共排查安全隐患113大项。加强餐厅日常监管，发现问题及时整改，跟踪复查；严格食材采购、验收、加工、销售等环节，定期开展环境卫生整治。全力巡检整治维修，加强基础设施维护，重视重要设备运行安全。定期组织开展校园杂物堆积、消防通道堵塞、因恶劣天气物品受损等集中排查整治行动；联合相关部门及院系开展严查学生公寓违章电器和使用明火活动；落实上级防坠措施要求，对四层及以上建筑窗户安装限位器共计9000余个，更换各楼顶进出门32扇。运动场地设计加装智能控制装置，校园围墙采用不锈钢材质安装设立外卖取餐格口，保证有序安全取餐。幼儿园加强安全教育与宣传，坚持定期消毒，强化检查落实，确保幼儿安全、物品安全、校园安全。按时报送重要节日期间网络安全情况。

文化建设。2022年北京校部后勤继续坚持以人为本的后勤文化理念，加强文化建设，北京校部后勤组织开展丰富多彩的趣味运动会、健步走、工间操、线上运动会等活动进一步丰富员工业余文化生活。

机构调整。保定校区后勤实施机构设置调整，撤销后勤管理处（保定）下属“科”、“中心”等部门命名设置，统一改设为“部”，增设幼教部。同时对机构及岗位数量设置，各部门主任、副主任人员安排等进行调整，并研究通过领导班子责任分工。进一步优化机构设置，推进后勤管理科学化、规范化。

治理体系建设。保定校区后勤加强合同科学化管理，制定《后勤管理处合同管理工作细则》，对2022年各类合同或协议进行备案，协助做好学校对后勤近三年合同专项审计工作。加强对出租门脸、外包餐厅及超市价格、质量、服务、卫生的监督管理，完成青年苑门口五家商户的清退工作。加强运行监控，完善物业外包服务监督检查机制，审定2022年度物业外包协议的执行和费用核算工作；完善“123”综合信息平台工作制度，至年底，“123”综合信息平台2022年处理电话报修业务5700余条、咨询电话2600余个，“华电微后勤”报修信息处理2500余个，合计处理信息10800余条。

信息化建设。保定校区后勤加强后勤信息化平台建设，更新并完善后勤管理处网站各版块内容，完成微信公众号以及后勤官网、智慧后勤平台、智能控电系统等后台维护管理工作，解决维修管理、投诉管理、公寓管理等系统在使用过程中出现的问题并升级系统，统计通过智慧后勤平台空调缴费明细，处理智慧后勤平台各种投诉建议。完成后勤管理处预进驻师生一站式服务大厅服务事项清单的填报，以及服务师生工作事项清单和梳理情况报告。

修缮与能源管理工作。保定校区全年各类能源收费90.98万元，总支出2759.92万元，较2021年减少98.56万元；校园直饮水和卫生间小便池免冲洗等引进服务项目运行良好。改善办学条件专项相关工作进展顺利；完成2023年改善办学条件专项资金申报工作；完成拟2023年提前执行的保定校区一站式服务大厅项目效果图、施工图、概算等前期相关工作。全年验收工程项目16项。

其他工作。保定校区后勤严格做好印章管理及使用，采用线上线下相结合方式，审批用印约150人次；统计并上报后勤管理处2023年设备购置和处置计划及政府采购预算；组织开展仪器设备核查，共涉及36436台件93995511元。发布新闻报道30余篇，发布各类通知通告20余条。完成爱卫会及后勤事务各项工作。

（张兵仿　卢青松　刘丽萍　魏　娜）

【获昌平健康营养午餐二等奖】 2022年1月，在昌平区慢性病综合防控工作领导小组面向全市餐饮企业开展“健康营养午餐”征集活动中，北京校部后勤餐饮管理中心根据北京市卫生健康委员会和北京市市场监督管理局印发的《餐饮减油盐、百姓更健康——北京市餐饮行业减盐减油减糖行动工作方案》的要求，报送的糙米饭组合套餐在众多参赛作品中脱颖而出，获昌平区二等奖。

（张兵仿　刘丽萍）

【召开处级领导班子专题民主生活会】 2022 年 1 月 18 日，北京校部后勤服务集团召开 2021 年度处级领导班子党史学习教育专题民主生活会。校党委常委、副校长孙忠权，校纪委副书记李旸，党委巡察办公室副处级组织员葛红，党委组织部副处级组织员张江昆等到会指导，会议由张兵仿主持。

（张兵仿　刘丽萍）

【举行植树活动】 2022 年 3 月 25 日，正值我国第 44 个植树节，北京校部后勤服务集团组织开展“植树育人 电力常青”植树活动。此次植树活动在校西区 60 周年雕塑周边栽种银杏与丁香。校长杨勇平、副校长王增平来到植树现场，与后勤职工、学生代表等 80 余人共同参加此次植树活动。

（张兵仿　刘丽萍）

【召开教职工代表大会】 2022 年 7 月 5 日，北京校部后勤服务集团分工会召开 2022 年教职工代表大会。来自后勤各科室、中心的教代会代表参加本次会议，会议由后勤服务集团分工会主席李鹏主持。与会代表听取集团工作报告和财务报告后，以举手表决的方式审议通过《后勤服务集团 2021 年度工作报告》、《后勤服务集团 2021 年度财务工作报告》。会议号召，2022 年，面对新的机遇和挑战，后勤全体员工要不断提升与高水平大学建设相适应的服务意识和各项服务能力水平，不断满足广大师生对后勤服务日益增长的多样化高标准需求，大力弘扬后勤精神和工匠精神，把后勤建设成为“平安后勤”“绿色后勤”“规范后勤”“智慧后勤”“育人后勤”，为建设特色鲜明高水平研究型大学贡献后勤人的力量，以优异成绩迎接党的二十大胜利召开。

（张兵仿　刘丽萍）

【通过北京市绿色学校创建验收】 2022 年 9 月 29 日，北京市绿色学校创建验收领导小组和专家组到北京校部开展评估验收。经过现场检查、查阅资料、交流研讨，北京校部顺利通过验收。验收工作由市教委后勤处处长武怀海主持，北京建筑大学副校长陈红兵担任专家组组长。校长杨勇平，党委副书记孙传新及相关单位负责人参加现场验收。

（张兵仿　刘丽萍）

【开展供暖锅炉检查】 2022 年，为确保冬季供暖正常运行，及时消除可能存在的安全隐患，北京校部后勤服务集团向北京市昌平区特种设备检查所申请对校内供暖锅炉进行内部检查。10 月 31 日，昌平区特种设备检查所检查人员对锅炉运行设计和运行安全管理情况进行全方位检查，重点检查供暖锅炉使用保养、维护和检修情况；锅炉及安全附件定期检验、检测报告；锅炉运行记录和档案资料以及各类管理人员配备和持证上岗等方面内容。对供暖设备和操作人员加强安全专项督察和技术指导，检查结果全部符合特种设备运行管理规定。

（张兵仿　刘丽萍）

【昌平区特检所进校指导】 2022 年 11 月 2 日，昌平区特种设备检测所、昌平区电视台到北京校部锅炉房，对北京校部四台 15T 供暖锅炉超净排放脱硝改造工程进行设备复检并采访报道。昌平区电视台对北京校部后勤管理处处长张兵仿进行采访报道，为了感谢昌平区特检所对北京校部锅炉改造过程中的技术指导，张兵仿代表华北电力大学向其赠送内容为“真情服务送温暖 排忧解难作风良”锦旗。

（张兵仿　刘丽萍）

【入选全国节水型高校典型案例】 2022 年 11 月，水利部办公厅、教育部办公厅、国家机关事务管理局办公室联合发布首批 88 个节水型高校典型案例，其中北京市共有 5 所高校入选，华北电力大学入选。该遴选旨在贯彻落实《国家节水行动方案》，引领带动广大公共机构和全社会节约用水，并为高校节水工作提供示范和借鉴。

（张兵仿　刘丽萍）

【举办学习党的二十大精神专题报告会】 2022 年 11 月 29 日，北京校部后勤党总支邀请马克思主义学院孙翠亭老师作《党的二十大报告解读》线上专题报告会。北京校部后勤理论学习中心组成员、干部员工共 230 余人参加，报告会由后勤党总支书记吴万凯主持。11 月 24 日，北京校部后勤党总支与校医院直属党支部邀请马克思主义学院骆小平教授，联合举办题为《牢记“三个务必” 纵深推进党的自我革命》线上专题报告会，两部门理论学习中心组成员、党员干部共 40 余人参加会议。报告会由后勤党总支书记吴万凯主持。

（张兵仿　刘丽萍）

【召开职工大会】 2022 年 3 月 3 日，保定校区后勤召开 2022 年职工大会。后勤领导班子成员、全体员工参加大会。会议由副处长邵丙信主持。后勤管理处（保定）处长卢青松作 2021 年度工作报告。后勤分工会主席张伟作 2021 年度财务报告。会上，与会职工集中审议通过《后勤管理处（保定）2021 年度工作报告》和《后勤分工会 2021 年度财务报告》。

（魏　娜　刘　洁）

【召开领导班子及处级干部考核述职测评大会】 2022 年 3 月 3 日，后勤管理处（保定）召开 2022 年处级领导班子及处级干部考核述职测评大会，后勤领导班子成员、全体事业编制及人事代理制员工 92 人现场参加会议。会议由后勤（保定）党总支书记李鹤主持。卢青松处长首先代表领导班子进行述职，并作个人述职报告。党总支书记李鹤在述职中全面总结回顾2021年度党建工作，汇报了在作风建设、党史学习教育、党风廉政建设、政治理论学习、意识形态、统战工作、安全稳定、校内巡查等方面工作情况。后勤领导班子成员依次进行述职。学校组织部工作人员胡蝶出席会议并发放网络测评密码。会后，与会人员对后勤领导班子和各位处级干部进行线上评价。

（魏　娜　刘　洁）

【完成家属区升级改造】 2022年，保定校区后勤高度重视家属区改造工作，积极沟通协调政府相关职能部门，争取政策支持。自6月起，坚持"应改尽改、能改则改"原则，补齐基础设施短板，完善公共服务设施，完成地下供排水管道更换、楼顶防水、雨污分流、楼内外墙面粉刷、道路分区及重新铺设硬化、车棚翻新改造、窗户更换、公共照明设施更新、休闲区域及停车位规划等工程项目，同时重新安装家属区电子监控设施和单元门禁，对各处杂物以及僵尸车等进行清理，家属区环境焕然一新。

（魏　娜　刘　洁）

【召开回头看工作动员会】 2022年10月6日，保定校区后勤召开校党委第八巡察组对后勤（保定）党总支巡察"回头看"工作动员会，校党委第八巡察组组长曹晓新，副组长齐岩、成员严伟能、高婷婷等出席会议，后勤管理处（保定）党政领导班子成员、党支部书记、综合管理部负责人参加会议。李鹤围绕主体责任落实情况、巡察整改任务完成具体情况、巩固和深化整改成果情况三个方面做后勤（保定）党总支校内巡察整改落实情况汇报。卢青松分享交流对后勤工作的思考及后勤工作面临的困难。曹晓新做动员部署讲话，指出本次"回头看"既要发现巡察整改中存在不足与问题，也要发掘整改中好的做法与经验。后勤（保定）党总支要压实政治责任，强化政治担当，深入查找政治偏差；推动巡察整改常态化、长效化，通过巡察整改强化内部管理，提升党组织核心引领力、领导班子战斗力、师生员工凝聚力、改革发展新动力，切实做到以巡促改、以巡促建、以巡促治、以巡促提升、以巡促发展。

（魏　娜　刘　洁）

【开展党支部工作实务培训】 2022年10月12日，保定校区后勤党总支组织开展实务培训，邀请校党委组织部副处级组织员秦芳芳有针对性地进行党支部工作专项培训。后勤各党支部书记、党支部委员及党务工作人员参加培训。秦芳芳从党支部的功能定位、组织生活、《党支部工作手册》的填写及完善原则四个方面详细介绍党支部各项工作主要任务、开展频次、开展方式、有关要求等内容，重点梳理和讲解党支部工作相关注意事项。同时与党支部参会人员进行沟通交流，回答实际工作中的重难点问题。

（魏　娜　刘　洁）

医　疗　服　务

【概况】 2022年，校医院（北京）共有职工47人（含在编职工27人，外聘职工20人），其中专业技术人员中高级职称15人，中级职称15人，初级职称9人，共设12个临床及辅助科室，开设病床26张。

2022年，校医院（保定）共有职工45人（含在编21人，人事代理2人，返聘1人，外聘21人），其中高级职称13人，中级职称14人，初级职称7人，设有13个临床及辅助科室，开设病床34张。

党建工作。校医院（北京）继续按照学校党委的部署和安排，教育和引导全体员工增强"四个意识"，坚定"四个自信"，做到"两个维护"，抓实抓好班子建设、党的建设和全面从严治党工作，尤其是党的二十大胜利召开后，认真开展教职工对二十大会议精神的政治学习，组织全体党员发挥先锋模范作用，并带领全院职工扎实做好疫情防控工作。深入学习贯彻习近平总书记重要讲话、北京市十三次党代会和党的二十大精神，心怀"国之大者"，坚定自觉拥护"两个确立"，坚决做到"两个维护"，以"融入中心抓党建，抓好党建促发展"为原则，以加强思想、作风、组织建设为重点，扎实做好党的建设、全面从严治党、意识形态、安全稳定、疫情防控、师生健康保障、教职工学习、师德师风、统一战线、作风建设等工作。坚决落实意识形态工作责任制，执行党的宗教政策，严防校园渗透。直属党支部坚持立足校医院工作职能和党员岗位职责抓实党的建设，面对疫情大考，干部党员冲在一线，带领全体员工全力抗疫。领导班子严明党的政治纪律和政治规矩，坚持民主集中制，严格按制度按程序开展工作，全年共召开党政联席会15次，党组织会议8次。贯彻党管干部党管人才原则，做好全体员工年度考核和职称晋升时师德师风环节考核把关工作。直属党支部通过年终考核、党员民主评议等方式树立优秀榜样，坚决抵制不良风气，涵养良好政治生态。全年共设置"党员示范岗"15个，"先锋示范岗"6个，召开全员警示教育大会2次，全体党员15人签署《从严治党承诺书》，全员45人签署《医德医风承诺书》。校医院（保定）深入学习贯彻党的二十大精神。按要求完成理论学习中心组集中学习，主要内容包括：党的二十大精神；习近平总书记关于疫情防控、党风廉政建设、自我革命等主要论述；"两个确立"的决定性意义；意识形态、统战工作等内容。以党日活动为契机，紧抓党员集中学习。举办"学习强国"学习竞赛，完善"专家讲党课"、"支部书记讲党课"、"支部委员讲党课"、"党员讲党课"的党课学习机制；进一步推进

“一党员一科室大家学”促学活动。加强组织建设，吸收1名青年职工杜博松为入党积极分子。大力开展工会活动，弘扬中华优秀文化。相继在职工中组织开展党史知识竞赛、统战知识竞赛、诗词、成语比赛等。

疫情防控。校医院(北京)继续严格执行“四早”原则，精准制定流调方案，及时管控高风险人群，建立校园健康观察制度，果断、快速、科学、精准地处置多起疫情相关事件。在新生返校校门值守工作中，共流调师生1万余人次，隔离管控2000余人次；在处置“5.14”校园突发韵达快递疫情、杭州快递、境外快递、岳各庄疫情、天堂酒吧疫情等事件过程中，校医院昼夜坚守岗位，对相关人员进行流调筛查、抗原检测，并及时分级处置、划定风险等级、转运高风险人群，共流调3000余人次，隔离管控1000余人，妥善快速处理相关疫情事件；在11月份校园突发疫情后，校医院立即触发校园应急医疗事件响应机制，迅速成立疫情处置专班，第一时间开展阳性人员及同住人风险筛查、核酸采样、抗原检测、环境采样、信息汇总上报、人员转运等工作，短短一个月内共进行核酸采样35万余人次，环境采样约8000点位，同时，积极修订校园疫情处置工作预案，开展校内防疫技能专项培训，做好疫情知识宣教，保障防疫物资储备，及时处置涉疫医疗垃圾等，与全校各部门精密合作、协同奋战，取得校园疫情阻击战胜利。在常态化校园疫情防控过程中，校医院对健康驿站实行24小时专人专管，并根据疫情形势，及时调整隔离政策，精准制定隔离方案及核酸采样方案，全年共管控3500余人次；完成校园不定期全员核酸检测共20轮、暑期学生返乡及校内常规核酸检测等，累计采样60余万人次，与此同时校医院积极响应上级指令，派遣医务人员前往回龙观龙城社区进行核酸采样支援；全年共开展了各剂次新冠疫苗补接种1821人次，最大限度地保障师生全员接种，为广大师生筑起坚强的免疫屏障。校医院(保定)加强新冠疫情防控健康宣教，提升防控意识和能力。依照新型冠状病毒肺炎防控方案(第九版)，编制“新型冠状病毒肺炎防控方案(第九版)应知应会50问”，在师生中，尤其是新生中广泛宣传；严格按照防护标准，为学校教工及学生志愿者开展个人防护培训8次，提高个人防护水平；按照保定市疫情防控政策要求，严格落实上级卫生行政部门、教育部门各项防控措施，强化校园应急处置及演练，融入属地联防联控机制，加强联防联控，做好协同防范，在“防”上下功夫，织密扎牢校园疫情防控网；针对流感疫苗、新冠疫苗、全校师生分类建立接种禁忌，尚未接种、尚未完成全部接种、尚未完成加强接种人员清单，加大接种力度，确保应接尽接，筑牢群体免疫屏障；按照“三区两通道”等防控要求分别在华电培训中心及校外隔离酒店设立健康驿站5家，均有医护人员24小时驻站管理；严格按照保定市新冠肺炎疫情防控办公室核酸检测频次要求，组织开展全体师生核酸检测，确保应检尽检，不漏一人。学校发生疫情以来，校医院(保定)多举措有效控制学校疫情，面对新形势围绕“保健康、防重症”，不断优化调整防控措施，较短时间实现疫情防控平稳转段，保障师生生命安全和身体健康。

临床诊疗。校医院(北京)全年共接诊患者37642人次，其中重症抢救转诊300余人次，处置发热患者800余人，流调8000人次，各类疫苗注射2万人次；管理输液患者117人次，住院隔离患者90人(其中带状疱疹患者20人、水痘患者60人、疑似结核患者8人，乙流1例、腮腺炎1例)；心电图检查380人，动态心电图检查26人，动态血压监测17人，C13呼气试验238人，肢体动脉检测7人，口腔科、五官科检查、治疗102人次，外科治疗＋手术1864人次，黑光治疗48个部位；中医拔罐治疗292人次，针灸49人次，贴耳穴1人次；院内抢救急危重患者十余次，出诊20余次，外出保健10余次；完成新生、推免研究生、入职职工及体训部体检等全校各类师生体检9000余人次，并对体检异常师生提供一对一指导。校医院(保定)全年门急诊45706人次，(内科、外科、儿科、口腔科、中医科、妇科、二校医务室)人次，留观输液，各类注射共计1621人次；完成各种换药、清创缝合、脓肿切开引流、拔甲治疗、石膏外固定、雾化吸入共计197人次；针灸、电灸、中频脉冲电治疗、红外线治疗、磁疗及拔罐等中医治疗共计669人次；彩超检查约2200余人次、DR拍片1457人次，透视和造影15人次，体检和结核排查拍片4891人次；血常规6234人次、尿分析1715人次、便常规52人次、生化检查17146人次、糖化血红蛋白199人次、甲功159人次；心电图检查2423人次；完成一、二类疫苗2047人次；发现、上报和隔离治疗传染病6例(含水痘2例，肺结核3例，流行性腮腺炎1例)；新生体检共计5426人，全年教职工体检(含离退休)及各类人员入职体检共计1135人；完成开学典礼、教师代表大会、本科新生军训、研究生招生考试、四六级英语考试、教师资格考试、继续教育学院承办函授学生学位英语考试和体育特长生招生考试等各类大型考试和团体活动的医疗保障任务。全年无医疗差错事故和医疗纠纷发生，在特殊时期完成日常门诊、急诊急救、学生体检、教职工体检，公费医疗管理、医疗保障、各项体检工作等医疗工作。随着华北电力大学沙河院区建立，校医院积极筹建沙河院区应急医疗保障点，在人员紧缺的前提下，制定沙河院区值班制度，派遣医务人员前往院区值守，最大限度满足沙河院区师生就医需求。

医药医技。校医院(北京)全年采购西药、中成药约230万元，采购中药饮片约25万元，调剂西药、中成药处方约32559张，调剂中药饮片处方924张；化验室完成各种化验14748份；放射科全年完成门诊各类X光检查6635人次，调研、优化胸片检查流程，改进工作方法，提升胸片检查效率30%；完成彩超438人次。公费医疗方面，全年共完成师生公费医疗报销 3500 余人次，最大限度满足师生报销需求。校医院（保定）取消药品 15%加成率，实现药品零差价，减轻学生就医负担。根据二校区学生用药需求，在原有药品基础上紧急增加药品种类，满足学生就医需求。购进全自动化学发光免疫分析仪，更新彩色多普勒超声诊断仪，以满足师生就医需求，有效提高校医院辅助诊断水平。

人才队伍建设。校医院（北京）共招聘 8 名较高水平专业技术人员，包括内科专业 3 人，外科专业 1 人，护理专业 2 人，中药专业 2 人；持续提高非在编人员待遇。校医院（保定）引进宋洪波、李辉，2 人均具有副主任医师资格。

医药信息化建设。校医院（北京）实现药品采购自动预警，提高制定采购计划的效率；改进药品入库流程，充分利用药品购销相关数据，实现电子数据批量导入入库，保障药品入库零差错。

中草药服务建设。校医院（北京）继续完善中草药房工作流程，补充人才力量；更新煎药室煎药设备，建立代煎中药的标准操作规程；建立中药饮片养护台账，中药调剂登记查询表等，逐步实现无纸化办公，实现移动端查询处方调剂状态，极大方便患者取药。

获奖情况。2022 年度校医院（北京）处级领导班子考核优秀，陈红艳、赵海鹏被评定为个人处级干部考核优秀。在学校 2022 年度“学习强国”平台优秀评选工作中，校医院直属党支部获得年度优秀学习组织荣誉称号，刘计荣、贺江城、任佳伟获年度“学习之星”荣誉称号。在疫情防控工作中，校医院（保定）宋汝敏、杜博松 2 人获莲池区最美白衣天使称号；12 月 24 日，代丽华 1 人在保定市疾控中心举办的 2022 年艾滋病防治知识优秀宣传作品征集工作中表现突出，被授予“优秀指导教师”称号；2022 年 4 月，校医院（保定）直属党支部被中国教育工会华北电力大学（保定）委员会授予 2021—2022 年度“先进分工会”称号，并于 9 月在“携手百年路 共绘同心圆-统战百分在线知识竞答”活动中表现优异，获“优秀组织奖”。

（贺江城　岳　宇）

【周坚慰问一线医务工作者】 2022 年 12 月 1 日，校党委书记周坚到校医院视察疫情防控工作，慰问一线医务工作者。周坚详细了解医务工作者工作和生活情况，对校医院取得的成绩给予充分肯定，对奋战在抗疫一线的医务工作者表示由衷的敬意和诚挚的感谢。周坚强调，校医院应继续发挥专业优势，严格落实属地要求，充分研判把关，以专业的素养、精湛的技术通过抗疫“大考”，竭尽全力保障广大师生生命健康，广大医务工作者应继续发扬伟大抗疫精神，坚定胜利的信心和决心，认真履行岗位职责，与学校携手并进、共克时艰，打赢校园疫情防控攻坚战。

（贺江城）

【扎实开展疫情防控工作】 2022 年，校医院（北京）按照“四早”原则，迅速组建防控专班，对校园疫情防控工作进行周密部署及严格把控，积极开展校园内流调筛查及核酸检测，第一时间转移阳性人员及高危人群，最大限度保障校园安全和师生健康。面对校园突发疫情事件，尤其是“5.14”韵达快递疫情、“11.8”校园突发疫情等，科学应对、迎“阳”而上，积极开展校园内流调筛查及核酸检测，第一时间转移阳性人员及高危人群，做到“快封、快筛、快消、快解”，妥善处置校园疫情，期间校医院（北京）医务人员零感染，受到学校高度认可。

（贺江城）

规章制度建设

Rules and Regulations Building

华北电力大学思想政治工作联席会议制度

（2022 年 1 月 11 日）

为深入贯彻落实《中共中央国务院关于新时代加强和改进思想政治工作的意见》（中发〔2021〕15 号）、《教育部等八部门关于加快构建高校思想政治工作体系的意见》（教政字〔2020〕1 号）精神，进一步完善党委统一领导、党政齐抓共管、宣传部门协调、多部门协同参与的思想政治工作大格局，不断加强统筹协调和协同联动，推动学校党委关于思想政治工作的安排部署落实落地，制定本制度。

一、会议原则

1. 目标导向原则。全面落实立德树人根本任务，构建“三全育人”大思政格局，培育德智体美劳全面发展的社会主义建设者和接班人总体目标，推动新时代思想政治工作守正创新。

2. 协同联动原则。相关单位立足思想政治工作分管领域，加强信息共享、资源共享、渠道共享，形成各部门齐抓共管、协同联动的工作格局。

3. 灵活机动原则。根据会议议题，以思想政治工作联席会议组成单位为主体，灵活确定参会范围，有针对性地对思想政治工作进行研究部署。

二、组织机构

思想政治工作联席会议由负责思想政治工作的校领导担任召集人，党委宣传部牵头协调，以党政办公室、党委组织部、党委统战部、纪委办公室、党委教师工作部、党委学生工作部、党委保卫部、教务处、研究生院、网络与信息化工作处、团委、马克思主义学院等为参会主体。根据实际需要，可增加相关部门、院系参会。思想政治工作联席会议办公室设在党委宣传部，负责思想政治工作联席会议日常工作。

三、议事范围

1. 政治理论学习

2. 思政课和课程思政建设

3. 师生日常思想政治教育

4. 思想政治工作队伍建设

5. 思想政治工作领域其他工作

四、会议要求

1. 联席会议由召集人召集，原则上每学年召开 4—6 次，遇有重要情况经召集人同意可随时召开。

2. 参会人员应按时参会，因故不能出席会议的，需向会议召集人请假，并委托相关人员参会。

3. 议事内容应按照确定议题进行，参会人员应在深入调查研究基础上充分发表意见。

4. 联席会议办公室负责做好会议记录，编发会议纪要。

本制度由党委宣传部负责解释，自发布之日起施行。

华北电力大学高层次人才岗位聘用实施办法

（2022 年 1 月 17 日）

第一章　总　则

第一条　为贯彻落实中央人才工作会议精神，深入实施新时代人才强国和人才强校战略，加快高层次人才汇聚，全方位培养、引进、用好战略科技人才、领军科技人才和优秀青年科技人才，激励人才更好支撑学校发展，学校决定实行高层次人才岗位聘用制，制定本办法。

第二条　加强顶层设计，根据学校战略规划、学科布局和事业发展需要，坚持“党管人才、按需设岗、择优聘用、聘期管理”原则，设立高层次人才岗位。

第三条 面向全职高层次人才设立战略科技人才岗、领军人才岗（A 岗、B 岗、C 岗）、青年拔尖人才岗三类全职岗位。领军人才 A 岗主要面向传统优势学科领域设置；领军人才 B 岗主要面向承担国家级重大科研项目任务的高层次人才设置；领军人才 C 岗主要面向急需学科、基础学科、哲学社会科学学科及文化艺术领域设置。

第二章 聘用条件

第四条 高层次人才岗位基本聘用条件为：坚持正确政治方向，自觉学习习近平新时代中国特色社会主义思想，拥护中国共产党的领导；贯彻党和国家教育方针，为党育人，为国育才；坚持弘扬科学家精神，严谨治学，勇攀高峰；深怀爱国之心、砥砺报国之志，主动担负起时代赋予的使命责任。

第五条 战略科技人才岗聘用条件：

具有深厚科学素养，视野开阔，前瞻性判断力、跨学科理解能力、大兵团作战组织领导能力强，在科学技术领域作出系统性、创造性成就贡献，或在工程科学技术方面作出重大创造性成就贡献的战略科学家。

第六条 领军人才岗聘用条件：

A 岗需具备下列条件：学术造诣深，在本学科领域开展原创性研究和关键技术研究，取得重要标志性成果；具有扎实学识，在教学思想和教学方法上有重要创新，取得高质量教育教学成果，立德树人成效显著；具有带领本学科赶超或引领国际先进水平的能力，在国内外同行中有显著知名度和影响力。

B 岗需具备下列条件：面向国家重大战略需求，着力开展原创性和共性关键技术研究，主持国家重点研发计划、国家重大专项等国家重大科研项目。

C 岗需具备下列条件：在学校急需学科、基础学科、哲学社会科学学科及文化艺术领域，主持国家级重大科研任务，取得突出学术成果；在国内外同行中具有较高知名度和影响力，能够提升学校急需、紧缺学科发展水平，为形成新的学科增长点发挥关键作用。

第七条 青年拔尖人才岗聘用条件：

在本学科领域开展高水平原创性研究和技术研究，取得高水平成果，学术水平居同龄人中拔尖水平，在相关领域崭露头角，具备成为学科领军人才潜质；具有优秀教育教学潜能，在教学思想和教学方法上有创新，取得较高质量教育教学成果，立德树人成效明显；具有协助本学科赶超或引领国际先进水平能力，在国内外同行中有较高知名度和影响力；首次聘任年龄原则上不超过 45 周岁。

第三章 岗位职责

第八条 战略科技人才岗位职责：

引领学校和学科发展，培育新学科、新方向；构建高水平研究团队，培育领军拔尖人才；开展跨学科、引领国际前沿的科学研究，取得重大原创性学术成果；拓展国内外学术资源，提升相关学科在国际上的地位和声誉。

第九条 领军人才岗位职责：

1. 落实立德树人根本任务，开展高水平教学工作，在人才培养工作中发挥表率作用。

2. 带领学科提出具有前瞻性创造性发展思路，组织制定实施学科建设规划；积极承担国家级重大科研任务；开展原创性科学研究，取得标志性学术成果。

3. 整合学科队伍，组建创新团队，培养青年骨干人才，着力延揽培育青年拔尖人才。

4. 拓展国际交流与合作，有效提高所在学科国际地位和声誉。带领相关学科赶超或引领国际先进水平；推动新兴学科赶超国内先进水平。

第十条 青年拔尖人才岗位职责：

1. 落实立德树人根本任务，积极参与课程体系建设和教材编写，在青年教师中起到示范作用，在人才培养工作中发挥骨干作用。

2. 积极探索学科前沿问题，对本学科发展方向和发展思路提供重要支撑；积极承担国家级重大科研任务；积极开展理论与实践问题研究和关键领域攻关，取得原创性学术成果。

3. 积极融入学科梯队，根据学科特点和发展需要组建创新团队，指导或协助指导青年教师，培养优秀青年人才。

4. 积极组织或参与国际交流合作，提升所在学科国际学术影响力和竞争力。协助优势学科赶超或引领国际先进水平；协助推动新兴学科赶超国内先进水平。

第四章　岗位待遇

第十一条　高层次人才岗位实行年薪制，聘期一般为5年，领军人才B岗聘期与项目执行期保持一致。

第十二条　战略科技人才岗位待遇根据实际情况采取一事一议方式确定。学校为全职战略科技人才岗位入选者提供工作室，配备专职学术助理，保证公务用车。

第十三条　领军人才A岗、B岗年薪80万元；领军人才C岗年薪为40～60万元区间。青年拔尖人才岗年薪为50万元。

第十四条　上述薪酬待遇均为税前，包括岗位受聘者享受的国家工资、各种津补贴、教学工作量津贴、绩效奖励津贴、年终考核津贴等；不含改革性补贴，横向科研经费、纵向科研间接费中的人员绩效和科技成果转化收益。如以第一完成人获得国家级教学科研奖励等重大单项标志性成果，经学校人才领导小组审议通过后，可按相关标准进行单项奖励。保险和公积金基数计算办法按照国家规定执行。

第五章　聘用程序

第十五条　高层次人才岗位原则上每年集中选聘1次。对于特别优秀的引进人才，学校设立绿色通道，根据工作需要安排选聘时间。

第十六条　对新申请高层次人才相关岗位的，按以下程序选聘：

1.个人向院系或科研平台提出申请，由院系或科研平台对申请人进行思想政治素质及师德师风评议和学术评议。经基层党政联席会议集体讨论后，形成推荐意见，报送人才工作处。

2.党委教师工作部会同相关部门对申请人思想政治素质及师德师风等情况进行综合评议；党委组织部复核把关。人才工作处组织校内外专家，对申请人进行学术评议。

3.党委组织部、人才工作处将拟聘高层次人才情况提请学校人才工作领导小组会议审议后，报党委常委会会议审定。

4.经校内公示无异议后，学校与高层次人才签订高层次人才岗位聘期合同。

第十七条　岗位聘期合同应明确岗位聘期、岗位待遇以及受聘人岗位职责、目标任务、考核方式等内容。如距退休时间小于一个聘期的，聘期期限截止至退休当月。

第六章　考核管理

第十八条　战略科技人才作为学校战略科学家，在学校方向引领、战略布局、系统谋划等方面举足轻重、不可或缺，战略科技人才岗实行备案制考核。

第十九条　学校对领军人才岗、青年拔尖人才岗进行目标管理，施行"年度考察＋聘期考核"相结合考核形式，以聘期考核为重点，年度考察为辅助。

1."年度考察"采取备案制，重在了解高层次人才在岗及工作进展情况。

2."聘期考核"以聘期合同约定岗位职责和工作目标内容为依据，由学校组织校内外专家，全面考核高层次人才在岗位聘期内各项工作的开展和完成情况。同时，将思想政治素质及师德师风评议作为聘期考核重要内容。

第二十条　考核结果分为合格和不合格，作为续聘和退出的主要依据。聘期考核合格的，可续聘原岗位。聘期考核不合格的，退出年薪制岗位序列，按学校有关规定参加教师岗位聘用。

第二十一条　领军人才B岗聘期到期后，考核时间原则上不迟于上级主管部门项目结题验收意见下达后一个月内。当项目获得主管部门肯定性评价，并通过项目验收，视为聘期考核合格，并按照聘期期限退出原有岗位，按学校有关规定参加教师岗位聘用。如在项目执行期取得具有重大学术价值的创新成果，纳入领军人才B岗聘用，续签3年期高层次人才岗位聘期合同。

第二十二条　高层次人才在岗位聘期内出现严重违反《新时代高校教师职业行为十项准则》或违反合同约定行为的，学校有权解除相应岗位聘任，并按有关规定给予惩处。

第二十三条　按照"尊重历史，平稳过渡，严格准入"原则，实现学校原有享受年薪人员与本办法的顺利衔接。原享受年薪的高层次人才按照高层次人才聘期合同继续执行，聘期结束按照聘期合同考核，考核结论作为纳入对应岗位聘用的重要依据。考核结论和聘用岗位经学校审定后，签署新的高层次人才岗位聘期合同。

第二十四条　柔性外聘（兼职）高层次人才聘用程序参考本办法执行，按照聘期合同进行管理。

第七章 附 则

第二十五条 本办法授权人才工作处、人事处负责解释，未尽事宜按照学校相关规定执行。

第二十六条 本办法自发布之日起施行，原《华北电力大学高层次人才年薪制实施办法》（华电校人〔2016〕36号）同时废止。

华北电力大学仪器设备开放共享管理办法(2022年修订)

（2022年2月25日）

第一章 总 则

第一条 为促进学校仪器设备合理配置和有效利用，鼓励并规范开放共享，根据《国务院关于国家重大科研基础设施和大型科研仪器向社会开放的意见》（国发〔2014〕70号）和《教育部办公厅关于加强高等学校科研基础设施和科研仪器开放共享的指导意见》（教技厅〔2015〕4号）等文件精神，结合学校实际，制定本办法。

第二条 本办法中仪器设备是指除涉密仪器设备外，纳入学校资产管理，用于教学、科研、社会服务以及实践实训等仪器设备。

第三条 除涉密仪器设备外，单台（套）原值40万及以上的大型仪器设备均应开放共享。鼓励单台（套）价值在40万元以下的、有一定共性需求的其他仪器设备按照本办法开放共享，享受本办法收费分配标准和相应优惠政策。

第四条 本规定所称开放共享，是指学校各仪器设备管理的平台或团队将仪器设备向本平台或团队以外进行开放，由校内外其他部门或单位、个人用于科学研究、技术开发及人才培养的行为。开放共享服务实行无偿服务和有偿服务相结合，有偿服务收费遵循成本补偿和非盈利原则。

第五条 学校仪器设备按照教学、科研、服务和本部门、校内、校外优先级，实行专管共用、开放共享、有偿服务原则，充分利用，提高效益。

第六条 开放共享的仪器设备应运转和性能指标正常，有专人管理和维护，能保证相应开放时间。

第二章 组织管理

第七条 仪器设备开放共享工作实行学校和院（系、研究院、中心）二级管理体制。仪器设备共享平台分为校级平台和院（系、研究院、中心）级平台两级架构。

第八条 学校建立仪器设备开放共享网络信息和服务平台（以下简称仪器设备共享平台），提供仪器设备信息查询、开放共享信息发布、网上预约、数据统计等功能。

第九条 实验室管理处（保定校区为资产与实验室管理处，下同）作为仪器设备开放共享管理部门，主要职责为：

（一）建立仪器设备开放共享管理体系，制定仪器设备开放共享管理制度；

（二）加强开放共享支撑队伍建设，开展技术培训与学术交流等活动；

（三）建设仪器设备共享平台，负责统筹仪器设备开放共享数据统计和上报工作；

（四）协助财务处及华北电力大学收费管理工作小组对仪器设备开放共享服务收费标准进行审核备案和公示。

（五）负责对仪器设备共享工作进行绩效考核评价，对开放共享基金的合理使用进行指导管理。

第十条 学院和科研机构（以下简称二级单位）负责本单位仪器设备开放共享建设和管理工作，主要职责为：

（一）明确分管领导和仪器负责人，建好支撑队伍；

（二）对仪器设备使用成本进行测算，提出有偿使用收费标准，负责经费使用监督；

（三）负责对仪器设备信息的管理和维护，预约服务的管理跟踪。

第三章 收费管理

第十一条 仪器设备开放共享服务可以按照成本补偿和非盈利原则收取费用。本校本科生、研究生按照教学计划使用仪器设备，不收取任何费用。

第十二条 仪器设备开放服务收费标准确定流程如下：

（一）二级单位负责进行开放共享服务成本核算，并在充分调研同类仪器设备收费标准的基础上提出收费建议标准。

仪器设备开放共享服务收费标准按照以下成本要素进行核算：

1.校内服务：水电费、材料消耗费、维修保养费、技术服务（检测和分析）及人员工时费、管理费；

2.社会服务：国家税费、设备折旧费、实验室占用费、水电费、材料消耗费、维修保养费、技术服务（检测和分析）及人员工时费、管理费。

（二）二级单位组织用户专家组就收费标准进行论证确认，报实验室管理处审核。

（三）实验室管理处提请华北电力大学收费管理工作小组核准后方可公布执行。收费标准应当根据成本变动情况及时进行调整，调整流程按照前款执行。

第十三条 开放共享服务收入执行“收支两条线”，纳入学校财务统一管理，相关部门审计与监督。仪器设备所在实验室或课题组填写《仪器设备专用账户申请表》（附件5）提出开户申请，经所在二级单位分管领导同意后，提交实验室管理处审核，财务处确认通过后为其开设仪器设备收费专用账户。

第十四条 针对校内用户提供开放服务时，申请使用方签订《仪器使用注册表》（附件1），仪器管理员签字确认审核后即可使用。双方签署《华北电力大学仪器共享缴费单》（附件2），报实验室管理处审核，加盖共享缴费审核专用章，由实验室管理处到财务处办理缴费手续。

第十五条 对校外用户提供仪器设备开放服务时，需签订仪器设备开放服务合同（附件3）（以下简称合同）。资产管理处（保定校区为资产与实验室管理处，下同）负责合同归口管理，负责将年度合同目录报学校合同主管部门备案。

第十六条 合同签订程序：

（一）具体提供测试、化验或加工等开放服务的实验室、课题组与委托方协商一致，填写标准合同，明确相关事项。

（二）受托实验室、课题组填写《华北电力大学仪器设备开放服务合同申请单》（附件4）；实验室管理处负责审核合同所载事项真实性合法性、收费标准合规性、胜任服务能力、委托方主体资格等。

（三）受托实验室、课题组联系委托方在合同正本上签字并盖法人单位公章（含合同专用章），受托实验室、课题组经办人在合同正本签字。

（四）资产管理处审核合同，代表学校加盖合同专用章，并编号、登记和备案。

（五）学校留存合同正本不少于一式五份，其中资产管理处、实验室管理处、财务处、二级单位受托实验室（课题组）、委托方各执一份。

第四章 经费使用

第十七条 仪器设备开放共享服务收取费用主要用于补偿仪器设备运行维护、功能拓展和更新升级，技术管理人员学习培训以及支付必要劳务费用等，在扣除国家税费基础上按照以下比例结算分配：

设备购置资金来源性质	项目	学校水电费等	开放共享基金	部门发展基金	二级单位发展基金	实验室/课题组劳务酬金	实验室/课题组发展基金
财政资金	比例	10%	10%	5%	5%	≤35%	≥35%
其他	比例	10%	0	0	5%	≤40%	≥45%

第十八条 学校设立仪器设备开放共享基金。设备开放共享基金由实验室管理处统筹管理，主要列支范围：

（一）设立仪器设备创新研制项目，资助校内人员开展仪器设备研制及创新使用等；

（二）仪器设备共享平台运行维护费用；

（三）仪器设备运行管理质量建设；

（四）其他与业务发展相关的费用，包括聘请校外专家咨询指导、培训学习、业务交流等。

第十九条 仪器设备开放共享服务收入的70%由财务处划拨至其仪器设备收费专用账户中，其中最高不超过35%用于实验室、课题组劳务酬金，其余作为实验室、课题组发展基金。

第二十条 劳务酬金用于自聘专兼职技术管理人员和发放超工作量酬金。超工作量酬金应在仪器设备开放共享和校内外服务工作绩效考核的基础上，按照“重贡献、重实效”的分配原则进行发放。各二级单位加强指导和管理，规范发放行为。

第二十一条 发展基金主要列支范围：

(一)实验室或课题组仪器设备购置、维修费用，包括平台仪器设备、配件、备件购置，零部件加工、维修费等；

(二)实验室或课题组开展分析检测、设备维护以及技术研发等过程中所需各类原料、耗材费用；

(三)超定额用房缴费；

(四)其他与业务发展相关费用，包括聘请校外专家咨询指导、培训学习、业务交流和接待等费用。支出范围和标准可参照科研经费管理。

第二十二条 各项经费的支出须严格遵守学校财务有关管理规定。

第五章 仪器设备托管

第二十三条 各院系、研究机构和其他科研团队等单位以及科研人员，依据自愿原则，可以把具有一定共性的通用类仪器设备委托给学校其他校级或院级仪器管理平台管理。

第二十四条 托管需要先期签订协议，对仪器设备用房、相关费用等具体问题进行约定，托管协议期限最长为签订之日起至仪器报废。

第二十五条 委托单位为仪器设备资产所有权单位，托管后仍然拥有该仪器设备的资产所有权。管理单位为被委托的校级或院级仪器管理平台，承担该仪器设备资产的管理责任。

第二十六条 委托单位应保证托管前仪器设备完好、工作正常，并连同所有必要的附件、备件、标准试剂及说明书等文档一同委托给管理单位保管。

第二十七条 托管期间管理单位须为该仪器设备配备专业的管理人员，负责该仪器设备日常运行、维护、保养和维修工作，所发生费用原则上由管理单位负担，特殊情况由双方协商共同负担。

第二十八条 托管的仪器设备必须按照学校规定进行开放共享，管理单位负责对授权自主操作人员培训，所有使用仪器设备人员，包括委托单位的仪器使用人员必须经过专业培训，取得管理单位的自主操作资质。

第二十九条 托管仪器设备收费按照本办法进行，委托单位使用托管仪器设备收费标准和结算方式应在托管协议中进行约定。

第六章 绩效考核

第三十条 实验室管理处对仪器设备开放情况进行综合考核评价工作。共享考核评价结果纳入单位部门年度总结评估，作为学校仪器设备配置依据。仪器管理员考核结果纳入年度工作总结评估，作为职称评聘和晋升参考。

第三十一条 考核内容分为基础管理、使用效率、人才培养和服务成果四个方面：

(一)基础管理包括有无操作规程、使用记录是否完整、设备性能维护是否完好等。

(二)使用效率为考核期内大型仪器设备使用情况，按有效机时和额定机时数比计算。通用设备的额定机时按1400小时/年，专用设备按800小时/年。

(三)人才培养为进行培训操作该大型仪器设备人员情况。

(四)服务成果包括利用该仪器设备完成科研成果情况和对校内外开放共享情况。

第三十二条 考核指标与权重如下：

项目	基础管理			使用效率	人才培养	服务成果	
	操作规程	使用记录	设备完好	使用效率	人才培养	科研成果	服务收入
权重	10%	10%	10%	50%	10%	5%	5%

第三十三条 大型仪器设备使用效益考核按照平台填报、专家审核和现场查验、结果公示的程序，每年度开展一次。

第三十四条 考核结果分为优秀、合格、不合格，考核优秀比例不超过学校大型仪器设备总数的10%，考核成绩低于60分的为不合格。

第三十五条 对大型仪器设备使用效益考核优秀率排名靠前的管理员、实体平台和学院，学校给予表彰和奖励。

第三十六条 对大型仪器设备使用效益考核不合格率排名较前，或在大型仪器设备开放共享管理方面存在严重问题的二级单位，学校将予以约谈并责令整改，连续两年整改效果不明显的，学校有权收回相关大型仪器设备并重新进行调配，限制新仪器设备申购，减少或取消后续相关经费投入。

第七章　附　　则

第三十七条　本办法由实验室管理处负责解释。

第三十八条　本办法自发布之日起施行。原《华北电力大学大型贵重仪器设备开放共享管理暂行办法》(华电校资〔2013〕10 号)同时废止。

华北电力大学本科专业建设管理办法

(2022 年 3 月 30 日)

第一章　总　　则

第一条　为深入贯彻习近平新时代中国特色社会主义思想和党的十九大精神,落实全国教育大会和新时代全国高等学校本科教育工作会议精神,按照教育部《普通高等学校本科专业设置管理规定》和学校《华北电力大学关于全面提升本科人才培养质量的实施意见》(华电校〔2019〕1 号)要求,进一步优化本科专业结构和布局,加强专业内涵建设,规范专业管理,不断提升专业建设水平,特制定本办法。

第二条　专业建设坚持落实立德树人根本任务,以人才培养为中心,以社会需求为导向,加强专业内涵建设,构建"结构优化、适应需求、特色鲜明"的专业体系,全面提升本科人才培养质量。

第二章　专业设置

第三条　专业设置应适应国家发展需求,结合学校能源电力特色和人才培养定位,以经济社会发展和产业转型升级需求为导向,加强总体专业规划,培育特色优势专业集群,提升服务经济社会发展能力。

第四条　优先设置体现学校办学优势和特色的专业,积极发展新兴学科和交叉学科相关专业。新增设专业必须具备以下基本条件:

(一)符合学校和院系人才培养定位和发展规划,有明确的专业发展思路、专业培养目标、专业发展规划;

(二)有满足社会人才需求的论证报告,年招生规模符合人才培养需求;

(三)有相关学科专业为依托,具有一定学科优势特色;

(四)有科学规范的专业人才培养方案;

(五)具备完成专业人才培养方案所必需的、结构合理的专职教师队伍及教学辅助人员。专职教师中具有硕士及以上学位的教师比例不低于 50%。专职教师与在校学生比例为 1:18 左右;

(六)具备必需的经费、教学用房、图书资料、仪器设备、实习基地等办学条件,有保障专业可持续发展的相关规章制度。

第五条　新增设专业应提交申请报告、普通高校增设本科专业申请表、可行性论证报告、专业建设方案、专业人才培养方案等材料。新增设专业应按照以下程序审批:

(一)各院系需对新增专业进行广泛调研,组织相关专家论证,经院系教学委员会审议通过,院长(主任)签署意见,按要求将申报材料报教务处;

(二)教务处汇总相关材料并组织有关专家论证,论证通过后将申报材料提交学校教学委员会;

(三)学校教学委员会对拟申报新的本科专业进行审议;

(四)教务处向院系反馈学校教学委员会审核意见和建议。建议停止申报设置的专业终止申报程序,建议推荐申报设置的专业根据相关意见对申报材料进行修改完善;

(五)教务处将新增专业的申报材料进行校内公示,公示期满且无异议后,报主管校领导批示;

(六)批示通过后,教务处按照相关规定向上级主管部门报送材料。

(七)学士学位授予专业授权的申请。经教育部批准或备案的新增本科专业,应在教育部批准设置文件发布之日起三个月内,向省级政府学位委员会提出学士学位授予专业授权申请并按要求报送申报材料。

第三章　专业建设

第六条　专业建设实行校院(系)两级管理,学校负责专业建设统筹规划和宏观指导,院系是本科专业建设主体,负责专业建设和管理的具体实施。

（一）教务处是学校本科专业建设与管理的职能部门，负责学校本科专业建设规划；组织新增、调整专业和专业评估；组织各类各级专业建设项目申报工作。

（二）院系负责确定基层教学组织和专业负责人，实施专业建设和管理。院系教学委员会根据学校学科专业发展规划，统筹规划、指导院系专业建设。基层教学组织和专业负责人在院系教学委员会指导下组织开展专业建设和专业评估工作。

第七条 按照"专业定位明确、专业管理规范、改革成效突出、师资力量雄厚、培养质量一流"的要求开展专业建设，专业建设内容包括专业建设方案制定、人才培养方案修订、课程与教材建设、师资队伍建设、实践教学条件建设、教育教学研究与改革、质量保障制度建设等。

（一）专业建设方案制定

适应行业发展趋势、学校办学定位及国家人才需求，从人才培养规格、办学规模、师资、设备、实训基地、教学改革等方面统筹考虑，合理制定专业建设方案，点面平衡，协调发展，重点突破，形成特色。

（二）人才培养方案修订

依据学校办学定位和人才培养总目标，结合学科专业发展优势，制定专业培养目标及毕业要求。培养目标应体现思政元素，毕业要求应能充分支撑培养目标达成，满足国家相关标准和专业认证要求。科学合理构建支撑毕业要求的课程体系，适时调整人才培养方案，使其适应经济、科技、文化和社会发展对人才培养的新要求。

（三）课程与教材建设

加强课程体系建设，科学合理构建支撑毕业要求的课程体系，合理安排通识教育和专业教育、理论教学和实践教学、必修环节与选修环节、课内学习与课外学习、共性要求与个性培养、教师引导和学生自主学习之间的关系。充分挖掘各类课程中蕴含的课程思政元素，有机融入教育教学全过程。

加强教材体系建设，突出教材思想性，注重总结科研和教学经验，突出重点，丰富种类。完善教材规划、选用、编写、审核全过程管理，定期修订教材建设方案，优先选用国家级和省部级优秀教材，鼓励编写高水平教材，严格审核授课使用教材。

（四）师资队伍建设

建设适应专业人才培养要求、数量充足、结构合理的专业师资队伍。开展师德师风建设，注重新任教师、青年教师教学能力提升，提高教师信息化教学水平。加强基层教学组织建设，培育优秀教学团队。加强产教融合，选派青年教师到企业进行工程化实践，聘任企业专家担任学校兼职教师，建设高素质专兼职教师队伍。

（五）实践教学条件

完善基于基本实验模块、校内实践模块、校外实习模块、仿真实践模块以及验证性实验、综合与设计性实验、研究与创新性实验的"四模块・三层次"实践教学体系，加强实践教学条件建设，优化专业实验资源，开放共享教学实验室。整合校内外资源，完善产学合作协同育人机制，推进产教融合、校企合作，促进教学实习实践基地建设。

（六）教育教学研究与改革

按照培养一流人才要求，充分调动广大教师及管理人员的教学研究积极性，大力支持其开展专业建设、课程建设、课堂教学、实践教学、创新创业等方面的教育教学研究与改革。

（七）质量保障制度建设

做好教学质量管理，落实落细教学各环节要求和质量标准，保障教学组织有序。强化任课教师课程教学质量主体责任和基层教学组织监管责任，提高质量意识，确保教学效果和专业人才培养质量。

第八条 学校投入建设经费用于专业建设，重点支持国家级、省级一流本科专业建设、新增专业建设和专业认证。

第四章 专业评估与专业认证

第九条 学校定期对专业建设情况进行检查与评估，制定专业建设评价与评估方案，组织校内专业评估。原则上每五年对各专业评估一次。评估主要内容包括：

（一）专业建设方案制定；

（二）人才培养方案制定与执行；

（三）生源与就业、深造；

（四）师资队伍建设；

（五）课程与教材建设；

（六）实践教学条件建设；

(七)人才培养质量保障体系建设。

第十条 评估方式包括专业自评和学校评估。通过评估,对适应经济和社会发展需要、培养质量高的专业,在招生、专业条件建设等方面予以优先支持,对人才培养质量难以保证的专业,进行专业调整。

第十一条 学校所有工科专业,应积极开展工程教育专业认证(评估)工作,依据"学生中心、成果导向、持续改进"专业认证理念持续开展专业建设。其他专业可以参照工程教育专业认证标准完善教育教学活动,持续提高专业建设水平。

第五章 专业调整

第十二条 学校建立专业动态调整机制。学校根据专业评估结果,对适应经济社会发展、人才培养质量高的专业,在招生数量等方面给予优先支持;对招生志愿率低、毕业生就业率低、人才培养质量难以保证、专业评估成绩差的专业,实行限制招生、暂停招生直至撤销专业。

第十三条 对于毕业生已满三届的专业,如出现在学校或国家专业评估中处于后10%或在学校发布的《毕业生年度就业质量报告》中连续三年毕业生就业率过低的,教务处会同有关部门提出整改建议,经学校教学委员会审议和学校招生工作领导小组批准,依据具体情况采取限制招生或暂停招生措施。

第十四条 依据学校发展规划被认为不适合继续招生的专业,或对毕业生已满五届的专业,如出现以下情况之一者,经学校教学委员会审议和学校招生工作领导小组批准,依据具体情况作出撤销专业的处理意见。

(一)连续五年不招生的;

(二)在学校或国家专业评估中发现存在严重问题的;

(三)限制招生专业年限期整改后仍无明显改进的;

(四)专业所在院系建议撤销的。

第六章 附 则

第十五条 本办法自发布之日起施行。

第十六条 本办法由教务处负责解释。

华北电力大学处级干部选拔任用工作办法(2022年修订)

(2022年3月30日)

第一章 总 则

第一条 为坚持和加强党的全面领导,深入贯彻新时代党的组织路线和干部工作方针政策,落实党要管党、全面从严治党特别是从严管理干部的要求,坚持新时期好干部标准,建立科学规范的处级干部选拔任用制度,形成有效管用、简便易行、有利于优秀人才脱颖而出的选人用人机制,建设一支高举中国特色社会主义伟大旗帜,以马克思列宁主义、毛泽东思想、邓小平理论、"三个代表"重要思想、科学发展观、习近平新时代中国特色社会主义思想为指导,忠诚干净担当的高素质处级干部队伍,根据《党政领导干部选拔任用工作条例》《事业单位领导人员管理暂行规定》《高等学校领导人员管理暂行办法》《关于进一步规范直属高等学校选人用人工作的通知》等有关文件精神,结合我校处级干部选拔任用工作实践,制定本办法。

第二条 处级干部选拔任用应坚持以下基本原则:

(一)党管干部;

(二)德才兼备、以德为先,五湖四海、任人唯贤;

(三)事业为上、人岗相适、人事相宜;

(四)公道正派、注重实绩、群众公认;

(五)民主集中制;

(六)依法依规办事。

第三条 选拔任用处级干部,必须把政治标准放在首位,符合将处级干部队伍建设成为坚持党的基本理论、基本路线、基本方略,坚持社会主义办学方向,落实立德树人根本任务,全心全意为广大师生员工服务,具有推进新时代学校事业发展的能力，结构合理、团结坚强的中坚力量的要求。

树立注重基层和实践的导向，大力选拔敢于负责、勇于担当、善于作为、实绩突出的干部。

注重发现和培养选拔优秀年轻干部，特别要注重从党建和思想政治工作、教学、科研一线的骨干中发现优秀年轻干部，用好各年龄段的干部。

统筹做好培养选拔女干部、少数民族干部和党外干部工作。

对不适宜担任现职的处级干部应当进行调整，推进干部能上能下。

第四条 本办法适用于选拔任用学校党委管理的处级干部。

第五条 学校党委按照干部管理权限履行选拔任用处级干部的职责，切实发挥把关作用。学校党委成立由党委书记、校长、纪委书记、分管组织工作的校领导及组织部长（或常务副部长）组成的干部工作领导小组，负责本办法的组织实施。党委组织部门在学校党委领导下，负责处级干部选拔任用的具体工作。

第二章 选拔任用的条件与资格

第六条 处级干部必须信念坚定、为民服务、勤政务实、敢于担当、清正廉洁，具备下列基本条件：

（一）自觉坚持以马克思列宁主义、毛泽东思想、邓小平理论、“三个代表”重要思想、科学发展观、习近平新时代中国特色社会主义思想为指导，努力用马克思主义立场、观点、方法分析和解决实际问题，坚持讲学习、讲政治、讲正气，牢固树立政治意识、大局意识、核心意识、看齐意识，坚决维护习近平总书记核心地位，坚决维护党中央权威和集中统一领导，自觉在思想上政治上行动上同党中央保持高度一致，经得起各种风浪考验。

（二）具有共产主义远大理想和中国特色社会主义坚定信念，坚定道路自信、理论自信、制度自信、文化自信，坚决贯彻执行党的理论和路线方针政策，热爱高等教育事业，在教学、科研、管理、服务等工作中做出实绩。

（三）坚持解放思想，实事求是，与时俱进，求真务实，认真调查研究，能够把党的方针政策同本单位、本部门的实际相结合，卓有成效地开展工作，落实“三严三实”要求，主动作为、真抓实干，讲实话、办实事、求实效。

（四）有强烈的事业心、政治责任感和历史使命感，有较强的服务意识和改革创新精神，有胜任领导工作的组织能力、文化水平和专业素养。

（五）正确行使权力，依法依规办事，廉洁奉公，以身作则，坚持党的群众路线，密切联系群众，自觉接受党和群众的批评、监督，加强道德修养，讲党性、重品行、作表率，带头践行社会主义核心价值观，廉洁从政、廉洁用权、廉洁修身、廉洁齐家，做到自重自省自警自励，反对形式主义、官僚主义、享乐主义和奢靡之风，反对任何滥用职权、谋求私利的行为。

（六）坚持和维护党的民主集中制，有民主作风，有全局观念，善于团结同志，包括团结同自己有不同意见的同志一道工作。

第七条 提拔担任处级干部职务的，应当具备下列基本资格：

（一）应当具有大学本科及以上文化程度。

（二）一般应当具有五年及以上工龄。因工作需要引进的高层次人才、取得博士学位的专业技术人员和管理人员，可放宽条件。

（三）副处级专职管理干部应当在正科级或相当于正科级岗位上提任；由副处级提任正处级应当在副处级岗位工作两年以上；专职管理干部由副处级提任正处级，原则上应有两个及以上副处级岗位任职经历。

经组织选派，借调、挂职、援疆、援藏、扶贫、乡村振兴等期间表现突出者，可放宽条件。

（四）因工作需要引进的高层次人才、面向校外公开选拔的人才和院（系、部）的专业技术人员直接提任正处级职务的，应当具有相关专业博士学位或正高级专业技术职务；提任副处级职务的，一般应当具有相关专业博士学位或副高级专业技术职务。

（五）新提任的党委职能部门负责人要有学生工作经历，新提任的院（系）党组织负责人、党员院长（系主任）一般要有党务工作经历。新提任的党政管理干部原则上要有思政课教师、辅导员或班主任工作经历。

（六）应当经过党校（行政学院）、干部学院或学校认可的校内外培训，培训时间应当达到干部教育培训的有关规定要求。未达到培训要求的，应当在提任后一年内完成培训。

（七）具有正常履行职责的身体条件。

第八条 处级干部应当逐级提拔。特别优秀或者工作特殊需要的，经学校党委研究，并报上级组织（人事）部门批准，可以破格提拔任用。

破格提拔必须从严掌握，任职试用期未满或者提拔任职不满一年的，不得破格提拔。不得在任职年限上连续破格。不得越两级提拔。

第九条 处级干部在同一岗位连续任职不得超过三届。处级干部换届，距离退休的年限不足一届任期的干部，一般应当退出领导岗位。“双肩挑”干部，回归学术；专职管理干部，保留同级职务待遇，并承担一定工作。

第三章 分析研判和动议

第十条 党委组织部门应当深化对干部的日常了解，坚持知事识人，把功夫下在平时，通过谈心谈话、专题调研、工作考核、民主生活会等方式，综合党内集中教育、纪检监察、巡视巡察、教育培训、挂职借调、评奖评优、党员民主评议等方面情况，从政治素质、综合能力、专业水平、品行修养、身心素质等方面，全方位、多渠道、近距离了解干部。根据日常了解情况，对处级领导班子和处级干部队伍进行综合分析研判，为学校党委选人用人提供依据和参考。

第十一条 学校党委根据工作需要和干部队伍建设实际，结合综合分析研判情况，提出启动处级干部选拔任用工作意见。

第十二条 党委组织部门综合有关方面建议和平时了解掌握的情况，对处级领导班子和处级干部队伍进行动议分析，就选拔任用的岗位、条件、范围、方式、程序和人选意向等提出初步建议。

第十三条 党委组织部门将初步建议向学校干部工作领导小组报告，对初步建议进行完善。经充分沟通酝酿后，形成工作方案。对动议的人选严格把关，根据工作需要，可以提前核查有关事项。

第十四条 研判和动议时，根据工作需要和实际情况，如确有必要，也可以把公开选拔、竞争上岗作为产生人选的一种方式。岗位出现空缺且本校没有合适人选的，特别是需要补充紧缺专业人才或者配备结构需要的干部的，可以通过公开选拔产生人选；岗位出现空缺，校内符合资格条件人数较多且需要进一步比选择优的，可以通过竞争上岗产生人选。

公开选拔、竞争上岗应当结合岗位特点，坚持组织把关，突出政治素质、专业素养、工作实绩和一贯表现，防止简单以分数、票数取人。

公开选拔、竞争上岗设置的资格条件突破规定的，应当事先报上级组织（人事）部门审核同意。

第四章 民主推荐

第十五条 选拔任用处级干部，应当经过民主推荐。民主推荐包括谈话调研推荐和会议推荐，推荐结果作为选拔任用的重要参考，在一年内有效。

第十六条 处级干部换届，民主推荐按照岗位设置全额定向推荐；个别提拔任职或者进一步使用，可以按照拟任岗位进行定向推荐，也可以根据拟任岗位的具体情况进行非定向推荐；进一步使用的，可以采取听取意见的方式进行，其中正职也可以参照个别提拔任职进行民主推荐。

第十七条 处级干部换届，民主推荐应当经过下列程序：

（一）进行谈话调研推荐，提前向谈话对象提供谈话提纲、换届政策说明、干部名册等相关材料，提出有关要求，提高谈话质量；

（二）综合考虑谈话调研推荐情况以及人选条件、岗位要求、班子结构等，经与直属党委（党总支、党支部）沟通协商后，由学校党委研究提出会议推荐参考人选，参考人选一般应差额提出；

（三）召开推荐会议，说明换届有关政策，介绍参考人选产生情况，提出有关要求，组织填写推荐表；

（四）对民主推荐情况进行综合分析；

（五）向学校党委汇报民主推荐情况。

第十八条 参加处级干部换届的谈话调研推荐的人员范围：

（一）院（系、部）参加谈话调研推荐的人员应当包括领导班子成员及其他处级干部、教授代表、党支部书记、内设机构负责人、其他方面代表。

（二）机关教辅及其他单位参加谈话调研推荐的人员应当包括机关教辅及其他单位负责人、直属各党委（党总支、党支部）书记、院（系、部）院长（主任）、教授代表、人大代表、政协委员、民主党派基层组织负责人、其他方面代表。根据岗位不同可以进行适当调整。

（三）校医院等专业性较强的单位（部门），可参照院（系、部）的参加人员范围。

其他需要参加的人员可以根据知情度、关联度和代表性原则，根据实际情况确定。

参加会议推荐的人员参照上列范围确定，可以适当调整。

第十九条 个别提拔任职，或者进一步使用需要进行民主推荐的，民主推荐的程序参照本办法第十七条规定进行。根据工作需要，也可以先进行会议推荐，再进行谈话调研推荐。先进行谈话调研推荐的，可以提出会议推荐参考人选，参考人选一般应差额提出。单位人数较少、参加会议推荐人员范围与谈话调研推荐人员范围基本相同，且谈话调研推荐意见集中的，根据实际情况，可以不再进行会议推荐。

根据工作需要，可以在民主推荐前对推荐岗位、条件、范围以及符合岗位要求和任职条件的人选，在人选所在单位领导班子范围内进行沟通。

第二十条 个别提拔任职，或者进一步使用需要进行民主推荐的，参加民主推荐人员参照本办法第十八条规定执行，可以适当调整。根据工作需要和分析研判情况，也可以在推荐岗位所在单位或部门内部进行推荐。

第五章 考　　察

第二十一条 确定考察对象，应当根据工作需要和干部德才条件，将民主推荐与日常了解、综合分析研判以及岗位匹配度等情况综合考虑，深入分析、比较择优，防止把推荐票等同于选举票、简单以推荐票取人。

考察对象经学校党委常委会会议研究确定，一般应当多于拟任职务人数，意见比较集中的，也可以等额确定考察对象。

第二十二条 有下列情形之一的，不得列为考察对象：

（一）违反政治纪律和政治规矩的；

（二）群众公认度不高的；

（三）上一年度考核结果为基本合格及以下等次的；

（四）有跑官、拉票等非组织行为的；

（五）除特殊岗位需要外，配偶已移居国（境）外，或者没有配偶但子女已移居国（境）外的；

（六）受到诫勉、组织处理或者党纪政务处分等影响期未满或者期满影响使用的；

（七）其他原因不宜提拔或者进一步使用的。

第二十三条 考察必须依据干部选拔任用条件和不同领导职务的职责要求，全面考察其德、能、勤、绩、廉，严把政治关、品行关、能力关、作风关、廉洁关。

突出政治标准，注重了解政治理论学习情况，深入考察政治忠诚、政治定力、政治担当、政治能力、政治自律等方面情况。

深入考察道德品行，加强对工作时间之外表现的考察，注重了解社会公德、职业道德、家庭美德、个人品德等方面的情况。

强化专业素养考察，深入了解专业知识、专业能力、专业作风、专业精神等方面的情况。

注重考察工作实绩，深入了解贯彻落实学校党员代表大会确立的发展目标和战略部署，推进学校改革发展各项任务，履行岗位职责，推动学校事业发展取得实际成效的情况。

加强作风考察，深入了解为师生服务、求真务实、勤勉敬业、敢于担当、奋发有为，遵守中央八项规定精神，反对形式主义、官僚主义、享乐主义和奢靡之风等情况。

强化廉政情况考察，深入了解遵守廉洁自律有关规定，保持高尚情操和健康情趣，慎独慎微，秉公用权，清正廉洁，不谋私利，严格要求亲属和身边工作人员等情况。

根据实际需要，针对不同层级、不同岗位考察对象，实行差异化考察，对正职人选，坚持更高标准、更严要求，突出把握政治方向、驾驭全局、抓班子带队伍等方面情况的考察。

第二十四条 考察处级干部拟任人选，应当保证充足的考察时间，经过下列程序：

（一）制定考察工作方案；

（二）同考察对象所在单位党组织负责人或部门负责人就考察工作方案沟通情况，征求意见；

（三）发布考察预告；

（四）采取个别谈话、民主测评、实地走访和查阅干部人事档案等方法，广泛深入地了解情况，根据需要进行专项调查、延伸考察等，注意了解考察对象生活圈、社交圈情况；

（五）同考察对象面谈，进一步了解其政治立场、思想品质、价值取向、见识见解、适应能力、性格特点、心理素质等方面情况，以及缺点和不足，鉴别印证有关问题，深化对考察对象的研判；

（六）综合分析考察情况，与考察对象的一贯表现进行比较、相互印证，全面准确地对考察对象作出评价；

（七）向考察对象所在单位党组织负责人或部门负责人反馈考察情况，并交换意见；

（八）研究提出人选任用建议，经学校干部工作领导小组研究提出任用建议方案，向学校党委报告。

第二十五条 考察处级干部拟任人选，个别谈话和征求意见的范围一般为：

(一)院(系、部)应当包括领导班子成员及其他处级干部、教授代表、党支部书记、内设机构负责人、其他方面代表。

(二)机关教辅及其他单位应当包括本单位处级干部、党支部书记、教职工代表、所在直属党委(党总支、党支部)负责人、其他有关人员。

(三)其他需要参加的人员可以根据知情度、关联度和代表性原则,根据实际情况确定。

第二十六条 在考察过程中,必须严格审核考察对象的干部人事档案,按照有关规定查核个人有关事项报告,就考察对象的党风廉政情况书面征求学校纪委的意见,对反映问题线索具体、有可查性的信访举报进行核查。对需要进行经济责任审计的考察对象,应当事先按照有关规定进行审计。

第二十七条 考察结束后,必须形成书面考察材料,建立考察文书档案。已经任职的,归入本人干部人事档案。考察材料必须写实,评判应当全面、准确、客观,用具体事例反映考察对象情况,包括下列内容:

(一)德、能、勤、绩、廉方面的主要表现以及主要特长、行为特征;

(二)主要缺点和不足;

(三)民主推荐、民主测评、考察谈话情况;

(四)审核干部人事档案、查核个人有关事项报告、听取学校纪委意见、核查信访举报等情况的结论。

第二十八条 党委组织部门选派人员组成考察组,对考察组工作人员进行严格培训。考察组由两名及以上成员组成,考察组负责人应当由思想政治素质好、具有较丰富工作经验并熟悉干部考察工作的人员担任。

实行干部考察工作责任制。考察组必须坚持原则,公道正派,深入细致,如实反映考察情况和意见,对考察材料负责,履行干部选拔任用风气监督职责。

第六章　讨论决定

第二十九条 根据民主推荐和考察等情况,汇总整理,综合分析,经学校干部工作领导小组沟通酝酿,提出建议拟任人选。

拟任人选事先听取相关校领导意见;非中共党员拟任人选,应事先听取党委统战部门、民主党派基层组织负责人的意见。

拟任人选由学校党委常委会会议研究决定。

第三十条 有下列情形之一的,不得提交党委常委会会议讨论:

(一)没有按照规定进行民主推荐、考察的;

(二)学校纪委未反馈意见的,或者学校纪委有不同意见的;

(三)个人有关事项报告未查核或者经查核存疑尚未查清的;

(四)线索具体、有可查性的信访举报尚未调查清楚的;

(五)干部人事档案中身份、年龄、工龄、党龄、学历、经历等存疑尚未查清的;

(六)巡视巡察、审计等工作中发现重大问题尚未作出结论的;

(七)没有按照规定向上级报告或者报告后未经批复同意的干部任免事项;

(八)其他原因不宜提交会议讨论的。

第三十一条 学校党委常委会集体讨论决定处级干部任免事项,必须有三分之二以上常委到会,并保证与会常委有足够时间听取情况介绍、充分发表意见。与会常委对干部任免事项,应当逐一发表同意、不同意或者暂缓等明确意见,党委主要负责人

应当最后表态。在充分讨论的基础上,采取无记名投票方式进行表决。意见分歧较大时,暂缓进行表决。

学校党委常委会有关干部任免的决定,需要复议的,应当经党委常委会超过半数成员同意后方可进行。

第三十二条 学校党委常委会集体讨论决定处级干部任免事项,应当按照下列程序进行:

(一)党委分管组织工作的校领导或党委组织部门负责人,逐个介绍拟任人选的推荐、考察和任免理由等情况,其中涉及破格提拔等需要按照要求事先向上级组织(人事)部门报告的选拔任用有关工作事项,应当说明具体事由和征求上级组织(人事)部门意见的情况;

(二)参加会议常委进行充分讨论;

(三)采取无记名投票方式进行表决,以应到会常委超过半数同意形成决定。

第七章 任 职

第三十三条 处级干部职务实行选任制、委任制,部分专业性较强的干部职务可以实行聘任制。

第三十四条 实行处级干部任前公示制度。提任处级干部任前公示不少于5个工作日,公示结果不影响任职的,办理任职手续。

第三十五条 实行处级干部任职试用期制度。提拔担任非选举产生的领导职务的,试用期为一年。试用期管理、考核等相关事宜,具体参考学校处级干部试用期管理办法执行。

第三十六条 实行处级干部任职谈话制度。对决定任用的干部,由党委指定专人同本人谈话,肯定成绩,指出不足,提出要求和需要注意的问题。

对破格提拔以及通过公开选拔、竞争上岗任职的干部,试用期满正式任职时,由党委指定专人进行谈话。

第三十七条 由党委指定专人宣布任职决定,处级干部任职时间从党委常委会会议决定之日起计算。

第三十八条 实行处级干部离任交接制度,具体参考学校处级干部离任交接工作办法执行。

第三十九条 实行处级干部任期制。处级干部每届任期为三年,任期内岗位调整的,达到两年按一个任期计算。

处级干部在任期内应保持相对稳定。确因工作需要的,经学校党委研究,可以调整岗位。

第四十条 在院(系)推行党政班子成员交叉任职,党员院长(系主任)应同时任院(系)党委(党总支)副书记,党员副院长(系副主任)一般应进入院(系)党委(党总支)领导班子。

第四十一条 实行处级干部备案职务管理。学校党委常委会会议研究后、正式任职前备案党委组织部、宣传部、统战部处级正职人选情况;正式任职后一周内备案办公室、人事、学生工作、财务、审计、监察等部门正职人选情况。

第八章 交流、回避

第四十二条 实行处级干部交流制度。

(一)交流的对象主要是:因工作需要交流的;需要通过交流锻炼提高领导能力的;在一个单位或者部门工作时间较长的;按照规定需要回避的;因其他原因需要交流锻炼的。

(二)“双肩挑”干部,任期届满回归学术或交流轮岗;专职管理干部,根据学校工作需要和干部成长要求,交流轮岗。人财物管理、招生、基建等重要岗位处级干部一般不超过两届。

(三)加强工作统筹,加大处级干部交流力度,推进院(系、部)、机关部处、教辅单位间处级干部交流,交流可结合处级干部换届、直属党委(党总支、党支部)换届及处级干部个别调整工作进行。根据工作需要,建立两校区处级干部交流挂职制度。

第四十三条 实行处级干部任职回避制度。处级干部任职回避的亲属关系为:夫妻关系、直系血亲关系、三代以内旁系血亲以及近姻亲关系。有上列亲属关系的,不得在同一单位(部门)担任双方直接隶属于同一领导人员的职务;不得在同一单位(部门)担任领导职务;不得在其中一方担任领导职务的单位(部门)从事组织、人事、纪检、审计和财务工作。

第四十四条 实行处级干部选拔任用工作回避制度。在讨论处级干部任免问题或考察工作中,涉及本人及其亲属、直接指导研究生的,本人必须回避。

第九章 免职、辞职、降职

第四十五条 处级干部有下列情形之一的,一般应当免去现职:

(一)达到任职年龄界限或者退休年龄界限的;

(二)受到责任追究应当免职的;

(三)不适宜担任现职应当免职的;

(四)因违纪违法应当免职的;

(五)辞职或者调出的;

(六)非组织选派,个人申请离职学习期限超过一年的;

(七)因健康原因,无法正常履行工作职责一年以上的;

(八)因工作需要或者其他原因,应当免去现职的。

第四十六条 实行处级干部辞职制度。辞职包括自愿辞职、引咎辞职和责令辞职。

自愿辞职须由本人提出书面辞职申请,提出辞职者未经批准,不得擅离职守。

第四十七条 引咎辞职、责令辞职和因问责被免职的处级干部，一年内不安排领导职务，两年内不得担任高于原任职务层次的领导职务。同时受到党纪政务处分的，按照影响期长的规定执行。

自愿辞职的干部因工作需要，经干部选拔任用程序，可以重新任职。

第四十八条 实行处级干部降职制度。处级干部在年度考核中被确定为不合格的，因工作能力较弱、受到组织处理或者其他原因不适宜担任现职务层次的，应当降职使用。降职使用的干部，其待遇按照新任职务职级的标准执行。

第四十九条 因不适宜现职调离岗位、免职的，一年内不得提拔。降职使用的干部重新提拔，按照有关规定执行。

第五十条 对符合有关规定给予容错的干部，应当客观公正对待，营造干事创业、敢于担当的环境氛围。

第十章 纪律与监督

第五十一条 选拔任用处级干部，必须严格执行本办法的各项规定，并遵守下列纪律：

(一)不准超职数配备、超机构规格提拔领导干部、超审批权限设置机构配备干部，或者违反规定擅自设置职务名称、提高干部职务职级待遇；

(二)不准采取不正当手段为本人或者他人谋取职务、提高职级待遇；

(三)不准违反规定程序动议、推荐、考察、讨论决定任免干部，或者由主要领导成员个人决定任免干部；

(四)不准私自泄露研判、动议、民主推荐、民主测评、考察、酝酿、讨论决定干部等有关情况；

(五)不准在干部考察工作中隐瞒或者歪曲事实真相；

(六)不准在民主推荐、民主测评、组织考察和选举中搞拉票、助选等非组织活动；

(七)不准利用职务便利私自干预下级或者原任单位干部选拔任用工作；

(八)不准在机构变动，主要领导成员即将达到任职年龄界限、退休年龄界限或者已经明确即将离任时，突击提拔、调整干部；

(九)不准在干部选拔任用工作中任人唯亲、排斥异己、封官许愿，拉帮结派、搞团团伙伙，营私舞弊；

(十)不准篡改、伪造干部人事档案，或者在干部身份、年龄、工龄、党龄、学历、经历等方面弄虚作假。

第五十二条 加强干部选拔任用工作全程监督，严格执行干部选拔任用全程纪实和个人有关事项报告、“一报告两评议”等制度，严肃查处违反组织人事纪律的行为。对违反本办法规定的事项，按照有关规定对有关领导成员、组织部门负责人以及其他直接责任人作出组织处理或者纪律处分；涉嫌违法犯罪的，移送有关国家机关依法处理。

对无正当理由拒不服从组织调动或者轮岗交流决定的，依规依纪予以免职或者降职使用，并视情节轻重给予处分。

第五十三条 按照中央和教育部有关文件精神以及学校领导干部经济责任审计实施办法的具体要求，学校审计部门对负有经济责任的干部进行经济责任审计。

第五十四条 学校党委对干部选拔任用工作和贯彻执行本办法的情况进行监督检查，认真受理有关处级干部选拔任用工作的举报、申诉，制止、纠正违反本办法的行为。

学校纪委按照有关规定，加强对处级干部选拔任用工作的监督检查。

第五十五条 实行党委组织部门和纪检监察、人事、审计、信访等部门联席会议制度，就加强对干部选拔任用工作的监督，沟通信息，交流情况，研究问题，提出意见和建议。联席会议由党委组织部门召集。

第五十六条 学校党委在处级干部选拔任用工作中，严格执行本办法，坚持出以公心、公正用人，严格规范履职用权行为，自觉接受党内监督、社会监督、群众监督。

广大教职员工，对处级干部选拔任用工作中的违纪行为，有权向学校党委和上级组织(人事)、纪检监察部门举报、申诉。

第十一章 附 则

第五十七条 本办法由学校党委组织部负责解释。

第五十八条 本办法自发布之日起施行。《华北电力大学处级干部选拔任用工作办法》(华电党组〔2020〕2 号)同时废止。

华北电力大学突发实验室事故应急管理办法

（2022年4月13日）

第一章　总　　则

第一条　为积极应对可能发生的实验室事故，快速、高效、有序地组织开展事故抢险、救援和调查处理，预防和减少突发性灾害事故及其造成的损害，保障师生员工生命财产安全，维护正常教学秩序，根据《中华人民共和国突发事件应对法》等有关法律法规，以及《教育部关于加强高校实验室安全工作的意见》(教技函〔2019〕36号)等文件精神，结合《华北电力大学实验室安全管理办法(2020年修订)》(华电校实验〔2020〕1号)和《华北电力大学风险防范责任体系与应急处置总体建设方案(试行)》(华电党〔2021〕40号)，制定本办法。

第二条　本办法适用于校内各级各类实验室所发生的，造成或者可能造成人员伤亡、财产损失、生态环境污染破坏和严重社会危害的实验室事故。

第三条　工作原则

(一)以人为本，安全第一。以保障师生生命财产安全为出发点和落脚点，积极预防和最大限度减少实验室安全事故造成的人员伤亡和财产损失。

(二)把握先机，快速应对。对学校发生的实验室安全事故，各相关部门和单位要第一时间做出反应，迅速到位，防止事故扩大，造成二次伤害，最大限度减少人员伤亡。

(三)统一领导，分级管理。在学校统一领导下，落实纵向到底、横向到边的实验室安全事故应急管理体系。

(四)预防为主，防治结合。坚持事故应急与预防工作相结合，做好常态下隐患排查、风险评估、事故预警、风险防范体系建设和预案演练工作。

第二章　组织体系与工作职责

第四条　学校应急指挥工作领导小组统一领导实验室事故的应急处置工作。

第五条　各教学科研单位应成立由本单位党政负责人牵头的应急指挥工作领导小组，负责事故现场指挥、协调和应急处置；根据本单位学科特点和实验室类型，负责本单位事故应急预案的制定和落实；负责与学校应急指挥工作领导小组和实验室安全工作小组联系，及时报送信息、请示和落实指令等。

第六条　实验室管理部门应结合应急预案，对实验室专职管理人员定期开展应急处置知识学习和应急处理培训，开展应急演练，加强应急人员、物资、装备和经费配备，确保应急功能完备、人员到位、装备齐全、响应及时。

第三章　事故类别和预案

第七条　学校教学科研实验室发生的各类事故，主要归纳为以下几类：

(一)水电类事故，主要包括漏水事故、触电事故；

(二)火灾爆炸类事故，主要包括仪器设备运行过热(或短路、接地等)产生电弧及电火花引发的火灾爆炸事故、压力容器或压力气瓶等操作不当引起的火灾爆炸事故、易燃易爆物质泄漏引起的火灾爆炸事故、违反日常内务管理(如使用电炉等加热设备、乱扔烟头等)引发的火灾爆炸类事故；

(三)化学品类事故，主要包括化学中毒事故、化学灼伤事故，危险化学品或危险废弃物遗失、被盗、泄漏、燃烧、爆炸事故；

(四)辐射与防护安全事故，指同位素遗失、被盗、泄漏事故，或射线装置突发安全事故；

(五)特种设备事故，因特种设备运行发生故障、蒸汽灼伤、容器爆炸或因人为操作不当而导致的事故；

(六)机械损伤类事故，主要包括被卷入或夹入旋转部件或运动部件造成的损伤、被锐器割伤、被机械设备砸伤、碰伤等；

(七)压力气瓶事故，主要包括压力气瓶火灾爆炸事故、压力气瓶有毒气体泄漏事故；

(八)生态环境污染破坏事故，主要包括安全事故连带造成的或其他实验室内活动造成的生态环境污染和破坏等。

第八条　实验室管理部门根据事故类别不同，组织制定校级应急预案，经学校实验室安全工作小组审核通过后，报学校应急指挥工作领导小组备案。上级部门对应急预案有明确要求的，严格执行上级部门要求，并报学校应急指挥工作领导小组备案。各类应急预案应结合实际情况及时更新并予以公开。

第四章　事故预防、预警及响应

第九条　各教学科研单位应做好预防、预警工作，最大限度防止事故发生：

(一)对可能发生的事故，开展风险评估分析，做到早防范、早发现、早报告、早处置；

(二)加强应急反应机制日常管理和实验人员培训教育，经常性开展实验室事故演练，完善应急处置方案，提高应对突发事故实战能力；

(三)应对应急处置方案定期评估，并根据各学院(系、研究院)具体情况不断进行完善和修订。

第十条　实验室安全事故发生后的响应：

(一)事故现场人员是事故报告的责任人，所在单位为事故报告的责任单位；

(二)责任人应在自救、保护现场的同时立即启动事故上报机制，责任报告单位负责人在接到报告后，初步判定事故情况，进行现场处置，必要时启动应急预案，各相关单位应在第一时间到达事故现场，协助实验室安全事故处置；

(三)实验室安全事故上报机制为：报告人→单位安全责任人→实验室管理部门→学校应急指挥工作领导小组；

(四)凡发生实验室安全事故必须逐级上报，不得迟报、谎报、瞒报和漏报。

第十一条　实验室安全事故报告主要内容

(一)事故发生地点和事件；

(二)事故类型，主要危险源和人员被困与伤亡情况；

(三)已采取处置措施；

(四)报告人姓名、联系电话和所属部门。

第十二条　实验室安全事故应急处置要点

(一)确定事故发生位置，明确周边环境以及危险源分布；

(二)采用正确方式及时控制造成事故的危险源(断电、灭火、断水，切断毒源等)，防止事故继续扩展，确保及时有效进行救援；

(三)确定需要调动的应急救援力量，抢救受伤人员，引导人员撤离。及时、有序、高效地实施现场急救与安全转移伤员，组织周围人员采取自身防护措施，迅速撤离危险区域或可能受到危害的区域；

(四)做好现场洗消。对现场残留的可能对人和环境继续造成危害的物质，应及时组织人员予以清除，减轻危害后果，防止对人的继续危害和对环境的污染。

第十三条　当事故得到有效控制，危害基本消除，受困人员全部获救或脱离险境、受伤人员得到基本救治、次生和衍生危险被排除时，宣布应急救援结束；重特大事故，应取得上级主管部门同意后，方可宣布应急救援结束。

第五章　后期处置与事故调查

第十四条　应急处置后期，应急指挥工作领导小组采取必要措施，推动教学、科研、生活和生态环境尽快恢复正常状态。

第十五条　应急处置结束后，要认真做好善后工作：

(一)实验室及室内设备若遭到严重损坏，必须进行全面检修，经检验合格后方可重新投入使用。对严重损坏、无维修价值的，应予以报废；

(二)事故中若涉及生态环境严重污染破坏，应由区域生态环境部门检查并出具意见后，方可进行下一步修复工作；

(三)如有必要，应当按照国家有关规定做好安抚、抚恤、理赔工作，提供心理及司法援助。

第十六条　学校和发生实验室事故的教学科研单位必须对事故原因进行调查，对事故当事人和实验室负责人进行问询，记录事故发生时的状态和造成的后果，撰写事故调查报告。对反映出的相关问题、存在的安全隐患，实验室应严格进行整改。涉及责任追究的，按照相关办法处理。学校和教学科研单位需加强经常性宣传教育，防止安全事故发生。

第六章　附　　则

第十七条　本办法自发布之日起施行。未尽事项按照国家有关法律法规执行。

第十八条　本办法由实验室管理处负责解释。

华北电力大学新媒体平台建设运行与管理办法

（2022 年 5 月 31 日）

第一章 总 则

第一条 为贯彻落实意识形态工作责任制，规范校园新媒体平台运行管理，充分发挥新媒体在思想引导、价值引领、文化传播和展示形象等方面的积极作用，根据教育部、国家互联网信息办公室有关规定，结合学校实际，制定本办法。

第二条 本办法所指新媒体平台，是指以华北电力大学、校内各单位及内设机构、师生团体和社团组织等名义建设运行的网络媒体平台，包括但不限于微信公众号、微博、今日头条、抖音、快手、哔哩哔哩等网络媒体平台及其他 APP 移动应用客户端等。

第三条 校园新媒体平台建设运行与管理应坚持党的全面领导，遵循育人为本、应用导向和改革创新的工作原则。

第二章 管理机制

第四条 学校对校园新媒体平台实行分级管理。学校官方微信、微博、抖音等以学校名义建设运行的网络媒体平台为一级平台；以校内各单位名义建设运行的网络媒体平台为二级平台；其他以校内各单位内设机构、师生团体和社团组织等名义建设运行的网络媒体平台为三级平台。

第五条 党委宣传部是校园新媒体平台归口管理部门，负责学校官方微信订阅号、微博、抖音、快手、学习强国号、中国教育发布号的建设运行和管理，监督指导校内各单位做好新媒体平台的建设运行和管理。

第六条 网络与信息化工作处负责监督指导校园新媒体平台技术方案、网络接口、信息安全等，负责学校企业微信建设运行和管理。团委负责学生组织、社团新媒体平台日常管理，建立专门管理办法，发挥指导教师把关作用，筑牢安全防线。

第七条 各单位负责本单位二级平台和三级平台建设运行和管理，各单位应结合实际工作，制定适用于本单位新媒体建设运行和管理制度，建立新媒体平台管理台账，规范工作流程、落实责任体系。各部门主要负责人和各院（系）党委（党总支）书记为第一责任人，各单位指定专门的副处级领导干部为直接责任人。各单位选拔一批政治立场坚定、具有一定媒介素养教职工担任本单位二级平台管理员和三级平台指导教师，坚决避免出现无人管理的“僵尸”账号。各单位定期摸排本单位师生员工开设自媒体平台情况，教育引导师生员工严格自律、遵纪守法。

第八条 各单位定期开展校园新媒体平台名称、头像和简介等合法合规性核验自查。校园新媒体平台命名应与平台定位相一致。原则上，除一级平台以外的新媒体平台不得以华北电力大学命名，不得使用校徽校标作为头像。以个人名义开设的自媒体平台不得使用明显带有学校特征的中英文专属名词命名。存在以上情况的新媒体平台和自媒体平台应及时整改。

第三章 运行规范

第九条 校园新媒体平台应遵循“先批后建”原则，实施分级审批制度。各单位应做好新媒体平台布局规划，避免一哄而上、过多过滥。开设一级平台须经分管宣传工作的校领导审批，开设二级平台须经党委宣传部审批，开设三级平台须经直属党委（党总支、党支部）审批，其中学生社团新媒体平台开设经党委学工部审批，学生组织新媒体平台开设经团委审批，并报党委宣传部备案。一级平台和二级平台认证主体应为学校或各单位，不符合要求的校园新媒体平台应及时整改。

第十条 校园新媒体平台按照年度开展审核工作。一级平台和二级平台年度审核由党委宣传部负责，三级平台年度审核由直属党委（党总支、党支部）负责。年度审核合格须符合以下基本要求：

（一）网络意识形态领域未出现问题；

（二）审批、备案等相关手续齐全；

（三）管理制度健全，发布、审核等运行机制完善；

（四）坚持围绕中心、服务大局开展宣传思想文化工作；

（五）信息发布准确、及时，无违法、违规等情况；

（六）未出现重大报道失误、舆论引导错误等问题；

（七）六个月内有内容更新。

未进行年度审核或审查不合格的校园新媒体平台应限期整改。未在规定时间内完成整改的校园新媒体平台即时关停注销。

第十一条 校园新媒体平台出现直接责任人、管理员及账号名称等信息变更或关停注销等情况，应在5个工作日内以书面形式报党委宣传部备案。

第十二条 校园新媒体平台建设运行和管理作为学校意识形态工作重要内容之一，其年度审核结果纳入学校意识形态专项督查及责任追究范畴。

第四章 内容发布

第十三条 校园新媒体平台内容发布要以有关法律法规和规章制度为准绳，确保真实、准确，发布内容应严格遵循如下规定：

（一）严禁发布任何损害国家、社会和学校声誉的信息；

（二）严禁发布任何违反法律法规和规章制度的信息；

（三）严禁发布任何不实、虚假、错误或涉密的信息；

（四）严禁发布任何扰乱学校正常秩序的信息及经营性商业活动的信息；

（五）严禁发布任何超出本平台定位的信息。

第十四条 各单位应健全校园新媒体平台内容发布工作流程，严格执行“三审三校”制度，切实把好政治关口，完善策划、采编、编辑、校对、审核、发布等流程，建立安全有序的发布把关体系。原则上，一级平台初审、复审由专职工作人员负责，终审由副处级以上领导干部负责；二级平台复审由管理员负责，终审由副处级以上领导干部负责；三级平台终审由指导教师负责。

第十五条 党委宣传部牵头成立校园新媒体联盟，统筹校园媒体平台，发挥各自特色，整合传播资源，建立上下贯通、多方联动，以一级平台为核心，以二级平台为骨干，以三级平台为延伸的校园新媒体传播矩阵。

第十六条 学校定期开展新媒体优秀作品、优秀集体和个人评选表彰，加强对新闻宣传联络人、通讯员、大学生记者等群体的业务培训，着力打造“一专多能”的全媒体人才队伍。

第十七条 各单位要强化组织保障，在资金经费、办公场所等方面予以倾斜，为校园新媒体建设运行提供支撑。

第五章 附 则

第十八条 本办法自发布之日起施行，未涉事项参照国家、地方有关法律法规执行。

第十九条 本办法由党委常委会授权党委宣传部负责解释。

华北电力大学纵向科研经费管理办法

（2022 年 7 月 29 日）

第一章 总 则

第一条 为规范学校纵向科研经费管理，提高资金使用效益，充分调动科研人员的积极性与创造性，促进学校科研工作持续健康发展，根据《关于进一步完善中央财政科研项目资金管理等政策的若干意见》（中办发〔2016〕50 号）、《关于优化科研管理提升科研绩效若干措施的通知》（国发〔2018〕25 号）、《国务院办公厅关于改革完善中央财政科研经费管理的若干意见》（国办发〔2021〕32 号）等文件精神，结合学校实际，制定本办法。

第二条 本办法所指纵向科研经费是指学校教职员工及因组织行为到校外任职、学术关系在学校的教师以华北电力大学名义开展科研活动从国家和相关部委、地方政府等部门或通过项目负责单位下达研究任务的各类规划基金获取的科研项目经费。

第三条 凡以华北电力大学名义取得的各类纵向科研经费，不论其资金来源渠道，必须全部纳入学校财务部门统一管理、集中核算，专款专用。其他单位和个人无权截留、挪用。

第四条 学校纵向科研经费的管理和使用，应符合国家有关财务制度和财务法规、项目主管部门相关管理办法和本办法的规定。

第五条 凡使用纵向科研经费购置的固定资产及在科研活动中产生的知识产权等无形资产，除国家有明确规定的，均属于学校国有资产，统一纳入学校资产管理，任何单位和个人不得以任何方式隐匿、私自转让、非法占有或牟取私利。

第二章 管理职责

第六条 学校建立“统一领导、分级管理、责任到人”的纵向科研经费管理体制。学校是纵向科研经费管理的责任主体。学校相关职能部门各负其责，密切配合，为纵向科研经费使用提供全方位指导、管理与监督。

承担纵向科研项目的二级单位对本单位纵向科研项目管理承担监管责任，负责督促本单位科研工作开展，为本单位纵向科研项目执行提供条件保障，监督预算执行，督促项目进展，建立项目研究进展评估体系，开展项目过程管理。

科学技术研究院（以下简称科研院）是学校纵向科研工作主管部门，负责纵向科研项目全过程管理，并配合财务处做好纵向科研经费管理工作。

财务处负责纵向科研经费的财务管理、会计核算和审查项目预决算，监督、指导项目负责人按照相关规定使用纵向科研经费。

资产管理处负责对使用纵向科研经费购买的固定资产、材料和形成的无形资产进行登记与管理。

人事处负责纵向科研绩效的发放管理；负责纵向科研财务助理及项目聘用人员的管理及经费划扣。

后勤管理处（以下简称后勤处）负责纵向科研经费项目所使用的水、电、气、暖等资源的保障和计量。

技术转移转化中心是学校知识产权的归口管理部门，负责科研知识产权管理工作。

审计处负责纵向科研经费管理的审计监督。

第七条 项目负责人是纵向科研经费使用的直接责任人，对经费使用的合规性、合理性、真实性和相关性承担法律责任。负责纵向科研项目预算的编制、执行及结题结账工作，严格执行有关财经法律法规和纵向科研经费管理制度，自觉接受上级和学校相关部门的监督检查。

第三章 预算管理

第八条 纵向科研项目经费预算是项目资金收支、结题的基本依据。资金预算根据课题研究开发任务的特点和实际需要，遵循目标相关性、政策相符性和经济合理性原则，由项目负责人组织有关人员科学、合理、真实编制。

学校作为项目牵头单位时，项目负责人、课题负责人和合作单位参与者应当根据各自承担的研究任务分别编制预算，经科研院和财务处审核后由项目负责人汇总编制。

第九条 学校承担的纵向科研项目原则上不安排校内配套经费，确需配套的，来源应为不限定资金使用方向的经费。明令禁止的经费不得作为配套资金申报。项目批复后，拨付经费与配套经费统一管理，专款专用。

第十条 纵向科研项目经费预算包括项目研究过程中发生的直接费用和间接费用。

第十一条 直接费用是指在项目实施过程中发生的与之直接相关的费用。主要包括:

(一)设备费:是指项目实施过程中购置或试制专用仪器设备,对现有仪器设备进行升级改造,以及租赁外单位仪器设备而发生的费用。计算类仪器设备和软件工具可在设备费科目列支。学校应当严格控制设备购置,鼓励开放共享、自主研制、租赁专用仪器设备以及对现有仪器设备进行升级改造,避免重复购置。

(二)业务费:是指项目实施过程中消耗的各种材料、辅助材料等低值易耗品的采购、运输、装卸、整理等费用,发生的测试化验加工、燃料动力、出版/文献/信息传播/知识产权事务、会议/差旅/国际合作交流等费用,以及其他相关支出。

(三)劳务费:是指项目实施过程中支付给参与项目研究的研究生、博士后、访问学者以及项目聘用的研究人员、科研辅助人员等的劳务性费用;以及支付给临时聘请的咨询专家的费用等。项目聘用人员的劳务费开支标准,参照当地科学研究和技术服务业从业人员平均工资水平,根据其在项目研究中承担的工作任务确定,包括由单位缴纳的社会保险补助、住房公积金等。支付给临时聘请的咨询专家的费用,不得支付给参与本项目及所属课题研究和管理的相关人员。

直接费用中除50万以上的设备费外,其他费用只提供基本测算说明,不需要提供明细。

第十二条 间接费用是指学校在组织实施科研项目过程中发生的无法在直接费用中列支的相关费用。主要包括学校为项目实施发生的有关管理费用的补助支出,以及激励科研人员的绩效支出等。项目负责人必须按照规定足额编制间接费用预算。

第十三条 纵向科研经费预算调整按照规定程序报批后方可执行。

(一)项目实施过程中,项目预算有以下情况确需调剂的,应当按相关程序报项目主管部门(单位)审批。

1.由于研究内容或者研究计划作出重大调整等原因需要对预算总额进行调剂的。

2.同一项目课题之间资金需要调剂的。

(二)项目实施过程中,在项目预算额度不变的情况下,预算确需调剂的,按以下规定予以调剂。

1.设备费预算如需调剂,由项目负责人根据科研活动的实际需要提出申请,报科研院审批,预算调剂应统筹考虑学校现有设备情况和科研项目实际需求等。

2.业务费和劳务费预算如需调剂,由项目负责人根据科研活动实际需要自主安排。

3.项目间接费用预算总额不得调增,项目负责人与科研院协商一致后可调减用于直接费用。

第十四条 学校作为纵向科研项目承担单位时,课题单位、合作单位发生预算调整事项的,由课题单位、合作单位将预算调整申请上报给项目负责人,视预算调整内容履行相应程序后进行调整。学校作为课题单位、合作单位需要进行预算调整的,由负责人向项目承担单位提出申请,视预算调整内容履行相应程序进行调整。经科研院审核通过的预算调整均需在财务处备案。

第十五条 除经费包干使用的纵向科研项目以外,其他纵向科研项目应按本办法编制预算。经费包干使用的项目不需编制预算,实行“负面清单”管理,经费需全部用于与项目研究工作相关的支出。

第四章 收入管理

第十六条 纵向科研经费到款后,科研院根据其项目类别,按照学校规定的比例进行管理费提取和分配,财务处根据科研院审核意见办理项目经费入账手续。

第十七条 纵向科研项目可凭银行到款凭据,或者中央行政事业单位资金往来结算票据作为入账凭据。

需预先开票的,项目负责人应报科研院审核,按照任务书和票据管理有关规定办理预借票据手续,并确保已开票资金及时到款。预借发票遵循“前票不清,后票不借”原则,项目负责人未核销前次预借发票的,不再预借;未能按承诺核销预借发票的,不再预借。

第五章 支出管理

第十八条 纵向科研项目经费开支范围包括直接费用和间接费用。

第十九条 直接费用支出必须严格按照批复的经费预算合理安排,支出范围按照规定执行,详见附件1。

第二十条 纵向科研项目资金使用应聚焦任务、遵照项目预算约定。经费支出应与任务相关、真实有效、票据合法、经济合理,符合财务制度规定。间接费用(管理费)提取比例按下列原则执行:

1.纵向科研项目间接费用按照项目资金管理规定的比例提取,详见附件2。

2.转拨给其他单位的项目资金按项目任务书执行。

第二十一条　资金转拨有关程序：

1.纵向科研项目资金转拨严格执行项目预算，只对任务书中明确列示的协作单位在预算金额范围内办理资金转拨。

2.申请转拨资金需提供项目预算批复书或项目任务书、合格财务票据和其他必要的资料（协议等）。

3.转拨资金，项目负责人应履行审批手续后办理转拨手续。

第二十二条　纵向科研经费支出报账后一般不予调账；确需调账的，由项目负责人出书面申请，经科研院审批、财务处审核后方可调账。

第二十三条　纵向科研项目执行中涉及人员聘用、出国审批、政府采购、招投标、公务卡、资产管理、资金支付管理等的，应执行有关制度规定并办理必要手续。

第二十四条　严禁违规使用纵向科研经费。学校科研人员应严格按照项目任务合同书约定的预算范围和标准使用经费。

1.严禁以任何方式挪用、侵占、骗取纵向科研经费；严禁编造虚假合同；

2.严禁违规将纵向科研经费转拨、转移到利益相关的单位或个人；

3.严禁购买与纵向科研项目无关的设备、材料；

4.严禁虚构经济业务、随意提高费用支出标准、使用虚假票据套取纵向科研经费；

5.严禁在纵向科研经费中报销个人家庭消费支出；

6.严禁虚报冒领科研劳务性费用；严禁借科研协作之名，将纵向科研经费挪作他用；

7.严禁设立“小金库”；

8.严禁使用科研资产为个人谋利；

9.严禁以任何方式使用纵向科研经费支付各种罚款、捐款、赞助、投资等。

第六章　决算与结账

第二十五条　纵向科研经费应加强预算执行的管理，在执行过程中或结束后，项目负责人应根据项目管理的要求，严格按照该项目的财务收支明细账据实编制经费决算报告，做好财务审计、财务验收的准备工作。科研项目有其他合作单位的，项目负责人应督促合作单位如实提供相应纵向科研经费决算报告。

第二十六条　项目负责人调离学校，其以学校名义申请的项目资金按以下原则处理：

1.依据项目主管部门批准意见执行；

2.学校安排的项目资金，一律收回另行安排。

第二十七条　纵向科研项目办理决算并取得项目主管部门结题肯定意见的，经科研院、财务处备案，项目结余经费可在原经费账户中使用，按照项目直接费用开支范围支出。项目结余资金优先考虑课题组科研需求。

结题未通过的项目，科研院应当负责按项目主管部门要求在规定时间内将结余资金按原渠道退回项目主管部门。

第七章　监督与监管

第二十八条　建立健全纵向科研经费监督检查机制。纪委办公室、监察处、科研院、财务处、审计处等部门及二级单位各负其责，密切配合，采用日常监督与专项检查相结合的方式，做好纵向科研经费使用的监督检查工作，协同保障纵向科研经费安全使用。

第二十九条　根据信息公开相关管理办法，学校将逐步针对非涉密项目在一定范围内公开预算批复、预算调整、经费支出、外拨经费、资产购置等信息。

第三十条　纵向科研经费应接受上级主管部门、项目委托方以及纪委办公室、监察处、审计处等有关部门的各类检查和监督。项目负责人对检查提出的问题，应及时整改。

第三十一条　在纵向科研经费管理使用过程中，对出现违纪违规问题的单位和个人，学校将按照相关规定予以处理；涉嫌违法的，依法移交司法机关处理。

第八章　附　　则

第三十二条　包干制项目依据上级文件执行，申请人应当本着科学、合理、规范、有效的原则申请资助额度，无需编制项目预算，项目资金由项目负责人按照有关规定自主决定使用，执行学校科研项目包干制的内部管理制度。

第三十三条　与国防科技工业研究开发活动直接相关的纵向科研经费，执行《国防科技工业科研经费管理办法》。

第三十四条 社科类科研项目资金管理参照《国家社会科学基金项目资金管理办法》规定执行。

第三十五条 纵向科研经费支出的劳务费等应缴纳个人所得税的，按国家税法规定预扣预缴。

第三十六条 在开具票据时，按税法应缴纳的相关税费由财务处代为收取，集中缴纳国库。

第三十七条 执行期已结束、进入结题验收环节的纵向科研项目，相关经费管理和支出按照原政策执行，不再调整；尚在执行期内的纵向科研项目，由科研院统筹考虑学校实际情况，并与科研人员充分协商后，确定是否执行本规定。涉及需项目管理部门同意的事项，履行相关程序后执行；新立项的纵向科研项目按照本规定执行。

第三十八条 本办法授权财务处负责解释。

第三十九条 本办法自发布之日起施行，原《华北电力大学科研经费管理办法》(华电校财〔2016〕28 号)同时废止，校内其他相关制度与本办法不一致的，以本办法为准。如遇国家或上级部门修订出台最新相关政策，出现与本办法不一致内容，以国家和上级部门最新政策为准。

华北电力大学横向科研经费管理办法

(2022 年 7 月 29 日)

第一章 总　　则

第一条 为规范学校横向科研经费管理，提高资金使用效益，激发科研创新活力，促进学校科研工作持续健康发展，根据国家有关法规和学校财务制度规定，结合学校实际，制定本办法。

第二条 本办法所指横向科研经费是指以华北电力大学名义通过技术开发、技术咨询、技术服务等方式从企事业单位、社会团体或个人获得的合同性科研项目经费。

第三条 各类横向科研经费全部纳入学校财务统一管理，集中核算，专款专用。项目负责人应按照项目合同或委托协议的约定合理使用，没有约定的按本办法执行。

第二章 管理职责

第四条 学校建立“统一领导、分级管理、责任到人”的横向科研经费管理体制。学校相关职能部门各负其责，共同参与，协同管理，为横向科研经费使用提供全方位指导、管理与监督。

承担横向科研项目的二级单位对本单位横向科研经费使用承担主要监管责任，为本单位横向科研项目执行提供条件保障。

科学技术研究院(以下简称科研院)是学校横向科研工作主管部门，负责横向科研项目管理和合同管理工作，并配合财务处做好横向科研经费管理工作。

财务处负责横向科研经费的财务管理、会计核算和审查项目预决算，监督、指导项目负责人按照相关规定使用横向科研经费。

资产管理处负责对使用横向科研经费购买的固定资产、材料和形成的无形资产进行登记与管理。

人事处负责横向科研绩效的发放管理；负责横向科研财务助理及项目聘用人员的管理及经费划扣。

后勤管理处(以下简称后勤处)负责横向科研经费项目所使用的水、电、气、暖等资源的保障和计量。

技术转移转化中心是学校知识产权的归口管理部门，负责科研知识产权管理工作。

审计处负责横向科研经费管理的审计监督。

第五条 项目负责人是横向科研经费使用的直接责任人，应严守科研诚信要求和职业道德，根据财经法规和合同约定内容使用横向科研经费，对经费使用的合规性、合理性、真实性及相关性承担经济与法律责任，自觉接受各部门监督检查。

第三章 预算管理

第六条 横向科研经费预算是项目经费执行、财务监督检查和财务验收的依据，项目负责人应根据委托方的要求，结合研究内容特点和实际需要，按照政策相符性、目标相关性和经济合理性原则，科学、合理、真实地编制经费预算。

第七条 合同对预算有要求的，按照委托方要求执行；合同对预算未具体约定的，项目经费按照合同约定自主安排、统筹使用，但不得列支与项目任务无直接关系的费用。

第八条 横向科研经费预算科目包括：业务费、人员费、外协合作费和管理费用等。

（一）业务费：用于支付项目执行过程中，产生的设备费、材料费、燃料动力费、出版/文献/信息传播/知识产权费、差旅/会议费/国际合作与交流费和其他等。

（二）人员费：用于支付项目执行过程中，参与项目实施人员的费用。

（三）外协合作费：用于支付项目执行过程中，需要与第三方单位开展技术合作的费用。

（四）管理费用：指从项目到位资金中提取的，补偿学校、二级单位在组织保障项目实施过程中发生的相关费用以及管理费用的补助支出。

第九条 项目经费预算批复后一般不作调整。因项目研究目标、主要研究内容或技术指标等改变而必须对项目经费预算进行调整的，由项目负责人提出申请，经委托方单位同意后调整，并在科研院存档、财务处备案。

第四章 收入管理

第十条 横向科研经费到款后，科研院根据其项目类别，按照学校规定的比例进行管理费提取和分配，财务处根据科研院审核意见办理项目经费入账手续。

跨学院、学科合作横向科研项目，项目组成员可根据工作任务申请设立子项目。

第十一条 横向科研经费一般实行款到开票方式。若需要预先开票的，项目负责人应报科研院审核，按照合同和票据管理有关规定办理预借票据手续，并确保已开票资金及时到款。横向科研项目在开具发票的同时，财务处按照国家税法规定代扣代缴相关税费，集中缴纳国库。凡符合减免税费条件的，在开具发票前办理减免手续。预借发票遵循“前票不清，后票不借”原则，项目负责人未核销前次预借发票的，不再预借；未能按承诺核销预借发票的，不再预借。

第十二条 横向科研经费在确认收入时，学校及二级单位计提相应管理费用，按照分段超额累退比例法核定。如有特殊情况应由科研院主要负责人、分管科研校领导审批。尚在执行期内的科研项目，管理费用按照预算计提。

（一）500 万元以下部分，学校管理费占 10%，二级单位科研发展基金占 2%。

（二）超过 500 万元部分，学校管理费占 8%，二级单位科研发展基金占 2%。

数学、物理、天文等纯理论基础研究项目，人文社科类由政府部门或事业单位委托的咨询决策、咨政服务类项目，学校和二级单位管理费减半提取。

第五章 支出管理

第十三条 业务费支出是指项目研究开发过程中实际发生与合同任务直接相关的各项费用。支出范围一般包括设备费、材料费、燃料动力费、出版/文献/信息传播/知识产权费、差旅/会议费/国际合作与交流费和其他等。

（一）设备费：是指在项目实施过程中购置或试制仪器设备，对现有仪器设备进行升级改造，以及租赁外单位仪器设备而发生的费用。计算类仪器设备和软件工具可在设备费科目列支。学校应当严格控制设备购置，鼓励开放共享、自主研制、租赁专用仪器设备以及对现有仪器设备进行升级改造，避免重复购置。代购设备费（甲方设备）是指横向科研合同中明确规定由我方代委托方购置设备仪器的经费。

（二）材料费：是指在项目研发过程中消耗的各种原材料、辅助材料、低值易耗品等的采购及运输、装卸、整理等费用。

（三）燃料动力费：是指在项目研发过程中相关大型仪器设备、专用科学装置等运行发生的可以单独计量的水、电、气、燃料消耗费用等。

（四）出版/文献/信息传播/知识产权费：是指在项目研发过程中，需要支付的出版费；图书、资料费和印刷费；专用软件购买费、文献检索费；专利申请及其他知识产权事务等费用。

（五）差旅/会议费/国际合作与交流费

1.差旅费：是指在项目研发过程中开展科学实验（试验）、科学考察、业务调研、学术交流等所发生的会议注册费、外埠差旅费、市内交通费和租车费等。

2.会议费：是指在项目研发过程中组织开展学术研讨、咨询以及协调项目或课题研究工作等学术活动而发生的会议费用。

3.国际合作与交流费：是指在项目研发过程中人员出国以及外国专家来华工作的费用。

（六）其他费用：是指与科研活动直接相关但又无法在以上费用中列支的经费。包括税费、科研业务接待费、资源补偿费以及与项目研究直接相关的其他支出和不可预见费用等。

第十四条 人员费包括在项目研究开发过程中支付的专家咨询费，项目评审费，项目组成员的科研工作酬金，参与项目研究生、博士后、访问学者以及项目聘用的研究人员、科研财务助理、临时聘用人员等的劳务性费用及社会保险补助和住房公积金等支出。

项目组成员的科研工作酬金由项目负责人考虑成员在项目工作中的实际贡献统筹安排，经二级单位审批后向科研院提出申请，科研院、财务处审核同意后计税发放。

人员费中项目聘用人员的劳务费开支标准，参照当地科学研究和技术服务从业人员平均工资水平，根据其在项目研究中承担的工作任务确定。

第十五条 外协合作费包括外委研究支出费和委托开发、测试、化验、加工费等，涉及委托外单位协作的事项，应该严格执行科研协作经费转拨审批程序。

第十六条 管理费用主要包括学校和二级单位为组织和管理课题研究而发生的有关管理费用的补助支出。学校管理费用统筹用于学校事业发展，二级单位管理费主要用于二级单位科研相关活动费用支出，满足二级单位科研事业高水平发展需要。

第十七条 因科研工作实际需要发生的业务活动接待费，报销时应附《华北电力大学横向科研业务活动接待单》(见附件)。

第十八条 凡使用横向科研经费购置的固定资产(含自制、组装的设备)，均属于学校的国有资产，必须按照学校《国有资产管理办法(修订)》办理资产登记手续，纳入学校资产统一规范管理。

第十九条 如需代购设备，或者横向科研项目研制组装的产品或购置的设备需要交付项目委托单位的，需在科研项目合同(预算)或其补充协议中注明，其形成的资产可以不办理学校资产登记手续。非涉密项目报销时应附项目委托单位的验收单(或证明)，涉密项目如无法出具，须经科研院签署意见后履行报销手续。

第二十条 加强对科研成果的管理和保护，横向科研经费产生的专利、著作权等知识产权无形资产，属于学校的应按国家和学校有关规定办理，项目合同另有约定的除外。

第二十一条 横向科研经费支出应严格执行政府会计制度及采购、经济合同、公务卡、大额资金支付、资金结算等相关规定。根据科研任务及执行进度合理安排支出。

第二十二条 学校科研人员应严格按照合同约定的预算范围和标准使用经费，严禁违规使用横向科研经费。

1. 严禁以任何方式挪用、侵占、骗取横向科研经费；严禁编造虚假合同；
2. 严禁违规将横向科研经费转拨、转移到利益相关单位或个人；
3. 严禁购买与科研项目无关的设备、材料；
4. 严禁虚构经济业务、随意提高费用支出标准、使用虚假票据套取横向科研经费；
5. 严禁在横向科研经费中报销个人家庭消费支出；
6. 严禁虚报冒领科研劳务性费用；严禁借科研协作之名，将横向科研经费挪作他用；
7. 严禁设立“小金库”；
8. 严禁使用科研资产为个人谋利；
9. 严禁以任何方式使用横向科研经费支付各种罚款、捐款、赞助、投资等。

第六章 决算与结账

第二十三条 横向科研项目在办理结账手续前，应全面清理经费收支和应收应付、借开发票等事项。

第二十四条 项目任务完成后应及时办理项目决算与结账。完成任务目标并完成结题验收的，可对项目结余经费进行一次性分配。

第二十五条 横向科研项目结余经费可根据科研需要转入项目负责人的科研发展基金或申请发放项目完成课题组的绩效奖励，具体分配方案由项目负责人自主安排。

科研发展基金可用于后续科研工作和预研支出，不得发放项目组成员的科研工作酬金，可作为其他项目的配套资金，执行配套项目的管理办法。

第七章 监督与监管

第二十六条 建立健全横向科研经费监督检查机制。纪委办公室、监察处、科研院、财务处、审计处等部门及二级单位各负其责，密切配合，采用日常监督与专项检查相结合的方式，做好横向科研经费使用的监督检查工作，协同保障横向科研项目经费安全使用。

第二十七条 横向科研经费应接受上级主管部门、项目委托方以及纪委办公室、监察处、审计处等有关部门的各类检查和监督。项目负责人对检查提出的问题，应及时整改。

第二十八条 在横向科研经费管理使用过程中，对出现违纪违规问题的单位和个人，学校将按照相关规定予以处理；涉嫌违法的，依法移交司法机关处理。

第八章 附 则

第二十九条 项目负责人调离、辞职、解除聘用等离开工作岗位的，财务处将冻结该负责人名下的横向科研项目经费账户。项目负责人所在二级单位应在三个月内提出处理意见，交科研院审批。项目剩余经费原则上不予转出，确需转出的，应取得项目委托方和科研院的同意。

第三十条 学校教师签订的科技成果转化合同的经费分配，按照学校科技成果转化收入分配管理办法执行。

第三十一条 由学校牵头签订的横向科研项目，由科研院制定具体项目管理细则。

第三十二条 本办法授权财务处负责解释。

第三十三条 本办法自发布之日起施行。《华北电力大学科研经费管理办法》（华电校财〔2016〕28 号）以及校内与本办法抵触的有关规定同时废止。

重要文件

Important Articles

关于成立华北电力大学海南热带新型电力系统研究院的通知

华电校科〔2022〕3号

校直各单位：

为进一步丰富我校“大电力”学科体系，聚焦科学前沿领域，促进学校“双一流”建设发展，根据《华北电力大学科研机构管理办法》（华电校科〔2017〕18号）规定，经学校科研机构建设领导小组研究决定，成立华北电力大学海南热带新型电力系统研究院。

华北电力大学海南热带新型电力系统研究院依托电力工程系建设，主要研究方向为：新型电力系统建设、热带智能电网与海岛微网建设研究等。通过围绕数字南网和海南智能电网发展目标，深入探索数字化技术在电力企业生产管理中的应用，研究虚拟现实、大数据、云计算、数字孪生等数字化技术对电网建设的应用价值，为海南全国智能电网示范省的建设提供支持。研究院聘任律方成为院长，范晓舟为副院长。

以上研究机构按照学校非实体校级科研机构管理，实行院长负责制，由固定人员和流动人员组成。研究机构业务指导部门为科学技术处（保定）。

2022年1月24日

关于组建华北电力大学第一届研究生教育督导组的通知

华电校研〔2022〕1号

校直各单位：

研究生教育督导是保障研究生培养质量的重要环节。为落实《教育部 国家发展改革委 财政部关于加快新时代研究生教育改革发展的意见》（教研〔2020〕9号）和《国务院学位委员会 教育部关于进一步严格规范学位与研究生教育质量管理的若干意见》（学位〔2020〕19号）等文件精神，根据《华北电力大学研究生教育督导工作制度》（华电校研〔2021〕9号）要求，学校决定组建第一届研究生教育督导组。经院系推荐，研究生院审核，学校2022年第1次校长办公会议审议通过，确定第一届研究生教育督导组成员名单，任期三年，现予以公布。

华北电力大学第一届研究生教育督导组成员名单：

一、北京校部第一届研究生教育督导组成员名单

组　长：李庚银

副组长：柳亦兵

成　员：（按姓氏笔画排序）

马峻峰　王书生　玉　宇　刘宗德　李　鱼　李　涛

杨锡运　赵成勇　赵雄文　侯学良　徐　鸿

二、保定校区第一届研究生教育督导组成员名单

组　长：赵书强

副组长：韩中合

成　员：（按姓氏笔画排序）

王喜平　叶学民　向　玲　吕建燚　朱有产　李永刚

张乃芳　张立峰　张秋爽　尚秋峰

2022年1月28日

关于成立华北电力大学党委教师工作委员会的通知

华电党教〔2022〕1号

直属各党委(党总支、党支部)、校直各单位:

按照教育部《关于完善高校教师思想政治和师德师风建设工作体制机制的指导意见》(教党〔2021〕79号)要求,为进一步加强党对学校教师工作的领导,完善教师思想政治和师德师风建设工作体制机制,构建党委统一领导,党政齐抓共管,教师工作部门统筹协调,各部门履职尽责、协同配合的大教师工作格局,经学校2022年第1次党委常委会会议审定,决定成立华北电力大学党委教师工作委员会(以下简称"委员会")。现将有关事宜通知如下:

一、委员会主要职责

贯彻落实中央和国家、学校党委关于高校教师思想政治和师德师风建设工作的决策和部署,在学校党委领导下,研究审议学校教师思想政治和师德师风建设工作重大事项,指导制定制度规范和工作规划,指导开展师德考核评价、教师激励、师德违规惩处等教师思想政治和师德师风教育方面的工作。

二、委员会组成

主　任:党委书记

副主任:党委副书记、校长

委　员:分管人事、教师思想政治工作的校领导

分管纪律检查、监察、巡察工作的校领导

分管教育教学工作的校领导

分管宣传思想工作的校领导

分管保定校区党建、党务工作的校领导

委员会办公室设在党委教师工作部,主任由党委教师工作部部长兼任。成员由党委组织部、党委宣传部、党委统战部、纪委办公室(监察处)、人事处、人才工作处、教务处、研究生院、科学技术研究院、工会等两地主要负责人组成。

三、委员会办公室主要职责

1.履行党管教师工作的职能,研究提出学校教师思想政治和师德师风建设工作的重大事项、方针、政策及重要措施建议;

2.制定制度规范和工作规划,对各二级党组织具体落实情况进行督促指导及监督检查;

3.负责联系、协调委员会成员单位,统筹开展学校师德考核评价、教师激励、师德违规惩处等教师思想政治与师德师风建设方面的工作;

4.落实教师工作委员会交办的其他事项。

2022年1月28日

关于成立学校非学历教育管理办公室的通知

华电校人〔2022〕6号

校直各单位:

根据上级部门有关要求和学校改革发展需要,经学校2022年第4次校长办公会会议审议通过,第7次党委常委会会议审定,决定成立学校非学历教育管理办公室,按照"管办分离"原则,对非学历教育实施归口管理。

北京校部非学历教育管理办公室挂靠对外联络与合作处,人员编制2名,设主任、职员各1名,主任由对外联络与合作处处长兼任;保定校区非学历教育管理办公室挂靠对外联络与合作处(保定),人员编制2名,设主任、职员各1名,主任由对外联络与合作处(保定)处长兼任。

非学历教育管理办公室主要职责为:

一、负责学校非学历教育统筹协调和规范管理，制订非学历教育发展规划和管理制度，建立风险防控机制；

二、对各办学部门举办的非学历教育进行立项审批；

三、对非学历教育招生简介、广告宣传等进行审核；

四、对非学历教育合同事务进行管理；

五、对非学历教育办学进行过程指导、质量监督和绩效管理；

六、审核发放非学历教育证书等。

2022年4月12日

关于调整华北电力大学全面深化改革领导小组的通知

华电党〔2022〕29号

直属各党委(党总支、党支部)、校直各单位：

由于人员变动、分工调整和机构改革，经学校2022年第14次党委常委会会议研究，决定对华北电力大学全面深化改革领导小组进行调整。现将调整后的相关事宜通知如下：

一、领导小组

(一)组成人员

组　长：校党委书记　校长

副组长：分管发展规划工作校领导

成　员：其他校领导　党委常委

(二)主要职责

1.研究贯彻中央关于全面深化改革的战略部署，落实教育部、北京市和河北省等上级部门要求，统筹谋划、统一部署学校综合改革工作；

2.研究制定学校阶段性或年度全面深化改革实施意见或计划方案，统筹协调处理全局性、长远性、跨部门的重大改革问题；

3.研究决定拟提交党委常委会会议审议的学校专项改革任务事项，审议确定各专项改革的实施意见或工作方案；

4.组织、宣传和发动全校师生员工，凝聚改革发展共识，指导推动、督促检查学校有关重大改革政策措施的贯彻实施；

5.听取有关重大改革任务事项专题汇报，做好其他需要领导小组决策的事项。

领导小组实行全体会议和专题会议制度。根据工作需要适时召开全体会议，研究深化改革重大事项和重要议题，听取改革任务进展情况汇报。不定期召开专题会议，研究深化改革专门事项，对各改革项目进行调度、督办。领导小组成员要结合各自分管工作和联系单位，负责制定相应方面改革实施方案并组织实施和督促检查。

二、领导小组办公室

(一)机构设置

领导小组下设办公室，挂靠发展规划处，负责处理学校全面深化改革领导小组日常事务工作。办公室主任由发展规划处负责人兼任，成员由党政办公室、党委组织部、党委政策研究室、人事处、学生处、学科建设处、教务处、研究生院、科学技术研究院、人才工作处、财务处、资产管理处、高等教育研究所等部门主要负责人组成。

(二)主要职责

1.组织开展学校全面深化改革重大问题研究，起草学校阶段性或年度全面深化改革实施意见或计划方案；

2.统筹协调相关部门提出有关改革意见和方案措施，整理汇编后向领导小组提出建议；

3.协调督促相关部门落实领导小组的决定事项、工作部署和要求，统筹、协调、督促、检查、推动各专项改革工作开展；

4.负责领导小组工作联络、会议组织、简报编印、资料管理及与上级单位的工作对接和材料报送等工作；

5.做好学校全面深化改革的阶段性或年度总结工作，完成学校和领导小组交办的其他事项。

2022年7月14日

关于成立华北电力大学沙河院区综合办公室的通知

华电校人〔2022〕15号

校直各单位：

根据学校改革和发展需要，经学校2022年第18次党委常委会会议研究决定，成立华北电力大学沙河院区综合办公室（简称沙河院区综合办公室），全面负责沙河院区日常管理工作。

沙河院区综合办公室为学校派出机构，人员编制7个，其中正处级编制1个，副处级编制1个，职员编制5个。

一、沙河院区综合办公室主要职责

1.负责沙河院区党建、学生思想政治教育和管理工作。

2.负责沙河院区安全稳定、疫情防控等日常行政管理工作。

3.负责协调北京科技职业学院、属地相关部门和学校各单位开展工作，保障沙河院区教育教学、后勤服务等各项工作有序运行。

4.建立健全各项规章制度，完善各类沟通协调机制、工作联动机制和突发事件应急机制。

5.完成学校党委和行政交办的其他工作。

二、相关部门和学院职责

1.研究生院：负责沙河院区研究生日常教学管理等工作。

2.后勤管理处：负责沙河院区学生餐厅经营管理工作，餐厅员工和公寓管理人员由后勤管理处派驻。

3.校医院：负责沙河院区学生应急医疗保障和协助疫情防控等工作。

4.其他职能部门：根据沙河院区实际工作需要，可定期或临时前往沙河院区开展工作。

5.相关学院：要建立健全研究生导师与沙河院区学生沟通交流机制。主要负责人要认真践行“一线规则”，定期前往沙河院区，深入了解学生思想、心理、生活等方面情况，协调解决学生实际困难。研究生导师作为研究生思想政治教育的第一责任人，要深入细致地做好学生思想政治教育和学业指导工作。

2022年9月13日

关于成立中国共产党华北电力大学沙河院区委员会的通知

华电党组〔2022〕24号

直属各党委（党总支、党支部）：

按照《中国共产党普通高等学校基层组织工作条例》规定，根据学校机构设置和工作需要，经2022年第18次党委常委会会议研究，决定：

成立中国共产党华北电力大学沙河院区委员会。

2022年9月13日

华北电力大学 2022 年文件目录

(党发文件)

文号	文件标题	发文日期
华电党组〔2022〕1 号	关于冯海群同志免职的通知	1 月 14 日
华电党组〔2022〕2 号	关于赵金花免职的通知	1 月 14 日
华电党组〔2022〕3 号	关于孙忠权任职的通知	1 月 28 日
华电党组〔2022〕4 号	关于柴大鹏同志任职的通知	1 月 28 日
华电党组〔2022〕5 号	关于印发《华北电力大学 2021 年度初级领导班子及处级干部考核工作方案》的通知	2 月 11 日
华电党组〔2022〕6 号	关于刘威等同志任免职的通知	3 月 17 日
华电党组〔2022〕7 号	关于张新娟 包小勇任免职的通知	3 月 17 日
华电党组〔2022〕8 号	关于王弋试用期满正式任职的通知	3 月 17 日
华电党组〔2022〕10 号	关于刘洋 谭琪试用期满正式任职的通知	5 月 31 日
华电党组〔2022〕11 号	关于印发《华北电力大学处级干部选拔任用办法(2022 年修订)》的通知	3 月 28 日
华电党组〔2022〕12 号	关于李惊涛等任免职的通知	4 月 6 日
华电党组〔2022〕13 号	关于徐岩等同志任职的通知	4 月 6 日
华电党组〔2022〕16 号	关于安杰试用期满正式任职的通知	4 月 8 日
华电党组〔2021〕17 号	关于彭林免职的通知	9 月 22 日
华电党组〔2022〕18 号	关于公布 2021 年度处级领导班子及处级干部考核结果的通知	4 月 27 日
华电党组〔2022〕19 号	关于牛风雷 王庆华免职的通知	4 月 26 日
华电党组〔2022〕21 号	关于侯志浩任免职的通知	6 月 23 日
华电党组〔2022〕22 号	关于 2021 年度民主评议党员结果的通知	7 月 14 日
华电党组〔2022〕23 号	关于张栾英免职的通知	7 月 22 日
华电党组〔2022〕24 号	关于成立中国共产党华北电力大学沙河院区委员会的通知	9 月 13 日
华电党组〔2022〕25 号	关于王集令等同志任免职的通知	9 月 14 日
华电党组〔2022〕26 号	关于王集令等任免职的通知	9 月 14 日
华电党组〔2022〕27 号	关于吴万凯等同志任免职的通知	9 月 21 日
华电党组〔2022〕30 号	关于韩建新等同志任免职的通知	11 月 8 日
华电党组〔2022〕31 号	关于韩建新 高丹任职的通知	11 月 8 日
华电党〔2022〕9 号	关于校领导工作分工的通知	2 月 23 日
华电党〔2022〕11 号	关于印发《中共华北电力大学委员会关于研究生导师立德树人职责和知道行为准则实施办法》的通知	3 月 21 日
华电党〔2022〕12 号	关于印发校党委书记周坚同志在第七届教职工代表大会第四次会议闭幕会上讲话的通知	3 月 18 日
华电党〔2022〕14 号	关于成立华北电力大学马克思主义学院建设领导小组暨思想政治理论课建设领导小组的通知	4 月 26 日
华电党〔2022〕15 号	关于印发周坚书记在 2022 年全面从严治党工作会议上讲话和何华副书记所作报告的通知	4 月 25 日
华电党〔2022〕18 号	关于印发《加强学风教风作风建设行动方案》的通知	5 月 5 日

续表

文号	文件标题	发文日期
华电党〔2022〕23 号	中共华北电力大学委员会关于进一步加强课程思政建设的意见	6 月 10 日
华电党〔2022〕25 号	关于印发陈德文同志在教育部党组第三巡视组巡视华北电力大学党委工作动员会上讲话和周坚同志表态发言的通知	6 月 21 日
华电党〔2022〕28 号	关于成立保定校区置换建设工作组织机构的通知	7 月 14 日
华电党〔2022〕29 号	关于调整华北电力大学全面深化改革领导小组的通知	7 月 18 日
华电党〔2022〕30 号	关于印发《华北电力大学校领导接待日实施办法》的通知	9 月 6 日
华电党〔2022〕32 号	关于校领导工作分工的通知	8 月 21 日
华电党〔2022〕33 号	关于转发中共教育部党组(教党任〔2022〕97 号)文件的通知	8 月 25 日
华电党政办〔2021〕3 号	关于调整《华北电力大学学报》(自然科学版)编委会《华北电力大学学报》(社会科学版)编委会《现代电力》编委会人员组成的通知	1 月 5 日
华电党政办〔2022〕1 号	关于印发《华北电力大学学生公费医疗管理规定(2021 年修订)》的通知	1 月 18 日
华电党政办〔2022〕1 号	关于发布“十四五”规划目标任务分解清单的通知	4 月 2 日
华电党政办〔2022〕2 号	关于表彰参与北京 2022 年冬奥会和冬残奥会服务保障工作师生的决定	7 月 12 日
华电党宣〔2022〕1 号	关于印发《华北电力大学思想政治工作联席会议制度》的通知	1 月 12 日
华电党宣〔2022〕2 号	关于印发《2022 年党委理论学习中心组专题学习重点内容安排》的通知	4 月 2 日
华电党宣〔2022〕5 号	关于印发《华北电力大学新媒体平台建设运行与管理办法》的通知	6 月 15 日
华电党宣〔2022〕6 号	关于印发《华北电力大学“请党放心 强国有我”迎接学习宣传党的二十大主题宣传教育活动工作方案工作方案》的通知	6 月 24 日
华电党宣〔2022〕11 号	关于印发《中共华北电力大学委员会关于学习宣传贯彻党的二十大精神的工作方案》的通知	11 月 14 日
华电党教〔2022〕1 号	关于成立华北电力大学党委教师工作委员会的通知	3 月 7 日
华电党教〔2022〕2 号	关于印发《华北电力大学教职工荣誉体系管理办法(试行)》的通知	5 月 10 日
华电党学〔2022〕1 号	关于印发《华北电力大学“一站式”学生社区综合管理模式试点建设方案》的通知	8 月 30 日
华电党教〔2022〕3 号	关于表彰 2021—2022 学年荣获省部级及以上奖励集体和个人的决定	9 月 21 日

(校发文件)

文号	文件标题	发文日期
华电校研〔2022〕1 号	关于组建华北电力大学第一届研究生教育督导组的通知	2 月 20 日
华电校研〔2022〕2 号	关于印发《华北电力大学博士生导师遴选及招生资格确认办法(2022 年修订)》的通知	2 月 24 日
华电校研〔2022〕3 号	关于印发《华北电力大学博士研究生招生指标分配办法(2022 年修订)》的通知	3 月 4 日
华电工〔2022〕1 号	关于表彰 2021 年度工会先进集体和个人的决定	1 月 6 日
华电工〔2022〕5 号	关于表彰从事教育工作满三十年教职工的决定	9 月 9 日
华电校学〔2022〕1 号	关于对 2020—2021 学年优秀研究生班主任予以表彰的决定	1 月 14 日
华电校学〔2022〕2 号	关于印发《华北电力大学校领导访企拓岗促就业专项行动计划》的通知	5 月 16 日
华电校学〔2022〕3 号	关于印发《华北电力大学本科奖学金评定办法(2022 年修订)》等 11 个文件的通知	8 月 29 日
华电校学〔2022〕4 号	关于授予丁瑞等 838 名学生 2022 届校级优秀毕业生荣誉称号的决定	8 月 25 日
华电校学〔2022〕5 号	关于给予 2022 届北京市 河北省优秀毕业生通报表扬的决定	8 月 25 日
华电校学〔2022〕6 号	关于表彰 2021—2022 学年十佳班主任和优秀班主任的决定	9 月 13 日

续表

文号	文 件 标 题	发文日期
华电校学〔2022〕7 号	关于表彰 2022 届赴基层工作毕业生的决定	9 月 28 日
华电校人〔2022〕1 号	关于印发《华北电力大学教师绩效奖励实施办法(2021 年修订)》的通知	1 月 20 日
华电校人〔2022〕3 号	关于 2020—2021 学年度教职工考核结果的通知	3 月 15 日
华电校人〔2022〕4 号	关于陈艳波等专业技术职务评聘的通知	3 月 31 日
华电校人〔2022〕6 号	关于成立学校非学历教育管理办公室的通知	4 月 12 日
华电校人〔2022〕7 号	关于赵奔等专业技术职务评聘的通知	4 月 27 日
华电校人〔2022〕8 号	关于对荣获 2020—2021 年度社会奖教金人员予以表彰的决定	5 月 4 日
华电校人〔2022〕9 号	关于印发《华北电力大学专业技术职务评聘办法(2022 年修订)》的通知	5 月 31 日
华电校人〔2022〕10 号	关于白逸仙专业技术职务评聘的通知	5 月 30 日
华电校人〔2022〕11 号	关于王健等 54 名教职工首聘期考核结果的通知	7 月 19 日
华电校人〔2022〕15 号	关于成立华北电力大学沙河院区综合办公室的通知	9 月 13 日
华电校人〔2022〕13 号	关于杜托平等专业技术职务评聘的通知	9 月 28 日
华电校人〔2022〕18 号	关于 2021—2022 学年教职工考核工作的通知	10 月 24 日
华电校人〔2022〕19 号	关于印发《华北电力大学专业技术岗位人员聘期考核及岗位聘任方案(2022 年修订)》的通知	11 月 9 日
华电校人〔2022〕20 号	关于 2022 年专业技术职务评聘工作的通知	12 月 20 日
华电校人才〔2022〕1 号	关于印发《华北电力大学高层次人才岗位聘用实施办法》的通知	1 月 21 日
华电校〔2022〕1 号	关于印发第七届教职工代表大会第四次会议学校工作报告和会议决议的通知	3 月 18 日
华电校〔2022〕3 号	关于印发《华北电力大学非学历教育管理办法(试行)》的通知	5 月 3 日
华电校〔2022〕4 号	关于印发《华北电力大学加强新时代体育工作实施方案》等 3 个文件的通知	6 月 16 日
华电校保〔2022〕1 号	关于印发《华北电力大学校园活动管理实施办法(2022 年修订)》的通知	4 月 11 日
华电校保〔2022〕2 号	关于印发《华北电力大学集体户口管理办法》的通知	4 月 28 日
华电校科〔2022〕2 号	关于聘任新能源电力系统国家重点实验室学术委员会委员的通知	1 月 18 日
华电校科〔2022〕3 号	关于成立华北电力大学海南热带新型电力系统研究院的通知	1 月 27 日
华电校科〔2022〕4 号	关于李彦斌等同志聘任的通知	5 月 3 日
华电校科〔2022〕5 号	关于成立华北电力大学异地研究院管理领导小组的通知	5 月 3 日
华电校科〔2022〕10 号	关于印发《华北电力大学科研项目经费包干制管理办法(试行)》的通知	10 月 26 日
华电校科〔2022〕11 号	关于刘云鹏等同志聘任的通知	11 月 8 日
华电校教〔2022〕1 号	关于印发《华北电力大学教学事故认定及处理办法(2021 年修订)》的通知	1 月 10 日
华电校教〔2022〕2 号	关于印发《华北电力大学本科专业建设管理办法》的通知	3 月 31 日
华电校教〔2022〕3 号	关于印发《华北电力大学考试规范及考试违规处理办法(2022 年修订)》的通知	4 月 12 日
华电校教〔2022〕4 号	关于印发《华北电力大学本科学生辅修专业和辅修学位实施办法(2022 年修订)》的通知	4 月 14 日
华电校教〔2022〕5 号	关于印发《华北电力大学本科学生实习管理办法(2022 年修订)》的通知	5 月 3 日
华电校教〔2022〕6 号	关于印发《华北电力大学本科生课外实践学分认证工作细则(2022 年修订)》的通知	5 月 3 日
华电校教〔2022〕7 号	关于印发《华北电力大学本科生毕业设计(论文)管理办法(2022 年修订)》的通知	5 月 11 日
华电校教〔2022〕9 号	关于印发《华北电力大学新任教师授课资格认定办法》的通知	11 月 2 日
华电校教〔2022〕10 号	关于印发《华北电力大学本科课堂教学质量综合评价实施办法》的通知	11 月 2 日

续表

文号	文 件 标 题	发文日期
华电校学位〔2022〕1 号	关于新增华北电力大学研究生指导教师的通知	1 月 11 日
华电校学位〔2022〕2 号	华北电力大学关于授予学位的决定	1 月 11 日
华电校学位〔2022〕7 号	华北电力大学关于授予学位的决定	7 月 18 日
华电校学位〔2022〕8 号	关于校级优秀研究生学位论文评选结果的通知	7 月 18 日
华电校学位〔2022〕10 号	关于新增华北电力大学研究生指导教师的通知	7 月 23 日
华电校学位〔2022〕13 号	华北电力大学关于授予学位的决定	9 月 9 日
华电校学位〔2022〕14 号	关于印发《华北电力大学授予全日制来华留学生学位工作办法》的通知	9 月 6 日
华电校学位〔2022〕15 号	关于新增华北电力大学研究生指导教师的通知	9 月 13 日
华电校学位〔2022〕16 号	华北电力大学关于授予学位的决定	10 月 7 日
华电校工创〔2022〕1 号	关于印发《华北电力大学大学生创新创业训练计划项目管理办法》的通知	4 月 22 日
华电校工创〔2022〕2 号	关于成立华北电力大学创新创业教育工作领导小组的通知	4 月 28 日
华电纪检〔2022〕2 号	关于印发《华北电力大学派驻纪检员工作实施办法的通知》	1 月 12 日
华电纪检〔2022〕3 号	关于印发《华北电力大学干部廉政档案管理办法》的通知	1 月 12 日
华电纪检〔2022〕11 号	关于印发《华北电力大学 2022 年纪检监察工作要点》的通知	5 月 11 日
华电纪检〔2022〕12 号	关于聘任党风廉政义务监督员的通知	7 月 8 日
华电校审〔2022〕2 号	关于印发《华北电力大学领导人员经济责任审计工作办法(2022 年修订)》的通知	6 月 16 日
华电校继〔2022〕1 号	关于授予游记勇等 176 名学生优秀毕业生荣誉称号的决定	8 月 21 日
华电校实验〔2022〕1 号	关于印发《华北电力大学仪器设备开放共享管理办法(2022 年修订)》的通知	2 月 28 日
华电校实验〔2022〕2 号	关于印发《华北电力大学突发实验室事故应急管理办法》的通知	4 月 13 日
华电校实验〔2022〕3 号	关于印发《华北电力大学实验室安全管理追责与奖励实施办法(试行)》的通知	7 月 4 日
华电校实验〔2022〕4 号	关于印发《华北电力大学放射防护与辐射安全管理实施细则(2022 年修订)》的通知	12 月 5 日
华电校实验〔2022〕5 号	关于印发《华北电力大学突发辐射安全事故应急预案(2022 年修订)》的通知	12 月 1 日
华电校勤〔2022〕1 号	关于印发《华北电力大学绿色学校创建工作方案》的通知	1 月 12 日
华电校勤〔2022〕2 号	关于印发《华北电力大学公务用车管理办法(2021 年修订)》的通知	1 月 12 日
华电校勤〔2022〕3 号	关于印发《华北电力大学节约能源资源管理办法(2021 年修订)的通知	1 月 18 日
华电校财〔2022〕1 号	关于印发《华北电力大学国内差旅费管理办法》的通知	1 月 20 日
华电校财〔2022〕9 号	关于印发《华北电力大学横向科研经费管理办法》的通知	7 月 29 日
华电校财〔2022〕10 号	关于印发《华北电力大学纵向科研经费管理办法》的通知	7 月 29 日
华电校资〔2022〕1 号	关于印发《华北电力大学周转住房管理办法(2021 年修订)》的通知	1 月 7 日
华电校资〔2022〕2 号	关于印发《华北电力大学房屋土地出租出借管理办法(2021 年修订)》的通知	1 月 7 日
华电校资〔2022〕6 号	关于印发《华北电力大学所属企业国有资产管理暂行办法》的通知	5 月 5 日
华电校资〔2022〕8 号	关于印发《华北电力大学办公教学科研用房管理办法》的通知	6 月 12 日
华电校学科〔2022〕1 号	关于印发《华北电力大学深入推进学科交叉融合实施办法(试行)》的通知	4 月 12 日
华电校建〔2022〕2 号	关于印发《华北电力大学基本建设管理办法》的通知	1 月 20 日
华电校建〔2022〕3 号	关于印发《华北电力大学基建工程变更 洽商签证管理实施细则》的通知	2 月 14 日
华电校建〔2022〕4 号	关于印发《华北电力大学基本建设项目合同管理实施细则(2021 年修订)》的通知	2 月 14 日

续表

文号	文 件 标 题	发文日期
华电校信〔2022〕2 号	关于印发《华北电力大学数据管理办法》的通知	12 月 28 日
华电校信〔2022〕3 号	关于印发《华北电力大学网络安全管理办法》的通知	12 月 30 日
华电校发规〔2022〕1 号	关于印发《华北电力大学合同管理办法(2022 年修订)》的通知	7 月 27 日
华电校发规〔2022〕2 号	关于印发《华北电力大学合同归口管理工作细则》的通知	10 月 21 日
华电校发规〔2022〕3 号	关于印发《华北电力大学法律事务管理办法(试行)》的通知	12 月 28 日
华电校发规〔2022〕4 号	关于印发《华北电力大学开展法治宣传教育的第八个五年规划(2021—2025 年)》的通知	12 月 28 日
华电校外〔2022〕2 号	关于印发《华北电力大学学生出国(境)交流管理办法》的通知	2 月 28 日
华电校外〔2022〕3 号	关于印发《华北电力大学外国专家经费管理办法(2022 年修订)》的通知	3 月 2 日
华电团〔2022〕1 号	关于崔鹏 张晓楠同志任职的通知	4 月 22 日
华电团〔2022〕3 号	关于成立共青团华北电力大学沙河院区委员会的通知	9 月 20 日
华电团〔2022〕4 号	关于李伯远同志任免职的通知	9 月 20 日
华电团〔2022〕5 号	关于王悦 孙笑宇同志任职的通知	11 月 28 日
华电团保〔2022〕1 号	关于表彰 2022 年寒假社会实践先进的决定	4 月 21 日
华电团保〔2022〕2 号	关于表彰先进集体和个人的决定	5 月 3 日
华电团保〔2022〕3 号	关于深入学习宣传贯彻习近平总书记在庆祝中国共产主义青年团成立 100 周年大会上的重要讲话精神的通知	5 月 27 日
华电团保〔2022〕4 号	关于解西阳等通知任职的通知	6 月 9 日
华电团保〔2022〕5 号	关于表彰“喜迎二十大 永远跟党走 奋进新征程”主题社会实践先进集体、优秀指导教师和先进个人的决定	9 月 19 日
华电疫防发〔2022〕1 号	关于调整学校疫情防控工作组组成人员及职责的通知	5 月 6 日

(档案馆)

统计报表与附录资料

Statistics and Appendixes

学生基本数据情况表

华北电力大学2022年硕士研究生分专业(领域)学生数

专业名称	毕业生数	授予学位数	招生数	在校生数					
			合计	合计	一年级	二年级	三年级	四年级	五年级及以上
硕士研究生	3526	3526	5432	14892	5432	4780	4680	0	0
其中:女	1532	1532	2096	6160	2096	1876	2188	0	0
全日制硕士研究生	2445	2445	4348	11140	4348	3626	3166	0	0
学术学位	1230	1230	1612	4392	1612	1456	1324	0	0
专业学位	1215	1215	2736	6748	2736	2170	1842	0	0
非全日制硕士研究生	1081	1081	1084	3752	1084	1154	1514	0	0
学术学位	0	0	0	0	0	0	0	0	0
专业学位	1081	1081	1084	3752	1084	1154	1514	0	0

(网络与信息化办公室　牛辰昊　提供)

华北电力大学2022年博士研究生分专业(领域)学生数

专业名称	毕业生数	授予学位数	招生数	在校生数						预计毕业生数
				合计	一年级	二年级	三年级	四年级	五年级及以上	
博士研究生	196	195	414	1526	414	326	285	501	0	501
其中:女	51	51	129	483	129	106	95	153	0	153
全日制博士研究生	196	195	408	1520	408	326	285	501	0	501
学术学位	196	195	379	1491	379	326	285	501	0	501
专业学位	0	0	29	29	29	0	0	0	0	0
非全日制博士研究生	0	0	6	6	6	0	0	0	0	0
学术学位	0	0	0	0	0	0	0	0	0	0
专业学位	0	0	6	6	6	0	0	0	0	0

(网络与信息化办公室　牛辰昊　提供)

华北电力大学2022年普通本科分专业学生数

专业名称	毕业生数	授予学位数	招生数	在校生数					
				合计	一年级	二年级	三年级	四年级	五年级及以上
普通本科生	5894	5871	6167	24863	6173	6174	6154	6362	0
其中:女	1983	1982	1918	7631	1920	1859	1908	1944	0
高中起点本科	5894	5871	6143	24839	6149	6174	6154	6362	0
专科起点本科	0	0	0	0	0	0	0	0	0
第二学士学位	0	0	24	24	24	0	0	0	0

(网络与信息化办公室　牛辰昊　提供)

华北电力大学 2022 年成人本科分专业学生数

专业名称	授予学位数	招生数	在校生数						
			合计	一年级	二年级	三年级	四年级	五年级	六年级及以上
成人本科生	343	3047	7981	3047	3421	629	607	277	0
其中:女	147	849	2480	849	960	287	279	105	0
函授	290	2506	5615	2506	2622	211	192	84	0
业余	53	541	2366	541	799	418	415	193	0
脱产	0	0	0	0	0	0	0	0	0

(网络与信息化办公室　牛辰昊　提供)

华北电力大学 2022 年外国留学生情况

指标名称		代码	毕(结)业生数	授予学位数	招生数	在校生数/注册生数
甲		乙	1	2	3	4
专科		11	0	—	0	0
#女		12	0	—	0	0
本科		13	62	62	133	664
#女		14	18	18	31	108
硕士研究生		15	61	61	41	257
#女		16	18	18	10	71
博士研究生		17	12	12	27	199
#女		18	0	0	5	35
按大洲分	亚洲	19	100	100	163	795
	非洲	20	33	33	35	294
	欧洲	21	1	1	1	21
	北美洲	22	0	0	2	8
	南美洲	23	1	1	0	2
	大洋洲	24	0	0	0	0
另有非学历教育(培训)		25	0	—	0	0

(网络与信息化办公室　牛辰昊　提供)

华北电力大学2022年学生组织社团一览表

（北 京 校 部）

序号	社团名称	社团负责人	所在班级
1	华北电力大学职业发展协会	魏 铭	工管2003
2	华北电力大学大学生创业协会	张 皓	材料2001
3	华北电力大学大学生通讯社	吴懿洋	翻译1901
4	华北电力大学公共行政研究会	武昱含	广告2001
5	习近平新时代中国特色社会主义思想学习会	周万祺	财务2002
6	华北电力大学教学信息中心	保 晨	电气2012
7	华北电力大学模拟政协协会	童保磊	能科2004
8	华北电力大学融媒体中心学生记者团	丹娜·阿合买提江	信管2001
9	华北电力大学知行读书会	杨 弦	研马2055
10	华北电力大学大学生调研中心	丛诗奇	软件2001
11	华北电力大学党建与思政研究室	肖宇炫	研经管2138
12	华北电力大学研究生新媒体中心	孙 彤	研电2113
13	华北电力大学文化创意研究社	闫宁宁	研电2104
14	华北电力大学中外学生友好交流协会	倪子富	测控1901
15	华北电力大学《华电小报》杂志社	符章富	自动化2004
16	华北电力大学广播台	田晓康	贯通电2001
17	华北电力大学大学生艺术团	张开颜	测控2004
18	华北电力大学瑜伽与普拉提健身协会	陈宇甜	能科2104
19	华北电力大学楼兰协会	伊帕尔汗·开赛尔	能动2102
20	华北电力大学晨星文学社	于明凯	研电2002
21	华北电力大学羽毛球协会	吴柏宏	能科2002
22	华北电力大学凌云社	张安旭	自动2004
23	华北电力大学清风轮滑社	李晓琪	环科2001
24	华北电力大学惦鹤创意手工社	汤晨成	电气2111
25	华北电力大学校辩论队	翟羽佳	会计2001
26	华北电力大学毽绳协会	王鹏宇	水文2001
27	华北电力大学武术协会	王舒昕	通信2101
28	华北电力大学时尚艺术团	韦晶晶	会计2002
29	华北电力大学昭华古风社	王子翼	计算2101
30	华北电力大学棒垒协会	王文杰	吴仲华2001
31	华北电力大学飞跃滑板社	邓春和	能动2108
32	华北电力大学风庄推理社	杨 森	研新能源2044
33	华北电力大学金色旋律口琴社	王家怡	电气2005
34	华北电力大学乒乓球裁判协会	范安群	能动2108
35	华北电力大学台球协会	许嘉熹	电气2110

续表

序号	社团名称	社团负责人	所在班级
36	华北电力大学网球协会	杨钦智	能科 2104
37	华北电力大学雪莲花文化交流协会	孟子琛	通信 2102
38	华北电力大学足球协会	库尔班江·吾斯曼	测控 2002
39	华北电力大学迷音吉他社	赵文轩	软件 2001
40	华北电力大学墨友书画社	赵宇和	自动化 2102
41	华北电力大学排球协会	赖志航	能科 2005
42	华北电力大学摄影协会	陈思源	广告 2001
43	华北电力大学小火柴人电影协会	顾欣宇	能材 2101
44	华北电力大学阳光跆拳道协会	黄胜东	能动 2002
45	华北电力大学长跑协会	龚　卫	测控 2103
46	华北电力大学一笑堂	贺嘉铭	电网 2003
47	华北电力大学太极拳协会	陈俊骥	核电 2002
48	华北电力大学征途自行车协会	燕孜繁	能科 2102
49	华北电力大学篮球裁判协会	郑　骥	能动 2002
50	华北电力大学动漫社	袁　杰	测控 2003
51	华北电力大学逐影双节棍协会	李奕超	电气 2109
52	华北电力大学魔方社	刘振唐	电气 2108
53	华北电力大学健身协会	季　浩	研动 2023
54	华北电力大学乒乓球协会	林弘婧	行管 2001
55	华北电力大学微光志愿社	王景怡	水电 2001
56	华北电力大学红十字会学生分会	汪新悦	自动化 2003
57	华北电力大学希望手语社团	林可欣	化学 1902
58	华北电力大学绿之电能源实践基地	侯峥嵘	能动 1904
59	华北电力大学小动物保护协会	谭楚誉	能动 2010
60	华北电力大学校友工作志愿者协会	王文沁	电气 GJ1902
61	华北电力大学蓝之焰青年志愿者协会	黄建成	研电 2115
62	华北电力大学海峡西岸实践交流协会	曹莉苹	计算 1902
63	华北电力大学能源发展研究室	乔世超	研动 2122
64	华北电力大学致远留学社	徐庭庭	信息 2002
65	华北电力大学绿色电力协会	谢青林	能动 2004
66	华北电力大学蓝色网络计算机联盟	李　可	大数据 2001
67	华北电力大学星野天文社	张振羽	计科 2101
68	华北电力大学大学生法学会	蒋芷若	法学 2002
69	华北电力大学英语协会	李东泰	核电 2104
70	华北电力大学健美操协会	舒嘉仪	会计 2102
71	华北电力大学和之日语社	江春燕	水电 2001

续表

序号	社团名称	社团负责人	所在班级
72	华北电力大学研究生创新发展中心	王亚薇	研人文 2156
73	华北电力大学迷彩青春社	芦　余	电气 2110
74	华北电力大学新长城自强社	伊拉娜	公共 2001
75	华北电力大学国旗护卫队	付　烨	能动 2012
76	华北电力大学大学生自我服务委员会	何文铮	电气 2006
77	华北电力大学大学生治安服务队	邓　祥	核电 2003
78	华北电力大学心理学社	覃浩航	能动 2004
79	华北电力大学大学生自我管理委员会	汤茗萱	电气 2001
80	华北电力大学机器人俱乐部	韩　浩	机械 2002

（保　定　校　区）

序号	社团名称	社团负责人	所在班级
1	校学生会	李　茜	自动类 2006
2	校研究生会	李钰晴	硕法政 211
3	校自律会	陈梦园	外语类 1903
4	大学生心理健康协会	王天和	能动 2003
5	大学生职业发展协会	蓝轲文	管理类 1902
6	“指尖华电”新媒体工作室	陆韵如	工商类 2002
7	研究生管理服务中心	谢子豪	硕电力 215
8	党建与思政研究室	马　乐	硕法政 211
9	校自我服务委员会	裴一渐	能动 1904
10	大学生国防社	李　扬	电气 2001
11	“先锋”协会	荆润秋	硕环工 211
12	校园融媒体工作站	王书豪	机械类 2010
13	校报记者团	赵　雪	会计 2001
14	校史宣讲协会	杨鹏程	机械 2010
15	大学生安全保卫委员会	高翱远	机械 2001
16	校友服务协会	程　鸣	会计 2001
17	网络管理协会	孙　瑷	计科 2001
18	共益青年	叶磬颖	环科 2001
19	大学生科创协会	朱雯嘉	应化 2002
20	青年求是研究会	朱晨逸	法学 2002
21	模拟联合国协会	祝子涵	英语 2002
22	棒棒糖轮滑滑板协会	林育辉	电气 2016
23	足球协会	尚梓瑞	工商 2002
24	武术协会	赵子云	电气 2001

续表

序号	社团名称	社团负责人	所在班级
25	排球协会	游嘉宁	电气 2002
26	乒乓球协会	杨得林	自动类 2006
27	跆拳道协会	晁　琳	公管 2001
28	羽毛球协会	谭俊豪	电信 2006
29	篮球协会	刘　琳	公管 1902
30	台球协会	薛志强	工商 2003
31	散打协会	韦林良	工业工程 2002
32	跑步协会	刘苇东	电气 2111
33	极限飞盘社	刘亦成	电力英 2001
34	健美操啦啦操协会	庄韫恺	计科 2002
35	网球协会	姚天鸣	电气 2005
36	街舞协会	杨小然	英语 2002
37	国标舞协会	马子航	电气 2105
38	弈轩棋牌社	詹子仪	应化 20002
39	星翼动漫社	郑星源	装备 2002
40	光影华电摄影协会	陈　锐	计科 2003
41	极 o 坐标话剧团	黄　鹏	设制 2002
42	礼仪队	席佳扬	经济 2001
43	主持人协会	毕以辛	产品 2001
44	英语辩论社	宋　阳	电力英 2101
45	博观辩论社	裴展翀	自动类 2003
46	手工协会	胡　倩	电信 2003
47	外语协会	张子华	机械 2008
48	魔术协会	朱雯嘉	应化 2002
49	音乐爱好者协会	管玥珺	信管 2002
50	书画协会	徐傲祖	电气 2116
51	大数据研究协会	曹宇翔	社工 2001
52	飞行协会	胡天怡	物理 2002
53	校国学社	牛馨晨	智科 2001
54	法律宣传协会	李文均	法学 2001
55	校青年志愿者协会	赵文泽	测控 2001
56	校红十字协会	霍银乔	吴仲华 2001
57	知行学考协会	方崇嘉	环工 2001
58	校自我教育委员会	耿祎丹	造价 2002
59	大学生艺术团	李俞娴	法学 2002
60	读者协会	王思远	输电 2002

续表

序号	社团名称	社团负责人	所在班级
61	兰台社	霍殿招	硕法政 211
62	团委社团管理部	于　骁	造价 2003
63	团委组织部	孙长舰	电气 2007
64	团委宣传部	李文琦	工商类 2005
65	团委实践部	杜　蕊	数科 2001
66	团委调研室	吴亦婷	电创新 2001
67	团委报刊社	刘雨荷	公管 2002
68	新媒体研究会	王　冉	自动类 2004
69	广播台(二校)	周洳冰	工商类 2004
70	广播台(一校)	段昕宇	硕电力 216

(校团委　提供)

毕业生名单

华北电力大学 2022 年授予博士学位名单

北京校部:175 人(授予日期 2022 年 6 月 23 日)

序号	姓名	性别	学号	专业名称	学位证书号	学位类别
1	苑　清	男	1152101012	电气工程	1007922022100001	工学博士学位
2	费　烨	男	1152101035	电气工程	1007922022100002	工学博士学位
3	赵　兵	男	1152101039	电气工程	1007922022100003	工学博士学位
4	郭小龙	男	1162101010	电气工程	1007922022100004	工学博士学位
5	张　鹏	男	1162101057	电气工程	1007922022100005	工学博士学位
6	陈　博	男	1172101001	电气工程	1007922022100006	工学博士学位
7	陈　庚	男	1172101002	电气工程	1007922022100007	工学博士学位
8	郭　威	男	1172101009	电气工程	1007922022100008	工学博士学位
9	姜玉霞	女	1172101014	电气工程	1007922022100009	工学博士学位
10	刘雨濛	女	1172101027	电气工程	1007922022100010	工学博士学位
11	沈雅琦	女	1172101035	电气工程	1007922022100011	工学博士学位
12	苏晨博	男	1172101037	电气工程	1007922022100012	工学博士学位
13	唐成鹏	男	1172101038	电气工程	1007922022100013	工学博士学位
14	逄宝中	男	1172101039	电气工程	1007922022100014	工学博士学位
15	王利桐	男	1172101045	电气工程	1007922022100015	工学博士学位
16	郑凯元	男	1172101062	电气工程	1007922022100016	工学博士学位
17	周一帆	男	1172101063	电气工程	1007922022100017	工学博士学位
18	郑黎明	男	1182101002	电气工程	1007922022100018	工学博士学位

续表

序号	姓名	性别	学号	专业名称	学位证书号	学位类别
19	许苏迪	男	1182101003	电气工程	1007922022100019	工学博士学位
20	文　腾	男	1182101005	电气工程	1007922022100020	工学博士学位
21	孙　鹏	男	1182101006	电气工程	1007922022100021	工学博士学位
22	彭　程	男	1182101007	电气工程	1007922022100022	工学博士学位
23	周光阳	女	1182101010	电气工程	1007922022100023	工学博士学位
24	武倩羽	女	1182101015	电气工程	1007922022100024	工学博士学位
25	孙广增	男	1182101021	电气工程	1007922022100025	工学博士学位
26	张希蔚	女	1182101022	电气工程	1007922022100026	工学博士学位
27	于万水	男	1182101025	电气工程	1007922022100027	工学博士学位
28	胡　琦	男	1182101026	电气工程	1007922022100028	工学博士学位
29	闫纪源	男	1182101029	电气工程	1007922022100029	工学博士学位
30	王博闻	男	1182101034	电气工程	1007922022100030	工学博士学位
31	张启哲	男	1182101037	电气工程	1007922022100031	工学博士学位
32	牛雷雷	男	1182101038	电气工程	1007922022100032	工学博士学位
33	郑顺林	男	1182101042	电气工程	1007922022100033	工学博士学位
34	樊林禛	男	1182101045	电气工程	1007922022100034	工学博士学位
35	陈　剑	女	1182101046	电气工程	1007922022100035	工学博士学位
36	王一珺	女	1182101047	电气工程	1007922022100036	工学博士学位
37	聂　暘	女	1182101052	电气工程	1007922022100037	工学博士学位
38	黄天超	男	1182101053	电气工程	1007922022100038	工学博士学位
39	郑博文	男	1182101054	电气工程	1007922022100039	工学博士学位
40	秦本双	女	1182101056	电气工程	1007922022100040	工学博士学位
41	黄登一	男	1182101059	电气工程	1007922022100041	工学博士学位
42	李子康	男	1182101060	电气工程	1007922022100042	工学博士学位
43	展瑞琦	男	1182101062	电气工程	1007922022100043	工学博士学位
44	方宇晨	男	1182101067	电气工程	1007922022100044	工学博士学位
45	张　钰	女	1182101069	电气工程	1007922022100045	工学博士学位
46	黄瀚燕	女	1182101070	电气工程	1007922022100046	工学博士学位
47	彭　华	男	1182101072	电气工程	1007922022100047	工学博士学位
48	王　渊	男	120192101015	电气工程	1007922022100048	工学博士学位
49	胡世勋	男	120192101018	电气工程	1007922022100049	工学博士学位
50	曹文远	男	120192101023	电气工程	1007922022100050	工学博士学位
51	陈　杰	男	120192101042	电气工程	1007922022100051	工学博士学位
52	徐飞阳	男	120192101050	电气工程	1007922022100052	工学博士学位
53	黄志成	男	120192101060	电气工程	1007922022100053	工学博士学位
54	王德胜	男	120192101066	电气工程	1007922022100054	工学博士学位
55	王硕林	男	1152102017	热能工程	1007922022100055	工学博士学位

续表

序号	姓名	性别	学号	专业名称	学位证书号	学位类别
56	张　颖	女	1152102042	流体机械及工程	1007922022100056	工学博士学位
57	靳　路	男	1162102002	工程热物理	1007922022100057	工学博士学位
58	郑　超	男	1162102036	动力机械及工程	1007922022100058	工学博士学位
59	胡　鑫	男	1172102002	动力机械及工程	1007922022100059	工学博士学位
60	刘从从	男	1172102004	动力机械及工程	1007922022100060	工学博士学位
61	周传迪	男	1172102010	动力机械及工程	1007922022100061	工学博士学位
62	杨　悦	女	1172102014	工程热物理	1007922022100062	工学博士学位
63	张润生	男	1172102017	工程热物理	1007922022100063	工学博士学位
64	丁泽宇	男	1172102043	热能工程	1007922022100064	工学博士学位
65	贾建东	男	1172102047	热能工程	1007922022100065	工学博士学位
66	刘　轩	男	1172102052	热能工程	1007922022100066	工学博士学位
67	郑祥豪	男	1182102001	动力工程及工程热物理	1007922022100067	工学博士学位
68	江凯军	男	1182102002	动力工程及工程热物理	1007922022100068	工学博士学位
69	佟　锴	男	1182102007	动力工程及工程热物理	1007922022100069	工学博士学位
70	李嘉华	男	1182102009	动力工程及工程热物理	1007922022100070	工学博士学位
71	白　璞	男	1182102010	动力工程及工程热物理	1007922022100071	工学博士学位
72	刘　超	女	1182102011	动力工程及工程热物理	1007922022100072	工学博士学位
73	王　艳	女	1182102012	动力工程及工程热物理	1007922022100073	工学博士学位
74	姚贯升	男	1182102014	动力工程及工程热物理	1007922022100074	工学博士学位
75	曲江源	男	1182102019	动力工程及工程热物理	1007922022100075	工学博士学位
76	沈　阳	男	1182102020	动力工程及工程热物理	1007922022100076	工学博士学位
77	严儒井	男	1182102023	动力工程及工程热物理	1007922022100077	工学博士学位
78	杨延锋	男	1182102025	动力工程及工程热物理	1007922022100078	工学博士学位
79	岳　爽	男	1182102029	动力工程及工程热物理	1007922022100079	工学博士学位
80	赵伟萍	女	1182102030	动力工程及工程热物理	1007922022100080	工学博士学位
81	滕　达	男	1182102031	动力工程及工程热物理	1007922022100081	工学博士学位
82	密腾阁	男	1182102034	动力工程及工程热物理	1007922022100082	工学博士学位
83	崔双双	女	1182102036	动力工程及工程热物理	1007922022100083	工学博士学位
84	和学豪	男	1182102048	动力工程及工程热物理	1007922022100084	工学博士学位
85	郭新鹏	男	1182102049	动力工程及工程热物理	1007922022100085	工学博士学位
86	刘　俊	男	1182102050	动力工程及工程热物理	1007922022100086	工学博士学位
87	吴佳雯	女	1182102051	动力工程及工程热物理	1007922022100087	工学博士学位
88	王佳欣	女	1182102052	动力工程及工程热物理	1007922022100088	工学博士学位
89	吴国强	男	1182102053	动力工程及工程热物理	1007922022100089	工学博士学位
90	辛团团	男	120192102118	动力工程及工程热物理	1007922022100090	工学博士学位
91	杨　竞	男	120192102120	动力工程及工程热物理	1007922022100091	工学博士学位
92	王　聪	男	120192102121	动力工程及工程热物理	1007922022100092	工学博士学位

续表

序号	姓名	性别	学号	专业名称	学位证书号	学位类别
93	董 舵	男	120192102129	动力工程及工程热物理	1007922022100093	工学博士学位
94	李 玲	女	1142127001	控制理论与控制工程	1007922022100094	工学博士学位
95	邓春宇	男	1142127013	信息安全	1007922022100095	工学博士学位
96	何雨晨	女	1152127015	模式识别与智能系统	1007922022100096	工学博士学位
97	蒲金柱	男	1162127005	控制理论与控制工程	1007922022100097	工学博士学位
98	曹锦纲	男	1172127014	模式识别与智能系统	1007922022100098	工学博士学位
99	吴立飞	男	1172127018	系统分析、运筹与控制	1007922022100099	工学博士学位
100	胡柏吉	男	1172127020	信息安全	1007922022100100	工学博士学位
101	陈振宇	男	1182127001	控制理论与控制工程	1007922022100101	工学博士学位
102	弓林娟	女	1182127007	控制理论与控制工程	1007922022100102	工学博士学位
103	孙天舒	男	1182127008	控制理论与控制工程	1007922022100103	工学博士学位
104	张光明	男	1182127012	控制理论与控制工程	1007922022100104	工学博士学位
105	祁博健	女	1182127018	检测技术与自动化装置	1007922022100105	工学博士学位
106	郑 格	女	1182127019	检测技术与自动化装置	1007922022100106	工学博士学位
107	邵 丁	男	1182127020	检测技术与自动化装置	1007922022100107	工学博士学位
108	王孝伟	男	1182127023	模式识别与智能系统	1007922022100108	工学博士学位
109	赵 清	男	120192127218	控制科学与工程	1007922022100109	工学博士学位
110	王梓齐	男	120192127224	控制科学与工程	1007922022100110	工学博士学位
111	陈泽西	男	1162111004	可再生能源与清洁能源	1007922022100111	工学博士学位
112	纪 军	男	1172111005	可再生能源与清洁能源	1007922022100112	工学博士学位
113	李吉红	男	1172111008	可再生能源与清洁能源	1007922022100113	工学博士学位
114	刘宜杰	男	1172111012	可再生能源与清洁能源	1007922022100114	工学博士学位
115	蔡 辉	男	1182111007	可再生能源与清洁能源	1007922022100115	工学博士学位
116	陶 涛	男	1182111009	可再生能源与清洁能源	1007922022100116	工学博士学位
117	夏力行	男	1182111010	可再生能源与清洁能源	1007922022100117	工学博士学位
118	马 帅	男	1182111014	可再生能源与清洁能源	1007922022100118	工学博士学位
119	吴洋文	男	1182111015	可再生能源与清洁能源	1007922022100119	工学博士学位
120	王龙泽	男	1182111018	可再生能源与清洁能源	1007922022100120	工学博士学位
121	高中亮	男	120192111169	可再生能源与清洁能源	1007922022100121	工学博士学位
122	乔延辉	男	120192111178	可再生能源与清洁能源	1007922022100122	工学博士学位
123	胡家驹	男	1142112006	核电与动力工程	1007922022100123	工学博士学位
124	李小波	男	1182112004	核电与动力工程	1007922022100124	工学博士学位
125	吕思宇	男	120192112195	核科学与技术	1007922022100125	工学博士学位
126	翟爱丰	男	1142102042	能源环境工程	1007922022100126	工学博士学位
127	韩立鹏	男	1152102045	化工过程机械	1007922022100127	工学博士学位
128	葛宏伟	男	1172102023	能源环境工程	1007922022100128	工学博士学位

续表

序号	姓名	性别	学号	专业名称	学位证书号	学位类别
129	李　娜	女	1172102028	能源环境工程	1007922022100129	工学博士学位
130	孙中豪	男	1172102032	能源环境工程	1007922022100130	工学博士学位
131	宋　爽	女	1182102054	能源环境工程	1007922022100131	工学博士学位
132	蔡雅雯	女	1182102055	能源环境工程	1007922022100132	工学博士学位
133	胡烨子	女	1182102056	能源环境工程	1007922022100133	工学博士学位
134	王慧慧	女	1182102058	能源环境工程	1007922022100134	工学博士学位
135	马　冉	女	1182102059	能源环境工程	1007922022100135	工学博士学位
136	黄舒怡	女	1182102060	能源环境工程	1007922022100136	工学博士学位
137	邢　磊	男	1182102061	能源环境工程	1007922022100137	工学博士学位
138	刘　畅	男	1182102063	能源环境工程	1007922022100138	工学博士学位
139	李箫宁	女	1182102064	能源环境工程	1007922022100139	工学博士学位
140	段雪雷	男	1182102066	能源环境工程	1007922022100140	工学博士学位
141	焦　洋	女	1182102069	能源环境工程	1007922022100141	工学博士学位
142	傅　坤	男	1182102071	能源环境工程	1007922022100142	工学博士学位
143	曹靖原	男	1182102074	能源环境工程	1007922022100143	工学博士学位
144	杨佳雯	女	1182102075	能源环境工程	1007922022100144	工学博士学位
145	郑博月	男	1182102076	能源环境工程	1007922022100145	工学博士学位
146	吕　静	女	1182102077	能源环境工程	1007922022100146	工学博士学位
147	苗芳芳	女	1182102078	能源环境工程	1007922022100147	工学博士学位
148	庞宏伟	男	120192132229	能源环境工程	1007922022100148	工学博士学位
149	马耀财	男	120192111190	水利工程	1007922022100149	工学博士学位
150	乌云高	女	1142106004	管理科学与工程	1007922022100150	管理学博士学位
151	王新利	女	1152106024	技术经济及管理	1007922022100151	管理学博士学位
152	朱宪国	男	1162106003	管理科学与工程	1007922022100152	管理学博士学位
153	蒲　雷	男	1172106019	技术经济及管理	1007922022100153	管理学博士学位
154	张　峰	男	1182106004	企业管理	1007922022100154	管理学博士学位
155	刘东冉	女	1182106008	技术经济及管理	1007922022100155	管理学博士学位
156	张浩楠	男	1182106011	技术经济及管理	1007922022100156	管理学博士学位
157	李兵抗	男	1182106017	能源管理	1007922022100157	管理学博士学位
158	杨莘博	女	1182106018	能源管理	1007922022100158	管理学博士学位
159	银　宇	女	1182106020	管理科学与工程	1007922022100159	管理学博士学位
160	张　婷	女	1182106021	管理科学与工程	1007922022100160	管理学博士学位
161	郭奉佳	女	1182106025	管理科学与工程	1007922022100161	管理学博士学位
162	汪　辉	男	1182106026	管理科学与工程	1007922022100162	管理学博士学位
163	周建力	男	120192106139	管理科学与工程	1007922022100163	管理学博士学位
164	王其清	男	120192106150	管理科学与工程	1007922022100164	管理学博士学位

续表

序号	姓名	性别	学号	专业名称	学位证书号	学位类别
165	张又中	男	120192106158	工商管理	1007922022100165	管理学博士学位
166	MOUHAMED NIASSE	男	1174200001	电气工程	1007922022150001	工学博士学位
167	JASUR ABDUBANNAEV	男	1174300046	电气工程	1007922022150002	工学博士学位
168	JAMSHED AHMED	男	1184300001	电气工程	1007922022150003	工学博士学位
169	SAAD FODUL MOHAMMED NORALDEEN	男	1174300019	热能工程	1007922022150004	工学博士学位
170	ELSAEED SAAD AWAD MOGHAZY ELSIHY	男	120194300005	动力工程及工程热物理	1007922022150005	工学博士学位
171	MOHAMED ABDELHAMID TAWFIK ABDELHAMID	男	120194300028	动力工程及工程热物理	1007922022150006	工学博士学位
172	MOHAMMED AHMED HASSAN ABDALLA	男	1174300064	控制理论与控制工程	1007922022150007	工学博士学位
173	NOUMAN SAEED	男	1184300048	可再生能源与清洁能源	1007922022150008	工学博士学位
174	JADEL TSIBA MATONDO	男	1184300070	可再生能源与清洁能源	1007922022150009	工学博士学位
175	MAURICE DAVY MALOUANGOU	男	1184300071	可再生能源与清洁能源	1007922022150010	工学博士学位

北京校部:18人(授予日期:2022年8月25日)

序号	姓名	性别	学号	专业名称	学位证书号	学位类别
1	李志军	男	1132101064	高电压与绝缘技术	1007922022100166	工学博士学位
2	张天翼	男	1162101060	电气工程	1007922022100167	工学博士学位
3	薛碧曦	男	1182101011	电气工程	1007922022100168	工学博士学位
4	钟　正	男	1182101012	电气工程	1007922022100169	工学博士学位
5	王丽伟	女	1132102030	热能工程	1007922022100170	工学博士学位
6	林建清	男	1182102018	动力工程及工程热物理	1007922022100171	工学博士学位
7	刘潇波	女	1182102038	动力工程及工程热物理	1007922022100172	工学博士学位
8	梁　凯	男	120192102094	动力工程及工程热物理	1007922022100173	工学博士学位
9	熊　威	女	1162106027	能源管理	1007922022100174	管理学博士学位
10	杨晓龙	男	1182106015	技术经济及管理	1007922022100175	管理学博士学位
11	李　健	男	1172127005	控制理论与控制工程	1007922022100176	工学博士学位
12	冯　乐	女	1182127002	控制理论与控制工程	1007922022100177	工学博士学位
13	李　宁	男	1172111009	可再生能源与清洁能源	1007922022100178	工学博士学位
14	陶立壮	男	1182111004	可再生能源与清洁能源	1007922022100179	工学博士学位
15	李延峰	男	1132102041	能源环境工程	1007922022100180	工学博士学位
16	李华伟	男	1152102050	能源环境工程	1007922022100181	工学博士学位
17	OMAR BUSATI ALZAIN MOHAMMED	男	1154300009	控制理论与控制工程	1007922022150011	工学博士学位
18	MOHAMED ABDELKARIM MOHAMED ABDELBAKY	男	1174300024	控制理论与控制工程	1007922022150012	工学博士学位

华北电力大学 2022 年授予硕士学位名单

学术硕士

北京校部:789 人(授予日期:2022 年 6 月 23 日)

序号	姓名	性别	学号	专业名称	学位证书号	学位类别
1	何子晨	男	1182201145	电气工程	1007932022100001	工学硕士学位
2	杨晓华	女	1182201166	电气工程	1007932022100002	工学硕士学位
3	安　麒	男	120192201001	电气工程	1007932022100003	工学硕士学位
4	白云松	男	120192201002	电气工程	1007932022100004	工学硕士学位
5	曹丽霞	女	120192201003	电气工程	1007932022100005	工学硕士学位
6	曹人杰	男	120192201004	电气工程	1007932022100006	工学硕士学位
7	柴　华	男	120192201005	电气工程	1007932022100007	工学硕士学位
8	陈　浩	男	120192201006	电气工程	1007932022100008	工学硕士学位
9	陈　琳	女	120192201007	电气工程	1007932022100009	工学硕士学位
10	陈刘东	男	120192201008	电气工程	1007932022100010	工学硕士学位
11	陈　森	男	120192201009	电气工程	1007932022100011	工学硕士学位
12	陈其来	男	120192201010	电气工程	1007932022100012	工学硕士学位
13	陈珊玉	女	120192201011	电气工程	1007932022100013	工学硕士学位
14	陈熙琳	女	120192201012	电气工程	1007932022100014	工学硕士学位
15	陈宇恒	男	120192201013	电气工程	1007932022100015	工学硕士学位
16	谌牧晨	女	120192201014	电气工程	1007932022100016	工学硕士学位
17	程金金	女	120192201015	电气工程	1007932022100017	工学硕士学位
18	邓诗语	女	120192201017	电气工程	1007932022100018	工学硕士学位
19	邓伟成	男	120192201018	电气工程	1007932022100019	工学硕士学位
20	丁宏伟	男	120192201019	电气工程	1007932022100020	工学硕士学位
21	丁　杰	男	120192201020	电气工程	1007932022100021	工学硕士学位
22	杜科翰	男	120192201021	电气工程	1007932022100022	工学硕士学位
23	杜莹雪	女	120192201022	电气工程	1007932022100023	工学硕士学位
24	段洁琼	女	120192201023	电气工程	1007932022100024	工学硕士学位
25	鄂　涛	男	120192201024	电气工程	1007932022100025	工学硕士学位
26	樊　鑫	男	120192201025	电气工程	1007932022100026	工学硕士学位
27	范兴管	男	120192201026	电气工程	1007932022100027	工学硕士学位
28	方　楠	男	120192201027	电气工程	1007932022100028	工学硕士学位
29	冯月磊	男	120192201028	电气工程	1007932022100029	工学硕士学位
30	付宸宸	女	120192201029	电气工程	1007932022100030	工学硕士学位
31	付　淦	男	120192201030	电气工程	1007932022100031	工学硕士学位
32	付文启	男	120192201031	电气工程	1007932022100032	工学硕士学位
33	富梦迪	女	120192201032	电气工程	1007932022100033	工学硕士学位
34	高晨祥	男	120192201033	电气工程	1007932022100034	工学硕士学位

续表

序号	姓名	性别	学号	专业名称	学位证书号	学位类别
35	高　丹	女	120192201034	电气工程	1007932022100035	工学硕士学位
36	高　晋	男	120192201036	电气工程	1007932022100036	工学硕士学位
37	高　磊	男	120192201037	电气工程	1007932022100037	工学硕士学位
38	高天初	女	120192201038	电气工程	1007932022100038	工学硕士学位
39	高　勇	男	120192201040	电气工程	1007932022100039	工学硕士学位
40	管西燕	女	120192201041	电气工程	1007932022100040	工学硕士学位
41	郭佳奇	女	120192201042	电气工程	1007932022100041	工学硕士学位
42	郭今冉	女	120192201043	电气工程	1007932022100042	工学硕士学位
43	郭日泽	男	120192201044	电气工程	1007932022100043	工学硕士学位
44	郭玉金	男	120192201045	电气工程	1007932022100044	工学硕士学位
45	郭陟峰	男	120192201046	电气工程	1007932022100045	工学硕士学位
46	韩晨阳	男	120192201047	电气工程	1007932022100046	工学硕士学位
47	韩士琦	女	120192201048	电气工程	1007932022100047	工学硕士学位
48	韩释瑶	男	120192201049	电气工程	1007932022100048	工学硕士学位
49	韩　颖	女	120192201050	电气工程	1007932022100049	工学硕士学位
50	郝　东	男	120192201051	电气工程	1007932022100050	工学硕士学位
51	何旭圆	男	120192201052	电气工程	1007932022100051	工学硕士学位
52	何志轩	男	120192201053	电气工程	1007932022100052	工学硕士学位
53	贺林轩	男	120192201054	电气工程	1007932022100053	工学硕士学位
54	侯来运	男	120192201055	电气工程	1007932022100054	工学硕士学位
55	胡佳彤	女	120192201057	电气工程	1007932022100055	工学硕士学位
56	胡鹏涛	男	120192201058	电气工程	1007932022100056	工学硕士学位
57	胡一乔	女	120192201059	电气工程	1007932022100057	工学硕士学位
58	郇政林	男	120192201060	电气工程	1007932022100058	工学硕士学位
59	黄曼茜	女	120192201061	电气工程	1007932022100059	工学硕士学位
60	黄世楼	男	120192201062	电气工程	1007932022100060	工学硕士学位
61	贾丰全	男	120192201063	电气工程	1007932022100061	工学硕士学位
62	贾起越	男	120192201064	电气工程	1007932022100062	工学硕士学位
63	姜美儿	女	120192201065	电气工程	1007932022100063	工学硕士学位
64	蒋　晨	男	120192201066	电气工程	1007932022100064	工学硕士学位
65	蒋纯冰	女	120192201067	电气工程	1007932022100065	工学硕士学位
66	蒋思雯	女	120192201069	电气工程	1007932022100066	工学硕士学位
67	金铭鑫	男	120192201070	电气工程	1007932022100067	工学硕士学位
68	康静雅	女	120192201071	电气工程	1007932022100068	工学硕士学位
69	李晨晨	女	120192201072	电气工程	1007932022100069	工学硕士学位
70	李佳谦	女	120192201073	电气工程	1007932022100070	工学硕士学位

续表

序号	姓名	性别	学号	专业名称	学位证书号	学位类别
71	李嘉靓	女	120192201074	电气工程	1007932022100071	工学硕士学位
72	李靖雯	女	120192201075	电气工程	1007932022100072	工学硕士学位
73	李盼盼	女	120192201076	电气工程	1007932022100073	工学硕士学位
74	李睿智	男	120192201077	电气工程	1007932022100074	工学硕士学位
75	李　涛	男	120192201078	电气工程	1007932022100075	工学硕士学位
76	李笑宇	男	120192201079	电气工程	1007932022100076	工学硕士学位
77	李　叶	男	120192201080	电气工程	1007932022100077	工学硕士学位
78	李玉付	男	120192201081	电气工程	1007932022100078	工学硕士学位
79	李钰洋	女	120192201082	电气工程	1007932022100079	工学硕士学位
80	李　正	男	120192201083	电气工程	1007932022100080	工学硕士学位
81	李　志	男	120192201084	电气工程	1007932022100081	工学硕士学位
82	李竹青	女	120192201085	电气工程	1007932022100082	工学硕士学位
83	梁　聪	女	120192201086	电气工程	1007932022100083	工学硕士学位
84	梁书原	女	120192201087	电气工程	1007932022100084	工学硕士学位
85	廖　杰	男	120192201088	电气工程	1007932022100085	工学硕士学位
86	廖雯林	女	120192201089	电气工程	1007932022100086	工学硕士学位
87	林　欣	女	120192201091	电气工程	1007932022100087	工学硕士学位
88	刘　晨	女	120192201092	电气工程	1007932022100088	工学硕士学位
89	刘　衡	男	120192201094	电气工程	1007932022100089	工学硕士学位
90	刘　津	女	120192201096	电气工程	1007932022100090	工学硕士学位
91	刘雪涛	女	120192201097	电气工程	1007932022100091	工学硕士学位
92	刘祎恺	男	120192201098	电气工程	1007932022100092	工学硕士学位
93	刘中建	男	120192201100	电气工程	1007932022100093	工学硕士学位
94	刘中硕	男	120192201101	电气工程	1007932022100094	工学硕士学位
95	吕　品	女	120192201102	电气工程	1007932022100095	工学硕士学位
96	罗慧达	男	120192201104	电气工程	1007932022100096	工学硕士学位
97	罗　印	男	120192201105	电气工程	1007932022100097	工学硕士学位
98	马　婕	女	120192201106	电气工程	1007932022100098	工学硕士学位
99	马丽雅	女	120192201107	电气工程	1007932022100099	工学硕士学位
100	马宇坤	男	120192201108	电气工程	1007932022100100	工学硕士学位
101	马元通	男	120192201109	电气工程	1007932022100101	工学硕士学位
102	马　振	男	120192201110	电气工程	1007932022100102	工学硕士学位
103	孟祥坤	男	120192201111	电气工程	1007932022100103	工学硕士学位
104	孟祥玉	女	120192201112	电气工程	1007932022100104	工学硕士学位
105	倪政泽	男	120192201113	电气工程	1007932022100105	工学硕士学位
106	牛春豪	男	120192201114	电气工程	1007932022100106	工学硕士学位

续表

序号	姓名	性别	学号	专业名称	学位证书号	学位类别
107	牛宇昆	男	120192201116	电气工程	1007932022100107	工学硕士学位
108	潘举键	男	120192201117	电气工程	1007932022100108	工学硕士学位
109	彭娇阳	女	120192201118	电气工程	1007932022100109	工学硕士学位
110	彭彦林	男	120192201119	电气工程	1007932022100110	工学硕士学位
111	彭　意	女	120192201120	电气工程	1007932022100111	工学硕士学位
112	乔登科	男	120192201121	电气工程	1007932022100112	工学硕士学位
113	乔　鑫	男	120192201122	电气工程	1007932022100113	工学硕士学位
114	邱子鉴	男	120192201123	电气工程	1007932022100114	工学硕士学位
115	裘森悦	女	120192201124	电气工程	1007932022100115	工学硕士学位
116	渠鑫源	男	120192201125	电气工程	1007932022100116	工学硕士学位
117	任健鹏	男	120192201126	电气工程	1007932022100117	工学硕士学位
118	沙雨飞	男	120192201127	电气工程	1007932022100118	工学硕士学位
119	邵泓铭	男	120192201128	电气工程	1007932022100119	工学硕士学位
120	邵昱铭	男	120192201129	电气工程	1007932022100120	工学硕士学位
121	沈俊言	男	120192201130	电气工程	1007932022100121	工学硕士学位
122	石越峰	男	120192201132	电气工程	1007932022100122	工学硕士学位
123	苏雁飞	男	120192201133	电气工程	1007932022100123	工学硕士学位
124	苏子寒	男	120192201134	电气工程	1007932022100124	工学硕士学位
125	孙　金	男	120192201135	电气工程	1007932022100125	工学硕士学位
126	谭　露	女	120192201136	电气工程	1007932022100126	工学硕士学位
127	田宾一	男	120192201137	电气工程	1007932022100127	工学硕士学位
128	田颖池	女	120192201138	电气工程	1007932022100128	工学硕士学位
129	田雨果	男	120192201139	电气工程	1007932022100129	工学硕士学位
130	仝　涵	男	120192201140	电气工程	1007932022100130	工学硕士学位
131	王　闯	男	120192201142	电气工程	1007932022100131	工学硕士学位
132	王国荣	女	120192201143	电气工程	1007932022100132	工学硕士学位
133	王嘉宁	男	120192201144	电气工程	1007932022100133	工学硕士学位
134	王　俭	男	120192201145	电气工程	1007932022100134	工学硕士学位
135	王　沛	男	120192201146	电气工程	1007932022100135	工学硕士学位
136	王权圣	男	120192201147	电气工程	1007932022100136	工学硕士学位
137	王群乔	男	120192201148	电气工程	1007932022100137	工学硕士学位
138	王双双	女	120192201149	电气工程	1007932022100138	工学硕士学位
139	王　鑫	男	120192201150	电气工程	1007932022100139	工学硕士学位
140	王亚婕	女	120192201151	电气工程	1007932022100140	工学硕士学位
141	王　杨	女	120192201152	电气工程	1007932022100141	工学硕士学位
142	王耀翔	男	120192201153	电气工程	1007932022100142	工学硕士学位

续表

序号	姓名	性别	学号	专业名称	学位证书号	学位类别
143	王珍珍	女	120192201154	电气工程	1007932022100143	工学硕士学位
144	温　珺	男	120192201156	电气工程	1007932022100144	工学硕士学位
145	文星雅	女	120192201157	电气工程	1007932022100145	工学硕士学位
146	邬　炯	男	120192201158	电气工程	1007932022100146	工学硕士学位
147	吴　婵	女	120192201159	电气工程	1007932022100147	工学硕士学位
148	吴科宏	男	120192201160	电气工程	1007932022100148	工学硕士学位
149	吴　桐	男	120192201162	电气工程	1007932022100149	工学硕士学位
150	吴宇轩	男	120192201163	电气工程	1007932022100150	工学硕士学位
151	伍俊伶	女	120192201164	电气工程	1007932022100151	工学硕士学位
152	武　超	男	120192201165	电气工程	1007932022100152	工学硕士学位
153	武文强	男	120192201166	电气工程	1007932022100153	工学硕士学位
154	武子恒	男	120192201167	电气工程	1007932022100154	工学硕士学位
155	夏越婷	女	120192201168	电气工程	1007932022100155	工学硕士学位
156	肖兆杭	男	120192201169	电气工程	1007932022100156	工学硕士学位
157	徐　豪	男	120192201171	电气工程	1007932022100157	工学硕士学位
158	徐立敏	女	120192201172	电气工程	1007932022100158	工学硕士学位
159	徐　潜	男	120192201173	电气工程	1007932022100159	工学硕士学位
160	薛元亮	男	120192201174	电气工程	1007932022100160	工学硕士学位
161	闫亚楠	女	120192201175	电气工程	1007932022100161	工学硕士学位
162	颜景娴	女	120192201176	电气工程	1007932022100162	工学硕士学位
163	杨　昊	男	120192201177	电气工程	1007932022100163	工学硕士学位
164	杨美颖	女	120192201178	电气工程	1007932022100164	工学硕士学位
165	杨擎柱	男	120192201179	电气工程	1007932022100165	工学硕士学位
166	杨鑫慧	女	120192201180	电气工程	1007932022100166	工学硕士学位
167	杨玉琛	女	120192201181	电气工程	1007932022100167	工学硕士学位
168	杨真缪	男	120192201182	电气工程	1007932022100168	工学硕士学位
169	叶蕴霞	女	120192201183	电气工程	1007932022100169	工学硕士学位
170	余开媛	女	120192201184	电气工程	1007932022100170	工学硕士学位
171	余秋萍	女	120192201185	电气工程	1007932022100171	工学硕士学位
172	虞宋楠	女	120192201186	电气工程	1007932022100172	工学硕士学位
173	郁镇玮	男	120192201187	电气工程	1007932022100173	工学硕士学位
174	袁海峰	男	120192201188	电气工程	1007932022100174	工学硕士学位
175	张广毅	男	120192201189	电气工程	1007932022100175	工学硕士学位
176	张　涵	女	120192201190	电气工程	1007932022100176	工学硕士学位
177	张浩然	男	120192201191	电气工程	1007932022100177	工学硕士学位
178	张济安	男	120192201192	电气工程	1007932022100178	工学硕士学位

续表

序号	姓名	性别	学号	专业名称	学位证书号	学位类别
179	张家铭	男	120192201193	电气工程	1007932022100179	工学硕士学位
180	张丽婧	女	120192201195	电气工程	1007932022100180	工学硕士学位
181	张茗洋	男	120192201196	电气工程	1007932022100181	工学硕士学位
182	张　松	男	120192201197	电气工程	1007932022100182	工学硕士学位
183	张莞嘉	女	120192201198	电气工程	1007932022100183	工学硕士学位
184	张雯程	女	120192201199	电气工程	1007932022100184	工学硕士学位
185	张永旭	男	120192201200	电气工程	1007932022100185	工学硕士学位
186	张友博	男	120192201201	电气工程	1007932022100186	工学硕士学位
187	张芷馨	女	120192201202	电气工程	1007932022100187	工学硕士学位
188	章家欢	女	120192201203	电气工程	1007932022100188	工学硕士学位
189	赵　伟	男	120192201204	电气工程	1007932022100189	工学硕士学位
190	赵晓君	女	120192201205	电气工程	1007932022100190	工学硕士学位
191	郑　伟	男	120192201206	电气工程	1007932022100191	工学硕士学位
192	郑钰川	女	120192201207	电气工程	1007932022100192	工学硕士学位
193	周　淳	男	120192201208	电气工程	1007932022100193	工学硕士学位
194	周　易	男	120192201209	电气工程	1007932022100194	工学硕士学位
195	黄　赛	男	120192201211	电子科学与技术	1007932022100195	工学硕士学位
196	李乐依	女	120192201212	电子科学与技术	1007932022100196	工学硕士学位
197	李　尧	女	120192201213	电子科学与技术	1007932022100197	工学硕士学位
198	梁　昊	男	120192201214	电子科学与技术	1007932022100198	工学硕士学位
199	沈　硕	男	120192201215	电子科学与技术	1007932022100199	工学硕士学位
200	田　璐	男	120192201216	电子科学与技术	1007932022100200	工学硕士学位
201	王　希	女	120192201217	电子科学与技术	1007932022100201	工学硕士学位
202	魏　颖	女	120192201218	电子科学与技术	1007932022100202	工学硕士学位
203	翟　弋	男	120192201219	电子科学与技术	1007932022100203	工学硕士学位
204	陈心怡	女	120192201222	信息与通信工程	1007932022100204	工学硕士学位
205	崔　昊	男	120192201224	信息与通信工程	1007932022100205	工学硕士学位
206	侯　萌	女	120192201225	信息与通信工程	1007932022100206	工学硕士学位
207	胡纯瑾	女	120192201226	信息与通信工程	1007932022100207	工学硕士学位
208	胡　玮	女	120192201227	信息与通信工程	1007932022100208	工学硕士学位
209	胡亚杰	男	120192201228	信息与通信工程	1007932022100209	工学硕士学位
210	黄鑫恺	男	120192201229	信息与通信工程	1007932022100210	工学硕士学位
211	李国成	男	120192201231	信息与通信工程	1007932022100211	工学硕士学位
212	隆　豪	男	120192201234	信息与通信工程	1007932022100212	工学硕士学位
213	彭迎春	男	120192201235	信息与通信工程	1007932022100213	工学硕士学位
214	施又丹	女	120192201237	信息与通信工程	1007932022100214	工学硕士学位

续表

序号	姓名	性别	学号	专业名称	学位证书号	学位类别
215	宋俊元	男	120192201238	信息与通信工程	1007932022100215	工学硕士学位
216	王晓玮	女	120192201240	信息与通信工程	1007932022100216	工学硕士学位
217	魏会娜	女	120192201241	信息与通信工程	1007932022100217	工学硕士学位
218	魏明亮	男	120192201242	信息与通信工程	1007932022100218	工学硕士学位
219	辛亚楠	女	120192201243	信息与通信工程	1007932022100219	工学硕士学位
220	杨秀敏	女	120192201244	信息与通信工程	1007932022100220	工学硕士学位
221	赵　颖	女	120192201245	信息与通信工程	1007932022100221	工学硕士学位
222	周　波	男	120192201246	信息与通信工程	1007932022100222	工学硕士学位
223	祝　健	男	120192201247	信息与通信工程	1007932022100223	工学硕士学位
224	温晨飞	男	1182202010	机械工程	1007932022100224	工学硕士学位
225	李宇婷	女	1182202060	动力工程及工程热物理	1007932022100225	工学硕士学位
226	白　浩	男	120192202669	机械工程	1007932022100226	工学硕士学位
227	陈元立	男	120192202670	机械工程	1007932022100227	工学硕士学位
228	窦洪彬	男	120192202671	机械工程	1007932022100228	工学硕士学位
229	奉凡森	男	120192202672	机械工程	1007932022100229	工学硕士学位
230	高峻泽	男	120192202673	机械工程	1007932022100230	工学硕士学位
231	黄　东	男	120192202674	机械工程	1007932022100231	工学硕士学位
232	李佳宁	男	120192202676	机械工程	1007932022100232	工学硕士学位
233	李庆贺	男	120192202677	机械工程	1007932022100233	工学硕士学位
234	李毅铭	男	120192202678	机械工程	1007932022100234	工学硕士学位
235	吕东瑞	男	120192202679	机械工程	1007932022100235	工学硕士学位
236	马林平	男	120192202680	机械工程	1007932022100236	工学硕士学位
237	宋中辉	男	120192202681	机械工程	1007932022100237	工学硕士学位
238	夏和民	男	120192202682	机械工程	1007932022100238	工学硕士学位
239	杜　江	男	120192202684	材料科学与工程	1007932022100239	工学硕士学位
240	冯晓龙	男	120192202686	材料科学与工程	1007932022100240	工学硕士学位
241	付晓爽	女	120192202687	材料科学与工程	1007932022100241	工学硕士学位
242	郭胜洋	男	120192202688	材料科学与工程	1007932022100242	工学硕士学位
243	金弈龙	男	120192202689	材料科学与工程	1007932022100243	工学硕士学位
244	孔钦可	男	120192202690	材料科学与工程	1007932022100244	工学硕士学位
245	李保坤	男	120192202691	材料科学与工程	1007932022100245	工学硕士学位
246	孟　潇	男	120192202693	材料科学与工程	1007932022100246	工学硕士学位
247	孙广帅	男	120192202694	材料科学与工程	1007932022100247	工学硕士学位
248	王京南	男	120192202695	材料科学与工程	1007932022100248	工学硕士学位
249	张　伟	男	120192202697	材料科学与工程	1007932022100249	工学硕士学位
250	赵祎璠	女	120192202698	材料科学与工程	1007932022100250	工学硕士学位

续表

序号	姓名	性别	学号	专业名称	学位证书号	学位类别
251	白雪峰	男	120192202699	动力工程及工程热物理	1007932022100251	工学硕士学位
252	陈　杰	男	120192202700	动力工程及工程热物理	1007932022100252	工学硕士学位
253	陈　磊	男	120192202701	动力工程及工程热物理	1007932022100253	工学硕士学位
254	陈鏐漪	女	120192202702	动力工程及工程热物理	1007932022100254	工学硕士学位
255	陈新宇	男	120192202703	动力工程及工程热物理	1007932022100255	工学硕士学位
256	陈　鑫	女	120192202704	动力工程及工程热物理	1007932022100256	工学硕士学位
257	程怡玮	男	120192202706	动力工程及工程热物理	1007932022100257	工学硕士学位
258	仇　园	女	120192202707	动力工程及工程热物理	1007932022100258	工学硕士学位
259	单诗剑	男	120192202708	动力工程及工程热物理	1007932022100259	工学硕士学位
260	董　瑞	男	120192202709	动力工程及工程热物理	1007932022100260	工学硕士学位
261	冯旭铮	男	120192202710	动力工程及工程热物理	1007932022100261	工学硕士学位
262	甘园园	女	120192202711	动力工程及工程热物理	1007932022100262	工学硕士学位
263	郭学伯	男	120192202712	动力工程及工程热物理	1007932022100263	工学硕士学位
264	郭翼泽	男	120192202713	动力工程及工程热物理	1007932022100264	工学硕士学位
265	郭振宁	女	120192202714	动力工程及工程热物理	1007932022100265	工学硕士学位
266	侯　杰	男	120192202715	动力工程及工程热物理	1007932022100266	工学硕士学位
267	侯金宜	男	120192202716	动力工程及工程热物理	1007932022100267	工学硕士学位
268	蒋炎飞	男	120192202718	动力工程及工程热物理	1007932022100268	工学硕士学位
269	金凤雏	女	120192202719	动力工程及工程热物理	1007932022100269	工学硕士学位
270	阚童利	男	120192202720	动力工程及工程热物理	1007932022100270	工学硕士学位
271	康家豪	男	120192202721	动力工程及工程热物理	1007932022100271	工学硕士学位
272	寇　斐	男	120192202722	动力工程及工程热物理	1007932022100272	工学硕士学位
273	兰　晨	男	120192202723	动力工程及工程热物理	1007932022100273	工学硕士学位
274	雷　波	男	120192202724	动力工程及工程热物理	1007932022100274	工学硕士学位
275	李　健	男	120192202725	动力工程及工程热物理	1007932022100275	工学硕士学位
276	李　娟	女	120192202726	动力工程及工程热物理	1007932022100276	工学硕士学位
277	李文志	男	120192202728	动力工程及工程热物理	1007932022100277	工学硕士学位
278	李昕耀	男	120192202729	动力工程及工程热物理	1007932022100278	工学硕士学位
279	李宗尚	男	120192202730	动力工程及工程热物理	1007932022100279	工学硕士学位
280	刘　倩	女	120192202732	动力工程及工程热物理	1007932022100280	工学硕士学位
281	刘旭光	男	120192202733	动力工程及工程热物理	1007932022100281	工学硕士学位
282	刘宇桐	男	120192202734	动力工程及工程热物理	1007932022100282	工学硕士学位
283	刘政昊	男	120192202735	动力工程及工程热物理	1007932022100283	工学硕士学位
284	陆树银	男	120192202736	动力工程及工程热物理	1007932022100284	工学硕士学位
285	马书豪	男	120192202737	动力工程及工程热物理	1007932022100285	工学硕士学位
286	马运先	男	120192202738	动力工程及工程热物理	1007932022100286	工学硕士学位

续表

序号	姓名	性别	学号	专业名称	学位证书号	学位类别
287	苗智昶	男	120192202739	动力工程及工程热物理	1007932022100287	工学硕士学位
288	乔　琨	男	120192202740	动力工程及工程热物理	1007932022100288	工学硕士学位
289	上官世伟	男	120192202741	动力工程及工程热物理	1007932022100289	工学硕士学位
290	沈　园	女	120192202742	动力工程及工程热物理	1007932022100290	工学硕士学位
291	斯楞戈	男	120192202743	动力工程及工程热物理	1007932022100291	工学硕士学位
292	孙国军	男	120192202744	动力工程及工程热物理	1007932022100292	工学硕士学位
293	孙　卓	男	120192202745	动力工程及工程热物理	1007932022100293	工学硕士学位
294	谭刘钢	男	120192202746	动力工程及工程热物理	1007932022100294	工学硕士学位
295	王丹阳	女	120192202748	动力工程及工程热物理	1007932022100295	工学硕士学位
296	王鑫雨	女	120192202751	动力工程及工程热物理	1007932022100296	工学硕士学位
297	王　雪	女	120192202752	动力工程及工程热物理	1007932022100297	工学硕士学位
298	王雪叶	女	120192202753	动力工程及工程热物理	1007932022100298	工学硕士学位
299	王义函	男	120192202754	动力工程及工程热物理	1007932022100299	工学硕士学位
300	谢柏森	男	120192202758	动力工程及工程热物理	1007932022100300	工学硕士学位
301	许胜尧	男	120192202760	动力工程及工程热物理	1007932022100301	工学硕士学位
302	薛飞宇	男	120192202761	动力工程及工程热物理	1007932022100302	工学硕士学位
303	杨澳港	男	120192202762	动力工程及工程热物理	1007932022100303	工学硕士学位
304	杨丽波	男	120192202764	动力工程及工程热物理	1007932022100304	工学硕士学位
305	尹桃柱	男	120192202765	动力工程及工程热物理	1007932022100305	工学硕士学位
306	于滨汇	男	120192202766	动力工程及工程热物理	1007932022100306	工学硕士学位
307	曾子轮	男	120192202767	动力工程及工程热物理	1007932022100307	工学硕士学位
308	张显荣	女	120192202768	动力工程及工程热物理	1007932022100308	工学硕士学位
309	张云涛	男	120192202771	动力工程及工程热物理	1007932022100309	工学硕士学位
310	张　震	男	120192202772	动力工程及工程热物理	1007932022100310	工学硕士学位
311	赵佳瑞	女	120192202773	动力工程及工程热物理	1007932022100311	工学硕士学位
312	赵　帅	男	120192202774	动力工程及工程热物理	1007932022100312	工学硕士学位
313	赵　爽	女	120192202775	动力工程及工程热物理	1007932022100313	工学硕士学位
314	赵　洋	男	120192202776	动力工程及工程热物理	1007932022100314	工学硕士学位
315	周港宝	男	120192202777	动力工程及工程热物理	1007932022100315	工学硕士学位
316	周　庆	男	120192202778	动力工程及工程热物理	1007932022100316	工学硕士学位
317	周伟健	男	120192202779	动力工程及工程热物理	1007932022100317	工学硕士学位
318	周席良	男	120192202780	动力工程及工程热物理	1007932022100318	工学硕士学位
319	周晓慧	女	120192202781	动力工程及工程热物理	1007932022100319	工学硕士学位
320	周智健	男	120192202782	动力工程及工程热物理	1007932022100320	工学硕士学位
321	周子健	男	120192202783	动力工程及工程热物理	1007932022100321	工学硕士学位
322	陈　卓	男	120192202784	供热、供燃气、通风及空调工程	1007932022100322	工学硕士学位

续表

序号	姓名	性别	学号	专业名称	学位证书号	学位类别
323	储　超	男	120192202785	供热、供燃气、通风及空调工程	1007932022100323	工学硕士学位
324	姜伯炜	男	120192202786	供热、供燃气、通风及空调工程	1007932022100324	工学硕士学位
325	马世财	男	120192202787	供热、供燃气、通风及空调工程	1007932022100325	工学硕士学位
326	陈姝宏	女	120192202788	化学工程	1007932022100326	工学硕士学位
327	于　涵	男	120192202789	化学工程	1007932022100327	工学硕士学位
328	陈雅轩	女	120192206039	管理科学与工程	1007932022100328	工学硕士学位
329	程晓彬	男	120192206040	管理科学与工程	1007932022100329	工学硕士学位
330	代　美	女	120192206041	管理科学与工程	1007932022100330	工学硕士学位
331	邓忠清	女	120192206042	管理科学与工程	1007932022100331	工学硕士学位
332	樊伟光	男	120192206044	管理科学与工程	1007932022100332	工学硕士学位
333	何飞扬	女	120192206045	管理科学与工程	1007932022100333	工学硕士学位
334	黄　恺	男	120192206046	管理科学与工程	1007932022100334	工学硕士学位
335	霍继坤	男	120192206047	管理科学与工程	1007932022100335	工学硕士学位
336	李婉莹	女	120192206049	管理科学与工程	1007932022100336	工学硕士学位
337	李玉田	男	120192206050	管理科学与工程	1007932022100337	工学硕士学位
338	梁鹏程	男	120192206052	管理科学与工程	1007932022100338	工学硕士学位
339	刘向南	女	120192206053	管理科学与工程	1007932022100339	工学硕士学位
340	刘心仪	女	120192206054	管理科学与工程	1007932022100340	工学硕士学位
341	门慧娟	女	120192206055	管理科学与工程	1007932022100341	工学硕士学位
342	孟琪琛	男	120192206056	管理科学与工程	1007932022100342	工学硕士学位
343	孟之绪	男	120192206057	管理科学与工程	1007932022100343	工学硕士学位
344	聂天琪	女	120192206058	管理科学与工程	1007932022100344	工学硕士学位
345	宁文琴	女	120192206059	管理科学与工程	1007932022100345	工学硕士学位
346	牛晓轩	女	120192206060	管理科学与工程	1007932022100346	工学硕士学位
347	彭　蓬	女	120192206061	管理科学与工程	1007932022100347	工学硕士学位
348	宋　岩	男	120192206062	管理科学与工程	1007932022100348	工学硕士学位
349	童子豪	男	120192206063	管理科学与工程	1007932022100349	工学硕士学位
350	杨雨佳	女	120192206064	管理科学与工程	1007932022100350	工学硕士学位
351	张精宁	女	120192206065	管理科学与工程	1007932022100351	工学硕士学位
352	张　硕	男	120192206066	管理科学与工程	1007932022100352	工学硕士学位
353	赵思洋	女	120192206067	管理科学与工程	1007932022100353	工学硕士学位
354	郑　锦	男	120192206068	管理科学与工程	1007932022100354	工学硕士学位
355	郑文青	女	120192206069	管理科学与工程	1007932022100355	工学硕士学位
356	朱衍磊	男	120192206070	管理科学与工程	1007932022100356	工学硕士学位
357	陈艺丹	女	120192206071	会计学	1007932022100357	管理学硕士学位
358	付梦瑶	女	120192206072	会计学	1007932022100358	管理学硕士学位

续表

序号	姓名	性别	学号	专业名称	学位证书号	学位类别
359	韩晶晶	女	120192206073	会计学	1007932022100359	管理学硕士学位
360	韩明阳	女	120192206074	会计学	1007932022100360	管理学硕士学位
361	李华倩	女	120192206075	会计学	1007932022100361	管理学硕士学位
362	宋芳涛	女	120192206076	会计学	1007932022100362	管理学硕士学位
363	佟梦霞	女	120192206077	会计学	1007932022100363	管理学硕士学位
364	杨　阳	女	120192206078	会计学	1007932022100364	管理学硕士学位
365	朱冬冬	女	120192206079	会计学	1007932022100365	管理学硕士学位
366	冯凯鑫	男	120192206080	企业管理	1007932022100366	管理学硕士学位
367	雷　蕾	女	120192206081	企业管理	1007932022100367	管理学硕士学位
368	马泽香	女	120192206083	企业管理	1007932022100368	管理学硕士学位
369	任紫芸	女	120192206084	企业管理	1007932022100369	管理学硕士学位
370	唐　勇	男	120192206085	企业管理	1007932022100370	管理学硕士学位
371	张春秒	女	120192206086	企业管理	1007932022100371	管理学硕士学位
372	周国伟	女	120192206088	企业管理	1007932022100372	管理学硕士学位
373	周玮玮	女	120192206089	企业管理	1007932022100373	管理学硕士学位
374	周雨凝	女	120192206090	企业管理	1007932022100374	管理学硕士学位
375	曹雨微	女	120192206091	技术经济及管理	1007932022100375	管理学硕士学位
376	耿世平	男	120192206092	技术经济及管理	1007932022100376	管理学硕士学位
377	郭晓慧	女	120192206093	技术经济及管理	1007932022100377	管理学硕士学位
378	李　华	男	120192206095	技术经济及管理	1007932022100378	管理学硕士学位
379	梁美玲	女	120192206098	技术经济及管理	1007932022100379	管理学硕士学位
380	林　瑾	女	120192206099	技术经济及管理	1007932022100380	管理学硕士学位
381	刘思彤	女	120192206100	技术经济及管理	1007932022100381	管理学硕士学位
382	刘　瑶	女	120192206101	技术经济及管理	1007932022100382	管理学硕士学位
383	吕　媛	女	120192206102	技术经济及管理	1007932022100383	管理学硕士学位
384	马　阳	男	120192206103	技术经济及管理	1007932022100384	管理学硕士学位
385	苏凤宇	女	120192206105	技术经济及管理	1007932022100385	管理学硕士学位
386	田　诗	女	120192206107	技术经济及管理	1007932022100386	管理学硕士学位
387	田竹肖	女	120192206108	技术经济及管理	1007932022100387	管理学硕士学位
388	汪伟业	男	120192206109	技术经济及管理	1007932022100388	管理学硕士学位
389	王　晶	女	120192206110	技术经济及管理	1007932022100389	管理学硕士学位
390	王婧妍	女	120192206111	技术经济及管理	1007932022100390	管理学硕士学位
391	王玲湘	女	120192206112	技术经济及管理	1007932022100391	管理学硕士学位
392	王　星	女	120192206113	技术经济及管理	1007932022100392	管理学硕士学位
393	张婷婷	女	120192206117	技术经济及管理	1007932022100393	管理学硕士学位
394	赵嘉欣	女	120192206119	技术经济及管理	1007932022100394	管理学硕士学位

续表

序号	姓名	性别	学号	专业名称	学位证书号	学位类别
395	周泯含	女	120192206121	技术经济及管理	1007932022100395	管理学硕士学位
396	黎文缙	男	120192206943	应用经济学	1007932022100396	经济学硕士学位
397	孟令睿	男	120192206944	应用经济学	1007932022100397	经济学硕士学位
398	孟　欣	女	120192206945	应用经济学	1007932022100398	经济学硕士学位
399	吴　玲	女	120192206946	应用经济学	1007932022100399	经济学硕士学位
400	徐　玄	男	120192206947	应用经济学	1007932022100400	经济学硕士学位
401	张　钰	女	120192206948	应用经济学	1007932022100401	经济学硕士学位
402	赵爱林	女	120192206949	应用经济学	1007932022100402	经济学硕士学位
403	周雨桥	女	120192206950	应用经济学	1007932022100403	经济学硕士学位
404	刘　草	男	120192227000	控制科学与工程	1007932022100404	工学硕士学位
405	刘　菡	女	120192227001	控制科学与工程	1007932022100405	工学硕士学位
406	刘雪菲	女	120192227002	控制科学与工程	1007932022100406	工学硕士学位
407	刘雅欣	女	120192227003	控制科学与工程	1007932022100407	工学硕士学位
408	刘玉珍	女	120192227004	控制科学与工程	1007932022100408	工学硕士学位
409	吕方超	男	120192227005	控制科学与工程	1007932022100409	工学硕士学位
410	吕志恒	男	120192227006	控制科学与工程	1007932022100410	工学硕士学位
411	马书文	男	120192227007	控制科学与工程	1007932022100411	工学硕士学位
412	史雨薇	女	120192227008	控制科学与工程	1007932022100412	工学硕士学位
413	苏　填	男	120192227009	控制科学与工程	1007932022100413	工学硕士学位
414	唐文秀	女	120192227011	控制科学与工程	1007932022100414	工学硕士学位
415	万　倪	女	120192227012	控制科学与工程	1007932022100415	工学硕士学位
416	汪　琪	男	120192227013	控制科学与工程	1007932022100416	工学硕士学位
417	王丽倩	女	120192227014	控制科学与工程	1007932022100417	工学硕士学位
418	王　璇	女	120192227016	控制科学与工程	1007932022100418	工学硕士学位
419	王亚松	男	120192227017	控制科学与工程	1007932022100419	工学硕士学位
420	王雨桐	女	120192227018	控制科学与工程	1007932022100420	工学硕士学位
421	卫星光	男	120192227019	控制科学与工程	1007932022100421	工学硕士学位
422	相天麟	男	120192227020	控制科学与工程	1007932022100422	工学硕士学位
423	谢凌云	女	120192227021	控制科学与工程	1007932022100423	工学硕士学位
424	谢　镇	男	120192227022	控制科学与工程	1007932022100424	工学硕士学位
425	徐兴明	男	120192227023	控制科学与工程	1007932022100425	工学硕士学位
426	许　琳	女	120192227024	控制科学与工程	1007932022100426	工学硕士学位
427	杨汝非	男	120192227025	控制科学与工程	1007932022100427	工学硕士学位
428	杨宇辰	女	120192227026	控制科学与工程	1007932022100428	工学硕士学位
429	杨元清	女	120192227027	控制科学与工程	1007932022100429	工学硕士学位
430	余照国	男	120192227029	控制科学与工程	1007932022100430	工学硕士学位

续表

序号	姓名	性别	学号	专业名称	学位证书号	学位类别
431	禹建芳	女	120192227030	控制科学与工程	1007932022100431	工学硕士学位
432	张　彬	男	120192227031	控制科学与工程	1007932022100432	工学硕士学位
433	张珈铭	男	120192227032	控制科学与工程	1007932022100433	工学硕士学位
434	张　杰	男	120192227033	控制科学与工程	1007932022100434	工学硕士学位
435	张　丽	女	120192227034	控制科学与工程	1007932022100435	工学硕士学位
436	张文彬	男	120192227035	控制科学与工程	1007932022100436	工学硕士学位
437	张　岩	男	120192227036	控制科学与工程	1007932022100437	工学硕士学位
438	张艳超	男	120192227037	控制科学与工程	1007932022100438	工学硕士学位
439	赵雪芸	女	120192227038	控制科学与工程	1007932022100439	工学硕士学位
440	郑晓媛	女	120192227039	控制科学与工程	1007932022100440	工学硕士学位
441	钟智超	男	120192227040	控制科学与工程	1007932022100441	工学硕士学位
442	朱珂言	男	120192227041	控制科学与工程	1007932022100442	工学硕士学位
443	诸葛雪迎	女	120192227043	控制科学与工程	1007932022100443	工学硕士学位
444	陈　彤	男	120192227044	计算机科学与技术	1007932022100444	工学硕士学位
445	陈震宇	男	120192227045	计算机科学与技术	1007932022100445	工学硕士学位
446	陈子昊	男	120192227046	计算机科学与技术	1007932022100446	工学硕士学位
447	程相鑫	男	120192227047	计算机科学与技术	1007932022100447	工学硕士学位
448	狄　丹	女	120192227048	计算机科学与技术	1007932022100448	工学硕士学位
449	丁永恺	男	120192227049	计算机科学与技术	1007932022100449	工学硕士学位
450	范勋峰	男	120192227050	计算机科学与技术	1007932022100450	工学硕士学位
451	冯雪菱	女	120192227051	计算机科学与技术	1007932022100451	工学硕士学位
452	冯一展	男	120192227052	计算机科学与技术	1007932022100452	工学硕士学位
453	高鹏飞	男	120192227053	计算机科学与技术	1007932022100453	工学硕士学位
454	垢名浩	男	120192227054	计算机科学与技术	1007932022100454	工学硕士学位
455	黄喜乐	女	120192227055	计算机科学与技术	1007932022100455	工学硕士学位
456	金相臣	男	120192227056	计算机科学与技术	1007932022100456	工学硕士学位
457	李　传	男	120192227057	计算机科学与技术	1007932022100457	工学硕士学位
458	李繁菀	女	120192227058	计算机科学与技术	1007932022100458	工学硕士学位
459	李莉莉	女	120192227059	计算机科学与技术	1007932022100459	工学硕士学位
460	李珊珊	女	120192227060	计算机科学与技术	1007932022100460	工学硕士学位
461	刘江珊	女	120192227061	计算机科学与技术	1007932022100461	工学硕士学位
462	刘　鹏	男	120192227062	计算机科学与技术	1007932022100462	工学硕士学位
463	卢楠滟	女	120192227063	计算机科学与技术	1007932022100463	工学硕士学位
464	那绪博	男	120192227064	计算机科学与技术	1007932022100464	工学硕士学位
465	曲洪泽	男	120192227065	计算机科学与技术	1007932022100465	工学硕士学位
466	曲克童	男	120192227066	计算机科学与技术	1007932022100466	工学硕士学位

续表

序号	姓名	性别	学号	专业名称	学位证书号	学位类别
467	任　琪	男	120192227067	计算机科学与技术	1007932022100467	工学硕士学位
468	桑颜婷	女	120192227068	计算机科学与技术	1007932022100468	工学硕士学位
469	商兴宇	男	120192227069	计算机科学与技术	1007932022100469	工学硕士学位
470	史凌云	女	120192227070	计算机科学与技术	1007932022100470	工学硕士学位
471	苏青青	女	120192227071	计算机科学与技术	1007932022100471	工学硕士学位
472	孙明雨	男	120192227072	计算机科学与技术	1007932022100472	工学硕士学位
473	王树豪	男	120192227073	计算机科学与技术	1007932022100473	工学硕士学位
474	王双坤	男	120192227074	计算机科学与技术	1007932022100474	工学硕士学位
475	王　潇	女	120192227075	计算机科学与技术	1007932022100475	工学硕士学位
476	魏育坤	男	120192227076	计算机科学与技术	1007932022100476	工学硕士学位
477	武　斌	男	120192227077	计算机科学与技术	1007932022100477	工学硕士学位
478	邢　威	男	120192227078	计算机科学与技术	1007932022100478	工学硕士学位
479	徐　鑫	男	120192227079	计算机科学与技术	1007932022100479	工学硕士学位
480	许培鑫	男	120192227080	计算机科学与技术	1007932022100480	工学硕士学位
481	荀港益	男	120192227081	计算机科学与技术	1007932022100481	工学硕士学位
482	杨璐宇	男	120192227082	计算机科学与技术	1007932022100482	工学硕士学位
483	杨　尚	男	120192227083	计算机科学与技术	1007932022100483	工学硕士学位
484	杨也晰	女	120192227084	计算机科学与技术	1007932022100484	工学硕士学位
485	姚奕伸	男	120192227085	计算机科学与技术	1007932022100485	工学硕士学位
486	殷振晓	女	120192227086	计算机科学与技术	1007932022100486	工学硕士学位
487	余超航	男	120192227087	计算机科学与技术	1007932022100487	工学硕士学位
488	张晨怡	女	120192227088	计算机科学与技术	1007932022100488	工学硕士学位
489	张家铭	男	120192227089	计算机科学与技术	1007932022100489	工学硕士学位
490	张文婷	女	120192227090	计算机科学与技术	1007932022100490	工学硕士学位
491	张一凡	男	120192227091	计算机科学与技术	1007932022100491	工学硕士学位
492	张子朝	女	120192227092	计算机科学与技术	1007932022100492	工学硕士学位
493	赵银君	女	120192227093	计算机科学与技术	1007932022100493	工学硕士学位
494	周启航	女	120192227094	计算机科学与技术	1007932022100494	工学硕士学位
495	周生龙	男	120192227095	计算机科学与技术	1007932022100495	工学硕士学位
496	庄瑞莹	女	120192227096	计算机科学与技术	1007932022100496	工学硕士学位
497	宗启灼	男	120192227097	计算机科学与技术	1007932022100497	工学硕士学位
498	蔡国源	男	120192227977	控制科学与工程	1007932022100498	工学硕士学位
499	常　宇	男	120192227979	控制科学与工程	1007932022100499	工学硕士学位
500	邓红珍	女	120192227980	控制科学与工程	1007932022100500	工学硕士学位
501	邓子琦	女	120192227981	控制科学与工程	1007932022100501	工学硕士学位
502	丁　宁	男	120192227983	控制科学与工程	1007932022100502	工学硕士学位

续表

序号	姓名	性别	学号	专业名称	学位证书号	学位类别
503	范大千	男	120192227984	控制科学与工程	1007932022100503	工学硕士学位
504	范雅倩	女	120192227985	控制科学与工程	1007932022100504	工学硕士学位
505	冯翰宇	男	120192227986	控制科学与工程	1007932022100505	工学硕士学位
506	冯士贤	女	120192227987	控制科学与工程	1007932022100506	工学硕士学位
507	郭　磊	男	120192227989	控制科学与工程	1007932022100507	工学硕士学位
508	郭绮心	女	120192227990	控制科学与工程	1007932022100508	工学硕士学位
509	贺宝成	男	120192227991	控制科学与工程	1007932022100509	工学硕士学位
510	贺东旭	男	120192227992	控制科学与工程	1007932022100510	工学硕士学位
511	侯　放	男	120192227993	控制科学与工程	1007932022100511	工学硕士学位
512	可　寅	男	120192227994	控制科学与工程	1007932022100512	工学硕士学位
513	孔　硕	男	120192227995	控制科学与工程	1007932022100513	工学硕士学位
514	李浩瀚	男	120192227996	控制科学与工程	1007932022100514	工学硕士学位
515	李岚其	男	120192227998	控制科学与工程	1007932022100515	工学硕士学位
516	李　鑫	男	120192227999	控制科学与工程	1007932022100516	工学硕士学位
517	常斯语	男	120192211809	可再生能源与清洁能源	1007932022100517	工学硕士学位
518	陈添翼	男	120192211810	可再生能源与清洁能源	1007932022100518	工学硕士学位
519	陈　卓	男	120192211811	可再生能源与清洁能源	1007932022100519	工学硕士学位
520	邓奇蓉	女	120192211812	可再生能源与清洁能源	1007932022100520	工学硕士学位
521	杜博文	男	120192211813	可再生能源与清洁能源	1007932022100521	工学硕士学位
522	方建驹	男	120192211814	可再生能源与清洁能源	1007932022100522	工学硕士学位
523	管晓彤	女	120192211815	可再生能源与清洁能源	1007932022100523	工学硕士学位
524	韩尊普	男	120192211816	可再生能源与清洁能源	1007932022100524	工学硕士学位
525	李佳明	女	120192211818	可再生能源与清洁能源	1007932022100525	工学硕士学位
526	李林晏	男	120192211819	可再生能源与清洁能源	1007932022100526	工学硕士学位
527	刘本玉	男	120192211821	可再生能源与清洁能源	1007932022100527	工学硕士学位
528	刘　枫	男	120192211822	可再生能源与清洁能源	1007932022100528	工学硕士学位
529	刘金鑫	男	120192211823	可再生能源与清洁能源	1007932022100529	工学硕士学位
530	罗来星	男	120192211824	可再生能源与清洁能源	1007932022100530	工学硕士学位
531	马　晶	女	120192211825	可再生能源与清洁能源	1007932022100531	工学硕士学位
532	南东宏	男	120192211826	可再生能源与清洁能源	1007932022100532	工学硕士学位
533	潘晶娜	女	120192211827	可再生能源与清洁能源	1007932022100533	工学硕士学位
534	沙漫地	男	120192211828	可再生能源与清洁能源	1007932022100534	工学硕士学位
535	王冰馨	女	120192211829	可再生能源与清洁能源	1007932022100535	工学硕士学位
536	王航宇	男	120192211830	可再生能源与清洁能源	1007932022100536	工学硕士学位
537	王晓刚	男	120192211831	可再生能源与清洁能源	1007932022100537	工学硕士学位
538	王新澜	女	120192211832	可再生能源与清洁能源	1007932022100538	工学硕士学位

续表

序号	姓名	性别	学号	专业名称	学位证书号	学位类别
539	吴亚昌	男	120192211833	可再生能源与清洁能源	1007932022100539	工学硕士学位
540	吴钊萱	女	120192211834	可再生能源与清洁能源	1007932022100540	工学硕士学位
541	杨根本	男	120192211835	可再生能源与清洁能源	1007932022100541	工学硕士学位
542	杨昊泽	男	120192211836	可再生能源与清洁能源	1007932022100542	工学硕士学位
543	张　策	男	120192211838	可再生能源与清洁能源	1007932022100543	工学硕士学位
544	张　衡	男	120192211839	可再生能源与清洁能源	1007932022100544	工学硕士学位
545	张永蕊	女	120192211840	可再生能源与清洁能源	1007932022100545	工学硕士学位
546	赵田田	女	120192211841	可再生能源与清洁能源	1007932022100546	工学硕士学位
547	赵泽衡	男	120192211842	可再生能源与清洁能源	1007932022100547	工学硕士学位
548	周义游	男	120192211844	可再生能源与清洁能源	1007932022100548	工学硕士学位
549	熊军超	男	120202211027	可再生能源与清洁能源	1007932022100549	工学硕士学位
550	蔡　姝	女	120192212918	核科学与技术	1007932022100550	工学硕士学位
551	陈嘉威	男	120192212919	核科学与技术	1007932022100551	工学硕士学位
552	陈　宁	男	120192212920	核科学与技术	1007932022100552	工学硕士学位
553	陈子佳	女	120192212921	核科学与技术	1007932022100553	工学硕士学位
554	达天星	男	120192212922	核科学与技术	1007932022100554	工学硕士学位
555	窦文强	男	120192212923	核科学与技术	1007932022100555	工学硕士学位
556	杜永琪	男	120192212924	核科学与技术	1007932022100556	工学硕士学位
557	段德萱	男	120192212925	核科学与技术	1007932022100557	工学硕士学位
558	范小雪	女	120192212926	核科学与技术	1007932022100558	工学硕士学位
559	方　圆	女	120192212927	核科学与技术	1007932022100559	工学硕士学位
560	谷　颖	女	120192212928	核科学与技术	1007932022100560	工学硕士学位
561	韩子健	男	120192212929	核科学与技术	1007932022100561	工学硕士学位
562	胡　成	男	120192212930	核科学与技术	1007932022100562	工学硕士学位
563	姜天泽	男	120192212932	核科学与技术	1007932022100563	工学硕士学位
564	李平烈	男	120192212933	核科学与技术	1007932022100564	工学硕士学位
565	梁江涛	男	120192212935	核科学与技术	1007932022100565	工学硕士学位
566	林俊杰	男	120192212936	核科学与技术	1007932022100566	工学硕士学位
567	刘旭东	男	120192212938	核科学与技术	1007932022100567	工学硕士学位
568	马本浩	男	120192212939	核科学与技术	1007932022100568	工学硕士学位
569	潘　妙	女	120192212940	核科学与技术	1007932022100569	工学硕士学位
570	潘　鑫	男	120192212941	核科学与技术	1007932022100570	工学硕士学位
571	漆　天	男	120192212942	核科学与技术	1007932022100571	工学硕士学位
572	阮旸晖	男	120192212943	核科学与技术	1007932022100572	工学硕士学位
573	石航宇	男	120192212944	核科学与技术	1007932022100573	工学硕士学位
574	史昊鹏	男	120192212945	核科学与技术	1007932022100574	工学硕士学位

续表

序号	姓名	性别	学号	专业名称	学位证书号	学位类别
575	谭方泉	男	120192212946	核科学与技术	1007932022100575	工学硕士学位
576	王　健	男	120192212947	核科学与技术	1007932022100576	工学硕士学位
577	王舜琦	男	120192212948	核科学与技术	1007932022100577	工学硕士学位
578	王振宇	男	120192212949	核科学与技术	1007932022100578	工学硕士学位
579	翁名辉	男	120192212950	核科学与技术	1007932022100579	工学硕士学位
580	吴应杰	男	120192212951	核科学与技术	1007932022100580	工学硕士学位
581	杨洪新	男	120192212952	核科学与技术	1007932022100581	工学硕士学位
582	易柏全	男	120192212953	核科学与技术	1007932022100582	工学硕士学位
583	于　倩	女	120192212954	核科学与技术	1007932022100583	工学硕士学位
584	于永璋	男	120192212955	核科学与技术	1007932022100584	工学硕士学位
585	曾茜蕾	女	120192212956	核科学与技术	1007932022100585	工学硕士学位
586	张浩宇	男	120192212957	核科学与技术	1007932022100586	工学硕士学位
587	张少东	男	120192212958	核科学与技术	1007932022100587	工学硕士学位
588	张世春	男	120192212959	核科学与技术	1007932022100588	工学硕士学位
589	张孙靖康	男	120192212960	核科学与技术	1007932022100589	工学硕士学位
590	赵泽武	男	120192212961	核科学与技术	1007932022100590	工学硕士学位
591	赵　震	男	120192212962	核科学与技术	1007932022100591	工学硕士学位
592	周　峰	男	120192212963	核科学与技术	1007932022100592	工学硕士学位
593	卜一鸣	男	120192232373	环境科学与工程	1007932022100593	工学硕士学位
594	陈科场	男	120192232374	环境科学与工程	1007932022100594	工学硕士学位
595	陈欣怡	女	120192232375	环境科学与工程	1007932022100595	工学硕士学位
596	樊国华	男	120192232376	环境科学与工程	1007932022100596	工学硕士学位
597	郭若璇	女	120192232377	环境科学与工程	1007932022100597	工学硕士学位
598	韩云翔	男	120192232378	环境科学与工程	1007932022100598	工学硕士学位
599	洪佳辉	女	120192232379	环境科学与工程	1007932022100599	工学硕士学位
600	李子尧	男	120192232380	环境科学与工程	1007932022100600	工学硕士学位
601	刘晓露	女	120192232381	环境科学与工程	1007932022100601	工学硕士学位
602	刘雪薇	女	120192232382	环境科学与工程	1007932022100602	工学硕士学位
603	马祥云	女	120192232383	环境科学与工程	1007932022100603	工学硕士学位
604	梅　鹏	男	120192232384	环境科学与工程	1007932022100604	工学硕士学位
605	潘惠敏	女	120192232385	环境科学与工程	1007932022100605	工学硕士学位
606	潘张榕	男	120192232386	环境科学与工程	1007932022100606	工学硕士学位
607	沈瑞秋	女	120192232387	环境科学与工程	1007932022100607	工学硕士学位
608	唐　昊	男	120192232388	环境科学与工程	1007932022100608	工学硕士学位
609	王　晨	女	120192232389	环境科学与工程	1007932022100609	工学硕士学位
610	王　静	女	120192232390	环境科学与工程	1007932022100610	工学硕士学位

续表

序号	姓名	性别	学号	专业名称	学位证书号	学位类别
611	吴　博	男	120192232391	环境科学与工程	1007932022100611	工学硕士学位
612	仵云超	男	120192232392	环境科学与工程	1007932022100612	工学硕士学位
613	辛尚龙	男	120192232393	环境科学与工程	1007932022100613	工学硕士学位
614	邢家宁	男	120192232394	环境科学与工程	1007932022100614	工学硕士学位
615	阳佳彬	女	120192232395	环境科学与工程	1007932022100615	工学硕士学位
616	尹　浩	男	120192232396	环境科学与工程	1007932022100616	工学硕士学位
617	袁亚茹	女	120192232397	环境科学与工程	1007932022100617	工学硕士学位
618	张安睿	女	120192232398	环境科学与工程	1007932022100618	工学硕士学位
619	张康杰	男	120192232399	环境科学与工程	1007932022100619	工学硕士学位
620	张可可	女	120192232400	环境科学与工程	1007932022100620	工学硕士学位
621	张淞林	男	120192232401	环境科学与工程	1007932022100621	工学硕士学位
622	赵佳翔	男	120192232402	环境科学与工程	1007932022100622	工学硕士学位
623	赵文滔	男	120192232403	环境科学与工程	1007932022100623	工学硕士学位
624	赵志伟	男	120192232404	环境科学与工程	1007932022100624	工学硕士学位
625	邹英桐	男	120192232405	环境科学与工程	1007932022100625	工学硕士学位
626	樊　聪	女	120192207617	法学	1007932022100626	法学硕士学位
627	高芸昀	女	120192207618	法学	1007932022100627	法学硕士学位
628	耿天谋	男	120192207619	法学	1007932022100628	法学硕士学位
629	姜旭婷	女	120192207620	法学	1007932022100629	法学硕士学位
630	牛璇璇	女	120192207621	法学	1007932022100630	法学硕士学位
631	史舒榕	女	120192207622	法学	1007932022100631	法学硕士学位
632	孙含梅	女	120192207623	法学	1007932022100632	法学硕士学位
633	王胜男	女	120192207624	法学	1007932022100633	法学硕士学位
634	张琳茂	女	120192207625	法学	1007932022100634	法学硕士学位
635	张青柳	女	120192207626	法学	1007932022100635	法学硕士学位
636	张　宇	女	120192207627	法学	1007932022100636	法学硕士学位
637	程梦思	女	120192207661	公共管理	1007932022100637	管理学硕士学位
638	段连兴	男	120192207662	公共管理	1007932022100638	管理学硕士学位
639	郭　如	女	120192207663	公共管理	1007932022100639	管理学硕士学位
640	刘子铭	女	120192207664	公共管理	1007932022100640	管理学硕士学位
641	罗　园	女	120192207665	公共管理	1007932022100641	管理学硕士学位
642	徐宁杰	女	120192207666	公共管理	1007932022100642	管理学硕士学位
643	原靖凯	男	120192207667	公共管理	1007932022100643	管理学硕士学位
644	朱茜茜	女	120192207668	公共管理	1007932022100644	管理学硕士学位
645	左旌北	女	120192207669	公共管理	1007932022100645	管理学硕士学位
646	许文婧	女	120192208679	英语语言文学	1007932022100646	文学硕士学位

续表

序号	姓名	性别	学号	专业名称	学位证书号	学位类别
647	许晓涵	女	120192208680	英语语言文学	1007932022100647	文学硕士学位
648	郑　琴	女	120192208681	英语语言文学	1007932022100648	文学硕士学位
649	朱丹阳	女	120192208682	英语语言文学	1007932022100649	文学硕士学位
650	安梦甜	女	120192208683	外国语言学及应用语言学	1007932022100650	文学硕士学位
651	陈鹏宇	女	120192208684	外国语言学及应用语言学	1007932022100651	文学硕士学位
652	葛　薇	女	120192208685	外国语言学及应用语言学	1007932022100652	文学硕士学位
653	雷　宇	女	120192208686	外国语言学及应用语言学	1007932022100653	文学硕士学位
654	李孟婷	女	120192208687	外国语言学及应用语言学	1007932022100654	文学硕士学位
655	马凌杰	女	120192208688	外国语言学及应用语言学	1007932022100655	文学硕士学位
656	邢凤梅	女	120192208689	外国语言学及应用语言学	1007932022100656	文学硕士学位
657	薛嘉懿	女	120192208690	外国语言学及应用语言学	1007932022100657	文学硕士学位
658	曾晨璐	女	120192208691	外国语言学及应用语言学	1007932022100658	文学硕士学位
659	张宵玮	女	120192208692	外国语言学及应用语言学	1007932022100659	文学硕士学位
660	郑晓梅	女	120192208693	外国语言学及应用语言学	1007932022100660	文学硕士学位
661	柏爽爽	女	120192209769	数学	1007932022100661	理学硕士学位
662	陈连连	女	120192209770	数学	1007932022100662	理学硕士学位
663	陈甜甜	女	120192209771	数学	1007932022100663	理学硕士学位
664	谷　彤	女	120192209772	数学	1007932022100664	理学硕士学位
665	黄　翘	男	120192209773	数学	1007932022100665	理学硕士学位
666	李　鹏	男	120192209774	数学	1007932022100666	理学硕士学位
667	李　玥	女	120192209775	数学	1007932022100667	理学硕士学位
668	李振华	女	120192209776	数学	1007932022100668	理学硕士学位
669	吕佳伟	女	120192209777	数学	1007932022100669	理学硕士学位
670	秦　潇	女	120192209778	数学	1007932022100670	理学硕士学位
671	石万宇	男	120192209779	数学	1007932022100671	理学硕士学位
672	孙亚莉	女	120192209781	数学	1007932022100672	理学硕士学位
673	王惠玮	女	120192209782	数学	1007932022100673	理学硕士学位
674	吴吉明	女	120192209783	数学	1007932022100674	理学硕士学位
675	武杰慧	女	120192209784	数学	1007932022100675	理学硕士学位
676	徐　硕	女	120192209785	数学	1007932022100676	理学硕士学位
677	薛　纯	女	120192209786	数学	1007932022100677	理学硕士学位
678	姚　玥	女	120192209787	数学	1007932022100678	理学硕士学位
679	袁文娜	女	120192209788	数学	1007932022100679	理学硕士学位
680	张　嫚	女	120192209789	数学	1007932022100680	理学硕士学位
681	张珊珊	女	120192209790	数学	1007932022100681	理学硕士学位
682	张艺林	女	120192209791	数学	1007932022100682	理学硕士学位

续表

序号	姓名	性别	学号	专业名称	学位证书号	学位类别
683	赵俊飞	男	120192209792	数学	1007932022100683	理学硕士学位
684	赵　鑫	女	120192209793	数学	1007932022100684	理学硕士学位
685	周　硕	女	120192209794	数学	1007932022100685	理学硕士学位
686	陈佳慧	女	120192209795	物理学	1007932022100686	理学硕士学位
687	高　杰	男	120192209796	物理学	1007932022100687	理学硕士学位
688	高　婷	女	120192209797	物理学	1007932022100688	理学硕士学位
689	黄雪茜	女	120192209798	物理学	1007932022100689	理学硕士学位
690	李聪怡	女	120192209799	物理学	1007932022100690	理学硕士学位
691	李　杰	女	120192209800	物理学	1007932022100691	理学硕士学位
692	吕　薇	女	120192209801	物理学	1007932022100692	理学硕士学位
693	马建琴	女	120192209802	物理学	1007932022100693	理学硕士学位
694	任兴源	男	120192209803	物理学	1007932022100694	理学硕士学位
695	石晓静	女	120192209804	物理学	1007932022100695	理学硕士学位
696	孙　娇	女	120192209805	物理学	1007932022100696	理学硕士学位
697	孙　帅	男	120192209806	物理学	1007932022100697	理学硕士学位
698	杨罗娜	女	120192209807	物理学	1007932022100698	理学硕士学位
699	李建科	男	120192228365	马克思主义理论	1007932022100699	法学硕士学位
700	刘彩霞	女	120192228366	马克思主义理论	1007932022100700	法学硕士学位
701	裴泽瑜	女	120192228367	马克思主义理论	1007932022100701	法学硕士学位
702	孙竹青	女	120192228368	马克思主义理论	1007932022100702	法学硕士学位
703	王　凝	女	120192228369	马克思主义理论	1007932022100703	法学硕士学位
704	袁新月	女	120192228370	马克思主义理论	1007932022100704	法学硕士学位
705	曾艳梅	女	120192228371	马克思主义理论	1007932022100705	法学硕士学位
706	张路颖	女	120192228372	马克思主义理论	1007932022100706	法学硕士学位
707	安文杰	男	120192211845	水利工程	1007932022100707	工学硕士学位
708	蔡　斌	男	120192211846	水利工程	1007932022100708	工学硕士学位
709	陈献友	男	120192211848	水利工程	1007932022100709	工学硕士学位
710	崔耀启	男	120192211849	水利工程	1007932022100710	工学硕士学位
711	郭一好	男	120192211850	水利工程	1007932022100711	工学硕士学位
712	韩礼博	男	120192211851	水利工程	1007932022100712	工学硕士学位
713	黄永松	男	120192211852	水利工程	1007932022100713	工学硕士学位
714	李永琦	男	120192211853	水利工程	1007932022100714	工学硕士学位
715	李宇星	男	120192211854	水利工程	1007932022100715	工学硕士学位
716	林小楠	女	120192211855	水利工程	1007932022100716	工学硕士学位
717	刘博伟	男	120192211856	水利工程	1007932022100717	工学硕士学位
718	马　宁	女	120192211858	水利工程	1007932022100718	工学硕士学位

续表

序号	姓名	性别	学号	专业名称	学位证书号	学位类别
719	牛晓赟	女	120192211859	水利工程	1007932022100719	工学硕士学位
720	孙凤玲	女	120192211860	水利工程	1007932022100720	工学硕士学位
721	邰雨航	男	120192211861	水利工程	1007932022100721	工学硕士学位
722	吴传森	男	120192211862	水利工程	1007932022100722	工学硕士学位
723	吴国华	男	120192211863	水利工程	1007932022100723	工学硕士学位
724	吴　鹏	男	120192211864	水利工程	1007932022100724	工学硕士学位
725	谢华晶	女	120192211866	水利工程	1007932022100725	工学硕士学位
726	徐　丽	女	120192211867	水利工程	1007932022100726	工学硕士学位
727	薛智明	男	120192211868	水利工程	1007932022100727	工学硕士学位
728	杨明慧	女	120192211869	水利工程	1007932022100728	工学硕士学位
729	张　超	男	120192211872	水利工程	1007932022100729	工学硕士学位
730	张珂莉	女	120192211873	水利工程	1007932022100730	工学硕士学位
731	张　敏	男	120192211874	水利工程	1007932022100731	工学硕士学位
732	张玮玮	女	120192211875	水利工程	1007932022100732	工学硕士学位
733	张志鸿	男	120192211876	水利工程	1007932022100733	工学硕士学位
734	郑凯鑫	男	120192211877	水利工程	1007932022100734	工学硕士学位
735	钟　伟	男	120192211878	水利工程	1007932022100735	工学硕士学位
736	HARWEY HASTERDON VIVAS ALBANIL	男	1174520003	电气工程	1007932022150001	工学硕士学位
737	MUHAMMAD WIQAR	男	1184200017	电气工程	1007932022150002	工学硕士学位
738	HAMEED ULLAH	男	1184200029	电气工程	1007932022150003	工学硕士学位
739	NILUFAR MAKHAMADJANOVA	女	1184200039	电气工程	1007932022150004	工学硕士学位
740	TARIQ khan KHALIL	男	1184200044	电气工程	1007932022150005	工学硕士学位
741	SALMAN MURTAZA	男	120194200013	电气工程	1007932022150006	工学硕士学位
742	NOUMAN AHMED	男	120194200027	电气工程	1007932022150007	工学硕士学位
743	RONGIN DUSENGIMANA	男	120194200031	电气工程	1007932022150008	工学硕士学位
744	SALMANOU SALIFOU GOUZAYE	男	120194200034	电气工程	1007932022150009	工学硕士学位
745	SHAHEER ABDULLAH	男	120194200036	电气工程	1007932022150010	工学硕士学位
746	TAHA ATHER	男	120194200037	电气工程	1007932022150011	工学硕士学位
747	ENKHTUSHIG ENKHTAIVAN	男	120194200049	电气工程	1007932022150012	工学硕士学位
748	MUHAMMAD FAROOQ	男	120194200064	电气工程	1007932022150013	工学硕士学位
749	SHERAZ AHMAD	男	120194200072	电气工程	1007932022150014	工学硕士学位
750	MD ANOWAR HOSSAIN	男	120194200073	电气工程	1007932022150015	工学硕士学位
751	EUGENIE NZARAMBA MUTIMA	女	120194200108	电气工程	1007932022150016	工学硕士学位
752	NIRAMAN FAREED	男	120194200134	电气工程	1007932022150017	工学硕士学位
753	MUHAMMAD NASIR	男	120194200138	电气工程	1007932022150018	工学硕士学位

续表

序号	姓名	性别	学号	专业名称	学位证书号	学位类别
754	CLAUDE MARCEL ANINIYO BOUNGOU	男	120194200141	电气工程	1007932022150019	工学硕士学位
755	SAMRAWIT BZAYENE FESSEHA	女	120194200143	电气工程	1007932022150020	工学硕士学位
756	ISAAC ADJEI NKETSIAH	男	120194200144	电气工程	1007932022150021	工学硕士学位
757	LEANDRE BIMENYIMANA	男	120194200145	电气工程	1007932022150022	工学硕士学位
758	SOKLENG NOUN	男	120194720003	电气工程	1007932022150023	工学硕士学位
759	NAILA BIBI	女	120194720005	电气工程	1007932022150024	工学硕士学位
760	RUDY KYALUMBA KABAMBA	男	120194720007	电气工程	1007932022150025	工学硕士学位
761	SUNEEL MEGHWAR	男	120194200012	动力工程及工程热物理	1007932022150026	工学硕士学位
762	ALI HASSAN	男	1184200082	企业管理	1007932022150027	管理学硕士学位
763	AMJAD NASRELDIN OSMAN IDRIS	男	1184200110	企业管理	1007932022150028	管理学硕士学位
764	TOMIRIS ZHAKYPZHAN	女	1184200113	企业管理	1007932022150029	管理学硕士学位
765	IRAM ZULFIQAR	女	120194200028	企业管理	1007932022150030	管理学硕士学位
766	SHAMSA KANWAL	女	120194200029	企业管理	1007932022150031	管理学硕士学位
767	JARGALMAA NERGUI	女	120194200050	企业管理	1007932022150032	管理学硕士学位
768	SHARMIN	女	120194200129	企业管理	1007932022150033	管理学硕士学位
769	MUHAMMAD WAQAS	男	120194200137	企业管理	1007932022150034	管理学硕士学位
770	PAPA ABDOU KARIM KAROU DIALLO	男	120194200091	计算机科学与技术	1007932022150035	工学硕士学位
771	TALLA GUEYE	男	120194200095	计算机科学与技术	1007932022150036	工学硕士学位
772	SHAMI NEHEMIE KWIZERA	男	120194200002	可再生能源与清洁能源	1007932022150037	工学硕士学位
773	SYLVIE UMUMARARUNGU	女	120194200006	可再生能源与清洁能源	1007932022150038	工学硕士学位
774	BONAVENTURE NZIBONERA	男	120194200007	可再生能源与清洁能源	1007932022150039	工学硕士学位
775	ARSAL TEHSEEN	男	120194200024	可再生能源与清洁能源	1007932022150040	工学硕士学位
776	EJAZ KAMAL	男	120194200065	可再生能源与清洁能源	1007932022150041	工学硕士学位
777	RANISH WANIL CHIKHOER	男	120194200081	可再生能源与清洁能源	1007932022150042	工学硕士学位
778	ANLYANE ANSRAT	女	120194200102	可再生能源与清洁能源	1007932022150043	工学硕士学位
779	ABED—NEGO GASANA	男	120194200107	可再生能源与清洁能源	1007932022150044	工学硕士学位
780	ABDUL GOFFAR AL MUBAROK	男	120194200131	可再生能源与清洁能源	1007932022150045	工学硕士学位
781	MUHAMMAD ARSLAN	男	120194200139	可再生能源与清洁能源	1007932022150046	工学硕士学位
782	JUVENS SUGIRA MUREKEZI	男	120194200009	环境科学与工程	1007932022150047	工学硕士学位
783	ABDUL AZIM	男	1184200190	法学	1007932022150048	法学硕士学位
784	EVELYNE MUKAMANA	女	120194200008	公共管理	1007932022150049	管理学硕士学位
785	NATHASYA VICTORIA RUSWANDANA	女	120194200043	法学	1007932022150050	法学硕士学位
786	WAFA KHAN	女	120194200087	公共管理	1007932022150051	管理学硕士学位

续表

序号	姓名	性别	学号	专业名称	学位证书号	学位类别
787	ALICE RUTENDO MUDIMBU	女	120194200119	公共管理	1007932022150052	管理学硕士学位
788	MOHAMMED YAHYA MOHAMMED GAID	男	1174520016	英语语言文学	1007932022150053	文学硕士学位
789	JOSEPH ISRAEL GURTI	男	120194200085	物理学	1007932022150054	理学硕士学位

北京校部:11 人(授予日期:2022 年 8 月 25 日)

序号	姓名	性别	学号	专业名称	学位证书号	学位类别
1	蓝　天	男	120192201230	信息与通信工程	1007932022102112	工学硕士学位
2	童炜玥	男	120192201239	信息与通信工程	1007932022102113	工学硕士学位
3	尉　佺	男	120192202755	动力工程及工程热物理	1007932022102114	工学硕士学位
4	邓　琦	女	120192206941	应用经济学	1007932022102115	经济学硕士学位
5	TAHIR MUMTAZ	男	120194200038	电气工程	1007932022150055	工学硕士学位
6	HUZAIFA AZHAR	男	120194200039	电气工程	1007932022150056	工学硕士学位
7	MAI THE HUNG	男	120194200044	电气工程	1007932022150057	工学硕士学位
8	NURKANAT MURAT	男	120194200048	电气工程	1007932022150058	工学硕士学位
9	KAINAT	女	120194200056	企业管理	1007932022150059	管理学硕士学位
10	KHIN MYO MYINT SOE	女	120194200103	企业管理	1007932022150060	管理学硕士学位
11	VIRGINIE UMWERE	女	120194200116	企业管理	1007932022150061	管理学硕士学位

北京校部:5 人(授予日期:2022 年 12 月 20 日)

序号	姓名	性别	学号	专业名称	学位证书号	学位类别
1	侯　喆	男	120192201056	电气工程	1007932022102206	工学硕士学位
2	王才谦	男	120192202747	动力工程及工程热物理	1007932022102207	工学硕士学位
3	HOANG THE HUY	男	120194720002	电气工程	1007932022150062	工学硕士学位
4	RACHEL ABAYISENGA	女	120194200001	企业管理	1007932022150063	管理学硕士学位
5	AWAIS ABID	男	120194200022	企业管理	1007932022150064	管理学硕士学位

保定校区:488 人(授予日期:2022 年 6 月 23 日)

序号	姓名	性别	学号	专业名称	学位证书号	学位类别
1	王根旺	男	2182213085	电气工程	1007932022000329	工学硕士学位
2	任　渊	男	2182213108	电气工程	1007932022000330	工学硕士学位
3	薛宛辰	女	2182213130	电气工程	1007932022000331	工学硕士学位
4	孙永昭	男	2192213001	电气工程	1007932022000332	工学硕士学位
5	滕正伟	男	2192213002	电气工程	1007932022000333	工学硕士学位
6	张博航	男	2192213003	电气工程	1007932022000334	工学硕士学位
7	马艺瑄	女	2192213004	电气工程	1007932022000335	工学硕士学位
8	陈浩杰	男	2192213005	电气工程	1007932022000336	工学硕士学位
9	杨博超	男	2192213006	电气工程	1007932022000337	工学硕士学位

续表

序号	姓名	性别	学号	专业名称	学位证书号	学位类别
10	姚常志	男	2192213007	电气工程	1007932022000338	工学硕士学位
11	谢家荣	男	2192213009	电气工程	1007932022000339	工学硕士学位
12	方　伟	男	2192213010	电气工程	1007932022000340	工学硕士学位
13	孙易洲	男	2192213011	电气工程	1007932022000341	工学硕士学位
14	李文浩	男	2192213012	电气工程	1007932022000342	工学硕士学位
15	余明昊	男	2192213013	电气工程	1007932022000343	工学硕士学位
16	王祥宇	男	2192213014	电气工程	1007932022000344	工学硕士学位
17	鲁　成	男	2192213015	电气工程	1007932022000345	工学硕士学位
18	张博禹	男	2192213016	电气工程	1007932022000346	工学硕士学位
19	骆泽榕	男	2192213017	电气工程	1007932022000347	工学硕士学位
20	刘嘉硕	男	2192213018	电气工程	1007932022000348	工学硕士学位
21	张文昕	女	2192213019	电气工程	1007932022000349	工学硕士学位
22	王　权	男	2192213020	电气工程	1007932022000350	工学硕士学位
23	臧向迪	女	2192213021	电气工程	1007932022000351	工学硕士学位
24	石金鹏	男	2192213023	电气工程	1007932022000352	工学硕士学位
25	崔意婵	女	2192213024	电气工程	1007932022000353	工学硕士学位
26	王　刚	男	2192213025	电气工程	1007932022000354	工学硕士学位
27	陈雅茜	女	2192213026	电气工程	1007932022000355	工学硕士学位
28	叶子健	男	2192213027	电气工程	1007932022000356	工学硕士学位
29	杨　健	男	2192213028	电气工程	1007932022000357	工学硕士学位
30	和家慧	女	2192213029	电气工程	1007932022000358	工学硕士学位
31	李鹏程	男	2192213031	电气工程	1007932022000359	工学硕士学位
32	陈淑平	女	2192213032	电气工程	1007932022000360	工学硕士学位
33	朱宇琦	女	2192213033	电气工程	1007932022000361	工学硕士学位
34	周旭东	男	2192213034	电气工程	1007932022000362	工学硕士学位
35	张文琦	男	2192213035	电气工程	1007932022000363	工学硕士学位
36	韩　笑	女	2192213036	电力系统及其自动化	1007932022000364	工学硕士学位
37	王耀铎	男	2192213037	电气工程	1007932022000365	工学硕士学位
38	郭展鹏	男	2192213038	电气工程	1007932022000366	工学硕士学位
39	刘　静	女	2192213039	电气工程	1007932022000367	工学硕士学位
40	曹晓亮	男	2192213040	电气工程	1007932022000368	工学硕士学位
41	李　戎	男	2192213041	电气工程	1007932022000369	工学硕士学位
42	赵欣艳	女	2192213042	电气工程	1007932022000370	工学硕士学位
43	刘腾飞	男	2192213043	电气工程	1007932022000371	工学硕士学位
44	岳宇鑫	女	2192213044	电气工程	1007932022000372	工学硕士学位
45	沈文奇	男	2192213045	电气工程	1007932022000373	工学硕士学位

续表

序号	姓名	性别	学号	专业名称	学位证书号	学位类别
46	常　珂	男	2192213046	电气工程	1007932022000374	工学硕士学位
47	崔阳阳	女	2192213047	电气工程	1007932022000375	工学硕士学位
48	李俊杰	男	2192213048	电气工程	1007932022000376	工学硕士学位
49	张亚辉	男	2192213049	电气工程	1007932022000377	工学硕士学位
50	李赢正	男	2192213050	电气工程	1007932022000378	工学硕士学位
51	赵澄颢	男	2192213052	电气工程	1007932022000379	工学硕士学位
52	吴天雄	男	2192213053	电气工程	1007932022000380	工学硕士学位
53	曹　嵩	男	2192213054	电气工程	1007932022000381	工学硕士学位
54	陶建业	男	2192213055	电气工程	1007932022000382	工学硕士学位
55	狄　祎	女	2192213057	电气工程	1007932022000383	工学硕士学位
56	邓嘉明	男	2192213058	电气工程	1007932022000384	工学硕士学位
57	戈田平	男	2192213059	电气工程	1007932022000385	工学硕士学位
58	王志伟	女	2192213060	电气工程	1007932022000386	工学硕士学位
59	郭彦斌	男	2192213062	电气工程	1007932022000387	工学硕士学位
60	邹　南	女	2192213063	电气工程	1007932022000388	工学硕士学位
61	高一航	男	2192213064	电气工程	1007932022000389	工学硕士学位
62	刘　宝	女	2192213065	电气工程	1007932022000390	工学硕士学位
63	袁　芃	女	2192213066	电气工程	1007932022000391	工学硕士学位
64	许　同	男	2192213067	电气工程	1007932022000392	工学硕士学位
65	向益锋	男	2192213068	电气工程	1007932022000393	工学硕士学位
66	张　荟	女	2192213069	电气工程	1007932022000394	工学硕士学位
67	李福禄	男	2192213070	电气工程	1007932022000395	工学硕士学位
68	童　爽	男	2192213071	电气工程	1007932022000396	工学硕士学位
69	鲍彦文	男	2192213072	电气工程	1007932022000397	工学硕士学位
70	王喻玺	男	2192213073	电气工程	1007932022000398	工学硕士学位
71	刘西娅	女	2192213074	电气工程	1007932022000399	工学硕士学位
72	王孟云	女	2192213075	电气工程	1007932022000400	工学硕士学位
73	龙　鑫	男	2192213076	电气工程	1007932022000401	工学硕士学位
74	陈瑞峰	男	2192213077	电气工程	1007932022000402	工学硕士学位
75	刘秉聪	男	2192213078	电气工程	1007932022000403	工学硕士学位
76	纪宇辉	女	2192213079	电气工程	1007932022000404	工学硕士学位
77	连金达	男	2192213080	电气工程	1007932022000405	工学硕士学位
78	肖朝轩	男	2192213081	电气工程	1007932022000406	工学硕士学位
79	李　煜	男	2192213082	电气工程	1007932022000407	工学硕士学位
80	李静璇	女	2192213083	电气工程	1007932022000408	工学硕士学位
81	董兴浩	男	2192213084	电气工程	1007932022000409	工学硕士学位

续表

序号	姓名	性别	学号	专业名称	学位证书号	学位类别
82	王　鹏	男	2192213085	电气工程	1007932022000410	工学硕士学位
83	傅德帅	男	2192213086	电气工程	1007932022000411	工学硕士学位
84	彭铁灏	男	2192213087	电气工程	1007932022000412	工学硕士学位
85	郑至斌	男	2192213088	电气工程	1007932022000413	工学硕士学位
86	王玺铭	男	2192213089	电气工程	1007932022000414	工学硕士学位
87	贾　凯	男	2192213090	电气工程	1007932022000415	工学硕士学位
88	郭奉天	男	2192213091	电气工程	1007932022000416	工学硕士学位
89	田颢璟	男	2192213092	电气工程	1007932022000417	工学硕士学位
90	王龄婕	女	2192213093	电气工程	1007932022000418	工学硕士学位
91	陈　萍	女	2192213094	电气工程	1007932022000419	工学硕士学位
92	陆晓星	女	2192213095	电气工程	1007932022000420	工学硕士学位
93	徐华伟	女	2192213096	电气工程	1007932022000421	工学硕士学位
94	刘　尧	男	2192213097	电气工程	1007932022000422	工学硕士学位
95	李思妍	女	2192213099	电气工程	1007932022000423	工学硕士学位
96	吴　杨	女	2192213100	电气工程	1007932022000424	工学硕士学位
97	王　奎	男	2192213101	电气工程	1007932022000425	工学硕士学位
98	李佳栋	男	2192213102	电气工程	1007932022000426	工学硕士学位
99	黄　琦	男	2192213103	电气工程	1007932022000427	工学硕士学位
100	边　博	男	2192213104	电气工程	1007932022000428	工学硕士学位
101	岑有奎	男	2192213105	电气工程	1007932022000429	工学硕士学位
102	张世峥	女	2192213106	电气工程	1007932022000430	工学硕士学位
103	李　沙	女	2192213107	电气工程	1007932022000431	工学硕士学位
104	卢英杰	男	2192213108	电气工程	1007932022000432	工学硕士学位
105	李金博	男	2192213109	电气工程	1007932022000433	工学硕士学位
106	孟乡占	男	2192213111	电气工程	1007932022000434	工学硕士学位
107	梁白雪	女	2192213112	电气工程	1007932022000435	工学硕士学位
108	孙浩潮	男	2192213113	电气工程	1007932022000436	工学硕士学位
109	康玉婵	女	2192213114	电气工程	1007932022000437	工学硕士学位
110	杨天驰	男	2192213116	电气工程	1007932022000438	工学硕士学位
111	贾晨昊	男	2192213117	电气工程	1007932022000439	工学硕士学位
112	王吉兴	男	2192213118	电气工程	1007932022000440	工学硕士学位
113	陈思远	男	2192213119	电气工程	1007932022000441	工学硕士学位
114	谢子峰	男	2192213120	电气工程	1007932022000442	工学硕士学位
115	郭一帆	男	2192213121	电气工程	1007932022000443	工学硕士学位
116	王天瑞	男	2192213122	电气工程	1007932022000444	工学硕士学位
117	徐姗姗	女	2192213123	电气工程	1007932022000445	工学硕士学位

续表

序号	姓名	性别	学号	专业名称	学位证书号	学位类别
118	曾　卓	男	2192213124	电气工程	1007932022000446	工学硕士学位
119	马宏斌	男	2192213125	电气工程	1007932022000447	工学硕士学位
120	闫晓亮	男	2192213126	电气工程	1007932022000448	工学硕士学位
121	贺鹏康	男	2192213127	电气工程	1007932022000449	工学硕士学位
122	覃　露	女	2192213128	电气工程	1007932022000450	工学硕士学位
123	刘继兴	男	2192213129	电气工程	1007932022000451	工学硕士学位
124	马俊杰	男	2192213130	电气工程	1007932022000452	工学硕士学位
125	刘杨嘉佳	女	2192213131	电力系统及其自动化	1007932022000453	工学硕士学位
126	李奕霖	男	2192213133	电子科学与技术	1007932022000454	工学硕士学位
127	赵　岩	男	2192213134	农业电气化与自动化	1007932022000455	工学硕士学位
128	吕林飞	男	2192213135	农业电气化与自动化	1007932022000456	工学硕士学位
129	程　博	男	2192213137	农业电气化与自动化	1007932022000457	工学硕士学位
130	郭昊嵩	男	2192215001	电子科学与技术	1007932022000458	工学硕士学位
131	赵海英	女	2192215002	电子科学与技术	1007932022000459	工学硕士学位
132	杨亚欣	女	2192215003	信息与通信工程	1007932022000460	工学硕士学位
133	王　星	女	2192215004	信息与通信工程	1007932022000461	工学硕士学位
134	郭晓义	男	2192215005	信息与通信工程	1007932022000462	工学硕士学位
135	黄雯利	女	2192215006	信息与通信工程	1007932022000463	工学硕士学位
136	王　敏	女	2192215007	信息与通信工程	1007932022000464	工学硕士学位
137	刘东东	男	2192215008	信息与通信工程	1007932022000465	工学硕士学位
138	智磊鑫	男	2192215009	信息与通信工程	1007932022000466	工学硕士学位
139	王　新	男	2192215010	信息与通信工程	1007932022000467	工学硕士学位
140	丁洁涛	男	2192215011	信息与通信工程	1007932022000468	工学硕士学位
141	杨根犁	男	2192215013	信息与通信工程	1007932022000469	工学硕士学位
142	张帅桐	男	2192215014	信息与通信工程	1007932022000470	工学硕士学位
143	臧　云	男	2192215015	信息与通信工程	1007932022000471	工学硕士学位
144	武文静	女	2192215016	信息与通信工程	1007932022000472	工学硕士学位
145	赵　凯	男	2192215017	信息与通信工程	1007932022000473	工学硕士学位
146	张　瑾	女	2192215018	信息与通信工程	1007932022000474	工学硕士学位
147	温芳芳	女	2192215019	信息与通信工程	1007932022000475	工学硕士学位
148	李新月	女	2192215020	信息与通信工程	1007932022000476	工学硕士学位
149	梁若愚	女	2192215042	电子科学与技术	1007932022000477	工学硕士学位
150	李晓明	男	2192215043	电子科学与技术	1007932022000478	工学硕士学位
151	卢春华	男	2192215044	信息与通信工程	1007932022000479	工学硕士学位
152	黄保成	男	2192215045	信息与通信工程	1007932022000480	工学硕士学位
153	赵一诺	女	2192215046	信息与通信工程	1007932022000481	工学硕士学位

续表

序号	姓名	性别	学号	专业名称	学位证书号	学位类别
154	陈佩茹	女	2192215047	信息与通信工程	1007932022000482	工学硕士学位
155	昝新宇	男	2192215048	信息与通信工程	1007932022000483	工学硕士学位
156	唐　骁	男	2192215049	信息与通信工程	1007932022000484	工学硕士学位
157	杜洁洁	女	2192215050	信息与通信工程	1007932022000485	工学硕士学位
158	王少康	男	2192215051	信息与通信工程	1007932022000486	工学硕士学位
159	贾　敏	女	2192215052	信息与通信工程	1007932022000487	工学硕士学位
160	刘　强	男	2192215053	信息与通信工程	1007932022000488	工学硕士学位
161	李佳佳	女	2192215054	信息与通信工程	1007932022000489	工学硕士学位
162	王梦雨	女	2192215055	信息与通信工程	1007932022000490	工学硕士学位
163	王　娟	女	2192215056	信息与通信工程	1007932022000491	工学硕士学位
164	耿劭锋	男	2192215057	信息与通信工程	1007932022000492	工学硕士学位
165	裴琳琦	男	2192215058	信息与通信工程	1007932022000493	工学硕士学位
166	孙慧峰	女	2192215059	信息与通信工程	1007932022000494	工学硕士学位
167	汪宇航	男	2192215060	信息与通信工程	1007932022000495	工学硕士学位
168	戚　琦	男	2192215061	信息与通信工程	1007932022000496	工学硕士学位
169	尹伊萌	女	2192215062	信息与通信工程	1007932022000497	工学硕士学位
170	杨　晨	男	2192214001	动力工程及工程热物理	1007932022000498	工学硕士学位
171	焦慎俐	男	2192214002	动力工程及工程热物理	1007932022000499	工学硕士学位
172	宋睿哲	男	2192214003	动力工程及工程热物理	1007932022000500	工学硕士学位
173	童嘉铭	男	2192214004	动力工程及工程热物理	1007932022000501	工学硕士学位
174	集鑫锋	男	2192214005	动力工程及工程热物理	1007932022000502	工学硕士学位
175	董　铮	女	2192214006	动力工程及工程热物理	1007932022000503	工学硕士学位
176	陈胜意	男	2192214008	动力工程及工程热物理	1007932022000504	工学硕士学位
177	蒋　健	男	2192214009	动力工程及工程热物理	1007932022000505	工学硕士学位
178	毛光阳	男	2192214010	动力工程及工程热物理	1007932022000506	工学硕士学位
179	郭　语	男	2192214011	动力工程及工程热物理	1007932022000507	工学硕士学位
180	王　敏	女	2192214012	动力工程及工程热物理	1007932022000508	工学硕士学位
181	李佳佳	男	2192214014	动力工程及工程热物理	1007932022000509	工学硕士学位
182	江　蕊	女	2192214015	动力工程及工程热物理	1007932022000510	工学硕士学位
183	刘鹏宇	男	2192214016	动力工程及工程热物理	1007932022000511	工学硕士学位
184	张静文	男	2192214036	动力工程及工程热物理	1007932022000512	工学硕士学位
185	陶嘉伟	男	2192214037	动力工程及工程热物理	1007932022000513	工学硕士学位
186	王昌欣	男	2192214038	动力工程及工程热物理	1007932022000514	工学硕士学位
187	刘杰庭	男	2192214039	动力工程及工程热物理	1007932022000515	工学硕士学位
188	司林辉	男	2192214040	动力工程及工程热物理	1007932022000516	工学硕士学位
189	余　良	男	2192214041	动力工程及工程热物理	1007932022000517	工学硕士学位

续表

序号	姓名	性别	学号	专业名称	学位证书号	学位类别
190	张　都	男	2192214042	动力工程及工程热物理	1007932022000518	工学硕士学位
191	薛新强	男	2192214043	动力工程及工程热物理	1007932022000519	工学硕士学位
192	陈　瑶	女	2192214044	动力工程及工程热物理	1007932022000520	工学硕士学位
193	袁云云	女	2192214045	动力工程及工程热物理	1007932022000521	工学硕士学位
194	赵林飞	男	2192214046	动力工程及工程热物理	1007932022000522	工学硕士学位
195	王晓帅	男	2192214047	热能工程	1007932022000523	工学硕士学位
196	赵文波	男	2192214048	热能工程	1007932022000524	工学硕士学位
197	王　栋	男	2192214072	动力工程及工程热物理	1007932022000525	工学硕士学位
198	王辰旭	男	2192214073	动力工程及工程热物理	1007932022000526	工学硕士学位
199	杨　帆	男	2192214074	动力工程及工程热物理	1007932022000527	工学硕士学位
200	蔚　冉	女	2192214075	动力工程及工程热物理	1007932022000528	工学硕士学位
201	袁　峰	男	2192214076	动力工程及工程热物理	1007932022000529	工学硕士学位
202	胡耀辉	男	2192214077	动力工程及工程热物理	1007932022000530	工学硕士学位
203	赵伯阳	男	2192214078	动力工程及工程热物理	1007932022000531	工学硕士学位
204	杨宇飞	男	2192214079	动力工程及工程热物理	1007932022000532	工学硕士学位
205	戴文浩	男	2192214080	动力工程及工程热物理	1007932022000533	工学硕士学位
206	王业库	男	2192214081	动力工程及工程热物理	1007932022000534	工学硕士学位
207	霍亚金	女	2192214082	动力工程及工程热物理	1007932022000535	工学硕士学位
208	陈艳丽	女	2192214083	动力工程及工程热物理	1007932022000536	工学硕士学位
209	李　东	男	2192214084	动力工程及工程热物理	1007932022000537	工学硕士学位
210	王绪成	男	2192214085	动力工程及工程热物理	1007932022000538	工学硕士学位
211	张庆来	男	2192214086	动力工程及工程热物理	1007932022000539	工学硕士学位
212	方　远	男	2192214087	动力工程及工程热物理	1007932022000540	工学硕士学位
213	董　月	女	2192214088	动力工程及工程热物理	1007932022000541	工学硕士学位
214	谢　旭	男	2192214108	动力工程及工程热物理	1007932022000542	工学硕士学位
215	刘开新	男	2192214109	动力工程及工程热物理	1007932022000543	工学硕士学位
216	乔海升	男	2192214110	动力工程及工程热物理	1007932022000544	工学硕士学位
217	祁晓玲	女	2192214111	动力工程及工程热物理	1007932022000545	工学硕士学位
218	杭　阳	男	2192214112	动力工程及工程热物理	1007932022000546	工学硕士学位
219	高鲁帅	男	2192214114	动力工程及工程热物理	1007932022000547	工学硕士学位
220	吴婉婷	女	2192214115	动力工程及工程热物理	1007932022000548	工学硕士学位
221	谭　昊	男	2192214116	供热、供燃气、通风及空调工程	1007932022000549	工学硕士学位
222	尹　迪	女	2192214117	供热、供燃气、通风及空调工程	1007932022000550	工学硕士学位
223	张　宁	男	2192214118	供热、供燃气、通风及空调工程	1007932022000551	工学硕士学位
224	陆帅伉	男	2192214119	供热、供燃气、通风及空调工程	1007932022000552	工学硕士学位
225	杨孟亮	男	2192214120	供热、供燃气、通风及空调工程	1007932022000553	工学硕士学位

续表

序号	姓名	性别	学号	专业名称	学位证书号	学位类别
226	卢春燕	女	2192214121	供热、供燃气、通风及空调工程	1007932022000554	工学硕士学位
227	蒋　可	女	2192214122	供热、供燃气、通风及空调工程	1007932022000555	工学硕士学位
228	朱航瑶	女	2192214123	供热、供燃气、通风及空调工程	1007932022000556	工学硕士学位
229	戈　萌	男	2192214124	供热、供燃气、通风及空调工程	1007932022000557	工学硕士学位
230	樊壮壮	男	2192214125	供热、供燃气、通风及空调工程	1007932022000558	工学硕士学位
231	张　末	女	2192214126	供热、供燃气、通风及空调工程	1007932022000559	工学硕士学位
232	郭加澄	男	2192214127	供热、供燃气、通风及空调工程	1007932022000560	工学硕士学位
233	牛云飞	女	2192214128	供热、供燃气、通风及空调工程	1007932022000561	工学硕士学位
234	张沛雯	女	2192214129	供热、供燃气、通风及空调工程	1007932022000562	工学硕士学位
235	余　丹	女	2192214130	供热、供燃气、通风及空调工程	1007932022000563	工学硕士学位
236	林兴健	男	2192219001	法学	1007932022000564	法学硕士学位
237	钱劲宇	男	2192219002	法学	1007932022000565	法学硕士学位
238	苗振钢	男	2192219003	法学	1007932022000566	法学硕士学位
239	孙文慧	女	2192219004	法学	1007932022000567	法学硕士学位
240	刘梦硕	男	2192219005	法学	1007932022000568	法学硕士学位
241	王金秋	女	2192219006	法学	1007932022000569	法学硕士学位
242	马　钰	女	2192219007	法学	1007932022000570	法学硕士学位
243	董　陆	男	2192219008	法学	1007932022000571	法学硕士学位
244	于雨杉	女	2192219018	公共管理	1007932022000572	管理学硕士学位
245	郭瑞文	女	2192219019	公共管理	1007932022000573	管理学硕士学位
246	孙双慧	女	2192219020	公共管理	1007932022000574	管理学硕士学位
247	暴洪泽	女	2192219021	公共管理	1007932022000575	管理学硕士学位
248	何钰斌	男	2192219022	公共管理	1007932022000576	管理学硕士学位
249	帕提买木·艾买提	女	2192219023	公共管理	1007932022000577	管理学硕士学位
250	欧淑玲	女	2192219024	公共管理	1007932022000578	管理学硕士学位
251	张华春	男	2192219025	公共管理	1007932022000579	管理学硕士学位
252	刘道宽	男	2192223001	化学工程与技术	1007932022000580	工学硕士学位
253	狄　杰	男	2192223002	化学工程与技术	1007932022000581	工学硕士学位
254	牛胜利	男	2192223003	化学工程与技术	1007932022000582	工学硕士学位
255	李康睿	男	2192223004	化学工程与技术	1007932022000583	工学硕士学位
256	徐立华	女	2192223005	化学工程与技术	1007932022000584	工学硕士学位
257	李远鹏	男	2192223006	化学工程与技术	1007932022000585	工学硕士学位
258	秦秋实	女	2192223007	化学工程与技术	1007932022000586	工学硕士学位
259	郭潇涵	女	2192223008	化学工程与技术	1007932022000587	工学硕士学位
260	陈向阳	男	2192223009	化学工程与技术	1007932022000588	工学硕士学位
261	徐　妍	女	2192223010	环境科学与工程	1007932022000589	工学硕士学位

续表

序号	姓名	性别	学号	专业名称	学位证书号	学位类别
262	钱　真	男	2192223011	环境科学与工程	1007932022000590	工学硕士学位
263	魏可馨	女	2192223013	环境科学与工程	1007932022000591	工学硕士学位
264	罗益辰	男	2192223015	环境科学与工程	1007932022000592	工学硕士学位
265	赵志凯	男	2192223016	环境科学与工程	1007932022000593	工学硕士学位
266	王若彤	女	2192223017	环境科学与工程	1007932022000594	工学硕士学位
267	王晓欢	女	2192223018	环境科学与工程	1007932022000595	工学硕士学位
268	史丽珠	女	2192223019	环境科学与工程	1007932022000596	工学硕士学位
269	杨梦卿	男	2192223021	环境科学与工程	1007932022000597	工学硕士学位
270	王佳琦	男	2192223022	环境科学与工程	1007932022000598	工学硕士学位
271	张　姝	女	2192223023	环境科学与工程	1007932022000599	工学硕士学位
272	梁政伟	男	2192223024	环境科学与工程	1007932022000600	工学硕士学位
273	王　旭	男	2192223025	环境科学与工程	1007932022000601	工学硕士学位
274	邢浩若	男	2192223026	环境科学与工程	1007932022000602	工学硕士学位
275	周巧云	女	2192223028	环境科学与工程	1007932022000603	工学硕士学位
276	何闯进	男	2192224001	机械工程	1007932022000604	工学硕士学位
277	张　潇	男	2192224002	机械工程	1007932022000605	工学硕士学位
278	赵飞亚	男	2192224003	机械工程	1007932022000606	工学硕士学位
279	徐鹏雷	男	2192224004	机械工程	1007932022000607	工学硕士学位
280	王同贺	男	2192224005	机械工程	1007932022000608	工学硕士学位
281	戴　鑫	男	2192224006	机械工程	1007932022000609	工学硕士学位
282	李安琪	男	2192224007	机械工程	1007932022000610	工学硕士学位
283	王　臣	男	2192224008	机械工程	1007932022000611	工学硕士学位
284	乔　傲	男	2192224009	机械工程	1007932022000612	工学硕士学位
285	吉新星	男	2192224010	机械工程	1007932022000613	工学硕士学位
286	张　鑫	男	2192224011	机械工程	1007932022000614	工学硕士学位
287	宗方蕊	女	2192224012	机械工程	1007932022000615	工学硕士学位
288	李少鹏	男	2192224013	机械工程	1007932022000616	工学硕士学位
289	王　烁	男	2192224014	机械工程	1007932022000617	工学硕士学位
290	张　金	男	2192224015	机械工程	1007932022000618	工学硕士学位
291	张雪松	男	2192224016	机械工程	1007932022000619	工学硕士学位
292	王燕杰	男	2192224017	机械工程	1007932022000620	工学硕士学位
293	武　钰	男	2192224018	机械工程	1007932022000621	工学硕士学位
294	汪玉林	女	2192224019	机械工程	1007932022000622	工学硕士学位
295	崔云骧	男	2192224020	机械工程	1007932022000623	工学硕士学位
296	张兵宇	男	2192224021	机械工程	1007932022000624	工学硕士学位
297	陆　婷	女	2192224022	机械工程	1007932022000625	工学硕士学位

续表

序号	姓名	性别	学号	专业名称	学位证书号	学位类别
298	岑添添	女	2192224025	机械工程	1007932022000626	工学硕士学位
299	马建青	女	2192224026	机械工程	1007932022000627	工学硕士学位
300	董思捷	男	2192224027	机械工程	1007932022000628	工学硕士学位
301	杨盼盼	女	2192221001	计算机科学与技术	1007932022000629	工学硕士学位
302	范晓明	女	2192221002	计算机科学与技术	1007932022000630	工学硕士学位
303	于晓艺	女	2192221003	计算机科学与技术	1007932022000631	工学硕士学位
304	岳建任	男	2192221004	计算机科学与技术	1007932022000632	工学硕士学位
305	刘晓芹	女	2192221005	计算机科学与技术	1007932022000633	工学硕士学位
306	尹　泰	男	2192221006	计算机科学与技术	1007932022000634	工学硕士学位
307	宫　婷	女	2192221007	计算机科学与技术	1007932022000635	工学硕士学位
308	张　帅	男	2192221008	计算机科学与技术	1007932022000636	工学硕士学位
309	权盼盼	女	2192221009	计算机科学与技术	1007932022000637	工学硕士学位
310	李银强	男	2192221010	计算机科学与技术	1007932022000638	工学硕士学位
311	陈泽坤	男	2192221011	计算机科学与技术	1007932022000639	工学硕士学位
312	段西宁	男	2192221012	计算机科学与技术	1007932022000640	工学硕士学位
313	黄亚倩	女	2192221013	计算机科学与技术	1007932022000641	工学硕士学位
314	刘　冬	男	2192221014	计算机科学与技术	1007932022000642	工学硕士学位
315	罗一凡	男	2192221015	计算机科学与技术	1007932022000643	工学硕士学位
316	赵琳颖	女	2192221016	计算机科学与技术	1007932022000644	工学硕士学位
317	徐敏夫	男	2192221017	计算机科学与技术	1007932022000645	工学硕士学位
318	刘洪晨	男	2192221018	计算机科学与技术	1007932022000646	工学硕士学位
319	曹　艺	女	2192221019	计算机科学与技术	1007932022000647	工学硕士学位
320	王　晨	女	2192221020	计算机科学与技术	1007932022000648	工学硕士学位
321	王英姿	女	2192221021	计算机科学与技术	1007932022000649	工学硕士学位
322	李　根	男	2192221022	计算机科学与技术	1007932022000650	工学硕士学位
323	郭　伟	女	2192221023	计算机科学与技术	1007932022000651	工学硕士学位
324	张争鹏	男	2192221024	计算机科学与技术	1007932022000652	工学硕士学位
325	侯柯冰	女	2192221025	计算机科学与技术	1007932022000653	工学硕士学位
326	张媛媛	女	2192221026	计算机科学与技术	1007932022000654	工学硕士学位
327	宫　禹	男	2192221027	计算机科学与技术	1007932022000655	工学硕士学位
328	王志扬	男	2192221028	计算机科学与技术	1007932022000656	工学硕士学位
329	门媛媛	女	2192221029	计算机科学与技术	1007932022000657	工学硕士学位
330	夏　兵	男	2192221030	计算机科学与技术	1007932022000658	工学硕士学位
331	王　钊	男	2192221031	计算机科学与技术	1007932022000659	工学硕士学位
332	李海涛	男	2192221032	计算机科学与技术	1007932022000660	工学硕士学位
333	裴　丹	女	2192221033	计算机科学与技术	1007932022000661	工学硕士学位

续表

序号	姓名	性别	学号	专业名称	学位证书号	学位类别
334	刘　婷	女	2192221034	计算机科学与技术	1007932022000662	工学硕士学位
335	董　宁	男	2192221035	计算机科学与技术	1007932022000663	工学硕士学位
336	张丽莹	女	2192221036	计算机科学与技术	1007932022000664	工学硕士学位
337	马　喆	男	2192218011	技术经济及管理	1007932022000665	管理学硕士学位
338	徐志炜	男	2192218012	技术经济及管理	1007932022000666	管理学硕士学位
339	龚国飞	男	2192218013	技术经济及管理	1007932022000667	管理学硕士学位
340	郭金亮	男	2192218014	技术经济及管理	1007932022000668	管理学硕士学位
341	王齐奇	男	2192218015	技术经济及管理	1007932022000669	管理学硕士学位
342	谭　彬	男	2192218016	技术经济及管理	1007932022000670	管理学硕士学位
343	夏博文	男	2192218017	技术经济及管理	1007932022000671	管理学硕士学位
344	陈攀宇	男	2192218018	技术经济及管理	1007932022000672	管理学硕士学位
345	马红媛	女	2192218019	技术经济及管理	1007932022000673	管理学硕士学位
346	董泽源	男	2192218020	技术经济及管理	1007932022000674	管理学硕士学位
347	魏海燕	女	2192218021	技术经济及管理	1007932022000675	管理学硕士学位
348	孙金婷	女	2192218022	技术经济及管理	1007932022000676	管理学硕士学位
349	李晓亮	男	2192218023	技术经济及管理	1007932022000677	管理学硕士学位
350	杨宗霖	男	2192218024	技术经济及管理	1007932022000678	管理学硕士学位
351	王廉茹	女	2192218025	技术经济及管理	1007932022000679	管理学硕士学位
352	李　政	男	2192218026	技术经济及管理	1007932022000680	管理学硕士学位
353	张　静	女	2192218027	技术经济及管理	1007932022000681	管理学硕士学位
354	李晓双	女	2192218028	技术经济及管理	1007932022000682	管理学硕士学位
355	刘　爽	女	2192218029	技术经济及管理	1007932022000683	管理学硕士学位
356	刘　江	男	2192218030	技术经济及管理	1007932022000684	管理学硕士学位
357	顾衷铭	男	2192218031	技术经济及管理	1007932022000685	管理学硕士学位
358	席　曼	女	2192218032	技术经济及管理	1007932022000686	管理学硕士学位
359	张　薇	女	2192218033	技术经济及管理	1007932022000687	管理学硕士学位
360	乔新娜	女	2192218035	技术经济及管理	1007932022000688	管理学硕士学位
361	吕　筱	女	2192218036	技术经济及管理	1007932022000689	管理学硕士学位
362	张　桐	女	2192218037	技术经济及管理	1007932022000690	管理学硕士学位
363	任楚梦	女	2192218038	技术经济及管理	1007932022000691	管理学硕士学位
364	田　越	男	2192218039	应用经济学	1007932022000692	经济学硕士学位
365	杨　歌	女	2192218040	应用经济学	1007932022000693	经济学硕士学位
366	高　歌	女	2192218041	应用经济学	1007932022000694	经济学硕士学位
367	刘倬璇	女	2192218042	应用经济学	1007932022000695	经济学硕士学位
368	于一丁	男	2192218043	应用经济学	1007932022000696	经济学硕士学位
369	张　聪	女	2192218044	应用经济学	1007932022000697	经济学硕士学位

续表

序号	姓名	性别	学号	专业名称	学位证书号	学位类别
370	朱雅寒	女	2192218045	应用经济学	1007932022000698	经济学硕士学位
371	王雪萍	女	2192218046	应用经济学	1007932022000699	经济学硕士学位
372	王素静	女	2192218047	应用经济学	1007932022000700	经济学硕士学位
373	邢素洁	女	2192218056	管理科学与工程	1007932022000701	工学硕士学位
374	李曦萌	女	2192218057	管理科学与工程	1007932022000702	工学硕士学位
375	屈丹蕾	女	2192218059	管理科学与工程	1007932022000703	工学硕士学位
376	赵义琛	男	2192218060	管理科学与工程	1007932022000704	管理学硕士学位
377	章　杰	男	2192218061	管理科学与工程	1007932022000705	管理学硕士学位
378	李　钊	男	2192218062	管理科学与工程	1007932022000706	管理学硕士学位
379	龙定洪	女	2192218063	管理科学与工程	1007932022000707	管理学硕士学位
380	周　游	男	2192218064	管理科学与工程	1007932022000708	管理学硕士学位
381	冯　缘	女	2192218065	企业管理	1007932022000709	管理学硕士学位
382	孟家晴	女	2192218066	企业管理	1007932022000710	管理学硕士学位
383	郑之杰	女	2192218067	企业管理	1007932022000711	管理学硕士学位
384	张跃华	女	2192218073	会计学	1007932022000712	管理学硕士学位
385	高　鑫	女	2192218074	会计学	1007932022000713	管理学硕士学位
386	祝建梅	女	2192218075	会计学	1007932022000714	管理学硕士学位
387	陈金映	女	2192218076	会计学	1007932022000715	管理学硕士学位
388	杨佳钰	女	2192218077	会计学	1007932022000716	管理学硕士学位
389	李　昊	女	2192218078	会计学	1007932022000717	管理学硕士学位
390	白　月	女	2192218079	会计学	1007932022000718	管理学硕士学位
391	冯　丽	女	2192218080	会计学	1007932022000719	管理学硕士学位
392	李一青	女	2192218081	会计学	1007932022000720	管理学硕士学位
393	倪　敏	女	2192218082	会计学	1007932022000721	管理学硕士学位
394	战馨雨	女	2192218083	会计学	1007932022000722	管理学硕士学位
395	薛　蕊	女	2192218084	会计学	1007932022000723	管理学硕士学位
396	马艺鸣	女	2192229001	马克思主义理论	1007932022000724	法学硕士学位
397	张钰彬	女	2192229002	马克思主义理论	1007932022000725	法学硕士学位
398	王紫玉	女	2192229003	马克思主义理论	1007932022000726	法学硕士学位
399	刘　璐	女	2192229004	马克思主义理论	1007932022000727	法学硕士学位
400	潘　婷	女	2192229005	马克思主义理论	1007932022000728	法学硕士学位
401	王淑明	女	2192229006	马克思主义理论	1007932022000729	法学硕士学位
402	郭东伟	男	2192229007	马克思主义理论	1007932022000730	法学硕士学位
403	彭路垚	男	2192229008	马克思主义理论	1007932022000731	法学硕士学位
404	林　帅	男	2192229009	马克思主义理论	1007932022000732	法学硕士学位
405	马力凯	男	2192229010	马克思主义理论	1007932022000733	法学硕士学位

续表

序号	姓名	性别	学号	专业名称	学位证书号	学位类别
406	祁斌斌	男	2192229011	马克思主义理论	1007932022000734	法学硕士学位
407	焦孟宇	女	2192217001	数学	1007932022000735	理学硕士学位
408	陶鸿园	男	2192217002	数学	1007932022000736	理学硕士学位
409	任子涵	男	2192217003	数学	1007932022000737	理学硕士学位
410	张警华	女	2192217004	数学	1007932022000738	理学硕士学位
411	王　鑫	女	2192217005	数学	1007932022000739	理学硕士学位
412	刘子君	女	2192217006	数学	1007932022000740	理学硕士学位
413	黄龙腾	男	2192217007	数学	1007932022000741	理学硕士学位
414	石杰瑜	女	2192217008	数学	1007932022000742	理学硕士学位
415	林俊哲	男	2192217017	物理学	1007932022000743	理学硕士学位
416	薛智文	男	2192217018	物理学	1007932022000744	理学硕士学位
417	付晓东	男	2192217019	物理学	1007932022000745	理学硕士学位
418	郭美丽	女	2192217020	物理学	1007932022000746	理学硕士学位
419	夏逸飞	男	2192217021	物理学	1007932022000747	理学硕士学位
420	赵　轩	男	2192217022	物理学	1007932022000748	理学硕士学位
421	杨晓松	男	2192217023	物理学	1007932022000749	理学硕士学位
422	李文雯	女	2192217025	物理学	1007932022000750	理学硕士学位
423	雒欢欢	女	2192217026	物理学	1007932022000751	理学硕士学位
424	李园园	女	2192220001	外国语言文学	1007932022000752	文学硕士学位
425	杜孟世	男	2192220002	外国语言文学	1007932022000753	文学硕士学位
426	贾丽环	女	2192220003	外国语言文学	1007932022000754	文学硕士学位
427	施龙凤	女	2192220004	外国语言文学	1007932022000755	文学硕士学位
428	牛大力	男	2192220005	外国语言文学	1007932022000756	文学硕士学位
429	秦俊芳	女	2192220006	外国语言文学	1007932022000757	文学硕士学位
430	杨　盼	女	2192220007	外国语言文学	1007932022000758	文学硕士学位
431	何　莉	女	2192220008	外国语言文学	1007932022000759	文学硕士学位
432	成佳琪	女	2192220009	外国语言文学	1007932022000760	文学硕士学位
433	房晓婷	女	2192220010	外国语言文学	1007932022000761	文学硕士学位
434	钟婉婉	女	2192220011	外国语言文学	1007932022000762	文学硕士学位
435	郝宁宁	女	2192216001	控制科学与工程	1007932022000763	工学硕士学位
436	于悦波	男	2192216002	控制科学与工程	1007932022000764	工学硕士学位
437	田伯尧	男	2192216003	控制科学与工程	1007932022000765	工学硕士学位
438	徐一平	男	2192216004	控制科学与工程	1007932022000766	工学硕士学位
439	冯雪凯	男	2192216005	控制科学与工程	1007932022000767	工学硕士学位
440	王宇涛	男	2192216006	控制科学与工程	1007932022000768	工学硕士学位
441	杨　旭	男	2192216007	控制科学与工程	1007932022000769	工学硕士学位

续表

序号	姓名	性别	学号	专业名称	学位证书号	学位类别
442	田乐乐	男	2192216008	控制科学与工程	1007932022000770	工学硕士学位
443	丁　鹏	男	2192216009	控制科学与工程	1007932022000771	工学硕士学位
444	张冰哲	女	2192216010	控制科学与工程	1007932022000772	工学硕士学位
445	孙晓朋	男	2192216011	控制科学与工程	1007932022000773	工学硕士学位
446	李朝雅	女	2192216012	控制科学与工程	1007932022000774	工学硕士学位
447	侯　哲	男	2192216013	控制科学与工程	1007932022000775	工学硕士学位
448	丁梦婷	女	2192216014	控制科学与工程	1007932022000776	工学硕士学位
449	高　珊	女	2192216015	控制科学与工程	1007932022000777	工学硕士学位
450	白英君	男	2192216016	控制科学与工程	1007932022000778	工学硕士学位
451	孟　昊	男	2192216018	控制科学与工程	1007932022000779	工学硕士学位
452	王依然	男	2192216019	控制科学与工程	1007932022000780	工学硕士学位
453	孙佳明	男	2192216020	控制科学与工程	1007932022000781	工学硕士学位
454	曹瑶佳	女	2192216021	控制科学与工程	1007932022000782	工学硕士学位
455	李其贤	女	2192216022	控制科学与工程	1007932022000783	工学硕士学位
456	徐　璟	女	2192216023	控制科学与工程	1007932022000784	工学硕士学位
457	彭雅妮	女	2192216024	控制科学与工程	1007932022000785	工学硕士学位
458	何国松	男	2192216025	控制科学与工程	1007932022000786	工学硕士学位
459	李敬雨	女	2192216026	控制科学与工程	1007932022000787	工学硕士学位
460	石　轲	男	2192216027	控制科学与工程	1007932022000788	工学硕士学位
461	江　柳	女	2192216028	控制科学与工程	1007932022000789	工学硕士学位
462	周　正	女	2192216029	控制科学与工程	1007932022000790	工学硕士学位
463	王岱鹏	男	2192216030	控制科学与工程	1007932022000791	工学硕士学位
464	刘　岚	女	2192216031	控制科学与工程	1007932022000792	工学硕士学位
465	常浩宁	男	2192216032	控制科学与工程	1007932022000793	工学硕士学位
466	赵　魏	男	2192216033	控制科学与工程	1007932022000794	工学硕士学位
467	郭迈豪	男	2192216034	控制科学与工程	1007932022000795	工学硕士学位
468	代　浩	男	2192216035	控制科学与工程	1007932022000796	工学硕士学位
469	於世磊	男	2192216036	控制科学与工程	1007932022000797	工学硕士学位
470	田　资	男	2192216037	控制科学与工程	1007932022000798	工学硕士学位
471	田　庆	女	2192216038	控制科学与工程	1007932022000799	工学硕士学位
472	关　健	男	2192216039	控制科学与工程	1007932022000800	工学硕士学位
473	高文捷	男	2192216040	控制科学与工程	1007932022000801	工学硕士学位
474	陈　鑫	男	2192216041	控制科学与工程	1007932022000802	工学硕士学位
475	周珊珊	女	2192216042	控制科学与工程	1007932022000803	工学硕士学位
476	石建涛	男	2192216043	控制科学与工程	1007932022000804	工学硕士学位
477	李泽铭	女	2192216044	控制科学与工程	1007932022000805	工学硕士学位

续表

序号	姓名	性别	学号	专业名称	学位证书号	学位类别
478	卢　聪	男	2192216045	控制科学与工程	1007932022000806	工学硕士学位
479	张　悦	男	2192216046	控制科学与工程	1007932022000807	工学硕士学位
480	戴　力	男	2192216047	控制科学与工程	1007932022000808	工学硕士学位
481	陈瑞杰	男	2192216048	控制科学与工程	1007932022000809	工学硕士学位
482	程善珍	女	2192216049	控制科学与工程	1007932022000810	工学硕士学位
483	潘子杰	女	2192216050	控制科学与工程	1007932022000811	工学硕士学位
484	邓清东	男	2192216051	控制科学与工程	1007932022000812	工学硕士学位
485	曾世超	男	2192216052	控制科学与工程	1007932022000813	工学硕士学位
486	李芝翔	男	2192216053	控制科学与工程	1007932022000814	工学硕士学位
487	刘艳艳	女	2192216055	控制科学与工程	1007932022000815	工学硕士学位
488	龙雅芸	女	2192216056	控制科学与工程	1007932022000816	工学硕士学位

保定校区:2 人(授予日期:2022 年 8 月 25 日)

序号	姓名	性别	学号	专业名称	学位证书号	学位类别
1	胡嘉璇	女	2192213132	电子科学与技术	1007932022001361	工学硕士学位
2	鲍鹏凯	男	2192216017	控制科学与工程	1007932022001371	工学硕士学位

专业学位硕士

北京校部:1376 人(授予日期:2022 年 6 月 23 日)

序号	姓名	性别	学号	领域名称	学位证书号	学位类别
1	钱睿忻	女	1182201288	电气工程	1007932022100736	工程硕士专业学位
2	陈晓斌	女	1182201379	电气工程	1007932022100737	工程硕士专业学位
3	蔡　静	女	120192201253	电气工程	1007932022100738	工程硕士专业学位
4	蔡钦钦	女	120192201255	电气工程	1007932022100739	工程硕士专业学位
5	陈　聪	男	120192201256	电气工程	1007932022100740	工程硕士专业学位
6	陈虹伊	女	120192201259	电气工程	1007932022100741	工程硕士专业学位
7	陈力绪	男	120192201260	电气工程	1007932022100742	工程硕士专业学位
8	陈　璐	女	120192201262	电气工程	1007932022100743	工程硕士专业学位
9	陈名铿	男	120192201263	电气工程	1007932022100744	工程硕士专业学位
10	陈　天	男	120192201265	电气工程	1007932022100745	工程硕士专业学位
11	褚　璐	女	120192201270	电气工程	1007932022100746	工程硕士专业学位
12	戴笃猛	男	120192201275	电气工程	1007932022100747	工程硕士专业学位
13	邓广宇	男	120192201276	电气工程	1007932022100748	工程硕士专业学位
14	丁睿婷	女	120192201278	电气工程	1007932022100749	工程硕士专业学位
15	董　浩	男	120192201279	电气工程	1007932022100750	工程硕士专业学位
16	董桓毓	女	120192201280	电气工程	1007932022100751	工程硕士专业学位
17	董　旭	男	120192201281	电气工程	1007932022100752	工程硕士专业学位
18	杜　涵	男	120192201284	电气工程	1007932022100753	工程硕士专业学位

续表

序号	姓名	性别	学号	领域名称	学位证书号	学位类别
19	杜容天	男	120192201285	电气工程	1007932022100754	工程硕士专业学位
20	杜夏冰	女	120192201286	电气工程	1007932022100755	工程硕士专业学位
21	段　颖	女	120192201288	电气工程	1007932022100756	工程硕士专业学位
22	鄂　霖	男	120192201289	电气工程	1007932022100757	工程硕士专业学位
23	付胜军	男	120192201291	电气工程	1007932022100758	工程硕士专业学位
24	付智宇	男	120192201293	电气工程	1007932022100759	工程硕士专业学位
25	高　博	男	120192201294	电气工程	1007932022100760	工程硕士专业学位
26	耿志晨	女	120192201296	电气工程	1007932022100761	工程硕士专业学位
27	龚　萍	女	120192201297	电气工程	1007932022100762	工程硕士专业学位
28	龚阳智	男	120192201298	电气工程	1007932022100763	工程硕士专业学位
29	关程远	男	120192201299	电气工程	1007932022100764	工程硕士专业学位
30	管　飞	男	120192201300	电气工程	1007932022100765	工程硕士专业学位
31	郭　瑞	男	120192201305	电气工程	1007932022100766	工程硕士专业学位
32	海正刚	男	120192201307	电气工程	1007932022100767	工程硕士专业学位
33	韩世杰	男	120192201308	电气工程	1007932022100768	工程硕士专业学位
34	何　辉	男	120192201309	电气工程	1007932022100769	工程硕士专业学位
35	胡　昊	男	120192201311	电气工程	1007932022100770	工程硕士专业学位
36	胡潇予	女	120192201312	电气工程	1007932022100771	工程硕士专业学位
37	胡学俊	男	120192201313	电气工程	1007932022100772	工程硕士专业学位
38	胡昱楠	女	120192201314	电气工程	1007932022100773	工程硕士专业学位
39	黄啟茹	女	120192201316	电气工程	1007932022100774	工程硕士专业学位
40	黄　森	男	120192201317	电气工程	1007932022100775	工程硕士专业学位
41	纪泰鹏	男	120192201318	电气工程	1007932022100776	工程硕士专业学位
42	姜　倩	女	120192201321	电气工程	1007932022100777	工程硕士专业学位
43	姜　苑	女	120192201322	电气工程	1007932022100778	工程硕士专业学位
44	蒋秉夏	男	120192201324	电气工程	1007932022100779	工程硕士专业学位
45	焦　洋	男	120192201326	电气工程	1007932022100780	工程硕士专业学位
46	孔凡丰	女	120192201328	电气工程	1007932022100781	工程硕士专业学位
47	赖煊平	男	120192201330	电气工程	1007932022100782	工程硕士专业学位
48	李　聪	男	120192201333	电气工程	1007932022100783	工程硕士专业学位
49	李海明	男	120192201334	电气工程	1007932022100784	工程硕士专业学位
50	李菡昊	女	120192201335	电气工程	1007932022100785	工程硕士专业学位
51	李嘉伟	男	120192201337	电气工程	1007932022100786	工程硕士专业学位
52	李梦婷	女	120192201340	电气工程	1007932022100787	工程硕士专业学位
53	李　敏	女	120192201342	电气工程	1007932022100788	工程硕士专业学位
54	李　谦	男	120192201345	电气工程	1007932022100789	工程硕士专业学位

续表

序号	姓名	性别	学号	领域名称	学位证书号	学位类别
55	李　瑞	男	120192201346	电气工程	1007932022100790	工程硕士专业学位
56	李瑞月	女	120192201347	电气工程	1007932022100791	工程硕士专业学位
57	李舒宁	女	120192201348	电气工程	1007932022100792	工程硕士专业学位
58	李思佳	女	120192201349	电气工程	1007932022100793	工程硕士专业学位
59	李　桐	男	120192201350	电气工程	1007932022100794	工程硕士专业学位
60	李　洋	女	120192201355	电气工程	1007932022100795	工程硕士专业学位
61	李赵晶	男	120192201360	电气工程	1007932022100796	工程硕士专业学位
62	梁　帅	男	120192201364	电气工程	1007932022100797	工程硕士专业学位
63	林晗星	男	120192201365	电气工程	1007932022100798	工程硕士专业学位
64	林仲钦	男	120192201366	电气工程	1007932022100799	工程硕士专业学位
65	刘　畅	女	120192201368	电气工程	1007932022100800	工程硕士专业学位
66	刘　存	女	120192201370	电气工程	1007932022100801	工程硕士专业学位
67	刘光萌	男	120192201371	电气工程	1007932022100802	工程硕士专业学位
68	刘红磊	男	120192201374	电气工程	1007932022100803	工程硕士专业学位
69	刘京喜	男	120192201375	电气工程	1007932022100804	工程硕士专业学位
70	刘　坤	男	120192201376	电气工程	1007932022100805	工程硕士专业学位
71	刘明亮	男	120192201378	电气工程	1007932022100806	工程硕士专业学位
72	刘其达	男	120192201379	电气工程	1007932022100807	工程硕士专业学位
73	刘秋实	男	120192201380	电气工程	1007932022100808	工程硕士专业学位
74	刘　伟	男	120192201382	电气工程	1007932022100809	工程硕士专业学位
75	刘晓博	男	120192201383	电气工程	1007932022100810	工程硕士专业学位
76	刘雅婷	女	120192201384	电气工程	1007932022100811	工程硕士专业学位
77	刘忠岳	男	120192201386	电气工程	1007932022100812	工程硕士专业学位
78	刘棨东	男	120192201387	电气工程	1007932022100813	工程硕士专业学位
79	陆书豪	男	120192201389	电气工程	1007932022100814	工程硕士专业学位
80	马　浩	男	120192201395	电气工程	1007932022100815	工程硕士专业学位
81	马建军	男	120192201396	电气工程	1007932022100816	工程硕士专业学位
82	马立民	男	120192201397	电气工程	1007932022100817	工程硕士专业学位
83	马　龙	男	120192201398	电气工程	1007932022100818	工程硕士专业学位
84	马　宁	男	120192201399	电气工程	1007932022100819	工程硕士专业学位
85	马泰屹	女	120192201400	电气工程	1007932022100820	工程硕士专业学位
86	马喜欢	男	120192201401	电气工程	1007932022100821	工程硕士专业学位
87	马志明	男	120192201402	电气工程	1007932022100822	工程硕士专业学位
88	毛宇洋	男	120192201403	电气工程	1007932022100823	工程硕士专业学位
89	孟　洁	女	120192201404	电气工程	1007932022100824	工程硕士专业学位
90	宁富伟	男	120192201407	电气工程	1007932022100825	工程硕士专业学位

续表

序号	姓名	性别	学号	领域名称	学位证书号	学位类别
91	牛纪伟	男	120192201410	电气工程	1007932022100826	工程硕士专业学位
92	欧明强	男	120192201411	电气工程	1007932022100827	工程硕士专业学位
93	潘思宇	女	120192201414	电气工程	1007932022100828	工程硕士专业学位
94	庞博涵	男	120192201415	电气工程	1007932022100829	工程硕士专业学位
95	逄思敏	女	120192201416	电气工程	1007932022100830	工程硕士专业学位
96	朴　勇	男	120192201417	电气工程	1007932022100831	工程硕士专业学位
97	朴哲锟	男	120192201418	电气工程	1007932022100832	工程硕士专业学位
98	邱安楠	女	120192201419	电气工程	1007932022100833	工程硕士专业学位
99	邱俊卿	男	120192201420	电气工程	1007932022100834	工程硕士专业学位
100	任凯奇	男	120192201422	电气工程	1007932022100835	工程硕士专业学位
101	任晓钰	女	120192201423	电气工程	1007932022100836	工程硕士专业学位
102	施志明	男	120192201426	电气工程	1007932022100837	工程硕士专业学位
103	史迎祥	男	120192201428	电气工程	1007932022100838	工程硕士专业学位
104	宋翰林	男	120192201431	电气工程	1007932022100839	工程硕士专业学位
105	宋丽娟	女	120192201432	电气工程	1007932022100840	工程硕士专业学位
106	宋晓庆	女	120192201433	电气工程	1007932022100841	工程硕士专业学位
107	宋绪鹏	男	120192201434	电气工程	1007932022100842	工程硕士专业学位
108	苏　豪	男	120192201435	电气工程	1007932022100843	工程硕士专业学位
109	隋浩冉	男	120192201437	电气工程	1007932022100844	工程硕士专业学位
110	孙　博	男	120192201438	电气工程	1007932022100845	工程硕士专业学位
111	孙　宬	男	120192201439	电气工程	1007932022100846	工程硕士专业学位
112	孙梦翔	男	120192201440	电气工程	1007932022100847	工程硕士专业学位
113	孙培博	男	120192201441	电气工程	1007932022100848	工程硕士专业学位
114	孙婉桢	女	120192201442	电气工程	1007932022100849	工程硕士专业学位
115	仝　义	男	120192201450	电气工程	1007932022100850	工程硕士专业学位
116	佟凯峰	男	120192201451	电气工程	1007932022100851	工程硕士专业学位
117	拓一博	男	120192201453	电气工程	1007932022100852	工程硕士专业学位
118	万宝睿	男	120192201454	电气工程	1007932022100853	工程硕士专业学位
119	王鹏飞	男	120192201462	电气工程	1007932022100854	工程硕士专业学位
120	王群飞	男	120192201463	电气工程	1007932022100855	工程硕士专业学位
121	王诗铭	男	120192201465	电气工程	1007932022100856	工程硕士专业学位
122	王书杰	男	120192201467	电气工程	1007932022100857	工程硕士专业学位
123	王腾志	男	120192201468	电气工程	1007932022100858	工程硕士专业学位
124	王骁龙	男	120192201472	电气工程	1007932022100859	工程硕士专业学位
125	王永杰	男	120192201476	电气工程	1007932022100860	工程硕士专业学位
126	王赟鹏	男	120192201478	电气工程	1007932022100861	工程硕士专业学位

续表

序号	姓名	性别	学号	领域名称	学位证书号	学位类别
127	王则文	男	120192201480	电气工程	1007932022100862	工程硕士专业学位
128	王　志	男	120192201482	电气工程	1007932022100863	工程硕士专业学位
129	魏　静	女	120192201487	电气工程	1007932022100864	工程硕士专业学位
130	吴　超	男	120192201490	电气工程	1007932022100865	工程硕士专业学位
131	吴立峰	男	120192201492	电气工程	1007932022100866	工程硕士专业学位
132	吴诗优	男	120192201493	电气工程	1007932022100867	工程硕士专业学位
133	吴延宇	男	120192201494	电气工程	1007932022100868	工程硕士专业学位
134	夏长江	男	120192201496	电气工程	1007932022100869	工程硕士专业学位
135	肖　宇	女	120192201498	电气工程	1007932022100870	工程硕士专业学位
136	谢广润	男	120192201499	电气工程	1007932022100871	工程硕士专业学位
137	邢其鹏	男	120192201500	电气工程	1007932022100872	工程硕士专业学位
138	徐立光	男	120192201503	电气工程	1007932022100873	工程硕士专业学位
139	徐晟尊	男	120192201504	电气工程	1007932022100874	工程硕士专业学位
140	许可依	女	120192201505	电气工程	1007932022100875	工程硕士专业学位
141	许明旺	男	120192201506	电气工程	1007932022100876	工程硕士专业学位
142	许亚迪	男	120192201507	电气工程	1007932022100877	工程硕士专业学位
143	闫凯璐	女	120192201508	电气工程	1007932022100878	工程硕士专业学位
144	闫瑞舰	男	120192201509	电气工程	1007932022100879	工程硕士专业学位
145	杨东俊明	男	120192201511	电气工程	1007932022100880	工程硕士专业学位
146	杨方琦	男	120192201512	电气工程	1007932022100881	工程硕士专业学位
147	杨宏基	男	120192201513	电气工程	1007932022100882	工程硕士专业学位
148	杨　鑫	男	120192201517	电气工程	1007932022100883	工程硕士专业学位
149	姚丛霄	男	120192201518	电气工程	1007932022100884	工程硕士专业学位
150	殷晨阳	男	120192201519	电气工程	1007932022100885	工程硕士专业学位
151	于欢昌	男	120192201524	电气工程	1007932022100886	工程硕士专业学位
152	于静茹	女	120192201525	电气工程	1007932022100887	工程硕士专业学位
153	袁　馨	女	120192201530	电气工程	1007932022100888	工程硕士专业学位
154	曾　赟	男	120192201531	电气工程	1007932022100889	工程硕士专业学位
155	曾子文	男	120192201532	电气工程	1007932022100890	工程硕士专业学位
156	张　蓓	女	120192201533	电气工程	1007932022100891	工程硕士专业学位
157	张　持	男	120192201536	电气工程	1007932022100892	工程硕士专业学位
158	张　磊	男	120192201541	电气工程	1007932022100893	工程硕士专业学位
159	张　晴	女	120192201544	电气工程	1007932022100894	工程硕士专业学位
160	张　姝	女	120192201545	电气工程	1007932022100895	工程硕士专业学位
161	张舒婷	女	120192201546	电气工程	1007932022100896	工程硕士专业学位
162	张　婷	女	120192201547	电气工程	1007932022100897	工程硕士专业学位

续表

序号	姓名	性别	学号	领域名称	学位证书号	学位类别
163	张文文	女	120192201549	电气工程	1007932022100898	工程硕士专业学位
164	张文悦	女	120192201550	电气工程	1007932022100899	工程硕士专业学位
165	张闻闻	男	120192201551	电气工程	1007932022100900	工程硕士专业学位
166	张夏辉	男	120192201552	电气工程	1007932022100901	工程硕士专业学位
167	张晓东	男	120192201553	电气工程	1007932022100902	工程硕士专业学位
168	张馨元	女	120192201555	电气工程	1007932022100903	工程硕士专业学位
169	张亚灵	女	120192201557	电气工程	1007932022100904	工程硕士专业学位
170	张永鑫	男	120192201559	电气工程	1007932022100905	工程硕士专业学位
171	张云霞	女	120192201561	电气工程	1007932022100906	工程硕士专业学位
172	张志强	男	120192201563	电气工程	1007932022100907	工程硕士专业学位
173	赵　斌	男	120192201565	电气工程	1007932022100908	工程硕士专业学位
174	赵丽萍	女	120192201568	电气工程	1007932022100909	工程硕士专业学位
175	赵昕一	男	120192201573	电气工程	1007932022100910	工程硕士专业学位
176	郑丹阳	女	120192201576	电气工程	1007932022100911	工程硕士专业学位
177	郑明杨	男	120192201577	电气工程	1007932022100912	工程硕士专业学位
178	钟爱旭	男	120192201580	电气工程	1007932022100913	工程硕士专业学位
179	钟其良	男	120192201581	电气工程	1007932022100914	工程硕士专业学位
180	周翰泽	男	120192201584	电气工程	1007932022100915	工程硕士专业学位
181	周允博	男	120192201588	电气工程	1007932022100916	工程硕士专业学位
182	朱奥帆	男	120192201589	电气工程	1007932022100917	工程硕士专业学位
183	朱秋萍	女	120192201590	电气工程	1007932022100918	工程硕士专业学位
184	朱世佳	女	120192201591	电气工程	1007932022100919	工程硕士专业学位
185	朱志伟	男	120192201593	电气工程	1007932022100920	工程硕士专业学位
186	左欣雅	女	120192201594	电气工程	1007932022100921	工程硕士专业学位
187	鲍荟谕	女	120192201595	电子与通信工程	1007932022100922	工程硕士专业学位
188	蔡小雨	女	120192201596	电子与通信工程	1007932022100923	工程硕士专业学位
189	陈　辉	男	120192201599	电子与通信工程	1007932022100924	工程硕士专业学位
190	丁海成	男	120192201600	电子与通信工程	1007932022100925	工程硕士专业学位
191	董怡冰	女	120192201601	电子与通信工程	1007932022100926	工程硕士专业学位
192	杜　宇	男	120192201603	电子与通信工程	1007932022100927	工程硕士专业学位
193	耿鑫萍	女	120192201604	电子与通信工程	1007932022100928	工程硕士专业学位
194	郭枳邑	男	120192201605	电子与通信工程	1007932022100929	工程硕士专业学位
195	何恒超	男	120192201606	电子与通信工程	1007932022100930	工程硕士专业学位
196	黄子为	男	120192201609	电子与通信工程	1007932022100931	工程硕士专业学位
197	解佳腾	男	120192201610	电子与通信工程	1007932022100932	工程硕士专业学位
198	李博文	男	120192201613	电子与通信工程	1007932022100933	工程硕士专业学位

续表

序号	姓名	性别	学号	领域名称	学位证书号	学位类别
199	李　社	女	120192201616	电子与通信工程	1007932022100934	工程硕士专业学位
200	李一帅	男	120192201617	电子与通信工程	1007932022100935	工程硕士专业学位
201	李　彧	男	120192201618	电子与通信工程	1007932022100936	工程硕士专业学位
202	刘　瑶	女	120192201622	电子与通信工程	1007932022100937	工程硕士专业学位
203	马洪亮	男	120192201624	电子与通信工程	1007932022100938	工程硕士专业学位
204	毛　通	男	120192201626	电子与通信工程	1007932022100939	工程硕士专业学位
205	毛烨华	女	120192201627	电子与通信工程	1007932022100940	工程硕士专业学位
206	宋英杰	男	120192201634	电子与通信工程	1007932022100941	工程硕士专业学位
207	田　帅	男	120192201635	电子与通信工程	1007932022100942	工程硕士专业学位
208	王玲静	女	120192201638	电子与通信工程	1007932022100943	工程硕士专业学位
209	温亚明	男	120192201647	电子与通信工程	1007932022100944	工程硕士专业学位
210	翁鸿彬	男	120192201648	电子与通信工程	1007932022100945	工程硕士专业学位
211	吾买尔江·买买提	男	120192201649	电子与通信工程	1007932022100946	工程硕士专业学位
212	徐　可	男	120192201651	电子与通信工程	1007932022100947	工程硕士专业学位
213	阎黎冰	女	120192201652	电子与通信工程	1007932022100948	工程硕士专业学位
214	杨佳轩	男	120192201653	电子与通信工程	1007932022100949	工程硕士专业学位
215	尤　兰	女	120192201656	电子与通信工程	1007932022100950	工程硕士专业学位
216	于汇琳	女	120192201657	电子与通信工程	1007932022100951	工程硕士专业学位
217	张　辰	男	120192201658	电子与通信工程	1007932022100952	工程硕士专业学位
218	张立川	男	120192201660	电子与通信工程	1007932022100953	工程硕士专业学位
219	张虓华	男	120192201661	电子与通信工程	1007932022100954	工程硕士专业学位
220	赵　鉴	男	120192201664	电子与通信工程	1007932022100955	工程硕士专业学位
221	周　倩	女	120192201665	电子与通信工程	1007932022100956	工程硕士专业学位
222	周晓欢	女	120192201666	电子与通信工程	1007932022100957	工程硕士专业学位
223	周　毅	男	120192201667	电子与通信工程	1007932022100958	工程硕士专业学位
224	高　扬	男	120192202793	机械工程	1007932022100959	工程硕士专业学位
225	胡成龙	男	120192202795	机械工程	1007932022100960	工程硕士专业学位
226	胡德鹏	男	120192202796	机械工程	1007932022100961	工程硕士专业学位
227	贾明鑫	男	120192202797	机械工程	1007932022100962	工程硕士专业学位
228	贾云峰	男	120192202798	机械工程	1007932022100963	工程硕士专业学位
229	李明阳	男	120192202799	机械工程	1007932022100964	工程硕士专业学位
230	李洋涛	男	120192202800	机械工程	1007932022100965	工程硕士专业学位
231	李泽根	男	120192202801	机械工程	1007932022100966	工程硕士专业学位
232	刘　涛	男	120192202804	机械工程	1007932022100967	工程硕士专业学位
233	刘　钊	男	120192202805	机械工程	1007932022100968	工程硕士专业学位
234	孟金伟	男	120192202806	机械工程	1007932022100969	工程硕士专业学位

续表

序号	姓名	性别	学号	领域名称	学位证书号	学位类别
235	秦子豪	男	120192202807	机械工程	1007932022100970	工程硕士专业学位
236	孙　佳	男	120192202810	机械工程	1007932022100971	工程硕士专业学位
237	王东东	男	120192202811	机械工程	1007932022100972	工程硕士专业学位
238	王金玲	女	120192202812	机械工程	1007932022100973	工程硕士专业学位
239	王裕兴	男	120192202813	机械工程	1007932022100974	工程硕士专业学位
240	薛振忠	男	120192202816	机械工程	1007932022100975	工程硕士专业学位
241	杨　涛	男	120192202817	机械工程	1007932022100976	工程硕士专业学位
242	张　博	男	120192202818	机械工程	1007932022100977	工程硕士专业学位
243	张佳宝	男	120192202819	机械工程	1007932022100978	工程硕士专业学位
244	张劲草	女	120192202820	机械工程	1007932022100979	工程硕士专业学位
245	赵丁丁	男	120192202823	机械工程	1007932022100980	工程硕士专业学位
246	赵泽中	男	120192202824	机械工程	1007932022100981	工程硕士专业学位
247	安留明	男	120192202826	动力工程	1007932022100982	工程硕士专业学位
248	安兆凯	男	120192202827	动力工程	1007932022100983	工程硕士专业学位
249	曹艳鹏	男	120192202828	动力工程	1007932022100984	工程硕士专业学位
250	陈　彪	男	120192202829	动力工程	1007932022100985	工程硕士专业学位
251	陈　淦	男	120192202830	动力工程	1007932022100986	工程硕士专业学位
252	陈泽宇	男	120192202833	动力工程	1007932022100987	工程硕士专业学位
253	戴学坤	男	120192202835	动力工程	1007932022100988	工程硕士专业学位
254	单梦圆	女	120192202836	动力工程	1007932022100989	工程硕士专业学位
255	董星彤	女	120192202837	动力工程	1007932022100990	工程硕士专业学位
256	杜衍飞	男	120192202838	动力工程	1007932022100991	工程硕士专业学位
257	付海伦	男	120192202841	动力工程	1007932022100992	工程硕士专业学位
258	郭　柳	女	120192202842	动力工程	1007932022100993	工程硕士专业学位
259	郭天赐	男	120192202843	动力工程	1007932022100994	工程硕士专业学位
260	郭鑫旺	男	120192202844	动力工程	1007932022100995	工程硕士专业学位
261	韩健民	男	120192202845	动力工程	1007932022100996	工程硕士专业学位
262	何林轩	男	120192202847	动力工程	1007932022100997	工程硕士专业学位
263	侯智华	女	120192202848	动力工程	1007932022100998	工程硕士专业学位
264	华　瑞	男	120192202849	动力工程	1007932022100999	工程硕士专业学位
265	黄宇箴	男	120192202851	动力工程	1007932022101000	工程硕士专业学位
266	霍　成	男	120192202852	动力工程	1007932022101001	工程硕士专业学位
267	贾天舰	男	120192202853	动力工程	1007932022101002	工程硕士专业学位
268	贾歆羡	女	120192202854	动力工程	1007932022101003	工程硕士专业学位
269	焦　炜	男	120192202855	动力工程	1007932022101004	工程硕士专业学位
270	康　峰	男	120192202856	动力工程	1007932022101005	工程硕士专业学位

续表

序号	姓名	性别	学号	领域名称	学位证书号	学位类别
271	康　忠	男	120192202857	动力工程	1007932022101006	工程硕士专业学位
272	李　刚	男	120192202858	动力工程	1007932022101007	工程硕士专业学位
273	李林涵	男	120192202859	动力工程	1007932022101008	工程硕士专业学位
274	李　阳	男	120192202861	动力工程	1007932022101009	工程硕士专业学位
275	李宇旸	男	120192202862	动力工程	1007932022101010	工程硕士专业学位
276	李　昀	男	120192202863	动力工程	1007932022101011	工程硕士专业学位
277	李众宇	男	120192202864	动力工程	1007932022101012	工程硕士专业学位
278	梁德华	男	120192202865	动力工程	1007932022101013	工程硕士专业学位
279	梁其缘	男	120192202866	动力工程	1007932022101014	工程硕士专业学位
280	刘辰龙	男	120192202867	动力工程	1007932022101015	工程硕士专业学位
281	刘　赫	男	120192202868	动力工程	1007932022101016	工程硕士专业学位
282	刘佳玲	女	120192202869	动力工程	1007932022101017	工程硕士专业学位
283	刘永新	男	120192202871	动力工程	1007932022101018	工程硕士专业学位
284	刘宇浩	男	120192202872	动力工程	1007932022101019	工程硕士专业学位
285	卢　禹	男	120192202873	动力工程	1007932022101020	工程硕士专业学位
286	罗臣丰	男	120192202874	动力工程	1007932022101021	工程硕士专业学位
287	聂椿明	男	120192202876	动力工程	1007932022101022	工程硕士专业学位
288	聂海鹏	男	120192202877	动力工程	1007932022101023	工程硕士专业学位
289	彭维珂	男	120192202878	动力工程	1007932022101024	工程硕士专业学位
290	秦　乐	男	120192202879	动力工程	1007932022101025	工程硕士专业学位
291	沈小虎	男	120192202880	动力工程	1007932022101026	工程硕士专业学位
292	沈　铁	男	120192202881	动力工程	1007932022101027	工程硕士专业学位
293	宋锦涛	男	120192202882	动力工程	1007932022101028	工程硕士专业学位
294	宋天粟	男	120192202883	动力工程	1007932022101029	工程硕士专业学位
295	苏冠宇	男	120192202884	动力工程	1007932022101030	工程硕士专业学位
296	孙　浩	男	120192202885	动力工程	1007932022101031	工程硕士专业学位
297	唐家彧	男	120192202886	动力工程	1007932022101032	工程硕士专业学位
298	王　鹏	男	120192202887	动力工程	1007932022101033	工程硕士专业学位
299	王日成	男	120192202888	动力工程	1007932022101034	工程硕士专业学位
300	王一鸣	男	120192202891	动力工程	1007932022101035	工程硕士专业学位
301	王玉亭	男	120192202893	动力工程	1007932022101036	工程硕士专业学位
302	王泽星	男	120192202894	动力工程	1007932022101037	工程硕士专业学位
303	魏　清	男	120192202895	动力工程	1007932022101038	工程硕士专业学位
304	文钟毅	男	120192202896	动力工程	1007932022101039	工程硕士专业学位
305	武瑾瑾	女	120192202897	动力工程	1007932022101040	工程硕士专业学位
306	夏龙禹	男	120192202898	动力工程	1007932022101041	工程硕士专业学位

续表

序号	姓名	性别	学号	领域名称	学位证书号	学位类别
307	谢玉存	男	120192202899	动力工程	1007932022101042	工程硕士专业学位
308	徐天宇	男	120192202900	动力工程	1007932022101043	工程硕士专业学位
309	徐　源	男	120192202901	动力工程	1007932022101044	工程硕士专业学位
310	许海涛	男	120192202902	动力工程	1007932022101045	工程硕士专业学位
311	许　乐	男	120192202903	动力工程	1007932022101046	工程硕士专业学位
312	薛逢皇	男	120192202905	动力工程	1007932022101047	工程硕士专业学位
313	闫正宇	男	120192202906	动力工程	1007932022101048	工程硕士专业学位
314	杨　瑞	男	120192202907	动力工程	1007932022101049	工程硕士专业学位
315	杨文楷	男	120192202908	动力工程	1007932022101050	工程硕士专业学位
316	杨玉滢	女	120192202909	动力工程	1007932022101051	工程硕士专业学位
317	殷长福	男	120192202910	动力工程	1007932022101052	工程硕士专业学位
318	尤明阳	男	120192202911	动力工程	1007932022101053	工程硕士专业学位
319	于博旭	男	120192202912	动力工程	1007932022101054	工程硕士专业学位
320	袁　虎	男	120192202913	动力工程	1007932022101055	工程硕士专业学位
321	曾癸茗	男	120192202914	动力工程	1007932022101056	工程硕士专业学位
322	曾渝森	男	120192202915	动力工程	1007932022101057	工程硕士专业学位
323	翟洪振	男	120192202916	动力工程	1007932022101058	工程硕士专业学位
324	张　驰	男	120192202917	动力工程	1007932022101059	工程硕士专业学位
325	张东杰	男	120192202918	动力工程	1007932022101060	工程硕士专业学位
326	张加庚	男	120192202920	动力工程	1007932022101061	工程硕士专业学位
327	张　琪	女	120192202922	动力工程	1007932022101062	工程硕士专业学位
328	张青民	男	120192202923	动力工程	1007932022101063	工程硕士专业学位
329	张霄翔	男	120192202924	动力工程	1007932022101064	工程硕士专业学位
330	赵春昊	男	120192202927	动力工程	1007932022101065	工程硕士专业学位
331	赵泓伍	男	120192202928	动力工程	1007932022101066	工程硕士专业学位
332	赵　杰	男	120192202929	动力工程	1007932022101067	工程硕士专业学位
333	赵俊荣	女	120192202930	动力工程	1007932022101068	工程硕士专业学位
334	郑文禹	男	120192202932	动力工程	1007932022101069	工程硕士专业学位
335	郑亚飞	男	120192202933	动力工程	1007932022101070	工程硕士专业学位
336	周　硕	男	120192202936	动力工程	1007932022101071	工程硕士专业学位
337	周锡山	男	120192202937	动力工程	1007932022101072	工程硕士专业学位
338	朱震庭	男	120192202938	动力工程	1007932022101073	工程硕士专业学位
339	朱自强	男	120192202939	动力工程	1007932022101074	工程硕士专业学位
340	庄峻杰	男	120192202940	动力工程	1007932022101075	工程硕士专业学位
341	高金花	女	1182206135	工业工程	1007932022101076	工程硕士专业学位
342	刘长明	男	1182206142	物流工程	1007932022101077	工程硕士专业学位

续表

序号	姓名	性别	学号	领域名称	学位证书号	学位类别
343	王密密	女	120192206000	工业工程	1007932022101078	工程硕士专业学位
344	王星凯	男	120192206001	工业工程	1007932022101079	工程硕士专业学位
345	王媛媛	女	120192206002	工业工程	1007932022101080	工程硕士专业学位
346	王　愿	女	120192206003	工业工程	1007932022101081	工程硕士专业学位
347	魏梦茹	女	120192206004	工业工程	1007932022101082	工程硕士专业学位
348	吴　睿	女	120192206006	工业工程	1007932022101083	工程硕士专业学位
349	邢　群	男	120192206007	工业工程	1007932022101084	工程硕士专业学位
350	薛　露	女	120192206008	工业工程	1007932022101085	工程硕士专业学位
351	郁晋雄	男	120192206010	工业工程	1007932022101086	工程硕士专业学位
352	张丹阳	女	120192206011	工业工程	1007932022101087	工程硕士专业学位
353	张耀宇	男	120192206012	工业工程	1007932022101088	工程硕士专业学位
354	张玉丽	女	120192206013	工业工程	1007932022101089	工程硕士专业学位
355	赵　赫	女	120192206014	工业工程	1007932022101090	工程硕士专业学位
356	安晓雯	女	120192206015	物流工程	1007932022101091	工程硕士专业学位
357	鲍红焉	女	120192206016	物流工程	1007932022101092	工程硕士专业学位
358	党瑞楠	女	120192206018	物流工程	1007932022101093	工程硕士专业学位
359	董建强	男	120192206019	物流工程	1007932022101094	工程硕士专业学位
360	江　珊	女	120192206021	物流工程	1007932022101095	工程硕士专业学位
361	李辰涛	男	120192206022	物流工程	1007932022101096	工程硕士专业学位
362	李城城	男	120192206023	物流工程	1007932022101097	工程硕士专业学位
363	李　璇	女	120192206024	物流工程	1007932022101098	工程硕士专业学位
364	刘慧慧	女	120192206025	物流工程	1007932022101099	工程硕士专业学位
365	刘雨萌	女	120192206026	物流工程	1007932022101100	工程硕士专业学位
366	刘子毅	男	120192206027	物流工程	1007932022101101	工程硕士专业学位
367	卢运媛	女	120192206028	物流工程	1007932022101102	工程硕士专业学位
368	彭　川	男	120192206029	物流工程	1007932022101103	工程硕士专业学位
369	乔　力	女	120192206030	物流工程	1007932022101104	工程硕士专业学位
370	石二宁	女	120192206031	物流工程	1007932022101105	工程硕士专业学位
371	王丹丹	女	120192206032	物流工程	1007932022101106	工程硕士专业学位
372	王　雅	女	120192206033	物流工程	1007932022101107	工程硕士专业学位
373	徐林林	女	120192206034	物流工程	1007932022101108	工程硕士专业学位
374	张　辽	男	120192206035	物流工程	1007932022101109	工程硕士专业学位
375	张一铎	男	120192206037	物流工程	1007932022101110	工程硕士专业学位
376	赵儒臣	女	120192206038	物流工程	1007932022101111	工程硕士专业学位
377	王宏伟	女	120192206184	工商管理	1007932022101112	工商管理硕士专业学位
378	谢宇新	男	120192206197	工商管理	1007932022101113	工商管理硕士专业学位

续表

序号	姓名	性别	学号	领域名称	学位证书号	学位类别
379	白向婷	女	120192206231	会计	1007932022101114	会计硕士专业学位
380	曹温静	女	120192206239	会计	1007932022101115	会计硕士专业学位
381	陈　洁	女	120192206246	会计	1007932022101116	会计硕士专业学位
382	郭镌灿	男	120192206284	会计	1007932022101117	会计硕士专业学位
383	郭锡康	男	120192206287	会计	1007932022101118	会计硕士专业学位
384	郭亚飞	男	120192206291	会计	1007932022101119	会计硕士专业学位
385	韩佳凝	女	120192206292	会计	1007932022101120	会计硕士专业学位
386	黄建康	男	120192206302	会计	1007932022101121	会计硕士专业学位
387	黄羽茜	女	120192206303	会计	1007932022101122	会计硕士专业学位
388	李晨阳	女	120192206312	会计	1007932022101123	会计硕士专业学位
389	李媛媛	女	120192206334	会计	1007932022101124	会计硕士专业学位
390	廖雁翎	女	120192206340	会计	1007932022101125	会计硕士专业学位
391	刘　文	女	120192206355	会计	1007932022101126	会计硕士专业学位
392	刘　苑	女	120192206358	会计	1007932022101127	会计硕士专业学位
393	陆　彤	女	120192206362	会计	1007932022101128	会计硕士专业学位
394	罗琦琪	女	120192206366	会计	1007932022101129	会计硕士专业学位
395	马　晗	女	120192206369	会计	1007932022101130	会计硕士专业学位
396	牛涵璐	女	120192206378	会计	1007932022101131	会计硕士专业学位
397	潘继璇	男	120192206382	会计	1007932022101132	会计硕士专业学位
398	宋司博	男	120192206400	会计	1007932022101133	会计硕士专业学位
399	苏蓉儿	女	120192206404	会计	1007932022101134	会计硕士专业学位
400	孙　虹	女	120192206406	会计	1007932022101135	会计硕士专业学位
401	唐筱仪	女	120192206416	会计	1007932022101136	会计硕士专业学位
402	王江乐	女	120192206425	会计	1007932022101137	会计硕士专业学位
403	王睿杰	女	120192206432	会计	1007932022101138	会计硕士专业学位
404	王思慧	女	120192206435	会计	1007932022101139	会计硕士专业学位
405	王翔毅	男	120192206437	会计	1007932022101140	会计硕士专业学位
406	王　宇	男	120192206443	会计	1007932022101141	会计硕士专业学位
407	乌云高娃	女	120192206448	会计	1007932022101142	会计硕士专业学位
408	乌云塔娜	女	120192206449	会计	1007932022101143	会计硕士专业学位
409	吴　靖	男	120192206450	会计	1007932022101144	会计硕士专业学位
410	吴兰兰	女	120192206452	会计	1007932022101145	会计硕士专业学位
411	邢　祎	女	120192206466	会计	1007932022101146	会计硕士专业学位
412	阎璐璐	女	120192206478	会计	1007932022101147	会计硕士专业学位
413	杨瑞慈	女	120192206485	会计	1007932022101148	会计硕士专业学位
414	杨淑婕	女	120192206486	会计	1007932022101149	会计硕士专业学位

续表

序号	姓名	性别	学号	领域名称	学位证书号	学位类别
415	叶　晨	女	120192206496	会计	1007932022101150	会计硕士专业学位
416	原蓉芳	女	120192206505	会计	1007932022101151	会计硕士专业学位
417	袁雅云	女	120192206507	会计	1007932022101152	会计硕士专业学位
418	翟晓颖	女	120192206512	会计	1007932022101153	会计硕士专业学位
419	张　楠	女	120192206518	会计	1007932022101154	会计硕士专业学位
420	赵彩萍	女	120192206532	会计	1007932022101155	会计硕士专业学位
421	赵宁致	男	120192206536	会计	1007932022101156	会计硕士专业学位
422	朱　恺	男	120192206556	会计	1007932022101157	会计硕士专业学位
423	朱宇超	女	120192206561	会计	1007932022101158	会计硕士专业学位
424	李紫怡	女	120192206581	工程管理	1007932022101159	工程管理硕士专业学位
425	阿依多斯·黑勒木汗	男	120192206951	金融	1007932022101160	金融硕士专业学位
426	陈晓东	男	120192206953	金融	1007932022101161	金融硕士专业学位
427	张　浩	男	120192206972	金融	1007932022101162	金融硕士专业学位
428	张文斌	男	120192206973	金融	1007932022101163	金融硕士专业学位
429	邹碧霞	女	120192206977	金融	1007932022101164	金融硕士专业学位
430	陈建民	男	120192206978	工业工程	1007932022101165	工程硕士专业学位
431	陈正鹏	男	120192206979	工业工程	1007932022101166	工程硕士专业学位
432	董　华	女	120192206980	工业工程	1007932022101167	工程硕士专业学位
433	方　程	男	120192206981	工业工程	1007932022101168	工程硕士专业学位
434	高　源	男	120192206982	工业工程	1007932022101169	工程硕士专业学位
435	龚传正	男	120192206983	工业工程	1007932022101170	工程硕士专业学位
436	何沚金	男	120192206984	工业工程	1007932022101171	工程硕士专业学位
437	黄菲菲	女	120192206985	工业工程	1007932022101172	工程硕士专业学位
438	季宏岩	女	120192206986	工业工程	1007932022101173	工程硕士专业学位
439	乐　天	男	120192206987	工业工程	1007932022101174	工程硕士专业学位
440	李玥瑶	女	120192206988	工业工程	1007932022101175	工程硕士专业学位
441	刘丽丽	女	120192206989	工业工程	1007932022101176	工程硕士专业学位
442	刘云天	男	120192206990	工业工程	1007932022101177	工程硕士专业学位
443	陆　野	男	120192206991	工业工程	1007932022101178	工程硕士专业学位
444	彭　莎	女	120192206992	工业工程	1007932022101179	工程硕士专业学位
445	邱燕妮	女	120192206993	工业工程	1007932022101180	工程硕士专业学位
446	沈思佳	女	120192206994	工业工程	1007932022101181	工程硕士专业学位
447	宋珏池	女	120192206995	工业工程	1007932022101182	工程硕士专业学位
448	唐一金	男	120192206996	工业工程	1007932022101183	工程硕士专业学位
449	王竑达	男	120192206997	工业工程	1007932022101184	工程硕士专业学位
450	王　婧	女	120192206999	工业工程	1007932022101185	工程硕士专业学位

续表

序号	姓名	性别	学号	领域名称	学位证书号	学位类别
451	陈　猛	男	120202206135	工商管理	1007932022101186	工商管理硕士专业学位
452	冯菲菲	女	120202206136	工商管理	1007932022101187	工商管理硕士专业学位
453	冯　莞	男	120202206137	工商管理	1007932022101188	工商管理硕士专业学位
454	甘中天	男	120202206138	工商管理	1007932022101189	工商管理硕士专业学位
455	巩秋月	女	120202206139	工商管理	1007932022101190	工商管理硕士专业学位
456	何　铭	男	120202206140	工商管理	1007932022101191	工商管理硕士专业学位
457	胡　可	女	120202206141	工商管理	1007932022101192	工商管理硕士专业学位
458	李　根	男	120202206142	工商管理	1007932022101193	工商管理硕士专业学位
459	李鹏阳	男	120202206144	工商管理	1007932022101194	工商管理硕士专业学位
460	李艳嵘	女	120202206145	工商管理	1007932022101195	工商管理硕士专业学位
461	李莹莹	女	120202206146	工商管理	1007932022101196	工商管理硕士专业学位
462	刘佳明	男	120202206147	工商管理	1007932022101197	工商管理硕士专业学位
463	麦荣利	男	120202206149	工商管理	1007932022101198	工商管理硕士专业学位
464	孟亚静	女	120202206150	工商管理	1007932022101199	工商管理硕士专业学位
465	牛　涛	男	120202206151	工商管理	1007932022101200	工商管理硕士专业学位
466	苏　鹏	男	120202206154	工商管理	1007932022101201	工商管理硕士专业学位
467	仝娜娜	女	120202206155	工商管理	1007932022101202	工商管理硕士专业学位
468	王嘉稷	男	120202206156	工商管理	1007932022101203	工商管理硕士专业学位
469	王　伟	男	120202206157	工商管理	1007932022101204	工商管理硕士专业学位
470	王亚东	女	120202206158	工商管理	1007932022101205	工商管理硕士专业学位
471	王智华	男	120202206159	工商管理	1007932022101206	工商管理硕士专业学位
472	谢思莹	女	120202206160	工商管理	1007932022101207	工商管理硕士专业学位
473	幸　晨	女	120202206161	工商管理	1007932022101208	工商管理硕士专业学位
474	张昕雅	女	120202206162	工商管理	1007932022101209	工商管理硕士专业学位
475	赵一鉴	男	120202206163	工商管理	1007932022101210	工商管理硕士专业学位
476	周　磊	男	120202206164	工商管理	1007932022101211	工商管理硕士专业学位
477	程　茵	女	120202206250	工程管理	1007932022101212	工程管理硕士专业学位
478	刘　序	男	120202206254	工程管理	1007932022101213	工程管理硕士专业学位
479	秦晨风	男	120202206255	工程管理	1007932022101214	工程管理硕士专业学位
480	申融容	女	120202206256	工程管理	1007932022101215	工程管理硕士专业学位
481	涂开开	男	120202206257	工程管理	1007932022101216	工程管理硕士专业学位
482	王林伟	男	120202206258	工程管理	1007932022101217	工程管理硕士专业学位
483	王文勇	男	120202206259	工程管理	1007932022101218	工程管理硕士专业学位
484	闫恺莉	女	120202206261	工程管理	1007932022101219	工程管理硕士专业学位
485	余泳杰	男	120202206262	工程管理	1007932022101220	工程管理硕士专业学位
486	宋　杰	男	1182227142	控制工程	1007932022101221	工程硕士专业学位

续表

序号	姓名	性别	学号	领域名称	学位证书号	学位类别
559	梁　越	男	120192227226	计算机技术	1007932022101294	工程硕士专业学位
560	刘　雄	男	120192227233	计算机技术	1007932022101295	工程硕士专业学位
561	刘彦志	男	120192227234	计算机技术	1007932022101296	工程硕士专业学位
562	刘远彬	男	120192227237	计算机技术	1007932022101297	工程硕士专业学位
563	刘志鹏	男	120192227238	计算机技术	1007932022101298	工程硕士专业学位
564	年家呈	男	120192227242	计算机技术	1007932022101299	工程硕士专业学位
565	彭浚桓	男	120192227243	计算机技术	1007932022101300	工程硕士专业学位
566	任会康	男	120192227245	计算机技术	1007932022101301	工程硕士专业学位
567	剡振业	男	120192227247	计算机技术	1007932022101302	工程硕士专业学位
568	石　进	男	120192227252	计算机技术	1007932022101303	工程硕士专业学位
569	宋　旺	男	120192227256	计算机技术	1007932022101304	工程硕士专业学位
570	苏　盈	女	120192227258	计算机技术	1007932022101305	工程硕士专业学位
571	王天生	男	120192227271	计算机技术	1007932022101306	工程硕士专业学位
572	魏　朝	男	120192227274	计算机技术	1007932022101307	工程硕士专业学位
573	吴明霞	女	120192227275	计算机技术	1007932022101308	工程硕士专业学位
574	吴志伟	男	120192227277	计算机技术	1007932022101309	工程硕士专业学位
575	薛天然	女	120192227287	计算机技术	1007932022101310	工程硕士专业学位
576	杨晓雨	女	120192227293	计算机技术	1007932022101311	工程硕士专业学位
577	杨雅鑫	女	120192227295	计算机技术	1007932022101312	工程硕士专业学位
578	杨伊帆	女	120192227296	计算机技术	1007932022101313	工程硕士专业学位
579	张　杰	男	120192227303	计算机技术	1007932022101314	工程硕士专业学位
580	张卓彦	女	120192227311	计算机技术	1007932022101315	工程硕士专业学位
581	章　涛	男	120192227312	计算机技术	1007932022101316	工程硕士专业学位
582	赵　东	男	120192227314	计算机技术	1007932022101317	工程硕士专业学位
583	赵立娇	女	120192227315	计算机技术	1007932022101318	工程硕士专业学位
584	陈文欣	女	120192227326	软件工程	1007932022101319	工程硕士专业学位
585	崔　灵	女	120192227328	软件工程	1007932022101320	工程硕士专业学位
586	杜　哲	女	120192227329	软件工程	1007932022101321	工程硕士专业学位
587	韩　旭	女	120192227330	软件工程	1007932022101322	工程硕士专业学位
588	罗　兴	男	120192227337	软件工程	1007932022101323	工程硕士专业学位
589	项荣欣	男	120192227347	软件工程	1007932022101324	工程硕士专业学位
590	肖　卓	男	120192227348	软件工程	1007932022101325	工程硕士专业学位
591	翟旻昊	男	120192227353	软件工程	1007932022101326	工程硕士专业学位
592	张　楸	男	120192227357	软件工程	1007932022101327	工程硕士专业学位
593	赵　彤	女	120192227361	软件工程	1007932022101328	工程硕士专业学位
594	郑碧煌	女	120192227362	软件工程	1007932022101329	工程硕士专业学位

续表

序号	姓名	性别	学号	领域名称	学位证书号	学位类别
595	安　凯	男	1182211100	动力工程	1007932022101330	工程硕士专业学位
596	白璐云	女	120192211880	材料工程	1007932022101331	工程硕士专业学位
597	李　浩	男	120192211883	材料工程	1007932022101332	工程硕士专业学位
598	李晓宇	男	120192211884	材料工程	1007932022101333	工程硕士专业学位
599	刘　燊	男	120192211885	材料工程	1007932022101334	工程硕士专业学位
600	宋晗宇	女	120192211886	材料工程	1007932022101335	工程硕士专业学位
601	唐栋斌	男	120192211887	材料工程	1007932022101336	工程硕士专业学位
602	王瓯敏	女	120192211888	材料工程	1007932022101337	工程硕士专业学位
603	徐同辉	男	120192211889	材料工程	1007932022101338	工程硕士专业学位
604	杨成福	男	120192211890	材料工程	1007932022101339	工程硕士专业学位
605	杨康宁	男	120192211891	材料工程	1007932022101340	工程硕士专业学位
606	姚　逾	男	120192211892	材料工程	1007932022101341	工程硕士专业学位
607	张来豫	男	120192211893	材料工程	1007932022101342	工程硕士专业学位
608	张文堤	男	120192211894	材料工程	1007932022101343	工程硕士专业学位
609	张笑鸣	男	120192211896	材料工程	1007932022101344	工程硕士专业学位
610	郑有哲	男	120192211897	材料工程	1007932022101345	工程硕士专业学位
611	周　奇	男	120192211898	材料工程	1007932022101346	工程硕士专业学位
612	朱晓东	男	120192211899	材料工程	1007932022101347	工程硕士专业学位
613	曹立超	男	120192211900	动力工程	1007932022101348	工程硕士专业学位
614	陈永聪	男	120192211901	动力工程	1007932022101349	工程硕士专业学位
615	冯安稳	男	120192211902	动力工程	1007932022101350	工程硕士专业学位
616	侯汝印	男	120192211903	动力工程	1007932022101351	工程硕士专业学位
617	黄庭尧	男	120192211905	动力工程	1007932022101352	工程硕士专业学位
618	靳丹阳	男	120192211906	动力工程	1007932022101353	工程硕士专业学位
619	李卓言	女	120192211907	动力工程	1007932022101354	工程硕士专业学位
620	牛广凌	男	120192211908	动力工程	1007932022101355	工程硕士专业学位
621	欧阳昊东	男	120192211909	动力工程	1007932022101356	工程硕士专业学位
622	沈　忱	男	120192211910	动力工程	1007932022101357	工程硕士专业学位
623	王　楠	男	120192211911	动力工程	1007932022101358	工程硕士专业学位
624	王一博	女	120192211912	动力工程	1007932022101359	工程硕士专业学位
625	王郁昭	男	120192211913	动力工程	1007932022101360	工程硕士专业学位
626	谢文銮	男	120192211914	动力工程	1007932022101361	工程硕士专业学位
627	杨宏伟	男	120192211915	动力工程	1007932022101362	工程硕士专业学位
628	于越聪	女	120192211916	动力工程	1007932022101363	工程硕士专业学位
629	曾渝钦	女	120192211917	动力工程	1007932022101364	工程硕士专业学位
630	常长城	男	120192212964	动力工程	1007932022101365	工程硕士专业学位

续表

序号	姓名	性别	学号	领域名称	学位证书号	学位类别
631	封　杨	男	120192212965	动力工程	1007932022101366	工程硕士专业学位
632	冯明聪	男	120192212966	动力工程	1007932022101367	工程硕士专业学位
633	符精品	男	120192212967	动力工程	1007932022101368	工程硕士专业学位
634	郝　琦	男	120192212968	动力工程	1007932022101369	工程硕士专业学位
635	蒋　屹	男	120192212969	动力工程	1007932022101370	工程硕士专业学位
636	刘　祥	男	120192212970	动力工程	1007932022101371	工程硕士专业学位
637	王译锋	男	120192212971	动力工程	1007932022101372	工程硕士专业学位
638	夏林路	男	120192212972	动力工程	1007932022101373	工程硕士专业学位
639	许怀金	男	120192212973	动力工程	1007932022101374	工程硕士专业学位
640	余　毫	男	120192212974	动力工程	1007932022101375	工程硕士专业学位
641	钟正统	男	120192212975	动力工程	1007932022101376	工程硕士专业学位
642	周　霞	女	120192212976	动力工程	1007932022101377	工程硕士专业学位
643	曹　晨	男	120192232406	环境工程	1007932022101378	工程硕士专业学位
644	陈微微	女	120192232407	环境工程	1007932022101379	工程硕士专业学位
645	董鑫晟	男	120192232408	环境工程	1007932022101380	工程硕士专业学位
646	韩桂璇	女	120192232409	环境工程	1007932022101381	工程硕士专业学位
647	韩天昊	男	120192232410	环境工程	1007932022101382	工程硕士专业学位
648	韩珍珍	女	120192232411	环境工程	1007932022101383	工程硕士专业学位
649	匡慧子	女	120192232412	环境工程	1007932022101384	工程硕士专业学位
650	李洪基	男	120192232413	环境工程	1007932022101385	工程硕士专业学位
651	李婧婧	女	120192232414	环境工程	1007932022101386	工程硕士专业学位
652	李　童	女	120192232416	环境工程	1007932022101387	工程硕士专业学位
653	李志颖	男	120192232418	环境工程	1007932022101388	工程硕士专业学位
654	林青霞	女	120192232419	环境工程	1007932022101389	工程硕士专业学位
655	蒙　强	男	120192232421	环境工程	1007932022101390	工程硕士专业学位
656	卿　会	女	120192232424	环境工程	1007932022101391	工程硕士专业学位
657	谭钧元	女	120192232426	环境工程	1007932022101392	工程硕士专业学位
658	田志超	男	120192232427	环境工程	1007932022101393	工程硕士专业学位
659	王　凯	男	120192232428	环境工程	1007932022101394	工程硕士专业学位
660	王凌霄	男	120192232429	环境工程	1007932022101395	工程硕士专业学位
661	肖家鹏	男	120192232431	环境工程	1007932022101396	工程硕士专业学位
662	肖　静	女	120192232432	环境工程	1007932022101397	工程硕士专业学位
663	张　浩	男	120192232434	环境工程	1007932022101398	工程硕士专业学位
664	张仕佳	女	120192232435	环境工程	1007932022101399	工程硕士专业学位
665	张　硕	女	120192232436	环境工程	1007932022101400	工程硕士专业学位
666	张翔宇	男	120192232437	环境工程	1007932022101401	工程硕士专业学位

续表

序号	姓名	性别	学号	领域名称	学位证书号	学位类别
667	张雅然	女	120192232438	环境工程	1007932022101402	工程硕士专业学位
668	周梦莹	女	120192232440	环境工程	1007932022101403	工程硕士专业学位
669	王亚萍	女	1182207034	公共管理	1007932022101404	公共管理硕士专业学位
670	代光胜	男	120192207628	法律(非法学)	1007932022101405	法律硕士专业学位
671	党　冰	女	120192207629	法律(非法学)	1007932022101406	法律硕士专业学位
672	邸少鹏	男	120192207630	法律(非法学)	1007932022101407	法律硕士专业学位
673	高椿梲	男	120192207632	法律(非法学)	1007932022101408	法律硕士专业学位
674	田　瑞	男	120192207637	法律(非法学)	1007932022101409	法律硕士专业学位
675	王道静	女	120192207638	法律(非法学)	1007932022101410	法律硕士专业学位
676	王星淇	男	120192207640	法律(非法学)	1007932022101411	法律硕士专业学位
677	王　越	女	120192207641	法律(非法学)	1007932022101412	法律硕士专业学位
678	叶小草	女	120192207643	法律(非法学)	1007932022101413	法律硕士专业学位
679	张　瑶	女	120192207645	法律(非法学)	1007932022101414	法律硕士专业学位
680	曹程远	女	120192207646	法律(法学)	1007932022101415	法律硕士专业学位
681	陈　星	男	120192207647	法律(法学)	1007932022101416	法律硕士专业学位
682	郭　鑫	女	120192207648	法律(法学)	1007932022101417	法律硕士专业学位
683	何　平	女	120192207649	法律(法学)	1007932022101418	法律硕士专业学位
684	胡佳欣	女	120192207650	法律(法学)	1007932022101419	法律硕士专业学位
685	吉　祥	男	120192207651	法律(法学)	1007932022101420	法律硕士专业学位
686	刘丹青	女	120192207652	法律(法学)	1007932022101421	法律硕士专业学位
687	刘光玉	女	120192207653	法律(法学)	1007932022101422	法律硕士专业学位
688	马冬雪	女	120192207654	法律(法学)	1007932022101423	法律硕士专业学位
689	王　层	男	120192207655	法律(法学)	1007932022101424	法律硕士专业学位
690	王品雪	女	120192207656	法律(法学)	1007932022101425	法律硕士专业学位
691	武可文	男	120192207657	法律(法学)	1007932022101426	法律硕士专业学位
692	徐鹏博	男	120192207658	法律(法学)	1007932022101427	法律硕士专业学位
693	张明月	女	120192207660	法律(法学)	1007932022101428	法律硕士专业学位
694	郝　然	女	120202208017	英语笔译	1007932022101429	翻译硕士专业学位
695	何若瑄	女	120202208018	英语笔译	1007932022101430	翻译硕士专业学位
696	贾　彪	男	120202208019	英语笔译	1007932022101431	翻译硕士专业学位
697	贾逸群	女	120202208020	英语笔译	1007932022101432	翻译硕士专业学位
698	阚成瑜	女	120202208021	英语笔译	1007932022101433	翻译硕士专业学位
699	孔亚萍	女	120202208022	英语笔译	1007932022101434	翻译硕士专业学位
700	李　博	女	120202208023	英语笔译	1007932022101435	翻译硕士专业学位
701	李　明	女	120202208024	英语笔译	1007932022101436	翻译硕士专业学位
702	李艳云	女	120202208025	英语笔译	1007932022101437	翻译硕士专业学位

续表

序号	姓名	性别	学号	领域名称	学位证书号	学位类别
703	刘　畅	女	120202208026	英语笔译	1007932022101438	翻译硕士专业学位
704	刘小榕	女	120202208027	英语笔译	1007932022101439	翻译硕士专业学位
705	马志茹	女	120202208028	英语笔译	1007932022101440	翻译硕士专业学位
706	莫　嵘	女	120202208029	英语笔译	1007932022101441	翻译硕士专业学位
707	倪　颖	女	120202208030	英语笔译	1007932022101442	翻译硕士专业学位
708	任奕霏	女	120202208031	英语笔译	1007932022101443	翻译硕士专业学位
709	吴宇萌	女	120202208033	英语笔译	1007932022101444	翻译硕士专业学位
710	于雪飞	女	120202208034	英语笔译	1007932022101445	翻译硕士专业学位
711	赵　欣	女	120202208035	英语笔译	1007932022101446	翻译硕士专业学位
712	郑天泽	男	120202208036	英语笔译	1007932022101447	翻译硕士专业学位
713	陈倩倩	女	120192209716	应用统计	1007932022101448	应用统计硕士专业学位
714	丁　春	女	120192209718	应用统计	1007932022101449	应用统计硕士专业学位
715	杜艾馨	女	120192209720	应用统计	1007932022101450	应用统计硕士专业学位
716	龚珍项	女	120192209721	应用统计	1007932022101451	应用统计硕士专业学位
717	郭家良	男	120192209722	应用统计	1007932022101452	应用统计硕士专业学位
718	黄慧敏	女	120192209724	应用统计	1007932022101453	应用统计硕士专业学位
719	郎亚萍	女	120192209725	应用统计	1007932022101454	应用统计硕士专业学位
720	李　晨	男	120192209726	应用统计	1007932022101455	应用统计硕士专业学位
721	李嘉正	男	120192209727	应用统计	1007932022101456	应用统计硕士专业学位
722	林洪蕊	女	120192209729	应用统计	1007932022101457	应用统计硕士专业学位
723	刘文博	女	120192209731	应用统计	1007932022101458	应用统计硕士专业学位
724	刘亚茹	女	120192209732	应用统计	1007932022101459	应用统计硕士专业学位
725	刘紫微	女	120192209733	应用统计	1007932022101460	应用统计硕士专业学位
726	韶　峰	男	120192209737	应用统计	1007932022101461	应用统计硕士专业学位
727	盛　强	男	120192209738	应用统计	1007932022101462	应用统计硕士专业学位
728	苏东月	女	120192209739	应用统计	1007932022101463	应用统计硕士专业学位
729	孙　萌	女	120192209740	应用统计	1007932022101464	应用统计硕士专业学位
730	涂佳敏	女	120192209743	应用统计	1007932022101465	应用统计硕士专业学位
731	王　丹	女	120192209744	应用统计	1007932022101466	应用统计硕士专业学位
732	王贺娜	女	120192209745	应用统计	1007932022101467	应用统计硕士专业学位
733	王　苛	女	120192209746	应用统计	1007932022101468	应用统计硕士专业学位
734	王晓宇	女	120192209748	应用统计	1007932022101469	应用统计硕士专业学位
735	魏　健	男	120192209750	应用统计	1007932022101470	应用统计硕士专业学位
736	夏　祥	男	120192209751	应用统计	1007932022101471	应用统计硕士专业学位
737	杨　迪	女	120192209754	应用统计	1007932022101472	应用统计硕士专业学位
738	姚　越	女	120192209757	应用统计	1007932022101473	应用统计硕士专业学位

续表

序号	姓名	性别	学号	领域名称	学位证书号	学位类别
739	张汇君	女	120192209759	应用统计	1007932022101474	应用统计硕士专业学位
740	祖甜霞	女	120192209768	应用统计	1007932022101475	应用统计硕士专业学位
741	邓　航	男	1172301015	电气工程	1007932022101476	工程硕士专业学位
742	郭宇程	女	1172301031	电气工程	1007932022101477	工程硕士专业学位
743	冀鹏飞	男	1172301039	电气工程	1007932022101478	工程硕士专业学位
744	刘彦麟	女	1172301063	电气工程	1007932022101479	工程硕士专业学位
745	牟行宇	男	1172301069	电气工程	1007932022101480	工程硕士专业学位
746	聂凤祺	女	1172301071	电气工程	1007932022101481	工程硕士专业学位
747	王春晨	女	1172301088	电气工程	1007932022101482	工程硕士专业学位
748	王小亮	男	1172301099	电气工程	1007932022101483	工程硕士专业学位
749	王　瑜	女	1172301104	电气工程	1007932022101484	工程硕士专业学位
750	王泽润	男	1172301105	电气工程	1007932022101485	工程硕士专业学位
751	吴园园	男	1172301109	电气工程	1007932022101486	工程硕士专业学位
752	肖　禹	男	1172301114	电气工程	1007932022101487	工程硕士专业学位
753	杨　彤	男	1172301127	电气工程	1007932022101488	工程硕士专业学位
754	杨兆晶	女	1172301128	电气工程	1007932022101489	工程硕士专业学位
755	张　强	男	1172301141	电气工程	1007932022101490	工程硕士专业学位
756	张子超	男	1172301150	电气工程	1007932022101491	工程硕士专业学位
757	赵志远	男	1172301156	电气工程	1007932022101492	工程硕士专业学位
758	朱嘉宁	男	1172301163	电气工程	1007932022101493	工程硕士专业学位
759	朱玉婷	女	1172301164	电气工程	1007932022101494	工程硕士专业学位
760	雷雨潇	男	1172701001	电气工程	1007932022101495	工程硕士专业学位
761	申　焕	男	1172701002	电气工程	1007932022101496	工程硕士专业学位
762	边　锋	男	1182301003	电气工程	1007932022101497	工程硕士专业学位
763	蔡　畅	男	1182301004	电气工程	1007932022101498	工程硕士专业学位
764	何京浩	男	1182301021	电气工程	1007932022101499	工程硕士专业学位
765	姜万龙	男	1182301030	电气工程	1007932022101500	工程硕士专业学位
766	靳淞凯	男	1182301032	电气工程	1007932022101501	工程硕士专业学位
767	李兆鑫	男	1182301042	电气工程	1007932022101502	工程硕士专业学位
768	栾　骞	男	1182301048	电气工程	1007932022101503	工程硕士专业学位
769	汤小令	男	1182301063	电气工程	1007932022101504	工程硕士专业学位
770	王翔平	男	1182301071	电气工程	1007932022101505	工程硕士专业学位
771	谢夏妮	女	1182301077	电气工程	1007932022101506	工程硕士专业学位
772	余　涛	男	1182301086	电气工程	1007932022101507	工程硕士专业学位
773	张志康	男	1182301098	电气工程	1007932022101508	工程硕士专业学位
774	徐煜洲	男	1182301112	电子与通信工程	1007932022101509	工程硕士专业学位

续表

序号	姓名	性别	学号	领域名称	学位证书号	学位类别
775	包文奇	女	120192301250	电气工程	1007932022101510	工程硕士专业学位
776	蔡　光	男	120192301251	电气工程	1007932022101511	工程硕士专业学位
777	蔡凌霄	女	120192301254	电气工程	1007932022101512	工程硕士专业学位
778	陈红发	男	120192301258	电气工程	1007932022101513	工程硕士专业学位
779	陈明晖	男	120192301264	电气工程	1007932022101514	工程硕士专业学位
780	成　航	男	120192301267	电气工程	1007932022101515	工程硕士专业学位
781	程鸣鹤	男	120192301269	电气工程	1007932022101516	工程硕士专业学位
782	褚卿莹	女	120192301271	电气工程	1007932022101517	工程硕士专业学位
783	丛　彪	男	120192301272	电气工程	1007932022101518	工程硕士专业学位
784	崔宇轩	男	120192301274	电气工程	1007932022101519	工程硕士专业学位
785	丁　亮	男	120192301277	电气工程	1007932022101520	工程硕士专业学位
786	董志超	男	120192301282	电气工程	1007932022101521	工程硕士专业学位
787	杜宇春	男	120192301287	电气工程	1007932022101522	工程硕士专业学位
788	冯　祥	男	120192301290	电气工程	1007932022101523	工程硕士专业学位
789	付妍筠	女	120192301292	电气工程	1007932022101524	工程硕士专业学位
790	耿琪琛	女	120192301295	电气工程	1007932022101525	工程硕士专业学位
791	郭浩然	男	120192301303	电气工程	1007932022101526	工程硕士专业学位
792	郭　磊	男	120192301304	电气工程	1007932022101527	工程硕士专业学位
793	江世杰	男	120192301319	电气工程	1007932022101528	工程硕士专业学位
794	姜子元	男	120192301323	电气工程	1007932022101529	工程硕士专业学位
795	李承远	男	120192301332	电气工程	1007932022101530	工程硕士专业学位
796	李京卓	男	120192301338	电气工程	1007932022101531	工程硕士专业学位
797	梁军龙	男	120192301362	电气工程	1007932022101532	工程硕士专业学位
798	刘　昊	男	120192301372	电气工程	1007932022101533	工程硕士专业学位
799	刘　浩	男	120192301373	电气工程	1007932022101534	工程硕士专业学位
800	刘立卿	男	120192301377	电气工程	1007932022101535	工程硕士专业学位
801	刘思达	男	120192301381	电气工程	1007932022101536	工程硕士专业学位
802	吕兴浩	男	120192301392	电气工程	1007932022101537	工程硕士专业学位
803	宁昭军	男	120192301408	电气工程	1007932022101538	工程硕士专业学位
804	欧阳霁星	女	120192301412	电气工程	1007932022101539	工程硕士专业学位
805	冉　晏	女	120192301421	电气工程	1007932022101540	工程硕士专业学位
806	石宇倩	女	120192301427	电气工程	1007932022101541	工程硕士专业学位
807	宋丹萌	女	120192301430	电气工程	1007932022101542	工程硕士专业学位
808	谭志遥	男	120192301443	电气工程	1007932022101543	工程硕士专业学位
809	汪可人	女	120192301455	电气工程	1007932022101544	工程硕士专业学位
810	王涵宇	男	120192301458	电气工程	1007932022101545	工程硕士专业学位

续表

序号	姓名	性别	学号	领域名称	学位证书号	学位类别
811	王　昊	男	120192301459	电气工程	1007932022101546	工程硕士专业学位
812	王俊霖	男	120192301461	电气工程	1007932022101547	工程硕士专业学位
813	王睿鑫	女	120192301464	电气工程	1007932022101548	工程硕士专业学位
814	王　威	男	120192301469	电气工程	1007932022101549	工程硕士专业学位
815	王　翔	男	120192301471	电气工程	1007932022101550	工程硕士专业学位
816	王　洋	女	120192301473	电气工程	1007932022101551	工程硕士专业学位
817	王怡然	女	120192301474	电气工程	1007932022101552	工程硕士专业学位
818	王卓权	男	120192301484	电气工程	1007932022101553	工程硕士专业学位
819	魏哲恺	男	120192301488	电气工程	1007932022101554	工程硕士专业学位
820	吴　飞	男	120192301491	电气工程	1007932022101555	工程硕士专业学位
821	向柯霓	女	120192301497	电气工程	1007932022101556	工程硕士专业学位
822	徐立峰	男	120192301502	电气工程	1007932022101557	工程硕士专业学位
823	严思越	男	120192301510	电气工程	1007932022101558	工程硕士专业学位
824	杨谨铭	男	120192301514	电气工程	1007932022101559	工程硕士专业学位
825	杨若松	男	120192301516	电气工程	1007932022101560	工程硕士专业学位
826	尹　轲	男	120192301520	电气工程	1007932022101561	工程硕士专业学位
827	于福水	男	120192301523	电气工程	1007932022101562	工程硕士专业学位
828	俞馥佳	女	120192301528	电气工程	1007932022101563	工程硕士专业学位
829	张　博	男	120192301534	电气工程	1007932022101564	工程硕士专业学位
830	张　东	男	120192301537	电气工程	1007932022101565	工程硕士专业学位
831	张家萁	男	120192301539	电气工程	1007932022101566	工程硕士专业学位
832	张　奎	男	120192301540	电气工程	1007932022101567	工程硕士专业学位
833	张　亮	男	120192301542	电气工程	1007932022101568	工程硕士专业学位
834	张晓萱	男	120192301554	电气工程	1007932022101569	工程硕士专业学位
835	张艳萍	女	120192301558	电气工程	1007932022101570	工程硕士专业学位
836	张泽群	男	120192301562	电气工程	1007932022101571	工程硕士专业学位
837	张子骁	男	120192301564	电气工程	1007932022101572	工程硕士专业学位
838	赵丽媛	女	120192301569	电气工程	1007932022101573	工程硕士专业学位
839	赵腾飞	男	120192301572	电气工程	1007932022101574	工程硕士专业学位
840	赵振熙	男	120192301574	电气工程	1007932022101575	工程硕士专业学位
841	支卓睿	女	120192301579	电气工程	1007932022101576	工程硕士专业学位
842	周磬寒	女	120192301587	电气工程	1007932022101577	工程硕士专业学位
843	朱莹花	女	120192301592	电气工程	1007932022101578	工程硕士专业学位
844	陈达理	男	120192301598	电子与通信工程	1007932022101579	工程硕士专业学位
845	剧玮坦	女	120192301611	电子与通信工程	1007932022101580	工程硕士专业学位
846	李　保	男	120192301612	电子与通信工程	1007932022101581	工程硕士专业学位

续表

序号	姓名	性别	学号	领域名称	学位证书号	学位类别
847	李弘昱	女	120192301615	电子与通信工程	1007932022101582	工程硕士专业学位
848	刘亚光	男	120192301621	电子与通信工程	1007932022101583	工程硕士专业学位
849	刘一鸣	男	120192301623	电子与通信工程	1007932022101584	工程硕士专业学位
850	马　帅	男	120192301625	电子与通信工程	1007932022101585	工程硕士专业学位
851	乔婷婷	女	120192301630	电子与通信工程	1007932022101586	工程硕士专业学位
852	权少鹏	男	120192301631	电子与通信工程	1007932022101587	工程硕士专业学位
853	王圣洁	女	120192301640	电子与通信工程	1007932022101588	工程硕士专业学位
854	王世斌	男	120192301641	电子与通信工程	1007932022101589	工程硕士专业学位
855	王晓雪	女	120192301642	电子与通信工程	1007932022101590	工程硕士专业学位
856	王　越	男	120192301643	电子与通信工程	1007932022101591	工程硕士专业学位
857	韦子盛	男	120192301645	电子与通信工程	1007932022101592	工程硕士专业学位
858	魏代海	男	120192301646	电子与通信工程	1007932022101593	工程硕士专业学位
859	武　超	男	120192301650	电子与通信工程	1007932022101594	工程硕士专业学位
860	叶睿显	男	120192301655	电子与通信工程	1007932022101595	工程硕士专业学位
861	朱江北	男	120192301668	电子与通信工程	1007932022101596	工程硕士专业学位
862	肖　胜	男	1172302012	动力工程	1007932022101597	工程硕士专业学位
863	张茗泉	男	1172302022	动力工程	1007932022101598	工程硕士专业学位
864	赵惠晤	男	1172302027	动力工程	1007932022101599	工程硕士专业学位
865	李　岩	男	1182302007	动力工程	1007932022101600	工程硕士专业学位
866	崔文浩	男	120192302791	机械工程	1007932022101601	工程硕士专业学位
867	何龙龙	男	120192302794	机械工程	1007932022101602	工程硕士专业学位
868	刘　扩	男	120192302803	机械工程	1007932022101603	工程硕士专业学位
869	魏文桥	男	120192302814	机械工程	1007932022101604	工程硕士专业学位
870	徐明星	男	120192302815	机械工程	1007932022101605	工程硕士专业学位
871	程　向	男	120192302834	动力工程	1007932022101606	工程硕士专业学位
872	段博元	男	120192302839	动力工程	1007932022101607	工程硕士专业学位
873	王瑞明	男	120192302889	动力工程	1007932022101608	工程硕士专业学位
874	张金文	男	120192302921	动力工程	1007932022101609	工程硕士专业学位
875	张智达	男	120192302926	动力工程	1007932022101610	工程硕士专业学位
876	郑治伟	男	120192302934	动力工程	1007932022101611	工程硕士专业学位
877	段宇婷	女	1172306003	工程管理	1007932022101612	工程管理硕士专业学位
878	秦　扬	男	1172306011	工程管理	1007932022101613	工程管理硕士专业学位
879	翟　斌	男	1172306016	工程管理	1007932022101614	工程管理硕士专业学位
880	李玉朋	男	1172306045	工商管理	1007932022101615	工商管理硕士专业学位
881	闫　丽	女	1172306069	工商管理	1007932022101616	工商管理硕士专业学位
882	高艺丹	女	1172306139	会计	1007932022101617	会计硕士专业学位

续表

序号	姓名	性别	学号	领域名称	学位证书号	学位类别
883	刘怡晨	女	1172306221	会计	1007932022101618	会计硕士专业学位
884	沈　阳	女	1172306260	会计	1007932022101619	会计硕士专业学位
885	李　炜	男	1172706002	项目管理	1007932022101620	工程硕士专业学位
886	苏鼎然	男	1182306001	物流工程	1007932022101621	工程硕士专业学位
887	李　焕	女	1182306022	工商管理	1007932022101622	工商管理硕士专业学位
888	于佳琦	男	1182306059	工商管理	1007932022101623	工商管理硕士专业学位
889	赵亚勉	女	1182306068	工商管理	1007932022101624	工商管理硕士专业学位
890	韩建萍	女	1182306094	会计	1007932022101625	会计硕士专业学位
891	李禹蒙	女	1182306111	会计	1007932022101626	会计硕士专业学位
892	吴　昊	女	1182306153	会计	1007932022101627	会计硕士专业学位
893	李怡宁	女	1182306198	工程管理	1007932022101628	工程管理硕士专业学位
894	施玉茹	女	1182306202	工程管理	1007932022101629	工程管理硕士专业学位
895	杨金刚	男	1182306211	工程管理	1007932022101630	工程管理硕士专业学位
896	曹浩然	男	120192306124	工商管理	1007932022101631	工商管理硕士专业学位
897	常　春	女	120192306126	工商管理	1007932022101632	工商管理硕士专业学位
898	常建华	男	120192306127	工商管理	1007932022101633	工商管理硕士专业学位
899	陈军伟	男	120192306128	工商管理	1007932022101634	工商管理硕士专业学位
900	丁国凤	女	120192306131	工商管理	1007932022101635	工商管理硕士专业学位
901	杜学政	女	120192306132	工商管理	1007932022101636	工商管理硕士专业学位
902	扶润泽	男	120192306134	工商管理	1007932022101637	工商管理硕士专业学位
903	高　铭	女	120192306135	工商管理	1007932022101638	工商管理硕士专业学位
904	高小兴	男	120192306136	工商管理	1007932022101639	工商管理硕士专业学位
905	郭帅麒	男	120192306138	工商管理	1007932022101640	工商管理硕士专业学位
906	韩晓磊	男	120192306140	工商管理	1007932022101641	工商管理硕士专业学位
907	黄晓天	女	120192306143	工商管理	1007932022101642	工商管理硕士专业学位
908	李傲雪	女	120192306145	工商管理	1007932022101643	工商管理硕士专业学位
909	李瑞乐	女	120192306149	工商管理	1007932022101644	工商管理硕士专业学位
910	李星晔	男	120192306150	工商管理	1007932022101645	工商管理硕士专业学位
911	李一鸣	男	120192306152	工商管理	1007932022101646	工商管理硕士专业学位
912	李弈男	女	120192306153	工商管理	1007932022101647	工商管理硕士专业学位
913	刘　欢	女	120192306158	工商管理	1007932022101648	工商管理硕士专业学位
914	刘　洁	女	120192306162	工商管理	1007932022101649	工商管理硕士专业学位
915	刘　婧	女	120192306163	工商管理	1007932022101650	工商管理硕士专业学位
916	刘　明	男	120192306164	工商管理	1007932022101651	工商管理硕士专业学位
917	刘绍翌	女	120192306165	工商管理	1007932022101652	工商管理硕士专业学位
918	刘腾龙	男	120192306166	工商管理	1007932022101653	工商管理硕士专业学位

续表

序号	姓名	性别	学号	领域名称	学位证书号	学位类别
919	刘子轩	男	120192306170	工商管理	1007932022101654	工商管理硕士专业学位
920	马晓东	男	120192306172	工商管理	1007932022101655	工商管理硕士专业学位
921	彭　欣	男	120192306175	工商管理	1007932022101656	工商管理硕士专业学位
922	谈亚雪	女	120192306182	工商管理	1007932022101657	工商管理硕士专业学位
923	王凡凡	女	120192306183	工商管理	1007932022101658	工商管理硕士专业学位
924	王　倩	女	120192306188	工商管理	1007932022101659	工商管理硕士专业学位
925	王　铮	男	120192306192	工商管理	1007932022101660	工商管理硕士专业学位
926	谢　伟	男	120192306196	工商管理	1007932022101661	工商管理硕士专业学位
927	邢蒙蒙	女	120192306198	工商管理	1007932022101662	工商管理硕士专业学位
928	徐立志	男	120192306199	工商管理	1007932022101663	工商管理硕士专业学位
929	闫　格	女	120192306201	工商管理	1007932022101664	工商管理硕士专业学位
930	颜　渊	男	120192306202	工商管理	1007932022101665	工商管理硕士专业学位
931	杨佳昕	女	120192306204	工商管理	1007932022101666	工商管理硕士专业学位
932	杨看迪	男	120192306205	工商管理	1007932022101667	工商管理硕士专业学位
933	杨　雷	男	120192306206	工商管理	1007932022101668	工商管理硕士专业学位
934	杨　林	男	120192306207	工商管理	1007932022101669	工商管理硕士专业学位
935	于　靖	女	120192306210	工商管理	1007932022101670	工商管理硕士专业学位
936	袁会坡	男	120192306211	工商管理	1007932022101671	工商管理硕士专业学位
937	张　卫	男	120192306220	工商管理	1007932022101672	工商管理硕士专业学位
938	张西林	男	120192306221	工商管理	1007932022101673	工商管理硕士专业学位
939	赵文耀	男	120192306225	工商管理	1007932022101674	工商管理硕士专业学位
940	周家铭	男	120192306228	工商管理	1007932022101675	工商管理硕士专业学位
941	白　婧	女	120192306230	会计	1007932022101676	会计硕士专业学位
942	薄朝新	女	120192306233	会计	1007932022101677	会计硕士专业学位
943	蔡帅男	女	120192306235	会计	1007932022101678	会计硕士专业学位
944	曹方仪	女	120192306236	会计	1007932022101679	会计硕士专业学位
945	曹　森	男	120192306238	会计	1007932022101680	会计硕士专业学位
946	陈贝贝	女	120192306241	会计	1007932022101681	会计硕士专业学位
947	陈碧珩	女	120192306242	会计	1007932022101682	会计硕士专业学位
948	陈　晨	女	120192306243	会计	1007932022101683	会计硕士专业学位
949	陈　光	男	120192306244	会计	1007932022101684	会计硕士专业学位
950	陈佳琪	女	120192306245	会计	1007932022101685	会计硕士专业学位
951	陈斯琦	女	120192306248	会计	1007932022101686	会计硕士专业学位
952	陈　雪	女	120192306250	会计	1007932022101687	会计硕士专业学位
953	陈一迪	女	120192306251	会计	1007932022101688	会计硕士专业学位
954	陈依萌	女	120192306252	会计	1007932022101689	会计硕士专业学位

续表

序号	姓名	性别	学号	领域名称	学位证书号	学位类别
955	陈玉佳	女	120192306253	会计	1007932022101690	会计硕士专业学位
956	成　浩	男	120192306255	会计	1007932022101691	会计硕士专业学位
957	崔　壮	男	120192306259	会计	1007932022101692	会计硕士专业学位
958	董珂君	女	120192306262	会计	1007932022101693	会计硕士专业学位
959	董天行	男	120192306264	会计	1007932022101694	会计硕士专业学位
960	董迎楚	女	120192306265	会计	1007932022101695	会计硕士专业学位
961	杜英健	女	120192306266	会计	1007932022101696	会计硕士专业学位
962	樊紫琼	女	120192306267	会计	1007932022101697	会计硕士专业学位
963	范亚頔	女	120192306268	会计	1007932022101698	会计硕士专业学位
964	高　彬	女	120192306271	会计	1007932022101699	会计硕士专业学位
965	高沛瑶	女	120192306272	会计	1007932022101700	会计硕士专业学位
966	高婷婷	女	120192306273	会计	1007932022101701	会计硕士专业学位
967	高旭鹏	男	120192306274	会计	1007932022101702	会计硕士专业学位
968	高钰展	女	120192306276	会计	1007932022101703	会计硕士专业学位
969	高志宇	男	120192306278	会计	1007932022101704	会计硕士专业学位
970	耿　弘	女	120192306279	会计	1007932022101705	会计硕士专业学位
971	耿　妍	女	120192306280	会计	1007932022101706	会计硕士专业学位
972	关芷薇	女	120192306281	会计	1007932022101707	会计硕士专业学位
973	郭家乐	女	120192306283	会计	1007932022101708	会计硕士专业学位
974	郭　璐	女	120192306285	会计	1007932022101709	会计硕士专业学位
975	郭文静	女	120192306286	会计	1007932022101710	会计硕士专业学位
976	郭小琳	女	120192306289	会计	1007932022101711	会计硕士专业学位
977	郭心卓	女	120192306290	会计	1007932022101712	会计硕士专业学位
978	韩　钰	女	120192306293	会计	1007932022101713	会计硕士专业学位
979	郝　晴	女	120192306294	会计	1007932022101714	会计硕士专业学位
980	郝赛娜	女	120192306295	会计	1007932022101715	会计硕士专业学位
981	何一璇	女	120192306298	会计	1007932022101716	会计硕士专业学位
982	贺竞秋	女	120192306299	会计	1007932022101717	会计硕士专业学位
983	侯雁翔	女	120192306300	会计	1007932022101718	会计硕士专业学位
984	胡新煜	女	120192306301	会计	1007932022101719	会计硕士专业学位
985	季秦芳	女	120192306304	会计	1007932022101720	会计硕士专业学位
986	姜　克	女	120192306306	会计	1007932022101721	会计硕士专业学位
987	姜占玲	女	120192306307	会计	1007932022101722	会计硕士专业学位
988	解思雨	女	120192306308	会计	1007932022101723	会计硕士专业学位
989	金雁泽	男	120192306309	会计	1007932022101724	会计硕士专业学位
990	李佳馨	女	120192306313	会计	1007932022101725	会计硕士专业学位

续表

序号	姓名	性别	学号	领域名称	学位证书号	学位类别
991	李金倩	女	120192306314	会计	1007932022101726	会计硕士专业学位
992	李　堃	男	120192306316	会计	1007932022101727	会计硕士专业学位
993	李培瑜	女	120192306320	会计	1007932022101728	会计硕士专业学位
994	李奇珊	女	120192306321	会计	1007932022101729	会计硕士专业学位
995	李珊珊	女	120192306323	会计	1007932022101730	会计硕士专业学位
996	李书喆	女	120192306324	会计	1007932022101731	会计硕士专业学位
997	李思佳	女	120192306325	会计	1007932022101732	会计硕士专业学位
998	李思媛	女	120192306326	会计	1007932022101733	会计硕士专业学位
999	李婷婷	女	120192306328	会计	1007932022101734	会计硕士专业学位
1000	李亚茜	女	120192306330	会计	1007932022101735	会计硕士专业学位
1001	李翊文	男	120192306331	会计	1007932022101736	会计硕士专业学位
1002	李禹杭	女	120192306332	会计	1007932022101737	会计硕士专业学位
1003	李玉晨	女	120192306333	会计	1007932022101738	会计硕士专业学位
1004	李梓萌	女	120192306336	会计	1007932022101739	会计硕士专业学位
1005	李梓毓	女	120192306337	会计	1007932022101740	会计硕士专业学位
1006	梁天田	女	120192306338	会计	1007932022101741	会计硕士专业学位
1007	刘　超	男	120192306343	会计	1007932022101742	会计硕士专业学位
1008	刘方圆	女	120192306345	会计	1007932022101743	会计硕士专业学位
1009	刘海苗	女	120192306346	会计	1007932022101744	会计硕士专业学位
1010	刘洪鎤	女	120192306347	会计	1007932022101745	会计硕士专业学位
1011	刘洁璇	女	120192306350	会计	1007932022101746	会计硕士专业学位
1012	刘俊杨	女	120192306351	会计	1007932022101747	会计硕士专业学位
1013	刘　蒙	女	120192306352	会计	1007932022101748	会计硕士专业学位
1014	刘十琪	女	120192306353	会计	1007932022101749	会计硕士专业学位
1015	刘一瑾	女	120192306356	会计	1007932022101750	会计硕士专业学位
1016	刘　钰	女	120192306357	会计	1007932022101751	会计硕士专业学位
1017	刘　赟	女	120192306359	会计	1007932022101752	会计硕士专业学位
1018	刘梓琪	女	120192306360	会计	1007932022101753	会计硕士专业学位
1019	陆思宇	女	120192306361	会计	1007932022101754	会计硕士专业学位
1020	吕　斌	男	120192306364	会计	1007932022101755	会计硕士专业学位
1021	罗日红	女	120192306367	会计	1007932022101756	会计硕士专业学位
1022	马　畅	女	120192306368	会计	1007932022101757	会计硕士专业学位
1023	马晓寒	女	120192306372	会计	1007932022101758	会计硕士专业学位
1024	马雪倩	女	120192306373	会计	1007932022101759	会计硕士专业学位
1025	孟　宇	女	120192306375	会计	1007932022101760	会计硕士专业学位
1026	慕栋培	女	120192306377	会计	1007932022101761	会计硕士专业学位

续表

序号	姓名	性别	学号	领域名称	学位证书号	学位类别
1027	欧阳聪	男	120192306380	会计	1007932022101762	会计硕士专业学位
1028	潘　超	男	120192306381	会计	1007932022101763	会计硕士专业学位
1029	庞育婷	女	120192306384	会计	1007932022101764	会计硕士专业学位
1030	庞　卓	女	120192306385	会计	1007932022101765	会计硕士专业学位
1031	彭婵娟	女	120192306387	会计	1007932022101766	会计硕士专业学位
1032	戚　萌	女	120192306388	会计	1007932022101767	会计硕士专业学位
1033	乔翼飞	女	120192306389	会计	1007932022101768	会计硕士专业学位
1034	秦晓宇	男	120192306390	会计	1007932022101769	会计硕士专业学位
1035	任椋钰	女	120192306393	会计	1007932022101770	会计硕士专业学位
1036	尚佳骅	女	120192306394	会计	1007932022101771	会计硕士专业学位
1037	石亚楠	女	120192306396	会计	1007932022101772	会计硕士专业学位
1038	石怡婧	女	120192306397	会计	1007932022101773	会计硕士专业学位
1039	史　哲	男	120192306398	会计	1007932022101774	会计硕士专业学位
1040	宋文博	女	120192306401	会计	1007932022101775	会计硕士专业学位
1041	宋晓慧	女	120192306402	会计	1007932022101776	会计硕士专业学位
1042	苏　容	女	120192306403	会计	1007932022101777	会计硕士专业学位
1043	苏　笑	女	120192306405	会计	1007932022101778	会计硕士专业学位
1044	孙华艳	女	120192306407	会计	1007932022101779	会计硕士专业学位
1045	孙凯伦	男	120192306408	会计	1007932022101780	会计硕士专业学位
1046	孙思佳	男	120192306410	会计	1007932022101781	会计硕士专业学位
1047	孙雪晴	女	120192306411	会计	1007932022101782	会计硕士专业学位
1048	孙亚领	男	120192306412	会计	1007932022101783	会计硕士专业学位
1049	汤春燕	女	120192306414	会计	1007932022101784	会计硕士专业学位
1050	唐子晴	女	120192306417	会计	1007932022101785	会计硕士专业学位
1051	田　源	女	120192306418	会计	1007932022101786	会计硕士专业学位
1052	王博熙	女	120192306419	会计	1007932022101787	会计硕士专业学位
1053	王大鸾	女	120192306420	会计	1007932022101788	会计硕士专业学位
1054	王慧婷	女	120192306423	会计	1007932022101789	会计硕士专业学位
1055	王佳宁	女	120192306424	会计	1007932022101790	会计硕士专业学位
1056	王　莉	女	120192306426	会计	1007932022101791	会计硕士专业学位
1057	王莉鑫	女	120192306427	会计	1007932022101792	会计硕士专业学位
1058	王迈舒媞	女	120192306428	会计	1007932022101793	会计硕士专业学位
1059	王　娜	女	120192306430	会计	1007932022101794	会计硕士专业学位
1060	王培源	男	120192306431	会计	1007932022101795	会计硕士专业学位
1061	王若涵	女	120192306433	会计	1007932022101796	会计硕士专业学位
1062	王顺丰	男	120192306434	会计	1007932022101797	会计硕士专业学位

续表

序号	姓名	性别	学号	领域名称	学位证书号	学位类别
1063	王　娴	女	120192306436	会计	1007932022101798	会计硕士专业学位
1064	王昕宇	女	120192306438	会计	1007932022101799	会计硕士专业学位
1065	王　锌	女	120192306439	会计	1007932022101800	会计硕士专业学位
1066	王　鑫	女	120192306440	会计	1007932022101801	会计硕士专业学位
1067	王　璇	女	120192306441	会计	1007932022101802	会计硕士专业学位
1068	王艺霖	女	120192306442	会计	1007932022101803	会计硕士专业学位
1069	王玉坤	男	120192306445	会计	1007932022101804	会计硕士专业学位
1070	王昱博	女	120192306446	会计	1007932022101805	会计硕士专业学位
1071	文　妤	女	120192306447	会计	1007932022101806	会计硕士专业学位
1072	吴静璇	女	120192306451	会计	1007932022101807	会计硕士专业学位
1073	吴　桐	女	120192306453	会计	1007932022101808	会计硕士专业学位
1074	吴晓涵	女	120192306454	会计	1007932022101809	会计硕士专业学位
1075	吴子祥	男	120192306455	会计	1007932022101810	会计硕士专业学位
1076	武琛然	女	120192306456	会计	1007932022101811	会计硕士专业学位
1077	武佳璇	女	120192306458	会计	1007932022101812	会计硕士专业学位
1078	武丽娟	女	120192306459	会计	1007932022101813	会计硕士专业学位
1079	武　楠	女	120192306460	会计	1007932022101814	会计硕士专业学位
1080	武　蓉	女	120192306461	会计	1007932022101815	会计硕士专业学位
1081	邢　璐	女	120192306462	会计	1007932022101816	会计硕士专业学位
1082	邢　星	女	120192306463	会计	1007932022101817	会计硕士专业学位
1083	邢亚萍	女	120192306464	会计	1007932022101818	会计硕士专业学位
1084	邢艳霞	女	120192306465	会计	1007932022101819	会计硕士专业学位
1085	徐佳雯	女	120192306468	会计	1007932022101820	会计硕士专业学位
1086	许思讨	男	120192306470	会计	1007932022101821	会计硕士专业学位
1087	许雅歆	女	120192306471	会计	1007932022101822	会计硕士专业学位
1088	闫　赫	男	120192306473	会计	1007932022101823	会计硕士专业学位
1089	闫天雪	女	120192306474	会计	1007932022101824	会计硕士专业学位
1090	闫　钰	女	120192306475	会计	1007932022101825	会计硕士专业学位
1091	闫籽洁	女	120192306476	会计	1007932022101826	会计硕士专业学位
1092	严中成	男	120192306477	会计	1007932022101827	会计硕士专业学位
1093	阎　威	男	120192306479	会计	1007932022101828	会计硕士专业学位
1094	杨珂月	女	120192306480	会计	1007932022101829	会计硕士专业学位
1095	杨丽莹	女	120192306481	会计	1007932022101830	会计硕士专业学位
1096	杨　楠	女	120192306483	会计	1007932022101831	会计硕士专业学位
1097	杨乳平	女	120192306484	会计	1007932022101832	会计硕士专业学位
1098	杨　婷	女	120192306488	会计	1007932022101833	会计硕士专业学位

续表

序号	姓名	性别	学号	领域名称	学位证书号	学位类别
1099	杨雅钦	女	120192306490	会计	1007932022101834	会计硕士专业学位
1100	杨燕蔚	女	120192306491	会计	1007932022101835	会计硕士专业学位
1101	杨　益	女	120192306492	会计	1007932022101836	会计硕士专业学位
1102	杨雨菲	女	120192306493	会计	1007932022101837	会计硕士专业学位
1103	杨雨溪	女	120192306494	会计	1007932022101838	会计硕士专业学位
1104	杨　岳	女	120192306495	会计	1007932022101839	会计硕士专业学位
1105	伊　岚	女	120192306497	会计	1007932022101840	会计硕士专业学位
1106	尹　巍	女	120192306498	会计	1007932022101841	会计硕士专业学位
1107	于　群	女	120192306501	会计	1007932022101842	会计硕士专业学位
1108	于　婷	女	120192306502	会计	1007932022101843	会计硕士专业学位
1109	于小雪	女	120192306503	会计	1007932022101844	会计硕士专业学位
1110	袁晨菲	女	120192306506	会计	1007932022101845	会计硕士专业学位
1111	曾佳欣	女	120192306509	会计	1007932022101846	会计硕士专业学位
1112	翟　佳	女	120192306510	会计	1007932022101847	会计硕士专业学位
1113	翟　静	女	120192306511	会计	1007932022101848	会计硕士专业学位
1114	翟信茹	女	120192306513	会计	1007932022101849	会计硕士专业学位
1115	张苗苗	女	120192306516	会计	1007932022101850	会计硕士专业学位
1116	张铭达	男	120192306517	会计	1007932022101851	会计硕士专业学位
1117	张鹏程	女	120192306519	会计	1007932022101852	会计硕士专业学位
1118	张　彤	女	120192306521	会计	1007932022101853	会计硕士专业学位
1119	张文婷	女	120192306522	会计	1007932022101854	会计硕士专业学位
1120	张肖依	女	120192306523	会计	1007932022101855	会计硕士专业学位
1121	张雅涵	女	120192306524	会计	1007932022101856	会计硕士专业学位
1122	张　阳	男	120192306525	会计	1007932022101857	会计硕士专业学位
1123	张祎然	女	120192306526	会计	1007932022101858	会计硕士专业学位
1124	张莹紫	女	120192306527	会计	1007932022101859	会计硕士专业学位
1125	张子嘉	女	120192306528	会计	1007932022101860	会计硕士专业学位
1126	张紫薇	女	120192306529	会计	1007932022101861	会计硕士专业学位
1127	张自然	男	120192306530	会计	1007932022101862	会计硕士专业学位
1128	赵晨旭	女	120192306533	会计	1007932022101863	会计硕士专业学位
1129	赵　娜	女	120192306535	会计	1007932022101864	会计硕士专业学位
1130	赵倩薇	女	120192306537	会计	1007932022101865	会计硕士专业学位
1131	赵瑞苗	女	120192306538	会计	1007932022101866	会计硕士专业学位
1132	赵诗语	女	120192306539	会计	1007932022101867	会计硕士专业学位
1133	赵硕彦	男	120192306540	会计	1007932022101868	会计硕士专业学位
1134	赵　薇	女	120192306541	会计	1007932022101869	会计硕士专业学位

续表

序号	姓名	性别	学号	领域名称	学位证书号	学位类别
1135	赵宇星	女	120192306543	会计	1007932022101870	会计硕士专业学位
1136	赵泽琦	女	120192306544	会计	1007932022101871	会计硕士专业学位
1137	赵泽志	男	120192306545	会计	1007932022101872	会计硕士专业学位
1138	赵子祎	女	120192306546	会计	1007932022101873	会计硕士专业学位
1139	郑志爱	女	120192306547	会计	1007932022101874	会计硕士专业学位
1140	周一凡	女	120192306549	会计	1007932022101875	会计硕士专业学位
1141	周义萍	女	120192306550	会计	1007932022101876	会计硕士专业学位
1142	周颖楠	男	120192306552	会计	1007932022101877	会计硕士专业学位
1143	朱　婕	女	120192306554	会计	1007932022101878	会计硕士专业学位
1144	朱君陶	女	120192306555	会计	1007932022101879	会计硕士专业学位
1145	朱　琳	女	120192306557	会计	1007932022101880	会计硕士专业学位
1146	朱　蕊	女	120192306559	会计	1007932022101881	会计硕士专业学位
1147	朱　睿	女	120192306560	会计	1007932022101882	会计硕士专业学位
1148	左灿昱	女	120192306562	会计	1007932022101883	会计硕士专业学位
1149	陈　运	男	120192306565	工程管理	1007932022101884	工程管理硕士专业学位
1150	樊玉杰	男	120192306568	工程管理	1007932022101885	工程管理硕士专业学位
1151	郭　翔	男	120192306570	工程管理	1007932022101886	工程管理硕士专业学位
1152	解贵林	男	120192306573	工程管理	1007932022101887	工程管理硕士专业学位
1153	雷　鸣	男	120192306574	工程管理	1007932022101888	工程管理硕士专业学位
1154	李超然	男	120192306575	工程管理	1007932022101889	工程管理硕士专业学位
1155	李　青	女	120192306579	工程管理	1007932022101890	工程管理硕士专业学位
1156	刘　琦	女	120192306584	工程管理	1007932022101891	工程管理硕士专业学位
1157	倪佳星	女	120192306586	工程管理	1007932022101892	工程管理硕士专业学位
1158	孙一博	女	120192306590	工程管理	1007932022101893	工程管理硕士专业学位
1159	王　帅	女	120192306596	工程管理	1007932022101894	工程管理硕士专业学位
1160	王　煦	男	120192306597	工程管理	1007932022101895	工程管理硕士专业学位
1161	王彦奇	男	120192306598	工程管理	1007932022101896	工程管理硕士专业学位
1162	薛艺明	女	120192306600	工程管理	1007932022101897	工程管理硕士专业学位
1163	闫　峥	男	120192306601	工程管理	1007932022101898	工程管理硕士专业学位
1164	姚维久	男	120192306602	工程管理	1007932022101899	工程管理硕士专业学位
1165	张　静	女	120192306608	工程管理	1007932022101900	工程管理硕士专业学位
1166	张　蕾	女	120192306609	工程管理	1007932022101901	工程管理硕士专业学位
1167	张楠晨	男	120192306610	工程管理	1007932022101902	工程管理硕士专业学位
1168	赵弘昊	女	120192306613	工程管理	1007932022101903	工程管理硕士专业学位
1169	周　慧	女	120192306614	工程管理	1007932022101904	工程管理硕士专业学位
1170	曹　振	男	120192306952	金融	1007932022101905	金融硕士专业学位

续表

序号	姓名	性别	学号	领域名称	学位证书号	学位类别
1171	郭　莹	女	120192306956	金融	1007932022101906	金融硕士专业学位
1172	何　奕	女	120192306957	金融	1007932022101907	金融硕士专业学位
1173	寇子儒	男	120192306959	金融	1007932022101908	金融硕士专业学位
1174	李雅晖	男	120192306961	金融	1007932022101909	金融硕士专业学位
1175	连卓智	男	120192306962	金融	1007932022101910	金融硕士专业学位
1176	梅城瑜	男	120192306965	金融	1007932022101911	金融硕士专业学位
1177	潘昱霖	男	120192306966	金融	1007932022101912	金融硕士专业学位
1178	孙宁一	女	120192306968	金融	1007932022101913	金融硕士专业学位
1179	孙　翔	男	120192306969	金融	1007932022101914	金融硕士专业学位
1180	杨静仪	女	120192306971	金融	1007932022101915	金融硕士专业学位
1181	张　雪	女	120192306974	金融	1007932022101916	金融硕士专业学位
1182	亓　帅	男	1172327019	计算机技术	1007932022101917	工程硕士专业学位
1183	李登辉	男	1172327046	控制工程	1007932022101918	工程硕士专业学位
1184	卢　伟	男	1172327069	软件工程	1007932022101919	工程硕士专业学位
1185	陈晓鸽	女	1182327001	控制工程	1007932022101920	工程硕士专业学位
1186	王超然	男	1182327005	控制工程	1007932022101921	工程硕士专业学位
1187	杨　霖	男	1182327006	控制工程	1007932022101922	工程硕士专业学位
1188	蔺　琳	女	1182327010	计算机技术	1007932022101923	工程硕士专业学位
1189	刘和俊	男	1182327012	计算机技术	1007932022101924	工程硕士专业学位
1190	杨　猛	男	1182327022	计算机技术	1007932022101925	工程硕士专业学位
1191	袁　帅	男	1182327025	计算机技术	1007932022101926	工程硕士专业学位
1192	李　娜	女	1182327035	软件工程	1007932022101927	工程硕士专业学位
1193	沈　芳	女	1182327038	软件工程	1007932022101928	工程硕士专业学位
1194	闫盟举	男	1182327040	软件工程	1007932022101929	工程硕士专业学位
1195	陈佩佩	女	120192327099	控制工程	1007932022101930	工程硕士专业学位
1196	范碧媛	女	120192327103	控制工程	1007932022101931	工程硕士专业学位
1197	郭卫宁	女	120192327108	控制工程	1007932022101932	工程硕士专业学位
1198	蒋禄涛	男	120192327117	控制工程	1007932022101933	工程硕士专业学位
1199	李　放	男	120192327120	控制工程	1007932022101934	工程硕士专业学位
1200	刘子越	男	120192327131	控制工程	1007932022101935	工程硕士专业学位
1201	宋　扬	男	120192327145	控制工程	1007932022101936	工程硕士专业学位
1202	王　芳	女	120192327151	控制工程	1007932022101937	工程硕士专业学位
1203	吴红蕊	女	120192327156	控制工程	1007932022101938	工程硕士专业学位
1204	徐鸿远	男	120192327160	控制工程	1007932022101939	工程硕士专业学位
1205	周延祥	男	120192327173	控制工程	1007932022101940	工程硕士专业学位
1206	朱　斌	男	120192327174	控制工程	1007932022101941	工程硕士专业学位

续表

序号	姓名	性别	学号	领域名称	学位证书号	学位类别
1207	陈　达	男	120192327180	计算机技术	1007932022101942	工程硕士专业学位
1208	陈雨晴	女	120192327183	计算机技术	1007932022101943	工程硕士专业学位
1209	陈智豪	男	120192327184	计算机技术	1007932022101944	工程硕士专业学位
1210	刁文凤	女	120192327189	计算机技术	1007932022101945	工程硕士专业学位
1211	董建鑫	男	120192327191	计算机技术	1007932022101946	工程硕士专业学位
1212	段绍清	男	120192327192	计算机技术	1007932022101947	工程硕士专业学位
1213	甘宇源	男	120192327197	计算机技术	1007932022101948	工程硕士专业学位
1214	高　键	男	120192327198	计算机技术	1007932022101949	工程硕士专业学位
1215	高　瑜	女	120192327199	计算机技术	1007932022101950	工程硕士专业学位
1216	郭瑞萍	女	120192327202	计算机技术	1007932022101951	工程硕士专业学位
1217	何会举	男	120192327204	计算机技术	1007932022101952	工程硕士专业学位
1218	胡瑞通	男	120192327205	计算机技术	1007932022101953	工程硕士专业学位
1219	李　博	男	120192327212	计算机技术	1007932022101954	工程硕士专业学位
1220	李　超	男	120192327213	计算机技术	1007932022101955	工程硕士专业学位
1221	李德坤	男	120192327214	计算机技术	1007932022101956	工程硕士专业学位
1222	李国庆	男	120192327215	计算机技术	1007932022101957	工程硕士专业学位
1223	李昊闻	男	120192327216	计算机技术	1007932022101958	工程硕士专业学位
1224	李　伟	男	120192327219	计算机技术	1007932022101959	工程硕士专业学位
1225	李　享	男	120192327220	计算机技术	1007932022101960	工程硕士专业学位
1226	李　想	男	120192327221	计算机技术	1007932022101961	工程硕士专业学位
1227	李玉坤	男	120192327224	计算机技术	1007932022101962	工程硕士专业学位
1228	梁　远	男	120192327225	计算机技术	1007932022101963	工程硕士专业学位
1229	廖旭鹏	男	120192327227	计算机技术	1007932022101964	工程硕士专业学位
1230	刘　波	男	120192327228	计算机技术	1007932022101965	工程硕士专业学位
1231	刘娇龙	女	120192327230	计算机技术	1007932022101966	工程硕士专业学位
1232	刘伟平	男	120192327232	计算机技术	1007932022101967	工程硕士专业学位
1233	刘雨萌	女	120192327235	计算机技术	1007932022101968	工程硕士专业学位
1234	刘　煜	男	120192327236	计算机技术	1007932022101969	工程硕士专业学位
1235	罗欣怡	女	120192327239	计算机技术	1007932022101970	工程硕士专业学位
1236	马莹雪	女	120192327240	计算机技术	1007932022101971	工程硕士专业学位
1237	任玮辰	男	120192327246	计算机技术	1007932022101972	工程硕士专业学位
1238	沈　汉	男	120192327249	计算机技术	1007932022101973	工程硕士专业学位
1239	沈少骥	男	120192327250	计算机技术	1007932022101974	工程硕士专业学位
1240	施乔乔	男	120192327251	计算机技术	1007932022101975	工程硕士专业学位
1241	石琳姗	女	120192327253	计算机技术	1007932022101976	工程硕士专业学位
1242	宋万全	男	120192327255	计算机技术	1007932022101977	工程硕士专业学位

续表

序号	姓名	性别	学号	领域名称	学位证书号	学位类别
1243	宿　耀	男	120192327259	计算机技术	1007932022101978	工程硕士专业学位
1244	隋刘杨	女	120192327260	计算机技术	1007932022101979	工程硕士专业学位
1245	孙　涵	女	120192327261	计算机技术	1007932022101980	工程硕士专业学位
1246	台耀文	男	120192327263	计算机技术	1007932022101981	工程硕士专业学位
1247	田　宇	男	120192327264	计算机技术	1007932022101982	工程硕士专业学位
1248	王恒美	男	120192327266	计算机技术	1007932022101983	工程硕士专业学位
1249	吴振廷	男	120192327276	计算机技术	1007932022101984	工程硕士专业学位
1250	夏　鑫	女	120192327279	计算机技术	1007932022101985	工程硕士专业学位
1251	夏　禹	男	120192327280	计算机技术	1007932022101986	工程硕士专业学位
1252	肖传欣	男	120192327281	计算机技术	1007932022101987	工程硕士专业学位
1253	肖淳健	男	120192327282	计算机技术	1007932022101988	工程硕士专业学位
1254	谢颂壮	男	120192327283	计算机技术	1007932022101989	工程硕士专业学位
1255	邢　超	男	120192327285	计算机技术	1007932022101990	工程硕士专业学位
1256	徐子轩	男	120192327286	计算机技术	1007932022101991	工程硕士专业学位
1257	闫瑞磊	男	120192327288	计算机技术	1007932022101992	工程硕士专业学位
1258	杨　斌	男	120192327289	计算机技术	1007932022101993	工程硕士专业学位
1259	杨桂林	男	120192327290	计算机技术	1007932022101994	工程硕士专业学位
1260	杨　威	男	120192327291	计算机技术	1007932022101995	工程硕士专业学位
1261	杨　文	女	120192327292	计算机技术	1007932022101996	工程硕士专业学位
1262	衣美林	女	120192327297	计算机技术	1007932022101997	工程硕士专业学位
1263	袁　梦	女	120192327298	计算机技术	1007932022101998	工程硕士专业学位
1264	张安峰	男	120192327300	计算机技术	1007932022101999	工程硕士专业学位
1265	张福磊	男	120192327301	计算机技术	1007932022102000	工程硕士专业学位
1266	张　健	男	120192327302	计算机技术	1007932022102001	工程硕士专业学位
1267	张仕浩	男	120192327306	计算机技术	1007932022102002	工程硕士专业学位
1268	张茵珂	女	120192327310	计算机技术	1007932022102003	工程硕士专业学位
1269	赵元第	男	120192327316	计算机技术	1007932022102004	工程硕士专业学位
1270	赵之晗	女	120192327317	计算机技术	1007932022102005	工程硕士专业学位
1271	朱灿基	男	120192327319	计算机技术	1007932022102006	工程硕士专业学位
1272	朱　昊	男	120192327320	计算机技术	1007932022102007	工程硕士专业学位
1273	朱艳慧	女	120192327321	计算机技术	1007932022102008	工程硕士专业学位
1274	朱哲亮	男	120192327322	计算机技术	1007932022102009	工程硕士专业学位
1275	蔡晨曦	男	120192327324	软件工程	1007932022102010	工程硕士专业学位
1276	曹宇超	男	120192327325	软件工程	1007932022102011	工程硕士专业学位
1277	陈晓程	男	120192327327	软件工程	1007932022102012	工程硕士专业学位
1278	李　鹏	男	120192327332	软件工程	1007932022102013	工程硕士专业学位

续表

序号	姓名	性别	学号	领域名称	学位证书号	学位类别
1279	李庆涛	男	120192327333	软件工程	1007932022102014	工程硕士专业学位
1280	刘　阳	女	120192327336	软件工程	1007932022102015	工程硕士专业学位
1281	祁家家	男	120192327339	软件工程	1007932022102016	工程硕士专业学位
1282	孙畅辰	男	120192327341	软件工程	1007932022102017	工程硕士专业学位
1283	王盼盼	女	120192327342	软件工程	1007932022102018	工程硕士专业学位
1284	王亚辉	男	120192327343	软件工程	1007932022102019	工程硕士专业学位
1285	王宗成	男	120192327344	软件工程	1007932022102020	工程硕士专业学位
1286	夏　颖	女	120192327346	软件工程	1007932022102021	工程硕士专业学位
1287	姚广东	男	120192327349	软件工程	1007932022102022	工程硕士专业学位
1288	尹　越	男	120192327351	软件工程	1007932022102023	工程硕士专业学位
1289	于世泽	男	120192327352	软件工程	1007932022102024	工程硕士专业学位
1290	张富长	男	120192327354	软件工程	1007932022102025	工程硕士专业学位
1291	张　培	女	120192327356	软件工程	1007932022102026	工程硕士专业学位
1292	张　然	女	120192327358	软件工程	1007932022102027	工程硕士专业学位
1293	赵　杰	女	120192327360	软件工程	1007932022102028	工程硕士专业学位
1294	郑　雪	女	120192327363	软件工程	1007932022102029	工程硕士专业学位
1295	李林欣	女	120192332415	环境工程	1007932022102030	工程硕士专业学位
1296	李　烨	女	120192332417	环境工程	1007932022102031	工程硕士专业学位
1297	齐春楠	女	120192332423	环境工程	1007932022102032	工程硕士专业学位
1298	吴　羡	女	120192332430	环境工程	1007932022102033	工程硕士专业学位
1299	徐　振	男	120192332433	环境工程	1007932022102034	工程硕士专业学位
1300	张成萌	女	1172307030	公共管理	1007932022102035	公共管理硕士专业学位
1301	徐铭彗	女	1182307009	公共管理	1007932022102036	公共管理硕士专业学位
1302	郑思远	男	1182307011	公共管理	1007932022102037	公共管理硕士专业学位
1303	刘　倩	女	120192307633	法律(非法学)	1007932022102038	法律硕士专业学位
1304	秦福燕	女	120192307634	法律(非法学)	1007932022102039	法律硕士专业学位
1305	任家慷	男	120192307635	法律(非法学)	1007932022102040	法律硕士专业学位
1306	杨文娟	女	120192307642	法律(非法学)	1007932022102041	法律硕士专业学位
1307	张梦阁	女	120192307644	法律(非法学)	1007932022102042	法律硕士专业学位
1308	杨　超	男	120192307659	法律(法学)	1007932022102043	法律硕士专业学位
1309	杜　苗	女	120192307670	公共管理	1007932022102044	公共管理硕士专业学位
1310	李　敏	女	120192307671	公共管理	1007932022102045	公共管理硕士专业学位
1311	吕东辉	女	120192307672	公共管理	1007932022102046	公共管理硕士专业学位
1312	马　海	男	120192307673	公共管理	1007932022102047	公共管理硕士专业学位
1313	欧阳康宁	女	120192307675	公共管理	1007932022102048	公共管理硕士专业学位
1314	宋李振	男	120192307676	公共管理	1007932022102049	公共管理硕士专业学位

续表

序号	姓名	性别	学号	领域名称	学位证书号	学位类别
1315	田晓娜	女	120192307677	公共管理	1007932022102050	公共管理硕士专业学位
1316	王　丹	女	120192307678	公共管理	1007932022102051	公共管理硕士专业学位
1317	陈　青	女	120192308695	英语笔译	1007932022102052	翻译硕士专业学位
1318	黄玉群	女	120192308699	英语笔译	1007932022102053	翻译硕士专业学位
1319	孔云璐	女	120192308701	英语笔译	1007932022102054	翻译硕士专业学位
1320	刘俊灵	女	120192308703	英语笔译	1007932022102055	翻译硕士专业学位
1321	陶慧慧	女	120192308706	英语笔译	1007932022102056	翻译硕士专业学位
1322	王　倩	女	120192308709	英语笔译	1007932022102057	翻译硕士专业学位
1323	郑书俊	女	120192308714	英语笔译	1007932022102058	翻译硕士专业学位
1324	徐　伟	男	1182309005	应用统计	1007932022102059	应用统计硕士专业学位
1325	陈慧慧	女	120192309715	应用统计	1007932022102060	应用统计硕士专业学位
1326	邓雨桐	女	120192309717	应用统计	1007932022102061	应用统计硕士专业学位
1327	丁富娟	女	120192309719	应用统计	1007932022102062	应用统计硕士专业学位
1328	郭疃疃	女	120192309723	应用统计	1007932022102063	应用统计硕士专业学位
1329	刘巧娜	女	120192309730	应用统计	1007932022102064	应用统计硕士专业学位
1330	倪晓琴	女	120192309734	应用统计	1007932022102065	应用统计硕士专业学位
1331	荣祎平	男	120192309735	应用统计	1007932022102066	应用统计硕士专业学位
1332	陶　雨	女	120192309741	应用统计	1007932022102067	应用统计硕士专业学位
1333	王　伟	男	120192309747	应用统计	1007932022102068	应用统计硕士专业学位
1334	王振齐	男	120192309749	应用统计	1007932022102069	应用统计硕士专业学位
1335	徐　欢	男	120192309752	应用统计	1007932022102070	应用统计硕士专业学位
1336	杨　虹	女	120192309755	应用统计	1007932022102071	应用统计硕士专业学位
1337	尹如月	女	120192309758	应用统计	1007932022102072	应用统计硕士专业学位
1338	张金茹	女	120192309761	应用统计	1007932022102073	应用统计硕士专业学位
1339	张　婷	女	120192309762	应用统计	1007932022102074	应用统计硕士专业学位
1340	张婉云	女	120192309763	应用统计	1007932022102075	应用统计硕士专业学位
1341	张　煊	男	120192309764	应用统计	1007932022102076	应用统计硕士专业学位
1342	张一帆	女	120192309765	应用统计	1007932022102077	应用统计硕士专业学位
1343	周　慧	女	120192309766	应用统计	1007932022102078	应用统计硕士专业学位
1344	白　宁	男	1152301001	电气工程	1007932022102079	工程硕士专业学位
1345	付岩峰	男	1152301031	电气工程	1007932022102080	工程硕士专业学位
1346	李晨源	男	1152301071	电气工程	1007932022102081	工程硕士专业学位
1347	李　饶	男	1152301085	电气工程	1007932022102082	工程硕士专业学位
1348	李松涛	男	1152301087	电气工程	1007932022102083	工程硕士专业学位
1349	李文皓	男	1152301089	电气工程	1007932022102084	工程硕士专业学位
1350	刘　阳	男	1152301108	电气工程	1007932022102085	工程硕士专业学位

续表

序号	姓名	性别	学号	领域名称	学位证书号	学位类别
1351	申 健	男	1152301134	电气工程	1007932022102086	工程硕士专业学位
1352	孙 晨	女	1152301143	电气工程	1007932022102087	工程硕士专业学位
1353	吴 洋	女	1152301175	电气工程	1007932022102088	工程硕士专业学位
1354	杨 涛	男	1152301193	电气工程	1007932022102089	工程硕士专业学位
1355	杨 挺	男	1152301194	电气工程	1007932022102090	工程硕士专业学位
1356	叶旭维	男	1152301199	电气工程	1007932022102091	工程硕士专业学位
1357	张志杰	男	1152301224	电气工程	1007932022102092	工程硕士专业学位
1358	朱 琪	男	1152301243	电气工程	1007932022102093	工程硕士专业学位
1359	蔡智威	男	1152301246	电子与通信工程	1007932022102094	工程硕士专业学位
1360	陈 光	男	1152301247	电子与通信工程	1007932022102095	工程硕士专业学位
1361	李静蕊	女	1152301275	电子与通信工程	1007932022102096	工程硕士专业学位
1362	马伯乐	男	1152301294	电子与通信工程	1007932022102097	工程硕士专业学位
1363	祁爱莹	女	1152301298	电子与通信工程	1007932022102098	工程硕士专业学位
1364	孙智琦	男	1152301306	电子与通信工程	1007932022102099	工程硕士专业学位
1365	王 乐	男	1152301311	电子与通信工程	1007932022102100	工程硕士专业学位
1366	王兴禾	男	1152301313	电子与通信工程	1007932022102101	工程硕士专业学位
1367	杨 振	男	1152301326	电子与通信工程	1007932022102102	工程硕士专业学位
1368	周 璇	男	1152301353	电子与通信工程	1007932022102103	工程硕士专业学位
1369	朱孝天	男	1152301354	电子与通信工程	1007932022102104	工程硕士专业学位
1370	李 晨	男	1152302021	动力工程	1007932022102105	工程硕士专业学位
1371	李 越	男	1152302027	动力工程	1007932022102106	工程硕士专业学位
1372	尚念青	男	1152302039	动力工程	1007932022102107	工程硕士专业学位
1373	王 祺	男	1152302050	动力工程	1007932022102108	工程硕士专业学位
1374	王 怡	女	1152302051	动力工程	1007932022102109	工程硕士专业学位
1375	吴世凯	男	1152302054	动力工程	1007932022102110	工程硕士专业学位
1376	赵 锐	男	1152302078	动力工程	1007932022102111	工程硕士专业学位

北京校部:90 人(授予日期:2022 年 8 月 25 日)

序号	姓名	性别	学号	领域名称	学位证书号	学位类别
1	卢筱莉	女	120192201388	电气工程	1007932022102116	工程硕士专业学位
2	王泽瑞	男	120192201481	电气工程	1007932022102117	工程硕士专业学位
3	张晓伦	男	120192206036	物流工程	1007932022102118	工程硕士专业学位
4	王迪娜	女	120192206421	会计	1007932022102119	会计硕士专业学位
5	李官育	女	120202206143	工商管理	1007932022102120	工商管理硕士专业学位
6	彭斌耀	男	120202206152	工商管理	1007932022102121	工商管理硕士专业学位
7	姜 波	男	1172301041	电气工程	1007932022102122	工程硕士专业学位
8	邢诒政	男	1172301118	电气工程	1007932022102123	工程硕士专业学位

续表

序号	姓名	性别	学号	领域名称	学位证书号	学位类别
9	周　阳	男	1172301161	电气工程	1007932022102124	工程硕士专业学位
10	辛梓叶	女	1172301178	电子与通信工程	1007932022102125	工程硕士专业学位
11	高　洁	女	1182301012	电气工程	1007932022102126	工程硕士专业学位
12	高　岚	女	1182301013	电气工程	1007932022102127	工程硕士专业学位
13	毛薪童	男	1182301050	电气工程	1007932022102128	工程硕士专业学位
14	徐　可	女	1182301078	电气工程	1007932022102129	工程硕士专业学位
15	白志波	男	120192301248	电气工程	1007932022102130	工程硕士专业学位
16	陈兴龙	男	120192301266	电气工程	1007932022102131	工程硕士专业学位
17	崔　灿	女	120192301273	电气工程	1007932022102132	工程硕士专业学位
18	管士宁	男	120192301301	电气工程	1007932022102133	工程硕士专业学位
19	郭　栋	男	120192301302	电气工程	1007932022102134	工程硕士专业学位
20	郭笑丛	女	120192301306	电气工程	1007932022102135	工程硕士专业学位
21	胡海浪	男	120192301310	电气工程	1007932022102136	工程硕士专业学位
22	江伟强	男	120192301320	电气工程	1007932022102137	工程硕士专业学位
23	康倩云	女	120192301327	电气工程	1007932022102138	工程硕士专业学位
24	李　浩	男	120192301336	电气工程	1007932022102139	工程硕士专业学位
25	李木慧	男	120192301344	电气工程	1007932022102140	工程硕士专业学位
26	李文可	女	120192301351	电气工程	1007932022102141	工程硕士专业学位
27	梁　帅	男	120192301363	电气工程	1007932022102142	工程硕士专业学位
28	刘翀昊	男	120192301369	电气工程	1007932022102143	工程硕士专业学位
29	陆湘楠	女	120192301390	电气工程	1007932022102144	工程硕士专业学位
30	唐　群	男	120192301444	电气工程	1007932022102145	工程硕士专业学位
31	田　奔	男	120192301445	电气工程	1007932022102146	工程硕士专业学位
32	田　琳	女	120192301446	电气工程	1007932022102147	工程硕士专业学位
33	王忠强	男	120192301483	电气工程	1007932022102148	工程硕士专业学位
34	杨　婧	女	120192301515	电气工程	1007932022102149	工程硕士专业学位
35	尹宗兴	男	120192301522	电气工程	1007932022102150	工程硕士专业学位
36	于倩倩	女	120192301526	电气工程	1007932022102151	工程硕士专业学位
37	张　超	男	120192301535	电气工程	1007932022102152	工程硕士专业学位
38	张　航	男	120192301538	电气工程	1007932022102153	工程硕士专业学位
39	张启桐	男	120192301543	电气工程	1007932022102154	工程硕士专业学位
40	赵　康	男	120192301567	电气工程	1007932022102155	工程硕士专业学位
41	周俊民	男	120192301586	电气工程	1007932022102156	工程硕士专业学位
42	柴霄鹏	男	120192301597	电子与通信工程	1007932022102157	工程硕士专业学位
43	董志颖	女	120192301602	电子与通信工程	1007932022102158	工程硕士专业学位
44	王浩吉	男	120192301637	电子与通信工程	1007932022102159	工程硕士专业学位

续表

序号	姓名	性别	学号	领域名称	学位证书号	学位类别
45	张一杰	男	120192301663	电子与通信工程	1007932022102160	工程硕士专业学位
46	刘俊阁	男	1172306218	会计	1007932022102161	会计硕士专业学位
47	杨馥菊	女	1182306165	会计	1007932022102162	会计硕士专业学位
48	冯彦辉	男	120192306133	工商管理	1007932022102163	工商管理硕士专业学位
49	耿集荟	女	120192306137	工商管理	1007932022102164	工商管理硕士专业学位
50	王　琍	女	120192306187	工商管理	1007932022102165	工商管理硕士专业学位
51	柏　慧	女	120192306232	会计	1007932022102166	会计硕士专业学位
52	曹琼芳	女	120192306237	会计	1007932022102167	会计硕士专业学位
53	崔英硕	男	120192306258	会计	1007932022102168	会计硕士专业学位
54	邓筱珏	女	120192306260	会计	1007932022102169	会计硕士专业学位
55	董　超	男	120192306261	会计	1007932022102170	会计硕士专业学位
56	付缨雯	女	120192306270	会计	1007932022102171	会计硕士专业学位
57	高怡然	女	120192306275	会计	1007932022102172	会计硕士专业学位
58	高誉铭	女	120192306277	会计	1007932022102173	会计硕士专业学位
59	李　傲	男	120192306311	会计	1007932022102174	会计硕士专业学位
60	刘奥婷	女	120192306342	会计	1007932022102175	会计硕士专业学位
61	刘嘉夫	男	120192306349	会计	1007932022102176	会计硕士专业学位
62	陆新宇	女	120192306363	会计	1007932022102177	会计硕士专业学位
63	吕迎莹	女	120192306365	会计	1007932022102178	会计硕士专业学位
64	马　珂	女	120192306370	会计	1007932022102179	会计硕士专业学位
65	饶红霞	女	120192306392	会计	1007932022102180	会计硕士专业学位
66	孙士超	女	120192306409	会计	1007932022102181	会计硕士专业学位
67	谭富文	女	120192306413	会计	1007932022102182	会计硕士专业学位
68	王墨轩	男	120192306429	会计	1007932022102183	会计硕士专业学位
69	王玉姣	女	120192306444	会计	1007932022102184	会计硕士专业学位
70	于浩淼	女	120192306500	会计	1007932022102185	会计硕士专业学位
71	袁子婷	女	120192306508	会计	1007932022102186	会计硕士专业学位
72	张珞瑶	女	120192306515	会计	1007932022102187	会计硕士专业学位
73	章　琪	男	120192306531	会计	1007932022102188	会计硕士专业学位
74	赵晓蕊	女	120192306542	会计	1007932022102189	会计硕士专业学位
75	周哲旭	女	120192306553	会计	1007932022102190	会计硕士专业学位
76	朱　敏	女	120192306558	会计	1007932022102191	会计硕士专业学位
77	戴铭月	女	120192306955	金融	1007932022102192	金融硕士专业学位
78	朱彦恺	男	120192306976	金融	1007932022102193	金融硕士专业学位
79	房和佳	男	120192327195	计算机技术	1007932022102194	工程硕士专业学位
80	蒋　宸	男	120192327208	计算机技术	1007932022102195	工程硕士专业学位

续表

序号	姓名	性别	学号	领域名称	学位证书号	学位类别
81	邱　佳	女	120192327244	计算机技术	1007932022102196	工程硕士专业学位
82	李　腾	男	120192327334	软件工程	1007932022102197	工程硕士专业学位
83	张　洋	女	120192327359	软件工程	1007932022102198	工程硕士专业学位
84	李成龙	男	1152301072	电气工程	1007932022102199	工程硕士专业学位
85	刘鑫磊	男	1152301106	电气工程	1007932022102200	工程硕士专业学位
86	王文清	男	1152301163	电气工程	1007932022102201	工程硕士专业学位
87	陈　楠	男	1152301249	电子与通信工程	1007932022102202	工程硕士专业学位
88	李恩伟	男	1152301272	电子与通信工程	1007932022102203	工程硕士专业学位
89	张肖宇	男	1152301339	电子与通信工程	1007932022102204	工程硕士专业学位
90	宋海辉	男	1152301356	电气工程	1007932022102205	工程硕士专业学位

北京校部:39 人(授予日期:2022 年 12 月 20 日)

序号	姓名	性别	学号	领域名称	学位证书号	学位类别
1	祝丛蕊	女	120202206165	工商管理	1007932022102208	工商管理硕士专业学位
2	熊　达	男	120202206260	工程管理	1007932022102209	工程管理硕士专业学位
3	黄　硕	男	1182301026	电气工程	1007932022102210	工程硕士专业学位
4	沙聪聪	男	1182301056	电气工程	1007932022102211	工程硕士专业学位
5	宋　昱	女	1182301059	电气工程	1007932022102212	工程硕士专业学位
6	于洋博	男	1182301084	电气工程	1007932022102213	工程硕士专业学位
7	张夕冉	女	1182301097	电气工程	1007932022102214	工程硕士专业学位
8	赵　瑾	女	1182301099	电气工程	1007932022102215	工程硕士专业学位
9	朱孟媛	女	1182301104	电气工程	1007932022102216	工程硕士专业学位
10	杜　闯	男	120192301283	电气工程	1007932022102217	工程硕士专业学位
11	赖治宇	男	120192301331	电气工程	1007932022102218	工程硕士专业学位
12	李　阳	男	120192301354	电气工程	1007932022102219	工程硕士专业学位
13	吕　盼	女	120192301391	电气工程	1007932022102220	工程硕士专业学位
14	牛海涛	男	120192301409	电气工程	1007932022102221	工程硕士专业学位
15	盛子祥	男	120192301425	电气工程	1007932022102222	工程硕士专业学位
16	史展旭	男	120192301429	电气工程	1007932022102223	工程硕士专业学位
17	汪子琦	女	120192301457	电气工程	1007932022102224	工程硕士专业学位
18	王云飞	男	120192301479	电气工程	1007932022102225	工程硕士专业学位
19	郑文博	男	120192301578	电气工程	1007932022102226	工程硕士专业学位
20	胡　廉	男	120192301608	电子与通信工程	1007932022102227	工程硕士专业学位
21	邵　帅	男	120192302808	机械工程	1007932022102228	工程硕士专业学位
22	韩兴哲	男	120192302846	动力工程	1007932022102229	工程硕士专业学位
23	李祥雷	男	120192302860	动力工程	1007932022102230	工程硕士专业学位
24	周利鹏	男	120192302935	动力工程	1007932022102231	工程硕士专业学位

续表

序号	姓名	性别	学号	领域名称	学位证书号	学位类别
25	程　微	女	120192306129	工商管理	1007932022102232	工商管理硕士专业学位
26	李昌家	男	120192306148	工商管理	1007932022102233	工商管理硕士专业学位
27	刘　娇	女	120192306161	工商管理	1007932022102234	工商管理硕士专业学位
28	郝雪帆	女	120192306296	会计	1007932022102235	会计硕士专业学位
29	郝中杰	男	120192306297	会计	1007932022102236	会计硕士专业学位
30	李　玲	女	120192306319	会计	1007932022102237	会计硕士专业学位
31	刘晨曦	女	120192306344	会计	1007932022102238	会计硕士专业学位
32	苗　洁	女	120192306376	会计	1007932022102239	会计硕士专业学位
33	沈付翰	男	120192306395	会计	1007932022102240	会计硕士专业学位
34	宋　姗	女	120192306399	会计	1007932022102241	会计硕士专业学位
35	李　强	男	120192306578	工程管理	1007932022102242	工程管理硕士专业学位
36	张国良	男	120192306607	工程管理	1007932022102243	工程管理硕士专业学位
37	张晓晟	男	120192306612	工程管理	1007932022102244	工程管理硕士专业学位
38	潘赵婷	女	120192332422	环境工程	1007932022102245	工程硕士专业学位
39	杨　雪	女	120192309756	应用统计	1007932022102246	应用统计硕士专业学位

保定校区:859 人(授予日期:2022 年 6 月 23 日)

序号	姓名	性别	学号	领域名称	学位证书号	学位类别
1	周凝泽	男	2172313003	电气工程	1007932022000001	工程硕士专业学位
2	张纯祯	女	2172313005	电气工程	1007932022000002	工程硕士专业学位
3	刘晨旭	女	2172313013	电气工程	1007932022000003	工程硕士专业学位
4	陈世瑾	女	2172313018	电气工程	1007932022000004	工程硕士专业学位
5	王银东	女	2172313027	电气工程	1007932022000005	工程硕士专业学位
6	许瑞金	男	2172313029	电气工程	1007932022000006	工程硕士专业学位
7	陈　阔	男	2172313035	电气工程	1007932022000007	工程硕士专业学位
8	任慧刚	男	2172313042	电气工程	1007932022000008	工程硕士专业学位
9	郭　波	男	2172313064	电气工程	1007932022000009	工程硕士专业学位
10	石　宇	男	2172313073	电气工程	1007932022000010	工程硕士专业学位
11	赵斌阳	男	2172313075	电气工程	1007932022000011	工程硕士专业学位
12	程子硕	男	2172313094	电气工程	1007932022000012	工程硕士专业学位
13	檀林青	女	2172313098	电气工程	1007932022000013	工程硕士专业学位
14	王　迪	女	2172313111	电气工程	1007932022000014	工程硕士专业学位
15	张冬雪	女	2172313117	电气工程	1007932022000015	工程硕士专业学位
16	赵周武	女	2172313131	电气工程	1007932022000016	工程硕士专业学位
17	汪　源	男	2172313132	电气工程	1007932022000017	工程硕士专业学位
18	杨　柳	女	2172313150	电气工程	1007932022000018	工程硕士专业学位
19	李云龙	男	2172313154	电气工程	1007932022000019	工程硕士专业学位

续表

序号	姓名	性别	学号	领域名称	学位证书号	学位类别
20	张　泉	男	2172313155	电气工程	1007932022000020	工程硕士专业学位
21	邵佳怡	女	2172313162	电气工程	1007932022000021	工程硕士专业学位
22	高世聪	男	2172313187	电气工程	1007932022000022	工程硕士专业学位
23	李　琦	男	2182313001	电气工程	1007932022000023	工程硕士专业学位
24	赵锟塬	男	2182313005	电气工程	1007932022000024	工程硕士专业学位
25	许泽昊	男	2182313007	电气工程	1007932022000025	工程硕士专业学位
26	杨家毅	男	2182313010	电气工程	1007932022000026	工程硕士专业学位
27	张双义	男	2182313012	电气工程	1007932022000027	工程硕士专业学位
28	程　达	男	2182313016	电气工程	1007932022000028	工程硕士专业学位
29	宋亚冲	男	2182313019	电气工程	1007932022000029	工程硕士专业学位
30	单存知	男	2182313020	电气工程	1007932022000030	工程硕士专业学位
31	李卓阳	男	2182313023	电气工程	1007932022000031	工程硕士专业学位
32	严文帅	男	2182313024	电气工程	1007932022000032	工程硕士专业学位
33	常　莎	女	2182313029	电气工程	1007932022000033	工程硕士专业学位
34	任胜楠	男	2182313030	电气工程	1007932022000034	工程硕士专业学位
35	杨晶戈	女	2182313031	电气工程	1007932022000035	工程硕士专业学位
36	陈　楠	女	2182313035	电气工程	1007932022000036	工程硕士专业学位
37	赵　欢	男	2182313036	电气工程	1007932022000037	工程硕士专业学位
38	张　婕	女	2182313037	电气工程	1007932022000038	工程硕士专业学位
39	王晓丽	女	2182313040	电气工程	1007932022000039	工程硕士专业学位
40	刘娅菲	女	2182313043	电气工程	1007932022000040	工程硕士专业学位
41	王　希	女	2182313049	电气工程	1007932022000041	工程硕士专业学位
42	崔博轩	女	2182313053	电气工程	1007932022000042	工程硕士专业学位
43	安　东	男	2182313062	电气工程	1007932022000043	工程硕士专业学位
44	燕思潼	女	2182313064	电气工程	1007932022000044	工程硕士专业学位
45	王硕实	男	2182313067	电气工程	1007932022000045	工程硕士专业学位
46	姚　远	男	2182313071	电气工程	1007932022000046	工程硕士专业学位
47	邵　彬	男	2182313088	电气工程	1007932022000047	工程硕士专业学位
48	陈雅竹	女	2182313105	电气工程	1007932022000048	工程硕士专业学位
49	熊　迪	女	2192313003	电气工程	1007932022000049	工程硕士专业学位
50	张　柳	男	2192313008	电气工程	1007932022000050	工程硕士专业学位
51	王欣蕊	女	2192313011	电气工程	1007932022000051	工程硕士专业学位
52	王颢辉	男	2192313012	电气工程	1007932022000052	工程硕士专业学位
53	陆承与	男	2192313013	电气工程	1007932022000053	工程硕士专业学位
54	杨欢欢	女	2192313017	电气工程	1007932022000054	工程硕士专业学位
55	李笑宇	男	2192313019	电气工程	1007932022000055	工程硕士专业学位

续表

序号	姓名	性别	学号	领域名称	学位证书号	学位类别
56	王　珊	女	2192313020	电气工程	1007932022000056	工程硕士专业学位
57	包　彤	女	2192313023	电气工程	1007932022000057	工程硕士专业学位
58	刘　君	女	2192313024	电气工程	1007932022000058	工程硕士专业学位
59	牛步柯	女	2192313025	电气工程	1007932022000059	工程硕士专业学位
60	李金增	男	2192313028	电气工程	1007932022000060	工程硕士专业学位
61	吴亚楠	男	2192313029	电气工程	1007932022000061	工程硕士专业学位
62	刘　冰	女	2192313031	电气工程	1007932022000062	工程硕士专业学位
63	唐　昕	男	2192313036	电气工程	1007932022000063	工程硕士专业学位
64	于　浩	男	2192313037	电气工程	1007932022000064	工程硕士专业学位
65	赵　玮	女	2192313038	电气工程	1007932022000065	工程硕士专业学位
66	谢佩瑶	女	2192313039	电气工程	1007932022000066	工程硕士专业学位
67	苏原平	女	2192313040	电气工程	1007932022000067	工程硕士专业学位
68	张　朝	男	2192313042	电气工程	1007932022000068	工程硕士专业学位
69	杨文科	男	2192313043	电气工程	1007932022000069	工程硕士专业学位
70	牛二飞	男	2192313044	电气工程	1007932022000070	工程硕士专业学位
71	宋家辉	男	2192313049	电气工程	1007932022000071	工程硕士专业学位
72	戴　振	男	2192313050	电气工程	1007932022000072	工程硕士专业学位
73	陆炫佑	男	2192313053	电气工程	1007932022000073	工程硕士专业学位
74	王天祎	女	2192313056	电气工程	1007932022000074	工程硕士专业学位
75	王　皓	男	2192313057	电气工程	1007932022000075	工程硕士专业学位
76	张翠芝	女	2192313058	电气工程	1007932022000076	工程硕士专业学位
77	唐甜甜	女	2192313060	电气工程	1007932022000077	工程硕士专业学位
78	曹呈强	男	2192313061	电气工程	1007932022000078	工程硕士专业学位
79	郑高扬	男	2192313062	电气工程	1007932022000079	工程硕士专业学位
80	万文承	男	2192313063	电气工程	1007932022000080	工程硕士专业学位
81	刘远哲	男	2192313064	电气工程	1007932022000081	工程硕士专业学位
82	黄华斌	男	2192313069	电气工程	1007932022000082	工程硕士专业学位
83	穆鹏飞	女	2192313070	电气工程	1007932022000083	工程硕士专业学位
84	伍欣欣	女	2192313071	电气工程	1007932022000084	工程硕士专业学位
85	王　程	男	2192313073	电气工程	1007932022000085	工程硕士专业学位
86	胡鹏程	男	2192313074	电气工程	1007932022000086	工程硕士专业学位
87	向银辉	男	2192313076	电气工程	1007932022000087	工程硕士专业学位
88	陈　敏	女	2182315002	电子与通信工程	1007932022000088	工程硕士专业学位
89	金益帆	女	2192315005	电子与通信工程	1007932022000089	工程硕士专业学位
90	段路坦	女	2192315010	电子与通信工程	1007932022000090	工程硕士专业学位
91	吴勇杰	男	2192315011	电子与通信工程	1007932022000091	工程硕士专业学位

续表

序号	姓名	性别	学号	领域名称	学位证书号	学位类别
92	张耀刚	男	2192315012	电子与通信工程	1007932022000092	工程硕士专业学位
93	顾雪青	女	2192315013	电子与通信工程	1007932022000093	工程硕士专业学位
94	王晗霖	男	2192315015	电子与通信工程	1007932022000094	工程硕士专业学位
95	陈　琦	女	2192315017	电子与通信工程	1007932022000095	工程硕士专业学位
96	张　真	男	2192315019	电子与通信工程	1007932022000096	工程硕士专业学位
97	赵泽佳	男	2182314001	动力工程	1007932022000097	工程硕士专业学位
98	杨强楠	男	2182314007	动力工程	1007932022000098	工程硕士专业学位
99	赵　帅	男	2192314003	动力工程	1007932022000099	工程硕士专业学位
100	伍家博	男	2192314006	动力工程	1007932022000100	工程硕士专业学位
101	刘　通	男	2192314010	动力工程	1007932022000101	工程硕士专业学位
102	樊兴隆	男	2192314011	动力工程	1007932022000102	工程硕士专业学位
103	赵　明	男	2192314012	动力工程	1007932022000103	工程硕士专业学位
104	左海龙	男	2192314014	动力工程	1007932022000104	工程硕士专业学位
105	郑秀燕	女	2192314018	动力工程	1007932022000105	工程硕士专业学位
106	吴人杰	男	2192314019	动力工程	1007932022000106	工程硕士专业学位
107	张　鹏	男	2192314021	动力工程	1007932022000107	工程硕士专业学位
108	黄燕良	男	2192314022	动力工程	1007932022000108	工程硕士专业学位
109	绳旭超	女	2182319008	公共管理	1007932022000109	公共管理硕士专业学位
110	赵　越	女	2182319018	公共管理	1007932022000110	公共管理硕士专业学位
111	徐　阳	女	2192319001	法律(非法学)	1007932022000111	法律硕士专业学位
112	田　雪	女	2192319002	法律(非法学)	1007932022000112	法律硕士专业学位
113	姜晖成	男	2192319003	法律(非法学)	1007932022000113	法律硕士专业学位
114	赖伟东	男	2192319004	法律(非法学)	1007932022000114	法律硕士专业学位
115	马博远	男	2192319006	法律(非法学)	1007932022000115	法律硕士专业学位
116	黄　迪	女	2192319007	法律(非法学)	1007932022000116	法律硕士专业学位
117	刘　伟	男	2192319008	法律(非法学)	1007932022000117	法律硕士专业学位
118	李　虎	男	2192319010	法律(非法学)	1007932022000118	法律硕士专业学位
119	卜　洋	男	2192319011	法律(非法学)	1007932022000119	法律硕士专业学位
120	丁　根	男	2192319012	法律(非法学)	1007932022000120	法律硕士专业学位
121	廖梦婷	女	2192319013	法律(非法学)	1007932022000121	法律硕士专业学位
122	任　波	男	2192319014	法律(非法学)	1007932022000122	法律硕士专业学位
123	刘渊明	男	2192319016	法律(非法学)	1007932022000123	法律硕士专业学位
124	刘雪娇	女	2192319019	公共管理	1007932022000124	公共管理硕士专业学位
125	刘　佳	女	2192319023	公共管理	1007932022000125	公共管理硕士专业学位
126	高　洁	女	2192319024	公共管理	1007932022000126	公共管理硕士专业学位
127	靳雅琪	女	2192319025	公共管理	1007932022000127	公共管理硕士专业学位

续表

序号	姓名	性别	学号	领域名称	学位证书号	学位类别
128	韩　茜	女	2192319026	公共管理	1007932022000128	公共管理硕士专业学位
129	苑晓辉	女	2192319027	公共管理	1007932022000129	公共管理硕士专业学位
130	边姗姗	女	2192319028	公共管理	1007932022000130	公共管理硕士专业学位
131	孟　璐	女	2192319030	公共管理	1007932022000131	公共管理硕士专业学位
132	张　旭	男	2192319031	公共管理	1007932022000132	公共管理硕士专业学位
133	刘蒙蒙	女	2192319032	公共管理	1007932022000133	公共管理硕士专业学位
134	吕晓艺	女	2192319034	公共管理	1007932022000134	公共管理硕士专业学位
135	杨云卿	男	2192319035	公共管理	1007932022000135	公共管理硕士专业学位
136	王　阳	男	2192319036	公共管理	1007932022000136	公共管理硕士专业学位
137	孙月颖	女	2192319037	公共管理	1007932022000137	公共管理硕士专业学位
138	韩　兴	女	2192319039	公共管理	1007932022000138	公共管理硕士专业学位
139	沈　冬	女	2192319040	公共管理	1007932022000139	公共管理硕士专业学位
140	史丽芳	女	2192319041	公共管理	1007932022000140	公共管理硕士专业学位
141	孙璟淼	女	2192319043	公共管理	1007932022000141	公共管理硕士专业学位
142	王亚奇	女	2192319044	公共管理	1007932022000142	公共管理硕士专业学位
143	许　鹏	男	2192319045	公共管理	1007932022000143	公共管理硕士专业学位
144	韩晓晴	女	2192323001	环境工程	1007932022000144	工程硕士专业学位
145	赵文会	男	2192323002	环境工程	1007932022000145	工程硕士专业学位
146	陈远胜	男	2172324007	机械工程	1007932022000146	工程硕士专业学位
147	白志伟	男	2172324008	机械工程	1007932022000147	工程硕士专业学位
148	荆善爽	男	2172324017	机械工程	1007932022000148	工程硕士专业学位
149	贺　域	男	2172324025	工业工程	1007932022000149	工程硕士专业学位
150	贾子豪	男	2182324001	机械工程	1007932022000150	工程硕士专业学位
151	李明峰	男	2182324010	工业工程	1007932022000151	工程硕士专业学位
152	郑优悠	男	2182324011	工业工程	1007932022000152	工程硕士专业学位
153	张国旗	男	2192324001	机械工程	1007932022000153	工程硕士专业学位
154	孙荣兴	男	2192324002	机械工程	1007932022000154	工程硕士专业学位
155	李子鹜	男	2192324003	机械工程	1007932022000155	工程硕士专业学位
156	王昱博	男	2192324004	机械工程	1007932022000156	工程硕士专业学位
157	郁启华	男	2192324010	机械工程	1007932022000157	工程硕士专业学位
158	韩正家	男	2192324013	工业工程	1007932022000158	工程硕士专业学位
159	阳永红	男	2172321007	计算机技术	1007932022000159	工程硕士专业学位
160	刘叙依	女	2182321004	计算机技术	1007932022000160	工程硕士专业学位
161	张　衎	男	2182321006	计算机技术	1007932022000161	工程硕士专业学位
162	李明辉	男	2182321007	计算机技术	1007932022000162	工程硕士专业学位
163	贾江丹	女	2182321008	计算机技术	1007932022000163	工程硕士专业学位

续表

序号	姓名	性别	学号	领域名称	学位证书号	学位类别
164	龚冬伟	男	2182321010	软件工程	1007932022000164	工程硕士专业学位
165	康恬恬	女	2192321001	计算机技术	1007932022000165	工程硕士专业学位
166	吴天元	男	2192321004	计算机技术	1007932022000166	工程硕士专业学位
167	郝瑞祺	男	2192321005	计算机技术	1007932022000167	工程硕士专业学位
168	杜振伟	男	2192321006	计算机技术	1007932022000168	工程硕士专业学位
169	申佳敏	女	2192321008	计算机技术	1007932022000169	工程硕士专业学位
170	张　猛	男	2192321010	计算机技术	1007932022000170	工程硕士专业学位
171	王世杰	男	2192321011	计算机技术	1007932022000171	工程硕士专业学位
172	寇明明	男	2192321012	计算机技术	1007932022000172	工程硕士专业学位
173	王若怡	女	2192321015	计算机技术	1007932022000173	工程硕士专业学位
174	李　春	女	2192321022	计算机技术	1007932022000174	工程硕士专业学位
175	邢紫薇	女	2192321023	计算机技术	1007932022000175	工程硕士专业学位
176	连理国	男	2192321024	计算机技术	1007932022000176	工程硕士专业学位
177	李勇华	男	2192321025	计算机技术	1007932022000177	工程硕士专业学位
178	陈浩翔	男	2192321027	计算机技术	1007932022000178	工程硕士专业学位
179	杨　山	男	2192321028	计算机技术	1007932022000179	工程硕士专业学位
180	邓富权	男	2192321029	计算机技术	1007932022000180	工程硕士专业学位
181	李梦晴	女	2192321030	计算机技术	1007932022000181	工程硕士专业学位
182	吕　威	男	2192321032	计算机技术	1007932022000182	工程硕士专业学位
183	郑思飞	男	2192321033	计算机技术	1007932022000183	工程硕士专业学位
184	黄晓纯	女	2192321034	计算机技术	1007932022000184	工程硕士专业学位
185	王海利	男	2192321037	计算机技术	1007932022000185	工程硕士专业学位
186	孙　涛	男	2192321038	计算机技术	1007932022000186	工程硕士专业学位
187	陶　爽	男	2192321039	计算机技术	1007932022000187	工程硕士专业学位
188	付东浩	男	2192321041	计算机技术	1007932022000188	工程硕士专业学位
189	李志超	男	2192321042	计算机技术	1007932022000189	工程硕士专业学位
190	田　雨	女	2192321043	计算机技术	1007932022000190	工程硕士专业学位
191	杨　振	男	2192321044	软件工程	1007932022000191	工程硕士专业学位
192	唐　鑫	男	2192321045	软件工程	1007932022000192	工程硕士专业学位
193	徐国兴	男	2192321049	软件工程	1007932022000193	工程硕士专业学位
194	刘福瑞	男	2192321050	软件工程	1007932022000194	工程硕士专业学位
195	闫　鹏	男	2192321051	软件工程	1007932022000195	工程硕士专业学位
196	臧　璟	男	2192321052	软件工程	1007932022000196	工程硕士专业学位
197	王　梓	男	2192321053	软件工程	1007932022000197	工程硕士专业学位
198	苏　岩	女	2192321054	软件工程	1007932022000198	工程硕士专业学位
199	周佳佳	女	2192321055	软件工程	1007932022000199	工程硕士专业学位

续表

序号	姓名	性别	学号	领域名称	学位证书号	学位类别
200	姜文轩	男	2192321057	软件工程	1007932022000200	工程硕士专业学位
201	吴云飞	男	2192321058	软件工程	1007932022000201	工程硕士专业学位
202	连家玮	男	2192321059	软件工程	1007932022000202	工程硕士专业学位
203	熊子欣	女	2192321060	软件工程	1007932022000203	工程硕士专业学位
204	刘　冬	男	2192321061	软件工程	1007932022000204	工程硕士专业学位
205	步家梦	女	2192321062	软件工程	1007932022000205	工程硕士专业学位
206	刘　莹	女	2192321063	软件工程	1007932022000206	工程硕士专业学位
207	余仔跃	男	2192321064	软件工程	1007932022000207	工程硕士专业学位
208	吴鸿基	男	2192321065	软件工程	1007932022000208	工程硕士专业学位
209	张应中	男	2192321066	软件工程	1007932022000209	工程硕士专业学位
210	王思豫	男	2192321069	软件工程	1007932022000210	工程硕士专业学位
211	陈则毅	男	2192321071	软件工程	1007932022000211	工程硕士专业学位
212	高　爽	男	2192321072	软件工程	1007932022000212	工程硕士专业学位
213	吕学迎	女	2172318160	工程管理	1007932022000213	工程管理硕士专业学位
214	郑　峥	男	2172318166	工程管理	1007932022000214	工程管理硕士专业学位
215	李　硕	男	2172318170	工程管理	1007932022000215	工程管理硕士专业学位
216	魏　铎	男	2172318171	工程管理	1007932022000216	工程管理硕士专业学位
217	陈思岐	女	2182318015	会计	1007932022000217	会计硕士专业学位
218	崔琰琦	女	2182318035	会计	1007932022000218	会计硕士专业学位
219	张海猛	男	2182318040	会计	1007932022000219	会计硕士专业学位
220	张晟彬	男	2182318044	会计	1007932022000220	会计硕士专业学位
221	晏　瑜	女	2182318045	会计	1007932022000221	会计硕士专业学位
222	赵雨婷	女	2182318058	会计	1007932022000222	会计硕士专业学位
223	卢玉铮	女	2182318090	会计	1007932022000223	会计硕士专业学位
224	李政楷	男	2182318094	会计	1007932022000224	会计硕士专业学位
225	路来德	男	2182318096	会计	1007932022000225	会计硕士专业学位
226	李梦媛	女	2182318105	会计	1007932022000226	会计硕士专业学位
227	张　驰	男	2182318126	会计	1007932022000227	会计硕士专业学位
228	田嘉雷	男	2182318128	会计	1007932022000228	会计硕士专业学位
229	李　红	女	2182318169	会计	1007932022000229	会计硕士专业学位
230	张海涛	男	2182318189	会计	1007932022000230	会计硕士专业学位
231	贡　鸣	男	2182318210	工程管理	1007932022000231	工程管理硕士专业学位
232	郭　帅	男	2182318220	工程管理	1007932022000232	工程管理硕士专业学位
233	彭　贺	男	2182318221	工程管理	1007932022000233	工程管理硕士专业学位
234	沈　越	男	2182318222	工程管理	1007932022000234	工程管理硕士专业学位
235	曹　阳	男	2182318224	工程管理	1007932022000235	工程管理硕士专业学位

续表

序号	姓名	性别	学号	领域名称	学位证书号	学位类别
236	蔡志民	男	2182318225	工程管理	1007932022000236	工程管理硕士专业学位
237	付尚琦	男	2192318003	金融	1007932022000237	金融硕士专业学位
238	朱雨生	男	2192318004	金融	1007932022000238	金融硕士专业学位
239	侯博岩	女	2192318008	工业工程	1007932022000239	工程硕士专业学位
240	梁　姣	女	2192318009	工业工程	1007932022000240	工程硕士专业学位
241	刘　坤	女	2192318010	工业工程	1007932022000241	工程硕士专业学位
242	刘　方	男	2192318013	工业工程	1007932022000242	工程硕士专业学位
243	胡倩雯	女	2192318014	工业工程	1007932022000243	工程硕士专业学位
244	赵红天	女	2192318015	工业工程	1007932022000244	工程硕士专业学位
245	马　薇	女	2192318016	会计	1007932022000245	会计硕士专业学位
246	宋晓松	男	2192318017	会计	1007932022000246	会计硕士专业学位
247	李洪宇	男	2192318021	会计	1007932022000247	会计硕士专业学位
248	杨　芮	女	2192318032	会计	1007932022000248	会计硕士专业学位
249	朱宝娟	女	2192318033	会计	1007932022000249	会计硕士专业学位
250	孙　浩	男	2192318034	会计	1007932022000250	会计硕士专业学位
251	刘　佳	女	2192318036	会计	1007932022000251	会计硕士专业学位
252	张旭瑞	男	2192318039	会计	1007932022000252	会计硕士专业学位
253	李　豪	男	2192318040	会计	1007932022000253	会计硕士专业学位
254	高善鑫	女	2192318041	会计	1007932022000254	会计硕士专业学位
255	熊　鹰	男	2192318042	会计	1007932022000255	会计硕士专业学位
256	杨丽茹	女	2192318043	会计	1007932022000256	会计硕士专业学位
257	索相智	女	2192318044	会计	1007932022000257	会计硕士专业学位
258	桂嘉敏	女	2192318045	会计	1007932022000258	会计硕士专业学位
259	董　丽	女	2192318047	会计	1007932022000259	会计硕士专业学位
260	王庆红	女	2192318048	会计	1007932022000260	会计硕士专业学位
261	李丹华	女	2192318050	会计	1007932022000261	会计硕士专业学位
262	刘　畅	女	2192318052	会计	1007932022000262	会计硕士专业学位
263	曹一北	女	2192318053	会计	1007932022000263	会计硕士专业学位
264	商雨桐	女	2192318054	会计	1007932022000264	会计硕士专业学位
265	郝炳燚	女	2192318057	会计	1007932022000265	会计硕士专业学位
266	王嘉敏	女	2192318058	会计	1007932022000266	会计硕士专业学位
267	徐　瑶	女	2192318059	会计	1007932022000267	会计硕士专业学位
268	董　栋	男	2192318062	会计	1007932022000268	会计硕士专业学位
269	郭佳晨	女	2192318064	会计	1007932022000269	会计硕士专业学位
270	郄云婷	女	2192318066	会计	1007932022000270	会计硕士专业学位
271	张　羿	男	2192318070	会计	1007932022000271	会计硕士专业学位

续表

序号	姓名	性别	学号	领域名称	学位证书号	学位类别
272	张子璇	女	2192318072	会计	1007932022000272	会计硕士专业学位
273	李亚茹	女	2192318073	会计	1007932022000273	会计硕士专业学位
274	韩莎莎	女	2192318074	会计	1007932022000274	会计硕士专业学位
275	苏　赫	男	2192318076	会计	1007932022000275	会计硕士专业学位
276	张一鹏	男	2192318077	会计	1007932022000276	会计硕士专业学位
277	李　玲	女	2192318078	会计	1007932022000277	会计硕士专业学位
278	李一涵	女	2192318080	会计	1007932022000278	会计硕士专业学位
279	栾　伟	男	2192318082	会计	1007932022000279	会计硕士专业学位
280	谭晓洋	男	2192318083	会计	1007932022000280	会计硕士专业学位
281	王倩梅	女	2192318084	会计	1007932022000281	会计硕士专业学位
282	樊丽媛	女	2192318086	会计	1007932022000282	会计硕士专业学位
283	张怡心	女	2192318089	会计	1007932022000283	会计硕士专业学位
284	武鹤敏	女	2192318090	会计	1007932022000284	会计硕士专业学位
285	尹文秀	女	2192318091	会计	1007932022000285	会计硕士专业学位
286	王　迪	女	2192318092	会计	1007932022000286	会计硕士专业学位
287	吴　优	女	2192318093	会计	1007932022000287	会计硕士专业学位
288	闫　佳	女	2192318094	会计	1007932022000288	会计硕士专业学位
289	薛敏娜	女	2192318095	会计	1007932022000289	会计硕士专业学位
290	于婧源	女	2192318096	会计	1007932022000290	会计硕士专业学位
291	李　丹	女	2192318097	会计	1007932022000291	会计硕士专业学位
292	高艺菲	女	2192318098	会计	1007932022000292	会计硕士专业学位
293	李文东	男	2192318101	会计	1007932022000293	会计硕士专业学位
294	汪从起	男	2192318102	会计	1007932022000294	会计硕士专业学位
295	郑璐瑶	女	2192318103	会计	1007932022000295	会计硕士专业学位
296	张伊丽	女	2192318104	会计	1007932022000296	会计硕士专业学位
297	代丽丽	女	2192318105	会计	1007932022000297	会计硕士专业学位
298	吕金傲	女	2192318109	会计	1007932022000298	会计硕士专业学位
299	孙茂楠	男	2192318111	工程管理	1007932022000299	工程管理硕士专业学位
300	杨曦明	男	2192318112	工程管理	1007932022000300	工程管理硕士专业学位
301	张立宁	男	2192318114	工程管理	1007932022000301	工程管理硕士专业学位
302	葛晓红	女	2192318115	工程管理	1007932022000302	工程管理硕士专业学位
303	陈华夏	男	2192318118	工程管理	1007932022000303	工程管理硕士专业学位
304	孙　斌	男	2192318119	工程管理	1007932022000304	工程管理硕士专业学位
305	刘　昊	男	2192318121	工程管理	1007932022000305	工程管理硕士专业学位
306	马　宁	女	2192318123	工程管理	1007932022000306	工程管理硕士专业学位
307	赵旭伟	男	2192318124	工程管理	1007932022000307	工程管理硕士专业学位

续表

序号	姓名	性别	学号	领域名称	学位证书号	学位类别
308	张惠灵	女	2192318126	工程管理	1007932022000308	工程管理硕士专业学位
309	宋魏书	女	2192318128	工程管理	1007932022000309	工程管理硕士专业学位
310	孟　原	男	2192318129	工程管理	1007932022000310	工程管理硕士专业学位
311	张　钊	男	2192318131	工程管理	1007932022000311	工程管理硕士专业学位
312	章纪云	男	2192317002	应用统计	1007932022000312	应用统计硕士专业学位
313	冯同同	女	2192317003	应用统计	1007932022000313	应用统计硕士专业学位
314	任宇飞	女	2192317004	应用统计	1007932022000314	应用统计硕士专业学位
315	陈跃飞	男	2192317005	应用统计	1007932022000315	应用统计硕士专业学位
316	毛亚萍	女	2192317006	应用统计	1007932022000316	应用统计硕士专业学位
317	马晓雪	女	2192320001	英语笔译	1007932022000317	翻译硕士专业学位
318	马丹丹	女	2192320002	英语笔译	1007932022000318	翻译硕士专业学位
319	牛好姗	女	2192320003	英语笔译	1007932022000319	翻译硕士专业学位
320	苏　悦	女	2172316008	控制工程	1007932022000320	工程硕士专业学位
321	董立涛	男	2182316008	控制工程	1007932022000321	工程硕士专业学位
322	许　爽	男	2182316012	控制工程	1007932022000322	工程硕士专业学位
323	温梦贤	女	2192316003	控制工程	1007932022000323	工程硕士专业学位
324	曹业佳	男	2192316004	控制工程	1007932022000324	工程硕士专业学位
325	王　茹	女	2192316007	控制工程	1007932022000325	工程硕士专业学位
326	白　孟	男	2192316008	控制工程	1007932022000326	工程硕士专业学位
327	崔曙光	男	2192316010	控制工程	1007932022000327	工程硕士专业学位
328	马强强	男	2192316011	控制工程	1007932022000328	工程硕士专业学位
329	李浩然	男	2182213201	电气工程	1007932022000817	工程硕士专业学位
330	李大双	女	2182213205	电气工程	1007932022000818	工程硕士专业学位
331	阳庆林	男	2192213138	电气工程	1007932022000819	工程硕士专业学位
332	高瑞鑫	男	2192213139	电气工程	1007932022000820	工程硕士专业学位
333	韩羞草	女	2192213140	电气工程	1007932022000821	工程硕士专业学位
334	孙梦雪	女	2192213142	电气工程	1007932022000822	工程硕士专业学位
335	范　文	男	2192213143	电气工程	1007932022000823	工程硕士专业学位
336	俞　可	男	2192213144	电气工程	1007932022000824	工程硕士专业学位
337	夏　辉	男	2192213145	电气工程	1007932022000825	工程硕士专业学位
338	闫　语	女	2192213146	电气工程	1007932022000826	工程硕士专业学位
339	金建澎	男	2192213147	电气工程	1007932022000827	工程硕士专业学位
340	韩　璐	男	2192213148	电气工程	1007932022000828	工程硕士专业学位
341	马　晨	女	2192213149	电气工程	1007932022000829	工程硕士专业学位
342	邢楚铭	女	2192213150	电气工程	1007932022000830	工程硕士专业学位
343	关皓闻	男	2192213151	电气工程	1007932022000831	工程硕士专业学位

续表

序号	姓名	性别	学号	领域名称	学位证书号	学位类别
344	朱晨菲	女	2192213152	电气工程	1007932022000832	工程硕士专业学位
345	田雨扬	男	2192213153	电气工程	1007932022000833	工程硕士专业学位
346	尹燕哲	男	2192213154	电气工程	1007932022000834	工程硕士专业学位
347	张瑞丰	男	2192213155	电气工程	1007932022000835	工程硕士专业学位
348	田　旭	女	2192213156	电气工程	1007932022000836	工程硕士专业学位
349	刘嘉明	男	2192213157	电气工程	1007932022000837	工程硕士专业学位
350	杜世旗	男	2192213158	电气工程	1007932022000838	工程硕士专业学位
351	吕婷婷	女	2192213159	电气工程	1007932022000839	工程硕士专业学位
352	蒲　靓	女	2192213160	电气工程	1007932022000840	工程硕士专业学位
353	许向东	男	2192213161	电气工程	1007932022000841	工程硕士专业学位
354	陈　馨	女	2192213162	电气工程	1007932022000842	工程硕士专业学位
355	崔涤穹	男	2192213163	电气工程	1007932022000843	工程硕士专业学位
356	叶亚中	男	2192213164	电气工程	1007932022000844	工程硕士专业学位
357	刘　瑄	女	2192213165	电气工程	1007932022000845	工程硕士专业学位
358	杜雅鑫	女	2192213166	电气工程	1007932022000846	工程硕士专业学位
359	冯美琳	女	2192213167	电气工程	1007932022000847	工程硕士专业学位
360	田仕杰	男	2192213168	电气工程	1007932022000848	工程硕士专业学位
361	要金铭	男	2192213169	电气工程	1007932022000849	工程硕士专业学位
362	王　晓	女	2192213170	电气工程	1007932022000850	工程硕士专业学位
363	李建宜	男	2192213171	电气工程	1007932022000851	工程硕士专业学位
364	严旭涛	男	2192213172	电气工程	1007932022000852	工程硕士专业学位
365	王泽霖	男	2192213173	电气工程	1007932022000853	工程硕士专业学位
366	王子豪	男	2192213174	电气工程	1007932022000854	工程硕士专业学位
367	刘　旺	男	2192213175	电气工程	1007932022000855	工程硕士专业学位
368	李宏硕	女	2192213176	电气工程	1007932022000856	工程硕士专业学位
369	彭程凯	男	2192213177	电气工程	1007932022000857	工程硕士专业学位
370	马国爽	男	2192213178	电气工程	1007932022000858	工程硕士专业学位
371	贾以静	女	2192213179	电气工程	1007932022000859	工程硕士专业学位
372	肖智勇	男	2192213180	电气工程	1007932022000860	工程硕士专业学位
373	王佳雪	女	2192213181	电气工程	1007932022000861	工程硕士专业学位
374	陈希之	男	2192213182	电气工程	1007932022000862	工程硕士专业学位
375	李金铄	女	2192213183	电气工程	1007932022000863	工程硕士专业学位
376	隋月艺	女	2192213184	电气工程	1007932022000864	工程硕士专业学位
377	许永新	男	2192213185	电气工程	1007932022000865	工程硕士专业学位
378	马锡浩	男	2192213186	电气工程	1007932022000866	工程硕士专业学位
379	房耀庭	男	2192213187	电气工程	1007932022000867	工程硕士专业学位

续表

序号	姓名	性别	学号	领域名称	学位证书号	学位类别
380	魏子涵	男	2192213188	电气工程	1007932022000868	工程硕士专业学位
381	陈经伟	男	2192213189	电气工程	1007932022000869	工程硕士专业学位
382	金　秋	男	2192213190	电气工程	1007932022000870	工程硕士专业学位
383	李先锋	男	2192213191	电气工程	1007932022000871	工程硕士专业学位
384	董　博	男	2192213192	电气工程	1007932022000872	工程硕士专业学位
385	张　宣	男	2192213193	电气工程	1007932022000873	工程硕士专业学位
386	贺梦娟	女	2192213194	电气工程	1007932022000874	工程硕士专业学位
387	冯志远	男	2192213195	电气工程	1007932022000875	工程硕士专业学位
388	马子儒	女	2192213196	电气工程	1007932022000876	工程硕士专业学位
389	司东杰	男	2192213197	电气工程	1007932022000877	工程硕士专业学位
390	武健伟	男	2192213198	电气工程	1007932022000878	工程硕士专业学位
391	刘　杰	男	2192213199	电气工程	1007932022000879	工程硕士专业学位
392	王　月	女	2192213200	电气工程	1007932022000880	工程硕士专业学位
393	崔晨刚	男	2192213201	电气工程	1007932022000881	工程硕士专业学位
394	张思刚	男	2192213203	电气工程	1007932022000882	工程硕士专业学位
395	刘晓敏	女	2192213204	电气工程	1007932022000883	工程硕士专业学位
396	高　萌	女	2192213205	电气工程	1007932022000884	工程硕士专业学位
397	徐圣霖	男	2192213206	电气工程	1007932022000885	工程硕士专业学位
398	李海阔	男	2192213207	电气工程	1007932022000886	工程硕士专业学位
399	阎瑞雪	女	2192213208	电气工程	1007932022000887	工程硕士专业学位
400	尚观远	男	2192213209	电气工程	1007932022000888	工程硕士专业学位
401	马英乔	女	2192213210	电气工程	1007932022000889	工程硕士专业学位
402	郭尚文	男	2192213211	电气工程	1007932022000890	工程硕士专业学位
403	耿宏贤	女	2192213212	电气工程	1007932022000891	工程硕士专业学位
404	赵鹏飞	男	2192213213	电气工程	1007932022000892	工程硕士专业学位
405	佟以鑫	男	2192213214	电气工程	1007932022000893	工程硕士专业学位
406	杨恩泽	男	2192213215	电气工程	1007932022000894	工程硕士专业学位
407	王晨曦	男	2192213216	电气工程	1007932022000895	工程硕士专业学位
408	罗东晖	男	2192213217	电气工程	1007932022000896	工程硕士专业学位
409	孔铖铖	女	2192213218	电气工程	1007932022000897	工程硕士专业学位
410	罗威成	男	2192213219	电气工程	1007932022000898	工程硕士专业学位
411	刘富州	男	2192213220	电气工程	1007932022000899	工程硕士专业学位
412	许浩波	男	2192213221	电气工程	1007932022000900	工程硕士专业学位
413	商　聪	女	2192213222	电气工程	1007932022000901	工程硕士专业学位
414	常文斐	女	2192213223	电气工程	1007932022000902	工程硕士专业学位
415	安文宇	女	2192213224	电气工程	1007932022000903	工程硕士专业学位

续表

序号	姓名	性别	学号	领域名称	学位证书号	学位类别
416	甄栋夫	男	2192213225	电气工程	1007932022000904	工程硕士专业学位
417	陈思琦	女	2192213226	电气工程	1007932022000905	工程硕士专业学位
418	王璞诗	男	2192213227	电气工程	1007932022000906	工程硕士专业学位
419	赵一宇	女	2192213228	电气工程	1007932022000907	工程硕士专业学位
420	王晨光	男	2192213229	电气工程	1007932022000908	工程硕士专业学位
421	王雅婷	女	2192213230	电气工程	1007932022000909	工程硕士专业学位
422	隗小雪	女	2192213231	电气工程	1007932022000910	工程硕士专业学位
423	赵中秋	男	2192213232	电气工程	1007932022000911	工程硕士专业学位
424	杜方鑫	男	2192213233	电气工程	1007932022000912	工程硕士专业学位
425	许崇伟	男	2192213234	电气工程	1007932022000913	工程硕士专业学位
426	王玉珂	女	2192213235	电气工程	1007932022000914	工程硕士专业学位
427	王鸣誉	男	2192213236	电气工程	1007932022000915	工程硕士专业学位
428	王安琪	女	2192213237	电气工程	1007932022000916	工程硕士专业学位
429	聂小鹏	男	2192213238	电气工程	1007932022000917	工程硕士专业学位
430	王紫薇	女	2192213239	电气工程	1007932022000918	工程硕士专业学位
431	任腾龙	男	2192215021	电子与通信工程	1007932022000919	工程硕士专业学位
432	陈维寅	男	2192215022	电子与通信工程	1007932022000920	工程硕士专业学位
433	冯晓晗	女	2192215023	电子与通信工程	1007932022000921	工程硕士专业学位
434	刘瑞璋	男	2192215025	电子与通信工程	1007932022000922	工程硕士专业学位
435	黎华慧	女	2192215026	电子与通信工程	1007932022000923	工程硕士专业学位
436	李逸凡	男	2192215027	电子与通信工程	1007932022000924	工程硕士专业学位
437	宋祥宇	男	2192215029	电子与通信工程	1007932022000925	工程硕士专业学位
438	王　宁	男	2192215030	电子与通信工程	1007932022000926	工程硕士专业学位
439	史天浩	男	2192215031	电子与通信工程	1007932022000927	工程硕士专业学位
440	安　阳	男	2192215032	电子与通信工程	1007932022000928	工程硕士专业学位
441	王玉聪	女	2192215033	电子与通信工程	1007932022000929	工程硕士专业学位
442	李佳琦	男	2192215034	电子与通信工程	1007932022000930	工程硕士专业学位
443	解鹏飞	男	2192215035	电子与通信工程	1007932022000931	工程硕士专业学位
444	刘雅婷	女	2192215036	电子与通信工程	1007932022000932	工程硕士专业学位
445	张　倩	女	2192215037	电子与通信工程	1007932022000933	工程硕士专业学位
446	管　帅	女	2192215038	电子与通信工程	1007932022000934	工程硕士专业学位
447	梁　硕	女	2192215039	电子与通信工程	1007932022000935	工程硕士专业学位
448	霍慧文	女	2192215040	电子与通信工程	1007932022000936	工程硕士专业学位
449	赖　帅	男	2192215041	电子与通信工程	1007932022000937	工程硕士专业学位
450	班双双	女	2192215063	电子与通信工程	1007932022000938	工程硕士专业学位
451	石鑫鑫	男	2192215064	电子与通信工程	1007932022000939	工程硕士专业学位

续表

序号	姓名	性别	学号	领域名称	学位证书号	学位类别
452	贾晓静	女	2192215065	电子与通信工程	1007932022000940	工程硕士专业学位
453	廖至健	男	2192215066	电子与通信工程	1007932022000941	工程硕士专业学位
454	张妹娟	女	2192215067	电子与通信工程	1007932022000942	工程硕士专业学位
455	邱　佳	女	2192215068	电子与通信工程	1007932022000943	工程硕士专业学位
456	蒋志钢	男	2192215069	电子与通信工程	1007932022000944	工程硕士专业学位
457	司福强	男	2192215070	电子与通信工程	1007932022000945	工程硕士专业学位
458	刘　旭	男	2192215071	电子与通信工程	1007932022000946	工程硕士专业学位
459	张浴尘	男	2192215072	电子与通信工程	1007932022000947	工程硕士专业学位
460	史博强	男	2192215073	电子与通信工程	1007932022000948	工程硕士专业学位
461	华子明	男	2192215074	电子与通信工程	1007932022000949	工程硕士专业学位
462	赵　娜	女	2192215075	电子与通信工程	1007932022000950	工程硕士专业学位
463	胡旭欣	女	2192215076	电子与通信工程	1007932022000951	工程硕士专业学位
464	杨俊杰	男	2192215077	电子与通信工程	1007932022000952	工程硕士专业学位
465	赵书建	男	2192215078	电子与通信工程	1007932022000953	工程硕士专业学位
466	孟　琪	女	2192215079	电子与通信工程	1007932022000954	工程硕士专业学位
467	陈天威	男	2192215080	电子与通信工程	1007932022000955	工程硕士专业学位
468	巩　彪	男	2192215081	电子与通信工程	1007932022000956	工程硕士专业学位
469	李　剑	男	2192215082	电子与通信工程	1007932022000957	工程硕士专业学位
470	郑明辉	男	2192215083	电子与通信工程	1007932022000958	工程硕士专业学位
471	李汇锋	男	2192214017	动力工程	1007932022000959	工程硕士专业学位
472	许　强	男	2192214018	动力工程	1007932022000960	工程硕士专业学位
473	任道蒙	男	2192214019	动力工程	1007932022000961	工程硕士专业学位
474	雍立博	男	2192214020	动力工程	1007932022000962	工程硕士专业学位
475	朱　萌	女	2192214021	动力工程	1007932022000963	工程硕士专业学位
476	吕二飞	男	2192214022	动力工程	1007932022000964	工程硕士专业学位
477	白　杨	男	2192214023	动力工程	1007932022000965	工程硕士专业学位
478	苏浩哲	男	2192214024	动力工程	1007932022000966	工程硕士专业学位
479	黑成浩	男	2192214025	动力工程	1007932022000967	工程硕士专业学位
480	林　凯	男	2192214026	动力工程	1007932022000968	工程硕士专业学位
481	张瀚文	男	2192214027	动力工程	1007932022000969	工程硕士专业学位
482	任嘉诺	男	2192214028	动力工程	1007932022000970	工程硕士专业学位
483	张明阳	男	2192214029	动力工程	1007932022000971	工程硕士专业学位
484	宋　超	男	2192214030	动力工程	1007932022000972	工程硕士专业学位
485	艾天超	男	2192214031	动力工程	1007932022000973	工程硕士专业学位
486	张燕超	男	2192214032	动力工程	1007932022000974	工程硕士专业学位
487	刘森阳	男	2192214033	动力工程	1007932022000975	工程硕士专业学位

续表

序号	姓名	性别	学号	领域名称	学位证书号	学位类别
488	刘　孜	男	2192214034	动力工程	1007932022000976	工程硕士专业学位
489	占成林	男	2192214035	动力工程	1007932022000977	工程硕士专业学位
490	贾雅永	男	2192214049	动力工程	1007932022000978	工程硕士专业学位
491	李正宽	男	2192214050	动力工程	1007932022000979	工程硕士专业学位
492	马帆帆	女	2192214051	动力工程	1007932022000980	工程硕士专业学位
493	张志杰	男	2192214052	动力工程	1007932022000981	工程硕士专业学位
494	李振宇	男	2192214053	动力工程	1007932022000982	工程硕士专业学位
495	胡庆亚	男	2192214054	动力工程	1007932022000983	工程硕士专业学位
496	宋　宣	女	2192214055	动力工程	1007932022000984	工程硕士专业学位
497	焦世权	男	2192214056	动力工程	1007932022000985	工程硕士专业学位
498	任国梁	男	2192214057	动力工程	1007932022000986	工程硕士专业学位
499	张　玲	女	2192214058	动力工程	1007932022000987	工程硕士专业学位
500	李　明	男	2192214059	动力工程	1007932022000988	工程硕士专业学位
501	孟维中	男	2192214061	动力工程	1007932022000989	工程硕士专业学位
502	叶行飞	男	2192214062	动力工程	1007932022000990	工程硕士专业学位
503	常成智	男	2192214063	动力工程	1007932022000991	工程硕士专业学位
504	陈宇彤	女	2192214064	动力工程	1007932022000992	工程硕士专业学位
505	李　祥	男	2192214065	动力工程	1007932022000993	工程硕士专业学位
506	姜文超	男	2192214066	动力工程	1007932022000994	工程硕士专业学位
507	张　森	男	2192214067	动力工程	1007932022000995	工程硕士专业学位
508	敖　童	男	2192214068	动力工程	1007932022000996	工程硕士专业学位
509	陶鸿俊	男	2192214069	动力工程	1007932022000997	工程硕士专业学位
510	王金楹	男	2192214070	动力工程	1007932022000998	工程硕士专业学位
511	聂云鹏	男	2192214071	动力工程	1007932022000999	工程硕士专业学位
512	王雨丽	女	2192214089	动力工程	1007932022001000	工程硕士专业学位
513	陈　烁	男	2192214090	动力工程	1007932022001001	工程硕士专业学位
514	陈志斌	男	2192214091	动力工程	1007932022001002	工程硕士专业学位
515	曾佳微	男	2192214093	动力工程	1007932022001003	工程硕士专业学位
516	李　岳	男	2192214094	动力工程	1007932022001004	工程硕士专业学位
517	王　勐	男	2192214095	动力工程	1007932022001005	工程硕士专业学位
518	张　航	男	2192214096	动力工程	1007932022001006	工程硕士专业学位
519	周鑫宇	男	2192214097	动力工程	1007932022001007	工程硕士专业学位
520	彭伯乐	男	2192214098	动力工程	1007932022001008	工程硕士专业学位
521	王　智	男	2192214099	动力工程	1007932022001009	工程硕士专业学位
522	郑　菲	女	2192214100	动力工程	1007932022001010	工程硕士专业学位
523	全国兴	男	2192214101	动力工程	1007932022001011	工程硕士专业学位

续表

序号	姓名	性别	学号	领域名称	学位证书号	学位类别
524	徐　贤	男	2192214102	动力工程	1007932022001012	工程硕士专业学位
525	周庆文	男	2192214103	动力工程	1007932022001013	工程硕士专业学位
526	黄志成	男	2192214104	动力工程	1007932022001014	工程硕士专业学位
527	李鲁青	女	2192214105	动力工程	1007932022001015	工程硕士专业学位
528	胡俊羽	男	2192214106	动力工程	1007932022001016	工程硕士专业学位
529	汪岳池	男	2192214107	动力工程	1007932022001017	工程硕士专业学位
530	王天赐	男	2192214131	动力工程	1007932022001018	工程硕士专业学位
531	刘雪萌	女	2192214132	动力工程	1007932022001019	工程硕士专业学位
532	韩泽鹏	男	2192214133	动力工程	1007932022001020	工程硕士专业学位
533	孟繁旭	男	2192214134	动力工程	1007932022001021	工程硕士专业学位
534	魏　洁	女	2192214135	动力工程	1007932022001022	工程硕士专业学位
535	樊志霞	女	2192214136	动力工程	1007932022001023	工程硕士专业学位
536	张　雅	女	2192214137	动力工程	1007932022001024	工程硕士专业学位
537	李　辉	男	2192214138	动力工程	1007932022001025	工程硕士专业学位
538	李建飞	男	2192214140	动力工程	1007932022001026	工程硕士专业学位
539	刘　艺	女	2192214141	动力工程	1007932022001027	工程硕士专业学位
540	张宇峰	男	2192214142	动力工程	1007932022001028	工程硕士专业学位
541	李国彪	男	2192219009	法律(非法学)	1007932022001029	法律硕士专业学位
542	吴伟航	男	2192219010	法律(非法学)	1007932022001030	法律硕士专业学位
543	冀淑亚	女	2192219011	法律(非法学)	1007932022001031	法律硕士专业学位
544	李佳炜	女	2192219012	法律(非法学)	1007932022001032	法律硕士专业学位
545	鲍志凌	女	2192219013	法律(法学)	1007932022001033	法律硕士专业学位
546	陈小玥	女	2192219014	法律(法学)	1007932022001034	法律硕士专业学位
547	李卓颖	女	2192219015	法律(法学)	1007932022001035	法律硕士专业学位
548	赵文瑜	女	2192219016	法律(法学)	1007932022001036	法律硕士专业学位
549	林国欣	男	2192219017	法律(法学)	1007932022001037	法律硕士专业学位
550	陈　旭	女	2192219026	公共管理	1007932022001038	公共管理硕士专业学位
551	陈志丹	女	2192219027	公共管理	1007932022001039	公共管理硕士专业学位
552	杨晓丹	女	2192219029	公共管理	1007932022001040	公共管理硕士专业学位
553	吴晓晨	女	2192219030	公共管理	1007932022001041	公共管理硕士专业学位
554	续晓宇	男	2192223029	环境工程	1007932022001042	工程硕士专业学位
555	贾文瑶	男	2192223030	环境工程	1007932022001043	工程硕士专业学位
556	米　雪	女	2192223031	环境工程	1007932022001044	工程硕士专业学位
557	王　静	女	2192223032	环境工程	1007932022001045	工程硕士专业学位
558	陈二军	男	2192223033	环境工程	1007932022001046	工程硕士专业学位
559	荆雯雯	女	2192223034	环境工程	1007932022001047	工程硕士专业学位

续表

序号	姓名	性别	学号	领域名称	学位证书号	学位类别
560	付　豪	男	2192223035	环境工程	1007932022001048	工程硕士专业学位
561	黎　燕	女	2192223036	环境工程	1007932022001049	工程硕士专业学位
562	田志雄	男	2192223037	环境工程	1007932022001050	工程硕士专业学位
563	王　旭	男	2192223038	环境工程	1007932022001051	工程硕士专业学位
564	张　冯	男	2192223039	环境工程	1007932022001052	工程硕士专业学位
565	周紫微	女	2192223040	环境工程	1007932022001053	工程硕士专业学位
566	荆　云	女	2192223041	环境工程	1007932022001054	工程硕士专业学位
567	冯　倩	女	2192223042	环境工程	1007932022001055	工程硕士专业学位
568	董汝南	女	2192223043	环境工程	1007932022001056	工程硕士专业学位
569	孔令风	男	2192223044	环境工程	1007932022001057	工程硕士专业学位
570	徐海龙	男	2192223045	环境工程	1007932022001058	工程硕士专业学位
571	李镇鑫	男	2192223046	环境工程	1007932022001059	工程硕士专业学位
572	李秋寒	女	2192223047	环境工程	1007932022001060	工程硕士专业学位
573	顾金盼	女	2192223048	环境工程	1007932022001061	工程硕士专业学位
574	常　昊	男	2192223049	环境工程	1007932022001062	工程硕士专业学位
575	董润泽	女	2192223052	环境工程	1007932022001063	工程硕士专业学位
576	乔钏熙	男	2192223053	环境工程	1007932022001064	工程硕士专业学位
577	陈若希	男	2192223054	环境工程	1007932022001065	工程硕士专业学位
578	于洁璇	女	2192223055	环境工程	1007932022001066	工程硕士专业学位
579	靳文章	女	2192223056	环境工程	1007932022001067	工程硕士专业学位
580	乔　琳	女	2192223057	环境工程	1007932022001068	工程硕士专业学位
581	臧　瑶	女	2192223058	环境工程	1007932022001069	工程硕士专业学位
582	郭松涛	男	2192223059	环境工程	1007932022001070	工程硕士专业学位
583	袁心达	男	2192223060	环境工程	1007932022001071	工程硕士专业学位
584	吴　楠	女	2192223061	环境工程	1007932022001072	工程硕士专业学位
585	高唯恒	男	2192223062	环境工程	1007932022001073	工程硕士专业学位
586	刘　芳	女	2192223063	环境工程	1007932022001074	工程硕士专业学位
587	李　静	女	2192223064	环境工程	1007932022001075	工程硕士专业学位
588	金耀伟	男	2192223065	环境工程	1007932022001076	工程硕士专业学位
589	姜子武	男	2192223066	环境工程	1007932022001077	工程硕士专业学位
590	张　明	男	2192224028	机械工程	1007932022001078	工程硕士专业学位
591	朱泽宁	男	2192224029	机械工程	1007932022001079	工程硕士专业学位
592	梁洪源	男	2192224030	机械工程	1007932022001080	工程硕士专业学位
593	陈轶才	男	2192224031	机械工程	1007932022001081	工程硕士专业学位
594	郝洪策	男	2192224032	机械工程	1007932022001082	工程硕士专业学位
595	庞景轩	男	2192224033	机械工程	1007932022001083	工程硕士专业学位

续表

序号	姓名	性别	学号	领域名称	学位证书号	学位类别
596	王志旭	男	2192224034	机械工程	1007932022001084	工程硕士专业学位
597	杨岚琦	女	2192224035	机械工程	1007932022001085	工程硕士专业学位
598	钟乐鸣	男	2192224036	机械工程	1007932022001086	工程硕士专业学位
599	陈俊浩	男	2192224037	机械工程	1007932022001087	工程硕士专业学位
600	宗鹏锦	男	2192224038	机械工程	1007932022001088	工程硕士专业学位
601	刘　冰	男	2192224039	机械工程	1007932022001089	工程硕士专业学位
602	王占南	男	2192224040	机械工程	1007932022001090	工程硕士专业学位
603	张泽翰	男	2192224041	机械工程	1007932022001091	工程硕士专业学位
604	闫立鑫	男	2192224042	机械工程	1007932022001092	工程硕士专业学位
605	刘　洋	男	2192224043	机械工程	1007932022001093	工程硕士专业学位
606	李鹏吾	男	2192224044	机械工程	1007932022001094	工程硕士专业学位
607	朱之健	男	2192224046	机械工程	1007932022001095	工程硕士专业学位
608	刘佳宁	女	2192224047	机械工程	1007932022001096	工程硕士专业学位
609	徐振丽	女	2192224048	机械工程	1007932022001097	工程硕士专业学位
610	陈　涛	男	2192224049	机械工程	1007932022001098	工程硕士专业学位
611	董志诚	男	2192224050	机械工程	1007932022001099	工程硕士专业学位
612	孙　凯	男	2192224051	机械工程	1007932022001100	工程硕士专业学位
613	陶　帅	男	2192224052	机械工程	1007932022001101	工程硕士专业学位
614	罗银权	男	2192224053	机械工程	1007932022001102	工程硕士专业学位
615	周占超	男	2192224054	机械工程	1007932022001103	工程硕士专业学位
616	王娅宁	女	2192224055	机械工程	1007932022001104	工程硕士专业学位
617	于靖靖	女	2192224056	机械工程	1007932022001105	工程硕士专业学位
618	孙　悦	女	2192224057	机械工程	1007932022001106	工程硕士专业学位
619	马皓璨	男	2192224058	工业工程	1007932022001107	工程硕士专业学位
620	杜　恒	男	2192224059	工业工程	1007932022001108	工程硕士专业学位
621	罗红健	男	2192224060	工业工程	1007932022001109	工程硕士专业学位
622	杨晓宇	男	2192224061	工业工程	1007932022001110	工程硕士专业学位
623	邢　浩	男	2192224062	工业工程	1007932022001111	工程硕士专业学位
624	王志豪	男	2192224063	工业工程	1007932022001112	工程硕士专业学位
625	郭　嘉	男	2192221037	计算机技术	1007932022001113	工程硕士专业学位
626	张银财	男	2192221038	计算机技术	1007932022001114	工程硕士专业学位
627	梁朝阳	男	2192221039	计算机技术	1007932022001115	工程硕士专业学位
628	陈文新	男	2192221040	计算机技术	1007932022001116	工程硕士专业学位
629	冯子文	男	2192221041	计算机技术	1007932022001117	工程硕士专业学位
630	叶新宇	男	2192221042	计算机技术	1007932022001118	工程硕士专业学位
631	贺秋萍	女	2192221043	计算机技术	1007932022001119	工程硕士专业学位

续表

序号	姓名	性别	学号	领域名称	学位证书号	学位类别
632	梅　鹏	男	2192221044	计算机技术	1007932022001120	工程硕士专业学位
633	杨丹旭	女	2192221045	计算机技术	1007932022001121	工程硕士专业学位
634	李　飞	男	2192221046	计算机技术	1007932022001122	工程硕士专业学位
635	李胜男	女	2192221047	计算机技术	1007932022001123	工程硕士专业学位
636	孙　博	女	2192221048	计算机技术	1007932022001124	工程硕士专业学位
637	王雪纯	女	2192221049	计算机技术	1007932022001125	工程硕士专业学位
638	陈恩光	男	2192221050	计算机技术	1007932022001126	工程硕士专业学位
639	王叶丹	女	2192221051	计算机技术	1007932022001127	工程硕士专业学位
640	张文华	女	2192221052	计算机技术	1007932022001128	工程硕士专业学位
641	朱一鹏	男	2192221053	计算机技术	1007932022001129	工程硕士专业学位
642	何胜梅	女	2192221054	计算机技术	1007932022001130	工程硕士专业学位
643	庞佳慧	女	2192221055	计算机技术	1007932022001131	工程硕士专业学位
644	常庆蕊	女	2192221056	计算机技术	1007932022001132	工程硕士专业学位
645	马　伟	男	2192221057	计算机技术	1007932022001133	工程硕士专业学位
646	段伟旗	男	2192221058	计算机技术	1007932022001134	工程硕士专业学位
647	孙　赟	男	2192221059	计算机技术	1007932022001135	工程硕士专业学位
648	高娟娟	女	2192221060	计算机技术	1007932022001136	工程硕士专业学位
649	于彤红	男	2192221061	计算机技术	1007932022001137	工程硕士专业学位
650	马　如	女	2192221062	计算机技术	1007932022001138	工程硕士专业学位
651	昝向艺	男	2192221063	计算机技术	1007932022001139	工程硕士专业学位
652	张　燕	女	2192221064	计算机技术	1007932022001140	工程硕士专业学位
653	胡晓蕾	女	2192221065	计算机技术	1007932022001141	工程硕士专业学位
654	马晓杰	男	2192221066	计算机技术	1007932022001142	工程硕士专业学位
655	肖　雄	男	2192221067	计算机技术	1007932022001143	工程硕士专业学位
656	陈帅领	男	2192221068	软件工程	1007932022001144	工程硕士专业学位
657	赵北辰	男	2192221069	软件工程	1007932022001145	工程硕士专业学位
658	齐博宇	男	2192221070	软件工程	1007932022001146	工程硕士专业学位
659	韩瑶瑶	女	2192221071	软件工程	1007932022001147	工程硕士专业学位
660	王一宁	男	2192221072	软件工程	1007932022001148	工程硕士专业学位
661	杨　涛	男	2192221073	软件工程	1007932022001149	工程硕士专业学位
662	董　鹏	男	2192221074	软件工程	1007932022001150	工程硕士专业学位
663	张　鑫	男	2192221075	软件工程	1007932022001151	工程硕士专业学位
664	刘思远	男	2192221076	软件工程	1007932022001152	工程硕士专业学位
665	马明贺	男	2192221077	软件工程	1007932022001153	工程硕士专业学位
666	马名作	男	2192221078	软件工程	1007932022001154	工程硕士专业学位
667	王冠越	男	2192221079	软件工程	1007932022001155	工程硕士专业学位

续表

序号	姓名	性别	学号	领域名称	学位证书号	学位类别
668	赵博宇	男	2192218001	工业工程	1007932022001156	工程硕士专业学位
669	李婷婷	女	2192218002	工业工程	1007932022001157	工程硕士专业学位
670	宋　健	男	2192218003	工业工程	1007932022001158	工程硕士专业学位
671	户国辉	男	2192218004	工业工程	1007932022001159	工程硕士专业学位
672	李　哲	男	2192218005	工业工程	1007932022001160	工程硕士专业学位
673	王世国	男	2192218006	工业工程	1007932022001161	工程硕士专业学位
674	韩亚南	男	2192218007	工业工程	1007932022001162	工程硕士专业学位
675	高晓晓	女	2192218008	工业工程	1007932022001163	工程硕士专业学位
676	王仁锋	男	2192218009	工业工程	1007932022001164	工程硕士专业学位
677	蒋　龙	男	2192218010	工业工程	1007932022001165	工程硕士专业学位
678	赵　萌	女	2192218048	物流工程	1007932022001166	工程硕士专业学位
679	张紫栋	男	2192218049	物流工程	1007932022001167	工程硕士专业学位
680	康子暄	女	2192218050	物流工程	1007932022001168	工程硕士专业学位
681	王梦娇	女	2192218051	物流工程	1007932022001169	工程硕士专业学位
682	武海珍	女	2192218052	物流工程	1007932022001170	工程硕士专业学位
683	张梦媛	女	2192218053	物流工程	1007932022001171	工程硕士专业学位
684	李霖畅	女	2192218054	物流工程	1007932022001172	工程硕士专业学位
685	董洪凯	男	2192218055	物流工程	1007932022001173	工程硕士专业学位
686	朱晓宏	男	2192218068	金融	1007932022001174	金融硕士专业学位
687	闫丽娜	女	2192218069	金融	1007932022001175	金融硕士专业学位
688	张　璇	女	2192218070	金融	1007932022001176	金融硕士专业学位
689	喻　涛	男	2192218071	金融	1007932022001177	金融硕士专业学位
690	田　煜	男	2192218072	金融	1007932022001178	金融硕士专业学位
691	田雨欣	女	2192218085	会计	1007932022001179	会计硕士专业学位
692	董士聪	女	2192218086	会计	1007932022001180	会计硕士专业学位
693	徐炜迪	女	2192218087	会计	1007932022001181	会计硕士专业学位
694	朱易珍	女	2192218088	会计	1007932022001182	会计硕士专业学位
695	邓若晖	女	2192218089	会计	1007932022001183	会计硕士专业学位
696	宋雪敏	女	2192218090	会计	1007932022001184	会计硕士专业学位
697	王亚娜	女	2192218091	会计	1007932022001185	会计硕士专业学位
698	陈　琳	女	2192218092	会计	1007932022001186	会计硕士专业学位
699	任　静	女	2192218093	会计	1007932022001187	会计硕士专业学位
700	闫　亲	女	2192218094	会计	1007932022001188	会计硕士专业学位
701	李梦蝶	女	2192218095	会计	1007932022001189	会计硕士专业学位
702	魏依然	女	2192218096	会计	1007932022001190	会计硕士专业学位
703	孟佳慧	女	2192218097	会计	1007932022001191	会计硕士专业学位

续表

序号	姓名	性别	学号	领域名称	学位证书号	学位类别
704	苗　囡	女	2192218098	会计	1007932022001192	会计硕士专业学位
705	茶先灿	男	2192218099	会计	1007932022001193	会计硕士专业学位
706	王晓燕	女	2192218100	会计	1007932022001194	会计硕士专业学位
707	王子阳	女	220192218079	工程管理	1007932022001195	工程管理硕士专业学位
708	高　波	男	220192218080	工程管理	1007932022001196	工程管理硕士专业学位
709	宋兵兵	男	220192218081	工程管理	1007932022001197	工程管理硕士专业学位
710	王　新	男	220192218082	工程管理	1007932022001198	工程管理硕士专业学位
711	史　帆	男	220192218083	工程管理	1007932022001199	工程管理硕士专业学位
712	于天一	男	220192218084	工程管理	1007932022001200	工程管理硕士专业学位
713	朱倩颖	女	220192218085	工程管理	1007932022001201	工程管理硕士专业学位
714	吴健雄	男	220192218086	工程管理	1007932022001202	工程管理硕士专业学位
715	黄少博	男	220192218087	工程管理	1007932022001203	工程管理硕士专业学位
716	滕全福	男	220192218088	工程管理	1007932022001204	工程管理硕士专业学位
717	李睿轩	男	2192217009	应用统计	1007932022001205	应用统计硕士专业学位
718	邓　彬	男	2192217010	应用统计	1007932022001206	应用统计硕士专业学位
719	赵云鹏	男	2192217011	应用统计	1007932022001207	应用统计硕士专业学位
720	刘江涛	男	2192217012	应用统计	1007932022001208	应用统计硕士专业学位
721	苏雨桐	女	2192217013	应用统计	1007932022001209	应用统计硕士专业学位
722	任晓琛	男	2192217014	应用统计	1007932022001210	应用统计硕士专业学位
723	袁婧婕	女	2192217015	应用统计	1007932022001211	应用统计硕士专业学位
724	张　洁	女	2192217016	应用统计	1007932022001212	应用统计硕士专业学位
725	王梦祺	女	220192220012	英语笔译	1007932022001213	翻译硕士专业学位
726	孙　婷	女	220192220013	英语笔译	1007932022001214	翻译硕士专业学位
727	刘晓雨	女	220192220014	英语笔译	1007932022001215	翻译硕士专业学位
728	高钰颖	女	220192220015	英语笔译	1007932022001216	翻译硕士专业学位
729	苗李思家	女	220192220016	英语笔译	1007932022001217	翻译硕士专业学位
730	蔡婷婷	女	220192220017	英语笔译	1007932022001218	翻译硕士专业学位
731	刘志荣	男	220192220018	英语笔译	1007932022001219	翻译硕士专业学位
732	肖嘉奕	女	220192220019	英语笔译	1007932022001220	翻译硕士专业学位
733	郭雪文	女	220192220020	英语笔译	1007932022001221	翻译硕士专业学位
734	方海容	女	220192220021	英语笔译	1007932022001222	翻译硕士专业学位
735	陈　静	女	220192220022	英语笔译	1007932022001223	翻译硕士专业学位
736	曾　静	女	220192220024	英语笔译	1007932022001224	翻译硕士专业学位
737	高妍妍	女	2192216057	控制工程	1007932022001225	工程硕士专业学位
738	庞慧珍	女	2192216058	控制工程	1007932022001226	工程硕士专业学位
739	张晨旭	男	2192216059	控制工程	1007932022001227	工程硕士专业学位

续表

序号	姓名	性别	学号	领域名称	学位证书号	学位类别
740	李亚南	男	2192216060	控制工程	1007932022001228	工程硕士专业学位
741	王子睿	女	2192216061	控制工程	1007932022001229	工程硕士专业学位
742	石静雯	女	2192216062	控制工程	1007932022001230	工程硕士专业学位
743	刘倩倩	女	2192216063	控制工程	1007932022001231	工程硕士专业学位
744	栗锐遥	男	2192216064	控制工程	1007932022001232	工程硕士专业学位
745	郭佳跃	男	2192216065	控制工程	1007932022001233	工程硕士专业学位
746	苗　雨	男	2192216066	控制工程	1007932022001234	工程硕士专业学位
747	刘　彬	男	2192216067	控制工程	1007932022001235	工程硕士专业学位
748	杨　建	男	2192216068	控制工程	1007932022001236	工程硕士专业学位
749	杨　凯	男	2192216069	控制工程	1007932022001237	工程硕士专业学位
750	王亚东	男	2192216070	控制工程	1007932022001238	工程硕士专业学位
751	丁建平	男	2192216071	控制工程	1007932022001239	工程硕士专业学位
752	任　欢	女	2192216072	控制工程	1007932022001240	工程硕士专业学位
753	杨　硕	男	2192216073	控制工程	1007932022001241	工程硕士专业学位
754	白青飞	男	2192216074	控制工程	1007932022001242	工程硕士专业学位
755	蒋　阳	男	2192216075	控制工程	1007932022001243	工程硕士专业学位
756	李　帅	男	2192216076	控制工程	1007932022001244	工程硕士专业学位
757	于　静	女	2192216077	控制工程	1007932022001245	工程硕士专业学位
758	马玉锴	男	2192216078	控制工程	1007932022001246	工程硕士专业学位
759	冯荣荣	女	2192216079	控制工程	1007932022001247	工程硕士专业学位
760	马毅杰	男	2192216080	控制工程	1007932022001248	工程硕士专业学位
761	王　旺	男	2192216081	控制工程	1007932022001249	工程硕士专业学位
762	张原宁	女	2192216082	控制工程	1007932022001250	工程硕士专业学位
763	赵　斌	男	2192216083	控制工程	1007932022001251	工程硕士专业学位
764	舒湘杰	男	2192216084	控制工程	1007932022001252	工程硕士专业学位
765	常志伟	男	2192216085	控制工程	1007932022001253	工程硕士专业学位
766	李　正	男	2192216086	控制工程	1007932022001254	工程硕士专业学位
767	佟　彤	女	2192216087	控制工程	1007932022001255	工程硕士专业学位
768	颜　俐	女	2192216088	控制工程	1007932022001256	工程硕士专业学位
769	王红蕾	男	2192216089	控制工程	1007932022001257	工程硕士专业学位
770	王　伟	男	2192216090	控制工程	1007932022001258	工程硕士专业学位
771	郑茗友	男	2192216091	控制工程	1007932022001259	工程硕士专业学位
772	熊　镭	男	2192216092	控制工程	1007932022001260	工程硕士专业学位
773	胡正中	男	2192216093	控制工程	1007932022001261	工程硕士专业学位
774	刘　岳	男	2192216094	控制工程	1007932022001262	工程硕士专业学位
775	晏　勇	男	2192216095	控制工程	1007932022001263	工程硕士专业学位

续表

序号	姓名	性别	学号	领域名称	学位证书号	学位类别
776	夏琳玲	女	2192216096	控制工程	1007932022001264	工程硕士专业学位
777	王泽轩	男	2192216097	控制工程	1007932022001265	工程硕士专业学位
778	姜礼洁	女	2192216098	控制工程	1007932022001266	工程硕士专业学位
779	郭建豪	男	2192216099	控制工程	1007932022001267	工程硕士专业学位
780	苏子凡	男	2192216100	控制工程	1007932022001268	工程硕士专业学位
781	张　双	女	2192216101	控制工程	1007932022001269	工程硕士专业学位
782	李洪林	男	2192216102	控制工程	1007932022001270	工程硕士专业学位
783	孙　涛	女	2192216103	控制工程	1007932022001271	工程硕士专业学位
784	张智柏	男	2192216104	控制工程	1007932022001272	工程硕士专业学位
785	吴盛平	男	2192216105	控制工程	1007932022001273	工程硕士专业学位
786	庄恒悦	男	2192216106	控制工程	1007932022001274	工程硕士专业学位
787	李文鑫	男	2192216107	控制工程	1007932022001275	工程硕士专业学位
788	邱晓龙	男	2192216108	控制工程	1007932022001276	工程硕士专业学位
789	赵尚羽	男	2192216109	控制工程	1007932022001277	工程硕士专业学位
790	李钦科	女	2192216110	控制工程	1007932022001278	工程硕士专业学位
791	马一博	男	2192216111	控制工程	1007932022001279	工程硕士专业学位
792	张梦涵	女	2192216112	控制工程	1007932022001280	工程硕士专业学位
793	张　涛	男	2192216113	控制工程	1007932022001281	工程硕士专业学位
794	包茗予	男	2162313003	电气工程	1007932022001282	工程硕士专业学位
795	曹永青	女	2162313006	电气工程	1007932022001283	工程硕士专业学位
796	陈　冠	男	2162313008	电气工程	1007932022001284	工程硕士专业学位
797	杜建宇	男	2162313021	电气工程	1007932022001285	工程硕士专业学位
798	高　龙	男	2162313028	电气工程	1007932022001286	工程硕士专业学位
799	郭龙飞	男	2162313039	电气工程	1007932022001287	工程硕士专业学位
800	韩　健	男	2162313043	电气工程	1007932022001288	工程硕士专业学位
801	黄枞榕	女	2162313054	电气工程	1007932022001289	工程硕士专业学位
802	贾宝中	男	2162313057	电气工程	1007932022001290	工程硕士专业学位
803	金春雷	男	2162313066	电气工程	1007932022001291	工程硕士专业学位
804	荆　伟	男	2162313072	电气工程	1007932022001292	工程硕士专业学位
805	李新淼	女	2162313098	电气工程	1007932022001293	工程硕士专业学位
806	李　渊	男	2162313100	电气工程	1007932022001294	工程硕士专业学位
807	李　源	男	2162313101	电气工程	1007932022001295	工程硕士专业学位
808	刘化峰	男	2162313114	电气工程	1007932022001296	工程硕士专业学位
809	刘青云	男	2162313117	电气工程	1007932022001297	工程硕士专业学位
810	刘雪涛	男	2162313122	电气工程	1007932022001298	工程硕士专业学位
811	刘增浩	男	2162313124	电气工程	1007932022001299	工程硕士专业学位

续表

序号	姓名	性别	学号	领域名称	学位证书号	学位类别
812	吕　冬	男	2162313130	电气工程	1007932022001300	工程硕士专业学位
813	马远驰	男	2162313135	电气工程	1007932022001301	工程硕士专业学位
814	苗志扬	男	2162313144	电气工程	1007932022001302	工程硕士专业学位
815	明　亮	男	2162313146	电气工程	1007932022001303	工程硕士专业学位
816	钱俊国	男	2162313155	电气工程	1007932022001304	工程硕士专业学位
817	苏晓东	男	2162313171	电气工程	1007932022001305	工程硕士专业学位
818	孙一汀	女	2162313177	电气工程	1007932022001306	工程硕士专业学位
819	田　亮	男	2162313181	电气工程	1007932022001307	工程硕士专业学位
820	王玮琳	男	2162313201	电气工程	1007932022001308	工程硕士专业学位
821	王远航	男	2162313211	电气工程	1007932022001309	工程硕士专业学位
822	吴乃昊睿	男	2162313220	电气工程	1007932022001310	工程硕士专业学位
823	张超君	女	2162313255	电气工程	1007932022001311	工程硕士专业学位
824	张　琦	男	2162313268	电气工程	1007932022001312	工程硕士专业学位
825	赵　磊	男	2162313287	电气工程	1007932022001313	工程硕士专业学位
826	赵启迪	女	2162313288	电气工程	1007932022001314	工程硕士专业学位
827	郑建宇	男	2162313290	电气工程	1007932022001315	工程硕士专业学位
828	邹　悦	女	2162313301	电气工程	1007932022001316	工程硕士专业学位
829	董大川	男	2162315008	电子与通信工程	1007932022001317	工程硕士专业学位
830	侯文宇	女	2162315015	电子与通信工程	1007932022001318	工程硕士专业学位
831	黄瑞平	女	2162315017	电子与通信工程	1007932022001319	工程硕士专业学位
832	焦浦哲	男	2162315020	电子与通信工程	1007932022001320	工程硕士专业学位
833	刘昊实	男	2162315027	电子与通信工程	1007932022001321	工程硕士专业学位
834	刘洋洋	男	2162315029	电子与通信工程	1007932022001322	工程硕士专业学位
835	姚美岳	女	2162315053	电子与通信工程	1007932022001323	工程硕士专业学位
836	丁　旭	男	2162314004	动力工程	1007932022001324	工程硕士专业学位
837	马博渊	男	2162314017	动力工程	1007932022001325	工程硕士专业学位
838	马　杰	男	2162314018	动力工程	1007932022001326	工程硕士专业学位
839	王　配	男	2162314030	动力工程	1007932022001327	工程硕士专业学位
840	王　倩	女	2162314031	动力工程	1007932022001328	工程硕士专业学位
841	崔泗波	男	2162314048	动力工程	1007932022001329	工程硕士专业学位
842	杨艳涛	男	2162323012	环境工程	1007932022001330	工程硕士专业学位
843	陈永杰	男	2162324007	工业工程	1007932022001331	工程硕士专业学位
844	丁智涵	男	2162324011	工业工程	1007932022001332	工程硕士专业学位
845	吕贞贞	男	2162324030	工业工程	1007932022001333	工程硕士专业学位
846	王梓舟	男	2162324041	工业工程	1007932022001334	工程硕士专业学位
847	吴　昊	男	2162324042	工业工程	1007932022001335	工程硕士专业学位

续表

序号	姓名	性别	学号	领域名称	学位证书号	学位类别
848	陈崇征	男	2162324052	机械工程	1007932022001336	工程硕士专业学位
849	崔立婷	男	2162324053	机械工程	1007932022001337	工程硕士专业学位
850	张　源	男	2162324068	机械工程	1007932022001338	工程硕士专业学位
851	秘吉喆	男	2162321019	计算机技术	1007932022001339	工程硕士专业学位
852	王瑞雪	女	2162321026	计算机技术	1007932022001340	工程硕士专业学位
853	王　泽	男	2162321031	计算机技术	1007932022001341	工程硕士专业学位
854	张启光	男	2162321042	计算机技术	1007932022001342	工程硕士专业学位
855	韩鹏翔	男	2162318010	项目管理	1007932022001343	工程硕士专业学位
856	王保生	男	2162318017	项目管理	1007932022001344	工程硕士专业学位
857	陈佳路	男	2162316008	控制工程	1007932022001345	工程硕士专业学位
858	欧阳宫喆	男	2162316039	控制工程	1007932022001346	工程硕士专业学位
859	王　瀚	男	2162316048	控制工程	1007932022001347	工程硕士专业学位

保定校区:55 人(授予日期:2022 年 8 月 25 日)

序号	姓名	性别	学号	领域名称	学位证书号	学位类别
1	戈　宁	男	2162313034	电气工程	1007932022001348	工程硕士专业学位
2	金满宇	男	2162313068	电气工程	1007932022001349	工程硕士专业学位
3	刘　博	男	2162313108	电气工程	1007932022001350	工程硕士专业学位
4	孟庆施	男	2162313139	电气工程	1007932022001351	工程硕士专业学位
5	王　姣	女	2162313190	电气工程	1007932022001352	工程硕士专业学位
6	吴　遨	男	2162313219	电气工程	1007932022001353	工程硕士专业学位
7	徐为立	男	2162313230	电气工程	1007932022001354	工程硕士专业学位
8	薛　杰	男	2162313236	电气工程	1007932022001355	工程硕士专业学位
9	苏鹏博	男	2172313102	电气工程	1007932022001356	工程硕士专业学位
10	刘浩东	男	2172313107	电气工程	1007932022001357	工程硕士专业学位
11	张金瑶	男	2172313146	电气工程	1007932022001358	工程硕士专业学位
12	邓世义	男	2172313166	电气工程	1007932022001359	工程硕士专业学位
13	孙　飒	女	2182313051	电气工程	1007932022001360	工程硕士专业学位
14	赵江川	男	2192313075	电气工程	1007932022001362	工程硕士专业学位
15	侯　宝	男	2162314007	动力工程	1007932022001363	工程硕士专业学位
16	马　旭	男	2192214139	动力工程	1007932022001364	工程硕士专业学位
17	杨　雄	男	2192314016	动力工程	1007932022001365	工程硕士专业学位
18	剧　磊	男	2162315021	电子与通信工程	1007932022001366	工程硕士专业学位
19	高宇明	男	2192215024	电子与通信工程	1007932022001367	工程硕士专业学位
20	李　响	男	2192215028	电子与通信工程	1007932022001368	工程硕士专业学位
21	虞　芳	女	2192315006	电子与通信工程	1007932022001369	工程硕士专业学位
22	苏　骥	男	2192315016	电子与通信工程	1007932022001370	工程硕士专业学位

续表

序号	姓名	性别	学号	领域名称	学位证书号	学位类别
23	田文军	男	2192317001	应用统计	1007932022001372	应用统计硕士专业学位
24	周雨晴	女	2172318092	会计	1007932022001373	会计硕士专业学位
25	宋珊珊	女	2182318027	会计	1007932022001374	会计硕士专业学位
26	宋静雨	女	2182318028	会计	1007932022001375	会计硕士专业学位
27	王永舒	女	2182318033	会计	1007932022001376	会计硕士专业学位
28	王　涛	男	2182318034	会计	1007932022001377	会计硕士专业学位
29	李志欣	女	2182318062	会计	1007932022001378	会计硕士专业学位
30	褚志颖	女	2182318111	会计	1007932022001379	会计硕士专业学位
31	赵雅婕	女	2192318029	会计	1007932022001380	会计硕士专业学位
32	李阳阳	女	2192318031	会计	1007932022001381	会计硕士专业学位
33	左天歌	女	2192318046	会计	1007932022001382	会计硕士专业学位
34	冯宁宁	女	2192318049	会计	1007932022001383	会计硕士专业学位
35	高珊珊	女	2192318056	会计	1007932022001384	会计硕士专业学位
36	高灵杰	女	2192318060	会计	1007932022001385	会计硕士专业学位
37	闫芳颖	女	2192318065	会计	1007932022001386	会计硕士专业学位
38	刘　颖	女	2192318069	会计	1007932022001387	会计硕士专业学位
39	李甜甜	女	2192318106	会计	1007932022001388	会计硕士专业学位
40	于　通	男	2192318117	工程管理	1007932022001389	工程管理硕士专业学位
41	刘亚雄	男	2192318120	工程管理	1007932022001390	工程管理硕士专业学位
42	张秋皓	男	2192318125	工程管理	1007932022001391	工程管理硕士专业学位
43	梁培军	男	2182219015	公共管理	1007932022001392	公共管理硕士专业学位
44	李佳男	男	2192319020	公共管理	1007932022001393	公共管理硕士专业学位
45	宋　堃	男	2192319029	公共管理	1007932022001394	公共管理硕士专业学位
46	安　琛	女	2192319033	公共管理	1007932022001395	公共管理硕士专业学位
47	冯　硕	男	2162321004	计算机技术	1007932022001396	工程硕士专业学位
48	胡秋阳	男	2162321009	计算机技术	1007932022001397	工程硕士专业学位
49	牛理达	男	2162321020	计算机技术	1007932022001398	工程硕士专业学位
50	邢福亮	男	2162321033	计算机技术	1007932022001399	工程硕士专业学位
51	张　鑫	男	2172321011	软件工程	1007932022001400	工程硕士专业学位
52	梁桓毓	男	2192321007	计算机技术	1007932022001401	工程硕士专业学位
53	孔宇航	女	2192321018	计算机技术	1007932022001402	工程硕士专业学位
54	林铨航	男	2192321047	软件工程	1007932022001403	工程硕士专业学位
55	高　强	男	2192321068	软件工程	1007932022001404	工程硕士专业学位

保定校区:55 人(授予日期:2022 年 12 月 20 日)

序号	姓名	性别	学号	类别/领域名称	学位证书号	学位类别
1	杜艺璇	女	2182313050	电气工程	1007932022001405	工程硕士专业学位
2	吴宽飞	女	2182313083	电气工程	1007932022001406	工程硕士专业学位
3	于　孟	女	2192313014	电气工程	1007932022001407	工程硕士专业学位
4	张逸宸	男	2192313030	电气工程	1007932022001408	工程硕士专业学位
5	李　静	女	2192313032	电气工程	1007932022001409	工程硕士专业学位
6	赵　蒙	男	2192313045	电气工程	1007932022001410	工程硕士专业学位
7	黄立尧	男	2192313046	电气工程	1007932022001411	工程硕士专业学位
8	陆嘉捷	男	2192313051	电气工程	1007932022001412	工程硕士专业学位
9	冉卓尔	女	2192313065	电气工程	1007932022001413	工程硕士专业学位
10	刘　忆	女	2192313068	电气工程	1007932022001414	工程硕士专业学位
11	柴　璐	女	2192313077	电气工程	1007932022001415	工程硕士专业学位
12	刘晨阳	男	2192319017	法律(非法学)	1007932022001416	法律硕士专业学位
13	王秋实	男	2192324011	工业工程	1007932022001417	工程硕士专业学位
14	杨　铭	女	2192324012	工业工程	1007932022001418	工程硕士专业学位
15	许　阔	男	2182324004	机械工程	1007932022001419	工程硕士专业学位
16	高　原	男	2192324007	机械工程	1007932022001420	工程硕士专业学位
17	徐　瑾	女	2192321016	计算机技术	1007932022001421	工程硕士专业学位
18	岳　湛	男	2192321070	软件工程	1007932022001422	工程硕士专业学位
19	薛　松	男	2182318218	工程管理	1007932022001423	工程管理硕士专业学位
20	王　磊	男	2192318110	工程管理	1007932022001424	工程管理硕士专业学位
21	曹　雨	男	2192318113	工程管理	1007932022001425	工程管理硕士专业学位
22	刘天宇	男	2192318116	工程管理	1007932022001426	工程管理硕士专业学位
23	麻　佳	女	2182318042	会计	1007932022001427	会计硕士专业学位
24	薛　奥	女	2182318053	会计	1007932022001428	会计硕士专业学位
25	史绍美	女	2182318080	会计	1007932022001429	会计硕士专业学位
26	徐健捷	男	2182318097	会计	1007932022001430	会计硕士专业学位
27	徐晓琳	女	2182318171	会计	1007932022001431	会计硕士专业学位
28	赵一博	女	2192318038	会计	1007932022001432	会计硕士专业学位
29	赵天丽	女	2192318006	金融	1007932022001433	金融硕士专业学位
30	丁文鹏	男	2192318007	金融	1007932022001434	金融硕士专业学位

(研究生院　提供)

华北电力大学2022年本科毕业生名单

（北京校部）

电气与电子工程学院

刘鸿海
曹天丞
程俊华
刘文程
孔嘉靖
杜厚贤
王宇扬
章若竹
隋岩君
柴辰睿
綦天润
葛辰雨
张　宁
李时泰
王　凤
马谦益
高卓尔
杨佳泽
王古玥
王　哲
邓子琳
李典航
李仲炜
王烁哲
吴程浩
江宇柔
郝一点
李从非
王宇彬
张富澳
刘　倩
严　越
侯鸿飞
王文涛
王宸隆
林奥运
王福鹏
李旭家
钱　硕
李嘉洪
古新元
张珂维
李清华
李欣然
冯　雅
于浩然
尹　薇
徐心竹
吕思濛
李审儒
陈思琪
谢子文
李志远
秦　龄
杜　江
杨凯杰
何卓林
梁俊威
陈益乐
邢子旋
邹启文
李子泓
黄　伟
林谢煜
聂天赋
马　睿
吴　昊
杨博文
王梦杰
孙煜哲
黄俊杰
刘高强
薛婉婷
沈酌行
赵　迪
钱一萱
张春晓
任家轩
袁　雪
周琳竣
吴清宇
刘子寒
郑　然
吴　辰
黄阳运
雷子汉
庞一宁
陈科达
孙珈熠
杜胤均
关童宇
叶子雄
张　超
马尔双旋
张志鹏
邱锦龙
郭景楷
方玮逸
桂腾达
齐　毅
刘　润
朱艺颖
葛欣怡
张桐菲
陈佳琦
陈　曦
何泽林
崔　灏
周鼎凯
孟凡奇
朱振宇
马轶群
马俊礼
李志来
苏宝亮
杨睿成
张　锐
吴昕悦
林　旭
陈子怡
孙　冉
何梦娇
马一丹
袁　琛
胡欣月
李金龙
白璐瑶
张舒文
陈昊源
刘　刚
胡钧轲
周兴泽
谢　桐
周大权
乔博文
于沛漩
李郭业
洪泽汉
陈舰霖
王　灿
王其伟
周泽超
淡明阳
任劲菘
易鸿浩
吕良昊
高健瑞
刘翠娜
白　玛
刘祎明
彭博兮
胡　科
李　鑫
张美如
米玛片多
王　鑫
肖　琦
黄　雄
张峻豪
王英瑞
张凯玥
杨　毅
李伟杰
黄进烜
薛佳朋
卢宇驰
薛佳艺
刘加裕
杨智奥
武赞正
格桑次仁
林朝伟
张译雯
马有雯
丁　添
李源浩
梁恩民
谢飘扬
宋成志
杜　森
于子淇
杨欣蓓
西勇行
覃永钰
王文园
李贝伦
李　灿
刘沛昕
汤中卫
李嘉毅
文华杰
姚锦清
唐浩然
钱俊龙
谢令臣
吴　航
格根敖其
杨志业
巴桑平措
宋　楠
丁鏴峰
廖哲慧
高艺菲
张德智
戴海龙
刘昕宇
张金泉
王伟力
赵　妍
刘雨欣
赵一杰
杨　率
黄津钜
康晨阳
刘彤宇
王瑞斌

续表

陶　琛	胡哲超	黄　炼	秦文星	黄　灿	刘可歆
贺国泰	许　铃	杨守诺	李　楠	张译颢	王　银
谢明骏	耿子璐	方锦程	杨平琳	於　硕	吴媛媛
吴春林	谢沁君	黄天琪	齐琳达	任志航	汪　霞
郭梦昊	陈傲华	陈文森	邱欣	何毓云	李芳凝
付清宇	路企源	张　军	赵雨馨	戴　宁	陈　容
罗浩然	何　静	梁晓航	陈　瑶	蒋辛禹	安志杰
徐　业	高纪阳	简恭凡	唐梦媛	刘珂洁	李冠霖
马诗仲	李莎莎	倪朝帅	梁一诺	谭卓君	高森鹏
左　右	郑可欣	胡卓成	郑　璐	蔡瑞天	李　昶
马建源	丁银香	刘　明	宋　晨	陶天磊	郭京杭
尹义豪	陈星蓉	查裕成	徐墨赛	马玉武	唐梓航
崔　进	占一帆	宗建人	朱凌锋	杨文静	刘之纤
田　硕	刘　涛	李嘉辉	伏　阳	张宝福	周晓菲
赵世林	王紫薇	渠基雷	黄振宇	马建国	陈玉梅
方科杰	张　鑫	张小龙	张　洋	温茂林	秦雨萧
赵弋菡	贺龙雨	郭家轩	李君明	车赵晗	高逸群
徐　宁	江一平	王卓艺	鹿冠群	飞罗拉·薛克然提	严金炜
黄　莹	李小龙	成鎮遠	景育斌	刘　硕	李　聪
叶晓茜	吴天华	杨金越	傅汉兴	田江浩旭	刘晓泽
杜昊明	蓝健宇	方泓钦	廖钦伟	张家烽	麦麦提阿布拉·吐拉买提
丁　瑞	陈泽宇	赵乐妍	李家栋	党毅	陈家豪
鲍　恬	乔保双	蒙佳欣	齐晟一	高佳怡	李梦晨
何佳鑫	陈若凡	贾叶新	姚　响	朱虹晓	赵艺涵
瞿婧婷	熊子熠	郭湘琳	刘邓瑞	张煜敏	倪哲芸
陈佳瑶	府超宇	许斯及	李伟涛	单景冬	童乙轩
肖钦泽	张子治	严俐欣	王佳旭	马天辰	张晋鹏
熊晨烨	段树泉	王雨琪	盛天皓	王挺溢	李雨盈
王彬璐	闪振宁	陶雅炆	高彬桓	马　乐	李　漫
李　鹏	潘志卓	王雅萱	蒋昌杰	刘子琦	热比古丽·阿布都热依木
郝睿恒	皇甫俊凡	郝志岩	姚辰昊	杨玉源	蔡雨涵
曹睿康	罗肇麒	冯思远	林丹妮	何博文	夏文浩
陈方铸	周国涛	梁　东	王雨欣	段志成	李佳宝
王奔扬	乐嘉淇	杨　玥	陈启瑞	张雍康	罗乔尹
梁　庄	陈小微	雷昊威	孙士棋	孔德羽	李晓雪
李光胤	彭欣然	刘　旭	原　昕	孙爱俏	曾　仪
李金裕	岑诗诗	杨　毅	胡　亭	马伊嘉	唐欣渝
严　毅	侯晨爽	陈云帆	刘沛霖	唐天悦	李知禹

续表

王千里	李敖冰	张　瀚	喻兰淅	刘云扬	陈鹏飞
周　桐	胡咏琦	蒋俊杰	黎翰文	涂　程	贾龙文
马蕴文	潘　怡	陈新锐	喻　译	罗光益	王威翰
赵海宇	王瑾媛	苏浩天	魏进磊	陈贤勤	于荣跃
赵宇龙	王　姗	槐贺杨	孙　耐	方宇昂	张　淞
宋　伟	梅文洁	王志宇	杨文昊	褚占斌	施泽邦
吴昊阳	胡轶婕	韩耀萱	柳　博	刘　艺	李正模
魏煜涛	彭诗妮	曾睿智	张　峰	杨晨曦	解明萱
刘徐怡	颜宇翔	孟　旭	肖宇坤	林驿轩	张一瑞
张小倩	刘晶晶	胡正阳	肖俊平	黄元明	王天舒
黄露露	郝　华	杨全涛	韦　虎	郑添元	姜元璐
耿　聪	高　洋	崔利凡	朱俊豪	梁　晨	陈瑞豪
钱丹阳	沈继铭	邓心亮	陈　峰	钟琳媛	庄　宇
金　璇	汪　锐	左佳奇	杨海序	刘　孟	齐厚宇
王家铮	邸奕宁	盖　浩	刘佳文	付　民	王贺石
张　萱	陈郑重	李桀冉	张明东	徐云鹤	何淑威
董佳宛	梁泽军	杨博皓	王筱怡	杜思源	陈潼萱
潜柯西	韦淞瀚	田牧晨	陈哲煊	舒乙凌	王子杭
任　晋	许乘滔	裴红霞	付　兴	沈明宇	骆俊宇
孙浩源	王文渊	杨树蕙	李纬经	焦旭阳	于逸廷
王宇轩	张瑞毅	张靖笛	张　硕	郑　睿	柏仲尧
房　心	王翔宇	徐梦菡	艾科日木·艾散	刘丰硕	苗紫北
周泓丞	张　宸	张子彤	李仁立	刘　德	胡扎叶尔·吐拉尔别克
汪海洋	欧阳汉杰	刘彦伶	李嘉骏	顾程镓	伊力哈木·阿卜拉
袁乐田	赵启栋	李开心	央　拉	杨韫琳	陈会茹
高　靖	贺小鹏	王泊棕	王鹤宇	陈　笛	曾滢洁
邱江豪	刘靖宇	汪星辰	丁柏文	鲍瑞雨	谢忱峥
邵　晨	平皓廉	聂启亮	施一直	德吉曲宗	佟明泽
覃文鸿	吕滨辰	张建翱	魏嘉欣	古再力努尔·艾买提	康　恒
耿毅坤	龚　正	于子暄	宋佳宇	王逸伦	韩晓龙
边博文	田师宁	张师铭	韦子申	程梓健	徐连超
姚　望	梁歆怡	杜　斌	刘振军	莫　杰	张一鸣
王胤恺	郝冬华	唐镟淏	胡友涛	孟晨东	刘绪权
宋子琪	李　玥	王振华	谢　蓉	晏吴宇歆	李尤一
张建新	许　悦	张　杨	郭志铭	贺富龙	敖雪凌霜
高宇翔	王　可	张金龙			

能源动力与机械工程学院

唐　玮	任俊	李浩然	沈嘉宇	魏晨曦	周寅聪
杨延宇	姜明川	盛世杰	常　宁	杜欣毅	旷文
唐新跃	杨　滔	陈伯旭	火雅梅	李　含	罗　哲
徐　亮	吕颖荷	田雨松	刘雨菲	赵钰仁	蔡仁浩
龙　淞	孔凡平	郭彩玲	张瀚文	土文宇	易浩东
张晓鹏	刘秋洋	许　瑶	李嘉怡	冯钧陶	苏志伟
李洋阳	沈子豪	卢乐尘	龚玉梅	王欣勋	郑　昊
王鑫泽	魏　振	李冰辰	张峻铭	吕烈华	韩顺军
康家瑞	苑云凡	沈　童	陈思佳	张海林	赵麟瑞
杨震宇	张龙昊	邱志杰	周承满	廉鸿森	汤熔鑫
朱　纯	张恒昌	陆新龙	袁　斌	高子增	张润豪
马逸飞	卢　腾	李尔超	高键生	闫　肃	库玛尔·户尔曼艾力
孟东东	刘志超	李思怿	杨卯生	邬学峰	张辰飏
高秦飞	李弘扬	李　旭	贾英豪	余　鑫	季志伟
次仁加参	王侗杰	张　磊	朱钊仑	陈泽南	何　盈
王　阳	刘新春	章洲潜	耿三钦	高嘉乐	上官佩洁
刘欣雨	唐元昌	陈荣润	相　前	郭　帅	许继雪
张　芳	李健楠	陈柏宇	曲天一	陈思民	王倩雯
谢晨煊	郭泓瑞	霍迎奥	高向欣	吴茂鑫	阿尔曼·解肯
韦雪珺	吕占东	张润之	吴敬平	易福强	邱梓博
叶文慧	张　腾	孙　渤	李　昊	陈　微	董振华
李雪霞	郭　楠	王　恺	冯　柯	袁　鑫	马腾宇
倪焕茹	杨　齐	郑则刚	周昊栩	王相合	郭正旺
窦茗芊	缪元哲	胡仙楠	叶欣然	李·萨仁高娃	漆世祯
钟世雪	李　帅	霍　达	刘玲玲	刘明宇	翁贻鑫
希尔扎提·依不拉依木	罗景谦	刘逸伟	许浈婧	曹致源	吴钟师
李思齐	涂东成	张亦鸣	倪佳伦	廖祥喜	袁明浩
张　磊	张李希	张倖溥	邓　晴	韦道胜	吴红杉
孟逸飞	陈诗悦	周瑞丰	李一杰	黄兹泽	李　豪
郑治博	刘　鑫	沈　程	罗子烨	陆泽宁	马　赫
刘天宇	杜永吉	陈俊宇	李智韬	郝　羿	左建生
刘　杨	周穆果	周妍君	莫金晓	舒开祥	崔景富
文麒光	陈浩权	胡雨馨	李金国	吴宇浩	丁子昂
李威仪	何忠红	朱　芮	李永合	李祥瑞	胡　猛
葛运年	符传昊	吴梦婷	孙　昊	张文韬	王子源
刘弘伟	范晨阳	李宛霖	王春吉	董晋洋	江舸睿
刘福来	孙泽鑫	刘宇凡	王楚雄	任家聪	李昊天
刘新元	王天骄	黄志文	何凤齐	李金航	裴星宇
李　霖	李雨桓	姚锦程	马　秦	曹　哲	叶舒展

续表

宁华清	李承润	赵路翔	刘桂宝	高　睿	郑淇薇
龚唯昊	刘鼎群	杨天琦	王云海	徐茂芝	屈小喃
常江龙	韩鸿宇	朱宇辰	钟智鹏	杨玉兰	任纪星
程可翰	周凯平	魏浩宸	王国栋	赵淑媛	益西措姆
杨圣兴	李铭轩	吴思危	吴晨煜	张妍婷	王建燊
凌子昱	张　旭	罗楷夫	刘沛奇	王奥宇	郑惺潞
甘　蓉	杨星宇	何昊龙	王楚越	康博涵	杨　子
焦琳栩	田占涛	张正祥	吴和仪	刘子裕	姚　强
贺碧娇	李　营	席腾达	刘若男	韦奕江	林禹辛
常艳茹	张恒瑞	刘　毅	李瑞莹	梁晋卿	罗钧来
郑钰千	张　翼	张　耀	王思丹	何明洲	马雲腾
王帅迪	扎　西	杨　钦	洪春雪	陈嘉熙	关朝阳
苗旭辉	旦增土美	柳梦良	李松青	景照硕	周　政
黄博航	程羿博	孟俊超	鲍辰熹	姚　岑	刘　霖
华有龙	高　俊	赵滢欣	刘　涛	姜新宇	钟金红
黄坚毅	向　珂	冯　敏	郑志森	徐子豪	那洺瑒
王柯舒	于宗鹭	吴梦丹	吴海龙	刘　赫	扈泽世
李嘉兴	高琪瑶	曹馨月	全星玮	田　伟	马良机
刘铭楷	陈　炜	黄　宇	何芝飞	冶永成	吴云峰
潘汶朝	颜文欣	孙雨啸	徐杰绅	宋孟泽	李　垚
赵振宇	赵云霄	吴祥琦	于诗魁	赵金祥	敬小龙
刘子尧	李国召	黄高鹏	童金桥	高　源	蒙佳兴
王文楷	刘永健	吴　浩	王新尧	李广瑞	李　添
熊　一	胡　杨	周泽楷	虎　琦	周治宏	郎子睿
吕亚泽	周维博	李　博	吕玉龙	郭悦彤	张一喃
孙泽宁	安　迪	胡天聪	齐俊杰	许潇尹	王晓潇
郭寅忠	薛荣众	韩志元	何思祥	陈芙瑶	苏　畅
王春成	李星仪	刘晨韦	于　博	陈　丹	梁康康
曲恩彤	谢向宇	李佳霖	彭伟华	张　娜	靳广宁
南辰奇	滕子焕	杨永清	王　旭	沈　阳	魏冬澔
梁健康	崔跃龙	赵智超	唐　淼	许彦斌	高　桐
李朴希	范惠阳	孙雨潇	谢　彤	刘　畅	王一山
胡　超	郭子凌	杨腾飞	贾彤昕	张　弛	曹海宁
仁增朗杰	王泽旭				

控制与计算机工程学院

郑善文	马世雄	韩国庆	施星宇	汪莹莹	凌念慈
徐东烨	王　帅	任文鹏	朱峻良	于新会	刘梦含
张鹏新	张永盛	敖　运	赵鹏飞	赵欣旖	屈双艳
邬忠华	汪森森	程文川	何　莹	江　伟	蒋思美
贡嘎江村	冯治中	张　彤	张瀚文	凌以安	谢　雨

续表

董勇豪	胡瀚文	李俊良	呼　旭	潘子健	陈浩立
倪凤煜	陈怀娇	张　平	林芳健	邱金龙	朱　旭
郑殿立	马思瀚	许怡琳	梁志鹏	史家宁	李华清
曾传浩	杨潮历	刘星宇	李成扬	雷　洋	梁雨田
刘锦江	李天祥	张彬洹	高　浩	林佳祺	金　政
乜佳胜	王译霆	李承昕	任昌硕	郭坛坛	李怡然
彭勇杰	徐雪松	郑呈东	张文浩	李　羿	郭庆旭
詹新纪	吴　骏	宋子凡	梁艺耀	夏欣雨	刘姝含
王　旭	刘　狄	陈凯发	杨智涵	兰芷雨	周　佳
杨灏诚	陈墨轩	莫　昊	章子旭	张文博	王孟于
傅铭轩	王天泽	冒玉浩	李南轩	郑国平	杨　哲
郝晓云	邓　嘉	杜若聪	普布扎西	龚可正	乔明洋
张语珊	张鹏超	李劲东	张恒洋	刘　青	侯晨晨
童　彤	张文渊	杨　炀	周纪伟	张江坤	邢钊恺
杨若楠	闫国平	郭　静	彭权兴	闫　超	梁　希
刘憬桦	刘浩宇	任海艳	侯　增	张倍源	刘宇梁
陈　亮	吴　凡	王涵玉	泽翁彭措	熊子豪	刘博宁
肖逸飞	钱笑宇	高昀剑	马渭博	负佳乐	季湛洋
马伯龙	张俊焜	焦辰玥	黄一飞	成幸阳	沈鸿福
吾提古尔·艾尼瓦尔	崔明姝	董慧娟	王申	何嘉诚	张智云
孟　欣	李俊蓉	陈　驰	王禹博	王丁一	王泽中
黄昕玥	王家晨	白紫晗	窦庆玉	任晨曦	梁子卓
杨　磊	罗　宽	戴云虎	阿依布力·吾任拜	刘云龙	易　辉
姜　乐	贾鑫鹏	李　海	洛桑旦巴	陈哲鸿	徐翰林
张煜庭	付炳喆	张学成	郑　琦	张茗玥	满雨佳
赵宇峥	聂子超	徐海波	申刘洋	黄仪灵	张明月
廖开心	罗政龙	刘嘉城	程婉怡	姜睿旭	李亚文
牛　军	陈正阳	孟祥帅	陈原枫	闫　芬	吴佳莉
侯瀚清	张　奎	马雨婕	陈　庚	韩佳怡	魏兰懿
刘书洋	陈洁丽	张凯恒	胡诚诚	蓝烽源	赵佳玉
王升旭	王玥蘅	王　义	符哲源	左文淏	李雨洁
刘星宇	李明蕙	李义龙	陈哲洋	芦文泽	杨成帅
谭　杰	樊　慧	高凯文	黄慧欣	王世纪	马泽宇
杨雄杰	代倩茹	刘力帆	刘柏佳	喇　军	罗世羲
邓　丹	苗涵泽	张　奕	张云馨	徐英铭	赵　展
蔡玉琦	刘　玉	徐欣雨	任　欢	王　文	杨　睿
李泽洋	罗东坡	张　烨	江泽汇	赵黛君	宋　淼
杨　雨	张鹏宇	邵博深	梁又升	王耀羽	焦文姗
唐　李	卿子华	王亿成	李哲丞	王润翔	高　宇

续表

杨辰熙	吴昊轩	钟诗伟	冯　硕	马锦鑫	焦昱杰
王怡宁	梁　坤	符长新	丹增珠扎	杨润璞	尹俊杰
卢鸿润	胡　冉	高卫东	栾汇洋	周陆龙	李正可
刘玉博	刘　淇	张新龙	康　琦	袁一辰	崔乐然
关子傲	刘华康	吴海源	熊宝印	张帅柠	白彦刚
魏宽畅	缪　雨	于士钤	王凌翔	李　杰	邹宇忠
赵成城	孙飞扬	廖俊雄	侯博升	陈渤文	杨　林
黄集雄	许奕晞	陈倩倩	陈　灯	刘渝斌	徐国彬
田　昊	曹鸿亮	张壮华	张海宝	蒋诗如	史开来
马玉坤	梁铭晨	马晓宇	罗　斌	张露露	焦立强
陈昭鸿	梁云志	孙戎锴	夏迪娅	张欣然	黄宇峰
王唯铧	王宗轩	黎　淞	赵茂桉	陈梦晓	邓　畅
李　韩	崔雨飏	陈　铖	杨奕成	黄华杨	张松姗
宋子仪	王子怡	邱议庆	阿旺群久	王家文	张晓珂
杨慈君	陈　昊	杜雨洁	杨婧怡	尤康泽	辛文昱
张钜凯	杨博森	孙碧莲	李　轩	王雅琪	魏楚茜
梁巍山	邓　强	姜亚君	蔡仕前	马　倩	马通芳
耿瑞阳	韩宇飞	姚鹏飞	洛桑坚才	包晓燕	李　仪
刘思祺	郃　宇	孙志岩	杨栋煜	刘琳枫	徐嘉泓
黄昭瑞	赖作庆	黄　懿	刘苏漫	刘智杰	张明暄
刘奎宏	田佳佳	刘根浩	李荟杰	马文澜	赵泓辰
孙祺林	姚沛涵	夏优宏	陈毅博	李明煌	滕佳音
林倩冰	栾晓艺	李瑞阳	许瑞丰	刘亚宁	田林鑫
李军芳	王可心	王宇飞	王楚杰	齐瑨扬	于悦波
钱　林	郭　宁	杨玥琪	王朝瑞	闫旭辰	赵子明
李世亮	牛　萍	冯梓硕	王雨泽	王天星	赵璟天
韦永燊	黄辅英	赵嘉鸣	刘雅萌	温浩远	李珏菲
李艳军	黎汶杰	姜逸龙	德庆拉姆	李佩哲	张含颖
郑　毅	汪靖涵	王嘉承	陆红旭	王　帅	刘文婷
赵经玮	何纪元	王子轩	刘书宇	张翼辰	罗彬云
高渤程	杨　楠	孙　浩	车宝成	方更生	王皓玉
林　健	朱洪江	王舰航	姜　鑫		

经济与管理学院

王新团	齐　鑫	周　郁	燕赫阳	郑莎莎	贾亦真
张舒皓	邵　阳	赵嘉钰	蔡泽来	玛伊热·约麦尔	李　楠
于　婷	高渐绮	杨　成	夏雪莹	霍　亮	吴诗琦
李生泽	余子怡	孟浩然	周深深	姚江磊	蔡新宇
戈浩帆	李一涵	阮泽锋	刘玲瑜	陈浩炜	杜金升
杨　威	邱祯敏	刘星好	李珊瑚	李强鹏	武美琪
钟子涵	郃智超	史文昱	程苏冉	谢吕浪	王文轩

续表

黎熹熹	孙　浩	张忠贵	刘洁妮	张　禧	李帆琪
张雨薇	杨盛雄	倪祎明	张　晶	贾韫熙	彭　炯
李依诺	张家源	陈　康	刘丁溟	四郎尼玛	杜宗尧
喻卓睿	杨　铭	荆成涛	杨昕宜	吴庆洁	万浩南
何晨煜	吴晨阳	张雪秋	祝皓楠	李　安	姚海龙
张研博	刘胡诗涵	王之怡	朱丝润	刘天天	孙　童
禹　沛	林慧彤	甄　成	兰丽娜	李沛洁	黄圣博
张倩倩	高嘉琪	李　博	唐艺瑄	曹书仪	侯　赛
王君宇	杨燕宇	张　洋	汤梓萌	郑雅文	刘　溪
李　静	刘镕冰	孙思源	李芷萱	张承迅	黄鸿毅
李霁坤	李欣欣	胡镘伶	谢若汀	丁尹航	孙雅茹
龚卿阳	吴丽珺	卢　沁	次仁拥宗	杨新宇	黄冉淇
胡欣然	翟雨欣	王　轩	周诗涵	钱思琦	高　帆
马晨菲	彭锦淳	梁吕艺卓	巴颜·金斯别克	杜星洁	许　多
姜　雯	关泺允	孙傲晨	何思远	刘芊芊	鲁肖龙
杨景岚	汪天赐	张文睿	秦风帆	杨雪璐	闫国义
郑建华	邓嘉明	吴语凡	李哲洋	张东元	张鑫磊
苏健杰	姜晓静	安莉凝	李镇环	尤明东	郭丽宣
潘颖婷	杨泽南	于霄宇	朱昊菲	刘泽灏	吴中文
罗雨婕	龙瑞琳	林张帆	格桑拉姆	韩文博	左弘杰
李　冰	张纪元	洪朗玻	张一凡	刘英俊	赵　乐
燕　子	邱一弘	张嘉琪	韦云迪	孙　冰	李辉煜
唐诗琪	蔡光炜	陈　曦	谢天威	米　琼	许译方
袁心语	龚正夫	普布顿珠	孙宇泽	阿丽米热·亚力坤	李婧茹
董如意	吴思洁	杨怡宁	韩　璐	申　斐	陶子美
韩鹏跃	李世伟	苏欣竹	袁　莉	王雨欣	李　航
宋举阳	刘　洋	李祥光	刘书含	李婧泓	赵明远
李　雯	崔灿容	别格扎提·沙哈提	陈飞飞	陈润卿	马子恒
嵇史君	孙一歌	吴云浩	刘　萱	路华颖	章宏轩
邓锦容	李　睿	曾彦迪	索朗普赤	陈纾漪	张　斌
嘎玛伦措	伍俊濠	王海沣	梁茜雨	李　昕	黄金换
倪诗佳	潘　泽	许铭员	杨立诚	邓丹阳	白西平
王圣杰	王渊博	武文哲	黄去非	吴琼迎	刘志靖
陶国峰	李　盼	汪雯宇	张旗军	德吉央珍	嘎玛朗杰
王　迩	王申蓉	朱知觉	周新纪	俞淑文	马伊热·阿不都巴热
尹梦琳	赵艺莹	孔　娇	高　然	李苏雯	艾力扎提·阿力木
赵　艺	潘　月	刘晓玲	李明琳	符露尹	吕　行

续表

李雅馨	王昕宇	孙若娴	刘　乐	呼千鹤	毋德玮
张瑞珂	盛雅清	魏宏娜	兰　澜	潘文茜	申　栋
杨　笛	万宇婷	陈　铭	陈　璇	胡　鑫	张嘉锴
陈元乐	张　源	张　敏	董璐瑶	刘云燕	张浩磊
周焕庆	渠广泰	焦　悦	梁　欢	王一诺	张雅涵
陈烨璇	牟琪林	袁嘉敏	萨玛勒·托乎达别克	郑亚杰	肇启迪
花雯红	刘　铫	熊欣怡	冯光华	刘晓彤	赵　健
钟思佳	石忠浩	王　澈	任龙腾	蒋　乐	邱诗玥
骆政华	代馨尹	王靖轶	王祎阳	李铁夫	黄春华
张阿敏	杨柳楠	杨　舒	苗雨欣	郭洪	卓玛仓曲
兰心妤	罗　欢	黄芷妍	卢柳倩	于璐菲	曾恒烁
冯云辰	孜依拉提·沙尔山巴依	尹少雨	王亚波	许千惠	沈贺文
文　欣	崔佳蕙	高佳宁	陈嘉祺	刘咏倩	王　芸
章　沛	任昕漫	刘　滢	李欣烨	杨宇飞	罗　茜
李绍泽	马　明	许芳琳	王雨璇	赵智敏	张韫琪
冯欣雨	何雨金	赵德凤	薛　聪	冯心怡	李翰飞
刘龙飞	赵安杰	唐时月	金佳敏	蒙　洁	赵珍珠
林煜洲	沈珺瑶	刘兆纲	王一辰	常靖翌	习怡萌
赵亦男	翟艺华	皇甫思卿	范旭方	张荣欣	杨万佳
苏　展	徐曼琪	施金呈	买吾兰江·吐尔东	排孜娜·帕尔哈提	李　洁
李　彤	杜恽杰	江　水	廖奕涵	李鹏扬	扎西晋美
曹怡康	李炘薪	韩梦迪	王一梦	李光炳	陈紫菲
张文轩	杨睿凝	冯子阳	李汶遥	肖前川	依克拉木·吾玛尔江
翟延辉	王　一	郝予嘉	党阳金	丁楠	张　力
欧阳开宇	车　菲	王赛男	金柯源	王妍妍	周洋鑫
刘文清	卞紫祥	李　娜	蓝　宝	姜　瑶	孙楚蒙
李　雯	刘玮乐	强央卓玛	崔南方	栾则宇	彭可欣
邹逸民	马　晖	蔡睿琪	王亚伟	梁　栋	杨可欣
廖增友	负嘉琦	李　响	王　越	宋旺理	张　晨
王健儒	陆　蓉	王泓入	陈思思	杨　逍	阿依丁·阿兰
邸晓睿	郭雨薇	李泽宇	张裔清	周智宇	王昌辉
李传梅	吴雨桐	李泓鸣	任金鑫	林弋雅	刘宇翔
张严方	余国鑫	周心刚			

新能源学院

王笑然	冯雨琪	朱　恒	王子豪	张宇婷	袁宏宇
蔡倩倩	郭紫璇	莫海淇	黄嘉瑜	陈　依	邬佳兴

续表

杨子龙	赵天淑	杨胜杰	侯雯琰	张凌菲	程　远
赵　洋	吴星辰	杨敏志	库迪热提·库尔班	肖生杲	袁李杰
张怡爽	李海杰	刘兰岭	姜千玥	王　晋	蔡龙祥
高　天	林意翔	姜雨欣	吴嫣然	耿　达	何贤艺
索　艺	刘波涛	姚宇樑	赵　倩	武书弘	谭丁畅
尤海宁	罗博闻	史晨宇	刘淑仪	陈　迪	房宇轩
郭　燕	肖　尧	李思衡	姜泓丞	普赵伟	陈思佚
戴子皓	胡茂洋	翟邵煜	杜维伦	丁　旺	罗添校
包金龙	王艺蒙	曹　磊	谢宇航	罗宇萍	王思睿
蔡　波	曾丽莎	努尔艾力·艾则孜	刘浩宇	张　茜	张紫雲
周劭程	袁　雪	张治宇	王子轩	李昆阳	何子民
刘星宇	夏源谷	蔡西铖	管世龙	宋沛锐	韩　雪
雷　清	郭　涛	董瑞昊	赵英朔	潘星沅	伊吉白玛
陆　一	艾克百尔·艾合买提	景永舜	高龙宇	郑文发	斯子涵
殷小净	韦兴悦	戴渭青	古　典	余伊菲	张锦华
赵　倩	袁天乐	龚于华	李博桐	常　可	庞　聪
洪　涛	魏琨雨	汪延清	吴逸骁	房明星	韩韫洲
杨天荣	付　浩	阎怡然	赵英剑	史志鹏	陆飞宇
彭莞雄	杨聚财	张　琦	陈昌堃	张　攀	梁　骁
朱鹏鲲	付德兴	张亚萍	吴丹霞	郎川淏	黄雨欣
薛向誉	刘　浩	吴雪伦	闫慧琳	张凌华	苏　怡
胡尊浩	李明泽	石乾铮	罗星航	陈晓东	吴家葳
叶海洋	黄　婷	胡家源	杨汉卿	刘世华	谭鸿山
邓泽云	巴桑旺姆	孙玮冲	赵　凡	刘旺重	梁锦彬
杨涛章	苏　毅	林稀龙	张　中	张丹彤	张星宇
王子洲	姬鹏博	王子硕	温　俊	连泳钧	周煜人
徐子涵	谢亚龙	线家誉	杨　恒	魏永刚	戴试贤
王文斌	王孝磊	徐凌琦	杨鸿宇	周嘉辰	陈可心
刘国洋	王皓宇	吕银慧	周　维	胡雅琪	赵　宇
张家赫	宁　静	顾享泽	罗　涛	李玉娇	刘凯文
张　剑	姬海雯	宋晨辉	罗　瑞	焦美宁	吴林翰
贾　涛	苏雨辰	袁贤参	汪雨杭	叶力旦·卡依拉提	刘宇航
慕子龙					

核科学与工程学院

王克乾	刘昊阳	沈熙昊	张　镇	赵羽凡	李晶明
王　城	苏恒岩	沈　晗	林　涛	胡　豪	张浩晨
余晨希	吴建波	周昱非	黄新宁	梁沛琦	张子灏

续表

李杨阳	邱昊天	王　毅	王智超	杨江昊	黄　立
倪之贻	李正浩	钱　行	刘璐宽	徐济彬	阮作旺
刘子轩	张书铖	姜季铭	徐德天	刘铭磊	周多业
吴　桐	施丹怡	徐东波	唐清强	李浩哲	袁　豪
朱世杰	冯千懿	张家博	林　辉	辛　宇	王培琳
魏振予	张家语	关艺璞	邱逸凡	程佳豪	罗志鹏
梁冬盛	闫纬西	马旭东	郑立强	王海勇	陈航宇
林恒隆	邱美铭	张博皓	王　喆	黄　博	彭伟华
王泽荣	余佳澧	楼中烨	张玉辉	东利名	王祥瑞
谭　磊	康跃龙	陈　相	卢　泰	王昊威	徐皓康
刘伟强	焦宇鹏	瞿缘书	陆文怡	陈薪旭	萧沅蔚
邓文浩	杨辰昊	张惠婷	刘雅欣	罗蓝韬	刘嘉嘉
魏经国	叶　鑫	潘　惠	金雅琪	普奇峰	宗育凡
韩昱程	李泓龙	潘启越	唐业丰	林曼娇	陈世昌
容冠男	钟璨钰	张宇靖	刘正一	黄楚君	许　昊
王宏愚	蔡铮阳	黄宇昕	包炙平	周　圆	李泽聪
武　赫	韦平斌	陈煜澄	白一凡	何　仪	周玉平
曹正洋	梁恒华	梁嘉骐	宿建峰	刘　枭	刘　健
陈治镛	梁帅恒				

环境科学与工程学院

潘小鹏	朱柏泽	赵　楠	白子昂	雷　鸣	王浩铭
裴　翔	赵　鹏	刘可欣	安伟奇	陈　帅	谢成德
李兆鑫	张洪语	罗丰怡	李　皓	纪　捷	彭贝宁
李明卿	李　棠	孙宇琼	何鹏俊	王子龙	刘　洋
陈瑞兴	闫　波	李　雪	彭　文	李　斌	商海林
杨　聪	刘鑫磊	吴宇霖	卢鸿泽	杨宇浩	王海靖
吉训龙	冯越琪	袁　哲	黎金澄	朱孝宇	何　璇
吴德东	刘宇轩	卿雨佳	刘　帅	马晨晟	张　静
尤文博	何亚杰	姚文成	王一初		

水利与水电工程学院

周志鹏	冯　敏	詹云龙	肖诗婷	彭　瑞	左凌峰
李凌云	李红雨	王辰楠	周亚鸣	刘丽涵	张蓥昊
韦疏桐	段雨君	吴家任	罗　畅	罗　润	杜良余
耿许畅	刘臻桢	王舒鹤	幸艳玲	廉博勋	吴东阳
覃书豪	杨清仁	李帛锦	康嘉洁	贡觉萨珍	闫佳琛
刘俊龙	许洸维	黎红平	马连蓉	钟瀚霖	王珂珂
陶家欣	江波明	张　彪	姜姿云	田晨烨	李璘君
赵兰勇	郭森浩	张亦扬	樊松昊	殷晨曦	杨亚宁
唐　尧	马云泽	阿旺战堆	肖安瑞	白玛格桑	赵渔亨
陈　景	王永泰	陈德辉	杨卓凡	扎西旺拉	王　法

续表

吴　亮	彭子威	郎嵩涛	罗布次仁	植　殷	邓宏伟
喻舒悦	王玮泽	崔永红	陈　滢	尤婉清	何宇龙
张　念	次旦卓玛	颜慧莹	庞金凤	于芯桐	刘宇辉
李　泉					

数理学院

王昱翔	高子淇	康　洁	郝世博	赵宇腾	赵　前
杨易明	郭嘉悦	朱晨飞	田学民	千诚可	陈嘉泉
陶星沂	孙禾夕	曹誉凡	蒙宣佑	李家诚	王　曦
吴　浩	张叶兴	郝　迪	赵思晨	周学桐	刘亚琦
段坤宇	詹若存	褚天楠	张必慧	杨　鑫	郭翰达
马思宇	刘建诚	徐哲华	张艳玲	吴　帅	王远飞
刘泰兴	罗泽楷	熊伟辰	滕龙雪	马正昊	孙浩杰
郑嘉硕	胡美心	周　鼎	朱诗萌	符腾川	扎依尔·阿不都热西提
张　航	林榆茵	江玉炜	刘思敏	王永谦	谭吉韬
朱　晨	吕　敏	章基伟	谢纪康	唐纪煌	韦代睿
罗　钖	吴　楠	马　昊	吴　彤	白昊天	王　铖
孙　璐	杨皓然	李冕卿	钟　华	曹仕洲	阿布都沙拉木·阿布克力木
李莲花	郝嘉敏	蒋亦恒			

人文与社会科学学院

贾子轩	达瓦曲桑	张紫涵	郑孟兰	黄　山	陈圣东
韩佳宁	刘海源	郭家豪	吴康秋	任　瑾	吕立枫
李东歌	陈星仪	李浩伟	逯怡然	李晓男	汪　苏
郭濡赫	黄安妮	索朗次仁	吕洋圳	陈胡峻	邢雁楠
刘凡立	戚嘉仪	马粤娜	王禹人	王馨瑶	王贺雨
艾孜买提·阿尼瓦尔	宋雨桐	陈雅恒	陈远航	黄懿萱	陈嘉玥
袁　帅	孙怡倩	张皓月	赵佳音	余　潜	李相宜
李　彤	王　迎	吴思怡	刘清怡	孙笑阳	胡昕睿
董怡梦	海梅	沙几旦·库先艾力	刘丹妮	魏李燕	王丽蓉
周佳音	李明玥	郭彤熙	殷润芝	刘珂雪	刘钊炜
张爱雪	刘纳敏	杨蕊夷	高　涵	陈　艺	卢羽轫
千　丹	王思萌	栗锦薇	那扎开提·库尔班	姚晓敏	王馨宇
张丽媛	徐珊珊	林玉洁	贝尔娜·穆拉提	刘卓	樊欣欣
王　愿	阿亚库孜·阿德力别克	窦金欣	迪里夏提·多力坤	白玛玉珍	陈馨然
廖　望	丁　钰	房子涵	艾克热木江·艾斯卡尔	刘芊惠	沈祥语
索　央	王　鹏	刘青洋	房和豪	柏彦吕	欧阳仪馨

续表

汪　喆	李　言	于海波	刘佳慧	赵伟翔	胡雨书
黄崇雪	唐梁浩	马超凡	曹欣然	曹　鑫	宋新宇
李　宇	郑　恺	张芊芊	廖焱扬	邱文瑾	贾于乔
熊紫雯	华思学	陈俊颖	曾珺宁	王银春	葛姿涵
汪云鹏	周雨阳	马梦倩	曹雨欣	贝奕璇	桑若楠
吴　波	杨　鲜	张书懿	李雨婷	倪　凡	姜安恬
周俊宏	马靖涵	刘阳柳	靳宇阳	张汝佳	杨美林
朱　刚	赵晨昕	李嘉星	朱董宇	师　思	次仁玉珍
李益州	王旭东	张　宇	李　静	张姝婷	石秀雨
宋琪洋	李泽华	范晓玥	王丹妮	陈启洲	唐琳琳

外国语学院

秦宇晨	房凌嘉	赵若茜	程婷婷	杨　玥	陈　悦
毛　龙	董昱茹	许嘉宝	苏雨岚	杨金蓄	高嘉渤
王　颖	苟　诗	周若萱	林可璨	刘应琦	张　蔷
林　冰	李　明	向乐欣	刘俏俏	陈星羽	龙　婷
吴静怡	童　露	陈　蕾	刘双怡	孙昕萌	霍怡静
胡廷莹	梁　满	殷明之	帅　涵	潘尚萱	何雪淇
李嘉雯	李　鹭	孙泽强	伏鑫悦	牛金龙	李可欣
陈子怡	谢琳灵	李琪琛	惠歆月	魏　旋	刘海培
刘梦妍	韦红彤	左子怡	臧梦泽	汪自禹	郝　鑫
王思贝	陈倩兮				

国际教育学院

钱泓伊	曹玉洁	杨　涵	张译文	刘文琦	李俊澄
江志森	张靖宇	刘康琪	文　昊	邹　迅	张海婧
姚丁丁	安思洋	吉苏朋	徐志远	李博涵	吕思梦
毛承鹏	张羽扬	庞沐禅	任海洋	宋词如	王雨潼
王奕苏	陈乐陶	伍海仪	张鹿缘	林睿煌	张懿晨
何雨榕	陈淇文	寸仓鉴	王　宇	胥沁旸	朱弈非
李汉威	柳东歌	李嘉菲	葛一琳	于阔海	胡璋昊
万文鑫	郭　琪	甄景尧	耿云锋	徐　屹	陈汉麟
江文轩	徐　鹏	陈　琪	王潇桐	陶皓晨	谢思研
裴霁雪	李涵冰	唐家柯	康洲铭	江沁泽	沈逸杰
黄鹂鸣	李　谛	叶　可	张涵卓	伊钊广	罗文进
王语鱼	李泳利	马圣鑫	曹书豪	高　源	

（保定校区）

电力工程系

张国俊	孙　斌	赵洪彬	李　尧	索朗白玛	马立鑫
魏　斌	韦泽顺	周仲虎	赵开旋	李雅宁	谢钢领
耿存栋	汪佳昕	姜一鸣	李奕璇	王铵文	颜梦圆

续表

周远鑫	陈绪越	苟少云	刘秉航	杨钦政	张鑫杰
艾克拜尔·托合提麦提	任丽媛	王梦玉	邓兴睿	刘博文	刘天君
杨越文	张清华	韩碧霄	李杰灵	张博	朱 艳
卓浩森	蔡金柳	李竣言	李世杰	吕祥瑞	任雨飞
张绣梅	曹 元	董 阳	李宝宝	罗熙淳	唐家纬
张泽暄	陈生斌	樊子昂	胡钟仁	吉勇曾	刘一鸣
米欣怡	唐恒壮	王 琛	王佳骏	魏 来	赵怀骏
陈誉文	戴亚妮	李嘉荣	师凯凯	王德志	王旭东
曹宇飞	陈 忠	刘 磊	王辰雪	王云龙	吴佳慧
王楚予	张瑞芯	赵欣雅	李西备	徐炳芳	孙章林
闫泽玉	李洋洋	刘敏达	李浩义	魏佳俊	俞世远
廖艺茗	刘 珂	赵天放	胡 浈	王翌静	曲紫瑜
刘心怡	屈 越	杨若嘉	张俊宇	狄依容	成宇琛
王佳禄	胡 迪	赖文喆	余欣洋	董涵枭	汪盈杉
肖玉辰	王 歌	张洪炜	江一航	吴欣玥	白晟瑞
曹文海	陈欣怡	哈 林	韩晓凯	李国庆	李晓敏
林 林	刘 涛	刘晓朋	罗 为	米佳兴	彭志邦
芮晓竹	唐雪琳	王 犇	王梓宇	杨 崄	张洪宁
赵雨菲	钟弘阳	陈佳垚	丁子豪	郭嘉良	郭云天
贾永强	姜紫琳	焦开禹	矫欣杨	康秋平	李俊漳
李圣可	林济庚	罗成林	马 英	马 月	苏博文
王剑涛	王润雨	王语桐	吴 鹏	谢曜鸿	徐佳莹
徐克志	许梦豪	杨 昊	杨静雨	杨耀童	阿勒特那义·吾木尔拜克
樊若岑	范慧玲	郭文杰	郭籽均	胡沛东	纪 翱
刘芳菲	龙天微	聂高骏	潘哲祎	孙 博	孙家奇
王义鑫	温 洲	于 朋	余思泽	詹 伟	张宏伟
张洪玮	张西豪	曹鸿博	陈 浩	陈元鸿	崔冰焱
崔博远	高 磊	李 潇	李永涛	廖 捷	林子涵
刘耀文	钱 堃	宋嘉琪	陶谷源	王纪龙	王靖雯
肖斯瑶	杨 凡	杨皓淞	袁 成	袁 龙	袁鹏宇
赵启业	周龙啸	祝建昊	陈思睿	董 龙	付冰洋
郭 旭	景悦玥	李思辰	齐玥莹	苏靖芸	孙哲
唐科文	王庶杰	夏 龙	张少聪	钟承志	曹 宇
陈天祎	董星宇	高光远	顾新晨	黄 硕	黎慧芊
林一帆	刘佳宁	罗抒予	宁 峰	王 钦	肖湘林
许逢千	许劲夫	颜楚阳	杨汉波	袁 驰	袁家旻
张若泉	赵世龙	董晓强	方舒扬	耿泽华	韩文轩
韩向浓	姜延卓	金巴顿	孔令人	马宇航	马玉超

续表

钱邦楷	邱宇健	史书源	田志猛	王嘉宜	许　健
杨智超	赵玺程	朱文浩	蔡　洵	曹光宇	陈效炜
段兴龙	何天翔	刘方涵	刘傅俊贤	刘海东	刘子怡
卢欣楠	陆映谕	马远啸	潘东材	随裕如	谈　硕
王博洋	王晨萌	王铖涛	王楷杰	韦志祥	杨添淇
张　浩	张家腾	常晓叶	陈　龙	崔万强	党彬洪
高仕诚	郭美仑	何雨桐	赖　敏	连汝慧	林子艺
刘俊良	刘兆基	刘卓林	冉　猛	沈枢昊	孙嘉伟
仝瑞泽	王博晓	王佳玉	席浩峰	许梦琳	尹悦萌
于　乐	袁聿同	张逸凡	邹统欢	闭圆荷	程赟龙
代欣烨	管宇轩	郭佳运	黄毕成	黄敏聪	贾昱哲
李世龙	李　雪	刘毅海	刘昱彤	陆大志	木热迪力·买提托合提
汪宇博	王达奇	王丹阳	王文卓	曾志意	张行远
张泽琪	钟家福	周文轩	方　舟	傅律乾	高尔康
高　鹏	高　伟	黄晨晋	赖舒舒	宋灏达	宋世鹏
孙晨轩	孙泽恒	谭昊宇	王斯琪	韦凯国	魏文荣
吴家宇	张弘宇	陈光阳	程靖钧	傅　馨	韩辰朝
黄炜良	李志豪	刘宝华	柳开鹏	牛宝仪	王　淞
吴　桐	席小博	许洪胜	张　博	张紫如	赵志冲
郑　毅	北牡冰馨	陈舒月	邓思彤	高婉婷	华雪莹
黄新昊	刘宗翰	卢俊伊	孟繁淇	王嘉冕	王嘉伟
王蔚源	叶樟明	朱建勋	朱淼生	耿绍胜	关凯文
黄恒超	黄泳漩	康珈铭	李　楠	李若瑶	刘向前
龙彦珂	马文闯	滕福运	王胤权	王泽冉	姚增慧
易　健	于颢明	张　锐	张树旭	张一禾	张子亮
朱欣艺	代华坤	丁一凡	范宇昊	韩哲宇	黄成达
李登科	刘博轩	刘文瑄	罗思源	马世基	溥德启
钱晨颖	任欣怡	宋涵	唐晟喻	王　琦	杨　铎
于　鹏	翟安康	张明皓	赵可馨	阿布日鬼	白思琪
陈立伟	陈圣迪	丁　可	付远航	关浩玉	韩文煊
黎　秋	邱钰偲	任一鸣	孙亚鑫	王俊熹	杨振清
张靖鸿	张　泽	章轩源	赵　轲	周江浩	周卓彦
朱瑞石	曹瀚中	陈柏旭	蒋谌卓昕	蒋　琴	金浩森
李　澳	李　顺	李智强	刘嘉文	刘　捷	宋伟亮
陶子健	王曦坤	王小雪	魏鹏远	袁海钦	张　臣
张　婷	张玉倩	张政国	钱子怡	晏紫微	刘柯研
缪一能	王俊月	侯卓琦	李金涛	袁溪涛	孔文琪
边文钰	樊晟廷	谷博睿	钱昱呈	朱炜仪	褚淑美
黄志强	汤　俊	侯宇轩	马　程	朱程儒	樊泓伸

续表

刘思宇	赵新民	温凯俊	杨　洋	张富泽	朱凯源
高　辰	汪奕忠	陈思宏	李　鹤	肖清桦	张雅琪
张子希	张　涵	张千慧	郭小天	林金山	施沛澍
王卓恒	张　琪	方舒琪	徐海栋	谢汇靓	张佳嫣
宋　梁	戴锦程	张　晴	葛儒哲	李秉芳	陈健东
陈　琼	王梓怡	黄　琛			

动力工程系

路　昌	孙　铭	杨　骁	陈　晨	褚飞扬	韩泽昊
年星恒	颜克川	杨　坤	康益玮	李　越	李哲昊
洪　磊	胡国哲	黄帝龙	施　洁	石芷珺	王　旭
林照辉	牟文博	邵禹铭	张智斌	赵耀兴	朱俊国
易文文	虞　苗	张泽煜	贺宇辰	李浩然	林祥熙
陈俊为	陈　立	陈治平	唐浩然	唐森宜	唐绍敢
雒旭新	马晓军	尚凌岳	卫　浩	徐柯伟	许航玮
田高扬	王　贺	王玉乔	张芮敏	张少松	赵志伟
许　可	叶成林	余翰林	汪子涵	巩庆琳	陈志诚
郑子微	满　巍	米星亮	陈文翌	龚学敏	罗　彬
冯天赐	宋　玉	张旭东	常　远	黄　鹤	杨　威
汪　涛	景志强	安向阳	徐佳琦	魏明翔	杨义鹏
初赵永	高天祥	尤毅飞	曹琪汭	陈杰康	高源鹤
张博怡	阿德列提·巴德力汗	白峻玮	李绍玮	李世成	李　拓
谷余恒	韩旭升	黄　爽	谭　旭	王晨阳	王一安
卢江山	罗培余	马雨寒	余勤伟	张梦轩	张文龙
尹　特	于金骁	于敬禄	程传亮	崔骥豪	黄义喜
周辰颖	周玉龙	艾力皮达·买尔旦	刘天昀	马文宇	潘政宇
李昊宸	刘　浩	刘　今	伍新天	夏若曦	许　骞
苏清枫	王　昉	王润兴	张家耀	张嘉钰	张京伟
杨　莹	姚艳秋	苑　峥	陈俊名	段　霈	付佳旺
张炬武	周家欣	周仪璇	廖凯龙	刘飞鹏	倪傲旋
郭　熔	居　谦	梁　力	王袒策	王　晨	王怀辉
齐泽宇	舒月迪	唐　昕	吴超杭	吴志鹏	肖翔宇
王剑波	王璐瑶	魏子雅	张彦昭	张子豪	朱佳明
杨　雄	叶　冉	袁　鹏	董绍杰	段振强	戈修齐
陈博锐	崔　洋	邓越尘	李绩新	刘　莎	刘宇航
巩文龙	郭筱涵	胡家颖	邱　力	邵双杰	舒　磊
麻宏宇	马郁钦	梅宇轩	谢云龙	星世龙	胥楚欣
唐耿坤	吴佳华	吴俊杰	陈　端	陈瀚钊	崔晓剑
杨怡怡	赵　亮	周静宜	何　冰	胡清越	黄雨辰

续表

付 豪	郭东森	郭云峰	李奕隆	林科洪	刘伟新
简文强	金逸轩	李 岩	谭 晶	王思成	王腾蛟
栾少白	罗 政	孙佳明	湛 炜	张冰芝	张潇天
王泽宇	魏宇飞	袁睿哲	白岩森	陈晓璇	韩慧珍
赵乾升	周旺乐	周 正	林兴栋	刘光贵	刘 祥
黄 翔	贾玉栋	林俊军	施睿鹏	石 文	孙 琼
鲁 昊	罗增伟	乔 晨	银 腾	张博翔	张佳琦
孙润泽	唐皓霁	涂茂萍	赵忻浩	邹沅峰	杜 毅
张立辉	张天麟	张欣雨	任 婕	孙妙天	孙亦铁
胡运生	兰振华	李涵钰	王向仁	王永富	王雨滋
唐 洁	王 锦	王姝娴	姚宁宁	扎西拉姆	张耀辉
王子轩	韦立明	谢沙灿	赵富龙	赵纪元	赵 琰
张云霄	张 政	张梓硕	邸泓源	贺泓博	黄渤斐
蔡杜钟	常 诚	常 瑞	刘辰浩	刘 迪	裴斯琪
黄熙雯	纪逸轩	金晓梅	王 尧	韦皓严	夏柏林
钱启琛	孙万武	王嘉豪	俞金祥	喻章颖	曾新龙
徐学俊	杨玉临	叶美吉	车福龙	陈鹏纪	邓艺沁
张 璇	张逸帆	赵晨曦	冯熠飞	桂芳旭	贾 沄
邓振宇	范泽文	冯学恒	罗满庆	马昌悦	欧逸凡
孔汶睿	李羽轩	卢玉夫	汪礼文	王 博	王 沈
史学杰	宋思奇	孙 强	周旭东	朱航正	陈正器
杨依栋	姚钧博	姚宇辉	贾东庭	李佳雨	刘 哲
邓正晖	郝 东	洪 玮	苏 媛	孙如哲	唐努·沙力木别克
陆子俊	马小龙	苏 勃	王济民	王如珂	王瑞欣
唐子璇	滕建宁	王 浩	程鸿章	刘远超	王天乐
吴心如	杨伊琳	周天羽	张 恒	张 昕	李俊雨
杨东海	赵君安	沈熠涛	李晨斌	石雨欣	徐星宇
罗 政	邓坤盈	高建祥	刘 颖	王子言	张兴宇
晋磊磊	张 睿	周宇卓	许 亮	袁炳志	骆圣烜
罗昀昊	任书衡	王若冰	马启远	刘剑洋	翟羽佳
王 楠	郭文轩	李昊岳	彭子春	唐文科	谢 磊
张浩迈	刘金鹤	牛衍赓	焦慧杰	王博远	黎浩然
张洪泰					

电子与通信工程系

潘新科	张秋伟	杨佳乐	邓雷禹	高 尧	韩一旸
梁师源	刘瀚远	王建峰	杨 可	叶宏浩	张 进
曹文宇	郭于伦	李世欣	叶佳俊	余国才	鲍诗伦
康和煦	李娅蕾	梁占魁	韦洁慧	向方宇	许 露
杨奕凡	张鹤译	赵 涌	杜泽辰	梁 宇	刘 提

续表

田　森	曾永宁	郑豫哲	周时雨	成秋实	范存浩
郭安然	刘好昕	马铁铮	邵烽智	田　亮	郑朝烨
陈晶威	谌　佩	付明辉	来佳伟	毛瑛娜	史瑞雪
杨艺波	张一帆	赵子义	左洪宇	屈颖达	托　娅
金雅慧	李润祺	杨　博	杨竣淇	张芮萌	包欣怡
陈冠宇	李　倩	王小杨	张玲慧	敖邵游	郭广学
孔祥雯	李甜甜	马佳乐	宁　晨	潘晓如	施凯文
田晓艳	王奇伟	辛洪运	杨子奥	张国龙	张晓萌
赵逸朔	甄　璞	周彬娜	柏　岩	陈　翔	顾凡超
吉日五沙	蒋智泉	柯　凡	郎宇航	李嘉铭	李建涛
李文泰	廖　雨	鲁子祺	米那外尔·阿卜拉	阮露莹	阮润霖
汤婧好	王　帆	王何宇轩	王　宁	王雯垚	杨　艳
张鼎超	张新宇	郑　宪	钟一辰	安赛尔·艾尼瓦	薄　明
陈俞葵	丁含梦·丁林	董倍贝	黄泽泽	李丽娴	李泳奇
刘超凡	刘思宏	汤　锐	汤智迪	王健强	王麒超
席　悦	夏思逸	左孟权	阿曼江·阿力木江	陈秋桦	丁兆国
何雨辰	孔　杰	刘鸿烨	刘嘉敏	刘羽青	卢燕苇
毛陈城	倪建新	唐明园	万思琦	王源伟	许　璐
游冠飞	占凯超	郑周颖	陈家乐	何慧萌	侯威然
黄　圳	黎　森	李培杰	李苏苹	李泽平	梁龙萍
刘欣怿	莫雪进	潘瑞怡	王　睿	杨　雯	姚臻彦
余子群	左嘉烁	崇银生	邓　涵	胡文滔	姜玉龙
金晓通	李帅雷	李元辰	莫佳桦	唐逸凡	王柄泰
王　健	吴家玮	杨继潇	杨雯淇	杨智慧	张浩楠
朱嘉昕	李　响	栾信宇			

机械工程系

史佳保	代玉芳	刘佳慧	包晨曦	鲍心悦	张师毓
郭可馨	候伊墨	黄润甲	兰延庆	李博洋	梁妍滢
刘晨汐	刘宏祥	刘胜轩	乔天誉	宋宜轩	孙瑷莹
孙雅洁	王佳静	王其洁	徐嘉慧	尹庆金	卞艺瑾
陈　丁	陈卓尔	代　伊	黄卜山	姜春燕	李博康
李凌雪	刘泽龙	潘广浩	潘素萍	孙晓丽	王译晗
席明轩	许　阳	闫莹莹	杨雨潼	尤宁宁	袁　蓓
苑菁茹	战澄宇	周焕东	白洪健	崔宝泰	王　忺
安　昊	陈彦宇	杜浩川	郜新龙	黄哲峰	姜凯译
李承睿	李　涛	李跃飞	李志标	廖效德	刘　仁
马梓瑜	阮晨泽	尚　可	时淑颖	史　琳	陶　瑞
汪翰鳞	王天赐	王文毅	王胤翔	魏居洋	杨国凯

续表

余　乐	俞佳乐	张明强	张滋海	陈　浩	黎　旭
李冰洁	李世龙	林叶昕	明　成	彭毓图	任梦晨
苏婷婷	孙丽浩	谭海生	王舒宁	王轩博	王远福
杨智宸	于均益	虞建逵	曾润州	张昌宇	张靖星
张晓硕	赵昕彤	赵泽慧	周　珞	周永通	吕　鑫
张　翔	赵晨辉	黄程捷	贾文轩	王春瑞	周李斌
王子铭	吴泽霖	金陈贤	唐春龙	陈　归	樊家康
冯建威	江飞宇	蒲潇宇	齐　烨	缑晓舟	何士贤
黄良杰	梁立润	秦　赟	蒙泽伟	田晓鹏	杨先明
苏子豪	王兴宇	王子涵	赵　虎	陈鸿智	陈匡迪
丁培韬	梁秸	阿尔曼·阿不利米提	马升旗	邵天昊	安　汉
方　宇	福尔扎提·迪力夏提	李宇峰	赵睿祺	祝阿龙	常晓勇
郭浩宇	刘泽龙	乔德方	谭振恒	王宇聪	袁铭洋
石辉宇	郭　宁	邓天杰	黄　磊	施冠群	张正川
杜嘉宝	孔亚飞	周沛楠	邹有云	吴远智	徐仁挺
许　源	薛　瑞	杨李希	杨　明	杨秀彬	张筱涵
胡占锋	黄　浩	李正浩	林心茹	麦尔旦·托合提	覃　顺
王奎东	张逸轩	薄　文	高　鑫	韩纪龙	蒋佳俊
黎永祺	宋春禄	苏　鹏	王涧石	吴宗元	程　鹏
黄定滔	梁广昱	戚洪铎	宋海博	王松晨	王颖颖
王智男	於咸豪	陈培阳	李继泱	李志浩	马亚伟
马震东	牟新龙	庞康洋	彭　韬	石晓辰	石　禹
王晓振	谢海鹏	张俊杰	张　禹	杜　亮	雷子升
刘裕强	陆志鹏	野汶博	余海芯	约麦尔·赛麦提	张天雨
赵子达	朱博林	单玉楠	丁勇元	佟耕宇	万　杰
夏禹超	胡　杰	水金朋	王晨浩	吴学伟	常　久
邵家豪	沈吉凤	杨博文	艾宇聪	成利虹	金　贯
魏聪颖	殷宇龙	王楷栋	黄　丹	庞博洋	洪浩鸣
黄致远	李佳庚	李润泽	刘逸轩	麦麦提艾力·喀斯木	盘洪江
吴顾宇	吴齐木	熊俊男	杨超	袁书雨	池哲杰
崔世浩	关超元	胡恒伟	刘光宇	燕宁宁	杨萌涛
周　胜	陈　杰	董金辉	房昊宇	葛传洁	黄子轩
马子豪	商永浩	田　邦	闫梦珂	应黄捷	陈思恺
刘　琳	马龙飞	商庆民	沈千晔	孙东升	孙海杰
汪冰冰	杨贵云	王逸霄	王禹博	夏成龙	肖一川
张育铭	代禄宽	杜建华	葛俊岐	胡玲华	李亦恒
马文博	石洋芳	王　轩	单浩然	胡正雨	蒋孝严
秦一丹	宋荣鑫	王浩天	岳文哲	戴瑞恒	杜翔宇

续表

韩佳乐	刘怡杰	刘　远	欧阳卓	焦凌钰	解　奎
刘雨桐	庹天宇	王明硕	王　仲	杨　帅	张　衡
丁小峰	刘惠迪	唐银徽	魏传贺	詹毅佳	张家源
陈鑫龙	何昊鹏	黄子健	李舒涵	刘　奔	王家炜
王嘉巍	张　鹏	邴昱隽	袁　岩	王永旺	木热迪力·呢呀孜
陈俊帆	江陈龙	郎　廓	李靖华	李亚宁	廉　涛
阮伟锐	汪　鹏	王　宁	张枫尧	周颖	阿布都外力·吾甫尔
陈　澍	李陈龙	肖澳新	徐振飞	陈泓宇	张嘉妮
赵艺杰	敬汶欣	刘筱雨	马　龙	任广易	张　镇
党　晨	何梓岩	吕孟机	钱子龙	任凌华	邵宝荣
孙禹琢	唐　玲	邢　云	严力凡	张　淇	张千一
张世童	郑清文	谷崇煜	贾启超	范小龙	郭静毅
刘　通	师　博	安文杰	曹锦程	陈嘉劲	韩志成
胡　毅	李倍珲	李俊良	李文杰	刘小奇	吕　浩
张　宇	郑泰然	朱厚粱	韩庆浩	李小军	闵浩洋
伍　星	杨婧菡	韩雨萌	乔润基	唐仁刚	王雁飞
韦佳荣	文　涛	谢　峰	陈　博	哈依拉提·艾迪力江	王元华
伍泽宸	杨灿冰				

自动化系

张思远	刘秉佺	罗元昊	赵东卓	侯金涛	刘泓禧
黄　皓	李　奥	李一恒	汪红日	张安琪	甘家翔
张绍渤	张竣豪	黄思明	石子瑞	汪柳林	吴昊宇
李炳锋	郑钟鹤	常朝阳	单崇睿	豆一洋	何一帆
陈　晗	马保贵	孙耀锋	孙　宇	王明康	曾维杰
李云凯	朱国韬	阿克竹立·赛力克江	陈　谦	程义路	董俊成
郑修诺	宋俊韬	宋世财	万程烨	王　楠	张毅帆
李来双	高岩钊	黄　铮	贾卫东	李　洋	蒲伟航
张智泽	吴俊奇	杨悦彤	甄佳田	周振昊	高兴安
王　晴	马文斌	王璐瑶	王　涛	王子琦	殷　义
贺浙威	张祯琪	曹雨晨	靳启航	康世杰	石印泉
张丰艺	安明宇	耿　波	金子彤	康　丹	王兆祺
王奕涵	赵雅楠	钟治灼	周鹏羽	白　雨	邓永奇
张海涛	马嘉龙	马彧霏	王泽民	叶浩昊	阿依达娜·胡尔曼别克
刘柯汛	李　昊	李秋苑	刘正清	孙　科	曾元祯
邓晶月	毕嘉乐	丁彦铭	范圣旗	黄　蹼	李恒跃

续表

阿克特列克·赛力克	李雪莲	刘 巧	罗同桐	秦晋	王 欢
李佳丽	叶添源	张 越	张宇明	李涵	刘楷文
王禹辰	王炜杰	钱学威	周迅琪	敖晓玉	李昱霖
孟 楠	畅 晗	费雅鹏	柯汶沣	李为润	李 昱
曹永平	马雨轩	王浉炀	向斯雯	尹 磊	蔡沁霖
梁肖婕	董 宁	房晨阳	郭厚旭	郭荣楷	黄德豪
陈瑞欣	李瑞迪	宋阳阳	童 颖	薛 媛	崔建昕
贾 璐	何 兴	贺子怡	胡海琪	雷靖晞	李佳诚
高阳博	门国悦	杨世轩	张璐棋	白怡宁	杜喜英
李 诺	符龙宇	何世潇	李培达	李亚明	刘远渠
樊逸宸	钟 全	邹昌龙	邹浓茂	冯利龙	何佳璇
王禹尧	刘乐洋	刘润泽	刘诗妍	刘 璇	马同旭
李文昊	苏文峥	童 超	吴宇森	吴泽龙	杨 婧
潘金龙	张华烨	张雅晴	程浩南	关 键	韩惠凯
杨震宇	梁晨龙	刘怡梅	王 欣	王兴福	王 宇
郝亚峰	朱嘉晖	庄逸博	陈雯霏	冯诚洋	李林泉
张 炬	李晓宇	李一水	林伟浩	刘志杰	石瀚文
李翔宇	王孜涵	夏 龙	徐 越	张 静	张倩倩
孙圆圆	赵雅强	钟尚峰	朱代佳	安海波	房茹梦
张智朋	郭玉冰	吕 腾	罗逸凡	沈纳昊	史怡然
傅嫣然	谭俣思	魏 鹏	熊 添	杨浩凝	张建航
郜秀章	张润华	陈远卓	方浩宇	龚逸洲	刘若梦
张 强	汪 洋	王冰川	尹珍良	周崎利	朱浩硕
聂忠强	吴挺卫	姜 沛	王新宁	郑涵晋	陈谷雨
刘 峥	杨毅林	胡晨阳	刘 淳	牛小育	俞永康
伍星全	张小雨	李沿樟	林振威	刘一铄	张 灏
张帅福	刘 越	宋柯瑶	王浩雄	蓝琨凯	李庆泽
郭浩淼	庄 璇	李 浩	孙晨阳	李昕悦	周禹泽
沙安迪					

计算机系

李 霞	沈翰林	侯世隆	王禹程	郑铭璇	王彦淳
赖泽邦	张 旭	郭 政	李 萌	李 昇	李欣雨
韩雨汐	黎镇海	李俊宇	牛一伦	申博林	王子朝
刘家良	吕 银	孟凌玮	何 迪	侯一凡	蓝子轶
杨佳宜	袁莹莹	陈信威	聂 淼	牛卓凡	吴嘉皓
黎佳涛	李 昂	李 臻	杨学康	卓怀宇	陈 旭
徐俊杰	杨 凯	杨 珂	黄雨佳	潘庆国	王思源
郭济铫	郭睿鑫	何子杰	张毅航	郑 昕	郑禹铖
吴子林	徐灵楠	张雅琴	胡嘉伟	李美艺	李正豪

续表

白宇昂	蔡世燚	程浩宇	秦康元	邵湫雯	苏浩斐
马力克阿山·马坎	马燕茹	聂清晓	王俊杰	卫新凯	达尔万·苏力旦
童艺晨	王化龙	王锦鹏	王汝珅	张　策	董玉龙
经　蕊	雷涵炜	马余娜	柳雪洁	龙青佐	莫金秋
韩健康	贾圆圆	雷　耀	王楷文	王旭辉	张至焯
彭　晶	赛迪力丁·阿卜力米提	孙　瑞	黄昭舜	蒋洪鑫	解小宇
赵　泰	陈烨弘	胡康宇	曾泓睿	张珂浩	张林溪
雷安翥	肖运曦	徐飞冰	冯文静	黄　睿	李　朔
张笑嫣	周华圆	朱品霖	何佳峻	黄一珉	黄胤华
汪星宇	高　原	葛唯一	龙易程	陆思翰	童烨虹
李佳慧	李　垚	林　学	冯龚飞	郭震宇	黄艺龙
杨青坡	杨　乙	陈力栋	王东娇	王荣康	王熹炜
荆宝加	柳　璞	盛佳辰	许一清	张　昊	潘　锐
余　菲	扎西次培	张靖晗	余子炎	赵文鹏	梁启原
卢宣齐	王毅涛	徐金鸿	韦卫国	尹传芬	朱翘楚
王　习	李静秋	刘明祖	杨普晖	张桂荣	张一帆
邹宇灿	刘力豪	潘宏彬	苗乙乙	王明阳	杨辉祥
李宇龙	魏嘉睿	孔令波	孙天宇	吴苇航	徐富航
赵振寰	宫立伟	刘星雨	甘雨洲	贺　昕	马潇楠
赵一泽	安炜涛	冯　康	朱世豪	崔　凯	高　巍
祁志禹	乔学琛	张光世	王琦琦	吴煜杰	闫一鸣
李广杰	任建慧	谈永樟	何中宇	姜易芃	李高艺
张宇帆	蔡子涵	程昊天	太镜鉴	马　昂	苏　宇
陆定昊	孙嘉裕	孙学海	白华龙	崔益铭	孙　峥
唐海林	吴蕴超	何昌昊	史云帆	宋江涛	孙　怡
王世政	杨　承	尹铭浩	孙　浩	杨　伟	迟岳昕
王嘉欣	张祖明	任　帅	何龙涛	宁宸宇	杨　幸
梁晓航	楼松南	盛嘉康	刘振荣	石皓翔	薛　烁
姚　璇	周孜阳	胡　晨	李辰璐	梁仔健	王定邦
韩新璐	汪家鸣	高开元	张　楠	周龙飞	梁中豪
王瀚兴	吴官清	余泓熹	朱邓冉	孙康林	谭栋楠
潘子源	袁　帅	张颖杰	陈毓昭	黎蔓秋	王楚璇
冯吾政	彭馨莹	赛皮丁·阿卜来提	刘　俊	秦志远	唐苏扬
王逢元	张文华	周浩宇	聂晓旭	徐　宁	赵圣灵
田亦飞	王海龙	赵　杰	武晓欣	冯艺尧	戈玉莲
郭一谋	刘　畅	王　俭	米佳洁	孙铭禹	王　彬
赖雯佳	李翌昊	林叶璋	任雪莹	徐天树	尤璐宁

续表

徐祎明	段 蓉	栗明宇	刘傲伟	潘南臻	孙家彬
仇慧颖	李永钱	李智谦	杨 鑫	尹晓辉	张锦波
王佳伦	苏浩楠	吴 笛	王少帅	陈沂卓	卢仟禧
张 唯	张文婷	章旭焱	于泰和	余 翔	郑肖剑
罗嘉泽	王明贤	闫佩萱			

环境科学与工程系

许上杰	杨扉妃	张 昊	郭诗晨	韩 松	臧欣怡
侯 颖	单 聪	高 辉	高雨飞	郭永雪	梁财豪
任昱霖	王佳文	韦锦晔	徐小琳	伊懿喆	张二太
陈玥潜	李红明	李虹姣	刘小宇	方 瑞	郭佳欢
杨艳琳	郑欣雅	王 涓	杨琪玉	杨 雨	张乐洋
龚习芬	靳金沙	余禄杭	汪月新	王千千	朱薇羽
何毅超	黄 颖	宋闰桦	孙芳芳	汪宇辰	姚琬颖
戴泽涛	巩怡静	黄圣淇	江钰哲	刘智勇	商梦彬
王 蔚	严雨格	张家豪	赵晋剑	迪丽菲然·阿不力孜	李函鑫
李 涵	罗梦超	杨钰莹	于礼杰	张晨飞	张家乙
周颖龙	邸嘉星	赵可心	段佳豪	王维雨	才达·卡那茹
刘博恺	颜寒晖	张兴龙	陈锐琦	耿振翔	黄秋吉
李凯旋	李淑雲	李怡童	谢仁阿依·阿卜杜热伊木	张惠敏	张家铭
赵俊奕	巢鸾翔	陈向宏炀	单德旭	高 跃	何文韬
马旭坤	起浩然	肖惠尹	余京威	张迦得	贲翔隆
曹雨娴	陈柏铭	郭翔宇	李桂连	刘晨旭	龙朗滢
蔡建峰	李嘉雨	刘津彤	潘世航	杨欣怡	张 奥
方 悦	李卓汐	孟庆龙	彭 潜	任 倩	孙志泽
王瑞琪	陈秋明	吴彦行	刘 恺	梅东宇	张 灿
董翔宇	范彬彬	秦小宇	王 博	吴双豪	高千鸿
金垚杰	陈永新	丁鹏程	李 庚	卢孟泽	吴佳浩
张 莹	郑源硕	崔安宁	黄智豪	李光烨	马新民
缪俊瑶	吴康睿	张 帅	张 松	周春华	周 伟
邓松林	黄 科	黄 琳	赖国涛	杨潇龙	张 龙
张宇豪	段宁涵	黎明涛	李洪宇	李立奇	刘 硕
龙雨涵	张海容	张和胜	陈阳松	管星云	何 彦
刘 涵	刘宏政	罗德基	王志昊	杨宏民	杨 欣
张昌黎	张志渊	谢 强	王 辉	张子欢	高瑞斯
李 浩	付福正	何 轩	金聘涵	李大兴	刘 添
楼 晓	邱天迪	闫潇睿	尹庭威	郑 阔	曹 韩
杜鑫荣	姜旭峰	施文骏	舒 惠	孙鸣忆	魏万千
徐腾章	张珉浛	高天明	赖泽南	刘峻岐	刘倚志

续表

王　智	韦斯贶	郑志宇	陈旻昊	崔朝宇	李树泉
刘家志	秦伟凯	张若飞	张胜航	张译友	张芝芝
程志翔	范　龙	贺重坤	黄爱玲	梁心如	刘　洋
马紫宣	冉梦婷	任壮壮	王晨旭	魏俊杰	杨宪坛
赵翔宇	马骏洲	孙逸飞	王雨菲	吴迪文	武凯丽
张诗浩	沈雨峰	唐高正	杨　光	施雨竹	王　仪

经济管理系

张　月	叶文秀	刘晓阳	李文洁	刘梦雨	王硕宁
甄文博	丁璐爽	李　坤	何鑫杰	李子宣	刘宗杰
张　琪	张云猛	周雪柔	唐　敏	叶宝琳	张佳睿
钱　晨	钱香亦	佘　妹	巩　雪	胡喻杰	江文琪
张　娜	赵慕雯	常宇方	武　煜	英芷韵	曾夕月
孔俊龙	李修博	潘志住	陈俊希	方南樵	冯一珂
张圳龙	郑欣怡	白佳怡	雷凯雁	王梓芮	吴　健
胡亚巧	霍素墨	孔　哲	张军威	张　乙	赵云龙
杨　卓	姚嘉珍	张峰赫	郭富林	胡思懿	蒋　琢
查凯淇	陈思恩	程琬清	王启瑞	熊馨怡	许锦恒
廖　威	石俊如	王　琪	陈开心	陈逸扬	陈彧辰
姚永辉	赵东攀	蔡　华	齐传越	袁凌玲	张佳悦
高涵琪	李俊秀	聂永涛	陈　越	韩雨静	靳泽明
张　晶	周骏杰	周振宇	梁云鹏	廖亚特	刘　涛
赖振华	李　琛	李称心	王沁琪	闫嵩阳	颜　溯
时文冉	宋文卉	覃宇嫣	李佳林	黎恩铭	卢　弦
张冬玥	朱雯婷	周海航	李　俊	廖梓任	刘王荣
杨来良	叶尔那尔·海拉提别克	常照斌	楚杭达	符　木	聂　可
莫立韬	谢东城	曾庆成	张彤阳	甄世奇	陈兆威
戚思阳	杨逸纯	叶子莘	王明利	胥智豪	叶荣江
毛泷锐	杨圣杰	梁　晨	刘婉芸	许千祥	杨国雄
蔡瑞宁	陈方旭	梁旭鸿	彭　洋	张碧涵	曹宇姗
杨楚豫	杨通彪	杨王珏	李　静	李泽华	陈　杰
宋沈怡	于耀植	张　娟	傅文雅	韩　冰	黄小谊
丁　欣	杜团彪	冯可卿	孙英韬	林蕤崖	王彦博
李珑雨	李沛源	彭颖玥	杨如欣	杨　檀	余　芳
王子君	吴　敏	杨　佳	张瑞飞	张　恬	张　延
曾千一	张彬雨	张宏煊	巴艳·杰恩斯	白泽玺	冯雅兰
张正宜	周尉希	朱冰清	刘晓珺	刘　颖	路　娜
胡苗苗	雷凯婷	李玉涛	牛鑫磊	苏美淇	苏小靖
吕美婷	马金平	穆明超	王雨菲	徐萱炜	易　航
王　涵	王思佳	王雅淇	赵　芹	钟珊珊	周子琪

续表

张潇丹	赵　洁	赵隆军	范一涵	冯蕊芳	高文兴
艾丽非热·艾尼瓦尔	曹睿宁	董佩佩	黄艾熹	姜　楠	郎倩儒
龚榕榕	管毓凤	胡　兰	罗一丰	任雨潼	阮宏康
李鹏霞	李　由	梁康馨	熊可蜜	徐欣然	闫继泽
阮艺媛	石　萱	王安迪	张　宇	张雨桐	陈静宇
闫明丽	闫培宜	于志彤	杜仲烜	高晨峰	高景月
单　欣	丁雨菲	董润泽	贾孝超	李俊汝	祁　艳
侯志祺	黄浩晖	黄　婧	唐　怡	王　科	王蕾蕾
秦　远	热合曼·托合提尼牙孜	阮一芯	徐召欣	闫梓轩	张晓风
王悦然	吴　舒	邢红烨	周子懿	陈　曦	郭艺璇
张　旭	郑霁宣	周嘉玲	廖亦川	凌志威	刘秋雨
贾　丁	蒋政列	李亭亭	王利欣	王仕恒	王宇晗
史锦浩	孙　统	王佳慧	吾　凯	肖　峰	于　乐
王宇慧	王　悦	吴楚越	周路明	周先刚	朱艺凡
赵　芳	赵思睿	赵之宇	范梦涵	龚　俊	蒋泽正
黄　静	马　越	田逸凡	童仁杰	王德龙	王宇琛
李佳熹	陆永椒	罗　帅	杨小广	赵雅欣	朱世俊
吴典谕	辛鸿基	薛泽彬	齐　缘	田伟君	周辰龙
黄浩宇	李泽宇	罗圆方	王安平	叶富强	范　洁
何沐桐	毛起航	潘宏亮	周宇龙	陈　炜	邓　浩
洪靖宜	李　哲	杨启航	李凤仪	周茜旖	安晨阳
贾东旭	姜彤彤	黎俊宏	何宏博	李雨璇	龙应澳
戴　翔	杜忠韬	高一丁	唐塬歆	陶　涛	王昭贞
杨滨琦	袁赫聪	张顺琪	徐思琪		

英语系

马晶依格	孟　彤	谭阳扬	吴一帆	杨　楠	张千千
韩　宇	贾刘静	明河君	司　琪	魏文海	赵　曼
戴沐君	冯　乐	高玉琳	郭晓燕	何坤扬	李倩茹
刘千禧	罗钟毅	彭祖红	孙海洋	杨昕妤	张晓凌
郑可馨	陈栗灵汐	董　一	何郡持	刘禹鹭	罗与贞
牛思捷	孙陶然	陈少喆	董丽萍	高昕怡	李渲姗
马丽雅	沈默冉	王可欣	王一博	赵淑珂	安　笛
冯晶晶	何子欣	胡　婧	孔雨辰	廖小月	林蔚绮
凌心怡	刘子铭	马世昕	全丽娜	孙家桢	王　旭
谢婧宇	詹鹤千	周　璟	洪圣铃	李兴焕	林郁青
刘　洋	刘雨欣	邱佳怡	王姝文	杨　绒	董钰姗
黄斯维	黎晓竹	李春旭	苗福瑞	孙方圆	孙运泽
唐　澜	王　欢	王姝涵	许雯清	赵　月	钟蕊坤
刘湘婕	官杏子	郭艳萍	林钰祯	刘　鸣	

续表

数理系

何浩然	黄　亮	陈一木	陈怡行	冯青松	高欣宇
韩绘锦	胡志鑫	李宇舒	刘　加	刘　洋	陆　毅
罗　恬	罗玉镥	穆兴悦	潘星亮	孙晓岚	田　昊
王迅龙	吴诗仪	牙侯师	雍佳俊	于常灏	张哲闻
朱融江	朱正浩	左秉文	卞钰龙	蔡雨皓	陈　成
邓　傲	房东霖	非煌智	洪雨婷	梁　磊	刘忠潏
孟　淏	潘凌越	秦明珂	任　帅	孙曌喜	徐　韬
许东燚	杨家辉	曾庆航	张路瑶	祝子淇	安亚刚
陈　予	陈玉佼	杜安芸	方　李	高　焜	耿浩然
黄之琳	李阿银	李　棣	李　健	陆邹陈	吕继伟
吕兴成	栾雨航	马梓恢	孟煜翔	彭彦淏	邵家业
万子敬	文　渝	余欣曌	张逸安	张雨晨	赵习钧
周宇静	安冬雪	包汝慧	曹弋浦	陈思同	丁一鸣
葛泽萍	黄怡越	金　生	柯沁春	孔紫涵	李一鸣
刘云松	龙家智	莫远钊	苏珮璠	孙昶豪	王家伟
王奕凯	王梓霁	吴登基	吴　潇	伍环宇	曾维杰
张悦晨	班　婵	崔润锋	何永江	胡　俊	李承雨
李毓鹏	刘　芳	陆　颖	邱阳博	覃玉婷	唐佳齐
唐振超	汪　毅	王辰霈	王　卉	王一航	徐兆龙
姚行志	张　淼	孔　睿	冯　宇	郝　烁	吴　彬
徐总樑	周　泽	刘晓冰	刘一林	易桐旭	张　琳
郑明珂	胡志军	李昊洋	任宇华	尚大凯	郭玉欣
梁绍龙	旷育才	李辰橙	马鼎晗	马天雨	王程浩
杨欣翰	翟　宇	赵恩民	甄子聪	朱明涛	

法政系

李嘉辉	田兰戈	景莉莉	尹千伊	毕一帆	陈梦玲
陈　硕	陈译冰	高辛鑫	韩　淼	何　慧	蒋雨蒙
李凌云	李天乐	李伊茗	李沅江	梁姝睿	林舒琪
彭雯琦	沈丽媛	万乔希	王普聪	吴滓源	肖艺珠
徐佳雯	徐嘉晨	徐克冉	杨佳凝	尹思雨	于　佳
曾　萱	张　昕	张尧威	赵翔宇	常　幸	陈瑶瑶
陈逸飞	高瑞凯	郭泊钰	黄滢滢	贾海龙	金怡希
孔　杨	李　娟	李　可	凌筱逸	刘鹏越	木妮热·依明
潘盛龙	盛　兰	汪晓宇	王秋悦	吴　桐	徐　婷
杨晓宇	杨　玉	袁　琳	曾涵雅	曾雅琴	张　帆
张佳琦	张若愚	张旭淼	王鑫滈	陈瑜洁	程黎诺
方芷涵	金伟璇	兰芷君	李璇璇	刘丽华	唐祺雯
滕浩雯	吴欢欢	熊稆荩	徐川淇	徐耀芸	徐　颖

续表

玉　玥	张德宇	张骏锋	张　宁	周静漪	何　卉
黄依林	李建芳	刘文鑫	骆　莎	涂倩怡	王　杰
吴淑梅	徐欣宇	杨沁瑄	于清华	曾　媛	张　昊
张　冉	白　怡	保　昕	程安琪	耿佳琳	韩秋莎
黄娅婷	林辰元	刘祎航	刘悦悦	马玉龙	孟　璐
唐懿婷	王景翾	王天笑	巫邦鼎	赵佳欢	郑斌鑫
邓家欣	郭晓璇	韩伽钰	黄孟莹	李聪棉	李涵齐
那轩铭	田贝欣	吴雨欣	徐纪源	曾咏怡	张　雨
钟亦洁	周子煜	朱文婷	盖翘楚	国　云	马佳宁
梅子娱	莫依萍	曲心竹	唐敬谦	王宝瑞	王首文
魏子栋	张欣然	朱长潇	曹添乐	陈思敏	古雨欣
郭心茹	郭宇和	纪世纪	姜钱君	邬其波	肖欣越
于旺哉	翟浩如	张彩云	周　浩	刘旻玥	罗嘉仪
潘　睿	秦　琪	眭旭东	隋忻珊	唐　婕	许照宁
尹绍启	张　杰	郑子叶	雷萌琦	黎泉汝	李梓贤
刘　磊	卢　丹	陆亭廷	向贞贞	闫雪莱	易治齐
曾俊杰	张金鹏	赵心茹			

国际教育学院

孔令行	刘佳慧	陈昱文	钱　程	陈浩然	唐佳程
张天阳	黄保铭	陈洪亮	冯　瑞	刘晓坤	彭藿雯
杨慧剑	张思鲁豫	汪茗辰	何恭耀	欧梓凌	胡纪阳
曾　洮	马琳涵	李博闻	孙佳毅	张　圳	李　昂
原　腾	孙钰茗	李陈澳	徐　栩	曹　辰	夏宇翔
杨宇琦	向振恺	陈孜立	苏　鹏	曹嘉婧	曹闻朔
鞠家鑫	蔡天宇	李进宁	王吉祥	罗鼎业	于昊辰
陈亦冰	及泓鸥	彭煜文	周宇扬	甘梓宁	郭辰曦
李辰乾	韩宇翔	王思喆	杨瑞哲	刘闻韬	侯　昀
金　琰	旷世奇	杨　巍	李雨珊	隆　莉	刘　轩
许钊清	张瑞烨	姚梓琦	张瀚文	段红练	李怡然
王敏之	李　想	曾庭榆			

（教务处　提供）

奖励与表彰

华北电力大学 2022 届省市级优秀毕业生名单

（北　京　市）

本科毕业生(142 人)

电气与电子工程学院(34 人)

王佳旭	王筱怡	冯思远	朱艺颖	任家轩	刘　倩	刘鸿海
孙士棋	严金炜	李志远	李雨盈	李欣然	杨佳泽	杨博文
吴媛媛	汪星辰	张　宁	张　军	张富澳	陈子怡	陈佳琦
林　旭	郑　睿	赵海宇	郝一点	胡铁婕	胡　亭	施泽邦
徐云鹤	唐梦媛	黄　炼	章若竹	喻　译	潜柯西	

能源动力与机械工程学院(24 人)

王奥宇	叶欣然	田雨松	华有龙	向　珂	刘　鑫	那洛瑒
孙泽宁	李　旭	沈　童	宋孟泽	陆泽宁	陆新龙	陈伯旭
陈　炜	范惠阳	季志伟	胡仙楠	胡雨馨	胡　猛	姜新宇
贺碧娇	盛世杰	崔跃龙				

控制与计算机工程学院(23 人)

王子轩	王玥蘅	王家文	王涵玉	王雅琪	刘苏漫	刘柏佳
刘渝斌	李明蕙	李泽洋	李珏菲	李俊良	辛文昱	邵博深
赵泓辰	赵鹏飞	赵璟天	姚鹏飞	黄华杨	曹鸿亮	韩佳怡
焦辰玥	魏兰懿					

经济与管理学院(23 人)

王一梦	王亚波	王雨璇	尹梦琳	刘英俊	喻卓睿	孙雅茹
孙傲晨	李炘薪	李绍泽	李祥光	杨可欣	杨燕宇	吴思洁
邱祯敏	武美琪	周新纪	祝皓楠	袁嘉敏	盛雅清	崔佳蕙
梁　欢	刘胡诗涵					

新能源学院(10 人)

史志鹏	付　浩	朱鹏鲲	刘兰岭	赵　洋	胡尊浩	姚宇樑
耿　达	姬海雯	黄嘉瑜				

核科学与工程学院(6 人)

邓文浩	刘伟强	刘　枭	余晨希	林恒隆	黄宇昕

环境科学与工程学院(2 人)

李　斌	罗丰怡

水利与水电工程学院(4 人)

左凌峰	刘臻桢	康嘉洁	彭　瑞

数理学院(3 人)

王　铖	杨易明	张艳玲

人文与社会科学学院(8 人)

李　彤	李雨婷	李相宜	李益州	汪　苏	赵晨昕	栗锦薇
曹雨欣						

外国语学院(2 人)

惠歆月	王思贝

国际教育学院(3 人)

王潇桐	江志森	徐志远

研究生毕业生(79 人)

电气与电子工程学院(23 人)

王珍珍	邓伟成	刘雪涛	许苏迪	孙　鹏	杜夏冰	李　尧
李钰洋	李晨晨	吴诗优	张　钰	陈心怡	陈刘东	赵　斌
逄思敏	施志明	高晨祥	郭今冉	黄世楼	曹文远	章家欢
蒋纯冰	蔡钦钦					

能源动力与机械工程学院(14 人)

马世财	王东东	王雪叶	王　聪	付海伦	刘　倩	江凯军
辛团团	金凤雏	周智健	赵　爽	郭新鹏	曹艳鹏	彭维珂

控制与计算机工程学院(12 人)

弓林娟	王雨桐	刘江珊	祁博健	苏惠琳	杨　泽	张　岩
范雅倩	郑　格	洪振鹏	谢锐彪	魏育坤		

经济与管理学院(13 人)

王婧妍	申融容	朱衍磊	李婉莹	张又中	张玉丽	张　婷
季宏岩	周泯含	周建力	彭　莎	程晓彬	蒲　雷	

新能源学院(5 人)

王龙泽	吴洋文	陈　卓	陶　涛	谢文銮

核科学与工程学院(3 人)

吕思宇	段德萱	符精品

环境科学与工程学院(2 人)

邢　磊	李婧婧

水利与水电工程学院(2 人)

马耀财	张　超

数理学院(3 人)

张　嫚	秦　潇	高　婷

人文与社会科学学院(1 人)

胡佳欣

外国语学院(1人)

雷　宇	

(河　北　省)

本科毕业生(101人)

电力工程系(19人)

丁　可	马　程	王俊月	刘文瑄	刘　捷	关浩玉	李秉芳
杨若嘉	连汝慧	张佳嫣	陈健东	陈　琮	赵雨菲	侯卓琦
姚增慧	黄　琛	韩文煊	谭昊宇	魏文荣		

动力工程系(14人)

王　旭	王若冰	王　锦	刘天昀	刘远超	许　可	吴佳华
沈熠涛	罗昀昊	罗　政	周玉龙	居　谦	唐　洁	程鸿章

电子与通信工程系(6人)

王　帆	田　亮	何慧萌	张浩楠	陈　翔	邵烽智

机械工程系(13人)

丁培韬	李冰洁	李陈龙	杨　帅	汪翰鳞	陈　丁	林心茹
单玉楠	房昊宇	赵艺杰	贾启超	黄定滔	董金辉	

自动化系(9人)

尹　磊	史怡然	庄　璇	关　键	孙圆圆	金子彤	房茹梦
费雅鹏	康　丹					

计算机系(9人)

王子朝	王楚璇	李　昂	吴官清	邹宇灿	张宇帆	林　学
徐灵楠	郭一谋					

环境科学与工程系(7人)

马旭坤	王　智	龙朗滢	杨钰莹	陈永新	姚琬颖	管星云

经济管理系(11人)

孔　哲	叶宝琳	叶荣江	刘　颖	闫嵩阳	李玉涛	李沛源
张雨桐	陈静宇	曾千一	颜　溯			

英语系(2人)

许雯清	郑可馨

数理系(4人)

李阿银	徐　韬	栾雨航	穆兴悦

法政系(5人)

李建芳	吴雨欣	陈逸飞	易治齐	徐佳雯

国际教育学院(2人)

李怡然	鞠家鑫

研究生毕业生(29人)

电力工程系(7人)

马子儒	王 月 张文琦	张 荟	陆晓星	徐华伟	崔涤穹

动力工程系(3人)

刘 艺	胡庆亚	韩泽鹏

电子与通信工程系(2人)

赵海英	梁若愚

机械工程系(2人)

孙 凯	郝洪策

自动化系(3人)

杨 旭	张梦涵	戴 力

计算机系(2人)

范晓明	徐敏夫

环境科学与工程系(2人)

王佳琦	钱 真

经济管理系(4人)

龙定洪	任楚梦	陈攀宇	战馨雨

英语系(1人)

李园园

数理系(1人)

赵云鹏

法政系(2人)

刘梦硕	苗振钢

(学生处 提供)

华北电力大学2022届校级优秀毕业生名单
(北 京 校 部)

本科毕业生(268人)

电气与电子工程学院(67人)

丁 瑞	王宇彬	王佳旭	王泊棕	王宸隆	王筱怡	王瑾媛
孔嘉靖	白璐瑶	冯思远	朱艺颖	朱凌锋	伏 阳	任家轩
刘 倩	刘 涛	刘鸿海	孙 冉	孙士棋	严金炜	杜昊明
杜厚贤	李从非	李伟涛	李志远	李雨盈	李欣然	李晓雪
杨佳泽	杨博文	吴媛媛	何佳鑫	何梦娇	汪星辰	宋 晨
张 宁	张 军	张译雯	张舒文	张富澳	陈子怡	陈佳琦
陈佳瑶	陈思琪	林 旭	金 璇	郑 睿	赵海宇	郝一点

胡 亭	胡铁婕	侯鸿飞	施泽邦	姚辰昊	钱一萱	徐云鹤
唐梦媛	黄 炼	章若竹	梁晓航	隋岩君	葛欣怡	喻 译
程俊华	綦天润	潜柯西	薛婉婷			

能源动力与机械工程学院(36 人)

王泽旭	王奥宇	叶欣然	叶舒展	田雨松	华有龙	向 珂
刘 鑫	那洺瑒	孙泽宁	李 旭	李尔超	李冰辰	李星仪
沈 童	宋孟泽	陆泽宁	陆新龙	陈 炜	陈伯旭	范惠阳
罗钧来	罗景谦	季志伟	胡 猛	胡仙楠	胡雨馨	姜新宇
贺碧娇	翁贻鑫	郭子凌	郭正旺	郭彩玲	曹馨月	盛世杰
崔跃龙						

控制与计算机工程学院(47 人)

马玉坤	王 帅	王 申	王丁一	王子轩	王子怡	王玥蘅
王润翔	王家文	王涵玉	王雅琪	尤康泽	邓 丹	左义淏
任晨曦	刘苏漫	刘柏佳	刘渝斌	孙碧莲	李 轩	李义龙
李明蕙	李泽洋	李珏菲	李俊良	杨婧怡	辛文昱	宋子仪
张文博	张恒洋	张晓珂	邵博深	罗 宽	赵子明	赵泓辰
赵鹏飞	赵璟天	姚沛涵	姚鹏飞	莫 昊	黄华杨	曹鸿亮
董慧娟	韩国庆	韩佳怡	焦辰玥	魏兰懿		

经济与管理学院(46 人)

于霄宇	于璐菲	王一梦	王亚波	王雨璇	王祎阳	韦云迪
尹梦琳	伍俊濠	刘英俊	刘洁妮	刘晓彤	江 水	胡诗涵
汤梓萌	孙雅茹	孙傲晨	牟琪林	苏 展	李 娜	李欣烨
李炘薪	李绍泽	李祥光	李婧泓	李辉煜	杨可欣	杨燕宇
吴思洁	邱祯敏	邸晓睿	张研博	武美琪	周智宇	周新纪
姜 雯	祝皓楠	袁嘉敏	盛雅清	崔佳蕙	梁 欢	喻卓睿
嵇史君	程苏冉	潘颖婷刘	萨玛勒·托乎达别克			

新能源学院(12 人)

史志鹏	付 浩	朱鹏鲲	刘兰岭	刘旺重	张 攀	赵 洋
胡尊浩	姚宇樑	耿 达	姬海雯	黄嘉瑜		

核科学与工程学院(11 人)

王 城	邓文浩	刘 枭	刘伟强	刘铭磊	邱美铭	余晨希
林恒隆	黄宇昕	蔡铮阳	魏经国			

环境科学与工程学院(4 人)

李 雪	李 斌	罗丰怡	商海林

水利与水电工程学院(9 人)

王舒鹤	左凌峰	刘臻桢	李璘君	吴家任	周亚鸣	赵渔亨
康嘉洁	彭 瑞					

数理学院(6 人)

王　铖	刘泰兴	杨易明	张必慧	张艳玲	段坤宇

人文与社会科学学院(16 人)

王银春	刘纳敏	李　彤	李雨婷	李相宜	李益州	汪　苏
陈星仪	陈嘉珺	郑孟兰	赵晨昕	栗锦薇	高　涵	黄崇雪
曹雨欣	葛姿涵					

外国语学院(5 人)

王思贝	左子怡	刘双怡	刘应琦	惠歆月

国际教育学院(9 人)

于阔海	王潇桐	刘康琪	江志森	张懿晨	胡璋昊	徐志远
曹书豪	裴霁雪					

研究生毕业生(164 人)

电气与电子工程学院(61 人)

马泰屹	王　闯	王诗铭	王珍珍	王　渊	王德胜	尤　兰
文　腾	方宇晨	方　楠	邓伟成	乔登科	刘雪涛	许苏迪
孙　鹏	纪泰鹏	杜夏冰	李　尧	李钰洋	李晨晨	杨宏基
杨佳轩	吴诗优	吴　婵	余开媛	余秋萍	沈雅琦	宋丽娟
宋绪鹏	张茗洋	张　钰	陈心怡	陈刘东	陈　杰	陈　庚
陈熙琳	陈　聪	周光阳	郇政林	郑顺林	郑黎明	赵　斌
胡世勋	侯来运	逄思敏	施志明	秦本双	徐飞阳	高晨祥
郭今冉	展瑞琦	黄世楼	黄瀚燕	曹文远	康静雅	章家欢
渠鑫源	董桓毓	蒋纯冰	蔡钦钦	管　飞		

能源动力与机械工程学院(28 人)

丁泽宇	马世财	王义函	王东东	王　雪	王雪叶	王　聪
付海伦	刘宇浩	刘　倩	江凯军	李文志	李宇婷	杨延锋
辛团团	陈鏐漪	陈　鑫	岳　爽	金凤雏	周智健	赵伟萍
赵　爽	郭新鹏	曹艳鹏	崔双双	梁德华	彭维珂	薛振忠

控制与计算机工程学院(21 人)

弓林娟	卫星光	王双坤	王雨桐	可　寅	卢楠滟	刘江珊
刘思渠	刘雅欣	祁博健	苏惠琳	杨　尚	杨　泽	张　岩
武　斌	范雅倩	郑　格	洪振鹏	谢凌云	谢锐彪	魏育坤

经济与管理学院(20 人)

王丹丹	王婧妍	申融容	朱衍磊	李婉莹	何飞扬	张又中
张玉丽	张　硕	张　婷	张耀宇	林　瑾	季宏岩	周泯含
周建力	黄菲菲	彭　莎	程晓彬	蒲　雷	薛　露	

新能源学院(10 人)

王龙泽	杨昊泽	吴亚昌	吴钊萱	吴洋文	张来豫	张笑鸣
陈　卓	陶　涛	谢文銮				

核科学与工程学院(7 人)

王舜琦	达天星	吕思宇	陈子佳	段德萱	符精品	梁江涛

环境科学与工程学院(3 人)

邢　磊	李婧婧	蔡雅雯

水利与水电工程学院(3 人)

马耀财	张　超	林小楠

数理学院(6 人)

刘紫微	张　嫚	秦　潇	高　婷	郭家良	魏　健

人文与社会科学学院(1 人)

胡佳欣

外国语学院(3 人)

许文婧	张宵玮	雷　宇

马克思主义学院(1 人)

孙竹青

(保　定　校　区)

本科毕业生(317 人)

电力工程系(61 人)

丁　可	马宇航	马　程	王佳禄	王俊月	王梓怡	王翌静
王博洋	王　歌	韦泽顺	成宇琛	曲紫瑜	任欣怡	刘文瑄
刘心怡	刘　珂	刘　捷	刘耀文	关浩玉	孙章林	李秉芳
李金涛	李洋洋	李浩义	李雅宁	杨若嘉	杨　洋	连汝慧
吴欣玥	余　芮	谷博睿	狄依容	汪盈杉	沈枢昊	张　臣
张佳嫣	张　婷	张瑞芯	陈健东	陈　琼	周仲虎	赵开旋
赵天放	赵雨菲	胡　迪	胡　渍	侯卓琦	施沛澍	祝建昊
姚增慧	袁溪涛	黄恒超	黄　琛	曹鸿博	韩文煊	温凯俊
谢钢领	赖文喆	廖艺茗	谭昊宇	魏文荣		

动力工程系(40 人)

马启远	王　旭	王若冰	王　楠	王　锦	王璐瑶	孔汶睿
石　文	石雨欣	白峻玮	任书衡	刘天昀	刘远超	刘金鹤
许　可	许　亮	吴佳华	沈熠涛	张芮敏	张彦昭	张洪泰
张逸帆	林科洪	尚凌岳	罗昀昊	罗　政	金晓梅	周玉龙
周旺乐	居　谦	姚艳秋	贺泓博	骆圣烜	晋磊磊	徐星宇
郭　熔	唐　洁	曹琪汭	程鸿章	黎浩然		

电子与通信工程系(20 人)

马铁铮	王　帆	王源伟	孔　杰	田　亮	朱嘉昕	刘鸿烨
许　璐	李苏苹	杨雯淇	何慧萌	张浩楠	陈晶威	陈　翔
邵烽智	周彬娜	赵　涌	敖邵游	谌　佩	蒋智泉	

机械工程系(40 人)

丁培韬	王涧石	王颖颖	卞艺瑾	刘胜轩	刘晨汐	刘　琳

孙雅洁	苏婷婷	李冰洁	李亦恒	李陈龙	李舒涵	杨　帅
杨李希	汪冰冰	汪翰鳞	宋荣鑫	张家源	张　衡	陈　丁
陈鑫龙	林心茹	岳文哲	周　胜	周　珞	单玉楠	房昊宇
赵子达	赵艺杰	贾启超	黄定滔	黄哲峰	戚洪铎	野汶博
彭　韬	彭毓图	董金辉	蒋佳俊	解　奎		

自动化系(29 人)

马彧霏	王浩雄	尹　磊	石瀚文	史怡然	白　雨	庄　璇
刘　巧	刘　淳	关　键	孙圆圆	李瑞迪	杨悦彤	杨毅林
吴俊奇	沈纳昊	张思远	张倩倩	张祯琪	罗同桐	金子彤
周迅琪	房茹梦	姜　沛	费雅鹏	聂忠强	龚逸洲	康　丹
樊逸宸						

计算机系(24 人)

马潇楠	王子朝	王楚璇	牛卓凡	吕　银	任雪莹	李　昂
李翌昊	李静秋	吴官清	何龙涛	邹宇灿	张宇帆	林　学
周龙飞	侯一凡	聂　森	贾圆圆	徐灵楠	郭一谋	黄胤华
梁中豪	童烨虹	薛　烁				

环境科学与工程系(22 人)

于礼杰	马旭坤	马骏洲	王　仪	王　智	尹庭威	龙朗滢
刘　洋	刘晨旭	刘　添	闫潇睿	杨钰莹	佘禄杭	张晨飞
陈永新	姚琬颖	徐小琳	曹雨娴	楼　晓	管星云	戴泽涛
谢仁阿依·阿卜杜热伊木						

经济管理系(37 人)

王安迪	王利欣	孔　哲	叶宝琳	叶荣江	刘　颖	闫明丽
闫梓轩	闫嵩阳	苏美淇	李子宣	李文洁	李玉涛	李沛源
李称心	杨　佳	何沐桐	张　乙	张雨桐	张顺琪	陈　炜
陈逸扬	陈静宇	周辰龙	郑欣怡	赵雅欣	贾　丁	徐思琪
郭艺璇	曹睿宁	程琬清	曾千一	曾庆成	雷凯雁	熊馨怡
颜　溯	霍素墨					

英语系(8 人)

王　欢	刘禹鹭	刘湘婕	许雯清	杨昕妤	吴一帆	郑可馨
唐　澜						

数理系(11 人)

万子敬	王迅龙	卞钰龙	孔紫涵	李阿银	陆　颖	罗　恬
徐　韬	栾雨航	韩绘锦	穆兴悦			

法政系(18 人)

田兰戈	巫邦鼎	李建芳	吴雨欣	张若愚	张　昊	陈逸飞
易治齐	郑子叶	郑斌鑫	莫依萍	徐川淇	徐佳雯	徐　颖
眭旭东	景莉莉	曾　萱	潘盛龙			

国际教育学院(7 人)

甘梓宁	李雨珊	李怡然	张瀚文	陈洪亮	黄保铭	鞠家鑫

研究生毕业生(89 人)

电力工程系(28 人)

马子儒	王子豪	王 月	王 刚	王 晓	叶亚中	甄栋夫
刘晓敏	刘继兴	刘嘉明	刘嘉硕	许崇伟	李静璇	杨 健
张文琦	张 荟	张博禹	陆晓星	陈 萍	陈雅茜	和家慧
周旭东	徐华伟	陶建业	崔涤穹	崔意婵	覃 露	刘杨嘉佳

动力工程系(7 人)

王晓帅	任国梁	刘 艺	张 雅	赵文波	胡庆亚	韩泽鹏

电子与通信工程系(10 人)

司福强	华子明	刘瑞璋	杨亚欣	杨根辈	武文静	赵 凯
赵海英	胡旭欣	梁若愚				

机械工程系(9 人)

于靖靖	王娅宁	王燕杰	孙 凯	孙 悦	张 金	张泽翰
郝洪策	董思捷					

自动化系(8 人)

于 静	石 轲	李亚南	杨 旭	张梦涵	陈瑞杰	苗 雨
戴 力						

计算机系(2 人)

范晓明	徐敏夫

环境科学与工程系(3 人)

王佳琦	钱 真	徐 妍

经济管理系(8 人)

龙定洪	冯 缘	任楚梦	杨佳钰	陈攀宇	苗 囡	孟家晴
战馨雨						

英语系(3 人)

牛大力	李园园	施龙凤

数理系(4 人)

石杰瑜	李文雯	林俊哲	赵云鹏

法政系(3 人)

于雨杉	刘梦硕	苗振钢

马克思主义学院(4 人)

马力凯	祁斌斌	林 帅	潘 婷

(学生处　提供)

华北电力大学 2022 年优秀博士学位论文名单

序号	姓名	学科	导师	论文题目
1	任瀚文	电气工程	李庆民	特殊电应力下聚酰亚胺绝缘空间电荷演化机制与测试方法研究
2	沈雅琦	电气工程	马　静	动态能量在双馈风电并网系统宽频振荡中的应用
3	许苏迪	电气工程	毕天姝	适用于 PMU 校准的高精度同步相量测量方法及测试平台研发
4	孙　鹏	电气工程	崔　翔	碳化硅 MOSFET 模块电热均衡及状态监测方法研究
5	张　钰	电气工程	赵雄文	无线通信系统预编码与非正交多址技术研究
6	曹文远	电气工程	韩民晓	交流微电网模式切换与孤岛运行控制策略研究
7	辛团团	动力工程及工程热物理	杨勇平	热力过程拆解分析方法与煤基低碳多联产系统集成研究
8	江凯军	动力工程及工程热物理	杜小泽	气固逆流式太阳能粒子吸热器流动传热机理与结构优化设计研究
9	岳　爽	动力工程及工程热物理	王春波	氧-水蒸气燃烧下 H_2O 及其衍生基团对煤中氮元素演化的影响机制
10	崔双双	动力工程及工程热物理	何　青	多联产液化空气储能系统特性及其技术经济性研究
11	张　婷	管理科学与工程	乌云娜	新型电力系统混合储能方案优选及优化配置模型研究
12	周建力	管理科学与工程	高建伟	风-光-氢综合能源系统容量配置优化及决策模型研究
13	祁博健	检测技术与自动化装置	闫　勇	基于静电传感器阵列的流化床内流体流动及干燥特性检测
14	吴立飞	系统分析、运筹与控制	杨晓忠	分数阶微分系统的并行差分算法及分数阶 PID 控制器设计
15	纪　军	可再生能源与清洁能源	李美成	钙钛矿太阳电池衰减机制及同质结器件研究
16	吴洋文	可再生能源与清洁能源	陆　强	重金属污染物与钒钛基 SCR 脱硝催化剂的相互作用机理研究
17	邢　磊	能源环境工程	汪黎东	烟气脱硫脱碳过程的多相催化强化机制研究
18	郑博月	能源环境工程	李　鱼	城市代谢系统中多重污染物协同控制和均衡优化研究
19	蔡雅雯	能源环境工程	王祥科	新型材料的功能化及其对水中放射性核素铀的高效提取

（研究生院　提供）

华北电力大学 2022 年优秀硕士学位论文名单

北京校部:80 篇

序号	姓名	学科	导师	论文题目
1	陈　琳	电气工程	李庚银	计及通信可靠性的主动配电网能量优化管理研究
2	陈刘东	电气工程	刘　念	融合多端随机性的配用电系统多主体优化调控方法
3	陈熙琳	电气工程	齐　磊	主动谐振型直流断路器关键技术研究
4	邓伟成	电气工程	许建中	抑制 MMC 子模块电容电压波动的谐波注入策略
5	高晨祥	电气工程	赵成勇	电力电子变压器电磁暂态等效建模及实时仿真方法研究
6	高　丹	电气工程	马国明	基于微纳光纤的变压器油中甲烷传感研究
7	郭今冉	电气工程	丁肇豪	考虑合作利益分配的多模交通系统 充电负荷优化管理研究
8	黄世楼	电气工程	王　彤	全功率型换流器集群并网系统动态交互及振荡稳定研究

续表

序号	姓名	学科	导师	论文题目
9	蒋纯冰	电气工程	赵成勇	考虑自适应重合闸的柔性直流电网故障清除策略
10	李晨晨	电气工程	刘　念	数据-模型混合驱动的配电网重构方法
11	李　叶	电气工程	崔　翔	气压和温度影响下正极性方波下 PEEK 沿面放电特性及抑制
12	刘　晨	电气工程	马　静	直驱风电接入的交直流系统故障分析及保护策略研究
13	刘雪涛	电气工程	胡俊杰	基于能量枢纽的源网荷储多能协同优化研究
14	彭彦林	电气工程	康锦萍	窃电方式电气模型及其检测方法研究
15	渠鑫源	电气工程	齐　磊	换流关断一体化混合式直流断路器设计及应用
16	王珍珍	电气工程	许国瑞	双轴励磁发电机功率跟踪励磁控制系统研究
17	武　超	电气工程	陈艳波	新能源电力系统电源配置及系统优化运行方法研究
18	杨真缪	电气工程	马　静	直驱风场经柔直外送系统次超同步振荡机理及控制策略
19	叶蕴霞	电气工程	赵成勇	反向电压对直流换流阀关断特性的影响研究
20	余开媛	电气工程	丁肇豪	考虑多重不确定性的金融输电权-日前市场优化决策研究
21	余秋萍	电气工程	赵志斌	考虑碳化硅 MOSFET 功率模块温度均衡的芯片筛选方法
22	张广毅	电气工程	王银顺	准各向同性高温超导导体热力学性能研究
23	张芷馨	电气工程	焦重庆	开孔导体板低频磁场屏蔽的理论模型和特性分析
24	李　尧	电子科学与技术	范杰清	真空条件下航天器热控层材料的电磁辐照效应研究
25	陈心怡	信息与通信工程	周振宇	多模态绿色电力物联网虚拟资源管理优化方法研究
26	杜夏冰	电气工程	赵成勇	水电机组经高压直流输电外送系统多频段振荡模式研究
27	庞博涵	电气工程	姚蜀军	多端直流电网电磁暂态快速仿真方法研究
28	王赟鹏	电气工程	郑　涛	UPFC 故障渡越及接入线路自适应重合闸研究
29	吴诗优	电气工程	郑书生	X 射线对 XLPE 缺陷局部放电的影响
30	张闻闻	电气工程	齐　磊	可控电流源型高压直流换流器稳态建模与控制策略研究
31	赵　斌	电气工程	赵志斌	碳化硅 MOSFET 并联不均衡电流分析及调控方法
32	刘　蟠	电子与通信工程	赵雄文	大规模天线系统动态波束成形技术研究
33	周智健	动力工程及工程热物理	常　剑	660 MW 超临界燃煤机组 SCR 脱硝过程数值模拟与优化
34	赵　爽	动力工程及工程热物理	巨　星	光伏/热系统“光谱网格”及聚光分频一体化技术研究
35	王义函	动力工程及工程热物理	雷　兢	基于系统耦合和碳捕集的水泥窑余热深度利用系统集成优化
36	薛振忠	机械工程	熊星宇	SOFC 阳极尾气循环系统特性建模与流量控制策略研究
37	王雪叶	动力工程及工程热物理	徐　超	质子交换膜电解池新型叉指射流流场三维模拟与实验研究
38	曹艳鹏	动力工程	叶　锋	基于镍、钴、铁的过渡金属磷化物电催化剂的合成及电解水性能研究
39	刘宇浩	动力工程	许　诚	生物质气化制氨与直燃式超临界 CO_2 循环发电联产系统热力性能研究
40	陈鏐漪	动力工程及工程热物理	王晓东	废水处理生物膜复杂多孔结构对传质过程影响的数值研究
41	付海伦	动力工程	何　青	液态压缩二氧化碳储能系统的热力学分析
42	李宇婷	动力工程及工程热物理	陆　规	压水堆下降段逆流临界复杂界面效应研究

续表

序号	姓名	学科	导师	论文题目
43	陈　鑫	动力工程及工程热物理	李元媛	基于“水-能-环境”耦合的燃煤电厂深度节水节能及热力学评价
44	金凤雏	动力工程及工程热物理	陈　林	薄液膜沸腾强化传热的机理研究及优化调控
45	薛　露	工业工程	王永利	基于需求响应的综合能源系统运行优化研究
46	张耀宇	工业工程	董　军	含多主体的微能源网群两阶段优化调度研究
47	黄菲菲	工业工程	王永利	计及效率的综合能源系统多目标规划优化研究
48	王丹丹	物流工程	郭晓鹏	低碳约束下煤炭多式联运建模优化研究
49	何飞扬	管理科学与工程	乌云娜	基于GIS和多属性决策的风氢耦合发电厂选址研究
50	李婉莹	管理科学与工程	董福贵	消纳责任权重下新能源厂商市场行为与发展决策研究
51	张　硕	管理科学与工程	王建军	基于能源足迹的中国能源消费结构优化研究
52	林　瑾	技术经济及管理	董　军	计及禀赋效应的负荷聚合商需求响应激励策略研究
53	王婧妍	技术经济及管理	王永利	区域综合能源“站-网”选址和定容研究
54	周泯含	技术经济及管理	王永利	考虑农村能源结构的综合能源系统规划优化研究
55	卫星光	控制科学与工程	房　方	基于冗余容错的燃气轮机控制系统可靠性研究
56	谢凌云	控制科学与工程	肖　峰	耦合Kuramoto振子网络的爆炸式同步研究
57	卢楠滟	计算机科学与技术	何　慧	风电功率爬坡事件识别技术研究
58	王双坤	计算机科学与技术	焦润海	基于机器学习的负荷预测及攻击方法研究
59	魏育坤	计算机科学与技术	石　敏	三维服装款式风格迁移及动画生成方法研究
60	杨　尚	计算机科学与技术	马应龙	基于摘要图垂直划分和统计优化的RDF大图数据查询系统
61	杨　泽	控制工程	胡　阳	促风电消纳的电热多尺度联合供给研究
62	范雅倩	控制科学与工程	房　方	风电场无功电压的优化控制
63	陈　卓	可再生能源与清洁能源	龙　凯	刚强度拓扑优化方法及其在风电机组轴承座轻量化设计应用研究
64	谢文銮	动力工程	陆　强	基于辅助氢转移的木质素热解交互反应机理研究
65	杨昊泽	可再生能源与清洁能源	葛铭纬	涌浪对海上大气边界层和风电机组运行特性的影响研究
66	张笑鸣	材料工程	何少剑	高性能粘土/丁腈橡胶纳米复合材料的结构设计
67	梁江涛	核科学与技术	陆道纲	CEFR全厂断电事故工况下一回路自然循环特性三维数值模拟
68	王振宇	核科学与技术	刘仕倡	基于非结构网格与函数展开计数的蒙卡输运与统计方法研究
69	段德萱	核科学与技术	陆道纲	快堆主容器环形流体域内多设备支承筒流固耦合特性研究
70	谭钧元	环境工程	许　野	气候变化条件下的建筑“冷-热-电”联供系统运行优化研究
71	刘晓露	环境科学与工程	王祥科	不同尺寸金属催化剂的设计及其在能源催化中的应用
72	李洪基	环境工程	陈　哲	二维扩层碳基材料的设计构筑及其在钠离子电池中的应用
73	胡佳欣	法律(法学)	李　英	《欧盟外商直接投资审查条例》评析
74	曾晨璐	外国语言学及应用语言学	国　防	面试官动态语用身份建构的研究
75	张宵玮	外国语言学及应用语言学	李占芳	医患沟通的社会认知视角研究

续表

序号	姓名	学科	导师	论文题目
76	张　嫚	数学	曹艳华	两类分数阶微分方程 block-by-block 算法的数值分析
77	马建琴	物理学	张振华	Kernel ridge regression 方法对原子核电荷半径的研究
78	刘紫微	应用统计	杨晓忠	基于 CS-FCM 算法的模糊时间序列预测模型研究
79	秦　潇	数学	吕　蓬	几类时间分数阶发展方程的高效差分格式及数值分析
80	林小楠	水利工程	张尚弘	下垫面变化与强降雨对流域土壤侵蚀的影响规律研究

保定校区:39 篇

序号	姓名	学科	导师	论文题目
1	陆晓星	电气工程	王　飞	面向电网调峰的需求响应聚合商日前市场最优投标策略研究
2	王　月	电气工程	李永刚	基于多层级数据驱动的风电系统短期预测模型研究
3	杨　健	电气工程	高本锋	风光水打捆经直流送出系统过电压协调抑制策略研究
4	刘腾飞	电气工程	王　毅	基于观测器重构输出的并网逆变器电流传感器容错控制研究
5	徐华伟	电气工程	赵小军	复杂激励下软磁材料磁特性预测方法研究
6	张亚辉	电气工程	谢　庆	CF4 等离子体改性间位芳纶纸及其热老化特性研究
7	陈雅茜	电气工程	王　平	高、低海拔下大尺寸球一板长间隙放电流注先导转化特性
8	陶建业	电气工程	王　毅	桥臂复用型 MMC 的轻型化拓扑与控制研究
9	方　伟	电气工程	戴志辉	智能站保护系统隐性故障识别与告警信息处理方法研究
10	陈思琦	电气工程	戴志辉	中压直流配电线路故障特性分析与保护方案研究
11	许　同	电气工程	王　毅	少子模块 MMC 的控制技术研究
12	马国爽	电气工程	谢　庆	纳米颗粒/聚酰胺网对硅橡胶材料疏水和闪络性能影响的研究
13	武文静	信息与通信工程	李保罡	基于协作干扰的无线物理层安全技术研究
14	史天浩	电子与通信工程	韩东升	无人机辅助无线网络联合资源优化
15	梁若愚	电子科学与技术	赵丽娟	承载轨道角动量的特种光纤设计及其放大特性研究
16	司福强	电子与通信工程	李保罡	基于无线传能的无线网络传输策略研究
17	王　臣	机械工程	范孝良	$TiC\text{-}Ti_5Si_3/Cu$ 复合材料的熔铸法制备及组织性能研究
18	郭加澄	供热、供燃气、通风及空调工程	刘志坚	含多元储能的近零能耗社区能源系统 优化设计方法研究
19	韩泽鹏	动力工程	王江江	基于全光谱混合太阳能装置的甲醇冷热电联供系统
20	董　月	动力工程及工程热物理	刘　赟	塔式太阳能超临界二氧化碳接收器吸热管传热性能强化研究
21	胡庆亚	动力工程	韩中合/李鹏	基于 AA-CAES 的冷热电联供系统热经济性分析及运行优化研究
22	陈　烁	动力工程	王　太	外加电场作用下气泡动力学特性的研究
23	蒋　健	动力工程及工程热物理	刘　璐	非互溶液体基底表面上液滴蒸发机理研究
24	任国梁	动力工程	刘英光	单一和堆叠倾斜界面体系中声子输运特性和导热性能研究
25	马　喆	技术经济及管理	武群丽	基于非完全竞争 CGE 模型的绿色证书交易政策效应研究
26	范晓明	计算机科学与技术	鲁　斌	自适应点云骨架提取算法的研究与设计

续表

27	刘洪晨	计算机科学与技术	王保义	基于联盟链的微电网日前市场电能交易及安全算法研究
28	戴　力	控制科学与工程	张立峰	电容层析成像图像重建算法研究
29	杨　旭	控制科学与工程	翟永杰	基于知识推理的输电线路金具检测方法研究
30	陈　鑫	控制科学与工程	林永君	基于多智能体的微电网群协同优化调度研究
31	张冰哲	控制科学与工程	黄　宇	基于相关性分析与机器学习结合的风速预测方法研究
32	任　欢	控制工程	王旭光	基于 Reformer 的短期风速预测
33	杨梦卿	环境科学与工程	李　檬	纤维素基复合材料制备及其对汞离子的荧光检测和吸附研究
34	李秋寒	环境工程	李　檬	二维纳米复合材料用于水中有机污染物的吸附研究
35	吴　楠	环境工程	刘　洁	金属纳米材料催化活化过单硫酸盐降解有机污染物
36	苗振钢	法学	梁　平	民事诉讼证据失权制度研究
37	石杰瑜	数学	谷根代	求解三维非均匀各向异性 Maxwell 方程的数值算法研究
38	赵云鹏	应用统计	张亚刚	基于模态分解和优化算法的短期风电 预测研究
39	彭路垚	马克思主义理论	王聚芹	资本全球治理价值困境及其超越

（研究生院　提供）

华北电力大学 2022 届基层工作毕业生名单

序号	姓名	学院	学历	奖励类别
1	郝　华	电气与电子工程学院	本科	非本地区生源到西部省份就业
2	黄　炼	电气与电子工程学院	本科	本地区生源回西部省份就业
3	周大权	电气与电子工程学院	本科	本地区生源回西部省份就业
4	李　楠	电气与电子工程学院	本科	本地区生源回西部省份就业
5	梁一诺	电气与电子工程学院	本科	本地区生源回西部省份就业
6	陶雅炆	电气与电子工程学院	本科	本地区生源回西部省份就业
7	桂腾达	电气与电子工程学院	本科	本地区生源回西部省份就业
8	吕滨辰	电气与电子工程学院	本科	本地区生源回西部省份就业
9	杨凯杰	电气与电子工程学院	本科	本地区生源回西部省份就业
10	胡哲超	电气与电子工程学院	本科	非本地区生源到西部省份就业
11	高　靖	电气与电子工程学院	本科	本地区生源回西部省份就业
12	邵　晨	电气与电子工程学院	本科	本地区生源回西部省份就业
13	鲍　恬	电气与电子工程学院	本科	本地区生源回西部省份就业
14	武赞正	电气与电子工程学院	本科	本地区生源回西部省份就业
15	覃永钰	电气与电子工程学院	本科	本地区生源回西部省份就业
16	陈　容	电气与电子工程学院	本科	大学生志愿服务西部计划
17	艾科日木・艾散	电气与电子工程学院	本科	本地区生源回西部省份就业
18	钟琳媛	电气与电子工程学院	本科	本地区生源回西部省份就业
19	热比古丽・阿布都热依木	电气与电子工程学院	本科	本地区生源回西部省份就业
20	麦麦提阿布拉・吐拉买提	电气与电子工程学院	本科	本地区生源回西部省份就业

续表

序号	姓名	学院	学历	奖励类别
21	谢忱峥	电气与电子工程学院	本科	大学生志愿服务西部计划
22	刘　硕	电气与电子工程学院	本科	本地区生源回西部省份就业
23	付文启	电气与电子工程学院	硕士	本地区生源回西部省份就业
24	李　叶	电气与电子工程学院	硕士	本地区生源回西部省份就业
25	罗　印	电气与电子工程学院	硕士	本地区生源回西部省份就业
26	马宇坤	电气与电子工程学院	硕士	本地区生源回西部省份就业
27	孟祥玉	电气与电子工程学院	硕士	本地区生源回西部省份就业
28	伍俊伶	电气与电子工程学院	硕士	本地区生源回西部省份就业
29	薛元亮	电气与电子工程学院	硕士	非本地区生源到西部省份就业
30	杨玉琛	电气与电子工程学院	硕士	非本地区生源到西部省份就业
31	余开媛	电气与电子工程学院	硕士	本地区生源回西部省份就业
32	沈　硕	电气与电子工程学院	硕士	本地区生源回西部省份就业
33	付胜军	电气与电子工程学院	硕士	本地区生源回西部省份就业
34	付智宇	电气与电子工程学院	硕士	非本地区生源到西部省份就业
35	海正刚	电气与电子工程学院	硕士	本地区生源回西部省份就业
36	胡潇予	电气与电子工程学院	硕士	本地区生源回西部省份就业
37	黄敢茹	电气与电子工程学院	硕士	本地区生源回西部省份就业
38	焦　洋	电气与电子工程学院	硕士	非本地区生源到西部省份就业
39	李梦婷	电气与电子工程学院	硕士	本地区生源回西部省份就业
40	马建军	电气与电子工程学院	硕士	本地区生源回西部省份就业
41	马　龙	电气与电子工程学院	硕士	本地区生源回西部省份就业
42	王骁龙	电气与电子工程学院	硕士	本地区生源回西部省份就业
43	王永杰	电气与电子工程学院	硕士	本地区生源回西部省份就业
44	吴　超	电气与电子工程学院	硕士	本地区生源回西部省份就业
45	袁　馨	电气与电子工程学院	硕士	本地区生源回西部省份就业
46	张永鑫	电气与电子工程学院	硕士	本地区生源回西部省份就业
47	钟其良	电气与电子工程学院	硕士	本地区生源回西部省份就业
48	李　社	电气与电子工程学院	硕士	本地区生源回西部省份就业
49	李一帅	电气与电子工程学院	硕士	非本地区生源到西部省份就业
50	吾买尔江·买买提	电气与电子工程学院	硕士	本地区生源回西部省份就业
51	尤　兰	电气与电子工程学院	硕士	本地区生源回西部省份就业
52	赵　鉴	电气与电子工程学院	硕士	本地区生源回西部省份就业
53	赵腾飞	电气与电子工程学院	硕士	非本地区生源到西部省份就业
54	马良机	能源动力与机械工程学院	本科	本地区生源回西部省份就业
55	李广瑞	能源动力与机械工程学院	本科	大学生志愿服务西部计划

续表

序号	姓名	学院	学历	奖励类别
56	韦道胜	能源动力与机械工程学院	本科	本地区生源回西部省份就业
57	徐茂芝	能源动力与机械工程学院	本科	本地区生源回西部省份就业
58	虎　琦	能源动力与机械工程学院	本科	本地区生源回西部省份就业
59	冯　柯	能源动力与机械工程学院	本科	本地区生源回西部省份就业
60	王硕林	能源动力与机械工程学院	硕士	本地区生源回西部省份就业
61	严儒井	能源动力与机械工程学院	硕士	本地区生源回西部省份就业
62	和学豪	能源动力与机械工程学院	硕士	本地区生源回西部省份就业
63	孔钦可	能源动力与机械工程学院	硕士	本地区生源回西部省份就业
64	李　健	能源动力与机械工程学院	硕士	非本地区生源到中部地区、东北地区县级及以下基层单位就业
65	乔　琨	能源动力与机械工程学院	硕士	本地区生源回西部省份就业
66	王东东	能源动力与机械工程学院	硕士	本地区生源回西部省份就业
67	李　阳	能源动力与机械工程学院	硕士	本地区生源回西部省份就业
68	曾癸茗	能源动力与机械工程学院	硕士	本地区生源回西部省份就业
69	郑亚飞	能源动力与机械工程学院	硕士	本地区生源回西部省份就业
70	罗　宽	控制与计算机工程学院	本科	本地区生源回西部省份就业
71	沈鸿福	控制与计算机工程学院	本科	非本地区生源到西部省份就业
72	吾提古尔·艾尼瓦尔	控制与计算机工程学院	本科	本地区生源回西部省份就业
73	姜睿旭	控制与计算机工程学院	本科	大学生志愿服务西部计划
74	普布扎西	控制与计算机工程学院	本科	本地区生源回西部省份就业
75	赵欣旖	控制与计算机工程学院	本科	本地区生源回西部省份就业
76	梁又升	控制与计算机工程学院	本科	本地区生源回西部省份就业
77	洛桑旦巴	控制与计算机工程学院	本科	本地区生源回西部省份就业
78	郭　宁	控制与计算机工程学院	本科	本地区生源回西部省份就业
79	张珈铭	控制与计算机工程学院	硕士	本地区生源回西部省份就业
80	陈震宇	控制与计算机工程学院	硕士	本地区生源回西部省份就业
81	任　琪	控制与计算机工程学院	硕士	本地区生源回西部省份就业
82	孙明雨	控制与计算机工程学院	硕士	非本地区生源到西部省份就业
83	王　潇	控制与计算机工程学院	硕士	本地区生源回西部省份就业
84	杨　尚	控制与计算机工程学院	硕士	本地区生源回西部省份就业
85	赵银君	控制与计算机工程学院	硕士	本地区生源回西部省份就业
86	黄　琪	控制与计算机工程学院	硕士	本地区生源回西部省份就业
87	李　姣	控制与计算机工程学院	硕士	本地区生源回西部省份就业
88	李雨婷	控制与计算机工程学院	硕士	非本地区生源到西部省份就业
89	郭凯程	控制与计算机工程学院	硕士	本地区生源回西部省份就业

续表

序号	姓名	学院	学历	奖励类别
90	弓林娟	控制与计算机工程学院	博士	本地区生源回西部省份就业
91	赵　清	控制与计算机工程学院	博士	非本地区生源到西部省份就业
92	苏健杰	经济与管理学院	本科	本地区生源回西部省份就业
93	嘎玛伦措	经济与管理学院	本科	本地区生源回西部省份就业
94	肖前川	经济与管理学院	本科	本地区生源回西部省份就业
95	邵　阳	经济与管理学院	本科	本地区生源回西部省份就业
96	德吉央珍	经济与管理学院	本科	本地区生源回西部省份就业
97	姚海龙	经济与管理学院	本科	本地区生源回西部省份就业
98	林弋雅	经济与管理学院	本科	大学生志愿服务西部计划
99	阿依丁·阿兰	经济与管理学院	本科	本地区生源回西部省份就业
100	邓忠清	经济与管理学院	硕士	本地区生源回西部省份就业
101	宁文琴	经济与管理学院	硕士	本地区生源回西部省份就业
102	杨雨佳	经济与管理学院	硕士	本地区生源回西部省份就业
103	朱冬冬	经济与管理学院	硕士	本地区生源回西部省份就业
104	冯凯鑫	经济与管理学院	硕士	非本地区生源到西部省份就业
105	马　阳	经济与管理学院	硕士	本地区生源回西部省份就业
106	周泯含	经济与管理学院	硕士	本地区生源回西部省份就业
107	罗琦琪	经济与管理学院	硕士	本地区生源回西部省份就业
108	乌云塔娜	经济与管理学院	硕士	本地区生源回西部省份就业
109	彭　莎	经济与管理学院	硕士	本地区生源回西部省份就业
110	张亚萍	新能源学院	本科	本地区生源回西部省份就业
111	刘旺重	新能源学院	本科	本地区生源回西部省份就业
112	苏　毅	新能源学院	本科	本地区生源回西部省份就业
113	沙漫地	新能源学院	硕士	非本地区生源到西部省份就业
114	张　策	新能源学院	硕士	非本地区生源到西部省份就业
115	熊军超	新能源学院	硕士	本地区生源回西部省份就业
116	李平烈	核科学与工程学院	硕士	本地区生源回西部省份就业
117	翁名辉	核科学与工程学院	硕士	非本地区生源到西部省份就业
118	吴应杰	核科学与工程学院	硕士	本地区生源回西部省份就业
119	周　霞	核科学与工程学院	硕士	本地区生源回西部省份就业
120	王海靖	环境科学与工程学院	本科	本地区生源回西部省份就业
121	何亚杰	环境科学与工程学院	本科	本地区生源回西部省份就业
122	罗　润	水利与水电工程学院	本科	本地区生源回西部省份就业
123	阿旺战堆	水利与水电工程学院	本科	本地区生源回西部省份就业
124	马连蓉	水利与水电工程学院	本科	本地区生源回西部省份就业

续表

序号	姓名	学院	学历	奖励类别
125	罗布次仁	水利与水电工程学院	本科	本地区生源回西部省份就业
126	次旦卓玛	水利与水电工程学院	本科	本地区生源回西部省份就业
127	安文杰	水利与水电工程学院	硕士	本地区生源回西部省份就业
128	黄永松	水利与水电工程学院	硕士	本地区生源回西部省份就业
129	刘博伟	水利与水电工程学院	硕士	非本地区生源到西部省份就业
130	牛晓赟	水利与水电工程学院	硕士	本地区生源回西部省份就业
131	孙凤玲	水利与水电工程学院	硕士	本地区生源回西部省份就业
132	吴　鹏	水利与水电工程学院	硕士	本地区生源回西部省份就业
133	徐　丽	水利与水电工程学院	硕士	本地区生源回西部省份就业
134	刘思敏	数理学院	本科	本地区生源回西部省份就业
135	陈倩倩	数理学院	硕士	本地区生源回西部省份就业
136	张译文	国际教育学院	本科	本地区生源回西部省份就业

（学工部　李哲雅　提供）

华北电力大学2022学年度校长奖学金获得者名单

（北　京　校　部）

一、电气与电子工程学院：

黄欣然 | 刘雨杭 | 刘　浅 | 范迦羽

二、能源动力与机械工程学院：

方轩艺 | 刘　浩 | 王一峰

三、经济与管理学院：

任慕真

四、新能源学院：

梁永鹏 | 张平新 | 黄　浩

五、外国语学院：

宋雨薇 |

（保　定　校　区）

一、电力工程系：

王安立 | 孙京杰

二、机械工程系：

贾　墨

三、经济管理系：

韩林蒲 | 任长铭

四、数理系：

毛忠旋 |

五、法政系：

张瀚予 |

六、马克思主义学院：

张铃敏 |

华北电力大学 2022 年学生学科竞赛获奖情况一览表

（北 京 校 部）

竞赛全称	获奖等级	获奖学生	获奖学生班级	指导教师
第八届中国国际“互联网＋”大学生创新创业大赛	省部级一等奖	付浩	能科 1805	赵　莉、陆　强、胡　斌
		袁　雪	能科 1806	
		黄志濠	能科 1906	
		黄万钊	能科 1905	
	省部级一等奖	张镇西	博可再生 1951	陆　强、赵　莉、王体朋
		吴亚昌	博新能源 2275	
		谢文銮	博新能源 2275	
		李竺豫	博新能源 2275	
		谢金恒	研新能源 2044	
		刘子树	研新能源 2044	
		张平新	研新能源 2044	
		王　博	博新能源 2165	
		陈盛斌	研新能源 2144	
		邸锦毅	研新能源 2146	
	省部级一等奖	张承婉	研新能源 2144	龙　凯、田　德、李玉华
		陆飞宇	能科 1801	
		贾　瑞	研新能源 2144	
		庄煊淞	会计 1901	
		袁李杰	能科 1801	
		周煜人	能科 1801	
		邓远卓	研新能源 2043	
		杨晓宇	研新能源 2042	
		张锦华	能科 1801	
	省部级一等奖	陈科枫	电气 1313	杨国田、杨世关
		尚志浩	研经管 2141	
		崔树群	电气 1905	
		郭厚怡	北京农学院国院环资二班	
		陈奕冰	研经管 2141	
		李靖苑	研经管 2138	
		十清止	北京邮电大学世纪学院计科一班	
	省部级一等奖	魏　菲	行管 1901	杨淑霞、余　培
		张童谣	广告 1901	
		李博骜	能科 2003	
		焦一彬	能动 2003	
		何珂珂	研经管 2033	
	省部级二等奖	姚贵山	研控计 2029	房　方、胡　阳、杨世关
		刘志勇	研控计 2126	
		张效宁	博控计 1949	
		梁栋炀	研控计 2029	
		于润泽	研控计 2131	
		汪铭瑞	研控计 2131	
		戴　泽	研控计 2127	
		季雯雯	研控计 2133	
		王笑晴	研经管 2137	
		陈怡如	研经管 2138	

续表

竞赛全称	获奖等级	获奖学生	获奖学生班级	指导教师
	省部级二等奖	刘　媛	化学1902	郑茂盛、靖仕寅、齐娟娟
		邓一凡	广告1901	
		汪紫竹	计算1901	
		赖林宇诺	环科1901	
		毛凤仪	化学2001	
		李雪竹	化学2001	
		王博文	环科1901	
		徐　驰	化学1902	
		詹　莹	环科1901	
		贾舒婷	化学1901	
	省部级二等奖	赵俊婷	能材1901	崔　鹏、李美成、焦　扬
		周湛淇	环科1902	
		邹可天	能材1901	
		刘雨彤	电气2001	
		黄淑君	环科1902	
		关雅楠	环科1901	
		苏　琳	电气GJ2002	
		龙旭杰	能科1902	
		黄　浩	博可再生1951	
		纪　军	博可再生1747	
	省部级三等奖	崔云琦	核电1903	蔡　恒、刘明基
		鹿宝祥	核电1903	
		张晓雨	能动1908	
		唐雨桐	控计2001	
		皮千澄	香港中文大学	
		赵西麟	清华大学	
	省部级三等奖	姚浩亮	研动2018	薛志勇、詹　阳、李惊涛
		赵佳乐	研动2018	
		李雪松	博动2058	
		王昕阳	研动2118	
		封云哲	研动2118	
		宋承岳	研动2118	
	省部级三等奖	谢天睿	能动2005	陈　衡、刘文毅、徐　钢、张国强
		胡芸蓉	建环2001	
		何佳琦	建环2001	
		张嘉旭	能动2005	
		张毅杰	财务2001	
	省部级三等奖	崔云琦	核电1903	蔡　恒、刘明基
		鹿宝祥	核电1903	
		张晓宇	能动1908	
		唐雨桐	控计2001	

续表

竞赛全称	获奖等级	获奖学生	获奖学生班级	指导教师
	省部级三等奖	李文达	博水电 1951	张尚弘
		侯　君	研水电 2151	
		侯晓宁	博水电 2064	
		杨玺艳	博水电 2168	
		阮琼瑶	研水电 2049	
		包合鑫	研水电 2049	
		吴传森	研可再生 1936	
		张荣琪	博水电 2168	
		温潇雄	研水电 2151	
		林小楠	研可再生 1936	
		安文杰	研可再生 1936	
		孙学晶	研经管 2034	
		程　蕾	研控计 2031	
		彭　杰	研电 2107	
		罗海玉	研控计 2127	
	省部级三等奖	罗卓童	研控计 2128	琚　赟
		刘鹏辉	研控计 2128	
		高维星	研控计 2128	
		路宇凯	研控计 2129	
		胥盼军	研控计 2130	
		胡云豪	研控计 2025 班	
		高鹤桐	研人文 2156	
		张彦彦	研控计 2129	
		刘雯晴	研控计 2129	
	省部级三等奖	高毓钦	研控计 2032	师瑞峰
		任悦妍	自动 1905	
		张露丹	研经管 2138	
		李　默	测控 1904	
		李嘉豪	贯通电 1901	
		郭　蓉	测控 1902	
	省部级三等奖	陈俊晔	研电 2112	尹忠东
		王润华		
		王亚伟	研电 2012	
		韩泽荣	研电 2112	
		臧　朔	研电 2115	
		沈子伦	研电 2105	
		付　瑜	研电 2115	
		毛润宇	研电 2111	
		龙　江	研电 2115	
	省部级三等奖	任芊奕	资源 2001	姜　雪
		杨梓元	资源 2001	
		杨萌雨	工商 2001	
		李嘉怡	工商 2001	

续表

竞赛全称	获奖等级	获奖学生	获奖学生班级	指导教师
"青创北京"2022年挑战杯首都大学生创业计划竞赛	省部级一等奖	吴媛媛	—	卞星明、王　硕
		时　纯	—	
		熊沛琪	—	
		谢　彧	—	
		周允博	—	
		龚承霄	—	
		张紫燕	—	
		于雯琦	—	
		康吉尼	—	
		王　萌	—	
	省部级二等奖	徐　驰	化学1902	郑茂盛、靖仕寅、齐娟娟
		王博文	环科1901	
		贾舒婷	化学1901	
		詹　莹	环科1901	
		赖林宇诺	环科1901	
		汪紫竹	计算1901	
		邓一凡	广告1901	
		刘　媛	化学1902	
		田志超	研环境1540	
		顾瑷璐	研环境2047	
	省部级二等奖	崔云琦	核电1903	蔡　恒、刘明基
		赵芷昕	财务1901	
		王　琳	财务1901	
		张晓宇	能动1908	
	省部级二等奖	姚浩亮	研动2018	薛志勇
		李雪松	博动2058	
		郭衍科	研动2018班	
		赵佳乐	研动2018	
		于悦波	自动1801	
		王祖冉	博控计2273	
		封云哲	研动2118	
		宋承岳	研动2118	
		武　昕	外校	
		殷子清	研动2018	
	省部级二等奖	王亚伟	研电2012	尹忠东
		韩泽荣	研电2112	
		陈俊晔	研电2112	
		臧　朔	研电2115	
		沈子伦	研电2105	
		龙　江	研电2115	
		毛润宇	研电2111	
		付　瑜	研电2115	
		张开萍	研控计2031	
		王玉洁	研经管2035班	

续表

竞赛全称	获奖等级	获奖学生	获奖学生班级	指导教师
	省部级二等奖	唐雨澜	法学 1901	崔　灿
		姜宇晴	软件 1901 班	
		许　诺	法学 1902	
		赵儒圣	电气 1909	
		高　强	广告 1901	
		王一凡	机械 2001	
		王芊颖	法学 1901	
		江涵玥	工商 2001	
		李沛遥	工管 2003	
		刘奕君	法学 2102	
	省部级二等奖	皮佳灵	—	李喜蕊
		陈倩鑫	—	
		罗喜月	—	
		黄旖璇	—	
		曹　媛	—	宋　玲
		江锦洋	—	
		高子彦	—	
		韩　晨	—	
		伍福临	—	
	省部级三等奖	赵俊婷	能材 1901	崔　鹏、李美成、焦　扬
		邹可天	能材 1901	
		周湛淇	环科 1902	
		黄淑君	环科 1902	
		关雅楠	环科 1901	
		龙旭杰	能科 1902	
		苏　琳	电气 GJ2002	
		刘雨彤	电气 2001	
		纪　军	博可再生 1747	
		黄　浩	博可再生 1951	
	省部级三等奖	宋少榜	能科 2005 班	杨子发
		李明朔	能科 2001 班	
		马　飞	能科 2001 班	
	省部级三等奖	夏源谷	能科 1806 班	陆　强、赵　莉、胡　斌
		麻芳娇	能科 1906 班	
		王皓宇	能科 1805 班	
		刘兰岭	能科 1805 班	
		梁朝辉	新能源类 2106 班	
		李晓萌	新能源类 2106 班	
		张弘锦	能科 1905 班	
		郭念之	新能源类 2106 班	
	省部级三等奖	付　浩	能科 1805 班	陆　强、赵　莉、胡　斌
		姬海雯	能科 1805 班	
		黄　婷	能科 1805 班	
		袁　雪	能科 1805 班	
		黄万钊	能科 1905 班	
		黄志濠	能科 1906 班	
		雷青松	新能源类 2106 班	
		冯旭文	新能源类 2106 班	

续表

竞赛全称	获奖等级	获奖学生	获奖学生班级	指导教师
	省部级三等奖	罗卓童	研控计 2128	琚　赟
		高维星	研控计 2128	
		刘鹏辉	研控计 2128	
		高鹤桐	研人文 2156	
	省部级三等奖	周亚磊	研控计 2025	刘　鹏
		崔　越	研电 2007 班	
		高必欧	非全 1 班	
		段文丽	非全 1 班	
		韩茂岳	研电 2109 班	
		彭博涵	研电 2108 班	
		王　菁	经管 2020	
		陈淇文	电气 GJ1802	
	省部级三等奖	刘志勇	研控计 2126	房　方
		姚贵山	研控计 2029	
		梁栋炀	研控计 2029	
		汪铭瑞	研控计 2131	
		于润泽	研控计 2131	
	省部级三等奖	孟凤莹	研控计 2025	周　蓉
		李佳洵	电气 GJ2102	
		陈溥淳	研控计 2025	
		王　硕	研控计 2128	
		李新颖	研控计 2128	
		刘晓垒	研控计 2129 班	
		阳文达	研控计 2130	
	省部级三等奖	魏　菲	行管 1901	余　培、杨淑霞
		张童谣	广告 1901	
		李博骜	能科 2003	
		焦一彬	能动 2003	
		何珂珂	研经管 2033	
	省部级三等奖	张彦彦	研控计 2129	琚　赟
		路宇凯	研控计 2129	
		胥盼军	研控计 2130	
		刘雯晴	研控计 2129	
	省部级三等奖	张毅杰	—	崔　琦
		赵圆梦	—	
	省部级三等奖	王姝瑶	金融 2002	马　剽、张　硕、张灿飞
		吴艺菊	会计 2001	
		周苏文	广告 2001	

续表

竞赛全称	获奖等级	获奖学生	获奖学生班级	指导教师
美国大学生数学建模竞赛	省部级一等奖	仇睿璇	能科 2001	毛仕宽
		许煜程	能科 2001	
		王梁钦任	能科 2001	
	省部级一等奖	秦逸凡	电气 2009	石万林
		王宏宇	电气 2010	
		刘若楠	水文 2001	
	省部级一等奖	方江鹏	信管 1901	王　雷
		张洪硕	通信 1903	
		王为	信管 1901	
	省部级一等奖	恩格贝	研经管 2140	苑　静
		康世佳	研电 2101	
		胡品端	研电 2109	
	省部级一等奖	赵振坤	电气 2010	张可铭
		于雯琦	电气 1907	
		郭恺君	电气 2101	
	省部级二等奖	李桂缘	能科 2002	陈学刚
		朱丹丹	能科 2002	
		倪慨然	能动 2007	
	省部级二等奖	王煜晨	能科 2004	陈学刚
		张　驰	能科 2001	
		孙骁飞	自动化 2002	
	省部级二等奖	王一华	电气 1901	马德香
		朱鸣池	自动 1905	
		张子阳	吴仲华 1901	
	省部级二等奖	李　端	通信 2001	和　琛
		朱张宇	电气 2002	
		李志豪	软工 2001	
	省部级二等奖	李桂缘	能科 2002	陈学刚
		倪慨然	能动 2007	
		朱丹丹	能科 2002	
	省部级二等奖	范哲伟	自动化 2003	冯兰兰
		魏　然	自动化 2003	
		屈澜岩林	计算 2002	
	省部级二等奖	欧阳源	自动化 1904	谷云东
		水智龙	水电 1902	
		邓　成	营销 1901	

续表

竞赛全称	获奖等级	获奖学生	获奖学生班级	指导教师
	省部级二等奖	赵晨薇	贯通电 1901	谷云东
		张德莹	贯通电 1901	
		涂　睿	电气 1906	
	省部级二等奖	孙　漪	吴仲华 1901	贺　琛
		孟　艳	电气 GJ1901	
		余欣雨	吴仲华 1901	
	省部级二等奖	李志豪	软件 2001	贺　琛
		朱张宇	电气 2002	
		李　端	通信 2001	
	省部级二等奖	曾于钊	能动 1911	贺　琛
		吕滑洁	吴仲华 1901	
		潘尔雅	财务 1901	
	省部级二等奖	王熠康	能动 1905	李忠艳
		杨　洋	英语 1902	
		赵浩冰	会计 1902	
	省部级二等奖	朱鸣池	自动化 1905	马德香
		王一华	电气 1901	
		张子阳	吴仲华 1901	
	省部级二等奖	卢德立	财务 2001	聂建军
		蔡佳丽	电气 2011	
	省部级二等奖	高振南	电气 2011	石万林
		鞠浩洋	电气 2010	
		斯嘉屹	通信 2002	
	省部级二等奖	申正旭	自动化 2003	石万林
		吴梓钰	电气 2011	
		詹香宁	计算 2002	
	省部级二等奖	吴俊宏	自动化 2003	石万林
		褚云飞	贯通电 2001	
		高祺桓	自动化 2003	
	省部级二等奖	邹文静	计科 2002	石万林
		吴艺菊	会计 2001	
		王馨敏	大数据 2001	
	省部级二等奖	傅书萱	数学 2101	田　旺
		陆熠熠	智科 2001	
		靳语涵	测控 2004	
	省部级二等奖	孙　毅	会计 2002	魏军强
		秦　溧	物理 2001	
		穆原海	大数据 2001	

续表

竞赛全称	获奖等级	获奖学生	获奖学生班级	指导教师
	省部级二等奖	王群博	大数据 2001	雍雪林
		高家骥	智科(创新)2001	
		赵振东	计科 2002	
	省部级二等奖	阮译民	自动化 2001	张金平
		张一喆	金融 2002	
		周思瑶	经济 2001	
	省部级二等奖	廖奕洋	金融 2001	张金平
		郝伟程	金融 2001	
		蔡添婷	金融 2001	
	省部级二等奖	黎宇彬	电气 1906	张可铭
		祝敬华	电气 1906	
		黄　磊	计算 2001	
	省部级二等奖	甘仲桂	电气 2004	周继泉
		杨梦圆	财务 2001	
		黄锦洋	会计 2001	
	省部级二等奖	张　驰	能科 2002	陈学刚
		王煜晨	能科 2004	
		孙骁飞	自动 2002	
	省部级二等奖	付　康	国教 1901	李巧欣
		崔楠昊	电气 1901	
		李嘉炜	环科 1902	
	省部级二等奖	冯志英	物理 1901	李巧欣
		王　睿	计科 1901	
		魏铭毅	通信 1902	
"六百光年杯"第十五届全国大学生节能减排社会实践与科技竞赛	国家级一等奖	李登科	吴仲华 1901	郑　树、陆　强
		赵　晨	材料 1902	
		张轩铭	能动 2008	
		相　东	能动 2104	
		袁泽瑞	能动 2104	
	国家级一等奖	胡　壮	研新能源 2043	陆　强、刘　吉、吴洋文
		杨双维	研新能源 2044	
		陈若竹	国教 2101	
		周佳乐	研新能源 2146	
		夏源谷	能科 1806	
		付　浩	能科 1805	
		张镇西	博可再生 1951	

续表

竞赛全称	获奖等级	获奖学生	获奖学生班级	指导教师
	国家级一等奖	李明哲	研动 2118	张冬月、陆 规
		庞子恒	研人文 2051	
		李 响	研动 2118	
		黄文获	研动 2119	
		侯绍妍	研动 2125	
		赵炳棋	信息 2101	
	国家级一等奖	方轩艺	能动 1901	廖志荣、巨 星
		马嘉凯	吴仲华 1901	
		孟奕融	能动 2011	
		王泽旭	吴仲华 1801	
	国家级一等奖	叶夏琳	能动 2010	郝俊红、洪 烽
		范正兴	能动 2010	
		刘家源	能动 2010	
		喻辰菲	智科创新 2001	
	国家级二等奖	任悦妍	自动 1905	师瑞峰、朱忠亮
		李 默	测控 1904	
		张劲松	测控 1902	
		朱兴豪	核电 2002	靳 周、孟境辉
		林子琪	金融 2001	
	国家级三等奖	庆 山	吴仲华 2001	杜小泽
		朱珈言	吴仲华 2001	
		张 成	吴仲华 2001	
		刘奇龙	吴仲华 2001	
	国家级三等奖	黄万钊	能科 1905	赵 莉、陆 强
		杨语哲	能科 1902	
		张弘锦	能科 1905	
	国家级三等奖	李宇佳	能科 1901 班	孟 航
		朱陈政翰	电气 1908 班	
		郭子腾	能科 1901 班	
		管星杰	能科 1901 班	
		付 烨	能动 2012	
	国家级三等奖	霍 达	能动 2012	郭喜燕、侯宏娟
		姚翔宇	能动 2012	
		马天阳	电气 2003	
	国家级三等奖	贺可寒	吴仲华 1901	巨 星
		张潇艺	能动 2001	
		吕滑洁	吴仲华 1901	
		曾于钊	能动 1911	

续表

竞赛全称	获奖等级	获奖学生	获奖学生班级	指导教师
	国家级三等奖	符　珅	能动 1912	郝俊红、张世平
		李　朝	能动 1912	
		李　宇	能动 1912	
		吴俊卓	机械 1901	
		邓安淇	能动 1908	
第四届北京市大学生节能节水低碳减排社会实践与科技竞赛	省部级一等奖	陈雪轲	吴仲华 1901	宋玉旺
		王　储	吴仲华 1901	
		王熠康	能动 1905	
	省部级一等奖	刘子昂	能动 1907	崔　柳
		熊龙政	自动 1901	
		简博源	能动 2012	
		谢嘉轩	能动 2008	
		龙雨薇	吴仲华 1901	
		贺思静	能动 2010	
		李　佳	能动 2103	
	省部级一等奖	刘勋杰	能科 2001	宋记锋
		王锦轩	能科 2003	
		王嘉琪	电气 2012	
		杨岚玉	能科 2001	
		仇睿璇	能科 2001	
		王梁钦任	能科 2001	
	省部级一等奖	翟浩宇	电气 1907	柳亦兵
		杨悟深	电气 1908	
		华名成	电气 1903	
	省部级一等奖	姜　昕	储能 2012	陆　规、张冬月
		徐双艺	储能 2102	
	省部级一等奖	杨皓钧	计算 2002 班	琚　赟、黄从智
		王子轩	自动 2004 班	
		高振南	电气 2011 班	
	省部级一等奖	杨皓钧	计算 2002 班	琚　赟
		高振南	电气 2011	
		王子轩	自动化 2004	
	省部级二等奖	谢天睿	能动 2005	陈　衡、刘文毅
		胡芸蓉	建环 2001	
		何佳琦	建环 2001	
		张嘉旭	能动 2005	

续表

竞赛全称	获奖等级	获奖学生	获奖学生班级	指导教师
	省部级二等奖	王姝瑶	金融 2002	张冬月
		黄旖璇	法学 2001	
		刘承兴	能动 2009	
	省部级二等奖	杨添皓	材料 2001	古丽米娜、张　志
		郭珂杨	电气 2001	
		余卓娅	能科 2001	
		孙铭泽	能科 2003	
	省部级三等奖	李贺超	能动 1911	叶　锋
		韦华林	能动 1911	
		马忆宁	能动 1912	
	省部级三等奖	张沛文	电信 2101	崔维新
		汪航宇	能动 2102	
		郭尚青	电信 2101	
	省部级三等奖	卓芝宇	能科 2002	王体朋
		陈梦婕	通信 2003	
		李修宇	能科 2002	
	省部级三等奖	肖文元	能材 2001	刘乐浩
		兰　若	能科 2001	
		刘高朋	能科 2001	
		张少奇	能科 2004	
		尹昊杰	能科 2003	
	省部级三等奖	冯　瑞	化学 2001	陈中山
		郭　淼	能动 2006	
		黄成楠	环科 1902	
第十一届北京市大学生机械创新设计大赛	省部级一等奖	李江天	机械 2001	宋玉旺
		滕　鹏	机械 2001	
	省部级一等奖	胡　源	机械 1901	周　超
		马　敏	机械 1901	
		苗天胤	材料 1902	
		巫股曲	能动 1905	
		张云龙	能动 1910	
	省部级一等奖	李文炜	电气 1911	武　鑫
		刘若楠	水文 2001	
		袁卓林	能动 1912	
	省部级一等奖	邱璐茹	能动 1907	周　超
		赵方圆	能动 1907	
		李元昊	能动 1907	

续表

竞赛全称	获奖等级	获奖学生	获奖学生班级	指导教师
	省部级一等奖	余欣雨	吴仲华 1901	宋玉旺、许　诚
		张子阳	吴仲华 1901	
		杨　帆	吴仲华 1901	
		曹雨新	计算机 1902	
		陈雪轲	吴仲华 1901	
		甘智强	化学 1902	
		杨　颖	电气 2009	
	省部级二等奖	高　歌	能动 1909	周　超
		田博轩	能动 1909	
	省部级二等奖	王熠康	能动 1905	宋玉旺
		何欣嵘	能动 1905	
		吴　松	能动 1905	
	省部级二等奖	赵宗曦	能科 1901	龙　凯
		王坤宁	能科 1901	
		常政伟	能科 1901	
		姚西山	能科 1901	
		张承婉	能科 1702	
	省部级二等奖	武晓腾	机械 1901	周　超
		黄天晨	机械 1901	
		陈祥彬	机械 1901	
		魏邦杰	机械 1901	
		刘新龙	机械 1901	
	省部级二等奖	欧　婷	能科 1902	龙　凯
		陈明尚	机械 1902	
		王梓名	能科 1901	
	省部级二等奖	冯梓铭	吴仲华 1901	宋玉旺
		张聪磊	吴仲华 1901	
		叶晋生	吴仲华 1901	
		邓清科	吴仲华 1901	
		姚泊丞	吴仲华 1901	
	省部级二等奖	江嘉泰	机械 1901	杨志凌
		吴海峰	机械 1901	
		刘奇龙	吴仲华 2001	
		岳　权	机械 1901	
		黄小宇	测控 1901	
	省部级二等奖	朱鸣池	自动化 1905	张　志
		袁艳英	电气 1904	
		任悦妍	自动化 1905	

续表

竞赛全称	获奖等级	获奖学生	获奖学生班级	指导教师
数学建模	国家级二等奖	韩赵煦	—	李　敏
		王　栋	—	
		吕　远	—	
	省部级二等奖	张　驰	—	陈学刚
		王超越	—	
		王煜晨	—	
		刘力铖	—	
		孙骁飞	—	
		刘锦豪	—	
		代锦冰	—	张金平
		阮译民	—	
		王　毅	—	
		张　一	—	
		陈星宇	—	
		邱鹏飞	—	
		李学东	—	谷云东
		粟邹睿	—	
		蔡　祥	—	
		赵振坤	—	
		蔡　瑞	—	
		李　世	—	
		何怀森	—	马德香
		郭尚青	—	
		李芊依	—	
		杨荣华	—	
		宋玉梅	—	
		姜昊文	—	
		申正旭	—	石万林
		姚　丹	—	
		吴梓钰	—	
		刘正新	—	吴立飞
		宗　扬	—	
		麦　杰	—	
		刘佩宇	—	
		路　腾	—	
		黄　鹏	—	

续表

<table>
<tr><th>竞赛全称</th><th>获奖等级</th><th>获奖学生</th><th>获奖学生班级</th><th>指导教师</th></tr>
<tr><td rowspan="24"></td><td rowspan="24">国家级二等奖</td><td>张越涛</td><td>—</td><td rowspan="3">王小英</td></tr>
<tr><td>英悠然</td><td>—</td></tr>
<tr><td>郝旭昶</td><td>—</td></tr>
<tr><td>张梦杰</td><td>—</td><td rowspan="3">高　欣</td></tr>
<tr><td>吕硕硕</td><td>—</td></tr>
<tr><td>马明远</td><td>—</td></tr>
<tr><td>冯荣杰</td><td>—</td><td rowspan="3">侯居跃</td></tr>
<tr><td>刘家腾</td><td>—</td></tr>
<tr><td>卞浩然</td><td>—</td></tr>
<tr><td>宋亚锟</td><td>—</td><td rowspan="6">雍雪林</td></tr>
<tr><td>陈雅菲</td><td>—</td></tr>
<tr><td>乔宇东</td><td>—</td></tr>
<tr><td>黄思杰</td><td>—</td></tr>
<tr><td>朱　琳</td><td>—</td></tr>
<tr><td>严　可</td><td>—</td></tr>
<tr><td>詹香宁</td><td>—</td><td rowspan="3">石万林</td></tr>
<tr><td>陈涵颖</td><td>—</td></tr>
<tr><td>刘肖岩</td><td>—</td></tr>
<tr><td>穆思旭</td><td>—</td><td rowspan="3">魏军强</td></tr>
<tr><td>向笑天</td><td>—</td></tr>
<tr><td>高泊楠</td><td>—</td></tr>
<tr><td>胡安喜</td><td>—</td><td rowspan="3">甄亚欣</td></tr>
<tr><td>李逸飞</td><td>—</td></tr>
<tr><td>王依杰</td><td>—</td></tr>
<tr><td rowspan="14">第 38 届全国部分地区大学生物理竞赛</td><td rowspan="2">省部级一等奖</td><td>李泽楷</td><td>通信 2001</td><td>付星球</td></tr>
<tr><td>李景鑫</td><td>建环 2001</td><td>李瑞洁</td></tr>
<tr><td rowspan="12">省部级二等奖</td><td>何　展</td><td>电气 2011</td><td>付星球</td></tr>
<tr><td>蔡　瑞</td><td>电气 2002</td><td>李瑞洁</td></tr>
<tr><td>杨　影</td><td>通信 2001</td><td rowspan="2">黄　霞</td></tr>
<tr><td>杨顺豪</td><td>电气 2002</td></tr>
<tr><td>朱学瞳</td><td>贯通电 2001</td><td rowspan="2">韩榕生</td></tr>
<tr><td>张成林</td><td>电气 2010</td></tr>
<tr><td>程赫卿</td><td>电气 2007</td><td>彭　建</td></tr>
<tr><td>蔡家齐</td><td>电气 2005</td><td>李社强</td></tr>
<tr><td>李修宇</td><td>能科 2002</td><td>李克强</td></tr>
<tr><td>李骥扬</td><td>电气 2001</td><td>张金珊</td></tr>
<tr><td>韩文韬</td><td>电气 2006</td><td>邓加军</td></tr>
<tr><td>林皓昕</td><td>电气 2005</td><td>张昊旭</td></tr>
</table>

续表

竞赛全称	获奖等级	获奖学生	获奖学生班级	指导教师
	省部级三等奖	庆　山	吴仲华 2001	彭　建
		王超越	能科 2002	李社强
		张仔凡	能科 2003	李克强
		司马天宇	电气 2007	张金珊
		陈昊炜	电气 2011	李　宁
		朱丹丹	能科 2002	
		黄建星	电气 2002	穆青霞
		赵旭昱	核电 2001	
		王双奥	自动化 2004	张业奇
		朱博文	能动 2010	
		高　搏	能动 2007	卢芳超
		兰　若	能科 2001	
		洪世栋	电气 2002	王文杰
中国工程机器人大赛	省部级一等奖	蔡培豪	物理 2001	夏延秋、王家伟
		王灿鑫	计算 2003	
		储庭玉	核电 1902	
		蒋　璨	能动 1904	王家伟、吴　浩
		张　琦	能动 1904	
		罗景谦	机械 1801	宫　凯、张　峄
		李尔超	吴仲华 1801	
		唐灵犀	自动化 1905	夏延秋、吴礼宁
		尹纪童	通信 1901	
		邵天翼	自动化 1905	
	省部级二等奖	汤铭萱	电气 2001	冯　欣、吴　浩
		孙海傲	电气 2001	
		朱灏翔	电气 1907	
	省部级三等奖	王　泽	计算机 2004	马　腾、张　峄
		刘　洋	计算 1902	
		尹昊蕊	自动化 2001	
		吴　伟	计算 1901	夏延秋、谢东岩
		朱笑锋	信安 1901	
		王浩威	计算 1901	
		任　俊	机械 1802	吴礼宁、冯　欣
		仁增朗杰	机械 1802	
北京大学生工程实践与创新能力大赛	省部级特等奖	杨　飏	物理 1901	冯　欣、吴　浩
		邵天翼	自动 1905	
		王子轩	自动 2004	
		李梓敖	机械 1802 班	

续表

竞赛全称	获奖等级	获奖学生	获奖学生班级	指导教师
	省部级一等奖	魏 振	机械 1802 班	夏延秋、谢东岩
		黄博航	能动 1802 班	
		李嘉兴	能动 1802 班	
	省部级二等奖	么金宇	电气 2011	吴 浩、张 峄
		王坤宇	贯通电 2001	
		王 博	贯通电 2001	
		叶雯宁	信息 2002	
	省部级三等奖	邵天翼	自动 1905	吴 浩、张 峄
		么金宇	电气 2011	
		杨 飏	物理 1901	
第十三届“蓝桥杯”全国软件和信息技术专业人才大赛	省部级一等奖	张政势	计算 2002	马 炜
	省部级二等奖	李孔源	研电 2002	马 炜
		李 洋	智科(创新)1901	谢 瑜
		李如茵	计科 1902	谢 瑜
		李志豪	软件 2001	周 江
		廖桓萱	智科(创新)1901	周 江
		陈郅楷	智科(创新)2001	李剑侠
		王 为	信管 1901	李剑侠
		刘兴洋	自动 1904	谢 萍
		纪晓瑜	计算 2001	谢 萍
		王 栋	通信 2002	李 为
	省部级三等奖	申艺翔	信安 1901	李 为
第八届全国大学生能源经济学术创意大赛	国家级一等奖	方江鹏	信管 1901	鞠立伟
		王 为	信管 1901	
		陈 丽	研经管 2037	张 硕
		贺嘉慧	研经管 2140	
		郑美霞	研经管 2140	
		曾梦琦	研经管 2139	李金超
		孙梓豪	研经管 2135	
		于 杰	研经管 2141	
	国家级二等奖	胡亦唐	水电 1901	徐小蓉
		刘润玥	法学 2001	曹治国
		李天宇	电气 1903	
		王明坤	吴仲华 2005	
		任慕真	工商 1901	加鹤萍 刘敦楠
		张璐	工商 2001	
		王依潇	电气 1907	
		牟琪林	工管 1802	袁家海
		周晓彤	工商 1901	
		刘锦诩	工管 1902	
		过超	工管 2003	

续表

竞赛全称	获奖等级	获奖学生	获奖学生班级	指导教师
		何　澍	研经管 2035	张兴平
		王泽嘉	研电 2105	
		李　晶	研经管 2139	
		蓝柳涵	研经管 2136	
		孙丽洁	博经管 2060	牛东晓 许晓敏
		郑世鹏	研经管 2139	
		彭露瑶	研经管 2036	
		高　恬	研经管 2035	
		党小璐	研经管 2035	张兴平
		孙冬阳	研经管 2035	
		刘晓彤	研经管 2036	
		吴昱慧	研经管 2140	
		谭彩霞	博经管 2164	谭忠富
		王玉洁	研经管 2035	
		耿世平	研经管 1930	
		尹　哲	博经管 2274	
		艾星贝	研经管 2035	闫庆友
		李金孟	研经管 2033	
		刘　晨	研经管 2036	王永利
		韩　煦	研经管 2036	
		蔡成聪	研经管 2035	
		杨晓文	博经管 2164	袁家海
		王　媛	研经管 2034	
		贺　铄	研经管 2134	
	国家级三等奖	厉松芮	博经管 2164	张立辉
		吴　澜	研经管 2034	刘金朋
		叶子欣	研经管 2135	
		郭　霞	研经管 2135	
		杨海燕	研经管 2134	刘敦楠
		何馨雨	研经管 2134	
		张晓彤	研经管 2140 班	
		刘惠娟	研经管 2140 班	
		张　鹏	电气 1905	鞠立伟
		张雨薇	金融 1901	
		许　诺	法学 1902	
		黄锦洋	会计 2001	张冬月
		苗天胤	材料 1902	
		彭事易	能动 1904	

续表

竞赛全称	获奖等级	获奖学生	获奖学生班级	指导教师
	省部级三等奖	吴　澜	研经管 2034	刘金朋
		叶子欣	研经管 2135	
		郭　霞	研经管 2135	
		余　敏	—	牛东晓
		施博文	—	
		杜若芸	—	
		李明钰	—	
		周玥莹	—	马晓颖
		辛海蒙	—	
		董安坤	—	
		陶　垚	—	乌云娜，许传博
		周建力	—	
		雍星楷	—	
		张　婷	—	
		纪正森	—	牛东晓
		王斐然	—	
		李婉莹	—	
		吴庚奇	—	
		李超英	—	檀勤良
		刘石璇	—	郭　森
		刘国磊	—	
		薛　昱	—	
		马天阳	—	李金颖
		吴俊萱	—	
		付　珊	—	袁家海
		彭可欣		
		童宇轩	—	
		陈　颖	—	
		金　超	—	
		王一萌	—	郭亦玮
		刘宜蔓	—	
		陆熠熠	—	
		恩格贝	—	何永秀
		史梦飞	—	
		孙江南	—	
		曹婧祎	—	
		王　耀	—	袁家海
		俞露稼	—	

续表

竞赛全称	获奖等级	获奖学生	获奖学生班级	指导教师
		叶汉东	—	易　涛
		王　一	—	
		任伟嘉	—	
		李清秀	—	
		孙　月	—	郭晓鹏
		陶治明	—	易　涛
		冯云辰	—	
		文　欣	—	
		张昌媚	—	
		高　飞	—	郝俊红
		农欣露	—	
		方轩艺	—	
		王婉晨	—	王喜平
		王恬恬	—	
		汪世钊	—	古丽米娜
		徐浩辰	—	
		汝金涛	—	
		夏梦怡	—	刘喜梅
		孙　毅	—	
		林子琪	—	
		王姝瑶	—	
		李丹妮	—	褚立华
		王宇萌	—	
		蔡　逸	—	
		胡庭硕	—	
		王董禹	—	牛东晓
		林嘉琳	—	
		崔曦文	—	
		于书梁	—	孙　冬
		商容嘉	—	
		麻泽楷	—	
		韦佳欣	—	
		尚姗姗	—	刘敦楠
		李　茜	—	
		邹孟娇	—	
		张　悦	—	
		吴浩文	—	张金良
		白　琳	—	
		佟骥卓	—	

续表

竞赛全称	获奖等级	获奖学生	获奖学生班级	指导教师
		肖　阳	—	马同涛
		方琳怡	—	
		余　滔	—	
		左安鑫	—	
		韩　健	—	檀勤良
		王心雨	—	
		慈曾强	—	胡冬梅
		梁学敏	—	张岳玲
北京市大学生 ERP 管理会计应用决策大赛	省部级三等奖	龙梦霞	会计 1902	孙　哲
		卢筱萱	会计 1902	
		王怡蓉	会计 1902	
		陈泽慧	会计 1902	
第三届“华数杯”全国大学生数学建模竞赛	国家级一等奖	张晓龙	研电 2101	夏世威
		王子铮	研电 2115	
		蔡留洋	研电 2109	
第九届“大唐杯”全国大学生移动通信5G 技术大赛	国家级三等奖	王子含	通信 2003	冯小安/崔维新
		陈梦婕	通信 2003	
		骆泱辰	通信 1903	崔维新/冯小安
		陈财德	通信 1903	
	省部级二等奖	李嘉桐	通信 1902	冯小安/崔维新
		任逸飞	通信 1902	
		李雁冰	通信 2003	崔维新/冯小安
		施晶晶	通信 2003	
		张　琪	通信 2003	冯小安/梁光胜
		胡俊豪	通信 2003	
	省部级三等奖	丁　肖	通信 1901	冯小安/崔维新
		郭亚鹏	通信 1901	
		辛柏萱	通信 2001	崔维新/冯小安
		时硕	信息 2001	
		张洪硕	通信 1903	崔维新/梁光胜
		赵雨萌	通信 1903	
第 16 届北京发明创新大赛	省部级三等奖	张嘉琦	研电 2009	朱永强
		夏春妮	研电 2008	
		白润泽	研电 2015	
		周　卓	研电 2108	朱永强、夏瑞华
		惠鑫海	研电 2114	
		刘　晞	研电 2110	

续表

竞赛全称	获奖等级	获奖学生	获奖学生班级	指导教师
2022年TI杯北京市大学生电子设计竞赛	省部级二等奖	徐济豪	—	
		刘宗铭	—	
		刘　莉	—	
		马　霖	—	
		张璐璟	—	
		倪嘉悦	—	
		李欣悦	—	
		李梓敖	—	
		陈　晗	—	
	省部级三等奖	贺羽皓	—	
		张　驰	—	
		刘文锟	—	
第十四届全国尖烽时刻商业模拟大赛	国家级二等奖	焦裕彤	财务1902	张　琪
		蔡　蕾	工商1901	
		陈冠彤	物流1901	
		姚　娴	工商1901	
	国家级三等奖	冯欣怡	资源1901	
		张泽海	财务1901	
		阿亚考孜	资源1901	
		徐浩辰	财务1901	
		马博宇	会计1902	
		冯学雨	信息1901	
		翟轩锐	财务2002	
		李佳轩	财务2002	
		麻泽楷	金融1901	
		邓泽旭	金融1901	
		陈灵馨	会计1902	
		王元葵	财务2002	
		商容嘉	金融1901	
		王鸣宇	会计1902	
		连　莲	营销2001	
		常龙雨	金融1901	
第十二届全国大学生电子商务“创新、创意及创业”挑战赛	省部级一等奖	冯欣怡	信管1901	田惠英、王　钇
		何兰馨	电气GJ2002	
		徐　婷	信管1901	
		吴哲豪	水电1901	
		李雨芯	电气GJ2001	
	省部级三等奖	张梦杰	会计2001	王建军
		吕硕硕	信管1901	
		黄俊文	资源1901	
		袁春晖	工管1901	
	省部级二等奖	朱显浩	研电2111	朱永强
		惠鑫海	研电2114	
		焦伟超	研电2101	

续表

竞赛全称	获奖等级	获奖学生	获奖学生班级	指导教师
高校电气电子工程创新大赛	国家级二等奖	杨皓钧	计算 2002 班	琚 赟
		高振南	电气 2011	
		王子轩	自动化 2004	
	省部级二等奖	刘刚	研电 20 级	姚蜀军,汪 燕
		李志来	电气 1803	
		姚逸凡	电力英 1902	梁光胜
		朱振宇	电气 1803	
		蒋俊杰	电气 1804	
		吴梓钰	电气 2020 级	
		申正旭	自动化 2020 级	
	省部级三等奖	陆旻杰	储能 2102	赵 东
		赖传睿	能科 2103	
		乔宇东	电气 2104	
		张沛文	电信 2101	崔维新/梁光胜
		汪航宇	能动 2102	
		郭尚青	电信 2101	
		谭华益	核工 2105	

(保 定 校 区)

竞赛全称	获奖等级	获奖学生	获奖学生班级	指导教师
第十五届全国大学生节能减排社会实践与科技竞赛	省部级特等奖	叶佳莹	公管 2001	孙兆辉 张春明
		司佳承	社工 1902	
		张 颖	社工 2001	
		王 贝	公管 2103	
		李彦洁	公管 2103	
	省部级特等奖	赵安鹏	能动 1906	谷青峰
		李晟瑞	能动 1909	
		刘永欢	电气 1902	
		王振乾	能动 1906	
		万嘉禾	自动化 2005	
	省部级特等奖	严高峰	能动 1907	刘明浩
		岳洋	能动 1907	
		胡杨	管理 1904	
		宋江川	能动 2007	
		刘彬烨	能动 2102	
		朱昊然	产设 1901	
		张九乾	吴仲华 1901	

续表

竞赛全称	获奖等级	获奖学生	获奖学生班级	指导教师
	省部级一等奖	段嘉璐	电气 1912	刘明浩、张旭涛
		劳思凯	能动 1906	
		刘永欢	电气 1902	
		马瑞祺	电气 1909	
		贾　墨	产品 1902	
		戴文怡	造价 1901	
		谭苏航	经济 1901	
	省部级一等奖	刘可心	电气 2006	韩凤舞
		陈晓萱	造价 2002	
		张芊钰	造价 2001	
		张乘境	自动化 2004	
		蔡柏汕	智科 1902	
	省部级一等奖	张　帆	吴仲华 1901	韩中合、李　鹏
		刘锴慧	吴仲华 1901	
		王　硕	能动 1908	
		李京京	能动 1903	
		丁建涛	能动 1906	
		伍牧枫	能动 1907	
	省部级二等奖	刘永欢	电气 1902	吴正人
		王振乾	能动 1906	
		赵安鹏	能动 1906	
	省部级二等奖	苏宁杰	机械 1910	王　鹏
		董鹏朝	工程 1901	
		赵　阳	储能 1901	
		胡峻睿	机械 2010	
	省部级二等奖	冯颜聆	机械 1905	韩会龙、庞春江
		邓民瑶	信管 1901	
		葛一蔓	会计 1901	
		刘雨佳	机械 1906	
		关　畅	能动 2005	
	省部级二等奖	李晟瑞	能动 1909	谷青峰、刘彦丰
		赵安鹏	能动 1906	
		王振乾	能动 1906	
		刘永欢	电气 1902	
		曲　明	能动 1906	
		万嘉禾	自动化 2005	

续表

竞赛全称	获奖等级	获奖学生	获奖学生班级	指导教师
	省部级二等奖	杨　鑫	能动 2009	刘明浩
		王振乾	能动 1906	
		赵安鹏	能动 1906	
		王默仪	吴仲华 2001	
		刘思瑶	能动 2001	
		曲　明	能动 1906	
		程传亮	硕动力 225	
	省部级三等奖	赵雪纯	能化 1901	张玉玲
		刘洋	应化 1801	
		秦楚涵	经济 2002	
		陈维郁	热动 2004	
	省部级三等奖	黄天祺	能动 2002	宋杨凡、陈鸿伟
		李天宇	能动 2002	
		樊力博	能动 2002	
		李云鹏	能动 2002	
		陈　瑜	能动 2002	
		韩　超	能动 2002	
	省部级三等奖	王　圣	吴仲华 2001	谷青峰、钱江波
		生涵竹	电创新 2001	
		王子木	吴仲华 2001	
		曲冠宁	储能 1901	
		汪诺言	能动 2108	
	省部级三等奖	王振乾	能动 1906	吴正人
		赵安鹏	能动 1906	
		刘永欢	电气 1902	
		李晟瑞	能动 1909	
		林　琪	能动 2010	
		程传亮	硕动力 225 班	
		张九乾	吴仲华 1901	
	省部级三等奖	赵万冰	能动 2007	孙恩慧
		张学峰	能动 2007	
		李铭哲	能动 2007	
	省部级三等奖	张欣唯	电力英 2101	周　硕、耿江海
		王诗淇	电气 2009	
		胡可心	硕电力 204	
		丁羽萱	电气 2005	
		范晓舟	电力博	
		张　夏	电气 2108	
		马　旭	电气 2005	

续表

竞赛全称	获奖等级	获奖学生	获奖学生班级	指导教师
	省部级三等奖	蒋礼鸿	造价 1901	张　谦、刘童娜
	省部级三等奖	王苗苗	造价 1901	张　谦、刘童娜
	省部级三等奖	李　梓	管理类 1902	张　谦、刘童娜
	省部级三等奖	段　钰	经济 1902	张　谦、刘童娜
第七届河北省大学生创新创业年会	省部级二等奖	王晓伟	机电 1902	王晓龙
第七届河北省大学生创新创业年会	省部级二等奖	徐开通	机电 1903	王晓龙
第七届河北省大学生创新创业年会	省部级二等奖	赵　阳	机电 1901	王晓龙
第七届河北省大学生创新创业年会	省部级一等奖	郭　韬	电信 1901	房　静
第七届河北省大学生创新创业年会	省部级一等奖	王葆珠	电信 1901	房　静
第七届河北省大学生创新创业年会	省部级一等奖	李凯龙	电子 1901	房　静
第七届河北省大学生创新创业年会	省部级一等奖	杨继潇	通信 1802	房　静
第七届河北省大学生创新创业年会	省部级一等奖	向心兰	电气 2009	房　静
第七届河北省大学生创新创业年会	省部级三等奖	王嘉欣	电气 1907	王　绚
第七届河北省大学生创新创业年会	省部级三等奖	时浩然	机电 1901	王　绚
第七届河北省大学生创新创业年会	省部级三等奖	杨智凯	造价 2003	王　绚
第七届河北省大学生创新创业年会	省部级三等奖	周乐游	电气 2005	王　绚
第七届河北省大学生创新创业年会	省部级三等奖	张　璨	社工 2001	王　绚
第七届河北省大学生创新创业年会	省部级三等奖	杨乐琪	计算机 2003	王　绚
第七届河北省大学生创新创业年会	省部级三等奖	田英伯	通信 2001	王　绚
第七届河北省大学生创新创业年会	省部级三等奖	张　莹	公管 1901	王　绚
第七届河北省大学生创新创业年会	省部级三等奖	游雅然	公管 1901	王　绚
第七届河北省大学生创新创业年会	省部级三等奖	曹慧红	社工 1901	王　绚
第七届河北省大学生创新创业年会	省部级一等奖	陈情义	英语 1901	魏月红、苗春刚
第七届河北省大学生创新创业年会	省部级一等奖	徐孟飞	翻译 1902	魏月红、苗春刚
第七届河北省大学生创新创业年会	省部级一等奖	翟劲源	翻译 1901	魏月红、苗春刚
第七届河北省大学生创新创业年会	省部级一等奖	赵明宇	翻译 1901	魏月红、苗春刚
第七届河北省大学生创新创业年会	省部级一等奖	王晓萱	英语 1901	魏月红、苗春刚
第七届河北省大学生创新创业年会	省部级一等奖	王安立	电气 1911	赵路佳、万书亭
第七届河北省大学生创新创业年会	省部级二等奖	陈雨含	电气 1916	范晓舟
第七届河北省大学生创新创业年会	省部级二等奖	周予昊	国教 1902	范晓舟
第七届河北省大学生创新创业年会	省部级二等奖	段　然	国教 1902	范晓舟
第七届河北省大学生创新创业年会	省部级二等奖	全少敏	电气 1911	范晓舟
第七届河北省大学生创新创业年会	省部级特等奖	王世超	电气 1905	房　静、吴　鹏
第七届河北省大学生创新创业年会	省部级特等奖	张誉怀	工商管理 2002	房　静、吴　鹏
第七届河北省大学生创新创业年会	省部级特等奖	杨嘉玮	计科 1903	房　静、吴　鹏
第七届河北省大学生创新创业年会	省部级特等奖	刘昌昕	通信 1902	房　静、吴　鹏
第七届河北省大学生创新创业年会	省部级最佳创意奖	王世超	电气 1905	房　静、吴　鹏
第七届河北省大学生创新创业年会	省部级最佳创意奖	张誉怀	工商管理 2002	房　静、吴　鹏
第七届河北省大学生创新创业年会	省部级最佳创意奖	杨嘉玮	计科 1903	房　静、吴　鹏
第七届河北省大学生创新创业年会	省部级最佳创意奖	刘昌昕	通信 1902	房　静、吴　鹏
第七届河北省大学生创新创业年会	省部级特等奖	毛忠旋	信息 1903	田景峰

续表

竞赛全称	获奖等级	获奖学生	获奖学生班级	指导教师
第八届河北省"互联网+"大学生创新创业大赛	省部级金奖	王安立	电气 1911	万书亭、赵路佳、房静，崔　帅、胡　蝶、李晓航
		王琪玮	自动类 1905	
		胡舒嫡	法学 1902	
		叶梓怡	社工 2002	
		胡艺雯	电气 1912	
		刘馨雨	电气 1911	
		吴子昀	造价 2001	
		黄山	自动类 1906	
		林琪	能动 2010	
		胡波	环境类 1907	
		郑苏航	工商 2102	
		唐佳滢	电气 2017	
		黄铭鑫	黄铭鑫	
		张戍博	电气 1911	
		常习者	电气 1704	
	省部级金奖	杨　瑞	硕电力 219	裴少通、房　静、谢　庆、吴　鹏
		赵晓艳	硕机械 212	
		蔡　扬	硕电力 212	
		来智浩	硕电力 205	
		高钰琛	硕电力 212	
		刘晓瑶	工商类 2002	
		胡一凡	电力英 2002	
		田宇轩	电气 1902	
		朱彦雯	经济 1902	
		王浩森	通信 2002	
		薛博文	电气 2004	
		贾以静	硕电力 196	
		詹　一	工商 2102	
		梁昊喆	计算机 2106	
		王春鑫	博电 2057	
	省部级金奖	叶梓怡	社工 2002	张佳怡、程利敏、赵　猛
		胡林翼	法学 2002	
		谭　畅	计科 2002	
		代　阳	公管 2002	
		邱　豪	社工 2002	
		毕以辛	产品 2001	
		杨佳华	公管 1902	
		张如玉	公管 2002	
		王安立	电气 1911	
		黄　山	自动类 1906	
		王书语	法学 2001	
		郑智超	社工 2001	
		石祎炜	硕动力 213	
		屈晗玮	自动类 1907	
		王宇凌	自动类 1907	

续表

竞赛全称	获奖等级	获奖学生	获奖学生班级	指导教师
	省部级金奖	李文顺	电气1915	陈火欣、刘明浩
		廖俊豪	储能2001	
		冯心怡	电气2009	
		吕佳杰	数科2001	
		胡天怡	物理2002	
		温张喆	能动2003	
		石伟华	通信2003	
	省部级金奖	朱雯嘉	应化2002	郝润龙
		任　鹏	能化2001	
		赵晓涵	能化2002	
		刘翠茹	环科2001	
		李文翠	通信2004	
		李　茜	测控203	
		王若汐	工商2004	
		刘鸿怡	环工2001	
		陈志鹏	通信2002	
		周骅森	电气1909	
		王翊萱	电力英2002	
		方崇嘉	环工2001	
		杨铁凯	电力英1901	
		曹　帆	管理类2005	
		崔拾羽	应化2001	
	省部级金奖	张逸帆	能动1808	刘明浩
		宁　珺	物理2002	
		柴伟洲	能化1901	
		丁卉宁	物理2001	
		李　尧	电气1915	
		唐誉华	物理2001	
		牛馨乐	物理2002	
	省部级银奖	石祎炜	硕动力213	刘明浩
		王振乾	能动1906	
		岳子宜	硕电力211	
		程　鸣	会计2001	
		杨　瑞	硕电力219	
		刘晓瑶	工商类2002	
		尧　远	数科2001	
		刘　易	电信2101	
		刘馥琳	硕法政201	
		叶梓怡	社工2002	
		刘　珂	硕电力222	
		侯赟艺	硕电力211	
		赵安鹏	能动1906	
		范光瑶	硕动力204	
		周　源	博动力2161	

续表

竞赛全称	获奖等级	获奖学生	获奖学生班级	指导教师
	省部级银奖	胡一凡	电力英 2002	吴　鹏、房　静、裴少通、刘　欢
		吴　博	电力英 2002	
		田英伯	通信 2001	
		杨　瑞	硕电力 219	
		熊显娥	自动化 2003	
		赵晓艳	硕机械 212	
		刘晓瑶	工商类 2002	
		耿子钊	建环 2002	
		梁新钰	电气 1900	
		梁昊喆	计算机 2106	
		武一彬	自动化 2001	
		朱彦雯	经济 1902	
	省部级银奖	张行远	硕电力 221	裴少通、刘云鹏
		赵雪敏	公管 1902	
		常得旺	会计 1901	
		杨　瑞	硕电力 219	
		刘德望	硕电力 219	
		许文轩	电创新 1901	
		吴佩遥	电创新 1901	
		张佳乐	法学 1901	
		胡晨龙	硕电力 211	
		赵晓艳	硕机械 212	
		杨庆贤	电创新 1901	
		詹　一	工商 2102	
		张千慧	硕电力 224	
		张善驰	电气 2004	
	省部级银奖	李祉葳	电气 2017	豆龙江、万书亭、胡　蝶、李晓航
		唐佳滢	电气 2017	
		吴子昀	造价 2001	
		王丹阳	经济 2002	
		柏佩娴	电气 2117	
		陈天赐	电气 2104	
		刘馨雨	电气 1911	
		甘玮骏	机械 2009	
		王安立	电气 1911	
		叶梓怡	社工 2002	
		王润时	电气 1911	
		武文昊	电气 2108	
		陈玉梅	电气 1911	
		胡　波	环境类 1907	
		王琪玮	自动类 1905	

续表

竞赛全称	获奖等级	获奖学生	获奖学生班级	指导教师
	省部级银奖	孙彦霏	电创新 2001	王　栋、房　静
		张卓轩	电气 2001	
		宋雅萱	经济 2002	
		王朝晨	自动 2009	
		易兴平	电气 2001	
		易敬轩	电气 2001	
	省部级银奖	何莘敏	热动 1901	刘明浩、李晓航、胡　蝶、刘登科
		黄铭鑫	物理 2002	
		龙承乾	能动 2007	
		刘冰洁	自动化 1903	
		胡舒嫡	法学 1902	
		赵治钧	电创新 2001	
		兰　奇	物理 2002	
		叶梓怡	社工 2002	
		王安立	电气 1911	
		吴子昀	造价 2001	
		宫　坪	法学 2002	
		曾德蕴	社工 2001	
		李祉葳	电气 2017	
		王润时	电气 1911	
		蒋昊轩	应化 2001	
	省部级银奖	严高峰	能动 1907	李　鹏、刘明浩
		宋江川	能动 2007	
		丁兴凯	能动 2007	
		刘彬烨	能动 2102	
		王子航	电气 20k5(科院)	
		朱雯嘉	应化 2002	
		延昊臻	电信 2004	
		葛玉瑶	公管 2001	
		徐娇娇	工程 2001	
		刘心钿	电气 2003	
		李俊逸	信息 2002	
		岳　洋	能动 1907	
		胡杨	管理类 1904	
		朱昊然	产设 1901	
		张九乾	吴仲华 1901	
	省部级铜奖	俞喆童	电力英 2001	王　绚
		夏祎龙	储能 2001	
		白　杨	电力英 2002	
		张芸婷	电力英 2001	
		徐　阳	计算机 2111	
		赵万冰	储能 2002	
		耿　俊	电气 2006	

续表

竞赛全称	获奖等级	获奖学生	获奖学生班级	指导教师
	省部级铜奖	闫梦迪	吴仲华 1901	吴正人
		王振乾	能动 1906	
		刘晓瑶	工商类 2002	
		朱雯嘉	应化 2002	
		韩林蒲	信管 2001	
		赵安鹏	能动 1906	
		刘永欢	电气 1902	
		李晟瑞	能动 1909	
		刘彦池	能动 1902	
		房　楠	网络 1902	
		林　琪	能动 2010	
		程传亮	硕动力 225	
		杨　鑫	能动 2009	
		曲　明	能动 1906	
	省部级铜奖	黄陆月	硕环工 202	马双忱
		朱雯嘉	应化 2002	
		刘　旭	硕机械 213	
		刘鸿怡	环工 2001	
		陈柳潼	硕环工 212	
		耿玉晗	硕环工 202	
		刘　畅	博动力 1845	
		岳子渊	硕环工 201	
		亢瑞阳	应化 2002	
		薛浩博	硕环工 212	
	省部级铜奖	王梦雪	硕自 203	张　悦、董　泽
		易　聪	硕自 213	
		展　元	硕自 213	
		马艺珂	硕自 204	
		练有焜	硕自 212	
		张清泉	硕自 214	
		李　志	硕自 203	
		高晓娜	硕自 202	
		张雨晴	硕自 204	
	省部级铜奖	胡林翼	法学 2002	梁　平、陈　奎、张佳怡
		叶梓怡	社工 2002	
		卢佳锴	公管 2002	
		代　阳	公管 2002	
		毕以辛	产品 2001	
		龙泽易	公管 2002	
		张　璨	社工 1901	
		马明轩	法学 2002	
		张　彤	公管 2002	
		王靖越	公管 2002	
		马静怡	公管 2001	
		王紫薇	公管 2002	
		李玉佳	法学 1902	
		杨佳华	公管 1902	

续表

竞赛全称	获奖等级	获奖学生	获奖学生班级	指导教师
	省部级铜奖	任怡霏	硕法政 211	梁博通、梁玮轩
		孙　纪	硕马院 201 班	
		李玉佳	法学 1902	
		李泽桓	经济 2001 班	
		安　硕	电气 2006 班	
		金博洋	社工 2002 班	
		张嘉纯	会计 1901 班	
		王　鹏	测控 1901	
		李钰晴	硕法政 211	
	省部级铜奖	刘德望	硕电力 219	裴少通、刘云鹏
		张行远	硕电力 221	
		杨　瑞	硕电力 219	
		韩　旭	硕电力 221	
		葆宗霖	硕电力 202	
		杨家骏	博电 2269	
		胡晨龙	硕电力 211	
		杨文杰	硕电力 211	
		朱彦雯	经济 1902	
		王　云	电气 1907	
		王　妮	电气 1904	
		吴佩遥	电气 1912	
		许文轩	电气 1910	
		赵庆贤	电创新 1901 班	
		郭　燕	硕电力 204	
	省部级铜奖	张欣唯	电力英 2101	耿江海、范晓舟、刘云鹏 苏　瑾，战馨雨
		栾　琨	硕电力 207	
		张　夏	电气 2108	
		程晶煜	硕电力 216	
		张文琦	硕电力 191	
		刘博闻	博电 1743	
		常习者	电气 1704	
		李宇轩	硕电力 215	
		徐永超	硕电力 215	
		高茂元	电气 2005	
		姜博文	硕电力 203	
		商　亮	硕电力 215	
		闫泽玉	硕电力 221	
		郭　腾	硕电力 225	
		袁洁平	硕电力 226	

续表

竞赛全称	获奖等级	获奖学生	获奖学生班级	指导教师
	省部级铜奖	王诗淇	电气 2009	耿江海、范晓舟、曹志旭 杨　柏、陈怡帆、甄栋夫
		丁羽萱	电气 2005	
		王俊宇	电气 2009	
		马　壮	电气 2005	
		牛焱京	电气 2005	
		王嘉林	电气 1912	
		黄净海	电气 2005	
		姚天鸣	电气 2005	
		赵芮彬	电气 2005	
		朱运鸿	电气 2005	
		徐玉麟	电气 1910	
		郑苏航	工商类 2102	
		陈雨含	电气 1916	
		周予昊	电力英 1902	
		王安立	电气 1911	
	省部级铜奖	肖　海	硕电力 203	耿江海，范晓舟，崔　帅 张紫豪，刘达然
		王笑飞	电气 1910	
		李浩然	电气 2016	
		毕瀚文	硕电力 203	
		刘珊珊	硕电力 219	
		栾　琨	硕电力 207	
		常习者	硕物理光电	
		马　旭	电气 2005	
		高晨翔	电气 2005	
		李　烁	电气 205	
		杨　乐	电气 2005	
		李　欢	博电 1947	
		黎晏霖	硕电力 211	
		庄新宇	硕电力 202	
		李东阳	硕电力 202	
	省部级铜奖	刘川渝	法学 2002	梁　平
		康　好	产品 1902	
		武振雪	公管类 2101	
		徐灏	法学 2002	
		李季凡	硕计 211	
		张译月	造价 1903	
		王雨婷	法学 2002	
		焦俊强	法学 2002	
		李　芝	法学 2001	
		唐安琪	公管类 2102	
		马远歌	自动类 1902	
		苏珺怡	公管类 2101	
		葛玉瑶	公管 2001	
		付思宇	公管 2001	
		周宣科	会计 2001	

续表

竞赛全称	获奖等级	获奖学生	获奖学生班级	指导教师
第十七届全国大学生智能汽车竞赛	省部级一等奖	欧达骏	电信 2003	林永君、苑　朝
		王佳乐	自动化 2002	
		齐纪锦	自动类 2003	
	省部级二等奖	吴梓沣	自动实 1901	林永君、苑　朝
		汪楷栋	机器人 2001	
		张九乾	吴仲华 1901	
	省部级二等奖	崔聿津	自动类 2006	张聪师、张　妍
		王瑞哲	电子 2001	
		韩树旺	机械 2005	
		陈梦吉	自动实 1901	
		高义	机械 2009	
	省部级三等奖	王　集	经济 1902	张聪师、韩亮亮
		何雨昊	工程 2001	
		许　童	通信 2003	
2022 年第九届“大唐杯”全国大学生移动通信 5G 技术大赛本科 A 组省赛	省部级一等奖	许　诺	网络 1901	李星蓉、陈智雄
		李龙娇	信安 1901	
	省部级一等奖	丁子擎	电信 1904	吕安强、杨　志
		李文泰	电信 1802	
	省部级一等奖	李钊鹏	电信 1905	孙景芳、王雅宁
		银浩添	电信 1905	
	省部级一等奖	张晗笑	电信 1902	杨　志、宋文妙
		鄢之宇	电信 1902	
	省部级一等奖	颜宇豪	电信 1906	尼俊红、陈智雄
		邹伟	电信 1906	
	省部级一等奖	马真真	电信 1901	李　然、陈智雄
		严康正	工程 1902	
	省部级一等奖	黄立杭	电信 1901	赵丽娟、徐志钮
		刘　琪	电信 1906	
	省部级一等奖	邓　涵	电信 1806	杨　志、李新叶
		丁　奇	电信 2001	
	省部级二等奖	鲍士洲	电信 1906	孙景芳、王雅宁
		稽志敏	电信 1904	
	省部级二等奖	曾丽煌	电信 1903	孙景芳、王雅宁
		张煜昊	电信 1902	
		陈　青	电信 1904	陈智雄、戚银城
	省部级二等奖	徐小龙	电信 1903	
		杨鑫	电信 1906	孙景芳、王雅宁
		陈延旭	电信 1906	
	省部级二等奖	胡琮皓	电信 2005	杨　志、宋文妙
		贺碧辉	电信 1904	
		陈泽锴	电信 2003	张智娟、侯立群
	省部级二等奖	宋彦霖	自动类 2009	
		王瑞哲	电信 2006	李　天、徐志钮
		许　童	电信 2006	

续表

竞赛全称	获奖等级	获奖学生	获奖学生班级	指导教师
	省部级二等奖	史安兵	电信 2006	曹旺斌、严伟能
		刘　蕾	电信 2006	
		侯子恒	电信 2003	陈智雄
	省部级二等奖	苏鑫鹏	电信 2003	
		周玮彬	电信 2001	陈智雄、尼俊红
		周辉池	智科 2001	
	省部级二等奖	陈家乐	电信 1805	李保罡
		梁龙萍	电信 1805	
		王美璎	电信 1905	陈智雄、赵丽娟
	省部级二等奖	张亦凡	电信 1905	
		李青霞	电信 1903	张京席
		赵尉杏	电信 1901	
	省部级二等奖	王雯垚	电信 1802	李保罡
		张新宇	电信 1802	
		张维琦	机器人 2001	马海杰、高　冲
	省部级二等奖	刘　渺	工程 2001	
		李淑锐	电信 2002	李　中、赵　萱
		柴思瑶	电信 2002	
	省部级三等奖	李天阔	电信 1901	赵丽娟、张淑娥
		王槐英	电信 1905	
	省部级三等奖	李泽龙	电信 1901	孙景芳、王雅宁
		李晋宇	电信 1901	
	省部级三等奖	田英伯	电信 2001	陈智雄、姬建伟
		台德昕	电信 2001	
	省部级三等奖	高明伟	电信 2005	李　然、李保罡
		李　朝	电信 2005	
	省部级三等奖	申进播	电信 2005	马海杰、张　宁
		吴松蔚	电信 2005	
	省部级三等奖	张邑尘	电信 2004	赵丽娟、王胜华
		郭　韬	电信 1901	
	省部级三等奖	刘昌昕	电信 1901	孙景芳、王雅宁
		李凯龙	电信 1901	
	省部级三等奖	蒋昊轩	应用化学	宋文妙、杨　志
		于琳竹	应用化学	
	省部级三等奖	何孟欣	电信 1904	李　然、李保罡
		周欣仪	电信 1904	
	省部级三等奖	张竞择	电信 1904	赵丽娟、王建文
		杨　波	电信 1904	
	省部级三等奖	王顺程	电信 1904	陈智雄、王雅宁
		朱梓萌	电信 1904	
	省部级三等奖	黄宇淋	电信 2005	张　宁、马海杰
		柳光辉	电信 2005	
	省部级三等奖	张子华	机电 2003	李星蓉、姬建伟
		彭　虎	智能制造 2001	

续表

竞赛全称	获奖等级	获奖学生	获奖学生班级	指导教师
	省部级三等奖	熊思懿	电气 2007	赵丽娟、侯思祖
		向心兰	电气 2009	
	省部级三等奖	杜一帆	电信 2005	张　宁、马海杰
		冯佳宁	电信 2005	
	省部级三等奖	李文轩	通信 1904	李星蓉
		贺纪阳	通信 1904	
	省部级三等奖	唐逸凡	电信 1806	陈智雄、赵　萱
		杨智慧	电信 1806	
	省部级三等奖	余逸帆	电信 2001	陈智雄、杨　志
		张博之	电信 2001	
	省部级三等奖	郎宇航	电信 1802	韩东升
		蒋智泉	电信 1802	
	省部级三等奖	包欣怡	电信 1702	韩东升、李星蓉
		许歆苒	通信 1802	
	省部级三等奖	刘　骏	电信 2006	赵丽娟、王桂兰
		孔　帅	环工 2002	
	省部级三等奖	韩啸天	电信 2001	尼俊红、陈智雄
		熊显娥	自动化 2003	
	省部级三等奖	王炳慧	软件 2002	王　艳
		樊文琪	计科 2002	
2022年全国大学生广告艺术大赛	省部级一等奖	牛纪璇	产品设计 2001	刘　渊
		严韶斐	产品设计 2001	
	省部级一等奖	张　洁	产品设计 2001	刘　渊
	省部级一等奖	宋李扬	产品设计 2101	刘　渊
		孟庆霖	产品设计 2102	
	省部级一等奖	吴连富	产品设计 2002	刘　渊
		王泽森	产品设计 2002	
	省部级一等奖	韩晓莹	产品设计 1901	刘　渊
	省部级二等奖	黄嘉宁	产品设计 2002	刘　渊
		吴连富	产品设计 2002	
	省部级二等奖	严韶斐	产品设计 2001	刘　渊
		牛纪璇	产品设计 2002	
	省部级三等奖	岳　阳	产品设计 2003	刘　渊
	省部级三等奖	陈慧怡	产品设计 2102	刘　渊
	省部级三等奖	吴连富	产品设计 2002	刘　渊
		黄嘉宁	产品设计 2002	
	省部级三等奖	范贺宁	硕机械 213 班	刘　渊
		秦青芮	硕机械 213 班	
	省部级三等奖	严韶斐	产品设计 2001	刘　渊
		牛纪璇	产品设计 2001	
	省部级三等奖	崔荣雪	产品设计 2002	刘　渊
	省部级三等奖	管西梅	硕机械 213 班	刘　渊
		贾　墨	产品设计 1902	

续表

竞赛全称	获奖等级	获奖学生	获奖学生班级	指导教师
	省部级一等奖	吴连富	产品设计 2002	刘　静
		武鸿跃	产品设计 2002	
	省部级一等奖	刘　菲	产品 1902	刘　静
	省部级一等奖	梁　欢	产品 1902	刘　静
	省部级一等奖	韩晓莹	产品 1901	刘　静
	省部级一等奖	徐雅菲	产品 1902	刘　静
	省部级一等奖	朱昊然	产品 1901	刘　静
	省部级一等奖	毕君奥	产品 1902	刘　静
	省部级一等奖	张宇凡	产品 1901	刘　静
		张琬悦	产品 1901	
	省部级一等奖	毕以辛	产品设计 2001、社工 1902	刘　静
		魏方彦	产品设计 2001、社工 1902	
	省部级二等奖	张诗曼	产品 1902	刘　静
	省部级二等奖	毕君奥	产品 1902	刘　静
	省部级二等奖	房敬祎	产品 1901	刘　静
		周雨萱	产品 1901	
	省部级二等奖	康　好	产品 1902	刘　静
	省部级二等奖	刘　菲	产品 1902	刘　静
	省部级二等奖	房敬祎	产品 1901	刘　静
	省部级二等奖	刘　哲	产品 1902	刘　静
	省部级二等奖	李婧源	产品 1901	刘　静
	省部级三等奖	韩晓莹	产品 1901	刘　静
	省部级三等奖	毕君奥	产品 1902	刘　静
	省部级三等奖	毕君奥	产品 1902	刘　静
	省部级三等奖	康　好	产品 1902	刘　静
	省部级三等奖	贾墨	产品 1902	刘　静
		周子豪	产品 1902	
	省部级三等奖	刘先奇	产品 1901	刘　静
	省部级三等奖	刘先奇	产品 1901	刘　静
2022 机械创新设计大赛	省部级一等奖	廖俊豪	储能 2001	刘明浩
		胡天怡	物理 2002	
		吕佳杰	数科 2001	
		邓文玉	电力英 2002	
		李文顺	电气 1915	
2022 机械设计创新大赛	省部级三等奖	温张喆	能动 2003	刘　欢
		石伟华	通信 2003	
		肖德菁	机械 1910	
	省部级三等奖	刘大伟	装备 2001	李　娜
		李　珂	机械 2003	
		彭佳钰	工程 2001	
		滑与格	输电 2001	
		孙晨辉	机械 2011	

续表

竞赛全称	获奖等级	获奖学生	获奖学生班级	指导教师
2022 机械创新设计大赛	省部级一等奖	毛邦耀	电气 1905	吴　鹏
		刘杰林	电气 1905	
		邓帅	电气 2007	
		柯宇健	电气 1914	
2022 年美国大学生数学建模竞赛	省部级特等奖	高赛迪	电气 2006	董子健
		刘可心	电气 2006	
		张芊钰	造价 2001	
	省部级二等奖	章清风	计算机 1909	蔡　震
		李玮琢	计算机 1909	
		姜　雯	计算机 1909	
	省部级二等奖	谢天晗	电气 1916	胡永强
		尹晓萱	电气 1916	
		黄静雯	电气 1916	
第十三届蓝桥杯全国软件和信息技术专业人才大赛	国家级二等奖、省部级一等奖	章清风	智科 1902	李超雄
	国家级三等奖、省部级一等奖	陈科学	智科 1901	马燕鹏
	省部级一等奖	何廉铮	智科 2001	崔克彬
	省部级二等奖	张艺才	软件 1902	鲁　斌
	省部级二等奖	娄政浩	硕计 213	熊　伟
	省部级二等奖	刘易繁	计科 1901	孙龙发
	省部级二等奖	吴星泽	智科 1901	马燕鹏
	省部级二等奖	吴俊锋	计算机 2102	秦金磊
	省部级二等奖	王启河	信安 1901	潘德锋
	省部级二等奖	张明明	软件 1901	崔克彬
	省部级二等奖	董旭旸	计算机 2107	熊　伟
	省部级二等奖	陆一中	电信 2103	张卫华
	省部级三等奖	任基翔	电力英 2002	祁在山
	省部级三等奖	钟振涛	电信 2105	张卫华
	省部级三等奖	周雀林	硕电子 202 班	张卫华
	省部级三等奖	侯心宇	电气 2002 班	袁和金
	省部级三等奖	龙　海	计科 1901 班	熊海军
	省部级三等奖	方润成	计科 1902 班	崔克彬
	省部级三等奖	曹贺杨	电气 2010	刘　军
	省部级三等奖	苏童真智	计科 1903	刘　军
	省部级三等奖	李季凡	博控计 2273	袁和金
	省部级三等奖	杜文彪	机电 1901	熊　伟
	省部级三等奖	杨嘉英	自动化 2012	王文新
	省部级三等奖	李浩源	计算机 2103	崔克彬
	省部级三等奖	袁　珺	电力英 2102	袁和金
	省部级三等奖	李铭哲	能动 2007	熊海军
	省部级三等奖	张健阳	计算机 2108 班	刘晓峰
	省部级三等奖	马德远	计算机 2108	翟清剑
	省部级三等奖	季佳傲	计算机 1902	李　整

续表

竞赛全称	获奖等级	获奖学生	获奖学生班级	指导教师
	省部级三等奖	郭子健	智科 1901	王文新
	省部级三等奖	袁玮呈	计算机 1906	王　平
	省部级三等奖	姜力玮	电气 2112	孙龙发
	省部级三等奖	董文娟	计算机 1901	
	省部级三等奖	尚育鹏	数科 2001	李超雄
	省部级三等奖	吴皖春	能动 2002	崔克彬
	省部级三等奖	文彦舒	信安 2001	刘　军
	省部级三等奖	刘　斌	硕电子 212	张卫华
	省部级三等奖	马真真	电信 1901	张卫华
	国家级二等奖、省部级一等奖	刘俊彦	测控 1904	谢家乐
	国家级三等奖、省部级一等奖	马雨柯	测控 1902	王　光
	省部级一等奖	鲍十洲	电信 1906	郭以贺
	国家级二等奖、省部级一等奖	刘锐楷	自动实 1901	林永君
	省部级一等奖	付远超	自动化 1904	李　冰
	省部级一等奖	时浩然	机电 1901	姚国珍
	省部级一等奖	李凯龙	电子 1901	黄怡然
	省部级二等奖	代艺娜	测控 1903	谢家乐
	省部级二等奖	王　帅	电信 2002	张　宁
	省部级二等奖	吴梓沣	自动实 1901	宋文妙
	省部级二等奖	魏　璇	测控 1904	王　光
	省部级二等奖	王　蕊	自动化 1901	王咏梅
	省部级二等奖	台德昕	电信 2001	吕安强
	省部级二等奖	陈　青	电信 1904	陈智雄
	省部级二等奖	贺碧辉	电信 1904	姚国珍
	省部级二等奖	赵冠希	电信 2004	赵丽娟
	省部级三等奖	张善驰	电气 2004	张智娟
	省部级三等奖	李业兴	自动化 1903	张　妍
	省部级三等奖	周　雄	能动 1910	张　妍
	省部级三等奖	许敏兴	电气 1909	李保罡
	省部级三等奖	张　炬	电信 2004	赵丽娟
	省部级三等奖	胡　倩	电信 2003	孙　娜
	省部级三等奖	吴松蔚	电信 2005	马海杰
	省部级三等奖	许一帆	电信 1905	曹旺斌
	省部级三等奖	宋国禹	测控 20k2	房　静
	省部级三等奖	吴亚桐	电信 2001	郭以贺
	省部级三等奖	张　冲	自动化 1903	田　亮
	省部级三等奖	占方强	电信 2002	张　宁
	省部级三等奖	陈梦吉	自动实 1901	张　妍
	省部级三等奖	宋　衡	自动化 1902	王咏梅
	省部级三等奖	张旭哲	硕电子 212	赵丽娟
	省部级三等奖	苏金峰	硕电子 203	张　宁

续表

竞赛全称	获奖等级	获奖学生	获奖学生班级	指导教师
	省部级三等奖	詹学滋	硕电子 211	陈智雄
	省部级三等奖	武文瑞	硕电子 211	张　宁
	省部级三等奖	林　放	硕电子 211	无
2022 河北省三维设计大赛	省部级一等奖	刘佳琦	机电 1903	宋立琴、花广如
	省部级一等奖	孙晨辉	设制 2001	宋立琴、张红莲
	省部级一等奖	贾秉岳	机械 2002	绳晓玲、张英杰
	省部级三等奖	闫宇辰	电气 2008	宋立琴、花广如
	省部级三等奖	张乐飞	机械 2111	宋立琴、花广如
	省部级三等奖	李陈龙	设制 1802	绳晓玲、豆龙江
	省部级三等奖	孙　立	机械 2111	绳晓玲、豆龙江
	省部级三等奖	谭雅兮	机械 2110	绳晓玲、豆龙江
	省部级三等奖	周乐游	电气 2005	绳晓玲、豆龙江
	省部级三等奖	韩树旺	机电 2002	绳晓玲、豆龙江
	省部级三等奖	杜思伟	输电 2002	宋立琴、张红莲
	省部级三等奖	李欣润	机电 1902	宋立琴、张红莲
	省部级三等奖	刘歆宇	机电 2001	宋立琴、张红莲
	省部级三等奖	于家谦	机械 2107	绳晓玲、张英杰
	省部级三等奖	王　建	机械 2109	绳晓玲、张英杰
2022 年河北省高校制图与构型能力大赛	省部级特等奖	张乐飞	机械 2111	苑素玲、汤敬秋
	省部级一等奖	李　根	机械 2109	田风奇、朱晓光
	省部级一等奖	李朱珂	机械 2106	苑素玲、汤敬秋
	省部级一等奖	赵　萌	机械 2107	田风奇、张英杰
	省部级一等奖	吴　婧	机械 2108	苑素玲、朱晓光
	省部级二等奖	闫宇辰	电气 2008	田风奇、朱晓光
	省部级二等奖	程致远	机械 2104	朱晓光、田风奇
	省部级二等奖	卢巧雯	机械 2104	汤敬秋、苑素玲
	省部级二等奖	孔垂政	机械 2102	田风奇、张英杰
	省部级二等奖	杨秉昆	机械 2106	田风奇、张英杰
	省部级二等奖	刘芃泽	机械 2107	苑素玲、朱晓光
	省部级二等奖	汪莉娜	机械 2111	朱晓光、苑素玲
	省部级三等奖	周乐游	电气 2005	苑素玲、汤敬秋
	省部级三等奖	李力贝尔	电气 2004	苑素玲、朱晓光
	省部级三等奖	何毓涵	机械 2112	朱晓光、苑素玲
	省部级二等奖	张乐飞	机械 2111	苑素玲、汤敬秋
	省部级二等奖	李朱珂	机械 2106	苑素玲、汤敬秋
	省部级二等奖	周乐游	电气 2005	苑素玲、汤敬秋
	省部级二等奖	林宇豪	机械 2105	苑素玲、汤敬秋
	省部级二等奖	卢巧雯	机械 2104	苑素玲、汤敬秋
	省部级二等奖	孔垂政	机械 2102	田风奇、张英杰
		杨秉昆	机械 2106	
		赵　萌	机械 2107	
		杨培荣	机械 2108	
		杨一林	机械 2103	

续表

竞赛全称	获奖等级	获奖学生	获奖学生班级	指导教师
	省部级二等奖	李力贝尔	电气 2004	苑素玲、朱晓光
		吴　婧	机械 2108	
		刘芃泽	机械 2107	
		汪莉娜	机械 2111	
		何毓涵	机械 2112	
2022 年第六届全国大学生工业设计大赛	省部级一等奖	吴连富	产品 2002	刘　渊
		赵　赫	硕机械 202	
		黄嘉宁	产品 2002	
		武鸿跃	产品 2002	
		牛纪璇	产品 2001	
	省部级一等奖	贾　墨	产品 1902	刘　渊
		周子豪	产品 1902	
		朱昊然	产品 1901	
		赵　赫	硕机械 202	
	省部级二等	范贺宁	硕机械 213	刘　渊
		韩晓莹	产品 1901	
		马金明	硕机械 213	
		张　洁	产品 2001	
		管西梅	硕机械 213	
	省部级二等奖	吴连富	产品 2002	刘　渊
		赵　赫	硕机械 202	
		黄嘉宁	产品 2002	
		李　然	产品 2002	
	省部级二等奖	刘　菲	产品 1902	刘　渊
	省部级三等奖	周子豪	产品 1902	刘　渊
		贾　墨	产品 1902	
		朱昊然	产品 1901	
		管西梅	硕机械 213	
		赵　赫	硕机械 202	
	省部级三等奖	张宇凡	产品 2001	刘　渊
		赵　赫	硕机械 202	
	省部级三等奖	马金明	硕机械 213	刘　渊
		韩晓莹	产品 1901	
	省部级三等奖	崔荣雪	产品 2002	刘　渊
		李怡洋	产品 2102	
		张世豪	产品 2101	
		宋李扬	产品 2101	
		韩晓莹	产品 1901	
	省部级三等奖	管西梅	硕机械 213	刘　渊
		贾　墨	产品 1902	
	省部级三等奖	陈　丁	产品 1802	刘　渊
	省部级三等奖	王泽森	产品 2002	刘　渊
		何璐岐	产品 2001	
		武鸿跃	产品 2002	
		吴连富	产品 2002	

续表

竞赛全称	获奖等级	获奖学生	获奖学生班级	指导教师
	省部级特等奖	朱昊然	产品 1901	姚小清、王　栋、刘明浩
		周子豪	产品 1902	
		贾　墨	产品 1902	
		严高峰	能动 1907	
		岳　洋	能动 1908	
	省部级一等奖	周子豪	产品 1902	姚小清
		贾　墨	产品 1902	
		朱昊然	产品 1901	
	省部级一等奖	张琬悦	产品 1901	姚小清
	省部级一等奖	贾　墨	产品 1902	姚小清
		周子豪	产品 1902	
		朱昊然	产品 1901	
	省部级一等奖	韩晓莹	产品 1901	姚小清
	省部级二等奖	曹馨雨	产品 1901	姚小清
	省部级二等奖	陈　丁	产品 1802	姚小清
	省部级二等奖	刘　哲	产品 1902	姚小清
	省部级二等奖	刘　菲	产品 1902	姚小清
	省部级三等奖	张欣雨	产品 1901	姚小清
	省部级三等奖	康　好	产品 1902	姚小清
	省部级三等奖	赵泽旭	产品 1901	姚小清
	省部级三等奖	许馨月	产品 1902	姚小清
	省部级三等奖	朱昊然	产品 1901	邓小姝
		贾　墨	产品 1902	
		周子豪	产品 1902	
	省部级三等奖	张　乐	产品 2002	邓小姝
		黄嘉宁	产品 2002	
		周校辉	产品 2002	
2022 年第 16 届“西门子杯”中国智能制造挑战赛	省部级二等奖	刘锐楷	自动实 1901	王晓燕、何同祥
		马雨柯	测控 1902	
		代艺娜	测控 1903	
	省部级二等奖	王　杰	自动实 1901	何同祥、王晓燕
		侯岳笑	自动化 1901	
	省部级二等奖	韦祖娜	自动化 1904	赵　征、焦建芳
		万嘉禾	机器人 2001	
		张聪诺	电气 2017	
	省部级特等奖	田成集	自动实 2001	赵劲松、王　彪
		王梦璇	自动化 2005	
	省部级三等奖	窦富城	硕电力 211	李晓航
		郭明鑫	硕电力 211	
		陈浩天	电气 2012	

续表

竞赛全称	获奖等级	获奖学生	获奖学生班级	指导教师
第十二届全国大学生电子商务创新创意及创业挑战赛	省部级二等奖	侯赟艺	硕电力 211	梁博通
		丁子擎	电信 1904	侯　楠
		熊显娥	自动类 2005	
		乔婉婷	环科 1902	
		金博洋	公管类 2004	
	省部级三等奖	牛佳怡	工商 2004	卢　灿
		刘可云	工商 2004	
		王　迈	工商 2005	李　伟
		张　迅	工商 2004	
	省部级三等奖	吴星泽	智科 1901	房　静
		田宇轩	电创新 1901	
		朱彦雯	经济 1902	谢　庆
		王浩森	通信 2002	
		姚思成	电气 2103	
第八届全国高校BIM毕业设计创新大赛	省部级三等奖	靳泽明	工程造价 1801	张树国
		韩雨静	工程造价 1803	
		钱　晨	工程造价 1801	
		高瑜晨	硕经管 202	
		姚永辉	工程造价 1801	
	省部级三等奖	曾夕月	工程造价 1801	张树国
		张　斌	硕经管 201	
		翟峻梵	工程造价 1901	
		刘和一	工造 18k2	
		胡　杨	工程造价 1903	
	省部级三等奖	常宇方	工程造价 1801	张树国
		石俊如	工程造价 1802	
		张俊炜	硕经管 211	
		何鑫杰	工程造价 1803	
		胡思懿	工程造价 1803	
	省部级一等奖	张智越	造价 1903	
	省部级二等奖	吴亚桐	通信 2001	
	省部级二等奖	台德昕	通信 2003	
	省部级金奖	侯赟艺	硕电力 211	梁博通、梁玮轩、张钰淇
		刘亦成	电力英 2001	
		孙　纪	硕马院 201	
		王　鹏	测控 1901	
		邹家昊	电力英 1902	
		许　日	工商 1904	
		卢瑞鑫	能动 2006	
		汪云宇	信管 1902	
	省部级银奖	史惠卿	硕经管 201	梁博通、侯　楠、郭少云
		任怡霏	硕法政 211	
		张嘉纯	工商 1901	
		申晓雨	硕统计	
		范佳玉	环科 1902	

续表

竞赛全称	获奖等级	获奖学生	获奖学生班级	指导教师
第十届中国(河北)青年创业创新大赛暨第八届“创青春”中国青年创新创业大赛(河北赛区)	省部级二等奖	叶磬颖	环科 2001	梅华威
		何雨捷	工商 1902	
		杨新滢	外语 2003	
		武沛琦	管理 1903	张梅梅
		吕高翀	硕经管 204	
		黄文琰	管理 1903	
		杨佳华	公管 1902	张佳怡
		朱肖童	法学 1902	
		张佳乐	法学 1901	
		唐辰康	通信 1904	
		郭　宇	公管 1902	
	省部级三等奖	宋翊赫	电气 2013	胡　蝶
		张戌博	电气 1911	
		朱仪澄	电气 1904	
		王安立	电气 1911	
		陈玉梅	电气 1911	
2022 年华北五省(市、自治区)大学生机器人大赛	省部级一等奖	胡一凡	电力英 2002	房　静
		陈鑫鹏	输电 2001	
		罗文萱	电力英 2101	
		杨乐琪	计科 2001	
	省部级二等奖	孙晨辉	设制 2001	吴　鹏
		杜坤洋	电气 2011	
		蒋昊轩	应化 2001	
		张乐飞	机械类 2011	
	省部级三等奖	耿　俊	电气 2006	豆龙江、万书亭
		邱子轩	装备 2002	
		朱　昆	电气 2022	
		韩晓宇	电气 2007	
	省部级三等奖	曾筱婕	自动化 2005	刘　欢
		林雨轩	自动化 2002	
		王胜杰	自动实 2001	
2022 年华北五省(市、自治区)大学生机器人大赛	省部级三等奖	梁振昊	装备 2002	万书亭
		陈嘉康	装备 2002	
2022 年华北五省(市、自治区)大学生机器人大赛	省部级三等奖	田桂钰	计算机 2006	庞春江,王新颖
		刘乔瑞	电气 2010	
2022RoboCom 机器人开发者大赛	省部级一等奖	高钰琛	硕电力 212	赵路佳
		陶子健	硕电力 212	
	省部级三等奖	刘晓瑶	会计 2002	房　静
		薛博文	电气 2004	
	省部级二等奖	张善驰	电气 2004	裴少通
		田景佳	测控 2103	
		张行远	硕电力 221	

续表

竞赛全称	获奖等级	获奖学生	获奖学生班级	指导教师
2022 全国大学生数学建模大赛	省部级一等奖	李文翠	通信 2004	教练组
		刘翠茹	环科 2001	
		赵晓涵	能化 2002	
2022 年全国大学生数学建模大赛	省部级一等奖	鲍弈辰	电力英 2102	教练组
		丁文俊	计算机 2106	
		陶奕彤	计算机 2106	
	省部级一等奖	王天牧	数科 2001	教练组
		姜子上	数科 2001	
		王子健	数科 2001	
	省部级一等奖	杨晓宇	电气 2016	教练组
		刘倩雯	造价 2001	
		王浩森	通信 2002	
	省部级一等奖	郭梦灏	电创新 2001	教练组
		吴笑音	电创新 2001	
		林佩缘	信息 2102	
	省部级一等奖	耿　俊	电气 2006	教练组
		邱子轩	装备 2002	
		陈鑫宇	计算机 2109	
	省部级一等奖	董坤钰	电力英 2102	教练组
		姜力玮	电气 2112	
2022 全国大学生数学建模大赛	省部级一等奖	侯皓天	翻译 2001	教练组
		贝坤益	计科 2001	
		李苗艺	网络 2001	
2022 年全国大学生数学建模大赛	省部级一等奖	徐焱昭	造价 2001	教练组
		杨智凯	造价 2003	
		樊子逸	信管 2001	
2022 全国大学生数学建模大赛	省部级二等奖	郭佳兴	计算机 2002	教练组
		陈瑶	计算机 2002	
		俞雨辰	计算机 2004	
2022 年全国大学生数学建模大赛	省部级二等奖	张远鹏	机器人 2001	教练组
		宋　梁	测控 2002	
		王　冉	测控 2002	
	省部级二等奖	杨　帆	信息 2002	教练组
		谢钰玲	信息 2002	
		庄韫恺	计科 2002	
	省部级二等奖	刘璇飞	自动实 2001	教练组
		杜今旸	自动实 2001	
		李嘉慧	电力英 2001	
	省部级二等奖	冯心怡	电气 2009	教练组
		饶子琛	造价 2002	
		陈梓豪	信安 2002	
	省部级二等奖	王雨晴	数科 2001	教练组
		张正琛	电气 2117	
		荣　誉	外语 2002	

续表

竞赛全称	获奖等级	获奖学生	获奖学生班级	指导教师
	省部级二等奖	王天秀	计算机2002	教练组
		周新瑶	计算机2003	
		杨佳琦	计算机2002	
	省部级二等奖	唐浩天	应化2002	教练组
		韩星臣	环工2001	
		程诚诚	电气2012	
	省部级二等奖	徐晨畅	电气2115	教练组
		辛远志	计算机2110	
		薛晓涵	电气2115	
	省部级二等奖	尚育鹏	数科2001	教练组
		凌　亮	数科2001	
		李依繁	信管2002	
	省部级二等奖	刘　娜	信息2002	教练组
		多慧为	数科2001	
		张乘境	自动化2004	
	省部级二等奖	宁　珺	物理2002	教练组
		李天淑	物理2002	
		康雯婷	计科2001	
	省部级二等奖	刘钰蕊	电气2004	教练组
		陈嘉鑫	电气2005	
		丁　洁	电气2015	
	省部级二等奖	韩林蒲	信管2001	教练组
		梁可曼	会计2002	
		聂景琦	机械2003	
	省部级二等奖	孙　奥	能动2105	教练组
		周长伟	能动2105	
		侯　赞	能动2105	
	省部级二等奖	夏锦栋	电气2113	李　慧
		王伟杰	电气2113	
		吴学琴	电气2113	
	省部级二等奖	邓兴豪	自动实2001	教练组
		王宇辰	自动实2001	
		田成集	自动实2001	
	省部级二等奖	王　杰	电气2002	教练组
		王　超	电气2002	
		张子淳	电气2002	
	省部级二等奖	景旭东	物理2002	教练组
		赵治钧	电创新2001	
		史安兵	通信2001	
	省部级二等奖	吴　博	电力英2002	苑东伟
		孙宇菁	电力英2002	
		姜　誉	电子2101	
	省部级二等奖	王晓涵	信息2002	教练组
		杨昕艺	信息2002	
		王永康	数科2001	

续表

竞赛全称	获奖等级	获奖学生	获奖学生班级	指导教师
2022 全国大学生数学建模大赛	省部级二等奖	刘林鑫	智科 2001	黄世龙
		黄卓娴	智科 2001	
		张永卓	计科 2002	
	省部级二等奖	项仁祥	工程 2002	教练组
		闫　奥	工程 2002	
		路春意	清洁 2001	
	省部级二等奖	姜尚天	造价 2003	教练组
		熊　茜	造价 2002	
		刘峰锦	信管 2002	
	省部级二等奖	白　杨	电力英 2002	李　整
		张茂清	智科 2001	
		杨一林	吴仲华 2101	
	省部级二等奖	毛王霄	计科 2001	教练组
		欧阳思	计科 2001	
		陈恒耀	计科 2003	
	省部级二等奖	何宇晨	吴仲华 2001	李　鹏
		陈　臣	计科 2003	
		宗　玥	软工 2002	
	省部级二等奖	郭　虔	工程 2002	教练组
		杜佳倩	电气 2017	
		韩　怡	电气 2005	
	省部级二等奖	陈柯宇	数科 2101	李　鹏
		赵晓悦	数科 2101	
		杨　朔	数科 2101	
	省部级二等奖	张家暄	工商 2001	教练组
		张峰睿	电气 2011	
		冯　璇	电气 2011	
2022 年华北五省（市、自治区）大学生机器人大赛	省部级三等奖	耿　俊	电气 2006	豆龙江、万书亭
		邱子轩	装备 2002	
		朱　昆	电气 2022	
		韩晓宁	电气 2007	
	省部级二等奖	耿　俊	电气 2006	豆龙江、万书亭
		邱子轩	装备 2002	
		朱　昆	电气 2022	
		韩晓宇	电气 2007	
	省部级二等奖	曾筱婕	自动化 2005	刘　欢
		林雨轩	自动化 2002	
		王胜杰	自动实 2001	
	省部级三等奖	曾筱婕	自动化 2005	刘　欢
		林雨轩	自动化 2002	
		王胜杰	自动实 2001	
	省部级二等奖	孙晨辉	设制 2001	吴　鹏
		杜坤洋	电气 2011	
		蒋昊轩	应化 2001	
		张乐飞	机械类 2111	

续表

竞赛全称	获奖等级	获奖学生	获奖学生班级	指导教师
	省部级一等奖	孙晨辉	设制 2001	吴　鹏
		杜坤洋	电气 2011	
		蒋昊轩	应化 2001	
		张乐飞	机械类 2111	
	省部级一等奖	胡一凡	电力英 2002	房　静
		陈鑫鹏	输电 2001	
		罗文萱	电力英 2101	
		杨乐琪	计科 2001	
	省部级三等奖	胡一凡	电力英 2002	房　静
		陈鑫鹏	输电 2001	
		罗文萱	电力英 2102	
		杨乐琪	计科 2001	
2022 年华北五省(市、自治区)及港澳台大学生计算机应用大赛	省部级三等奖	王可慧	电气 2013	李　天
		薛雨菲	电气 2013	
		徐薏霏	电信 2103	
	省部级三等奖	王可慧	电气 2013	李　天
		薛雨菲	电气 2013	
		徐薏霏	电信 2103	
	省部级一等奖	刘林鑫	智科 2001	房　静
		孙晨辉	设制 2001	
		耿子钊	建环 2002	
		胡一凡	电力英 2002	
	省部级二等奖	刘林鑫	智科 2001	房　静
		孙晨辉	设制 2001	
		耿子钊	建环 2002	
		胡一凡	电力英 2002	

（工程训练与创新创业教育中心 提供）

华北电力大学 2022 年获国家奖学金学生名单

（北京校部）

一、电气与电子工程学院：

本科：22 人

朱灏翔	刘雨杭	何天鹏	李嘉桐	张　金	梁　原	黄欣然	邓鑫冉
蔡　瑞	郭尚青	刘奕兵	杨　影	李梓铭	许梦哲	王子厚	莫寒翔
王　涛	张宇恒	张馨心	罗玉婷	梅思思	司马天宇		

硕士：26 人

朱显浩	成蕴丹	刘　森	孙逸萌	康世佳	王子铮	王京菊	王心如
甘繁欣	童宇轩	王月汉	黄未啸	刘　浅	覃丁宇	郭子兴	齐　雯
胡沛东	王　森	刘　硕	罗旸凡	郭一凡	袁　帅	尹　晨	顾　雷
黄　媛	贾泽晗						

博士:8 人

夏嘉航	王靖瑞	侯延琦	张天策	范迦羽	刘招成	吴思航	刘珂鑫

二、能源动力与机械工程学院:

本科:15 人

许　可	方轩艺	苗天胤	胡　源	王熠康	张子阳	谈亮亮	郭龙杰
韩建军	杨添皓	沈明芋	袁泽瑞	白宇翔	姜　昕	邹宇欣	

硕士:15 人

才伟光	郭宇翔	杨雅琨	刘　浩	严　博	周炜鹏	魏超政	孟静雯
陈子含	叶文力	刘　骏	乔世超	马牧宇	齐　润	戴天乐	

博士:7 人

邢佳颖	黄吉光	王　振	王兆福	原奇鑫	苏　浩	王一峰

三、控制与计算机工程学院:

本科:16 人

任悦妍	杨志一	郭　蓉	张丽萍	朱笑锋	张宇彤	廖桓萱	侯　爵
梁晓杰	阮译民	孙世杰	杨皓钧	李雨欣	吴　哲	丁可昕	高嘉钰

硕士:13 人

高丹丹	陈　辉	柯唯阳	冯文科	李沐阳	莫清清	陈　婕	李　倩
庄吉霓	吴孟雪	许　爽	李佳嵘	王　跃			

博士:3 人

张洪福	黄　戎	谌际宇

四、经济与管理学院:

本科:15 人

赵浩冰	方江鹏	汪悦萍	马博宇	王兴平	严　可	张梦杰	张　璐
宋宇恒	周思瑶	钟玉琨	严　安	郭　旭	周子豪	许艳琪	

硕士:14 人

武　鸿	付一涵	张潇丹	郑世鹏	张露丹	雍星楷	董昊鑫	陶思艺
高　恬	蔡成聪	黄绮煜	杜若芸	贾冬青			

博士:4 人

伊力奇	王学杰	李丰耘	斯琴卓娅

五、新能源学院:

本科:7 人

汝金涛	李宇佳	黄万钊	辛海蒙	孙铭泽	兰　若	肖文元

硕士:4 人

张平新	程安帅	赵腾飞	韩　飞

博士:1 人

黄　浩

六、核科学与工程学院：

本科：4 人

彭杵真	刘　栋	刘奕鸿	韩壮壮	陈俊骥

硕士：3 人

赵海琦	郭劲松	于　沁

博士：1 人

张　斌

七、环境科学与工程学院：

本科：3 人

郝思雅	甘智强	李学东

硕士：3 人

高飞雪	蒲启坤	贺　薇

博士：2 人

律志民	房之莫

八、水利与水电工程学院

本科：2 人

陈柘兴	李国娇

硕士：2 人

王　晴	包合鑫

博士：1 人

刘　源

九、数理学院：

本科：3 人

李如茵	李泽楷	胡博玺

硕士：4 人

罗昊天	刘　韧	张亚斌	耿　奇

十、人文与社会科学学院：

本科：6 人

林欣雅	许　诺	张文璐	韩兴邦	武昱含	崔璐冰

硕士：2 人

宋汉元	杨林霈

十一、外国语学院：

本科：2 人

杜宇飞	王闰宇

硕士：1 人

宋雨薇

十二、国际教育学院：

本科：2 人

孟　艳	苏　琳

十三、马克思主义学院

硕士：1 人

吕　爽

（保定校区）

一、电力工程系：

本科：21 人

刘　琦	胡艺雯	樊囿麟	汪艳霞	刘怡青	马墅研	王　妮	刘可心
李祉葳	唐佳滢	张师铭	郭培杰	宋佳桐	郭欣雨	黄　思	徐晨畅
夏锦栋	杨若凡	王姿懿	王奕文	武钰昊			

硕士：13 人

孙京杰	许文杰	刘洋洋	陈东阳	侯岳佳	张嘉琳	杨　瑞	刘珊珊
姜　磊	彭维锋	郭悦凡	胡万君	常杰英			

二、电子与通信工程系：

本科：7 人

陈　青	许一帆	马真真	李凯龙	吴雨瞳	苏鑫鹏	尹东东

硕士：4 人

王　睿	张天天	樊　松	武霏云

三、动力工程系：

本科：13 人

巫奕扬	熊梅焱	王　甜	赵　阳	何紫璇	宋江川	林　琪	赵万冰
张宏昊	孙　奥	胡可欣	田增雍	邓远聪			

硕士：8 人

霍硕杰	王佳豪	蔺兆华	范光瑶	朱秋良	袁　林	李玉龙	李国能

四、机械工程系：

本科：15 人

李飞帆	时浩然	冯颜聆	董鹏朝	毕君奥	申　靓	孙留祥	孙晨辉
张宇凡	陈嘉康	徐傲祖	于家谦	马鹏飞	谭雅兮	周　爽	

硕士：3 人

朱浩伟	刘南南	张洛嘉

五、计算机系：

本科：11 人

苏童真智	刘洋君	肖　帅	章清风	王启河	许　诺	盛桉笛	杨　照
赵京京	周辉池	李苗艺					

硕士:5 人

崔宝京	陈　睿	柳杰林	俞　敏	康怿瑾

六、自动化系:

本科:10 人

张　冲	代艺娜	王　杰	林雨轩	李　茜	叶安琪	赵一明	左冰洁
熊子安	汤琳曦						

硕士:6 人

王　智	杨晶惠	李　晶	周映杰	朱　晨	陈年昊

七、经济管理系:

本科:12 人

陈亚如	武沛琦	俞博瀚	王佳慧	刘欣煜	梁可曼	刘倩雯	宋雅萱
韩林蒲	李元康	詹　一	申煜鑫				

硕士:5 人

罗红霞	宋倩倩	张琮妍	徐忠天	王婉晨

八、环境科学与工程系:

本科:8 人

豆艺茹	赵一明	赵宇程	王　岚	朱雯嘉	李远卓	徐美玲	叶博南

硕士:4 人

赵华君	刘博闻	董昕鸿	陈　曦

九、数理系:

本科:5 人

毛忠旋	顾天阳	李俊逸	南佳豆	刘文琪

硕士:2 人

肖蕴珊	段梦维

十、英语系:

本科:3 人

白滨槟	侯皓天	张玉超

硕士:1 人

邱思月

十一、国际教育学院:

本科:2 人

姚逸凡	吴　博

十二、法政系:

本科:7 人

朱肖童	司佳承	胡林翼	李　盈	代　阳	叶佳莹	叶梓怡

硕士:1 人

潘　帅

十三、马克思主义学院

硕士:1 人

孙 纪

（学生处 提供）

华北电力大学 2022—2023 学年度国家励志奖学金获奖学生名单

（北 京 校 部）

一、电气与电子工程学院:53 人

汪文静	张嘉轩	洪世栋	田茂超	刘怡康	卢道城	张德莹	闫子晗
袁文琪	吴 潘	李 航	张 凯	郄羽墨	石渝中	董怡帆	陆启涵
蔡泽伟	赵 杰	马天阳	温振远	李梦茹	张 悦	范子渊	王 磊
罗可阳	李嘉锦	王文浩	林芳源	余潘玲	李镇杉	刘一铭	谢德兴
倪锐雄	李佼蓉	薛雨婷	朱学瞳	于英杰	王培楠	陈麒齐	王春雷
刘舒冉	张成林	李佳名	窦 洁	王新宇	段雪敏	刘子镕	郑双燕
尚 帅	程诗豪	门 博	李江楠	阿拉法特·穆萨			

二、能源动力与机械工程学院:55 人

龙雨薇	张云龙	李 强	刘 葳	马静婉	房宏基	黎 东	闫辛萍
杨丝郦	姚 震	彭事易	王文杰	张欣怡	王修宇	李梓筝	潘 越
李小楠	高 歌	蒋 璨	刘承兴	申钰斌	刘家源	陈东俊	殷江鸿
王 妍	犹江风	苏朋磊	刘佩宇	韦泽宇	刘鑫发	马玲扬	刘晨阳
赵 天	林政楠	陈明尚	文盼欢	曹宝洁	李景鑫	刘康祥	张 静
何昱辰	梁振国	刘 迅	徐 宽	郑鸿旭	焦立新	吴晓阳	张浩源
侯峥嵘	罗小龙	刘博洋	罗竞杰	梁 栋	彭颖峰	章 丽	

三、控制与计算机工程学院:53 人

吴凤仪	张 洲	雷永江	蒙桥凤	张宇唐	王兴茹	陈凯锋	詹香宁
刘 洋	周 鑫	刘喜喜	王宏超	孙仙正	胡 峥	林美娟	丛诗奇
曹莉苹	王 硕	张 仁	李 壮	刘诗骐	张慧茹	柳一泉	谢华宝
王志彭	叶济琨	史骋宇	吴亚楠	王念意	李章维	靳语涵	严裕淳
邓 鑫	曹潇剑	赵雨婷	冯 华	王晨雨	郭瑞媛	纪晓瑜	亢馨芳
尹曦涵	刘晶琳	陶 菲	丁永胜	刘 冰	张 辰	黄 磊	申正旭
姜宇晴	修国航	张 涛	李艺茹	李嘉豪			

四、经济与管理学院:59 人

王怡蓉	董少羿	卓小妮	何子娟	韩佳鑫	宋嘉旭	张家辉	牛益民
杨霞霞	刘思源	刘 晓	孙晓彤	王博文	谢晓婷	程 坤	李若彤
刘锦諝	龚皓靖	周光霖	黄鹏秤	许 敏	董颖琳	邸洪彦	李雯雯
焦建月	李成功	徐姝睿	李湘颖	曾贾斌	刘诗雨	杨镘琳	安睿哲
贾 雪	汪 艳	常龙雨	王 蕊	粟邹睿	聂宇婷	孙俊军	谈圣兰
张泽琦	李 佳	叶纹杉	康高健	王晨潇	李梦千	陈 豪	吕正运
尹思琦	樊 荣	罗 丹	候雨薇	匡 微	王佳玺	梁佳丽	姜 振

段惠媛	严丽平	梁　铖

五、新能源学院:34 人

郭子腾	赵俊婷	赵伟胜	王芷清	刘高朋	许茹冰	冯旭文	杨　倩
汪凯博	麻芳娇	汪世钊	张　乐	李桂缘	郑　炜	洪科程	马　悦
栾　雪	管星杰	崔永贺	叶子豪	唐静怡	王　钏	吴辛钰	刘锦芝
刘宇舟	王世豪	高兆文	王钰莹	张洪国	王嘉艳	王　毅	刘　伟
王　鹏							

六、核科学与工程学院:20 人

徐纪亮	张理想	董渊宇	彭芝仪	王　枫	梁嘉嘉	姜怡钏	王郑阳
吴艳莹	邹人和	宗博晨	冯晨凯	罗俊健	王云杰	张钰杰	胡　嫣
储庭玉	林　旺	朱兴豪	赵旭昱				

七、环境科学与工程学院:12 人

林可欣	李嘉炜	张　鹏	毛凤仪	李雪竹	林　莹	代锦冰	程　凯
王媛媛	薛东鑫	韩金灿	王　荔				

八、水利与水电工程学院:12 人

水智龙	黄子豪	张　驰	李承鸿	刘　扬	王景怡	张本宁	张　惠
郭日伟	刘若楠	王　辰	赵仕达				

九、数理学院:10 人

袁　野	吴　婵	杨东顺	胡琼玉	张明昊	王　帅	王雨青	张奔
刘若楠	张振羽						

十、人文与社会科学学院:16 人

魏　菲	李鑫鑫	陈晗颖	唐雨澜	张艳芳	阮水青	张　琪	朱梅慧
熊萱洁	张兆琼	王　莹	丁　园	张羚洋	王雪宜	李思晴	白玛扎西

十一、外国语学院:5 人

邢　栋	曹艺嘉	杨　洋	李智科	李苗苗

(保定校区)

徐玉麟	周乐游	张　超	谢雨虹	曹亚博	顾亚婷	张　政	路秋阳
刘馨雨	柯宇健	过佳俊	田逸涵	谢春栋	马　雪	黄文轩	杨若羽
李静静	葛煊文	刘小萌	钟昕圻	刘　欢	刘永欢	秦倩倩	徐海松
路梦雪	刘超男	王佳朋	许敏兴	戴辉翔	吴秋华	马志鹏	周晓煜
窦　青	王　锐	张铭恒	张子怡	程诚诚	卢致伟	雷诏凯	张泽彬
王佳佳	朱　昆	闫宇辰	严心怡	申家顺	康天祥	程小芳	侯心宇
隽炳洋	金　谦	郭梦灏	刘　鑫	赵治钧	高赛迪	杜佳倩	哈　程
黄　浩	杨　澜	李彦荣	陈冠宇	俞丹丹	邓京豪	刘文昶	孙志伟
张　砦	李一卜	刘　辉	莎丽亚·艾尼	肖立彬	薛顺姣	马　悦	

二、电子与通信工程系:23 人

刘　琪	王槐英	张竞择	徐小龙	王葆珠	满文洋	曾丽煌	王刚磊
高明伟	黄宇淋	蔡雅芩	石伟华	柳光辉	吴红波	刘书恒	高　畅
袁啸天	张小可	郭思君	吴友洁	张　超	姜　誉	石茹月	

三、动力工程系:45 人

张　帆	赵　冰	马顺勇	赵浩增	郭泽瑞	王汉鹏	刘敏慧	韩玉慧
韩家祺	刘　鹏	王振乾	徐海淇	齐　睿	殷子龙	林云至	巩一帆
柏腾达	郭　超	王石柳	樊力博	吴振宇	贾洪平	郭　婷	刘欣萌
冷震宇	王天和	张靖涛	杨　鑫	钱海涛	张忠宝	蒋心琪	顾欣宇
李贺珍	赵金洋	张梦媛	喻晶晶	刘锐岩	唐　雄	李俊峰	毛灵金
李育恩	巩锦程	邹佳好	师萌萌	刘　坤			

四、机械工程系:53 人

刘　哲	秦亮亮	田　宇	朱　越	姜晓政	吴中云	汪　琴	陈胜来
张宏滨	张　臻	郑　海	张永建	李　静	董文辉	樊宇展	王爱武
赵子腾	罗会平	李威博	吴连富	黄嘉宁	白雨吉	郭　虔	高嘉乐
王田丰	张子华	刘歆宇	陈冰慧	徐腾龙	陈金智	胡杨杨	张国兴
陈鑫鹏	张佳沁	李一硕	董　行	梁兴宝	康绍斌	张鑫姣	王崇莉
朱钰霖	陈海春	王同辉	李　锦	侯永钊	高　伟	陈春雷	郭　晏
彭　锐	程阿豪	晏齐胜	黄启峰	冯政凯			

五、计算机系:40 人

丁文俊	孙精精	张兆仿	彭璐熙	申　娅	王宛婷	李冯孺	张　悦
程碧辉	王毅博	范嘉航	李　卉	陈　瑶	王晨宇	任姜毓	谭　畅
敖林华	向福俊	姚雪琪	郭佳兴	陈鹏瑞	景　薇	刘　环	牛馨晨
程金玉	尹沛东	杨嘉玮	李　华	赵　晟	邓　垚	陈子健	李奕菲
樊春伟	孙　月	陈祥瑞	邹立岗	穆文翰	王瑞敏	柳　毅	上官诚治

六、自动化系:33 人

王　鹏	贾林朋	侯龙飞	王艺珂	马雨柯	刘香怡	索　妮	宋　衡
王东臻	韦祖娜	塔　拉	陈凯涛	王小焕	熊显娥	张继元	齐纪锦
牛大奔	杨雨润	杨慧明	邵元雄	王　冉	宋　梁	刁永乐	景雅琼
向雨蒙	祝　坤	黄莘议	张高华	荆　涛	杨　利	马玉洁	张　宇
王国强							

七、经济管理系:41 人

黄朱玲	王雪柔	胡　岚	宋雨欣	李嘉欣	辛大钢	刘佩瑶	杨子怡
彭莎婷	朱林博	辛文鑫	贾文雅	彭若男	王　岚	高文玉	王雨珺
钟　丹	刘雪璐	霍世丹	李嘉昕	沈灿恺	张瑞倩	汪俊俊	吴婷婷
王美惠	史凯月	王苗苗	欧阳薇	薛志强	祝语欣	刘晓瑶	董浩森
连佳佳	王正义	霍英杰	沈安琪	徐焱昭	马一菲	樊子逸	怀亨利
贺蒙蒙							

八、环境科学与工程系:29 人

姚悦洋	石小平	刘翠茹	崔鸿博	赵晓涵	卫　薇	董宇豪	李　悦
邹春蕊	赖思羽	李　媛	吴　超	史军鹏	赵雪纯	许东倩	王若晨

赵纹奇	李宇彤	路　刚	杨钰婷	徐大艳	赖丝丝	孙　阔	石若含
余雅静	刘苇东	梁珀乾	夏鑫焱	马云浩			

九、数理系:16 人

郭川美	施林静	崔　峰	毛念慈	李　蕖	武跃义	占祥娟	王思嘉
赵雲曲	刘娜	杨　帆	杜　蕊	王永康	黄泳营	康飘艳	卢岩锋

十、英语系:9 人

陈景宇	林　佳	尹俊莹	黄煜鑫	张　虎	张红燕	王　涛	周良盈
陈情义							

十一、法政系:21 人

贾梓靖	赵雪敏	张佳乐	曾艺璇	王倩玉	李睦濡	邵晓艳	冯他山
马岚馨	李茂赏	邱　豪	韩艾君	吴锦秀	秦嘉文	吉瑞瑞	任风佳
赵　硕	王钰琴	德　西	韩冰燕	孙晓敏			

教　育　教　学

华北电力大学 2022 年本科专业设置一览表

北京校部		
工学	电气类	电气工程及其自动化
		智能电网信息工程
	电子信息类	电子信息工程
		电子科学与技术
		通信工程
		电子信息科学与技术
	核工程类	核工程与核技术
		辐射防护与核安全
	环境科学与工程类	应用化学
	能源动力类	新能源科学与工程
		能源与动力工程
		储能科学与工程
	材料类	新能源材料与器件
		材料科学与工程
	机械类	机械工程
	土木类	建筑环境与能源应用工程
	水利类	水利水电工程
		水文与水资源工程
	仪器类	测控技术与仪器
	自动化类	自动化
		机器人工程

保定校区		
工学	电气信息类	电气工程及其自动化
	电子信息类	通信工程
		电子信息科学与技术
		集成电路设计与集成系统
	机械类	机械工程
		智能制造工程
	能源动力类	热能与动力工程
		储能科学与工程
		氢能科学与工程
	土木类	建筑环境与能源应用工程
	仪器类	测控技术与仪器
	自动化类	自动化
		机器人工程
	环境科学与工程类	环境工程
	化学类	应用化学
	化工与制药类	能源化学工程
	计算机类	计算机科学与技术
		软件工程
		网络工程
		信息安全
		智能科学与技术
		人工智能

续表

北京校部			保定校区		
	计算机类	人工智能	管理学	工商管理类	会计学
		计算机科学与技术			工商管理
		软件工程		公共管理类	行政管理
		信息安全		管理科学与工程类	信息管理与信息系统
		物联网工程			工程造价
		智能科学与技术		工业工程类	工业工程
	管理科学与工程类	信息管理与信息系统	经济学	经济学类	经济学
		工程管理	理学	数学类	信息与计算科学
法学	法学类	法学			数据科学与大数据技术
经济学	经济学类	经济学			应用物理学
	金融学类	金融学		环境科学类	环境科学
管理学	物流管理与工程类	供应链管理	法学	社会学类	社会工作
	工商管理类	工商管理		法学类	法学
		市场营销	文学	外国语言文学类	英语
		人力资源管理			翻译
		会计学	艺术学	设计学类	产品设计
		财务管理			
	公共管理类	公共事业管理			
		行政管理			
文学	中国语言文学类	汉语言文学			
	新闻传播学类	广告学			
	外国语言文学类	英语			
		翻译			
理学	数学类	信息与计算科学			
		数据科学与大数据技术			
	物理类	应用物理学			
	环境科学类	环境科学			

（教务处　提供）

华北电力大学 2022 年全日制学术学位授权学科一览表

学科门类	一级学科名称	授权点层次		
		一级学科	博士点	硕士点
经济学	应用经济学	√		√
法学	法学	√		√
	马克思主义理论	√		√
文学	外国语言文学	√		√

续表

学科门类	一级学科名称	授权点层次		
		一级学科	博士点	硕士点
理学	数学	√		√
	物理学	√		√
工学	机械工程	√		√
	材料科学与工程	√		√
	动力工程及工程热物理	√	√	√
	电气工程	√	√	√
	电子科学与技术	√		√
	信息与通信工程	√		√
	控制科学与工程	√	√	√
	计算机科学与技术	√		√
	土木工程	√		√
	水利工程	√	√	√
	化学工程与技术	√		√
	核科学与技术	√	√	√
	农业工程			√082804 农业电气与自动化二级学科授权点
	环境科学与工程	√		√
	软件工程	√		√
管理学	管理科学与工程	√	√	√
	工商管理	√	√	√
	公共管理	√		√

（研究生院　提供）

华北电力大学 2022 年全日制专业学位授权类别及领域

序号	专业学位类别名称	专业学位类别代码	专业学位领域名称	专业学位领域代码
1	金融	0251		
2	应用统计	0252		
3	法律	0351	法律(法学)	035101
			法律(非法学)	035102
4	翻译	0551	英语笔译	055101
			英语口译	055102
5	电子信息	0854		
6	机械	0855		
7	材料与化工	0856		
8	资源与环境	0857		

续表

序号	专业学位类别名称	专业学位类别代码	专业学位领域名称	专业学位领域代码
9	能源动力	0858		
10	工商管理	1251		
11	公共管理	1252		
12	会计	1253		
13	工程管理	1256	工程管理	125601
			工业工程与管理	125603
			物流工程与管理	125604

（研究生院　提供）

华北电力大学 2022 年博士后流动站一览表

序号	设站学科	批准文号	审批时间（年.月.日）
1	电气工程	人发〔2001〕28 号	2001.3.26
2	工商管理	国人部发〔2003〕38 号	2003.10.23
3	动力工程及工程热物理	国人部发〔2007〕110 号	2007.8.14
4	管理科学与工程	人社部发〔2009〕107 号	2009.9.4
5	控制科学与工程	人社部发〔2012〕48 号	2012.8.29
6	核科学与技术	人社部发〔2019〕105 号	2019.9.27

（人才办　提供）

华北电力大学 2022 年本科各省市招生执行情况一览表

（北　京　校　部）

生源地		山西	内蒙古	吉林	黑龙江	安徽	江西	河南	广西	四川
理工类	当地重点线	498	427	488	429	491	509	509	475	515
	录取最高分	612	607	605	604	629	608	634	641	652
	录取最低分	572	519	564	548	606	586	603	576	612
	录取平均分	582	575	580	567	613	593	611	589	621
	最低分高出重点线	74	92	76	119	115	77	94	101	97
	平均分高出重点线	84	148	92	138	122	84	102	114	106
文史类	当地重点线	517	459	511	463	523	529	527	532	538
	录取最高分	563	557	550	560	584	584	587	605	602
	录取最低分	555	533	540	549	574	579	574	590	586
	录取平均分	558	544	545	553	580	580	581	595	589
	最低分高出重点线	38	74	29	86	51	50	47	58	48
	平均分高出重点线	41	85	34	90	57	51	54	63	51

生源地		北京	天津
综合改革	当地重点线	518	583
	录取最高分	641	678
	录取最低分	608	639
	录取平均分	623	652
	最低分高出重点线	90	56
	平均分高出重点线	105	69

续表

生源地		贵州	云南	西藏（汉）	西藏（民）	陕西	甘肃	青海	宁夏	新疆
理工类	当地重点线	451	515	400	305	449	442	335	412	400
	录取最高分	601	641	586	399	610	576	549	568	549
	录取最低分	565	607	553	370	573	546	470	525	518
	录取平均分	574	618	565	382	583	554	491	538	527
	最低分高出重点线	114	92	153	65	124	104	77	113	118
	平均分高出重点线	123	103	165	78	134	112	98	126	127
文史类	当地重点线	549	575	430	340	484	485	409	487	443
	录取最高分	613	637	532	366	563	541	496	544	514
	录取最低分	608	628	532	366	552	536	496	530	503
	录取平均分	609	631	532	366	559	538	496	536	510
	最低分高出重点线	59	53	102	24	68	51	51	43	60
	平均分高出重点线	60	56	102	24	75	53	51	49	67

生源地		上海	浙江
综合改革	当地重点线	503	592
	录取最高分	557	659
	录取最低分	532	632
	录取平均分	541	642
	最低分高出重点线	29	40
	平均分高出重点线	38	50

生源地		河北	辽宁	江苏	福建	湖北	湖南	广东	重庆	
物理类	当地重点线	487	501	516	520	504	475	538	476	
	录取最高分	633	650	628	629	612	615	625	626	
	录取最低分	597	598	587	592	584	587	598	579	
	录取平均分	611	623	608	607	599	598	609	596	
	最低分高出重点线	110	97	71	72	80	112	60	103	
	平均分高出重点线	124	122	92	87	95	123	71	120	
历史类	当地重点线	506	500	525	542	527	499	532	493	
	录取最高分	610	603	573	592	579	586	579	582	
	录取最低分	602	591	569	583	575	578	575	574	
	录取平均分	606	595	571	586	576	581	576	577	
	最低分高出重点线	96	91	44	41	48	79	43	81	
	平均分高出重点线	100	95	46	44	49	82	44	84	

生源地		山东	海南
综合改革	当地重点线	513	569
	录取最高分	629	745
	录取最低分	592	654
	录取平均分	606	685
	最低分高出重点线	79	85
	平均分高出重点线	93	116

（保　定　校　区）

生源地		山西	内蒙古	吉林	黑龙江	安徽	江西	河南	广西	四川
理工类	当地重点线	498	427	488	429	491	509	509	475	515
	录取最高分	598	596	594	574	620	604	621	618	628
	录取最低分	565	518	547	541	585	576	591	576	603
	录取平均分	574	562	564	553	596	586	602	591	613
	最低分高出重点线	67	91	59	112	94	67	82	101	88
	平均分高出重点线	76	135	76	124	105	77	93	116	98
文史类	当地重点线	517	459	511	463	523	529	527	532	538
	录取最高分	561	551	546	542	573	576	580	588	588
	录取最低分	552	517	535	534	563	568	573	578	580
	录取平均分	556	537	538	537	566	571	575	582	583
	最低分高出重点线	35	58	24	71	40	39	46	46	42
	平均分高出重点线	39	78	27	74	43	42	48	50	45

生源地		北京	天津
综合改革	当地重点线	518	583
	录取最高分	625	651
	录取最低分	573	632
	录取平均分	604	640
	最低分高出重点线	55	49
	平均分高出重点线	86	57

续表

生源地		贵州	云南	西藏（汉）	西藏（民）	陕西	甘肃	青海	宁夏	新疆
理工类	当地重点线	451	515	400	305	449	442	335	412	400
	录取最高分	586	624	540	373	594	557	532	541	533
	录取最低分	566	581	525	364	563	524	468	506	461
	录取平均分	591	610	533	368	575	538	490	519	515
	最低分高出重点线	115	66	125	59	114	82	133	94	61
	平均分高出重点线	140	95	133	63	126	96	155	107	115
文史类	当地重点线	549	575			484	485	409	487	443
	录取最高分	607	625			549	534	513	542	508
	录取最低分	582	621			541	526	489	528	495
	录取平均分	598	623			544	530	497	535	500
	最低分高出重点线	33	46	无	无	57	41	88	48	57
	平均分高出重点线	49	48	无	无	60	45	80	41	52

生源地		上海	浙江
综合改革	当地重点线	503	592
	录取最高分	553	648
	录取最低分	536	616
	录取平均分	545	632
	最低分高出重点线	33	24
	平均分高出重点线	42	40

生源地		河北	辽宁	江苏	福建	湖北	湖南	广东	重庆	
物理类	当地重点线	487	501	516	520	504	475	538	476	
	录取最高分	619	636	617	623	609	608	621	611	
	录取最低分	580	578	576	587	574	575	587	551	
	录取平均分	599	608	600	600	590	594	606	581	
	最低分高出重点线	93	77	60	67	70	100	49	75	
	平均分高出重点线	112	107	84	80	86	119	68	105	
历史类	当地重点线	506	500	525	542	527	499	532	493	
	录取最高分	605	602	571	580	575	570	569	560	
	录取最低分	589	569	564	577	571	562	562	542	
	录取平均分	594	578	566	578	572	565	564	550	
	最低分高出重点线	83	69	39	35	44	63	30	49	
	平均分高出重点线	88	78	41	36	45	66	32	57	

生源地		山东	海南
综合改革	当地重点线	513	569
	录取最高分	618	699
	录取最低分	578	651
	录取平均分	595	680.5
	最低分高出重点线	65	82
	平均分高出重点线	82	111.5

说明：合并本科批次的省份使用的重点线为特殊类型招生控制分数线。

（学生处　提供）

教职工及师资情况

华北电力大学 2022 年教职工情况表

单位：人

指标名称	代码	中共党员	共青团员	民主党派	香港	澳门	台湾	华侨	少数民族
教职工	1	1342	0	56	0	0	0	0	92
＃女	2	483	0	23	0	0	0	0	49
专任教师	3	—	—	—	—	—	—	—	—
高等教育学校	4	834	0	47	0	0	0	0	66
＃女	5	236	0	20	0	0	0	0	34

（网络与信息化办公室　牛辰昊　提供）

华北电力大学 2022 年研究生指导教师情况表

指标名称		代码	合计	#人事关系在本校	29 岁以下	30～34 岁	35～39 岁	40～44 岁	45～49 岁	50～54 岁	55～59 岁	60～64 岁	65 岁及以上
甲		乙	1	2	3	4	5	6	7	8	9	10	11
总计		01	1492	1385	23	164	184	316	281	214	247	41	22
#女		02	484	—	9	56	62	102	98	80	70	4	3
按专业技术职务分	正高级	03	584	520	0	5	26	80	122	105	185	39	22
	副高级	04	659	616	2	68	116	167	139	104	61	2	0
	中级	05	249	249	21	91	42	69	20	5	1	0	0
按指导关系分	博士生导师	06	0	0	0	0	0	0	0	0	0	0	0
	#女	07	0	—	0	0	0	0	0	0	0	0	0
	硕士生导师	08	1048	1048	23	156	144	234	189	145	152	5	0
	#女	09	410	—	9	55	53	87	83	61	60	2	0
	博士生、硕士生导师	10	444	337	0	8	40	82	92	69	95	36	22
	#女	11	74	—	0	1	9	15	15	19	10	2	3

（网络与信息化办公室　牛辰旻　提供）

华北电力大学 2022 年人才接收与引进表

北京校部:134 人

序号	姓名	性别	部门	出生日期	编制标志	学历	学位	毕业院校	所学专业
1	沈雅琦	女	电气与电子工程学院	1994/09/23	新讲师博士后	博士研究生毕业	博士学位	华北电力大学	电气工程
2	庚　翔	男	电气与电子工程学院	1991/06/01	教师	博士研究生毕业	博士学位	深圳大学	化学
3	樊思迪	女	电气与电子工程学院	1991/03/29	教师	博士研究生毕业	博士学位	深圳大学	能源科学
4	崔雅萍	女	电气与电子工程学院	1993/02/28	实验	硕士研究生毕业	硕士学位	华北电力大学	信息与通信工程
5	任瀚文	男	电气与电子工程学院	1994/01/18	新讲师博士后	博士研究生毕业	博士学位	华北电力大学	电气工程
6	孙　鹏	男	电气与电子工程学院	1994/10/08	新讲师博士后	博士研究生毕业	博士学位	华北电力大学	电气工程
7	石超君	男	电气与电子工程学院	1992/11/01	新讲师博士后	博士研究生毕业	博士学位	河北工业大学	电气工程
8	陈　庚	男	电气与电子工程学院	1990/01/30	新讲师博士后	博士研究生毕业	博士学位	华北电力大学	电气工程
9	赵西贝	男	电气与电子工程学院	1993/02/11	新讲师博士后	博士研究生毕业	博士学位	华北电力大学	电气工程
10	郑顺林	男	电气与电子工程学院	1994/11/11	新讲师博士后	博士研究生毕业	博士学位	华北电力大学	电气工程
11	董怡冰	女	电气与电子工程学院	1997/09/29	辅导员	硕士研究生毕业	硕士学位	华北电力大学	电子与通信工程
12	史东雁	女	电气与电子工程学院	1996/01/30	辅导员	硕士研究生毕业	硕士学位	中国农业大学	社会学

续表

序号	姓名	性别	部门	出生日期	编制标志	学历	学位	毕业院校	所学专业
13	张　宽	男	电气与电子工程学院	1994/07/11	教师	博士研究生毕业	博士学位	湖南大学	电气工程
14	季　柯	男	电气与电子工程学院	1993/10/20	教师	博士研究生毕业	博士学位	中国电力科学研究院	电力电子与电气传动
15	郑顺林	男	电气与电子工程学院	1994/11/11	新讲师博士后	博士研究生毕业	博士学位	华北电力大学	电气工程
16	曲春霞	女	能源动力与机械工程学院	1988/03/06	管理	硕士研究生毕业	硕士学位	北京师范大学	语文教育
17	徐建勋	男	能源动力与机械工程学院	1986/05/17	教师	博士研究生毕业	博士学位	清华大学	凝聚态物理
18	黄　钢	男	能源动力与机械工程学院	1992/03/03	教师	博士研究生毕业	博士学位	北京科技大学	机械工程
19	李开洋	男	能源动力与机械工程学院	1989/07/20	教师	博士研究生毕业	博士学位	阿尔伯塔大学	材料工程
20	马　跃	男	能源动力与机械工程学院	1994/05/08	教师	博士研究生毕业	博士学位	莫纳什大学	机械工程
21	赤　骋	男	能源动力与机械工程学院	1991/03/07	教师	博士研究生毕业	博士学位	清华大学	机械工程
22	王子乐	男	能源动力与机械工程学院	1989/02/13	教师	博士研究生毕业	博士学位	北京大学	物理化学
23	韩　璐	女	能源动力与机械工程学院	1983/11/09	实验	硕士研究生毕业	硕士学位	内蒙古工业大学	热能工程
24	王舒玮	女	能源动力与机械工程学院	1992/09/17	新讲师博士后	博士研究生毕业	博士学位	清华大学	材料科学与工程
25	张天翼	男	能源动力与机械工程学院	1993/04/09	新讲师博士后	博士研究生毕业	博士学位	北京科技大学	材料科学与工程
26	辛团团	男	能源动力与机械工程学院	1993/07/28	新讲师博士后	博士研究生毕业	博士学位	华北电力大学	动力工程及工程热物理
27	金越濛	女	能源动力与机械工程学院	1998/08/23	辅导员	硕士研究生毕业	硕士学位	英国爱丁堡大学	对外英语教学
28	张晓磊	女	能源动力与机械工程学院	1986/02/08	教师	博士研究生毕业	博士学位	瑞典皇家理工学院	材料科学技术
29	朱代漫	女	能源动力与机械工程学院	1988/05/19	教师	博士研究生毕业	博士学位	北京科技大学	材料科学与工程
30	张文强	男	能源动力与机械工程学院	1993/05/11	教师	博士研究生毕业	博士学位	香港城市大学	机械工程
31	冯　谦	男	控制与计算机工程学院	1989/09/20	教师	博士研究生毕业	博士学位	奥克兰大学	电气与电子工程
32	于　田	男	控制与计算机工程学院	1996/07/24	实验	硕士研究生毕业	硕士学位	首都师范大学	计算机技术
33	赵旖超	女	控制与计算机工程学院	1998/02/06	管理	硕士研究生毕业	硕士学位	首都经济贸易大学	民商法学
34	张世魁	男	控制与计算机工程学院	1995/08/09	辅导员	硕士研究生毕业	硕士学位	首都师范大学	计算机技术
35	蒲梦杨	女	控制与计算机工程学院	1993/11/04	教师	博士研究生毕业	博士学位	北京交通大学	计算机科学与技术
36	张建华	女	控制与计算机工程学院	1969/03/14	教师	博士研究生毕业	博士学位	北京航空航天大学	流体传动及控制
37	杨晴贺	女	经济与管理学院	1992/02/25	教师	博士研究生毕业	博士学位	对外经易大学	会计学

续表

序号	姓名	性别	部门	出生日期	编制标志	学历	学位	毕业院校	所学专业
38	张　漪	女	经济与管理学院	1982/11/21	普通博士后	博士研究生毕业	博士学位	山东工商学院	电子商务与物流管理
39	薛晓达	男	经济与管理学院	1994/07/12	新讲师博士后	博士研究生毕业	博士学位	北京航空航天大学	管理科学与工程
40	陶晨璐	女	经济与管理学院	1994/07/26	新讲师博士后	博士研究生毕业	博士学位	北京林业大学	农林经济管理
41	雷　宇	女	经济与管理学院	1995/05/20	辅导员	硕士研究生毕业	硕士学位	华北电力大学	外国语言学及应用语言学
42	刘宝昌	男	经济与管理学院	1996/01/08	辅导员	硕士研究生毕业	硕士学位	北京林业大学	风景园林
43	魏　锋	男	经济与管理学院	1985/04/27	教师	博士研究生毕业	博士学位	清华大学	工商管理
44	陈思源	女	经济与管理学院	1994/05/28	教师	博士研究生毕业	博士学位	北京理工大学	管理科学与工程
45	许传博	男	经济与管理学院	1993/08/22	教师	博士研究生毕业	博士学位	华北电力大学	管理科学与工程
46	赵　兴	女	新能源学院	1989/09/21	教师	博士研究生毕业	博士学位	清华大学	化学工程
47	吕延龙	男	新能源学院	1987/07/26	教师	博士研究生毕业	博士学位	北京化工大学	化学工程与技术
48	王艳红	女	新能源学院	1983/06/09	教师	博士研究生毕业	博士学位	中国科学院物理研究所	凝聚态物理
49	郭金刚	男	新能源学院	1997/05/09	实验	硕士研究生毕业	硕士学位	昆明理工大学	材料物理与化学
50	吴洋文	男	新能源学院	1994/05/03	新讲师博士后	博士研究生毕业	博士学位	华北电力大学	可再生能源与清洁能源
51	王龙泽	男	新能源学院	1988/04/12	新讲师博士后	博士研究生毕业	博士学位	华北电力大学	可再生能源与清洁能源
52	闫亚敏	女	新能源学院	1994/10/06	新讲师博士后	博士研究生毕业	博士学位	中国石油大学（北京）	油气储运工程
53	陈　思	女	新能源学院	1994/05/28	辅导员	硕士研究生毕业	硕士学位	英国爱丁堡大学	管理科学与工程
54	李新涛	男	新能源学院	1989/03/03	教师	博士研究生毕业	博士学位	西北工业大学	空气动力学
55	MOHAMED ABDELKARIM	男	新能源学院	1990/05/04	普通博士后	博士研究生毕业	博士学位	华北电力大学	电气工程
56	胡　斌	男	新能源学院	1992/05/01	教师	博士研究生毕业	博士学位	华北电力大学	可再生能源与清洁能源
57	吕海财	男	核科学与工程学院	1988/12/15	教师	博士研究生毕业	博士学位	深圳大学	动力工程及工程热物理
58	侯文杰	女	核科学与工程学院	1990/12/08	教师	博士研究生毕业	博士学位	北京航空航天大学	物理学
59	赵明洋	男	核科学与工程学院	1991/05/02	教师	博士研究生毕业	博士学位	美国克莱姆森大学	材料科学与工程
60	刘聚哲	男	环境科学与工程学院	1989/03/07	教师	博士研究生毕业	博士学位	北京航空航天大学	材料科学与工程
61	王杰琼	女	环境科学与工程学院	1986/01/14	教师	博士研究生毕业	博士学位	东莞理工学院	环境科学
62	张小霞	女	环境科学与工程学院	1992/05/18	新讲师博士后	博士研究生毕业	博士学位	北京化工大学	化学工程与技术

续表

序号	姓名	性别	部门	出生日期	编制标志	学历	学位	毕业院校	所学专业
63	于广飞	男	环境科学与工程学院	1993/08/04	新讲师博士后	博士研究生毕业	博士学位	中国科学院大学	环境工程
64	胡烨子	女	环境科学与工程学院	1995/01/24	新讲师博士后	博士研究生毕业	博士学位	华北电力大学	能源环境工程
65	张圆正	男	环境科学与工程学院	1991/08/04	新讲师博士后	博士研究生毕业	博士学位	北京师范大学	环境工程
66	于明川	男	环境科学与工程学院	1988/01/12	教师	博士研究生毕业	博士学位	西安交通大学	环境工程
67	徐　磊	男	环境科学与工程学院	1985/01/04	教师	博士研究生毕业	博士学位	大连理工大学	环境工程
68	周玉菲	女	环境科学与工程学院	1987/03/10	教师	博士研究生毕业	博士学位	大连理工大学	环境工程
69	许襄宁	女	环境科学与工程学院	1998/04/26	辅导员	硕士研究生毕业	硕士学位	香港城市大学	中文
70	牛军峰	男	环境科学与工程学院	1974/12/19	教师	博士研究生毕业	博士学位	大连理工大学	环境科学与工程
71	蒋凯琦	女	环境科学与工程学院	1986/07/08	教师	博士研究生毕业	博士学位	澳大利亚纽卡斯尔大学	化学工程
72	史永正	男	环境科学与工程学院	1987/04/26	新讲师博士后	博士研究生毕业	博士学位	北京化工大学	材料科学与工程
73	王　瑾	女	水利与水电工程学院	1987/06/02	教师	博士研究生毕业	博士学位	北京工业大学	土木工程
74	王　薇	女	水利与水电工程学院	1991/06/29	教师	博士研究生毕业	博士学位	清华大学	水利工程
75	骆卓然	男	水利与水电工程学院	1993/08/28	新讲师博士后	博士研究生毕业	博士学位	北京工业大学	土木工程
76	徐　超	男	水利与水电工程学院	1991/05/27	新讲师博士后	博士研究生毕业	博士学位	西北农林科技大学	水利工程
77	RAHEELA JAMAL	女	水利与水电工程学院	1985/08/15	教师	博士研究生毕业	博士学位	华北电力大学	水利工程
78	董硕勋	男	水利与水电工程学院	1990/08/02	教师	博士研究生毕业	博士学位	北京林业大学	生态环境工程
79	马光胜	男	数理学院	1992/05/23	教师	博士研究生毕业	博士学位	北京师范大学	基础数学
80	王　姝	女	数理学院	1989/01/30	教师	博士研究生毕业	博士学位	北京航空航天大学	应用数学
81	姚小妹	女	数理学院	1989/05/16	教师	博士研究生毕业	博士学位	北京大学	计算数学
82	高东文	男	数理学院	1992/04/25	教师	博士研究生毕业	博士学位	北京工业大学	物理学
83	杜托平	男	数理学院	1982/04/08	教师	博士研究生毕业	博士学位	南京大学	数学
84	高云霞	女	数理学院	1982/05/19	教师	博士研究生毕业	博士学位	中国科学院合肥物质科学研究院	材料物理与化学
85	孟宇森	男	数理学院	1994/10/28	普通博士后	博士研究生毕业	博士学位	中国科学院大学	运筹学与控制论
86	刘　婷	女	数理学院	1994/12/31	新讲师博士后	博士研究生毕业	博士学位	清华大学	基础数学

续表

序号	姓名	性别	部门	出生日期	编制标志	学历	学位	毕业院校	所学专业
87	唐　汉	男	数理学院	1992/12/16	新讲师博士后	博士研究生毕业	博士学位	清华大学	数学
88	张　雪	男	数理学院	1990/09/12	普通博士后	博士研究生毕业	博士学位	北京大学	数学
89	孟会贤	女	数理学院	1984/09/25	教师	博士研究生毕业	博士学位	陕西师范大学	基础数学
90	王　鹏	男	数理学院	1994/04/01	教师	博士研究生毕业	博士学位	中国工程物理研究院研究生院	理论物理
91	陈娇娇	女	数理学院	1993/01/27	教师	博士研究生毕业	博士学位	中国科学院大学	物理化学
92	王晴晴	女	外国语学院	1992/06/15	实验	硕士研究生毕业	硕士学位	华北电力大学	软件工程
93	肖　瑶	女	外国语学院	1995/01/13	教师	博士研究生毕业	博士学位	香港大学	翻译
94	姜亦周	男	人文与社会科学学院	1990/07/22	教师	博士研究生毕业	博士学位	北京大学	知识产权法
95	李　强	男	人文与社会科学学院	1988/11/28	教师	博士研究生毕业	博士学位	北京大学	行政管理
96	马宇飞	男	人文与社会科学学院	1988/08/31	教师	博士研究生毕业	博士学位	对外经济贸易大学	民商法学
97	梁　田	男	马克思主义学院	1992/03/23	教师	博士研究生毕业	博士学位	北京大学	哲学
98	李森田	男	体育教学部	1997/08/03	教师	博士研究生毕业	博士学位	北京体育大学	体育教育训练学
99	刘景斌	男	体育教学部	1998/02/08	教师	硕士研究生毕业	硕士学位	拉夫堡大学	体育管理
100	孙传新	男	校领导	1972/04/19	行政	本科毕业	学士学位	北京中医药大学	医学
101	张亮亮	男	党政办公室	1995/09/05	管理	硕士研究生毕业	硕士学位	中央民族大学	财政学
102	张泽润	男	人才工作处	1997/09/12	管理	硕士研究生毕业	硕士学位	北京语言大学	英语口译
103	邹仕慧	女	研究生院学位办公室	1992/11/28	管理	硕士研究生毕业	硕士学位	美国马里兰大学	商业分析
104	吴　楠	女	教务处	1996/03/24	管理	硕士研究生毕业	硕士学位	华北电力大学	环境工程
105	丁子叶	女	对外联络与合作处	1997/07/18	管理	硕士研究生毕业	硕士学位	香港中文大学	文化研究
106	王东阳	男	人事处	1989/12/01	管理	硕士研究生毕业	硕士学位	河北师范大学	世界史
107	张心蒂	女	人事处	1990/06/02	管理	硕士研究生毕业	硕士学位	美国明尼苏达大学	教育学
108	刘　旭	男	人事处	1997/04/10	管理	硕士研究生毕业	硕士学位	中国石油大学（北京）	汉语国际教育
109	潘朕萱	女	人事处	1998/08/03	管理	硕士研究生毕业	硕士学位	中国政法大学	法律（法学）
110	陈昀睿	女	党委宣传部	1998/02/25	管理	硕士研究生毕业	硕士学位	英国华威大学	数字媒体与文化
111	侯怡宁	女	党委政策研究室发展规划处	1993/07/11	管理	博士研究生毕业	博士学位	北京师范大学	诉讼法学

续表

序号	姓名	性别	部门	出生日期	编制标志	学历	学位	毕业院校	所学专业
112	李宗谕	男	审计处	1995/05/01	其他专业技术人员	硕士研究生毕业	硕士学位	哈尔滨工业大学	土木工程
113	张 烨	女	网络与信息化工作处	1990/06/08	其他专业技术人员	硕士研究生毕业	硕士学位	北京交通大学	软件工程
114	张帅男	男	学生处	1997/10/05	辅导员	硕士研究生毕业	硕士学位	中国政法大学	新闻学
115	王 争	男	学生处	1996/11/06	教师	硕士研究生毕业	硕士学位	中央财经大学	应用心理
116	王思慧	女	沙河院区综合办公室	1997/02/17	辅导员	硕士研究生毕业	硕士学位	华北电力大学	会计
117	张 晗	女	工程训练与创新创业教育中心	1992/01/01	实验	硕士研究生毕业	硕士学位	西南交通大学	电磁悬浮与超导工程
118	奇 聪	女	工程训练与创新创业教育中心	1987/10/23	管理	硕士研究生毕业	硕士学位	北京师范大学	教育管理
119	贾硕一	男	科学技术研究院	1999/03/01	管理	硕士研究生毕业	硕士学位	俄罗斯莫斯科国立大学	国际关系
120	李景利	女	能源电力创新研究院	1989/09/05	科研	博士研究生毕业	博士学位	北京大学	材料学
121	顾佳男	男	能源电力创新研究院	1991/08/02	教师	博士研究生毕业	博士学位	北京航空航天大学	材料学
122	杨德仁	男	能源电力创新研究院	1990/11/11	科研	博士研究生毕业	博士学位	清华大学	化学
123	王一博	男	能源电力创新研究院	1991/05/04	新讲师博士后	博士研究生毕业	博士学位	华北电力大学	热能工程
124	邓乐庆	男	能源电力创新研究院	1990/12/14	科研	博士研究生毕业	博士学位	北京航空航天大学	材料物理与化学
125	刘博古	男	能源电力创新研究院	1991/11/20	科研	博士研究生毕业	博士学位	钢铁研究总院	材料科学与工程
126	武 英	男	能源电力创新研究院	1967/02/23	科研	博士研究生毕业	博士学位	哈尔滨工业大学	金属材料及热处理
127	李 佳	女	能源电力创新研究院	1985/02/26	科研	博士研究生毕业	博士学位	南京大学	工业催化
128	张梦霏	男	能源电力创新研究院	1989/12/12	科研	博士研究生毕业	博士学位	清华大学	材料科学与工程
129	何运娟	女	能源电力创新研究院	1987/10/09	科研	博士研究生毕业	博士学位	瑞典皇家理工学院	化学工程
130	亢 瑾	男	后勤管理处后勤服务集团	1988/06/20	管理	硕士研究生毕业	硕士学位	国防科技大学	电子与通信工程专业
131	刘晓燕	女	校医院	1980/10/10	其他专业技术人员	硕士研究生毕业	硕士学位	山西医科大学	免疫学
132	张丰云	女	校医院	1984/01/29	其他专业技术人员	硕士研究生毕业	硕士学位	第四军医大学	临床医学
133	刘春玲	女	校医院	1982/02/16	其他专业技术人员	硕士研究生毕业	硕士学位	大连医学大学	老年医学
134	蔡树斌	男	保卫处	1985/10/17	管理	本科毕业	学士学位	北京交通大学	通信工程

保定校区:52 人

序号	姓名	性别	部门	出生日期	编制标志	学历	学位	毕业院校	所学专业
1	杨　澜	女	党政办公室(保定)	1997/11/05	行政	硕士研究生毕业	硕士学位	四川大学	法学
2	唐　烨	女	党委宣传部(保定)	1994/08/16	行政	硕士研究生毕业	硕士学位	新加坡南洋理工大学	公共管理
3	于雨杉	女	党委学生工作部(保定)、党委武装部(保定)、学生处(保定)	1997/09/03	行政	硕士研究生毕业	硕士学位	华北电力大学	公共管理
4	李　菲	女	党委学生工作部(保定)、党委武装部(保定)、学生处(保定)	1997/10/04	教学	硕士研究生毕业	硕士学位	华中师范大学	教育学
5	郭　祺	男	科学技术处(保定)	1991/10/28	行政	博士研究生毕业	博士学位	华北电力大学	环境科学与工程
6	徐敏夫	男	网络与信息化工作处(保定)	1997/05/14	教辅	硕士研究生毕业	硕士学位	华北电力大学	计算机科学与技术
7	甄栋夫	男	电力工程系	1996/08/30	辅导员	硕士研究生毕业	硕士学位	华北电力大学	电气工程
8	李晓宇	女	电力工程系	1995/11/13	辅导员	硕士研究生毕业	硕士学位	兰州大学	法学
9	王利桐	男	电力工程系	1991/01/14	教学	博士研究生毕业	博士学位	华北电力大学	电气工程
10	刘雨濛	女	电力工程系	1992/08/28	教学	博士研究生毕业	博士学位	华北电力大学	电气工程
11	王浩名	男	电力工程系	1989/12/11	教学	博士研究生毕业	博士学位	河北工业大学	电气工程
12	刘博闻	女	电力工程系	1990/09/22	教学	博士研究生毕业	博士学位	华北电力大学	电气工程
13	何峻州	男	动力工程系	1993/11/18	教学	博士研究生毕业	博士学位	清华大学	土木工程
14	刘　博	男	动力工程系	1993/02/11	教学	博士研究生毕业	博士学位	哈尔滨工业大学	动力工程及工程热物理
15	刘景维	女	动力工程系	1993/08/02	教学	博士研究生毕业	博士学位	南开大学	化学
16	赵文波	男	动力工程系	1995/03/19	辅导员	硕士研究生毕业	硕士学位	华北电力大学	动力工程及工程热物理
17	王　腾	男	动力工程系	1992/08/10	教学	博士研究生毕业	博士学位	西安交通大学	动力工程及工程热物理
18	魏　翔	男	动力工程系	1995/07/12	教学	博士研究生毕业	博士学位	重庆大学	动力工程及工程热物理
19	刘　卓	男	动力工程系	1994/11/26	教学	博士研究生毕业	博士学位	重庆大学	动力工程及工程热物理
20	闫　润	女	动力工程系	1992/11/28	教学	博士研究生毕业	博士学位	密苏里大学哥伦比亚分校	动力工程及工程热物理
21	李弘扬	男	动力工程系	1990/09/18	教学	博士研究生毕业	博士学位	中国科学院工程热物理研究所	动力工程及工程热物理
22	曹亚帅	男	电子与通信工程系	1994/11/02	教学	博士研究生毕业	博士学位	北京邮电大学	信息与通信工程
23	吕　兵	男	电子与通信工程系	1991/01/29	教学	博士研究生毕业	博士学位	中国科学院大学	信息与通信工程

续表

序号	姓名	性别	部门	出生日期	编制标志	学历	学位	毕业院校	所学专业
24	马宁宁	女	电子与通信工程系	1993/07/17	教学	博士研究生毕业	博士学位	吉林大学	电子科学与技术
25	牛　杭	男	自动化系	1991/02/08	教学	博士研究生毕业	博士学位	西安交通大学	仪器科学与技术
26	冯雪凯	男	自动化系	1995/09/02	辅导员	硕士研究生毕业	硕士学位	华北电力大学	控制科学与工程
27	董　昊	男	数理系	1994/08/10	教学	博士研究生毕业	博士学位	山东大学	物理学
28	高雪娇	女	数理系	1988/02/07	教学	博士研究生毕业	博士学位	上海交通大学	电子科学与技术
29	龚　驰	男	数理系	1993/03/04	教学	博士研究生毕业	博士学位	中国矿业大学（北京）	力学
30	罗　杨	女	数理系	1991/08/28	教学	博士研究生毕业	博士学位	吉林大学	物理学
31	战馨雨	女	经济管理系	1998/08/14	辅导员	硕士研究生毕业	硕士学位	华北电力大学	工商管理
32	胡雅元	男	经济管理系	1997/03/23	辅导员	硕士研究生毕业	硕士学位	山西大学	环境科学与工程
33	张浩楠	男	经济管理系	1992/12/06	教学	博士研究生毕业	博士学位	华北电力大学	工商管理
34	李卓颖	女	法政系	1996/08/26	实验	硕士研究生毕业	硕士学位	华北电力大学	法学
35	侯晓璐	女	英语系	1997/07/05	辅导员	硕士研究生毕业	硕士学位	北京化工大学	公共管理
36	朱建勇	男	计算机系	1990/05/22	教学	博士研究生毕业	博士学位	北京航空航天大学	计算机科学与技术
37	路姝杨	女	计算机系	1997/07/20	辅导员	硕士研究生毕业	硕士学位	陕西师范大学	音乐与舞蹈学
38	刘　德	男	体育教学部(保定)	1996/04/05	教学	硕士研究生毕业	硕士学位	北京体育大学	体育学
39	黄　绪	男	体育教学部(保定)	1998/01/26	教学	硕士研究生毕业	硕士学位	马来西亚城市大学	教育学
40	杨　菲	女	体育教学部(保定)	1996/12/04	教学	硕士研究生毕业	硕士学位	北京体育大学	体育学
41	李康睿	男	环境科学与工程系	1996/12/02	实验	硕士研究生毕业	硕士学位	华北电力大学	化学工程与技术
42	邸　祥	男	环境科学与工程系	1992/10/12	教学	博士研究生毕业	博士学位	南开大学	化学
43	段雪雷	男	环境科学与工程系	1992/03/03	教学	博士研究生毕业	博士学位	华北电力大学	环境科学与工程
44	郝洪策	男	机械工程系	1996/12/15	辅导员	硕士研究生毕业	硕士学位	华北电力大学	机械工程
45	祁复功	男	机械工程系	1992/11/26	教学	博士研究生毕业	博士学位	天津大学	材料科学与工程
46	王鹏洁	男	机械工程系	1994/10/02	教学	博士研究生毕业	博士学位	武汉大学	机械工程
47	王艺达	男	艺术教育中心（保定）	1997/02/27	教学	硕士研究生毕业	硕士学位	中央音乐学院	音乐与舞蹈学
48	张　沙	女	艺术教育中心（保定）	1984/02/08	教学	硕士研究生毕业	硕士学位	河北大学	音乐与舞蹈学

续表

序号	姓名	性别	部门	出生日期	编制标志	学历	学位	毕业院校	所学专业
49	李艳飞	女	马克思主义学院（保定）	1994/12/21	教学	博士研究生毕业	博士学位	武汉大学	马克思主义理论
50	康　超	男	马克思主义学院（保定）	1993/07/06	教学	博士研究生毕业	博士学位	武汉大学	马克思主义理论
51	宋洪波	女	校医院(保定)	1978/09/06	教辅	大学本科毕业	硕士学位	张家口医学院	临床医学
52	李　辉	女	校医院(保定)	1980/11/05	教辅	硕士研究生毕业	硕士学位	华北煤炭医学院	生物学

（人事处　李璞　提供）

科研产业与校企合作情况

华北电力大学 2022 年中央高校基本科研业务费专项资金项目资助情况一览表

（单位：万元）

序号	项目编号	项目名称	负责人	所在单位	资助类别	申请领域	资助金额
1	2022YQ003	基于海缆状态光纤感知与风功率预测的海上风电动态增容研究	马国明	电气与电子工程学院	优秀青年团队	理工类	30
2	2022MS001	面向自动驾驶的电力一交通协同运行和规划研究	丁肇豪	电气与电子工程学院	面上项目	理工类	10
3	2022MS002	基于负荷效用动态特性的网联电器需求响应机制研究	祁琪	电气与电子工程学院	面上项目	理工类	10
4	2022MS003	广义储能综合价值发现方法与激励机制研究	武昭原	电气与电子工程学院	面上项目	理工类	10
5	2022MS004	电网构建型换流器的关键技术研究	熊小玲	电气与电子工程学院	面上项目	理工类	10
6	2022MS005	双轴励磁调相机宽范围暂态无功调节能力研究	许国瑞	电气与电子工程学院	面上项目	理工类	10
7	2022MS006	基于换相序技术的功角稳定控制方法研究	李铁凡	电气与电子工程学院	面上项目	理工类	10
8	2022MS007	电接触材料摩擦烧蚀相变演化机制与增强方法	任瀚文	电气与电子工程学院	面上项目	理工类	10
9	2022YQ006	电池储能电站热管理系统多物理场耦合输运机理及控制策略研究	王伟佳	能源动力与机械工程学院	优秀青年团队	理工类	30
10	2022MS008	眼晶状体囊膜裂纹扩展机制的生物力学研究	韩少峰	能源动力与机械工程学院	面上项目	理工类	12.5
11	2022MS009	电网一次调频超级电容器优化与设计	刘佳宁	能源动力与机械工程学院	面上项目	理工类	11.5
12	2022MS010	集成新能源电驱动高温固体氧化物共电解的 IGCC 系统能质耦合机理与设计基础研究	张汉飞	能源动力与机械工程学院	面上项目	理工类	11.5
13	2022MS011	太阳能热化学转化中膜反应器实验和模拟研究	蒋琼琼	能源动力与机械工程学院	面上项目	理工类	11.5

续表

序号	项目编号	项目名称	负责人	所在单位	资助类别	申请领域	资助金额
14	2022MS012	含水超临界二氧化碳中奥氏体钢腐蚀机理探究	李开洋	能源动力与机械工程学院	面上项目	理工类	11.5
15	2022MS013	可控冷凝模式下多孔界面烟气热质传递机理	李兆豪	能源动力与机械工程学院	面上项目	理工类	11.5
16	2022MS014	TDLAS中分子吸收截面高精度重建方法研究	杜艳君	控制与计算机工程学院	面上项目	理工类	7
17	2022MS015	基于光纤传感信号的电池健康状态估计	李沂洹	控制与计算机工程学院	面上项目	理工类	6
18	2022MS016	变工况下的数据驱动迭代学习经济模型预测控制	马乐乐	控制与计算机工程学院	面上项目	理工类	6
19	2022MS017	考虑源-荷匹配的广域风能太阳能互补研究	任国瑞	控制与计算机工程学院	面上项目	理工类	7
20	2022MS018	基于黎曼图神经网络的动态社交网络融合	孙笠	控制与计算机工程学院	面上项目	理工类	6
21	2022MS019	基于多源信息融合的文本内容质量分析研究	吴思行	控制与计算机工程学院	面上项目	理工类	6
22	2022MS020	漂浮式风电机组复合抗干扰控制方法研究	许昱涵	控制与计算机工程学院	面上项目	理工类	6
23	2022MS021	区域综合能源系统弹性评估与提升策略研究	于松源	控制与计算机工程学院	面上项目	理工类	6
24	2022MS022	共同富裕目标下农村相对贫困测度与治理研究	陈燕凤	经济与管理学院	面上项目	理工类	10
25	2022MS023	基于多主体模拟的股票市场价格稳定机制研究	董馨月	经济与管理学院	面上项目	理工类	10
26	2022MS024	工程承包企业绿色建造管理策略形成机理研究	付亚凡	经济与管理学院	面上项目	理工类	10
27	2022MS025	物流对国内市场分割与煤炭价格的影响研究	罗　燊	经济与管理学院	面上项目	理工类	10
28	2022MS026	能源低碳转型对个体环保行为的作用及机制	张　玥	经济与管理学院	面上项目	理工类	10
29	2022FR001	电-碳-绿证驱动新型电力系统演化趋优的市场协同机制研究	张　硕	经济与管理学院	重点培育	哲学社会科学类	20
30	2022YQ002	近地空间浮空器用太阳能发电系统及其资源回收利用关键技术研究	张　兵	新能源学院	优秀青年团队	理工类	30
31	2022MS027	生活垃圾分级气化过程氯的迁移转化机理	黄艳琴	新能源学院	面上项目	理工类	6.7
32	2022MS028	电场诱导钙钛矿表面缺陷态气相钝化修饰研究	李海方	新能源学院	面上项目	理工类	6.7
33	2022MS029	碳基钙钛矿太阳能电池的阳极界面优化	樊冰冰	新能源学院	面上项目	理工类	6.6
34	2022MS030	基于铁基材料的原位光储一体化器件设计研究	孙　鑫	新能源学院	面上项目	理工类	6.7
35	2022MS031	面向光伏器件电极的柔性超颖材料纳米制造	冯钰贻	新能源学院	面上项目	理工类	6.7
36	2022MS032	撞击液滴湿润转变与表面结冰的耦合研究	张本熙	新能源学院	面上项目	理工类	6.6

续表

序号	项目编号	项目名称	负责人	所在单位	资助类别	申请领域	资助金额
37	2022YQ004	特大洪水条件下长江上游梯级水库群调度策略研究	张尚弘	水利与水电工程学院	优秀青年团队	理工类	30
38	2022MS046	气候变化影响下生态水文耦合模拟研究	方青青	水利与水电工程学院	面上项目	理工类	8
39	2022MS047	硬脆性岩石动力灾害灾变信号感知与灾害机理研究	郭　超	水利与水电工程学院	面上项目	理工类	8
40	2022MS048	西南干热河谷土壤侵蚀时空分布特征及影响机制研究	周　扬	水利与水电工程学院	面上项目	理工类	8
41	2022MS049	抽蓄电站内部流态对机组性能影响机理研究	郭　苗	水利与水电工程学院	面上项目	理工类	8
42	2022MS050	软土电渗处理过程中离子运移规律研究	张　林	水利与水电工程学院	面上项目	理工类	8
43	2022MS033	后处理核用含 Ti 高熵合金的研发	夏松钦	核科学与工程学院	面上项目	理工类	5
44	2022MS034	高可靠自旋存储芯片的新型材料研究	侯文杰	核科学与工程学院	面上项目	理工类	5
45	2022MS035	316L 奥氏体钢在铅铋扰流下的失效行为研究	李　聪	核科学与工程学院	面上项目	理工类	5
46	2022MS036	气体环境下颗粒流堵塞问题实验研究	周益娴	核科学与工程学院	面上项目	理工类	5
47	2022MS037	大气中微子及宇宙线缪子流强的精确计算	程　捷	核科学与工程学院	面上项目	理工类	5
48	2022MS038	低普朗特数流体湍流混合对流的 DNS 研究	郭闻韬	核科学与工程学院	面上项目	理工类	5
49	2022MS039	随机堆积球形基体石墨氧化不均匀性研究	徐　伟	核科学与工程学院	面上项目	理工类	5
50	2022MS040	机器学习辅助改性生物炭处理碘污染	陈　涛	核科学与工程学院	面上项目	理工类	5
51	2022YQ005	多功能光电催化材料理性设计和系统开发	张一梅	环境科学与工程学院	优秀青年团队	理工类	30
52	2022MS041	面向 CO_2 捕集的超疏水 59PVDF 膜结构调控及性能 6 研究	吴晓娜	环境科学与工程学院	面上项目	理工类	8
53	2022MS042	降解氯代有机物催化阴极设计及脱氯机理研究	顾雯雯	环境科学与工程学院	面上项目	理工类	8
54	2022MS043	纳米材料的可控构筑及其对 U(Ⅵ)和 Cr(Ⅵ)的去除研究	王　建	环境科学与工程学院	面上项目	理工类	8
55	2022MS044	基于深共熔溶剂的聚合物电解质研究	李　赫	环境科学与工程学院	面上项目	理工类	8
56	2022MS045	MOFs 修饰多孔碳电芬顿降解污染物性能研究	赵　坤	环境科学与工程学院	面上项目	理工类	8
57	2022MS051	偏离理想情况手征一宇称四重带的理论研究	王媛媛	数理学院	面上项目	理工类	16
58	2022MS052	面向多标记数据的标记相关性分布研究	车晓雅	数理学院	面上项目	理工类	12
59	2022MS053	基于边缘增强的多模态医学图像融合方法研究	刘晶晶	数理学院	面上项目	理工类	12
60	2022MS054	“双碳”战略与乡村振兴的融合机制研究	呼占平	人文与社会科学学院	面上项目	哲学社会科学类	10
61	2022MS055	组织学习视角下新中国政策试点的经验研究	李　娉	人文与社会科学学院	面上项目	哲学社会科学类	10
62	2022FR002	城市基层社会治理体系建设研究——以北京市回天地区为例	刘妮娜	人文与社会科学学院	重点培育	哲学社会科学类	20

续表

序号	项目编号	项目名称	负责人	所在单位	资助类别	申请领域	资助金额
63	2022FR007	欧美外商投资安全审查制度研究	沈　磊	人文与社会科学学院	后期资助	哲学社会科学类	10
64	2022MS056	汉语流水句的判定、组构和英译探究	崔　靓	外国语学院	面上项目	哲学社会科学类	10
65	2022MS057	十七世纪德国巴洛克戏剧的政治哲学思想研究	王　珏	外国语学院	面上项目	哲学社会科学类	10
66	2022FR006	基于社会文化理论的大学英语课程思政教学研究	王皎皎	外国语学院	后期资助	哲学社会科学类	6
67	2022MS058	要素市场化背景下政府数据市场化运营研究	李海敏	马克思主义学院	面上项目	哲学社会科学类	10
68	2022MS059	新时代反腐败斗争对策研究	虞海波	马克思主义学院	面上项目	哲学社会科学类	10
69	2022FR003	社会主义基本经济制度优势及治理效能提升研究	宁　阳	马克思主义学院	重点培育	哲学社会科学类	20
70	2022MS061	酸性水电解高熵催化剂的设计及应用基础研究	谭爱东	能源电力创新研究院	面上项目	理工类	6
71	2022MS062	与新型电力系统协同的输电定价机制评价方法	丛　野	能源电力创新研究院	面上项目	理工类	6
72	2022MS063	ZIF-67衍生多孔碳材料制备及氧还原反应性能研究	陈晓红	能源电力创新研究院	面上项目	理工类	6
73	2022MS064	RSOC氢电循环系统动态特性及安全运行调控机制	张雨檬	能源电力创新研究院	面上项目	理工类	6
74	2022MS065	碳基材料的制备及其储钾性能研究	邓乐庆	能源电力创新研究院	面上项目	理工类	6
75	2022MS066	分布式能源系统热力循环耦合与灵活调控研究	刘洪涛	国家能源发展战略研究院	面上项目	理工类	10
76	2022FR004	我国电网投资行为监管体系研究	李　赟	国家能源发展战略研究院	重点培育	哲学社会科学类	20
77	2022MS067	虚拟同步电网多尺度振荡的交互致稳分析与阻尼协调研究	周一辰	电力工程系	面上项目	理工类	10
78	2022MS068	环保型电缆阻燃护套的抗电弧能力研究	李　岩	电力工程系	面上项目	理工类	10
79	2022MS069	基于能量流的电抗器铁芯振动产生与传播机制	郭佳熠	电力工程系	面上项目	理工类	11
80	2022MS070	柔直换流器轻型化拓扑研究	王　琛	电力工程系	面上项目	理工类	10
81	2022MS071	环氧树脂微纳复合材料水分扩散特性及其受潮劣化机理研究	谢　军	电力工程系	面上项目	理工类	10
82	2022MS072	电力电子变压器阻抗建模与宽频振荡抑制研究	孙玉巍	电力工程系	面上项目	理工类	10
83	2022MS073	变压器绕组材料服役力学特性及多次短路冲击下塑性累积变形和稳定性研究	刘　刚	电力工程系	面上项目	理工类	10
84	2022MS074	源荷随机波动下光伏机组自适应调频控制研究	贾焦心	电力工程系	面上项目	理工类	11
85	2022MS075	SiC纤维增强复合泡沫材料制备及其内绝缘特性研究	李　乐	电力工程系	面上项目	理工类	11
86	2022MS076	基于光学自外差式高鲁棒性射频频率传递研究	刘晨霞	电子与通信工程系	面上项目	理工类	12

续表

序号	项目编号	项目名称	负责人	所在单位	资助类别	申请领域	资助金额
87	2022MS077	复杂环境下电机异响高分辨率成像技术研究	白宗龙	电子与通信工程系	面上项目	理工类	12
88	2022MS078	基于视觉 Transformer 的地基云图分割方法研究	石超君	电子与通信工程系	面上项目	理工类	8
89	2022MS079	基于多模光纤的分布式多参量同时测量方法	张立欣	电子与通信工程系	面上项目	理工类	8
90	2022MS080	二次再热光煤互补碳捕集热力系统设计与优化	付文锋	动力工程系	面上项目	理工类	8
91	2022MS081	低负荷下大型湿式冷却塔冻结预测及防冻策略	袁　威	动力工程系	面上项目	理工类	8
92	2022MS082	轴流压气机非定常流动的涡动力学机理及调控	安光耀	动力工程系	面上项目	理工类	8
93	2022MS083	冷/热边界下超临界 CO_2 流动与传热机理研究	董新宇	动力工程系	面上项目	理工类	8
94	2022MS084	非平衡凝结流动中激波耦合作用机制与弱化方法	韩　旭	动力工程系	面上项目	理工类	8
95	2022MS086	富氮生物质热转化及定向调控制备微生物燃料电池阴极催化剂	赵争辉	动力工程系	面上项目	理工类	8
96	2022MS085	轴流压气机多功能自循环机匣设计及调控机理	郎进花	动力工程系	面上项目	理工类	8
97	2022MS087	应急医院模块化光伏空调互耦机理及优化研究	陈迎亚	动力工程系	面上项目	理工类	8
98	2022MS088	手术室臭氧消杀特性认识及靶向消杀改进方法	何峻州	动力工程系	面上项目	理工类	10
99	2022MS089	分布式能源系统多时空尺度运行与评估方法	吴　迪	动力工程系	面上项目	理工类	8
100	2022MS090	臭氧-水蒸气体系中铁基催化剂对 NO/As(III)的深度氧化研究	张　月	动力工程系	面上项目	理工类	8
101	2022YQ001	分布式能源系统能量梯级高效利用机制及零碳优化运行研究	刘志坚	动力工程系	优秀青年团队项目	理工类	30
102	2022MS113	我国统一解释适用 CISG 之司法实证研究	安文靖	法政系	面上项目	理工类	7
103	2022MS116	民诉当事人的法律意识对其行动策略的影响研究	赵　静	法政系	面上项目	理工类	6
104	2022MS115	政策碎片化问题智能识别与协同治理研究	张维冲	法政系	面上项目	理工类	7
105	2022MS114	京津冀城市群城镇化协调发展研究	孙雪松	法政系	面上项目	理工类	7
106	2022MS103	基于催化氧化法的 NH_3/Hg0 协同控制机理研究	曹　悦	环境科学与工程系	面上项目	理工类	10
107	2022MS104	正电荷层级纳滤膜构筑与分离机制研究	郭世伟	环境科学与工程系	面上项目	理工类	10
108	2022MS105	定向还原 CO_2 为甲醇电催化剂的制备与表征	郭天祥	环境科学与工程系	面上项目	理工类	8
109	2022MS106	卤素掺杂质子化导电聚合物膜气相脱汞研究	郝润龙	环境科学与工程系	面上项目	理工类	8

续表

序号	项目编号	项目名称	负责人	所在单位	资助类别	申请领域	资助金额
110	2022MS107	汞离子吸附剂的荧光信号响应功能化	李　明	环境科学与工程系	面上项目	理工类	8
111	2022MS108	醇胺贫水体系碳捕集过程多孔碳球催化剂的构建及机理研究	王乐萌	环境科学与工程系	面上项目	理工类	8
112	2022MS109	AAILs-醇胺吸收剂捕集 CO_2 的氧化和腐蚀特性研究	张　盼	环境科学与工程系	面上项目	理工类	8
113	2022MS110	Ce 基催化剂微介观结构调控及其 NOx/VOCs 协同控制研究	刘　洁	环境科学与工程系	面上项目	理工类	8
114	2022MS111	光伏固废中重金属的环境风险研究	解姣姣	环境科学与工程系	面上项目	理工类	10
115	2022MS091	核能发电机转子绕组电磁力及力学响应研究	蒋宏春	机械工程系	面上项目	理工类	8
116	2022MS092	TiN-Ti_5Si_3 增强铜基复合材料制备技术及其机理研究	丁海民	机械工程系	面上项目	理工类	10
117	2022MS093	超细共晶 Ti_3Sn/TiNi 记忆合金复合材料的高性能机制	孔祥广	机械工程系	面上项目	理工类	10
118	2022MS094	乡土文化的情感化插画表现研究	田　蕾	机械工程系	面上项目	理工类	8
119	2022MS095	台区级有源配电网协同控制方法及自适应决策	王海朋	机械工程系	面上项目	理工类	10
120	2022MS096	基于应力感知的输电塔运行状态监测技术研究	杨文刚	机械工程系	面上项目	理工类	9
121	2022MS101	面向噪声和不平衡数据的域自适应算法研究	杨立然	计算机系	面上项目	理工类	10
122	2022MS102	电力巡检机器人自主任务学习与协同控制研究	姜丽梅	计算机系	面上项目	理工类	11
123	2022MS112	电力系统云储能商业模式及优化运行策略研究	陆　昊	经济管理系	面上项目	理工类	10
124	2022MS119	分子间弱相互作用力的太赫兹光谱响应研究	任冠华	数理系	面上项目	理工类	8
125	2022MS120	激发态质子转移机理及其应用的理论研究	董　昊	数理系	面上项目	理工类	8
126	2022MS121	锗锡光电材料和器件的电活性缺陷研究	高雪娇	数理系	面上项目	理工类	16
127	2022MS122	基于偏振工程的全灰阶高分辨全息技术研究	王若星	数理系	面上项目	理工类	8
128	2022MS125	全民健身与全民健康:社区公共体育服务承载力研究	高亦扬	体育教学部	面上项目	理工类	12
129	2022MS126	中国经典民歌:歌声中的党史	祝　捷	艺教中心	面上项目	理工类	7
130	2022MS127	经典诵读在理工科大学艺术教育中的理论基础和实践研究	王媛媛	艺教中心	面上项目	理工类	5
131	2022MS118	清末电学翻译史研究(1840-1911)	高　然	英语系	面上项目	理工类	10
132	2022MS117	20 世纪末美国文化战争研究	魏红坤	英语系	面上项目	理工类	10
133	2022MS123	新发展阶段中国共产党“共同富裕”话语体系建构研究	齐秀强	马克思主义学院(保定)	面上项目	理工类	10
134	2022MS124	新时代中国共产党党内政治生态建设的实践探索、逻辑理路与深化策略研究	王　杨	马克思主义学院(保定)	面上项目	理工类	10

续表

序号	项目编号	项目名称	负责人	所在单位	资助类别	申请领域	资助金额
135	2022MS097	风电齿轮箱故障的齿根应变表征方法研究	牛　杭	自动化系	面上项目	理工类	8
136	2022MS098	基于预设性能的多无人艇事件触发编队控制	焦建芳	自动化系	面上项目	理工类	8
137	2022MS099	逻辑动态系统结构控制及其在微电网中的应用	张启亮	自动化系	面上项目	理工类	8
138	2022MS100	超冗余蛇形机械臂位姿测量和控制方法研究	徐大伟	自动化系	面上项目	理工类	8
139	2022FR005	双碳目标下碳交易定价机制设计与高碳产业升级路径研究——以河北省为例	刘志彬	经济管理系	哲学社会科学繁荣计划专项后期资助项目	社科类	4
1	2022YQ003	基于海缆状态光纤感知与风功率预测的海上风电动态增容研究	马国明	电气与电子工程学院	优秀青年团队	理工类	30
2	2022MS001	面向自动驾驶的电力一交通协同运行和规划研究	丁肇豪	电气与电子工程学院	面上项目	理工类	10
3	2022MS002	基于负荷效用动态特性的网联电器需求响应机制研究	祁　琪	电气与电子工程学院	面上项目	理工类	10
4	2022MS003	广义储能综合价值发现方法与激励机制研究	武昭原	电气与电子工程学院	面上项目	理工类	10
5	2022MS004	电网构建型换流器的关键技术研究	熊小玲	电气与电子工程学院	面上项目	理工类	10
6	2022MS005	双轴励磁调相机宽范围暂态无功调节能力研究	许国瑞	电气与电子工程学院	面上项目	理工类	10
7	2022MS006	基于换相序技术的功角稳定控制方法研究	李铁凡	电气与电子工程学院	面上项目	理工类	10
8	2022MS007	电接触材料摩擦烧蚀相变演化机制与增强方法	任瀚文	电气与电子工程学院	面上项目	理工类	10
9	2022YQ006	电池储能电站热管理系统多物理场耦合输运机理及控制策略研究	王伟佳	能源动力与机械工程学院	优秀青年团队	理工类	30
10	2022MS008	眼晶状体囊膜裂纹扩展机制的生物力学研究	韩少峰	能源动力与机械工程学院	面上项目	理工类	12.5
11	2022MS009	电网一次调频超级电容器优化与设计	刘佳宁	能源动力与机械工程学院	面上项目	理工类	11.5
12	2022MS010	集成新能源电驱动高温固体氧化物共电解的 IGCC 系统能质耦合机理与设计基础研究	张汉飞	能源动力与机械工程学院	面上项目	理工类	11.5
13	2022MS011	太阳能热化学转化中膜反应器实验和模拟研究	蒋琼琼	能源动力与机械工程学院	面上项目	理工类	11.5
14	2022MS012	含水超临界二氧化碳中奥氏体钢腐蚀机理探究	李开洋	能源动力与机械工程学院	面上项目	理工类	11.5
15	2022MS013	可控冷凝模式下多孔界面烟气热质传递机理	李兆豪	能源动力与机械工程学院	面上项目	理工类	11.5
16	2022MS014	TDLAS 中分子吸收截面高精度重建方法研究	杜艳君	控制与计算机工程学院	面上项目	理工类	7
17	2022MS015	基于光纤传感信号的电池健康状态估计	李沂洹	控制与计算机工程学院	面上项目	理工类	6
18	2022MS016	变工况下的数据驱动迭代学习经济模型预测控制	马乐乐	控制与计算机工程学院	面上项目	理工类	6

（科学技术研究院　提供）

华北电力大学2022年纵向科研项目立项情况一览表

单位:(万元)

序号	项目名称	经费	负责人	项目编号	项目类别
1	风电和光伏发电系统稳定控制与灵活性提升机理与方法	2300	毕天姝	2022YFB4202300	国家重点研发计划项目
2	煤与光热耦合发电技术研究与工业验证	7500	杨勇平	2022YFB4202400	国家重点研发计划项目
3	燃煤灵活智能发电基础问题研究	1200	房　方	2022YFB4100400	国家重点研发计划项目
4	人口轨迹大数据驱动的碳中和城市能源系统人—源—荷—碳互动协同优化技术研究	300	阎　洁	2022YFE0117600	国家重点研发计划项目
5	Po-210监测的快响应探测技术研究	500	刘　洋	2022YFB1902700	国家重点研发计划项目
6	电化学强化超高卷曲纤维负载生化法对医药废水高风险物质深度净化技术	200	牛军峰	2022YFE0135700	国家重点研发计划项目
7	质子交换膜燃料电池与氢基内燃机混合发电系统技术	8960	王晓东	2022YFB4003700	国家重点研发计划项目
8	全过程实时数据高精度统一采集及高效安全可靠传输技术研究	1754	郑　涛	2021YFB2401003	国家重点研发计划课题
9	含高比例可再生能源的交直流混联电网受扰后电气量的时空分布特性和稳定特性	867	李庚银	2021YFB2400801	国家重点研发计划课题
10	海上柔性直流系统过电压绝缘配合及电磁兼容关键技术	630	齐　磊	2021YFB2400602	国家重点研发计划课题
11	规模化储能与多类型电源联合运行和稳定支撑技术	982.5	张永昌	2021YFB2400702	国家重点研发计划课题
12	典型电力装备多物理场耦合高效计算方法及降阶模型	1080	李　琳	2021YFB2401703	国家重点研发计划课题
13	交直流电压下介质薄膜结构与性能的演化规律及作用机制	460	屠幼萍	2021YFB2401503	国家重点研发计划课题
14	支持海量分布式光伏数据接入的智能感知、边缘计算、安全可信传输技术	715	孙　毅	2022YFB2402901	国家重点研发计划课题
15	煤电与新能源协同开发规划评估指标体系构建及平台开发	1480	周　明	2022YFB2403105	国家重点研发计划课题
16	计及多资源平衡能力的电力辅助服务与容量市场运营机制和交易技术研究	1200	张粒子	2022YFB2403204	国家重点研发计划课题
17	考虑一次能源供给的源荷综合平衡协同优化技术	732	刘　念	2022YFB2403402	国家重点研发计划课题
18	大容量、低损耗高频变压器设计技术	200	赵海森	2022YFB2404103	国家重点研发计划课题
19	风光发电系统故障分析与暂态协同控制	660	贾　科	2022YFB4202302	国家重点研发计划课题
20	多主体协同的配电网数据资产安全防控体系研究	1130	刘云鹏	2022YFB3105101	国家重点研发计划课题
21	煤与光热耦合发电系统集成设计优化	210	段立强	2022YFB4202401	国家重点研发计划课题
22	光煤互补发电系统调峰性能和灵活性运行技术	840	翟融融	2022YFB4202404	国家重点研发计划课题
23	机组全工况运行灵活安全协同保障技术	300	庞力平	2022YFB4100803	国家重点研发计划课题
24	双极板与扩散层结构设计与精密制造	1176	栗永利	2022YFB4002002	国家重点研发计划课题
25	全工况动态特性模拟装置及系统联合仿真与安全性校核虚拟测试技术	670	肖　峰	2022YFB2402804	国家重点研发计划课题
26	循环流化床低成本宽负荷超低排放控制优化集成研究	200	高明明	2022YFB4100304	国家重点研发计划课题

续表

序号	项目名称	经费	负责人	项目编号	项目来源
27	20兆瓦级海上新型风力发电实现机理及关键技术	302.5	林忠伟		国家重点研发计划课题
28	叠层电池器件衰减机制及稳定性提升研究	250	李美成	2022YFB4200301	国家重点研发计划课题
29	烟气二噁英源头减控与深度净化技术	340	赵　莉	2022YFC3901505	国家重点研发计划课题
30	分类高分子废弃物催化裂解一提质利用技术及装备	332	杨世关	2022YFC3902402	国家重点研发计划课题
31	典型湖泊水生态系统演变模拟及健康评价体系	280	张尚弘	2022YFC3202004	国家重点研发计划课题
32	铅铋复杂流场分布、氧输运及与材料交互作用的模型开发与验证	1050	刘　芳	2022YFB1902503	国家重点研发计划课题
33	基于数字孪生技术的堆芯关键材料多尺度设计与性能评价	590	佟振峰	2022YFB3707601	国家重点研发计划课题
34	先进氯碱离子膜装备技术	500	陈晓红	2022YFB3808904	国家重点研发计划课题
35	近室温高容量储氢材料批量化制备工艺及工程化技术开发	567.5	武　英	2022YFB3803802	国家重点研发计划课题
36	储氢材料规模化制备技术与装备开发	1045	原建光	2022YFB3803703	国家重点研发计划课题
37	耐高压耐蚀双极板与流场研究	384	徐　超	2022YFB4002102	国家重点研发计划课题
38	交流电网故障对多馈入直流换相失败的影响及换相失败快速评估方法	259	郭春义	2021YFB2400901-01	国家重点研发计划子课题
39	光伏/风电场站暂态频率电压主动快速支撑技术	203	朱永强	2021YFB2400504-03	国家重点研发计划子课题
40	光伏/风电场站主动支撑控制系统研发与应用	149	姚蜀军	2021YFB2400505-02	国家重点研发计划子课题
41	基于自主芯片的变电站高可靠性保护与监控技术	89	李铁凡	2021YFB2401004-04	国家重点研发计划子课题
42	安全、集约、协同、兼容的变电站保护与监控体系架构	75	薛安成	2021YFB2401001-02	国家重点研发计划子课题
43	干式直流电容器用金属化聚丙烯薄膜的自愈特性	70	王　伟	2021YFB2401503-01	国家重点研发计划子课题
44	多物理场长期作用下金属化薄膜的自愈特性	50	王　璁	2021YFB2401503-01	国家重点研发计划子课题
45	干式直流电容器用聚丙烯薄膜性能多维度综合评价方法	50	谢　军	2021YFB2401503-01	国家重点研发计划子课题
46	提升响应驱动稳定性判别可信度的混合智能增强分析技术	45	郑　乐	2021YFB2400803-01	国家重点研发计划子课题
47	吉瓦时级储能电站集成及智能管理与示范应用	150	胥国毅	2021YFB2400105-02	国家重点研发计划子课题
48	换流变压器有载分接开关在线监测与状态评估方法	400	李成榕	2021YFB2402105-01	国家重点研发计划子课题
49	电力系统多类型储能智能规划与接入技术	198	延肖何	2021YFB2400701-	国家重点研发计划子课题
50	矿山综合能源生态系统运行智能优化方法	60	曾　博	2022YFE0199000-	国家重点研发计划子课题
51	灵活调节煤电与大规模新能源协同规划关键技术	131	武昭原	2022YFB0902300	国家重点研发计划子课题
52	配电网安全防控数据跨域共享服务技术研究（2022"网络空间安全治理"重点研发计划课题2的子课题2.2）	150	龚钢军	2022YFB05102	国家重点研发计划子课题
53	生物质与太阳能互补的零碳区域热电联供关键技术——中倍聚光双玻双面CPV/T技术研究	40	张　衡	2021YFE0194500-03	国家重点研发计划子课题
54	生物质与太阳能互补的零碳区域热电联供关键技术-生物质与太阳能互补热电联供系统主动调控技术研究	82	王　锡	2021YFE0194500-04	国家重点研发计划子课题

续表

序号	项目名称	经费	负责人	项目编号	项目来源
55	光伏/风电等波动性电源电解制氢材料和过程基础	350	叶　锋	2021YFB4000101-	国家重点研发计划子课题
56	机炉关键部件损伤机理及动态均衡评价体系	80	朱忠亮	2022YFB4100403-	国家重点研发计划子课题
57	光煤互补发电系统 AGC 动态特性和调控策略	45	庞力平	2022YFB4202400	国家重点研发计划子课题
58	锅炉超低负荷稳燃机理及污染物迁移转化规律	80	杜艳君	2022YFB4100402	国家重点研发计划子课题
59	储能参与电力辅助服务的综合价值评价方法	577.5	曾　鸣	2021YFB2400704-04	国家重点研发计划子课题
60	生物质与太阳能互补的零碳区域热电联供关键技术-可再生能源合成“零碳”天然气技术研究	52	郑宗明	2021YFE0194500-01	国家重点研发计划子课题
61	生物质与太阳能互补的零碳区域热电联供关键技术-高燃料适应性宽负荷内燃机关键技术研究	64	覃　昊	2021YFE0194500-02	国家重点研发计划子课题
62	协同熔炼多源铜基固废过程交互反应及调控机理	50	胡　斌	2022YFC3901501-	国家重点研发计划子课题
63	基于量化计算的二噁英原位抑制机制	30	李继红		国家重点研发计划子课题
64	区域分布式光伏发电集群功率预测技术研究	101.25	朱红路	2022YFB2402900	国家重点研发计划子课题
65	京津冀分类生活垃圾精细利用与协同减碳技术及装备	50	黄艳琴	2022YFC3902400	国家重点研发计划子课题
66	铜精矿大比例协同熔炼铜基废料智能化大型装备	47	刘　吉		国家重点研发计划子课题
67	长江流域水生态健康多尺度评价体系研究	70	唐彩红	2022YFC3202005-1	国家重点研发计划子课题
68	基于智能体的洪涝灾害链模拟与风险评估技术	58	李继清	2022YFC3002702-4	国家重点研发计划子课题
69	滨海城市水浸灾害智能化动态分析技术与防控途径研究-以澳门为例	50	骆卓然	2022YFE0205200-	国家重点研发计划子课题
70	氢同位素渗透动态测量的近端探针热脱附技术	25	朱秀丽	2022YFE03200300-02	国家重点研发计划子课题
71	氢同位素渗透动态测量的近端探针热脱附技术	25	孙　璐	2022YFE03200300-01	国家重点研发计划子课题
72	新型金属硼氢化物储氢体系的设计与性能调控	99	张　宝（武英代）	2021YFB3802400-02	国家重点研发计划子课题
73	干式直流电容器用聚丙烯薄膜的绝缘特性及其影响因素	50	杨旻昊	2021YFB2401503-04	国家重点研发计划子课题
74	高温质子导体电解制氢技术	70	童哓峰	2022YFB4002503	国家重点研发计划子课题
75	PEM 电解池寿命评估技术	142	李　佳		国家重点研发计划子课题
76	高效高安全氢储运关键合金材料开发及应用	45	刘博古	2022YFB3803704	国家重点研发计划子课题
77	电磁场与电路	400	齐　磊	52225701	国家自然科学基金杰出青年
78	高压输变电设备高精度传感	200	马国明	52222706	国家自然科学基金优秀青年
79	碳-电耦合环境下电力市场融合交易机制设计及综合价值发现方法	260	周　明	U22B20110	国家自然科学基金联合基金项目
80	新型电力系统大电网保护基础理论与方法	1200	王增平	U22B6006	国家自然科学基金联合基金项目
81	电力能源与交通融合发展战略研究	10	李庆民	52242702	国家自然科学基金专项项目/科技活动项目/科学部综合科技活动项目
82	面向中低压大电流应用场合的自屏蔽高温超导直流电缆漏磁及故障电流特性研究	54	皮　伟	52277025	国家自然科学基金面上项目
83	内嵌电解制氢多物理场一致性控制的新能源电力系统灵活调峰方法研究	54	王剑晓	52277092	国家自然科学基金面上项目

续表

序号	项目名称	经费	负责人	项目编号	项目来源
84	混合级联多端直流输电系统的多源宽频振荡混叠机理及制衡协同抑制方法	54	郭春义	52277093	国家自然科学基金面上项目
85	海上风电场群电磁暂态等效建模与内部特性反演方法	54	许建中	52277094	国家自然科学基金面上项目
86	海量异构任务调度驱动的数据中心算力-电力协同运行机理与优化方法研究	54	丁肇豪	52277095	国家自然科学基金面上项目
87	风电虚拟惯性支撑对暂态功角稳定影响机理及层次化协同控制研究	54	王　彤	52277096	国家自然科学基金面上项目
88	经柔直送出的海上风电交流汇集系统故障特性与线路保护研究	54	贾　科	52277097	国家自然科学基金面上项目
89	多元主体信息能量有限共享下的综合能源系统韧性/收益均衡机制与策略	54	董　雷	52277098	国家自然科学基金面上项目
90	过渡金属对植物油纸绝缘劣化作用机理与抗氧化剂特征官能团靶向设计方法	54	丛浩熹	52277146	国家自然科学基金面上项目
91	适应高比例新能源电网的构网型换流器暂态稳定机理与镇定方法研究	54	熊小玲	52277176	国家自然科学基金面上项目
92	智能超表面辅助通信的毫米波大规模天线系统信道传播特性与机理研究	55	赵雄文	62271201	国家自然科学基金面上项目
93	内嵌动态寿命衰减的电化学储能调度决策及市场定价方法研究	30	武昭原	52207098	国家自然科学基金青年科学基金项目
94	基于谐波潮流分析的高占比换流器电网振荡溯源与抑制理论	30	季　柯	52207099	国家自然科学基金青年科学基金项目
95	基于换相序技术的独立电网功角稳定控制方法研究	30	李铁凡	52207100	国家自然科学基金青年科学基金项目
96	铜-钨合金触头摩擦燃弧烧蚀的相变演化机制与石墨烯改性增强方法	30	任瀚文	52207153	国家自然科学基金青年科学基金项目
97	面向任务驱动的无人机辅助算力网络多级协同资源优化关键技术研究	30	秦　鹏	62201212	国家自然科学基金青年科学基金项目
98	基于多维度稀土复合催化改善纳米晶镁基合金的吸放氢性能及机理研究	54	原建光	52271212	国家自然科学基金面上项目
99	低碳能源系统发展战略研究	10	杨勇平	52242603	国家自然科学基金专项项目
100	高温多元固体颗粒系的太阳能选择性吸收特性	10	杜小泽	52242702	国家自然科学基金国际(地区)合作与交流项目/合作交流/NSFC-RS(中英)
101	有机框架电极材料层间调控及锂(钠)离子电池性能研究	54	彭曼华	22278124	国家自然科学基金面上项目
102	波动性电力输入下电/热特性对质子交换膜电解池层间调控与界面传输机制研究	54	叶　锋	22278125	国家自然科学基金面上项目
103	异质可燃固废间接协同热转化利用的能质互补机理与最优化集成方法	54	陈　衡	52276006	国家自然科学基金面上项目
104	多场诱导固体氧化物电解池阴极微观结构演变机理及能质协同调控研究	54	孔艳强	52276062	国家自然科学基金面上项目
105	超临界 CO_2 耦合机械力强化飞灰碳酸化及重金属固化机理研究	54	张永生	52276110	国家自然科学基金面上项目
106	飞沫液滴的蒸发特性及其对病毒传播的影响机理研究	55	程永攀	52276153	国家自然科学基金面上项目
107	含氮生物质热解气燃烧过程中碳烟及 NOx 生成机理研究	54	郑　树	52276185	国家自然科学基金面上项目

续表

序号	项目名称	经费	负责人	项目编号	项目来源
108	计及需求响应参与度的建筑供暖系统蓄放热机理及柔性表征研究	54	徐宝萍	52278106	国家自然科学基金面上项目
109	连续环形撕囊下晶状体前囊膜裂纹扩展机制的生物力学研究	30	韩少峰	12202144	国家自然科学基金青年科学基金项目
110	自驱动薄膜强化沸腾传热机理研究	30	马骁婧	52206196	国家自然科学基金青年科学基金项目
111	非均匀温度条件下超临界类气泡动力学与传热特性研究	30	余雄江	52206197	国家自然科学基金青年科学基金项目
112	变工况下基于反馈机制的无键相行星齿轮局部故障诊断研究(转入)	30	彭迪康	52105134	国家自然科学基金青年科学基金项目
113	基于TDLAS动态谐波重构的瞬态高温气体参数诊断方法研究	54	杜艳君	52276005	国家自然科学基金面上项目
114	面向多应用场景的共享储能多目标、高安全优化调控关键技术研究	54	韩晓娟	52277216	国家自然科学基金面上项目
115	融合静电与声发射传感器的气送生物质颗粒与煤粉流动特性测量方法	54	钱相臣	62273143	国家自然科学基金面上项目
116	网络攻击下区间二型T-S模糊系统的事件触发控制研究	54	刘亚娟	62273144	国家自然科学基金面上项目
117	基于信息物理系统的微电网安全控制与优化	53	肖　峰	62273145	国家自然科学基金面上项目
118	基于智能平行系统架构下的CFB机组关键参数监测与运行指导	53	高明明	62276096	国家自然科学基金面上项目
119	动态社交网络表征与对齐方法	30	孙　笠	62202164	国家自然科学基金青年科学基金项目
120	非严格重复系统的数据驱动迭代学习模型预测控制	30	马乐乐	62203170	国家自然科学基金青年科学基金项目
121	双碳目标下发电企业低碳技术创新扩散及其产业链协同演化机制研究	45	檀勤良	72272050	国家自然科学基金面上项目
122	电-碳市场耦合下需求响应资源调峰价值测度及价格机制优化研究	45	李金超	72273042	国家自然科学基金面上项目
123	新型电力系统需求侧灵活性资源时空协同优化与动态均衡机制研究	45	鞠立伟	72274060	国家自然科学基金面上项目
124	中国情境下优势型领导的内涵、维度及对员工工作繁荣的多层次影响机制	30	丁　贺	72202063	国家自然科学基金青年科学基金项目
125	绿色电氢耦合的价值识别、布局优化与政策协同研究	30	王　歌	72204085	国家自然科学基金青年科学基金项目
126	碳中和下新型电力系统韧性建模及系统多要素耦合优化研究	30	刘　源	72204086	国家自然科学基金青年科学基金项目
127	钙钛矿材料离子迁移机制及器件稳定性增强研究	269	李美成	52232008	国家自然科学基金重点项目
128	高效稳定全无机混维钙钛矿太阳电池的构建及其性能研究	255	姚建曦	U22A20142	国家自然科学基金联合基金项目
129	生活垃圾分级气化协同赤泥基吸附剂非原位中高温脱氯机制研究(转入)	75.4	黄艳琴	52176140	国家自然科学基金面上项目
130	准二维钙钛矿材料的相分布机制与调控及在太阳电池中的研究	54	戴松元	22279033	国家自然科学基金面上项目
131	钙钛矿太阳电池驱动电致变色集成器件制备与动态调色机理研究	54	白一鸣	52272149	国家自然科学基金面上项目
132	珍珠层状电解质薄膜的自组装构筑及锂枝晶抑制机制研究	54	刘乐浩	52272200	国家自然科学基金面上项目

续表

序号	项目名称	经费	负责人	项目编号	项目来源
133	基于混合模型风洞试验方法的漂浮式风电机组动态气动载荷与运动响应耦合机理研究	54	武广兴	52276187	国家自然科学基金面上项目
134	基于纤维素超微结构的生物质选择性热解制备脱水糖的基础研究	54	李　凯	52276188	国家自然科学基金面上项目
135	基于特征中间体的纤维素热解微观机理与定向调控机制研究	54	陆　强	52276189	国家自然科学基金面上项目
136	大型海上风电基地高风险功率波动过程的小样本预测方法研究	54	阎　洁	52277099	国家自然科学基金面上项目
137	基于微米级钙钛矿厚膜的双面太阳能电池的研究	30	蔡墨朗	52202169	国家自然科学基金青年科学基金项目
138	超疏水冷表面撞击液滴的湿润转变及其对表面结冰影响的研究	30	张本熙	52206084	国家自然科学基金青年科学基金项目
139	变化环境下黄河上游水库群-河道调蓄空间优化与安全响应机制	245	李继清	U2243224	国家自然科学基金联合基金项目
140	金沙江下游梯级高坝大库水温变化机理及调控研究	54	王远坤	52279064	国家自然科学基金面上项目
141	挑流喷溅水滴的随机行为及雨强响应机制	54	张　华	52279065	国家自然科学基金面上项目
142	深邃泵站浑水涡旋特性机理研究	54	郭　苗	52279084	国家自然科学基金面上项目
143	耦合植被-水文互馈和竞争平衡机制的半干旱流域植被需水研究	30	方青青	52209017	国家自然科学基金青年科学基金项目
144	植被作用下浅水湖泊泥沙再悬浮动力学机制研究	30	唐彩红	52209086	国家自然科学基金青年科学基金项目
145	西南干热河谷区植被-侵蚀相互作用机理及演变趋势研究	30	周　扬	52209087	国家自然科学基金青年科学基金项目
146	高海拔地区干雪崩的多态流变特性与动力致灾机理研究	30	徐小蓉	52209161	国家自然科学基金青年科学基金项目
147	高压气体环境颗粒流堵塞机理研究	55	周益娴	12272134	国家自然科学基金面上项目
148	空间堆热离子燃料元件核热力电多场耦合行为研究	55	马　雁	12275083	国家自然科学基金面上项目
149	铅铋快堆腐蚀产物沉积机理及其对堆热工系统流动换热特性影响研究	55	郭张鹏	12275084	国家自然科学基金面上项目
150	宽能区单核子转移反应的有限程扭曲波玻恩近似理论研究	30	许祎萍	12205098	国家自然科学基金青年科学基金项目
151	超临界二氧化碳余热排出系统中的流动传热机理及参数匹配机制	30	吕海财	12205099	国家自然科学基金青年科学基金项目
152	熔盐环境对核燃料中关键金属离子的化学行为影响	280	谭小丽	U2267222	国家自然科学基金联合基金项目
153	高含油乳化废水低压电驱动处理的微通道限域-氧化协同作用机制	258	牛军峰	U22A20241	国家自然科学基金联合基金项目
154	微波协同 MOFs 衍生金属氧化物催化解吸 CO_2 反应调控机制	54	汪黎东	22276051	国家自然科学基金面上项目
155	微塑料对典型疏水性有机污染物在斑马鱼体内毒性效应的影响机制	54	侯　静	22276052	国家自然科学基金面上项目
156	氮化碳负载铁单原子材料的海水提铀性能和机理研究	54	于淑君	22276053	国家自然科学基金面上项目
157	铁基 COFs 复合材料合成与选择性去除 U(VI)和 Tc(VII)的研究	54	陈中山	22276054	国家自然科学基金面上项目

续表

序号	项目名称	经费	负责人	项目编号	项目来源
158	载流子复合-迁移过程关联性的非绝热动力学研究	30	徐忠菲	12204168	国家自然科学基金青年科学基金项目
159	氧空位调控金属氧化物阳极产 H_2O_2 强化水中氟喹诺酮类抗生素电芬顿降解机制	30	赵　坤	52200094	国家自然科学基金青年科学基金项目
160	废口罩衍生碳基催化剂抑制脂肪胺再释放的反应调控机制	30	代　琴	52200126	国家自然科学基金青年科学基金项目
161	高性能钾离子电池硫化聚丙烯腈负极材料的研发	30	邓乐庆	52202233	国家自然科学基金青年科学基金项目
162	"双碳"背景下多能联供系统动态联调联控机制研究	30	包　哲	62203171	国家自然科学基金青年科学基金项目
163	基于时间分辨泵浦-探测X射线谱的分子超快核动力学过程研究	40	刘纪彩	52242702	国家自然科学基金国际(地区)合作与交流项目/合作交流/NSFC-STINT(中瑞)
164	炉内多场耦合环境中的声传播规律与多场协同测量方法研究	55	姜根山	12274122	国家自然科学基金面上项目
165	热弹性系统的鲁棒输出调节与半离散格式的一致逼近	30	任寒景	12201212	国家自然科学基金青年科学基金项目
166	多标记学习基于粗糙集的局部标记相关性理论与方法	30	车晓雅	12201213	国家自然科学基金青年科学基金项目
167	轨道角动量光束的表面等离激元相控阵纳米天线	30	杨大杰	12204169	国家自然科学基金青年科学基金项目
168	原子核手征-宇称破缺的微观机制研究	30	王媛媛	12205097	国家自然科学基金青年科学基金项目
169	过渡金属掺杂的铂纳米团簇催化剂的制备及低铂膜电极工艺研究	54	李　佳	22278123	国家自然科学基金面上项目
170	基于原位分区表征与过程解耦的固体氧化物电解堆热质电演化规律研究	54	王利刚	52276186	国家自然科学基金面上项目
171	高比例风电电力系统惯量一致性评估及风机惯量自趋优控制研究(转入)	30	田新首	52007174	国家自然科学基金青年科学基金项目
172	酞菁基二维单原子层材料的设计合成及电催化性能研究	30	杨德仁	22205061	国家自然科学基金青年科学基金项目
173	选择性催化硼氢化镁储氢材料可逆吸放氢性能的研究	30	张　宝	52201250	国家自然科学基金青年科学基金项目
174	多极化条件下新型空气电极"铬中毒"机理研究和稳定化措施	30	杨天让	52202234	国家自然科学基金青年科学基金项目
175	簇聚诱导圆偏振发光高分子材料的构筑及其发光性质研究	30	陈晓红	52203220	国家自然科学基金青年科学基金项目
176	煤电机组灵活运行下的一次调频能力定量评估与能力提升方法研究	30	杜　鸣	52206009	国家自然科学基金青年科学基金项目
177	基于弱反射光纤光栅阵列与相位敏感时域反射的电缆分布式局部放电监测方法研究	20	马国明	3222058	北京自然科学基金项目面上项目
178	高频隔离型模块组合换流器的电磁暂态等效仿真通用建模方法研究	19	许建中	3222059	北京自然科学基金项目面上项目
179	提高可再生电源消纳的太阳能辅助供热机组热电联供系统耦合与协同运行机制研究	20	侯宏娟	3222042	北京自然科学基金项目面上项目
180	自修复弹性超疏水表面滴状冷凝传热特性及机理研究	20	谢　剑	3222044	北京自然科学基金项目面上项目
181	爆炸沸腾调控液滴运动轨迹及速度	20	马晓婧	3222045	北京自然科学基金项目面上项目

续表

序号	项目名称	经费	负责人	项目编号	项目来源
182	空间构架实现气泡动力学分阶段调控强化核态沸腾相变换热	20	陈宏霞	3222046	北京自然科学基金项目面上项目
183	超临界二氧化碳冷却传热中的类冷凝现象、机理及特性	20	王清洋	3222047	北京自然科学基金项目面上项目
184	基于超临界 CO_2 混合工质组分摄动及变化对涡轮机械性能影响机理探究	20	齐建荟	3222048	北京自然科学基金项目面上项目
185	基于博弈的多智能体系统协同控制与优化	20	肖峰	4222053	北京自然科学基金项目面上项目
186	同质结钙钛矿新材料设计制备及性能调控研究	20	李美成	2222076	北京自然科学基金项目面上项目
187	大型风电场尾流演化机理和数学模型研究	100	葛铭纬	JQ22008	北京自然科学基金项目杰出青年
188	低能强子物理的实验研究	100	王雅迪	JQ22002	北京自然科学基金项目杰出青年
189	电场诱导下的气相小分子可控性修饰钙钛矿表面研究	20	李海方	2222077	北京自然科学基金项目面上项目
190	受限结构空间液滴冷凝和动力学特性及其强化冷凝换热研究	20	郑少飞	3222043	北京自然科学基金项目面上项目
191	双碳目标下京津冀电力系统灵活性资源供需分析与政策研究	10	李　赟	9224037	北京自然科学基金项目青年项目
192	京津冀区域新型电力系统演化趋优的市场协同机制研究	8	张　硕		北京市社会科学基金项目规划项目
193	考虑“碳”价值的北京市光伏产业价值链多主体竞合关系研究及仿真建模	8	任东方		北京市社会科学基金项目规划项目
194	京津冀地区能源电力、经济、环境之间绿色协调发展机制与路径研究	8	董馨月		北京市社会科学基金项目决策咨询项目
195	面向碳达峰、碳中和的北京市氢能产业高质量发展路径研究	8	许传博		北京市社会科学基金项目决策咨询项目
196	北京城市风险防控中的应急学习机制研究	8	李　娉	22GLC078	北京市社会科学基金项目规划项目
197	面向任务驱动的无人机蜂窝网络多级协同资源优化关键技术研究	10	秦　鹏	F2022502017	河北省自然科学基金项目面上项目
198	分子筛纳米颗粒自组装的电解质超薄膜及其离子输运调控机制研究	10	刘乐浩	E2022502022	河北省自然科学基金项目面上项目
199	高通量堆医用同位素生产靶件多物理耦合研究	20	刘仕倡	A2022502008	河北省自然科学基金项目优秀青年科学基金项目
200	考虑氢能灵活应用和 CO_2 时空分布约束的电力系统低碳经济调度研究	5	夏世威		国家重点实验室开发课题
201	高可靠性高端换流变压器关键技术研究及产品研制	40	李庆民	2021CXGC010210	省科技厅重大专项
202	“先实验后理论”的电工技术课程创新型人才培养模式探索与实践	0	丛浩熹	CEDB22170	北京教育规划课题
203	具有快速关断功能的智能分布式光伏发电系统	21	张　衡		保定市科技“揭榜挂帅”项目
204	构建现代能源体系评价体系及分省定量对比研究	24	高　丹		其他部位项目
205	高值低碳的多元固危废与燃煤电站间接协同转化机理研究	3	陈　衡		实验室开放课题
206	周期性爆沸式液滴自驱动及液滴蒸发强华	3	马骁婧		国家重点实验室开发课题
207	北京城市副中心行政办公区建筑节能减碳大数据管 控关键技术研发与示范应用	50	张宇宁		北京市科技计划课题北京市科技计划课题

续表

序号	项目名称	经费	负责人	项目编号	项目来源
208	饱和无机盐溶液气液固三相喷射闪蒸过程数值模拟	11	齐娜娜		省科技厅项目山西省重点研发
209	长时效太阳能储热技术研发	200	李宝让		省科技厅项目江苏省重点研发
210	基于 Leidenfrost 机理的高温叶片冷却研究	2	刘广林		国家重点实验室开放课题国家重点实验室开发课题
211	适应高比例新能源消纳的储能电站协调运行控制关键技术研究与示范应用	150	牛玉广		省科技厅重大专项
212	影视制作工业化生产技术平台-山东省发改委后补助项目	78	石　敏		北京市科技计划课题
213	面向能源行业的工业物联网平台应用创新推广中心建设	30	房　方		工业和信息化部项目
214	高比例新能源发电特性与多源互补主动支撑发电技术	50	刘吉臻		中国工程院战略研究与咨询项目
215	面向能源行业的工业物联网平台应用创新推广中心建设	30	曾　鸣		工业和信息化部项目
216	高校学生党支部组织力测量与提升路径研究	1	李文姝		中共北京市委教育工作委员会
217	能源绿色低碳转型重大问题研究	5	张　健		国家发展和改革委员会
218	高效光伏设施温室研发与光储能装置综合示范应用	240	李美成	Z211100004621010	北京市科技计划课题
219	热解炭改性定向催化纤维素热解制备脱水糖的调控机制	3	李　凯		实验室开放课题
220	有机固废热转化含氮污染物迁移转化机理与源头干预机制	10	刘　吉		实验室开放课题实验室开放课题
221	高效稳定钙钛矿同质结太阳电池可控构筑研究	40	崔　鹏		北京市科技新星计划
222	气候变化下阴山北麓草原生态水文过程多维互馈关系及阈值确定	7	方青青		实验室开放课题实验室开放课题
223	高通量堆医用同位素生产靶件多物理耦合研究	20	刘仕倡		省科技厅项目河北省自然科学基金项目
224	电子束选区熔化制备 RHEA 高熵合金钢强韧化机理研究	10	蔡　军	2022-ZD03	国家重点实验室开放课题国家重点实验室开发课题
225	基于 Cf 源的屏蔽基准例题构建方法研究	12	刘仕倡		实验室开放课题实验室开放课题
226	多型调控的有机给受体高分子组装及光电器件构筑	5	姬濯宇		实验室开放课题实验室开放课题
227	科技创新类社会组织规范发展政策研究	4.9	朱晓红		民政部社会组织管理局
228	经济疫后恢复期背景下中小企业面临的法律问题研究	22.5	陈燕红		国务院研究室信息司
229	高效 PEM 水电解析氧高熵催化剂开发与应用基础研究	2	谭爱东		实验室开放课题实验室开放课题
230	氨氢融合一体化的能源交通融合战略研究	17.5	武　平		中国工程院战略研究与咨询项目
231	河北省碳达峰和碳中和能源创新战略及路径研究	3	张顺涛		河北省其他项目
232	国家社会科学基金项目年度项目一般自选项目	20	王　辉		国家社会科学基金项目年度项目一般自选项目
233	教育部人文社会科学研究项目后期资助项目	10	张　健		教育部人文社会科学研究项目后期资助项目
234	教育部人文社会科学研究项目规划基金项目	10	王永利		教育部人文社会科学研究项目规划基金项目

续表

序号	项目名称	经费	负责人	项目编号	项目来源
235	国家社会科学基金项目后期资助项目	25	付　荣		国家社会科学基金项目后期资助项目
236	国家社会科学基金项目年度项目一般项目	20	刘　冰		国家社会科学基金项目年度项目一般项目
237	国家社会科学基金项目年度项目青年项目	20	李　娉	22CZZ023	国家社会科学基金项目年度项目青年项目
238	医疗机构生物气溶胶防控方案、评价体系研究及应用	474	刘志坚	2021YFF0604000	国家重点研发计划课题
239	国家建筑节能技术国际创新园零能耗居住建筑研究与示范	55	钱江波		国家重点研发计划课题
240	多主体协同的配电网数据资产安全防控体系研究	1130	刘云鹏	2022YFB3105101	国家重点研发计划课题
241	密闭空间中生物粒子迁移扩散和空气生物学特性研究	384	刘志坚		国家重点研发计划课题
242	不同稳定形态下受扰后电气量的时序演化规律及空间分布特性研究	50	甄永赞	2021YFB2400801	国家重点研发计划子课题
243	基于确定性时延的多业务数据可靠传输技术	163.69	贾惠彬	2021YFB2401003-02	国家重点研发计划子课题
244	电网关键响应特征提取及稳定性判别技术	55	高本锋	2021YFB2400802	国家重点研发计划子课题
245	多时间尺度的多物理场长耦合问题的变步长策略和高效并行计算方法	90	刘　刚	2021YFB2401703	国家重点研发计划子课题
246	大空间生物气溶胶扩散机制和气流组织有效性评价研究	49.875	戎　瑞	2021YFF0604000	国家重点研发计划子课题
247	考虑电-磁-热耦合特性的电力电子变压器宽频建模与多重细粒度并行加速计算	30	朱瑞敏	52207006	国家自然科学基金青年科学基金项目
248	PBO纤维强韧改性复合泡沫绝缘芯体材料性能分析及强韧化机理研究	30	李　乐	52207023	国家自然科学基金青年科学基金项目
249	主动磁屏蔽分布式高温超导电枢直驱海上风力发电机关键问题研究	30	朱新凯	52207053	国家自然科学基金青年科学基金项目
250	桥臂复用型模块化多电平换流器的拓扑、控制及故障穿越策略研究	30	王　琛	52207101	国家自然科学基金青年科学基金项目
251	构网型和跟网型电力电子装备混联系统的P/ω导纳建模和惯量匹配控制研究	30	贾焦心	52207102	国家自然科学基金青年科学基金项目
252	共代谢菌群降解废旧高温硫化硅橡胶动力学机制及定向调控	30	杨世芳	52207154	国家自然科学基金青年科学基金项目
253	西南高海拔气候环境下特高压交流导线电晕噪声产生机制及特征预测研究	54	何旺龄	52277009	国家自然科学基金面上项目
254	深度调峰火电机组热致伸缩效应诱发转子绝缘劣化的演变机理及靶向防御	54	武玉才	52277048	国家自然科学基金面上项目
255	风电高占比区域电网的振荡能量捕获机理与虚拟能量阱控制研究	54	张祥宇	52277100	国家自然科学基金面上项目
256	芳纶纤维/环氧树脂界面电负性对局部放电的影响机制及等离子体调控策略研究	54	谢　庆	52277147	国家自然科学基金面上项目
257	基于新型布里渊动态光栅和多场耦合的干式空心电抗器状态智能感知方法研究	54	徐志钮	62273146	国家自然科学基金面上项目
258	基于少模光纤正交模式布里渊特性的光纤形状传感方法研究	30	王健健	62205105	国家自然科学基金青年科学基金项目
259	面向光伏发电功率预测的地基云图细粒度实时分割方法研究	30	石超君	62206095	国家自然科学基金青年科学基金项目

续表

序号	项目名称	经费	负责人	项目编号	项目来源
260	末级部分压缩超临界二氧化碳循环的构建方法及非设计工况特性研究	30	孙恩慧	52206010	国家自然科学基金青年科学基金项目
261	低纬度热湿岛礁军建与太阳能空调系统互耦机制及协同优化方法研究	30	陈迎亚	52206246	国家自然科学基金青年科学基金项目
262	近零能耗社区供能系统的多能协同存储机制及优化运行方法研究	30	吴　迪	52206247	国家自然科学基金青年科学基金项目
263	大型客机环境臭氧与人员相互作用过程机理及控制方法	30	何峻州	52208107	国家自然科学基金青年科学基金项目
264	太阳能全光谱制氢驱动的冷热电联产系统集成优化与调控研究	54	王江江	52276007	国家自然科学基金面上项目
265	“双碳”背景下大气颗粒物毒性及典型致毒组分变化机制研究	30	解姣姣	22206049	国家自然科学基金青年科学基金项目
266	基于定向刻蚀策略的 Janus 荷电-梯度孔结构纳滤膜构筑与分离机制研究	30	郭世伟	22208091	国家自然科学基金青年科学基金项目
267	过渡金属基多孔碳球-复配醇胺体系的构建及脱碳机理研究	30	王乐萌	52206011	国家自然科学基金青年科学基金项目
268	疏水耐硫型 Mn 基催化剂的可控制备及其 NOx/CO 协同脱除研究	54	刘　洁	52270103	国家自然科学基金面上项目
269	SLM 成形超细共晶 Ti3Sn/TiNi 复合材料的功能特性及其机制研究	30	孔祥广	52201214	国家自然科学基金青年科学基金项目
270	风力发电机组转速周期性波动机理、溯源方法及其对齿轮箱故障特征影响机制研究	54	万书亭	52275109	国家自然科学基金面上项目
271	填充非均匀吸波介质的三维多腔体阵列电磁散射算法研究	46	赵美玲	12271159	国家自然科学基金面上项目
272	基于多色矢量焦点超构透镜的超高色域色散操控方法研究	30	王若星	62205106	国家自然科学基金青年科学基金项目
273	硅基锗锡合金的深能级缺陷和发光性能研究	30	高雪娇	62205107	国家自然科学基金青年科学基金项目
274	基于动态因果网络的锂电系统热故障预测及管理技术研究	30	谢家乐	52207235	国家自然科学基金青年科学基金项目
275	非完全信息条件下逻辑动态系统的建模与控制	30	张启亮	62203172	国家自然科学基金青年科学基金项目
276	高比例新能源电力系统惯性时空特性感知及主动频率支撑控制技术研究	10	张　波	E2022502059	河北省自然科学基金项目面上项目
277	柔性直流输电系统换流站全状态反馈控制振荡抑制与解析冗余容错特性研究	10	田艳军	E2022502032	河北省自然科学基金项目面上项目
278	面向边缘网络接入的 6G 内生安全机制研究	10	李保罡	F2022502020	河北省自然科学基金项目面上项目
279	高负荷环形叶栅旋转不稳定机理及调控策略研究	6	安光耀	E2022502048	河北省自然科学基金项目青年项目
280	非均匀微小通道中熔盐纳米流体传热与流-磁耦合特性研究	6	董新宇	E2022502002	河北省自然科学基金项目青年项目
281	多源并网下短时低负荷大型湿式冷却塔防冻及优化策略	6	袁　威	E2022502052	河北省自然科学基金项目青年项目
282	基于分布式多元储能的多能互补综合能源系统集成特性与协同调控研究	10	韩中合	E2022502017	河北省自然科学基金项目面上项目
283	低碳建筑“光储直柔”综合能源系统的集成优化与柔性调控研究	10	杨先亮	E2022502001	河北省自然科学基金项目面上项目

续表

序号	项目名称	经费	负责人	项目编号	项目来源
284	非对称不饱和配位催化位点构筑及光催化 CO_2 还原机理研究	6	赵　昆	B2022502005	河北省自然科学基金项目青年项目
285	聚酯刻蚀构筑疏松纳滤膜及其对有机污染物和钙镁离子分离性能研究	6	郭世伟	B2022502009	河北省自然科学基金项目青年项目
286	Ce 基多效催化剂的可控制备及其 NOx/CO/VOCs 协同脱除反应研究	10	刘　洁	E2022502071	河北省自然科学基金项目面上项目
287	燃气轮机多盘拉杆转子系统动力学特性及耦合故障机理研究	6	向　玲	A2022502005	河北省自然科学基金项目面上项目
288	基于 Ti-Si3N4 反应的 TiN-Ti5Si3 增强铜基复合材料制备及其组织性能调控研究	10	丁海民	E2022502011	河北省自然科学基金项目面上项目
289	TiC-Cu4Ti 微纳颗粒混杂增强 Cu-Ti 合金组织性能调控及其机理研究	10	柳　青	E2022502004	河北省自然科学基金项目面上项目
290	风电机组偏航轴承微动疲劳失效机理及服役性能监测预警研究	10	王晓龙	E2022502003	河北省自然科学基金项目面上项目
291	风力发电机组瞬时转速波动特性分析及基于机-电信号的分类深度溯源方法研究	10	万书亭	E2022502007	河北省自然科学基金项目面上项目
292	基于深度增量学习的电力设备局部放电识别及其边缘侧部署	10	朱永利	F2022502002	河北省自然科学基金项目面上项目
293	计及外部性的集中式电化学储能提供调峰辅助服务的动态定价模型研究	4	陆　昊	G2022502003	河北省自然科学基金项目青年项目
294	计及多元市场的虚拟电厂竞价优化与利益分配决策模型研究	4	王雨晴	G2022502004	河北省自然科学基金项目青年项目
295	基于 LOB 的重复性项目资源配置与集成调度优化研究	6	邹　鑫	G2022502001	河北省自然科学基金项目面上项目
296	Banach 空间中非线性等距及相位等距映射的性质研究	4	孙龙发	A2022502010	河北省自然科学基金项目青年项目
297	基于 GNSS 观测的电离层太阳耀斑效应研究	10	熊　波	D2022502001	河北省自然科学基金项目面上项目
298	面向近零能耗社区的供能系统多时间尺度优化运行方法	10	吴　迪		北京市自然科学基金项目青年项目
299	电力市场下分布式能源系统多能运行协调优化模型体系研究	20	王玉玮		北京市自然科学基金项目面上项目
300	等离子体氟化纳米填料及其对环氧树脂界面电荷的诱导机制研究	20	谢　庆		北京市自然科学基金项目面上项目
301	海量监测数据下风电机组传动系统健康劣化趋势追踪评估	0	王晓龙	QN2022190	河北省高等学校科学研究青年拔尖人才项目
302	高水分生物质高效低损耗碳化提质及清洁燃烧	0	王睿坤	BJK2022063	河北省高等学校科学研究青年基金项目
303	面向有源配电网典型场景的关键设备数字孪生混合驱动模型研究	0	何玉灵	ZD2022162	河北省高等学校科学研究青年基金项目
304	融合物理仿真与深度学习的冷轧带材复杂板形缺陷演变机理与控制	0	王青龙	QN2022207	河北省高等学校科学研究重点项目
305	河北省低碳高效发电技术重点实验室后补助资金	50	张　磊		新建科研平台后补助
306	河北省能源电力知识计算重点实验室后补助资金	50	鲁　斌		新建科研平台后补助
307	保定市先进设计与智能制造重点实验室后补助资金	20	花广如		新建科研平台后补助

续表

序号	项目名称	经费	负责人	项目编号	项目来源
308	保定市能源电力过程污水处理及资源化工程技术研究中心	20	陈传敏		新建科研平台后补助
309	典型工业排放 VOCS 废水治理技术开发与示范	10	齐立强		保定市科技计划项目
310	适用于超低能耗建筑的保温结构一体化技术集成研究与示范	5	吴　迪		省科技厅项目河北省重点研发计划子课题
311	新型能源电力系统智慧化云仿真平台	8	马良玉		中央引导地方科技发展资金项目(科技成果转移转化项目
312	能源工业云网智慧物联关键技术与装备研发及应用示范	10	王桂兰		省科技厅项目河北省重点研发计划项目子课题
313	基于物理机理与工业数据的带材轧制过程复杂板形缺陷预测模型与控制方法	8	王青龙		轧制技术及连轧自动化国家重点实验室开放课题基金

（科学技术研究院　提供）

华北电力大学 2022 年度科研项目完成情况一览表

序号	项目名称	立项时间	负责人	项目类别
1	复变量二次规划问题的全局优化方法研究	2017	路　程	国家自然科学基金项目
2	铅冷快堆 SGTR 工况下蒸汽泡在堆内的迁移行为及其对堆芯物理特性影响的研究	2017	隋丹婷	国家自然科学基金项目
3	基于非采样替代模型的钍基熔盐堆系统安全不确定性分析基础理论研究	2017	郭张鹏	国家自然科学基金项目
4	铅冷快堆固态氧控系统中氧化铅陶瓷的中毒行为研究	2017	朱卉平	国家自然科学基金项目
5	金纳米棒及其自组装结构的磁等离激元圆二色效应调控及机理研究	2017	韩　冰	国家自然科学基金项目
6	层状金属硫化物对放射性核素 U(VI)和 Sr(II)的高效选择性吸附及机理研究	2017	文　涛	国家自然科学基金项目
7	基于形貌参数对高效卫星状 SERS 基底材料的理性设计与机制研究	2017	孙振丽	国家自然科学基金项目
8	环境空气中挥发性有机物的稳定氢同位素组成研究	2016	彭　林	国家自然科学基金项目
9	完全氨氧化菌在我国典型农田土壤中的丰度及氨氧化活性研究	2017	郑茂盛	国家自然科学基金项目
10	天然和火成有机质组分与矿物的相互作用机制	2017	金　洁	国家自然科学基金项目
11	随机水文模拟与系统风险分析	2015	黄国和	国家自然科学基金项目
12	传热传质学	2015	王晓东	国家自然科学基金项目
13	压电式宽带振动能量高效采集系统设计基础研究	2016	熊星宇	国家自然科学基金项目
14	基于组件的复杂能源转换系统多模态结构化建模与性能分析	2016	房　方	国家自然科学基金项目
15	复合介质能量输运及蓄热性能的微尺度调控	2016	杜小泽	国家自然科学基金项目
16	颗粒物在小尺度涡中的聚并机理研究	2016	刘忠	国家自然科学基金项目
17	亲/疏水两层结构表面协同排液、强化冷凝传热的机理研究	2016	纪献兵	国家自然科学基金项目
18	新型磁性材料高频磁化和损耗机理与大容量高压高频变压器精细化设计方法	2016	李　琳	国家自然科学基金项目
19	电力通信网络风险计算模型及控制方法研究	2016	樊　冰	国家自然科学基金项目
20	双馈风电场次同步谐波产生机理及电网传播规律研究	2016	徐衍会	国家自然科学基金项目

续表

序号	项目名称	立项时间	负责人	项目类别
21	风电功率概率区间预测方法研究	2016	杨锡运	国家自然科学基金项目
22	中低纬地磁扰动感应地电场与电网GIC分布特征研究	2016	刘春明	国家自然科学基金项目
23	超/特高压磁控式并联电抗器保护新原理及其关键问题研究	2016	郑　涛	国家自然科学基金项目
24	基于空心光子晶体光纤的变压器油中溶解气体光学腔衰减振荡检测方法研究	2016	马国明	国家自然科学基金项目
25	水文过程随机特征分析与不确定性预测	2016	黄国和	国家自然科学基金项目
26	水库水沙联合调度多目标风险分析方法与应用研究	2016	彭　杨	国家自然科学基金项目
27	基于垂直取向石墨烯/TiO_2多级孔道结构的钙钛矿太阳电池电子传输层研究	2017	丁　勇	国家自然科学基金项目
28	基于应变能密度梯度的岩爆发生与治理研究	2017	张　宁	国家自然科学基金项目
29	集成太阳能的低阶煤提质与发电一体化系统节能理论与性能优化研究	2017	许　诚	国家自然科学基金项目
30	燃煤锅炉脱硝系统大范围变工况运行的负荷适应性研究	2017	杨婷婷	国家自然科学基金项目
31	非均匀温度场下汽车尾气热电发电系统多场耦合建模与性能优化	2017	孟境辉	国家自然科学基金项目
32	朝下多尺度结构表面的临界沸腾换热研究	2017	钟达文	国家自然科学基金项目
33	等离子体改性生物炭吸附脱除烟气汞的性能及机理研究	2017	汪　涛	国家自然科学基金项目
34	湿法脱硫塔氧化区内脱硫石膏结晶机理及其动力学特性	2017	齐娜娜	国家自然科学基金项目
35	二元硝酸盐固液相变过程糊状区演变规律研究	2017	廖志荣	国家自然科学基金项目
36	风电功率多尺度预测不确定性及其对电力系统经济调度的影响机理研究	2017	阎　洁	国家自然科学基金项目
37	适用于高渗透率分布式电源接入的主动配电网同步相量测量方法	2017	刘　灏	国家自然科学基金项目
38	模块化多电平换流器功率密度提升方法的研究	2017	熊小玲	国家自然科学基金项目
39	交流电晕放电可听噪声的声源时域模型与计算方法研究	2017	李学宝	国家自然科学基金项目
40	基于模型预测控制的散热器采暖系统末端通断调节机理及优化方法研究	2017	徐宝萍	国家自然科学基金项目
41	梯级水电站水库群发电调度风险分析方法及应用研究	2017	张验科	国家自然科学基金项目
42	基于火积理论的超临界CO_2传热特性及系统的热量输运规律研究	2018	郝俊红	国家自然科学基金项目
43	基于静电传感器的燃烧器火焰检测机理与方法研究	2016	闫　勇	国家自然科学基金项目
44	鲁棒协同预测控制及其在多源发电过程中的应用	2016	刘向杰	国家自然科学基金项目
45	空气稳定的柔性单分子层自组装场效应晶体管的制备及性能研究	2016	姬濯宇	国家自然科学基金项目
46	GaN基一维量子结构中的自旋极化	2017	卢芳超	国家自然科学基金项目
47	外延有机半导体/石墨烯光电探测器研究	2017	刘小龙	国家自然科学基金项目
48	我国基本养老保险制度中的长寿风险精算管理研究	2016	高建伟	国家自然科学基金项目
49	能源互联网电力与信息深度融合的风险元传递理论模型与应用研究	2016	李存斌	国家自然科学基金项目
50	低碳电力转型目标决策、路径优化与政策机制协同设计	2016	袁家海	国家自然科学基金项目
51	碳配额拍卖机制对我国发电行业减排成本传导效应分析模型及政策研究	2016	赵洱岽	国家自然科学基金项目

续表

序号	项目名称	立项时间	负责人	项目类别
52	基于STEM教育理念的高水平行业特色型高校工程人才培养改革与政策研究	2017	白逸仙	国家自然科学基金项目
53	流域风光水多能互补运行中风光出力不确定性研究	2017	李　莉	国家自然科学基金项目
54	防碰撞冲击的宏微观双尺度结构拓扑优化方法及其应用	2018	龙　凯	北京自然科学基金项目
55	拉应力对超临界水中铁素体-马氏体钢氧化行为的影响机理	2019	朱忠亮	北京自然科学基金项目
56	基于πFBGs光纤光栅的变压器局部放电超声检测方法研究	2018	马国明	北京自然科学基金项目
57	集群电动汽车参与配电网调峰协调机制与运行方法研究	2018	艾　欣	北京自然科学基金项目
58	直流GIL绝缘子纳米复合涂层对微粒吸附及界面电荷的调控理论与方法	2019	王　健	北京自然科学基金项目
59	能源互联网中用户隐私保护方法研究	2018	关志涛	北京自然科学基金项目
60	高效紧凑式超临界空气蓄冷/换热器	2017	徐　超	国家重点研发计划项目
61	核电站泄漏放射性核素在邻近海域的动态迁移和衰减规律研究	2016	周　涛	国家重点研发计划项目
62	燃煤发电机组水分高效低成本回收及处理关键技术研 究与应用	2018	陈海平	国家重点研发计划项目
63	超高参数高效二氧化碳燃煤发电基础理论与关键技术 研究	2017	徐进良	国家重点研发计划项目
64	蒙古国南戈壁区域风能资源时空特性及中蒙风电合作开发场景研究	2017	韩　爽	国家重点研发计划项目
65	(新)钙钛矿电池关键材料设计制备及高性能柔性器件	2016	姚建曦	国家重点研发计划项目
66	面向可再生能源消纳的灵活性电热泵供热系统及电-热综合调控技术研究	2018	房　方	国家重点研发计划项目
67	微纳米表面薄液膜沸腾传热机理及调控机制研究	2018	陈　林	北京市科技计划课题
68	北京构建清洁低碳、安全高效的能源体系研究	2020	刘元欣	北京市社会科学基金项目
69	北京市城乡互助型居家社区养老运行机制研究	2018	刘妮娜	北京市社会科学基金项目
70	京味文创产品IP转化研究	2018	庞　涛	北京市社会科学基金项目
71	北京市小微企业绩效与社会网络影响关系及作用机制的研究	2015	李晓宇	北京市社会科学基金项目
72	城市化发展与能源消费协调关系分析及北京地区实证研究	2009	谭忠富	北京市社会科学基金项目
73	北京建筑节能法律与政策保障机制研究	2006	马卫华	北京市社会科学基金项目
74	新时代社会主义市场经济体制的发展与完善研究	2019	宁　阳	北京市社会科学基金项目
75	北京市居民用电消费行为分析及可调节负荷优化机制研究	2016	刘金朋	北京市社会科学基金项目
76	能源互联网下以控制污染物排放为目标的多种能源发电协同发展研究	2017	郭晓鹏	国家社会科学基金项目
77	大学生创业能力与素养的“五位一体”精准培养体系研究	2019	李彦斌	全国教育规划课题
78	防范化解地方政府隐性债务风险法律问题研究	2020	刘　冰	其他部委项目
79	电气设备分数阶建模中基于s-W变换的电路综合方法研究	2018	梁贵书	河北省自然科学基金面上项目
80	双馈感应风力发电机惯量及一次调频调压控制方法研究	2018	颜湘武	河北省自然科学基金面上项目
81	计及源端动态特性的VSG多机并列分布式发电技术研究	2019	张　波	河北省自然科学基金面上项目
82	模块化多电平换流器自阻型子模块拓扑构造方法及冗余容错技术研究	2019	张建坡	河北省自然科学基金面上项目
83	基于深度学习的输电线路绝缘子紫外成像检测污秽度评估研究	2019	刘云鹏	河北省自然科学基金面上项目

续表

序号	项目名称	立项时间	负责人	项目类别
84	交直流混合电力电子变压器非线性控制方法研究	2019	孙玉巍	河北省自然科学基金青年科学基金
85	面向交直流互联电网弹性提升的主动抗扰恢复策略研究	2019	李少岩	河北省自然科学基金青年科学基金
86	基于微波微扰法自补偿圆柱腔内壁水膜厚度测量方法的研究	2019	张淑娥	河北省自然科学基金面上项目
87	基于BOTDA偏振/增益/频移3D矢量分析法的电力海缆监测方法研究	2019	尚秋峰	河北省自然科学基金面上项目
88	中压MIMO电力线通信信道特性及编码技术研究	2019	曹旺斌	河北省自然科学基金青年科学基金
89	地形/尾流耦合作用下风电场协同控制策略研究	2019	高晓霞	河北省自然科学基金面上项目
90	深度学习框架下风力机传动系统振动特征表示及状态识别方法研究	2019	朱霄珣	河北省自然科学基金青年科学基金
91	直流电场与微重力场耦合作用下单汽泡核态沸腾的机理研究	2019	王　太	河北省自然科学基金青年科学基金
92	不同润湿性表面闪蒸喷雾的传热特性和汽泡动力学行为研究	2019	刘　璐	河北省自然科学基金面上项目
93	铜基/还原态氧化石墨烯活化PS高效脱除燃煤烟气中单质汞的过程参数优化及机理研究	2019	马宵颖	河北省自然科学基金面上项目
94	金属陶瓷电极多场协同脱除烟气污染物的机制	2019	齐立强	河北省自然科学基金面上项目
95	基于裂纹动态生存机理的风机转盘轴承损伤评估及寿命预测研究	2019	王晓龙	河北省自然科学基金青年科学基金
96	铜熔体中自生反应合成TiC组织控制研究	2019	柳　青	河北省自然科学基金青年科学基金
97	非化学计量比TiCx储氢性能研究	2019	丁海民	河北省自然科学基金面上项目
98	考虑风剪切和塔影效应的风力发电机组传动链故障特征分析	2019	万书亭	河北省自然科学基金面上项目
99	烟气元素汞光学精密校准质量评价系统的研究	2019	郑海明	河北省自然科学基金面上项目
100	基于模型检验的分布式系统实时性和可靠性分析研究	2018	熊海军	河北省自然科学基金面上项目
101	供需突变不对称信息下供应链知情委托人激励模型及契约机制	2019	张　欢	河北省自然科学基金青年科学基金
102	基于局域表面等离激元反馈的有机半导体随机激光的研究	2019	李松涛	河北省自然科学基金面上项目
103	核电站蒸汽发生器换热管破裂的声辐射特性与定位方法	2019	姜根山	河北省自然科学基金面上项目
104	基于中国地区GNSS观测的电离层TEC研究	2019	熊　波	河北省自然科学基金面上项目
105	两类视觉图像共享方案的融合研究	2019	李　鹏	河北省自然科学基金面上项目
106	基于事件驱动的船舶协调编队控制研究	2019	焦建芳	河北省自然科学基金青年科学基金
107	复杂动态系统质量相关的故障诊断与分析方法研究	2019	王　光	河北省自然科学基金青年科学基金
108	高渗透率下光伏发电的无功电压自主控制技术研究	2019	张　波	河北省高等学校科学研究计划项目
109	大数据理论支撑下的电力变压器状态评估与健康管理	2019	张力晖	河北省高等学校科学研究计划项目
110	传统儒家担当精神现代转化与公民核心价值观培育研究	2016	张乃芳	国家社会科学基金项目
111	保定市大力实施乡村振兴战略对策研究	2019	张梅梅	保定市社会科学基金项目
112	治安综合治理视域中河北城市边缘农村社区治安问题研究	2016	谭　琪	河北省社会科学基金项目
113	基于改进空间矢量模型的河北省低碳生态城市发展的综合评价研究	2017	王海峰	河北省社会科学基金项目
114	河北省环境成本影响因素及内部化政策选择	2016	孟祥松	河北省社会科学基金项目

续表

序号	项目名称	立项时间	负责人	项目类别
115	学术素养培养为导向的大学英语教育课程建设实证研究	2016	高　霄	河北省社会科学基金项目
116	双螺旋结构的数字农业研究-乡村振兴新动能	2020	张梅梅	河北省科技计划项目
117	基于慕课教学的混合式教学模式研究——以华北电力大学研究生慕课教学平台建设为例	2017	归　毅	河北省高等学校科学研究项目
118	中国文化传播与大学英语课堂中国文化失语矛盾的解决路径研究	2018	刘　洋	河北省社会科学基金项目
119	河北省农村冬季采暖污染问题与减排对策研究	2016	王维军	河北省社会科学基金项目
120	京津冀产业协同下的能源效率提升策略研究	2015	王敬敏	北京市社会科学规划项目
121	基于社区营造视域的京津冀留守儿童补偿教育制度研究	2018	陈　静	北京市社会科学规划项目
122	河北省碳达峰与碳中和目标分摊机制及路径对策研究	2021	卢　灿	河北省科技计划项目
123	华北电力大学科技园技术转移服务机构示范培育	2021	曲　伟	保定市科技计划项目
124	华北电力大学科技园孵化器能源电力检验检测公共技术服务平台	2021	张力晖	河北省技术创新引导计划项目

（科学技术研究院　提供）

华北电力大学2021年科研成果及奖励情况一览表

序号	获奖日期	获奖项目	所获奖项	获奖等级	级别	获奖人
1	2021.12.16	超超临界电站锅炉服役安全关键技术与工程应用	2021年度河北省科学技术进步奖	二等奖	省部级	张乃强1、刘宗德2、徐　鸿5 曲作鹏6、朱忠亮8、丁海民9
2	2021.12.16	高端系列电网防护脂的智能设计制备技术与工程应用	2021年度河北省科学技术进步奖	三等奖	省部级	夏延秋1、冯　欣2、刘永前4
3	2021.06.01	民事诉权滥用的法律规制	辽宁省哲学社会科学奖.成果奖(第七届)	二等奖	省部级	王　晓
4	2021.12.22	输变电场景下AI芯片与视频分析系统关键技术及应用	电力创新奖	一等奖	社会力量	刘　鹏1
5	2021.12.21	能源转型背景下电力系统绿色调控若干技术及应用	中国电工技术学会科技进步奖	三等奖	社会力量	陈艳波1
6	2021.12.10	优秀青年能源科技工作者奖	中国能源研究会能源创新奖	其他奖	社会力量	陈艳波1
7	2021.12.06	省级电力信息通信网资源优化关键技术研究与应用	电力创新奖	二等奖	社会力量	陆　俊1、龚钢军2
8	2021.12.28	电力信息通信网资源协同技术应用研究	电力建设科学技术进步奖	二等奖	社会力量	陆　俊1、龚钢军2
9	2021.12.06	面向新型电力系统的绿色电力市场关键技术研究与应用	电力创新奖	一等奖	社会力量	刘敦楠2、加鹤萍8
10	2021.12.06	电网生产技改投资一体化智慧决策与多级评估优化技术研究及应用	电力创新奖	二等奖	社会力量	刘金朋1
11	2021.12.06	能源转型中电网公司业务发展与能效提升服务技术研究	电力创新奖	二等奖	社会力量	王永利1、曾　鸣3、曾　博6
12	2021.12.06	基于电力大数据的产城融合园区电力消费与电力规划创新研究与应用	电力创新奖	二等奖	社会力量	沈剑飞1
13	2021.11.29	电动汽车负荷聚合调控消纳新能源的关键技术与应用	中国电力科学技术奖	三等奖	社会力量	刘敦楠2、李彦斌4、加鹤萍5、牛东晓7
14	2021.11.29	高适应性燃煤烟气污染深度净化新技术	中国电力科学技术奖	二等奖	社会力量	汪黎东1、刘　洁4

续表

序号	获奖日期	获奖项目	所获奖项	获奖等级	级别	获奖人
15	2021.11.29	—	顾毓琇电机工程奖	其他	其他	贺仁睦
16	2021.11.29	—	中国电力科学技术杰出贡献奖	其他	其他	徐进良
17	2021.3.22	Equipment and system for interaction between EVs and Power Grid Supporting News Energy Consumption	日内瓦国际发明展奖	其他	其他	刘敦楠 1、加鹤萍 2
18	2021.3.22	smart management and control systems for power demand-side resources supporting high proportion of new energy accommodation	日内瓦国际发明展奖	其他	其他	加鹤萍 1、刘敦楠 2
19	2021.11.29	—	中国电力优秀青年科技人才奖	其他	其他	刘　洋
20	2021.08.24	预付式消费风险的法律规制研究	北京市法学会市级法学研究课题优秀成果	其他	其他	刘　冰 1
21	2021.03.01	首届习近平生态文明思想优秀研究成果二等奖	首届习近平生态文明思想优秀研究成果奖	二等奖	其他	樊良树 1
22	2021.08.03	基于计算科学和多能优化分析的智慧能源云平台关键技术及应用	内蒙古自治区科学技术进步奖	一等奖	省部级	曾　博 2、王永利 5、曾　鸣 6
23	2021.12.24	面向"双碳"目标的电网低碳绿色调控技术及应用	天津市科学技术进步奖	二等奖	省部级	陈艳波 1
24	2021.12.24	柔性直流输电建模仿真与运行控制关键技术及工程应用	福建省科学技术进步奖	二等奖	省部级	郭春义 2、许建中 6
25	2021.03.01	多直流落点区域输变电系统电磁环境量化评估与防控	广东省科技进步奖	二等奖	省部级	李学宝 5
26	2021.01.30	酒泉高比例可再生能源基地特高压交直流送端电网调峰关键技术研究	甘肃省科技进步奖	二等奖	省部级	刘文颖 10
27	2021.02.10	服务乡村振兴的农村电网规划关键技术及应用	河南省科学技术进步奖	三等奖	省部级	曾　博 2、刘文霞 5
28	2021.01.07	电网线损评估与经济降损关键技术及应用	江苏省科学技术奖	二等奖	省部级	牛东晓 2
29	2021.06.04	燃煤烟气脱硝催化剂提质降耗关键技术与应用	浙江省科学技术进步奖	二等奖	省部级	陆　强 5
30	2021.06.10	500 千伏 UPFC 设计及施工关键技术研究	中国安装协会科学技术进步奖	一等奖	社会力量	焦重庆 13
31	2021.05.03	虚拟同步机与配电网交互技术及应用	国家电网有限公司科学技术进步奖	一等奖	社会力量	袁　敞 7
32	2021.12.6	电力变压器内置光纤多参量监测关键技术及应用	电力创新奖	一等奖	社会力量	马国明 1
33	2021.11.29	超多电平柔性直流仿真的基础理论、关键试验技术及工程应用	中国电力科学技术奖	一等奖	社会力量	刘崇茹 2
34	2021.12.21	电力变压器内置光纤多参量监测关键技术及应用	中国电工技术学会科技进步奖	一等奖	社会力量	马国明 2
35	2021.12.28	输变电设备状态智能监测和大数据评估系统及产业化应用	电力建设科学技术进步奖	一等奖	社会力量	齐　波 8
36	2021.12.06	能源互联网多业务环境下电力通信网风险感知与管控技术研究及应用	电力创新奖	二等奖	社会力量	卢文冰 6
37	2021.11.29	分布式能源多路由高效集成与互联运行关键技术、设备及应用	中国电力科学技术奖	二等奖	社会力量	孙英云 7

续表

序号	获奖日期	获奖项目	所获奖项	获奖等级	级别	获奖人
38	2021.12.21	基于多元物联感知的农业电-水资源协同管控技术与数据服务平台	中国电工技术学会科技进步奖	二等奖	社会力量	孙　毅 4
39	2021.12.21	大容量气体绝缘输变电设备突发性失效防御关键技术及工程应用	中国电工技术学会科技进步奖	二等奖	社会力量	齐　波 8
40	2021.12.21	大容量全空冷新型调相机组研制和工程应用	中国电工技术学会科技进步奖	二等奖	社会力量	许国瑞 8
41	2021.12.21	电压源换流器电磁-热动态过程实时仿真技术及应用	中国电工技术学会科技进步奖	二等奖	社会力量	赵成勇 1
42	2021.12.21	高压大功率压接型 IGBT 测试评估关键技术与应用	中国电工技术学会科技进步奖	二等奖	社会力量	邓二平 2
43	2021.11.29	柔性直流输电系统运行控制关键技术及应用	中国电力科学技术奖	三等奖	社会力量	郭春义 2
44	2021.12.21	含电铁负荷的千万千瓦级风电汇集电网电压质量综合治理技术与应用	中国电力科学技术奖	三等奖	社会力量	刘其辉 2
45	2021.12.21	并联混合直流运行可靠性提升关键技术研究及工程应用	中国电力科学技术奖	三等奖	社会力量	郭春义 5
46	2021.12.21	大型城市智能化供电服务指挥系统关键技术及应用	中国电工技术学会科技进步奖	三等奖	社会力量	曾　博 6
47	2021.12.06	基于数据驱动的供热机组智慧安全和节能优化关键技术研究与应用	电力创新奖	一等奖	社会力量	顾煜炯 6
48	2021.11.29	超(超)临界电站锅炉高温腐蚀防治技术及应用	中国电力科学技术奖	一等奖	社会力量	张乃强 2、刘宗德 3、徐　鸿 8
49	2021.11.29	复杂工况下燃气轮机进气温度运行控制与集成优化关键技术及其应用	中国电力科学技术奖	一等奖	社会力量	付忠广 4
50	2021.01.20	机炉深度耦合综合提效技术	中国能建科学技术奖科技进步奖	二等奖	社会力量	杨勇平 3、徐　钢 6、杨志平 10
51	2021.12.06	基于效益最大化的热电联产机组最优供热参数优化技术	电力创新奖	二等奖	社会力量	顾煜炯 6
52	2021.04.01	汽轮发电机组蓄能管理与灵活运行关键技术及应用	中国华能集团有限公司科学技术进步奖	二等奖	社会力量	王　玮 3
53	2021.12.06	综合智慧能源创新发展的探索与实践	电力创新奖	二等奖	社会力量	胡　阳 6
54	2021.11.29	燃煤电厂智慧管控系统(IMS)研发与应用	中国电力科学技术奖	二等奖	社会力量	牛玉广 2
55	2021.11.29	基于热量流法的热电机组灵活高效集成与调控技术	中国电力科学技术奖	二等奖	社会力量	房　方 4、闵　勇 5
56	2021.11.29	燃煤机组深度调峰性能评估及优化关键技术与应用	中国电力科学技术奖	二等奖	社会力量	杨婷婷 10
57	2021.12.28	大型塔式光热电站仿真系统设计与工程应用	电力建设科学技术进步奖	二等奖	社会力量	刘长良 5
58	2021.05.18	能源转型发展与京津冀协同发展研究	国家电网公司软科学优秀成果奖	二等奖	社会力量	张素芳 2
59	2021.12.06	我国农村能源革命典型案例调查及实施路径研究	电力创新奖	二等奖	社会力量	谭忠富 2
60	2021.12.06	磁极连引线与非常规定子绕组关键技术与应用	电力创新奖	二等奖	社会力量	董阳伟 8
61	2021.11.29	面向能源互联网的虚拟电厂调控与运营关键技术及应用	中国电力科学技术奖	二等奖	社会力量	刘敦楠 5、加鹤萍 17

续表

序号	获奖日期	获奖项目	所获奖项	获奖等级	级别	获奖人
62	2021.12.21	面向绿色电力的区块链交易平台关键技术与应用	中国电工技术学会科技进步奖	二等奖	社会力量	孙　田 6
63	2021.12.15	电除尘多场耦合深度提效技术研究与应用	电力科技创新奖	一等奖	社会力量	齐立强 3
64	2021.12.10	湿法脱硫系统浆液 pH 与 ORP 双控制研究与应用	中国华电集团有限公司科学技术奖	三等奖	社会力量	马双忱 4
65	2021.12.21	风电快速调频控制理论与关键技术及规模化应用	中国电工技术学会科技进步奖	一等奖	社会力量	田新首 4
66	2021.08.16	宽幅超薄铁基纳米晶带材工程化技术开发及应用	中国钢铁工业协会、中国金属学会冶金科学技术奖	特等奖	社会力量	薛志勇 5
67	2021.12.16	基于等离子体处理的界面电荷调控机理和沿面耐压提升方法	2021 年度河北省自然科学奖	一等奖	省部级	谢　庆 1、律方成 4
68	2021.12.16	永磁电机式机械弹性储能系统关键技术及应用	2021 年度河北省技术发明奖	三等奖	省部级	余　洋 1、汤敬秋 2、郑晓明 3 米增强 5、王璋奇 6
69	2021.12.16	医疗卫生建筑生物污染控制关键技术及应用	2021 年度河北省科学技术进步奖	一等奖	省部级	刘志坚 1、戎　瑞 6
70	2021.12.16	基于 SCR & WFGD 装置协同脱汞技术研究及应用	2021 年度河北省科学技术进步奖	二等奖	省部级	陈传敏 1、刘松涛 2、贾文波 4 曹　悦 5
71	2021.12.16	基于无线传感网络的输电线路在线监测诊断关键技术及应用	2021 年度河北省科学技术进步奖	三等奖	省部级	朱永利 1、熊海军 2、黄建才 3 李丽芬 6、宋亚奇 9、李　莉 10
72	2021.01.15	一种地源热泵系统及利用该热泵系统的空调	第四届中国节能环保专利奖	二等奖	社会力量	刘志坚 1、靳光亚 2
73	2021.09.01	风光储微电网运行调控关键技术与工程应用	2020 年度山西省科学技术奖	一等奖	省部级	李　鹏 2
74	2021.12.16	新能源高占比互联电网安全风险在线识别与主动防御技术及应用	2021 年度河北省技术发明奖	一等奖	省部级	徐　岩 3
75	2021.05.13	电力变压器负载能力提升关键技术及智能装备	2020 年度天津市科学技术进步奖	二等奖	省部级	王永强 6
76	2021.09.01	1100KV GIS 运行状态感知、评估关键技术及工程应用	2020 年度山西省科学技术奖	二等奖	省部级	耿江海 5
77	2020.11.10	储能型风电场作为电网黑启动电源的关键技术与应用	2019 年度内蒙古自治区科学技术进步奖	二等奖	省部级	余　洋 10、米增强 11
78	2021.01.20	光储微电网灵活高效自主运行关键技术与装备	2020 年度江苏省科学技术进步奖	二等奖	省部级	颜湘武 8
79	2021.12.16	电力设备直流线圈绝缘故障多参量检测诊断技术及装备	2021 年度河北省技术发明奖	二等奖	省部级	武玉才 2
80	2021.12.16	复杂环境下输电线路绝缘防护关键技术、系列产品及应用	2021 年度河北省科技进步奖	二等奖	省部级	耿江海 2
81	2021.01.20	高压自愈式电容器关键技术研究及产业化应用	2020 年度江苏省科学技术进步奖	三等奖	省部级	王子建 10
82	2021.01.20	高压断路器智能检测及快速修复技术与应用	2020 年度广西科学技术进步奖	三等奖	省部级	赵书涛 3
83	2021.12.16	组合电器应用 SF6/N2 混合气体关键技术及系列仪器设备	2021 年度河北省科技进步奖	三等奖	省部级	谢　军 5
84	2021.12.16	含虚拟惯量新能源并网系统的区域协同控制及应用	2021 年度河北省科技进步奖	三等奖	省部级	张祥宇 1、梁海平 7
85	2020.12.10	电力电缆多参量一体化综合预警技术及应用	2020 年度山东省科学技术进步奖	三等奖	省部级	吕安强 3

续表

序号	获奖日期	获奖项目	所获奖项	获奖等级	级别	获奖人
86	2021.12.16	促进新能源消纳的供热机组灵活调节技术及应用	2021年度河北省科技进步奖	三等奖	省部级	韩中合 3
87	2021.02.11	燃煤电厂大气污染防治运行保障技术及应用	2020年度河南省科学技术进步奖	二等奖	省部级	马双忱 3
88	2021.10.20	基于多场耦合的电除尘深度提效技术研究与应用	2021年度中国电力科学技术进步奖	三等奖	省部级	齐立强 3
89	2021.10.20	基于X射线检测的电力设备缺陷智能化诊断关键技术及应用	2021年度中国电力科学技术进步奖	三等奖	省部级	万书亭 7
90	2021.10.20	适应大型火电机组复杂工况的RB智能控制关键技术研究与应用	2021年度中国电力科学技术进步奖	二等奖	省部级	王印松 5
91	2021.12.16	风力发电稳定运行与优化技术及部件全生命周期智能运维技术应用	2021年度河北省科技进步奖	二等奖	省部级	刘长良 4、刘　帅 6
92	2020.10.16	电网噪声与电磁环境控制关键技术及工程应用	中国能源研究会能源创新奖	一等奖	社会力量	刘云鹏 4、何旺龄 8
93	2021.12.15	新能源高占比互联电网安全风险在线识别与主动防御技术及应用	电力科技创新奖	一等奖	社会力量	徐　岩 7
94	2020.11.20	高压自愈式电容器关键技术及产业化应用	2020中国机械工业科技进步奖	三等奖	社会力量	王子建
95	2020.11.05	高压断路器智能检测及关键零部件快速修复技术及应	中国南方电网公司科技进步奖	三等奖	社会力量	赵书涛
96	2020.09.11	面向高比例新能源消纳的送端电网调峰优化关键技术及应用	国家电网公司科技进步奖	二等奖	社会力量	张学镭
97	2021.12.15	火电机组灵活性改造背景下汽轮机运行优化技术研究及工程应用	电力科技创新奖	二等奖	社会力量	钱江波 3
98	2021.12.15	煤电机组20%深调峰锅炉智能改造技术研究与应用	职工技术创新奖	二等奖	社会力量	阎维平 5
99	2021.01.17	钢厂高炉冲渣水乏蒸汽脱白治理及节水技术及产业化应用	中国产学研合作创新成果奖	其他奖	社会力量	鲁许鳌 4
100	2021.01.15	电力设备X射线三维影像重构与层析成像技术研究及应用	能源创新奖	二等奖	社会力量	万书亭 5

（科学技术研究院　提供）

华北电力大学2022年科研工作各院系贡献情况一览表

（北　京　校　部）

单位	成果获奖			专利				学术论文和学术著作				
	国家级	省部级	合计	发明	实用新型	外观设计	合计	SCI	EI	CSSCI	著作	合计
电气与电子工程学院	0	20	20	243	16	0	259	315	140	2	5	462
能源动力与机械工程学院	0	4	4	32	45	2	79	264	30	0	4	298
控制与计算机工程学院	0	0	0	53	4	0	57	119	33	0	17	169
经济与管理学院	0	2	2	20	6	2	28	214	6	10	4	234
新能源学院	0	3	3	36	5	0	41	106	11	0	3	120
水利与水电工程学院	0	0	0	2	3	0	5	45	9	0	0	54

续表

单位	成果获奖			专利				学术论文和学术著作				
	国家级	省部级	合计	发明	实用新型	外观设计	合计	SCI	EI	CSSCI	著作	合计
核科学与工程学院	0	0	0	8	8	0	16	55	12	0	0	67
环境科学与工程学院	0	1	1	9	3	0	12	119	4	0	2	125
数理学院	0	0	0	7	2	0	9	52	6	0	0	58
外国语学院	0	0	0	0	0	0	0	2	0	1	6	9
人文与社会科学学院	0	1	1	2	0	0	2	3	0	8	7	18
马克思主义学院	0	0	0	0	0	0	0	0	0	4	2	6
国际教育学院	0	0	0	5	2	0	7	0	0	0	0	0
继续教育学院	0	0	0	0	0	0	0	0	0	0	0	4
党委学工部 学生处	0	0	0	0	0	0	0	0	0	0	0	0
现代电力研究院	0	0	0	0	0	0	0	0	0	0	0	0
学科建设办公室	0	0	0	0	0	0	0	0	0	0	0	0
其他	0	0	0	47	12	2	61	11	0	4	4	19
合计	0	31	31	464	106	6	576	1305	251	29	54	1443

注:表中 SCI 数据包括 SCI、SSCI

（保　定　校　区）

单位	成果获奖			专利				学术论文和学术著作				
	国家级	省部级	合计	发明	实用新型	外观设计	合计	SCI	EI	CSSCI	著作	合计
电力工程系	0	6	6	78	36	2	116	44	55	0	3	102
电子与通信工程系	0	2	2	27	7	0	34	7	5	0	2	14
动力工程系	0	3	3	12	23	0	35	87	12	0	1	100
机械工程系	0	2	2	19	20	6	45	15	8	0	1	24
自动化系	0	0	0	19	7	0	26	7	5	0	0	12
计算机系	0	0	0	3	13	1	17	3	4	0	2	9
环境科学与工程系	0	1	1	11	13	1	25	39	3	0	2	44
经济管理系	0	3	3	0	4	2	6	28	2	0	2	32
法政系	0	1	1	0	0	0	0	1	0	0	0	1
英语系	0	0	0	0	0	0	0	0	0	0	3	3
数理系	0	0	0	3	5	3	11	29	1	0	1	31
马克思主义学院	0	0	0	0	0	0	0	0	0	0	2	2
其他	0	0	0	1	10	0	11	0	0	0	0	0
合计	0	18	18	173	138	15	326	260	95	0	19	374

（科学技术研究院　提供）

华北电力大学 2021 年度出版著作情况一览表

序号	著作名称	作者	类别	出版单位	出版时间	ISBN 号	总字数（万字）
1	新能源电力建设项目选址、投资、风险决策研究	乌云娜	专著	中国电力出版社	2021 年 1 月	9787519853389	70.5
2	走近虚拟电厂	王　鹏	编著	机械工业出版社	2021 年 1 月	9787111667353	19.5
3	《哈姆雷特》中的非常规语序及其汉译研究	段素雅	专著	河北大学出版社	2021 年 1 月	9787566616401	16.2
4	新型区域电网优化调度模型分析与设计（俄）	钱殿伟	专著	Palmarium Academic Publishing	2021 年 1 月	9786202395045	30
5	法律实务教程	方仲炳	编著	中国政法大学出版社	2021 年 1 月	9787562098225	35
6	Optimal Dispatching Model of Regional Renewable Energy Grid: With Economic and Security Constraints	钱殿伟	专著	LAMBERT Academic Publishing	2021 年 1 月	9786203304572	25
7	Green Internet of Things (IoT): Energy Efficiency Perspective	周振宇	专著	Springer Berlin Heidelberg	2021 年 2 月	9783030640538	11.2
8	The Economic Impact of Government Policy on China's Private Higher Education Sector	马晓颖	专著	Springer	2021 年 3 月	9789813367999	15
9	北京市碳强度演变机理及优化路径模拟仿真研究	李金超	专著	中国电力出版社	2021 年 3 月	9787519853273	19
10	Modèle de répartition optimale du réseau régional d'énergie renouvelable	钱殿伟	专著	Editions Notre Savoir (ScienciaScripts)	2021 年 3 月	9786203283266	29
11	燃煤发电机组能耗及污染物时空分布与调控	杨勇平	专著	科学出版社	2021 年 3 月	9787030679703	53.6
12	能源市场知识	张粒子	专著	中国电力出版社	2021 年 4 月	9787519848897	25.7
13	发电过程非线性模型预测控制	刘向杰	专著	科学出版社	2021 年 4 月	9787030682444	42.1
14	Multi-robot Formation via Super-twisting Sliding Mode	钱殿伟	专著	LAMBERT Academic Publishing	2021 年 4 月	9786203854343	32
15	Enseignement du lexique de la cuisine chez les apprenants chinois	杨　桐	专著	EDITIONS UNIVERSITARIES EUROPEENES	2021 年 4 月	9786203414738	11
16	选择性催化还原烟气脱硝催化剂及其应用	杨勇平	专著	科学出版社	2021 年 4 月	9787030679710	43
17	Modelo de Despacho Ideal da Rede Regional de Energias Renováveis	钱殿伟	专著	Edições Nosso Conhecimento (Sciencia Scripts)	2021 年 4 月	9786203283310	30
18	Application of Control Network in Industry	梁　庚	专著	LAMBERT Academic Publishing House	2021 年 5 月	9786204201153	21
19	冠状动脉系统混沌同步的分析与综合（俄）	钱殿伟	专著	Palmarium Academic Publishing	2021 年 5 月	9786202395281	35
20	叛逆者——简·奥斯汀及其作品分析	彭霞媚	专著	中国人民公安大学出版社	2021 年 5 月	9787565341861	15.8
21	Sliding-mode-based Control of Omnidirectional Mobile Manipulators	钱殿伟	专著	LAMBERT Academic Publishing	2021 年 5 月	9786204199634	32
22	定制家居设计	周　杨	编著	河北大学出版社	2021 年 6 月	9787566618627	22
23	输电线路大跨越导线微风振动机械力学与破损特征研究	周　超	专著	中国电力出版社	2021 年 6 月	9787519857844	16.8
24	基于 Java 的深度学习	夏　宏	译著	中国电力出版社	2021 年 6 月	9787519854294	30.4

续表

序号	著作名称	作者	类别	出版单位	出版时间	ISBN	总字数（万字）
25	互助养老	刘妮娜	专著	华龄出版社	2021 年 6 月	9787516918227	16
26	Modello di dispacciamento ottimale della rete regionale di energia rinnovabile	钱殿伟	专著	Edizioni Sapienza (Sciencia Scripts)	2021 年 6 月	9786203283273	35
27	基于激光雷达的对象检测算法与应用(俄)	钱殿伟	专著	Palmarium Academic Publishing	2021 年 7 月	9786202395380	35
28	Wind Farm Active Power Control	钱殿伟	专著	LAMBERT Academic Publishing	2021 年 8 月	9786203929683	45
29	英语应用文写作教程	王　群	专著	外文出版社	2021 年 8 月	9787119128078	30
30	为卓越而来：大学校长与全方位筹款行动	杨维东	译著	哈尔滨工程大学出版社	2021 年 8 月	9787566130334	20
31	Optimales Dispatching-Modell eines regionalen Netzes für erneuerbare Energien	钱殿伟	专著	Verlag Unser Wissen (Sciencia Scripts)	2021 年 8 月	9786203283242	33
32	当代中国老年健康伦理研究	刘玮玮	专著	中国社会科学出版社	2021 年 9 月	9787520390248	20.5
33	环境友好型邻苯二甲酸酯分子修饰及其潜在环境风险研究	李　鱼	专著	辽宁教育出版社	2021 年 9 月	9787554928738	33
34	金属催化腐蚀法制备硅微纳米结构及其机理	刘　琳	专著	文化作家出版社	2021 年 9 月	9789888742783	10
35	可再生能源技术经济评价及政策一般均衡分析	张兴平	专著	科学出版社	2021 年 9 月	9787030691101	52.3
36	Modelo de despacho óptimo de la red regional de energías renovables	钱殿伟	专著	Ediciones Nuestro Conocimiento	2021 年 10 月	9786203283259	30
37	传统体育和综合体育的关系研究——以羽毛球和乒乓球为例	段博雅	专著	哈尔滨工业大学出版社	2021 年 11 月	9787560342016	20
38	Emerging Nanomaterials for Recovery of Toxic and Radioavtive Metal Ions from Environmental Media	王祥科	专著	ELSEVIER	2021 年 11 月	9780323854849	30
39	智能发电运行控制系统	梁　庚	编著	中国电力出版社	2021 年 11 月	9787519860257	34.3
40	L'image de Kangxi dans les récits des Français à l'époque de Louis XIV	桑　瑞	专著	Editions Universitaires Européennes	2021 年 11 月	9786139530519	10
41	电力系统电能质量	肖湘宁	编著	中国电力出版社	2021 年 11 月	9787519862916	47
42	风电场多尺度流动模拟和数学模型	葛铭纬	专著	科学出版社	2021 年 12 月	9787030698360	26
43	大兴安岭地区湿地保护地方性立法研究	陈维春	专著	中国经济出版社	2021 年 12 月	9787513567777	23.2
44	过电压及电磁环境	卢铁兵	专著	中国电力出版社	2021 年 12 月	9787519854386	29.9
45	综合能源系统状态估计	陈艳波	专著	中国电力出版社	2021 年 12 月	9787519861599	18.9
46	数字城市中新能源汽车基础设施规划	张　莹	专著	中国水利水电出版社	2021 年 12 月	9787522601878	20
47	架空输电线路风雨激振特性分析	周　超	专著	中国电力出版社	2021 年 12 月	9787519862831	15.2
48	电力系统状态估计	陈艳波	专著	科学出版社	2021 年 12 月	9787030703903	37.8
49	中外合作办学及雅思课程发展状况研究	张顺涛	专著	河北大学出版社	2021 年 12 月	9787566617149	24
50	清洁能源"发电-储能-用能"价值链耦合协同机制于优化模型研究	刘吉成	专著	中国水利水电出版社	2021 年 12 月	9787522602578	46.2
51	和谐共生：工程项目的环境保护与治理研究	樊良树	专著	企业管理出版社	2021 年 12 月	9787516425299	14

续表

序号	著作名称	作者	类别	出版单位	出版时间	ISBN	总字数（万字）
52	高校教育与教学管理	靳　浩	专著	北京工业大学出版社	2021 年 8 月	9787563971299	23.8
53	The Legend of China The History of Pudong Development	张　莉	译著	World Scientific	2021 年 8 月	9789811221699	21.9
54	历史唯物主义视域下的“人类命运共同体”探究	王聚芹	专著	黑龙江人民出版社	2021 年 7 月	9787207124692	27.0
55	科学社会主义经典理论专题探究	王聚芹	专著	黑龙江人民出版社	2021 年 7 月	9787207124869	32.0
56	环境成本内部化的政府激励政策研究	孟祥松	专著	人民出版社	2021 年 7 月	9787010225166	21.7
57	工程结构概论	王　毅	编著	中国建材工业出版社	2021 年 6 月	9787516031698	30.0
58	开关量控制基础及应用	韦根原	编著	中国电力出版社	2021 年 6 月	9787519853624	44.4
59	压力容器及所用安全阀阀芯弹簧的可靠性分析	锅彦娣	专著	西北农林科技大学出版社	2021 年 6 月	9787568309660	17.3
60	人口与经济发展方式	王金营	专著	科学出版社	2021 年 6 月	9787030682833	46.6
61	高温高压水汽系统化学	马双忱	编著	中国水利水电出版社	2021 年 6 月	9787517096283	31.6
62	新常态下中国碳排放峰值预测及减排对策研究	卢　灿	专著	人民出版社	2021 年 5 月	9787010233802	47.0
63	常人的法律意识：中庸思维与反中庸思维的纠纷应对方式	赵　静	专著	九州出版社	2021 年 5 月	9787522500690	15.5
64	设计与情感旅游纪念品创意设计	姚小清	专著	西北农林科技大学出版社	2021 年 4 月	9787568309097	23.1
65	公共管理视角下电力建设与发展研究案例分析	李冰水	编著	中国书籍出版社	2021 年 3 月	9787506876612	16.0
66	中小型变电站工程项目的后评价方法	王　毅	专著	吉林大学出版社	2021 年 3 月	9787569281071	11.0
67	深度学习实战	李新叶	译著	中国电力出版社	2021 年 3 月	9787519852931	80.5
68	环境民事诉讼证据制度研究	李庆保	专著	法律出版社	2021 年 2 月	9787519753252	39.0
69	中外文化差异与英语翻译研究	张　娟	专著	北京工业大学出版社	2021 年 1 月	9787563966042	28.0
70	音乐教育与大学生心理健康	刘潇潇	专著	西北农林科技大学出版社	2021 年 1 月	9787568309318	23.6
71	可再生能源与储能技术	曹　锐	专著	西北农林科技大学出版社	2021 年 1 月	9787568309325	30.0
72	企业管理者的 15 项修炼：悟理论　谈故事　品案例	孟祥林	编著	企业管理出版社	2021 年 1 月	9787516418536	36.8

（科学技术研究院　提供）

华北电力大学 2022 年度已授权专利情况一览表

序号	名称	发明（设计）人	专利类型	申请日	授权日	专利号
1	基于 WD-LA-WRF 模型的超短期风功率预测方法	牛东晓、浦　迪、戴舒羽、康　辉	发明	2018.7.27	2022.1.4	201810839653.7
2	一种基于 SCADA 量测的电网支路静态参数辨识方法	张海波、刁智伟	发明	2018.9.13	2022.1.4	201811066167.2

续表

序号	名称	发明(设计)人	专利类型	申请日	授权日	专利号
3	一种基于图论的配电网多种量测量的最优配置方法	陈艳波、陈锐智、周　勐、方恒福、郎燕生	发明	2018.9.7	2022.1.4	201811043944.1
4	一种设备运行状态在线监控装置	赵俊杰、杨如意、沈跃军、贺延枫、崔畅元、刘琳鸽、王利敏、张　越、王献文、赵　璐、邵戊辰、任　杰、张二祥、王天虎、崔晓宁、常艳丽、赵志伟、王国强、田　民、胡　勇、张东明、朱振武、赵博石、王鹏飞	实用新型	2021.8.2	2022.1.4	202121781163.X
5	一种炉膛烟气温度测量装置	赵俊杰、杨如意、沈跃军、贺延枫、崔畅元、刘琳鸽、王利敏、张　越、王献文、赵　璐、邵戊辰、任　杰、张二祥、王天虎、崔晓宁、常艳丽、赵志伟、王国强、田　民、胡　勇、张东明、朱振武、赵博石、王鹏飞、李春雷、陈进伟	实用新型	2021.7.28	2022.1.4	202121734003.X
6	一种无人机	吴　华、付芳芳	实用新型	2021.7.15	2022.1.4	202121615267.3
7	一种具有语音提示功能的行人追踪警示设备	梅华威、李　根、范宸尧、臧齐齐	实用新型	2021.7.8	2022.1.4	202121540195.0
8	教学用模块化机器人装置	刘俊彦、魏　璇	实用新型	2021.8.23	2022.1.4	202121980466.4
9	围栏	熊馨怡	外观设计	2021.9.8	2022.1.4	202130593645.1
10	一种利用累积相似性的微震事件检测方法和系统	翟明岳	发明	2020.10.20	2022.1.7	202011124230.0
11	基于数字孪生技术的热电联合供暖系统实时优化调控方法	房　方、相天麟、刘吉臻、魏　乐、石　鑫	发明	2021.5.20	2022.1.7	202110551302.8
12	一种集成5G和多光谱图像融合的巡检AR安全帽	王　晨、庞春江、王世杰、庞　博、王新颖、牛为华、刘　丽、李　天	实用新型	2021.7.30	2022.1.7	202121770349.5
13	一种基于AR和热成像技术的电力侦查设备	庞　博、熊　鹏、刘　明、王世杰、王新颖、庞春江、牛为华	实用新型	2021.7.30	2022.1.7	202121769970.X
14	一种电流源-混合电压源串联型换流器拓扑	赵成勇、郭春义、许建中、李佩霖、王　烨	发明	2017.1.18	2022.1.11	201710033656.7
15	一种高频暂态分量方向纵联保护方法及系统	胡列翔、赵光静、王增平、韩志军、马　静、张亚刚、裘愉涛、陆承宇、王　松、戚宣威、吴佳毅、吕　哲、王家慧、汪冬辉、孙文文、阮黎翔、丁　峰、陈　明	发明	2018.8.29	2022.1.11	201810997786.7
16	一种模块化多电平换流器的动态仿真模拟方法及系统	姚逸凡、姚蜀军、庞博涵、屈秋梦、张祥宇、汪　燕、刘　晋	发明	2020.2.10	2022.1.11	202010084671.6
17	一种溴化锂吸收式热泵	侯宏娟、于　刚、杜琼杰、白保华、张军宏、范　滢、彭　勇、蒋剑峰、吴啸川	发明	2020.6.22	2022.1.11	202010573665.7
18	一种含混合储能的电力系统暂态能量转移控制方法	张祥宇、李凌斐、付　媛	发明	2020.8.5	2022.1.11	202010776582.8
19	一种新型交错并联BUCK变换器及其纹波消除方法	韩民晓、张　理、范溢文	发明	2021.7.12	2022.1.11	202110785239.4
20	一种由城市固态垃圾等离子气化段和煤电段组成的混合系统	陈　衡、吴志聪、彭维珂、徐　钢、陈宏刚	实用新型	2020.11.17	2022.1.11	202022658410.9

续表

序号	名称	发明(设计)人	专利类型	申请日	授权日	专利号
21	一种循环冷却水智能运行装置	赵俊杰、杨如意、沈跃军、崔畅元、刘琳鸽、王利敏、张　越、王献文、赵　璐、邵戊辰、任　杰、张二祥、王天虎、崔晓宁、常艳丽、赵志伟、王国强、田　民、胡　勇、张东明、朱振武、赵博石、王鹏飞、张　维、周得福、张献堂、张　乐	实用新型	2021.8.10	2022.1.11	202121860224.1
22	一种基于压缩感知的高压开关柜局部放电在线监测系统	陈　雪、韩　璐、许欣欣、张敬宜、陈　萍、王　磊、陈伟志、程亚楠、薛本山	实用新型	2021.6.29	2022.1.11	202121446595.5
23	转子侧储能的直流并网型双馈风力发电系统	崔学深、吴　浩、刘其辉、赵成勇、申旭辉、汤海雁、李　峥	实用新型	2021.8.9	2022.1.11	202121853793.3
24	一种计算机网络信息安全监控设备	谢沅伯	实用新型	2021.10.13	2022.1.11	202122466882.9
25	一种语音识别拍照系统	邓思琪	实用新型	2021.8.23	2022.1.11	202121982959.1
26	锅炉烟道等寿命高温防腐蚀用涂层组合材料及其应用	曲作鹏、田欣利、赵文博、王海军	发明	2020.11.20	2022.1.14	202011311731.X
27	一种基于粉煤灰改性的电除尘系统	姚国瑞、齐立强、计　霖、李晶欣、罗积琛、赵志凯、周建锋	实用新型	2021.6.21	2022.1.14	202121378265.7
28	一种电力巡检安全保障机器人	李　静、时浩然	实用新型	2021.9.28	2022.1.14	202122361309.1
29	一种光催化-臭氧联合处理污水的装置	高慧颖、王　昊、丁晓彤、张梦瑶、杨　华	实用新型	2021.6.1	2022.1.14	202121209948.X
30	一种锅炉回转式空气预热器换热装置	高建强、陈志斌、蔚　冉、危日光	实用新型	2021.7.27	2022.1.14	202121721424.9
31	车载雷达	范金超	外观设计	2021.6.22	2022.1.14	202130385604.3
32	基于特征相关的样本扩展方法	黄建才	发明	2017.10.31	2022.1.18	201711048693.1
33	一种供热系统动态建模方法、模型及调控系统	房　方、王　鑫、刘亚娟、张效宁、林忠伟、刘吉臻	发明	2020.7.8	2022.1.18	202010651856.0
34	一种节能的蔬菜蒸煮烘干一体机	严高峰、岳　洋、韩骏瑞、高　威、叶家雄、周玥瑜、赵子云、宋江川	实用新型	2021.8.6	2022.1.18	202121829401.X
35	一种带有清灰机构的天然气锅炉烟气除尘装置	安学敏、孙　玮、蔡雅琪、冯亚兵、庄奥成	实用新型	2021.1.29	2022.1.18	202120257185.X
36	非晶磁芯装盒旋转点胶机构	薛志勇、李雪松、孙保安、罗杰元、严　锋	实用新型	2021.3.9	2022.1.18	202120495142.5
37	农村综合能源系统用生物质能回收利用装置	赵安鹏	实用新型	2021.8.23	2022.1.18	202121988386.3
38	用于锅炉燃烧优化的供热保温装置	赵安鹏	实用新型	2021.8.25	2022.1.18	202122012977.3
39	一种模块式换热器	张　航、高建强、黄志成	实用新型	2021.4.29	2022.1.18	202120914208.X
40	一种液体闪烁体探测器	张小东、张少东、周志波、刘月壮、林旭润、李　达、武朝辉、张　琦	实用新型	2021.7.20	2022.1.18	202121654993.6
41	一种具有自动存取功能的储物柜	李　静	实用新型	2021.9.28	2022.1.18	202122361277.5
42	5G基站开关关断装置的防护结构	王雨轩、马真真、王葆珠、苏鑫鹏、秦郅理、周文扬、张博之、刘恒超、邹沅池	实用新型	2021.9.22	2022.1.18	202122290237.6

续表

序号	名称	发明(设计)人	专利类型	申请日	授权日	专利号
43	具有换热器冷却机构的光伏板	李晟瑞、王振乾	实用新型	2021.9.2	2022.1.18	202122102429.X
44	一种应急通信装置	王书春、王志强、耿　斌、耿建宇、张纯永、王远志	实用新型	2021.10.13	2022.1.18	202122468859.3
45	路灯	熊馨怡	外观设计	2021.9.8	2022.1.18	202130594003.3
46	一种利用等距变换的变压器运行状态振声检测方法和系统	翟明岳、孙海龙	发明	2020.11.3	2022.1.21	202011206341.6
47	一种电磁场与电磁波的实验装置及实验方法	崔维新	发明	2021.5.6	2022.1.21	202110491325.4
48	一种与燃煤发电机组集成的压缩空气储能系统	陈　衡、彭维珂、王铁男、徐　钢、王修彦	实用新型	2020.12.2	2022.1.21	202022848966.4
49	一种与燃煤电站集成的硅铁电炉烟气余热利用系统	陈　衡、安留明、王铁男、聂椿明、徐　钢、李　季	实用新型	2020.9.16	2022.1.21	202022019255.6
50	一种七钼酸根插层多孔氮化碳及其制备方法和应用	张　塞、艾玥洁、文　涛、王祥科	发明	2019.12.23	2022.1.25	201911338712.3
51	一种用于垃圾焚烧与燃煤耦合发电机组的二氧化碳捕集系统	王铁男、陈　衡、李稼睿、徐　钢、王修彦、刘彤	实用新型	2021.4.15	2022.1.25	202120766111.9
52	一种基于抽引器利用的大型火电机组工业抽汽系统	曾癸茗、黄宇箴、李云飞、徐　钢、陈宏刚	实用新型	2021.1.5	2022.1.25	202120007676.9
53	一种阀门严密性能检测装置	田景奇、赵俊杰、杨如意、沈跃军、贺延枫、崔畅元、刘琳鸽、王利敏、张　越、王献文、赵　璐、邵戊辰、任　杰、张二祥、王天虎、崔晓宁、常艳丽、赵志伟、王国强、田　民、胡　勇、张东明、朱振武、赵博石、王鹏飞、白　强、庞冬冬	实用新型	2021.8.17	2022.1.25	202121926675.0
54	一种自发电遥控器	胡艺雯、吴佩遥	实用新型	2021.9.13	2022.1.25	202122205652.7
55	一种基于4G移动通信及自组网的应急通信终端	王书春、王志强、耿　斌、耿建宇、张纯永、王远志	实用新型	2021.10.9	2022.1.25	202122433311.5
56	一种考虑天然气网络和电动汽车协调的区域综合能源系统规划方法	韩璟琳、胡诗尧、邵　华、安佳坤、翟广心、刘雪飞、唐　帅、杨占峰、张　宁、孙海新、韩　伟、吴志力、宋　毅、赵海波、贾杏平、曾　鸣、刘英新	发明	2018.8.27	2022.1.28	201810982794.4
57	一种基于深度Q网络的全自动高级逃逸技术检测方法	王竹晓、张彭彭、唐志国、李　为、关志涛、张　莹、贾静平	发明	2019.5.30	2022.1.28	201910465976.9
58	一种具有互感抵消作用的串联半导体组件	齐　磊、刘珂鑫、渠鑫源、东野忠昊	发明	2020.3.2	2022.1.28	202010135287.4
59	一种钙钛矿发光二极管及其制作方法	王福芝、朱晓东、旺振业	发明	2020.11.12	2022.1.28	202011263340.5
60	液压控制阀及使用该液压控制阀的液压操动机构、断路器	陈维江、钟建英、李海文、林　莘、韩　彬、刘　煜、郄　鑫、韩国辉、雷　琴、刘　宇、段晓辉、魏建巍、孙珂珂、李新刚	发明	2020.10.26	2022.1.28	202011156907.9
61	生物质气化耦合燃气轮机冷热电三联产系统	陈鸿伟、钟方豪、宋扬凡、艾天超、贾建东、薛国强、杨思杨	实用新型	2021.8.22	2022.1.28	202121972972.9
62	一种带有雨天自动收纳座椅的智慧路灯	何帅龙、姜远浩、杨东云、黄　宇	实用新型	2021.9.27	2022.1.28	202122347571.0

续表

序号	名称	发明(设计)人	专利类型	申请日	授权日	专利号
63	一种电动汽车退役电池回收检测用拆解装置	沈蕙楠、韦　璐	实用新型	2021.9.2	2022.1.28	202122111174.3
64	一种光伏电站光伏板清洗机器人	孙恩慧、孟繁旭、李　斌、吴正人、李建强、戎　瑞、马　凯	实用新型	2021.3.18	2022.1.28	202120560681.2
65	一种天空图像云团位移矢量计算方法	王　飞、庞帅杰、甄　钊、米增强、王　铮、王　勃	发明	2018.8.22	2022.2.1	201810962529.X
66	一种直流配电系统储能单元荷电状态均衡控制方法及装置	范士雄、刘幸蔚、吴　斌、单来支、卫泽晨、王　庆、王　琛、高运兴、王　毅、韩　巍、王　伟	发明	2018.10.29	2022.2.1	201811264977.9
67	一种基于电力应急通信系统的加密方法	程效伟、刘　豆、王瑜瞳、李彬郎、肖　博、王克敏、原冰玉、仇英辉	发明	2019.3.11	2022.2.1	201910182114.5
68	混合媒质通信系统中断概率计算模型及自适应中继方法	陈智雄、王丽娇、韩东升	发明	2019.9.24	2022.2.1	201910905849.6
69	一种高压直流受端系统稳定性评估方法及系统	马　静、杨更宇、王瑞峰、吴羽翀	发明	2020.7.15	2022.2.1	202010682160.4
70	一种基于 PSK 脉冲编码的 COTDR 测量方法及其装置	李永倩、王　磊、范海军、张立欣	发明	2020.9.18	2022.2.1	202010988874.8
71	多通道多谱段滤光片结构及其应用、方法	王胜辉、律方成、牛雷雷	发明	2020.10.27	2022.2.1	202011163481.X
72	一种便于投放的嵌入式地下垃圾桶	丛浩熹、杜习佳、何天鹏、李汶铮	实用新型	2021.8.13	2022.2.1	202121889989.8
73	一种永磁同步发电机温度检测装置	葛雨凡	实用新型	2021.9.23	2022.2.1	202122310196.2
74	一种基于电力物联网的操作培训模拟设备	王孟博、赵路佳	实用新型	2021.9.1	2022.2.1	202122095522.2
75	一种生物质催化热解制备左旋葡萄糖酮的方法	陆　强、叶小宁、王　昕、郭浩强、彭　立、董长青、杨勇平	发明	2017.2.21	2022.2.8	201710092409.4
76	一种风电机组高温降容状态的智能评估方法及系统	杨锡运、米尔扎提·买合木提、吕　微、杨雨薇、王其乐	发明	2019.7.5	2022.2.8	201910604545.6
77	基于改进二次多项式拟合的布里渊频移快速准确提取方法	徐志钮、赵丽娟	发明	2019.12.18	2022.2.8	201911309627.4
78	用于供电系统光伏发电分相控制方法及光伏牵引供电系统	程　鹏、孔惠文、刘祎恺、马　静、贾利民	发明	2020.7.17	2022.2.8	202010693917.X
79	一种适用新能源接入规划的灵活性评价方法及系统	郇政林、周　明、赵德洁、武昭原、雷若愚、刘中建、张　岩、刘晓娟	发明	2020.9.10	2022.2.8	202010945871.6
80	一种利用高斯梯度的负荷开关事件检测方法和系统	翟明岳、罗永春	发明	2020.11.3	2022.2.8	202011206199.5
81	一种利用局部相似性的振声检测信号滤波方法和系统	翟明岳、孙海龙	发明	2020.11.4	2022.2.8	202011215120.5
82	一种利用主模式分解的功率信号重构方法和系统	翟明岳、翁鸿彬	发明	2020.11.6	2022.2.8	202011229077.8
83	一种利用 Hankerl 矩阵的功率信号滤波方法和系统	翟明岳、李道格	发明	2020.11.6	2022.2.8	202011229098.X
84	一种利用边缘探测的微震事件检测方法和系统	翟明岳、李道格	发明	2020.11.3	2022.2.8	202011206626.X

续表

序号	名称	发明(设计)人	专利类型	申请日	授权日	专利号
85	一种压接型IGBT芯片动态特性实验平台及测量方法	彭　程、詹雍凡、范迦羽、李学宝、赵志斌、崔　翔、马慧远	发明	2020.12.10	2022.2.8	202011452092.9
86	基于支持向量机的救灾移动应急基站选址方法	王书春、王志强、耿　斌、耿建宇、张纯永、王远志、董忠涛、黄易君成	发明	2020.12.31	2022.2.8	202011624513.1
87	灾区场景下路径导航方法及装置	王书春、王志强、耿　斌、耿建宇、张纯永、王远志、王骁龙、毛宇洋	发明	2021.2.5	2022.2.8	202110162177.1
88	一种功率器件均流特性评估实验装置	闫音蓓、郑飞麟、李恬晨、范迦羽、彭　程、李学宝、赵志斌、崔　翔、代安琪、孙　帅、林仲康	发明	2021.2.24	2022.2.8	202110207863.6
89	一种用于烟气脱硫脱硝同步硫氮资源化实验装置	李宇彤、李凯龙、许东情、郝润龙	实用新型	2021.9.24	2022.2.8	202122312030.4
90	一种电催化处理VOC装置	樊圄麟	实用新型	2021.8.16	2022.2.8	202121906629.4
91	一种新型核电用氢冷检修平台	张沁睿	实用新型	2021.8.10	2022.2.8	202121850662.X
92	一种基于VR的工频高压演示装置	王龙霄	实用新型	2021.8.24	2022.2.8	202121998246.4
93	一种基于VR的电力虚拟现实培训装置	王龙霄	实用新型	2021.9.8	2022.2.8	202122164517.2
94	一种用于电气设备的安全防护装置	韩昱亭	实用新型	2021.9.1	2022.2.8	202122084741.0
95	无线通讯电力仪表	张洪硕	外观设计	2021.9.29	2022.2.8	202130648560.9
96	智能电网终端机	林心茹	外观设计	2020.11.16	2022.2.8	202030692349.2
97	一种石灰乳法回收脱硫废水中钙镁离子的方法	刘松涛、冯荣荣、陈传敏、岳立毅、王　宇、谷兴家、王思媛、袁维乾、康嘉诚、金馨怡、刘子暄	发明	2018.10.30	2022.2.11	201811274401.0
98	一种调相机与静止无功补偿器协调控制方法和系统	范士雄、韩　巍、姚伟锋、刘幸蔚、卫泽晨、王　伟、李立新、行　舟、王　玮、张　鹏、秦　杰、许国瑞、赵海森	发明	2018.10.23	2022.2.11	201811233866.1
99	一种共热解制备糠醛的方法	陆　强、胡　斌、谢文銮、范馨蕊、刘　吉、杨勇平	发明	2019.9.24	2022.2.11	201910903461.2
100	风电参与系统恢复的潮流越限消除方法及装置	李少岩、王丽媛、顾雪平	发明	2020.6.22	2022.2.11	202010576203.0
101	用于无人机的噪声检测系统和无人机	臧玉魏、谢连科、张　永、巩泉泉、王　坤、马新刚、尹建光、崔相宇、乔钏熙、陈传敏、刘松涛	发明	2020.6.24	2022.2.11	202010585156.6
102	一种物流仓储机械臂	庞　博、熊　鹏、刘　明、王世杰、王新颖、庞春江、牛为华	实用新型	2021.10.14	2022.2.11	202122479290.0
103	一种设备智能监测保护装置	赵俊杰、杨如意、沈跃军、崔畅元、刘琳鸽、王利敏、张　越、王献文、赵　璐、邵戊辰、任　杰、张二祥、王天虎、崔晓宁、常艳丽、赵志伟、王国强、田　民、胡　勇、张东明、朱振武、赵博石、王鹏飞、李　勇、焦玉明、张献堂、张　乐	实用新型	2021.8.25	2022.2.11	202122013773.1
104	空气质量检测器	马　帅、毕君奥	外观设计	2021.10.9	2022.2.11	202130661890.1

续表

序号	名称	发明(设计)人	专利类型	申请日	授权日	专利号
105	红绿灯(人行道与车行道合一型)	韩绘锦	外观设计	2020.11.9	2022.2.11	202030673491.2
106	核电用弯通拉线盒	丁　弘	外观设计	2021.10.14	2022.2.11	202130674297.0
107	核电用出线盒	丁　弘	外观设计	2021.10.14	2022.2.11	202130674303.2
108	一种磁场屏蔽效能预测方法及系统	焦重庆、白婉欣、文卫兵、石　岩、李　明、杨　勇、王　肃、雷　鸣、王加龙、李　琦、樊纪超	发明	2019.12.26	2022.2.15	201911366089.2
109	一种基于风光储联合电站的储能系统优化方法及系统	林忠伟、张子涵、赵　泽、邹祖冰、刘瑞阔	发明	2021.8.5	2022.2.15	202110895995.2
110	一种混合多端直流输电系统非线性下垂控制方法	刘英培、杨小龙、梁海平	发明	2018.9.6	2022.2.18	201811039775.4
111	电网故障诊断方法及装置	王守鹏、赵冬梅、袁敬中、高　杨、李红建、张立斌、刘沁哲、杨朝翔、陈　蕾、赵旷怡、付玉红	发明	2019.2.22	2022.2.18	201910133422.9
112	一种用于复合绝缘横担的内芯填充材料及其制备方法	刘云鹏、李　乐、张铭嘉、刘贺晨	发明	2019.4.18	2022.2.18	201910312904.0
113	一种区域综合能源系统运行优化方法	王永利、王玉东、李　芳、高铭晨、马裕泽、曾　鸣、韩金山、祝金荣、郭红珍、张福伟	发明	2019.4.11	2022.2.18	201910289848.3
114	一种基于改进遗传算法的电网最优供电方案的确定方法	张　籍、刘　慧、方仍存、谢　东、陈　峰、高晓晶、赵雄光、鄢　晶、汪颖翔、陈　竹、雷庆生、王亚捷、薛儒涛、陈艳波	发明	2019.4.16	2022.2.18	201910303122.0
115	渐变流流态下河道糙率的获取方法	王中玉、张化永、徐卫刚、何　星、田　旺、黄海	发明	2019.11.1	2022.2.18	201911060195.8
116	一种多功能电气工程除尘装置	邢子豪	实用新型	2021.10.8	2022.2.18	202122414165.1
117	一种具有自动归中和自动充电功能的无人机机库	陈希源	实用新型	2021.8.30	2022.2.18	202122060247.0
118	一种压缩空气声波吹灰系统	韩高岩、周培焱、谢　娜、孙五一	实用新型	2021.7.26	2022.2.18	202121698979.6
119	户外用高效散热防尘电气设备	刘佳慧	实用新型	2021.5.25	2022.2.18	202121131123.0
120	一种压电振动能量收集装置	何　青、周炜鹏、路　唱、杜冬梅、李　楠、闫立东、金　岩	实用新型	2021.5.27	2022.2.18	202121157044.7
121	空气检测仪	曹雨娴	外观设计	2020.11.26	2022.2.18	202030720772.9
122	通信信号检测仪	刘昊东	外观设计	2021.9.10	2022.2.18	202130599246.6
123	一种基于车联网的电动汽车实时充电电价计算方法	于建成、麻秀范、王旭东、田世明、王　伟、吴　磊、李国栋、朱思嘉、周长新、崇志强、姚　程、余庆红、陈　静、李思远、戚　艳、段　颖、张　剑、杨宇全、李志远	发明	2018.4.25	2022.2.22	201810377399.3
124	一种大型蜗卷弹簧储能装置	汤敬秋、王璋奇、段　巍、余　洋、孙辰军、李晓龙、魏明磊	发明	2017.12.7	2022.2.22	201711284930.4

续表

序号	名称	发明(设计)人	专利类型	申请日	授权日	专利号
125	多维对数正态近似的无线和电力线中继通信性能计算方法	陈智雄、王丽娇、韩东升	发明	2019.8.21	2022.2.22	201910774249.0
126	一种用于光纤测温的布线装置及其布线方法	范晓舟、刘云鹏、律方成、常习者、刘博闻、李　欢、尹钧毅、李昕烨	发明	2020.1.10	2022.2.22	202010025450.1
127	一种锅炉水冷壁涂层制备双热源协同重熔方法	曲作鹏、王海军、赵文博、田欣利	发明	2020.5.19	2022.2.22	202010422695.8
128	一种电热泵-热电联合系统的优化调控方法及系统	房　方、仲心萌、金顺平、刘亚娟、林忠伟	发明	2020.9.4	2022.2.22	202010922508.2
129	一种基于相电流暂态稳态的配电网单相接地故障感知方法	齐　郑、赵昕一	发明	2021.4.22	2022.2.22	202110438026.4
130	一种轻质高强 Mg-Ta 复合金属板材及其室温轧制成形方法	韩修柱、罗文博、薛志勇、孔钦可、许焕宾	发明	2021.7.6	2022.2.22	202110658436.X
131	基于异构气象数据融合的区域电网负荷预测方法和装置	宋晓华、汪　鹏、张　露、郭亦玮、韩晶晶、韩佳凝、赵彩萍、翟晓颖、潘继璇	发明	2021.10.12	2022.2.22	202111184358.0
132	一种区域电网负荷预测方法和装置	宋晓华、汪　鹏、刘金朋、张　露、潘继璇、翟晓颖、韩晶晶、赵彩萍	发明	2021.10.12	2022.2.22	202111184364.6
133	一种农村社区养老互助用物资发放运输装置	张译月	实用新型	2021.10.18	2022.2.22	202122501874.3
134	一种热力站用热能动力循环装置	谭明航	实用新型	2021.10.26	2022.2.22	202122580851.6
135	月饼礼盒	庄树彬	外观设计	2021.11.3	2022.2.22	202130722412.7
136	一种基于多判别指标的电网发展时期划分方法及系统	韩　丰、李　晖、彭　冬、薛雅玮、张鹏飞、龙望成、赵　朗、李金超、李金颖、侍剑峰、李树林、徐　谦	发明	2017.10.24	2022.2.25	201711001710.6
137	一种基于质量守恒的远场尾流二维解析模型	葛铭纬、武　英、刘永前、李　莉、邵振州	发明	2018.3.29	2022.2.25	201810275655.8
138	一种用于在长距离输送设施内进行故障定位的系统及方法	郭春林、郭尔富	发明	2020.9.28	2022.2.25	202011039130.8
139	无线电力猫	张洪硕	外观设计	2021.10.8	2022.2.25	202130657837.4
140	风电机组并网系统次同步振荡稳定性量化分析方法	肖仕武、张明远、张刘杰、毕天姝	发明	2018.12.13	2022.3.1	201811524451.X
141	一种间谐波检测系统及方法	何　强、樊　超、李慧奇、田　一、金文德、王　斌、刘主光、杨　光、魏明磊、杜鹏宇、李振海	发明	2020.4.21	2022.3.1	202010317407.2
142	一种基于附加能量支路的双馈风电场控制方法及系统	马　静、杨更宇、李鹏冲、王瑞峰	发明	2020.7.15	2022.3.1	202010682003.3
143	一种热能发电设备的热能动力检测装置	谭明航	实用新型	2021.10.26	2022.3.1	202122583425.8
144	信息管理柜	俞博瀚	外观设计	2021.10.8	2022.3.1	202130659337.4
145	金融自助终端	张雨薇、田光宁	外观设计	2021.11.12	2022.3.1	202130743295.2
146	一种基于需求侧智能设备参与智能电网调频的方法	翟　峰、赵　兵、刘　鹰、吕英杰、梁晓兵、李保丰、付义伦、岑　炜、徐文静、许　斌、孔令达、曹永峰、冯占成、任　博、袁　泉、张　庚、卢　艳、李丽丽、徐　萌、李　彬、孙　毅、祁　兵	发明	2016.11.30	2022.3.4	201611083385.8

续表

序号	名称	发明(设计)人	专利类型	申请日	授权日	专利号
147	一种电力系统生产成本测算方法及系统	李　晖、刘建琴、刘斯伟、舒　隽、郑　华、王智冬、戚庆茹、易海琼、王　旎、魏　楠、安　之、张　娜、仲崇飞、刘　钊、宋新甫	发明	2018.12.7	2022.3.4	201811492035.6
148	一种矩形金属腔体屏蔽盒上开孔等效阻抗提取方法及系统	葛青宇、焦重庆	发明	2020.1.9	2022.3.4	202010021506.6
149	一种自适应强跟踪无迹卡尔曼滤波同步相量参数估计方法	王　莉、黄晓彤、危国恩、牛胜锁、王春鑫、梁志瑞	发明	2020.2.24	2022.3.4	202010110662.X
150	一种配电线路裸导线绝缘包裹装置和裸导线包裹机器人	周　静、吴　鹏、唐旭明、韩先国、鲁晓辉、甄武东、曾　议、李化彪、张小乐、房　静	发明	2020.10.27	2022.3.4	202011160330.9
151	一种结合社交感知的计算任务网络参数优化方法及系统	许　晨、隆　豪、绳　韵、郑光远	发明	2021.3.17	2022.3.4	202110287068.2
152	一种冷热电联供系统储能容量配置方法及冷热电联供系统	房　方、陈　婕、陈远野、吴秋伟、魏　乐	发明	2021.5.18	2022.3.4	202110541144.8
153	一种带有粉煤灰改性及烟道喷射装置的电除尘系统	姚国瑞、齐立强、计　霖、李晶欣、罗积琛、赵志凯、周建锋	发明	2021.6.21	2022.3.4	202110687352.9
154	一种垃圾电厂废气脱硫脱硝处理装置	赵一明、齐铁月	实用新型	2021.10.11	2022.3.4	202122445633.1
155	绝缘子故障检测设备(便携式)	王安立	外观设计	2021.5.31	2022.3.4	202130329058.1
156	计算机机箱	郭柏村	外观设计	2021.6.8	2022.3.4	202130352580.1
157	一种光伏发电功率的确定方法及系统	谢红玲、杜莹莹、李燕青、李凤婷	发明	2018.1.2	2022.3.8	201810001865.8
158	基于海水淡化技术的核电调峰系统及方法	林　毅、林章岁、艾　欣、方朝雄、潘玺安	发明	2018.11.29	2022.3.8	201811439463.2
159	一种计及风险的电力系统快速预防控制方法	杨　旋、肖　宜、雷　鸣、杨安源、严斌俊、刘　昕、李永龙、刘进、陈艳波	发明	2018.11.26	2022.3.8	201811415598.5
160	一种磁控式并联电抗器绕组匝间故障检测方法及系统	郑　涛、宋祥艳	发明	2020.11.13	2022.3.8	202011267868.X
161	一种活塞充气式踩踏发电的动感单车	夏春妮、罗舒琦、张远欣、朱永强、夏瑞华	实用新型	2020.12.23	2022.3.8	202023138560.3
162	一种养老服务用家用服务设备	贾文翰	实用新型	2021.9.18	2022.3.8	202122269936.2
163	一种基于物联网的老年人防走丢与摔倒警报系统	朱钰龙、宋绪鹏	实用新型	2021.10.26	2022.3.8	202122582620.9
164	一种微电网用光伏逆变器	胡　迅	实用新型	2020.11.16	2022.3.8	202022637028.X
165	通信直放站插箱	刘昊东	外观设计	2021.9.9	2022.3.8	202130596199.X
166	基于改进型 Chopper 电路的 UPFC 故障渡越方法	郑　涛、王赟鹏、李厚源、吕文轩、马家璇	发明	2020.1.13	2022.3.11	202010030522.1
167	一种用于负压隔离帐篷的空气过滤结构	刘志坚、曹国庆、戎　瑞、赵　辉	发明	2021.3.15	2022.3.11	202110277010.X
168	基于三维定点谐波平衡有限元的电抗器结构优化方法	赵小军、仪　卓、刘云鹏、黄　康、杨　柳	发明	2021.7.6	2022.3.11	202110761557.7
169	NaLuO2 在作为钠离子电池正极材料中的用途	褚立华、马　晶、李美成、李　泽、严　皓、丁　磊、陈思宇、孙昌旭、李旭晨、李英峰	发明	2021.12.9	2022.3.11	202111495486.7

续表

序号	名称	发明(设计)人	专利类型	申请日	授权日	专利号
170	一种集成超临界 CO_2 循环和吸收式热泵的生物质气化热电联产系统	陈　衡、刘　骏、赵欣悦、徐　钢	实用新型	2021.6.4	2022.3.11	202121244463.4
171	书立书架一体化装置	朱鸣池、王一华、马瑾瑜、左颖倩、姚　羽、张　志	外观设计	2021.11.17	2022.3.11	202130753645.3
172	太阳能灯	汪世钊	外观设计	2021.11.16	2022.3.11	202130751596.X
173	通过天空图像-辐照度模型预测地表辐照度的方法及系统	甄　钊、玄智铭、王　飞、米增强	发明	2020.1.16	2022.3.15	202010049061.2
174	计算电缆金属套管温度的方法、装置、存储介质和处理器	王恩德、田淑均、仇天骄、马学良、郭　晔、侯　赞、王　军、詹花茂、罗　印	发明	2020.5.11	2022.3.15	202010393666.3
175	一种基于蜘蛛网结构的泄洪雾化降雨拦截网及拦截装置	张　华、郭东旭、李林蔚	发明	2021.1.15	2022.3.15	202110053855.0
176	一种交直流混联系统暂态稳定裕度确定方法及系统	王增平、胡加伟、王　彤、褚　璐、王柄然、乔　鑫	发明	2021.4.12	2022.3.15	202110389382.1
177	一种空心光纤的注液装置	黄立杭、李晗霄、胡小龙、赵丽娟	实用新型	2021.11.8	2022.3.15	202122710586.9
178	一种多联供液化空气储能系统	刘　琨、厉　明、韦古强、何子睿、崔双双、宋锦涛、刘乙学、胡从川、刘广东、李　红	实用新型	2021.6.8	2022.3.15	202121281451.9
179	一种高效节能的光伏式沼气发电装置	邹家昊	实用新型	2021.11.3	2022.3.15	202122669217.X
180	一种智慧水务管理用监测装置	赵俊杰、杨如意、沈跃军、崔畅元、刘琳鸽、王利敏、张　越、王献文、赵　璐、邵戊辰、任　杰、张二祥、王天虎、崔晓宁、常艳丽、赵志伟、王国强、田　民、胡　勇、张东明、朱振武、赵博石、王鹏飞、周　健、牛　磊、王佰越、向　勇	实用新型	2021.7.21	2022.3.15	202121661583.4
181	一种含 APS 控制器的燃气-蒸汽联合循环机组自启停系统	丁淇德、张　文、浮　岩、李战营、佟纯涛、王殿升、韦博文、李卓勇、杨　阳、侯国莲、黄从智	实用新型	2021.7.13	2022.3.15	202121595699.2
182	一种基于无线通讯的设备诊断装置	田景奇、赵俊杰、杨如意、沈跃军、贺延枫、崔畅元、刘琳鸽、张　越、王献文、赵　璐、邵戊辰、王利敏、任　杰、张二祥、王天虎、崔晓宁、常艳丽、赵志伟、王国强、田　民、胡　勇、张东明、朱振武、赵博石、王鹏飞、许富民、王佰越	实用新型	2021.9.22	2022.3.15	202122294120.5
183	可抗风的户外电力变压器	王　妮	实用新型	2021.11.8	2022.3.15	202122714236.X
184	插座	戴辉翔	外观设计	2021.10.14	2022.3.15	202130673466.9
185	电气开关	戴辉翔	外观设计	2021.10.25	2022.3.15	202130696109.4
186	一种非接触式水泵故障检测方法及系统	翟永杰、彭雅妮、杨　旭、王新颖、姜根山、华志刚、周正道、李　彬、李璟涛、吴水木	发明	2019.10.25	2022.3.18	201911021827.X
187	等间隔时间序列压缩方法、装置、设备和存储介质	肖　峰、李　华、胡玉婷、项　丽、安　伟、梁曦文、张心怡、杨文华、田宏梁、冯　雪、黄　鹏、田　星、赵　亮、张　坤	发明	2020.10.27	2022.3.18	202011164152.7

续表

序号	名称	发明(设计)人	专利类型	申请日	授权日	专利号
188	基于改进PSO-FCM算法的脱硫系统运行优化方法	陶　君、谷小兵、李建强、孟智超、孟　磊、徐　贤、宁　翔、蒋志容、李婷彦、白玉勇、魏建鹏、闫欢欢	发明	2020.12.3	2022.3.18	202011395588.7
189	一种热管型磁性发电装置	邢　通、董长青、胡笑颖、张俊姣、张旭明、蔺　媛	实用新型	2021.1.8	2022.3.18	202120044400.8
190	一种蒸汽阀门密封性能测试装置	赵俊杰、杨如意、沈跃军、贺延枫、崔畅元、刘琳鸽、王利敏、张　越、王献文、赵　璐、邵戊辰、任　杰、张二祥、王天虎、崔晓宁、常艳丽、赵志伟、王国强、田　民、胡　勇、张东明、朱振武、赵博石、王鹏飞、郭　涛、赵　伟、张海兵	实用新型	2021.9.1	2022.3.18	202122097981.4
191	一种防鸟粪绝缘护套试验平台	王延伟、李　博、曹　阳、刘会斌、尚　鑫、马慧敏、谭卫东、穆传军	实用新型	2021.10.19	2022.3.18	202122520173.4
192	一种变电站检测巡视装置	梅华威、刘　冬、马　彬、匡　竹	实用新型	2021.7.8	2022.3.18	202121540215.4
193	电动汽车可移动充电桩	康　辉、孙　悦、毕君奥	外观设计	2020.12.11	2022.3.18	202030766117.7
194	太阳能发电装置(花瓣开合)	陈雪轲	外观设计	2021.11.22	2022.3.18	202130768170.5
195	节水马桶	康　辉、孙　悦、沈文奇	外观设计	2020.12.11	2022.3.18	202030766118.1
196	考虑净负荷和电价机制的储能电池模式优化系统及其方法	马　静、杨更宇、张　敏、顾元沛、朱　青、李　智、梁广平、张　磊	发明	2018.12.20	2022.3.22	201811561823.6
197	一种用于跟踪分布式系统的数据片段的关联方法和装置	熊　伟、袁和金、崔克彬、牛为华、和宝同、王若楠	发明	2020.10.28	2022.3.22	202011167885.6
198	LCC串联MMC混合型换流站的状态空间模型建模方法	郭春义、崔　鹏、林　欣、赵成勇、王庆华	发明	2020.9.24	2022.3.22	202011014875.9
199	一种车联网中基于深度强化学习的任务卸载方法	周振宇、潘　超、杨秀敏、廖海君、任新成	发明	2020.12.29	2022.3.22	202011599843.X
200	一种火电机组一次调频蓄能实时评估方法及系统	洪　烽、宋　杰、杜　鸣、牛玉广、任国瑞、吕春雷、周振华、张金祥	发明	2021.6.22	2022.3.22	202110690278.6
201	一种基于数字孪生的流化床锅炉运行优化方法与系统	陈　亮、王春波、许紫阳、司　桐	发明	2021.6.11	2022.3.22	202110650496.7
202	一种基于组合模型的风速预测方法及系统	王旭光、张　可、苏　杰、任　欢	发明	2021.7.8	2022.3.22	202110772591.4
203	一种双向自阻塞子模块拓扑结构及其故障穿越方法	王　毅、张　振	发明	2021.12.30	2022.3.22	202111644485.4
204	一种可移动式电池组箱以及充电装置	刘懿莹、刘　鹏、俞石洪、陈　浩	实用新型	2021.4.7	2022.3.22	202120711257.3
205	一种拼装式自适应冷热联供超级热泵机组	孙　健、戈志华、杜小泽、杨勇平	实用新型	2021.3.29	2022.3.22	202120629067.7
206	一种烟气消白冷热联供超级热泵机组	孙　健、戈志华、杜小泽、杨勇平	实用新型	2021.3.29	2022.3.22	202120629126.0
207	一种三维虚拟变电站巡检用虚拟头盔	郑焕坤、陈雨欧	实用新型	2021.11.23	2022.3.22	202122876708.1
208	高效散热的干式变压器	王　妮	实用新型	2021.11.10	2022.3.22	202122740756.8
209	一种便携式虚拟互动网红直播教学工具	高文玉	实用新型	2021.11.11	2022.3.22	202122752655.2

续表

序号	名称	发明(设计)人	专利类型	申请日	授权日	专利号
210	警报器(电气专用)	崔佳璇	外观设计	2021.10.14	2022.3.22	202130674287.7
211	计算机外置天线(USB拓展)	邓　鑫	外观设计	2021.10.14	2022.3.22	202130674278.8
212	电气稳流器	崔佳璇	外观设计	2021.10.14	2022.3.22	202130674307.0
213	计算机CPU散热器	邓　鑫	外观设计	2021.10.14	2022.3.22	202130674281.X
214	一种基于神经网络的状态估计方法及系统	靳　松、赵巍岳	发明	2017.12.4	2022.3.25	201711259889.5
215	配电网中分布式储能的位置和容量优化配置方法	米增强、杜　鹏、贾雨龙	发明	2018.7.26	2022.3.25	201810831668.9
216	含风电场的多电源投资规划方法和装置	孙辰军、马　伟、杨　硕、王雨晴、李　冉、王　鑫、刘逸群、隆竹寒、刘　伟	发明	2017.9.1	2022.3.25	201710779430.1
217	一种构建电力电子谐波谐振源发生的实现方法	张占俊、李　婷、李建文、李永刚、董　耀、王剑锋、杨怀建、裘建云、陈　云、杨　洋、马文强、郭海庆、户志斌、谈守卿、汪世锋、刘　扬、陈巍巍	发明	2019.11.18	2022.3.25	201911127001.1
218	基于YOLO的绝缘子红外故障定位诊断方法及装置	刘云鹏、纪欣欣、李泳霖、刘嘉硕、马子儒	发明	2019.11.4	2022.3.25	201911066299.X
219	一种基于间接监测数据设备剩余寿命不完美维护预测方法	师瑞峰、苏　豪、史丽丽、赵引川、张　杰	发明	2019.10.10	2022.3.25	201910959050.5
220	基于决策图的多状态发电系统运行可靠性分析方法	加鹤萍、刘敦楠、李彦斌、刘明光、李根柱、许小峰、秦光宇	发明	2020.1.9	2022.3.25	202010021499.X
221	计及不确定性与需求响应的综合能源系统优化运行方法	李　鹏、王子轩、郭天宇、王加浩、陈　博、夏　辉	发明	2020.8.26	2022.3.25	202010871022.0
222	基于综合需求响应的综合能源系统随机鲁棒优化运行方法	李　鹏、王子轩、郭天宇、殷云星、蔡永青、李建宜	发明	2020.8.26	2022.3.25	202010871041.3
223	基于主从博弈的综合能源系统分层分区优化运行方法	李　鹏、王子轩、郭天宇、王加浩、吴迪凡、周益斌	发明	2020.8.26	2022.3.25	202010871043.2
224	一种建筑用储能源的系统	张时聪、刘志坚、杨芯岩、靳光亚	发明	2020.9.21	2022.3.25	202010995160.X
225	一种电力物联网背景下考虑需求响应的负荷预测方法	闫志彬、何永秀、赵利军、项　丽、康　健、郑　伟、余　蕾、李渊文、岳　超、屈高强、宁永龙、党东升、靳盘龙、吕　媛、陆　野、张　岩、尤立莎、孙慧君、车怡然	发明	2020.12.8	2022.3.25	202011443776.2
226	一种力矩锁紧分流线夹	秦凡凌、唐　静、任永琼、付彬彬、曹少华、李记生、管春明、樊　坤	实用新型	2021.11.15	2022.3.25	202122793521.5
227	一种电力系统线路保护装置	石　旭、徐　岩	实用新型	2021.5.20	2022.3.25	202121091767.1
228	考虑储能系统和交通分配的电动汽车充电管理方法及系统	丁肇豪、卢　莹、朱　枫、王昀昀、黄文英、陈　峰、宋少群	发明	2019.10.28	2022.3.29	201911028978.8
229	基于回归和二重PSO算法解决浆液循环泵组合优化方法	陶　君、谷小兵、李建强、孟　磊、宁　翔、李婷彦、白玉勇、魏建鹏、闫欢欢、牛成林、徐　贤、蒋志容、孟智超	发明	2020.4.24	2022.3.29	202010333933.8

续表

序号	名称	发明(设计)人	专利类型	申请日	授权日	专利号
230	用于抑制直驱风机次同步振荡的机网协调反馈控制方法	张　鹏、韩晨阳、李星原	发明	2020.8.31	2022.3.29	202010892957.7
231	一种5G宽带电力线通信安全双模通信终端	刘博涵、陆　俊、李映雪、徐志强、龚钢军、刘向军	实用新型	2021.7.2	2022.3.29	202121504656.9
232	一种多端柔性直流输电系统功率协调控制方法	刘英培、解　赛、梁海平	发明	2018.6.22	2022.4.1	201810653909.5
233	一种考虑区域稳定性的储能电站调度方法	王小海、费宏运、万　江、蔡雪瑄、张红光、齐　军、倪润年、陈杏林、林　俐	发明	2018.9.25	2022.4.1	201811121030.2
234	基于二维码的防伪印章	黄怡然、张　宁	发明	2019.3.5	2022.4.1	201910161886.0
235	一种多相催化剂及其制备方法和应用	汪黎东、邢　磊、王雨果、王　泽、吴　楠	发明	2019.7.3	2022.4.1	201910593503.7
236	汽动给水泵进汽调阀非线性补偿控制方法	丁志波、裴小军、乔　龙、刘相宏、张　伦、战永胜、田　亮	发明	2019.9.18	2022.4.1	201910883545.4
237	IGBT模块的测试方法、装置及电子设备	孙　帅、张　喆、吴军民、金　锐、韩荣刚、杜玉杰、张西子、王　亮、赵志斌、李学宝	发明	2020.4.27	2022.4.1	202010345768.8
238	一种风电机组运行模拟方法、装置、设备及存储介质	阎　洁、王航宇、陶　涛、刘永前、韩　爽、李　莉、孟　航	发明	2021.4.19	2022.4.1	202110418312.4
239	一种硅凝胶灌封腔体	杨　昊、李学宝、赵志斌、崔新奇、王浩洋、徐　治	发明	2021.5.14	2022.4.1	202110525921.X
240	一种功率模块开通振荡电流确定方法	黄华震、李功新、仝　涵、王宁燕、王亚婕、黄友聪、吴文斌、卢铁兵	发明	2021.7.1	2022.4.1	202110742092.0
241	一种智能广告屏	王安立	实用新型	2021.8.14	2022.4.1	202121901301.3
242	电气插座	姚　兴	外观设计	2021.12.1	2022.4.1	202130794468.3
243	一种信息记录方法及装置	李文瀚、戴美林、薛凯丽、薛志勇、戴志林、董怡婷、郑世鹏、李欣芝、高浩景、冯智慧、冯嘉辉、冯嘉煌、胡威威、郑世强、王云龙、张丽霞、高薇婷、马知遥、蔡展鹏	发明	2018.4.17	2022.4.5	201810344922.2
244	一种基于一致性的综合能源系统能量管理方法	刘　念、郭　斌	发明	2018.9.18	2022.4.5	201811085812.5
245	一种消弧线圈分散补偿配电网接地故障选线方法	牛胜锁、刘国平、梁志瑞、王　聪、林　海、赵　杰、张　姗、李　梁、赵旭阳、梁文菊、徐　倩	发明	2018.2.7	2022.4.5	201810151996.4
246	一种用于变电站降噪的轻量化复合声子晶体薄板制备方法	陈传敏、郭兆枫、刘松涛、乔钏熙	发明	2020.3.6	2022.4.5	202010149832.5
247	一种长空气间隙球形电极流注放电模拟系统及其模拟方法	丁玉剑、王　平、姚修远、俞　华、高树国、刘　杰、耿江海、肖智勇	发明	2020.7.8	2022.4.5	202010652523.X
248	负荷恢复模型生成方法、装置、计算机设备及存储介质	顾雪平、周光奇、李少岩、许浩波	发明	2021.3.30	2022.4.5	202110338005.5
249	用于GIS三工位隔离机构的自动变位共轴结构及其控制方法	张焕粉、王华天、牛东晓、刘康健、席明成	发明	2021.8.9	2022.4.5	202110908190.7

续表

序号	名称	发明(设计)人	专利类型	申请日	授权日	专利号
250	一种气化和热解相结合的垃圾热转化多联产系统	冯福媛、李镓睿、陈　衡、赵钦新、徐　钢、刘　彤	实用新型	2021.10.7	2022.4.5	202122401912.8
251	一种适用于高水分煤质的静电感应煤粉流动参数在线测量装置	董月红、黄孝彬、柏　源、吴国勋、傅静雯、蔡彦吟	实用新型	2021.9.29	2022.4.5	202122387038.7
252	基于4G无线通信的输电线路杆塔防台风在线监测装置	陶毅刚、谭　靖、黎　敏、谭晓虹、李镕耀、万　松、崔世威、闫江毓	实用新型	2021.7.13	2022.4.5	202121591000.5
253	一种电气工程检修用警示设备	邢子豪	实用新型	2021.10.8	2022.4.5	202122433369.X
254	一种水利水电设备配电箱防冻装置	胡亦唐	实用新型	2021.11.11	2022.4.5	202122758995.6
255	一种水利水电设备防水防潮处理装置	胡亦唐	实用新型	2021.11.11	2022.4.5	202122758987.1
256	一种通过系统频率稳定约束确定电网新能源承载力的方法	郭小龙、刘方蕾、胥国毅、毕天姝、张　锋、王　衡	发明	2018.12.13	2022.4.8	201811532482.X
257	一种分布式光纤在变压器连续式绕组上的布线方法	刘云鹏、范晓舟、李　欢、尹钧毅、李昕烨、肖培硕	发明	2019.4.30	2022.4.8	201910361697.8
258	一种分布式新能源配电网用快装绝缘子	赵会超、王　涛	发明	2019.9.29	2022.4.8	201910931006.3
259	长空气间隙放电通道温度场测量系统及识别方法	耿江海、王权圣、律方成、丁玉剑、姚修远、王　平	发明	2019.12.30	2022.4.8	201911395109.9
260	一种模拟励磁绕组动态匝间短路的方法及装置	何玉灵、张志杰、袁兴华、唐贵基、白　洁	发明	2020.6.16	2022.4.8	202010550470.0
261	一种内插多孔膜汽液相分离式回路热管散热装置及其工作方法	纪献兵、徐进良、谢　剑	发明	2020.5.15	2022.4.8	202010412550.X
262	一种查询机器人	穆文翰	实用新型	2021.11.15	2022.4.8	202122780810.1
263	一种泳池式电吸附浓缩脱硫废水处理装置	许勇毅、马双忱、王　峰、刘　畅、黄陆月、许书峤	实用新型	2021.11.17	2022.4.8	202122817903.7
264	一种用于沼气发电的沼气预处理装置	邹家昊	实用新型	2021.11.12	2022.4.8	202122763656.7
265	一种调节液态铅铋合金氧浓度的电化学氧泵	牛风雷、梁瑞仙、祁睦然、杨凌峰、李小波、王泽锋、朱卉平、刘　芳、刘　洋	实用新型	2021.11.8	2022.4.8	202122710989.3
266	一种用于复杂场景的图像识别标注装置	张　洲	实用新型	2021.10.26	2022.4.8	202122583872.3
267	防止铁芯损耗的交流线圈结构	张宇婷、汪艳霞、徐家仪	实用新型	2021.10.25	2022.4.8	202122570678.1
268	一种配网电气自动化配电柜	黄欣蕊	实用新型	2021.11.16	2022.4.8	202122803528.0
269	机载速冻绝缘皮去除装置	花广如、徐季才、崔云骧、罗红健、范　潇、王若晗	实用新型	2021.11.18	2022.4.8	202122826784.1
270	一种基于扇叶旋转回流吸附的太阳能电池板积灰清除装置	杨敬杰	实用新型	2021.11.19	2022.4.8	202122873882.0
271	一种应用于微型电力系统的快速运行风险评估装置	任　惠、刘浩然	实用新型	2021.11.30	2022.4.8	202122977406.3
272	电动小车(风力发电)	孙易达、林政楠、林桢凯	外观设计	2021.10.27	2022.4.8	202130705110.9
273	一种基于谱反演法的大气湍流相位屏仿真方法	刘　涛、张景芝、雷艳旭、张　珂	发明	2018.3.28	2022.4.12	201810261175.6
274	双馈式可变速抽水蓄能电站输出功率动态过程建模方法	赵国鹏、赵　强、任继云	发明	2018.10.16	2022.4.12	201811201090.5
275	一种电力巡检图像中带销螺栓缺陷的检测方法	赵振兵、聂礼强、张万征、熊剑平、罗　旺、赵砚青、甄　珍、戚银城、翟永杰	发明	2019.6.21	2022.4.12	201910541355.4
276	一种电网脆弱线路分类方法及装置	刘雨濛、顾雪平、王　涛	发明	2019.7.1	2022.4.12	201910586509.1

续表

序号	名称	发明(设计)人	专利类型	申请日	授权日	专利号
277	一种基于最优模型降阶阈值的架空线时域仿真方法及系统	葛青宇、焦重庆	发明	2020.1.9	2022.4.12	202010021518.9
278	一种面向智能电网需求响应的网络攻击检测方法及系统	刘　念、陈刘东	发明	2020.3.30	2022.4.12	202010236762.7
279	一种基于多注意力机制的人脸属性编辑网络	张　珂、苏昱坤、何颖宣	发明	2020.6.23	2022.4.12	202010583325.2
280	一种复合横担内部绝缘材料的制备设备及其制备方法	刘贺晨、刘爱静、祁俊炜、刘云鹏	发明	2020.8.28	2022.4.12	202010882350.0
281	一种电容器电极的制备方法及电容器电极	张永生、董　舵、顾永正、王家伟、汪　涛、潘伟平	发明	2021.3.29	2022.4.12	202110332854.X
282	一种电压钳位电路	余秋萍、孙　鹏、赵　斌、赵志斌	发明	2021.5.11	2022.4.12	202110509529.6
283	一种SDN架构下区分服务网络关键链路识别方法及系统	樊　冰、谭洪涛、李亚群、吴润泽	发明	2021.5.19	2022.4.12	202110544424.4
284	一种风力发电数字孪生系统	房　方、胡　阳、姚贵山、吴旭涛、刘吉臻	发明	2021.5.27	2022.4.12	202110583517.8
285	一种利用微生物燃料电池处理污水的系统及方法	宋杨凡、赵　超、陈鸿伟、朱　楼、王鑫鑫、刘　孜、喻　琪、郝文文	发明	2021.7.5	2022.4.12	202110758627.3
286	一种储能集装箱电池柜控制方法及储能集装箱	王海宇、刘昆昊、杨根本、王俊涛、李元龙、任　涛、苏　营、邹祖冰、宋记锋	发明	2022.2.7	2022.4.12	202210116122.1
287	一种堆焊用粉芯焊丝抛光机	曲作鹏	实用新型	2021.8.31	2022.4.12	202122089909.7
288	集成热化学转化的热泵储电系统	许　诚、庞劲松、许宏宇	实用新型	2021.9.15	2022.4.12	202122229168.8
289	一种专用于引风机的减震降噪支撑装置	赵俊杰、杨如意、沈跃军、贺延枫、崔畅元、刘琳鸽、王利敏、张　越、王献文、赵　璐、邵戊辰、任　杰、张二祥、王天虎、崔晓宁、常艳丽、赵志伟、王国强、田　民、胡　勇、张东明、朱振武、赵博石、王鹏飞、翟纪频、巴图布和	实用新型	2021.11.3	2022.4.12	202122670645.4
290	一种锅炉炉膛智能吹灰装置	赵俊杰、杨如意、沈跃军、崔畅元、刘琳鸽、王利敏、张　越、王献文、赵　璐、邵戊辰、任　杰、张二祥、王天虎、崔晓宁、常艳丽、赵志伟、王国强、田　民、胡　勇、张东明、朱振武、赵博石、王鹏飞、张俊杰、姚俊彦	实用新型	2021.7.14	2022.4.12	202121595086.9
291	一种电厂高压加热器液位开关自动冷却装置	田景奇、赵俊杰、杨如意、沈跃军、贺延枫、崔畅元、刘琳鸽、王利敏、张　越、王献文、赵　璐、邵戊辰、任　杰、张二祥、王天虎、崔晓宁、常艳丽、赵志伟、王国强、田　民、胡　勇、张东明、朱振武、赵博石、王鹏飞、许风全、李　东、张　乐	实用新型	2021.9.10	2022.4.12	202122189201.9
292	一种热工自动化配电柜	乔　郅	实用新型	2021.11.27	2022.4.12	202122937814.6
293	利用磁流体发电的遥控器	康奕喆、许可意、池怡梦	实用新型	2021.11.19	2022.4.12	202122871489.8

续表

序号	名称	发明(设计)人	专利类型	申请日	授权日	专利号
294	咖啡杯(外观)	庄树彬	外观设计	2021.11.3	2022.4.12	202130722413.1
295	材料运输车(房屋建筑)	蒲子琳	外观设计	2021.12.31	2022.4.12	202130879670.6
296	一种微网储能电站规划控制方法	韩晓娟、张喜林、王丽娜、张　帆	发明	2015.10.22	2022.4.15	201510684546.8
297	基于形态优化深度特征的螺栓二维视觉结构聚类方法	赵振兵、聂礼强、熊剑平、赵砚青、罗　旺、张万征、齐鸿雨、戚银城	发明	2019.4.28	2022.4.15	201910349522.5
298	一种园区综合能源系统设备容量配置的优化方法及系统	徐桂芝、于雪风、梁丹曦、宋　洁、邓占锋	发明	2019.8.21	2022.4.15	201910774362.9
299	一种新能源并网后一次调频旋转备用容量的配置方法	刁智超、张　鑫、周　毅、盛四清、史济全、罗红梅、申旭辉、唐晓骏、宋云亭、郑　超、范栋琦、谭　旸、吉　平、李媛媛、李惠玲、李晓珺、闻　旻、周宁慧、王　琦、林伟芳、王子琪、李　晶、陈　湘、谢　岩、吕思卓、霍启迪	发明	2019.8.27	2022.4.15	201910795794.8
300	一种双馈风电机组次同步振荡主动阻尼控制方法及系统	马　静、沈雅琦、吴羽翀、王瑞峰	发明	2020.7.15	2022.4.15	202010681459.8
301	一种非化学计量比碳化钛储氢材料及其制备方法	丁海民、柳　青、王进峰、范孝良、王鹏	发明	2020.8.13	2022.4.15	202010811047.1
302	基于电动汽车 V2G 的负荷聚合商 15 分钟备用能力计算方法	王艳阳、雷少锋、乔　博、郭连奎、刘　政、马　伟、李建朝、刘景青、任　惠、陈　萍、冯惠新、卢锦玲	发明	2020.8.28	2022.4.15	202010886604.6
303	用于模拟锆合金包壳二次氢脆现象的实验装置及实验方法	马　雁、黄柏锟、陈嘉威、朱卉平、张智鑫、李鑫鑫	发明	2020.9.15	2022.4.15	202010964927.2
304	基于电动汽车 V2G 模式的虚拟电厂优化协同调度方法	陶　力、刘　健、王剑晓、王子涵、张庆贺、洪云飞、邹建业、聂贵林、齐文强	发明	2020.9.1	2022.4.15	202010901386.9
305	基于虚拟同步机技术的逆变器改进下垂控制方法	颜湘武、崔　扬	发明	2019.7.17	2022.4.15	201910643150.7
306	一种基于重分形分析的执行器劣化评估方法	孙天舒、王印松、丁梦婷	发明	2020.12.8	2022.4.15	202011461560.9
307	一种铜基合金粉末材料及其制备方法和应用、熔覆层及其制备方法	薛守洪、李保坤、吴集光、刘从从、葛利宏、陈　磊、高正平、刘宗德、杨耀国、张若朋	发明	2021.8.9	2022.4.15	202110907597.8
308	一种用于光伏发电的太阳能电池板与基础设施建筑组合结构	李京京	实用新型	2021.11.16	2022.4.15	202122805561.7
309	一种综合能源系统数据监测用显示器	贺可寒、王健	实用新型	2021.9.16	2022.4.15	202122257787.8
310	一种电缆温度监测装置	武宇平、董　杰、张　志、庞　博、许　鹏、刘　珅、张　建、李昌原、王　楠、潘　宇、宗　瑾、龙　飞、赵　盟、于昌探、李　肖、张　兴、刘振宇、孙凌辰、李　岩、谢　庆	实用新型	2021.12.10	2022.4.15	202123097208.4
311	一种模拟大气边界层多尺度湍流结构的风洞试验装置	武广兴、金瑞麒、刘永前、田　德、葛铭纬、孟　航、刘　鑫、李新凯、闫　姝	实用新型	2021.8.30	2022.4.15	202122067604.6
312	一种自动控制的智能插座	常跃馨、张浩迈、曹东立、杜开元	实用新型	2021.7.5	2022.4.15	202121514309.4

续表

序号	名称	发明(设计)人	专利类型	申请日	授权日	专利号
313	一种储能系统出力控制方法及系统	李永刚、刘玉芹	发明	2018.1.23	2022.4.19	201810061508.0
314	一种基于尾流边界膨胀的BP模型的简化模型	葛铭纬、武　英、刘永前、李　莉	发明	2018.3.19	2022.4.19	201810224389.6
315	线上测算壁画面积的方法	滕　婧、高雅弟、周　蓉	发明	2018.9.19	2022.4.19	201811092496.4
316	功能性聚合物在全无机钙钛矿光吸收层的应用及制备方法和全无机钙钛矿太阳电池	蔡墨朗、彭会荣、戴松元、丁希宏、刘雪朋、丁　勇	发明	2019.11.26	2022.4.19	201911172086.5
317	基于粒子群算法的传播矩阵模量的优化拟合方法及系统	葛青宇、焦重庆	发明	2020.2.20	2022.4.19	202010104473.1
318	长空气球-板间隙放电先导发展路径计算系统及其计算方法	耿江海、刘晓敏、王　平、丁玉剑、姚修远	发明	2020.7.8	2022.4.19	202010652540.3
319	一种柔性直流配电网后备保护加速方法及系统	郑　涛、吕文轩、吴通华、戴　魏	发明	2021.5.18	2022.4.19	202110540090.3
320	一种基于虚拟电容控制的直流微电网电压协同控制方法	孟建辉、刘　宝、王　毅	发明	2021.8.11	2022.4.19	202110927470.2
321	一种变压器故障预警方法及系统	郭瑞君、张国斌、周　磊、刘永江、于海存、孙启德、王宏刚、孟瑞钧、张　谦、辛晓钢、韦鹏健、吕　游	发明	2021.7.12	2022.4.19	202110782887.4
322	一种GIS手窗式VFTO传感与触发一体化测量装置	马国明、刘　昊、秦炜淇、韩　达、翟士聪、王　伟	发明	2022.1.11	2022.4.19	202210024387.9
323	多功能导盲手杖	马远歌	实用新型	2021.9.22	2022.4.19	202122286215.2
324	一种机械鱼的鱼鳍	廖俊豪、胡天怡、邓文玉	实用新型	2021.10.29	2022.4.19	202122620113.X
325	一种带式输送机紧身封闭防护罩	时　瑛、张中盘、万书亭、史　震	实用新型	2021.12.18	2022.4.19	202123189263.6
326	一种快拆式带式输送机防护罩固定装置	李宁钢、张中盘、时　瑛、万书亭、史　震	实用新型	2021.12.18	2022.4.19	202123189276.3
327	一种带回程水冲洗装置的全封闭式带式输送机	时　瑛、张中盘、万书亭、史　震、赵晓燕	实用新型	2021.12.18	2022.4.19	202123189277.8
328	一种风电叶片运行攻角测量装置	武广兴、刘永前、田　德、葛铭纬、孟　航、刘　鑫、李新凯、闫　姝	实用新型	2021.8.25	2022.4.19	202122018874.8
329	一种柔性超级热泵	孙　健、戈志华、杜小泽、杨勇平	实用新型	2021.7.22	2022.4.19	202121669249.3
330	太阳能耦合烟气余热再利用设备	杨　威、何紫璇、赵　冰	实用新型	2021.11.18	2022.4.19	202122826248.1
331	一种模拟风电叶片气弹响应的风洞试验装置	武广兴、刘永前、田　德、葛铭纬、孟　航、刘　鑫、李新凯、闫　姝	实用新型	2021.8.25	2022.4.19	202122009256.7
332	微米尺寸固-液相变机理研究实验台及相变颗粒测试装置	徐　超、田紫芊、廖志荣、方永哲、于博旭、陈鹏嘉、费啸天、杨诗睿	实用新型	2021.10.29	2022.4.19	202122637049.6
333	一种微电网电压风险评估的改进装置	任　惠、王　威	实用新型	2021.11.30	2022.4.19	202122969038.8
334	一种变压器故障模拟装置	陈雨欧、梁新钰、张方正	实用新型	2021.11.26	2022.4.19	202122932943.6
335	一种新型单轴太阳能跟踪装置	张远欣、余泽泓、罗舒琦、朱永强、夏瑞华	实用新型	2021.9.9	2022.4.19	202122183017.3
336	包装礼盒	张童谣	外观设计	2022.1.7	2022.4.19	202230008451.5
337	基于深度学习的红外图像中劣化绝缘子的分割方法及装置	武建华、张　喆、裴少通、梁利辉、尹子会、赵志刚、耿三平、刘海峰、杨　阳、尹　河、刘云鹏	发明	2019.11.4	2022.4.22	201911066307.0

续表

序号	名称	发明(设计)人	专利类型	申请日	授权日	专利号
338	一种用于室内空调管道的空气净化过滤机构	刘志坚、张　末、尹　迪	发明	2020.1.7	2022.4.22	202010012538.X
339	一种交通网层能量最优分配策略确定方法及系统	刘　念、胡学俊	发明	2020.3.23	2022.4.22	202010205908.1
340	一种光伏产消者优化决策方法	刘　念、李晨晨	发明	2020.4.7	2022.4.22	202010263332.4
341	一种内置翅片的多级联相变储热装置及强化传热方法	廖志荣、李朋达、田紫芊、徐　超、杜小泽	发明	2020.12.22	2022.4.22	202011526738.3
342	一种充电机超高次谐波发射评估方法、装置及存储介质	陶　顺、王宇丹、王司洋、李康成、要海江	发明	2021.7.5	2022.4.22	202110759708.5
343	一种指纹解锁智能教学设备	潘　彤、郭俊艺	实用新型	2021.11.26	2022.4.22	202122957941.2
344	一种分数阶带通滤波电路	徐海松、洪琦滨	实用新型	2021.11.11	2022.4.22	202122759910.6
345	一种果实采摘和枝叶修剪的装置和方法	滕　伟、黄　超、张若琛、张艺佳、宋淑婕	发明	2018.8.8	2022.4.26	201810894971.3
346	一种改进SSD模型的输电线路航拍图像金具检测方法	赵振兵、聂礼强、赵砚青、罗　旺、熊剑平、张万征、江爱雪、戚银城、张　珂	发明	2019.6.21	2022.4.26	201910541353.5
347	一种CR-NOMA双向中继自干扰能量回收传输方法	鲍　慧、佘　蕊、赵　伟	发明	2019.8.28	2022.4.26	201910800890.7
348	一种基于泰勒展开的直流无功功率线性化处理方法及系统	张海波、申　杰	发明	2020.1.17	2022.4.26	202010052829.1
349	一种基于混合储能系统的功率波动抑制和调频控制方法	王　炜、纪项钟、于广亮、郑　楠、王金峰、刘娟楠、刘宏伟、康　健	发明	2020.9.2	2022.4.26	202010908845.6
350	一种运用数据对抗学习的风电机组异常检测方法	滕　伟、袁　帅、史秉帅、柳亦兵	发明	2020.4.29	2022.4.26	202010354633.8
351	风电场功率调度方法、装置及电子设备	胡　阳、蔡　玮、房　方、郭小江、王庆华、刘吉臻	发明	2021.4.12	2022.4.26	202110391868.9
352	电网边缘计算任务的分配方法、装置、设备和存储介质	纪春华、刘惠颖、苏　汉、赵　炜、袁欣雨、黄镜宇、刘辛彤、王旭蕊、张　磊、李保罡、赵　伟	发明	2021.4.30	2022.4.26	202110483871.3
353	一种会计财务用文件存储柜	曹津瑀	实用新型	2021.11.16	2022.4.26	202122806423.0
354	一种基于改进自抗扰的光火打捆次同步振荡抑制方法	高本锋、姚　磊	发明	2017.7.5	2022.4.29	201710540026.9
355	级联直流变直流汇集并网拓扑及移相控制方法	田艳军、高皓楠、王　毅	发明	2018.12.24	2022.4.29	201811580938.X
356	一种基于麦克风阵列的换流阀局部放电信号的定位方法	刘云鹏、刘嘉硕、裴少通、来庭煜、周旭东、魏晓光、王成昊、张晓龙	发明	2021.4.9	2022.4.29	202110383779.X
357	提高SWIPT系统安全速率的方法、装置、终端及存储介质	李保罡、司福强	发明	2021.7.26	2022.4.29	202110845187.5
358	一种金刚石@TiC增强高强导电铜基复合材料及其制备方法	柳　青、丁海民、张　金、王进峰、周吉宇、张新春、范孝良	发明	2021.4.23	2022.4.29	202110441817.2
359	基于深度强化学习的数据中心业务负载调度方法及系统	王　鹏、刘文宇、丁肇豪、曹雨洁、王　怡	发明	2022.1.28	2022.4.29	202210103845.8

续表

序号	名称	发明(设计)人	专利类型	申请日	授权日	专利号
360	一种电缆放电故障区间定位装置	武宇平、董　杰、张　志、庞　博、许　鹏、刘　珅、王　楠、李昌原、文　斌、潘　宇、龙　飞、宗　瑾、武　浩、马　尚、李　肖、张　鹏、吴一玄、刘占戈、李　岩、谢　庆	实用新型	2021.12.10	2022.4.29	202123097187.6
361	一种用于配电线路绝缘包裹装置上的行走升降装置	曾　议、吴　鹏、周　静、张小乐、鲁晓辉、李化彪、谢　飞、房　静	实用新型	2021.11.16	2022.4.29	202122809450.3
362	一种用于配电线路绝缘包裹装置上的包裹渐变收口装置	曾　议、吴　鹏、周　静、张小乐、鲁晓辉、李化彪、谢　飞、房　静	实用新型	2021.11.16	2022.4.29	202122809476.8
363	一种用于配电线路绝缘包裹装置上的输送装置	鲁晓辉、吴　鹏、周　静、张小乐、李化彪、谢　飞、甄武东、房　静	实用新型	2021.11.16	2022.4.29	202122809477.2
364	一种用于配电线路绝缘包裹装置上的物料盘	周　静、吴　鹏、鲁晓辉、张小乐、李化彪、谢　飞、甄武东、房　静	实用新型	2021.11.16	2022.4.29	202122809478.7
365	一种用于配电线路绝缘包裹装置上的输送通道	张小乐、吴　鹏、周　静、鲁晓辉、李化彪、谢　飞、甄武东、房　静	实用新型	2021.11.16	2022.4.29	202122836323.2
366	刀具支架	杨　颖	外观设计	2022.2.14	2022.4.29	202230071635.6
367	智能寝室外侧门禁装置	汤铭萱	外观设计	2021.12.3	2022.4.29	202130799552.4
368	电采暖协同优化运行方法	杜　婷、印　昊、夏世威、夏新茂、宋新甫、张东英、李庆波、吕　盼、张增强、高　明、许叶林	发明	2018.11.12	2022.5.3	201811338195.5
369	一种光电复合海缆的机械故障监测方法	赵丽娟、徐志钮、胡志伟、李永倩	发明	2019.3.14	2022.5.3	201910193537.7
370	基于GA-LSSVM的石灰石浆液供给控制方法、设备及介质	谷小兵、陶　君、李建强、孟　磊、宁　翔、李婷彦、白玉勇、魏建鹏、闫欢欢、徐　贤、蒋志容、孟智超	发明	2020.9.22	2022.5.3	202011002417.3
371	一种基于上下文学习的电力物联网海量终端接入控制方法	周振宇、贾泽晗、廖海君、赵雄文、张　磊、张素香	发明	2021.1.5	2022.5.3	202110005745.7
372	一种电网关键节点识别方法及系统	樊　冰、舒　楠、李泽薇、吴润泽	发明	2021.7.8	2022.5.3	202110772639.1
373	一种供热管道动态等值建模方法	胡　阳、简睿妮、房　方	发明	2021.8.11	2022.5.3	202110917198.X
374	一种断路器操动机构振动特征提取方法	刘会兰、许文杰、赵书涛	发明	2021.8.13	2022.5.3	202110931571.7
375	一种热障涂层试样夹具	檀　玉、韦一可、梁可心、董晓克	实用新型	2021.12.24	2022.5.3	202123288110.7
376	一种螺栓图像合成方法、装置及相关设备	赵振兵、郎静宜、戚银城、孔英会	发明	2019.6.21	2022.5.6	201910541343.1
377	一种基于气泡逸出温度的变压器固体绝缘老化评估方法	赵　涛、晁倪杰、刘云鹏、佟以鑫	发明	2020.5.28	2022.5.6	202010481836.3
378	一种快速判断电气设备内部故障的方法及装置	赵春雷、王鑫明、孙广辉、曹树江、李世辉、曹　欣、贾晓卜、张飞飞、刘宏亮、张学伟、尹燕哲	发明	2020.9.24	2022.5.6	202011018843.6
379	一种复合横担结构	安利强、王志旭	发明	2021.4.30	2022.5.6	202110481883.2

续表

序号	名称	发明(设计)人	专利类型	申请日	授权日	专利号
380	一种动态系统时延计算方法及系统	王旭光、晏　勇、苏　杰、张　可	发明	2021.7.27	2022.5.6	202110850571.4
381	适用于群体性固定比例窃电行为的检测系统和检测方法	彭彦林、吴亚龙、许越杰、康锦萍、赵海森	发明	2021.3.4	2022.5.6	202110237945.5
382	一种轨道交通动态杂散电流分布的分析方法	徐碧川、李唐兵、潘卓洪、肖　黎、张晶焯、童　涛、胡睿智、张　宣、刘玉婷、陈　田	发明	2022.1.27	2022.5.6	202210098656.6
383	利用烟气余热预热污泥的生物质与污泥共气化发电系统	李童宇、李镓睿、陈　衡、赵钦新、徐　钢、刘　彤	实用新型	2021.10.7	2022.5.6	202122401913.2
384	基于具记忆功能的多智能体博弈的发电市场竞价仿真方法	黄　仙、张　军、李树松	发明	2019.7.9	2022.5.10	201910615663.7
385	一种分布式能源虚拟电厂运行优化方法及系统	刘　念、吴陈硕	发明	2020.1.9	2022.5.10	202010021407.8
386	用于锅炉用管受热面的纤维增强防爆管复合涂层及其制备	曲作鹏、赵文博、田欣利、王海军	发明	2020.7.10	2022.5.10	202010662939.X
387	一种基于测量设备无关的量子安全多方求和方法	石润华、柯唯阳、李诣非、李　恩	发明	2021.8.13	2022.5.10	202110931079.X
388	活塞式实验室抽滤装置	李嘉炜	实用新型	2021.10.27	2022.5.10	202122598132.7
389	户外光伏发电组件用清洁装置	胡　杨	实用新型	2021.11.10	2022.5.10	202122743403.3
390	一种基于燃煤电站的压缩式热泵和凝结水协同供热系统	李　娟、李镓睿、陈　衡、徐　钢、刘文毅、刘　彤	实用新型	2021.4.15	2022.5.10	202120765737.8
391	一种用于直流配电网的故障检测警报装置	徐　岩、胡紫琪	实用新型	2021.11.19	2022.5.10	202122841662.X
392	一种电力能源信息管理装置	梁　晨	实用新型	2021.12.3	2022.5.10	202123018663.0
393	计算机水冷器	窦　洁	外观设计	2022.1.25	2022.5.10	202230052408.9
394	计算机一体机(022)	曹莉苹	外观设计	2022.2.17	2022.5.10	202230076286.7
395	健身车(自发电)	汪悦萍	外观设计	2022.2.14	2022.5.10	202230071630.3
396	一种基于光伏并网系统的电流内环附加阻尼控制方法	徐衍会、谷　铮	发明	2018.12.21	2022.5.13	201811570685.8
397	一种基于现场可编程门阵列的可调分数阶无源电感	梁贵书、刘　坤、刘　欣	发明	2019.6.10	2022.5.13	201910497296.5
398	基于多支路阻抗重塑的 DFIG 次同步振荡抑制方法	刘其辉、唐光钰、史　淳	发明	2020.2.27	2022.5.13	202010123388.X
399	高压断路器储能机构故障诊断方法	尹子会、李建鹏、杨世博、赵书涛、牛为华	发明	2020.9.1	2022.5.13	202010900568.4
400	一种单有源桥变换器的电磁暂态等效建模方法	许建中、高晨祥、王晓婷、赵成勇	发明	2020.6.29	2022.5.13	202010603693.9
401	一种用于钢与铝合金电偶腐蚀防护的耐蚀层及其制备方法	刘宗德、孔　耀	发明	2020.9.24	2022.5.13	202011015290.9
402	一种三端混合直流输电系统电压及功率上升速率协调方法	贾秀芳、陆书豪	发明	2020.11.30	2022.5.13	202011375163.X
403	基于清洁能源接入后配电网运行维护低成本配置方法	马艳霞、谭忠富、车　彬、苟帅宇、董晓晶、王冠然、陈宝生、张玮琪、齐彩娟、韦冬妮、唐梦媛、张泽龙	发明	2020.10.28	2022.5.13	202011172198.3

续表

序号	名称	发明(设计)人	专利类型	申请日	授权日	专利号
404	一种异常流量检测方法	程相鑫、吴克河、高　雪、姜　媛、赵　彤、肖　卓、李　为、樊　祺、王皓民、韩嘉佳、孙　歆、李沁园、邵志鹏、李尼格	发明	2020.12.28	2022.5.13	202011579734.1
405	柔性直流输电系统的中高频振荡自适应抑制方法	郭春义、杜东冶、彭　意	发明	2021.6.2	2022.5.13	202110612173.9
406	一种输电线路关键部件缺陷检测方法及系统	翟永杰、胡哲东、张万征、聂礼强、熊剑平、赵砚青、王亚茹	发明	2021.7.12	2022.5.13	202110783270.4
407	一种氧化铝基体的红色荧光粉及其制备方法	高慧颖、杨　华、周阳修、张梦瑶	发明	2021.5.27	2022.5.13	202110585103.9
408	一种量度适应变化的伸缩撑衣杆	范林达、赵文清、王继发	实用新型	2021.11.18	2022.5.13	202122859165.2
409	一种用于工业颗粒物的监测除尘一体装置	齐立强、李泽朋	实用新型	2021.11.30	2022.5.13	202122976241.8
410	一种多功能便携式防疫智能音箱	肖　帅、张明明、廖尔崇	实用新型	2021.11.29	2022.5.13	202122951643.2
411	一种含均压控制功能的 MMC 实时仿真建模方法	刘崇茹、王　宇、凌博文、谢国超、李庚银、安　宁、丁　平、赵　敏、徐希望、蔡　靖、李　芳、黄彦浩	发明	2018.5.25	2022.5.17	201810513103.6
412	基于优化调度的交直流配电网优化控制方法	王　涛、武志锴、蒋　理、高兴时、许言路、孟　明、朱国林、魏　怡	发明	2018.7.26	2022.5.17	201810837802.6
413	一种贝叶斯网络预测模型的风电功率区间预测方法	杨锡运、米尔扎提·买合木提、叶天泽、吕　微	发明	2018.9.29	2022.5.17	201811145002.4
414	一种风电柔性直流送出系统的低电压穿越方法	贾　科、陈　蕊、郑黎明、杨　哲、方　煜、高　旭、宋璇坤	发明	2018.11.21	2022.5.17	201811396209.9
415	风火打捆系统直流频率控制与自动发电控制协调方法	张海波、魏一汀	发明	2018.10.16	2022.5.17	201811201139.7
416	计及不确定量预测误差时空相关性的鲁棒机组组合方法	陈艳波、张　智、刘新元、刘　锋	发明	2018.12.21	2022.5.17	201811571492.4
417	一种稳定的三氧化二砷标气的制备方法及装置	苑春刚、何楷强、蒋洋红、段雪雷、黎　燕、史孟丹	发明	2019.7.29	2022.5.17	201910690958.0
418	双媒质不可信中继系统的保密容量计算方法及优化方法	陈智雄、叶　聪、苑津莎	发明	2019.9.5	2022.5.17	201910837755.X
419	一种提升电力系统风电消纳水平的方法	马士聪、王铁柱、荆逸然、曾思成、聂元弘、葛　成、崔　宏、孟晓星、王　程、巩志皓	发明	2020.7.27	2022.5.17	202010729550.2
420	基于低温共烧陶瓷技术的高温电流传感器及其应用和方法	孙　鹏、张浩然、彭娇阳、赵志斌、崔　翔	发明	2021.6.4	2022.5.17	202110623698.2
421	一种导地线间隙计算方法	王璋奇、陈庆昊、宋　阳	发明	2021.6.11	2022.5.17	202110658017.6
422	一种用于全景漫游的移动运载装置	吴　暄	实用新型	2021.12.30	2022.5.17	202123398021.8
423	一种平板型太阳能集热器	刘彦池	实用新型	2021.11.30	2022.5.17	202122974642.X
424	一种电力系统运行监测装置	梁　晨	实用新型	2021.12.3	2022.5.17	202123017812.1
425	探测器球壳支架	周星宇、刘月壮、张少东、武朝晖、周志波、李　达、李德宏、林旭润、尤园江、张　琦、张小东	外观设计	2022.1.11	2022.5.17	202230014627.8

续表

序号	名称	发明(设计)人	专利类型	申请日	授权日	专利号
426	毛笔搁架	唐雨澜	外观设计	2022.3.23	2022.5.17	202230153417.7
427	玩偶(荟稿吉祥物荟荟)	冯欣怡	外观设计	2022.2.15	2022.5.17	202230072664.4
428	基于熵值法的电力监控系统韧性评估方法	刘文霞、张　鹏、刘　冰、郝　东、龚钢军、李　军、江金寿、田建辉	发明	2020.4.17	2022.5.20	202010306204.3
429	用于复杂能源互联系统的韧性评估方法	刘文霞、黄钰辰	发明	2020.4.13	2022.5.20	202010286349.1
430	一种家庭能源管理系统能源调度方法及系统	祁　兵、叶　欣、李　彬、杨世海、韩凝辉	发明	2020.5.18	2022.5.20	202010418166.0
431	一种近零能耗社区用的太阳能集热装置	刘志坚、张时聪、靳光亚、杨芯岩、刘常平	发明	2020.12.9	2022.5.20	202011447660.6
432	一种基于锆基金属有机框架材料、制备及其在硝基呋喃类抗生素处理中的应用	王素华、苏鹏辰、陈中山、余　龙、葛宏伟、彭俊翔	发明	2021.4.30	2022.5.20	202110483753.2
433	电力数据加密方法、装置及终端	辛　锐、陈　曦、吴军英、康之增、张肖杰、郑　涛、常永娟、孙思思、刘明硕、杨力平、赵梦瑶、王新颖、邵绪强	发明	2021.5.6	2022.5.20	202110491904.9
434	一种风电场次同步振荡风险评估、抑制方法及系统	陶　顺、闫亚楠、管尚书、宋一丹、刘云博	发明	2021.7.5	2022.5.20	202110757402.6
435	一种风电机组齿轮箱螺旋角优化方法及系统	田　德、胡　玥、陶立壮、邓　英、唐世泽、吴晓璇、李　贝	发明	2021.11.4	2022.5.20	202111301120.1
436	一种记及经济性的储能系统辅助调峰方法	冯　华、余立军、张　旭、高　标、徐健健、郑　华、谢　莉	发明	2019.6.14	2022.5.24	201910514453.9
437	一种可功能化DNA自组装的复合型纳米孔	杨　静、张　成、梁　远	发明	2020.6.8	2022.5.24	202010516733.6
438	基于瓦斯继电器流速和压强的变压器重瓦斯动作整定方法	万书亭、张泽翰、韦教玲、吕鹏瑞	发明	2020.11.26	2022.5.24	202011356376.8
439	一种室温下非均相Ag催化剂催化制备1-卤代炔烃的方法	黄耀兵、姜飞燕、陆　强	发明	2020.12.29	2022.5.24	202011588264.5
440	一种光热种子汽泡微蒸发器	刘国华、李　泽、姚贯升、王　琳	发明	2021.3.8	2022.5.24	202110249596.9
441	便携式可充电水龙头加热器	王庆鑫、邱宇杰	实用新型	2021.12.16	2022.5.24	202123170376.1
442	在电力现货市场中实现火电机组黑启动的分布式储能系统	王金鑫、王　琪、李　东、于福荣、刘　海、任婧媛、彭　鹏、张　潇、王　澍、蒋子彦	实用新型	2021.12.1	2022.5.24	202123000224.7
443	一种通信网络综合性能评定参数权重的确定及调整方法	陈智雄、张华乐、韩东升	发明	2016.8.31	2022.5.27	201610792863.6
444	一种基于最小二乘和一乘之和的配电网抗差状态估计方法	陈艳波、沈玉兰、张　璞、李翔宇、方恒福、周　猛、郎燕生	发明	2018.9.20	2022.5.27	201811097154.1
445	一种布里渊光纤传感系统温度提取方法	王健健、李永倩、廖建华	发明	2019.9.25	2022.5.27	201910912361.6
446	基于附加电量的直流电网电压暂态稳定恢复控制的方法	张祥宇、江国文、付　媛、朱正振	发明	2019.8.28	2022.5.27	201910800340.5
447	一种风电场聚合特性建模方法	尹柏清、丛　雨、阎　洁、高　晨、王　琪、高鑫哲、米　夏、刘永前	发明	2019.11.4	2022.5.27	201911066604.5

续表

序号	名称	发明(设计)人	专利类型	申请日	授权日	专利号
448	垃圾焚烧发电锅炉水冷壁再制造方法	曲作鹏、王海军、田欣利、陈　威、叶怀宇、陈大智、张　伟、欧阳晓平	发明	2020.1.15	2022.5.27	202010040562.4
449	一种引入过调波峰修正的汽轮机调节系统及方法	贾　斌、李建强、焦晓峰、李晓波、徐　贤、杨彦平、段学友、张锋锋、范志强	发明	2020.10.16	2022.5.27	202011107684.7
450	一种 WSe2.埃洛石纳米管脱汞吸附剂及其制备方法和应用	苑春刚、段雪雷、赵常贤、于洁璇、牛胜利	发明	2020.12.30	2022.5.27	202011609864.5
451	一种柔性多状态开关的多功能稳态功率调控方法及系统	赵国鹏、李啸寅、刘思远、黄晓明、陆承宇、陆　翌、裘　鹏、许　烽、丁　超	发明	2021.1.20	2022.5.27	202110073945.6
452	一种基于不同谐振点灵敏度分析的 GIS 机械谐振谱分析方法	张聪聪、王　刚、王大鹏、陈　晨、王银忠、苗全堂、高　栋、李　萌、单　涛、王永强	发明	2021.4.14	2022.5.27	202110402210.3
453	一种电力电子 SPWM 逆变实验平台	赵国鹏	发明	2021.6.7	2022.5.27	202110629851.2
454	一种电动车无线充电异物检测方法及装置	张文彪、颜鹏旭、莫清清	发明	2021.8.18	2022.5.27	202110948230.0
455	一种非侵入式工业负荷事件检测方法及系统	武　昕、余昊杨、严　萌	发明	2022.2.28	2022.5.27	202210183139.9
456	基于深度学习网络的数据驱动风电系统孪生方法及系统	武　昕、刘宇航、余昊杨	发明	2022.3.7	2022.5.27	202210213632.0
457	一种热工自动化仪器用维修工具箱	乔　郅	实用新型	2021.11.27	2022.5.27	202122944646.3
458	一种数字式三相全控桥的智能配相电路	王兴武、王　燕、苏志恒、王占同	实用新型	2022.2.11	2022.5.27	202220286807.6
459	一种基于混合现实的无人机模拟系统	吴星泽	实用新型	2021.11.16	2022.5.27	202122805547.7
460	发电机定子绕组滴漆装置	葛雨凡	实用新型	2022.3.30	2022.5.27	202220727107.6
461	异步电机控制装置冷却结构	葛雨凡	实用新型	2022.3.30	2022.5.27	202220725013.5
462	驱蚊器(旅行便携)	刘　菲	外观设计	2022.3.9	2022.5.27	202230118142.3
463	密封盖(污泥厌氧消化气体采集)	刘　媛	外观设计	2022.3.28	2022.5.27	202230165994.8
464	一种氟化碳直接包覆镍钴锰三元正极材料的制备方法	姜　冰、李美成、罗　弼、彭　鹏、李静茹、刘乐浩	发明	2018.9.18	2022.5.31	201811084894.1
465	基于等离子堆焊与激光熔覆技术的炉排片复合防护工艺	曲作鹏	发明	2020.11.17	2022.5.31	202011289222.1
466	一种基于多模光纤的布里渊光时域反射计	王健健、李永倩	发明	2019.10.18	2022.5.31	201910993129.X
467	一种基于虚拟节点的直流电网性能检测方法及系统	邵红博、程昱明、司瑞华、张丽华、王　洋、曹　昕、韩民晓、李菡昊	发明	2021.2.26	2022.5.31	202110219184.0
468	一种配电网故障定位方法及系统	王增平、赵　乔、李钰洋	发明	2021.8.11	2022.5.31	202110919576.8
469	一种无拍卖商的量子密封拍卖方法	石润华、高伟、吴明霞、李　恩	发明	2021.8.13	2022.5.31	202110930602.7
470	半潜漂浮式风机协调控制方法、装置、设备及存储介质	宋子秋、冯翰宇、胡　阳、刘吉臻、房　方	发明	2021.10.20	2022.5.31	202111220151.4
471	一种便携式医疗架	乔素伟、陈　静	实用新型	2021.2.5	2022.5.31	202120374081.7
472	一种电动的自锁接地线夹	许　航	实用新型	2022.1.26	2022.5.31	202220213583.6
473	异步电机教学演示装置	任　芝、杨振宇	发明	2016.10.13	2022.6.3	201610891018.4

续表

序号	名称	发明(设计)人	专利类型	申请日	授权日	专利号
474	一种近零能耗建筑社区的储能装置	张时聪、杨芯岩、刘志坚、刘常平、靳光亚	发明	2020.12.9	2022.6.3	202011447790.X
475	一种用于近零能耗建筑的冷热源新风组件	张时聪、刘志坚、杨芯岩、刘常平、靳光亚	发明	2020.12.9	2022.6.3	202011461873.4
476	一种基于球对称结构的被动核材料快中子多重性测量系统	张小东、刘月壮、张 琦、张少东	实用新型	2021.10.15	2022.6.3	202122486064.5
477	一种指纹识别智能解锁装置	潘 彤	实用新型	2021.11.9	2022.6.3	202122735049.X
478	喷泉	刘锦譖	外观设计	2022.3.17	2022.6.3	202230138730.3
479	机械船桨	甘智强	外观设计	2022.3.29	2022.6.3	202230169410.4
480	笔筒(创意)	张童谣	外观设计	2022.3.23	2022.6.3	202230152666.4
481	门柱	刘锦譖	外观设计	2022.3.17	2022.6.3	202230138789.2
482	一种虚拟同步机一次调频性能在线评价方法	颜湘武、张晓磊、张 波	发明	2019.3.6	2022.6.7	201910166770.6
483	焦化废水处理用金属掺杂二氧化锰光催化剂制备方法	张敬红、黄 吉、张月恺、王淑勤、付 东	发明	2019.8.8	2022.6.7	201910727830.7
484	一种焦化废水处理方法	张敬红、黄 吉、张月恺、王淑勤、刘路游、付 东	发明	2019.8.8	2022.6.7	201910727852.3
485	一种变电站电气设备制造远程监管与安装指导系统与方法	罗克伟、尹 元、林少远、黄宇淇、张成炜、郭 威、张 飞	发明	2020.4.20	2022.6.7	202010313696.9
486	考虑通信特性的5G基站储能配置双层优化方法	麻秀范、朱秋萍、段 颖、孟祥玉、王 志	发明	2021.2.18	2022.6.7	202110187480.7
487	一种变压器基础噪声水平评估方法	吴卫东、吴正阳、赵 丹、孟庆伟、王庆华、郭首春、张雷雷、杨 旭、马力、卢玉林	发明	2020.12.22	2022.6.7	202011527231.X
488	用于变压器声学诊断的动态数据库形成方法及装置	吴正阳、吴卫东、赵 丹、孟庆伟、王庆华、强 杰、荆大龙、张雷雷、杨 旭、马 力	发明	2021.3.16	2022.6.7	202110281707.4
489	一种无线传感器网络的分簇路由方法及系统	樊 冰、辛亚楠、吴润泽	发明	2021.4.30	2022.6.7	202110481436.7
490	一种保护隐私的量子多方计算最大值的方法	石润华、李诣非、柯唯阳、李 恩	发明	2021.8.13	2022.6.7	202110931080.2
491	一种低碳化钢铁生产下料装置	陈思睿	实用新型	2021.7.21	2022.6.7	202121654756.X
492	一种液态金属表面发射率的测量装置	陆道纲、于宗玉、王 汉、朱宇轩	实用新型	2021.11.3	2022.6.7	202122705370.3
493	一种GIS内局部放电光学检测装置	张 旭、王 怡、吴诗优、刘文宇	实用新型	2021.12.27	2022.6.7	202123295948.9
494	一种局部超声阵列信号的高精度去噪方法	马君鹏、王成亮、亓彦珣、吴 晗、刘叙笔、杨贤彪、谢 庆、岳贤强	发明	2018.11.22	2022.6.10	201811398953.2
495	一种多端柔性直流配电系统直流断线故障的分析方法	贾 科、冯 涛、赵其娟、毕天姝、王聪博、陈金锋	发明	2018.12.12	2022.6.10	201811518996.X
496	防撞控温一体电池模组结构、加工装置及方法	张新春、董思捷、安超超、丁海民	发明	2020.6.15	2022.6.10	202010382187.1
497	基于工频过零点的变压器频响信号检测方法	程养春、许 渊、毕建刚、沙雨飞、丁国成	发明	2020.7.21	2022.6.10	202010706333.1

续表

序号	名称	发明(设计)人	专利类型	申请日	授权日	专利号
498	一种乏汽及烟气余热能量品质耦合提升系统	陈　程、陆　规、徐　凤、肖　军、吴　斌	发明	2020.9.3	2022.6.10	202010914673.3
499	功率优先可变速抽水蓄能机组 PI 调节器的参数确定方法	赵国鹏、张永鑫、李　正、杨　震	发明	2021.1.4	2022.6.10	202110003071.7
500	一种离子流场中悬浮液滴荷电特性测量装置及方法	卢铁兵、申南轩、郭小江、申旭辉、苏子寒、张远航、赵瑞斌、孙　栩、李春华	发明	2021.8.12	2022.6.10	202110922336.3
501	一种集成烟气余热回收、聚光太阳能和吸收式热泵的垃圾焚烧多联产系统	安吉振、陈　衡、安留明、徐　钢	实用新型	2021.4.12	2022.6.10	202120739984.0
502	一种荒煤气余热与干熄焦余热联合回收利用系统	陈　衡、王义函、李镓睿、徐　钢、雷　兢、刘　彤	实用新型	2020.9.16	2022.6.10	202022019656.1
503	U 盾	周晓彤	外观设计	2022.3.23	2022.6.10	202230152667.9
504	U 盘	周晓彤	外观设计	2022.3.23	2022.6.10	202230152696.5
505	一种基于证据融合的执行器故障诊断方法	王印松、孙天舒、丁梦婷、胡伯勇、解剑波	发明	2020.12.8	2022.6.14	202011461747.9
506	一种空冷风机温度场控制方法、装置和系统	王树民、张艳亮、刘建海、李延兵、张军亮、丁　佳、李英河、暴　锋、张　研、曹耀武、梁　添、牛玉广、胡　勇、刘　龙	发明	2021.2.1	2022.6.14	202110135694.X
507	一种光电催化剂及其制备方法	陈　庄、张一梅、张雅新、许振扬	发明	2021.2.3	2022.6.14	202110147084.1
508	风电场的尾流混合模拟方法、系统、装置及介质	孟　航、余　鑫、李　莉、刘永前、刘　鑫、韩　爽、曾崇济、阎　洁、常斯语	发明	2021.8.20	2022.6.14	202110963099.5
509	一种融合自编码器和卷积神经网络的电网故障诊断方法	张　旭、郑钰川、郭子兴、刘伯文、丁睿婷、王　怡	发明	2021.8.30	2022.6.14	202111004270.6
510	一种海底电缆局部放电光传感单元及分布式传感系统	马国明、秦炜淇、王思涵、郭腾俊、郭陟峰、史荣斌、杜厚贤	发明	2022.3.10	2022.6.14	202210227962.5
511	一种可回收烟气水分的电袋除尘器	高　丹、杨嘉熙、张　衡	实用新型	2021.11.17	2022.6.14	202122811662.5
512	一种高氯废水电化学脱氯装置	赵雪纯	实用新型	2021.12.13	2022.6.14	202123126600.7
513	模拟风力发电机轴系典型机械故障的实验机组	何玉灵、张　文、崔　豪、白怡凡、徐明星	实用新型	2021.12.6	2022.6.14	202123044417.2
514	永磁同步风力发电机定子绕组匝间短路故障模拟装置	沈寒涛	实用新型	2022.1.4	2022.6.14	202220004797.2
515	一种可测温的永磁同步发电机系统	沈寒涛	实用新型	2022.1.6	2022.6.14	202220019425.7
516	候车亭(太阳能智能雾化降温)	张梓璇、卢森、彭泽朴	外观设计	2022.4.1	2022.6.14	202230181328.3
517	一种海底电缆锚挂试验系统及其使用方法	林晓波、宣耀伟、俞恩科、郑新龙、陈国志、卢志飞、何旭涛、吕安强	发明	2016.10.25	2022.6.17	201610934010.1
518	一种电力电子变压器运行策略优化组合方法	孙英云、胡丽萍、蒲天骄、李　烨、黄越辉、杨晓梅、袁晓东、柳丹、黄　地	发明	2019.1.4	2022.6.17	201910007081.0
519	一种基于灰色关联分析法的级联断面解列优化方法及系统	张文朝、张立伟、杨俊炜、李朋旺、郑惠萍、刘新元、薄利明	发明	2019.7.15	2022.6.17	201910634893.8
520	分布式电源通信故障时的注入上限优化方法及系统	刘文霞、杨梦瑶、马　铁	发明	2019.10.24	2022.6.17	201911016656.1

续表

序号	名称	发明(设计)人	专利类型	申请日	授权日	专利号
521	模拟轴-径向三维气隙混合偏心故障的动模实验机组	何玉灵、张　文、徐明星、周陶源	发明	2020.3.18	2022.6.17	202010192069.4
522	一种直驱风机新型调频策略	颜湘武、王德胜、杨琳琳、隗小雪、李铁成	发明	2020.7.24	2022.6.17	202010741344.3
523	一种基于天线阵列的变电站局部放电检测与定位装置	邢子豪	实用新型	2021.12.9	2022.6.17	202123073494.0
524	一种基于AR技术的旅游眼镜	高齐泽	实用新型	2022.3.4	2022.6.17	202220471620.3
525	一种基于单片机的居民楼道灯智能控制系统	刘书刚、马昕玥	实用新型	2021.12.16	2022.6.17	202123175508.X
526	螺旋桨支架(船体)	甘智强	外观设计	2022.3.29	2022.6.17	202230169783.1
527	一种可逆式基于伺服电动缸与液压缸相配合的动力装置	姜　彤、殷晨阳、崔　岩	发明	2020.9.4	2022.6.21	202010927356.5
528	一种气体绝缘穿墙套管的屏蔽固定一体式高压端金属嵌件	齐　波、卢理成、杨　霄、阎法强、郭志军、李成榕、丁彦霞	发明	2020.11.20	2022.6.21	202011315414.5
529	一种高温固体氧化物燃料电池电堆温度测量装置	熊星宇、武　鑫、彭苏萍、白　浩	发明	2021.9.27	2022.6.21	202111135365.1
530	一种基于反射超声的铅蓄电池容量在线测量的装置及方法	马国明、王　伟、刘　昊、高斌光、吴立峰、秦炜淇、贾　佳、杜厚贤	发明	2022.3.30	2022.6.21	202210321033.0
531	一种具有防震功能的异响检测设备	赵俊杰、杨如意、沈跃军、贺延枫、崔畅元、刘琳鸽、张　越、王献文、赵　璐、邵戊辰、王利敏、任　杰、张二祥、王天虎、崔晓宁、常艳丽、赵志伟、王国强、田　民、胡　勇、张东明、朱振武、赵博石、王鹏飞、杨耀东、李　冉	实用新型	2021.10.13	2022.6.21	202122463625.X
532	一种一体式密封型液态铅铋合金氧浓度传感器	牛风雷、梁瑞仙、李小波、盛振华、王泽锋、杨凌峰、祁睦然、朱卉平、刘　芳、刘　洋	实用新型	2021.11.26	2022.6.21	202122934887.X
533	土壤环境化学污染物取样器	慈曾强	外观设计	2022.2.7	2022.6.21	202230063838.0
534	一种确定电力系统中新能源占比的方法	郭小龙、胥国毅、毕天姝、张　锋、王　衡	发明	2018.12.13	2022.6.24	201811532481.5
535	一种可逆型多级双链路交错等温气体压缩系统	姜　彤、李佳谦、崔　岩	发明	2020.8.26	2022.6.24	202010870513.3
536	一种基于暂态电量的直流电网电压稳定控制方法	付　媛、李　浩、张祥宇	发明	2020.11.19	2022.6.24	202011304212.0
537	利用一段抽汽调节阀补偿控制主蒸汽压力的方法及系统	邓拓宇、张军亮、田　亮、杨怀忠、刘鑫屏、管志敏	发明	2021.5.10	2022.6.24	202110506709.9
538	一种能够热回收的脉冲热电制冷的过冷维持装置	孟境辉、李智韬、马　秦、华有龙、王楚雄、戈浩帆	发明	2021.7.16	2022.6.24	202110806828.6
539	一种伸缩浮力舱及海底矿物提升系统	张　宁、柯　弟、陈旭光、尹世洋、夏建新、宋宇恒、马　宁、杨　畅	发明	2021.10.25	2022.6.24	202111240179.4
540	一种用于工业烟气的多污染物协同脱除装置	李泽朋、齐立强	实用新型	2022.1.6	2022.6.24	202220023703.6
541	配电网脆弱节点辨识的方法	董　继、李建文	发明	2019.8.30	2022.6.28	201910816734.X

续表

序号	名称	发明(设计)人	专利类型	申请日	授权日	专利号
542	一种多热源热电联产机组发电负荷灵活调节系统的调节方法	杜小泽、杨勇平、戈志华、张尤俊、徐 磊、卫慧敏、杨志平	发明	2020.11.30	2022.6.28	202011373435.2
543	一种基于交直流互联系统的重合闸方法及系统	马 静、周晓东、张家铭、刘 晨	发明	2020.12.31	2022.6.28	202011629558.8
544	一种直驱式可变速抽水蓄能机组控制方法及系统	赵国鹏、杨 震、张永鑫、任继云	发明	2021.1.4	2022.6.28	202110002619.6
545	一种通过光化学反应富集水体中六价铬的方法	赵桂霞、姚 玲、王祥科	发明	2021.3.16	2022.6.28	202110290053.1
546	一种融合电气距离与边介数的电网无功分区方法	李 鹏、王加浩、李建宜、夏 辉、徐晓春、郭天宇	发明	2021.6.17	2022.6.28	202110674686.2
547	基于电压电流混合模型的磁链观测器的形成方法	张永昌、陈 浩、杨海涛	发明	2021.7.28	2022.6.28	202110854236.1
548	一种统一潮流控制器接入线路故障定位方法及系统	郑 涛、王赟鹏、马家璇、吴通华、杨增力、戴 魏、张侃君、姚 刚、李新东、侯小凡	发明	2021.7.26	2022.6.28	202110843802.9
549	一种便于均匀涂抹的金属涂层加工用喷涂装置	曲作鹏、王海军、田欣利、陈 威	发明	2021.8.31	2022.6.28	202111018343.7
550	一种用于燃煤耦合生物质污泥掺烧的烟气处理设备	朱雯嘉、赵晓涵、刘翠茹、郝润龙、任 鹏、刘鸿怡、陈志鹏、李文翠、方崇嘉、贺萌萌	实用新型	2022.3.10	2022.6.28	202220519541.5
551	一种全复合材料的输电杆	郑春生、张洛嘉、邹育文、王 哲、安利强、江文强、石智利、张 浩、刘海生	实用新型	2021.12.3	2022.6.28	202123017584.8
552	一种隧道用的便于移动的隐蔽工程探测装置	苏宁杰	实用新型	2022.4.7	2022.6.28	202220795116.9
553	一种空心光纤与单模光纤的对接耦合装置	黄立杭、李晗霄、胡小龙、赵丽娟	实用新型	2022.1.10	2022.6.28	202220051065.9
554	考虑供电模式的配电网广义电源变电可信容量评价方法	刘宗岐、刘译聪、郝永康、刘文霞、王佳伟、郭 静	发明	2017.6.15	2022.7.1	201710450260.2
555	一种多台 AC.DC 双向功率换流器的经济最优控制方法	李 鹏、郭天宇、马 显、郭彦斌	发明	2019.1.23	2022.7.1	201910065312.3
556	一种多约束条件下的虚拟同步发电机控制方法	孟建辉、彭嘉琳、王 毅	发明	2018.12.31	2022.7.1	201811650246.8
557	一种电力通信网络传输性能的评估方法	王 涛、龙覃飞、孟昱杉、柴文化、顾雪平	发明	2019.7.16	2022.7.1	201910642006.1
558	一种面向区块链应用的无线传感器网络系统	周 楠、许长清、张 平、王利利、张琳娟、郑 征、邱 超、郭 璞、卢 丹、陈婧华、韩军伟、樊 冰、郭昊博	发明	2020.10.31	2022.7.1	202011198624.0
559	一种电-热联合作用下 SF6 及其替代气体全寿命周期绝缘性能试验装置	李庆民、王靖瑞、刘 衡、刘智鹏、王 健、丛浩熹、胡 琦、常亚楠、薛乃凡	发明	2020.12.22	2022.7.1	202011530673.X
560	一种电-热联合作用下 SF6 替代气体-环氧树脂相容性试验装置	李庆民、刘 衡、刘智鹏、王靖瑞、丛浩熹、王健、常亚楠、胡 琦、薛乃凡	发明	2020.12.22	2022.7.1	202011531438.4
561	基于过冷相变材料被动式电池热调节器、方法和管理系统	巨 星、王泽旭、许 瑶、李冰辰、李凯璇、徐 超	发明	2021.4.7	2022.7.1	202110372030.5

续表

序号	名称	发明(设计)人	专利类型	申请日	授权日	专利号
562	基于子模块直流电压控制闭环的 MMC 仿真模型及方法	赵国鹏、张友博、王　栋、卢柯奇	发明	2021.5.26	2022.7.1	202110577129.9
563	一种柔性直流输电系统的振荡抑制方法及系统	高　磊、张慧媛、陈名铿、许　军、姚蜀军	发明	2021.6.9	2022.7.1	202110640413.6
564	一种非接触式快速测量金属板透入深度的装置及方法	焦重庆、谢　菁	发明	2022.4.15	2022.7.1	202210392268.9
565	一种锰基催化剂协同等离子体净化烟气的冷极板电除尘装置	吕建燚、冯　倩、赵博文	实用新型	2021.6.3	2022.7.1	202121277131.6
566	一种变速风电机组频率控制器参数的优化方法及装置	杨立滨、张节潭、李正曦、王茂春、郭树锋、甘嘉田、周鹏、李　剑、王　凡	发明	2018.12.10	2022.7.5	201811504047.6
567	一种固体氧化物燃料电池混合储能发电系统	冉　鹏、乔　玉、李昱阳、刘清江、张成宇、王亚瑟	发明	2020.8.13	2022.7.5	202010809868.1
568	垃圾电站锅炉管在复合运动条件下高频重熔涂层制备装置	曲作鹏、赵文博、田欣利、王海军、王　磊	发明	2020.8.6	2022.7.5	202010780858.X
569	双轴励磁发电机功率跟踪励磁控制方法及系统	许国瑞、王珍珍、李伟力、罗应立	发明	2020.12.16	2022.7.5	202011489609.1
570	基于预期故障概率的多台设备整体质量评价方法	李斐然、王文浩、王　威、程养春、刘秩锋、周　芳、方　涛、李富强	发明	2020.12.31	2022.7.5	202011631533.1
571	基于故障概率和设备状态的单台设备质量评价方法	李斐然、蒋　鹏、韩　睿、刘　爽、程养春、杨擎柱、刘秩锋、丁　敬、许　飞、赵　峥、任广振、曹　阳	发明	2020.12.31	2022.7.5	202011631546.9
572	一种城市配变用三维隔振底座的支撑结构及设计方法	吴文庚、陈冰斌、陈群力、高　栩、江世雄、黄毅标、翁孙贤、赵海森、许国瑞	发明	2021.10.30	2022.7.5	202111278064.4
573	一种基于生物质气化的负碳排放热电联产系统	张　钟、李镓睿、陈　衡	实用新型	2021.9.8	2022.7.5	202122163281.0
574	一种轮滑赛道障碍桩的摆放车	张　驰、张路阳、孙兴建、吴　涯、李椿洋、杨莉伟	实用新型	2022.2.14	2022.7.5	202220294619.8
575	一种核能和垃圾气化的燃气蒸汽联合循环电水联产系统	武浩然、李童宇、赵欣悦、陈　衡、徐　钢	实用新型	2021.10.25	2022.7.5	202122559864.5
576	一种新型瓦斯继电器	李祉葳、唐佳滢、王安立	实用新型	2022.3.24	2022.7.5	202220656532.0
577	一种挂导线上使用的防滑易拆装绝缘滑车	花广如、兰志宽、吴晓囡、汪　昊、崔云骧、罗红健、范　潇、王若晗、朱晓光、李　乐、刘云鹏	实用新型	2022.3.8	2022.7.5	202220485788.X
578	一种配网线路间隔棒安装机器人	花广如、兰志宽、朱晓光、崔云骧、罗红健、范　潇、汪　昊、吴晓囡、王若晗、李　乐、刘云鹏	实用新型	2022.3.8	2022.7.5	202220485789.4
579	一种混合交易模式下的网损分摊方法	龙苏岩、程海花、薛必克、郑亚先、杨争林、耿　建、邵　平、徐　骏、郭艳敏、王高琴、史新红、陈爱林、黄春波、吕建虎、叶　飞、米富丽、刘　畅、周　明、李庚银、丁　琪、任　艺	发明	2016.11.1	2022.7.8	201610935299.9
580	故障劣化程度确定方法、装置、计算机设备及存储介质	王印松、孙天舒、丁梦婷	发明	2019.9.29	2022.7.8	201910931788.0

续表

序号	名称	发明(设计)人	专利类型	申请日	授权日	专利号
581	基于自学习机制的配电网故障恢复方法	鲍　薇、辛忠良、燕跃豪、孔汉杰、赵　乔、董文娜、王增平	发明	2019.11.15	2022.7.8	201911116644.6
582	用于垃圾焚烧炉炉排片的耐高温防磨蚀重熔镍基复合材料涂层及其制备方法	曲作鹏、陈大智、陈　威、王海军	发明	2020.7.14	2022.7.8	202010673433.9
583	一种结合偏微分与随机数原理的三端直流转换开关配置评估方法	许建中、黄曼茜	发明	2020.10.14	2022.7.8	202011094598.7
584	一种用于变压器绕组变形在线监测的传递函数构造方法	程养春、郑丹阳、彭　磊	发明	2020.12.2	2022.7.8	202011390492.1
585	一种模拟大气边界层多尺度湍流结构的风洞试验装置及方法	武广兴、金瑞麒、刘永前、田　德、葛铭纬、孟　航、刘　鑫、李新凯、闫　姝	发明	2021.8.30	2022.7.8	202111002140.9
586	基于业务 QoS 的电力通信网任务卸载系统、方法及应用	陆　旭、聂伟峰、陈　影、张海全、慕春芳、孙　毅、姚欢	发明	2021.8.30	2022.7.8	202111002101.9
587	一种陶瓷防伪标识用荧光粉沉淀过滤筛选装置	赵　妙、牛春兰、李博涵、梁　超、高逸寒	实用新型	2021.11.22	2022.7.8	202122867892.3
588	一种花瓣式太阳能发电系统	陈雪轲	实用新型	2022.4.2	2022.7.8	202220770986.0
589	四足机器人的躯干机构及四足机器人	李江天、滕　鹏、宋玉旺、吴　硕、张致豪、孟　非	实用新型	2022.3.31	2022.7.8	202220734128.0
590	碳 13 呼吸检测仪	韩　华	外观设计	2022.4.12	2022.7.8	202230202844.X
591	一种静电纺丝制备纳米金属氧化物掺杂的导电吸附复合膜方法	郝润龙、赵　毅、毛星舟、柳　苏、童　鑫、徐春燕	发明	2018.5.29	2022.7.12	201810528071.7
592	交直流系统预防控制和紧急控制的协调优化方法	杨　旋、刘　进、肖　宜、雷　鸣、杨安源、严斌俊、刘　昕、李永龙、陈艳波	发明	2018.11.26	2022.7.12	201811415596.6
593	一种基于卷积循环神经网络的风电场内多点位风速预测方法	何　伟、黄扬琪、何　昊、赵伟哲、阎　洁、周家慷	发明	2019.10.28	2022.7.12	201911028254.3
594	一种生物质循环流化床富氧燃烧系统及方法	徐明新、陆　强、张平新、刘子树、吴亚昌	发明	2021.3.24	2022.7.12	202110314238.1
595	一种双馈式感应发电机系统基频负序阻抗确定方法及系统	刘其辉、逢思敏、吴林林、刘　辉	发明	2021.3.26	2022.7.12	202110326268.4
596	一种可自动拆解回收快递包装盒装置	刘雨佳	实用新型	2021.11.1	2022.7.12	202122646037.X
597	水滴开槽型缠绕管式换热器	周　涛、许　鹏、付忠广、刘文斌、漆　天、陈　宁、陈　娟	实用新型	2021.5.7	2022.7.12	202120953725.8
598	一种可用于轨道角动量的受激布里渊放大的光子晶体光纤放大器	赵丽娟、赵海英、徐志钮	实用新型	2021.12.3	2022.7.12	202123071789.4
599	一种早期同步发电机定子绕组匝间短路检测方法及装置	何玉灵、徐明星、张　文、王晓龙、唐贵基	发明	2020.7.6	2022.7.15	202010641820.4
600	支撑电力供需互动的电力网与信息网融合方法、设备及存储介质	陈　鹏、李　彬、祁　兵、栾开宁、杨世海、曹晓东	发明	2020.9.7	2022.7.15	202010929880.6
601	逆变型分布式电源高比例渗透配电网的故障暂态计算方法	贾　科、杨　彬、侯来运、刘　浅、毕天姝、郑黎明	发明	2021.5.19	2022.7.15	202110546048.2
602	一种基于单端电流暂态量的柔性直流配电网保护方法	贾　科、陈　聪、陈　淼、刘　鑫、钮厚敏	发明	2021.6.1	2022.7.15	202110610017.9
603	一种用于取电和数据采集的快速接头及其环保气体绝缘环网柜	张焕粉、王华天、牛东晓	发明	2021.8.2	2022.7.15	202110879258.3

续表

序号	名称	发明(设计)人	专利类型	申请日	授权日	专利号
604	一种变压器局部放电光纤分布式传感系统	马国明、史荣斌、王 伟、胡 靖、林仲钦、刘 昊、秦炜淇	发明	2022.4.28	2022.7.15	202210455967.3
605	一种电气自动化焊接辅助设备	宋怡洁	实用新型	2021.12.1	2022.7.15	202122995774.0
606	一种基于仿生学的轴流风机叶片结构	胡佳密、叶学民、李春曦、苏顺龙、杨天康	实用新型	2021.12.3	2022.7.15	202123042709.2
607	仿生蝴蝶扑翼飞行玩具	朱鸣池、任悦妍、袁艳英、张 志	外观设计	2022.2.7	2022.7.15	202230063711.9
608	一种基于支持向量回归算法的变压器热点温度时序预测方法	甘景福、杜 鹏、刘国征、晏 坤、姚玉永、田新成、穆 勇、贺鹏康、马明晗、李永刚	发明	2020.4.2	2022.7.19	202010253475.7
609	一种定子绕组动态匝间短路模拟方法和装置	何玉灵、张志杰、袁兴华、唐贵基、白 洁	发明	2020.6.16	2022.7.19	202010549111.3
610	一种面向业务可靠性的综合数据网通道路由负载优化方法	崔鸣石、刘世民、孙 毅、马德民、肖海龙、朱继阳、张勇生、李国强、王 冲、王 华、杜 娜、李 彬、叶 欣	发明	2020.8.27	2022.7.19	202010881496.3
611	一种桥臂复用模块化多电平换流器	王 毅、陶建业、王 琛、谭开东、许 同	发明	2020.9.18	2022.7.19	202010986208.0
612	一种断路器不平衡监测数据集过采样方法	万书亭、陈 磊、李少鹏、豆龙江	发明	2021.1.21	2022.7.19	202110081933.8
613	一种换流阀阀控装置的测试装置及测试方法	苑立国、杨 鹏、崔虎宝、李士林、刘 勇、穆永保、杨海运、宫艳朝、贾鹏洲、鲍 捷、郭素梅、周晨光、吕建中、马立平、史善哲、任茂鑫、高 凯、鲍 伟、谷伟明、杨贵娟、戴凤娇、慕小斌、王 翔、周 哲、龙云波	发明	2021.1.5	2022.7.19	202110007419.X
614	基于磁传感器阵列的非环绕式电流测量方法	毕天姝、李嘉贤、刘 灏	发明	2021.2.9	2022.7.19	202110176600.3
615	一种风向聚类方法、装置及电子设备	胡 阳、李 倩、房 方、郭小江、王庆华、刘吉臻	发明	2021.4.12	2022.7.19	202110389384.0
616	一种柔性直流输电系统中的单端故障测距方法	贾 科、刘 鑫、钮厚敏、毕天姝	发明	2021.4.20	2022.7.19	202110424739.5
617	一种基于负荷感知的多端口能量路由器能量自平衡控制方法	李 妍、张 群、李泽森、诸晓骏、王 琼、王 鑫、王青山、曹远志、梁海峰	发明	2021.4.30	2022.7.19	202110483788.6
618	一种同步发电机转子动态匝间短路故障检测系统及方法	何玉灵、邱名豪、孙晨凯、蒋梦雅、袁兴华、王晓龙	发明	2021.6.4	2022.7.19	202110624205.7
619	一种蓄热式电采暖参与风电消纳的多目标优化方法及系统	刘自发、丛 彪、李成宸、刘 炎、赵海岩	发明	2021.10.12	2022.7.19	202111187479.0
620	一种 MMC-MTDC 系统直流短路故障的混合穿越方法	王 毅、魏子文、王 琛、高玉华、张 振、余欣洋	发明	2022.4.26	2022.7.19	202210441472.5
621	一种电容复用型模块化多电平换流器及其控制方法	王 毅、余祖泳、王 琛、魏子文、张 振、余欣洋	发明	2022.4.27	2022.7.19	202210447253.8
622	一种污泥处理中废气处理装置	刘 媛	实用新型	2021.11.3	2022.7.19	202122671416.4
623	一种变压器状态监测设备	赵洪山、潘思潮	实用新型	2022.3.9	2022.7.19	202220494551.8

续表

序号	名称	发明(设计)人	专利类型	申请日	授权日	专利号
624	一种配电变压器状态监测与故障诊断装置	赵洪山、吴雨晨	实用新型	2022.3.10	2022.7.19	202220511865.4
625	一种池式液态金属反应堆的传热试验系统	陆道纲、于宗玉、王　汉、张钰浩、刘　璐	实用新型	2021.12.24	2022.7.19	202123301018.X
626	含电力电子变压器的交直流混合配电网的调度方法及系统	蒲天骄、李　烨、董　雷、张　涛、陈乃仕、王新迎、张　晨、乔　骥、李时光、柳　丹、袁晓冬	发明	2019.2.22	2022.7.22	201910135216.1
627	一种综合能源系统分布式负荷预测方法及系统	周立明、杨　波、何治平、项　伟、孙艳杰、韩建沛、刘　念	发明	2019.10.29	2022.7.22	201911035294.0
628	无能耗水龙头自动断水装置	刘晓彤、文　欣、陈宏霞	发明	2021.1.25	2022.7.22	202110094980.6
629	一种空心阴极阵列放电射流装置	黄世龙、刘云鹏	发明	2021.6.2	2022.7.22	202110614563.X
630	主动配电网断线故障保护方法、装置及配电终端	马天祥、段　昕、贾伯岩、徐　岩、邹　南	发明	2021.7.8	2022.7.22	202110775383.X
631	一种提升燃气轮机联合循环热电联供调峰灵活性的系统	段立强、汪欣巍	发明	2021.7.6	2022.7.22	202110761834.4
632	一种配电网负荷转供方法、装置、设备及存储介质	范　辉、曾四鸣、马天祥、徐　岩、鲁　成	发明	2021.7.8	2022.7.22	202110774505.3
633	一种分布式储能系统的聚合响应能力确定方法及系统	徐湘楚、米增强、马云凤、王吉兴、蒋衍君、纪　陵、李靖霞	发明	2021.8.31	2022.7.22	202111013145.1
634	一种 TiN. Ti5Si3 混杂增强铜基复合材料及其制备方法	丁海民、张　潇、程　洁、周吉宇、王进峰	发明	2021.12.14	2022.7.22	202111530543.0
635	一种火力发电厂废水处理装置	袁　博、于　倩、杨晓洁、付　东、田沁霖、钱真	实用新型	2022.3.28	2022.7.22	202220691011.9
636	变电站地面自动巡检装置控制系统	梁新钰、索妮、吴　博、陈雨欧	实用新型	2022.4.24	2022.7.22	202220952759.X
637	考虑新能源消纳和环境效益的多目标电网规划方法和装置	高涵宇、艾　欣、林章岁	发明	2017.9.6	2022.7.26	201710793841.6
638	一种利用长短期记忆网络的光伏发电功率预测方法	何　慧、胡　然、张亚宁、焦润海、张　莹	发明	2018.2.2	2022.7.26	201810106023.9
639	一种基于一致性理论的孤岛微电网分层分布式控制策略	夏世威、张　茜、宋靓云	发明	2019.3.6	2022.7.26	201910170431.5
640	一种智慧用能服务协同控制系统和方法	王　清、李琮琮、刘　松、代燕杰、杜　艳、朱红霞、张　志、刘丽君、董贤光、陈祉如、王平欣、李　骁、李付存	发明	2020.6.12	2022.7.26	202010537125.3
641	一种研究快堆旋塞中心柱热振荡的试验台架	陆道纲、黑宝平、司　宇	发明	2021.3.23	2022.7.26	202110306175.5
642	一种柔性直流补偿控制方法及系统	蔡　晖、刘崇茹、李竹青、牛纪伟、黎　晓、辛蜀骏、许偲轩、赵菲菲、韩杏宁、祁万春、罗金山、孙　珂、韩晓男、梁涵卿、曹　阳	发明	2021.4.30	2022.7.26	202110479025.4
643	一种电气热互联系统多场景最大供能能力计算方法	刘玉成、曹春诚、黄　伟、罗永利、王鹏浩、彭　勃、聂伟峰	发明	2021.6.22	2022.7.26	202110692151.8
644	一种电动汽车充放电智能管理系统	奚　悦、刘敦楠、杨　烨、刘明光、王　文、加鹤萍、彭晓峰、苏　舒	实用新型	2022.5.6	2022.7.26	202221066720.4

续表

序号	名称	发明(设计)人	专利类型	申请日	授权日	专利号
645	碳纤维活化设备	高　鹏、朱秋良、葛佳欣、李　斌	实用新型	2022.1.28	2022.7.26	202220238372.8
646	一种新型储能电池柜	巨　星、秦　乐、姚晓乐、杨　凯、张明杰、徐　超	实用新型	2022.1.6	2022.7.26	202220022823.4
647	一种接地线夹	许　航	实用新型	2022.2.15	2022.7.26	202220297071.2
648	一种电气工程用管道支撑装置	李璞晗	实用新型	2022.3.10	2022.7.26	202220535928.X
649	一种物联网的轮询通信方法及装置	马　跃、葛　俊、李　信、彭　柏、来　骥、尚芳剑、王艺霏、闫忠平、张少军、王东升、娄　竞、李　贤、陈重韬、管嘉珩、寇晓溪、常海娇、李　坚、杨　峰、孙　涛、杨会峰、辛　锐、吴军英、魏勇、高丽芳、王　伟、张浩海、韩大为、李卫华、周　巍、田文锋、王　瑶、孙晓艳、曾鹏飞、杨智豪、李建彬、田建彤、李坤昌、闫靖晨	发明	2019.12.19	2022.7.29	201911314864.X
650	一种电力现货市场下储能系统充放电优化方法	刘　强、李　磊、冯澎湃、郭　松、刘敦楠、许小峰、刘明光	发明	2020.4.8	2022.7.29	202010267931.3
651	一种燃气轮机电动执行器故障识别的方法	张文广、汪　洋、沈炀智、李浩瀚、贺东旭、王　玮、田文利、刘延泉	发明	2020.7.27	2022.7.29	202010733536.X
652	一种小型模块化反应堆冷却剂系统及应用其的实验方法	周　涛、胡　成、陈　宁、朱亮宇、陈　娟、张博雅	发明	2020.9.4	2022.7.29	202010923117.2
653	含光伏储能系统的电网无功电压多时间尺度优化控制方法	李　鹏、郭彦斌、王加浩、李建宜、高一航、付　林	发明	2020.11.30	2022.7.29	202011377829.5
654	一种提高火电机组灵活性运行的级联自适应容积卡尔曼自抗扰控制方法	侯国莲、黄　婷、弓林娟	发明	2021.6.15	2022.7.29	202110658735.3
655	面向电力物联网中边缘数据处理的决策方法及其应用	陆　旭、聂伟峰、陈　影、张海全、慕春芳、孙　毅、胡亚杰	发明	2021.8.30	2022.7.29	202111002096.1
656	基于深度强化学习的双时间尺度新能源电网电压优化方法	李　鹏、姜　磊、王加浩、夏　辉、高一航、李建宜	发明	2021.10.19	2022.7.29	202111217697.4
657	一种光储发电系统控制方法及存储介质	雷健华、颜湘武、秦　赓、王晨光、贾焦心、游泳亮	发明	2022.4.22	2022.7.29	202210426431.9
658	一种校正表盘的装置	李　岩、王会山	实用新型	2022.3.21	2022.7.29	202220613160.3
659	一种多重约束条件下的锂电池的可用功率预测方法及系统	谢家乐、姚天琪、李增超	发明	2020.12.15	2022.8.2	202011476305.1
660	一种电站辅机故障预警方法及系统	郭瑞君、张国斌、周　磊、刘永江、于海存、孙启德、王宏刚、孟瑞钧、张谦、辛晓钢、赵　炜、王　琳、高　璐、魏　玮、吕　游	发明	2021.3.22	2022.8.2	202110302223.3
661	一种基于改进图像自适应YOLO的氢敏胶带变色检测方法	李煦侃、赵振兵、刘　韬、周慎学、冯　成、张志宇、陈浩天、刘洪涛、潘　尘、朱旺	发明	2022.5.10	2022.8.2	202210500054.9
662	一种凸轮式机械仿生蛇	江嘉泰、吴海峰、刘奇龙、岳　权、黄小宇	实用新型	2022.4.29	2022.8.2	202221033621.6
663	一种工程造价测量用自动找平的水准仪	张雯雯	实用新型	2022.4.7	2022.8.2	202220821588.7

续表

序号	名称	发明(设计)人	专利类型	申请日	授权日	专利号
664	一种用于电力动力系统的安装结构	孙　玮	实用新型	2021.11.12	2022.8.2	202122765175.X
665	一种用于电力动力系统的移动式控制柜	孙　玮	实用新型	2021.11.12	2022.8.2	202122765170.7
666	流水施工进度控制中确定关键工序的方法	张立辉、周　琳、王丽婉	发明	2018.10.22	2022.8.5	201811230035.9
667	一种多能互补微网的分层协同调控方法	郭天宇、李　鹏、王子轩、王加浩、李建宜、夏　辉	发明	2020.8.26	2022.8.5	202010870024.8
668	一种基于LSTM和生物激励神经网络的重型燃机控制系统控制器模块智能BIT设计方法	黄从智、王亚松、侯国莲、张建华	发明	2020.9.7	2022.8.5	202010926704.7
669	兼容中长期实物合同的日前市场出清模型构建方法	陈传彬、杨首晖、王良缘、李庆伟、王雪晶、张粒子、许传龙、贾　兴	发明	2020.11.9	2022.8.5	202011237229.9
670	一种基于昼夜温差的光热发电系统及方法	翟融融、刘林桐	发明	2021.4.25	2022.8.5	202110450529.3
671	一种并行化配电网络重构方法及系统	刘　念、陈刘东、李晨晨	发明	2021.5.12	2022.8.5	202110516837.1
672	一种电缆管内部维护用探测装置	杨敬杰	实用新型	2022.4.21	2022.8.5	202220965032.5
673	一种核反应堆主泵支承筒温度测量装置	陆道纲、朱宇轩、王　汉、于宗玉	实用新型	2022.1.26	2022.8.5	202220221621.2
674	变压器	任基翔	外观设计	2022.4.28	2022.8.5	202230249726.4
675	一种负载钴锌双金属的纳米碳材料及其制备方法和在催化氧化亚硫酸镁中的应用	刘　洁、张靖楠、吴　楠、汪黎东	发明	2019.12.2	2022.8.9	201911213881.4
676	火电机组协调系统的预见式预测控制方法	李永生、陈彦桥、张文亮、王　亮、范国朝、谢云辰、林忠伟、牛玉广、韩翔宇、何青波	发明	2020.3.25	2022.8.9	202010217858.9
677	一种基于BiGRU的智能电表计量模块故障预测与诊断方法	田浩杰、周宝忠、王天博、扬　爽、侯昝宇、王浩森、金宇坤、张　迪、才思远、贺　欢、韩一品、李娉婷、龚钢军、马洪亮、孟芷若	发明	2020.12.11	2022.8.9	202011453360.9
678	一种温控加热型太阳能燃气联合循环发电系统及其方法	付忠广、崔跃龙、许　乐、卢茂奇、张高强	发明	2021.1.29	2022.8.9	202110129956.1
679	一种用于柔性直流输电线路的单端行波保护方法	贾　科、陈　淼、陈　聪、毕天姝、施志明、刘　鑫、钮厚敏	发明	2021.5.25	2022.8.9	202110569961.4
680	一种光储发电系统控制方法及存储介质	马　辉、颜湘武、秦　赓、王晨光、张　波、张勇波、蒋　琪	发明	2022.4.22	2022.8.9	202210426571.6
681	一种超临界二氧化碳布雷顿联合循环太阳能发电系统	佟勇婧、段立强、杨　名、姜　越	实用新型	2022.5.18	2022.8.9	202221201056.X
682	基于反推控制的永磁同步电动机驱动柔性负载的振动抑制方法	余　洋、田　夏、从乐瑶、谢仁杰、卢健斌	发明	2018.7.10	2022.8.12	201810747748.6
683	一种基于余弦相似度的新能源场站多端纵联保护的方法	贾　科、郑黎明、毕天姝、杨　哲、方　煜、朱正轩、董雄鹰	发明	2019.1.8	2022.8.12	201910015668.6
684	一种基于横向剪切干涉信号测量体温的方法	柳华蔚、周怀春、徐　超	发明	2020.8.12	2022.8.12	202010805349.8
685	一种含双馈风机的两自由度风力发电系统的减振控制方法	张祥宇、刘华志、付　媛	发明	2021.7.19	2022.8.12	202110810983.5
686	一种折叠雨伞烘干机	董昊林、徐衍会	实用新型	2021.11.10	2022.8.12	202122739119.9

续表

序号	名称	发明(设计)人	专利类型	申请日	授权日	专利号
687	应力下产品级铁心模型振动噪声测量装置	李慧奇、甘　浩	实用新型	2022.4.27	2022.8.12	202220994341.5
688	螺丝刀	于雯琦	外观设计	2022.5.6	2022.8.12	202230261425.3
689	定子电流矢量定向下 PMSM 转矩脉动抑制方法	余　洋、从乐瑶、谢仁杰、田　夏、卢健斌	发明	2018.7.10	2022.8.16	201810747747.1
690	一种基于 K-means 聚类的电力市场下分布式储能经济性调控方法	米增强、尹渠凯、贾雨龙、范　辉	发明	2019.1.17	2022.8.16	201910042585.6
691	一种基于长短期记忆网络的风电机组出力相关性映射建模方法	何　伟、黄扬琪、熊俊杰、李　佳、阎　洁、周家慷	发明	2019.10.28	2022.8.16	201911028174.8
692	基于振动寻频的串联式双叶轮风力发电机组共振穿越方法	刘亚娟、张会广、房　方、胡　阳、张文广	发明	2021.7.7	2022.8.16	202110766551.9
693	一种空调控制方法及系统	马云凤、米增强、徐湘楚、孟乡占、纪　陵、李靖霞	发明	2021.8.18	2022.8.16	202110947962.8
694	一种基于数据空间模型的制造环节间最优价值链构建方法	牛东晓、余　敏、杜若芸、孙丽洁、李明钰、斯琴卓娅、纪正森、杨晓龙	发明	2022.6.9	2022.8.16	202210647495.1
695	一种用于无人机的太阳能电池板保护装置	虢鹏飞、曹梦帅、蒋昊轩、苏　越、于琳竹	实用新型	2022.5.9	2022.8.16	202221099247.X
696	用于处理三格式化粪池第三格污水的装置以及污水处理站	朱玉龙、水智龙、张世平、汤　旭	实用新型	2022.3.14	2022.8.16	202220549338.2
697	一种智能定时窗户用安装装置	李晓林	实用新型	2022.2.23	2022.8.16	202220369416.0
698	一种基于气化和热解的固废能质梯级利用多联产系统	冯福媛、陈　衡、王驰中、刘　彤、张国强	实用新型	2022.4.14	2022.8.16	202220859256.8
699	太阳能空气加热器	胡　杨	实用新型	2021.12.13	2022.8.16	202123129021.8
700	一种倒门式结构的山坡径流水深测量设备	朱玉龙、汤　旭、水智龙、张世平	实用新型	2022.3.18	2022.8.16	202220594021.0
701	一种用于测量坡面地表径流流速的仪器	朱玉龙、张世平、水智龙、汤　旭	实用新型	2022.3.18	2022.8.16	202220593978.3
702	一种基于电力北斗的输电线路可视化辅助系统	上官诚治	实用新型	2021.12.20	2022.8.16	202123209150.8
703	一种储能飞轮用飞轮转子机构	马昕阳、李文艳	实用新型	2022.4.20	2022.8.16	202220916558.4
704	一种移动式微电网发电装置	王雨珺	实用新型	2021.11.17	2022.8.16	202122817477.7
705	一种基于聚四氟乙烯的管式陶瓷膜表面超疏水改性方法	吕玉珍、李明哲、傅宏明、张云涛、陈海平	发明	2021.1.28	2022.8.19	202110120145.5
706	适用背靠背 VSC 故障暂态计算的两端口等效建模方法	贾　科、杨　彬、毕天姝、武文强、郑黎明、侯来运	发明	2021.4.27	2022.8.19	202110460054.6
707	一种高温固体氧化物燃料电池电堆测温定位装置	熊星宇、武　鑫、彭苏萍、王　祺	发明	2021.9.27	2022.8.19	202111135469.2
708	一种风电机组机舱运行健康度评价方法及装置	程　逸、刘吉臻、胡　阳、房　方	发明	2021.12.13	2022.8.19	202111522702.2
709	一种风电机组模型降阶方法及系统	王　彤、李永达、王增平	发明	2022.6.13	2022.8.19	202210658777.1
710	一种结合抽水蓄能的雨养型绿色屋顶设备	李继清、赵渔亨、左凌峰	实用新型	2022.1.12	2022.8.19	202220073543.6
711	一种电力系统光伏发电板安装架	李璞晗、魏军强	实用新型	2022.3.10	2022.8.19	202220536039.5
712	一种基于辐照度比值的光伏功率监测系统	张志宇、郑海明、张朝辉、苗宝平、刘晓豹、杨　阳、范忠瑶、霍舒龙、康　威、杨柳江、李　斌、吴正人、马　凯、孙恩慧、钱昊辰	实用新型	2022.3.7	2022.8.19	202220503289.9

续表

序号	名称	发明(设计)人	专利类型	申请日	授权日	专利号
713	一种计及运行风险的鲁棒机组组合方法	张颖、郑惠萍、王越、王金浩、张超、刘新元、郝捷、王玮茹、曲莹、杨尉薇、段伟文、程雪婷、马东娟、张一帆、张谦、暴悦爽、陈丹阳、郭文博、陈艳波、张智、刘锋	发明	2019.8.13	2022.8.23	201910745144.2
714	一种基于定子-绕组系统振动特性的转子静偏心诊断方法	蒋宏春、袁兴华	发明	2021.4.23	2022.8.23	202110441808.3
715	一种基于钢渣-煤矸石的复合储热材料及其制备方法	马慧博、马士平、李宝让、李文瀚	发明	2021.7.5	2022.8.23	202110759419.5
716	便携式光伏电站积灰监测装置	张朝辉、郑海明、白雄、康威、高瑞林、党继平、贾海清、武俊强、丁梁、鲁远、李斌、戎瑞、董静兰	实用新型	2022.3.1	2022.8.23	202220445106.2
717	一种光伏组件积灰检测系统	郑海明、张朝辉、张志宇、苗宝平、刘晓豹、杨阳、霍舒龙、柴俊宝、任小虎、李斌、吴正人、马凯	实用新型	2022.3.1	2022.8.23	202220445107.7
718	基于联邦学习的区域光伏功率概率预测方法及其协同调控系统	房方、张效宁、刘亚娟、魏乐、刘吉臻	发明	2020.5.27	2022.8.26	202010458444.5
719	一种新型的反应堆燃料棒包壳及其制备方法	周涛、张家磊、丁锡嘉、陈宁、冯祥、陈娟	发明	2020.10.19	2022.8.26	202011120927.0
720	一种用于集群温控负荷聚合商功率调控的聚合体功率分配模型及分布式一致性控制方法	余洋、谢仁杰、从乐瑶、卢健斌、田夏	发明	2020.1.6	2022.8.26	202010008134.3
721	一种燃气轮机电液执行器的故障建模方法	刘延泉、田乐乐、李朝雅、高文捷、张文广、牛玉广	发明	2021.8.30	2022.8.26	202111001162.3
722	一种基于多类型电动汽车的电网调峰方法及系统	胡俊杰、赖信辉	发明	2022.6.13	2022.8.26	202210658783.7
723	一种用于沼气光伏发电的生活垃圾处理装置	丁子擎	实用新型	2021.12.30	2022.8.26	202123444069.8
724	一种新型复合材料电杆与横担的连接结构	郑春生、王哲、朱永凯、江文强、邹育文、刘刚、张浩	实用新型	2022.1.24	2022.8.26	202220188948.4
725	一种用于新型复合材料电杆的横担水平保持结构	郑春生、王哲、朱永凯、江文强、邹育文、刘刚、张浩	实用新型	2022.3.1	2022.8.26	202220430963.5
726	一种带仿生气动弹片的风力机翼型结构	胡佳密、叶学民、李春曦、吴英明、郑楠	实用新型	2021.12.10	2022.8.26	202123151886.4
727	一种考虑实时气候条件的高压直流输电线路合成场强和离子流密度的计算方法	王慧娟、罗兆楠、刘林彬	发明	2018.6.8	2022.8.30	201810587694.1
728	一种具有紧密耦合关系的水-能联系网络模型的建立方法	王程、高宁、贾楠、毕天姝、刘念	发明	2019.6.27	2022.8.30	201910568710.7
729	基于多测点振动信号的变压器异常状态检测方法	赵洪山、张建敏	发明	2019.9.18	2022.8.30	201910880072.2
730	一种风电场并网系统的谐振分析方法及系统	陶顺、闫亚楠、管尚书、宋一丹、刘云博	发明	2021.7.6	2022.8.30	202110763650.1
731	边缘网络设备接入控制方法、装置及终端设备	张志钦、陈方正、王旭蕊、孟显、穆春宇、李英敏、刘文昭、蔡硕、李名扬、魏肖明、张磊、李保罡	发明	2021.6.2	2022.8.30	202110616273.9

续表

序号	名称	发明(设计)人	专利类型	申请日	授权日	专利号
732	一种配电网环网单相接地故障区段定位及测距方法	齐　郑、赵昕一	发明	2021.8.17	2022.8.30	202110942063.9
733	区域风光场站功率联合预测方法、装置、电子设备和存储介质	阎　洁、张永蕊、刘永前、韩　爽、王　函、李　莉、孟　航	发明	2021.10.28	2022.8.30	202111261232.9
734	一种电力物联网低时延安全云边端协同方法	廖海君、周振宇、贾泽晗、汤中卫	发明	2021.12.8	2022.8.30	202111512248.2
735	用于牵引网单相负载供电的负序电流补偿方法及系统	刘文泉、程　鹏、贾利民	发明	2022.4.18	2022.8.30	202210404036.0
736	低温烟气浓缩脱硫废水工艺控制氯元素迁移装置	陈文通、马双忱、孟维安、刘道宽、要亚坤、李　洋、吴忠胜、徐　昉	实用新型	2022.4.21	2022.8.30	202220932967.3
737	一种基于 MEMS 的无线智能传感器	覃宇航、周文扬、占方强	实用新型	2022.4.18	2022.8.30	202220887233.8
738	一种配网用相间间隔棒新型金具线夹机构	花广如、汪　昊、朱晓光、崔云骧、罗红健、兰志宽、吴晓囡、范　潇、王若晗、李　乐、刘云鹏	实用新型	2022.3.8	2022.8.30	202220485780.3
739	一种用于热电能量采集自供电无线传感器网络节点的 MPPT 方法	侯立群、陈伟楠	发明	2019.7.4	2022.9.2	201910597364.5
740	一种基于 Faster R-CNN 检测器的栓母对自动组合方法	赵振兵、聂礼强、赵砚青、罗　旺、熊剑平、张万征、段记坤、孔英会、赵文清、翟永杰	发明	2020.8.6	2022.9.2	202010783039.0
741	一种用于气体绝缘高压电气设备的陶瓷支柱绝缘子组件	齐　波、杨　霄、卢理成、阎法强、郭志军、李成榕、丁彦霞	发明	2020.11.20	2022.9.2	202011315426.8
742	电气设备故障诊断模型训练方法和电气设备故障诊断方法	李国亮、刘玉娇、康文文、王　坤、代二刚、李　森、韩　锋、燕重阳、杨凤文、郑国伟	发明	2021.5.20	2022.9.2	202110551204.4
743	配电网拓扑模型生成方法及终端设备	马天祥、段　昕、贾伯岩、徐　岩、鲁　成	发明	2021.7.8	2022.9.2	202110774643.1
744	一种变压器套管油中溶解气体光纤传感系统	马国明、陈章霖、史荣斌、谢洋洋、王　渊、郑迪雅	发明	2022.5.25	2022.9.2	202210571768.9
745	一种太阳能智能雾化降温候车亭	卢　淼、彭泽朴、张梓璇	实用新型	2022.4.2	2022.9.2	202220769187.1
746	一种热能动力设备热能循环利用装置	谭明航	实用新型	2022.5.25	2022.9.2	202221273441.5
747	一种用于复合横担架线施工中的放线滑车	刘贺晨、胡如法、刘云鹏、李　乐、张铭嘉、祁俊炜、孙　钰、于云飞	实用新型	2022.5.20	2022.9.2	202221226884.9
748	一种电力线信道阻抗测量装置	胡正伟、夏思懿、王文彬、谢志远	实用新型	2022.5.16	2022.9.2	202221169090.3
749	一种降低不平衡电网电压下 MMC 子模块电压波动的方法	赵成勇、李　钰、陆　锋、高瑞雪、黄金魁、许建中	发明	2019.1.10	2022.9.6	201910022538.5
750	一种基于多频段不确定集合的鲁棒机组组合方法	薄利明、郑惠萍、王玮茹、刘志诚、刘新元、郝　捷、杨尉薇、曲　莹、程雪婷、皮　军、高　宏、郭文博、陈艳波、张　智、陈　浩、刘　锋	发明	2019.6.12	2022.9.6	201910503736.3
751	一种附加带阻滤波器的模块化多电平换流器的高次谐波抑制方法	郭春义、杜东冶、赵成勇、胡应宏、赵　媛、张静岚	发明	2020.3.27	2022.9.6	202010227039.2

续表

序号	名称	发明(设计)人	专利类型	申请日	授权日	专利号
752	一种适用于海上风电送出的轻型化混合型换流器拓扑及其控制策略	赵成勇、郭小江、夏嘉航、郭春义、赵瑞斌、许建中	发明	2020.12.11	2022.9.6	202011449557.5
753	一种交直流电网分布式动态无功补偿优化方法及系统	蔡　晖、刘崇茹、牛纪伟、李竹青、姜　苑、黎　晓、罗金山、孙　珂、辛蜀骏、许偲轩、赵菲菲、韩杏宁、祁万春、韩晓男、梁涵卿、曹　阳	发明	2021.5.12	2022.9.6	202110515558.3
754	一种计及新能源消纳的基于源荷协调互补的电力系统调度方法	陈艳波、武　超、焦　洋、陈冬晖、高瑜珑、孙志祥、马彦虎、郑国栋	发明	2021.7.7	2022.9.6	202110770008.6
755	一种有机硅改性耐候环氧树脂绝缘材料	王永强、曾　卓、商　静、王子正	发明	2021.6.18	2022.9.6	202110679919.8
756	一种提取放电电流脉冲的方法及系统	杨　昊、李学宝、赵志斌、崔新奇、王浩洋、徐　治	发明	2021.6.28	2022.9.6	202110719763.1
757	一种变电站设备热故障诊断方法及系统	李　冰、王　天、胡东阳、翟永杰、赵振兵	发明	2021.7.16	2022.9.6	202110807447.X
758	一种主从控制下的中压孤岛微电网故障定位方法和系统	齐　郑、黄朝晖	发明	2021.10.9	2022.9.6	202111176719.7
759	一种碳点.二氧化硅复合材料、制备方法及其应用	王　哲、张令宇、谢　岚、胡德忠、王祥科	发明	2022.3.7	2022.9.6	202210215773.6
760	基于可用调频容量的独立储能电站AGC指令分配方法	郑　华、王诗铭、彭　佩、孙一飞、谢　莉	发明	2022.5.18	2022.9.6	202210535810.1
761	针对典型二次调频场景的独立储能电站调用方法及系统	郑　华、王诗铭、孙一飞、彭　佩、谢　莉	发明	2022.5.18	2022.9.6	202210535814.X
762	一种风力发电机组变桨轴承试验台	王晓龙、徐开通、王晓伟、赵　阳	实用新型	2022.3.14	2022.9.6	202220545804.X
763	新型铝空气电池、车载移动充电桩和充电宝	刘紫阳、闫　蕊、史文慧、叶　锋	实用新型	2022.3.28	2022.9.6	202220693700.3
764	机器人(滬)	王熠康、何欣嵘、吴　松	外观设计	2022.6.2	2022.9.6	202230336029.2
765	一种用于气体绝缘高压电气设备的陶瓷支柱绝缘子	卢理成、齐　波、种芝艺、阎法强、宋胜利、杨　霄、郭志军、李成榕、丁彦霞	发明	2020.11.20	2022.9.9	202011315419.8
766	一种自适应天牛须优化神经网络的锂电池等效电路模型参数辨识方法	余　洋、陈东阳	发明	2021.4.2	2022.9.9	202110370086.7
767	一种考虑用户意愿的电动汽车调频上报方法	孙英云、汪丽伟、王昊天、赵鹏飞	发明	2022.1.12	2022.9.9	202210033037.9
768	一种无需液气分离的溶解气体原位检测的全光纤探针	马国明、王　渊、谢洋洋、陈章霖、郑迪雅	发明	2022.5.19	2022.9.9	202210542059.8
769	一种四角切圆燃烧锅炉的稳燃结构	孙保民、侯士林、曾渝森、康志忠	实用新型	2021.12.17	2022.9.9	202123181854.9
770	一种全自动化的消毒仓	武沛琦、李旭青、张梅梅	实用新型	2021.11.5	2022.9.9	202122698317.5
771	基于层级区域特征融合学习的输电线路缺陷检测方法	赵振兵、聂礼强、熊剑平、张万征、罗　旺、赵砚青、李延旭、戚银城、赵文清	发明	2019.7.9	2022.9.13	201910614536.5
772	一种压接式绝缘栅双极型晶体管高温反偏老化时间折算方法	程养春、郑夏晖	发明	2019.4.12	2022.9.13	201910292679.9
773	一种具有多孔.非多孔复合型的锂离子导体材料	吕晓娟、李　静、张　冯	发明	2020.12.25	2022.9.13	202011561434.0

续表

序号	名称	发明(设计)人	专利类型	申请日	授权日	专利号
774	一种快速判断隔离开关三相位置的方法及装置	王鑫明、赵春雷、孙广辉、刘英培、李世辉、曹　欣、贾晓卜、张飞飞、刘宏亮、张学伟、姜理源、李少博	发明	2020.12.30	2022.9.13	202011585608.7
775	一种架空输电线路线夹发热预警和动态增容边缘计算方法	祝　健、赵　鉴、卢文冰、吕　磊、张瑞强、黄　林、王电钢、陈　龙、李旭旭、朱　敏	发明	2021.4.26	2022.9.13	202110452268.9
776	一种移动机器人路径规划方法及系统	王　祝、赵　斌、首云锋、焦嵩鸣、姚万业	发明	2021.7.23	2022.9.13	202110837144.2
777	多信号融合火焰燃烧稳定性控制分析装置、方法及应用	张　庭、蔡国源、刘　勇、厉　昂、牛玉广、杜　鸣、周振华、姜晓弢、王洪刚	发明	2021.10.26	2022.9.13	202111249602.7
778	混合式直流断路器SiC器件自取能装置、方法及应用	齐　磊、柴宛彤、张翔宇、詹良涛、刘珂鑫、张午宇、李　伟、宋中建、谢文刚	发明	2021.10.26	2022.9.13	202111244976.X
779	一种书立书架一体化装置及其机械组装结构	朱鸣池、王一华、马瑾瑜、左颖倩、姚　羽、张　志	实用新型	2021.11.15	2022.9.13	202122787122.8
780	一种附螺旋式导流带的高效鼓形烟气脱酸塔	李思莹、熊梅焱、胡佳密、李田恬、叶学民	实用新型	2022.3.11	2022.9.13	202220608678.8
781	一种养殖专用新型节能型臭气收集处理系统	杨维结、杨佳冰、侯兴霖、刘　鹏	实用新型	2022.4.14	2022.9.13	202220864714.7
782	一种用于变电运维的增强现实AR的超声波巡检装置	张子涵、庞春江、王世杰、于德水、庞　博、王新颖、毕晨烁	实用新型	2022.6.16	2022.9.13	202221528872.1
783	一种通过降低凝露可能性以提升电晕电压的电力金具	谢　梁、李瑶琴、花广如、万小东、南　敬、高　嵩、黄佳莉、胡　伟、霍　锋	实用新型	2021.8.10	2022.9.13	202121860706.7
784	计算机主机(信息技术)	尚国栋	外观设计	2022.6.8	2022.9.13	202230348246.3
785	套管模型制造方法及系统	卓　然、田　野、傅明利、齐　波、戴佺民、惠宝军、王邸博、刘　通、侯　帅	发明	2016.11.17	2022.9.16	201611021625.1
786	一种基于挡板转角和重瓦斯信号的瓦斯继电器状态识别方法	万书亭、吕鹏瑞、韦教龄、邵鑫明、豆龙江、江丹宇、马志钦	发明	2019.12.17	2022.9.16	201911301610.4
787	一种UCM轧机板形执行机构调控功效系数获取方法	王青龙、孙　杰、李　旭、张新春、江文强、杨文刚、王璋奇、韩会龙	发明	2021.1.29	2022.9.16	202110125458.X
788	一种基于改进旋转门算法的风电功率波动平抑方法	余　洋、陈东阳	发明	2021.6.11	2022.9.16	202110676269.1
789	一种颗粒物荷电特性测量方法及系统	卢铁兵、郝福钦、申南轩、郭小江、申旭辉、赵瑞斌、孙　栩、李春华	发明	2021.11.19	2022.9.16	202111402080.X
790	风电机组尾流速度损失的评估方法、装置及存储介质	葛铭纬、杜博文、许世森、刘永前	发明	2022.1.7	2022.9.16	202210015870.0
791	基于OpenFOAM平台的海洋大气边界层流动特性的预测方法及系统	葛铭纬、杨昊泽、许世森、刘永前	发明	2021.11.23	2022.9.16	202111395167.9
792	基于多层正则化极限学习机的用电行为检测方法及系统	黄　山、王　虎、詹　韬、刘秋林、宁　涛、詹文斌、朱云鹏、户艳琴、彭　湃、刘　念、李承霖、傅皆恺、黄天翔、张　延、石德文、胡志强、范志夫	发明	2022.5.18	2022.9.16	202210536401.3

续表

序号	名称	发明(设计)人	专利类型	申请日	授权日	专利号
793	风电场运行控制方法、装置、设备及存储介质	阎　洁、何书凯、王航宇、刘永前、韩　爽、李　莉、孟　航	发明	2022.7.12	2022.9.16	202210814187.3
794	一种架空输电导线运行状态分布式监测的装置及方法	马国明、王思涵、史荣斌、郭腾俊、秦炜淇、王　伟、郭陟峰	发明	2022.7.18	2022.9.16	202210838733.7
795	适用于发电厂机组的高效节能脱硝装置	周保中、刘敦楠、吴思翰、刘　谧、曾　晔、王瀚甫、许小峰	实用新型	2022.6.28	2022.9.16	202221639784.9
796	油纸绝缘结构分布特性测量环境模拟腔体	刘　鑫、常文婧、张学友、江照雯、李卫国、王刘芳、董翔宇、王　旗、章海斌、李坚林、李永熙、吴大胜、高春嘉、陈聪聪、齐　波、苏飞洋、施　雯	实用新型	2022.4.15	2022.9.16	202220885713.0
797	一种用于电动汽车充电站的监控设备	韩莹竹、刘敦楠、王　文、刘明光、加鹤萍、杨　烨、彭晓峰、苏　舒	实用新型	2022.4.19	2022.9.16	202220901341.6
798	配电柜	范晓舟、李婧源	外观设计	2022.2.28	2022.9.16	202230096383.2
799	一种多区域并行的全分布式状态估计方法	夏世威、张　茜	发明	2018.10.24	2022.9.20	201811246677.8
800	用于逆变型电源接入的线路保护方法、系统、装置	陈争光、王兴国、郑　涛、陈　波、王文焕、杜丁香、周泽昕、杨国生、赵宏程、张俊杰、张波琦、顾　琦、朱逸凡、黄予园、郭雅蓉、曹　虹、曾　毅、程　琪、王书扬、梅　燕、孙晓佳、郝兴宏、许江波、王大飞、张志鹏、吴　莹、彭　刚、梁海东、丹增多吉	发明	2019.3.8	2022.9.20	201910175779.3
801	电力储能系统的控制方法、控制系统以及仿真与控制模型	李文启、李相俊、李岩松、刘　君、张中青、刘韶林、高东学、惠　东、李朝晖、张景超、宋宁希、饶宇飞、贾学翠	发明	2019.5.15	2022.9.20	201910406639.2
802	一种低温氧化脱硝过程臭氧分布与强化混合系统	张　锴、曲江源、滕　阳、齐娜娜	发明	2020.10.22	2022.9.20	202011135133.1
803	一种基于KNN和SVM算法的5G无线信道多径分簇计算方法	温　阳、赵雄文、杜　飞、耿绥燕、周振宇、张　磊、陈素红	发明	2020.11.26	2022.9.20	202011346164.1
804	一种基于典型日挖掘的储能辅助调峰容量配置方法	韩晓娟、洪振鹏、魏梓轩、王祖冉、孙　冬、满晓平、王宝健、赵晓冰、郑　喆、段凤举、王宏星、高子宸	发明	2020.12.18	2022.9.20	202011505097.3
805	一种综合能源智能交易场景下的区块链共识机制构建方法	龚钢军、杨佳轩、马洪亮、周　波、强　仁、陆　俊、苏　畅	发明	2021.3.11	2022.9.20	202110263251.9
806	一种基于轻量级密码算法的终端保护方法	吴克河、高　雪、杨成纯、肖　卓、赵　彤、程相鑫、李　为、姜媛、樊　祺、王皓民、韩嘉佳、孙　歆、李沁园、邵志鹏、李尼格	发明	2021.3.24	2022.9.20	202110316995.2
807	一种粘性Cu-Au贵金属复合基底、制备方法及其应用	孙振丽	发明	2021.4.12	2022.9.20	202110386649.1

续表

序号	名称	发明(设计)人	专利类型	申请日	授权日	专利号
808	一种用于锂离子电池内部易燃气体原位检测的光纤检测系统	马国明、王　渊、谢洋洋、王玉昆、陈章霖、郑迪雅	发明	2022.5.19	2022.9.20	202210542243.2
809	一种碳13呼气试验新型集气袋	韩　华	实用新型	2022.4.12	2022.9.20	202220835897.X
810	一种基于同调识别的系统分区惯量的评估方法	毕天姝、刘方蕾、胥国毅	发明	2020.2.28	2022.9.23	202010131117.9
811	考虑换相失败的交直流混联系统暂态稳定分析方法	王　彤、王增平、胡加伟、刘　刚、段方维、范　维	发明	2020.10.12	2022.9.23	202011083828.X
812	基于并联侧改进控制的UPFC故障渡越方法	郑　涛、李厚源、王赟鹏、马家璇、刘　刚、段方维、范　维	发明	2020.10.10	2022.9.23	202011077997.2
813	一种交流配电网之间自动潮流分配控制方法及系统	赵国鹏、张友博、卢柯奇	发明	2021.3.11	2022.9.23	202110265129.5
814	一种基于园区级微网构建的负碳减排机制的评估方法	龚钢军、强　仁、杨佳轩、武　昕、陆　俊、苏　畅	发明	2021.11.16	2022.9.23	202111352682.9
815	一种MgTi层状复合材料及其轧制成形方法	罗文博、薛志勇、韩修柱	发明	2021.12.10	2022.9.23	202111513462.X
816	一种分布式电源集群出力评估方法及系统	胡俊杰、李　琰	发明	2022.6.20	2022.9.23	202210694033.5
817	复合绝缘芯体棒纵置缠绕设备	蔡　炜、吴　雄、孟　刚、李　健、何　洋、刘云鹏、李　乐、闻集群、柯　锐、梅　端、沈　帆	实用新型	2022.5.23	2022.9.23	202221244389.0
818	一种基于余热回收的垃圾焚烧与污泥干燥系统	陈　衡、赵欣悦、刘　骏、徐　钢	实用新型	2021.6.7	2022.9.23	202121252599.X
819	一种带有温度补偿的NTC热电阻测温卡件	刘　磊、秦天牧、董　泽、张文豪、姜　炜	实用新型	2022.4.22	2022.9.23	202220950983.5
820	一种电动汽车的家用光储充一体化柔性控制系统	邹孟娇、刘明光、刘敦楠、王　文、张　悦、彭晓峰、苏　舒、杨　烨、王　峻、张婷婷、王玲湘	实用新型	2021.10.29	2022.9.23	202122624663.9
821	模块化缓冲气囊	蒲子琳	外观设计	2022.5.26	2022.9.23	202230315145.6
822	一种用于抑制两回直流同时换相失败的柔性直流配置方法及系统	张正卫、王　璟、唐晓骏、马世英、张晓东、谢　岩、饶宇飞、申旭辉、郭长辉、霍启迪、赵　华、罗红梅、方　舟、张　鑫、田春筝、李晓珺、李程昊、毛玉斌、吉　平、刘永民、李　晶、司瑞华、李媛媛、于琳琳、陈　湘、李再华、李立新、张　恺	发明	2018.6.5	2022.9.27	201810575429.1
823	一种计及运行风险和需求响应的鲁棒机组组合方法	张一帆、郑惠萍、卫鹏杰、刘新元、郝鑫杰、王金浩、王玮茹、郝　捷、曲　莹、杨尉薇、张　颖、程雪婷、马东娟、张　谦、皮　军、高　宏、郭文博、张　智、陈艳波、刘　锋	发明	2019.8.13	2022.9.27	201910744012.8
824	一种并网换流器并联虚拟电容的控制方法	朱晓荣、韩丹慧	发明	2018.7.20	2022.9.27	201810801844.4
825	一种用电负荷辨识方法及装置	薛溟枫、石　坤、李　彬、祁　兵、曹臻飞、毛晓波、潘湧涛、武　昕、刘利亚、李德智、陈宋宋、董明宇	发明	2018.12.24	2022.9.27	201811584094.6

续表

序号	名称	发明(设计)人	专利类型	申请日	授权日	专利号
826	一种基于强化学习和LSTM网络的负荷实时调度方法	孔祥玉、孔德谦、孔令桐、王晟晨、李　彬、李志新、田世明、韩凝辉	发明	2020.5.8	2022.9.27	202010383555.4
827	一种基于计算机视觉的室内定位导航方法及系统	姚万业、冯涛明、杨明玉	发明	2019.12.23	2022.9.27	201911336397.0
828	基于稀疏分类器阶层式算法的非侵入式负荷分解方法	贾惠彬、刘郅铂、胡子函	发明	2020.12.23	2022.9.27	202011538200.4
829	一种面向大型电力变压器油纸绝缘在线除水的方法	齐　波、孙　勇、杨建新、马宇坤、贾丰全、侯　喆、黎建平、杨　霄、黄　猛	发明	2020.9.14	2022.9.27	202010962993.6
830	一种补偿电容可切换的无线电能传输装置及切换控制方法	刘　坤、程少宇、葛佳蔚、耿琪琛、田子涵、康锦萍、赵海森	发明	2021.1.26	2022.9.27	202110102824.X
831	一种配电网调压方法及系统	刘　念、虞宋楠	发明	2021.4.22	2022.9.27	202110434662.X
832	一种磁性Au-MOF材料及其制备方法和应用	孙振丽、王　宁、甘智强、李　雪、葛宏伟	发明	2021.7.21	2022.9.27	202110823938.3
833	受热面具有铝增强型熔覆复合涂层的水冷壁及其制备方法	曲作鹏、田欣利、赵文博	发明	2021.8.20	2022.9.27	202110964841.4
834	一种基于漏磁和压力的变压器匝间短路检测系统和方法	黄　猛、盛铁帆、郑　伟、冀　茂、齐　波	发明	2021.11.19	2022.9.27	202111400606.0
835	一种生物质干燥设备	王晓东、董长青、周嘉傲、朱雁军、胡笑颖、刘长瑞、吕海洋	发明	2021.12.7	2022.9.27	202111487728.8
836	一种自动对接电力试验机器人	杨　瑞、赵晓艳、房　静、来智浩、谢　庆、蔡　扬、高钰琛、吴　鹏、裴少通、万书亭	实用新型	2022.6.16	2022.9.27	202221513793.3
837	一种可监测振动、温度及应变的光纤复合智能干式电抗器	徐志钮、赵丽娟、魏迎健、张旭哲	实用新型	2022.2.16	2022.9.27	202220364916.5
838	智能眼镜	李　鑫、林　伟、张　丹	外观设计	2022.6.2	2022.9.27	202230336657.0
839	一种聚合温控负荷与发电机励磁的联合系统模型及其反推协调控制方法	余　洋、卢健斌、谢仁杰、贾雨龙、米增强、范　辉、张　然	发明	2018.12.21	2022.9.30	201811566770.7
840	一种用于海上柔性直流输电系统的LC滤波装置及方法	高　磊、张慧媛、许　军、姚蜀军、曾子文	发明	2020.12.8	2022.9.30	202011441368.3
841	一种风电场的功率振荡抑制方法及系统	张　鹏、徐金华、韩晨阳、何国庆	发明	2021.3.30	2022.9.30	202110338462.4
842	基于新能源出力比例的电力系统惯量的估计方法和装置	张东英、任凯奇、张永旭、李笑宇、梁贵莉、田一淳、崔　舵	发明	2021.6.1	2022.9.30	202110610039.5
843	确定交直流复合激励下导磁构件杂散损耗的方法	赵小军、段松召、崔伟春、苑东伟、杜振斌、刘兰荣、程志光、司良英、王昱皓	发明	2020.12.25	2022.9.30	202011558240.5
844	一种用于湿法脱硫的造纸白泥预处理系统及处理方法	薛少凡、马双忱、蔡文丰、樊帅军、徐　涛、徐　昉、朱桂彬、马奔腾、王　浩	发明	2021.11.25	2022.9.30	202111411190.2
845	MMC子模块电路拓扑结构、故障穿越方法及其应用	齐　磊、单天培、吴思航、张翔宇、郭小江、潘宵峰	发明	2021.12.20	2022.9.30	202111560443.2
846	一种基于DLSTM-RF的用户窃电检测方法及系统	龚钢军、孟芷若、杨佳轩、袁琳琳、陆　俊、武　昕、苏　畅	发明	2021.12.30	2022.9.30	202111657488.1

续表

序号	名称	发明(设计)人	专利类型	申请日	授权日	专利号
847	一种脉动流化床的高效社区污水处理系统	宋杨凡、黄天祺、李天宇、樊力博、李云鹏、陈 瑜、韩 超、陈鸿伟	实用新型	2022.3.11	2022.9.30	202220524381.3
848	用于预测复合材料非线性电导特性的方法及其系统	伍珈乐、卞星明、宋绪鹏、张依然、刘 琳、林 俊	发明	2020.8.18	2022.10.4	202010829131.6
849	极端环境下固体绝缘材料老化实验装置与取样方法	丛浩熹、胡雪锋、邵辉明、尉浩博、李庆民	发明	2020.9.25	2022.10.4	202011022996.8
850	火电机组运行状态的监测方法、装置和系统	丁 佳、张军亮、李延兵、暴 锋、刘 龙、刘 欣、郭康康、贺文博、裴学伟、蒋 波	发明	2021.2.4	2022.10.4	202110155558.7
851	一种电力电子实验平台故障监测器	赵国鹏、牛印锁	发明	2021.6.7	2022.10.4	202110629776.X
852	显示器(信息技术)	尚国栋	外观设计	2022.6.8	2022.10.4	202230348239.3
853	广告牌(HY07)	汪悦萍	外观设计	2022.6.30	2022.10.4	202230409925.7
854	一种用于光伏发电系统的无功控制方法及系统	钱敏慧、赵大伟、马 进、姜达军、吴福保	发明	2018.7.31	2022.10.11	201810857547.1
855	一种乡村生物质综合能源系统两阶段运行优化方法	李守强、刘文霞、王 静、刘宗歧	发明	2020.3.24	2022.10.11	202010213188.3
856	改善脱硫浆液结晶品质的复合石膏结晶促进剂的添加方法	王祖林、李 勇、苑 斌、韩长亮、肖海平	发明	2020.11.10	2022.10.11	202011250853.2
857	采用双喷双熔法制备金属陶瓷复合涂层的工艺	吴永新、曲作鹏、田欣利、赵文博、王海军、陆 强、王 磊	发明	2020.12.25	2022.10.11	202011562814.6
858	基于纳米静电吸附的非线性电导复合材料及其制备方法	伍珈乐、卞星明、杨 霄、熊沛琪、邢泽西、林 俊、沈博洋、薛笑锋、龚阳智	发明	2022.3.7	2022.10.11	202210228247.3
859	一种基于风电曲线连续追踪的电动汽车负荷聚合方法	刘敦楠、张 悦、刘明光、加鹤萍、王 文、彭晓峰、杨 烨、苏 舒	发明	2022.4.19	2022.10.11	202210408636.4
860	一种基于无人机的移动数据采集方法、装置和终端	郭昊博、吴润泽、高 娟、祁 兵	发明	2022.7.6	2022.10.11	202210785179.0
861	聚光式光伏热电与相变储热耦合的小型谷物干燥装置	王江江、秦研博、霍硕杰、邓洪达	实用新型	2022.4.22	2022.10.11	202220936078.4
862	适用于电厂调度程控装置	周保中、刘敦楠、吴思翰、刘 谧、曾 晔、王瀚甫、许小峰	实用新型	2022.6.21	2022.10.11	202221552830.1
863	一种多功能直线塔地线提线组具	李俊游、杨春雷、庄军权、郑建钢、李 帅、韩 庚、李 达、周 磊、胡晓阳、孙少春、周志文、赵 伟、葛金喜、白建新、孙东旭、杨殿华、杨永刚、郝新磊、李大伟、施 鹏、蒋 涛、刘德明、李坡、张 玥、薛思雨、刘 佳、王梦钒、杨恬恬、王彦博、王笑飞	实用新型	2021.11.30	2022.10.11	202122977134.7
864	一种多功能直线塔地线提线组具	杨春雷、李俊游、庄军权、郑建钢、李 帅、韩 庚、李 达、周 磊、胡晓阳、孙少春、周志文、赵 伟、葛金喜、白建新、孙东旭、杨殿华、杨永刚、郝新磊、李大伟、施 鹏、蒋 涛、刘德明、李 坡、张 玥、薛思雨、刘 佳、王梦钒、杨恬恬、王彦博、王笑飞	实用新型	2021.11.30	2022.10.11	202122977176.0

续表

序号	名称	发明(设计)人	专利类型	申请日	授权日	专利号
865	一种考虑形态变化的奖惩权重型仿真序列相似性分析方法	刘崇茹、凌博文、王　宇、安　宁、丁　平、赵　敏、徐希望、蔡　靖、李　芳、黄彦浩	发明	2018.5.28	2022.10.14	201810523993.9
866	一种催化氧化亚硫酸镁的装置和方法、一种硝酸钴.ZSM-5分子筛催化剂及其制备方法	汪黎东、卢　肃、马永亮	发明	2019.8.15	2022.10.14	201910752483.3
867	一种考虑不同种类电池特性的混合储能功率容量配置方法	张　鹏、韩晨阳、徐金华	发明	2021.3.3	2022.10.14	202110234575.X
868	一种油浸式变压器漏磁温度复合传感器及测量方法	齐　波、郑　伟、黄　猛、冀　茂、温　钊、侯　喆、滕皓楠、李成榕	发明	2021.4.21	2022.10.14	202110429581.0
869	分布式拒绝服务攻击检测方法、装置、设备和存储介质	张　磊、纪春华、陈　明、李毅超、崔俊彬、刘　玮、刘辛彤、蔡　硕、刘红艳、李保罡、赵　伟	发明	2021.4.30	2022.10.14	202110483846.5
870	一种基于区块链的综合能源系统分布式状态估计方法	龚钢军、杨佳轩、强　仁、孟芷若、武　昕、陆　俊、苏　畅	发明	2021.11.18	2022.10.14	202111367062.2
871	一种固-液复合介质的电场与电荷测量系统及方法	黄　猛、吴延宇、张　蕾、尤玮光、李怡然、齐　波、高春嘉	发明	2022.7.13	2022.10.14	202210817615.8
872	一种斜向旋流的燃煤锅炉SNCR脱硝装置	安吉振、陈　衡、卢　荻、徐　钢、刘　彤	实用新型	2022.6.2	2022.10.14	202221363570.3
873	换流变压器油纸绝缘结构特性测试装置	刘　鑫、常文婧、张学友、王刘芳、董翔宇、王　旗、李坚林、郭振宇、李永熙、施　雯、方晶晶、高春嘉、苏飞洋、陈聪聪、齐　波	实用新型	2022.4.15	2022.10.14	202220886100.9
874	一种便于安装的直流配电网用故障定位设备	徐　岩、王若琳	实用新型	2022.4.11	2022.10.14	202220849221.6
875	楼宇可视对讲主机	窦　洁	外观设计	2022.7.18	2022.10.14	202230454183.X
876	一种高压加热系统疏水水位节能优化方法	曾德良、罗　玮、胡　勇、刘吉臻、牛玉广、孙　瑜、张东明	发明	2019.6.10	2022.10.18	201910496787.8
877	一种换相失败提前检测和预防方法、装置	王增平、郑博文、刘席洋、崔　勇、赵　乐、张开宇	发明	2019.9.24	2022.10.18	201910906368.7
878	一种同步发电机参数辨识方法	谢　昶、周　毅、徐衍会、刘林林、陆　俊、白　伟、马　晶、栾伟杰、沙倩雨、谭　旸	发明	2019.8.29	2022.10.18	201910812931.4
879	一种多台功率变换器间的改进协调恒压控制方法	李　鹏、郭天宇、王子轩、李建宜、王加浩、殷云星	发明	2020.8.26	2022.10.18	202010871044.7
880	含多能交互的多园区综合能源系统分散协调调度方法	李　鹏、陈　博、周益斌、吴迪凡、王子轩、夏　辉	发明	2020.8.26	2022.10.18	202010871056.X
881	一种基于差异化可靠性需求的配电网优化规划方法	李　鹏、李俊杰、邓嘉明、姜世公、杨卫红、王子轩、王云飞、范须露、柯贤杨、王第成、杨　赫	发明	2020.11.13	2022.10.18	202011267156.8
882	一种垃圾电站用余热锅炉水冷壁管排回收再利用工艺	曲作鹏、田欣利、赵文博、王海军	发明	2021.3.2	2022.10.18	202110230790.2
883	一种应用于灌丛领域的盖度测量装置	曹　晨、张化永、韩云翔、韶　峰、王中玉	发明	2022.1.21	2022.10.18	202210069192.6

续表

序号	名称	发明(设计)人	专利类型	申请日	授权日	专利号
884	一种变电站主控楼混凝土用量预测方法和装置	刘金朋、王红晋、宋晓华、刘福炎、辛　诚、郑　燕、冀凯琳、石维特、邹美华、柯　晔、杨小勇、劳咏昶、吴慧莹、叶民权	发明	2022.7.29	2022.10.18	202210902044.8
885	碟式太阳能反应接收器	刘　赟、叶闻杰、李永华	发明	2017.7.6	2022.10.21	201710547051.X
886	利用粒子群优化算法的发电机轴系多质块参数简化方法	王利超、孙　帆、于永军、焦春雷、张海华、肖仕武、王廷旺	发明	2019.7.19	2022.10.21	201910653770.9
887	多风电场出力的典型场景模型构建方法和机组恢复方法	刘　艳、周宜昌、顾雪平	发明	2019.12.3	2022.10.21	201911223259.1
888	基于模型逆运算的火电机组双向仿真系统	张　悦、倪仲俊、徐仙华、杨帮敏、吴群超、杨晨辉、康科伟、柯永省、覃佳韬、章荣顶、王方超	发明	2020.7.29	2022.10.21	202010754589.X
889	解析定子绕组系统强迫振动耦合特性的装置及方法	何玉灵、孙　凯、王　烁、单玉楠、张志杰	发明	2021.1.22	2022.10.21	202110090182.6
890	一种考虑线路两端同步误差的PMU幅值数据恢复方法	孔　贺、薛安成、王永杰、乔登科、顾　雷、马　婧、郭鹏程、李业成、汪云涛、庄文彬	发明	2021.4.22	2022.10.21	202110433972.X
891	一种基于有限差分工作域划分的区域热负荷滚动预测方法	胡　阳、杨　泽、房　方、刘吉臻	发明	2021.11.18	2022.10.21	202111366673.5
892	一种基于拉曼增强光谱的变压器油中溶解气体检测系统	马国明、谢洋洋、王　渊、陈章霖、郑迪雅	发明	2022.7.4	2022.10.21	202210776414.8
893	配合移动机器人的变压器耐压试验辅助装置	雷诏凯、谢　庆	实用新型	2022.4.20	2022.10.21	202220918406.8
894	应力下超薄电工钢片磁致伸缩测量夹持机构	李慧奇、杨　阔	实用新型	2022.6.2	2022.10.21	202221372500.4
895	一种光伏板边框拆卸装置	刘林涛、孙超然、卢瑞鑫、王　雪	实用新型	2022.7.14	2022.10.21	202221826162.7
896	智能巡检机器人	刘健阳	外观设计	2022.7.20	2022.10.21	202230461839.0
897	一种热工过程模型在线辨识方法及装置	黄从智、张天阳、侯国莲、张建华	发明	2018.6.21	2022.10.25	201810643418.2
898	一种基于博弈和市场动态自适应调节机制的电源规划方法	黄　仙、李树松、马书艳	发明	2019.6.10	2022.10.25	201910495885.X
899	基于边云协同的变电设备典型视觉缺陷检测系统及方法	尹子会、张玉亮、付炜平、孟　荣、范晓丹、赵智龙、李　冰、赵振兵	发明	2020.4.13	2022.10.25	202010286386.2
900	抗工频磁饱和的变压器绕组频响信号检测方法	程养春、常文治、丁国成、于　浩、沙雨飞	发明	2020.7.21	2022.10.25	202010706318.7
901	一种新型反应堆控制棒及控制棒组件	周　涛、丁锡嘉、张家磊、朱亮宇、陈　娟、周蓝宇	发明	2020.9.3	2022.10.25	202010917212.1
902	具有螺旋形屏蔽外壳的电流传感器	程养春、毕建刚、常文治、沙雨飞、丁国成	发明	2020.7.21	2022.10.25	202010705303.9
903	基于频变积分电阻的高频电流传感器	程养春、常文治、毕建刚、沙雨飞、丁国成	发明	2020.7.21	2022.10.25	202010706332.7
904	采用混合协作NOMA提高MEC系统安全性的方法	李保罡、武文静、赵　伟	发明	2020.8.27	2022.10.25	202010877737.7
905	风电场集电线单相接地故障定位方法	朱永利、丁　嘉、熊海军、王晓辉、翟学明、闫　蕾	发明	2021.3.18	2022.10.25	202110292307.3

续表

序号	名称	发明(设计)人	专利类型	申请日	授权日	专利号
906	一种虚拟超级电容器的运维经济优化控制方法	王　琛、杨　甫、宋厚明、李志华、蒋一铭、吴　奇	发明	2020.1.6	2022.10.28	202010008140.9
907	一种具有极低覆冰粘附力超疏水聚酰胺网的制备方法	王　鹏、李自强、范孝良、花广如、段　巍、李春燕	发明	2020.9.3	2022.10.28	202010917487.5
908	一种镍锡多元复合金属氧化物催化纤维素.生物质热解制备LAC的方法	陆　强、李　洋、李　凯、胡　斌、张镇西、王体朋	发明	2020.12.2	2022.10.28	202011391885.4
909	一种基于区块链的配电物联网无线安全接入方法	朵春红、李永倩、李保罡、李翌昊、高齐泽	发明	2021.4.8	2022.10.28	202110379279.9
910	基于多步反馈控制律的非线性随机模型预测控制简化方法	冯　乐、孔小兵、刘向杰、王　策	发明	2020.10.22	2022.10.28	202011137212.6
911	一种基于局部量测的暂态功角失稳判别方法及系统	赵　伟、姜　苑、李付强、张　晶、潘　艳、徐　鹏、董　烨、刘崇茹、黎　晓、李庚银	发明	2021.5.24	2022.10.28	202110565338.1
912	MIMO-IRS通信系统的离散相移量化方法	鲍　慧、张妹娟、石鑫鑫、赵　伟	发明	2021.8.23	2022.10.28	202110967324.2
913	高压电缆肘形终端的谐波电压在线测量装置及方法	卢斌先、孙欣宇、薛　涛、黄末啸、岳战兵、杨浩烁、刘鹏龙	发明	2021.12.3	2022.10.28	202111466376.8
914	多能流虚拟电厂分布式鲁棒自调度优化方法及其应用	于松源、房　方、元志伟	发明	2021.11.29	2022.10.28	202111429229.3
915	面向网架拓扑决策优化的多馈入短路比约束线性化方法	李少岩、曹　珂	发明	2022.2.11	2022.10.28	202210130027.7
916	一种电网运行状态预测方法与系统	顾雪平、刘　彤、李少岩、王铁强、鲁　鹏、曹　欣、杨晓东、王　维、吕　昊、冯春贤	发明	2022.2.14	2022.10.28	202210134710.8
917	一种针对相变吸收剂的内嵌分相器的二氧化碳捕集系统	汪黎东、王茹洁、杨晓彤、金泰宇、安山龙	实用新型	2022.7.28	2022.10.28	202221963774.0
918	一种液化空气储能和火力发电的耦合系统	马汀山、王　妍、吕　凯、史幸平、刘乙学、何　青、许朋江、张建元	实用新型	2022.4.15	2022.10.28	202220896215.6
919	一种自动触发式瓷支柱绝缘子振动检测装置	万书亭、陶祖才、赵飞亚、冉　斌、王志欢	实用新型	2022.6.16	2022.10.28	202221518125.X
920	一种算法设计分数阶pid控制器用数据储存装置	陈炫儒、吴立飞、杨晓忠	实用新型	2022.3.23	2022.10.28	202220645784.3
921	一种算法设计分数阶pid控制器用散热主机	陈炫儒、吴立飞、杨晓忠	实用新型	2022.3.23	2022.10.28	202220647373.8
922	一种基于红外摄像的自适应的可见光全景拍摄系统及方法	李　虹、马　华、杨劲松、范晓舟、刘云鹏、律方成、常习者	发明	2020.12.23	2022.11.1	202011531609.3
923	一种电网适配度评价方法、装置、设备及存储介质	梅晓辉、韩建振、李国翊、杨海跃、赵海洲、李铁良、刘　艳、王建涛	发明	2021.3.15	2022.11.1	202110273875.9
924	利用模型进行电力设备配置的方法和电力设备配置方法	梅晓辉、韩建振、李国翊、杨海跃、赵海洲、李铁良、刘　艳、刘世超、于海龙、白　斌	发明	2021.3.15	2022.11.1	202110274618.7
925	一种由磁开关控制类比特高温超导磁体的励磁方法	王佳雯、王银顺、柴　华、刘　伟、刘雅婷、皮　伟	发明	2021.4.22	2022.11.1	202110437643.2
926	一种基于太阳能分频利用的综合供能系统	苗　政、张佳薇、武翔峰、岳　权	发明	2021.7.13	2022.11.1	202110793712.3

续表

序号	名称	发明(设计)人	专利类型	申请日	授权日	专利号
927	一种串联式反向旋转双叶轮风力发电机组共振穿越的方法	房　方、张会广、胡　阳、刘亚娟、张文广	发明	2021.6.29	2022.11.1	202110726734.8
928	一种具有(110)取向的非铅钙钛矿单晶的制备方法	王文君、蔡墨朗、刘雪朋、吕　辉、戴松元	发明	2021.9.18	2022.11.1	202111110850.3
929	一种机器人编队避障路径规划方法	王　祝、张振鹏、王嘉璇、张梦通	发明	2022.1.10	2022.11.1	202210021258.4
930	风场汇集站交互式保护方法和系统	马　静、马瑞辰、聂珍存、耿若楠、居来提·阿不力孜、何　峰、袁文海、裘愉涛、赵青春、王风光、徐成斌	发明	2022.7.19	2022.11.1	202210844536.6
931	风场送出站交互式保护方法和系统	马　静、赵文越、李佳伦、张宇锋、居来提·阿不力孜、袁文海、何　峰、裘愉涛、赵青春、王风光、徐成斌	发明	2022.7.25	2022.11.1	202210874133.6
932	一种基于G型绝缘护套安装装置用的吊装设备	温　珂、彭佳钰、高　浩、孙留祥、陈嘉康	实用新型	2022.8.12	2022.11.1	202222124352.0
933	一种直流系统链路延时的等值模型构建方法	郭春义、彭　意、徐李清、杨　硕	发明	2020.9.7	2022.11.4	202010928130.7
934	一种基于事件触发的滑模容错控制方法	房　方、王稼琪、刘亚娟	发明	2020.9.4	2022.11.4	202010922509.7
935	一种直流输电系统稳定性提升的方法	郭春义、林　欣、王燕宁、庞　博、赵成勇	发明	2020.9.8	2022.11.4	202010936134.X
936	一种相量测量单元上传延时的测试方法	张一荻、吴任博、周小光、朴哲锟、刘　灏、毕天姝	发明	2020.11.9	2022.11.4	202011241375.9
937	一种柔性直流电网极间短路故障电流的高效计算方法	贾秀芳、陈力绪、严　俊、赵成勇、许建中	发明	2020.12.16	2022.11.4	202011479977.8
938	一种基于图像数据扩充技术的绝缘子检测方法及系统	王亚茹、张效铭、杨　凯、翟永杰	发明	2021.1.28	2022.11.4	202110116012.0
939	一种用于固态氧控的聚乙烯醇缩丁醛溶液粘结氧化铅陶瓷及其制备方法	牛风雷、王译锋、许裕恒、李小波、梁瑞仙、朱卉平、刘　芳、刘　洋	发明	2021.1.19	2022.11.4	202110069337.8
940	一种桥臂复用型MMC拓扑子模块降容谐波注入方法	樊　强、许建中、赵成勇	发明	2021.4.6	2022.11.4	202110365938.3
941	一种可实现太阳能全光谱利用的热泵系统	王江江、韩泽鹏、田　磊、董福祥	发明	2021.4.25	2022.11.4	202110450454.9
942	基于迭代学习模型预测控制的注塑机注射速度控制方法	马乐乐、孔小兵、刘向杰	发明	2021.6.4	2022.11.4	202110625481.5
943	一种适用于高相关MIMO信道的预编码方法	曹旺斌、康　辉、谢志远、梁晓林、胡正伟	发明	2021.7.27	2022.11.4	202110853295.7
944	一种双馈风力发电机次同步振荡影响因素分析方法	刘其辉、洪晨威、董楚然	发明	2020.2.27	2022.11.8	202010122808.2
945	一种基于骨传导的无线电子听针及其信号传输方法	翟永杰、杨　旭、彭雅妮	发明	2019.10.8	2022.11.8	201910948378.7
946	一种基于5G切片电力通信网带宽资源分配方法	许长清、张　平、王利利、张琳娟、邱　超、郑　征、周　楠、郭　璞、卢　丹、陈婧华、韩军伟、樊　冰、陈明昊	发明	2020.10.31	2022.11.8	202011197033.1
947	一种柔性直流配电网故障隔离装置及方法	郑　涛、吕文轩	发明	2020.12.14	2022.11.8	202011470510.7
948	一种用于室内环境颗粒物检测装置	刘志坚、高　军、杨维结、宋杨凡	发明	2021.3.31	2022.11.8	202110348028.4

续表

序号	名称	发明(设计)人	专利类型	申请日	授权日	专利号
949	一种输电线路金具检测方法及系统	翟永杰、聂礼强、王乾铭、张效铭、熊剑平、赵砚青、罗　旺、杨　旭、赵振兵	发明	2021.1.27	2022.11.8	202110107618.8
950	一种计及逆变电源控制系统非线性特征的故障暂态电流解析方法	贾　科、刘　浅、毕天姝、秦红霞、丁晓兵	发明	2021.5.28	2022.11.8	202110590950.4
951	基于配电网监控终端5G通信的单相接地故障定位方法	齐　郑、任泳安	发明	2021.10.8	2022.11.8	202111171339.4
952	一种光伏组件清洗装置的喷淋头	张志宇、郑海明、苗宝平、张朝辉、贾海清、霍舒龙、白　雄、刘晓豹、任小虎、丁　梁、柴俊宝、吴正人、戎　瑞	实用新型	2022.5.11	2022.11.8	202221126364.0
953	一种便携式颗粒药物冷链储存设备	刘冰洁、王宇凌、杨碧戈、何苹敏、王安立、屈晗玮	实用新型	2022.5.5	2022.11.8	202221053604.9
954	一种多环芳烃检测设备	高金韬、朱雯嘉、张佳强、李志勇、岳子渊、杨定远	实用新型	2022.7.14	2022.11.8	202221833429.5
955	电气护罩	姚　兴	外观设计	2021.11.28	2022.11.8	202130783715.X
956	一种基于灵敏度分析的多机系统调差系数优化方法	李海峰、胥国毅、金　涛、毕天姝、王　凡	发明	2020.10.28	2022.11.11	202011174735.8
957	一种基于超、亚临界回热的水蒸汽循环	孙恩慧、李汇锋、张　磊	发明	2020.12.30	2022.11.11	202011619033.6
958	一种计及风电接入的交直流混联系统扩展规划方法及系统	艾　欣、吴洲洋、王坤宇、黄　英、刘宝柱、刘建琴、张　艳、彭方正	发明	2021.3.2	2022.11.11	202110230747.6
959	一种多电平逆变器的中点电位平衡的控制方法及装置	赵　涛、赵传放	发明	2021.5.27	2022.11.11	202110586928.2
960	通过建模风电调频参数概率分布实现风机控制的方法	李海峰、阎　诚、金　涛、胥国毅、毕天姝	发明	2021.4.30	2022.11.11	202110481274.7
961	一种负压排风高效过滤装置	刘志坚、刘海洋、靳光亚、宋扬凡	发明	2021.11.16	2022.11.11	202111353301.9
962	基于功率半导体器件静态参数判定短路后失效方法及其应用	彭娇阳、孙　鹏、张浩然、赵志斌	发明	2021.6.4	2022.11.11	202110626143.3
963	一种电气工程用穿线辅助装置	郝梓彤	实用新型	2022.3.2	2022.11.11	202220439372.4
964	考虑交流侧运行状态的MMC-MTDC下垂控制方法	刘英培、崔汉阳、梁海平	发明	2019.7.19	2022.11.15	201910657301.4
965	一种基于国际参考电离层总电子含量异常值修正的计算方法	熊　波、李肖霖	发明	2018.11.21	2022.11.15	201811387786.1
966	一种基于自抗扰控制的风电并网系统广域协调控制的方法	马燕峰、霍亚欣、李　鑫、郑力文、赵书强	发明	2019.4.9	2022.11.15	201910278378.0
967	一种基于1D-CNN和GRU-SVM的控制器模块智能BIT设计方法	侯国莲、谢桢萌、黄从智、张建华	发明	2020.9.7	2022.11.15	202010927835.7
968	一种地铁杂散电流引起的变压器直流偏磁地电位计算方法	陈　璐、黄　华、伍俊伶、吴天逸、苏　磊、王泽忠、赵丹丹、刘文琳	发明	2020.12.31	2022.11.15	202011633135.3
969	一种使用无人机和清洗机器人的光伏电站光伏板清洗系统	孙恩慧、孟繁旭、李　斌、吴正人、李建强、戎　瑞、马　凯	发明	2021.3.18	2022.11.15	202110290608.2
970	一种基于变压器高压进出线的电网GIC监测装置	石海鹏、高春辉、张倩然、郝建红、燕思潼、姜　楠、王秀丰、高贺、王　鹏、戴　晨、刘连光	发明	2021.3.18	2022.11.15	202110289376.9

续表

序号	名称	发明(设计)人	专利类型	申请日	授权日	专利号
971	基于地铁近区大地和电网模型的变压器偏磁电流计算方法	陈　璐、黄　华、王龙飞、吴天逸、苏　磊、刘春明、赵丹丹、刘文琳	发明	2021.4.16	2022.11.15	202110412261.4
972	一种串联式同向旋转双叶轮风力发电机组共振穿越的方法	房　方、张会广、刘亚娟、胡　阳、张文广	发明	2021.6.29	2022.11.15	202110727306.7
973	去中心化EV虚拟聚合调频系统和方法	孙英云、王昊天、汪丽伟、赵鹏飞	发明	2022.1.12	2022.11.15	202210032938.6
974	一种乒乓球单人训练用发球器	张　晶、亢馨芳、李亦北、许淑萍	实用新型	2022.6.17	2022.11.15	202221526725.0
975	通讯基站	王睿秋雨	外观设计	2022.7.15	2022.11.15	202230450016.8
976	一种适用于揭示电力电子化电力系统失稳机理的分析方法	赵书强、邵冰冰	发明	2018.9.27	2022.11.18	201811129236.X
977	一种集群温控负荷聚合模型、系统参数辨识及反推控制方法	余　洋、谢仁杰、卢健斌、从乐瑶、田　夏、范辉	发明	2019.1.16	2022.11.18	201910038801.X
978	一种VSC-MTDC附加频率自适应下垂控制方法	刘英培、崔汉阳、梁海平	发明	2019.5.17	2022.11.18	201910413530.1
979	基于元件-系统分级优化的光伏电站维护策略	朱晓荣、刘亚维	发明	2018.7.20	2022.11.18	201810801842.5
980	一种基于变桨控制的海上风机抑制冰载荷的方法	宋子秋、胡　阳、房　方、余照国、刘吉臻	发明	2020.3.26	2022.11.18	202010222587.6
981	一种基于深度强化学习的集群电动汽车充电行为优化方法	胡俊杰、赵星宇	发明	2020.8.18	2022.11.18	202010830378.X
982	一种适用于双向DC-DC变换器的改进无模型预测控制方法	朱晓荣、候顺达	发明	2019.7.11	2022.11.18	201910623986.0
983	WPT-MEC系统中用户协作的资源分配联合优化方法	李保罡、司福强、赵　伟	发明	2020.8.27	2022.11.18	202010878692.5
984	一种由热开关控制类比特高温超导磁体的励磁方法	王佳雯、王银顺、张广毅、王　俭、陈宇恒、皮　伟	发明	2021.4.22	2022.11.18	202110436174.2
985	一种基于机器学习算法的中压配网馈线分类方法	龚钢军、马洪亮、孟芷若、武　昕、文亚凤、陆　俊、苏　畅	发明	2021.4.16	2022.11.18	202110409958.6
986	基于增量反推控制的机械弹性储能用PMSM控制方法	余　洋、冯路婧	发明	2021.6.11	2022.11.18	202110676347.8
987	一种基于波束成形的SAGE-BEM 5G无线信道参数提取方法	杜　飞、赵雄文、魏大才、富子豪、耿绥燕、周振宇、张　磊、陈素红	发明	2021.8.3	2022.11.18	202110884867.8
988	一种考虑响应延时的储能快速调频控制方法	毕天姝、张啸笛、王　程	发明	2021.8.12	2022.11.18	202110922975.X
989	U盾(金融)	张雨薇、田光宁	外观设计	2021.11.12	2022.11.18	202130743256.2
990	一种利用继电保护装置实现高压并联电容器在线监测的方法	甘景福、王增平、马　静、肖志国、朱长荣、姚庆华、单庆元、李爱民、张西术、姚玉永、穆　勇、林一峰、甘书宇、许自刚、张雪枫、赵福旺	发明	2016.8.31	2022.11.22	201610777347.6
991	有机朗肯循环系统分析优化方法、装置及设备	李　鹏、韩中合、贾晓强、梅中恺、韩　旭、王　智	发明	2018.11.23	2022.11.22	201811405825.6
992	一种基于期望偏差的用户精准切负荷潜能评估方法	陆　俊、张立川、胡泽升、徐志强、龚钢军、王　赟	发明	2019.6.17	2022.11.22	201910519533.3

续表

序号	名称	发明(设计)人	专利类型	申请日	授权日	专利号
993	功率半导体器件栅氧性能参数测量电路及其测量方法	蔡雨萌、徐子珂、梁　帅、赵志斌	发明	2021.7.9	2022.11.22	202110776525.4
994	研究浮动核电平台动力学响应的试验装置、方法及应用	刘　雨、王禹超、陆道纲、赵泽武、刘一舟、田晓康、白　鑫	发明	2021.12.21	2022.11.22	202111574021.0
995	基于简易致动盘模型的风电场尾流评估方法及装置	葛铭纬、杨昊泽、许世森、刘永前	发明	2022.8.23	2022.11.22	202211009337.X
996	一种二次换相式直流限流器及其控制方法	赵成勇、孔　明、吴亚楠、杨　杰、邱宇峰、许建中、赵西贝	发明	2018.2.5	2022.11.25	201810109521.9
997	一种模块化多电平换流器的降容运行方法和装置	闻福岳、张　帆、李　帅、赵成勇、陈光焰、许建中	发明	2018.1.19	2022.11.25	201810051387.1
998	用于台区线损计算的用户数据缺失的估计方法	任有刚、田　伟、武文鹏、王　冲、王之昕、仝翠芝、王宏波、赵洪山、刘秉聪	发明	2019.11.5	2022.11.25	201911068629.9
999	一种基于聚类算法的三维度园区画像方法及系统	张琳娟、许长清、王利利、张　平、卢　丹、周　楠、李晨希	发明	2020.7.3	2022.11.25	202010630771.4
1000	一种基于谈判博弈的多能源站系统经济优化运行方法	李　鹏、周益斌、陈　博、付　林、王子轩、高一航	发明	2020.8.26	2022.11.25	202010870012.5
1001	一种多台并列运行功率变换器的环流抑制方法	李　鹏、郭天宇、王子轩、杨佳轩、夏　辉、王加浩	发明	2020.8.26	2022.11.25	202010891687.8
1002	一种基于XGBoost的园区客户群体负荷释放算法	仝翠芝、王　冲、高　寅、崔阳阳、赵洪山、郭　磊、燕　凯、武文鹏、田　伟、王之昕	发明	2020.10.15	2022.11.25	202011100816.3
1003	一种基于电场感应的取能电源及取能方法	刘宏伟、李玉付、赵丽萍	发明	2021.7.9	2022.11.25	202110778667.4
1004	一种基于用户不确定性行为的负荷调控优化系统	孙　毅、苏晓明、黄绍模	发明	2021.8.12	2022.11.25	202110926900.9
1005	基于供需响应与可调场景的综合能源系统优化配置方法	李　鹏、王子轩、王加浩、郭天宇、殷云星、李建宜	发明	2021.2.22	2022.11.25	202110198197.4
1006	一种高压电缆高频局放双端监测局放源定位方法	孙春雨、唐志国	发明	2022.3.25	2022.11.25	202210305704.4
1007	一种智能变压器故障预测方法和装置	任　妍、李新伟、刘金朋、于泽邦、刘方舟、刘　浩、周子毓、丁伟斌、邹美华、喻　婧、陈　超	发明	2022.7.29	2022.11.25	202210902015.1
1008	一种超级热泵型空气能锅炉	孙　健、王寅武、吴可欣、高琪瑶、戈志华、杜小泽、杨勇平	实用新型	2022.6.8	2022.11.25	202221418986.0
1009	一种集成燃料电池与太阳能的联合循环冷热电联供系统	卢紫艺、段立强、王秋实、郑　楠、李智诚、熊嘉丽	实用新型	2022.7.1	2022.11.25	202221686875.8
1010	基于机器学习的储能类设备功率优化管理系统的过滤器	胡俊杰、周华嫣然、周羿宏	发明	2020.3.9	2022.11.29	202010156821.X
1011	一种基于机器学习的集群电动汽车功率优化管理方法	胡俊杰、周华嫣然、周羿宏	发明	2020.3.2	2022.11.29	202010135383.9
1012	一种面向电力物联网海量终端的多尺度多维资源分配方法	廖海君、杨秀敏、周振宇、韩东升、张　磊、赵雄文、戚银城、张素香	发明	2021.4.15	2022.11.29	202110403801.2
1013	基于虚拟同步发电机控制的逆变器并联软启动方法及系统	赵国鹏、卢柯奇、刘思远	发明	2021.5.26	2022.11.29	202110578136.0

续表

序号	名称	发明(设计)人	专利类型	申请日	授权日	专利号
1014	一种局部放电信号去噪处理方法及系统	谢　庆、张雨桐、谢　军、王永强、陈浩敏	发明	2021.1.29	2022.11.29	202110132832.9
1015	一种电气工程及其自动化的管线链接保护装置	董恩冲	实用新型	2022.8.10	2022.11.29	202222096966.2
1016	一种电气工程及其自动化电子仪器检测箱	董恩冲	实用新型	2022.8.10	2022.11.29	202222104154.8
1017	基于高温反应器的热化学制燃料性能评估系统及方法	徐　超、靳　菲、杨澳港、禹航宇、叶　锋	发明	2021.1.8	2022.12.2	202110023661.6
1018	一种架空线工频电压测量装置及测量方法	卢斌先、黄未啸	发明	2021.1.29	2022.12.2	202110123117.9
1019	一种抗流桩基结构	王科贵、朱柄兆、马卫国	实用新型	2022.8.12	2022.12.2	202222125242.6
1020	用于检测交直流系统电晕起始电压实验装置及其测量方法	卞星明、何子晨、崔　勇、麻燕翔、何旭圆、周允博、霍守超、徐道安	发明	2020.2.3	2022.12.6	202010079128.7
1021	一种提高新能源同步电机对并网系统运行稳定性的方法	管　飞、李　渝、王　衡、黄永章、武倩羽、孙谊媊、印　欣、杨桂兴、亢朋朋、宋朋飞、张　锋、樊国伟	发明	2020.11.18	2022.12.6	202011296820.1
1022	一种适应园区电碳信息转换的保密容量保障系统及方法	周振宇、廖海君、王雅倩、卢文冰	发明	2022.3.16	2022.12.6	202210261820.0
1023	一种计及热惯性的电热综合能源系统故障恢复方法及系统	于松源、房　方、元志伟	发明	2022.8.25	2022.12.6	202211022187.6
1024	一种基于拉曼光谱的在线自动检测微塑料的便携式装置	孙振丽、陈　慧、徐　驰	实用新型	2022.7.11	2022.12.6	202221770558.4
1025	一种用于配电设备运维的头戴增强现实AR分析仪	常镇韬、庞春江、庞　博、王新颖、于德水、王世杰	实用新型	2022.6.16	2022.12.6	202221529753.8
1026	基于能效最优的锅炉最佳氧量计算方法	胡　勇、曾德良、牛玉广、刘吉臻、沈跃军、张大民	发明	2019.6.25	2022.12.9	201910553528.4
1027	一种风电机组机前风速智能软测量方法	胡　阳、陈思齐、房　方、刘吉臻、郭小江、王庆华	发明	2022.7.6	2022.12.9	202210796431.8
1028	一种试验线接线的连接架	杨　浩	实用新型	2022.5.30	2022.12.9	202221322440.5
1029	一种接线端子连接架	杨　浩	实用新型	2022.5.30	2022.12.9	202221322627.5
1030	一种基于能量消耗最小化的多节点协作计算卸载方法	韩东升、刘　语	发明	2020.10.10	2022.12.13	202011077355.2
1031	一种基于稀土镍基氧化物的复合型热敏电阻材料及其制备方法和应用	陈诺夫、李晓宇、王郁昭、张　婷、张　豪、陈吉堃、李子昂、崔雨晨、鄢峰波、李海帆	发明	2021.8.30	2022.12.13	202111001296.5
1032	动静协同的输电线路精细化巡检方法与系统	聂礼强、宋雪萌、罗　旺、张万征、郑晓云、翟永杰、刘　杰、张寅峰、高　赞	发明	2022.9.20	2022.12.13	202211140267.1
1033	面向电力场景边缘计算大模型压缩的知识蒸馏与量化方法	聂礼强、甘　甜、关惟俐、郑晓云、翟永杰、赵砚青、罗　旺、陈雨涛、高赞	发明	2022.9.20	2022.12.13	202211140194.6
1034	电力视觉多粒度预训练大模型的构建与训练方法	聂礼强、甘　甜、赵砚青、郑晓云、赵振兵、熊剑平、杨　飞、董兴宁、高　赞	发明	2022.9.22	2022.12.13	202211154588.7
1035	一种电厂二氧化碳检测装置	孙振丽、王　宁、葛宏伟、李　雪	实用新型	2022.7.1	2022.12.13	202221685018.6
1036	一种光伏阵列数据清洗方法	朱红路、胡傲宇、王海政、韩雨彤、史湉城、尹万思	发明	2019.7.23	2022.12.16	201910670516.X

续表

序号	名称	发明(设计)人	专利类型	申请日	授权日	专利号
1037	一种电压暂降监测点多目标优化配置方法	常　潇、王金浩、张世锋、李胜文、赵　军、张　敏、樊　瑞、肖　莹、毛　瑞、卢文清、徐永海	发明	2020.4.13	2022.12.16	202010286848.0
1038	控制方法和控制电路	杨　琳、张晓寒、赵宇含	发明	2019.9.27	2022.12.16	201910926042.0
1039	一种煤场燃煤控制系统及方法	华兴鲁、张宇宁、任子明、李奇伟、范志壮、巩建勋	发明	2020.12.28	2022.12.16	202011584227.7
1040	一种同轴双层筒附加质量试验测量装置及测量方法	陆道纲、李东昊、段德萱、刘　雨、简永星、邓　超、张超凡	发明	2021.6.4	2022.12.16	202110625567.8
1041	基于信号脉宽与传播距离关系的电缆局放源双端定位方法	孙春雨、唐志国	发明	2022.4.22	2022.12.16	202210428987.1
1042	一种防护层破损的埋地金属管道直流干扰确定方法	李　雄、刘元庆、陆家榆、白　锋、曹方圆、何　堃	发明	2019.3.18	2022.12.20	201910203006.1
1043	一种工业控制系统隐蔽性虚假数据注入攻击方法	樊登宁、张　妍、王东风、黄　宇	发明	2020.6.17	2022.12.20	202010570565.9
1044	一种计及共享备用的省间交易出清方法、系统及终端设备	王艳阳、雷少锋、乔　博、郭连奎、刘　政、马　伟、李建朝、刘景青、卢锦玲、肖声玲、任　惠	发明	2020.9.16	2022.12.20	202010974054.3
1045	一种适用于中压直流断路器的电流转移电路及方法	张翔宇、齐　磊、渠鑫源、陈熙琳	发明	2021.3.2	2022.12.20	202110232458.X
1046	一种四分段式的电缆局放源双端监测定位方法	孙春雨、唐志国	发明	2022.4.22	2022.12.20	202210429186.7
1047	一种基于动态电流偏差控制的连续换相失败抑制方法及系统	曹　虹、王兴国、杜丁香、戴志辉、潘星宇	发明	2020.2.10	2022.12.23	202010084867.5
1048	一种并联执行机构动作量优化分配方法及装置	李全全、李　扬、贾海军、付福军、石彦鹏、胡天照、崔　斌、张勇飞、石　鑫、李振华、赵民政、王彦龙、田　亮	发明	2021.5.8	2022.12.23	202110500016.9
1049	输电巡检终端的自适应部署方法、系统、设备及存储介质	聂礼强、宋雪萌、赵振兵、胡志坤、罗　旺、郑晓云、张盼盼、井立强、高　赞	发明	2022.9.21	2022.12.23	202211146873.4
1050	基于可见光和激光雷达点云融合的输电通道自动巡检方法	聂礼强、尹建华、郑晓云、赵振兵、熊剑平、赵砚青、郑小龙、孙静宇、高　赞	发明	2022.9.22	2022.12.23	202211154583.4
1051	面向输电场景的半监督图像解析方法	聂礼强、吴建龙、胡志坤、郑晓云、熊剑平、翟永杰、郝艳敏、张俊硕、高　赞	发明	2022.9.26	2022.12.23	202211169230.1
1052	一种并网调频型飞轮储能系统放电过程中电机侧控制方法	武　鑫、柳亦兵、滕　伟	发明	2018.10.19	2022.12.27	201811222459.0
1053	一种生物腔体光声内窥成像方法及系统	孙　正、段　爽	发明	2019.8.29	2022.12.27	201910806275.7
1054	一种基于模型预测算法的构网型换流器平滑切换方法	孟建辉、赵鹏飞、王　毅	发明	2021.8.11	2022.12.27	202110917689.4
1055	一种传导电流测量装置及方法	屠幼萍、邵昱铭、许　豪、张轩宁、陈　庚、武绍琮、梁延钰、王　璁、李传扬	发明	2021.9.10	2022.12.27	202111062235.X
1056	一种火力发电机组烟气净化装置	周保中、刘敦楠、张继广、吴思翰、刘　谧、曾　晔、王瀚甫、许小峰	实用新型	2022.10.17	2022.12.27	202222720171.4
1057	集成固废等离子气化和电解水的零碳排放多联产系统	王　圣、陈　衡、董月红、王玉亭、傅静雯	实用新型	2022.4.12	2022.12.27	202220837636.1

续表

序号	名称	发明(设计)人	专利类型	申请日	授权日	专利号
1058	一种嵌入式计算机数据采集设备	朱荣杰、张心月、刘书刚	实用新型	2022.9.15	2022.12.27	202222463952.X
1059	火电厂配煤掺烧装置	甄成刚、孙晗旭	实用新型	2022.10.21	2022.12.27	202222789586.7
1060	一种G型绝缘护套安装装置	彭佳钰、李依童、徐湘婷、陈嘉康、孙留祥	实用新型	2022.8.11	2022.12.27	202222110677.3
1061	磷酸铁锂电池	王庆鑫、杨子裕	外观设计	2022.1.25	2022.12.27	202230051524.9
1062	一种变压器在线监测与故障诊断方法	郭春林、王嘉宁、梁延昌、马慧远	发明	2020.10.21	2022.12.30	202011132426.4
1063	一种负荷侧调峰资源规模需求的预测方法	史沛然、张　勇、陈之栩、张　哲、江长明、史普鑫、舒　隽、王　澍	发明	2020.11.17	2022.12.30	202011286964.9
1064	四足机器人的腿部机构及四足机器人	李江天、滕　鹏、宋玉旺、吴　硕、张致豪、孟　非	实用新型	2022.11.9	2022.12.30	202222983389.9
1065	一种农情监测用无人机	张善驰、田景佳、吴璟玮、虢鹏飞	实用新型	2022.11.1	2022.12.30	202222900534.2
1066	Flexible coordinated control method adapted to thermal power unit in deep peak-regulating operation	田　亮、刘鑫屏、胡　博、邓拓宇、管志敏、周桂平、王顺江、王　磊	发明专利(美国)	2020.11.20	2022.05.17	US11333045B1

(技术转移转化中心　提供)

华北电力大学2022年校企(地、校)合作情况一览表

序号	合作单位	合作时间	合作领域
1	中国南方电网有限责任公司	2022年4月18日	根据协议,双方本着“友好合作、互惠互利、优势互补、共同发展”的原则,充分利用华北电力大学的多学科基础研究、高端人才密集优势,结合南方电网在智慧能源和新型电力系统领域的产业优势,联合成立“中国南方电网有限责任公司—华北电力大学智慧能源联合研究院”
2	国网能源研究院有限公司、国能经济技术研究院有限责任公司	2022年4月22日	根据协议,将共同开展新型电力系统课题研究合作
3	北京首发工贸有限责任公司	2022年5月11日	根据协议,双方按照“平等互助、优势互补、协同创新、合作发展”的原则,依托各自优势特色,最大程度地整合、共享与利用双方的优势资源,在科技创新、人才培养、能源交通融合示范等方面开展全面战略合作
4	北京华煜八方科技有限公司	2022年6月30日	根据协议,双方本着“优势互补、共谋发展、互惠互利、合作共赢”的原则,为实现双方合作创业、合作育人、合作就业、合作发展,经过友好协商,一致同意建立战略合作关系
5	中国建设银行北京市分行	2022年7月6日	根据协议,双方本着“长期合作、互惠互利,强强联合、共同发展”的原则,以新金融理念探索校企合作和人才培养新模式,形成长期、深层、全面的战略合作关系,在人才培养、产学研协同创新发展、金融服务、社会公益等领域优先开展广泛深入的合作
6	国网北京市电力公司	2022年8月3日	根据协议,双方主要在科技创新、人才培养、资源共享、教育培训等方面开展深入合作,建立长期稳定的合作关系
7	北京能源集团有限责任公司	2022年8月25日	根据协议,双方将重点围绕电力能源领域,在科学研究、人才培养、成果转化、成立北京碳中和学会等方面开展合作
8	中国节能环保集团有限公司	2022年10月14日	根据协议,双方决定在技术交流及产学研联合攻关、先进技术推广应用、工程技术人才联合培养等方面开展战略合作,创新合作形式,深化合作内容,积极探索校企产学研紧密合作的长效机制,不断培育和发展长期的战略合作关系
9	北京科技职业学院	2022年10月18日	根据协议,将充分发挥双方在各自业务领域的专业优势,加强务实合作,共享发展机遇,在教育资源合作、专业建设与人才培养、师资队伍建设、科研教研合作、国际文化交流、思政协同育人、学历提升与职业培训等方面达成战略合作框架协议
10	教育部教育管理信息中心	2022年12月30日	根据协议,双方本着“共建共享、共创共赢”的原则,依托教育部教育管理信息中心的数字化服务能力、教育数字化经验优势和战略格局,充分发挥华北电力大学创新引领和科技服务支撑作用,在数据服务方面开展全方位合作,建立长期、稳定、可持续发展的合作伙伴关系

（对外联络与合作处　王瑞琪　提供）

华北电力大学 2022 年理事会成员单位名单

序号	单位名称	备注
1	国家电网有限公司	理事长单位
2	中国南方电网有限责任公司	副理事长单位
3	中国华能集团有限公司	
4	中国大唐集团有限公司	
5	中国华电集团有限公司	
6	国家能源投资集团有限责任公司	
7	国家电力投资集团有限公司	
8	中国长江三峡集团有限公司	
9	中国广核集团有限公司	
10	中国电力建设集团有限公司	
11	中国能源建设集团有限公司	
12	广东省能源集团有限公司	
13	中国电力企业联合会	
14	华北电力大学	

（对外联络与合作处　王瑞琪　提供）

华北电力大学 2022 年企业名录

序号	公司名称	成立时间	注册资本（万元）	所占股比	地址	主要产品
1	北京华电天德资产经营有限公司	1993.03.05	1,429.49	大学持股100%	北京市海淀区上地四街9号四方大厦东侧2层	资产经营管理、投资管理、技术转让等
2	北京华电天德科技园有限公司	2007.01.26	200.00	100%	北京市昌平区朱辛庄华北电力大学教四楼	技术开发、咨询、服务、电力技术培训；销售电力设备、电子设备
3	保定华电天德科技园有限公司	2008.05.22	200.00	51%	河北省保定市北二环路5699号大学科技园5号楼101、102室	电力设备、电子设备、通信设备、仪器仪表、家用电器、太阳能及风能设备、输变电及控制设备的检测服务；检测技术开发、技术转让、技术服务与技术咨询；计算机软件技术开发、技术咨询、技术服务、技术转让；科技中介服务；创业空间服务（不含投融资服务，不含辅导与培训）；创业指导服务（不含创业融投资咨询与策划服务，不含创业指导辅导与培训）；企业自有房屋租赁服务；设备租赁；会议服务。（经营范围中属于法律、行政法规规定须经批准的项目应当依法经过批准后方可经营）
4	保定华仿科技股份有限公司	1993.11.24	3,377.8993	22.71%	河北省保定市向阳北大街2811号	大型火电机组全仿真机、电网及变电站全仿真机、航天载人飞船飞行训练模拟器
5	保定华电电力设计研究院有限公司	2004.02.05	600.00	44.98%	河北省保定市向阳北大街2999号博为科技园办公楼三层	乙级资质范围内的发电、送变电工程设计、三级及以下等级工业与民用建筑设计

续表

序号	公司名称	成立时间	注册资本（万元）	所占股比	地址	主要产品
6	北京华电光大新能源环保技术有限公司	2012.09.17	447.50	20%	北京市昌平区科技园区超前路 37 号 16 号楼 2 层 C1001	新能源技术开发、技术转让、技术咨询、技术服务；投资管理等
7	北京华电伊创科技有限公司	2014.04.25	500.00	20%	北京市昌平区科技园区超前路 37 号院 16 号楼 2 层 C2283 号	技术开发、技术转让、技术推广、技术咨询、技术服务；销售计算机、软件及辅助设备、专业设备；工程技术咨询；货物进出口、技术进出口；工程勘察；工程设计
8	华电智连科技（北京）有限公司	2015.04.30	150.00	33.34%	北京市昌平区回龙观镇朱辛庄北农路 2 号第四行政楼 C 座 502 室	宽带电力线载波通信模块的研发及销售，智能母线综合解决方案，智能家居综合解决方案，软件的研发和销售
9	北京华电云博科技有限公司	2017.06.08	500.00	20%	北京市昌平区北农路 2 号主楼 D 座 1306 室（昌平示范园）	节能技术的技术推广、技术服务、技术开发、技术转让、技术咨询
10	北京华电能源互联网研究院有限公司	2017.11.30	1,000.00	20%	北京市昌平区回龙观镇朱辛庄北农路 2 号主楼 D 座 15 楼东区 95 号	能源互联网、增量配网规划设计、合同能源管理、电力系统自动化和信息化
11	北京华电新能源电工材料研究院有限公司	2017.12.11	150	20%	北京市昌平区科技园区超前路 37 号院 16 号楼 2 层 B0264 室	新材料、新材料电机
12	华电银河科技有限公司	2018.02.26	10,000.00	30%	珠海市华威路 117 号 2 #厂房第一层 C1 区	技术开发、技术咨询、智能控制系统集成、信息系统运行、电气设备销售
13	北京华电锐拓科技有限公司	2019.06.19	200.00	20%	北京市昌平区科技园区超前路 37 号院 16 号楼 8 层 8030 号	技术交流、技术转让、技术推广、技术服务、技术咨询、技术开发；软件开发；应用软件服务（不含医疗软件）；计算机系统服务
14	北京华电天创智能控制技术有限公司	2019.12.12	500.00	20%	北京市昌平区回南路 9 号院 28 号楼 7 层 709	主营业务为燃煤发电过程智能化分析、诊断及优化控制
15	北京华电东晟科技有限公司	2020.02.27	500.00	20%	北京市昌平区北清路 1 号院 6 号楼 11 层 1 单元 1204	工程设计；工程勘察；技术开发、技术咨询、技术转让、技术推广、技术服务；工程和技术研究与试验发展；劳务分包、专业承包等
16	保定市毅格通信自动化有限公司	1998.06.04	6000.00	14.32%	河北省保定市高开区锦绣街 677 号火炬产业园 2 号楼	电力通信监控系统产品、电力系统通信及自动化产品、电源产品、电子产品、仪器仪表产品的制造、销售、维修等
17	北京华电威思控制技术有限公司	2020.12.08	500.00	20%	北京市昌平区回龙观镇北农路 2 号主楼 D 座 737 室（昌平示范园）	技术开发、技术推广、技术服务；组装仪器仪表；计算机系统集成（主要是智能发电运行控制系统（ICS）、机组灵活运行控制系统（FCS）、智慧运行监控系统（SSS）、）厂级监控信息系统（SIS）开发、销售
18	苏州华电科技创业园管理有限公司	2011.09.23	120.00	北京科技园公司持股 100%	江苏省苏州工业园区独墅湖高教区仁爱路 188 号	高科技企业创业孵化、管理；销售：电力设备、电子设备并提供技术开发、技术咨询、技术服务

（北京华电天德资产经营有限公司　贾玉丹　提供）

人　物

华北电力大学 2022 年教授名录

艾　欣	鲍　海	毕天姝	蔡　军	蔡墨朗	曾　鸣	曾德良	曾玉华
陈　雷	陈德刚	陈海平	陈宏刚	陈克丕	陈诺夫	陈学刚	程伟良
程养春	程永攀	崔　翔	戴松元	丁晓雯	丁迅雷	董　瑾	董　军
董长青	杜　波	杜冬梅	杜小泽	段立强	方仲炳	房　方	付忠广
高建伟	戈志华	龚雁峰	谷云东	顾煜炯	郭　鹏	郭春林	郭民臣
郭孝锋	郭永权	国　防	韩民晓	韩晓娟	郝建红	何　青	何凤霞
何永秀	侯国莲	侯宏娟	侯学良	胡三高	胡秀娟	黄　海	黄　美
黄　仙	黄少锋	黄永章	火月丽	姬濯宇	贾　科	姜　彤	李　琳
李　涛	李　薇	李　为	李　英	李　鱼	李宝让	李存斌	李庚银
李泓泽	李继清	李建彬	李美成	李庆民	李文艳	李星梅	李岩松
李彦斌	李元诚	李忠艳	栗永利	梁　庚	梁双印	林　俊	刘　滨
刘　念	刘　彤	刘　忠	刘崇茹	刘春明	刘东雨	刘国华	刘吉成
刘吉臻	刘玮玮	刘文霞	刘文毅	刘向杰	刘永前	刘自发	刘宗德
刘宗歧	柳亦兵	卢斌先	卢铁兵	卢占会	陆　强	陆道纲	陆会明
罗　毅	罗国亮	吕　蓬	吕爱钟	吕亮球	律方成	马　静	马德香
马峻峰	马续波	马应龙	茆　胜	门宝辉	米增强	牛东晓	牛风雷
牛玉广	潘家鸿	庞力平	彭　杨	齐　波	齐　磊	祁　兵	邱启荣
沈剑飞	石润华	石玉英	宋记锋	宋晓华	孙　毅	孙保民	孙英云
谭　文	谭小丽	谭忠富	檀勤良	田　德	屠幼萍	汪建军	汪庆华
王爱平	王　鹏	王　伟	王　伟	王　晓	王祥科	王晓东	王学棉
王　弋	王银顺	王泽忠	王增平	魏高升	文　俊	吴　英	吴克河
吴忠群	夏延秋	冼海珍	肖　峰	肖　峰	肖显斌	谢　力	谢传胜
徐　超	徐　钢	徐　鸿	徐进良	徐茹枝	徐永海	徐玉琴	许　刚
薛安成	闫庆友	杨国田	杨　海	杨立军	杨少霞	杨淑霞	杨锡运
杨晓忠	杨勇平	姚建平	姚建曦	姚凯文	尹忠东	余顺坤	玉　宇
袁桂丽	袁家海	苑英科	翟明岳	张　华	张　娟	张　锴	张　艳
张东英	张海波	张化永	张建华	张立辉	张粒子	张满红	张乃强
张尚弘	张素芳	张卫东	张小东	张兴平	张绪刚	张永生	张一梅
张月想	张照煌	赵成勇	赵冬梅	赵桂霞	赵会茹	赵　莉	赵新刚
赵雄文	赵旭光	赵振宇	赵志斌	郑　涛	周登文	周凤翱	周国兵
周乐平	周少祥	周振宇	朱晓红	曹春梅	陈传敏	陈鸿伟	程晓荣
程友良	崔和瑞	丁常富	董　天	董　泽	付　东	高会生	高建强
高　霄	葛永庆	顾雪平	关荣华	郭　雷	韩中合	何永贵	侯思祖
胡爱军	黄元生	焦彦军	康　辉	孔　峰	孔英会	李春曦	李慧君
李慧奇	李俊卿	李　鹏	李　伟	李永臣	李永刚	李永华	李永倩
李泽红	栗　然	梁贵书	梁　平	林永君	刘彦丰	刘　艳	刘　洋
刘云鹏	刘长良	吕建燚	马良玉	马双忱	马新顺	马永光	孟祥林

戚银城 齐立强 屈朝霞 任　惠 尚秋峰 沈长月 盛四清 史玮璇
宋　玮 苏　杰 孙　薇 孙　正 唐贵基 田松峰 万书亭 王艾萌
王保义 王春波 王东风 王　飞 王江江 王聚芹 王淑勤 王喜平
王　毅 王印松 王璋奇 王志刚 魏彤儒 温　磊 吴乐为 武群丽
向　玲 谢　庆 谢志远 许伯强 阎占元 颜湘武 杨实俊 杨薛明
杨玉华 姚万业 叶学民 尹增谦 苑春刚 云　欣 翟永杰 张彩庆
张贵银 张　磊 张　莉 张少敏 张胜寒 张重远 赵洪山 赵书强
赵书涛 赵文清 甄成刚 甄增水 周建国 朱永利 朱有产 安利强
陈建国 程　龙 董福贵 韩励佳 郝润龙 黄从智 姜根山 林忠伟
刘纪彩 刘志坚 吕小军 吕玉珍 马国明 孙　芳 滕　伟 田华军
佟振峰 汪黎东 王利刚 王体朋 魏　乐 翟融融 张金良 张文广
张宇宁 周　明 张永昌 卞星明 戴志辉 丁海民 韩　爽 黄艳琴
刘　达 刘敦楠 刘建国 刘　洋 鲁　斌 吕雪峰 马苗苗 马志勇
孟　明 宁　阳 田景峰 王建红 王　涛 王晓东 王　永 王远坤
吴高歌 徐衍会 杨　静 杨世关 张　珂 张晓栋 张　妍 赵小军
赵振兵 郑海明

【2022 年新增教授名录】

陈艳波 郭春义 赵海森 韩东升 李保罡 陈　宏 陈　林 纪献兵
李元媛 高正阳 刘　璐 何玉灵 焦润海 师瑞峰 张　莹 葛铭纬
王福芝 张　兵 郭张鹏 艾玥洁 王　雷 薛志勇 王震宇 龚钢军
张亚刚 樊良树 骆小平 赵　奔 杜托平 孙　科

（人事处　田赞梅　提供）

华北电力大学 2022 年两院院士名单

序号	单位	姓名	性别	出生年月	职称	学位	入选年度	备注
1	电气与电子工程学院	杨奇逊	男	1937.10	教授	博士	1994	
2	控制与计算机工程学院	刘吉臻	男	1951.8	教授	博士	2015	

（人才工作办公室　提供）

华北电力大学 2022 年教学名师名单

北京校部:27 人

级别	序号	姓名	学院(部)	获奖项目	获奖时间
国家级	1	崔　翔	电气与电子工程学院	第五届国家级教学名师奖	2009 年
省部级	2	罗应立	能源动力与机械工程学院	第二届北京市高等学校教学名师奖	2006 年
	3	乌云娜	经济与管理学院	第三届北京市高等学校教学名师奖	2007 年
	4	崔　翔	电气与电子工程学院	第四届北京市高等学校教学名师奖	2008 年
	5	白　焰	控制与计算机工程学院	第五届北京市高等学校教学名师奖	2009 年
	6	付忠广	能源动力与机械工程学院	第六届北京市高等学校教学名师奖	2010 年
	7	王增平	电气与电子工程学院	第六届北京市高等学校教学名师奖	2010 年
	8	刘连光	电气与电子工程学院	第七届北京市高等学校教学名师奖	2011 年
	9	王修彦	能源动力与机械工程学院	第八届北京市高等学校教学名师奖	2012 年
	10	王泽忠	电气与电子工程学院	第九届北京市高等学校教学名师奖	2013 年

续表

级别	序号	姓名	学院(部)	获奖项目	获奖时间
	11	林碧英	控制与计算机工程学院	第九届北京市高等学校教学名师奖	2013 年
	12	杜冬梅	能源动力与机械工程学院	第十届北京市高等学校教学名师奖	2014 年
	13	王学棉	人文与社会科学学院	第十届北京市高等学校教学名师奖	2014 年
	14	李　英	人文与社会科学学院	第十一届北京市高等学校教学名师奖	2015 年
	15	李彦斌	经济与管理学院	第十二届北京市高等学校教学名师奖	2016 年
	16	张　娟	数理学院	第十三届北京市高等学校教学名师奖	2017 年
	17	赵洱岽	经济与管理学院	首届北京市高等学校青年教学名师奖	2017 年
	18	陈　雷	数理学院	第十四届北京市高等学校教学名师奖	2018 年
	19	李　红	能源动力与机械工程学院	第二届北京市高等学校青年教学名师奖	2018 年
	20	刘向杰	控制与计算机工程学院	第十五届北京市高等学校教学名师奖	2019 年
	21	杨世关	新能源学院	第十五届北京市高等学校教学名师奖	2019 年
	22	王　伟	马克思主义学院	第四届北京市高等学校青年教学名师奖	2020 年
	23	李　季	能源动力与机械工程学院	第十七届北京市高等学校教学名师奖	2021 年
	24	刘崇茹	电气与电子工程学院	第五届北京市高等学校青年教学名师奖	2021 年
	25	房　方	控制与计算机工程学院	第十八届北京市高等学校教学名师奖	2022 年
	26	孙淑艳	电气与电子工程学院	第十八届北京市高等学校教学名师奖	2022 年
	27	古丽米娜	新能源学院	第六届北京市高等学校青年教学名师奖	2022 年

保定校区:19 人

级别	序号	姓名	学院(部)	获奖项目	获奖时间
省部级	1	王翠茹	计算机系	第一届河北省高等学校教学名师奖	2003 年
	2	李　琳	电力工程系	第一届河北省高等学校教学名师奖	2003 年
	3	卢占会	数理系	第二届河北省高等学校教学名师奖	2006 年
	4	高　强	电子与通信工程系	第二届河北省高等学校教学名师奖	2006 年
	5	牛东晓	经济管理系	第三届河北省高等学校教学名师奖	2007 年
	6	律方成	电力工程系	第四届河北省高等学校教学名师奖	2008 年
	7	戴庆辉	机械工程系	第五届河北省高等学校教学名师奖	2009 年
	8	李永刚	电力工程系	第六届河北省高等学校教学名师奖	2010 年
	9	黄元生	电力工程系	第七届河北省高等学校教学名师奖	2011 年
	10	张晓宏	数理系	第七届河北省高等学校教学名师奖	2011 年
	11	谢志远	电子工程系	河北省高等学校(本科)教学名师奖	2017 年
	12	刘彦丰	动力工程系	河北省普通本科院校教学名师奖	2019 年
	13	孔英会	电子与通信工程系	河北省普通本科院校教学名师奖	2019 年
	14	谷根代	数理系	河北省普通本科院校教学名师奖	2020 年
	15	魏彤儒	马克思主义学院	河北省普通本科院校教学名师奖	2020 年
	16	张　磊	动力工程	2021 年度河北省普通本科院校教学名师奖	2021 年
	17	梁海峰	电力工程系	2021 年度河北省普通本科院校教学名师奖	2021 年
	18	李　伟	经济管理系	2022 年度河北省普通本科院校教学名师奖	2022 年
	19	赵文清	计算机系	2022 年度河北省普通本科院校教学名师奖	2022 年

（教务处　提供）

华北电力大学 2022 年优秀教学团队名单

级别	团队名称	团队负责人	评选年度
国家级	自动化专业教学团队	刘吉臻	2008
	工程项目管理教学团队	乌云娜	2010
北京市级	热能与动力工程专业教学团队	安连锁	2007
	电磁场教学团队	崔　翔	2007
	自动化专业教学团队	刘吉臻	2008
	电力市场教学团队	曾　鸣	2008
	继电保护专业教学团队	王增平	2009
	工程项目管理教学团队	乌云娜	2009
	电机学教学团队	罗应立	2010
	电力系统分析教学育人团队	李庚银	2019
	问题链教学基地育人团队	李彦斌	2020
	工程热物理教研室育人团队	杜小泽	2021
	核反应堆工程教学团队	陆道纲	2022
河北省级	电气工程专业基础课教学团队	李和明	2007
	基础力学教学团队	王璋奇	2019
	电子技术基础教学团队	谢志远	2020
	电工理论教学团队	梁贵书	2020
	线性代数教学团队	王　涛	2021
	传热学教学团队	刘彦丰	2021
	通信系统原理教学团队	孔英会	2022
	流体力学及泵与风机教学团队	张　磊	2022

（教务处　提供）

华北电力大学 2022 年来访情况一览表

序号	来访时间	国家(地区)/单位	来访人物	接待领导	来访事宜
1	1月13日	中国科技部国际合作司、芬兰国家商务促进局、国网综合能源服务集团有限公司、北京华业阳光新能源有限公司、利恩赫特公司、瓦锡兰集团	中国科技部国际合作司欧洲处处长石玲,芬兰国家商务促进局上海办公室主任米卡・克莱梅蒂宁等	毕天姝	中芬政府间国际科技创新合作重点专项“生物质与太阳能互补的零碳区域热电联供关键技术”项目启动会
2	1月17日	中国三峡集团	中国三峡集团党组成员、副总经理王良友,中国三峡集团人力资源部组织人才处处长关献忠等	杨勇平、毕天姝	举办“云端聚首交流・筑梦华电三峡”能源电力国际青年学者论坛
3	1月26日	中国人民解放军驻保定某部队	部队政委张兴民	郭孝锋	军地共建　工作交流
4	2月25日	广东艾博电力设计院(集团)有限公司	艾博电力公司董事长崔小勃	孙忠权	举办“艾博奖学金”捐赠仪式

续表

序号	来访时间	国家(地区)/单位	来访人物	接待领导	来访事宜
5	3月3日	保定市委	保定市委常委、宣传部部长曹海波	郭孝锋	深入交流更深层次校地合作
6	3月12日	北京市社会科学界联合会、北京市哲学社会科学规划办、中共北京市委教育工委、教育部社科司	北京市社会科学界联合会党组书记、常务副主席、北京市哲学社会科学规划办主任张淼,中共北京市委教育工委副书记李军锋,教育部社科司二级巡视员陈睿,中共北京市委宣传部理论处处长陈睿	周　坚、何　华、王增平、汪庆华	举办习近平总书记在学校思想政治理论课教师座谈会上重要讲话发表三周年研讨会
7	3月23日	新华社北京分社	新华社北京分社副社长、总编辑李斌	周　坚、汪庆华	调研交流
8	3月28日	北京农学院	北京农学院党委书记赵峰,校长周剑平	周　坚、杨勇平	调研交流
9	4月13日	新华水力发电有限公司	新华水力发电公司副总经理简斌	孙忠权	深入交流校企战略合作事项
10	5月24日	保定市人民政府	保定市委书记党晓龙,保定市委常委、常务副市长张贵宝,保定市委常委、秘书长侯晓平,市政府党组副书记姬琳,市政协副主席宋红敏	周　坚、杨勇平、孙忠权、郭孝锋、律方成、檀勤良	签署校区置换建设合作框架协议
11	7月6日	中国建设银行北京分行	建设银行北京分行副行长王林	孙忠权	签署战略合作协议
12	7月17日	河北省委教育工委	河北省委教育工委书记、省教育厅党组书记、厅长董兆伟,保定市副市长杨伟坤,河北省教育厅一级巡视员王廷山,河北省教育厅高教处处长彭继东、研究生处处长朱智国,保定市教育局党组书记、局长胡占房	周　坚、郭孝锋、律方成	来校调研
13	8月3日	国网北京市电力公司	国网北京市电力公司董事长、党委书记王昕伟,国网北京市电力公司总经理、党委副书记张铁恒,总工程师史景坚,副总工程师陈平、李继东	杨勇平、毕天姝	签署合作协议
14	8月25日	北京能源集团有限责任公司	京能集团有限公司党委书记、董事长姜帆,京能集团有限公司党委副书记、总经理阚兴,党委常委、副总经理王永亮,副总经理隋晓峰	周　坚、杨勇平、孙忠权	签署战略合作框架协议
15	9月15日	百度集团	百度集团执行副总裁、百度智能云事业群总裁、我校计算机97级校友沈抖,百度集团副总裁袁佛玉,百度副总裁李硕	杨勇平、毕天姝	来校交流
16	9月15日	北京电力设备总厂有限公司	北京电力设备总厂有限公司常务副经理兼特种电气厂厂长张月华	王增平	召开校企合作座谈会
17	9月23日	国网综合能源服务集团	国网综合能源服务集团有限公司副总经理阿斯卡尔	檀勤良	召开校企合作座谈会
18	10月11日	保定市委	保定市委常委、市委秘书长侯晓平,保定市副市长杨伟坤,保定市委常务副秘书长、市委办公室主任耿彦瑞,市委副秘书长肖刚,市委教育工委书记、市教育局党组书记、局长胡占房	郭孝锋	深入交流进一步构筑安全防线、深化校地合作、携手共赢发展
19	10月13日	九三学社北京市委	九三学社北京市委专职副主委李丽萍,九三学社北京市委组织部部长董双双,九三学社北京市昌平区工委主任杨为民,北京市教工委统群处副处长薛健,北京市委统战部民主党派工作处干部刘波,九三学社北京市昌平区工委副主任岳清唐,九三学社北京市昌平区工委组织部部长苑光宇,北京市昌平区委统战部党派科科长韩静	孙传新	召开九三学社华北电力大学支社成立大会

续表

序号	来访时间	国家(地区)/单位	来访人物	接待领导	来访事宜
20	10月14日	中国节能环保集团有限公司	中国节能党委书记、董事长宋鑫，中国节能党委常委、副总经理李杰	周 坚、孙忠权、毕天姝	签署战略合作框架协议
21	10月28日	新华水力发电有限公司	新华水力发电有限公司党委委员、副总经理郝运通	孙忠权	来校交流访问
22	12月15日	保定市委	保定市委宣讲团团长、市委书记党晓龙	郭孝锋	作学习贯彻党的二十大精神专题宣讲报告

（党政办 刘 岩 提供）

其 他

2022年媒体报道索引

序号	标 题	媒体	时间
1	华北电力大学：科技助力建设节约型校园	中国教育新闻网	2022.01.01
2	近2000名冬奥志愿者服务延庆赛区	北京青年报	2022.01.04
3	19位院士云集！“最强智囊”为海上风电发展建言献策	环球网	2022.01.07
4	获奖名单来啦！2021年北京高校红色“1+1”示范活动结果公布！	V思想	2022.01.08
5	刘吉臻院士：海上风电是我国能源转型发展重要战略支撑	环球网	2022.01.10
6	张家口赛区制服和注册分中心志愿者主管吴培宏：00后大学生参与志愿服务圆奥运梦	河北新闻网	2022.01.20
7	4800多名师生报名、最终选拔142人！华北电力大学志愿者出征冬奥	新华社	2022.01.22
8	华北电力大学142名师生出征冬奥	北京青年报	2022.01.20
9	华北电力大学构建“4S”工作体系提升冬奥志愿者培训实效	中国青年网	2022.01.24
10	绽放新颜值跑出加速度——聚焦2022保定两会丨王印松：发挥“双电”作用助力打造碳中和产业之都	唐尧网	2022.01.25
11	华北电力大学实施“六大行动”服务实现“碳达峰、碳中和”目标	教育部网站	2022.01.26
12	华北电力大学保定校区团委多形式开展“青马工程”培训	中国共青团网	2022.01.26
13	湖北远安：青年志愿服务暖人心	人民日报	2022.01.27
14	河北四高校央视春晚演绎冰雪中国年	河北日报	2022.02.03
15	太有排面！这些高校在春晚“刷屏”	中青网校园通讯社	2022.02.03
16	太有排面！河北4所高校亮相春晚	河北共青团	2022.02.03
17	仪式感满满！高校留校学子这样过年丨温暖向未来·2022	微言教育	2022.02.07
18	龙腾虎跃中国年 喜迎冬奥过大年 探访冬奥志愿者之家 岗位上过新年	央视新闻	2022.02.07
19	延庆制服和注册分中心志愿者武昱含 亲手设计制服领取清单	北京青年报	2022.02.08
20	“2022大学校长说”系列报道—— 孙忠权：围绕中心建设服务 加强高校与区域经济发展联动	人民网	2022.02.14
21	华北电力大学(保定)志愿者：让电力之光闪耀冬奥赛场	河北新闻网	2022.02.12
22	做一朵激情的雪花 ——华北电力大学142名师生出征冬奥侧记	中国电力报	2022.02.20

续表

序号	标　　题	媒体	时间
23	冬奥背后的时代少年团	央视频	2022.02.20
24	一轻控股与华北电力大学进行战略合作	首都建设报	2022.02.22
25	华北电力大学:将支部建在冬奥志愿服务一线	中国教育报	2022.02.24
26	华北电力大学获批国家储能技术产教融合创新平台	中国科学报	2022.02.24
27	华电国家储能技术产教融合创新平台获批	环球网	2022.02.25
28	二〇二一,听中国科技的强劲足音	光明日报	2022.03.07
29	中国工程院院士刘吉臻:躬耕电力半世纪,征程从未有穷期	环球能道	2022.03.07
30	曾鸣:贯彻系统观念,坚持统筹协调,有序实现碳达峰碳中和目标	新华财经	2022.02.11
31	核科学与工程学院教师刘芳:给青年科技人才开更多“口子”	中国青年报	2022.03.10
32	曾鸣:抽水蓄能:绿色“超级充电宝”	山西电视台	2022.03.10
33	鹿伟:为奋进新征程贡献能源力量	中国电力报	2022.03.11
34	齐磊:加快清洁低碳转型 推动能源高质量发展	中国电力报	2022.03.11
35	聚焦丨华北电力大学师生热切关注全国两会	V思想	2022.3.11
36	夹具对高压绝缘电缆的热学特性有何影响? 华电学者发布研究成果	电气新科技	2022.03.12
37	华北电力大学举办学习习近平总书记在学校思想政治理论课教师座谈会上的讲话三周年研讨会	光明日报	2022.03.16
38	重温重要讲话精神 专家学者研讨思政课建设	人民网	2022.03.17
39	华北电力大学举办研讨会推进思政课内涵式发展	中国青年报	2022.03.17
40	华北电力大学丨办好思政课 推动思政课建设内涵式发展	V思想	2022.3.19
41	华北电力大学举办习近平总书记在学校思想政治理论课教师座谈会上的重要讲话发表三周年研讨会	人民日报	2022.03.23
42	华北电力大学:点燃青年学子一心向党的火炬	中国教育新闻网	2022.03.24
43	《氢能产业发展中长期规划(2021—2035年)》发布	中国教育电视台	2022.03.25
44	首个氢能产业发展规划发布	央视新闻	2022.03.25
45	我国高校有了氢能本科专业	新华社	2022.03.25
46	"地球一小时"大学生用行动创未来	新华网	2022.03.28
47	华北电力大学:八项“一”行动 致敬“地球一小时”	光明网	2022.03.28
48	华北电力大学开展“地球一小时”主题系列活动	全国高校思想政治工作网	2022.03.29
49	华北电力大学:八项“一”行动致敬“地球一小时”	保定日报	2022.03.29
50	“地球一小时”大学生用行动创未来	人民网	2022.03.29
51	“地球一小时”大学生用行动创未来	人民日报	2022.03.29
52	华北电力大学“先锋”协会:擎起引领青年学生听党话、跟党走的先锋火炬	河北共产党员网	2022.03.30
53	华北电力大学第23届研究生支教团:青春向党志不移 筑梦青春坚不摧	河北共产党员网	2022.04.07
54	曾鸣:2025年电能占终端能源消费比重达三成	中国能源报	2022.04.07
55	感谢信中的青春担当	河青新闻网	2022.04.09
56	华北电力大学开展“学雷锋月”志愿服务系列活动	河青新闻网	2022.04.09
57	华北电力大学学子观看总结表彰大会,感受北京冬奥精神!	V思想	2022.04.10

续表

序号	标　　题	媒体	时间
58	认“氢”未来，从这张图开始	新华社	2022.04.11
59	王鹏：《“十四五”能源领域科技创新规划》中的亮点	中国教育电视台	2022.04.11
60	刘敦楠：完善新能源开发利用新机制 适应新型电力系统发展	中国电力报	2022.04.13
61	华北电力大学代表队荣获北京市总体国家安全观知识竞赛二等奖	北京日报	2022.04.14
62	高建伟：破除壁垒，让各种市场要素高效运转起来	人民政协报	2022.04.20
63	王鹏：必须高度重视能源对经济社会发展的基础支撑	新华社	2022.04.21
64	汪鹏 鞠立伟：健全多层次统一电力市场体系	经济日报	2022.04.21
65	赵新刚：完善可再生能源配额制 助力全国统一能源市场建设	中国能源网	2022.04.25
66	周坚：立志民族复兴，不负韶华，不负时代，不负人民	光明日报	2022.05.05
67	华北电力大学保定校区举办“变废为宝”手工制作大赛	中国青年网	2022.04.26
68	强化三风建设 赋能高校内涵发展	中国教育电视台	2022.05.03
69	最好的年华	人民网	2022.05.05
70	加鹤萍：聆听总书记寄语 探寻青年人成才密码	新华社	2022.05.06
71	杨勇平：积极践行碳达峰碳中和时代使命 加快培养能源领域高层次人才	中国教育报	2022.05.06
72	骆小平：牢记嘱托 踔厉奋发 勇毅前进	人民日报	2022.05.09
73	赵新刚：发展绿色低碳经济，警惕产业空心化和同质化	新京报	2022.05.09
74	王鹏：今年迎峰度夏、迎峰度冬期间部分区域电力供需仍将偏紧	新华社	2022.05.10
75	华北电力大学：学风教风作风建设年启动	中国教育报	2022.05.10
76	杨勇平：氢能，现代能源体系新密码	光明日报	2022.05.11
77	青春向党 不负人民——百名女大学生的青春誓言	中国妇女报	2022.05.11
78	华北电力大学部署2022年三风建设工作	光明日报	2022.05.11
79	“德法兼修”卓越法治人才素养内化的“三进阶”	法制日报	2022.05.11
80	华北电力大学青春榜样先锋班学员认真观看庆祝中国共产主义青年团成立100周年大会，学习习近平总书记重要讲话精神	V思想	2022.05.11
81	华北电力大学：强化学风教风作风建设 推进学校高质量发展	新华社	2022.05.12
82	透视大学生 返乡创新创业关心关切	光明日报	2022.05.13
83	青春向党，强国有我！习近平总书记在庆祝中国共产主义青年团成立100周年大会上的讲话在华北电力大学师生中引发热烈反响	V思想	2022.05.15
84	华北电力大学：创新平台为校企合作添“新翼”	中国科学报	2022.05.16
85	华北电力大学“四维发力”努力做好毕业生就业创业工作	教育部官网	2022.05.17
86	中能专访丨曾鸣：优化输电通道，助力“双碳”目标实现和新型电力系统构建	央视频	2022.05.18
87	蔡洁：马克思主义妇女理论的开拓创新与时代价值——聚焦“新时代坚持和发展马克思主义妇女观学术沙龙”	中国妇女报	2022.05.18
88	马克思主义妇女理论的开拓创新与时代价值——聚焦“新时代坚持和发展马克思主义妇女观学术沙龙”	国务院妇女儿童工作委员会官网	2022.05.19
89	汪庆华：唱响壮丽的青春之歌——习近平总书记在庆祝中国共产主义青年团成立100周年大会上的重要讲话在青年师生当中引发热烈反响	光明日报	2022.05.19
90	健全多层次统一电力市场体系	中国石油报	2022.5.20
91	华电辅导员“全时”守护学生健康成长	V思想	2022.5.24

续表

序号	标题	媒体	时间
92	市政府与华北电力大学签署校区置换建设合作框架协议	保定日报	2022.5.25
93	面对疫情 华北电力大学共青团带领青年学子跑出“加速度”	北京青年报	2022.05.25
94	2256亩！华北电力大学(保定)新校址选址区位确定！	澎湃新闻	2022.05.27
95	占地约2256亩！华北电力大学(保定)新校址选址区位确定	潇湘晨报	2022.05.27
96	姚建平：扩大中等收入群体 扎实推动共同富裕	央视新闻	2022.05.27
97	企业觅才，怎样突破“供需错配”——校企携手促就业之二	光明日报	2022.05.30
98	抢抓求职关键期 跑出就业加速度	中国教育报	2022.06.06
99	高原巡线，我被雪“打”了	光明日报	2022.06.13
100	王鹏：可再生能源具备在“十四五”高质量跃升能力	中国电力报	2022.06.13
101	“大画师”再到“小山村” 华电学子助力乡村振兴	河北新闻网	2022.06.13
102	华北电力大学开展“喜迎二十大，永远跟党走，奋进新征程”主题系列活动	中国青年网	2022.06.16
103	华北电力大学学子走进小山村描绘新面貌	新华网	2022.06.19
104	开展综合能源系统仿真平台与示范工程建设 推动3060双碳目标实现	新华社	2022.06.22
105	华北电力大学(保定)：普法宣传入民心，法律援助暖乡村	河北新闻网	2022.06.22
106	聚焦重点领域，把握出彩人生	光明日报	2022.06.28
107	《企业ESG信息披露通则》《企业ESG评价通则》在京发布	新华网	2022.06.30
108	能源区块链创新应用专题研讨会召开	科技日报	2022.07.01
109	“漫”话十年，情暖童心	中国青年网	2022.07.01
110	华北电力大学举行线上毕业典礼，22个宿舍上演考研“满堂红”	新京报	2022.07.05
111	加快推动法治文化数字化建设	河北日报	2022.07.07
112	加快推动法治文化数字化建设	学习强国	2022.07.07
113	搭平台快车 促有效就业——华北电力大学用好服务平台拓展就业渠道	中国教育报	2022.07.09
114	河北保定：提升文化软实力 “水墨源融——康辉艺术作品展”开幕	人民日报	2022.07.09
115	华北电力大学(保定)法政系“踏寻红色足迹”团队在富平县开展党史学习教育实践活动	渭南青年网	2022.07.21
116	华北电力大学硕士毕业生杨天驰：和她一起，把“诗和远方”留在家乡	新华日报	2022.07.25
117	华北电力大学“订单土豆”促农增收	保定日报	2022.07.15
118	“暑期乡村读书班” 真好！	燕赵晚报	2022.07.28
119	草木植成 国之富也	光明网	2022.07.28
120	踏着红色足迹深切缅怀	中国电力报	2022.08.01
121	华北电力大学经管系“情暖童心”暑期支教团队：点亮乡村儿童的科学梦想	河北新闻网	2022.08.01
122	探赜索隐 做新时代科技冲锋排头兵	河北《共产党员》	2022.08.01
123	华北电力大学：工业软件应用教学新模式 推动教育数字化转型	新华社	2022.08.05
124	华北电力大学 | 点赞大学生节能减排创新行动，知行合一助推双碳目标	V思想	2022.8.06
125	华北电力大学多措并举 加强大学生思想政治教育	教育部官网	2022.08.11
126	周坚：以深化改革驱动学校高质量发展	现代教育报	2022.08.24
127	学习，大学生活的不变主题	光明日报	2022.08.25

续表

序号	标　题	媒体	时间
128	华北电力大学:追寻科学家精神,做新时代追梦人	中国青年网	2022.08.25
129	袁家海:热浪冲击下的能源供应	中国新闻周刊	2022.08.26
130	华北电力大学校研会暑期实践为河北电力管理献言献策	河北新闻网	2022.08.26
131	华北电力大学开展绿色"双碳"专项社会实践纪实	中国青年网	2022.08.26
132	华北电力大学:访企拓岗,助毕业生"飞"得更高	光明日报	2022.08.28
133	刘吉臻院士:加快推动煤炭与新能源融合发展	中国能源报	2022.09.05
134	华北电力大学"确山寻魂"团队:以数字科技引领红色文旅新发展	V 思想	2022.09.06
135	一个走遍中国的大学老师教书育人事	光明网	2022.09.10
136	银龄教师献身西部教育事业:桑榆未老 余霞满天	中国教育电视台	2022.09.12
137	华北电力大学举行 2022 年教师节庆祝大会	光明日报	2022.09.13
138	华北电力大学举行 2022 年教师节庆祝大会	中国教育新闻网	2022.09.15
139	华北电力大学"水润确山"实践团:充分发挥专业所学,助力乡村水利振兴	V 思想	2022.09.18
140	华北电力大学举行 2022 级新生开学典礼	中国青年报	2022.09.19
141	华北电力大学举行 2022 级新生开学典礼	光明日报	2022.09.20
142	华北电力大学举行 2022 级新生开学典礼	中国青年报	2022.09.20
143	华北电力大学举行 2022 级新生开学典礼	中国教育报	2022.09.20
144	电力工程系刘云鹏教授获评河北省教书育人楷模	河北新闻网	2022.09.21
145	电力工程系刘云鹏教授获评河北省教书育人楷模	河北日报	2022.09.21
146	华北电力大学校长杨勇平寄语毕业生勇做奋力奔跑不负时代的强国青年	V 思想	2022.09.23
147	华北电力大学入选首批国家储能技术产教融合创新平台	北京日报	2022.09.23
148	全国首个氢能专业开课	中国教育电视台	2022.09.23
149	把支部建在社团上——华北电力大学功能型党支部"四带四强"创新党建工作 引领社团成长	河北共产党员网	2022.09.23
150	华北电力大学保定校区:研究生宣讲团接力走进中小学课堂	中国教育报	2022.09.23
151	华北电力大学研究生理论宣讲团发出青春最强音	光明网	2022.09.23
152	勇做奋力奔跑、不负时代的强国青年	中国教育电视台	2022.09.25
153	华北电力大学功能型党支部开展"四带四强"创新党建工作	全国高校思想政治工作网	2022.09.26
154	双印教授做客科教频道《透视新科技-巨型充电宝》节目	中央电视台	2022.09.29
155	喜讯!华北电力大学(保定)拟置换校区,2256 亩!	搜狐网	2022.10.04
156	国庆节,华电学子这样度过!	V 思想	2022.10.05
157	西北区域多层次统一电力市场呼唤新型储能	中国能源报	2022.10.05
158	大数据破解"学生获得感"精准测度难点	中国网	2022.10.09
159	"人才引擎"让创新活力迸发	镇江日报	2022.10.11
160	华电扬中智能电气研究中心聚焦引才育才用才	潇湘晨报	2022.10.11
161	华北电力大学建设问题链教学基地写好立德树人"大文章"	中国青年报	2022.10.13
162	刘吉臻连续 21 年为新生讲"开学第一课"	北京日报	2022.10.13

续表

序号	标　　题	媒体	时间
163	“双碳”人才如何培养？——来自华北电力大学经管学院的实践探索	光明日报	2022.10.14
164	这位院士连续21年为新生讲授“开学第一课”	中国教育报	2022.10.14
165	连续21年开讲“第一课” 刘吉臻院士给大学新生鼓劲	北京晚报	2022.10.13
166	华北电力大学电力工程系开展“百人绣党旗”及入党宣誓活动	中国教育新闻网	2022.10.14
167	党的二十大报告在首都教育系统引发热烈反响	现代教育报	2022.10.18
168	党的二十大报告在首都教育系统引发热烈反响	首都教育	2022.10.18
169	华北电力大学师生观看二十大：将助力打赢能源电力领域技术攻坚战	新京报	2022.10.18
170	“教育 科技 人才”提至重要位置 高校师生反响热烈	中国教育电视台	2022.10.18
171	学习党的二十大报告热潮在京华大地涌动	北京卫视	2022.10.18
172	为党育人、为国育才！高校书记校长热议党的二十大	微言教育	2022.10.18
173	二十大特稿丨旗帜领航 奋力谱写中华民族伟大复兴的能源华章	中国电力报	2022.10.18
174	首都大学生热烈回应厚望 用奋斗实现青春梦想	北京日报	2022.10.19
175	自信自强 守正创新 科教兴国展宏图 ——党的二十大报告在全国教育系统干部师生中持续引发热烈反响	中国教育报	2022.10.19
176	庆国庆迎盛会丨河北保定：华北电力大学团委举办国庆嘉年华活动	学习强国	2022.10.19
177	喜迎二十大 永远跟党走 奋进新征程 华北电力大学团委举办国庆嘉年华活动	保定日报	2022.10.19
178	一位院士的“家国情”：一堂导学课持续二十年	人民政协报	2022.10.19
179	青年强则国家强 以青春之力托举未来中国	中国教育电视台	2022.10.20
180	踔厉奋发 为实现中华民族伟大复兴贡献能源力量	中国电力报	2022.10.21
181	学习二十大，我们在行动丨高校书记校长热议党的二十大	宣教之窗	2022.10.21
182	金秋九月！华北电力大学校园活动全记录	中国青年网	2022.10.21
183	看我们这十年的青春实践手记——思政实践课见证奋进新时代	光明网	2022.10.21
184	思政实践课见证奋进新时代	光明日报	2022.10.21
185	河北省青年志愿者学习党的二十大	河北青年志愿者	2022.10.25
186	问题链教学基地：培养德才兼备的高素质创新型人才	中国教育电视台	2022.10.25
187	实现碳达峰：电力系统将呈现“四化”	人民政协报	2022.10.27
188	挺进“无人区”的华电答卷	神州学人	2022.10.28
189	华北电力大学辅导员多种形式学习党的二十大精神	CETV 我是辅导员	2022.10.28
190	华北电力大学：党委书记为2022级新生讲授开学第一课	中国教育报	2022.11.01
191	华北电力大学党委书记讲授开学第一课	光明日报	2022.11.01
192	华北电力大学千余名师生参观“奋进新时代”主题成就展	V思想	2022.11.03
193	“华北电力大学”微信公众号发布《致华北电力大学全体师生员工的一封信》	环球时报	2022.11.09
194	华北电力大学：全体在校师生员工连续三天进行核酸检测	光明网	2022.11.09
195	考研大潮下 专硕“热”在何处？	中国教育电视台	2022.11.23
196	首都高校推出系列暖心防疫措施	新京报	2022.11.25
197	第二届21世纪马克思主义研究峰会在华北电力大学召开	中国教育报	2022.12.22

续表

序号	标　题	媒体	时间
198	一位大学教师的成果转化"变奏曲"	中国科学报	2022.11.22
199	首都高校创新形式 深入学习宣传贯彻党的二十大精神	宣教之窗	2022.12.28
200	华北电力大学:推动高水平科技自立自强	新华社	2022.12.29
201	跟跑 并跑到领跑 高校科研创新成果丰硕	中国教育电视台	2022.12.29
202	新时代新征程新伟业丨勇担时代使命 让青春绽放绚丽之花	新华社	2022.12.29
203	钟南山详解如何应对奥密克戎,多所高校师生同上"科学防疫大课"	新京报	2022.12.29
204	硕士研究生招生考试开考,华北电力大学为考生送上"上岸礼包"	新京报	2022.12.29
205	人民网发布《2022年高校思政课改革创新情况分析报告》	人民网	2022.12.29
206	人民网发布2022年高校优秀校园新闻作品 40所高校作品入选	人民网	2022.12.29

（宣传部　提供）

华北电力大学2022年期刊出版物名单

序号	出版物名称	期刊周期
1	《华北电力大学学报(自然科学版)》	双月刊
2	《华北电力大学学报(社会科学版)》	双月刊
3	《现代电力》	双月刊
4	《电力科学与工程》	月刊

（图书馆　赵丽香　提供）

索　引

Special Edition

使 用 说 明

一、本索引采用主题分析索引法编制。年鉴中有实质检索意义的内容均予以标引，以供检索使用。

二、本索引基本上按汉语拼音音序排列。具体排列方法如下：以数字开头的标目，排在最前面；以英文字母打头的标目，列于其次；汉字标目则按首字的音序、音调依次排列。首字相同时则以第二个字排序，依次类推。

三、索引标目后的数字，表示检索内容所在的年鉴正文页码。年鉴正文中的栏别，从左至右分别以 a、b 来表示。年鉴中以表格形式反映的内容，则在索引标目后用括号注明（表）字，以区别于文字标目。

0～9

A

B

C

D

E

F

G

H

J

K

L

M

N

P

Q

R

S

T

W

X

Y

Z